Die
Verunreinigung der Gewässer,

deren schädliche Folgen, nebst Mitteln

zur

Reinigung der Schmutzwässer.

Mit dem Ehrenpreis Sr. Majestät des Königs Albert von Sachsen gekrönte Arbeit.

Von

Prof. Dr. J. König,
Vorsteher der agric.-chem. Versuchsstation Münster i. Westf.

Mit zahlreichen Abbildungen im Text und 10 lithographirten Tafeln.

Springer-Verlag Berlin Heidelberg GmbH

1887.

Additional material to this book can be downloaded from http://extras.springer.com.

ISBN 978-3-662-36007-1   ISBN 978-3-662-36837-4 (eBook)
DOI 10.1007/978-3-662-36837-4

Softcover reprint of the hardcover 1st edition 1887

Gelegentlich der internationalen Fischerei-Ausstellung in Berlin war durch **Seine Majestät den König Albert von Sachsen ein Ehrenpreis** ausgesetzt worden für die beste Arbeit über die Verunreinigung der Abwässer und deren Abhilfe mit besonderer Rücksicht auf Gesundheit und Leben der Fische. Dieser Ehrenpreis konnte keinem der Bewerber zuertheilt werden.

Auf Antrag des Deutschen Fischerei-Vereins haben Seine Majestät der König von Sachsen zu genehmigen geruht, dass der Ehrenpreis für die beste Lösung der in erweiterter Form zu stellenden Aufgabe dem Vorstande der ersten allgemeinen Deutschen Ausstellung auf dem Gebiete der Hygiene und des Rettungswesens überwiesen werde.

Mit Genehmigung des Königlich Sächsischen Ministeriums des Königlichen Hauses wurde die Preisaufgabe wie folgt formulirt:

1. „Der Ehrenpreis Seiner Majestät des Königs von Sachsen (bestehend in einer silbernen Jardiniere) ist für die beste Lösung der nachstehenden Preisaufgabe bestimmt:

    a) Nachweis der gesundheitlichen, gewerblichen, industriellen, landwirthschaftlichen und sonstigen Interessen — einschliesslich der Interessen der Fischerei —, welche in Folge der, theils durch Benutzung der Wasserläufe, theils durch Einführung von Abfallstoffen in dieselben, bedingten Verunreinigungen der fliessenden Wässer geschädigt werden.

    b) Genaue Darlegung der gegen die verschiedenen Arten der Beeinträchtigung wirksamsten chemischen Mittel, maschinellen Einrichtungen und baulichen Vorkehrungen, unter Nachweis der technischen und ökonomischen Ausführbarkeit der gemachten Vorschläge. Zur Erläuterung sind Zeichnungen, Modelle, Präparate erwünscht“.

Als Ablieferungstermin der Concurrenzarbeiten war der 31. December 1884 festgesetzt.

Das Preisrichteramt hatten übernommen die Herren:

1. Geh. Med.-Rath Prof. Dr. Virchow in Berlin (Vorsitzender),
2. Dr. P. Börner in Berlin (Schriftführer),
3. Prof. Dr. Flügge in Göttingen,
4. Geh. Med.-Rath Dr. Günther in Dresden,
5. Kaiserl. Reg.-Rath Dr. Wolffhügel in Berlin.

In der Schlussverhandlung*) am 8. März 1886 wurde mit allerhöchster Genehmigung Sr. Majestät des Königs Albert von Sachsen von dem Preisgericht der vorliegenden Arbeit einstimmig der Ehrenpreis zuerkannt.

*) An dieser Schlussverhandlung sollte Herr Dr. P. Börner leider nicht mehr theilnehmen; derselbe starb unerwartet nach kurzem Krankenlager am 30. August 1885.

Vorrede.

Seit einer Reihe von Jahren hat der Verfasser in seiner Stellung als Vorsteher der agricultur-chemischen Versuchsstation Münster in der industriereichen Provinz Westfalen Veranlassung gehabt, in Sachen der durch industrielle und städtische Abgänge hervorgerufenen Schädigungen seine Ansicht zu äussern. Die Beantwortung der an ihn gerichteten Fragen war besonders für den Anfang in vielen Fällen nicht leicht, weil es an fast jeglicher Grundlage fehlte, wie und wodurch die verschiedenen Abgänge und Schmutzwässer sich schädlich erweisen. Der Verfasser ist daher bemüht gewesen, durch Versuche zu ermitteln, in welcher Weise und in welcher Menge, d. h. von welcher Grenze an verschiedene, häufig wiederkehrende Abgangwässer schädlich wirken und ist in diesem Bestreben in den letzten Jahren durch verschiedene Fachgenossen unterstützt worden, so dass augenblicklich schon für mehrere Abgangwässer die Art und Grenze ihrer schädlichen Wirkung ziemlich bestimmt fixirt werden kann.

Allerdings ist die Anzahl im Verhältniss zu den überhaupt zu berücksichtigenden vielseitigen Abgängen nur erst gering; jedoch habe ich geglaubt, mit dem wenigen nicht länger zurückhalten zu sollen, einerseits in Rücksicht auf vorstehende Preisaufgabe, andererseits aus folgenden Gründen:

1. In zahlreichen Fällen geschieht seitens der Fabriken deshalb nichts zur Reinigung der Abgänge oder kommt es in Fällen von Schädigungen aus dem Grunde nicht zu einem gütlichen Ausgleich, weil weder die Zusammensetzung der Abgänge noch die Art und Weise ihrer Schädlichkeit bekannt ist. Dann auch stellt der geschädigte Grund- und Hausbesitzer mitunter Entschädigungsforderungen, welche nach Art der industriellen Abgänge und ihrer Wirkungen übertrieben sind und jeden gütlichen Ausgleich ausschliessen. Derartige beiderseitigen Missverständnisse, welche zu unliebsamen Processen führen, werden aber nicht vorkommen, wenn für die Abgänge der Fabriken seitens der Wissenschaft genau festgestellt ist, in welcher Weise, nach welchen Richtungen hin und von welcher Grenze

an dieselben ein Bach- oder Flusswasser schädlich beeinflussen. Jeder, welcher Gelegenheit hatte, in derartigen Fällen als Gutachter zu fungiren, wird auch den kleinsten Beitrag zur Klärung der streitigen Fragen mit Freuden begrüssen, da er unter Umständen einen gütlichen Ausgleich zwischen den streitenden Parteien zur Folge hat.

2. Manche Untersuchung von industriellen Abgängen, manche Beobachtung über ihre schädliche Wirkung schlummert in Gutachten bei den Gerichten oder den Verwaltungen; manche Erfahrung in Betreff der Reinigung, Unschädlichmachung oder Verwerthung der Abgänge ist nicht über den Ort ihrer Anwendung hinaus bekannt geworden.

Die vorliegende Schrift soll daher zur Mittheilung derartiger Beobachtungen und Erfahrungen anregen, um so mit der Zeit zu einem Sammelwerk zu gelangen, welches in ähnlicher Weise, wie das vortreffliche Werk von J. v. Schröder und C. Reuss „Die Beschädigung der Vegetation durch Rauch" für die gasförmigen industriellen Abgänge, derartige Fragen auch für die festen und flüssigen Abgänge aller Art mit Sicherheit und Schärfe beantworten lässt.

Nicht genug kann hierbei betont werden, dass ein solches Werk nicht gegen die Industrie gerichtet ist. Im Gegentheil dürfte kaum einem Zweifel unterliegen, dass durch den Nachweis, wie die industriellen Abgänge schädlich wirken und wie sie, wenn auch nicht ganz, so doch thunlichst unschädlich gemacht werden können, der Industrie ein nicht minder grosser Dienst erwiesen wird, als den Grund- und Hausbesitzern.

Thatsächlich wird jetzt von den verschiedensten Seiten an dieser Frage gearbeitet und die Reinhaltung der Flüsse mit allen Kräften angestrebt; und das nicht nur aus Rücksichten auf die sanitären Verhältnisse, sondern auch um die Flüsse für die Fischzucht, welche eine grosse volkswirthschaftliche Bedeutung in sich schliesst, wieder zu gewinnen. Letztere Aufgabe hat sich besonders der Deutsche Fischerei-Verein zum Ziele gesetzt.

Fast jeder Tag bringt augenblicklich neues Material für diese Frage. Auch während des Druckes dieser Schrift erschienen noch mehrere Versuchsarbeiten, Gutachten, Gesetze etc., welche für die Frage von der grössten Bedeutung waren und deshalb als Nachträge aufgenommen worden sind. Aus dem Grunde erscheint der Inhalt der Schrift etwas zerstückelt und nicht aus einem Guss. Dieser Uebelstand liess sich nicht vermeiden; ich glaube ihn jedoch durch ein ausführliches Inhaltsverzeichniss und alphabetisches Sachregister etwas ausgeglichen zu haben.

In den nachstehenden Ausführungen über die Schädlichkeit von industriellen und sonstigen Abgängen auf Boden, Pflanzen, Thiere, incl. Fischzucht, in sanitärer und gewerblicher Hinsicht habe ich nicht nur die einfachen Resultate diesbezüglicher Versuche, sondern auch thunlichst die angewendeten Methoden ausführlich besprochen; denn ich weiss aus jahrelanger Erfahrung, dass der Gutachter, um die Resultate für einen concreten Fall verwerthen zu können, nicht nur diese kennen, sondern auch wissen muss, wie die Resultate gewonnen sind. Auch der Schädigende wie der Geschädigte kann alsdann die Tragweite dieser Resultate leicht für den fraglichen Fall beurtheilen, während die bisher angestellten Versuche wiederum Veranlassung zu neuen Versuchen und damit zur weiteren Ausbildung der Gesammtfrage geben. Hierdurch dürfte die grössere Ausführlichkeit an manchen Stellen der Schrift hinreichend begründet sein.

Was die einzelnen Reinigungsverfahren anbelangt, so habe ich dieselben durchweg ganz im Sinne der Erfinder beschrieben und meine Ansicht über den Werth derselben nur in allgemeinen Schlussbetrachtungen ausgesprochen. In dieser Hinsicht habe ich lediglich das aufrecht erhalten können, was ich in der bereits 1885 erschienenen Broschüre „Ueber die Prinzipien und Grenzen der Reinigung von fauligen und fäulnissfähigen Schmutzwässern" gesagt habe. Die dort mitgetheilten Resultate sind seit der Zeit von den verschiedensten Seiten bestätigt worden.

Nicht unerwähnt darf ich lassen, dass ich bei Beschaffung von Material für diese oder jene Frage von Behörden sowohl wie Privaten stets in zuvorkommendster Weise unterstützt worden bin.

Die Verlagsbuchhandlung hat es sich in bekannter Weise angelegen sein lassen, die Schrift thunlichst schön auszustatten. Dies ist ihr wesentlich dadurch ermöglicht, dass sowohl die Königl. Preuss. Ministerien: für Landwirthschaft, Domänen und Forsten, der geistlichen, Unterrichts- und Medizinal-Angelegenheiten, sowie für Handel und Gewerbe, als auch die provinzialständische Verwaltung der Provinz Westfalen sich zur Abnahme einer grösseren Anzahl von Druckexemplaren bereit erklärten. Es ist mir eine ebenso angenehme als dringende Pflicht, für diese hochgeneigte Unterstützung hier aufrichtig zu danken.

Insbesondere aber liegt es mir ob, Sr. Majestät dem König Albert von Sachsen, dem hohen Stifter des Ehrenpreises an dieser Stelle ehrfurchtsvollsten Dank abzustatten.

Die allerhöchste Aussetzung des Ehrenpreises hat die erste Veranlassung zu vorliegender Schrift gegeben und in nicht geringem Masse zu der mühsamen Bearbeitung angespornt.

Wenn die Schrift trotzdem viele Lücken und Mängel enthält und kaum der hohen Auszeichnung würdig erscheint, so wolle man das dem grossen Umfange und der Vielseitigkeit der noch wenig bearbeiteten Aufgabe, deren Lösung die Leistungskraft eines Einzelnen fast übersteigt, zu gute halten und milde beurtheilen.

Immerhin hoffe ich wenigstens einige Beiträge und gewisse Anhaltepunkte zum weiteren Ausbau dieser wichtigen Frage geliefert zu haben.

Münster in Westf., im Januar 1887.

Der Verfasser.

Inhalts-Uebersicht.

Einleitung.

I. THEIL.

Abfallwasser mit stickstoffhaltigen organischen Stoffen.

Allgemeine Bemerkungen über schädliche Wirkungen und Reinigung der mit stickstoffhaltigen organischen Stoffen beladenen Schmutzwässer.

Städtische Abgangwässer.

Nachtrag zur Reinigung von städtischem Abgangwasser durch Berieselung.

Verfahren zur Verwerthung und Verarbeitung der Fäkalstoffe.
(Anhang zu „Städtische Abgangwässer".)

II. THEIL.

Abgangwasser mit vorwiegend mineralischen Bestandtheilen.

Abgänge aus Gasfabriken.

Abgangwasser aus Steinkohlengruben, von Salinen etc. mit hohem Kochsalzgehalt.

Abgangwasser aus Chlorkaliumfabriken, Salzsiedereien etc. mit hohem Gehalt an Chlorcalcium und Chlormagnesium.

Abgangwasser aus Zinkblende-Gruben.

Abgangwasser aus Schwefelkiesgruben, resp. von Schwefelkieswäschereien, Kohlenzechen, Berlinerblaufabriken etc. mit freier Schwefelsäure und Ferrosulfat.

Abgangwasser aus Drahtziehereien.

Abgangwasser von den Schutthalden einer Steinkohlengrube

Abgangwasser von Kiesabbränden.

Abgänge von Soda- und Potaschefabriken etc. mit Schwefelcalcium und Schwefelnatrium.

Anhang und Nachträge.

5. Beschreibung von einigen allgemein anwendbaren Apparaten und Einrichtungen zur Reinigung von Schmutzwässern.

6. Nachtrag zu „Gesetze, betreffend die Verunreinigung der Flüsse".

7. Reichsgerichts-Entscheidungen.

Einleitung.

Der erfreuliche Aufschwung, den die Industrie in den letzten Jahrzehnten genommen hat, hat in demselben Masse eine erhöhte Menge Abfallstoffe und Abgangwässer mit sich gebracht, welche mehr oder weniger sämmtlich in die öffentlichen Wasserläufe gelangen und dieselben verunreinigen. Zu dieser Art Abgangwasser gesellen sich noch und zwar in durchweg viel grösserer Menge die häuslichen Schmutzwässer aus den stark bevölkerten Bezirken und Städten. Auf solche Weise werden verschiedentlich Bäche und Flüsse derartig verunreinigt, dass Beschwerden und Klagen der benachtheiligten Adjacenten in Permanenz erklärt sind. Es sind daher schon seit Jahren sowohl die Organe der Regierung wie die betheiligten Interessenten bemüht, die Verunreinigung der Flüsse, wenn auch nicht ganz aufzuheben, so doch auf ein erträgliches Mass zu beschränken. Auch macht sich mit Recht seit Jahren das Bestreben geltend, die verunreinigten Bäche und Flüsse für die Fischzucht wieder zu gewinnen und muss dieses Bestreben um so freudiger begrüsst werden, als eine ergiebige Fischzucht ohne Zweifel eine grosse volkswirthschaftliche Bedeutung hat.

Es kann daher als eine zeitgemässe Aufgabe bezeichnet werden, die verschiedenen Verunreinigungen und die Art ihrer Schädlichkeit darzulegen, sowie gleichzeitig Wege und Mittel anzudeuten, wie den Verunreinigungen vorgebeugt werden kann.

So einfach diese Aufgabe auch in einzelnen Fällen ist, so complicirt wird sie wieder in anderen, und ehe wir daher auf diese selbst eingehen, dürfte es zweckmässig sein, zunächst in Betracht zu ziehen, welche Factoren bei der Verunreinigung der Flüsse massgebend sind.

In Verfolg dieser Frage stossen wir aber schon bei der Erklärung des Begriffes: „Was ist ein reiner Fluss?" auf Schwierigkeiten. Wenn man mit H. Fleck[1]) annimmt: „Als rein hat jedes Flusswasser zu gelten, welches"

Begriff eines reinen Flusswassers.

---

[1]) Ueber Flussverunreinigungen in 12. und 13. Jahresbericht der Königl. chem. Centralstelle in Dresden 1884.

„keine andern Bestandtheile als die den Flusslauf speisenden reinen Quell-"
„und Grundwässer enthält und in welchem nichts vorhanden ist, was dessen"
„Verwendung als Reinigungsmittel in der Industrie und im Haushalte aus-"
„schliesst", oder „was das Wasser", wie ich hinzufügen will, „zum Tränken"
„von Vieh oder zur Bewässerung von Wiesen unbrauchbar macht", so ist zu
bedenken, dass z. B. ein Quell- resp. Grundwasser aus den natürlichen Bodenschichten, welche Schwefelkies enthalten, Eisenvitriol und freie Schwefelsäure aufnehmen, oder wie das bei einigen westfälischen Quellen[1]) der Fall
ist, grössere Mengen Kochsalz enthalten kann, welche Bestandtheile das
Wasser nicht nur für manche industrielle und häusliche Zwecke sondern
auch für Viehtränke und zur Berieselung unbrauchbar machen können; das
aus Städten kommende Grundwasser (d. h. das aus den natürlichen Bodenschichten ausfliessende Wasser) kann unter Umständen recht unrein sein,
und wissen wir, dass z. B. Bodenarten, die viel Eisenoxydulverbindungen
(kohlensaures oder humussaures Eisenoxydul) enthalten, letztere an das
Grundwasser abgeben, in Folge dessen die dieses Grundwasser aufnehmenden Bäche einen mehr oder weniger starken Bodensatz von Eisenoxydschlamm
absetzen; die aus moorigen und torfigen Bodenschichten kommenden Wässer
sind durchweg gelb bis dunkel gefärbt und meistens weder für häusliche
noch industrielle Zwecke brauchbar. G. Klien[2]) fand in solchen aus den
Ellerbrüchen kommenden Wässern pro 1 Liter:

312,8 mg organische Stoffe (Humussäure)
175,9 - Mineralstoffe (78,1 mg Kalk und 30,7 mg Eisenoxydul)

und führt an, dass dieses Wasser auch sogar für landwirthschaftliche Berieselungszwecke unbrauchbar ist. Dass Schneewasser und Platzregen den
Flüssen unter Umständen erhebliche Mengen Schmutzstoffe zuführen können,
dass Tagewässer von Ländereien und Wohnplätzen mehr Unreinigkeiten
mit sich führen, als die aus Gebirgen, ist bekannt[3]).

Man sieht hieraus, dass es manche natürliche Zuflüsse giebt, welche
öffentliche Wasserläufe verunreinigen und für häusliche wie industrielle
Nutzungszwecke unbrauchbar machen können. Auch ist das reine Quellwasser aus verschiedenen Gebirgsschichten an sich schon sehr verschieden
zusammengesetzt. So fand E. Reichardt[4]) pro 1 Liter:

Verschiedenheit in der Zusammensetzung des Flusswassers.

---

[1]) So fand ich in einer bei Mengede (Gehöft Vethake) aus hügeligen Ländereien aus-
tretenden Quelle 4296,0 mg Abdampfrückstand und 2036,0 mg Chlor (entsprechend 3355,0 mg
oder 3,355 g Kochsalz) pro Liter.

[2]) Königsberger land.- und forstw. Zeitg. 1879 S. 175.

[3]) Deshalb ist der Gehalt des Flusswassers stets grossen Schwankungen unterworfen.

[4]) Grundlagen zur Beurtheilung des Trinkwassers 1880 S. 33.

Gebirgsformation.	Ab-dampf-rück-stand.	Organ. Sub-stanz	Sal-peter-Säure	Chlor	Schwe-fel-Säure	Kalk	Talk-erde	Härte
	mg	mg	mg	mg	mg	mg	mg	0
Granit.	24,4	15,7	0	3,3	3,9	9,7	2,5	1,27
do.	70,0	4,0	0	1,2	3,4	30,8	9,1	4,35
Melaphyr.	160,0	19,2	0	8,4	17,1	61,6	22,5	9,31
Basalt.	150,0	1,8	0	Spur	3,4	31,6	28,0	6,08
Thonsteinporphyr	25,0	8,0	0	0	3,4	5,6	1,8	0,81
Thonschiefer	120,0	0	0,5	2,5	24,0	50,4	7,3	6,06
Bunter Sandstein	225,0	13,8	9,8	4,2	8,8	73,0	48,0	13,96
Muschelkalk	325,0	9,0	0,21	3,7	13,7	129,0	129,0	16,95
Derselbe dolomitisch	418,0	5,3	2,3	Spur	34,0	140,0	65,0	23,1
Gypsquelle bei Rudolstadt . .	2365,0	Spur	Spur	161,0	1108,3	766,0	122,5	92,75

Für gewöhnlich pflegt man die Grösse der Verunreinigung eines Fluss-Unsicherheit des äusseren Aussehens.
wassers nach seinem schmutzigen und dunkelfarbigen Aussehen zu beur-
theilen. Dieses kann aber zu grossen Täuschungen führen, weil einerseits,
wie wir weiter unten unter Reinigungsmethoden von städtischem Abgangwasser sehen werden, ein klar aussehendes Wasser ebenso schlecht oder
noch schlechter sein kann als ein schmutzig aussehendes Wasser, andererseits mitunter nur minimale Mengen einer Substanz dazu gehören, um dem
Wasser ein schmutziges Aussehen zu verleihen. H. Fleck fand, dass z. B.
nur 50 mg Indigoblau dazu gehören, um einen Cubikmeter Wasser (also
in 20 millionfacher Verdünnung mit nur 0,05 mg Indigo pro 1 l) in 1 Meter
dicker Schicht auf weissem Grunde blau erscheinen zu lassen, und dass
1 g fein geschlämmter weisser Thon pro 1 cbm Wasser (also in 1 millionfacher Verdünnung) ausreicht, um dem Wasser in 1 m hoher Schicht ein
trübes Aussehen zu verleihen; ich selbst habe beobachtet, dass ein Bachwasser, welches nur 10—12 mg suspendirten Holzpapierfaserstoff pro 1 Liter
enthält, schon in 40—50 cm hoher Schicht milchig trübe erscheint.

Es können daher unter Umständen Verunreinigungen in einem Flusswasser vorkommen, die zwar äusserlich sichtbar, aber für das natürliche
Wasser (ohne dasselbe zu concentriren) sich chemisch kaum mehr nachweisen lassen. Die minimalen Mengen, welche sich in einem Wasser
noch quantitativ bestimmen lassen, sind nach H. Fleck pro 1 Liter folgende:

Organische Substanz 1,0 mg = Verdünnung 1 : 1,000,000

Chlor . . . . . . 0,1 - =   1 : 10,000,000

Ammoniak .   .   .   .   0,05 mg = Verdünnung   1 : 20,000,000
Salpetersäure .   .   .   1,0   -   =   -   1 : 1,000,000
Salpetrige Säure .   .   0,1   -   =   -   1 : 10,000,000.

Für nicht flüchtige und nicht zersetzbare Stoffe lässt sich natürlich die Bestimmung durch Concentration des Wassers erreichen und können auf diese Weise äusserst minimale Menge quantitativ nachgewiesen werden. Die Grösse der Verunreinigung der Flüsse hängt ferner nicht allein von dem Verhältniss der Menge der zugeführten Stoffe zu der Wassermenge des Flusses, sondern auch von der Stromgeschwindigkeit des letzteren ab; denn es ist einleuchtend, dass sich die verunreinigenden Zuflüsse um so weniger geltend machen, je grössere und je schnellere Wassermassen in einem Flusse sie fortschwemmen. Nun sind aber die Wassermengen, welche die Flüsse führen, zu verschiedenen Zeiten sehr verschieden; so führen z. B. pro Sec.:

Wechselnde Wassermen-gen.

	Niedrigste Wassermenge	Höchste Wassermenge	Verhältniss der schwankenden Wassermasse
	cbm	cbm	
Rhein bei Lauterburg	465	5010	1 : 10,8
Maas	33,4	600	1 : 17
Isar bei München . .	41,5	1500	1 : 36

ferner die Elbe pro Sec.:

Wasserstand	Wasserhöhe	cbm	Wasserstand	Stromgeschwindigkeit.
Niedrigster .	1,6 m unter Null	50,5	1 m unter Null	0,5—0,6 m pro Sec.
Normal . .	Nullpunkt	460,0	Nullpunkt	1,2—1,5 m - -
Uferhöhe . .	3 m über Null	1700,0	—	—
Hochwasser .	6,4 m - -	4200,0	6 m über Null	2,0—2,5 m - -

K. Michaelis[1]) hat ferner sehr interessante Untersuchungen über die in den einzelnen Monaten des Jahres gefallenen und durch 3 Flüsse in Westfalen (Emscher, Ems und Lippe) zum Abfluss gelangenden Regenmengen angestellt und gefunden:

---

[1]) Zeitschrift für Bauwesen 1883.

	November	December	Januar	Februar	März	April	Mittel aus 6 Wintermonaten	Mai	Juni	Juli	August	September	Oktober	Mittel aus 6 Sommermonaten	Jahresmittel
I. Ablauf.	Cubikmeter pro Secunde und Quadratmeile														
a) Emscher bei Herne 1866/71. Sammelgebiet 5,62 ☐M. . . .	0,487	0,862	0,742	0,985	0,639	0,490	0,701	0,309	0,196	0,161	0,226	0,236	0,327	0,242	0,472
b) Emscher bei Prosper 1872/80. Sammelgebiet 11,63☐M.= 669 qkm	0,566	0,696	1,059	1,050	1,019	0,538	0,821	0,377	0,291	0,307	0,279	0,267	0,349	0,312	0,567
c) Ems bei Greven 1866/80. Sammelgebiet 49,77☐M.=2824 qkm	0,512	0,836	0,971	0,989	0,979	0,467	0,779	0,239	0,188	0,182	0,127	0,135	0,209	0,180	0,478
d) Lippe bei Lünen 1866/78. Sammelgebiet 49,4☐M.=2803 qkm	0,539	0,935	0,909	0,964	0,996	0,680	0,837	0,458	0,352	0,327	0,266	0,271	0,282	0,326	0,581
Summa	2,104	3,329	3,681	3,988	3,533	2,175	3,135	1,383	1,027	0,977	0,898	0,909	1,167	1,060	2,098
Mittel-Ablauf	0,526	0,832	0,920	0,997	0,884	0,544	0,784	0,346	0,257	0,244	0,224	0,227	0,292	0,265	0,524
	Liter pro Quadratkilometer														
	9,25	14,64	16,19	17,54	15,55	9,57	13,79	6,08	4,52	4,29	3,94	3,99	5,13	4,66	9,22
II. Regenfall im Westfälischen Becken Periode 1866/1880. Münster, Gütersloh, Grevel, Derne.	Cubikmeter pro Secunde und Quadratmeile														
Mittel	1,480	1,360	1,200	1,150	1,070	0,910	1,200	1,210	1,500	1,730	1,640	1,280	1,450	1,470	1,330
	Liter pro Secunde und Quadratkilometer														
	26,0	23,9	21,4	20,2	18,8	16,0	21,1	21,2	26,4	30,4	28,8	22,5	25,5	25,8	23,4
	Näherungsweise Vergleichung														
Vom Niederschlage kommen zum Ablauf %	35,6	61,2	77,1	86,7	82,7	59,8	65,3	28,6	17,1	14,2	13,7	17,8	20,2	18,0	39,4
Zur Verdunstung, Consum und Versickerung etc. %	64,4	38,8	22,9	13,3	17,3	40,2	34,7	71,4	82,9	85,8	86,3	82,2	79,8	82,0	60,6

Man sieht hieraus, dass die Bäche in den Wintermonaten durchweg 3 mal mehr Wasser führen als im Sommer und dass, wenn die Zahlen auch nicht als vollständig exact angesehen werden können, doch annähernd von den gefallenen Regenmengen im Winter $^2/_3$, im Sommer dagegen nicht ganz $^1/_5$ zum Ablauf durch die Flüsse gelangen.

Nach den Ermittelungen an der Elbe wächst ferner die in der Zeiteinheit den Flussquerschnitt durchfliessende Wassermenge annähernd im quadratischen Verhältniss mit der Wasserhöhe.

Im allgemeinen werden die Verunreinigungen unter sonst gleichen Verhältnissen, bei grossen Wassermengen weniger fühlbar sein als bei kleineren. Dieses trifft jedoch nicht immer und nur bedingungsweise zu; so können faulige Effluvien im Sommer bei Hochwasser in Folge der durch die höhere Temperatur des Wassers bedingten lebhafteren Fäulniss mehr schaden als im Winter bei niedrigem Wasserstande.

Andererseits aber können bei grossen Wassermengen schädliche Verunreinigungen auftreten, während kleinere Wassermassen aber mit schnellerem Lauf in Folge der grösseren Schwemmkraft genügen, die schädliche Wirkung der verunreinigenden Stoffe nicht hervortreten zu lassen.

Es lassen sich daher für die Grösse der Verunreinigungen der Flüsse kaum allgemein gültige Regeln aufstellen, sie richten sich vielmehr wesentlich nach zeitlichen wie nach örtlichen Verhältnissen.

Was für Emscher, Lenne, Ruhr und sonstige Nebenflüsse des Rheins gefahrbringend wirkt, das kann direct in den Rhein abgelassen werden, ohne dass dadurch das Rheinwasser irgendwie schädlich beeinflusst wird. H. Fleck (l. c.) berechnet z. B., dass das Elbewasser bei kleinem Wasserstande von 1000 cbm pro Sec. durch die Abfallwässer der Stadt Dresden (3,57 cbm pro Sec. mit durchschnittlich 2 g festen Stoffen pro Liter) nur um 7,0 mg feste Stoffe pro 1 Liter zunehmen kann und K. Kraut hat für die an sich erheblichen Abgänge der Chlorkaliumfabriken in Stassfurt etc. (nämlich 8008 Ctr. Chlormagnesium, 328 Ctr. Chlorkalium, 344 Ctr. Chlornatrium und 892 Ctr. schwefelsaures Magnesium pro Tag) nachgewiesen, dass das Elbewasser bei 330 cbm Wasser pro Secunde nur eine Zunahme von 14,05 mg Chlormagnesium 0,6 mg Chlornatrium, 0,58 mg Chlorkalium und 1,56 mg schwefelsaures Magnesium pro 1 Liter Wasser erfahren kann. Derartige geringe Beeinflussungen der Zusammensetzung eines Flusswassers können kaum mehr eine schädliche Verunreinigung desselben bewirken und wenn auch mit allen Mitteln darauf hinzuarbeiten ist, die öffentlichen Wasserläufe von verunreinigenden Zuflüssen frei zu halten, so würde es doch auf der andern Seite auch wieder unrichtig sein, die Abführung von Schmutzstoffen in die öffentlichen Wasserläufe für jeden und alle Fälle verbieten zu wollen. Dazu verdient auch die selbstreinigende Wirkung des Flusswassers mit berücksichtigt zu werden, die sich, wie wir weiter unten unter städtischen Abgangwässern sehen werden, nicht mehr leugnen lässt.

Mitunter erfahren auch die Effluvien eine Art gegenseitiger Selbstreinigung; die im Westfälischen Kohlenbezirk abfliessenden putriden Abgangwässer aus Städten und bewohnten Plätzen werden z. B. nach meinen Beobachtungen stellenweise dadurch aufgebessert, dass die in den industriellen Abgangwässern enthaltenen Eisenoxydulverbindungen den Schwefelwasserstoff binden und dadurch die Wasser geruchlos machen. H. Fleck führt an, dass durch Zusammenfliessen des putriden Abgangwassers aus einer Stadt mit dem von Färbereien, welches Metalloxyde enthielt, ebenfalls unlösliche Schwefelverbindungen ausgeschieden und dadurch eine Art gegenseitiger Reinigung bewirkt wurde. *Gegenseitige Reinigung von Effluvien.*

Für die einen Abgänge kommen je nach den localen Verhältnissen nur ihre schädlichen Wirkungen in landwirthschaftlicher, für andere nur die in gewerblicher und wiederum für andere nur solche in sanitärer Hinsicht für Menschen, Thiere und Fische in Betracht; es ist daher auch kaum möglich oder doch sehr schwierig, für die Art der Reinigung und Unschädlichmachung der Abgangwässer allgemeine Vorschriften aufzustellen, die für jeden Fall gültig sein sollen; diese Frage will vielmehr ebenfalls lokal geprüft und gelöst sein.

Dabei ist zu berücksichtigen, dass sich eine völlige Reinigung der Abgänge ebensowenig, wie eine völlige Beseitigung der verunreinigenden Zuflüsse in die öffentlichen Wasserläufe wird erreichen lassen. Ja in ganz besonderen Fällen wird man einen Bach in Industriebezirken überhaupt preisgeben müssen; wo sollen z. B. die Steinkohlengruben mit ihren salzigen Grubenwässern hin, die sich nicht reinigen lassen? Hier müssen mitunter die kleineren Interessen den grösseren weichen. In den bei weitem meisten Fällen kann aber seitens der Industrie ein Genügendes zur Reinigung der Abgänge geschehen, wenn sie nur ernstlich dazu angehalten wird, ja in einigen Fällen ist die Reinigung, wie wir weiter unten z. B. bei der Papierfabrikation, den Drahtziehereien etc. sehen werden, sogar mit pecuniären Vortheilen verbunden, und, wo eine Reinigung in Wirklichkeit nicht möglich ist, da müssen die benachtheiligten Grund- und Hausbesitzer, welche ein altes Recht auf die unverkürzte Benutzung des reinen Bach- und Flusswassers besitzen, in entsprechender Weise entschädigt werden. Hier aber kommen wir an einen wunden Punkt in unseren wirthschaftlichen Verhältnissen, indem zwischen Industrie und Grundbesitz ein Kampf mit ungleichen Waffen geführt wird.

Abgesehen von solchen Fällen, in denen selbst Beamte keine andere Aufgabe des Staates kennen, als nur die Industrie zu schützen, lässt sich nach meinen Erfahrungen nicht verkennen, dass die Landwirthschaft durch *Mängel in der Gesetzgebung.*

die Gewerbeordnung nicht die Beachtung gefunden hat, welche ihr gebührt.
Schon darin, dass es dem Grund- und Hausbesitzer bei Neuanlagen von
Fabriken überlassen wird, die Schädlichkeit des Betriebes für sein Besitz-
thum nachzuweisen, liegt indirect eine Bevorzugung der Industrie; denn in
den meisten Fällen ist hierzu der Grund- und Hausbesitzer, weil es sich
um rein technische und chemische Fragen handelt, nicht im Stande; er ist
gezwungen sich auf seine Kosten einen technischen Beirath zu nehmen,
während es doch Sache der, alle Interessen vertretenden Regierung ist, die
chemischen und technischen Betriebe nur in solcher Ausführung zu gestatten,
dass weder durch ihre gasförmigen, noch flüssigen noch festen Abgänge Gefahren für Menschen, Thiere, Pflanzen und Boden entstehen können, oder
mit andern Worten, die Begutachtung eines Fabrikbetriebes sollte nicht
dem Grund- und Hofbesitzer überlassen, sondern von den Verwaltungsor-
ganen übernommen werden. In vielen Fällen erfährt der Grund- und Hofbesitzer auch kaum etwas von der Absicht, dass in seiner Nähe eine Industrie gegründet werden soll, in andern hat er den Termin zum Protest ver-
passt und so sind eine ganze Anzahl von industriellen Etablissements unter
kaum nennenswerthen oder ganz allgemein lautenden Bedingungen conces-
sionirt, welche die Ablassung schädlicher Effluvien gar nicht ausschliessen.
Eine spätere Remedur ist aber mit Schwierigkeiten verbunden; in andern
Fällen merkt man den Schaden auch erst, wenn es zu spät oder die betreffende Fabrik längst aufgeflogen ist. Welche Mängel der Preuss. Gesetzgebung bis jetzt in dieser Hinsicht anhaften, schildert Med.-Rath Dr. Ed.
Beyer[1]) sehr richtig mit folgenden Ausführungen:

„Nicht zu verkennen ist, dass die bestehende Gesetzgebung über die Benutzung der öffentlichen Wasserläufe, welche noch aus dem Jahre 1843 datirt, wesentlich zur Schaffung der vorhandenen, resp. zur Vermehrung der bereits früher bestandenen Uebelstände beigetragen hat
und noch beiträgt, und zur Entschuldigung kann höchstens angeführt werden, dass man sich
zur Zeit des Erlasses jener Gesetze schwerlich von der Bedeutung und dem Umfange, welchen
das Wachsthum der Industrie auf die Verunreinigung der Gewässer ausüben würde, eine Vor-
stellung gemacht hat. Jenes Gesetz enthält betreffs der Verunreinigung der Gewässer nur re-
gressive Massregeln und bestimmt, dass die Zuleitung verunreinigender Flüssigkeiten in öffentliche Wasserläufe dann zu untersagen ist, wenn der Bedarf der Bewohner an reinem Wasser
dadurch erheblich beeinträchtigt wird. So einfach und klar diese Bestimmung an und für sich
scheint, ebenso wenig bewährt sich dieselbe in der Praxis. Das Gesetz verbietet die Anlage von Fabriken, welche von vorn herein ihrem Betriebe nach auf eine Ableitung ihrer
Effluvien angewiesen sind, an den Flüssen keineswegs, es gestattet sogar die Ableitung
und will dieselbe erst dann untersagt wissen, wenn die unterhalb liegenden Bewohner in
ihrem Bedarf an reinem Wasser erheblich leiden. Es machen sich nun die Folgen der
Zuleitung verunreinigender Flüssigkeiten in fliessende Gewässer in vollem Masse keineswegs
von vornherein, sondern erst allmälig, nicht selten erst viele Jahre lang nachher bemerkbar;
die allmälig wachsenden Uebelstände werden lange Zeit ertragen, die Industrie erweitert
sich, eine früher unbebaute Gegend wird allmälig bebaut und kultivirt, kurz, es giebt eine

---

[1]) In seiner Schrift: Die Fabrikindustrie im Reg.-Bezirk Düsseldorf. Oberhausen a. d.
Ruhr 1876. S. 114—115.

grosse Reihe von Ursachen, welche die Verunreinigung der Wasserläufe erst dann wirklich fühlbar resp. unerträglich werden lassen, wenn die betreffende Industrie längst heimisch und für viele Familien eine Existenzfrage geworden ist. Soll nun nach der Bestimmung des Gesetzes unter solchen Verhältnissen die Zuleitung der verunreinigenden Flüssigkeiten untersagt werden, so sind die Fabriken meist nicht im Stande dieselben anderweitig zu beseitigen oder besitzen nicht die Möglichkeit, dieselben derart zu reinigen, dass eine wirkliche Abhülfe der Uebelstände erfolgt. Eine strenge Durchführung des Gesetzes bedingt unter solchen Umständen vielfach einen totalen Stillstand der Fabriken, eine Massregel, deren einschneidende Folgen nicht nur für die Industriellen selbst, sondern auch für die Arbeiter und mitunter für den Wohlstand und Erwerb einer ganzen Gegend nicht wohl verkannt werden kann. Wollte man beispielsweise allen den Fabriken, welche in Barmen-Elberfeld die Wupper durch Zuleitung ihrer Effluvien derart verunreinigen, dass dieselbe meistens einem Dintenstrom gleicht, die Zuleitung der Effluvien untersagen, was nach Lage der Gesetze gerechtfertigt wäre, woran jedoch gewiss Niemand mehr denkt, so würde nicht nur die Existenz zahlreicher Familien vernichtet und Tausende von Arbeitern brodlos werden, sondern es würde der gesammten Industrie dieser Städte voraussichtlich eine Wunde geschlagen, welche sie schwerlich völlig zu überwinden im Stande wäre. Die Folge solch unpraktischer regressiver Gesetzesbestimmungen ist, dass die Behörden bei Beschwerden sich durch halbe Massregeln zu helfen suchen, Polizei-Verbote erlassen und dergl., wodurch dann höchstens eine gewisse, meist vorübergehende Minderung erzielt, in den seltensten Fällen aber eine wirkliche Beseitigung der Uebelstände erreicht wird.

Ganz anders würden sich die Verhältnisse gestaltet haben, wenn das Gesetz präventive Massregeln gestattete, wenn vor der Errichtung solcher Fabriken, welche auf die Ableitung verunreinigter Effluvien angewiesen sind, festgestellt worden wäre, ob die vorhandenen Wasserläufe die Ableitung gestatten und ob event. eine andere Art der Abführung ermöglicht werden kann. Zahlreiche, gegenwärtig zu den lebhaftesten Beschwerden Veranlassung gebende Fabriken würden dann nicht an ihrer jetzigen Stelle, oberhalb oder inmitten von Städten, sondern an geeigneteren Punkten errichtet worden sein; ganze Industriezweige, so namentlich die Färberei, würden von vornherein auf Anlage geeigneter Kanäle oder angemessener Reinigungsvorrichtungen Bedacht genommen haben u. s. w., während jetzt bereits die Zustände an manchen Orten sich derart gestaltet haben, dass eine ausreichende Abhilfe nicht nur ganz enorme Kosten erfordert, sondern in manchen Fällen in der That kaum mehr zu schaffen ist, so dass die Folgen noch gar nicht zu übersehen sind."

Nach der Zeit sind nun zwar verschiedene Ministerial-Verfügungen erlassen, nach denen auch den bereits concessionirten Fabriken noch nachträglich Vorschriften gemacht werden können, ihre Abfallwasser in zufriedenstellender Weise und so zu reinigen, dass eine Verunreinigung der Flüsse nicht mehr statthat.

Aber ich glaube auf Grund meiner Erfahrungen behaupten zu dürfen, dass die ausführenden Organe in Rücksicht auf diese Verfügungen nicht strenge genug vorgehen, dass der Grund- und Hausbesitzer seitens der Verwaltung vielfach keinen genügenden Schutz erfährt.

Er ist mit seinen Klagen und Beschwerden durchweg auf den Rechtsweg angewiesen und zu unleidlichen Prozessen gezwungen; diese aber kann wiederum der einzelne und weniger bemittelte Grund- und Hausbesitzer wegen ihrer Langwierigkeit und Kostspieligkeit kaum durchführen; er duldet dann vielfach sogar namhafte Beschädigungen, um nicht sein ganzes Hab und Gut zu verlieren.

In anderen Fällen bieten sich sonstige Schwierigkeiten aller Art, denn vielfach ist der exacte Nachweis der Beschädigung sehr schwer zu erbringen und der Beschädigte resp. sein Experte hat dann einen um so schwierigeren Stand, als es nicht an Gelegenheit fehlt, wo möglich das gerade Gegentheil beweisen zu lassen.

Die meisten an sich schädlichen Stoffe wirken nämlich nicht immer schädlich, sondern erst von einem bestimmten Gehalt resp. von einer bestimmten Menge an, und dann wiederum bei den einzelnen Arten von Boden, Pflanzen und Thieren verschieden.

Es sind daher in solchen Fällen seitens der Beschädigten und Experten eine Reihe von Fragen zu berücksichtigen und ist deren allseitige Beantwortung zur Zeit durchweg noch äusserst schwierig, da es an Grundlagen für die Beurtheilung resp. für die Nachweisung der Beschädigung nach den verschiedensten Richtungen hin fehlt.

In erster Linie ist seitens der Experten stets der Verdünnungsgrad zu berücksichtigen; denn wenn, wie gewöhnlich das Abgangwasser in einen Bach oder Fluss sich ergiesst, so kommt es nicht allein darauf an, welche Zusammensetzung das Abgangwasser als solches hat, sondern welche Verdünnung dasselbe durch das Bach- und Flusswasser erfährt und ob in diesem Verdünnungsgrad der oder die schädlichen Bestandtheile des Abgangwassers überhaupt nach der fraglichen Seite hin noch schädlich wirken. Zur Ermittelung des Verdünnungsgrades wird man am sichersten von dem niedrigsten Wasserstande ausgehen, falls nicht der Gehalt des Wassers an schädigenden Stoffen schon bei hohem Stande ein so grosser ist, dass er über der Schädlichkeitsgrenze liegt.

Auch versteht sich von selbst, dass man, um den Beweis sicher zu erbringen, den Bestandtheil, welcher für die Beschädigung in Anspruch genommen wird, in dem beschädigten Object (sei es Boden, Pflanze, Thier oder Brunnenwasser etc.), wo dieses überhaupt angeht, in erhöhter und abnormer Menge nachweisen muss, wenn er zu den normalen Bestandtheilen gehört, oder das Vorhandensein qualitativ sicher stellen muss, wenn er im normalen Zustande in dem betreffenden Object nicht vorzukommen pflegt.

Bei der Ermittelung der Grösse der Verunreinigung eines Bachwassers durch ein Abgangwasser muss ferner wohl berücksichtigt werden, dass eine gleichmässige Mischung des Flusswassers mit dem Abgangwasser stattgefunden hat, d. h. dass die Probenahme also nach Aufnahme des Abgangwassers an einem Punkte stattgefunden hat, wo eine solche gleichmässige Mischung vorausgesetzt werden kann; denn in einem ebenen Flussbette kann ein Bachwasser mitunter meilenweit fliessen, ehe sich die verunreinigenden Bestandtheile gleichmässig mit demselben gemischt haben. So fand

K. Kraut, dass das Elbewasser bei Magdeburg nach Aufnahme der Effluvien von Stassfurt, Aschersleben und aus sonstigen Fabriken etc. am rechten und linken Ufer sowie in der Mitte einen sehr verschiedenen Gehalt an Chlor und Härte besass; nämlich nach 4 verschiedenen Probenahmen pro 1 Liter:

Zeit	Wasserstand		Chlor mg	Magnesium mg	Calcium mg	Härte mg
Mai	1,77	Tunnel	111,5	32,4	73,5	11,89
		Hermersleben	117,0	32,5	77,6	12,31
Juni	1,52	Rechtes Ufer	74,5	23,6	—	9,41
Juli	1,60	Tunnel	120,7	33,5	70,2	11,71
		Hermersleben	127,8	32,4	73,7	11,91
August	1,62	Rechtes Ufer	56,8	20,0	—	8,21
September	1,08	Tunnel	179,0	39,6	110,8	16,62
		Hermersleben	193,4	39,0	110,2	16,48
Oktober	1,51	Rechtes Ufer	81,5	25,0	—	9,66
November	1,42	Tunnel	156,0	37,8	76,0	12,89
		Hermersleben	173,5	34,7	80,2	12,88
December	1,92	Rechtes Ufer	112,4	27,8	—	10,88
Mittel	1,56	Tunnel	141,8	35,8	82,6	13,30

Man sieht hieraus, dass selbst ein Zusammenfliessen auf einer Wegestrecke von 5—7 Meilen nicht ausgereicht hat, eine vollständige Mischung im Elbewasser, nach Aufnahme verschiedener Effluvien aus den oberen Nebenflüssen, herbeizuführen.

Nicht minder schwierig wird die Aufgabe der Feststellung schädlicher Einflüsse, wenn sich an der Verunreinigung der Flüsse und der Beschädigung mehrere Fabriken betheiligen, welche sämmtlich schädliche aber nach verschiedenen Richtungen hin schädliche Abgänge ablassen. Wenn dann die Frage beantwortet werden soll, in welchem Grade die einzelnen Fabriken zur Entschädigung herangezogen werden sollen, so kann durchweg nur eine Wahrscheinlichkeitsrechnung zum Ziele führen, welche von der Menge der einzelnen Abgänge und der grösseren oder geringeren Schädlichkeit der in denselben enthaltenen Stoffe abhängt.

Wenn z. B. neben mineralischen Abgängen auch noch städtische Canal- und putride Abgangwässer einen Fluss verunreinigen, und es handelt sich um Beschädigungen von Boden und Pflanzen, so sind unter normalen Verhältnissen letztere von der Beschädigung auszuschliessen, da sie anerkanntermassen im allgemeinen eine düngende und landwirthschaftlich vortheilhafte Wirkung besitzen; handelt es sich dagegen um Beeinträchtigungen von Fischzucht und um sanitäre Fragen, so können die putriden Abgangwässer grösseren Schaden anrichten, als die mineralischen.

Recht häufig pflegt man der Ansicht zu begegnen, dass die zunehmende Verunreinigung der öffentlichen Wasserläufe n ur durch in dus trielle Abgänge bedingt ist; dieses ist aber auch wiederum nicht allgemein, sondern nur lokal der Fall. Mit der Vermehrung der Industrie geht auch eine Vermehrung der menschlichen Wohnhäuser Hand in Hand und wenn daher die Mengen der industriellen Abgänge grösser geworden sind, so dürfen die Abgänge aus den vermehrten Haushaltungen nicht ausser Betracht gelassen werden.

Verunreinigung der Flüsse durch Industrie und Städte.

Recht interessante Untersuchungen über die Grösse der Verunreinigungen durch industrielle Abgänge einerseits und durch häusliche Abgänge andererseits bei demselben öffentlichen Wasserlauf hat H. Fleck (l. c.) für die kleineren Flüsse: Luppe, Röder, Sebnitz und Wesenitz im Königreiche Sachsen angestellt. Um den Grad der Verunreinigung auszudrücken, stellt H. Fleck als Massstab für die Reinheit eines Wassers hin, dass die Genussfähigkeit desselben aufhört, wenn in 1 Liter mehr als 10 mg organische Stoffe und mehr als 0,1 mg Ammoniak gelöst sind. Indem er diese Grenzwerthe eines brauchbaren Wassers als Einheiten hinstellt, berechnet er den Grad der Verunreinigung aus dem in den Analysen gefundenen Gehalt des betreffenden Wassers. Als „organische Substanz" bezeichnet er die aus dem Verbrauche von Sauerstoff mittelst Kaliumpermanganat oxydirte theoretisch berechnete Menge organischer Stoffe; letztere wird durchweg von dem Glühverlust übertroffen und zwar um so mehr, je mehr schwer oxydirbare Stoffe wie Fette, Eiweisssubstanz etc. vorhanden sind.

Für die wirklich vorhandene Menge „gelöster organischer Stoffe" kommt man nach H. Fleck der Wahrheit am nächsten, wenn man aus der berechneten Menge „organischer Substanz" und dem Glühverlust das Mittel nimmt.

1. Luppe. Die Luppe bildet einen Arm der sich bei Leipzig in mehrere Flussarme theilenden Elster, welche bei Plagwitz hinter Leipzig von letzterer sich abzweigt und sich über die sächsische Landesgrenze hinauszieht, indem sie auf diesem Wege einen zweiten Arm der Elster, die Nahle, aufnimmt. Beide Elsterarme, Luppe und Nahle, stehen angeblich unter dem Einflusse zahlreicher Abwässer der Stadt Leipzig mit den angrenzenden Ortschaften und den daselbst errichteten Fabriken. Die hauptsächlichsten Verunreinigungen der Luppe sollen stattfinden durch die Abfallwässer von 2 Gerbereien, 7 chemischen Fabriken, 4 Rauchwaaren-Färbereien, 1 Seifenfabrik und ausserdem durch die Abgangwässer von Leipzig, Plagwitz mit Lindenau, Röhlitz-Ehrenberg und Gründorf. Die zur Untersuchung gezogenen Wasserproben wurden an einem Tage entnommen, nämlich:

    I. Unterhalb der Stelle, an welcher sich Luppe und Elster trennen; Farbe graugrün, trübe.

    II. In der Luppe unterhalb einer chemischen Fabrik; Farbe blauschwarz, undurchsichtig.

    III. In der Nahle, unmittelbar vor deren Einfluss in die Luppe; Farbe gelbgrün, undurchsichtig.

    IV. In der Luppe, nach deren Vereinigung mit der Nahle; Farbe graugrünlich, undurchsichtig.

V. In der Lüppe vor deren Eintritt in preussisches Gebiet; Farbe graugrünlich, undurchsichtig.

Bei allen diesen Wasserproben trat der putride Charakter deutlich hervor, dagegen konnten in keinem der Abgangwässer die Bestandtheile der Fabrik-Abfallwässer, nämlich Metallsalze und Farbstoffe, nachgewiesen werden. Die Resultate der Untersuchung sind in folgender Tabelle enthalten:

	I.	II.	III.	IV.	V.
Mittlere Stromgeschwindigkeit . . .	1,991 m	0,499 m	—	0,168 m	0,224 m
Wassermenge pro Secunde	2,845 cbm	2,905 cbm	1,581 cbm	4,486 cbm	4,529 cbm
1 Liter Wasser enthielt:	mg	mg	mg	mg	mg
Verdampfungsrückstand	237,3	262,0	280,9	261,2	249,2
Glührückstand	189,1	194,7	210,4	203,8	200,7
Glühverlust	48,2	67,3	70,5	57,4	47,5
Organische Substanz	14,3	17,5	37,8	19,1	18,1
Ammoniak	0,28	0,32	1,34	1,12	0,83
Salpetersäure	0,45	4,0	1,9	1,5	5,2
Salpetrige Säure	Spuren	Spuren	—	Spuren	0,51
Chlor	14,9	17,7	24,2	21,3	19,4
Kieselsäure, gebunden	1,3	2,2	1,9	1,7	1,7
Schwefelsäure	39,8	41,4	39,8	41,0	38,9
Kohlensäure, gebunden	41,5	39,2	51,3	46,2	43,2
Kalk	63,2	63,3	70,8	66,5	65,9
Magnesia	13,8	13,1	14,5	13,3	13,4
Phosphorsäure	Spuren	Spuren	Spuren	Spuren	Spuren
Freie Kohlensäure in Volumen pro mille	38,84	41,98	57,99	49,59	48,45
Grad der Verunreinigung:					
Organische Substanz	2,02	3,74	5,41	3,82	3,28
Ammoniak	2,80	3,20	13,40	11,20	8,30

2. Röder. Der Flusslauf der Röder wurde von der Wölbbrücke über dem Mühlgraben oberhalb der Stadt Grossenhein bis an den hölzernen Steg über die kleine Röder im Dorfe Spansberg untersucht und die Proben an folgenden Schöpfstellen entnommen:

I. An dem steinernen Wölbbrückchen über dem Mühlengraben oberhalb Grossenhein; Farbe grünlich, durchsichtig in 0,66 m Tiefe.

II. Auf dem hölzernen Steg über die Röder unterhalb Grossenhein und der Eisenbahnbrücke der Berliner Bahn und zwar nach Aufnahme der Abwässer folgender Fabriken: 1 Mahlmühle, 2 Gerbereien, 1 Cigarrenfabrik, 1 Kattunfabrik, 1 Strumpfwaarenfabrik, 2 Maschinenwerkstätten, 2 Färbereien und 10 Tuchfabriken; Farbe schmutzig, graugrün, undurchsichtig in 1,40 m Tiefe.

III. An dem Gabelwehre, wo sich die Röder in zwei Arme theilt, so dass ⅔ des Flussinhalts unter dem Namen „Grosse Röder“, ⅓ des Flussinhalts unter dem Namen „Kleine Röder“ weitergeführt werden und zwar nach Aufnahme der Abwässer von 6 Mahlmühlen, 1 Wachstuchfabrik und von Wohnhäusern aus den Dörfern Klein- und Gross-Raschütz, Seassa und Boda; Farbe schwarzgrün, durchsichtig in 1,63 m Tiefe.

IV. An dem hölzernen Communicationsstege über die grosse Röder bei Reppin an der Landesgrenze nach Aufnahme der Abwässer von 3 Mahlmühlen dem Eisenwerk Gröditz und dessen Wohnhäusern sowie vielen Wohnhäusern der Dörfer Zabellitz, Raden und Frauenhein; Farbe durchsichtig, klar in 0,5 m Tiefe.

V. An dem hölzernen Stege über die kleine Röder im Dorfe Spansberg an der Landesgrenze nach Aufnahme der Abfallwässer von 3 Mahlmühlen und vielen Wohnhäusern der Dörfer Görzig, Tiefenau, Spansberg; Farbe durchsichtig klar in 0,26 Tiefe.

Die Resultate der Untersuchung sind in folgender Tabelle enthalten:

	I.	II.	III.	IV.	V.
Mittlere Stromgeschwindigkeit . . .	0,255 m	0,088 m	0,078 m	0,183 m	0,272 m
Wassermenge pro Secunde	0,733 cbm	1,022 cbm	1,332 cbm	1,167 cbm	0,256 cbm
1 Liter enthielt:	mg	mg	mg	mg	mg
Verdampfungsrückstand	84,2	103,0	104,0	89,5	86,1
Glührückstand	54,2	58,0	75,3	52,0	50,1
Glühverlust	33,0	45,0	28,7	37,5	36,0
Organische Substanz	22,9	25,7	21,9	23,2	26,2
Ammoniak.	0,55	0,91	0,71	0,32	0,35
Salpetersäure	1,7	1,2	2,5	1,7	1,3
Salpetrige Säure.	—	—	Spuren	—	—
Chlor	8,9	14,5	12,5	9,1	10,0
Kieselsäure, gebunden	5,8	4,4	6,5	4,9	1,5
Schwefelsäure.	9,9	10,7	14,6	9,6	9,4
Kohlensäure, gebunden	7,4	9,5	8,8	9,6	12,5
Kalk	14,1	16,8	16,7	15,6	15,9
Magnesia	4,7	5,6	5,2	5,3	5,7
Phosphorsäure	Spuren	Spuren	Spuren	Spuren	Spuren
Freie Kohlensäure in Raum pro mille .	3,45	11,41	5,51	0,39	3,28
Grad der Verunreinigung:					
Organische Substanz	2,79	3,68	2,53	3,03	3,11
Ammoniak	5,50	9,10	7,10	3,20	3,50

3. Sebnitzbach. Aus dem Sebnitzbach wurden an folgenden Stellen Proben entnommen:

I. Im Mühlengraben dicht hinter der österreichischen Grenze; Farbe trübe und grau mit schwachem Modergeruch.

II. Im Mühlgraben der Sebnitzer Papierfabrik, unterhalb der Stadt Sebnitz oberhalb der Papierfabrik nach Aufnahme der Abgangwässer, nachdem angeblich schon die Effluvien zahlreicher Färbereien auf österreichischem Gebiet aufgenommen, von 1 Leimfabrik und Färberei, 1 Fixbleiche, 1 Zeugdruckerei, 3 Mühlen und der Stadt Sebnitz mit 6000 Einwohnern; Farbe klar, geruchlos in 0,52 m Tiefe.

III. Hinter der Chausseebrücke, unterhalb der Papierfabrik nach Aufnahme der Abgangwässer der Sebnitzer Papierfabrik mit mehreren Wohnungen für Beamte und mit Aborten für Arbeiter; Farbe trüb, an seichter Stelle war grauer Schlamm abgelagert, mit fauligem Geruch in 0,53 m Tiefe.

IV. Im Mühlengraben von Ullersdorf, unterhalb Hainsdorf, nach Aufnahme der Abgangwässer aus dem Dorfe Hainsdorf, welches sich mit mehreren Schneide- und Mahlmühlen an beiden Ufern des Baches über eine Stunde weit hinzieht; Farbe schwach getrübt, mit leichtem weissem Schaum auf der Oberfläche, geruchlos in 0,75 m Tiefe.

V. Am Einfluss des Sebnitzbaches in den Polzenbach, vor dessen Einmündung in die Elbe nach Aufnahme der Abgangwässer einiger Wohnhäuser und Mühlen; Farbe klar, durchsichtig, geruchlos in einer Tiefe von 0,55 m.

Die Resultate der Untersuchung sind in folgender Tabelle enthalten:

	I.	II.	III.	IV.	V.
Mittlere Stromgeschwindigkeit . . .	0,353 m	0,414 m	0,414 m	0,600 m	0,557 m
Wassermenge pro Secunde	0,667 cbm	0,724 cbm	0,819 cbm	0,889 cbm	0,925 cbm
1 Liter Wasser enthält:	mg	mg	mg	mg	mg
Verdampfungsrückstand	75,4	80,7	106,9	93,9	77,7
Glührückstand	63,0	65,9	74,4	72,4	64,1
Glühverlust	12,4	14,8	32,5	21,5	16,3
Organische Substanz	6,9	9,1	35,0	24,2	9,1
Schwefelsäure.	5,7	6,4	9,7	8,6	8,0
Kieselsäure	16,2	16,2	15,3	15,4	8,0
Gebundene Kohlensäure	6,7	7,2	12,8	9,4	7,6
Salpetersäure	4,2	5,4	1,4	2,7	2,1
Chlor	6,1	7,4	10,2	8,4	7,4
Kalk	10,3	12,2	13,5	12,9	12,2
Magnesia	5,1	4,6	4,8	4,5	4,2
Ammoniak	0,2	0,2	0,5	0,3	0,2
Phosphorsäure	Spuren	Spuren	starke Spuren	starke Spuren	Spuren
Freie Kohlensäure in Raum pro mille .	6,0	4,0	8,6	8,0	3,4
Fett	Spuren	Spuren	2,3	Spuren	Spuren
Grad der Verunreinigung:					
Organische Stoffe	0,9	1,1	3,3	2,3	1,1
Ammoniak	2,0	2,0	5,0	3,0	2,0

4. Wesenitz. Die Flussstrecke der Wesenitz wurde von dem Austritt derselben aus dem Viaduct der Eisenbahnbrücke oberhalb der Stadt Bischofswerda bis zur letzten Brücke im Liebethal bei Pirna untersucht und an folgenden Stellen Proben entnommen:

I. Vor Bischofswerda, an dem Mineralbade.

II. Hinter Bischofswerda, bei der Grossmannschen Tuchfabrik nach Aufnahme des Schleuseneinflusses aus dem Vogelteiche und der Abgangwässer von 6 Wollspülereien und Färbereien, 1 Fellspülerei für Kürschner und einer Tuchfabrik.

III. Hinter Bischofswerda, nach Aufnahme der Stadtschleuse und 4 städtischen Schleusen sowie der Abgangwässer zweier Tuchfabriken.

IV. Hinter dem Rittergute Harthau vor dem Einfluss der Rammenau nach Anfnahme der Abgangwässer von 1 Tuchfabrik, 1 Buntpapierfabrik und 1 Mahl- und Knochenmühle.

V. Hinter einer Maschinenfabrik in Oberhelmsdorf nach Aufnahme der Abgangwässer von 6 Mahlmühlen, 1 Pappfabrik, 1 Holzschleiferei, sowie einem Bachzufluss von Langwolmsdorf.

VI. Hinter einer Mahlmühle in Dürrröhrsdorf nach Aufnahme des Bachzuflusses von Störza, sowie der Abgangwässer von 3 Mahlmühlen und 2 Papierfabriken.

VII. Hinter der mit starkem Gefälle behafteten Durchbruchsstrecke der Wesenitz bei

Dittersbach nach Aufnahme der Abgangwässer von 1 Mahlmühle und mehreren Wohnhäusern von Dittersbach.

VIII. An der Chausseebrücke in Liebethal bei Pirna nach Aufnahme der Abgangwässer von 7 Mahlmühlen, 1 Pappfabrik und 2 Loh- und Farbholzmühlen.

	I.	II.	III.	IV.	V.	VI.	VII.	VIII.
Stromgeschwindigkeit . .	m 0,116	m 0,209	m 0,111	m 0,632	m 0,270	m 0,384	m 0,512	m 0,646
Wassermenge	cbm 0,435	cbm 0,474	cbm 0,604	cbm 1,257	cbm 1,527	cbm 1,604	cbm 1,748	cbm 1,840
1 Liter enthält:	mg	mg	mg	mg	mg	mg	mg	mg
Verdampfungsrückstand .	90,1	86,0	89,2	85,3	97,9	99,7	84,2	87,1
Glührückstand	73,8	69,5	70,2	63,4	76,9	77,7	64,2	69,2
Glühverlust	16,3	16,5	19,0	21,9	21,0	22,0	17,0	14,9
Organische Substanz . .	9,5	11,3	9,1	10,4	10,0	9,5	10,4	9,5
Schwefelsäure	5,0	5,8	5,6	6,0	5,6	6,4	6,3	6,0
Kieselsäure	15,4	14,3	15,9	14,2	16,6	15,1	15,0	14,6
Gebundene Kohlensäure .	7,6	7,3	7,2	7,0	6,5	6,9	6,9	7,3
Salpetersäure	5,3	5,5	6,0	5,9	6,3	5,7	5,9	5,9
Chlor	8,4	7,8	8,2	8,4	12,8	11,0	7,4	7,7
Kalk	13,9	12,2	13,4	12,3	12,0	12,5	12,5	13,5
Magnesia	4,9	5,1	4,5	4,9	4,9	5,3	4,9	4,8
Ammoniak	0,2	0,4	0,4	0,3	0,2	0,2	0,2	0,3
Phosphorsäure	deutl. Spuren	deutl. Spuren	deutl. Spuren	Spuren	Spuren	Spuren	Spuren	Spuren
Freie Kohlensäure . . .	6,8 cc	15,0 cc	9,0 cc	3,6 cc	11,0 cc	5,0 cc	2,6 cc	4,2 cc
Grad der Verunreinigung:								
Organische Stoffe . .	1,29	1,39	1,4	1,61	1,55	1,58	1,37	1,37
Ammoniak	2,0	4,0	4,0	3,0	2,0	2,0	2,0	3,0

Aus diesen Untersuchungen erhellt, dass durchweg, wie bei den ersten 3 Flüssen, die Verunreinigung durch putride Abgänge aus menschlichen Wohnstätten grösser ist, als die aus industriellen Etablissements oder aber, dass die Verunreinigung, wie bei der Wesenitz, welche die Abgänge einer grossen Anzahl Fabriken aufnimmt, sich nicht so gross und gefährlich gestaltet, wie man häufig anzunehmen pflegt. Indess wäre es durchaus unzulässig, vorstehende Untersuchungs-Resultate auf andere Verhältnisse übertragen zu wollen; denn einmal lässt sich durch eine einmalige Probenahme nicht immer der Grad der Verunreinigung eines Flusses feststellen, weil die Fabriken ihre Abgänge durchweg nicht in einem constanten und regelmässigen Abfluss, sondern in Perioden und häufig mit einem Male ablassen; andererseits aber kann die Verunreinigung von zahlreichen anderen öffentlichen Wasserläufen, wie wir weiter unten sehen werden, und zwar ausschliesslich oder doch in hervorragendster Weise durch industrielle Abgänge, nicht geleugnet werden.

In dem Werk Ed. Beyer's „Die Fabrikindustrie im Regierungsbezirk Düsseldorf" Oberhausen a. d. R. 1876 S. 113 heisst es nämlich sehr richtig:

„Die Nachtheile der Verunreinigung der fliessenden Gewässer durch Fabrik-Effluvien mögen lediglich vom Standpunkt der öffentlichen Gesundheitspflege vielleicht nicht immer so gewichtig sein, wie dies hier und da geltend gemacht zu werden pflegt; andererseits wird die Bedeutung aber auch vielfach unterschätzt und namentlich seitens der Industrie wird nicht selten mit einer Rücksichtslosigkeit vorgegangen und werden alle wenigstens zur Minderung der Verunreinigung dienenden Vorkehrungen mitunter in einer Weise bei Seite gelassen, dass bereits Zustände geschaffen sind, deren Abänderung ohne die schwersten Opfer kaum mehr zu ermöglichen ist und dass es tief zu beklagen ist, dass die Gesetzgebung nicht längst vorbeugende Massregeln getroffen hat". Und S. 115:

„Es ist in der That die höchste Zeit, dass die Gesetze über die Verunreinigung der Gewässer den wirklichen Verhältnissen angepasst werden und dass solch eminent praktische Fragen nach den Bedürfnissen und Verhältnissen geregelt werden, wobei selbstredend vorausgesetzt wird, dass in den industriellen Gegenden auch den Bedürfnissen der Industrie gebührend Rechnung getragen und dieselben nicht unbedeutenderen landwirthschaftlichen Interessen gegenüber zurückgestellt werden".

In Frankreich ist die Frage der Fabrikabgänge durch Gesetz geregelt, und bestehen Vorschriften betreffs der Verunreinigung der Gewässer, wenngleich die Controlle nur mässig gehandhabt wird. Am eingehendsten ist die Frage in England, wo allerdings die Verunreinigungen der Flüsse einen hohen Grad erreicht haben, geregelt und bestehen z. B. folgende Vorschriften für die Ablassung der Abgänge: Keine Flüssigkeit darf in die Flussläufe abgelassen werden, welche

a) im Liter mehr als 30 mg suspendirte unorganische oder 10 mg suspendirte organische Stoffe enthält;

b) im Liter mehr als 20 mg organischen Kohlenstoff oder 3 mg organischen Stickstoff in Lösung enthält;

c) bei Tageslicht eine bestimmte Farbe zeigt, wenn sie in einer Schicht von 30 mm Tiefe in ein Porzellangefäss gebracht wird;

d) im Liter mehr als 20 mg eines Metalles mit Ausschluss von Kalium, Natrium, Calcium und Magnesium in Lösung enthält;

e) im Liter, gleichviel ob gelöst oder suspendirt, mehr als 0,5 mg metallisches Arsen, als solches, oder in irgend einer Verbindung enthält;

f) nach ihrer Ansäuerung mit Schwefelsäure im Liter mehr als 10 mg freies Chlor enthält;

g) im Liter mehr als 10 mg Schwefel in Form von Schwefelwasserstoff oder als lösliches Sulfid enthält;

h) im Liter mehr Säure enthält, als 2 g Chlorwasserstoffsäure entsprechen;

i) im Liter mehr Alkali enthält, als 1 g Aetznatron entsprechen.

Englische Gesetze.

Dann ist seit 15. Aug. 1876 die Fluss-Verunreinigung in England Gegenstand eines besonderen Gesetzes geworden, welches nach der sinngetreuen Uebersetzung von Gewerberath Dr. G. Wolff in Düsseldorf[1]) folgenden Wortlaut hat:

Datum: 15. August 1876.

Da es zweckmässig ist, weitere Vorkehrungen zu treffen, um eine Verunreinigung der Flüsse und im besonderen auch die Entstehung neuer Verunreinigungs-Quellen zu verhüten, wird hiermit ...... bestimmt wie folgt:

1. Dieses Gesetz wird bezeichnet als The Rivers Pollution Prevention Act. 1876.

I. Recht betreffs der festen Stoffe.

2. Wer absichtlich oder wissentlich festen Abfall einer Fabrik, eines gewerblichen Verfahrens oder eines Steinbruches, oder Kehricht oder Asche oder irgend anderen Abfall oder irgend welche faulige, feste Materie in einen Strom gelangen lässt, so dass durch die Einzelhandlung oder durch deren Zusammentreffen mit ähnlichen Handlungen derselben oder einer anderen Person der ordentliche Lauf des Stromes (Vorfluth) beeinträchtigt oder sein Wasser verunreinigt wird, soll als Uebertreter beurtheilt werden.

Bei den Ermittelungen darf der Beweis wiederholter Handlungen, welche zusammen den bezeichneten Erfolg haben, wenn auch jede Einzelhandlung für sich dazu nicht genügend sein mag, erbracht werden.

II. Recht betreffs der Verunreinigungen durch Abgänge der Hof-, Stall- und Hauswirthschaft (Sewage).

3. Wer absichtlich oder wissentlich festen oder flüssigen Abgangstoff der Hof-, Stall- und Hauswirthschaft (Sewage) in einen Strom gelangen lässt, wird als Uebertreter beurtheilt.

Einlässe in Ströme mittest dazu bestimmter, schon bestehender oder (am 15. Aug. 1876) in der Errichtung begriffener Abfuhrcanäle (Siele) gelten nicht als ungesetzlich, wenn dem Gerichte nachgewiesen wird, dass die besten thunlichen und benutzbaren Mittel zur Unschädlichmachung der Abfallmassen im Gebrauche sind.

Die Aufsichtsbehörde (Centralbehörde, Local Government Board, in Schottland der Minister) kann im Bedürfnissfalle nach örtlicher Untersuchung den Gesundheitsbehörden, welche Einlässe mittelst Sielen des genannten Alters in Ströme betreiben oder dulden, zur Erfüllung der bezeichneten Bedingung (und unter Umständen wiederholt) eine Frist bewilligen.

Personen, welche mit Bewilligung der Gesundheitsbehörde ihre Abgangscanäle an controlirte Siele angeschlossen haben, gelten nicht als Uebertreter.

III. Recht betreffs der Verunreinigungen durch gewerbliche und Grubenbetriebe.

4. Wer absichtlich oder wissentlich giftige, schädliche oder verunreinigende Flüssigkeit, welche aus einer Fabrik oder aus einem gewerblichen Verfahren herrührt, in einen Strom einlässt, wird als Uebertreter beurtheilt.

Einlässe in Ströme mittelst dazu bestimmter, bestehender oder erneuter oder (am 15. Aug. 1876) in der Errichtung begriffener Canäle gelten nicht als ungesetzlich, wenn dem Gerichte nachgewiesen wird, dass die besten thunlichen und verständigerweise benutzbaren Mittel zur Unschädlichmachung der giftigen, schädlichen oder verunreinigenden Stoffe im Gebrauche sind.

---

[1]) Eulenberg's Vierteljahrsschr. für gerichtl. Med. etc. N. F. Bd. 49 S. 1 u. 2.

5. Wer absichtlich oder wissentlich feste Stoffe aus einer Grube in Mengen, welche voraussichtlich den ordentlichen Lauf des Stromes (Vorfluth) beeinträchtigen können, oder giftige, schädliche oder verunreinigende feste oder flüssige Stoffe aus Gruben — mit Ausnahme des natürlichen Grubenwassers — in einen Strom einlässt, wird als Uebertreter beurtheilt, es sei denn, dass er bezüglich der giftigen etc. Stoffe dem Gerichte nachweist, dass die zur Unschädlichmachung der giftigen, schädlichen und verunreinigenden Stoffe besten thunlichen und verständigerweise benutzbaren Mittel im Gebrauche sind.

6. So lange das Parlament nichts Anderes bestimmt, dürfen nur die Gesundheitsbehörden, und diese nur mit Bewilligung der Aufsichtsbehörde, das gerichtliche Verfahren gegen Bestimmungen in III. dieses Gesetzes herbeiführen; jedoch kann eine durch angebliche Gesetzes-Uebertretung belästigte Person, wenn die Gesundheitsbehörde deren Aufforderung zur Einleitung des Gerichtsverfahrens ablehnt, Beschwerde bei der Aufsichtsbehörde erheben, und diese nach Erforschung der Sachlage darüber, ob die Gesundheitsbehörde das Verfahren durchführen soll oder nicht; die Aufsichtsbehörde muss dabei sowohl die gewerblichen Interessen, wie die Umstände und Bedürfnisse der Oertlichkeit berücksichtigen.

Die Aufsichtsbehörde darf die Gesundheitsbehörde eines Bezirks, welcher Sitz einer Fabrikindustrie ist, zur Aufnahme eines Gerichtsverfahrens nicht ermächtigen, wenn sie nicht nach ausreichender Untersuchung die Ueberzeugung erlangt hat, dass Mittel zur Unschädlichmachung der giftigen, schädlichen und verunreinigenden Flüssigkeiten, welche aus den Fabrikationsprocessen hervorgehen, unter allen Umständen des Falles verständigerweise thunlich und benutzbar sind, und dass durch das Gerichtsverfahren den Interessen der Industrie kein wesentlicher Nachtheil zugefügt wird.

Derjenige, gegen welchen auf Grund von III. in einem solchen Bezirk das Gericht angerufen werden soll, darf, ungeachtet der dazu ertheilten Genehmigung der Aufsichtsbehörde, dagegen Einrede erheben, und die Gesundheitsbehörde muss, wenn er den Einspruch schriftlich vorbringt, ihm Gelegenheit geben, denselben bezüglich seiner eigenen Fabrik und Fabrikationsprocesse persönlich, durch Vertreter oder Zeugen zu begründen; nach Erforschung der Sachlage soll die Behörde unter Einhaltung der für das Urtheil der Aufsichtsbehörde massgebenden Rücksichten darüber Entscheidung treffen, ob das Verfahren zu eröffnen ist oder nicht; und wo eine solche Gesundheitsbehörde das Gerichtsverfahren eingeleitet hat, sind andere Gesundheitsbehörden zur Einleitung des Gerichtsverfahrens nicht eher befugt, als bis sich ergiebt, dass die Partei, gegen welche dasselbe beabsichtigt ist, es versäumt, die von irgend einem nach diesem Gesetz zuständigen Gericht getroffenen Anordnungen in einer angemessenen Frist auszuführen.

IV. Die Handhabung des Rechts.

7. Jede Gesundheits- (oder örtliche) Behörde, welche Siele zu beaufsichtigen hat, muss den Gewerbetreibenden ihres Bezirks die Einlassung der aus ihren Fabriken und Fabrikationsprocessen stammenden Flüssigkeiten in die Siele zu erleichtern suchen.

Indess soll keineswegs die Behörde gebunden sein, Flüssigkeiten in die Siele einzulassen, wenn vorauszusehen ist, dass dieselben die Siele oder den Verkauf oder die sonstige Verwendbarkeit des Sielinhalts beeinträchtigen, wegen ihrer Temperatur oder aus sonstigen Ursachen gesundheitlich schädlich wirken würden, oder wenn der Canal nur für die sonstigen Bedürfnisse des Bezirks ausreicht, oder wenn die Genehmigung der Behörde gerichtliche Anordnungen über den Sielinhalt beeinträchtigen würde.

8. Jede Gesundheitsbehörde ist ermächtigt, unter Beachtung der Vorbehalte dieses Gesetzes die Bestimmungen desselben in Bezug auf jeden in ihrem Bezirk belegenen oder an demselben vorüberfliessenden Strom zu erzwingen und dieserhalb das Gerichtsverfahren wegen irgend einer innerhalb oder ausserhalb des Bezirkes geschehenen Gesetzesüber-

tretung gegen andere Gesundheitsbehördeu wie gegen Personen zu veranlassen. Die Ausgaben, welche die Gesundheitsbehörden in Ausführung des Gesetzes machen, werden gleich jenen, welche durch die Ausführung des Public Health Act entstehen, beglichen.

Die Anrufung der Gerichte ist unter den Vorbehalten des Gesetzes auch solchen Personen gestattet, welche sich durch eine Verletzung der Bestimmungen des Gesetzes beschwert fühlen.

9. Dem Lee Conservancy Board stehen in Hinsicht dieses Gesetzes gleiche Befugnisse wie den Gesundheitsbehörden zu.

10. Das Provinzialgericht (county court) kann, wenn innerhalb seines Zuständigkeitsbezirkes das Gesetz übertreten wird, mittelst einer „Br. m. Verfügung" jede Person auffordern, die Uebertretung zu unterlassen, und wenn sie sich als mangelhafte Pflichterfüllung darstellt, die Erfüllung der Pflicht — auch in bestimmt bezeichneter Weise — verlangen; es kann in jeder Verfügung Bestimmung treffen über die Zeit und die Art, in welcher die Vorschriften zu erledigen sind; es kann frühere Anordnungen und Bedingungen zeitweise oder gänzlich aufheben, und überhaupt jede Anordnung, die es für angebracht hält, zur Durchführung seiner Verfügungen treffen. Es kann auch, wenn nöthig, vorher Gutachten von Sachverständigen (skilled parties) über die „besten, thunlichen und benutzbaren Mittel" und über die Art und Kosten der erforderlichen Einrichtungen und Apparate einziehen, wobei die Sachverständigen in jedem Falle die Vernunftsmässigkeit der durch die Vorschläge bedingten Ausgaben in Betracht ziehen müssen.

Wer solchen Verfügungen des Gerichts nicht nachkommt, muss an die Beschwerdeführer oder an die vom Gerichte Bezeichneten eine Summe zahlen, welche das Gericht bemisst und welche für jeden Tag der Zuwiderhandlung 50 Lstr. betragen darf; Strafzahlungen dieser Art werden in gleicher Weise wie abgeurtheilte Schuldzahlungen erzwungen. Daneben kann das Gericht, wenn trotzdem seiner Verfügung innerhalb der auf höchstens 1 Monat zu bemessenden Frist nicht entsprochen wird, bestimmte Personen mit der Durchführung seiner Anordnungen beauftragen und dem Widersetzlichen alle dabei entstehenden Kosten zur Last legen.

11. Jede Partei kann gegen die Gerichtsverfügungen beim obersten Gerichtshof Beschwerde erheben. Die Beschwerde muss als Special-Rechtsfall unter Zustimmung beider Parteien, und wenn diese nicht erreichbar, unter Zustimmung des rechtsverständigen Richters des Provinzialgerichts vorgebracht werden. Das Beschwerdegericht darf aus den vorgebrachten Thatsachen Folgerungen ziehen in gleicher Weise, wie ein Schwurgericht aus Zeugenaussagen. Abgesehen von den besonderen Bestimmungen in IV gelten für die Rechtshandhabung erster und letzter Instanz die gewöhnlichen Bestimmungen.

12. Die Bescheinigung eines für die Zwecke dieses Gesetzes von der Aufsichtsbehörde angestellten Inspectors von gehöriger Befähigung, wonach die im Gebrauche befindlichen Mittel zur Unschädlichmachung der in einen Strom gelangenden Hof-, Stall- und Hauswirthschaftsabfälle (Sewage matter) oder giftigen, schädlichen oder verunreinigenden festen oder flüssigen Stoffe unter den Umständen des besonderen Falles die besten oder allein thunlichen und benutzbaren sind, soll in allen Gerichten und Gerichtsverhandlungen entscheidender Beweis für die Thatsachen sein. Die Bescheinigung soll nur für eine darin bezeichnete und die Dauer von 2 Jahren nicht überschreitende Frist Geltung besitzen, und darf nach Ablauf derselben für eine gleiche oder kürzere Dauer erneuert werden.

Die zwecks Beschaffung einer solchen Bescheinigung entstehenden Kosten trägt derjenige, welcher sie beantragt.

Wer sich durch die Verweigerung einer solchen Bescheinigung oder durch deren Inhalt beschwert fühlt, kann Beschwerde bei der Aufsichtsbehörde anbringen. Diese entscheidet endgültig über solche Beschwerden und über die Vertheilung der durch die Beschwerde entstandenen Kosten.

13. Innerhalb 12 Monate nach Erlass dieses Gesetzes ist eine Anrufung der Gerichte gegen Uebertreter der Bestimmungen in II und III nicht statthaft; ebensowenig ist es erlaubt, auf Grund des Gesetzes ein Gerichtsverfahren zu veranlassen, wenn nicht 2 Monate vorher demjenigen, gegen den es gerichtet werden soll, die Absicht schriftlich eröffnet worden ist, — oder die Gerichte anzurufen wegen einer Uebertretung, während ein anderes Gerichtsverfahren, welches mit der Uebertretung in Beziehung steht, noch schwebt.

14. Die Aufsichtsbehörde stellt die bei ihren Untersuchungen entstandenen Kosten fest und verfügt deren Vertheilung auf die Parteien; diese sowie die auf Grund der No. 12 erlassene Verfügung haben die Wirkung einer Verfügung des obersten Gerichtshofes.

15. Die Inspectoren der Aufsichtsbehörde besitzen bei den im Auftrage der letzteren vorgenommenen Untersuchungen bezüglich der Zeugen und deren Vernehmung, der Vorlage von Urkunden, Schriften und Rechnungen, der Besichtigung und Untersuchung von Oertlichkeiten und Dingen, welche zu inspiciren sind, dieselbe Machtvollkommenheit, wie die für die Zwecke der Public Health Act ernannten Inspectoren derselben Behörden.

16. Durch die Vollmachten, welche dieses Gesetz ertheilt, soll anderen Vollmachten oder Rechten, welche bestehen oder an bestimmte Personen durch Parlamentsgesetze, geschriebenes Recht oder Herkommen verliehen sind, nicht vorgegriffen werden; sie können vielmehr weiter geübt werden, als ob dieses Gesetz nicht bestände. Und Nichts in diesem Gesetze soll dazu dienen, Handlungen oder Mängel zu legalisiren, welche ohne dieses Gesetz als Unfug oder Gesetzeswidrigkeiten zu beurtheilen wären: Wo aber solche „andere Vollmachten und Rechte“ gegen eine Person durchgesetzt werden sollen, muss das Gericht, bei welchem die Verhandlung liegt, trotzdem eine der verklagten Person ertheilte Bescheinigung (No. 12) in Betracht ziehen.

17. Das Gesetz soll dem gesetzmässigen Gebrauch von Rechten zum Aufstau oder Ableiten von Wasser nicht im Wege stehen.

18. Die Thames Conservancy Acts, Lee Conservancy Act und deren Ergänzungen, sowie die Rechte des Metropolitan Board of Works, dessen Sielauslässe und Werke werden vom Gesetz nicht beeinträchtigt.

19. Oertliche und Gesundheitsbehörden, welche auf Grund eines Gesetzes Abgänge der Hof-, Stall- und Hauswirthschaft (Sewage) in die See oder in Fluthwasser gelangen lassen, begehen bei Ausführung jenes Gesetzes keine Uebertretung dieses Gesetzes.

20. In diesem Gesetz haben die folgenden Worte folgende Bedeutung:

„Person“ = Einzelpersonen, Vereinigungen von Personen und Corporationen.

„Strom“ = die See in dem Umfang und die Fluthgewässer bis zu dem Punkt, wie die Aufsichtsbehörde nach örtlicher Untersuchung und aus sanitären Gründen es bestimmt und in der London Gazette veröffentlicht. Ausserdem Flüsse, Ströme, Canäle, Binnenseen und Wasserläufe, letztere, wenn sie nicht beim Erlass dieses Gesetzes hauptsächlich als Siele benutzt wurden und direct in die See münden oder Fluthgewässer sind, welche noch nicht in der bezeichneten Weise als „Ströme“ bezeichnet wurden.

„Feste Stoffe“ = der Ausdruck schliesst nicht die Schwebetheilchen im Wasser ein.

„Verunreinigung“ = der Ausdruck schliesst unschädliche Entfärbung nicht ein.

„Gesundheitsbehörde“ = bedeutet in England die Behörden, welche auf Grund der Nuisances Removal for England Act bestehen, im übrigen England die städtischen und ländlichen Gesundheitsbehörden (Publ. Health Act. 1876).

V (21) und VI (22)

beziehen sich auf die Anwendung des Gesetzes in Schottland und Irland, sind aber unwesentlich, weil am Gesetz und dessen Ausführung dadurch Nichts verändert, sondern nur angegeben wird, welche schottischen und irischen Behörden an Stelle der im Texte bezeichneten englischen Behörden fungiren sollen.

Auch für manche Bezirke Deutschlands ist die Regelung der Verunreinigung der Flüsse durch Gesetz ein dringendes Bedürfniss und ist der auf diesem Gebiete sachkundige Gewerberath Dr. G. Wolff der Ansicht, dass das englische Gesetz auch das für deutsche Verhältnisse passende Mass so genau trifft, dass es unter entsprechender Modificirung für die deutsche Verwaltungsorganisation direct zur Anwendung gebracht werden könnte.

In einigen deutschen Bundesstaaten ist man auch schon mit gutem Beispiel vorgegangen; so hat das Grossherz. Bad. Ministerium des Innern vom 11. Oct. 1884 (Nr. 39 des Bad. Gesetz- und Verordnungsblattes) eine Verordnung erlassen, welche den Procentsatz der den Fischwässern schädlichen Verunreinigung in einer Reihe von Specialfällen angiebt und weitere bestimmte Vorschriften für das in derartigen Fragen von den Verwaltungsbehörden einzuschlagende Verfahren enthält.

Die Verordnung lautet:

(Vom 11. October 1884.)

Die Ausübung und den Schutz der Fischerei, hier die Verunreinigung von Fischwassern betreffend.

Zum Vollzug des Artikels 4 des Gesetzes vom 3. März 1870 über die Ausübung und den Schutz der Fischerei und des Artikels 23 Ziffer 1 des Gesetzes vom 25. August 1876, die Benützung und Instandhaltung der Gewässer betreffend, werden die Verwaltungsbehörden angewiesen, wenn die Genehmigung beziehungsweise Untersagung der Einleitung von fremden Stoffen in ein Fischwasser in Frage steht, bei der Beurtheilung darüber, ob und in welcher Mischung die betreffenden Stoffe als für den Fischbestand schädlich zu erachten und welche Massregeln zur thunlichen Verhütung des Schadens anzuwenden sind, die nachstehenden Grundsätze zu beachten:

I. Als schädliche Stoffe im Sinne des Artikels 4 des Gesetzes vom 3. März 1870 gelten:

1. Flüssigkeiten, in welchen mehr als 10 % suspendirte und gelöste Substanzen enthalten sind;

2. Flüssigkeiten, in welchen die nachverzeichneten Substanzen in einem stärkeren Verhältniss als in demjenigen von 1:1000 (beim Rhein von 1:200) enthalten sind, nämlich, Säuren, Salze, schwere Metalle, alkalische Substanzen, Arsen, Schwefelwasserstoff, Schwefelmetalle, schweflige Säure und Salze, welche schweflige Säure bei ihrer Zersetzung liefern;

3. Abwasser aus Gewerben und Fabriken, welche feste fäulnissfähige Substanzen enthalten, wenn dieselben nicht durch Sand- oder Bodenfiltration gereinigt worden sind;

4. Chlor- und chlorhaltige Wasser und Abgänge der Gasanstalten und Theerdestillationen, ferner Rohpetroleum und Produkte der Petroleumdestillation;

5. Dampf und Flüssigkeiten, deren Temperatur 40° R. (50° C.) übersteigt.

II. Die unter I. Ziffer 2 und 3 aufgeführten Flüssigkeiten sollen, wo immer die Beschaffenheit der Wasserläufe es gestattet, durch Röhren oder Kanäle abgeleitet werden, welche bis in den Strom des Wasserlaufs reichen und unter dem Niederwasser ausmünden, jedenfalls aber derart zu legen sind, dass eine Verunreinigung der Ufer ausgeschlossen bleibt.

Diese Bestimmung gilt auch für in Fluss- und Bachläufe einmündende Abfuhrkanäle, sofern sie durch die vorerwähnten Flüssigkeiten übermässig stark verunreinigte Abwasser enthalten.

Auch im Königreich Sachsen hat das Königl. Ministerium des Innern schon seit 10 Jahren der Frage der Verunreinigung der fliessenden Gewässer seine Aufmerksamkeit zugewendet[1]), und auf Grund von Erhebungen und Gutachten die Kreishauptmannschaften angewiesen, auf möglichste Beschränkung der Verunreinigung von fliessenden Gewässern hinzuwirken, vorwiegend:

Königl. Sächsische Gesetze.

1. ihre besondere Aufmerksamkeit denjenigen Anlagen zuzuwenden, mit deren Betrieb eine solche Einführung von festen Stoffen und von Flüssigkeiten in einen Wasserlauf verbunden ist, welche das Wasser in letzterem in einer den gemeinen Gebrauch desselben wesentlich beeinträchtigenden oder der menschlichen Gesundheit nachtheiligen Weise verunreinigen oder eine derartige bereits vorhandene Verunreinigung noch vermehren kann. Zu dem Ende haben die Verwaltungsbehörden, gleichviel ob Beschwerden vorliegen oder nicht, von Zeit zu Zeit, mindestens aber in jedem Jahre einmal, durch eigenen Augenschein über den Zustand der Wasserläufe sich zu überzeugen und ausserdem die Bezirksärzte und Gewerbeinspektionen, sowie die ihnen untergeordneten Organe zu ersuchen, bez. zu veranlassen, ihnen jede Wahrnehmung mitzutheilen, welche eine abhelfende Entschliessung erheischt.

Die Besichtigung der Wasserläufe wird am zweckmässigsten zu Zeiten geringen Wasserstandes vorzunehmen sein.

2. Die Einführung fester Stoffe in einen Wasserlauf, gleichviel welchen Ursprunges dieselben sind, ob sie von gewerblichen Anlagen oder Gemeindeschleusen oder sonst woher stammen, ist unbedingt zu untersagen, wenn solche zur Verunreinigung des fliessenden Wassers geeignet sind.

3. Ist mit dem Betriebe einer bestehenden Anlage eine Verunreinigung des fliessenden Wassers durch Zuführung von Flüssigkeiten verbunden, so haben die Verwaltungsbehörden dafür zu sorgen, dass deren Besitzer solche Massnahmen vorkehren, welche nach dem jeweiligen Stande der Wissenschaft getroffen werden können, um den bestehenden Uebelständen abzuhelfen oder sie wenigstens auf das thunlichst zulässige Mass zu beschränken. Es sind jedoch, wie bereits in der Verordnung vom 28. März 1882 verfügt worden, an die betreffenden Anlagen unter schonender Wahrnehmung der Industrie, wie auch der Landwirthschaft, nur solche Anforderungen zu stellen, welche mit einem nutzbringenden Betriebe derselben vereinbar sind.

So oft es die Verhältnisse gestatten, mithin nicht eine sofortige, keine Zögerung zulassende, Anordnung auf Beseitigung oder Beschränkung des vorhandenen Uebelstandes erforderlich ist, besonders aber in allen wichtigen Fällen hat die Verwaltungsbehörde vor Fassung hauptsächlicher Entschliessung nicht nur mit den amtlichen Organen: dem Bezirksarzte und dem Gewerbeinspektor, nach Befinden auch dem Wasserbauinspektor, sich ins Vernehmen zu setzen, sondern auch, wenn dies geboten oder doch wünschenswerth erscheint, einen auf dem einschlagenden Gebiete speziell vertrauten Sachverständigen, z. B. bei chemischen Vorgängen einen Chemiker, und ausserdem Männer des praktischen Lebens mit ihren Gutachten zu hören, welche selbst Industrielle, bez. Landwirthe, über die Bedürfnisse wie über die Leistungsfähigkeit der einschlagenden industriellen, resp. landwirthschaftlichen, Branche genau unterrichtet und, zugleich unter Berücksichtigung der lokalen Verhältnisse,

---

[1]) Sächsische Landw. Zeitschrift 1886 No. 9 S. 118.

zu beurtheilen im Stande sind, was von den Anlagebesitzern billigerweise verlangt und was von diesen geleistet werden kann.

Zweckmässig erscheint es, dafern der Verwaltungsbehörde nicht schon besonders hierzu geeignete Personen zur Verfügung stehen, sich wegen Bezeichnung solcher Berufsgenossen an die in den Handels- und Gewerbekammern, sowie in dem Landeskulturrathe bestehenden geordneten Vertretungen der gewerblichen, bez. landwirthschaftlichen, Interessen des Landes zu wenden, sei es für den einzelnen Fall, oder im voraus für eine Reihe von Fällen.

4. Bei neuen Anlagen, welche die Wasserläufe durch Abfallwässer zu verunreinigen geeignet scheinen, ist im allgemeinen daran festzuhalten, dass sie entweder gar nicht oder nur dann zu gestatten sind, wenn die Unternehmer in genügender Weise nachweisen, dass sie solche Einrichtungen zu treffen gemeint und imstande seien, vermöge derer dieser Effluvien ungeachtet der gemeine Gebrauch des Wassers nicht beeinträchtigt werde. Hiervon wird nur in ganz besonderen Fällen' eine Ausnahme nachgelassen werden können, wie z. B. wenn bei Grenzflüssen durch die bereits vorhandene Verunreinigung des fliessenden Wassers der gemeine Gebrauch desselben bereits ausgeschlossen ist.

5. Die unter 3 und 4 getroffenen Vorschriften haben auch auf die Zuführung von Flüssigkeiten aus Gemeindeschleusen, wodurch die Verunreinigung eines Wasserlaufes herbeigeführt wird, sinngemässe Anwendung zu finden.

6. Die Verwaltungsbehörden sind auf Grund des § 2₁ des A-Gesetzes vom 28. Januar 1835 bez. nach dem Gesetze, Nachträge zu dem Gesetze über die Ausübung der Fischerei in fliessenden Gewässern vom 15. Oktober 1868 betreffend, vom 16. Juli 1874 nicht nur berechtigt, sondern auch verpflichtet, ihre auf gegenwärtiger Verordnung beruhenden Verfügungen mit Nachdruck durchzuführen und zu dem Ende die ihnen erforderlich erscheinenden Zwangsmittel zur Anwendung zu bringen, namentlich Strafen anzudrohen und zu vollstrecken.

7. Der bei Ausführung dieser Verordnung entstehende Kostenaufwand ist, dafern derselbe nicht den Betheiligten auf Grund bestehender besonderer Vorschriften oder allgemeiner Grundsätze zur Last fällt, als Polizeiaufwand auf die Kasse der betreffenden Verwaltungsbehörden zu übertragen.

Wenn in einzelnen der eingegangenen gutachtlichen Berichte die Einsetzung von ständigen technischen Bezirkskommissionen empfohlen worden ist, welche von den unteren Verwaltungsbehörden in allen die Verunreinigung der Wasserläufe betreffenden Fällen vernommen werden sollen, so hat man Bedenken tragen müssen, dieser Anregung weitere Folge zu geben, da abgesehen davon, dass sich im voraus wegen der eintretenden Vielgestaltigkeit der einzelnen Fälle, die naturgemäss die Beurtheilung verschiedener Kategorien von Sachverständigen erheischen, die Zusammensetzung einer solchen Kommission nicht wohl mit Sicherheit bestimmen lässt, die Mitwirkung eines solchen Organs bei allen Vorkommnissen, gleichviel ob dieselben dringlicher Natur sind oder nicht, oder ob sie wichtig sind oder nicht, oft einen unverhältnissmässigen Zeit- und Kostenaufwand herbeiführen würde, wodurch der Sache selbst eher geschadet, als genützt werden dürfte.

Dazu kommt, dass wenigstens für die Rekursinstanz ein derartiges Organ bereits vorhanden ist: die technische Deputation des Ministerium des Innern, bei der schon regulativmässig besteht, dass sie nach ihrem Ermessen geeignete Persönlichkeiten, besonders aus dem praktischen Gewerbestande, zur Berathung hinzuziehen oder als sachverständige Zeugen hören kann, und die auch angewiesen worden ist, von dieser Ermächtigung bei Beurtheilung von an sie gelangenden Fragen über Verunreinigung von Wasserläufen so oft es wünschenswerth erscheint Gebrauch zu machen.

Am Schlusse der betreffenden Verordnung sind die Kreishauptmannschaften angewiesen worden, die ihnen nachgeordneten Verwaltungsbehörden mit dem Vorstehenden entsprechender Bescheidung zu versehen und auch ihrerseits darüber zu wachen, dass der Verordnung des Ministeriums allenthalben nachgegangen werde.

Ferner hat das Königl. Sächsische Ministerium unterm 9. Juni 1885 folgende Verordnung für Schlächtereien erlassen:

I. Schlächtereien.

„Für Schlächtereien aller Art, in welchen das Schlachten von Rindern und Kälbern, Schafen, Ziegen und Schweinen, sowie von Pferden gewerbsmässig betrieben werden soll, ist Folgendes erforderlich:

1. Das für den Umfang der fraglichen Anlage erforderliche Wasser muss nachweislich in genügender Menge zur Verfügung stehen.

2. Schlächtereien der gedachten Art sollen nicht innerhalb durch Gebäude abgeschlossener Hofräume, sondern müssen möglichst in freier, einen freien Luftzug ermöglichender Lage errichtet werden.

3. Die Schlachthäuser sollen wo möglich nur zu Schlachtzwecken benutzt werden.

Der An-, Ein- und Ueberbau von Wohnungen ist thunlichst zu vermeiden.

4. Bei grösseren Anlagen sollen die eigentlichen Schlachträume, zur Vermeidung stärkerer Geruchsentwickelung durch die Wärme, weder Kessel- noch Feuerräume enthalten.

Nur bei kleineren Schlachthausanlagen soll dies für statthaft zu erachten sein.

5. Der räumliche Umfang des eigentlichen Schlachthauses soll nach dem Bedarfe, darf jedoch zur besseren Erhaltung reiner Luft nicht zu knapp bemessen sein. Die Höhe desselben muss mindestens 3 bis $3\frac{1}{2}$ Meter betragen.

Die Wände müssen in der Höhe von mindestens 2 Meter mit 3 fachem Oelanstrich versehen werden.

6. Der Fussboden des Schlachtraumes muss undurchlässig sein, und zu dem Ende aus in Cement vermauerten Steinplatten oder hartgebrannten Klinkerziegeln oder aus Asphalt hergestellt werden.

Er ist in ganz ebener Fläche dergestalt abschüssig anzulegen, dass die flüssigen Abgänge durch einen gehörig weiten, wasserdicht in Cement gemauerten Canal in das Klärbassin (7) gelangen können.

7. Zur Aufnahme und Klärung der flüssigen Abgänge aus dem Schlachthausraume muss ein Klärbassin hergestellt werden, welches mit dem Schlachtraume durch den in No. 6 gedachten Canal in Verbindung gesetzt ist. Das Klärbassin muss in gehöriger, dem Umfange der Schlächtereianlage entsprechender Grösse hergestellt werden. Es muss wasserdicht in Cement gemauert, und mit einer gehörigen Desinfectionseinrichtung versehen sein.

8. Das Ablaufenlassen der im Klärbassin sich ansammelnden flüssigen Abgänge aus dem Schlachtraume in Schleusen, fliessende oder stehende Gewässer darf nur nach vorheriger gehöriger Desinfection der ersteren erfolgen.

Das Klärbassin muss von Zeit zu Zeit gereinigt und muss der ausgehobene Inhalt desselben auf ein von Wohnhäusern möglichst weit abgelegenes Feldgrundstück abgefahren werden. Das eine wie das andere geschieht am besten während der Nachtzeit.

9. Die nicht flüssigen Abfälle im Schlachtraume sind in einer, wasserdicht in Cement gemauerten, verdeckten Grube unterzubringen, können aber auch, soweit sie in Excrementen bestehen, auf den gewöhnlichen Düngerstätten abgelagert werden.

Es ist für möglichst häufige, am besten während der Nachzeit vorzunehmende Abfuhr des Grubeninhalts, wie der Düngerstättemassen Sorge zu tragen. (Auf solche Gebäuderäume, in welchen nur zeitweilig für den häuslichen oder sonstigen Wirthschaftsbedarf wie in Gasthäusern und Restaurationen, Thiere geschlachtet werden, leiden die vorstehenden Bestimmungen keine Anwendung.)"

Man sieht hieraus, dass man auch in einzelnen Staaten Deutschlands neuerdings bemüht ist, durch Gesetze und Verordnungen die Verunreinigung der Flüsse einzuschränken; mögen diese Beispiele bald allgemeine Nachahmung finden.

I. Theil.

Abfallwasser mit stickstoffhaltigen organischen Stoffen.

Allgemeine Bemerkungen
über schädliche Wirkungen und Reinigung der mit stickstoffhaltigen organischen Stoffen beladenen Schmutzwässer.

————

Zur vorstehenden Gruppe Abfallwasser gehören unter anderen: Städtisches Canalwasser, Abgänge aus Schlachthäusern, Strohpapierfabriken, Zucker- und Stärkefabriken, Bierbrauereien, Brennereien, Hefefabriken, Wollwäschereien, Wollputzfabriken, Färbereien etc. etc. Diese und ähnliche Abfallwässer sind dadurch ausgezeichnet, dass sie entweder an sich eine grössere oder geringere Menge Gährungs- und Fäulnissprodukte enthalten oder doch leicht in Fäulniss übergehen. Bei der analogen Art und Weise ihrer schädlichen Wirkung sowie ihrer Reinigungsmethoden mögen über diese beiden Punkte einige allgemeine Bemerkungen, die für die ganze Gruppe massgebend sind, vorausgeschickt werden.

I. Schädliche Wirkungen.

Für die schädigende Wirkung dieser Abfallwässer kommen vorwiegend 3 Eigenschaften in Betracht: Schädliche Wirkungen.

1. Der Gehalt der Wässer an suspendirten organischen Stoffen oder Schlammtheilchen aller Art, wozu bei den Färbereiabflusswässern noch Farbstoff hinzutritt.

2. Uebelriechende Fäulnissprodukte (Schwefelwasserstoff, Schwefel oder sonstige Reductionsproducte).

3. Mangel oder vollständiges Fehlen von Sauerstoff.

Diese 3 Eigenschaften wirken nach verschiedenen Richtungen hin verschieden nachtheilig.

1. In landwirthschaftlicher Hinsicht. In landwirthschaftlicher Hinsicht können diese Wässer, insofern Boden und Pflanzen in Betracht kommen, nicht als schädlich, sondern eher als nützlich bezeichnet werden, indem sie dem Boden resp. der Pflanze alle diejenigen Nährstoffe zuführen, welche demselben durch die Ernte entzogen werden; ja es wird In landwirthschaftl. Hinsicht.

sogar seitens der Landwirthschaft, und nicht ohne Grund, geltend gemacht, dass sie ein Anrecht daran habe, die in diesen Wässern, besonders in den städtischen, Pflanzennährstoffe enthaltenden Abortabgängen, welche direct oder indirect dem Boden entstammen, wieder zu erhalten, um den Boden vor Verarmung zu schützen und des Zukaufs der theueren Düngemittel mehr und mehr enthoben zu sein. Schädlich werden diese Wässer nur dann für den Boden, wenn einerseits die suspendirten Schlammtheilchen in solcher Menge vorhanden sind und so stark auf den Boden aufgetragen werden, dass derselbe die zugeführten Stoffe nicht hinreichend verarbeiten d. h. oxydiren kann, sondern mit der Zeit verschlammt und versauert, andererseits wenn neben den düngenden auch specifisch schädliche Bestandtheile vorhanden sind.

In gewerblicher Hinsicht. 2. In gewerblicher Hinsicht. In gewerblicher Hinsicht (als Wasch- und Spülwasser für Wäschereien, Bleichereien, Brauereien, Gerbereien und Färbereien, als Kesselspeisewasser etc.), sind mehr oder weniger alle drei Eigenschaften nachtheilig, indem die schmutzige Beschaffenheit die Verwendung des Wassers für genannte Zwecke überhaupt unmöglich macht, oder die Qualität der Fabrikationsproducte beeinträchtigt. So ertheilen z. B. stark mit organischen Stoffen beladene Wasser Garnen und Geweben eine gelbe Farbe oder machen sie fleckig.

Ein solches Wasser liefert in Brauereien eine unreine (Neben-) Gährung und ein weniger haltbares Bier; ja auch beim Brodbacken kann ein mit organischen Stoffen verunreinigtes Wasser eine Störung der Gährung verursachen und bei der Gerberei bewirkt es ein Verfallen des Leders etc.

In sanitärer Hinsicht. 3. In sanitärer Hinsicht. Die nachtheiligste Wirkung äussern die fauligen und fäulnissfähigen Schmutzwässer in sanitärer Hinsicht. Die Schädlichkeit äussert sich hier sowohl durch die suspendirten wie gelösten Stoffe in indirecter und directer Art.

a) Schädlichkeit der suspendirten Schlammstoffe.

Die suspendirten Schlammstoffe dieser Schmutzwässer sind je nach dem Ursprung derselben sehr verschieden; die hauptsächlichste Quelle derselben, die städtischen Abgangwässer resp. die von bewohnten Ortschaften schliessen ein: Strassen- und Hauskehricht aller Art, Kloakenstoffe (Faeces wie Harn), sowie sonstige durch Waschen, Baden und Mundreinigen bewirkte Abgänge des Menschen, Spülicht mit Resten von Nahrungsmitteln (von animalischen wie vegetabilischen Nahrungsmitteln), Seifenwasser (ausgeschiedene Fettsäuren, basisch fettsaure Salze) resp. Schmutz der Wäsche mit Antheilen der Wäsche und Kleidung, Bestandtheile von crepirten Thieren (Ratten, Mäusen, Fliegen, Spinnen etc.), Bestandtheile von vermodertem Holz; hierzu gesellen sich noch die Bestandtheile aus industriellen Anlagen, z. B. Cadaver-Inhalt und Blutbestandtheile von Thieren aus Schlächtereien, Hefe und sonstige mit Mikroorganismen durchsetzte Schlammstoffe aus Brauereien, Wolle- und Pflanzenfaserstoffe aus Tuch- und Papierfabriken etc. etc.

Alle diese Stoffe sind stets mit mehr oder weniger Mikroorganismen, sowie Reproductionsorganen von Parasiten der verschiedensten Art behaftet und können daher unter Umständen die directen Träger von Infectionsstoffen und so directe Urheber von ansteckenden Krankheiten werden.

So hat man gefunden, dass thierische Parasiten nicht selten durch *Parasiten.* verunreinigtes Wasser auf den Menschen übertragen werden. Knoch[1]) hat z. B. nachgewiesen, dass die Eier des grossen Bandwurmes (Bothriocephalus latus), welche besonders im Spätherbst und Winter mit dem Stuhlgang entleert werden, im süssen Wasser ihre gewimperten Embryonen entwickeln, dass letztere dort nach Verlust der Wimperhaut zu Grunde gehen, oder nach Genuss des Wassers in den Darm eines Wirtes gelangen, wo sie sich weiter zum Bandwurm entwickeln. Dasselbe gilt von Distomum lanceolatum und Distomum hepaticum, welches letztere die „Leberfäule" der Schafe verursacht und auch gelegentlich in den Menschen gelangt; nach Leuckardt nimmt nämlich der Leberegel seine erste Entwickelung als Parasit in kleinen Schlammschnecken (Limnaeus minutus und Limnaeus pereger).

Nach Griesinger[2]) wird das in Aegypten heimische (auch in Capland und Natal bekannte) Distomum haematobium (Bilharzia haemutobia), welches vorwiegend die Harnwege befällt und die Ursache der „exotischen Hämaturie" ist, zum Theil wenigstens durch das Nilwasser übertragen.

Derselbe Forscher hat nachgewiesen, dass der in Aegypten, Indien und Brasilien bekannte Parasit Ankylostomum duodenale, welcher die als „tropische Chlorose" bekannte und mitunter tödtlich verlaufende Krankheit erzeugt, gewisse Entwickelungsstadien in unreinem Wasser durchmacht und durch Genuss desselben in den Menschen gelangt[3]).

Mosler[4]) fand die Eier von Ascaris lymbricoides im Bodensatz eines Trinkwassers und nimmt man allgemein an, dass einige Nematoden sich zuerst im Wasser entwickeln und von da auf den Menschen übertragen werden können.

Ueber vorstehende Verbreitungsweise von thierischen Parasiten hat *Pathogene* wohl nie ein Zweifel bestanden, dagegen ist darüber, ob durch das Wasser *Mikroorga-* auch pathogene Mikroorganismen d. h. Infectionsstoffe verbreitet wer- *nismen.* den können, schon seit Jahren ein heftiger Streit geführt und auch heute

[1]) Virchow's Archiv Bd. XXIV. S. 453.

[2]) Archiv f. physiol. Heilkunde 1854. S. 571 und 1866 S. 381.

[3]) Derselbe Parasit soll nach Perroncito und Concato die Ursache der eigenthümlichen Krankheit gewesen sein, welche unter den beim Bau des Gotthard-Tunnels beschäftigten Ingenieuren und Arbeitern aufgetreten war.

[4]) Virchow's Archiv Bd. XVIII. S. 248.

noch nicht mit Sicherheit entschieden, ja durch die Untersuchungen R. Koch's über den Cholerabacillus zur Zeit aufs neue entbrannt.

Trinkwasser-
Theorie. Bekanntlich hat die Ansicht, dass die Infectionskrankheiten durch das Trinkwasser verursacht werden, die sog. „Trinkwassertheorie" in England ihren Ursprung; dort führte Snow[1]) bereits 1848 die Verbreitung der Cholera auf das Trinkwasser zurück, indem er annahm, dass der Infectionsstoff in das Wasser gelange, mit diesem getrunken und vom Darm resorbirt werde, um so den Menschen zu inficiren. Diese Annahme wurde jedoch in England von Baly und Gull[2]) bald bekämpft und seit der Zeit hat der Kampf hin- und hergewogt und zwar nicht nur über die Ursache der Verbreitung der Cholera, sondern auch der sonstigen Infectionskrankheiten wie: Typhus, Malaria, gelbes Fieber und sog. Scharlach.

Auf der einen Seite stehen Männer wie Slaton, Buchanan, Thorne-Thorne, Netten-Radcliffe, Russel etc. in England, ferner Gietl[3]), Siebenmeister[4]), Virchow[5]), Zuckschwerdt[6]) etc. in Deutschland, welche sämmtlich dem Trinkwasser bei Verbreitung einer Infectionskrankheit eine Rolle zuschreiben, auf der anderen Seite die Engländer Bryden und Cunningham[7]) und in Deutschland an der Spitze M. v. Pettenkofer[8]), sowie seine zahlreichen Schüler, welche eine directe Betheiligung des Trinkwassers bei den Infectionskrankheiten leugnen. Es hält für den dieser Frage Fernstehenden schwer, sich in dem überaus reichen literarischen Material zurecht zu finden, zumal nicht nur die Schlussfolgerungen aus Beobachtungen, sondern auch die Richtigkeit der Beobachtungen selbst gegenseitig bestritten werden. Was heute mit Jubel als neue, anscheinend unumstössliche Errungenschaft begrüsst wird, wird morgen durch eine andere Untersuchung wieder in Frage gestellt und wenn der erbitterte Kampf auch das Gute hat, dass er mit dem grössten Scharfsinn auf beiden Seiten geführt wird, der schliesslich zur wahren Erkenntniss führen muss, so scheinen wir augenblicklich doch von einer solchen noch weit entfernt zu sein.

Es mögen hier daher nur einige thatsächliche Beobachtungen — soweit diese wenigstens bis jetzt als solche gelten — mitgetheilt werden, die

---

[1]) On the mode of communication of Cholera. London 1855. Deutsch von Assmann. Quedlinburg 1857.

[2]) Reports on epidemic Cholera. London 1854.

[3]) Gietl: Die Ursachen des Ent. Typhus in München 1865.

[4]) Archiv f. klin. Medizin Bd. VII. 2. Aufl. S. 155.

[5]) Virchow: Gesammelte Abhandlungen. Bd. II. S. 255.

[6]) Zuckschwerdt: Die Typhusepidemie im Waisenhause zu Halle a. d. S. 1872.

[7]) J. M. Cunningham: Die Cholera. Was kann der Staat thun, sie zu verhüten? Mit einem Vorwort von v. Pettenkofer. Braunschweig 1855.

[8]) v. Pettenkofer: Untersuchungen und Beobachtungen über die Verbreitung der Cholera. München 1855; Verbreitungsart der Cholera in Indien. Braunschweig 1871; Neun ätiologische und prophylactische Sätze. Vierteljahrsschr. f. öffentl. Gesundheitspfl. 1877 S. 117, ferner Archiv f. Hygiene Bd. III. S. 129 u. 147 Bd. IV. S. 249 u. 397.

auf eine Verbreitung auch von pathogenen Mikroorganismen durch Schmutzwasser dieser Art resp. durch Trinkwasser hindeuten.

So hat G. Gaffky[1]) im Wasser der Panke, eines durch Berlin fliessenden Baches, welcher wegen seiner grossen Verunreinigung bekannt ist, den Bacillus der Kaninchen-Septikämie nicht nur nachgewiesen, sondern auch aus demselben reingezüchtet und mit dem Pankewasser die Septikämie auf andere Kaninchen übertragen.

Von dem Milzbrand wird in einer Reihe von thierärztlichen Berichten angenommen, dass er durch Wasser verbreitet wird, d. h. dass Ueberschwemmungen sowohl an Flussufern als auch im Inundationsgebiet von Seen oder Sümpfen ausserordentlich häufig zu Milzbrandausbrüchen Veranlassung geben, sobald das Vieh auf die der Ueberschwemmung ausgesetzt gewesenen Stellen geführt oder mit Futter, welches daselbst gewachsen ist, gefüttert wird.

Nach Versuchen von R. Koch[2]) sind diese Vermuthungen nicht gerade von der Hand zu weisen. Derselbe weist nämlich nach, dass alle Thatsachen dafür sprechen, dass ausser den von der Körperoberfläche vermittelten Infectionen die übergrosse Mehrzahl der spontanen Milzbrandfälle auf eine Infection vom Darm — und zwar nach H. Buchner[3]) durch Milzbrandsporen leichter als durch Stäbchen — zurückzuführen ist, dass alle übrigen Infectionsarten, wie die von Respirationsorganen oder die von Verletzungen der Schleimhäute gegen diese zurücktreten. R. Koch hat ferner festgestellt, dass die Milzbrandbacillen auch auf zahlreichen Pflanzenstoffen (z. B. Kartoffeln und Rübenarten, zerquetschten stärkemehlhaltigen Substanzen, wie Cerealien- und Leguminosen-Samen) zur Entwickelung und zur Sporenbildung gelangen, dass die Milzbrandsporen durch mehrmonatliche Aufbewahrung in destillirtem Wasser und in reinem Leitungswasser weder ihre Fortpflanzungsfähigkeit noch ihre Infectionskraft einbüssen.

Man kann sich nach R. Koch das Leben der Milzbrandbacillen so vorstellen, „dass sie in sumpfigen Gegenden, an Flussufern etc. sich alljährlich in den heissen Monaten auf ihnen zusagenden pflanzlichen Nährsubstraten, auf den von jeher daselbst abgelagerten Keimen entwickeln, vermehren, zur Sporenbildung kommen und so von neuem zahlreiche, die Witterungsverhältnisse und besonders den Winter überstehende Keime am Rande der Sümpfe und Flüsse resp. in deren Schlamm ablagern. Bei höherem Wasserstande und stärkerer Strömung des Wassers werden dieselben mit den Schlammmassen aufgewühlt, fortgeschwemmt und an den überflutheten Weideplätzen auf den Futterstoffen abgesetzt; sie werden hier mit dem

---

1) Mittheilungen aus d. Kaiserl. Gesundheitsamte. 1881 I. Bd. S. 80.
2) Ebendort 1881. I. Bd. S. 49.
3) Ueber die experimentelle Erzeugung des Milzbrandcontagiums. München 1880, S. 166.

Futter von dem Weidevieh aufgenommen und erzeugen dann die Milzbrandkrankheit."

Wenn dieses letztere, wie R. Koch ausdrücklich betont, auch nur Vermuthung ist, so sprechen doch für dieselbe erhebliche Gründe und sollte die muthmassliche Annahme für den Milzbrandbacillus zutreffend sein, so ist nicht unwahrscheinlich, dass auch andere pathogene Organismen denselben Entwickelungsgang nehmen können.

Typhus Bacillen. Wenn es früheren Forschern noch nicht gelungen war, die Typhoïdbacillen im Darminhalt nachzuweisen, so ist dieser Nachweis neuerdings A. Fränkel[1]) gelungen, indem er aus den Entleerungen von Typhuskranken die Bacillen rein züchten konnte. Ferner gelang es E. Fränkel und Simmonds[2]), den endgültigen Beweis für die specifisch-pathogene Kraft der von Koch, Eberth, Gaffky etc. beschriebenen und studirten Typhoïdbacillen zu liefern; auch sie konnten in drei von sieben Fällen mittelst des Plattenverfahrens in den Stuhlentleerungen Typhoïdkranker die Bacillen nachweisen und fanden weiter, dass diese Pilzculturen, wenn sie durch Einspritzung direct in die Blutbahn[3]) gebracht wurden, der Hälfte der Thiere (Kaninchen, Meerschweinchen, Mäuse) unter schweren Krankheitserscheinungen, verbunden mit Durchfällen, innerhalb weniger Stunden bis zu drei Tagen den Tod brachten. Der Sectionsbefund bot Aehnlichkeit mit den beim menschlichen Typhoïd beobachteten Veränderungen.

Auch Reher[4]) theilt in letzter Zeit zwei Fälle mit, welche es wahrscheinlich machen, dass die Dejectionen von Typhoïd - Reconvalescenten, welche 1—2 Wochen fieberfrei sind, noch infectiös sein können.

Wenn aber die Dejectionen von Typhuskranken die Infectionsstoffe enthalten, so ist auch kaum zu bezweifeln, dass sie auf irgend eine Weise in die Abgangwässer aus menschlichen Wohnungen gelangen und durch dieselben verbreitet werden können.

Denn dass die pathogenen Bacterien in einem gewöhnlichen und brauchbaren Trinkwasser ihren entwickelungsfähigen Zustand wenigstens auf einige Zeit behalten, ist von G. Wolffhügel[5]) nachgewiesen. Für Milzbrand- und Typhusbacillen konnte er unter Umständen bei Temperaturen von 12 bis 35° C. sogar eine schwache Vermehrung constatiren und wenn bei niedrigen Temperaturen (7—10°) keine Vermehrung oder sogar ein theilweises Absterben eintrat, so ergab sich doch nach diesen Versuchen, dass diese Bacillen im Wasser wochenlang ihre Entwickelungsfähigkeit beibehalten. Die

---

[1]) Ueber den Nachweis der Typhusbacillen in Darminhalt und Stuhlgang. Deutsche Mediz. Wochenschr. 1885 No. 29.

[2]) Ueber Typhus abdominalis. Ebendort 1886 No. 1.

[3]) Wenn die Kulturen direct in den Dünndarm gebracht oder nach dem Zerstäuben eingeathmet wurden, so blieben die Thiere gesund.

[4]) Archiv f. experim. Pathologie und Pharmakologie Bd. XIX. 1885. S. 429.

[5]) Die Vermehrung der Bacterien im Wasser in „Arbeiten aus dem Kaiserl. Gesundheitsamte" 1886. I. Bd. S. 455.

Cholera-Bacillen sterben in einem nicht sterilisirtem Wasser in wenigen Tagen ab, indem sie durch andere Mikroorganismen verdrängt werden, in einem sterilisirten Wasser aber können sie sich sogar, wenn sie auch für den Anfang eine Abnahme erfahren, später vermehren.

Meade Bolton[1]) konnte zwar, weder für die sporenfreien pathogenen Mikroorganismen noch für die Sporen derselben insbesondere für Typhus-sporen eine Vermehrung in einem gewöhnlichen (Brunnen-) Wasser nach-weisen, sondern nur eine stetige von Tag zu Tag zunehmende Vermin-derung, indess halten sich auch nach ihm die pathogenen Pilze immerhin einige Tage oder Wochen — die Sporen sogar einen Monat und darüber —, entwickelungsfähig, um auf diese Weise übertragen werden zu können.

Die ganze Frage über die Verbreitung von pathogenen Mikroorganismen durch Wasser ist in den letzten Jahren durch die epochemachenden Unter-suchungen R. Koch's[2]) über die Ursache und Verbreitung der asiatischen Cholera aufs neue belebt worden.

R. Koch hat nicht nur im Darm und in dem Darminhalt sowie in den Dejectionen von Cholerakranken resp. in der mit letzteren beschmutzten Wäsche einen characteristischen, in Form eines Kommas gekrümmten Ba-cillus (den sog. Komma-Bacillus) gefunden, sondern auch festgestellt, dass derselbe bei einer beschränkten Cholera-Epidemie in dem Wasser eines Tankes enthalten war, welches erwiesenermassen durch Wäsche von Cho-lerakranken verunreinigt und von allen Umwohnern, speciell von den Er-krankten zum Trinken und als Hauswasser etc. benutzt war.

R. Emmerich[3]) will allerdings bei seinen Untersuchungen in Neapel im Darminhalt von Choleraleichen nicht immer und nicht nur den Koch-schen Cholera-Bacillus (Vibrio), sondern auch und in den Organen der Lei-chen ein kurzes grades Stäbchen in grosser Menge gefunden und weiter fest-gestellt haben, dass Reinculturen von diesen Bacillen im Stande waren, Thiere zu inficiren und unter Erscheinungen, welche als choleraartig bezeichnet wur-den, zu tödten. In Gemeinschaft mit Buchner fand Emmerich in den akuten Cholerafällen die geraden Kurzstäbchen im Darm- und Mageninhalt in grosser Menge, in der Mehrzahl der Fälle aber auch in dem Schleim der Luftwege und im Innern des Lungengewebes, und ist der Ansicht, dass die Ansteckung durch die Lungen erfolgt, indem sie die Eintrittspforte der Keime bilden.

Welche dieser sich entgegenstehenden Ansichten auch richtig sein mag, wir sehen, dass das grade Kurzstäbchen Emmerich's auch im Darm-inhalt enthalten und dass es mit den Dejectionen wenigstens in das Ab-

Cholera-Ba-
cillen.

---

[1]) Zeitschrift für Hygiene 1886. I. Bd. 1. Heft S. 76.
[2]) Bericht der deutschen wissenschaftlichen Commission für Erforschung der Cholera in Berliner klin. Wochenschr. 1883 und 1884.
[3]) Archiv f. Hygiene 1885. Bd. S. 291 u. 361.

3*

gangschmutzwasser gelangen kann. Es fragt sich nur weiter, ob die im Wasser befindlichen Bacillen eine Inficirung zu bewirken im Stande sind.

R. Koch hat zwar gefunden, dass die Kommabacillen im normal functionirenden Magen zerstört werden, da bei Thieren, welche wiederholt mit Kommabacillen gefüttert und dann getödtet wurden, weder im Magen noch im Darm Bacillen nachgewiesen werden konnten. Auch haben W. Wyssokowitsch[1]) und v. Fodor[2]) nachgewiesen, dass „nicht pathogene Bacterien" ins Blut injicirt, dort alsbald verschwinden und unschädlich gemacht werden, indem sie nicht etwa durch die Nieren und den Darm zur Ausscheidung gelangen. Indess weist R. Koch darauf hin, dass der Mageninhalt die, die Kommabacillen zerstörende Eigenschaft vielleicht nicht besitzt, wenn er nicht normal functionirt, wofür die bei allen Cholera-Epidemien, sowie auch in Indien gemachte Beobachtung spricht, dass besonders häufig solche Menschen an Cholera erkranken, welche sich eine Indigestion zugezogen haben oder sonst an Verdauungsstörungen leiden. Vielleicht aber befähigt auch ein besonderer Zustand, in welchen diese Bacterien versetzt werden, und welcher dem Dauerzustand anderer Bacterien analog sein würde, dieselben, den Magen unbeschädigt passiren zu können.

Und was die Beseitigung der in den Blutstrom (etwa durch Verletzung der Schleimhaut beim Kauen etc.) eingedrungenen Bacterien betrifft, so schliesst Wyssokowitsch aus seinen Versuchen, dass die Schutzvorrichtung des Körpers in der Structur der Gefässwand und namentlich in den Endothelzellen der letzteren liegt. „In oder zwischen den Endothelzellen an der Wandung der Kapillaren, und am reichlichsten in den Organen mit verlangsamter Blutströmung, haften die ins Blut gelangten Bacterien und werden festgehalten; hier nun beginnt jener Kampf zwischen Zellen und Bacterien, auf welchen schon von vielen Seiten hingewiesen ist, über dessen Verlauf, Angriff- und Schutzmittel wir aber noch nichts näheres wissen. Der Ausgang dieses Kampfes ist dann entweder der, dass die Bacterien erliegen und zu Grunde gehen oder dass die Zellen durch schädliche Einflüsse der Bacterien zum Absterben gebracht werden und dann den Siegern das Substrat zur Vermehrung liefern. Diejenigen Bacterien, welche regelmässig Sieger in dem Kampfe bleiben, haben wir als die specifisch pathogenen Bacterien der betreffenden Thiergattung anzusehen."

Fäulnissbacterien. Wenn hiernach über die Art und Weise der Verbreitung wie Inficirung der pathogenen Bacterien noch keine Klarheit herrscht, so ist die Frage, ob und wie die nicht pathogenen Bacterien d. h. die Fäulniss-Bacterien für Menschen und Thiere schädlich sind, zur Zeit eine noch dunklere. Bekanntlich können wir im Käse und im Wildpret mit deutlichem Hoch-

---

[1]) Zeitschr. f. Hygiene 1886 Bd. I S. 1.
[2]) Archiv f. Hygiene 1886 Bd. IV S. 130.

geschmack nicht unwesentliche Mengen Fäulniss-Bacterien und Fäulniss-producte zu uns nehmen, ohne dass sie schädlich wirken; andererseits aber liegen nicht wenige Thatsachen vor, nach denen der Genuss gefaulter Speisen (wie Käse, Wurst, Fleisch besonders von Fischen) Massenerkrankungen und giftige Wirkungen zur Folge gehabt hat.

R. Emmerich[1]) injicirte Kaninchen subcutan Münchener Kanalwasser, welches besonders durch eine grosse Menge organischer (d. h. durch Chamäleon oxydirbarer) Substanz ausgezeichnet war und z. B. 410,0—538,0 mg trocknen Rückstand, 24—56 mg Chlor und 487—1290,0 mg organische Stoffe pro 1 l enthielt, und beobachtete als constante Symptome: „Frostschauer, Apathie, Appetitlosigkeit, Abgang von weichem, wurstförmigem Koth, hyenoïder Gang, grosse Mattigkeit, lang andauernde, heftige klonische und tonische Krämpfe, Verengerung der Pupillen gegen das Ende; pathologisch-anatomisch waren constant: die Hyperämie der Meninge und des Gehirns, der starke Blutgehalt der inneren Organe, die Injection der Darmmucosa, punktförmige Hämorrhagien auf derselben, subpleurale und subendocardiale Ecchymosen, dunkle Verfärbung der Milz; häufig fand sich auch eine mehr oder weniger ausgedehnte Phlegmone an den Bauchdecken.“ Das sind alles Symptome, welche auch bei Versuchen mit putriden Flüssigkeiten mit wässerigen Aufgüssen von faulenden animalischen und vegetabilischen Substanzen aufzutreten pflegen. Die Wirkung des Kanalwassers war um so intensiver, je geringer das Gewicht und das Alter der Thiere und je grösser der Gehalt des Wassers an organischen Stoffen war, welche Chamäleon reduciren.

Ob der toxische Stoff ein gelöster oder suspendirter organischer oder aber ein organisirter Körper war, lässt Emmerich dahingestellt, hält aber das letztere für unwahrscheinlich.

Als dagegen Emmerich den Thieren ein mit reinem Wasser verdünntes Sielwasser injicirte, konnte er keinerlei Störungen der Gesundheit constatiren; er erinnert an die Erfahrungen von Sanderson, wonach eine bestimmte Menge putriden Giftes in viel Wasser gelöst, weniger intensiv wirkt, als wenn dieselbe Menge mit wenig Wasser genossen wird.

Auch Injectionsversuche mit stark verunreinigtem Brunnenwasser und mit solchem aus Typhushäusern blieben bei Kaninchen ohne schädliche Wirkung.

Ferner hat R. Emmerich in Uebereinstimmung mit anderen Beobachtern (Billroth, Schwenninger, Hemmer, Bergmann etc.) festgestellt, dass stark verunreinigtes Sielwasser Thieren nicht schadet, wenn es in den Magen eingeführt wird. Auch trank er selbst 14 Tage lang täglich $^1/_2$—1 l des Münchener Hofgraben- und Krankenhausbaches, welches sowohl nach der

---

[1]) Zeitschr. f. Biologie 1878 Bd. 14 S. 563.

chemischen Analyse[2]) wie nach seinem äusseren Ansehen — es führte Blätter von Kraut, Salat etc., Leinwandfasern, Menschen- und Thierhaare, Kothpartikelchen etc. — verunreinigt war, und zwar trank er das Wasser bei einem ziemlich heftigen Magenkatarrh, ohne dass er einen ungünstigen Einfluss auf den Verlauf der Krankheit constatiren konnte.

Als er das verunreinigte Krankenhausbachwasser bei einer heftigen Gastro-Enteritis trank, steigerten sich die in Zunahme begriffenen Symptome nach der ersten Wasseraufnahme zu bedeutender Heftigkeit, gingen aber bei sonst entsprechendem Verhalten trotz nochmaliger Ausführung des Versuches wieder zurück. Auch hatte der Genuss dieses Wassers bei zwei anderen Patienten, welche an Störungen der Verdauungsorgane litten und sich an den Versuchen freiwillig betheiligten, keine Verschlimmerung des Zustandes zur Folge.

Wenn R. Emmerich in vorstehenden Versuchen gefunden hat, dass eine subcutane Injection von verunreinigtem Brunnenwasser bei Kaninchen keine schädliche Wirkung äusserte, kommt J. v. Fodor[1]) neuerdings zu anderen Resultaten. Er injicirte Kaninchen einerseits reines, andererseits verunreinigtes, bald gekochtes, bald ungekochtes oder bebrütetes Brunnenwasser und fasst das Ergebniss dieser Versuche wie folgt zusammen:

„1. Von in chemischer Beziehung verhältnissmässig reinem Brunnenwasser können 10 % des Körpergewichtes entsprechende Mengen Kaninchen in den meisten Fällen ohne nachfolgende bedeutendere Gesundheitsstörungen subcutan einverleibt werden.

2. In gut ausgekochtem, verunreinigtem Zustande kommen dem relativ reinen Wasser von der nämlichen relativen Menge bei subcutanen Injectionen noch schwächere Wirkungen zu, als dem nicht gekochten Wasser.

3. Von ungekochtem verunreinigten Brunnenwasser wird der thierische Organismus häufiger angegriffen als von reinem Wasser; es treten stärkere Schwankungen — erst Steigen, dann Fallen — der Temperatur, häufig auch Diarrhöen ein und in manchen Fällen gehen die Kaninchen unter den Symptomen der putriden Infection zu Grunde. Doch ist selbst das chemisch unreinste Wasser häufig genug ohne alle nachtheilige Wirkung auf die Gesundheit der Thiere. Typhöse Erscheinungen werden an den Kaninchen selbst dann nicht beobachtet, wenn das Wasser aus Häusern mit auffallend häufiger Typhusmortalität herrührt.

4. Durch Stehen bei Bruttemperatur mit oder ohne Zusatz von Nährstoffen wird die Fähigkeit des Wassers, putride Infection zu erzeugen, erhöht.

5. Von den hier in Anwendung gebrachten Methoden scheint zur Erforschung, oder gegebenen Falles zur Feststellung der hygienischen Eigenschaften der Trinkwässer (z. B. Fähigkeit zur Erzeugung von Typhus u. s. w.) keine geeignet; die Frage jedoch, ob gewisse Wässer putride Infection zu erzeugen im Stande sind, könnte event. durch eine grössere Anzahl von Injectionen entschieden werden.

6. Nachdem hier festgestellt worden, dass chemisch verunreinigte Wässer in der

---

[1]) Das Wasser enthielt gegenüber reinem Isarwasser im Mittel von 14 Analysen pro 1 l:

	Rückstand.	Chlor.	Ammoniak.	Organ. Stoffe.
1. Reines Wasser	188,1 mg	1,4 mg	0—Spur	67,8 mg
2. Verunreinigtes Wasser	242,8 -	10,5 -	Spur—2,55 mg	223,1 -

[2]) Archiv f. Hygiene Bd. III. S. 118.

Mehrzahl der Fälle eine, wenn auch schwache Infectionskraft besitzen, muss gefolgert werden, dass verunreinigtes Wasser auf den einzelnen Menschen, mithin auch auf den allgemeinen Gesundheitszustand nachtheilig einzuwirken vermag. Die Wirkung verunreinigten Wassers ist derart aufzufassen, dass es eine schwache putride Infection verursacht und dieselbe immer wieder aufs neue hervorruft, hierdurch Gesundheit und Widerstandskraft der Menschen untergräbt und denselben zu Typhus, Cholera, Enteritis u. s. w. disponirt.

Demnach ist die Versorgung der Bevölkerung mit reinem Trinkwasser nicht blos eine ethische Frage, sondern ein wirkliches Gesundheitsbedürfniss."

Bekanntlich hat J. v. Fodor[1]) nachgewiesen, dass in Budapest zwischen der Verunreinigung des Trinkwassers (resp. des Bodens) und dem örtlichen Vorherrschen von Cholera, Typhus und Enteritis ein enger Zusammenhang besteht. Und wenn Jul. Kratter[2]) auch für Graz daraus, dass „in Graz die Abnahme des Typhus am linken Murufer mit einer Verbesserung, am rechten dagegen mit einer Verschlechterung des Trinkwassers zeitlich zusammenfällt", schliesst, dass für Graz eine Beziehung zwischen der Beschaffenheit des Trinkwassers und dem Typhus im Sinne der Trinkwassertheorie nicht gefunden werden kann, so wird man doch nach den Untersuchungen von v. Fodor und Anderen dem Trinkwasser unter Umständen jeglichen Einfluss auf Verbreitung jener Krankheiten gleichsam als Hülfsursache nicht absprechen dürfen.

Dasselbe gilt von der Malaria. Auch über die Verbreitung dieser Krankheit durch das Wasser sind die Ansichten getheilt. Blanc[3]) theilt einen Fall mit, wo der Genuss von einem Glas Sumpfwasser in dem wegen seiner malarischen Eigenschaften bekannten Walde Gheer (in der Provinz Kattiwar) bei 4 gesunden Individuen am 4. Tage einen Fieberanfall zur Folge hatte, während Wenzel für das Sumpfwasser bei den in der Jadabucht beschäftigten und an Malaria erkrankten Arbeitern, einen Einfluss des Wasser nicht constatiren konnte. Hier nahm die Krankheit bei den Arbeitern zwar ab, nachdem sie reines Wasser durch Leitung erhielten, aber dasselbe trat auch bei den Arbeitern ein, welche das Sumpfwasser weiter genossen und später wüthete die Krankheit nach Einführung der Wasserleitung gerade so wie vor derselben.

Wie immer man über diese beiden Beobachtungen auch denken mag, so viel steht fest, dass die Malaria mit Vorliebe auf einem mit vegetabilischen Resten und den Producten ihrer fauligen Zersetzung durchtränkten Boden herrscht.

Auch scheinen verschiedene Beobachtungen über die Beziehung von unreinem Wasser zu catarrhalischen Affectionen des Darmes resp. der Dysenterie bisjetzt nicht widerlegt zu sein. So wird angegeben, dass

---

[1]) v. Fodor: Hygienische Untersuchungen über Luft, Boden und Wasser. Braunschweig 1882.
[2]) Jul. Kratter: Studien über Trinkwasser und Typhus etc. Graz 1886.
[3]) Gaz. med. de Paris 1874 No. 5.

das Trinkwasser von Petersburg, welches aus der stark mit organischen Stoffen verunreinigten Newa entnommen wird, besonders bei solchen, welche nicht daran gewöhnt sind, Diarrhöen hervorruft und wird dasselbe von dem Wasser der Maas in Rotterdam, dem Wasser in Danzig und von dem aus der Wolga stammenden Trinkwasser von Astrachan angenommen.

v. Nägeli's Ansicht. Ueber die ätiologische Bedeutung der Fäulnissbacterien für Infections-Krankheiten hat v. Nägeli[1]) auf Grund von Versuchen besondere Ansichten ausgesprochen, die im allgemeinen von den Anschauungen anderer Forscher abweichen. v. Nägeli ist ein entschiedener Gegner der Infection durch Trinkwasser d. h. der sog. Trinkwasser-Theorie und macht gegen dieselbe verschiedene Gründe geltend. Zunächst ist nach ihm die Möglichkeit einer Infection des Organismus durch die Einführung der Krankheitskeime in den Verdauungscanal sehr gering; denn die Spaltpilze vermögen unverletzte Schleimhäute nicht zu durchdringen und werden durch die Säure des Magensaftes sowie weiter im Darm durch die Galle in ihrer Lebensenergie geschwächt. Im Speisecanal aber selbst können sie besonders in der geringen Zahl, in welcher sie im Wasser vorzukommen pflegen, keine bemerkbaren Wirkungen hervorrufen.

Die schädliche Wirkung der Fäulnisspilze hängt wesentlich von der Menge ab, in welcher sie von dem menschlichen Organismus aufgenommen werden. Die schädliche Wirkung der Spaltpilze innerhalb des Körpers besteht darin, dass sie demselben die besten Nährstoffe und den Blutkörperchen den Sauerstoff entziehen, dass sie Zucker und leichter zersetzbare Verbindungen durch Gährwirkung zerstören und giftige Fäulnissproducte bilden.

Die, eine Infection bewirkenden Spaltpilze theilt v. Nägeli in Miasmen- und Kontagienpilze; erstere ruhen im Boden, letztere im Kranken. Für die miasmatisch-contagiösen Krankheiten (wie Cholera, Typhus) müssen die im Boden vorhandenen Miasmenpilze (das y, welches vom Boden kommt) zunächst die chemische Beschaffenheit von Flüssigkeiten im Körper verändern, so dass letztere jetzt einen günstigen und hinreichenden Nährboden für die Contagienpilze (das x, welches vom Kranken kommt) abgeben[2]). Von ersteren sind sehr viele, von letzteren nur wenige zur Infection erforderlich. Die rein miasmatischen Krankheiten (wie Malaria) können durch

---

[1]) v. Nägeli: Die niederen Pilze in ihren Beziehungen zu den Infectionskrankheiten und der Gesundheitspflege. München 1877.

[2]) Diese Theorie der Infectionskrankheiten ist von Nägeli die diablastische genannt, zum Unterschied von der monoblastischen, die v. Pettenkofer aufgestellt hat. Letzterer Forscher nimmt an, dass der von einem Kranken kommende ansteckende Krankheitskeim (x) nicht allein zur Verbreitung der ansteckenden Krankheit genügt, dass Ort und Zeit noch ein Substrat y liefern müssen, um das eigentliche Infectionsgift z zu erzeugen. Wo die Vereinigung von x und y vor sich geht, ob ausserhalb des Organismus (im Boden, im Hause, im Abtritt etc.) oder im Organismus selbst, lässt v. Pettenkofer unentschieden.

die alleinigen Wirkungen der Miasmenpilze hervorgerufen werden; aber auch die miasmatisch-contagiösen Krankheiten können unter Umständen in der Weise spontan entstehen, dass einzelne Miasmenpilze sich in Contagienpilze umwandeln.

Denn nach v. Nägeli giebt es im Sinne der Darwin'schen Lehre über Anpassung und Vererbung keine specifischen Krankheitserreger wie ebenso wenig specifische Spaltpilze überhaupt, vielmehr sind sie alle Formen einer oder nur einiger weniger Species, welche im Laufe der Generationen abwechselnd verschiedene morphologisch und physiologisch ungleiche Formen annehmen.

Die Contagienpilze verwandeln sich ausserhalb des Organismus, im Wasser oder auf sonstigem Nährboden zu gewöhnlichen Spaltpilzen, wie umgekehrt diese wieder zu Contagienpilzen werden können. v. Nägeli sagt darüber:

„Die Spaltpilze verwandeln sich in einander. Die Miasmenpilze entstehen unter den günstigen Bedingungen aus den Fäulnisspilzen oder allgemein verbreiteten Spaltpilzen und gehen unter entgegengesetzten Bedingungen wieder in diese über. — Die Contagienpilze, deren Wohnstätte der Organismus ist und die regelmässig aus dem kranken in den gesunden Organismus übertreten, werden, so wie sie dauernd in äusseren Medien leben und sich fortpflanzen, zu gewöhnlichen Spaltpilzen. Es muss auch das Umgekehrte vorkommen; die Contagienpilze müssen auch aus den letzteren entstehen können.“

Diese Theorie Nägeli's wurde, weil sie anscheinend viele bis dahin schwer verständliche Beobachtungen erklärte, von den verschiedensten Seiten mit Enthusiasmus begrüsst. Auch Wernich[1]) ist ihr zugeneigt, indem er glaubt, dass sich z. B. die für gewöhnlich als harmlose Schmarotzer im Darminhalt lebenden Bacterien unter Umständen in gefährliche Typhusbacterien umwandeln können. Er sagt darüber:

„Kommen also selbst wirkliche Infectionserreger bei den genannten Krankheiten (Cholera, Dysenterie und Typhus) durch den Darm und aus demselben, so könnten sie sich in einer grossen Quantität anderer Fäces entweder gleichgültig oder nahezu unverändert erhalten und so in der ursprünglichen Menge auch als Infectionsstoffe persistiren oder sie benutzen — was wahrscheinlicher und auch jener allgemeinen Annahme entsprechender ist — das zahlreich dargebotene Nährmaterial, um es sich einzuverleiben. Dann aber können die folgenden Generationen, weil aus Kothstoffen aufgebaut, nach einiger Zeit nichts anderes als Kothbacterien sein und müssen ihre ursprünglichen Eigenschaften nach und nach vollkommen einbüssen“.

---

[1]) Wernich: Die Entwickelung der organisirten Krankheitsgifte. Berlin 1880 und Grundriss der Disinfectionslehre. 2. Aufl. Wien-Leipzig 1882.

Was die Entstehung des Ileotyphus durch Invasivwerden von parasitisch accomodirten Fäulnissbacterien anbelangt, so denkt sich Wernich den Infectionsvorgang in der Weise, dass entweder die Kothbacterien, welche auch beim gesunden Menschen den Dickdarm in reichlichen Mengen bewohnen, in Folge von Störungen beim Verlauf der Dünndarmgährungen über die Ileocöcalklappe nach höher gelegenen Darmabschnitten gelangen und unter solchen heterologen Verhältnissen sich pathogen anzüchten oder dass von aussen z. B. mit dem Trinkwasser, schon hoch vorgezüchtete Fäulnisserreger auf den ersten Wegen in den Dünndarm einwandern.

Was hier Wernich über den Uebergang von nicht pathogenen Kothbacterien in pathogene Typhusbacterien theoretisch supponirt, glaubt Buchner[1]) hinsichtlich der Heubacillen und Milzbrandbacillen d. h. hinsichtlich des Ueberganges von ersteren in letztere experimentell nachgewiesen zu haben. R. Koch[2]) hat indess gezeigt, dass aus den letzteren Versuchen die Umzüchtung von Heubacillen in Milzbrandbacillen nicht geschlossen werden kann und findet auch die Nägeli'sche Lehre schon in den vorstehenden Ausführungen zum Theil eine Widerlegung. Die meisten bisherigen Untersuchungen sprechen vielmehr, wie G. Gaffky[3]) schliesst, dafür, dass die pathogenen Spaltpilze specifische Wesen sind, welche nur aus ihresgleichen hervorgehen und ihresgleichen wieder erzeugen.

Wollte man aber mit v. Nägeli und Anderen annehmen, dass die einzelnen Spaltpilze je nach dem Nährboden in einander übergehen, dass sich nicht pathogene Bacterien in pathogene umwandeln können, so würde dieses eher für als gegen die Trinkwassertheorie sprechen; denn, weil wir die nicht pathogenen Fäulnissbacterien überall und weit verbreitet finden, wäre eine Uebertragung von Infectionskrankheiten durch das Wasser um so eher möglich, als Fäulnissbacterien recht häufig in einem verunreinigten Wasser, pathogene Bacterien aber bisjetzt nur vereinzelt darin nachgewiesen sind.

Dass in einer faulenden Flüssigkeit oder Masse die einzelnen Arten der Fäulnissbacterien je nach dem Grad der Fäulniss sich ändern, indem die eine Art der anderen durch ihre Stoffwechselproducte und durch die Veränderung des Nährsubstrats den Boden zubereitet, dürfte wohl kaum einem Zweifel unterliegen. Wenn wir bei den Spaltpilzen zwischen Aërobien und Anaërobien unterscheiden, so entwickeln sich zunächst in faulenden Flüssigkeiten und Massen[4]) Aërobien und facultative Anaërobien d. h. solche, welche für gewöhnlich auf Sauerstoff angewiesen sind, aber bei Sauerstoffmangel ihre Lebensäusserung nicht vollständig einstellen. Diese

---

[1]) Buchner: Ueber die experimentelle Erzeugung des Milzbrandcontagiums aus den Heupilzen. München 1880.
[2]) Mittheilungen aus dem Reichsgesundheitsamt 1881 I. Bd. S. 49.
[3]) Ebendort S. 133.
[4]) Vergl. Paul Liborius: Beiträge zur Kenntniss des Sauerstoffbedürfnisses der Bacterien, Zeitschr. f. Hygiene. 1886 Bd. I. S. 115.

Aërobien und facultativen Anaërobien consumiren den Sauerstoff des Mediums und liefern als Stoffwechselproducte CO_2, H und andere Gase. Auf diese Weise wird der Sauerstoff so vollständig entfernt, dass nun die Anaërobien die günstigsten Bedingungen zu ihrer Vermehrung finden, und letztere dominiren eine Zeitlang im Substrat, bis schliesslich durch das Ueberwiegen der CO_2 oder durch die Bildung von sonstigen Umsetzungsproducten ihre Lebensthätigkeit mit der Bildung von Ruheformen ein Ende erreicht.

Es ist einleuchtend, dass sich je nach der Entwickelung dieser Bacterien-Formen auch andere Fäulnissproducte bilden können und wenn Henrijean nach noch nicht abgeschlossenen Versuchen (vgl. Liborius l. c. S. 175) gefunden hat, dass gerade manche Anaërobien auffällig grosse Mengen von den giftigen Ptomaïnen liefern und dadurch den Körper aufs schwerste schädigen können, selbst wenn kein Eindringen specifisch pathogener Bacterien in den Organismus erfolgt, so erklären sich vielleicht aus diesem verschiedenen Verhalten einer und derselben faulenden Flüssigkeit und Masse je nach dem Stadium der Fäulniss die obigen Widersprüche in den Versuchen, welche über die Schädlichkeit von fauligen Flüssigkeiten angestellt sind und die bald zu positiven, bald zu negativen Resultaten führten. Offenbar wird man auch bei Entscheidung der Frage, ob die Fäulnissbacterien für den menschlichen und thierischen Organismus schädlich sind, die Art der Producte ihrer Lebensthätigkeit mit in Betracht ziehen müssen und es will mir scheinen, dass auf diesen Punkt bis jetzt zu wenig Rücksicht genommen ist. Denn ebenso wie im Boden bei hinreichendem Sauerstoffzutritt resp. bei hinreichendem Sauerstoffvorrath im Verhältniss zu der sich zersetzenden Masse vollständige und unschädliche Oxydationsproducte gebildet werden, dagegen unvollkommen oxydirte und schädliche Oxydationsproducte, wenn es an dem nöthigen Sauerstoff mangelt, so müssen sich für Flüssigkeiten und feuchte Massen dieselben Verhältnisse geltend machen.

Wenn wir hiernach einen kurzen Rückblick auf das Gesagte werfen, so darf man zwar das Wasser nicht allgemein und stets als erste resp. als alleinige Ursache der Infectionskrankheiten ansehen — denn eine Theorie muss fallen, wenn auch nur eine Thatsache sich nicht mit ihr vereinbaren lässt, und es liegen viele Beobachtungen resp. Fälle vor, in denen das Trinkwasser für die ansteckenden Krankheiten nicht verantwortlich gemacht werden kann — indess wird man aus den vorstehenden Ausführungen schliessen dürfen, dass wenigstens unter Umständen die Möglichkeit vorliegt,

1. dass thierische Parasiten und pathogene Mikroorganismen in die Abgangwässer aus menschlichen Wohnungen, Schlächtereien, Abdeckereien etc. und damit in öffentliche Wasserläufe oder durch offene Rinnsale in die Brunnen gelangen,

2. dass dieselben sich, wenn auch wie die pathogenen Bacterien nur wenige Tage, in einem reinen Wasser hinreichend lange genug entwickelungsfähig erhalten, um mit dem Wasser übertragen zu werden,

3. dass dieselben entweder durch Wunden oder durch Verletzung der Schleimhäute beim Kauen oder direct auf dem Verdauungswege oder nach Gebrauch des Wassers zum Spülen, Waschen durch Verstäuben auf dem Respirationswege in den menschlichen oder thierischen Organismus eindringen und dort die specifischen Krankheiten hervorrufen können,

4. dass auch die Fäulnissbacterien resp. die Producte ihrer Lebensthätigkeit unter Umständen in gesundheitlicher Hinsicht nicht unbedenklich sind.

Jedenfalls ist nach vielen Beobachtungen kaum daran zu zweifeln, dass die Infectionskrankheiten auf irgend eine Weise mit lokalen Bodenverhältnissen im Zusammenhange stehen. Denn wenn z. B. der Typhus etc. nicht nur beständig auf einzelnen Strassen, sondern auch sogar in einzelnen Häusern herrscht, während die Nachbarschaft verschont bleibt, so muss dieses ganz lokale Ursachen haben, die nur im Boden liegen können. Ist dieses aber der Fall, so kann das im Boden ruhende Etwas, welches die Krankheit verursacht oder doch befördert, entweder durch die Bodenluft resp. den aufsteigenden Wasserdampf oder das Boden- resp. Brunnenwasser verbreitet werden.

Unter allen Umständen ist es daher von Wichtigkeit, sowohl die öffentlichen Wasserläufe wie den Boden, die beide ihrerseits auf Grund- und Brunnenwasser, wie wir weiter unten sehen werden, verunreinigend einwirken können, von allen Abfällen organischer Art thunlichst reinzuhalten. Denn ebenso sehr wie die öffentliche Gesundheitspflege bemüht ist, für reine unverdorbene Speisen zu sorgen, ebenso sehr muss dieses für das Wasser, als das allgemeinste Getränk und Gebrauchsmittel verlangt werden.

b) Schädlichkeit der gelösten Fäulnissstoffe.

Schädlichkeit der gelösten Fäulnissstoffe. Für gewöhnlich nimmt man an, dass nur die suspendirten Schlammstoffe den gefährlichen Bestandtheil dieser Art Wässer bilden. Diese Annahme ist aber in vielen Fällen nicht richtig, denn mitunter bedingen nicht die suspendirten Schlammtheilchen den gefährlichen Character dieser Wässer, sondern auch die gelösten Fäulnissstoffe. Können doch erstere für Fische als Nahrungsmittel gelten und ist z. B., wie v. Lavalette St. George[1] hervorhebt, bekannt, dass frische, unverweste Abgangsstoffe, einschliesslich menschlicher und thierischer Excremente für manche Fische (Cyprinoïden) sogar ein gesuchtes Nahrungs-

---

[1] Deutsche Vierteljahrsschrift für öffentliche Gesundheitspflege 1881 S. 197.

mittel bilden; Karpfen, Barsche und Schleie gedeihen vorzüglich an den Kanal-Ausflüssen des Rheins und in den Schlossgräben oder Grachten der Landgüter, in welchen Dejectionen sich mehr oder weniger frisch entleeren.

Wer einmal, sagt G. Jäger[1]), in Kissingen war, wird wissen, welche Masse von Fischen durch die Brillen der Kuraborte am Saaleufer zu sehen sind, und wie sie sich dort gleichsam um jeden fallenden Bissen raufen; und grade so, wie der Bauernjunge oder Zigeuner die kothfressenden Fische am sichersten zu fangen weiss, wenn er den Köder an seiner Angel mit Menschenkoth verwittert, benutzt der Fischreiher seinen Koth als Fischköder; denn falls der Fisch, auf welchen er lauert, für seinen Stoss zu tief steht, so dreht sich der Reiher und spritzt seine Excremente aufs Wasser, worauf der Fisch in die Höhe kommt. Würden die suspendirten Schlammstoffe ausschliesslich den für Fische gesundheitsschädlichen Bestandtheil dieser Massen bilden, so müssten die schädlichen Wirkungen in der kälteren wie wärmeren Jahreszeit ziemlich gleich stark hervortreten. Denn der Gehalt an Mikroorganismen, die den suspendirten Stoffen anhaften, ist im Winter und Sommer nicht so verschieden, dass hieraus allein das vollständig verschiedene Verhalten der verunreinigten Wasser im Sommer und Winter erklärt werden kann.

Durchweg aber beobachtet man, dass die nachtheilige Wirkung nur in der wärmeren Jahreszeit hervortritt und dieses lässt sich nur so erklären, dass in der kälteren Jahreszeit bei niedriger Temperatur des verunreinigten Wassers, die Fäulniss nur langsam oder kaum von statten geht, dass sie erst mit Eintritt einer wärmeren Temperatur so intensiv verläuft, dass eine schädliche Wirkung hervortritt. Durch die alsdann eintretende intensive Fäulniss werden nicht nur giftige Fäulnissproducte erzeugt, sondern auch der im Wasser gelöste Sauerstoff verbraucht, so dass den Fischen alle Lebensbedingungen genommen sind. Hiermit steht vollständig im Einklange, dass die Fische, wie man häufig beobachten kann, an einem Tage in Bächen und Flüssen, welche derartige Abflusswasser aufnehmen, sämmtlich zu Grunde gehen und dass an den Ufern derselben mit einem Male ein übler Geruch auftritt.

Bei der Fäulniss organischer Stoffe bilden sich eine Menge Umsetzungsproducte, die bald von schädlicher, bald von unschädlicher Art sind. Aus den Kohlehydraten entstehen durch die Gährung verschiedene Alkohole und die entsprechenden Säuren; die Fette zerfallen in Glycerin und freie Fettsäuren; aus den Eiweissstoffen bilden sich die Spaltungsproducte: Peptone, Amidoderivate von ein- und zweibasischen Säuren der Fettreihe (Leucin, Asparaginsäure, Glutaminsäure etc.), Säuren der Fettreihe (Buttersäure Valeriansäure etc.), ferner Verbindungen der aromatischen Reihe (Phenol,

---

[1]) Die Seele der Landwirthschaft von G. Jäger. Leipzig 1884. S. 51.

Kresol, Indol, Skatol, Tyrosin, Hydroparacumarsäure, Paroxyalphatoluyl-
säure, Hydrozimmtsäure, Alphatoluylsäure etc.), desgleichen Trimethylamin,
Ammoniak, Schwefelwasserstoff und schliesslich unter Umständen auch giftige Alkaloïde.

Ptomaïne. Schon im Jahre 1856 gelang es Panum[1]) aus faulendem Fleisch einen
Körper zu isoliren, welchen er als putrides Gift bezeichnete und welchem
später von A. Schmidt[2]) der Name „Sepsin" gegeben wurde.

Selmi[3]) isolirte im Jahre 1871 aus den Eingeweiden von Leichen
ebenfalls einen Körper, welcher alle Eigenschaften eines Alkaloïds besass.
Seit der Zeit haben die verschiedensten Chemiker in Leichen Alkaloïde,
welchen der Name „Ptomaïne" gegeben wurde, nachgewiesen und deren
Giftigkeit constatirt. A. Villiers[4]) hat auch in den Leichen von Cholerakranken, hauptsächlich im Darminhalt, ein flüssiges, beissend schmecken-
des, nach Weissdorn riechendes und giftiges Alkaloïd vorgefunden. Dieses
ist von Klebs, Pouchet und A. Poehl[5]) bestätigt. Aber nicht allein in
faulenden Leichen — in frischen Leichen konnte Marino Zuco[6]) keine
Alkaloïde nachweisen — sind in neuester Zeit Ptomaïne gefunden, sondern
auch bei der Fäulniss der verschiedensten Eiweisssubstanzen überhaupt.
So entstehen nach Selmi[7]) bei der freiwilligen Verwesung von Eiweiss bei
Luftabschluss zwei Alkaloïde, die den Leichenalkaloïden völlig gleichen und
von denen eines flüchtig und nicht giftig, das andere nicht flüchtig und
giftig ist. L. Brieger[8]) fand in gefaultem Seedorsch eine Reihe von
Basen, nämlich: Neuridin ($C_5H_{14}N_2$), Aethylendiamin, Muscarin und das
Gadinin ($C_7H_{16}NO_2$); O. Bocklisch[9]) konnte zwar bei der Fäulniss von
einem Süsswasserfisch, dem Barsch, von diesen Basen nur das Neuridin
nachweisen, dagegen fand er eine andere Base, welche eine starke giftige,
dem Muscarin ähnliche Wirkung besass. Weiter beobachtete Bocklisch,
dass nur geringe Mengen von basischen Producten entstehen, wenn die
Fäulniss nur kurze Zeit dauert und dass die Ptomaïne ganz verschwinden,
wenn man dieselbe zu lange ausdehnt.

Letzteres hat auch H. Maas in Gemeinschaft mit Buchmann und
Wasmund[10]) bei Versuchen über die Bildung von Fäulnissalkaloïden in ungekochtem und gekochtem Kalb-, Rind- und Fischfleisch beobachtet. Bei
hinreichender Ausdehnung der Fäulniss fanden sie in allen Fällen, sowohl

---

[1]) Virchow's Archiv Bd. 60 S. 328.
[2]) Centr. Bl. f. d. med. Wissenschaften 1868 S. 397.
[3]) Berichte d. deutsch. chem. Gesellsch. Berlin 1873. S. 142.
[4]) Compt. rend. T. 100 p. 91.
[5]) Berichte d. deutsch. chem. Gesellsch. Berlin 1886. S. 1159.
[6]) Riv. di Chim. med. e farm. Bd. I. S. 348.
[7]) Jahresbericht über Fortschritte der Chemie 1879. S. 832.
[8]) L. Brieger: Ueber Ptomaïne. Berlin 1885.
[9]) Berichte d. deutschen chem. Gesellsch. 1885. S. 86.
[10]) Fortschr. d. Med. 2 S. 729.

im gekochten wie ungekochten Fleisch Alkaloïde von giftigem Charakter und H. Maas sowohl wie auch Brieger ist der Ansicht, dass die häufigen Vergiftungen durch Genuss von Fischfleisch (d. sog. Ichthyismus) auf die Fäulnissalkaloïde zurückgeführt werden müssen.

C. Arnold[1]) entnahm aus einer grossen Grube, in der an der Thierarzneischule in Hannover alle todten Thiere aufbewahrt werden, von zwei mindestens 8 Tage in der Grube gelegenen, stark gefaulten Hunden im ganzen 500 g Muskelfleisch und erhielt daraus 1,6 g eines flüssigen Alkaloïds, das bei Kaninchen, subcutan injicirt, Starrkrampf mit darauf folgendem Tode herbeiführte. Auch bei einem zweiten Versuch erhielt er aus 500 g faulem Pferdefleisch nahezu 0,5 g derselben Substanz. Auch bei der Fäulniss vegetabilischer Eiweissstoffe entstehen die Fäulnissalkaloïde. Brugnatelli und Zenoni[2]), sowie Th. Husemann fanden ein amorphes, in Wasser unlösliches Alkaloïd (Lombroso's Pellagroïn?) im verschimmelten Maismehl; nach Brugnatelli theilt das Alkaloïd alle chemischen und physiologischen Eigenschaften des Strychnins. A. Poehl[3]) hat ferner bei der Fäulniss des Roggenmehles unter Einwirkung von Mutterkorn Alkaloïde nachgewiesen und ist der Ansicht, dass der Ergotismus, weil seine äusseren Krankheitserscheinungen denen durch die Fäulnissalkaloïde wesentlich gleichen, in diesen Alkaloïden seine Ursache hat. Da weiter die in der Lombardei, in Folge des Genusses von faulem Mais beobachtete Krankheit mit dem Ergotismus vieles gemeinsam hat, so ist die Ansicht gerechtfertigt, dass auch diese Krankheit in naher Beziehung zu den Fäulnissalkaloïden steht. Wie von L. Brieger, ferner von Gautier und Etard[4]) nachgewiesen ist, dass bei animalischen Eiweissstoffen dem Auftreten von Ptomaïnen die Bildung von Pepton vorangehen muss, so ist nach A. Poehl die Alkaloïdbildung auch bei der Fäulniss vegetabilischer Eiweissstoffe von der vorherigen Peptonisirung abhängig; diese wird bei Roggen durch Claviceps purpurea und bei Mais durch Schimmelpilze bewirkt. Die wesentlichsten Momente, welche die Fäulnissalkaloïde in mutterkornhaltigem Roggenmehl bedingen, sind nach A. Poehl folgende:

1. Verwandlung der Stärke in Glycose,
2. Gährung der Glycose unter Bildung von Milchsäure,
3. Peptonisation der Eiweisskörper durch peptische Einwirkung des Myceliums von Claviceps purpurea in Gegenwart von Milchsäure,
4. Uebergang des Peptons zu Ptomopepton und Zerfall unter Bildung von Fäulnissalkaloïden.

Nach weiteren Untersuchungen von A. Poehl[5]) gehören die Ptomaïne

---

1) Archiv f. Pharm. Bd. 21 S. 435.
2) Berichte d. deutsch. chem. Gesellsch. Berlin Bd. IX. S. 1437.
3) Ebendort 1883 Bd. 16. S. 1975.
4) Comptes rendus T. 94 p. 1357 u. 1504.
5) Berichte d. deutsch. chem. Gesellsch. Berlin 1886. S. 1159.

zu den bei der Fäulniss sich bildenden Reductionsproducten und können die meisten Ptomaïne durch Oxydationsmittel zerstört werden. Aus dem Grunde empfiehlt A. Poehl zur Verringerung der Ptomaïnbildung bei der Cholera die Einführung von Oxydationsmitteln (z. B. Wasserstoffsuperoxyd und Hypermanganate etc.) in die Verdauungswege resp. den Dünndarm.

Hiernach ist erwiesen, dass bei der Fäulniss von animalischen wie vegetabilischen eiweisshaltigen Stoffen unter den verschiedensten Verhältnissen Fäulnissalkaloïde entstehen und die gefaulten Stoffe resp. Flüssigkeiten einen giftigen Charakter annehmen können.

Wenn jedoch die Entstehung derselben an gewisse Bedingungen geknüpft ist, wenn sie vorwiegend oder nur in einem gewissen Stadium der Fäulniss und anscheinend besonders bei Luftabschluss resp. bei Luftmangel durch anaërobe Spaltpilze (vgl. S. 43) gebildet werden, so erklärt sich hieraus vielleicht, dass gefaulte Flüssigkeiten und Wässer mitunter schädlich und giftig wirken, mitunter nicht.

Da wir aber bis jetzt ohne eine eingehende chemische Untersuchung kein Mittel besitzen, den Grad der Fäulniss, in welchem Fäulnissalkaloïde vorhanden sind oder nicht, nach äusseren Merkmalen abzuschätzen, so sind alle fauligen und gefaulten Substanzen, die sich nur irgendwie durch den Geruch oder durch ihr Aussehen als solche kundgeben, für die Ernährung von Menschen und Thieren zu verwerfen, sowie principiell von dem Einlass in öffentliche Wasserläufe auszuschliessen, es sei denn, dass sie durch das aufnehmende Bach- und Flusswasser eine solche Verdünnung erfahren, dass sie keinen Schaden mehr anrichten können.

Aber abgesehen von den giftigen Fäulnissalkaloïden wirken die fauligen und fäulnissfähigen Stoffe auch noch wegen sonstiger gelöster Fäulnissstoffe in sanitärer Hinsicht nachtheilig. So lange die Fäulniss bei genügendem Sauerstoffgehalt resp. Sauerstoffzutritt verläuft, bilden sich wie schon oben erwähnt, mehr oder weniger unschädliche Umsetzungsproducte von vollendeter Oxydation; fehlt es aber an Stauerstoff, so treten anaërobe Spaltpilze auf, welche den nöthigen Sauerstoff den chemischen Verbindungen (der Salpetersäure, Schwefelsäure etc.) entnehmen und es bilden sich Reductionsproducte wie salpetrige Säure, Schwefelwasserstoff und sonstige Schwefelverbindungen, welche letztere ebenfalls für den thierischen Organismus einen giftigen Charakter besitzen. Denn wenn nach v. Nägeli die schädliche Wirkung der Spaltpilze für den Organismus mit darin beruht, dass sie den Blutkörperchen Sauerstoff entziehen, so kann man von diesen Reductionsproducten z. B. dem Schwefelwasserstoff resp. den Schwefelverbindungen etc. ganz dasselbe annehmen; auch von diesen ist bekannt, dass sie mit grosser Energie Sauerstoff binden und wieder in Sauerstoffverbindungen übergehen.

Zu diesen mehr oder weniger schädlichen und giftigen Fäulnissstoffen kommt für die Wasserbewohner noch hinzu, dass das faulige Wasser grösstentheils seines Sauerstoffs beraubt ist, denselben also auch der für die Lebensvorgänge nöthige Sauerstoff entzogen wird.

Offenbar ist, wie bereits bemerkt, auf diesen Vorgang die Erscheinung zurückzuführen, dass in der wärmeren Jahreszeit, in welcher mit Eintritt einer höheren Temperatur die Fäulniss plötzlich intensiv verläuft, die Fische mit einem Male in derartigen Schmutzwässern zu Grunde gehen.

Interessante Versuche über die giftige Wirkung von fauligen Haus- abflusswässern auf Fische hat C. Weigelt[1]) angestellt[2]). Er sammelte die Hausabwässer seines Hausstandes (5 Erwachsene und 3 Kinder) und erhielt in 7 Tagen 175 Liter Küchenspülwasser, 180 Liter Waschwasser, 190 Liter Zimmerspülwasser und 220 Liter Wäschewasser, wobei die Nach-

Schädlich-
keit
für Fische.

---

[1]) Landwirthsch. Versuchsstationen Bd. XXVIII. S. 321 und Archiv für Hygiene 1885 Bd. III. S. 70.

[2]) Zu diesen Versuchen wählte C. Weigelt eine längere auf einige Tage beschränkte Expositionsdauer unter theilweiser Zufuhr neuen Wassers. Alle anderen, weiter unten er- wähnten Versuche wurden in grossen Glascylindern in der Weise vorgenommen, dass die Fische in 5 l Wasser von bekannter Concentration gesetzt und mit der Uhr in der Hand das Zeitintervall bis zur dauernden Seitenlage des Thieres, welches Weigelt „Wider- standsdauer" nennt, gemessen wurde. Zu den Vergiftungsversuchen dienten 1878: Fo- rellen (5—20 g), 1879/80 Forellen (20—60 g), Lachse (6—8 g), Schleien (40—60 g), 1881 Forellen, Lachse, Salmonidenbastarde (30—60 g), californische Lachse (6—9 g), Saiblinge (1—3 g), eben der Eihaut entschlüpfte Forellen (1—30 Tage alt) und Aeschen (1—15 Tage alt), sowie Forellen- und Aescheneier wenige Tage vor dem Ausschlüpfen der Embryonen.

Die umfangreichen und sehr mühsamen Versuche C. Weigelt's bringen bis jetzt nur Anhaltepunkte für die „acute" Wirkung eines Schädlings. Weigelt hat aber auch Dauerversuche angestellt, indem er die Versuchsthiere unter Anwendung minimaler, schein- bar wirkungsloser Concentrationen — wirkungslos in Bezug auf acute Vergiftung — auf ihre Widerstandsfähigkeit bei tage- und wochenlanger Dauer des Einflusses des Mittels prüfte, indess bis jetzt nach dieser Methode kein verwerthbares Resultat erhalten können. Die Versuche wurden in einem Steintrog von 100 l Inhalt angestellt; durch denselben strömte pro Minute ca. 1 l Wasser. Das Mittel (Salzsäure, Schwefelsäure, Soda) floss con- tinuirlich resp. in Intervallen ein, indem es sich mit dem eintretenden Wasser zu der ge- wünschten Concentration mischte. Die verwendeten Fische (Forellen, Karpfen) gingen aber aus unbekannten Gründen zu frühzeitig ein, so dass es nicht möglich war, auf diese Weise einen Ausdruck für die „chronische" Vergiftung durch einen Schädling in starker Ver- dünnung zu gewinnen. Weigelt ist der Ansicht, dass zu solchen Versuchen Fischgewässer verwendet werden müssen, welche den normalen Anforderungen der Versuchsthiere ent- sprechen.

Zum Schlusse warnt Weigelt noch davor, seine bis jetzt gewonnenen Zahlen als „feststehende" Werthe bei etwaiger gutachtlicher Aeusserung über die Schädlichkeit von Abwässern für die Fischzucht heranzuziehen; sie können nach Weigelt einstweilen nur als Anhaltepunkte dienen.

Die Widerstandsdauer (d. h. das Zeitintervall vom Beginn des Einflusses des Schädlings bis zur Seitenlage, resp. bis zum Tode) ist in erster Linie, wie nicht anders zu erwarten ist, von der Concentration der Lösung des Schädlings abhängig, dann aber auch von der Temperatur, indem die Widerstandsdauer im allgemeinen mit dem Sinken der Temperatur steigt und umgekehrt; weiter aber spielt die Fischart und das Körper- gewicht einer und derselben Art eine hervorragende Rolle; je schwerer, d. h. je älter im allgemeinen der Fisch ist, um so kräftiger vermag er die schädlichen Einflüsse zu überdauern; die Schädlinge wirken unter den jugendlichen Thieren am stärksten und wenn auch nach C. Weigelt noch nicht erwiesen, so sind sie den Embryonen und Eiern relativ am ge- fährlichsten.

spülwässer nicht in Betracht kamen, also im ganzen 765 l pro Woche oder 11,5 l pro Kopf und Tag.

Die Zusammensetzung der 4 Wässer war folgende pro 1 l:

	Küchenspülwasser	Waschwasser	Zimmerscheuer-Wasser	Wäschewasser.
Kalk	0,1400	0,3456	0,3008	0,1317
Magnesia	0,0280	0,0646	0,0328	0,0323
Kali	0,1030	0,1170	0,0819	0,1480
Natron	0,4270	0,1180	0,5250	0,5450
Phosphorsäure . .	0,0850	0,0054	0,0346	0,0142

Unter Berücksichtigung, dass sonst pro Kopf und Tag 100 Liter Hausspülwasser oder incl. Latrinenspülung 150 Liter gerechnet werden, verdünnte C. Weigelt entsprechend die Hausabwässer und setzte denselben nämlich 11,5 l pro Kopf und Tag einmal 100 l Wasser und dann 155 l Wasser mit 125 g Fäkalien und 700 g Harn zu. Beide Flüssigkeiten kamen nach 8tägiger Gährung (im Monat August 1881) zur Verwendung und brachten unverdünnt selbst erwachsene Forellen fast momentan an die Widerstandsgrenze, während, mit 4 Theilen Wasser versetzt, californische Lachse und Saiblinge 2 Stunden lang in stehendem Wasser ohne Gefährdung aushielten. Die Versuchsthiere erlitten keine dauernde Schädigung; auch die Forellen erholten sich vollständig. In Verdünnungen[1]) von 1 (Spüljauche) : 5 trat nach 13 Stunden Seitenlage (kleiner californischer Lachs), nach 18 Stunden (Saibling) der Tod ein. Zwei andere annähernd ebenso grosse Versuchsthiere befanden sich nach 18 Stunden im Hausspülwasser scheinbar ganz wohl, wurden aber einige Tage später in fliessendem Wasser verendet vorgefunden.

Es wurde ferner mit Verdünnungen von 1 : 10; 1 : 20 und 1 : 40 gearbeitet. Bei Spüljauche starben californischer Lachs resp. Saibling selbst in der verdünntesten Jauche nach 3 Tagen und 4 Stunden resp. 4 Tagen und 3 Stunden; in den beiden concentrirteren entsprechend früher, während die Fische in den Hausspülwässern scheinbar durchaus munter blieben; es gingen indess von den letzteren Versuchsthieren bei den Concentrationen 1 : 10 die einen in frischem Wasser nach einigen Tagen ein, die andern blieben sichtbar im Wachsthum zurück, ohne dass sie scheinbar an Munterkeit eingebüsst hatten. Noch nach 4 Wochen waren sie an der dunkleren Färbung von den andern nicht benutzten Fischen leicht zu unterscheiden.

Die beiden Jauchen erwiesen sich demnach als durchaus schädlich, die Beigabe menschlicher Auswurfstoffe erhöhte die schädigende Wirkung überdies sehr erheblich.

---

[1]) Die Lösungen wurden alle 2 Stunden unter fortwährendem Zulauf frischen Wassers erneuert.

Ueber die verderbliche Wirkung von Canalwasser auf die Austern hat Charles A. Cameron[1]) in der Bay von Dublin folgende Beobachtung gemacht: Die Austern werden gewöhnlich von der Küste von Wescford nach der Dubliner Bay geschafft, und verbleiben dort bis zu ihrer vollständigen Entwickelung. Früher gediehen dieselben sehr gut, seit aber die Unrathwässer von Dublin in die Bay geführt werden, stirbt ein grosser Theil schon bald nach der Ueberpflanzung. Zur Zeit der Fluth sind die Austern von ungefähr 10 Fuss Wasser bedeckt, zur Zeit der Ebbe liegen sie fast trocken oder in seichten Tümpeln, deren Wässer deutlichen Canalwassergeruch besitzen. Auch die chemische Analyse dieser Wässer ergab einen hohen Gehalt an stickstoffhaltigen Stoffen. Das Wasser in den Austern selbst riecht gleichfalls faulig und ist von niederen Organismen, wie solche in Unrathwässern vorkommen, erfüllt. Die Krankheitserscheinungen, welche nach dem Verschlucken von Austern an vielen Personen beobachtet werden, glaubt Cameron auf die in den Thieren vorhandene faulige Flüssigkeit zurückführen zu sollen.

In anderen Versuchen mit reinem Schwefelwasserstoff fand C. Weigelt, dass Mengen von 10 mg und 1 mg Schwefelwasserstoff pro 1 l und bei einer Temperatur des Wassers von 9° C. so heftige Schädigungen auf Forellen hervorriefen, dass grosse Thiere in 5 resp. 15 Minuten auf den Rücken gelegt wurden; in reines Wasser gebracht, starb die erstere nach 24 Minuten, die andere erholte sich. In einer Lösung von 100 mg H_2S pro 1 l lag eine Schleie in 11 Minuten auf der Seite, in einer solchen von 10 mg pro l blieb eine andere unter Krankheitserscheinungen 3 Stunden; in reines Wasser gebracht, starben beide nach 8 Tagen.

Bei einem Gehalt von 100 mg freiem Ammoniak pro 1 l in einem Wasser von 8° C. starb eine grosse Forelle nach 14 Minuten, eine Schleie nach 45 Minuten, kleiner Lachs nach 21 Minuten.

Ein Gehalt von 50 mg Ammoniak pro 1 l bei einer Temperatur des Wassers von 14° C. tödtete eine grosse Forelle nach 47 Minuten, 7 ganz kleine Forellen nach 2 Stunden und ein Gehalt von 25 mg desgleichen 7 ganz kleine Forellen nach 2 Stunden. Dagegen blieb bei einer Temperatur des Wassers von 8° C. ein Gehalt von 10 mg Ammoniak pro l für eine grosse Forelle in 4 stündiger und für 6 kleine Forellen in 1 stündiger Expositionsdauer ohne Wirkung. Die Symptome, welche unter dem Einfluss des freien Ammoniaks hervortraten, wichen auffallend von einander ab.

Kohlensaures Ammonium[2]) wird nach den Versuchen Weigelt's

---

[1]) The Chemical News. Vol. 44 No. 1131 pag. 52.
[2]) Prof. Nitsche in Tharand (vgl. C. Weigelt; Schädigung der Fischerei in Archiv f. Hygiene Bd. III. S. 82) ermittelte den Einfluss des kohlensauren Ammoniums auf die Befruchtung; dieselbe erfolgte mit Sperma eines frischen Fisches: die eben abgestrichenen Eier laichreifer Forellen erhielten 100 ccm eines Wassers mit 1,0 g Ammoniumcarbonat pro 1 l und unmittelbar darauf den Samen. Nach 10 Minuten wurde das samenhaltige Wasser abge-

bei Concentrationen von 3 g pro l bei nur $\frac{1}{2}$ stündiger Expositionsdauer selbst von kleinen Forellen ohne irgend welchen Schaden ertragen.

Freie Kohlensäure wirkte bei 100 mg pro l und 8^0—9^0 C. Wassertemperatur bereits nach wenigen Minuten tödtlich, während 75 mg ohne dauernden Einfluss blieben.

Analysen der Jauchengase ergaben bei der Spüljauche (Zusatz von Fäkalien und Harn) ein Gesammtvolumen von 76% Kohlensäure bei einem Verhältniss von Sauerstoff zu Stickstoff von 1 : 27, bei den Hausjauchen (ohne Zusatz von Fäkalien und Harn) waren diese Werthe erheblich niedriger und erreichten im Maximum 39% Kohlensäure bei einem Verhältniss von Sauerstoff zu Stickstoff wie 1 : 10.

„Die Schädlichkeit der faulen Jauchen ist daher nach C. Weigelt neben der Anwesenheit der giftigen Gase, Schwefelwasserstoff und Kohlensäure, auch noch und wohl zu sehr beträchtlichem Antheile auf das in Folge der verschiedenen Fäulniss- und Gährungsprocesse verbrauchte Sauerstoffquantum resp. auf den Mangel an diesem Gase zurückzuführen; der immerhin möglichen directen Beeinflussung des Fisches durch die Bacterien und sonstigen Gährungserreger nicht zu gedenken."

II. Reinigung.

Reinigung. Bei der Frage der Reinigung der fauligen und fäulnissfähigen Abgangwässer wie sonstiger Schmutzwässer lässt man sich gar zu gern von dem äusseren Aussehen des Wassers leiten und betrachtet dasselbe als rein, wenn es „klar" aussieht. Wenn aber irgendwo so kann dieses gerade bei den fauligen und fäulnissfähigen Wässern zu grossen Irrthümern führen.

Bereits in der Einleitung S. 3 habe ich hervorgehoben, dass das äussere Ansehen schon um desswillen täuschen kann, weil mitunter nur ganz geringe Mengen suspendirter Schlammstoffe oder gelöster Farbstoffe dazu gehören, um ein Wasser trübe oder gefärbt erscheinen zu lassen. Bei den fauligen oder fäulnissfähigen Wässern kommt aber, wie vorhin bemerkt ist, noch hinzu, dass hier die gelösten Fäulnissstoffe in sanitärer Hinsicht (für Fischzucht etc.) unter Umständen ebenso bedenklich sind als die suspendirten Schlammstoffe, welche dem Wasser ein schmutzig schwarzes Aussehen verleihen.

---

gossen, mehrfach mit frischem Wasser nachgespült und die Eier bald darauf in einen nach dem Princip der Eierbrutapparate gebauten Kasten gebracht, in welchem dieselben auf Rahmen von durchlochtem Zinkblech zwischen Flanelllappen gebettet und von Bachwasser durchströmt waren. Die abgestorbenen Eier wurden alle 2 Tage entfernt.

Von 100 Eiern standen ab: nach 121 Tagen 84, nach 132 Tagen 93 Eier; dagegen bei einem Controlversuch mit gewöhnlichem Wasser nach 121 Tagen 22 und nach 132 Tagen nur 43 Eier.

Selbstverständlich sind die suspendirten Schlammstoffe in den mit stickstoffhaltigen organischen Stoffen beladenen Wässern durchaus nicht irrevelant, denn sie sind die Träger für die Fäulnisskeime und Fäulnissvorgänge, und wenn es gilt, derartige Wässer zu reinigen, so ist in erster Linie auf deren Beseitigung Rücksicht zu nehmen. Aber sie sind, wenn diese Schmutzwässer bereits in Fäulniss begriffen und übergegangen sind, nicht die einzigen Bestandtheile, welche behufs Reinigung entfernt werden müssen; alsdann spielt die Beseitigung der gelösten Fäulnissstoffe aus denselben eine nicht minder grosse Rolle.

In vielen Fällen wird die Qualität derartiger Schmutzwässer auch einzig und allein nach ihrem grösseren oder geringeren Gehalt an Bacterien und sonstigen Mikroorganismen beurtheilt.

Man findet selbst in wissenschaftlichen Kreisen die Ansicht verbreitet, dass ein destillirtes Wasser, welches Bacterien etc. enthält, unter Umständen schlechter und gefährlicher sein kann, als ein Wasser, welches chemisch sehr unrein, aber frei von Mikroorganismen ist. Andererseits wird nicht selten ein mechanisch und chemisch gereinigtes Wasser, welches frei von Mikroorganismen ist und solche auch nach wöchentlichem Stehen nicht aufkommen lässt, als rein und unschädlich erklärt, indem die Abführung desselben in die öffentlichen Wasserläufe nicht beanstandet wird.

Diese Ansichten sind jedoch nur bedingungsweise richtig.

Wenn ein destillirtes Wasser Mikroorganismen enthält, so können sie nur als solche in Form von Staub von aussen in dasselbe gelangt sein, nicht aber in demselben sich entwickelt haben; auch werden diese Mikroorganismen — vorausgesetzt, dass das Wasser überhaupt noch den Namen „destillirtes" tragen kann —, nur dann schädlich wirken, wenn sie Träger für specifische Krankheiten sind. Denn wie viel Bacterien und Mikroorganismen nehmen wir nicht tagtäglich in dem, den Nahrungsmitteln anhaftenden Staub und Schmutz zu uns, ohne dass wir nachtheilige Wirkungen verspüren? Ja manche Nahrungsmittel lassen wir, wie bereits erwähnt, mit Vorliebe erst einen gewissen Grad von Fäulniss durchmachen, ehe wir sie geniessen, z. B. Fleisch von Wild, Käse etc.

Auf der anderen Seite ist es ebenso fehlerhaft, ein Wasser, welches chemisch sehr unrein, aber momentan frei von Mikroorganismen ist, als unschädlich zu betrachten; denn ein Wasser, welches mit stickstoffhaltigen, der Gruppe der Proteinverbindungen angehörenden Stoffen beladen ist, enthält alle Bedingungen für die Entwickelung von Mikroorganismen und diese können jeden Augenblick in grösseren oder geringeren Mengen auftreten, da die Keime derselben stets in genügender Menge in der Luft vorhanden sind.

Auch Wässer mit grösseren Mengen Nitraten oder Ammoniaksalzen und organischen Stoffen können ein geeignetes Nährmedium für Mikroorganismen abgeben und sind daher unter Umständen ebenfalls bedenklich, selbst wenn sie auch momentan frei von Mikroorganismen sind[1]). Man muss hier Ursache und Wirkung scharf auseinanderhalten.

Bei der künstlichen Reinigung von fauligen und fäulnissfähigen Wässern durch chemische Fällungsmittel wird neben sonstigen Mitteln durchweg Kalk resp. Kalkmilch im Ueberschuss angewendet. Hierdurch fällt man die suspendirten Schlammstoffe und gleichzeitig mit diesen die vorhandenen Mikroorganismen. Derartig gereinigte und Kalk im Ueberschuss enthaltende Wässer halten sich für sich längere Zeit an offener Luft, ohne Mikroorganismen aufkommen zu lassen, oder aber die entwickelten Mikroorganismen werden von dem sich gleichzeitig bildenden und unlöslich abscheidenden kohlensauren Calcium mit niedergerissen.

Als Beweis für diese Ansicht können zwei im hiesigen Laboratorium von meinem I. Assistenten Dr. H. Weigmann angestellte Versuche dienen:

---

[1]) Von einigen einseitigen Enthusiasten wird sogar neuerdings der chemischen Untersuchung eines Wassers, auch des Brunnenwassers keine oder kaum mehr eine Bedeutung beigelegt, sondern einzig und allein die bacteriologische Untersuchung als massgebend erachtet. Das ist nicht minder irrig und heisst „das Kind mit dem Bade ausschütten".

Wenn ein Brunnenwasser mehr oder weniger Schwefelwasserstoff, Ammoniak oder salpetrige Säure enthält, so bedarf es keiner langen bacteriologischen Untersuchung mehr, sondern ein solches Wasser ist schon auf Grund dieses Befundes schlecht zu nennen und als Trinkwasser zu verwerfen und zwar nicht wegen der etwaigen directen Schädlichkeit dieser Bestandtheile, sondern weil letztere ein unwiderleglicher Beweis dafür sind, dass das Wasser Zuflüsse aus Erdschichten erhält, welche mit menschlichen oder thierischen, in Fäulniss begriffenen Stoffen imprägnirt sind.

Dasselbe gilt von einem Wasser, welches eine grössere Menge Nitrate enthält. Wo immer wir nämlich auch ein reines Quell- und Brunnenwasser von unbewohnten Plätzen untersuchen, stets werden wir finden, dass dasselbe nur wenig, eine, durchschnittlich 20 bis 30 mg pro 1 l nicht übersteigende Menge Salpetersäure enthält. Findet sich aber in einem Wasser die 2—10 fache Menge (wie häufig in Städten) und daneben gleichzeitig eine grössere Menge Chloride, schwefelsaure Salze und organische, durch Chamäleon oxydirbare Stoffe, so müssen wir daraus schliessen, dass auch ein solches Wasser Zuflüsse aus, mit menschlichen oder thierischen Abfallstoffen beladenen Erdschichten erhält. Letzteres Wasser unterscheidet sich von dem ersteren nur dadurch, dass die Zersetzungsproducte der Abfallstoffe (Ammoniak, Schwefelwasserstoff etc.) in Folge günstigerer Bodenbeschaffenheit etc. eine vollkommene Oxydation erfahren haben. Auch ein solches Wasser ist, mag es noch so klar und frei von Mikroorganismen sein, aus denselben Gründen, wie das erstere, schlecht und unter Umständen je nach den vorhandenen Mengen an genannten Bestandtheilen zu beanstanden, zumal das Oxydationsvermögen des Bodens über kurz oder lang oder zeitweise nachlassen und Fäulnissproducte von unvollendeter Oxydation in das Wasser gelangen können.

Selbstverständlich ist es nicht zulässig, aus dem abnorm hohen Gehalt von einem der genannten Bestandtheile, nämlich Chlor oder organischen Stoffen oder schwefelsauren Salzen auf ein schlechtes Wasser zu schliessen, weil dieselben einzeln für sich aus den natürlichen Erd- und Gebirgsschichten herrühren können; aber wenn sie gleichzeitig in einer abnormen Menge vorhanden sind und sich hierzu eine abnorme Menge Nitrate gesellt, so spricht besonders letzterer Umstand dafür, dass die Verunreinigung des Brunnens in besagter Weise stattgefunden haben muss, und ist einleuchtend, dass auch die chemische Analyse wohl im Stande ist, uns über die Qualität eines Wassers Aufschluss zu geben.

Zu denselben wurde städtisches Canalwasser verwendet, welches in beiden Fällen durch Zusatz von Ferrosulfat resp. Aluminiumsulfat und von Kalk im Ueberschuss gereinigt war. In beiden Fällen wurde das Wasser filtrirt und je 3 Versuchs-Nummern gebildet:

Probe a wurde in einer verkorkten, luftdicht schliessenden Flasche aufbewahrt,
- b wurde an offener Luft aufbewahrt,
- c wurde mit Kohlensäure zur Abstumpfung des freien Kalkes neutralisirt und dann ebenfalls an offener Luft aufbewahrt.

Nach 3—4 wöchentlichem Stehen wurden die 3 Reihen vergleichend nach der Koch-schen Methode auf entwickelungsfähige Keime von Mikroorganismen geprüft und gefunden:

	Probe a ohne Luftzutritt.		Probe b mit Luftzutritt.		Probe c nach Neutralisation mit Kohlensäure und bei Luftzutritt.	
	Reaction	Anzahl der entwickelten Keime	Reaction	Anzahl der entwickelten Keime	Reaction	Anzahl der entwickelten Keime
1. Versuch . .	Stark al-kalisch	0	Schwach alkalisch	3700	Neutral	ca. 25 000 000
2. Versuch . .	desgl.	0	desgl.	72000	desgl.	534 800

Man sieht hieraus, dass sich in dem mit überschüssigem Kalk versetzten und geklärten Schmutzwässer wieder und um so mehr Mikroorganismen[1]) entwickeln, wenn und je mehr der freie Kalk durch Kohlensäure abgestumpft ist.

Auch M. Märcker, P. Degener und F. Cohn (vergl. unter Abgangwasser aus Zuckerfabriken) fanden, dass z. B. das nach Knauer's System gereinigte Abgangwasser aus Zuckerfabriken bei starker alkalischer Beschaffenheit keinen lästigen Geruch und nur Spuren organischen Lebens zeigte, dass dagegen ein fauliger Geruch und eine sehr lebhafte Entwickelung von Fäulnissfermenten eintrat, sobald die Alkalität fast oder ganz verschwunden war. Dasselbe hat bereits 1872 Crace Calvert nachgewiesen; auch er fand, dass nur grosse Mengen Kalk hindernd auf die Fäulniss wirken, dass dagegen geringe Mengen dieselben sogar unterstützen. Dazu kommt, dass nach den Versuchen von L. Weigelt (vergl. unter „Abgängen aus Gerbereien") freier Kalk in einer Concentration von 0,03 g Ca(OH)$_2$ pro 1 l auf Fische (Forellen) schädlich und ein Gehalt von 0,07 g Ca(OH)$_2$ pro 1 l tödtlich wirken kann.

Es ist daher nicht richtig, derartig geklärte und klar aussehende Wässer unter allen Umständen für unschädlich zu halten. Denn ergiessen sich die auf diese Art gereinigten Wässer in Bäche oder Flüsse, so wird der über-

---

[1]) Als auffallend mag hervorgehoben werden, dass die in dem durch überschüssigen Kalk gereinigten Wasser nach Abstumpfung desselben entwickelten Organismen den im ungereinigten Wasser vorhandenen Organismen gegenüber äusserst klein und winzig waren.

schüssige, conservirend wirkende Kalk mit dem stets mehr oder weniger vorhandenen doppeltkohlensauren Calcium nach der Gleichung:

$$H_2CaC_2O_6 + H_2CaO_2 = 2\,CaCO_3 + 2\,H_2O.$$

in einfach kohlensaures Calcium umgewandelt, welches sich als unlöslich ausscheidet, und sind alsdann noch gelöste organische Stoffe in dem Wasser in genügender Menge vorhanden, welche den überall vorhandenen Fäulnisskeimen als Substrat dienen können, so kann in einem solchen Wasser von neuem Fäulniss eintreten.

Zur Reinigung der fauligen und fäulnissfähigen Schmutzwässer sind eine ganze Reihe von Verfahren in Vorschlag gebracht, deren Werth für die wirkliche Reinigung ein sehr verschiedener ist. Die Reinigungsverfahren lassen sich wie folgt eintheilen:

1. die Berieselung,
2. die Filtration,
3. Klärung in Klärteichen mit und ohne Zusatz von chemischen Fällungsmitteln,
4. Anwendung chemischer Fällungsmittel mit darauf folgender Berieselung,
5. Mechanisch wirkende und sonstige Reinigungsverfahren[1]).

Unter diesen Reinigungsverfahren steht das durch Berieselung oben an; sie hat bis jetzt unter allen Reinigungsverfahren die weiteste Verbreitung gefunden und kann im Gegensatz zu letzteren (durch Filtration, chemische Fällungsmittel etc. also künstliche Hülfsmittel) zweckmässig die **natürliche Reinigung** der putriden Schmutzwässer genannt werden.

Wirkung der
Berieselung. Durch die Berieselung gehen, wie weiter unten näher begründet wird, vorwiegend folgende Veränderungen mit den fauligen und fäulnissfähigen Schmutzwässern vor:

1. Die suspendirten Schlammstoffe werden aus denselben entfernt, indem sie sich mehr oder weniger volltändig mechanisch auf und in den Boden niederschlagen.

2. Die gelösten organischen Stoffe werden zum Theil vom Boden absorbirt und durch den Sauerstoff der Bodenluft resp. des Wassers oxydirt; gleichzeitig aber wird dem Wasser auch noch wieder Luftsauerstoff zugeführt.

3. Die gelösten Mineralstoffe oder die mineralisirten Verbindungen

---

[1]) Zu letzteren wäre z. B. das von Alex. Müller durch künstliche Fäulniss mit darauf folgender Filtration und das von Fr. Hulwa durch Fällen mit chemischen Fällungsmitteln und darauf folgender Saturation mit Kohlensäure und schwefeliger Säure zu rechnen. Letztere beiden Verfahren sind meines Wissens bis jetzt bei städtischen Abgangwässern noch nicht angewendet; sie werden unter „Abgangwasser aus Zuckerfabriken" näher beschrieben, während die anderen Reinigungsverfahren mehr oder weniger sämmtlich bei „städtischem Canalwasser" angewendet sind und ausführlicher besprochen werden.

wie Salpetersäure erfahren eine Abnahme, insofern sie entweder direct von den Pflanzen aufgenommen oder zum geringen Theil (wie Kali, Phosphorsäure und Ammoniak) vom Boden absorbirt werden.

Durch die Berieselung werden daher am naturgemässesten alle die Bedingungen erfüllt, welche nothwendig sind, um den schädlichen Charakter dieser Abfallwässer zu beseitigen. Leider aber stehen nicht immer hinreichende oder geignete Bodenflächen für die Berieselung zur Verfügung; man ist alsdann gezwungen, dieselben nach dem einen oder anderen Verfahren sozusagen künstlich zu reinigen. Selbstverständlich besitzt alsdann dasjenige Verfahren den Vorzug, welches in seiner Wirkung der Bodenberieselung am nächsten kommt.

Dieses würde z. B. am meisten bei der intermittirenden Filtration Filtration. der Fall sein; indessen gehören, da hier die reinigende Wirkung, welche die wachsenden Nutzpflanzungen ausüben, wegfällt, zur Erzielung eines gleichen Effectes, viel grössere Filtrationsflächen resp. Volumen, als bei der Bodenberieselung.

Es hat daher die Filtration für sich allein bis jetzt nur eine beschränkte Anwendung gefunden. Wenn die Bodenverhältnisse eine Reinigung durch Berieselung nicht gestatten, so greift man vielmehr fast allgemein zu den chemischen Fällungsmitteln, indem man die gefällten Stoffe auf irgend eine Weise in Klärbassins oder sonstwie absetzen lässt.

Um festzustellen, wie und wodurch die chemischen Fällungsmittel bei Chemische Fällung. der Reinigung wirken, und ob dieses Verfahren nicht so weit vervollkommnet werden kann, dass es der Bodenberieselung thunlichst nahe kommt, habe ich eine Reihe von Versuchen angestellt, welche hier ihren Platz finden mögen:

Zwei Arten Abflusswasser, nämlich aus einer Strohpapierfabrik und Jauche-Spülwasser wurden einmal mit Kalkmilch und dann gleichmässig mit Kalkmilch unter Zusatz von Eisenvitriol und Aluminiumsulfat nebst löslicher Kieselsäure versetzt und die Filtrate der natürlichen wie mit Fällungsmitteln versetzten Schmutzwässer einer vergleichenden Untersuchung unterworfen mit folgendem Resultat:

1 Liter der filtrirten Wässer enthielt:

	Ohne Zusatz mg	Mit 1,0 g CaO pro 1 l versetzt mg	Mit 1,0 g CaO + 0,5 g Eisenvitriol pro 1 l versetzt mg	Mit 1,0 g CaO + 0,25 g Eisenvitriol + 0,25 g Aluminiumsulfat nebst löslicher SiO$_2$ pro 1 l mg
I. Abgangwasser aus einer Strohpapierfabrik 1. Versuch.				
Mineralstoffe (Glührückstand)	1055,0	1620,5	1882,5	1842,5
Organische Stoffe + Wasser (Glühverlust) .	1670,0	1812,5	1357,4	1444,0
Zur Oxydation der gelösten organischen Stoffe erforderlicher Sauerstoff	824,0	844,0	812,0	812,0
Organisch gebundener Stickstoff	20,0	17,9	15,8	15,8
Kalk (in Lösung)	475,0	807,5	980,0	957,8

_— 58 —_

	Ohne Zusatz	Mit 1,5 g CaO pro 1 l versetzt	Mit 1,5 g CaO + 0,5 g Eisenvitriol pro 1 l versetzt	Mit 1,5 g CaO + 0,5 g Aluminiumsulfat nebst löslicher SiO_2 pro 1 l
2. Versuch.				
Mineralstoffe (Glührückstand)	792,0	1406,5	1437,5	1452,5
Organische Stoffe + Wasser (Glühverlust) .	1112,5	1204,0	925,5	910,5
Zur Oxydation der gelösten organischen Stoffe erforderlicher Sauerstoff	580,0	608,0	532,0	600,0
Organisch gebundener Stickstoff	20,8	15,6	13,9	12,2
Kalk (in Lösung)	365,5	673,0	828,5	781,5

	Ohne Zusatz	Mit 2,0 g CaO pro 1 l versetzt	Mit 2,0 g CaO + 0,5 g Eisenvitriol versetzt.	Mit 2,0 g CaO + 0,5 g Aluminiumsulfat nebst löslicher SiO_2 pro 1 l
II. Jauche-Spülwasser.				
Mineralstoffe (Glührückstand)	2434,0	2586,5	2526,0	2601,0
Organische Stoffe + Wasser (Glühverlust) .	1716,5	1843,0	1809,0	1704,0
Zur Oxydation der gelösten organischen Stoffe erforderlicher Sauerstoff	360,0	332,0	268,0	288,0
Organischer + Ammoniak-Stickstoff . . .	271,6	209,8	209,8	199,3
Kalk (in Lösung)	264,0	503,5	549,5	618,5

Ferner leitete ich durch die mit überschüssigem Kalk versetzten und stark alkalischen Schmutzwässer einige Minuten einen Strom von Kohlensäure, um zu ermitteln, welchen Einfluss die erhöhte Bildung von Calciumcarbonat auf die Reinigung hat; selbstverständlich wurde nur so viel Kohlensäure durchgeleitet, dass die Filtrate noch mehr oder weniger alkalisch reagirten; es wurde pro 1 l der filtrirten Wasser gefunden:

	I. Strohpapierabflusswasser, mit 1,5 g CaO pro 1 l versetzt		II. Jauche-Spülwasser					
			mit 2,0 g CaO pro 1 l		mit 2,0 g CaO + 0,5 g Eisenvitriol pro 1 l		mit 2,0 g CaO + 0,5 g Aluminiumsulfat nebst löslicher SiO_2 pro 1 l	
	ohne	mit	ohne	mit	ohne	mit	ohne	mit
	Kohlensäure theilweise gesättigt		Kohlensäure theilweise gesättigt					
	mg	mg	mg	mg	mg	mg	mg	mg
Mineralstoffe (Glührückstand) . .	1406,5	610,0	2586,5	1717,0	2526,0	1896,0	2601,0	1683,5
Organische Stoffe + Wasser (Glühverlust)	1204,0	934,0	1843,0	1479,0	1809,0	1684,0	1704,0	1440,0
Zur Oxydation der gelösten organ. Stoffe erforderlicher Sauerstoff .	608,0	580,0	332,0	248,0	268,0	232,0	288,0	244,0
Stickstoff	15,6	13,9	209,8	233,6*	209,8	223,1*	199,3	223,1*
Kalk (in Lösung)	673,0	272,5	503,5	196,5	549,5	211,0	618,5	176,5

*) Dass in diesem Falle das mit Kohlensäure behandelte Wasser mehr Stickstoff als das ohne Kohlensäure behandelte enthält, rührt ohne Zweifel von einer Verflüchtigung des reichlich vorhandenen Ammoniaks in Folge des starken Ueberschusses an Kalk während

Wir sehen aus diesen Zahlen, dass, wie noch weiter unten mehrfach bestätigt werden wird, einerseits ein mit überschüssigem Kalk versetztes Schmutzwasser unter Umständen mehr organische Stoffe in Lösung enhält als das natürliche Schmutzwasser ohne Kalkzusatz im filtrirten Zustande, dass andererseits die Fällung der organischen Stoffe durch solche mineralische Zusätze erhöht wird, welche die erhöhte Bildung eines Niederschlages zur Folge haben; denn in allen Fällen sehen wir, dass die gleichzeitig mit Eisenvitriol und einem löslichen Thonerdesalz versetzten Proben weniger organische Stoffe und Stickstoff in Lösung enthalten, als die, welche nur mit Kalkmilch versetzt waren; die Bildung der Niederschläge von Eisenoxydoxydulhydrat oder Eisenoxydulhydrat resp. von Thonerdehydrat und einem Kalk-Thonerde-Silicat hat die Ausfällung der organischen Stoffe begünstigt.

Dasselbe ist, wenn auch hier in geringerem Grade, der Fall, wenn man durch Zuführung von Kohlensäure zu dem, überschüssigen Kalk enthaltenden Schmutzwasser die Bildung von kohlensaurem Calcium unterstützt.

Die Bildung einer grösseren Menge unorganischer Niederschläge hat aber wegen ihres grösseren specifischen Gewichtes die weitere nicht zu unterschätzende Wirkung, dass sich der Gesammtniederschlag in dem Schmutzwasser viel rascher absetzt. Wenn demnach die Entstehung von kohlensaurem Calcium in den mit überschüssigem Kalk versetzten Schmutzwässern eine vollkommenere Ausfällung der organischen Stoffe zur Folge hat, so muss, wie ich mir gesagt habe, auch von entschiedenem Vortheil für die Reinigung dieser Art Wässer sein, wenn dieselben mit kohlensäurereicher Schornsteinluft behandelt werden.

Um dieses nachzuweisen, leitete ich in obige mit überschüssigem Kalk sowie mit Eisenvitriol resp. Thonerdesalz versetzten Schmutzwässer 20—30 l Schornsteinluft pro 1 l Wasser und fand in den filtrirten Wässern pro 1 l:

	1. mit Kalkmilch gefällt		2. mit Kalkmilch + Eisenvitriol gefällt		3. mit Kalkmilch + Thonerdesalz gefällt	
	a) ohne Rauch mg	b) mit Rauch mg	a) ohne Rauch mg	b) mit Rauch mg	a) ohne Rauch mg	b) mit Rauch mg
I. Abgangwasser aus einer Strohpapierfabrik. 1. Versuch.						
Mineralstoffe	1602,5	1460,0	1882,5	1765,0	1842,5	1712,5
Glühverlust	1812,5	1450,0	1357,5	1242,5	1440,0	1317,5

des Stehens in den Proben her, in welche keine Kohlensäure geleitet wurde, während durch theilweise Sättigung des Kalkes mittelst Kohlensäure die Verflüchtigung von Ammoniak geschwächt wurde.

	1. mit Kalkmilch gefällt		2. mit Kalkmilch + Eisenvitriol gefällt		3. mit Kalkmilch + Thonerdesalz gefällt	
	a) ohne Rauch mg	b) mit Rauch mg	a) ohne Rauch mg	b) mit Rauch mg	a) ohne Rauch mg	b) mit Rauch mg
Zur Oxydation erforderlicher Sauerstoff . . .	844,0	820,0	812,0	792,0	812,0	780,0
Organischer Stickstoff	17,9	14,7	15,8	14,7	15,8	15,8
Kalk (in Lösung)	807,5	742,5	980,0	852,5	957,5	852,5
2. Versuch.						
Mineralstoffe	1406,5	1048,0	1437,5	1149,5	1452,5	1112,5
Glühverlust	1204,0	1019,0	925,5	872,0	910,5	955,0
Zur Oxydation erforderlicher Sauerstoff . . .	608,0	572,0	532,0	520,0	600,0	528,0
Organischer Stickstoff	15,6	13,9	13,9	12,2	12,2	13,9
Kalk (in Lösung)	673,0	639,5	828,5	582,5	781,5	620,0
II. Jauche-Spülwasser.						
Mineralstoffe	2586,5	1423,0	2526,0	1521,5	2601,0	1651,5
Zur Oxydation erforderlicher Sauerstoff . . .	332,0	308,0	268,0	280,0	288,0	288,0
Organischer + Ammoniak-Stickstoff	209,8	199,3	209,8	201,9	199,3	197,5
Kalk (in Lösung)	503,5	361,0	549,5	367,5	618,5	414,5

Man sieht, dass die Behandlung der mit chemischen Fällungsmitteln versetzten Schmutzwässer mit Schornsteinluft durchgehends günstig auf die Ausfällung des überschüssigen Kalkes wie nicht minder der gelösten organischen Stoffe und des Stickstoffs gewirkt hat; da der Schornsteinrauch (in diesem Falle Steinkohlenrauch) noch unvollkommene Verbrennungs-, d. h. Oxydationsproducte oder organische Destillationsproducte wie Phenol oder Kreosot etc. enthält, so sollte man annehmen, dass die filtrirten Schmutzwässer in Folge der Rauchabsorption mehr Sauerstoff (d. h. Chamäleon) zur Oxydation erforderten, als die nicht mit Rauch behandelten Schmutzwässer; weil aber das Gegentheil der Fall ist, so ist anzunehmen, dass ausser der Kohlensäure durch Bildung von unlöslichem kohlensauren Calcium auch die anderen Bestandtheile des Schornsteinrauches (phenol- und kreosotähnliche Verbindungen) eine fällende Wirkung auf die gelösten organischen Stoffe ausgeübt haben. Da die Schornsteinluft ferner immer noch erhebliche Mengen Sauerstoff enthält, so ist einleuchtend, dass dieselbe den sauerstoffarmen fauligen Schmutzwässern neben der Kohlensäure und den fäulnisshemmenden Destillationsproducten gleichzeitig Sauerstoff zuführt, und von welcher Wichtigkeit es ist, die sauerstoffarmen Schmutzwässer mit Sauerstoff zu bereichern, mögen die nachstehenden Versuche und Betrachtungen zeigen.

Sauerstoff-
Zuführung.

Von vornherein sei aber betont, dass man die günstige Wirkung der Sauerstoff-Bereicherung der fauligen Schmutzwässer nicht so sehr in einer directen Oxydation der organischen Stoffe suchen darf, als vielmehr indirect darin, dass der Sauerstoff bei einer weiteren Zersetzung der organischen Stoffe durch Mikroorganismen die Oxydation begünstigt und das Auftreten von giftigen und übelriechenden Fäulnissproducten verhindert.

Auch ist für die Sauerstoff-Bereicherung von wesentlichem Belang, wie die Luft resp. der Luftsauerstoff zugeführt wird. Als wenig erfolgreich hat sich erwiesen, die Luft direct in das betreffende Wasser einzuleiten resp. einzupressen. So behandelte Frankland[1] ein unreines Wasser mit atmosphärischer Luft und fand:

	Kohlenstoff	Stickstoff
Unmittelbar nach der Mischung am 17. Februar .	2,82	2,43
„ „ „ „ „ 18. „ .	2,89	2,51
„ „ „ „ „ 19. „ .	2,44	2,55
„ „ „ „ „ 24. „ .	2,25	2,53
„ „ „ „ „ 25. „ .	2,14	2,59
„ „ „ „ „ 28. „ .	2,14	2,76

Dr. Wallace[2] behandelte ebenfalls verschiedene Abfallwässer einige Zeit mit atmosphärischer Luft und fand, dass zur Oxydation der gelösten organischen Stoffe folgende Mengen[3] Sauerstoff erforderlich waren:

	Brennerei-Abflusswasser		Spülwasser
	A	B	
Ohne Behandlung mit Luft	7,66	3,02	1,06
Nach „ „ „ 15 Minuten lang	7,82	3,14	0,99
„ „ „ „ 30 „ „	7,26	3,19	1,10
„ „ „ „ 60 „ „	7,35	3,19	1,12

John Storer[4] hat zur Sättigung derartiger Schmutzwässer mit Luft resp. Sauerstoff folgenden Apparat construirt:

„In einem vertikalen cylindrischen Behälter ist axial ein zweiter oben und unten offener Cylinder angebracht, bis zu dessen oberem Rande die Flüssigkeit reicht. Innerhalb des Cylinders befindet sich eine mit Schraubenflügeln besetzte Welle, durch dessen rasche Rotation (1400—1500 Umdrehungen in der Minute) die Flüssigkeit diesen Cylinder rasch durchströmt und dabei Luft oder andere Gase ansaugt und sich innig damit vermischt. Die Gase können durch besondere Röhren in die Nähe der Flügelwellen geleitet werden etc. Dr. Wallace[5] hat eine Reihe von Spülwässern, die mit verschiedenen Fällungsmitteln gereinigt und dann durch diesen Apparat mit Luft behandelt waren, untersucht und unter anderem gefunden, dass

---

[1] Hoffmann, Chem. Industrie 1875, S. 66.
[2] Die Abwässer von Ch. Heinzerling, Halle 1885, S. 8.
[3] Die Zahlen bedeuten wahrscheinlich „grains“ per gallone; durch Multiplication mit 14,1 erhält man alsdann Milligramm pro 1 l.
[4] Engl. Patent vom 9. Juni 1880 No. 2323, vgl. Berichte der deutschen chem. Gesellschaft 1881, S. 2081.
[5] Vgl. Ch. Heinzerling: Die Abwässer Tabelle A.

zur Oxydation der gelösten organischen Stoffe folgende Mengen Sauerstoff pro 1 l erforderlich waren:

	Mit Kalkmilch gefällt	Mit Kalkmilch und Thonerdesalz gefällt
	mg	mg
Wasser ungereinigt	14,7	13,8
„ gereinigt	13,5	8,9
„ desgl. nach Behandlung mit Luft:		
nach 15 Minuten	13,5	9,9
„ 30 „	13,5	8,9
„ 60 „	13,5	10,0.

In anderen Fällen trat die direct oxydirende Wirkung der Luft noch in viel geringerem Masse auf und zeigte sich, dass die ungeklärten Spülwässer durch die Behandlung mit Luft zwar auf einige Tage desodorisirt wurden, dass aber später wieder eine mit Geruchsentwickelung verbundene Zersetzung eintrat. Dagegen wurden die geklärten Wässer durch die Behandlung mit Luft vollständig desodorisirt und nahmen die so behandelten Wässer bei dreiwöchentlichem Stehen keinen Geruch an, noch schieden sie organische Stoffe ab.

Zu ähnlichen Resultaten gelangte Ch. Lauth[1]) mit Pariser Canalwasser; dasselbe ging, sich selbst überlassen, bald in Fäulniss über; wenn es dagegen mit atmosphärischer Luft gesättigt wurde, so faulte es nicht. Ein solches Wasser enthielt z. B. vor (I) und nach der Behandlung mit Luft (II) folgende Stickstoffmengen:

	I. Vor der Behandlung	II. Nach mit Luft
Unlöslicher Stickstoff	14,70	8,05
Löslicher „	20,65	26,95
Stickstoff als Nitrat	1,17	1,12
„ „ Ammoniak	8,40	14,00
Gesammtstickstoff	38,00	38,00

Die Löslichmachung des Stickstoffes und Ueberführung in Ammoniak ohne Nitrirung wird durch Kalk noch beschleunigt. Die Entwickelung der im Canalwasser enthaltenen Algen, Pilze (Penicillium) und Infusorien (Euglena, Paramecium) wird durch das Einleiten von Luft ungemein begünstigt; stinkende Gase treten hierbei nicht auf. Fäulniss tritt nur ein, wenn das Cloakenwasser von der Luft abgeschlossen bleibt.

Alb. R. Leeds[2]) hat gefunden, dass die reinigende Wirkung der Luft auf das Wasser bedeutend vermehrt wird, wenn die Mischung von Luft und Wasser unter Druck stattfindet. Bei einem zur Zeit in Philadelphia im grossen Massstabe angestellten Versuch ist eine Fairmount-Turbine in

---

[1]) Compt. rendus T. 84 p. 617.
[2]) Nach Engineering, Jan. 1885 in Repertorium f. analyt. Chemie 1885, S. 190.

eine Luftpumpe umgewandelt und wurden 20°/₀ Luft, als das günstigste Quantitäts-Verhältniss in die Wasserleitung gepresst. Die Analyse ergab 17°/₀ mehr freien Sauerstoff und 53°/₀ mehr Kohlensäure nach der Lufteinpressung als vor derselben, während sich überhaupt 16°/₀ gelöste Gase mehr in dem mit Luft gemischten Wasser befanden[1]). Der Procentsatz freien Sauerstoffs repräsentirt den Ueberschuss über die Menge desselben, welche für die Oxydation der organischen Unreinigkeiten im Wasser erforderlich war.

Ich habe gefunden[2]), dass ein sauerstoffarmes Wasser sich überraschend schnell mit Sauerstoff sättigt, wenn man dasselbe in äusserst feinem Strahl oder in einer äusserst dünnen Schicht an der Luft ausbreitet; so ergab sich pro 1 l Wasser:

	Natürliches Leitungswasser		Dasselbe, nachdem es in Staubregen durch eine 3—4 m hohe Luftschicht gefallen war	
	Temperatur des Wassers °C.	Sauerstoff ccm	Sauerstoff ccm	Temperatur des Wassers °C.
1. Versuch 17, September 1881	14,7	4,41	7,21	16,1
2. „ 20. „ 1881 (Morg.) . . .	14,5	3,02	6,84	16,0
3. „ 20. „ 1881 (Nachm.). . .	14,8	3,75	6,51	17,8
4. „ 21. „ 1881	15,0	3,38	6,51	18,9

Noch wirksamer ist es, wenn man das Wasser an einem Drathnetz in äusserst dünner Schicht herunterrieseln lässt; das zu nachstehenden Versuchen verwendete verzinnte Drathnetz war ca. $3^1/_2$ m hoch und wie aus nachfolgender Zeichnung (Fig. 2, S. 70) ersichtlich ist, unter einem stumpfen Winkel hin- und hergebogen, um die wirkende Oberfläche thunlichst zu erhöhen. An einem solchen Drahtnetz tropft das Wasser nicht, sondern läuft bei einigermaassen stumpfem Winkel in den Längsmaschen in äusserst dünner Schicht herunter.

I. Versuch im September 1881. Zum Rieseln diente einmal sauerstoffarmes Brunnenwasser für sich allein und dann solches unter Zusatz von Abflusswasser aus einer Strohpapierfabrik, sowie unter Zusatz von Schwefelwasserstoff-Wasser.

Der Gehalt des Wassers vor und nach dem Herabrieseln war pro 1 l folgender:

---

[1]) Die weitere Angabe, dass durch die Lufteinführung der Procentsatz von freiem Ammoniak auf $^1/_5$ seiner ursprünglichen Menge herabgedrückt worden sein soll, lasse ich dahingestellt; die directe Oxydation des Ammoniaks nach vorstehendem Verfahren erscheint sehr unwahrscheinlich.

[2]) Preuss. Landw. Jahrbücher 1882, S. 206 und 1883, S. 841.

	Vor dem Herabrieseln		Nach dem Herabrieseln.	
	Temperatur des Wassers °C.	Sauerstoff ccm	Temperatur des Wassers °C.	Sauerstoff ccm
1. Reines Brunnenwasser	13,3	2,8	12,2	7,2
2. Desgl. unter Zusatz des Abflusswassers . .	16,7	3,8	12,7	7,6
3. Reines Brunnenwasser	12,0	2,9	14,4	7,1
4. Desgl. zum zweiten Male herabgerieselt . .	14,4	7,1	16,4	7,1
5. Desgl. unter Zusatz des Abflusswassers und Schwefelwasserstoff-Wassers	15,5	2,2	18,0	6,4

Dabei war in Versuch I. 2. die durch Chamäleon oxydirbare organische Substanz von 508,7 mg auf 448,7 mg pro 1 l gesunken und bei Versuch I. 5. konnte in dem Wasser, welches vorher stark nach Schwefelwasserstoff roch, nach dem Herabrieseln letzterer nicht mehr nachgewiesen werden.

II. Versuch am 24. Januar 1882. Fauliges Abflusswasser aus einer Strohpapierfabrik wurde unter gleichzeitigem Zusatz von wechselnden Mengen Schwefelwasserstoff-Wassers herabgerieselt, und zwar zweimal, um zu sehen, ob beim zweiten Herabrieseln noch eine wesentliche Veränderung statthabe; es wurde pro 1 l gefunden:

	Vor dem Herabrieseln	Nach dem Herabrieseln	
		1 mal	2 mal
1. Sauerstoff . . . . O	3,0 ccm	9,0 ccm	10,3 ccm
2. Schwefelwasserstoff-Wasser a H_2S	22,1 mg	2,4 mg	0,7 mg
„ „ b „	54,4 „	10,2 „	5,1 „
„ „ c „	20,4 „	0,9 „	0,0 „
3. Vorhandene resp. gebildete Schwefelsäure unter 2 b	48,5 „	72,0 „	77,6 „

Zum sicheren Nachweise, dass die gebildete Schwefelsäure, wenn auch nicht ganz, so doch zum Theil von der Oxydation des Schwefelwasserstoffs herrührt, wurde gleichzeitig ein Vergleich mit destillirtem Wasser unter Zusatz von frischem Schwefelwasserstoff-Wasser gemacht. Das Wasser enthielt vor dem Rieseln 20,1 mg Schwefelwasserstoff pro 1 l, aber keine Spur Schwefelsäure; nach dem Herabrieseln ergaben sich 5,0 mg Schwefelsäure (SO_3) pro Liter.

Da das herabrieselnde Wasser bei einem ursprünglichen Gehalt von ca. 20 mg H_2S pro 1 l, keinen oder nur mehr Spuren Schwefelwasserstoff enthält, so wird auf diese Weise ein Theil desselben in die Luft verdunstet und dort oxydirt, ein Theil direct im Wasser und verbleibt demselben als Schwefelsäure.

III. Versuch am 19. Februar 1882. In einen grösseren Teich bei Münster war fauliges Wasser gerathen, in Folge dessen an einem Tage sämmtliche Fische in demselben zu Grunde gingen. Das Wasser enthielt pro Liter:

    Abdampfrückstand . . . . 873,2 mg

    Organische Stoffe (durch Chamäleon oxydirbar) . . . . 546,7 „

    Chlor . . . . 83,5 „

Dasselbe hatte einen stinkenden Geruch und nur sehr wenig Sauerstoff; nach dem Herabrieseln am Drahtnetz war jeder üble Geruch verschwunden und das Wasser wieder mit Sauerstoff gesättigt, nämlich pro Liter:

	Vor dem Herabrieseln	Nach dem Herabrieseln
Sauerstoff	1,3 ccm	8,4 ccm.

IV. Versuch am 9. März 1882. Zu diesem Versuche wurde Abflusswasser aus einer Strohpapierfabrik mit verhältnissmässig viel organischer Substanz genommen und demselben gleichzeitig Schwefelwasserstoffwasser zugesetzt, das Wasser ergab pro Liter:

	Vor	Nach
	dem Herabrieseln	
Sauerstoff	3,7 ccm	8,0 ccm
Schwefelwasserstoff	4,8 mg	0,3 mg
Organische Substanz	2212,0 „	1990,8 „
Oder zur Oxydation erforderlicher Sauerstoff	110,6 „	99,5 „
Schwefelsäure	44,6 „	56,3 „

.Auch hier war der faulige Geruch des Wassers vollständig verschwunden.

V. Versuch am 2. October 1885. In derselben Weise wie vorstehend wurde städtisches Canalwasser, das durch Fällen mit Kalk und einem Thonerdesalz gereinigt war, an dem Drahtnetz gelüftet und gefunden pro 1 l:

	Vor	Nach
	dem Herabrieseln	
Sauerstoff	0,55 ccm	4,8 ccm
Zur Oxydation der organischen Stoffe erforderlicher Sauerstoff	70,8 mg	68,0 mg
Schwefelsäure	85,1 „	92,7 „

Dasselbe am 23. October 1885 nach 3 wöchentlichem Stehen:

Zur Oxydation erforderlicher Sauerstoff .	69,6 mg	64,0 mg
Schwefelsäure	89,3 „	98,1 „
Ausgeschiedenes kohlensaures Calcium. .	175,7 „	179,7 „

VI. Versuch mit gereinigtem Abgangwasser der Arbeiter-Colonie Kronenberg bei Essen.

	Vor	Nach
	dem Hinabrieseln	
Am 16. November 1885:		.
Sauerstoff	4,9 ccm	8,3 ccm pro 1 l
Zur Oxydation erforderlicher Sauerstoff .	163,2 mg	163,2 mg
Schwefelsäure	125,8 „	140,4 „

Dasselbe am 18. December 1885 nach 32 tägigem Stehen:

Zur Oxydation erforderlicher Sauerstoff .	160,0 mg	156,8 mg
Schwefelsäure	133,2 „	143,7 „

Die Wirkungen des Rieselns am Drahtnetz sind daher ganz gleich denen auf einer Wiese, nur verhältnissmässig energischer und volkommener; man sieht, dass durch das Herabrieseln in verhältnissmässig geringer Höhe:

1. Die gelösten Fäulnissproducte besonders Schwefelwasserstoff unter Ueberführung in Schwefelsäure und zum Theil sonstige organische Stoffe oxydirt und aus dem Wasser entfernt werden;

König.   5

2. das Wasser wieder vollständig mit Sauerstoff gesättigt wird[1]).

Bei längerem Stehen des mit Sauerstoff angereicherten Wassers wird auch eine grössere Menge Kohlensäure gebildet resp. in dem, überschüssigen Kalk enthaltenden Wasser eine erhöhte Menge kohlensaures Calcium ausgeschieden.

Oxydation des Ammoniaks.

H. Fleck[2]) will sogar gefunden haben, dass auch Ammoniak durch den Sauerstoff des Wassers direct ohne Mitwirkung von Mikroben oxydirt werden kann. Er bediente sich zum Nachweise dieses Vorganges des nebenstehenden Apparates:

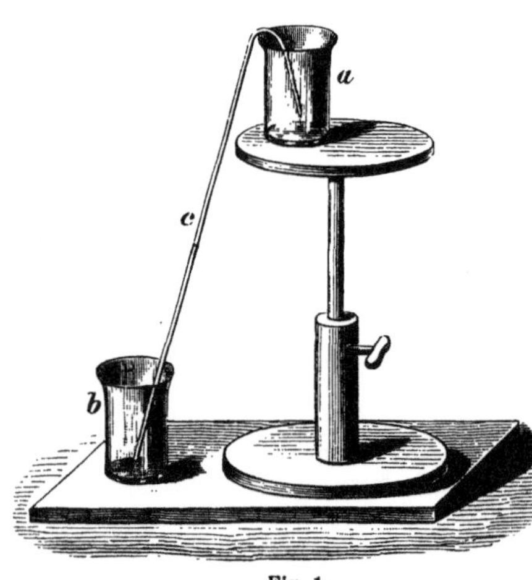

Fig. 1.

Zwei Bechergläser a und b waren in verschiedener Höhe über einander aufgestellt und wurden durch zusammengelegte Papierstreifen mit einander verbunden. Diese Papierstreifen, von ungefähr 3 cm Breite und 50 cm Länge, wirkten, sobald in das Becherglas a eine Flüssigkeit eingeführt war, als Heber und bedingten einen langsamen, tropfenweisen Uebergang der letzteren aus a nach b. H. Fleck beobachtete auf diese Weise, dass Ammoniak in einer Verdünnung von 1 : 1000 verhältnissmässig schnell zu salpetriger Säure und zu Ammoniak oxydirt wurde.

J. Uffelmann[3]) hat diese Versuche von H. Fleck, welche er für nicht einwurfsfrei hält, mit allen möglichen Cautelen wiederholt und kommt zu dem Schluss, dass zwar Ammoniak in sterilisirtem Wasser als solchem bei ungehindertem Luft- (d. h. Sauerstoff-) Zutritt nicht direct oxydirt wird, dass dasselbe dagegen bei starker Flächenattraction, z. B. auf Filtrirpapier, Watte, Glaswolle in starker Verdünnung 0,7 Ammoniak : 1000 Wasser allein durch den Luftsauerstoff resp. durch das bei der Verdunstung sich bildende Ozon ohne Mitwirkung von Mikroben zu salpetriger Säure oxydirt werden kann.

Auch M. Märcker (siehe unter „Abgangwasser aus Zuckerfabriken") fand, dass durch Gradiren des nach dem Verfahren von Knauer gereinig-

---

[1]) Der aufgenommene Sauerstoff übersteigt unter Umständen sogar die Menge, welche sich nach den Absorptions-Coefficienten von Bunsen ergiebt. Letztere sind aber von Bunsen berechnet und nicht experimentell festgestellt; auch habe ich (Zeitschr. f. analyt. Chemie Bd. 19 S. 250) nachgewiesen, dass die von Bunsen berechneten Absorptions-Coëfficienten nicht als Normzahlen angesehen werden können.

[2]) 12. und 13. Jahresbericht d. Königl. chem. Centralstelle f. öffentliche Gesundheitspflege Dresden 1884. S. 54.

[3]) Archiv f. Hygiene 1886. Bd. IV S. 82.

ten Abgangwassers ein Theil der gelösten organischen Stoffe, des Ammoniaks und des organischen Stickstoffs oxydirt wurde, wie ebenso, dass die Schwefelsäure eine schwache Zunahme erfuhr.

G. Wolffhügel urtheilt in seiner Schrift („Wasserversorgung". Leipzig 1882 S. 216) über diese Frage wie folgt: „Zu den Oxydationsmitteln haben wir auch die Behandlung des Wassers mit atmosphärischer Luft zu rechnen, sie ist ein Verfahren, das schon Plinius bekannt war. Durch Schütteln mit Luft oder durch deren Einleitung nimmt das Wasser Bestandtheile derselben auf, wird schmackhafter, auch findet eine Oxydation von organischen Stoffen statt."

In Constantinopel wurde die Wasserleitung regelmässig durch hochgemauerte Thürme unterbrochen, um so das Wasser thunlichst oft mit Luft in Berührung zu bringen.

Dass der in Wasser gelöste Sauerstoff, sei es mit oder ohne Mithülfe von Mikroben wirklich oxydirend auf die organischen Stoffe wirkt, erhellt noch aus folgenden Versuchen:

A. Gérardin[1]) untersuchte in verschiedener Höhe gesammeltes Regenwasser (auf einer Terrasse und unten im Hofe); er liess das Wasser alsdann in ganz gefüllten und gut verschlossenen Flaschen einige Tage stehen und fand so pro 1 l Regenwasser Sauerstoff:

	Terrasse ccm	Hof ccm
1. Regen vom 20. October untersucht am 21. October .	7,40	7,20
Desgl. „ „ 1. November .	6,76	6,44
Verlust in 10 Tagen	0,64	0,76
2. Regen vom 6. November untersucht am 11. November .	7,29	4,43
Desgl. „ „ 25. „ .	6,70	3,60
Verlust[2]) in 14 Tagen	0,59	0,85
3. Regen vom 10. November untersucht am 11. November .	7,45	7,27
Desgl. „ „ 25. „ .	7,00	6,75
Verlust[2]) in 14 Tagen	0,45	0,52

Hieraus folgt, dass zu gleicher Zeit der Regen auf der Terrasse nicht nur sauerstoffreicher ist als der durch eine von organischen Stoffen reichere Luft gefallene Regen auf dem Hofe, sondern auch, dass das Regenwasser bei längerem Stehen an Sauerstoff abnimmt, ohne dass letzterer gasförmig entweichen konnte.

Diese Abnahme ist wiederum unter denselben Bedingungen bei dem durch eine staubreiche Luftschicht auf dem Hofe gefallenen Regen grösser als bei dem auf der Terrasse in grösserer Höhe gesammelten Regen. Es

---

[1]) Compt. rendus 1875 T. 81 p. 989.
[2]) Nach dem Text ist die zweite Untersuchung am 15. November ausgeführt, während es heisst „Verlust in 14 Tagen". Entweder muss es daher heissen, wie ich angenommen habe „am 25. November" oder wenn 15. November richtig ist „Verlust in 4 Tagen". (Vgl. Jahresbericht für Agric.-Chemie 1875—1876 I. Bd. S. 105.)

kann hiernach wohl nur angenommen werden, dass der im Regenwasser gelöste Sauerstoff zur Oxydation der organischen Substanz gedient hat.

Noch deutlicher geht dieses aus einer Untersuchung von E. Reichardt[1]) hervor.

Derselbe bestimmte den Sauerstoffgehalt des Regenwassers und brachte letzteres mehr oder weniger lang mit organischer Substanz (Torf) in Berührung; dabei fand er eine stetige und schnelle Abnahme des im Wasser gelösten Sauerstoffs, dagegen eine Zunahme an Kohlensäure; die Resultate waren folgende:

1 l Wasser enthielt:

	Sauerstoff	Kohlensäure
1. Regenwasser (frisch)	6,71 ccm	2,18 ccm
a) Dasselbe, nachdem es 5 Stunden bei 15 bis 20° C. auf Torf gestanden	1,84 ccm	3,53 ccm
b) Dasselbe, nachdem es 22,5 Stunden bei 15 bis 20° C. auf Torf gestanden	2,42 „	10,77 „
c) Wasser 1 b, nachdem es 5 Stunden bei 15 bis 20° C. auf Torf gestanden	0,47 „	3,54 „
d) Wasser 1 b, nachdem es 22,5 Stunden bei 15 bis 20° C. auf Torf gestanden	Spur	15,11 „
2. Regenwasser (frisch)	5,28 „	1,93 „
a) Desgl., nachdem es 72 Stunden im offenen Gefäss über Torf gestanden	Spur	30,80 „

Aus diesen, wie noch anderen Versuchen Reichardt's geht deutlich hervor, dass der Sauerstoff des Wassers in Berührung mit organischer Substanz allmälig unter Bildung von Kohlensäure verschwindet.

Die grosse Bedeutung des im Wasser gelösten Sauerstoffs für die Oxydation der organischen Stoffe kann daher keinem Zweifel unterliegen. Denn ebenso wie im Boden durch die Vermittelung der Mikroorganismen nach den weiter unten zu besprechenden Versuchen von Schlössing, Müntz, Warrington, sowie von Wollny die Oxydation der organischen Stoffe und dementsprechend die Kohlensäure-Bildung resp. die Nitrification um so energischer verläuft, je mehr Sauerstoff vorhanden ist resp. zutreten kann, ebenso muss auch im Wasser die Oxydation der organischen Stoffe mit der Menge des vorhandenen Sauerstoffs steigen und fallen, denn es ist durch verschiedene neue Versuche ausser allen Zweifel gestellt, dass auch bei der sogenannten Selbstreinigung der Flüsse Mikroorganismen die Vermittelung übernehmen.

Ein Fluss mit grossen Wassermassen und mit einer starken Stromgeschwindigkeit kann ziemlich viel Schmutzwasser aufnehmen, ohne dass irgend welche nachtheiligen Einflüsse äusserlich hervortreten. Der Zer-

---

[1]) Landw. Centralblatt 1875 S. 167.

setzungs-Vorgang der organischen Schmutzstoffe ist offenbar qualitativ wie quantitativ derselbe, als wenn das Schmutzwasser sich in ein kleineres Flusswasser mit geringerer Geschwindigkeit ergiesst; aber bei dem grösseren Fluss mit starker Stromgeschwindigkeit erfahren die verunreinigenden Schmutzstoffe einerseits eine solche Verdünnung, dass die Verunreinigung nicht oder kaum ins Auge fällt, andererseits werden durch die grossen Mengen gelösten Sauerstoffs die Zersetzungs- oder Fäulnissproducte so vollständig oxydirt, dass sie sich auch dem Geruch entziehen. Ueber diese Selbstreinigung der Bäche und Flüsse sagt von Pettenkofer in einem Vortrage[1]): „Der Boden und sein Zusammenhang mit der Gesundheit des Menschen":

„Aber auch im Wasser verschwinden für uns örtliche Beimengungen theils durch Verdünnung, theils durch chemische Veränderungen wieder, ebenso wie in der Luft, nur in dem Grade weniger und langsamer, als das Wasser im Boden in geringerer Menge vorhanden ist und sich langsamer bewegt. Diese Reinigung erfolgt nicht blos bei längerem Verweilen und Bewegen im porösen Boden, sondern auch in offenen Rinnsalen, in Bächen und Flüssen. Brunner und Emmerich haben das Wasser der Isar vom Gebirge an bis zur Mündung in die Donau an einem und demselben Tage an vielen Stellen gleichzeitig geschöpft und es überall wesentlich gleich gefunden, obschon der Fluss von den an steilen Ufern liegenden Ortschaften beträchtliche Beimengungen erhält.

Was kommt nicht alles in die Elbe, bis sie von Böhmen bis ins Meer fliesst und doch ist filtrirtes Elbewasser in Hamburg und Altona noch als reines Trinkwasser anerkannt?"

Für die Reinigung von Schmutzwässern mit fauligen oder fäulnissfähigen stickstoffhaltigen organischen Stoffen aber folgt hieraus, dass dort, wo die dieselben aufnehmenden Bäche und Flüsse nur verhältnissmässig geringe Wassermenge mit verhältnissmässig geringer Stromgeschwindigkeit führen, nicht nur eine Entfernung der suspendirten Schlammstoffe, sondern auch eine Sättigung derselben mit Luftsauerstoff angestrebt werden muss.

Diese Forderung muss vorwiegend alsdann Berücksichtigung finden, wenn wegen örtlicher oder zeitlicher Verhältnisse eine Bodenberieselung unmöglich ist, wenn eine künstliche Reinigung durch Filtration oder chemische Fällungsmittel eintreten muss; denn, wie schon aus vorstehenden und den noch folgenden Versuchen hervorgeht, besitzen wir bis jetzt keine Mittel, nach letzteren Reinigungsverfahren die gelösten organischen Stoffe zu entfernen, und die solcher Weise gereinigten Wasser müssen unter be-

---

[1]) Gehalten in der 1. Allgemeinen Sitzung der Versammlung Deutscher Naturforscher und Aerzte in Salzburg am 18. September 1881.

sagten Umständen noch einen um so schädlicheren Einfluss äussern, je sauerstoffärmer sie sind.

Die Sättigung der von suspendirten Schlammstoffen befreiten Wasser kann in der verschiedensten Weise erfolgen.

Ich habe gefunden, dass die Sättigung eines sauerstoffarmen Wassers mit Luft-Sauerstoff am schnellsten erfolgt, wenn dasselbe in äusserst feinem Staubregen oder in äusserst dünner Schicht an der Luft ausgebreitet wird; und weil, wie wir gesehen haben, die Schornsteinluft bei Anwendung von Kalk als Fällungsmittel die Ausfällung der Schmutzstoffe wesentlich unterstützt, so habe ich folgenden Modell-Apparat construirt, welcher dieses herbeiführt und in gewisser Hinsicht nach seiner Wirkung einer künstlichen Bodenberieselung gleichkommt.

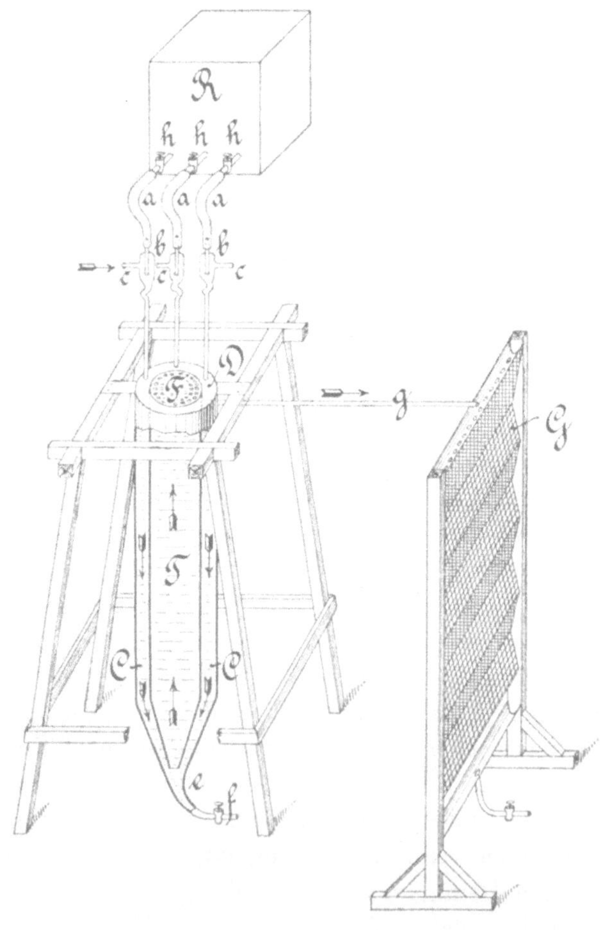

Fig. 2.

Das mit chemischen Fällungsmittel und unter Anwendung eines Ueberschusses an Kalk versetzte Schmutzwasser wird in das Reservoir R gehoben oder bei hinreichendem natürlichen Gefälle in dieses Reservoir geleitet; es fliesst von diesem durch die Hähne h und die Rohrleitung a in die Wasserstrahlpumpen b, welche sich in einer Entfernung von 1—2 m unter dem Reservoir befinden. Die Wasserstrahlpumpen oder Luftsauger stehen durch das Rohr c für gewöhnlich mit einem Schornstein zur Ansaugung von Rauch oder für andere Schmutzwässer mit einem Gasentwickler für Kohlensäure und schweflige Säure in Verbindung. Das Wasser und angesogene Gas fliessen zusammen in einen viereckigen Kasten oder in einen unten conisch zulaufenden Cylinder C. Derselbe hat inwendig einen gleich geformten Trichter T, dessen untere Oeffnung bis fast auf den Boden des äusseren Cylinders reicht. Die obere Wand D des Sedimentirungs-Cylinders um den inneren Trichter T herum ist wasserdicht geschlossen, so dass das Wasser durch den inneren Trichter in Richtung der Pfeile wieder nach oben steigen muss. Hierbei scheiden sich unlösliche und specifisch schwerere Stoffe des Schmutzwassers aus und bilden für sich eine Art Filter für das nachfliessende Wasser, ähnlich wie bei dem Rothe-Roeckner'schen Apparat; besonders reisst das sich bildende, als unlöslich sich ausscheidende kohlensaure Calcium nebst sonstigen Niederschlägen noch gelöste organische Stoffe mit nieder. Der Sedimentirungs-Cylinder C hat unten bei e eine Abflussöffnung, aus welcher mittelst des Hahnes f der sich abscheidende Schlamm perpetuirlich in bald geringerem bald grösserem Strahl je nach Bedürfniss zum Ausfluss gelangt; durch diese der aufwärts gerichteten Strömung entgegenwirkende Strömung wird die Abscheidung des Schlammes befördert. Andererseits findet sich oben in dem inneren Trichter flach unter der Ausflussöffnung auf einem durchlöcherten Sieb eine Filtrirschicht F, welche noch Schlammtheilchen zurückhält und nach unten fallen lässt. Die Masse der Filtrirschicht richtet sich nach den zu reinigenden Wässern.

Der innere Trichter hat oben einige Centimeter unter dem oberen Deckel ein Ausflussrohr g, welches durch die Wand des äusseren Cylinders geht und durch welches das mit fällenden und desinficirenden resp. fäulnisshemmenden Gasen saturirte und geklärte Wasser zum Abfluss gelangt. Von hier aus fällt das Wasser mittelst einer Vertheilungsrinne (resp. eines Vertheilungstrichters) auf ein ausgespanntes, unter einem stumpfen Winkel mehrfach gebogenes Drahtnetz G, um vollständig mit Luft resp. Sauerstoff gesättigt zu werden.

Statt des Drahtnetzes kann man sich auch selbstverständlich eines Gradirwerkes oder unter Umständen eines Vertheilungsrohres bedienen, aus dem das Wasser sprühregenartig in äusserst feinem Strahl austritt; bei natürlichem Gefälle genügt es vielfach, das Wasser aufzustauen und durch vorgelegtes Strauchwerk etc. thunlichst fein zu vertheilen.

Die Höhe des Apparates, des Sedimentirungs-Cylinders wie der Lüftungsvorrichtung muss sich nach der Art der zu reinigenden Wässer richten. Das von dem Drahtnetz oder von Gradirwerken abfliessende Wasser kann je nach Bedürfniss nochmals zur weiteren Ablagerung von suspendirten Schlammstoffen in zweckmässig eingerichtete Klärteiche geleitet werden, welche sich in oder zu ebener Erde befinden.

So schön diese Aspiratoren indess auch selbst bei $1-1\frac{1}{2}$ m Druckhöhe wirken, so ist doch bei den meisten Wässern die Menge der angesogenen Schornsteinluft im Verhältniss zum durchfliessenden Wasser zu gering, als dass sie eine durchgreifende Wirkung ausübt.

Schon viel geeigneter für den Zweck sind Aspiratoren, welche, wie Fig. 3 zeigt, nach Art der von Gebr. Körting in Hannover construirten

Wasserstrahl-Condensatoren (Fig. 3) eingerichtet und mit einer Nadel in der Düse versehen sind.

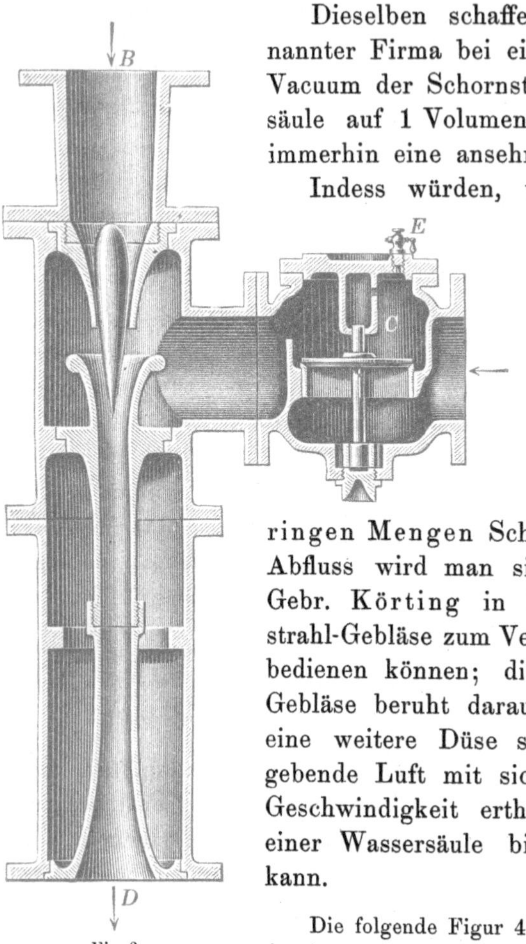

Dieselben schaffen nach den Mittheilungen genannter Firma bei einer Fallhöhe von 5 m in einem Vacuum der Schornsteinluft von 20—40 mm Wassersäule auf 1 Volumen Wasser ½ Volumen Luft, also immerhin eine ansehnliche Menge.

Indess würden, wenn ein Schmutzwasser allein zur Aspiration von Schornsteinluft auf 5 m gehoben und nun auch noch eine weitere Fallhöhe für die Lüftung des Wassers geschaffen werden müsste, die Kosten für das Heben des Wassers durchweg zu hoch werden.

In manchen Fällen mit geringen Mengen Schmutzwasser und periodischem Abfluss wird man sich auch zweckmässig der von Gebr. Körting in Hannover construirten Dampfstrahl-Gebläse zum Vermischen mit Schornsteinluft etc. bedienen können; die Wirkung dieser Dampfstrahl-Gebläse beruht darauf, dass ein aus einer engen in eine weitere Düse strömender Dampfstrahl die umgebende Luft mit sich fortreisst und ihr eine solche Geschwindigkeit ertheilt, dass sie den Gegendruck einer Wassersäule bis zu 2,5 m Höhe überwinden kann.

Fig. 3.

Die folgende Figur 4 veranschaulicht eine solche Einrichtung für Ansaugung und Vermischung von kohlensäurehaltiger Schorn-

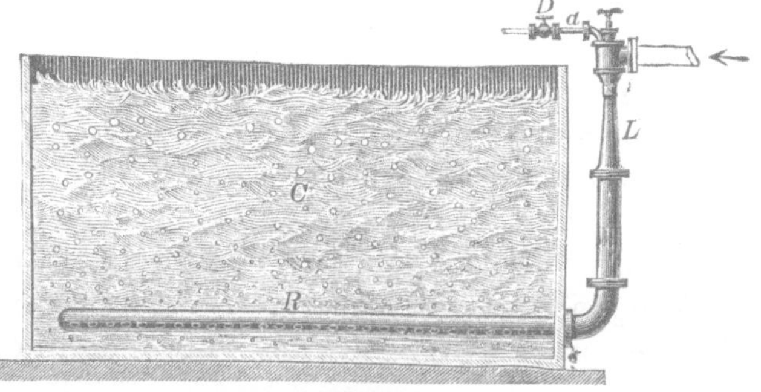

Fig. 4.

steinluft mit einem Wasser; der Dampfstrahl tritt durch das Dampfrohr D ein und reisst durch den Saugestutzen a, der mit dem Fuchse einer Feuerung in Verbindung steht,

Schornsteinluft mit fort; beide gehen durch das Rohr L und treten durch das Rohr R in dem Reservoir C aus, in welchem sich die kohlensäurehaltige Luft mit dem mit Kalkmilch und sonstigen Fällungsmitteln versetzten Wasser mischt.

Wiederum in anderen Fällen wird man den Zweck mit gewiss nicht geringerem Effect erreichen, wenn man die Luft nicht durch das Wasser selbst aspirirt, sondern, wenn man ähnlich wie bei der Lüftung des Wassers, die mit chemischen Fällungsmitteln und überschüssigem Kalk versetzten Schmutzwässer in Rauchkammern sprühregenartig in äusserst feinem Strahl oder an Drahtnetzen in äusserst dünner Schicht austreten lässt; diese Rauchkammern können unten mit dem Feuerungscanal resp. Schornstein in Verbindung stehen, während sie oben, um mit dem Wasser thunlichst viel Schornsteinluft in Berührung zu bringen, mit einem Ventilator versehen sind; in den meisten Fällen dürfte es genügen, das obere Abzugsrohr der Rauchkammern mit dem gut ziehenden Schornstein in Verbindung zu setzen.

Letztere Einrichtung wäre ähnlich den Entsäuerungsvorrichtungen, welche bezwecken, Rauchgase, wie, z. B. die von der Zinkblende-Röstung, von schwefliger Säure zu befreien; hier bewirkt die Kalkmilch eine Neutralisation und Unschädlichmachung der schwefeligen Säure, während bei der Reinigung der Schmutzwässer umgekehrt die Säure, d. h. die Kohlensäure etc. der Schornsteinluft dazu dient, den überschüssig zugesetzten Kalk auszufällen und damit eine erhöhte Ausfällung der Schmutzstoffe zu bewirken.

Genug, die Art der Ausführung dieses Principes der Reinigung von fauligen und fäulnissfähigen Schmutzwässern bietet für den Techniker keine Schwierigkeit; in vielen Fällen ist hinreichendes natürliches Gefälle vorhanden, um das Princip in den verschiedensten Modificationen zur Ausführung zu bringen, in anderen Fällen bietet das Heben der Schmutzwässer keine Schwierigkeiten, indem die vorhandene Maschinenkraft, mehr als ausreicht, um das abfallende Schmutzwasser 4—6 m hoch zu heben.

Durch das Heben des Wassers und durch die Anwendung vorstehender Reinigungs-Einrichtung würde aber in continuirlichem Betriebe gleichzeitig dreierlei erreicht:

1. Die Saturation der mit überschüssigem Kalk und sonstigen Fällungsmitteln versetzten Schmutzwässer mit Schornsteinluft resp. Rauchgasen bewirkt eine erhöhte Ausfällung des Kalkes und damit in Folge der Bildung von unlöslichem kohlensaurem Calcium eine erhöhte Fällung der organischen Schmutzstoffe; dabei wirken andere Bestandtheile der Schornsteinluft (wie schwefelige Säure und kreosotähnliche Verbindungen) desinficirend resp. fäulnisshemmend.

2. Die vollkommenste Ablagerung des ausgeschiedenen Schlammes, der

zu ebener Erde gewonnen wird und nicht wie bei anderen Klärvorrichtungen, die sich in der Erde befinden, gehoben zu werden braucht.

3. Eine Sättigung des von suspendirten Schlammstoffen befreiten und noch sauerstoffarmen Schmutzwassers mit Luftsauerstoff.

Eine derartige Reinigungsweise der mit stickstoffhaltigen organischen Stoffen beladenen Schmutzwässer kommt in ihrer Wirkung ohne Zweifel der Bodenberieselung sehr nahe und dürfte das Vollkommenste leisten, was überhaupt eine künstliche Reinigung zu leisten im Stande ist.

Was sodann die Maassnahmen für die Reinigung der fauligen und fäulnissfähigen Wässer anbelangt, so lassen sich aus den weiter unten folgenden Versuchen und Untersuchungen über die einzelnen Reinigungsverfahren folgende allgemeine Schlussfolgerungen ziehen:

1. Die vollkommenste Reinigung der stickstoffhaltigen organischen Schmutzwässer **kann**, d. h. wenn **richtig** ausgeführt, durch die Bodenberieselung herbeigeführt werden. (Hiermit soll jedoch nicht gesagt sein, dass z. B. die Spüljauchenrieselung die einzigste und rationellste Reinigung und Verwerthung der Abortstoffe ist; dieses hängt ganz von lokalen wie zeitlichen Verhältnissen ab; die zweckmässigste Beseitigung der Abortstoffe bildet eine Frage für sich, die ich hier nicht berühren will.)

2. Der Bodenberieselung steht in ihrer Wirkung die intermittirende Filtration am nächsten, jedoch kann sie bei gleichen Filtrationsflächen bei weitem nicht das leisten, wie die Bodenberieselung, weil hier der reinigende Factor, nämlich die wachsenden Nutzpflanzen, wegfallen. Soll die Filtration eine gleiche Wirkung wie die Berieselung hervorrufen, dann sind Filtrationsmassen von viel grösserem Umfange nothwendig, als bei der Berieselung.

3. Durch chemische und mechanische Fällungs- resp. Reinigungsmittel ist es im allgemeinen nur möglich, die **suspendirten** Schlammstoffe zu fällen; denn ebensowenig wie wir für Ammoniak und Kali, ebensowenig besitzen wir für die **gelösten** organischen Stoffe durchgreifende Fällungs- oder sonstige Reinigungsmittel. Die Fällung der gelösten organischen Stoffe kann nur in beschränktem Maasse durch chemische Fällungsmittel unterstützt werden.

4. Aus dem Grunde ist es auch unmöglich, für die Reinigung der mit organischen Stoffen beladenen Schmutzwässer allgemeine Normen für die Höhe der Reinigung vorzuschreiben.

Im allgemeinen kann, wenn eine künstliche Reinigung erforderlich ist, auf Grund der jetzigen technischen Hülfsmittel nur die Reinigung von suspendirten Schlammstoffen und zwar in thunlichst frischem Zustande angestrebt werden. Da der Gehalt an gelösten organischen Stoffen je nach der Art des Wassers wie auch bei industriellen Etablissements je nach der Fabrikation verschieden ist, so muss die Grenze, bis zu welcher ein Wasser zu reinigen ist, in jedem einzelnen Falle normirt werden.

5. Es giebt kein absolut bestes Reinigungsmittel, resp. Reinigungsverfahren, wenn eine künstliche Reinigung stattfinden muss. Die Mittel resp. das Verfahren, um eine thunlichst vollkommene Reinigung zu erzielen, richten sich ganz nach der Art und Menge der zu reinigenden Schmutzwässer und kann die zweckmässigste Reinigung bald auf diese bald auf jene Weise erreicht werden.

Ein an Kohlensäure oder doppeltkohlensaurem Calcium reiches Schmutzwasser kann z. B. durch Zusatz von Kalkmilch allein hinreichend geklärt werden, bei anderen Wässern ist zur Vermehrung des Niederschlages ein Metallsalz erforderlich. In dem einen Falle schlagen sich die suspendirten Schlammstoffe so leicht nieder, dass einfache Klärteiche genügen, in anderen Fällen müssen complicirtere Einrichtungen getroffen werden.

6. Ebenso wie nach der Art und Menge der Schmutzwässer richten sich die an die Reinigung zu stellenden Anforderungen in gewisser Hinsicht nach der Menge und der Stromgeschwindigkeit des die Schmutzwässer aufnehmenden Bach- resp. Flusswassers, indem die Reinigung um so vollkommener sein muss, je geringer die Menge und Stromgeschwindigkeit des Bach- resp. Flusswassers im Verhältniss zur Art und Menge des Schmutzwassers ist und umgekehrt.

7. Das klare Aussehen der gereinigten Schmutzwässer dieser Art sowie die augenblickliche Abwesenheit von Mikroorganismen ist durchweg noch kein Beweis für eine genügende Reinigung resp. für ihre Unschädlichkeit.

Durch Zusatz eines Ueberschusses von chemischen Fällungsmitteln (besonders Kalk) lässt sich erreichen, dass die gereinigten, klar aussehenden Wässer, für sich allein aufbewahrt, sich längere Zeit in bacteriologischer Hinsicht günstig verhalten; dieses Verhalten kann aber alsbald eine Aenderung erfahren, wenn der Ueberschuss des chemischen Fällungsmittels beseitigt wird, wie dieses der Fall ist, wenn das z. B. überschüssigen Kalk enthaltende, gereinigte Wasser sich in Bach- und Flusswasser ergiesst, welches mehr oder weniger doppeltkohlensaures Calcium enthält; es findet alsdann eine Bildung von unlöslichem kohlensaurem Calcium und damit eine schadhafte Veränderung des Bach- resp. Flusswassers statt, indem von neuem Fäulniss auftritt.

8. Wenn es nicht möglich ist, die gelösten organischen Stoffe durch künstliche Fällungsmittel in erheblicher Menge niederzuschlagen, so ist wenigstens dahin zu streben, dass dieselben bei ihrer weiteren Zersetzung resp. Fäulniss keinen oder thunlichst wenig Nachtheil mehr anrichten; dieses wird am einfachsten und sichersten dadurch mit erreicht, dass die von suspendirten Schlammstoffen befreiten und sauerstoffarmen Wässer mit Luftsauerstoff gesättigt werden; denn die Zersetzung resp. Fäulniss in einem Wasser nimmt nur dann einen nachtheiligen Charakter an, wenn keine genügenden Mengen Sauerstoff zur völligen Oxydation der gebildeten Zersetzungs- resp. Fäulnissproducte vorhanden sind.

Die Sättigung der geklärten Schmutzwässer mit Luftsauerstoff kann aber um so eher gefordert werden, als sie sich durchweg mit den einfachsten Mitteln ohne grosse Kosten bewerkstelligen lässt.

9. Soll das Bestreben zur Reinhaltung der Flüsse durchgreifenden Erfolg haben, so genügt es nicht, einzelne Städte oder industrielle Werke zur Reinigung heranzuziehen, sondern müssen die überhaupt ausführbaren Vorschriften und möglichen Massregeln auf alle Städte und industrielle Werke ausgedehnt werden, welche zu einer schädlichen Verunreinigung der öffentlichen Wasserläufe mit beitragen; unter Umständen sind sogar internationale Vereinbarungen erforderlich.

Städtische Abgangwässer.

Zusammensetzung der städtischen Abgangwässer.

Unter den Abfallwässern mit stickstoffhaltigen organischen Stoffen nimmt das Abgangwasser aus bewohnten Ortschaften und Städten entschieden den grössten Umfang ein. Diese Art Wässer setzen sich zusammen aus Spülwasser, Waschwasser aller Art und auch je nach den lokalen Einrichtungen aus einem grösseren oder geringeren Theil der Fäces und des Harns, selbst dann, wenn keine Schwemmkanalisation vorhanden ist. Denn von dem Harn werden beim Stuhlgang nur etwa $\frac{1}{6}$ gelassen und man kann annehmen, dass mindestens $\frac{2}{3}$ desselben durch die Pissoire, Nachtgeschirre etc. mit in die Kanäle gelangt. Ebenso fliesst auch ein Theil der Aborte, als Abtrittüberwasser etc. selbst bei sorgfältigstem Abschluss der Abortwässer mit in die Abflusskanäle.

K. v. Langsdorff[1]) weist z. B. darauf hin, dass für Dresden, unter der Annahme, dass pro Kopf und Jahr durchschnittlich $\frac{1}{2}$ cbm Grubeninhalt kommt, mit einer Bevölkerung von mehr als 200000 Seelen im Jahre 1882 über 100000 cbm Grubeninhalt abgeführt worden sein müssten, während in Wirklichkeit nur 50342 cbm durch die Dünger-Export-Gesellschaft abgeführt worden sind; giebt man auch zu, dass durch die öffentlichen und Gasthofs-Pissoirs, die vorhandenen Closets und Süvern'schen Klärbassins, sowie durch Selbstentleerung seitens der Hausbesitzer für eigenen Gebrauch etc. der Dünger-Export-Gesellschaft viel Grubeninhalt entgangen ist, so reicht dieses doch nicht aus, um den Ausfall der vollen Hälfte der Gesammtproduction zu erklären, sondern nöthigt zur Annahme, dass auch bei der Abfuhr des Abortinhaltes doch noch durch Ueberläufe in die Kanäle oder durch Undichtigkeit der Gruben ein Theil des Abortinhaltes in den Boden resp. in das Grundwasser gelangen muss.

Die Menge der Fäkalproduction einer gemischten Bevölkerung kann nach E. Heiden[2]) im Durchschnitt wie folgt veranschlagt werden:

[1]) Die neuesten Erfahrungen auf dem Gebiete der Städte-Reinigung. Vortrag Dresden 1884 S. 18.
[2]) Die menschlichen Excremente von E. Heiden, Hannover 1882.

Menge	Koth		Harn		Zusammen	
	pro Tag g	pro Jahr kg	pro Tag g	pro Jahr kg	pro Tag g	pro Jahr kg
Im natürlichen Zustand	133,0	48,5	1200,0	438,0	1333,0	486,5
Trockensubstanz	30,3	11,0	63,0	23,0	93,3	34,0
Organische Substanz	25,8	9,4	50,0	18,2	75,8	27,6
mit Stickstoff	2,1	0,8	12,1	4,4	14,2	5,2
Mineralische Substanz	4,5	1,6	13,0	4,8	17,5	6,4
mit Phosphorsäure	1,64	0,6	1,8	0,66	3,44	1,26
mit Kali	0,73	0,27	2,22	0,81	2,95	1,08

Oder nach **Lehmann** und **Wolff**, wenn man dieselben nach den einzelnen Gliedern der Bevölkerung unter der Annahme, dass dieselbe aus 37,6% Männer, 34,63% Frauen, 14,06% Knaben und 13,70% Mädchen besteht, für 100000 Einwohner einer Stadt pro Jahr in Tonnen (= 1000 Kilo):

	Fäces	Harn
Männer . . .	2059,1	20592
Frauen . . .	567,9	17062
Knaben . . .	564,5	2925
Mädchen . .	125,1	2250
Summa	3316,6	42829

Die procentische Zusammensetzung von Fäces und Harn ist im Mittel folgende:

	Wasser %	Organ. Stoffe %	Stickstoff %	Kali %	Phosphor- säure %	Asche %
Fäces . . .	75,0	21,6	0,7	0,35	0,57	3,4
Harn . . .	96,0	2,4	1,2	—	0,23	1,6

Dadurch jedoch, dass der Grubeninhalt durch Wasser verdünnt, oder mit andern Abfallstoffen vermengt wird, besitzt er nie einen der vorstehenden procentischen Zusammensetzung entsprechenden Gehalt, sondern durchweg viel weniger; so schwankt der Grubeninhalt nach E. Heiden (l. c.) nach 13 Analysen:

Wasser	von	90,89 —99,86 %	
Organische Substanz	„	0,48 — 6,21 %	
Unorganische Substanz	„	0,78 — 3,11 %	
Kali	„	0,098— 0,225 %	
Phosphorsäure	„	0,066— 0,363 %	
Stickstoff in Ammoniakform	„	0,080— 0,524 %	
Gesammtstickstoff	„	0,185— 0,916 %	

Wenn Schwemmkanalisation oder Wasserclosets eingeführt sind, so wird der Abortinhalt noch viel mehr verdünnt, indem man z. B. bei Abfuhr der Fäkalien durchschnittlich pro Kopf und Tag der Bevölkerung 100 Liter Wasser-Verbrauch rechnen kann, während 150 Liter bei vorhandenen

Wasserclosets. Dieser Umstand bringt es mit sich, dass das städtische Kanalwasser in beiden Fällen, sei es mit Gruben-Abfuhrsystem, bei welchem die Abortstoffe nicht in die Kanäle gelassen werden dürfen, sei es mit Wasserabtritten, bei welchen dieselben durch Wasser weggeschwemmt werden, keine wesentlich verschiedene Zusammensetzung besitzt. So ergaben eine Reihe von Kanalwasser ausgeführter Analysen folgende Zahlen: (Vgl. Tabelle S. 80 u. 81.)

Ueber die Schwankungen der Zusammensetzung der städtischen Abgangwässer an einzelnen Tagen wie zu verschiedenen Stunden des Tages können folgende Analysen von L. Grandeau[1]) für die Spüljauche von Roubaire dienen; es ergab 1 l:

	Rückstand	Fett	Organ. Stickstoff	Ammoniak- Stickstoff	Gesammt- Stickstoff	Phosphorsäure	Kali
	mg	mg	mg	mg	mg	mg	mg
1. Wochenwasser							
5 Uhr morgens	7700,0	2421,0	102,0	25,0	127,0	350,0	497,0
11 „ „	5467,0	1232,0	85,0	5,0	90,0	293,0	267,0
5 „ abends	4567,0	1335,0	53,0	16,0	69,0	136,0	282,0
Mittel . . .	5911,0	1663,0	80,0	15,0	95,0	259,0	348,0
2. Sonntagswasser	1300,0	35,0	6,0	1,0	7,0	44,0	108,0

Die städtischen Abgangwässer sind daher, wie nicht anders zu erwarten ist, in ihrer Zusammensetzung sowohl an den einzelnen Tagen der Woche wie zu den einzelnen Stunden des Tages sehr grossen Schwankungen unterworfen; es lassen sich daher kaum Durchschnittswerthe für ihre Zusammensetzung aufstellen. Sie müssen selbstverständlich an den Tagen und zu den Stunden, wo viel und allgemein gewaschen und gescheuert zu werden pflegt, stärker verunreinigt sein, als zu anderen Zeiten.

Dieser Umstand spielt auch bei der Reinigung derselben keine unwichtige Rolle, indem er dieselbe nicht unerheblich erschwert.

Verunreinigung der Luft durch städtische Abgänge.

Dass durch die städtischen Abgangwässer die Luft in den Städten selbst verunreinigt werden kann, braucht kaum hervorgehoben zu werden. Diese Möglichkeit trifft aber sowohl die Abflusskanäle ohne Abortinhalt als mit Abortinhalt bei der Schwemmkanalisation; denn, wenn letztere auch mehr Unrathmassen mit sich führen, so werden sie doch entsprechend rascher abgeführt. Nach den Untersuchungen Erismann's[2]) ist sogar an-

Verunreinigung der Luft.

---

[1]) Journ. d' agric. pratique 1878 S. 584.
[2]) Zeitschrift für Biologie 1875 Heft 2.

1 Liter enthält: Kanalwasser aus Städten	Suspendirte Schlammstoffe		Stickstoff in den organischen Stoffen	Im Ganzen	Organische Stoffe (Glühverlust)
	un-organische mg	organische mg	mg	mg	mg
I. Mit Wasserabtritten, also incl. Abortstoffen.					
1. Englisches Kanalwasser im Mittel von 50 Analysen aus 16 Städten[1]	241,8	205,1	?	722,0	(46,9)*)
2. Pariser Kanalwasser . . . . . . { St. Denis	221,0**)	—	—	—	1518,0
{ Clichy	652,0**)	—	—	—	733,0
3. Danziger Kanalwasser[2]	226,0	356,0	?	683,0	161,0
4. Berliner Kanalwasser[3], Mittel von 2 Analysen	209,5	326,5	?	850,0	292,1 †)
5. Breslauer Kanalwasser[4], Mittel von 8 „	?	?	?	1161,5 ††)	510,9 †)
II. Mit Abortgruben, also ohne Abortinhalt.					
1. Englisches Kanalwasser im Mittel von 50 Analysen aus 16 Städten[1]	178,1	213,0	?	824,0	(44,8)*)
2. Züricher Kanalwasser[5], Mittel von 4 Analysen	36,1	91,6	14,5	480,0	182,2
3. Münchener Kanalwasser[6] . . . { bei Tage	49,0	31,0	—	381,0	160,0
{ „ Nacht	84,0	77,0	—	342,0	219,0
4. Breslauer Kanalwasser[7]	210,8		—	729,2	333,8
5. Dortmunder Kanalwasser[8], Mittel von 4 Analysen . . . . , . . .	205,5	284,3	28,1	782,4	263,8⁰)
6. Ottensener Kanalwasser[8]	218,8	442,0	24,1	1817,2	367,2⁰)
7. Essener Kanalwasser[8]	105,2	213,4	19,3	843,2	229,6⁰)
8. Arbeiter-Kolonie Kronenberg b. Essen[8], Mittel von 2 Analysen	961,0	1485,6	39,0	796,1	306,0⁰)
9. Hallenser Kanalwasser[8]	611,6	404,8	41,4	3376,0	546,4⁰)

[1] Von der Englischen Flussverunreinigungs-Commission: First report of the commissioners appointed in 1868 etc. Vol. I. Report and plans. London 1870. Vol. II. Evidence. Second report. The A. B. C. Process of triding Sewage London 1870. Third report. London 1871, Sixth report. London 1874.
[2] O. Helm, Archiv d. Pharm. Bd. 207. S. 513.
[3] E. Salkowsky, Wochenschr. d. Vereins Deutscher Ingenieure 1883. S. 261.
[4] H. Thiel's Landw. Jahrbücher 1886 S. 109.
[5] Bericht über den Besuch einer Anzahl von Berieselungsanlagen. Zürich 1875. S. 165.
[6] Deutsche Zeitschr. f. öffentl. Gesundheitspflege 1869. S. 256.

Fr. Brunner und R. Emmerich fanden (Zeitschrift) für das Münchener Kanalwasser:

	Rückstand	Lösungs-Rückstand	Kalk	Chlor	Organische Stoffe
Am 4. Januar 1875 . .	466,0 mg	—	146,0 mg	38,2 mg	1063,3 mg
„ 13. Juli 1875 . .	472,5 „	216,6 mg	116,0 „	61,3 „	251,5 „

[7] Fr. Hulwa: Beiträge zur Schwemmkanalisation. Bonn 1884.
[8] Originalanalysen des Verfassers.

| Gelöste Stoffe | | | | | | | | | Gesammt- |
| Stickstoff in organischen Stoffen | Stickstoff in Form von Ammoniak | Phosphorsäure | Kali | Kalk | Magnesia | Schwefelsäure | Chlor | Salpetersäure | Stickstoff |
mg	mg	mg	mg	mg	mg	mg	mg	mg	mg
22,1	55,2	—	—	—	—	—	106,6	0,03	77,3***)
140,0		40,0	89,0	484,0	56,0	—	—	—	140,0
43,9		17,0	35,0	408,0	18,0	—	—	—	(43,0)?
11,6	53,2	—	44,0	111,0	14,0	24,0	70,0	0	64,8***)
9,4	77,3	18,5	79,6	107,5	20,8	27,1	167,5	Spur	86,7***)
38,0	56,6	23,1	60,4	77,8	21,8	67,4	130,7	0	94,5
19,7	44,8	—	—	—	—	—	115,4	0	64,5***)
18,5	8,8	8,5	89,2	—	—	—	22,7	89,5†††)	131,3
—	—	—	—	—	—	—	—	—	—
—	—	—	—	—	—	—	—	—	—
2,6	24,7	—	—	—	—	—	78,7	—	40,5***)
16,2	37,2	—	—	121,5	27,0	70,5	134,6	—	81,5
20,7	47,6	23,1	81,2	147,2	—	—	628,1	—	92,4
12,2	38,1	13,1	65,0	76,8	—	—	234,0	—	69,6
21,9	29,5	20,6	94,9	59,0	—	39,1	152,7	—	90,4
6,5	58,0	36,4	98,8	276,8	—	265,0	1136,0	—	105,9

*) Kohlenstoff.
**) In Salzsäure unlöslicher Rückstand.
***) Ohne den Stickstoff in den suspendirten Stoffen.
†) Glühverlust; zur Oxydation erforderliches Kaliumpermanganat = 214,5 mg
††) Als Gesammt-Eindampfrückstand bezeichnet, wahrscheinlich incl. suspendirte Stoffe.
†††) Stickstoff in Form von Nitraten.
⁰) Oder bei No. 5 sub II = 114,5 mg zur Oxydation erforderlicher Sauerstoff.
⁰) „ „ No. 6 „ = 114,8 „ „ „ „ „
⁰) „ „ No. 7 „ = 86,8 „ , „ „ „ „
⁰) „ „ No. 8 „ = 162,0 „ „ „ „ „
⁰) „ „ No. 9 „ = 168,8 „ „ „ „ „

zunehmen, dass die Verderbniss der Luft bei Einrichtung von Abortgruben mindestens eben so gross sein kann, als bei Einrichtung von Schwemmkanälen; er berechnet nach seinen Versuchen, z. B. die tägliche Ausscheidung pro 1 cbm Grubeninhalt wie folgt:

Kohlensäure . . . . 0,619 Kilo oder 0,315 cbm
Ammoniak . . . . 0,113 „ „ 0,148 „
Schwefelwasserstoff . . . . 0.002 „ „ 0,001 „
Sumpfgas (Kohlenwasserstoffe, fette Säure etc.) 0,414 „ „ 0,579 „

Ueber die Zusammensetzung der Luft in Schwemmkanälen sind bis jetzt noch keine eingehende Analysen ausgeführt; nur A. Levy[1]) fand in der Pariser Kanalluft für 100 cbm im Jahre 1877 = 3 mg, 1878 = 2,3 mg und 1879 = 1,9 mg Ammoniakstickstoff. Ferner beobachtete F. Cohn, dass Bacterien aus faulenden Flüssigkeiten durch Luft nur selten in andere Medien übergeführt werden; Nägeli konnte eine Uebertragung überhaupt nicht beobachten und Frankland hat constatirt, dass bei mässiger Bewegung der Kanalflüssigkeit keine Theilchen aus derselben abgesondert werden, welche durch die Luft fortgeführt werden; es ist daher bei zweckmässiger Einrichtung eine wesentliche Verunreinigung der Luft durch die Kanäle nicht anzunehmen. Sehr empfehlenswerth dürfte es nach F. Fischer sein, die Kanalöffnungen auf den Strassen nur mit Gitter zu bedecken, damit die etwa entstehenden Gase frei an die Luft treten und nicht die Wasserverschlüsse der Hausanschlüsse durchbrechen können.

Verunreinigung des Bodens und Grundwassers durch städtische Abgänge.

Verunreinigung des Bodens und Wassers. Wenn die städtischen Abgangwässer in erhöhter Menge in den Boden dringen, so müssen sie selbstverständlich den Boden umsomehr verunreinigen, je grösser die Menge ist, welche in den Boden versickert.

Der Boden hat nun zwar die günstige Eigenschaft, diese Fäulnissstoffe aller Art zum Theil zu absorbiren und mit Hülfe des nachtretenden Luftsauerstoffs zu Wasser, Kohlensäure und Salpetersäure, als Producten der vollendeten Oxydation zu oxydiren. Falck[2]) hat nachgewiesen, dass sich die Absorptionsfähigkeit des Bodens nicht allein auf Kali, Ammoniak und Phosphorsäure erstreckt, sondern auch auf aromatische Basen, z.B. Indol, Thymol, auf Alkaloïde wie Strychnin, Nicotin, auf die nicht organisirten Fermente wie Emulsin, Myrosin, Ptyalin, ja auch auf die geformten Fermente, wie sie sich in faulenden Flüssigkeiten bilden, und J. Soyka[3]) zeigt neuerdings, dass die vom Boden aus den schwefelsauren, salzsauren und essigsauren

---

[1]) Compt. rend. Bd. 91 S. 94.
[2]) Vierteljahrsschr. f. gerichtliche Medizin u. öffentl. Sanitätswesen 27. u. 29. Bd.
[3]) Archiv f. Hygiene II. Bd. S. 281.

Salzen absorbirten Basen von Strychnin, Chinin etc. im Boden zunächst in Ammoniak umgewandelt und dann zu salpetriger und Salpetersäure oxydirt werden. Allein das Absorptions- und Oxydationsvermögen oder die selbst reinigende Wirkung des Bodens für die Zersetzungsproducte etc. ist kein unbegrenztes; er wird je nach seiner physikalischen Beschaffenheit mehr oder weniger rasch mit denselben gesättigt und kann sie bei dem fortwährenden Nachtreten dieser Stoffe nicht mehr bewältigen[1]) resp. bei ungenügendem Sauerstoff-Zutritt in vollendete Oxydationsproducte überführen und verarbeiten. Es tritt dann an Stelle des Verwesungsprocesses die Fäulniss auf, bei welcher die Mikroorganismen den nöthigen Sauerstoff den organischen Verbindungen entnehmen und statt Oxydationsproducte zum Theil Reductionsproducte liefern.

Die grosse, bei der Zersetzung der organischen Stoffe im Boden sich bildende Menge Kohlensäure löst den Kalk als Calciumbicarbonat; der Schwefel der organischen Substanzen verbrennt zum Theil zu Schwefelsäure, welche Veranlassung zur Bildung von schwefelsauren Salzen (vorwiegend von Calciumsulfat, auch Magnesium- und Alkalisulfat) giebt; ein anderer Theil desselben verbleibt im Zustande von Schwefelwasserstoff als erstem Fäulnissproduct.

Die stickstoffhaltigen Bestandtheile der Fäulnissmasse werden in Ammoniak umgesetzt; ein Theil desselben verwandelt sich durch Oxydation in Salpetersäure, ein anderer Theil behält aber seinen Zustand als Ammoniak. Bei weiterem Sauerstoffmangel werden die gebildeten Nitrate nach J. Meusel unter dem Einfluss von Bacterien wieder zu Nitriten (salpetriger Säure) desoxydirt, wobei der freigewordene Sauerstoff auf die vorhandenen Kohlehydrate etc. übertragen wird.

Diese zerfallen unter dem Einflusse des Sauerstoffs zum Theil in Kohlensäure und Wasser, zum Theil bleiben sie auf einer unvollendeten Oxydationsstufe (Humussäuren etc.) stehen.

In welcher Weise der Boden in den Städten durch diesen Process verunreinigt werden kann, hat J. Fodor[2]) für Budapest nachgewiesen; er untersuchte 40 sehr unreine Bodenproben und 67 reine Bodenproben und fand im Durchschnitt pro 1 Kilo Boden:

	Organischen Stickstoff	Ammoniak	Salpeter- säure
1. Verunreinigter Boden . .	1132 mg	33,5 mg	217 mg
2. Reiner Boden	68,6 „	6,9 „	121 „

---

[1]) Falk giebt l. c. an, dass ein Boden, dessen Absorptionsfähigkeit für Gifte erschöpft war, längere Zeit sich selbst überlassen werden musste, ehe er die absorbirenden Eigenschaften wieder erlangte.

[2]) J. Fodor: Hygien. Untersuchungen über Luft, Boden und Wasser. Braunschweig 1886. S. 211 u. s. w.

Hier enthält der stark mit organischem Stickstoff beladene Boden auch naturgemäss mehr Ammoniak und Salpetersäure, als der reine Boden; jedoch von letzterer im Verhältniss zu organischem Stickstoff resp. Ammoniak bedeutend weniger als der reine Boden. Somit ist die Oxydation im reinen Boden eine vollkommenere als im unreinen.

Dieses erhellt noch deutlicher aus dem Befund von herausgegriffenen 10 Bodenproben dieser Reihe, die im Mittel pro 1 kg ergaben:

	Organischen Stickstoff	Ammoniak	Salpeter-säure
1. Verunreinigter Boden . .	1053,8 mg	137,7 mg	7 mit 0 mg, 3 mit 9, 19,7 resp. 83,4 mg
2. Reiner Boden	79,5 „	4,7 „	118,2 „

Der Gehalt an diesen Stoffen ist auch je nach der Tiefe des Bodens verschieden; so wurde im Durchschnitt mehrerer Proben pro 1 kg gefunden:

	Organischer Stickstoff	Ammoniak	Salpeter-Säure	Salpetrige Säure
1 m Tiefe	403 mg	12,8 mg	140 mg	0,98 mg
2 m „	321 „	10,2 „	155 „	1,14 „
4 m „	210 „	7,2 „	177 „	1,14 „

Noch deutlicher treten die Versickerungs-Verhältnisse dieser Bestandtheile im Boden aus folgenden Zahlen hervor, die aus 60 Proben von äusserst stark verunreinigtem, und aus 400 Proben weniger stark verunreinigtem Boden gewonnen wurden; sie ergaben im Mittel:

	Organischer Kohlenstoff mg	Organischer Stickstoff mg	Ammoniak mg	Salpeter-Säure mg	Salpetrige Säure mg
1 m Tiefe.					
Im Mittel (aus 400 Bodenproben) .	4670	466,5	16,3	188	0,80
In dem sehr verunreinigten Boden .	11340	1178,0	39,3	262	0,34
2 m Tiefe.					
Im Mittel (aus 400 Bodenproben) .	4810	323,6	12,3	223	0,85
In dem sehr verunreinigten Boden .	8240	534,9	25,1	246	0,64
4 m Tiefe.					
Im Mittel (aus 400 Bodenproben) .	2900	191,0	7,7	219	0,68
In dem sehr verunreinigten Boden .	3670	262,0	14,8	172	0,80

Man sieht hieraus, dass der Boden die organischen Stoffe am kräftigsten an seiner Oberfläche festhält und nur sehr schwer in die tieferen Schichten vordringen lässt. Das absorptionsfähige Ammoniak verhält sich den unlöslichen organischen Stoffen gleich; man findet es in den oberen Schichten in grösserer Menge als in den tieferen. Die Salpetersäure vermag jedoch der Boden nicht zu binden; sie wird in die Tiefe geschwemmt und sammelt sich dort unter Umständen in grösserer Menge an als in den oberen Schichten.

Der weniger verunreinigte Boden hat ferner auch hier verhältnissmässig mehr organischen Stickstoff durch Oxydation in Salpetersäure übergeführt als der stark verunreinigte Boden.

Auch erhellt aus diesen Versuchen, dass die Zersetzungs- und Fäulnissproducte, sei es direct durch Regenwasser, sei es durch Grundwasser, welches von höher gelegenen Stellen in diese Bodenschichten eindringt, in immer tiefere Bodenschichten gelangen und sich dort ansammeln. Liegen in diesen Schichten die Brunnenspiegel, so gelangen auch die Zersetzungs- und Fäulnissproducte mit der Zeit in das Brunnenwasser und verunreinigen dasselbe.

Derartige Brunnenwässer zeigen alsdann einen sehr hohen Gehalt an Abdampfrückstand im ganzen, an Calcium-, Magnesiumcarbonat und Calcium- oder Magnesium- etc. Sulfat, sie haben einen hohen Gehalt an organischen Stoffen, Salpetersäure, enthalten häufig Ammoniak oder noch unzersetzte Stickstoffverbindungen, salpetrige Säure, mitunter Schwefelwasserstoff und da alle menschlichen Abfallproducte reich an Chlornatrium sind, so weisen solche Brunnenwässer auch einen hohen Gehalt an Chlor auf, das in seinen verschiedenen Salzen vom Boden nicht absorbirt wird.

Die vielfachen Untersuchungen der Brunnenwässer in neuester Zeit haben in schreckenerregender Weise gezeigt, dass dieser Process in allen grösseren und älteren Städten sich bereits vollzogen und über das ganze Stadtgebiet verbreitet hat.

F. Fischer[1]) hat eine übersichtliche Zusammenstellung von dem Gehalt der Brunnenwässer verschiedener Städte gegeben, der ich unter Hinzufügung der Zahlen für die Brunnenwässer Münster's nach meinen und der Breslau's nach Analysen von Fr. Hulva folgendes entnehme: *Städtische Brunnenwässer.*

1 Liter enthält		Chlor mg	Schwefelsäure mg	Salpetersäure (N_2O_5) mg	Salpetrige Säure mg	Ammoniak mg	Organisches mg	Kalk (CaO) mg	Magnesia mg	Anzahl der Brunnen
Barmen	Max.	260	—	550	—	stark	150	—	—	} 51
	Min.	10	—	8	—	0	0	—	—	
Berlin	Max.	342	485	358	—	—	717	612	154	} 25
	Min.	4	41	6	—	—	88	141	13	
Bonn	Max.	235	122	334	stark	stark	49	—	—	} 48
	Min.	14	30	Spur	0	0	5	—	—	
Coblenz	Max.	165	173	229	—	—	1268	—	—	} 56
	Min.	15	13	Spur	—	—	27	—	—	

---

[1]) Die chem. Technologie des Wassers. Braunschweig 1876 S. 106.

1 Liter enthält		Chlor	Schwefelsäure	Salpetersäure (N_2O_5)	Salpetrige Säure	Ammoniak	Organisches	Kalk (CaO)	Magnesia	Anzahl der Brunnen
		mg	mg	mg	mg	mg	mg	mg	mg	
Darmstadt . . .	Max.	239	177	380	stark bis schwach	stark bis schwach	105	351	88	} 36
	Min.	9	0	10			7	37	—	
Hamburg . . .	Max.	433	389	387	Spur	0	243	559	45	} 10
	Min.	21	25	0	0	0	0	33	—	
Hannover . . .	Max.	838	991	476	sehr stark	104,4	4198	906	172	} 112
	Min.	36	37	7	0	0	Spur	107	10	
Königsberg . . .	Max.	340	118	114	11,4	5,0	190	313	47	} 6
	Min.	11	9	3	0	0,1	30	26	13	
Leipzig	Max.	—	—	437	sehr stark	112	480	78		} 10
	Min.	—	—	Spur	Spur	22	160	6		
Magdeburg . . .	Max.	886	450	1130	stark	0,2	356	647	39	} —
	Min.	192	253	113	—	0,1	—	240	28	
Münster	Max.	322	312	268	stark	18,9	390	473	—	} 37
	Min.	76	61	14	0,0	0,0	79	120	—	
Breslau	Max.	596	552	530	10	3	727	462	125	} 150
	Min.	4	9	0	0	Spur	26	34	Spur	

Dass die grössere oder geringere Verunreinigung des Brunnenwassers direct mit der des Bodens in Zusammenhang steht, hat J. Fodor (l. c.) dadurch nachgewiesen, dass er Brunnenwässer von 38 solchen Häusern in Budapest, deren Boden weniger als 200 mg organischen Stickstoff in 1 bis 4 m Tiefe pro 1 Kilo enthielt, mit Brunnenwässern von 68 Häusern verglich, deren Boden mehr als 200 mg organischen Stickstoff pro 1 kg ergab; er fand im Mittel pro 1 l Wasser:

	Festen Rückstand	Organische Stoffe	Chlor	SalpeterSäure	Salpetrige Säure	Ammoniak
	mg	mg	mg	mg	mg	mg
1. Reiner Hausboden . .	2403	58,5	314	549	0,24	1,15
2. Unreiner „ . .	2419	90,5	353	562	0,27	3,69

In welcher Weise mitunter ein Brunnenwasser durch städtische resp. häusliche Abgänge verunreinigt werden kann, mögen auch folgende Analysen von drei in letzter Zeit untersuchten Brunnenwässern aus Münster zeigen; dieselben ergaben pro Liter:

	AbdampfRückstand	Organische Stoffe	Kalk	Magnesia	Kali	Natron	Chlor	SchwefelSäure	SalpeterSäure
	mg	mg	mg	mg	mg	mg	mg	mg	mg
No. 1	722,0	363,4	20,0	4,5	254,5	49,0	149,1	108,0	142,5
No. 2	2017,6	135,8	417,5	—	—	—	301,7	331,6	241,3
No. 3	3577,6	169,1	813,5	—	—	—	592,8	387,2	579,1

Das erstere Wasser enthielt Ammoniak, sehr viel salpetrige Säure und reagirte alkalisch, die beiden letzten hatten ebenfalls einen hohen Gehalt an salpetriger Säure. Wir sehen, dass der normale Bestandtheil des ersten Brunnenwassers, nämlich der Kalk, fast ganz durch Kali ersetzt ist und lässt sich dieses nur so erklären, dass die Bodenschichten in der Nähe des Brunnens entweder durch Seife- (Wasch-) Wasser oder durch Potasche verunreinigt worden sind.

Diese Zahlen könnten noch um eine ganze Reihe vermehrt werden; sie sind aber mehr als ausreichend, zu beweisen, dass die Brunnenwässer grosser Städte mehr oder weniger Stoffe enthalten, welche direct oder indirect nur durch den beschriebenen Zersetzungsprocess in dieselben hineingelangt sein können.

Denn vergleichen wir diese Zahlen mit denen des Gehaltes reiner Quellen oder von Brunnenwasser in Boden irgend welcher Art, welcher bis dahin nicht bewohnt war, so finden wir ganz erheblich weniger an diesen Stoffen.

Ebenso wie das Brunnenwasser wird auch die Bodenluft umsomehr verunreinigt, je stärker der Boden mit den Abgängen imprägnirt ist.

So fand v. Pettenkofer[1]) im Alpenkalkgeröllboden von München in 4 m Tiefe in der Bodenluft:

	1871	1872	
Januar — März	3,91	5,74	Vol. Kohlensäure pro 1000 Vol. Luft
April — Mai	5,54	12,76	„ „ „ 1000 „ „
Juni — September . . .	12,74	21,04	„ „ „ 1000 „ „

In derselben Weise giebt H. Fleck für 2 Stellen in Dresden pro 1000 Bodenluft-Vol. Kohlensäure resp. Sauerstoff an:

	Botanischer Garten:				Rechtes Elbufer (Sandiger Waldboden):	
	Sauerstoff.		Kohlensäure		Kohlensäure	
	2 m	4 m	2 m	4 m	2 m	4 m tief
Januar — April . . .	189	173	5,2—20,2	15,7—28,5 (Mai)	3,92	3,90
Juni — September . .	162,5	162,5	28,9—48,2	40,0—55,6	5,32—8,50	4,94—7,11
October — November .	186—197	156—167	22,1—29,1	43,2—54,6	2,28—4,00	2,45—3,66

Ferner ergab Bodenluft aus compactem Wüstensand (Farafreh) nach v. Pettenkofer und Zittel in $\frac{1}{2}$ m Tiefe 0,793 und die aus 1 m Tiefe eines Palmengartens ebendort 3,152 Vol. Kohlensäure pro Mille.

Hiernach ist die Bodenluft in dem mit organischen Stoffen imprägnirten Boden kohlensäurereicher als im vegetationslosen Boden; der Kohlensäuregehalt ist in der wärmeren Jahreszeit grösser als in der kälteren und der Sauerstoffgehalt entsprechend geringer. Nach v. Pettenkofer wird die

---

[1]) Zeitschr. f. Biologie 1875 S. 392.

durch Oxydation der organischen Substanz sich bildende Kohlensäure mehr von der Bodenluft als vom Grundwasser aufgenommen und fortgeführt. Nun steht die Bodenluft in fortwährender Wechselbeziehung zur atmosphärischen Luft und der unserer Wohnungen. Ist die Temperatur der Luft und der Wohnungen, wie es meistens der Fall ist, höher als die der Bodenluft, so haben wir einen aufsteigenden Luftstrom, in Folge dessen an einer Stelle die Bodenluft in die Höhe steigt, um an anderen und kälteren Stellen durch neue Luft ersetzt zu werden, so dass ein fortwährender Austausch zwischen atmosphärischer und Boden-Luft statthat.

Die Grösse der Boden-Verunreinigung durch die städtischen Abgangwässer hängt einzig davon ab, in welchem Grade die Aborte oder Abfuhrkanäle dicht sind. Aus dem Grunde kann die Bodenverunreinigung sowohl in Städten mit Abfuhr als in solchen mit Schwemmkanälen gleich gross sein.

J. Fodor untersuchte (l. c. S. 291) in Budapest eine Reihe von Brunnen, welche nicht weiter wie 10 Schritt und solche, welche mehr als 10 Schritt vom Abort entfernt lagen und fand im Mittel pro 1 l:

	Anzahl der Brunnen	Ammoniak mg	Organische Stoffe mg	Salpetersäure mg	Chlor mg
Nahe beim Abtritt	196	3,09	80,5	538,0	376
Entfernter vom Abtritt	122	1,61	79,5	528,0	362

G. Wolffhügel[1]) unterwarf den Boden in München an nicht inficirten Stellen (Normalboden); ferner in der Nähe von Sielen, Abtritt- und Düngergruben einer vergleichenden Untersuchung und fand den Grad der Boden-Imprägnirung im Mittel pro 1 cbm in kg wie folgt:

	Bodenprobe aus einer Tiefe von m	In kaltem Wasser löslich:					In kaltem Wasser unlöslich:	
		Gesammtmenge kg	Glühverlust kg	Organ. Substanzen kg	Chlor kg	Salpetersäure kg	Glühverlust kg	Stickstoff kg
Normalboden	3,7	0,211	0,052	0,118	0,010	0,012	1,504	0,014
Mittel von 9 Sielen	3,6	0,217	0,091	0,093	0,021	0,018	3,356	0,055
Mittel von 6 Abtritten	2,4	0,603	0,185	1,257	0,110	0,019	5,461	0,060
Boden 4,5 m von einer Düngergrube entfernt	2,3	4,710	1,500	2,230	0,330	0,460	39,772	0,956

Hiernach ist der Boden in der Nähe der Dünger- und Abortgruben stärker als der in der Nähe der Siele verunreinigt und ist letzterer nur wenig unreiner als der Normalboden. Auch hat F. Wiebel[2]) auf Grund seiner Versuche über Exosmose ruhender und strömender Kochsalzlösungen

[1]) Zeitschr. f. Biologie 1875 S. 459.
[2]) Abhandl. d. naturw. Vereins Hamburg-Altona Bd. VII. Abth. 2. 1883.

durch Membranen und poröse Platten nachgewiesen, dass die strömende Bewegung der Sielflüssigkeiten in den Kanälen die Exosmose (Ausschwitzungen) in sehr erheblichem Grade vermindert oder fast ganz aufhebt. Eine Bodeninfection durch die Schwemmkanäle ist daher um so weniger vorhanden, je grösser die Stromgeschwindigkeit in den Sielen ist.

Was die Ursache der Zersetzungsvorgänge im Boden anbelangt, so ist nach den neuesten Forschungen kaum mehr einem Zweifel unterworfen, dass die Ueberführung der organischen, durch Wasser in den Boden übertragenen Stoffe in Kohlensäure, in Wasser, Ammoniak, Salpetersäure und salpetrige Säure durch die Thätigkeit von Mikroorganismen bedingt ist. Die ersten maassgebenden Versuche hierüber sind von Schlösing und und Müntz[1]) sowie von Warrington[2]) ausgeführt.

Schlösing und Müntz zeigten, dass die Ueberführung des Ammoniaks in Salpetersäure im Boden auf der Thätigkeit von Mikroben beruht; denn wurden letztere durch Chloroform oder Schwefelkohlenstoff oder durch Erhitzen getödtet, so hörte der Nitrifikationsprocess auf. Brachten sie in geeignet zusammengesetzte sterilisirte Flüssigkeiten, welche nach der Erhitzung auf 110° C. unbegrenzt lange Zeit unverändert blieben, eine Spur Erde, so trat Salpetersäure-Bildung ein. Sie fanden in den Flüssigkeiten zahlreiche längliche, sehr kleine Gebilde, von welchen sie nitrificirende Reinculturen darstellen konnten. Diese Organismen können daher zweifellos als „Salpeterferment" betrachtet werden; sie sind sehr verbreitet und finden in der Ackererde ihren günstigsten Nährboden; sie sind ferner in Abfallwässern, die viele organische Stoffe enthalten, reichlich vorhanden, dagegen weniger häufig in fliessenden Gewässern. In der Luft scheinen sie unter normalen Verhältnissen gar nicht enthalten zu sein; wenigstens konnten Schlösing und Müntz in sterilisirten Flüssigkeiten durch blosse Berührung mit Luft niemals eine Salpeterbildung hervorrufen.

Diese Versuche sind neuerdings durch einwurfsfreie Untersuchungen von J. Uffelmann[3]) bestätigt, indem auch diese ergaben, dass der Boden (und auch das Wasser vergl. S. 66) nicht zu oxydiren im Stande ist, wenn die vorhandenen Keime vernichtet und die Zufuhr neuer Keime verhütet wird.

Von grösstem Einfluss auf die Thätigkeit und Vermehrung der nitrificirenden Organismen sind: die Luftzufuhr, die Feuchtigkeit, die Wärme und das Licht.

Schlösing zeigte (1873), dass die Salpeterbildung von der Grösse der Luftzufuhr d. h. des zugeführten Sauerstoffs abhängt, dass bei beschränktem

---

[1]) Comptes rendus 1880. Bd. 89 S. 891 u. s. f.

[2]) Landw. Versuchsstat. 1879. Bd. 24 S. 161 vgl. auch Centr. Bl. f. Agric. Chem. 1878 S. 70 u. 466, 1880 S. 73, 228, 776 u. 920, 1882 S. 736, 1883 S. 82, 506, 581 u. 794, endlich 1884 S. 796.

[3]) Archiv f. Hygiene 1886. Bd. IV S. 82.

resp. gänzlich gehemmtem Zutritt von Sauerstoff die Nitrifikation aufhört und die vorhandenen Nitrate vollständig verschwinden. Desgleichen ist die Salpeterbildung in hervorragender Weise von dem Wassergehalt des Bodens abhängig; Eintrocknen desselben ist selbst bei gewöhnlicher Temperatur dem Salpetersäureferment schädlich, und Erde, die in lelbhafter Nitrifikation begriffen ist, kann durch Austrocknen völlig steril gemacht werden.

Was den Einfluss der Temperatur anbelangt, so geht die Nitrifikation unter 5° C. nur äusserst langsam vor sich, bei 12° C. ist sie deutlich wahrnehmbar, erreicht bei 37° C. ihr Optimum und hört bei 55° C. völlig auf.

Soyka und Warrington zeigten ferner, dass das Licht die Salpeterbildung beeinträchtigt, während Dunkelheit dieselbe befördert.

Dass die Oxydation des Kohlenstoffs der organischen Stoffe im durchlüfteten Boden ebenso wie die des Stickstoffs unter dem Einfluss von niederen Organismen stattfindet, haben in neuester Zeit J. Fodor[1]) und G. Wollny[2]) nachgewiesen.

Wird Boden mit Chloroformdämpfen behandelt, oder mit fäulnisshemmenden Stoffen wie Carbolsäure, Borsäure, Thymol versetzt, oder auf 120° erhitzt oder einem höheren Druck ausgesetzt, so wird die Kohlensäurebildung, wenn auch nicht völlig sistirt, so doch ganz wesentlich eingeschränkt. Neben der an die Lebensthätigkeit niederer Organismen gebundenen Oxydation des Kohlenstoffs in der Erde verläuft demnach eine einfache langsame directe Verbrennung der organischen Stoffe; jedoch ist letztere gegenüber dem ersteren Process von nur untergeordneter Bedeutung.

Dieselben Factoren, welche bei der Nitrifikation die Leistungen der Mikroorganismen beherrschen, äussern auch bei der Kohlensäureproduction ihren Einfluss, doch obwalten hier in mancher Hinsicht andere Verhältnisse.

Auch hier hält die Kohlensäure-Entwickelung innerhalb gewisser Grenzen gleichen Schritt mit der Luft- resp. Sauerstoff-Zufuhr, und wenn dieselbe selbst dann nicht ganz aufhört, wenn der Boden mit einem, bei dem Zerfall der organischen Substanz nicht betheiligtem Gase (Stickstoff, Wasserstoff) oder mit Wasser vollständig erfüllt ist, so steht doch jedenfalls fest, dass organische Substanzen (Stallmist, Thierleichen etc.) in gut durchlüfteten Böden wie Sand und Kies viel schneller verwesen, als in schwer durchlassenden Böden wie Lehm, Thon etc.

Die Wärme macht sich in der Weise geltend, dass das Optimum für die Kohlensäureproduction zwischen 50—60° C. liegt, dass dieselbe aber selbst bei unter 0° gelegenen Temperaturen nie ganz aufhört.

Unter gleichen äusseren Verhältnissen wird ferner die Oxydation der

---

[1]) Jos. Fodor: Hygien. Untersuchungen über Luft, Boden und Wasser. Braunschweig 1882.
[2]) Deutsche landw. Presse 1883 und 1884 oder Centr. Bl. f. Agric.-Chemie 1884. S. 796.

organischen Stoffe zu Kohlensäure mit steigendem Wassergehalt beschleunigt; v. Fodor hat z. B. nachgewiesen, dass die aus einem $4^0/_0$ Wasser enthaltenden Boden entwickelte Kohlensäure über 16 mal grösser ist, als die aus einem nur $2^0/_0$ Wasser enthaltenden Boden. Steigt der Wassergehalt des Bodens über ein bestimmtes Maass hinaus, so dass der disponibele Sauerstoff zur Oxydation nicht mehr ausreicht, so tritt natürlich eine Verminderung der Kohlensäureproduction ein.

Gewisse Salze im Boden wie Ferrosulfat und Schwefeleisen desgleichen eine zu grosse Concentration der Bodensalze beeinträchtigen die Kohlensäureproduction wie ebenso umgekehrt die Wegführung der wasserlöslichen Bodensalze; letzteres vermuthlich desshalb, weil die Bodensalze in gewisser Menge für die Ernährung der Mikroorganismen von Bedeutung sind; auch wirkt die Kohlensäure wegen ihrer antiseptischen Eigenschaft selbst hemmend, wenn sie sich in einer gewissen Menge im Boden angesammelt hat.

Wie die Salpetersäure- und Kohlensäure-Bildung so ist auch der umgekehrte Process die Reduction der Nitrate zu Nitriten etc. nach den Untersuchungen von Ed. Meusel[1]) als physiologischer, an die Entwickelung eines Organismus geknüpfter Vorgang aufzufassen, der überall eintritt, wo Mangel an Sauerstoff herrscht, und wobei der freigewordene Sauerstoff auf den Kohlenstoff der organischen Stoffe übertragen wird. Die bei diesem Vorgang thätigen Mikroben äussern in Berührung mit Luft keine oder nur eine sehr geringe Thätigkeit; die ihnen am meisten zusagende Temperatur liegt zwischen 35—40° C.

J. M. H. Munro[2]) hat ebenfalls die Nitrat- und Nitrit-Bildung studirt und kommt zu wesentlich denselben Resultaten. Neben den Ammonsalzen unterliegen auch salzsaures Aethylamin, Gelatine, Rhodankalium, Rhodanammonium und Harnstoff im Boden der vollständigen Nitrifikation; nach Munro bildet sich stets erst Ammoniak, dann Nitrit und schliesslich Nitrat.

Auch Fluss- und Brunnenwasser besitzt eine nitrificirend wirkende Kraft, welche durch Filtration (schwedisches Filtrirpapier, Kohlefilter) nicht verschwindet. Alkalitartrat, -acetat oder -oxalat, Zucker oder irgend eine fäulnissfähige Substanz sollen im Brunnenwasser eine Reduction des vorhandenen Nitrats bewirken, bei welchem Process das Alkalisalz in Alkalicarbonat übergeführt wird. In einigen Tagen ist alles Nitrat in Nitrit übergeführt, worauf bei guten Wässern die Bildung nicht weiter geht. In vielen faulenden Wässern werden indess Nitrat und Nitrit unter Entwickelung von Stickstoff gänzlich zerstört. Dasselbe geschieht durch Zufügen einiger Tropfen Abwässer zu dem Wasser, wenn letzteres irgend einen fäulnissfähigen organischen Stoff enthält. Die Bacterien, welche die Reduction zu

---

[1]) Berichte d. deutschen chem. Gesellsch. Berlin Bd. 8, S. 1653.
[2]) Chem. Ztg. 1886. S. 794.

Nitrit in Gegenwart organischer Stoffe bewirken, finden sich in der Luft, in dem Wasser und im Boden, während diejenigen, welche Nitrat oder Nitrit unter Stickstoffentwickelung zersetzen nach Gayon und Dupetit aus Abwässern erhalten werden.

Ausser den vorgenannten Mikroben sind im Boden auch Hefepilze entdeckt, welche eine Alkoholgährung hervorrufen.

In welchen grossen Mengen die Mikroorganismen im Boden enthalten sind, ergiebt sich aus Untersuchungen, welche am Observatorium in Montsouris (Paris) angestellt wurden; man fand in 1 g Erde am Observatorium 750 000, in Gennevilliers 870 000—900 000 entwickelungsfähige Keime von Mikrophyten.

Selbstverständlich verdienen diese und andere Forschungsresultate die grösste Beachtung bei Beurtheilung der Frage, ob und wie die an organischen und stickstoffhaltigen Stoffen reichen Abgangwässer am zweckmässigsten durch die Bodenberieselung gereinigt werden können, wie nicht minder bei Beurtheilung der Verunreinigung des Brunnenwassers durch einen mit diesen Stoffen verunreinigten Boden.

Nach den Ausführungen S. 32—44 ist allerdings wohl anzunehmen, dass das Trinkwasser im allgemeinen und für gewöhnlich nicht als erste Ursache ansteckender Krankheiten angesehen werden kann; indess ist die Möglichkeit nicht ausgeschlossen, dass dasselbe, sei es als Grundwasser oder in öffentlichen Wasserläufen, wenigstens unter Umständen den Träger von Infectionsstoffen bildet. Aber hiervon ganz abgesehen wird man die grosse hygienische Bedeutung eines reinen Trinkwassers für die Gesundheit von Menschen und Thieren nicht leugnen können und ist die Forderung der öffentlichen Gesundheitspflege, den Boden und die öffentlichen Wasserläufe von den häuslichen Abgängen aller Art thunlichst rein zu halten, durchaus gerechtfertigt (vgl. S. 43 und S. 49). Denn ebenso sehr, wie die Verunreinigung des Bodens mit häuslichen Abgängen schliesslich eine Verunreinigung des Grundwassers und damit eine solche entweder des Wassers in den Brunnen oder in öffentlichen Wasserläufen herbeiführt, muss auch gleichzeitig die Bodenluft und damit die der menschlichen Wohnungen verunreinigt werden. Beide aber, Grundwasser oder Bodenluft, sind auf irgend eine Weise von Einfluss auf die Gesundheit, indem sie in irgend welcher Beziehung auch zu den Infectionskrankheiten stehen.

Thatsächlich ist vielfach in allen den Städten, in welchen man durch Kanalisation und Wasserleitung für reine Bodenluft und reines Trinkwasser gesorgt hat, der allgemeine Gesundheitszustand ein besserer oder treten doch wenigstens die ansteckenden Krankheiten nicht mehr mit dem bösartigen Charakter und so verheerend auf, wie vor Einführung dieser sanitären Massregeln.

Verunreinigung der Flüsse durch städtische Abgangwässer.
Selbstreinigung der Flüsse.

Die Verunreinigung der natürlichen Wasserläufe durch Aufnahme der städtischen Kanalwässer hängt ganz davon ab, in welchem Verhältniss die Menge des Kanalwassers zu der des Baches resp. Flusses steht, welche Stromgeschwindigkeit der Bach oder Fluss besitzt, wie das Flussufer und Flussgebiet beschaffen ist, sowie die Quellen, aus welchen die Wassermassen kommen (vgl. Einleitung S. 2—6).

Im allgemeinen wird die Verunreinigung bei niedrigem Wasserstande im Sommer durchweg grösser als im Winter bei hohem Wasserstande sein und bei höheren Temperaturen sich mehr geltend machen als bei niederen; sind die Wassermengen des die Abgangwässer aufnehmenden Flusses sehr gross und ist eine hinreichende Stromgeschwindigkeit vorhanden, so lässt sich unter Umständen kaum eine Verunreinigung nachweisen; so fanden F. R. Brunner und R. Emmerich[1]), dass die Isar, welche eine Minimal-Wassermenge von 41,5 cbm und eine Maximal-Wassermasse von 1500 cbm pro Sec. führt und eine mittlere Stromgeschwindigkeit von 1,05 m pro Sec. besitzt, durch Aufnahme sämmtlicher Stadtbäche und verunreinigender Zuflüsse von München (mit ca. 175000 Einwohnern und mit Abfuhrsystem) im Mittel von 4 Analysen ungefähr 300 m unterhalb der letzten Einmündungsstelle nur in folgender Weise pro 1 Liter verändert worden war:

Rückstand mg	Lösungs-Rückstand mg	Kohlen-säure mg	Kalk mg	Chlor mg	Salpeter-säure mg	Organische Substanz mg	Suspendirte Stoffe. mg
38	1,8	0	0	0	0	3,4	5,3

In derselben Weise fand H. Fleck[2]) für das Elbewasser bei einem kleinen Wasserstande von 1000 cbm Wasser in der Elbe pro Sec. am 1. December 1883 pro 1 Liter:

	Vor Dresden geschöpft	Hinter Dresden geschöpft
Suspendirte Stoffe . . .	7,3 mg	7,2 mg
Gelöste Stoffe	136,8 „	136,5 „
Organische Substanz . .	18,4 „	17,6 „
Salpetersäure	3,9 „	2,5 „
Chlor	8,9 „	8,7 „
Ammoniak	0,3 „	0,3 „

In diesem Falle kommen nach den Ausführungen Fleck's 3,57 cbm Dresdener Kanalwasser auf 1000 cbm Elbwasser und wenn man für das

---

[1]) Zeitschr. für Biologie 1878 S. 190.
[2]) 12. und 13. Jahresbericht der chem. Centralst. für öffentl. Gesundheitspflege in Dresden 1884. S. 25.

Kanalwasser 2 pro mille $=$ 7,14 kg feste Stoffe pro 3,57 cbm annimmt, so hätte das Elbewasser eine Zunahme von 7 mg feste Stoffe pro Liter nach Aufnahme des Kanalwassers zeigen müssen oder anstatt 136,8 mg pro Liter 143,8 mg gelöste Bestandtheile. Die durch das städtische Abgangwasser dem Elbewasser zugeführte Menge Stoffe ist im Verhältniss zur Wassermenge so gering, dass sie sich chemisch kaum mehr mit Sicherheit nachweisen lässt, andererseits hat im vorliegenden Falle diese Wahrnehmung darin ihren Grund, dass die Elbe zwischen Dresden und der Schöpfstelle auch noch erhebliche Menge Grundwasser aufnimmt, welches nur verhältnissmässig wenig feste Stoffe enthält.

Selbstreinigung der Flüsse.   Dazu aber kommt noch die selbstreinigende Wirkung des Flusswassers.

Die ersten experimentellen Untersuchungen über die Selbstreinigung der Flüsse hat die englische Commission[1]) unter Leitung von M. Frankland angestellt und darüber der Pariser „Academie der Wissenschaften" folgenden Bericht[2]) vorgelegt:

„Der Fluss Mersey durchläuft, nachdem er oberhalb der Brücke von Stradford-Road die Abfallproducte mehrerer Städte und Fabriken aufgenommen hat, von dieser Brücke an bis zu seiner Vereinigung mit dem Irwel einen Weg von 13 englischen Meilen, ohne dabei weiteren unreinen Zufluss zu erhalten; dagegen wird sein Volumen durch Zufluss reinen Wassers ein wenig vermehrt. Der Fluss Irwel fällt, nachdem er Manchester passirt hat, bei Throstlenest über ein Wehr und läuft von da ab bis zu seiner Vereinigung mit dem Mersey 11 englische Meilen und empfängt auf diesem Lauf nur einige Zuflüsse ohne Bedeutung und ohne Schmutz. Der Fluss Darwen endlich vereinigt sich, nachdem er durch die Kanäle von Ower-Darwen, Lower-Darwen und Blackburn sehr verunreinigt worden ist, mit dem Blackwater gleich unterhalb der letzteren Stadt und durchläuft alsdann bis zu seiner Vereinigung mit dem Ribble einen Weg von 13 englischen Meilen. Durch den Zutritt des Flusses Roddlesworth und mehreren kleinen Flüsschen wird sein Volumen um das Doppelte vermehrt, dagegen empfängt er weiter keine Schmutzwässer. Von diesen 3 Flüssen wurden zum Zweck der Untersuchung Wasserproben geschöpft und zwar:

1. aus der Mersey
    a) an der Brücke von Stratford-Road und
    b) an einem Punkt gleich vor seiner Vereinigung mit dem Irwel;
2. aus dem Irwel
    a) am Wehr zu Throstlenest und
    b) an einem Punkt gleich vor seiner Vereinigung mit der Mersey, und zwar zweimal, einmal im Mai, einmal im Juni;
3. aus dem Darwen
    a) $1/_3$ Meile unterhalb seiner Vereinigung mit dem Blackwater und
    b) 50 Meilen oberhalb der Brücke von Walton-le-Dale.

Die Ergebnisse der Analysen dieser Proben sind in folgender Tabelle enthalten:
In 1 Liter Wasser waren enthalten:

---

[1]) The Commission to inquire into the best means of preventing the pollution of rivers.

[2]) Compt. rend. 1870. Bd. 70 S. 1054; vgl. Jahresbericht für Agric.-Chemie 1870/72 S. 173.

Analysirte Gewässer im Jahre 1869.	Gesammtmenge der gelösten Stoffe	Kohlenstoff in organischer Verbindung	Stickstoff in organischer Verbindung	Ammoniak	Stickstoff in Form von Nitraten und Nitriten	Gesammtmenge des Stickstoffs	Chlor	Suspendirte Stoffe:			Temperatur des Wassers
								Mineralische Stoffe	Organische Stoffe	Insgesammt	
	mg	mg	mg	mg	mg	mg	mg	mg	mg	mg	°C.
Mersey vor der Brücke zu Stratfordroad 12. März .	198	7,20	0,95	0,66	0,22	1,71	23	9,4	3,0	12,4	4,3
Mersey b. sein. Ver. m. d. Irwel 12. März . . .	228	5,70	0,78	0,43	0,19	1,32	25	8,4	2,6	11,0	4,8
Irwel v. Wehr zu Throstlenest 12. März . . .	446	21,04	2,48	2,30	—	4,37	74	18,4	9,6	28,0	6,2
Irwel b. s. Ver. m. d. Mersey 12. März[1])	431	20,09	3,04	3,38	—	5,82	68	9,6	4,8	14,4	6,8
Irwel v. Wehr z. Throstlenest, 13. Mai . . .	391	21,56	2,38	1,40	—	3,53	49	11,8	18,6	30,4	12,2
Irwel b. s. Ver. m. d. Mersey, 13. Mai	430	23,74	2,10	2,50	—	4,16	64	18,8	24,0	42,8	13,3
Irwel v. Wehr zu Throstlenest, 11. Juni 8 Uhr 30 Min.	635	21,34	2,39	3,75	—	5,48	130	26,6	27,2	53,8	17,8
Irwel b. s. Ver. m. d. Mersey, 11. Juni 6 Uhr 10 Min.	615	15,02	2,41	4,13	—	5,81	129	22,8	18,8	41,6	17,8
Darwen n. s. Ver. m. d. Blackwater, 10. März .	415	21,27	2,95	2,19	—	4,75	36	17,8	17,8	35,6	10,7
Darwen, b. Walton-le-Dale 10. März	330	12,89	1,41	1,37	0,45	2,99	29	6,2	1,8	8,0	6,8

Abgesehen von der Unsicherheit in der Methode der Untersuchung, welche entsteht durch die ungleiche Vertheilung der verunreinigenden Zuflüsse in einem und demselben Wasser, durch die verschiedene Geschwindigkeit der Bewegung seiner verschiedenen Theile, in Folge deren eine Entnahme von vollkommen vergleichbaren Proben unmöglich erscheint, geben die mitgetheilten Zahlen ein ungefähres Bild der Veränderungen, welche die Bestandtheile der Flüsse auf einem Lauf derselben von 11—13 englischen Meilen erleiden, und der Verbesserung, welche das verunreinigte Wasser auf diese Entfernung erfährt. Sieht man ab von einer Correction für die Zuflüsse bei den Flüssen Mersey und Irwel und nimmt man für die Zuflüsse des Darwen eine Verdoppelung seiner Wassermenge an, so ergiebt sich eine Verminderung des ursprünglich vorhanden gewesenen, in organischer Verbindung befindlichen Kohlenstoffs und Stickstoffs wie folgt:

---

[1]) Zwischen den beiden Punkten der Probenahme von dem Wasser der Irwel befinden sich 6 Wehre in einer Gesammthöhe von 34½ Fuss. Durch den Fall des Wassers über dieselben wird eine reichliche Luftaufnahme bewirkt. Hinter jedem Wehre ist der Fluss auf eine Länge von mehreren hundert (engl.) Ellen mit Schaum bedeckt.

In 1 l Wasser

	Kohlenstoff mg	Stickstoff mg
Mersey nach einem Laufe von 13 Meilen bei einer Temperatur von 4,3—4,8 °C.	1,5	0,17
Irwel nach einem Lauf von 11 Meilen bei einer Temperatur von 6,2—6,8 °C.	0,95	—
Irwel nach einem Lauf von 11 Meilen bei einer Temperatur von 12,2—13,3 °C.	—	0,28
Irwel nach einem Lauf von 11 Meilen bei einer Temperatur von 17,8 °C.	6,32	—
Darwen nach einem Lauf von 13 Meilen bei einer Temperatur von 6,8—10,7 ° C.	—	0,09

Um zu sicheren Resultaten zu gelangen, wurde folgender Versuch angestellt:

Man mischte 1 Volumen des Canalinhalts von London mit 9 Volumen Wasser. Die Analyse zeigte, dass diese Mischung in 1 Liter 2,67 mg Kohlenstoff und 0,81 mg Stickstoff in organischer Verbindung enthielt. Diese Mischung setzte man fortwährend der freien Luft und dem Lichte aus, indem man sie mittelst eines Hebers aus einem Gefäss in ein anderes laufen liess und zwar derart, dass es jedesmal in einem feinen Strahl 3 Fuss hoch herabfallen musste. Dieses Wasser enthielt auf 1 Liter:

nach 96 Stunden noch 2,50 mg organischen Kohlenstoff und 0,58 mg organischen Stickstoff
„ 192 „   „ 2,00 „   „   „   „ 0,54 „   „   „

Die Temperatur der Luft während dieses Vorgangs war ungefähr 20° C. Die Resultate zeigen annähernd die Wirkung, welche bei einem Flusse, der auf 100 Theile Wasser 10 Theile Canalinhalt enthält, auf einem Lauf von 96 und 192 Meilen bei einer Geschwindigkeit von 1 Meile pro Stunde stattfindet. Der Effect würde auszudrücken sein:

werden zerstört	Auf 1 l Wasser	
	organ. Kohlenstoff mg	organ. Stickstoff mg
während eines Laufs von 96 Meilen mit einer Geschwindigkeit von 1 Meile (= 1609 m) per Stunde . . .	0,17	0,23
während eines Laufs von 192 Meilen mit gleicher Geschwindigkeit[1])	0,67	0,27

Die Oxydation der organischen Materien wird nach Ansicht der englischen Commission vorzugsweise, wenn nicht ausschliesslich, durch den in Wasser aufgelösten Sauerstoff bewirkt, der bekanntlich viel mehr chemisch activ ist, als der der Luft[2]). Wenn man durch organische Stoffe verunreinigtes Wasser in gut schliessenden Gefässen aufbewahrt, so wird die graduelle Verminderung der Menge des aufgelösten Sauerstoffs genau den Fortschritt der Oxydation der organischen Stoffe anzeigen.

---

[1]) Ein Lauf von 300 km Länge würde demnach nicht hinreichen, das Wasser vollständig zu reinigen.

[2]) Wir werden gleich sehen, dass nach neueren Versuchen angenommen werden muss, dass auch bei der Oxydation der organischen Stoffe im Wasser Mikroben die Vermittelung übernehmen.

Man stellte einen derartigen Versuch mit Wasser an, dem man auf 100 Theile 5 Theile Kanalinhalt von London zugemischt hatte. Dasselbe wurde in eine Reihe gut-schliessender Flaschen gebracht und in denselben dem zerstreuten Tageslicht bei einer Temperatur von ungefähr 17° C. ausgesetzt. Alle 24 Stunden wurden die Flaschen geöff-net und das Gewicht des im Wasser aufgelöst enthaltenen Sauerstoffs bestimmt.

Man fand dasselbe in 1 Liter Wasser:

$$\begin{array}{llll}
\text{unmittelbar nach der Mischung} & 9{,}46 \text{ mg Sauerstoff} \\
24 \text{ Stunden nachher} \ldots \ldots & 8{,}03 \text{ „} & \text{„} \\
48 \quad\text{„} \qquad\quad \text{„} \quad \ldots \ldots & 6{,}16 \text{ „} & \text{„} \\
96 \quad\text{„} \qquad\quad \text{„} \quad \ldots \ldots & 3{,}15 \text{ „} & \text{„} \\
120 \quad\text{„} \qquad\quad \text{„} \quad \ldots \ldots & 2{,}01 \text{ „} & \text{„} \\
144 \quad\text{„} \qquad\quad \text{„} \quad \ldots \ldots & 0{,}80 \text{ „} & \text{„} \\
168 \quad\text{„} \qquad\quad \text{„} \quad \ldots \ldots & 0{,}36 \text{ „} & \text{„}
\end{array}$$

Unmittelbar nach der Mischung enthielt das verunreinigte Wasser in 1 Liter 20,99 mg Kohlenstoff in organischer Verbindung und 2,07 mg Stickstoff in organischer Verbindung.

Der Bericht bemerkt zu obigen Zahlen: „Diese Zahlen beweisen, dass selbst bei einer höheren Temperatur die Oxydation der animalischen orga-nischen Substanz der Schmutzwässer (Sewage) eine sehr langsame ist. Unter der Annahme, dass bei der Zersetzung der organischen Materie der Kohlenstoff allein oxydirt wird, würde die Sewage in jeder der Perioden in folgenden Mengen zersetzt worden sein:

	1. Periode	2. Periode	3. Periode	4. Periode	5. Periode	6. Periode	in Summa
	24 Stdn.	24 Stdn.	48 Stdn.	24 Stdn.	24 Stdn.	24 Stdn.	7 Tage
Menge der zersetzten Sewage pro 100	6,8	8,9	14,3	5,4	5,8	2,1	43,3

Bis zum 6. Tage war die Oxydation mit einer ziemlich gleichmässigen, sich ein wenig verlangsamenden Geschwindigkeit von statten gegangen; die Verminderung des aufgelösten Sauerstoffs war eine beträchtliche. Wenn das verunreinigte Wasser der freien Luft ausgesetzt gewesen wäre, würde wohl ein Theil des verbrauchten Sauerstoffs wieder ersetzt worden sein; aber selbst unter der Annahme, dass während der 168 Stunden die Oxy-dation mit der grössten beobachteten Schnelligkeit vor sich gegangen wäre, so würden doch nur 62,3 von 100 Sewage zersetzt worden sein."

Die Commission hält es hiernach für erwiesen, dass die Oxydation der mit dem Zwanzigfachen ihres Volumens Wasser gemischten Sewage sich nicht während eines Laufs von 10—12 Meilen vollziehen kann und dass sich jene $^2/_3$ (62,3) nach einem Lauf von 168 Meilen bei einer Geschwin-digkeit von 1 Meile pro Stunde kaum zerstört finden werden. Zu jener Behauptung konnte man nur durch eine Reihe von Voraussetzungen zu gunsten der Oxydationswirkung gelangen. Die Commission kam zu dem Schluss: „dass die Oxydation der organischen Materie, selbst bei einer sehr grossen Verdünnung durch reines Wasser, sehr langsam vor sich geht und dass es unmöglich ist, die Entfernung zu bestimmen, welche das Wasser durchlaufen kann, ehe die organische Substanz vollkommen oxydirt ist." Sie fügt hinzu, dass es in ganz Grossbritannien keinen Fluss giebt, der lang genug wäre, eine vollständige Zersetzung der Sewage durch freiwillige Oxydation zu bewirken.

Das Absetzen einer grösseren Menge in Suspension befindlicher organischer und mineralischer Verunreinigungen ist ohne Zweifel die Art und Weise der Klärung, welche mit Sewage verunreinigte Flüsse während ihres Laufs erfahren. Die Verbesserung der Flüsse, welche in dieser Beziehung herbeigeführt wird, zeigen obige Versuche.

Reinigung der Flüsse durch Absatz innerhalb der Punkte der Probenahme:

	Von den in 1 l Wasser befindlichen suspend. Stoffen wurden abgesetzt:			Von den in Suspension befindlichen Materien wurden abgesetzt:		
	Mineral-stoffe mg	Organische Stoffe mg	Im ganzen mg	Mineral-stoffe %	Organische Stoffe %	Im ganzen %
1. Bei dem Irwel nach einem Lauf von 11 M. (12. März)	8,8	4,8	13,6	47,4	50,0	48,6
2. Bei dem Irwel nach einem Lauf von 11 M. (11. Juni)	3,8	8,4	12,2	14,3	50,9	22,7
3. Bei dem Mersey nach einem Lauf von 18 Meilen (12. März)	1,0	0,4	1,4	10,6	13,3	12,0
4. Bei dem Darwen[1]) nach einem Lauf von 13 Meilen (10. März)	5,4	14,2	19,6	30,3	79,8	55,1

Bei einer Untersuchung von Schlammabsatz fand die Commission eine grosse Menge in Fäulniss begriffener organischer Materie, wie nachfolgende Zahlen zeigen:

	Schlamm des Irk	Schlamm aus dem Irwel (Peel Park)	Schlamm aus dem Medlock (zu Dawson Street)
Organische Substanz	6,63	8,25	5,30
Mineralische „	25,98	19,40	19,96
Wasser	67,39	72,35	74,74
	100,00	100,00	100,00

Der trockene Schlamm enthielt hiernach ca.

	20	30	21 % organ. Substanz.

Die englische Commission ist auf Grund dieser Versuche der Ansicht, dass eine Selbstreinigung der Flüsse nicht oder kaum angenommen wer-

---

[1]) Corrigirt unter Zurechnung von reinem Wasser.

den kann. Diese Ansicht wird jedoch durch neuere eingehende Untersuchungen widerlegt.

Der erste, welcher diesen, bei der Selbstreinigung der Flüsse sich vollziehenden Vorgang in seiner Ursache richtig erkannt hat, ist Alex. Müller; derselbe äussert sich nach Versuchen von 1869 über die Selbstreinigung der Spüljauche[1]) wie folgt:

„Die Bestandtheile der Spüljauche sind wesentlich organischen Ursprungs und demzufolge greift in der Spüljauche ein kräftiger Fäulnissprocess Platz, durch welchen die organischen Stoffe allmälig in mineralische aufgelöst oder kurz „mineralisirt" und zu Ernährung einer neuen Pflanzengeneration geschickt gemacht werden. Dem oberflächlichen Beobachter erscheint der Vorgang als chemische Selbstentmischung; in Wirklichkeit aber ist sie vorwaltend ein Verdauungsprocess, in welchem die verschiedenartigsten, meist mikroskopisch kleinen thierischen und pflanzlichen Organismen die organisch gebundene Kraft für ihre Lebenszwecke ausnutzen" und weiter:

„Die Fäulniss der Spüljauche in ihren verschiedenen Stadien charakterisirt sich durch massenhaftes Auftreten von Spirillen, dann von Vibrionen (Schwärmsporen?), endlich von Schimmelpilzen — von da ab beginnt ein Wiederaufbau organischer Substanz mit der Ansiedelung des chlorophyllführenden Protococcus" etc.

Diese Anschauung von Alex. Müller wird durch neueste Untersuchung von Fr. Emich[2]) vollständig bestätigt. Derselbe führte Versuche aus über das Verhalten des Wassers beim Stehenlassen an der Luft und beim Schütteln mit Luft, ferner Versuche mit sterilisirtem Wasser und über das Verhalten der Wässer gegen Ozon und Wasserstoffsuperoxyd.

Beim Stehenlassen und beim Schütteln mit Luft trat eine Selbstreinigung des Wassers nur dann ein, wenn dasselbe durch Kochen nicht sterilisirt und beim Aufbewahren gegen das Eindringen von Keimen nicht geschützt worden war. War dagegen ein sterilisirtes Wasser nachträglich der Luft frei ausgesetzt oder durch gewöhnliches Wasser inficirt worden, so erlitt es ganz dieselben Veränderungen wie die an freier Luft gestandenen Wässer d. h.: die zur Oxydation erforderliche Menge Kaliumpermanganat, wie der Ammoniakgehalt nahm ab, indem sich salpetrige resp. Salpetersäure bildeten.

Eine directe Oxydation durch den Sauerstoff der Luft fand nicht statt; selbst eine solche durch Ozon und Wasserstoffsuperoxyd spielt, wenn sie auch bei dem in der Natur sich abspielenden Reinigungsprocess vielleicht mitwirken, gegenüber dem biologischen Process nur eine untergeordnete Rolle.

---

[1]) Landw. Versuchstationen 1873 Bd. 16. S. 263.
[2]) Nach „Monatshefte" 1885. Bd. 6 S. 77 in Chem. Centr.-Bl. 1885. S. 333.

Die Art der Lebewesen, welche die Reinigung der Wässer bewirken, ist ohne Zweifel je nach Umständen eine verschiedene; jedenfalls wird wie im Boden nach S. 89—92 so auch im Wasser bei der Selbstreinigung die Zersetzung der organischen Stoffe durch die Lebensthätigkeit von Mikroben verursacht und alle die Factoren, welche diesen Process im Boden beeinflussen, müssen auch im Wasser sich geltend machen, nämlich Wärme, Licht und Luft d. h. Sauerstoffzufuhr etc.

Die ersten Versuche, welche Alex. Müller über die Selbstreinigung von Wässern mit stickstoffhaltigen organischen Stoffen in den Jahren 1869 bis 1870 anstellte, erstreckten sich auf 100 fach verdünnten Harn; sie ergaben, dass die Harnsubstanz vielleicht in Folge ihrer eigenthümlichen Konstitution, vielleicht in Folge der in dem Harn oder dem Verdünnungswasser enthaltenen unorganischen Verbindungen oder vielleicht in Folge beider Factoren verhältnissmässig schnell zersetzt wird, dass dagegen Zucker und dessen Derivate Alkohol und Essigsäure den Selbstreinigungsprocess und die Nitrifikation beeinträchtigen.

Zur Aufhellung dieser Erscheinungen hat Alex. Müller[1] im Sommer 1883 eine Versuchsreihe in der Weise angeordnet, dass halbpromillige Lösungen von Rohrzucker (I), Milchzucker (II) und lufttrockener Reisstärke (in verkleistertem Zustand) (III) in destillirtem Wasser nach Inficirung mit einer Nitrifikationsflüssigkeit je für sich, theils ohne weitere Zusätze (d), theils mit je 100 Milliontel Ammoniak (als kohlensaures Ammonium) (a), theils mit $\frac{1}{2}$ Promille Holzasche (c), theils mit Ammoniak und Holzasche (b) in etwa $\frac{3}{4}$ gefüllten Weinflaschen der Einwirkung der Luft bei gewöhnlichen Zimmertemperaturen ausgesetzt wurden. Zu den genannten $3 \times 4 = 12$ Lösungen wurden gleichzeitig 2 Lösungen mit 360 Millionteln Essigsäurehydrat (IV) entsprechend den a- und b-Lösungen zugesellt.

Nach Verlauf von 2 Jahren, während welcher die 14 Lösungen wiederholt auf Schimmelbildung und etwaige Nitrifikation besichtigt und geprüft worden waren, wurden sie in verschiedenen Beziehungen genauer untersucht. Die hauptsächlichsten Ergebnisse aus diesen Versuchen fasst Alex. Müller wie folgt zusammen:

In allen 14 Lösungen tritt Schimmelvegetation auf, am wenigsten in den reinen d-Lösungen, am meisten in den ammoniakhaltigen. Essigsäure ist weniger für Schimmelung geeignet, als die anderen organischen Substanzen.

Die Nitrifikation tritt in den Essigsäurelösungen nicht nur am schnellsten ein, sondern verläuft auch mit dem geringsten Stickstoffverlust.

Eine relativ recht erhebliche Nitrifikation kann Platz greifen, auch wo die Neutralisirung der gebildeten Salpetersäure durch Ammoniak geleistet werden muss.

Das Ammoniak ist nach 2 Jahren aus den aschenhaltigen b-Lösungen vollständig verschwunden, aus den aschenfreien a-Lösungen nur etwa die Hälfte bis 4 Fünftel des Anfangsgehaltes theils durch Nitrifikation, theils durch die Schimmelvegetation, theils durch Aushauchung elementarer Stickstoffe, theils wohl auch als verdunstetes Ammoniak.

Für das Verhalten der organischen Substanz während der Versuchsdauer ergiebt sich mit einiger Wahrscheinlichkeit:

1. dass reiner Rohrzucker in reinem Wasser sehr widerstandsfähig gegen celluläre Angriffe und molekuläre Umsetzungen sich erweist (I d);

---

[1] Landw. Versuchsst. 1885. Bd. 32 S. 285.

dass dies weniger der Fall ist bei Milchzucker (II d) und noch weniger bei Reisstärke-Kleister (III d);

2. dass die Holzasche die cellulären und molekulären Angriffe auf Rohrzucker (I c) sehr begünstigt, weniger auf Milchzucker (II c), dass sie aber auf Reisstärke (III c) schützend wirkt,

dass so die genannten 3 Stoffe gegen Holzasche fast umgekehrt sich verhalten, wie gegen reines Wasser;

3. dass durch kohlensaures Ammonium — in den a-Lösungen — in allen 4 Fällen die organische Substanz mehr oder weniger vollständig zum Verschwinden gebracht wird, beim Milchzucker (II a) mit bedeutender, bei der Stärke (III a) mit mässiger, bei Rohr_zucker (I a) und Essigsäure (IV a) ohne jegliche Nitrificirung — mit erheblichem Stickstoffverlust ausser bei dem Milchzucker (II a);

4. dass der vereinte Zusatz von Ammoniak und Holzasche noch etwas kräftiger auf die organischen Substanzen einwirkt — in den b-Lösungen — als kohlensaures Ammonium allein, und dass er in 4 Fällen bei völligem Verschwinden des Ammoniaks eine lebhafte Nitrifikation zur Folge hat, welche bei Essigsäure (IV b) sämmtlichen Stickstoff umfasst, bei Rohrzucker (I b) und Stärke (III b) 2 Drittel und bei Milchzucker (II b) die Hälfte desselben, d. i. die gleiche Menge wie mit kohlensaurem Ammonium allein und noch dazu ohne erheblichen Stickstoffverlust in diesem Falle;

5. dass trotz des Verschwindens der organischen Substanz bei Essigsäure (IV b) und bei Milchzucker (II b) unter der Einwirkung der Holzasche sämmtlicher Stickstoff erhalten bleibt, wogegen mit und ohne Holzasche die Stickstoffverluste in den übrigen Lösungen bedeutend sind in zunehmendem Masse von III b und I b zu IV a, I a und III a.

Die hier benutzten Kohlenhydrate und deren Derivate (Essigsäure) haben vergleichsweise zu der organischen Substanz gesunden Harns die Nitrifikation merkbar gehemmt. Die auf ihre Kosten entstandene Schimmelvegetation ist als solche nicht der Nitrifikation hinderlich; man könnte eher behaupten, dass sie das Feld für spätere Nitrifikation frei macht. Wenn es richtig ist, so empfiehlt sich zur Zerstörung der Kohlehydrate mehr eine energische Gährung mit reichlichem Ferment bei höherer Temperatur, als die langsame Schimmelkultur.

Die Vernichtung der Kohlenhydrate wird befördert durch alkalische Zusätze (Holzasche, welche überwiegend aus kohlensaurem Calcium besteht), sowie durch Ammoniak.

In welcher Weise Alex. Müller von diesem Princip der Reinigung von Schmutzwässern durch Mikroorganismen Anwendung macht, werden wir unter „Abgangwasser aus Zuckerfabriken" sehen.

Einen wesentlichen Beitrag zur Selbstreinigung der Flüsse hat Fr. Hulwa[1] durch Untersuchung des Wassers der Oder vor und nach Aufnahme der Sielwässer von Breslau geliefert; die Resultate sind in folgender Tabelle enthalten:

---

[1] Beiträge zur Schwemmcanalisation und Wasserversorgung der Stadt Breslau. Bonn 1884.

Laufende No.	Tag der Probenahme	Wasserstand	Ort der Entnahme des Wassers	Allgemeine Beschaffenheit des Wassers	Chemischer Befund in					
					Rückstand			Oxydirbarkeit		
					Gesammt-rückstand mg	Glüh-verlust mg	Glüh-rückstand mg	Bedarf an Sauerstoff mg	Bedarf an Kalium-permanganat mg	Berechnet auf organ. Substanzen mg
Durchschnittsbefunde des Oderwasser oberhalb, innerhalb und										
1.			Durchschnitt des Wassers vom obern Laufe der Oder unterhalb der Stadt Ohlau.	Getrübt mit schwachem fremdartigen Geruch, schwach alkalisch.	155,0	29,0	126,0	2,68	10,58	52,9
2.			Am Wasserwerk (unmittelbar vor Eintritt in die Stadt Breslau.	Im allgemeinen wenig getrübt, beim Stehen bald klar werdend, geruchlos, alkalische Reaction.	168,9	37,8	131,1	4,22	16,66	83,30
3.			Innerhalb Breslau vor Einmündung der Kanäle.	Meist ziemlich getrübt mit grösserem Bodensatz, alkalische Reaction, Geruch zuweilen fremdartig.	172,3	39,0	136,7	4,42	17,46	87,3
4.			Unmittelbar hinter der Einmündung der Kanäle, innerhalb der Stadt Breslau.	Im allgemeinen sehr trübe durch suspendirte Stoffe, alkalisch; sehr widerlichen Geruch zeigend.	532,8	179,2	353,6	24,87	98,25	491,25
5.			In einiger Entfernung unterhalb der Kanäle, wo die Mischung des Kanalinhalts mit dem Strome noch nicht vollständig erfolgt ist.	Im allgemeinen trüb durch reichlich suspendirte Stoffe, meist faulig riechend je nach dem Wasserstande; alkalisch.	196,1	57,8	138,3	5,77	22,79	113,95
6.			Nach Austritt aus der Stadt Breslau und nach bereits erfolgter Mischung der Sielwässer mit dem Strome.	Von wechselndem Aussehen je nach dem Wasserstand; meist fremdartig riechend; alkalisch.	185,6	42,8	142,8	5,799	22,90	114,5
7.			Bei Masselwitz, 9 km unterhalb der Einmündung der Kanäle.	Im allgemeinen etwas reicher an suspendirten Stoffen als das Wasser oberhalb der Stadt. Geruchlos; schwach alkalisch.	179,0	43,3	135,7	4,35	17,19	85,95
8.			Bei Herrnprotsch nach Einmündung der Nebenflüsse Weide und Weistritz, ca. 14 km unterhalb Breslau.	Getrübt und schwach opalisirend; geruchlos; schwach alkalisch.	194,0	28,0	166,0	5,84	23,068	115,34
9.			Bei Dyherrnfurth 32 km unterhalb Breslau.	Im allgemeinen etwas stärker getrübt als das Wasser am Wasserwerk oberhalb Breslau, sonst nichts Abnormes.	185,4	34,2	151,2	4,32	17,06	85,30
10.			Durchnittliche Zusammensetzung der Breslauer Sielwässer.	Sehr trübe, fauliger Geruch. Reaction alkalisch.	729,2	—	--	16,90	66,75	333,77

Befund.							Mikroskopischer Befund.				
1 Liter								Saprogene:	Saprophile:		
Ammoniak	Albuminoid-Ammoniak	Salpetersäure	Salpetrige Säure	Chlor	Gesammt-Härte	Bemerkungen	Saprogene: Bakterien.	Pilze	Infusorien	Algen und Diatomeen	Zufällige Beimengungen
mg	mg	mg	mg	mg	mg						
unterhalb Breslau zur Zeit der Einleitung von Sielwässern.											
0,07	0,047	1,00	Spuren	8,87	49,8		Wenige Micrococcen.	Selten Leptothrixfäden.	Amoeben u. vereinzelte Monaden, Actinophrys, Difflugia.	Zahlreiche Algen und Diatomeen in verschiedenen Formen.	
0,076	0,24	0,89	Spuren	8,78	50,8		Wenige Micrococcen.	Vereinzelt Leptothrix.	Einzelne Monaden.	Zahlreiche Diatomeen und Algen in verschiedenen Formen.	
0,203	0,24	0,72	Spuren	8,01	46,7		Bacterium termo; seltener andere Formen.	Ziemlich reichlich Lepthotrix, auch Sphärotilus natans.	Paramäcien, Monaden, Amoeben.	Protococcus, Rhaphidium, Diatomeenpanzer.	Einzelne animalische und vegetabilische Fasern.
10,34	2,98	0,85	0	29,76	60,6	Beim Veraschen entwikkelt der Rückstand stets den Geruch nach versengenden Haaren. Harnstoffreaction.	Zahlreiche und lebhafte Bacterien in verschiedenen Formen.	Leptothrix, Cladothrix, Beggiatoa, alle sehr reichlich vertreten.	Zahlreiche Monaden und Fäulnissinfusorien.	Diatomeen und Algen selten.	Wollhaare; vegetabilische und animalische Reste sehr häufig.
1,12	0,535	0,67	Stärkere Spuren	9,29	54,5	Auch hier beim Veraschen des Rückstandes Geruch nach verbrennenden Haaren. Zuweilen Harnstoffnachweis.	Zahlreiche und lebhafte Bacterien in verschiedenen Formen.	Leptothrix, Cladothrix und andere Pilzfäden.	Vielfache Fäulnissinfusorien.	Algen und Diatomeen hin und wieder vorhanden.	Mineralischer und organischer Detritus.
1,124	0,422	0,985		10,99	57,3	Beim Veraschen des Rückstandes noch deutlicher Geruch nach versengenden Haaren.	Häufig Bact. termo und andere Formen.	Leptothrix, Sphärotilus ziemlich reichlich vertreten.	Antinophrys, Monaden und andere Fäulnissinfusorien.	Auch hier Algen und Diatomeen in geringer Zahl.	Vielfach Detritus.
0,48	0,33	0,87	Stärkere Spuren	10,411	54,1	Beim Veraschen des Rückstandes schwacher Geruch nach versengenden Haaren.	Bacterium termo und andere Formen häufig beobachtet.	Leptothrix und andere Pilzfäden seltener vorhanden.	Auch hier Fäulnissinfusorien in verschiedenen Formen.	Diatomeen und Algen reichlicher auftretend.	Detritus.
0,175	0,30	1,50	Spuren	11,36	78,4	Veraschen des Rückstandes ohne sonderlichen Geruch.	Bacterien selten.	Selten Leptothrix und andere Pilzfäden.	Infusorien verhältnissmässig selten.	Zahlreiche Algen und Diatomeen.	
0,154	0,226	1,28	Spuren	11,31	57,5		Bacterien treten ganz zurück.	Pilzvegetation fast ganz verschwunden.	Monaden.	Sehr zahlreiche Algen und Diatomeen in verschiedenen zierlichen Formen.	
30,02	2,58	0	0	78,69		Suspend. Stoffe = 210,84 Gesammt-Stickstoff = 40,49					

In derselben Weise hat auch H. Fleck eine Selbstreinigung bei 3 kleineren Flüssen im Königreich Sachsen, nämlich der Luppe, der Röder und der Wesenitz, welche nicht unwesentliche Mengen von industriellen Abgangwässern aufnehmen, constatirt, indem z. B. das Wasser bei längerem Fliessen ab- resp. zunahm:

	I. Luppe	II. Röder.	III. Wesenitz.
Organische Substanz	von 38,2 mg auf 32,8 mg	von 36,8 mg auf 35,3 mg	von 16,1 mg auf 15,5 mg
Ammoniak . . .	„ 1,1 „ „ 0,8 „	„ 0,9 „ „ 0,7 „	„ 0,3 „ „ 0,2 „
Salpetersäure . .	„ 1,5 „ „ 5,2 „	„ 1,2 „ „ 2,5 „	„ 5,9 „ „ 6,3 „

H. Fleck sagt dazu: „Eine Selbstreinigung durch Oxydations-Vorgänge ist dann anzunehmen, wenn sowohl eine Abnahme der organischen Substanz, wie auch des Ammoniaks in reinem Flusswasser unter gleichzeitiger Vermehrung oder Erzeugung von salpetriger Säure oder Salpetersäure, aber nicht eine Verminderung der normalen Wasserbestandtheile (Kalk- oder Magnesia-Verbindungen) also nicht eine Verdünnung des Wassers stattgefunden hat.“

Tidy, welcher den Shannon und die Doonaas-Fälle untersuchte, fand, dass das Wasser, welches durch Torfmoorwasser stark verunreinigt war, auf einer Strecke von nur einer englischen Meile über 38 % seiner organischen Bestandtheile verlor. W. N. Hartley[1]) ist der Ansicht, dass die Selbstreinigung in diesem Falle nur zum geringen Theil auf einer Oxydation der Humussubstanz durch den im Wasser gelösten Sauerstoff beruht, da er bei Wasserproben, welche aus mehreren Flüssen einmal oberhalb und dann unterhalb bedeutender Wasserfälle geschöpft wurden, keine wesentlichen Unterschiede hinsichtlich ihres Gehalts an organischer Substanz finden konnte, wie dieses aus folgender Tabelle hervorgeht.

1 Liter enthält:		Wasser aus dem Dargle River an dem 120 m hohen Powerscourt-Fall.		Wasser aus dem Caraweystick-Fluss an den 235 m abfallenden Kaskaden bei Glenmalure.			
				Winterproben		Sommerproben	
		Oberhalb des Falles mg	Unterhalb des Falles mg	Oberhalb des Falles mg	Unterhalb des Falles mg	Oberhalb des Falles mg	Unterhalb des Falles mg
Organische Substanz	Kohlenstoff	9,46	9,44	2,85	2,87	10,60	11,70
	Stickstoff	0,72	0,77	0,24	0,23	0,54	0,53
Ammoniak		0,01	0,01	—	—	Spur	Spur
Stickstoff in Form von Nitraten und Nitriten		—	—	0,04	0,04	—	—
Chlor		4,80	8,80	15,00	16,00	13,00	14,00
Feste Bestandtheile im Ganzen		42,00	44,00	32,60	33,40	?	?

---

[1]) Chem.-Zeit. VII S. 750.

Hartley glaubt daher, dass die Abnahme an organischen Stoffen resp. die Klärung der Torfmoorwässer durch Thone bewirkt wurde; in der That fand er, dass Humuskörper durch Aluminiumsulfat, durch Aluminiumhydroxyd und durch gewisse Thone oder die sauer reagirenden wässerigen Auszüge der letzteren niedergeschlagen wurden. Bezüglich der entfärbenden Wirkung der Thone erinnert Hartley daran, dass das Wasser des Ness-Lee's, dessen Grund aus weissem und blauem Thone gebildet wird, in der Nähe der Oberfläche dunkel gefärbt, dagegen in grösserer Tiefe farblos ist. Auch führt der Ballynagappoge-Strom in seinem oberen sehr reissenden Laufe tief braungefärbtes Wasser, weiter unterhalb, nachdem er viele Thonbänke passirt hat, und die Strömung eine ruhigere geworden ist, wird das Wasser klar und farblos.

William Wallace[1]) liess Glasgower-Kanalwasser im abgesetzten resp. im mit Kalk resp. mit schwefelsaurer Thonerde gefällten Zustande nach Verdünnung mit 12 Theilen Flusswasser in offenen und verschlossenen Gefässen 5 Wochen lang stehen und verfolgte die Abnahme des Ammoniaks in demselben; er fand (grains per gallon):

Geklärt durch:	Absitzen oder Filtriren.			Zusatz von Kalk			Zusatz von schwefelsaurer Thonerde.		
	Ursprünglich	Nach 5 Wochen		Ursprünglich	Nach 5 Wochen		Ursprünglich	Nach 5 Wochen	
		offen	verschl.		offen	verschl.		offen	verschl.
Freies Ammoniak . . .	0,487	0,0024	0,0021	0,470	0,0017	0,0012	0,465	0,0011	0,0011
Organisches Ammoniak .	0,023	0,0091	0,0087	0,009	0,0056	0,0053	0,008	0,0049	0,0078
Summa	0,510	0,0115	0,0108	0,479	0,0073	0,0065	0,473	0,0060	0,0089

Die Oxydation des Ammoniaks zu salpetriger und schliesslich zu Salpetersäure erfolgt schneller bei höherer Temperatur als bei niederer. Eine am 12. August mit Kalk geklärte und mit 12 Theilen Flusswasser verdünnte Kanalwasserprobe lieferte folgende Zahlen:

	Ursp. 12. August	20. August	1. September
Freies Ammoniak . .	5,320	0,4220	0,0014
Organisches Ammoniak	0,063	0,0094	0,0070
Summa	5,383	0,4314	0,0084

Auch aus diesen Versuchen erhellt, dass das Flusswasser durch Ueberführung des Ammoniaks in salpetrige resp. Salpetersäure eine selbstreinigende Wirkung ausübt.

Fr. Hulwa erklärt nach seinen obigen und anderweitigen Versuchen den Vorgang bei der Selbstreinigung der Flüsse wie folgt:

---

[1]) The Chemical News. 1881 Vol. 43 N. 1106.

„Hauptsächlich betroffen werden davon nach Massgabe der Durchschnittsbefunde die unter Oxydirbarkeit, Ammoniak und Albuminoid-Ammoniak aufgeführten Zahlenwerthe. Die Untersuchung constatirt hier eine mit der Länge des Stromlaufs korrespondirende stetige Verminderung dieser Factoren, welche nach den Erfahrungen der Chemie kaum anders, als durch eine langsame aber beständig wirkende Oxydation durch den Sauerstoff der Luft erklärt werden kann. Der Untersuchende hat sich indessen nicht damit begnügt, zur Erklärung der Selbstreinigung diese Möglichkeit heranzuziehen; er hat vielmehr nach einem positiven Beweise dafür gesucht und diesen durch eine Versuchsreihe gefunden, deren Ergebnisse bei den zuletzt angestellten Untersuchungen verzeichnet sind. Auf Grund der Erwägung, dass dieselben Veränderungen, welche das Wasser im Stromlaufe erfährt, wenn dieselben von einer Oxydation herrühren, auch annähernd eintreten müssen beim längeren Stehen der Wässer unter Zutritt der Luft, wurden jene Wässer in ihren Ballons locker verstöpselt während zweier Monate sich selbst überlassen und alsdann von neuem auf ihre Oxydirbarkeit geprüft. Die Wässer hatten in der That sämmtlich an ihrer Oxydirbarkeit nicht unerheblich eingebüsst und diese Erscheinung war nunmehr die Veranlassung dazu, bei der darauf folgenden letzten Analysenreihe die Prüfung nach längerem Stehen auch auf die anderen leicht veränderlichen Factoren auszudehnen. Hierbei ergab sich das bemerkenswerthe Resultat, dass Oxydirbarkeit sowohl, wie Ammoniak, Albuminoid-Ammoniak in ganz erheblichem Masse zurückgegangen waren bei gleichzeitiger Vermehrung der Salpetersäure. Während also auf der einen Seite die Oxydation der organischen Substanzen und der als Fäulnissproducte bekannten anorganischen Stoffe ganz analog derjenigen im Flusse selbst verlaufen war, bot sich in der Zunahme des Salpetersäure-Gehalts ein auffallender Gegensatz zu den im Stromlaufe beobachteten Verhältnissen dar. Weder bei Masselwitz, noch bei Dyherrnfurth konnten irgend welche erheblichere Mehrgehalte an Salpetersäure verglichen mit dem oberhalb dieser Orte geschöpften Wasser aufgefunden werden. Es muss also der vorher als Ammoniak und Albuminoid-Ammoniak im Wasser vorgefundene Stickstoff zweifellos nach einer anderen Richtung hin verschwinden. Wahrscheinlich, dass das niedere und höhere vegetabilische und animalische Leben im Strome hierbei von gewisser Bedeutung sind, indem diese Lebensprocesse entweder nach vorhergängiger Oxydation, oder auch ohne dieselbe jene Stickstoffverbindungen absorbiren und in Formen überführen, welche der analytischen Bestimmung entgehen; möglich auch andererseits, dass entweder während des vegetativen Processes, oder beim Aufhören desselben durch die übrigbleibende organische Materie eine stetige Reduction von bereits oxydirten Stickstoffverbindungen zu elementarem Stickstoff erfolgt.

Bei der Frage nach der Selbstreinigung des Flusses und der dadurch herbeigeführten Aufbesserung des Wassers spielen indess nicht sowohl Ammoniak oder Albuminoid-Ammoniak, sondern vielmehr die organischen Substanzen überhaupt eine wesentliche Rolle. Es kann nach den bereits erwähnten Versuchen nun kaum einem Zweifel unterliegen, dass diese während ihres Aufenthaltes im Flusslaufe eine langsame und beständige Oxydation erleiden, jedoch nicht in dem Sinne, dass sie gänzlich verschwinden; denn die Arbeiten Frankland's haben evident gezeigt, dass der organische Kohlenstoffgehalt der Wässer dabei sich nur im geringen Grade vermindert, die Oxydation des organischen Kohlenstoffs also nicht bis zur Bildung der Kohlensäure fortzuschreiten scheint.

Indessen scheint in diesem letzteren Umstande gar nicht der Schwerpunkt der in Rede stehenden Frage zu liegen, da man wohl mit Recht behaupten darf, dass bei dem Oxydationsvorgange die organischen Substanzen im Wasser in der Regel eine so tiefgreifende Veränderung erfahren, dass auch ihr physiologischer Charakter sich dementsprechend verändern muss, d. h. unschädlicher wird. Vornehmlich nach dieser Richtung dürfte der Ruf des Wassers als bestes Desinfectionsmittel begründet sein.

Von einer Reihe von Fäulnissorganismen im Wasser wenigstens wissen wir, dass für sie eine irgendwie weitergreifende Oxydation nur mit dem Erlöschen der Lebensfunctionen verbunden ist. Freilich kann uns die chemische Analyse darüber keinen Aufschluss gewähren, in wieweit die Organismen oder nicht vielmehr die gelösten organischen Substanzen eine derartige Oxydation erlitten haben. Hier tritt die mikroskopische Prüfung helfend und ergänzend ein; sie zeigt uns, dass in der That eine Reihe der für am verdächtigsten gehaltenen Organismen durch die Selbstreinigung des Flusses verschwinden.

Wenn nach dem Gesagten daran festgehalten werden muss, dass eine Selbstreinigung des Flusswassers in dem angedeuteten Sinne wirklich existirt, so haben anderseits die an einer Anzahl englischer, in überaus hohem Grade verunreinigter Flüsse gemachten Erfahrungen zur Genüge erwiesen, dass es unter Umständen mehr oder weniger wohl auch in Folge des Vorhandenseins von, die Oxydations-Vorgänge und das Leben der Organismen feindlich beeinflussenden Abwässern aus chemischen Fabriken eine gewisse Grenze der Verunreinigung von Flusswasser giebt, bei welcher die Selbstreinigung nicht mehr im Stande ist, die fäulnissfähigen und fäulnisserregenden Stoffe zu beseitigen oder durchgreifend zu verändern, wo vielmehr Fäulnissprocesse stetig die Oberhand behalten und das Wasser völlig untauglich zum Genusse machen, so dass selbst die ausgedehnteste Filtration ihre sonst so augenfälligen Dienste versagt."

Die geringe Verunreinigung der Flüsse der Isar, der Elbe und der Oder durch die Abgangwässer von München, Dresden und Breslau kann nicht als Norm für alle Fälle aufgestellt werden; denn, wenn auch noch andere an grösseren Flüssen gelegene Städte in derselben günstigen Lage sind, wie die drei genannten, so giebt es doch ebenso zahlreiche andere Fälle, wo die öffentlichen Wasserläufe durch die Aufnahme von städtischen Abgangwässern in hohem Grade verunreinigt werden. Dieses ist besonders für England von der englischen Commission nachgewiesen und durch zahlreiche Analysen belegt. Ich lasse nachstehend unter No. 1 bis 3 drei derartige Beleg-Analysen[1]) folgen, indem ich die von F. Fischer für die Leine durch die Abflüsse von Hannover und die von mir für die Emscher durch die Abflüsse von Dortmund hinzufüge:

	Suspendirte Stoffe		Gelöste Stoffe							
	Unorganische	Organische	Gesammtmenge	Organ. Kohlenstoff	Organ. Stickstoff	Ammoniak	Gesammtstickstoff	Nitrate und Nitrite	Chlor	Arsen
	mg	mg	mg	mg	mg	mg	mg	mg	mg	mg
1. Irwel in England nahe an seinem Ursprung am 12. Juni 1869	0	0	78,0	1,87	0,25	0,04	0,49	0,21	11,5	0
Desgl. nach Aufnahme der Abgangwässer von Manchester .	20,6	21,0	508,0	18,92	2,64	3,71	7,46	1,77	87,3	0,22

---

[1]) Der Bradford-Beck (folgende Seite) nimmt auf die Auswurfstoffe von 140000 Personen, die Abwässer von 168 Wollfabriken, 94 Tuchfabriken, 10 Kattunfabriken, 35 Färbereien, 7 Gelatinefabriken, 10 chemischen Fabriken, 3 Gerbereien und 3 Fettextractionsfabriken.

	Suspendirte Stoffe		Gelöste Stoffe							
	Unorganische	Organische	Gesammtmenge	Organ. Kohlenstoff	Organ. Stickstoff	Ammoniak	Gesammtstickstoff	Nitrate und Nitrite	Chlor	Arsen
	mg	mg	mg	mg	mg	mg	mg	mg	mg	mg
2. Bradford-Beck oberhalb Bradford am 5. October 1869 bei 13,8° Temp.	Spur	Spur	440,0	3,49	0,81	1,05	4,35	2,68	18,7	0
Desgl. unterhalb Bradford, 30,5° Temp.	159,5	360,5	755,0	40,24	3,92	12,20	13,97	0	54,5	0,02
3. Die Themse bei Hampton am 4. Mai 1868	Spur	Spur	279,0	2,60	0,24	0	2,20	1,96	14,80	—
Desgl. an der Londoner Brücke am 2. April 1869	50,4	3,6	344,0	3,04	0,34	1,20	3,00	1,67	18,3	—
4. Leine oberhalb Hannover am 30. September 1872	—	—	—	15,2 (Organ. Stoffe)	—	0	—	3,8	10,1	129,7 (Schwefelsäure)
Desgl. unterhalb Hannover	—	—	—	26,4	—	Spur	—	5,6	108,7	137,2
5. Emscher vor Aufnahme der Abgangwässer aus Dortmund 12. Juni 1875			1102,4	47,4	Spur	Spur	—	—	104,5	179,0
Desgl. nach Aufnahme derselben			1493,2	184,6	6,9	4,7	—	—	384,1	388,2

Eine gleiche Verunreinigung wurde früher für die Seine durch die Abgänge von Paris constatirt; die Seine nahm bis Ende der sechsziger Jahre pro Sec. etwa 3 cbm Schmutzwasser aus der Stadt Paris auf, während sie selbst bei niedrigem Wasserstande nur 45 cbm pro Sec. führt. Das Wasser der Seine nahm dadurch einen Gehalt von 7,3 mg organ. gebundenem Stickstoff an, enthielt nur mehr 1 ccm gelösten Sauerstoff, während das nicht verunreinigte Seinewasser 10,4 ccm Sauerstoff hatte. In derselben sammelten sich grosse Schlammmassen an, die in Fäulniss übergingen und mitunter grosse Blasen aufwarfen von folgender Zusammensetzung:

Sumpfgas	72,88 %
Kohlensäure	12,30 %
Kohlenoxyd	2,54 %
Schwefelwasserstoff	6,70 %
Verschiedene andere Gase	5,58 %

Dass Bäche und Flüsse mit solchen Mengen fäulnisshaltiger und fäulnissfähiger Stoffe, wie Irwel, Bradford-Beck, Themse, Seine und Emscher für die unterhalb liegenden Ortschaften und Anwohner grosse Unzuträglichkeiten und Nachtheile mit sich bringen müssen, braucht kaum hervorgehoben zu werden. Thatsächlich verbreitet die Emscher im Sommer bei Castrop und Mengede einen solchen unangenehmen Geruch, dass sie schon seit Jahren Gegenstand der Beschwerde bildet. In früheren Zeiten, wo

Dortmund kaum $^1/_3$ der jetzigen Bevölkerung hatte, reichte die Menge des Wassers und die Stromgeschwindigkeit hin, die Abwässer der Stadt Dortmund ohne Wahrnehmung schädlicher Einflüsse mit fortzuführen, jetzt aber, wo die Bevölkerung auf ca. 70000 gestiegen ist und wo auch ca. 45 Bierbrauereien ihr Abgangwässer in die Emscher schicken, werden die Verhältnisse, besonders im Sommer, für die unterhalb liegenden Ortschaften unerträglich.

Schädliche Wirkungen der städtischen Abgangwässer.

Bezüglich der sonstigen schädlichen Wirkungen der auf solche Weise verunreinigten Bäche und Flüsse nach verschiedenen Seiten hin, verweise ich auf die im Eingange dieses Capitels S. 30—52 gebrachten Ausführungen.

Schädliche Wirkungen.

Reinigung der städtischen Abgangwässer.

Was die Reinigung der städtischen Abgangwässer anbelangt, so wird, wie schon oben bemerkt, immer dringender seitens der Landwirthschaft darauf hingewiesen, wie nothwendig und wichtig für den nationalen Wohlstand es ist, dass die in den Wässern enthaltenen Pflanzennährstoffe, welche mehr oder weniger dem heimischen Boden entstammen, demselben auch wieder zugeführt werden, dass demnach bei der Reinigungsweise in erster Linie der landwirthschaftliche Benutzungszweck Berücksichtigung verdiene. So gerecht diese Forderung an sich ist, so lässt sich andererseits doch wiederum nicht verkennen, dass die Städte nur ein Interesse daran haben, die Unrathstoffe auf die möglichst bequemste und billigste Weise los zu werden. Es kann hier nicht meine Aufgabe sein, auf das Für und Wider dieser beiden sich entgegenstehenden Strömungen einzugehen, wie ebensowenig mich auf die Polemik einzulassen, welche in den letzten Jahren über Schwemmkanalisation, Berieselung oder Abfuhr geführt worden ist; ich muss vielmehr diejenigen, welche sich eingehender über diese Fragen informiren wollen, auf die vorzüglichen Schriften, nämlich: „Die menschlichen Abfallstoffe, ihre praktische Beseitigung etc." von Ferd. Fischer, Braunschweig 1882, „Die Verwerthung der städtischen und Industrie-Abfallstoffe" von demselben Verfasser, Leipzig 1875, ferner „Die menschlichen Excremente" von E. Heiden, Hannover 1882, „Officielle Berichte über die Reinigung und Entwässerung von Berlin" (Verlag von Aug. Hirschwald in Berlin); „Ueber den gegenwärtigen Stand der Städtereinigungs- und Wasserbeschaffungsfrage" von Alex. Müller, „Die Spüljauchenrieselung bei Paris" von demselben, beide Abhandlungen in Landw. Versuchsstationen, Bd. 16 S. 241 und Bd. 23 S. 13, und besonders „Die Verwerthung der städtischen Fäkalien" von Ed. Heiden, Alex. Müller und K. v. Langsdorff. Hannover 1885 und speciell für die

Technik der Berieselung mit städtischen Abflusswässern auf die Schriften: „Die Technik der Berieselung mit städtischem Kanalwasser" von Dünkelberg. Bonn 1876, „Die Kanalwasserbewässerung in England", von Fegebeutel. Danzig 1870, „Die Kanalwasserbewässerung in Deutschland", von demselben Verfasser, Danzig 1874, „Beiträge zur Spüljauchen-Rieselkunde" von Georg H. Gerson (Thiel's landw. Jahrbücher 1883. S. 227 etc. etc. verweisen.

Ich kann mich hier nur darauf beschränken, in kurzer Uebersicht zu zeigen, inwieweit durch die einzelnen Reinigungsverfahren eine chemische Reinigung der städtischen Abgangwässer ermöglicht ist.

I. Die Berieselung.

Die Berieselung mit städtischem Kanalwasser ist am ausgedehntesten in England in Anwendung. Die schon erwähnte englische Commission (bestehend aus Denison, Frankland, John und Morton) hat über die Art und Weise der Reinigung umfangreiche Untersuchungen angestellt, aus deren Resultaten ich folgende hervorheben will:

Reinigung durch Berieselung

(Vgl. Tabelle S. 111.)

In Procenten der aufgerieselten Mengen sind daher durch die Berieselung verschwunden:

Bodenart:	Von den suspendirten organischen Stoffen %	Von den gelösten Stoffen			
		Im ganzen %	Organischer Kohlenstoff %	Organischer Stickstoff %	Ammoniak %
1. Rugby, sandiger Boden mit thonigem Untergrund	96,0	(+) 29,6	72,3	90,3	92,2
2. Warwick, dichter Thonboden . .	100	1,2	71,7	89,6	65,6
3. Nordwood, tiefer Thonboden . .	100	29,4	65,0	92,0	89,2
4. Penrith, drainirter, sandiger Lehmboden	100	59,1	75,0	94,3	100
5. Aldersshot, steriler Sandboden .	93,7	60,1	80,9	93,5	94,5
6. Groydon, Kiesboden	100	6,3	67,4	94,0	80,0

Aehnliche Resultate erhielten Reinh. Klopsch[1] auf dem Breslauer Rieselfelde und E. Salkowsky[2] auf dem Berliner Rieselfelde; 1 l der natürlichen Spüljauche und des abrieselnden Drainwassers ergab im Mittel von mehreren Analysen:

---

[1] Preuss. landw. Jahrbücher 1885 S. 109.
[2] Wochenschr. der Ver. d. Ing. 1883 S. 261.

Ort wo?	Kanal-wasser von Anzahl Einwohner (circa)	Grösse der berieselten Fläche und Bodenart (ha)	Auf-rieselnde Wasser-menge pro Tag (cbm)	Be-wachsen mit	Datum der Untersuchung	Berieselung (vor und nach der)	Suspendirt Organische Stoffe (mg)	Unorganische Stoffe (mg)	Gelöst Ge-sammt-Gehalt (mg)	Organischer Kohlenstoff (mg)	Organischer Stickstoff (mg)	Ammoniak (mg)	Stickstoff in Form von Nitraten oder Nitriten (mg)	Ge-sammt-Stickstoff (mg)	Chlor (mg)
1. Rugby	8000	26 ha (sandiger Boden, thoniger Untergrund)	900	Italien. Raygras	13. Juli	vor	89,6	34,8	526	55,05	23,22	72,76	0	83,14	82,5
						nach	3,6	8,8	682	15,26	1,64	4,20	0	5,10	105,5
						Ab- oder Zunahme	86,0	26,0	(+)156	39,79	21,58	68,56	0	78,04	(+)23
2. Warwick	9000	40 ha (dichter Thonboden)	2700	Raygras	14. Juli	vor	33,6	26,4	669	51,33	16,80	24,39	0	36,89	63,0
						nach	Spur	Spur	661	14,54	1,75	8,39	1,37	10,03	81,5
						Ab- oder Zunahme	33,6	26,4	8	36,79	15,05	16,00	(+)1,37	26,86	(+)18,5
3. Nordwood	4000	12 ha (tiefer Thonboden)	?	do.	12. März	vor	149,6	40,8	1178	54,07	22,94	89,70	0	96,81	88,7
						nach	Spur	Spur	831	12,94	1,84	9,65	3,81	13,60	88,7
						Ab- oder Zunahme	149,6	40,8	347	41,13	21,10	80,05	(+)3,81	83,21	0,0
4. Penrith	8000	ha? (drainirter sandiger Lehmboden)	?	Gras	24. Sept.	vor	118,8	58,8	535	51,11	18,99	103,95	0	104,6	—
						nach	0	0	219	3,20	1,08	0,01	0	1,09	26,8
						Ab- oder Zunahme	118,8	58,8	316	47,91	17,91	103,94	0	102,51	?
5. Aldersshot	7000	33 ha (steriler Sandboden)[1]	700	Gras und Gemüse	16. Juli	vor	142,8	67,2	466	58,78	20,52	90,25	0	94,84	94,5
						nach	6,6	6,8	186	6,65	1,32	4,88	11,52	16,84	35,5
						Ab- oder Zunahme	136,2	60,4	280	52,13	19,20	85,37	(+)11,52	78,00	59,0
6. Croydon	30—40000	100 ha (Kiesboden)[2]	20000	do.	30. Decbr.	vor	108,8	35,2	480	28,82	12,69	27,00	0	34,93	43,0
						nach	Spur	Spur	450	7,72	0,76	5,30	6,78	11,90	29,5
						Ab- oder Zunahme	108,8	35,2	30	21,10	11,93	21,70	(+)6,78	23,03	13,5

[1] Mit 95% Quarz, 3% Eisenoxyd und 2% organischer Substanz.
[2] Seit 8 Jahren berieselt.

	Breslauer Rieselfeld		Berliner Rieselfeld	
	Spüljauche mg	Drainwasser mg	Spüljauche mg	Drainwasser mg
Eindampf-Rückstand	1161,5	561,5	850,0	847,9
Glührückstand	650,6	461,4	562,4	732,9
Glühverlust	510,9	100,1	292,1	109,9
Stickstoff als { Ammoniak	56,6	3,0	77,3	2,9
Albuminoid-Ammoniak	38,0	0,8	9,4	0,5
Salpetersäure	0,0	24,8	Spur	28,2
Salpetrige Säure	0,0	1,8		
Gesammt-Stickstoff	94,6	30,5	87,3	31,6
Zur Oxydation der organischen Substanz verbrauchter Sauerstoff	—	29,4	50,9	4,1
Schwefelsäure-Anhydrid	67,4	80,8	27,1	81,8
Chlor	130,7	97,3	167,5	145,6
Phosphorsäure-Anhydrid . . . ·	23,1	Spur	18,5	Spur
Kali	60,4	15,8	79,6	21,1
Natron	115,6	95,6	142,7	170,1
Kalk	77,8	102,7	107,5	167,8
Magnesia	21,8	19,1	20,8	21,5
Eisenoxydul	4,328	0,901	—	—
Kohlensäure	—	286,5	—	—

Aus diesen Untersuchungen sehen wir, dass aus dem Wasser beim Berieseln am vollkommensten die suspendirten Stoffe auf oder in den Boden niedergeschlagen werden, dass die Abnahme an gelösten Stoffen eine viel geringere ist, ja mitunter sogar eine Zunahme statthat. Auch Ammoniak geht zum geringen Theil und nach zwei der vorstehenden Untersuchungen der englischen Commission in nicht unwesentlicher Menge (zu $^1/_3$ und $^1/_5$) in das abrieselnde Wasser über; ein grosser Theil desselben wird durchweg in Salpetersäure übergeführt und erscheint als solche im Abrieselwasser.

Für gewöhnlich pflegt man anzunehmen, dass die reinigende Wirkung bei der Berieselung in erster Linie auf einer Absorption der Stoffe durch den Boden beruht. Diese Annahme ist aber, nach vielfachen hiesigen Versuchen[1]), wie wir gleich sehen werden, nicht richtig.

Wie ich schon oben hervorgehoben habe, beruht eine Hauptwirkung der Berieselung auch darauf, dass dem fauligen Wasser neben der Entziehung der Fäulnissstoffe durch Oxydation wieder freier Sauerstoff zugeführt wird. Weil hierüber die obigen Untersuchungen keinen Aufschluss geben, so habe ich, um dieses festzustellen, Versuche im kleinen ausgeführt. Ein mit Sand und feinsandigem Lehmboden gefüllter, sowie mit Gras bestan-

---

[1]) Vergl. Landw. Jahrbücher 1877 S. 287, 1879 S. 505 und 1882 S. 151.

dener Rieselkasten von 2,52 m Länge, 1 m Breite und 1,57 m Tiefe wurde einmal mit reinem Leitungswasser, dann mit solchem, dem Abort-Jauche zugesetzt war, berieselt und das auf- und abfliessende Wasser einer vergleichenden Untersuchung unterworfen. Die Mengen des auf- und abfliessenden Wassers entsprachen den bei der Wiesenberieselung mit reinem Bachwasser üblichen Quantitäten.

Die Versuche wurden ausgeführt:

1. Reihe vom 24.—26. Mai 1882 bei 16,5 — 17,4° C. mittlerer Lufttemperatur
2. „ „ 17.—19. Aug. „ „ 15,3 — 18,2° C. „ „
3. „ „ 28.—29. Nov. „ „ 0,7 — 2,6° C. „ „

Am ersten Tage in jeder Reihe wurde mit reinem Leitungswasser, am zweiten unter Zusatz von Jauche, am dritten wieder mit reinem Leitungswasser gerieselt.

Die aufgeleiteten Wassermengen, die Temperatur des Wassers etc. erhellen aus folgenden Zahlen:

Datum:	Temperatur der Luft	Wassermengen pro 1 Minute				Abnahme an Wasser		Temperatur des Wassers	
		Auffliessendes Wasser	Abfliessendes Wasser			Im ganzen	In Procent	Auffliessendes	Abfliessendes
			Oberirdisch	Drainage	In Summa				
	° C.	ccm	ccm	ccm	ccm	ccm	%	° C.	° C.
24. Mai	16,5	718,2	656,4	21,0	677,4	40,8	5,68	17,0	19,4
25. „	17,8	693,6	623,4	20,3	643,7	49,9	7,19	19,0	20,0
26. „	17,4	649,6	576,6	17,9	594,5	55,1	8,51	18,4	20,2
18. August	17,0	657,6	531,6	—	531,6	126,0	19,16	17,0	21,2
19. „	18,2	720,0	606,6	25,0	631,6	88,4	12,28	19,6	21,7

In den Versuchen am 28. und 29. November konnten die Wassermengen nicht ermittelt werden, weil der Kasten undicht geworden war; indess können dieselben nach ganz gleichen Versuchen im Vorjahre 1881 ziemlich annähernd auf 640 ccm für auffliessendes und 620 ccm für abfliessendes Wasser geschätzt werden.

Die Resultate im Mittel[1]) der drei Versuchsreihen sind folgende:

---

[1]) Ueber die in den einzelnen Reihen enthaltenen Resultate vgl. Landw. Jahrbücher 1885 S. 228.

1 Liter enthält in Milligr.	Vor der Düngerzufuhr			Während der Düngerzufuhr			Nach der Düngerzufuhr		
	Auffliessendes Wasser	Abfliessendes Wasser		Auffliessendes Wasser	Abfliessendes Wasser		Auffliessendes Wasser	Abfliessendes Wasser	
		Oberirdisch	Drainage		Oberirdisch	Drainage		Oberirdisch	Drainage
Organische Stoffe¹) . mg	41,5	62,0	75,8	1627,4	1361,8	—	38,7	94,8	402,9
Sauerstoff . . . . ccm	4,9	5,3	4,4	2,9	4,7	4,6	6,3	5,8	4,8
Kohlensäure . . . mg	130,6	132,1	204,8	489,9	491,2	204,6	115,6	130,4	232,5
Kalk . . . . . . „	106,4	107,5	131,3	101,8	116,1	124,9	103,1	96,2	125,0
Magnesia . . . . „	13,4	13,1	11,9	16,5	15,0	12,1	13,8	13,1	13,5
Kali . . . . . . „	10,5	9,5	9,3	59,1	59,4	7,4	12,4	15,3	14,6
Natron . . . . . „	24,7	20,0	45,8	95,2	106,8	28,7	40,6	44,0	37,8
Chlor . . . . . . „	24,9	26,2	28,7	140,9	128,6	28,7	24,8	28,3	44,6
Salpetersäure . . . „	44,3	34,6	11,7	Nicht bestimmt			37,3	33,2	11,3
Schwefelsäure . . . „	46,0	45,6	62,4	62,7	61,7	61,4	44,0	37,1	57,5
Suspendirte unorganische Stoffe (Eisenoxyd, Thon etc.) . . . . „	6,9	8,7	16,8	31,7	27,3	16,0	5,1	8,7	16,9
Stickstoff in Form von Ammoniak „	0	0	0	134,0	112,3	0	0	1,2	0
Org. gebundener Stickstoff „	0	0	0	30,9	25,2	0	0	0	0
Phosphorsäure . . . „	0	0	0	42,5	32,2	0	0	0	0

Für die Frage der Reinigung derartiger Schmutzwässer durch die Rieselung haben vorwiegend nur die Bestandtheile: Organische Stoffe, Ammoniak, organisch gebundener Stickstoff und Phosphorsäure Interesse; die Grösse der Abnahme dieser Stoffe durch die Berieselung stellt sich wie folgt:

	1. Für gleiches Volumen Wasser				2. Für die wirklich auf- und abfliessenden Wassermengen			
	Organische Stoffe mg	Ammoniak mg	Organisch gebundener Stickstoff mg	Phosphorsäure mg	Organische Stoffe mg	Ammoniak mg	Organisch gebundener Stickstoff mg	Phosphorsäure mg
1. Am 25. Mai 1882								
Auffliessend	—	136,4	27,2	79,2	—	94,9	18,9	54,9
Abfliessend	—	119,4	21,3	30,9	—	76,9	13,7	19,9
Abnahme mg	—	17,0	5,9	48,3	—	18,0	5,2	35,0
do. %	—	12,4	21,7	60,9	—	18,9	27,5	63,7

¹) d. h. durch Chamäleon oxydirbare organische Stoffe.

	1. Für gleiches Volumen Wasser				2. Für die wirklich auf- und abfliessenden Wassermengen			
	Organische Stoffe	Ammoniak	Organisch gebundener Stickstoff	Phosphorsäure	Organische Stoffe	Ammoniak	Organisch gebundener Stickstoff	Phosphorsäure
	mg	mg	mg	mg	mg	mg	mg	mg
2. Am 18. Aug. 1882								
Auffliessend	2227,8	129,4	43,8	28,4	1465,0	85,1	28,8	18,7
Abfliessend	1785,4	106,0	37,6	23,2	949,1	56,3	20,0	12,3
Abnahme mg	443,4	23,4	6,2	5,2	515,9	28,8	8,8	6,4
do. %	19,9	18,1	14,2	18,3	35,2	33,8	30,5	34,2
3. Am 29. Nov. 1882								
Auffliessend	1027,0	136,3	21,8	19,8	657,2	87,2	13,9	12,7
Abfliessend	940,1	111,4	16,6	12,4	582,8	69,1	10,3	7,9
Abnahme mg	86,9	24,9	5,2	7,4	64,4	18,1	3,6	4,8
do. %	8,4	18,5	23,8	37,3	9,8	20,7	25,9	38,1

Diese Versuche zeigen zunächst, dass in einem reinen Wasser, wenn demselben fauliges Jauchewasser zugesetzt wird, der Sauerstoff rasch und erheblich ab-, dagegen durch Berieselung in demselben wiederum zunimmt. Gleichzeitig nehmen die gelösten organischen Fäulnissstoffe bei der üblichen Berieselungsweise um $^1/_{10}$—$^1/_3$ ab, indem sie theils vom Boden absorbirt, theils oxydirt werden. Dasselbe gilt von dem Ammoniak und dem organisch gebundenen Stickstoff.

Im übrigen ersieht man, dass ein fauliges Wasser, wenn es in einer bei der gewöhnlichen Wiesen-Berieselung üblichen Menge aufgeleitet wird, bei einmaliger Benutzung nur höchstens $^3/_5$ seiner Fäulnissstoffe verliert, dass in solchen Fällen wenigstens eine wiederholte (3—5 malige) Wiederbenutzung stattfinden muss, um es thunlichst völlig zu reinigen.

Bei der Spüljauchen-Rieselung, welche die Entfernung auch der gesammten Abortstoffe bezweckt, wird mit viel geringeren Wassermengen und auf durchlässigem, drainirtem Boden gerieselt, in Folge dessen die Reinigung des Wassers eine viel höhere ist; indess zeigen die vorstehenden Versuche, dass auch auf diese Weise durchschnittlich eine ganz vollständige Reinigung des Wassers von den Fäulnissstoffen nicht erzielt wird.

Selbstverständlich ist die reinigende und oxydirende Wirkung des Bodens für die Berieselung mit derartigen Wässern keine unbegrenzte. Wenn schon eine Hauptwirkung der Berieselung mit gewöhnlichem, reinem Brunnen- resp. Bachwasser bei Wiesen nach hiesigen Versuchen darauf beruht, dass der im Wasser gelöste Sauerstoff die im Boden sich bildenden Reductionsproducte oxydirt und den Boden vor Versauerung schützt, so ist für ein Wasser, welches keinen oder nur wenig Sauerstoff und nur reducirte Fäulnissproducte resp. viel organische Stoffe enthält, von selbst einleuchtend, dass man einen Boden nicht fort und fort mit solchem Wasser berieseln kann, dass man ihm vielmehr nach einer Anfeuchtung mit dem fauligen Wasser Zeit geben muss, diese zu verarbeiten und zu oxydiren. Aus dem Grunde sind einerseits nur sehr durchlässige und luftige Bodenarten für dieses Reinigungsverfahren geeignet und muss die oxydirende Wirkung in zweckentsprechender Weise durch Drainage unterstützt werden, andererseits auch muss die Gesammtbodenfläche in einem zweckentsprechenden Verhältniss zu dem zu verarbeitenden Kanalwasser stehen.

Bei einer sehr guten Ernte werden durch die auf den Rieselfeldern angebauten Kulturpflanzen nach E. Heiden[1]) dem Boden pro 1 ha in runder Summe entzogen:

	Stick-stoff	Phos-phor-säure	Kali	Kalk	Magne-sia	Schwe-felsäure	Chlor
	kg	kg	kg	kg	kg	kg	kg
Italien. Raygras[2])	326,0	124,0	344,0	86,0	26,0	46,0	90,1
Runkelrüben	244,0	117,4	485,6	96,0	90,8	51,0	202,0
Möhren	140,0	69,7	200,8	89,2	29,3	32,0	140,0
Sommerraps	37,6	26,9	46,6	47,2	12,6	7,9	9,0
Winterraps	86,0	61,8	91,6	91,0	26,8	14,6	19,0
Oder im Mittel	166,7	79,9	233,9	81,9	37,1	30,3	92,0
Mittleres Verhältniss zu einander, wenn Stickstoff = 100	100 :	48 :	140 :	49 :	22 :	18 :	55
In dem städtischen Kanalwasser aber ist das Verhältniss	100 :	26 :	45 :	120 :	25 :	30 :	125

Nach obigen Zusammenstellungen werden im Durchschnitt pro Kopf der Bevölkerung in den Excrementen 5,2 kg Stickstoff abgegeben; oder wenn man pro Tag und Kopf der Bevölkerung 150 Liter Spülwasser, also pro Jahr 60 cbm rechnet und im Mittel 80 mg Stickstoff in der Spüljauche annimmt, woraus sich pro Jahr 4,80 kg Stickstoff berechnen, so reichen die Excremente und Spülwässer von rund 60 Kopf der Bevölkerung hin, um die höchste dem Boden durch die Ernte entzogene Menge Stickstoff pro 1 ha zu liefern und zu ersetzen; dadurch wird aber die höchste erforderliche Menge Phosphorsäure nur zu gut $\frac{1}{2}$, die an Kali zu kaum $\frac{1}{3}$ gedeckt; oder wenn zur Deckung der nöthigen Menge Stickstoff die Excremente von 60 Kopf der Bevölkerung erforderlich sind, hat man zur Deckung der er-

---

[1]) E. Heiden: Die menschlichen Excremente etc. Hannover 1882 S. 39.
[2]) Auf den Berliner Rieselfeldern wurden in den Jahren 1877—1883 auf einzelnen Rieselflächen im Durchschnitt 201 Ctr. Heu von ital. Raygras pro 1 Jahr geerntet.

forderlichen Phosphorsäure die von etwa 110 und für Kali die von ca. 180 bis 200 Kopf der Bevölkerung nöthig.

Hieraus erhellt, dass die städtische Spüljauche mit Abortinhalt eine volle Nährstofflösung für die Pflanzen nicht bildet. Würde man dem Boden nur soviel Spüljauche zuleiten, um den Stickstoffbedarf zu decken, so müsste man gleichzeitig noch durch künstliche Düngemittel Phosphorsäure und Kali zuführen. Rechnet man aber pro 1 ha soviel Spüljauche, dass auch der Bedarf an Kali und Phosphorsäure gedeckt wird, so führt man einen Ueberschuss von Stickstoff zu, der nicht mehr vom Boden resp. von den Pflanzen verarbeitet werden kann, sondern, sei es als organisch gebundener Stickstoff, sei es als Ammoniak, sei es als salpetrige und Salpetersäure im Boden verbleibt oder aber ins Grundwasser übergeht. Dazu kommt, dass durch eine übermässige Gabe von Spüljauche die Qualität der producirten Pflanzen verschlechtert wird; Rüben enthalten weniger Zucker als die von gewöhnlichen Aeckern, ferner auch junges Gras mitunter soviel Salpeter, dass die Trockensubstanz beim Verkohlen, wie Alex. Müller erwähnt, stellenweise verzischt, wie Feuerschwamm.

In Wirklichkeit entfällt bei den bisjetzigen Rieselanlagen auf 1 ha eine weit grössere Kopfzahl als die eigentlich zulässige von 60—80 Personen; so kommen auf 1 ha die Abgänge:

In Berlin	von	. . ca.	270	Einwohnern
„ Edinburgh	„	. . „	870	„
„ Aldershotlager	„	. . „	212	„
„ Penrith	„	. . „	250	„
„ Rugby	„	. . „	307	„
„ Bauburg	„	. . „	204	„
„ Warwick	„	. . „	238	„
„ Bedford	„	. . „	750	„
„ Noorwood	„	. . „	333	„
„ Croydon	„	. . „	300	„

In den Abgängen von 200 Einwohnern haben wir 960 kg Stickstoff, also eine Menge pro 1 ha, welche der Boden auf die Dauer unmöglich verarbeiten kann. Thatsächlich fand Alex. Müller[1]), dass bei einer starken Staufiltrirung das Grundwasser fast ebensoviel (100 mg pro 1) Ammoniak und Kali (40 mg pro 1) enthielt, als die Spüljauche; bei einer schnell filtrirten Spüljauche gingen von 26 mg Phosphorsäure 2,5 mg ins Grundwasser über.

Fast allgemein ist man der Ansicht, dass die Reinigung der Spüljauche vorwiegend auf der Absorption der Bestandtheile derselben durch den Boden beruht. Dieses ist jedoch für die gelösten Stoffe nur in untergeordneter Weise der Fall. Auf Grund mehrjähriger Versuche mit

---

[1]) Landw. Versuchsstationen Bd. 16 S. 254.

reinem Bachwasser zur Berieselung haben wir nämlich gefunden, dass z. B. Salpetersäure ebenso stark abnimmt, als die absorptionsfähigen Basen (Kali, Ammoniak etc.) resp. Säuren wie Phosphorsäure, dass die Abnahme von gelösten Mineralstoffen in der wärmeren Jahreszeit bei lebhafter Crescenz eine stärkere ist, als im Winter, wenn die Vegetation ruht, dass in letzterem Falle sogar ein Auswaschen von Bodennährstoffen statthaben kann, und endlich, dass die Abnahme an gelösten Mineralstoffen im Rieselwasser bei einem mageren Boden eine grössere ist als bei einem an Pflanzennähr-stoffen reicheren Boden.

1. So wurde z. B. bei einem **mageren** Sandboden (in der Boker-Haide in Westf.) im Mittel einer Anzahl einzelner Versuche für die **Summe** an **gelösten** Mineralstoffen (nämlich Kalk, Magnesia, Kali, Natron, Schwefelsäure, Salpetersäure und Chlor unter Abzug einer dem letzteren äquivalenten Menge Sauerstoff) pro 1 l Wasser gefunden:

	Herbst	Frühjahr		Sommer	
	November	28/2—1/3	3/5—4/5	31/7—1/8	29/7
	1867	1 8 7 6		1876	1875
	mg	mg	mg	mg	mg
1. Unbenutztes aufrieselndes Wasser	205,2	185,2	251,1	336,3	429,6
2. Abrieselndes 3—4 mal benutztes Wasser	185,3	177,6	227,3	282,0	270,4
Abnahme	19,9	7,6	23,8	54,3	159,2
desgl. in Procenten .	9,7 %	4,1 %	9,5 %	16,1 %	37,0 %

Oder auf wirkliche auf- und abrieselnde Wassermengen umgerechnet pro 1 ha und Sec.:

	g	g	g	g	g
1. Aufrieselndes Wasser	—	32,225	40,678	58,516	52,841
2. Abrieselndes Wasser	—	31,790	36,140	43,428	29,744
Abnahme	—	0,435	4,538	15,088	23,097
Oder in Procenten . .	—	1,3 %	11,2 %	25,8 %	43,7 %

2. Auf der Talle mit ähnlich magerem Sandboden ergaben sich pro ha und Sec. bei wiederholter Benutzung:

	Herbst	Winter	Sommer
	2.—3. November	25.—26. Februar	7.—8. August
	1877	1878	1878
	g	g	g
1. Aufrieselndes Wasser	34,580	46,848	23,104
2. Abrieselndes Wasser	29,155	46,984	20,256
Abnahme	5,425	+ 0,136	2,848
Oder in Procenten . . .	15,6 %	+ 0,3 %	13,7 %

3. Auf einer Versuchswiese in Borghorst mit lehmigsandigem Mittelboden wurde pro 1 l auf- und abrieselndes Wasser im Durchschnitt mehrerer Versuchsflächen für die einzelnen Bestandtheile des Wassers gefunden:

	Winter 24.—28. Februar 1880	Frühjahr 14.—17. März 1881	Herbst 30. Nov.—10. Dec. 1880	Sommer 15.—16. August 1881
	Kalk			
Auffliessendes Wasser	150,9 mg	135,8 mg	159,5 mg	120,9 mg
Abfliessendes „	148,2 „	131,2 „	144,0 „	105,9 „
Abnahme	2,7 mg	4,6 mg	15,5 mg	15,0 mg
Oder in Procenten .	1,7 %	3,4 %	9,7 %	12,4 %
	Magnesia			
Auffliessendes Wasser	9,7 mg	8,8 mg	8,5 mg	11,2 mg
Abfliessendes „	8,8 „	7,9 „	8,3 %	7,8 „
Abnahme	0,9 mg	0,9 mg	0,2 mg	3,4 mg
Oder in Procenten .	9,3 %	10,2 %	—	30,3 %
	Kali			
Auffliessendes Wasser	12,5 mg	9,0 mg	10,5 mg	30,0 mg
Abfliessendes „	10,6 „	7,7 „	9,7 „	15,9 „
Abnahme	1,9 mg	1,3 mg	0,8 mg	14,1 mg
Oder in Procenten .	15,2 %	14,4 %	—	47,0 %
	Natron			
Auffliessendes Wasser	25,9 mg	28,6 mg	25,1 mg	38,4 mg
Abfliessendes „	25,4 „	26,9 „	24,6 „	31,2 „
Abnahme	0,5 mg	1,7 mg	0,5 mg	7,2 mg
Oder in Procenten .	1,9 %	5,9 %	2,0 %	21,3 %
	Chlor			
Auffliessendes Wasser	28,3 mg	19,6 mg	22,6 mg	43,5 mg
Abfliessendes „	28,4 „	19,6 „	24,2 „	38,6 „
Abnahme	+ 0,1 mg	—	+ 1,6 mg	4,9 mg
Oder in Procenten .	—	—	—	11,2 %
	Salpetersäure			
Auffliessendes Wasser	19,7 mg	10,2 mg	10,7 mg	10,5 mg
Abfliessendes „	16,8 „	6,9 „	9,0 „	7,9 „
Abnahme	2,8 mg	3,3 mg	1,7 mg	2,6 mg
Oder in Procenten .	14,1 %	32,3 %	15,9 %	24,7 %
	Schwefelsäure			
Auffliessendes Wasser	36,9 mg	30,7 mg	35,3 mg	57,6 mg
Abfliessendes „	36,7 „	29,9 „	35,4 „	52,2 „
Abnahme	0,2 mg	0,8 mg	+ 0,1 mg	5,4 mg
Oder in Procenten .	0,6 %	2,5 %	—	9,3 %

4. Auf dieser Versuchswiese wurden dem Rieselwasser in mehreren Versuchen künstlich Kali, Ammoniak, Phosphorsäure und Salpetersäure in

Form von Chlorkalium, Kaliumnitrat, Ammoniumsulfat und Superphosphat in Lösung zugeführt und pro Liter auf- und abrieselndes Wasser nach je zweimaliger Benutzung unter sonst gleichen Verhältnissen gefunden:

	Kali	Ammoniak	Phosphorsäure	Chlor	Salpetersäure
1. Aufrieselndes Wasser	90,8 mg	7,9 mg	15,7 mg	31,1 mg	70,7 mg
2. Abrieselndes „	11,6 „	2,4 „	6,9 „	30,8 „	24,0 „
Abnahme	79,2 mg	5,5 mg	8,8 mg	0,3 mg	46,7 mg
Oder in Procenten . .	87,2 %	69,5 %	56,1 %	0,9 %	66,1 %

Wie sehr die Ausnutzung des Rieselwassers je nach den Bodenarten verschieden ist, zeigten auch noch folgende Versuche des Verfassers:

Im Garten der Versuchsstation sind 4 gleich grosse und tiefe Versuchskästen von je 3 □ m und 1,30 m Tiefe eingerichtet; dieselben sind bis zu 90 cm von unten mit Sand, von da bis oben mit Mutterboden verschiedener Bodenarten, nämlich: Sand-, Lehm-, Kalk- und Moorboden gefüllt und mit Gras bewachsen; sie werden von Zeit zu Zeit ganz gleichmässig und mit denselben Mengen desselben Wassers berieselt.

Auf diese Weise wurde unter anderen für die einzelnen Bestandtheile in dem auf- und abrieselnden Wasser bei den 4 Bodenarten im Mittel zweier Versuche pro 1 l gefunden:

	Organische Stoffe mg	Sauerstoff mg	Kohlensäure mg	Kalk mg	Salpetersäure mg	Schwefelsäure mg
1. Aufrieselndes Wasser	25,7	5,2	148,1	126,2	48,3	49,2
2. Abrieselndes Wasser:						
Sandboden (mager)	72,7	3,5	135,0	108,1	41,4	49,8
Lehmboden	82,5	3,5	157,6	134,0	34,1	51,2
Kalkboden	60,8	3,9	167,9	135,1	36,1	45,1
Moorboden	543,5	2,9	72,3	61,9	47,6	52,3

Diese Zahlen zeigen, dass die organischen Stoffe im abrieselnden Wasser erheblich zugenommen haben, während die Abnahme an Sauerstoff bei Moorboden am stärksten ist. Entsprechend der grossen Kalkarmuth des Moorbodens ist auch die Aufnahme von Kalk aus dem Wasser sehr bedeutend und auch bei dem kalkarmen Sandboden erheblich grösser, als bei dem kalkhaltigen Lehmboden resp. kalkreichen Kalkboden, bei welchen sogar das abrieselnde Wasser an Kalk zugenommen hat. Dass in dem abrieselnden Wasser bei dem Moorboden die Salpetersäure viel weniger abgenommen hat, als bei den anderen Bodenarten, kann bei dem grösseren Gehalt des Moorbodens an Stickstoff gegenüber den anderen Bodenarten nicht befremden.

Man sieht aus diesen Versuchen, dass

1. die Abnahme an gelösten Mineralstoffen bei lebhafter Vegetation in der wärmeren Jahreszeit und auf einem mageren Boden eine grössere ist, als in der kälteren Jahreszeit bei schwächerem Wachsthum und auf reicheren Bodenarten; ja dass bei ganz ruhender Vegetation sogar eine Zunahme an löslichen Mineralstoffen statthaben kann;

2. die nicht absorptionsfähige Salpetersäure bei vorhandener Crescenz eine fast ebenso starke Abnahme im Rieselwasser erfährt, als die absorptionsfähigen Bestandtheile: Kali, Ammoniak und Phosphorsäure. Würde nur oder vorwiegend die Bodenabsorption für die Abnahme an gelösten Mineralstoffen massgebend sein, so könnte dieselbe in der kälteren und wärmeren Jahreszeit nicht so verschieden sein, zumal die Wärme die Absorption bei den hier in Betracht kommenden nur in geringem Grade unterstützt, und wäre nicht zu erklären, dass die Salpetersäure bei vorhandener Crescenz eine fast ebenso starke Abnahme erleidet, als Kali, Ammoniak und Phosphorsäure.

Man muss demnach schliessen, dass die gelösten Mineralstoffe weniger durch die Absorptionskraft des Bodens festgehalten werden, als dadurch aus dem Rieselwasser verschwinden, dass sie direct von den Pflanzen und um so stärker aufgenommen werden, je grösser das Bedürfniss derselben an Mineralstoffen ist.

Nur für Kali, Ammoniak und Phosphorsäure kann man nach sonstigen hiesigen Versuchen eine schwache Absorption durch den Boden annehmen, da sie in einem Rieselwasser in sehr geringer Menge auch abzunehmen pflegen, wenn wie im Winter kein Pflanzenwachsthum vorhanden ist und weil sie im Drainwasser in geringerer Menge auftreten, wie im oberirdisch abfliessenden Wasser; jedoch ist diese Absorption durch den Boden im Verhältniss zu den direct von den Pflanzen aufgenommenen Mengen nur gering und kann selbstverständlich bei einem reinen Sandboden, der durchweg zur Berieselung benutzt wird, wegen seines geringen Gehaltes an absorbirenden Stoffen wie Humus, Zeolithen und Sesquioxyden kaum in Betracht kommen.

Es ist hiernach einleuchtend, dass, wenn die Spüljauche in solcher Menge aufgeleitet wird, dass der Boden dieselbe nicht voll verarbeiten kann, oder mit andern Worten, wenn die Menge der zu reinigenden Spüljauche im Verhältniss zum Boden zu gross ist, eine Verschlechterung des Grundwassers in der Nähe eintreten muss, und dass die Berieselung, so schön und richtig sie an sich im Princip ist, unter Umständen einer Translokation des Uebels gleichkommen kann. Verunreinigung des Grundwassers der Rieselfelder.

Mit den erhöhten Mengen Stickstoff (sei er organisch gebunden, oder in Form von Ammoniak, oder von salpetriger oder Salpetersäure vorhanden) müssen auch selbstverständlich alle diejenigen Salze, welche wie Chloride und schwefelsaure Salze in der Spüljauche in einem Uebermass dem Boden und den Pflanzen dargeboten werden, mit der Zeit in das Grundwasser übergehen, so dass sich in der Nähe der Rieselfelder derselbe Process zur Verunreinigung des Grund- und benachbarten Brunnen- resp. Flusswassers vollzieht, wie wir dieses für den Boden und das Grundwasser in den Städten S. 82—88 gesehen haben. Dort, wo das Grundwasser in grosse Flüsse oder direct in das Meer eintreten kann, wird dieser Umstand wiederum nicht ins Gewicht fallen; dort aber, wo derartig günstige Verhältnisse nicht vorhanden sind, können Zustände geschaffen werden, welche der Berieselung hindernd im Wege stehen und sie für benachbarte Ortschaften unerträglich machen.

Alex. Müller[1]) untersuchte z. B. 1876 das Brunnenwasser der Windmühle de la Galette östlich von dem Rieselfelde Gennevilliers bei Paris mit folgendem Resultat pro 1 Liter:

Ab-dampf-rück-stand.	Glüh-rück-stand	Glüh-verlust	Am-moniak	Sal-peter-säure	Schwe-fel-säure	Chlor	Natrium	Kali	Kalk	Magne-sia
mg	mg	mg	mg	mg	mg	mg	mg	mg	mg	mg
778,0	536,0	242,0	139,0	125,0	317,0	86,0	93,0	34,0	63,0	30,4

Das Wasser hatte eine alkalische Reaction und glich schon mehr der Spüljauche selbst; der Umstand, dass es nur wenig Kalk enthält, deutet darauf hin, dass das Ammoniak ursprünglich als kohlensaures Ammonium in das Grund- resp. Brunnenwasser gelangt sein muss, und in Folge Umsetzung mit dem schwefelsauren und salpetersauren Calcium letzteres als kohlensaures Calcium ausgeschieden hat.

Orsat[2]) fand für einen durch die Spüljauchenrieselung verunreinigten Brunnen von Poisson père in Gennevilliers im Vergleich zu einem nicht verdorbenen Brunnenwasser folgende Mengen Gyps und Chlor pro 1 Liter:

	Gyps ($CaSO_4$)	Chlor
1. Inficirtes Brunnenwasser	1910,0 mg	290,0 mg
2. Unverdorbenes Brunnenwasser . .	1550,0 „	230,0 „

Dass die Abflüsse (d. h. das Drainagewasser) der Rieselfelder unter Umständen noch die Flüsse verunreinigen können, hat Alex. Müller[3]) durch eine neuere Untersuchung bei dem Berliner Rieselfelde gezeigt; letzteres

---

[1]) Berichte der deutschen chem. Gesellschaft 1876 S. 1014.
[2]) Landw. Versuchsstationen Bd. 23 S. 46.
[3]) Gesundheits-Ingenieur 1885. S. 475.

umfasst zur Zeit 2 grosse Complexe von rund 5373 ha[1]), die eine Hälfte südlich, die andere nördlich von Berlin. Die Abwässerung der südlichen Rieselfelder erfolgt nach der Havel, die der nördlichen an der Ostseite in die Wuhle, an der Westseite in die Panke. Da die Aptirung der Rieselfelder mit der Durchführung der Kanalisation nicht gleichen Schritt hielt und aus sonstigen Gründen geriethen dieselben und besonders die nördlichen in einen bedenklichen Zustand der Versumpfung, in Folge dessen auch die Abflüsse von schlechter Beschaffenheit sind. Alex. Müller untersuchte das Wasser der Panke vor und nach Aufnahme der Rieselabwässer im Blankenburger Fliess und konnte nicht unerhebliche Unterschiede constatiren.

Nach einer Probenahme vom 12. August 1883 war das Wasser der Panke oberhalb der Mündung des Blankenburger Fliesses klar und fast farblos, das des Blankenburger Fliesses grünlichgrau und von muffigem Geruch; das erstere gab in der Ruhe nur einen geringen bräunlichen Bodensatz von verschiedenen Desmidien und Bacillarien nebst Humussubstanz, das Abwasser der Rieselfelder dagegen einen reichlichen Bodensatz von verschiedenartigen Desmidien, Infusionsthierchen nebst Leptothrixarten d. h. solchen Organismen, welche im Schmutzwasser gegen den Schluss des Selbstreinigungsprocesses regelmässig vorkommen; das sonst durchsichtige und klare Wasser der Panke wird durch die Zuflüsse von den Rieselfeldern im Blankenburger Fliess getrübt, während sich die Oberfläche mit Schaum bedeckt. Das Wasser der Panke erschien im Bade-Bassin Schlossstrasse 6 zu Pankow als eine starke Verdünnung des Abwassers von den Rieselfeldern.

Am 23. September 1884 entnahm Alex. Müller nochmals Proben an den besagten Stellen und fand für die chemische Beschaffenheit des Wassers folgende Zahlen:

1 Liter enthält:	Ammoniak	Salpetrige Säure	Salpetersäure	Chlor	Härte (natürliche)	Zur Oxydation erforderlicher Sauerstoff	Abdampfrückstand
	mg	mg	mg	mg	0	mg	mg
1. Reines Panke-Wasser vor Aufnahme des Blankenburger Fliesses . . .	0	0	0 (?)	18,0	17,5	4,8	243,0
2. Aus dem Blankenburger Fliess (Abwasser der Rieselfelder)	0,66	sehr viel	63,0	139,0	36,7	6,9	777,0
3. Aus der Panke nach Aufnahme des letzteren, in der Bagan'schen Badeanstalt	0,25	viel	39,0	99,0	31,1	5,7	622,0

[1]) Von diesen gelangen aber nur ca. ²/₃ zur wirklichen Berieselung für die Abgänge von ca. 1 Million Menschen.

Für die einzelnen Mineralstoffe in dem reinen Pankewasser und dem Abwasser von den Rieselfeldern wurden folgende Zahlen pro 1 Liter gefunden:

	Eisen-oxyd + Thonerde mg	Kalk mg	Magnesia mg	Kali mg	Natron mg	Chlor mg	Schwefelsäure mg	Salpetersäure mg	Kieselsäure mg	Kohlensäure (berechnet) mg
1. Reines Panke-Wasser . . .	0,5	97,5	8,9	3,4	14,2	17,5	12,1	0	9,0	80,3
2. Abwasser der Rieselfelder . .	2,4	220,3	18,9	6,5	99,3	139,2	75,5	63,0	12,2	114,0

Nach dieser Untersuchungszeit hat sich das Abwasser der Rieselfelder im Blankenburger Fliess wesentlich gebessert; jedoch folgt daraus, wie Alex. Müller hervorhebt, noch nicht, dass es vollständig unschuldig sei. Denn R. Koch[1]) hat nachgewiesen, dass das Abwasser der Berliner Rieselfelder sich durch einen hohen Gehalt an Bacterien auszeichnet, welche Gelatine verflüssigen und desshalb hygienisch verdächtig erscheinen.

Uebersättigung des Bodens der Rieselfelder

In derselben Weise wie das Grundwasser (resp. das benachbarte Flusswasser) muss auch selbstverständlich der Boden bei zu starker Aufbringung von Spüljauche mit der Zeit einen hohen Gehalt an organischen Stoffen annehmen. So wurde nach einem Bericht von Alex. Müller[2]) in dem Boden der Rieselfelder von Gennevilliers bei Paris gefunden:

		Oberfläche		In 0,5 m Tiefe		In 1,0 m Tiefe		In 1,5 m Tiefe	
		Kohlenstoff %	Stickstoff %	Kohlenstoff %	Stickstoff %	Kohlenstoff %	Stickstoff %	Kohlenstoff %	Stickstoff %
1. Alluvialboden	berieselt	2,2	0,23	0,83	0,11	0,61	0,10	?	?
	nicht berieselt	1,9	0,19	0,57	0,07	?	0,06	?	?
2. Kiesboden	berieselt	1,63	0,15	0,32	0,035	?	?	0,040	0,006
	nicht berieselt	1,25	0,10	0,16	0,027	?	?	0,022	0,004

Reinh. Klopsch[3]) untersuchte den Boden des Breslauer Rieselfeldes von mehreren Stellen (nämlich 12) und fand in demselben gegenüber nichtberieseltem Boden (von 6 Stellen) im Mittel pro 10000 Theilen Boden:

---

[1]) Magistratsbericht über die Verwaltung der Berliner Kanalisationswerke vom 1. Januar 1881 bis 31. März 1882, S. 23.
[2]) Landw. Versuchsstationen Bd. 23 S. 22.
[3]) Landw. Jahrbücher 1885. S. 109.

	Ge-sammt-stick-stoff mg	Am-moniak-stick-stoff mg	Sal-peter-säure-stick-stoff mg	Kalk mg	Magne-sia mg	Kali mg	Phos-phor-säure mg
1. Obergrund:							
a) Berieselt	12,14	0,51	0,3310	25,62	27,30	14,17	15,36
b) Nicht berieselt	17,16	0,51	0,0482	19,45	20,29	12,97	13,90
2. Untergrund:							
a) Berieselt	7,690	0,60	0,1833	25,60	25,12	12,89	12,61
b) Nicht berieselt	6,573	0,50	0,0313	17,82	19,82	8,07	10,68

In beiden Fällen ist die Zunahme an den Bestandtheilen der Spüljauche, an Kohlenstoff und Stickstoff etc. im Boden in Folge der Spüljauchenrieselung allerdings nur eine geringe; indess handelt es sich in beiden Fällen um einen Zeitraum von nur wenigen Jahren der Berieselung und können bei einer langjährigen Rieselzeit sich die Verhältnisse ganz anders gestalten. Auch wird der in Salpetersäure übergeführte und als solcher überschüssige Stickstoff leicht durch das Drainagewasser weggeführt, wie dieses thatsächlich die Analysen der Drainagewässer des Breslauer Rieselfeldes und die sonstigen Analysen S. 111 und 112 zeigen. Jedenfalls hat nach obigen Analysen selbst nach 3jähriger Rieselzeit der berieselte Boden des Breslauer Rieselfeldes an allen den Stoffen, wie Kalk, Magnesia, Kali und Phosphorsäure, die theils mechanisch, theils im chemisch absorbirten Zustande vom Boden festgehalten werden, gegenüber dem nicht berieselten Boden nicht unerheblich zugenommen.

Es ist auch ganz selbstverständlich, dass, wenn einem Boden mehr Pflanzennährstoffe resp. organische und unorganische Stoffe zugeführt werden, als durch die vegetirenden Nutzpflanzen aufgenommen werden können, diese, soweit sie nicht durch das Drainagewasser abgeführt werden, im Boden resp. Grundwasser sich ansammeln müssen.

J. Soyka[1]) stellte neuerdings Untersuchungen über die Oxydationswirkungen des Bodens gegenüber Alkaloïden etc. (vgl. S. 82) an und findet, dass es in der That eine selbstreinigende Wirkung des Bodens giebt, diese aber an gewisse Bedingungen geknüpft ist, nämlich:

1. Der Boden muss behufs Filtration hinreichend durchlässig sein, aber wiederum nicht so durchlässig, dass die Flüssigkeit den Boden zu rasch durchdringt und zu wenig von derselben innerhalb der Bodenporen zurückbleibt; der Boden muss also neben der Absorptionsfähigkeit auch eine gewisse Wassercapacität besitzen und andererseits genügend Luft, um die Oxydationsvorgänge zu ermöglichen.

---

[1]) Archiv f. Hygiene Bd. II. S. 281.

2. „Wesentlich scheint auch ein Wechsel in der Durchfeuchtung zu
sein, wesshalb gerade bei der intermittirenden Filtration die besten
Resultate erzielt werden. Hierbei ist darauf zu achten, dass die Inter-
mission auch wirklich ihren Zweck erfülle, dass hierdurch genügend
Zeit gewährt wird zur Beendigung des Processes, so dass die neu
zugeleitete Flüssigkeit mit die Aufgabe übernehmen kann, die gebildeten Zersetzungsproducte bereits wieder auszulaugen. Sonst kann
ja leicht der Fall eintreten, dass die absorbirten und nicht
genügend zersetzten Stoffe sich allmälig cumuliren und zur
Uebersättigung, zur **Insufficienz** des Bodens führen."

3. Die Concentration der zu reinigenden Flüssigkeit muss eine entsprechend geringe sein. „Nicht bloss, dass durch eine grössere
Concentration die Zersetzungsvorgänge verzögert und in der
Weise erschwert werden, dass die Intervalle, in denen die
Filtration vorgenommen wird, grössere sein müssen, soll
nicht alsbald eine Sättigung und Uebersättigung des Bodens
eintreten; es kann auch durch eine zu grosse Concentration
die Umwandlung vollständig aufgehoben werden."

Bei der Spüljauchenrieselung kommt dann nach Alex. Müller (l. c.)
noch hinzu, dass sich der organische Schlamm durch Einstauung der Spüljauche unter Umständen so dicht an die Oberfläche anlegt, dass sie fast
wasserdicht wird. Wenn man ferner in Betracht zieht, dass die Unterbringung der Spüljauche im Winter grosse Schwierigkeiten bereitet, so ist einleuchtend, dass besonders günstige Boden- und Terrain-Verhältnisse dazu gehören, um die Spüljauchenrieselung mit Erfolg zur Durchführung zu bringen.

Im ganzen lassen sich die Wirkungen, d. h. die Veränderungen, welche
mit einem, an stickstoffhaltigen organischen Stoffen reichem Wasser wie
Spüljauche, bei der Berieselung vor sich gehen, kurz folgendermassen zusammenfassen:

1. In erster Linie werden die suspendirten Schlammstoffe
entfernt, indem sich dieselben bei ein- oder mehrmaliger Benutzung des Wassers mehr oder weniger vollständig mechanisch auf-
und in den Boden niederschlagen.

2. In zweiter Linie werden die gelösten organischen Stoffe
zum Theil vom Boden absorbirt und durch den Sauerstoff der
Bodenluft resp. des Wassers oxydirt, indem sich aus den Kohlen-
stoff-, Schwefel- und Stickstoff-Verbindungen Kohlensäure resp.
Schwefelsäure resp. Salpetersäure bilden; gleichzeitig aber wird
dem Wasser auch noch wieder Luftsauerstoff zugeführt.

3. Die gelösten Mineralstoffe oder die mineralisirten Verbindungen wie Salpetersäure erfahren eine Abnahme, insofern sie
entweder direct von den Pflanzen aufgenommen oder zum geringen

Theil (wie Kali, Phosphorsäure und Ammoniak) vom Boden absorbirt werden. Die Bodenabsorption spielt jedoch für die Entfernung der gelösten Mineralstoffe ohne Zweifel eine geringere Rolle als die directe Aufnahme durch die Pflanzen.

2. Reinigung der städtischen Abgangwässer durch Filtration.
Filtration von Gebrauchswasser.

Zur Reinigung der städtischen Kanalwässer durch Filtration sind eine ganze Anzahl von Vorschlägen gemacht. Curror und Dewar filtriren z. B. durch Torf; Robey durch kohlehaltigen geglühten Thon; Banks und Walker filtriren die Kanalwässer und leiten dann durch die ablaufende Flüssigkeit Luft hindurch etc.

F. R. Petri hat auf dem Rieselfelde der Strafanstalt in Plötzensee Versuche zur Reinigung der Spüljauche in der Weise angestellt, dass er dieselbe zunächst durch Kies und dann durch Torfgrusfilter filtrirt; die filtrirte Masse wird darauf mit Kalkmilch gefällt und in Klärbassins absetzen gelassen. Nach den Untersuchungen von Bischoff[1] ergab ein cbm Spüljauche:

	Vor der	Nach der
	Reinigung	
	g	g
1. Gesammt-Trockensubstanz	4491,60	364,16
2. Suspendirte Massen	4000,00	—
3. Gelöste Massen	401,66	—
4. Glühbestände, in Lösung befindliche Massen nach Ersatz der Kohlensäure .	360,00	330,60
5. Glühverlust der in Lösung befindlichen Massen	131,66	3,56
6. Kalk in Lösung	91,28	80,36
7. Magnesia in Lösung	14,76	unbedeutend
8. Eisenoxyd in Lösung	Spuren	do.
9. Natron in Lösung	73,30	63,00
10. Kali in Lösung	14,10	14,00
11. Ammoniak in Lösung	45,00	15,00
12. Chlor in Lösung	82,72	72,30
13. Schwefelsäure in Lösung	19,36	19,68
14. Salpetersäure in Lösung	fehlt	fehlt
15. Salpetrige Säure in Lösung	do.	do.
16. Phosphorsäure in Lösung	9,60	7,50
17. Gesammtstickstoff in Lösung	58,80	15,80
18. Zur Oxydation der organischen Stoffe verbrauchte Theile Kaliumpermanganat	113,00	34,76
19. Zur Oxydation der organ. Stoffe verbrauchter Sauerstoff	54,54	—
20. Kieselsäure	15,00	16,50

---

[1] Bericht über Untersuchungen von Spüljauchen vor und nach der Behandlung in dem Petri'schen Reinigungsverfahren. Berlin. Wilh. Baensch 1882.

Eine praktische Verwendung des Petri'schen Torffilters ist dem Verfasser bis jetzt nicht bekannt geworden.

Ueber die Wirkung der Filtration durch Sand, Thon und Kohle etc. hat die oben erwähnte englische Commission eine grosse Reihe von Versuchen angestellt. Sie liess Kanalwasser einmal aufsteigend durch Sand resp. Thon und Kohle filtriren und dann absteigend von oben nach unten, so dass die Flüssigkeit in kurzen Zwischenräumen aufgegeben wurde und die atmosphärische Luft in die Poren des Filtermaterials eindringen konnte. Die Resultate sind folgende:

1 Liter enthält:	Organ. Kohlenstoff mg	Organ. Stickstoff mg	Ammoniak mg	Stickstoff in Form von Nitraten und Nitriten mg	Gesammt lösliche Stoffe mg
A. Aufsteigende Filtration.					
1. Londoner Kanalwasser durch eine 4,5 m Sandschicht, pro 1 cbm und 24 Stunden 21,5 Liter Wasser:					
a) vor der Filtration	43,8	24,8	55,6	0	—
b) nach derselben im Mittel	35,5	14,3	44,6	4,6	—
2. Ealinger Kanalwasser durch Thon und Kohle:					
a) vor der Filtration	278,48	29,30	70,00	0	—
b) nach derselben	60,93	27,85	42,50	0,76	—
B. Absteigende Filtration:					
I. Versuch:					
a) Vor der Filtration	43,86	24,84	55,57	0	645
b) Nach derselben durch Sand (für 1 cbm und 24 Stunden 16,6 Liter)	9,37	1,51	0,21	42,54	868,2
c) do. do. (für 1 cbm und 24 Stunden 33,2 Liter)	7,34	1,08	0,12	39,25	786,0
d) do. durch Sand und Kreide	5,82	0,92	0,15	34,78	913
II. Versuch.					
a) Vor der Filtration	43,86	24,84	55,51	0	645
b) nach derselben durch Torferde	23,12	13,89	48,31	16,58	762,8
(für 1 cbm und 24 Stunden 23,8 l Flüssigkeit)					

Hieraus ist ersichtlich, dass eine aufsteigende Filtration bei weitem nicht so günstig wirkt, als eine absteigende intermittirende. Dieses hat offenbar darin seinen Grund, dass in letzterem Falle Sauerstoff der Luft in das Innere der Filter gelangen kann und eine Oxydation der organischen Stoffe zu Wasser, Kohlensäure und wie wir sehen zu Salpetersäure herbeiführt.

Ohne Zweifel haben die Filter aber keine fortwährende Wirkungsdauer und sind, um die Filtration intermittirend wirken zu lassen, sehr grosse Flächen erforderlich. F. Fischer (l. c.) berechnet z. B., dass, wenn innerhalb 24 Stunden nicht mehr als 33 Liter Flüssigkeit für 1 cbm Filtermaterial aufgelassen werden, zur Reinigung des Kanalwassers von 10 000 Einwohnern die etwa 2 m tiefe und drainirte Filtrirfläche 2 ha gross sein müsse.

Anders jedoch ist es, wenn ein gewöhnliches d. h. nicht in aussergewöhnlicher Weise verunreinigtes Flusswasser für Wasserleitungen durch Filtration von geringen Mengen suspendirter, aber an sich unschädlicher oder doch kaum schädlicher Stoffe gereinigt werden soll. Hierdurch wird mehr oder weniger nur bezweckt, das Wasser von einigen Schmutztheilchen (auch Pilzen und Mikroorganismen) zu befreien, um es zu klären und für den Genuss appetitlicher zu machen. Hier gewöhnlich benutzt man zu dem Zweck einfache Sandschichten (Sandfilter).

Filtration des Wassers für Wasserleitungen.

Die englische Commission[1]) erhielt für die Wirkung der von der Londoner Wasser-Gesellschaften in grossem Massstabe angewandten Sandfilter zur Klärung des Themsewassers folgende Resultate:

Wasser-gesellschaften London's	Beschaffenheit der Filter (cm)			1 Liter Wasser enthält gelöst:								Bemerkungen
	Ge-sammt-Dicke	Sand-schicht	Stünd-licheFil-trirge-schwin-digkeit	Ge-sammt-Menge	Orga-nischer Kohlen-stoff	Orga-nischer Stick-stoff	Am-moniak	Stick-stoff als Nitrate und Nitrite	Chlor	Ge-sammt-Härte (franz.)	Ver-änder-liche Härte	
	cbm	cbm	mm	mg	mg	mg	mg	mg	mg	0	0	
W. Middlesex: Themsewasser 7. Februar 1873	152	89	10	298	2,76	0,53	0,09	3,46	18	21,8	15,2	Trüb
Dasselbe nach dem Absitzen	—	—	—	312	2,09	0,71	0,05	3,29	18	23,3	15,4	Wenig klar
do. nach der Filtration	—	—	—	306	1,98	0,43	0,01	3,35	18	22,1	14,7	Klar
Gr. Junction: Themsewasser 3. Februar 1873	167	76	7	318	1,46	0,33	0,05	3,55	18	24,5	17,9	Wenig trüb
Dasselbe nach dem Absitzen	—	—	—	314	2,62	0,42	0,04	3,56	18	23,6	18,9	do.
do. nach der Filtration	—	—	—	307	2,31	0,32	0,01	3,45	17	23,3	17,6	Klar

---

[1]) Vgl. Ferd. Fischer: Die chemische Technologie des Wassers. Braunschweig 1878. S. 191.

Wasser-gesellschaften London's	Beschaffenheit der Filter (cm)			1 Liter Wasser enthält gelöst:								Be-merkun-gen.
	Ge-sammt-Dicke	Sand-schicht	Stünd-liche Fil-trirge-schwin-digkeit	Ge-sammt-Menge	Orga-nischer Kohlen-stoff	Orga-nischer Stick-stoff	Am-moniak	Stick-stoff als Nitrate und Nitrite	Chlor	Ge-sammt-Härte (franz.)	Ver-änder-liche Härte	
	cbm	cbm	mm	mg	mg	mg	mg	mg	mg	0	0	
S. und Vauxhall: Themsewasser 31. Januar 1873	198	91	10	318	2,85	0,50	0,02	3,31	18	23,6	18,5	Wenig trüb
Dasselbe nach dem Absitzen	—	—	—	320	3,21	0,63	0,01	3,17	18	23,3	15,0	Trüb
do. nach der Filtration in Hampton	—	—	—	316	2,73	0,42	0,00	2,86	18	23,3	17,7	Klar
Themsewasser 5. Februar 1873	—	—	—	321	2,24	0,42	0,03	3,75	18	23,9	18,9	Wenig trüb
Dasselbe nach dem Absitzen	—	—	—	318	2,39	0,47	0,05	3,48	18	23,6	18,3	do.
do. nach der Filtration in Battersea .	—	—	—	309	2,26	0,35	0,01	3,15	18	24,2	18,6	Klar

Aehnliche Sandfilterschichten benutzen andere Städte. Witten filtrirt Ruhrwasser in 2 offenen Filtern von je 200 qm Oberfläche mit einer 147 cm hohen Filtrirschicht von 85 cbm Sand; das Wasser enthielt im Mittel von 4 Analysen[1] vor und nach der Filtration pro 1 Liter:

	Gesammt-Rückstand mg	Organische Stoffe mg	Chlor mg	Salpeter-säure mg	Schwefel-säure mg
Vor der Filtration	135,5	29,1	26,6	Spur	17,5
Nach „ „	130,5	28,2	27,2	Spur	17,3

Breslau erhält[1] seit 1871 filtrirtes Oder-Wasser. Das in Absatzteichen von 1533 qm Fläche geklärte Wasser gelangt auf 3 offene Filter von je 4000 qm Oberfläche; diese enthalten 31 cm grobe, 48 cm mittlere, 14 cm kleine Steine, 24 cm Kies und 100 cm feinen Odersand; die Wasserhöhe auf den Filtern beträgt 125 cm und 1 qm Filterfläche liefert täglich 38 cbm Wasser. Im Sommer ist die Reinigung der Filter nöthig, wenn 1 qm = 34 cbm, im Winter, wenn sie 166 cbm Wasser geliefert haben.

Fr. Hulwa[2] fand für das unfiltrirte und filtrirte Oder-Wasser im Mittel von 24 Analysen folgenden Gehalt pro 1 Liter:

---

[1] Vgl. Ferd. Fischer: Die chemische Technologie des Wassers. 1878 S. 187 und 185.

[2] Fr. Hulwa: Beiträge zur Schwemmkanalisation etc. Bonn 1884.

	Rückstand				Oxydirbarkeit							
	Ge-sammt-Rück-stand	Glüh-verlust	Glüh-rück-stand	Ge-sammt-Härte	Bedarf an Sauer-stoff	Bedarf an Kalium-perman-ganat	Be-rechnet auf or-ganische Sub-stanzen	Am-moniak	Albu-minoid-Am-moniak	Sal-peter-säure	Sal-petrige Säure	Chlor
	mg	mg	mg	0	mg	mg	mg	mg	mg	mg	mg	mg
Unfiltrirtes Oder-wasser	172,3	130,0	42,3	45,7	5,13	20,26	101,30	0,0841	0,297	0,881	0,0273	8,175
Filtrirtes Oderwasser	136,9	106,0	30,9	41,2	3,78	14,939	74,69	0,0558	0,148	0,839	0,0072	8,044
Abnahme in Proc.	% 20,54	% 18,40	% 26,90	% 9,8	% 26,20	% 26,20	% 26,20	% 33,60	% 50,20	% —	% —	% 1,60

Desgleichen fand E. Reichardt[1]) für unfiltrirtes und filtrirtes Elbe-Wasser in Hamburg:

	Ab-dampf-rück-stand	Or-ganische Stoffe	Kalk	Magne-sia	Chlor	Schwe-fel-säure	Sal-peter-säure	Härte
	mg	mg	mg	mg	mg	mg	mg	0
Unfiltrirt	270,0	174,5	67,0	7,3	29,7	24,0	Spur	7,7
Filtrirt	225,0	80,0	50,4	7,3	18,7	27,5	Spur	6,1

Bei der Filtration des Wassers durch Sand werden daher nicht nur die suspendirten Stoffe, sondern auch ein Theil der gelösten organischen Stoffe des Kohlenstoffs und Stickstoffs entfernt, was nur durch eine Oxydation durch den Sauerstoff des Wassers und der Luft bewirkt werden kann. Sollen die Filter daher wirksam sein und bleiben, so ist auch hier erforderlich, dass die Luft zutreten kann. Der in Liverpool verwendete Filtersand ergab nach der englischen Commission pro 1 Kilogr.

	Organische Stoffe	Organischer Kohlenstoff	Organischer Stickstoff
	g	g	g
Vom Filter entnommen . . .	15,234	3,142	0,387
Nach dem Waschen	8,044	0,949	0,170

Wenn es sich um Reinigung kleiner Mengen Wasser für den häuslichen Gebrauch handelt, so können unter Umständen Filter von Holzkohle oder noch besser von Thierkohle oder Eisenschwammfilter nach Bischof etc. gute Dienste leisten. Die Einrichtung dieser Art Filter ist allgemein bekannt, so dass Abbildungen davon nicht nothwendig erscheinen. Wer sich eingehender darüber informiren will, der findet in: Chem. Technologie

---

¹) E. Reichardt: Grundlagen zur Beurtheilung des Trinkwassers. Halle 1880, S. 25.

9*

des Wassers von Ferd. Fischer 1878 S. 148—193 eine Reihe Abbildungen und Beschreibungen dieser Art Filter.

Was die Wirkung solcher Filter anbelangt, so fand die englische Commission nach Ferd. Fischer S. 194 z. B. pro 1 Liter:

	Ge sammt-Rück-stand	Organ. Kohlen-stoff	Organ. Stick-stoff	Am-moniak	Nitrate und Nitrite	Chlor	Härte
	mg	mg	mg	mg	mg	mg	0
Vor der Filtration	259,0	1,29	0,23	0	1,88	16,0	19,4
Nach derselben durch frische Thierkohle	194,0	0,29	0,07	0,13	1,94	16,0	15,2
Vor der Filtration	259,0	1,64	0,30	0,02	0,62	19,0	19,7
Nach derselben durch ein gebrauchtes Filter	251,0	0,10	0,02	0,02	1,25	19,0	19,1

Letheby, Olding und Abel[1]) verfolgten die Reinigung des Wassers bei der Filtration durch Holzkohle und fanden pro 1 Liter:

Wasser von		Suspendirte Stoffe		Gelöste Stoffe		Sauer-stoff, zur Oxyda-tion der organ. Stoffe er-forder-lich	Härte		Am-moniak
		Im ganzen	Or-ganische	Im ganzen	Or-ganische		vor	nach	
							dem Kochen		
		mg	mg	mg	mg	mg	0	0	mg
Thames Companies	unfiltrirt	14,1	3,9	354,0	21,4	2,48	11,5	4,3	0,05
	filtrirt	0,58	0,08	331,1	16,7	2,27	10,6	3,7	0,03
New River	unfiltrirt	4,1	0,56	380,8	11,9	1,96	12,4	3,4	0,02
	filtrirt	1,6	0,14	366,3	9,6	1,17	10,8	3,2	0,02
East London	unfiltrirt	0,5	0,76	443,9	15,5	1,53	11,5	4,0	0,07
	filtrirt	0,8	0,39	414,1	5,1	1,61	11,2	4,0	0,05

Letheby, Olding und Abel sind der Ansicht, dass die Reinigung des Wassers durch ein Kohlenfilter weniger auf einer physikalischen Absorption der organischen Substanz als auf einer Oxydation derselben beruht, welche dadurch herbeigeführt wird, dass der im Wasser gelöste Sauerstoff mit der organischen Substanz in chemische Verbindung tritt.

Bischof[2]) verfolgte die reinigende Wirkung eines und desselben Wassers unter Benutzung verschiedener Filter und fand pro 1 Million Wasser:

---

[1]) Will. Humber: Comprehensive treatise of the Water Supply etc. London 1876. S. 138 und 140.

[2]) Ebenda S. 138 und 140.

	Ammoniak		Albumin-Ammoniak		Organischer Kohlenstoff		Organischer Stickstoff		Gesammt-Stickstoff	
	pro Million	Procent	pro Million	Procent	pro Million	Procent	pro Million	Procent	pro Million	Procent
Unfiltrirt	0,0694	100	0,0225	100	0,2499	100	0,0843	100	0,1414	100
Filtrirt durch Magneticcarbide . .	0,0602	87	0,0108	48	0,1045	42	0,0431	51	0,0927	65
Filtrirt durch Kiesel-Kohle . . . (silicated carbon)	0,0389	56	0,0102	45	0,0558	22	0,0764	90	0,1084	76
Filtrirt durch Eisenschwammfilter .	0,0522	75	0,0056	25	0,0216	10	0,0216	26	0,0646	46

Diesen Resultaten gegenüber fand jedoch A. Hassal[1]), dass ein grünliches Sumpfwasser bei der Filtration durch Holzkohle zwar seinen grünlichen Schimmer verlor, aber trübe gefärbt blieb und Mikroorganismen beibehielt; bei der Filtration durch Thierkohle wurde das Wasser ganz klar und Infusorien konnten darin nicht mehr nachgewiesen werden; Lehmschichten, feiner und gröberer Thon erwiesen sich als unzureichend. Fauligem Wasser benahm Holzkohle zwar den Geruch, nicht aber die Trübung, Thierkohle entfernte beide. Witt, Bouchardat und Bischof constatiren, dass die Absorptionskraft der Thierkohle nachlässt, ja dass das Wasser durch alte nicht gereinigte Filter sogar verschlechtert werden kann. Nach Müller ist durch Thierkohle filtrirtes Wasser noch bacterienhaltig und fäulnissfähig, während Wanklyn zeigt, dass die faulenden organischen Stoffe des Wassers bei langsamer Filtration durch Kohle und bei Luftzutritt grösstentheils entfernt werden. L. Levin[2]) hat nachgewiesen, dass sowohl stickstoffhaltige (wie Harn) als auch stickstofffreie Stoffe (wie Zucker) selbst bei Anwendung von nur geringen Mengen auch durch das Eisenschwammfilter kaum eine Veränderung erleiden; er fand:

Angewandte Lösung:	Harn, Stickstoff im Harnstoff g	Harn, Stickstoff im Harnstoff g	Eiweisslösung, Stickstoff im Eiweiss g	Zucker g	Chlornatrium g
Eingeführte Menge	6,3029	0,9500	0,296	1,2468	+ 42,10
Wieder erhaltene Menge	6,1373	0,9174	0,288	1,2100	42,04
Zurückgehalten	0,1656	0,0326	0,008	0,0368	0,06
Oder in Procenten . . .	2,6 %	3,4 %	2,7 %	2,9 %	0,1 %

In einem mit Brunnenwasser angestellten Versuch am Eisenschwammfilter erhielt Verfasser:

---

[1]) Bolley: Chem. Technologie des Wassers S. 61 und
F. Fischer „ „ „ „ 1878, S. 191.
[2]) Zeitschrift für Biologie 1878, S. 483.

1 l enthält mg	Gesammt-Rückstand	Organische Stoffe	Chlor
Vor der Filtration	1459,6	170,6	120,6
Nach „ „	1451,6	164,3	124,2
Differenz . . .	— 8,0	— 6,3	+ 6,4

Die Menge sowohl der mechanisch zurückgehaltenen als durch Oxydationswirkung zerstörten organischen Bestandtheile ist hiernach nur sehr gering. Das vielfache Lob, welches diesen Eisenschwammfiltern gespendet wird, scheint somit ebenfalls nicht berechtigt zu sein. Die reinigende Wirkung beruht ohne Zweifel ebenso wie bei den Kohlefiltern wohl mehr auf einer mechanischen Entfernung von Schmutztheilchen, als auf einer Unschädlichmachung durch Oxydation. Jedenfalls ist, wenn die Filter einigermassen wirken sollen, ein wiederholtes Reinigen (Glühen der Kohle und des Eisenschwammfilters) und ein häufiges Lüften erforderlich.

M. Neuenburg[1]) untersuchte verschiedene Sorten Filtrirapparate auf ihre durchlassenden und reinigenden Eigenschaften, wobei er zu letzterem Zweck sich des Newa-Wassers und einer Stärkelösung bediente, er fand:

Art des Filters:	pro 1 Stunde durchlassende Wassermenge ccm	Zurückgehaltene feste Bestandtheile aus 1 l Newawasser	Von Kartoffelstärke gehen mit durchs Filter	Sonstige Bemerkungen:
1. Aus gepresster Thier- und Holzkohle (Bühring in Hamburg)	1500—7000	?	1—3,8 %	Muss täglich gereinigt werden.
2. Der Syphon-Filter, Bourgois in Paris (Filz)	40000	2,5 mg	1,8 %	desgl.
3. Schnellwirkende Hausfilter von Piefke in Berlin	50000—120000	2,6 mg	36,4 %	Zum Reinigen muss der Apparat auseinandergenommen werden.
4. Rapid Water filter } No. 000 Cheavin's in Boston } No. 1	12050 23500	2,5 mg 4,0 mg	13,0 % 0,2 %	Zur Reinigung muss der Schwamm durchgewaschen werden u. sind die Poren durchzublasen.
5. Silicated carbon filter, London Waterseal	20000—40000	1,2—6,0 mg	?	Der Apparat wirkt nicht gleichmässig und muss zur Reinigung auseinandergenommen werden.
6. Sandsteinfilter von v. Karelski in Petersburg. a) Runde Steine . . . . . b) Wandständige Steine . . .	10000 6000	10,0 mg 5,2 mg	0 0	Von grünem Lehm gehen nur Spuren durch die Filter; vom feinsten blauen Lehm bei a 18,1 % bei b 17,3 %.

[1]) Chem. Centr. Bl. 1885, S. 251.

In derselben Weise prüfte W. Olschewsky[1]) verschiedene Filterkörper auf ihre reinigende Wirkung und einen und denselben Filterkörper auf letztere bei verschiedenen Wasserausflussmengen. Als solchen verwendete er ein Haushaltungsfilter, welches aus feinst geschlämmtem Thon (unter Zusatz von kohlensaurem Calcium event. von organ. Substanz gebrannt) bestand; der Filterkörper wurde mit der Berliner Wasserleitung des Tegler Wasserwerkes verbunden und das Wasser vor und nach der Filtration auf seinen Gehalt an organischen Stoffen[2]) untersucht. Olschewsky fand:

Bei einer Durchlässigkeit pro 1 Stunde von:

	300 l	108 l	46 l Wasser
Organische Stoffe vor der Filtration pro 1 l	78—81,6 mg	81,2 mg	81,2 mg
Organische Stoffe nach der Filtration pro 1 l	78—80,2 „	75,2 „	65,6 „
Abnahme in mg . .	0	6,0 mg	15,6 mg
desgl. in Proc. . . .	0	7,4 %	19,2 %

Olschewsky fand weiter, dass dieser Filterkörper trotz öfterer Spülung (Reinigung) an Durchlässigkeit abnahm.

Wenn statt des gebrannten porösen Thons fein granulirte Holzkohle als Filterkörper eingefügt wurde, so konnte keine Einwirkung auf das Berliner Leitungswasser constatirt werden, dagegen übte Knochenkohle eine deutliche Wirkung aus, indem z. B. bei einer Durchlässigkeit von 7 l pro Stunde der Gehalt an organischen Stoffen von 81,6 mg auf 59,8 mg pro 1 l herabgedrückt wurde.

Desgleichen konnte Olschewsky eine deutliche reinigende Wirkung von Eisenspähnen constatiren; dieselben bestanden aus Gusseisenbohrspähnen und wurden in Grössen von 2—4 mm Korn in das Filtergehäuse gefüllt. Die Durchlässigkeit betrug 220 l pro Stunde; der Gehalt an organischen Stoffen sank von 77,6 mg auf 41,0 mg pro 1 l; indess war, als 200 l Wasser durchgeflossen waren, die Leistungsfähigkeit auf nur 14 l in der Stunde heruntergegangen.

In letzter Zeit hat Dr. Gerson in Hamburg besondere Filter construirt, um das Wasser auch im grossen, z. B. für Brauereien, Papierfabriken zu reinigen. Die Filtrirmasse besteht aus eisenimprägnirtem Bimstein, etwas Kies, Sand und einigen anderen zur Filtration geeigneten Substanzen. Dr. Gerson's
Filter.

Die Filtration zerfällt in eine Vor- und Nachfiltration.

Die Vorfiltration hat den Zweck, die mechanisch suspendirten Stoffe, vor allem grobe organische und unorganische Beimengungen zurückzuhalten.

---

[1]) Gesundheits-Ingenieur. München 1886. Bd. 1 S. 10 u. 58.
[2]) Durch Oxydation mittelst einer Fünfzigstel-Chamäleon-Lösung bestimmt.

Zu diesem Zweck wird das zu filtrirende Wasser in ein etwa 16—20 Fuss höhergelegenes Reservoir gepumpt, wo das natürliche Gefälle nicht den erforderlichen Druck bietet. Dasselbe braucht höchstens $2—3\,^0/_0$ oder weniger der zu filtrirenden Wassermenge zu fassen und kann bei grossen Anlagen sich auf ein Standrohr mit erweitertem Kopf beschränken. Aus diesem Apparat gelangt das Wasser in die Vorfilter und zwar steigt es von unten

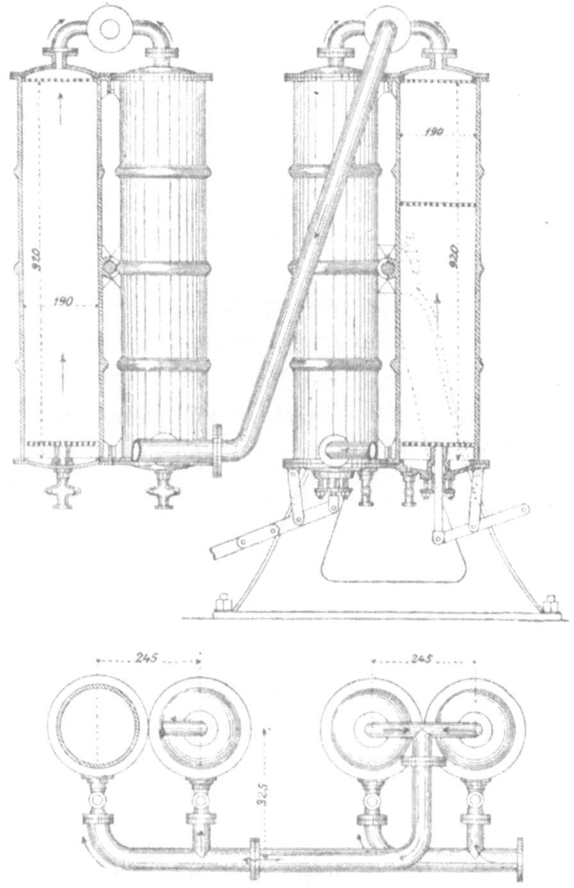

Fig. 5.

Ein Vor- und Nachfilterpaar unter Hochdruck ($^1/_{18}$ nat. Grösse). Das eine Filter ist im Durchschnitt gezeichnet, um die Bewegung des Siebes zu zeigen; die Dimensionen, die eingezeichnet sind, ersparen weitere Erläuterung.

nach oben in zwei parallelen Bahnen. Ein Filterapparat besteht mithin immer aus zwei Filtern, die fest mit einander verbunden sind; das filtrirte Wasser vereinigt sich wieder in einem gemeinschaftlichen Rohr.

An die Vorfiltration reiht sich die Nachfiltration, welche eine noch weitere Reinigung des Wassers auch von den feinsten suspendirten Stoffen bezweckt.

Auch hier besteht der Filtrirapparat aus zwei Cylinderpaaren, in welche das Wasser von unten nach oben eintritt, wie es durch die nebenstehende Abbildung (Fig. 5) veranschaulicht wird.

Diese Filter können nur da Anwendung finden, wo ein Ueberdruck von 8—10 m vorhanden ist, da sie wesentlich dichter gepackt sind als die Vorfilter; ihre Leistungsfähigkeit ist ungefähr halb so gross als die der Vorfilter, nämlich 200—250 cbm auf 1 □m Flächenraum in 24 Stunden. Auch hat Gerson ein System mit Vorfiltration unter hohem und Nachfiltration unter schwachem Druck construirt.

Die Filter können in grossen und kleinen Dimensionen hergestellt werden; die Vorfilter von 0,1—1,6 m leisten in 24 Stunden 7 bis 1600 cbm Wasser.

Die Reinigung der Vor- und Nachfilter geschieht durch Gegenströmung mit filtrirtem Wasser, indem das Wasser von oben nach unten durchfliesst. Damit auch das Filtermaterial leicht erneuert werden kann, sind die Filter beweglich aufgehängt und lassen sich um ihre Achse drehen.

Nachdem der Deckel abgenommen, können die Schwämme leicht entfernt und durch neue ersetzt werden; auch können die benutzten, nachdem sie gründlich ausgewaschen sind, wieder verwendet werden. Weitere Anleitung findet man in der Broschüre von H. Norek: Billige und rationelle Versorgung mit reinem und klarem Wasser nach Dr. Gerson's System. Hamburg, Verlag von J. F. Richter.

Der Chemiker Stein in Kopenhagen[1]) fand für das ungereinigte und solcher Weise gereinigte Wasser aus dem Graben der städtischen Wasserleitung folgende Zahlen pro 1 Liter:

	Ungereinigt mg	Durch Gerson's Filter gereinigt mg
Abdampfrückstand	480,0	354,0
Zur Oxydation der organischen Stoffe erforderlicher Sauerstoff	9,7	7,6
Kalk	110,0	110,0
Magnesia	38,2	21,6
Schwefelsäure	114,4	56,3
Mikroskopischer Befund	Infusorien, Drahtbacterien, Staubbacterien, Oscillarisceen, Palmellaceen, Desmediaceen, Diatomeen, etc.	Keine Mikroorganismen

---

[1]) Vgl. Norddeutsche Brauerzeitung 1884 No. 61 u. 62.

Desgleichen fand Delbrück für ungereinigtes und durch Dr. Gerson's Filter gereinigtes Oderwasser pro 1 Liter:

	Ungereinigt mg	Durch Gerson's Filter gereinigt mg
Abdampfrückstand	146,4	132,0
Glührückstand	94,8	96,0
Glühverlust	51,7	36,0
Organische Stoffe (durch Chamäleon oxydirbar)	12,3	9,4
Mikroskopischer Befund	Höhere Spaltpilze zum Theil mit Eisen incrustirt, Diatomeen, Algenspuren, Infusionsthierchen, besonders Vorticellen	Ganz vereinzelte Infusionsthierchen, Diatomeen und Spaltpilze

Hiernach ist die Wirkung der Gerson'schen Filter eine recht günstige; schon der Umstand, dass das Wasser wenigstens von den Mikroorganismen befreit wird, hat für manche, z. B. Brauereizwecke, eine grosse Bedeutung. Auch für die Papierfabrikation, welche ein reines Wasser erfordert, sind diese Filter empfohlen und bereits in Anwendung gekommen.

Pasteur-Chamberland's Filter.

Neuerdings werden auch die Pasteur-Chamberland'schen Filter zur Reinigung des Trinkwassers von Mikroorganismen als sehr wirksam gerühmt[1]).

Die Filter bestehen aus kleinen Cylindergefässchen von reiner, sehr hart gebrannter Kaolinmasse, die eine bestimmte Porosität besitzt. Die Porzellancylinder sind von einem grösseren Metallcylinder umgeben, in welchem sie von unten durch eine Schraubenmutter wasserdicht befestigt werden. Das Wasser fliesst oben in den Metallcylinder und wird bei $1^{1}/_{2}$ bis $2^{1}/_{2}$ Atmosphärendruck durch den Porzellancylinder gepresst, aus welchem es unten zum Abfluss gelangt.

Die nebenstehende Abbildung veranschaulicht diese Filtrireinrichtung.

Bei einem Druck von $1^{1}/_{2}$—$2^{1}/_{2}$ Atmosphären liefert jeder Filtercylinder 2—3 l Wasser pro Stunde, oder 5 Cylinder 240—360 l pro 24 Stunden. Um auch an Orten, wo keine Wasserleitung ist, den zur Lieferung erheblicher Filtratsmengen erforderlichen Druck zu beschaffen, werden dem Filterapparat besondere tragbare Druckpumpen beigegeben, welche mit demselben zu verbinden sind.

Versuche, welche auf der Antwerpener Weltausstellung die Jury für Hygiene und Medicin über die Wirkung dieser Filter anstellte, ergaben ein

---

[1]) Finkelnburg in Centr. Bl. f. öffentl. Gesundheitspflege. Bonn 1886. Bd. V S. 24.

sehr günstiges Resultat. Unfiltrirtes, der Schelde entnommenes Wasser ergab z. B. auf den Koch'schen Nährgelatineplatten 5—6000 entwickelungsfähige Keime von Mikrophyten pro 1 ccm Wasser; dagegen hatte das Wasser nach der Filtration durch diese Cylinder seinen Gehalt an Keimen vollständig verloren; auch blieb das Resultat das gleiche, als anstatt neuer Porzellancylinder solche verwendet wurden, die bereits monatelang Dienste gethan hatten.

Gleichzeitige Versuche, welche die Jury mit anderen Filtern z. B. mit den schon eine Zeit lang arbeitenden Kohle-, Eisenschwamm- und Asbestfiltern anstellte, lieferten dagegen ein unbefriedigendes Resultat; ja bei einem

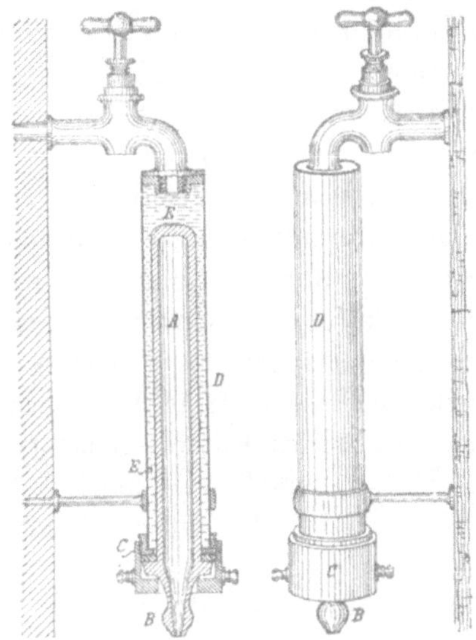

Fig. 6.   Fig. 7.

Durchschnitt des Filters. Umriss des eingetzten Filters.

A. Porzellancylinder, durch welchen das Wasser (von aussen nach innen) filtrirt.

B. Oeffnung des Cylinders, durch welche das filtrirte Wasser abläuft.

C. Schraubenmutter, durch welche der Porzellancylinder im Metallmantel fixirt wird.

D. Cylindrischer Metallmantel, welcher den Porzellancylinder umschliesst.

E. Zwischenraum, welchen das zu filtrirende Wasser ausfüllt.

der untersuchten Kohlefilter erwies sich das ablaufende Wasser sogar bacterienreicher, d. h. die Gelatinelösung rascher in Fäulniss versetzend, als das unfiltrirte Wasser.

W. Hesse[1]) prüfte ebenfalls verschiedene Filtermassen auf ihre bac-

---

[1]) Aus Deutsche medic. Wochenschr. in: Deutsches Wochenblatt f. Gesundheitspflege und Rettungswesen. Berlin 1885 No. 7.

terienbeseitigende Eigenschaft, nämlich ein Filtermaterial aus comprimirten Faserstoffen, ferner verschiedene andere Stoffe, deren wasserreinigende Wirkung allgemein anerkannt ist, als feiner Sand, verschiedene Sorten Thierkohle, Maignan's Patent „Carbo-Calcis" und ein Patentfilter bester Qualität. Als zu filtrirende Flüssigkeit wurde zunächst Jauche verwandt, um die ungünstigsten Verhältnisse zu schaffen. Die Proben des Filtrates wurden der sorgfältigsten bacterioskopischen Prüfung unterworfen.

Die Versuche ergaben Folgendes: „Comprimirte Watte, comprimirte Cellulose, Sand und das Patentfilter liessen alsbald Massen von Keimen durchtreten. Thierkohle, Carbo-Calcis und comprimirter Asbest hielten in der Regel anfangs sämmtliche Keime zurück. Erst nach Stunden und Tagen traten Bacterien durch das Filter und zwar zunächst nicht etwa die feinsten und kleinsten Formen, sondern gewöhnlich eine mit lebhafter Eigenbewegung begabte kleinere Bacterien, welche die zur Prüfung verwandte Gelatine in Fäulniss versetzten. Dieser Befund deutete darauf hin, dass jene Keime weniger durch den Filtrationsvorgang fortbewegt waren, als vielmehr wesentlich sich selbstständig durch das Filter durchgearbeitet hatten. Sobald einmal Keime durch das Filter gedrungen waren, nahm die Zahl und der Formenreichthum der Mikroorganismen im Filtrat in der Regel schnell zu. Mitunter schien schliesslich sogar das Filtrat keimreicher zu sein als die zugeleitete Flüssigkeit, so dass an eine Vermehrung der Keime innerhalb und an der unteren Fläche des Filters gedacht werden musste. Am besten bewährte sich Asbest, und zwar kam es bei diesem Stoffe viel weniger auf die Dicke der Schicht als auf die Kraft an, mit welcher er zusammengepresst war."

In weiteren Versuchen[1]) findet W. Hesse, im Gegensatz zu obigen Resultaten der Jury, dass Asbestfilter[2]) auch besser wirken, als das Pasteur-Chamberland'sche Thonfilter, indem sie stets keimfreies Wasser lieferten, was bei den Thonzellen nicht der Fall war. Die Asbestfilter ergaben für den Anfang sowohl bei der Filtration unter hohem als niedrigem Druck anfänglich eine grössere Menge Filtrat, nahmen dann aber in ihrer Leistung erheblich und schnell ab; dagegen war die Leistung der Thonzellen für den Anfang eine geringere, hielt sich aber längere Zeit, Monate hindurch constant und unverändert.

Trotz der qualitativ schlechteren Leistung der Thonzellen glaubt W. Hesse dieselben doch den Asbestfiltern gleichwerthig hinstellen zu können, weil er nicht bezweifelt, dass es der Technik in kürzester Zeit gelingen wird, zuverlässig und dauernd keimdichte Thonzellen in Masse anzufertigen.

---

[1]) Zeitschr. f. Hygiene 1886 Bd. I S. 178.
[2]) Solche Filter werden nach den Angaben W. Hesse's von E. Hülsmann in Altenbach geliefert.

Die günstigen Eigenschaften des Asbestes für die Wasserfiltration ist in der letzten Zeit auch von Ingenieur Friedr. Breyer[1]) in ausgiebigster Weise zur Darstellung der sog. Mikromembranfilter benutzt.

Zur Fabrikation wird nur der beste, wollartige und seidenglänzende Asbest benutzt; derselbe wird einige Tage in Wasser eingestampft, dann mit krystallinischem kohlensaurem Calcium von Erbsen- oder Hirsekorngrösse vermischt und auf einer eigenthümlich construirten Mahlmühle im nassen Zustande zu einem Brei so oft vermahlen, bis das Material die gewünschte Feinheit hat. Das vermahlene Product wird mit soviel Salzsäure versetzt, dass aller Kalk gelöst wird, und bleibt mit letzterer 1 — 2 Tage stehen, nach welcher Zeit das gebildete Chlorcalcium auf einem gewöhnlichen Papierstoff-Holländer mit Wasser ausgewaschen wird.

Um die so gewonnene feine Asbestfaser (von Breyer „Mikrofaserstoff" gen.) zu einer Lamelle umzuwandeln, wird ein hohler Metallrost zu beiden Seiten mit feinem Drahtgewebe oder Baumwolledüll überzogen und in ein

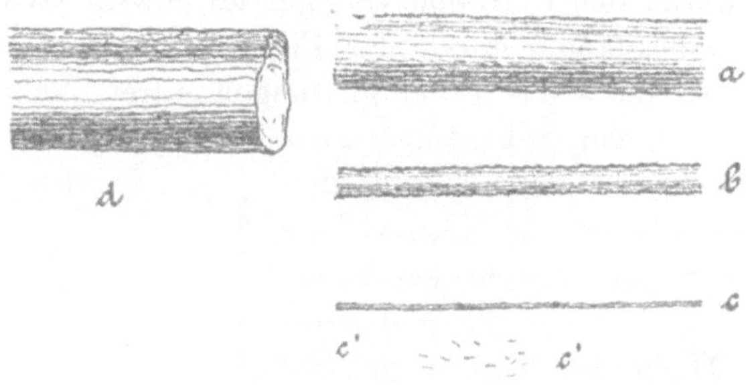

Fig. 8.

Gefäss mit Wasser, in welchem der Asbeststoff suspendirt ist, eingesetzt und darauf durch ein Rohr, welches mit dem zwischen den Geweben eingeschlossenen Hohlraum in Verbindung steht, das Wasser abgeleitet.

Hierbei schlagen sich die Asbestfasern auf die Gewebeflächen nieder und bilden eine Lamelle, welche nach dem Trocknen fest zusammenhängt und eine Dicke von ca. 1—2 mm hat. Der mit dieser Asbestlamelle zu beiden Seiten überzogene Rost bildet ein Filterelement, welches selbstverständlich je nach seiner Grösse eine entsprechende Leistungsfähigkeit besitzt; Breyer berechnet auf 1 qm Fläche ca. $2\frac{1}{4}$ Millionen Filterporen.

Von welcher Feinheit die Asbestfasern sind, möge obenstehende Abbildung (Fig. 8) zeigen, in welcher a eine Seidenfaser, b einen Spinnenfaden, c und c′ Asbestfasern und d einen Glaswollefaden — alle bei 1000 facher Vergrösserung — darstellen.

---

[1]) Friedr. Breyer: Der Mikromembranfilter. Wien 1885. 3. Aufl. Zu beziehen durch die Membranfilter-Fabrik von Friedr. Breyer & Weyden. Wien V. Margarethenhof 10.

Der Träger der Mikromembranlamelle ist ein poröser Metallrost, der dadurch gewonnen wird, dass Messingblech von entsprechender Stärke rostartig geprägt wird. Die Messingrostplatten werden erst auf galvanischem Wege stark vernickelt, dann zu zweien von gleicher Grösse mit der Rückseite an einander gelegt, an den Rändern dicht verlöthet mit Auslauföffnungen von entsprechendem Lumen nach oben und unten, auf beiden Seiten mit Messingdrahtgeweben, welche sehr stark gespannt und an den Rändern mit Weichloth festgelöthet sind, überzogen und schliesslich das Ganze nochmals auf galvanischem Wege stark vernickelt.

Ein solches Metallrostgitter nennt Breyer „Doppel-Membranelement".

Dasselbe ist so construirt, dass es auf beiden Seiten die mobilen Mikromembranlamellen aufnehmen kann. Die Befestigung derselben auf die

Fig. 9.

Taschenfilter, Doppelelement in $^1/_4$ Naturgrösse.

Drahtgewebe geschieht in der Weise, dass die Ränder des Messingrostes vermittelst eines Pinsels mit in Alkohol gelöstem Schellack und Siegellack bestrichen werden. Hierauf wird die Asbestlamelle so aufgelegt, dass die Düllseite auf das Drahtgewebe und die Asbeststoffseite nach aussen zu liegen kommt.

Dieselbe wird mit dem Falzbein oder dem Fingernagel an den bestrichenen Lackrändern angedrückt und darauf der Rand dicht und gut mit Lack überzogen, wie es Fig. 9 zeigt.

Der Filtrationsprozess geht in der Weise vor sich, dass wenn ein Membranelement in eine beliebige Flüssigkeit getaucht wird, der Raum zwischen den Drahtgeweben bezw. Asbestlamellen nur dadurch mit Flüssigkeit angefüllt werden kann, dass die Flüssigkeit die Asbestmembran durchdringt. Dieses geschieht schon bei dem geringen Wasserdruck von 20 mm.

Die Membranelemente werden stets in stehender Lage verwendet. Fig. 10 zeigt die Constructionszeichnung dieses Filtersystems bei der Anwendung als sog. Taschenfilter. Dasselbe besteht aus einem gut vernickelten Gehäuse (in der Seitenansicht bei A, in der Draufsicht bei B dargestellt) aus Messingblech, in welchem ein Doppel-Membranelement der Grössentype I eingeführt ist und welches nach abwärts, bei k in Fig. D, mit einem Kautschukpfropf verschlossen ist und nach aufwärts einen Kautschukschlauch r besitzt. Diesen Apparat kann man zur Filtration auf Reisen (für Touristen u. s. w.) in der Weise verwenden, dass man denselben mit Wasser füllt und das Rohr in ein Glas leitet. Nach etwa 7—9 Minuten der Füllung mit Wasser saugt man an dem Rohrende, klemmt mit den Fingern ab, hält

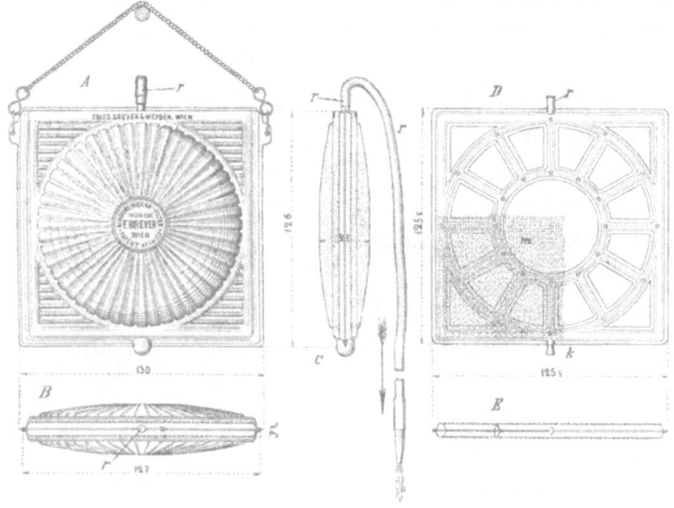

Fig. 10.
Constructionszeichnung der sogenannten Taschenfilter in $^1/_4$ Naturgrösse.
A Seitenansicht; B Draufsicht; C Vertikalschnitt des Gehäuses; D Ansicht; E Querschnitt der Elementconstruction.

das Rohr nach abwärts und öffnet die Fingerklemme erst nach der Senkung des Rohrendes. Fliesst dann noch kein Wasser in einem gleichmässigen Strahl heraus, so wiederholt man dasselbe Spiel nach einigen Minuten wieder. Ein solcher Filter leistet 4—5 Liter Wasser per Stunde.

Durch Verbindung mehrerer Membranelemente untereinander lässt sich die Leistungsfähigkeit beliebig erhöhen. Der Erfinder construirt im ganzen 5 Grössen Rostplatten, von denen die grösste 2 m hoch und 1 m breit ist. Ein Filterapparat der Grössentype III B (eine Elementenbatterie mit fünf Membranelementen) für industrielle Zwecke liefert z. B. bei zweckmässiger Handhabung 250—500 l Wasser pro Stunde.

Ueber die Verbindung der Membranelemente zu sog. Elementbatterien, über die Reinigung und Erneuerung der Filter verweise ich auf die unten citirte Broschüre von Breyer, welche hierüber wie über die verschiedenste Verwendungsweise des Mikromembranfilters die eingehendste Aufklärung giebt.

Nach den Versuchen Breyer's über die Wirkung seiner Membranfilter werden Farbstoffe feinster Natur, wie Cochenille, Ultramarin, Anilinblau aus ihrer Lösung resp. Suspension abfiltrirt. Unreines Maschinenöl wird bei der Filtration durch das Membranfilter rein und durchsichtig.

Auch gelang es, milzbrandhaltige Flüssigkeiten durch Filtration unschädlich zu machen.

Weitere Resultate über die Beseitigung von Mikroorganismen aus einem Wasser sind Verfasser bis jetzt nicht bekannt geworden; jedoch werden diesem Mikromembranfilter für die Wasser-Reinigung durch Filtration von den verschiedensten Seiten sehr günstige Aussichten gestellt.

Im übrigen lauten die Urtheile über die Wirkung der einzelnen Filterkörper, wie wir gesehen haben, sehr verschieden und dürfte der Grund hierfür ohne Zweifel wesentlich in der Art der Herstellung derselben liegen. Jedenfalls wäre es eine nicht unwichtige Errungenschaft, wenn es gelänge, wirklich wirksame und einigermassen dauerhaft wirksame Filter für die Reinigung des Wassers von Mikroorganismen herzustellen; denn wie immer man auch über die Ursache der ansteckenden Krankheiten denken mag, die Beschaffung eines mikrobenfreien Trinkwassers zu Zeiten von Epidemien ist von nicht zu unterschätzender Bedeutung.

3. Reinigung der städtischen Abgangwässer durch chemische Fällungsmittel.

Reinigung durch chemische Fällungsmittel.

Zur Reinigung der mit stickstoffhaltigen organischen Stoffen beladenen Schmutzwässer sind eine ganze Anzahl chemischer Fällungsmittel vorgeschlagen worden, unter anderen:

Kalk resp. Kalkmilch als allgemeines Fällungsmittel.

Kalk und Glaubersalz (Fulda).

Kalk und Lehm (Smith).

Kohle und phosphorsaures Calcium (Lupton).

Kalk, Eisenvitriol und Kohlenstaub (Holden).

Alaun, Blut, Kohle und Thon (Alum, Blood and Charcoal oder Clay, woher der Name A-B-C-Process), wozu noch Magnesiumsalze, Eisen und Aluminiumsulfat etc. kommen (Silar & Wigner).

Blut, Holzkohle, Lehm und Alaun (Nativ-Guano Compagny, limited-London).

Kalk und Eisenchlorid resp. Eisenchlorürchlorid (angewandt in Northampton).

Kalk, Chlormagnesium und Theer (Süvern).

Kalk, Eisen- und Thonerdesalze (Scott).

Kalk, Aluminium- und Ferrosulfat (H. Robinson und J. Ch. Melis).

Eisenchlorid und Gips (Burrow).

Aluminiumsulfat, Zinkchlorid, Eisenchlorid und Soda (Lenk).

Alaun, Thierkohle, Soda und Gyps (Manning).

Alaun, etwas Wasserglas und Tannin (Leigh).

Magnesiumphosphat (Blanchard).

Lösliche Phosphat- und Magnesiumverbindungen (Tessié du Motay).

Calciummonophosphat, Kalkmilch und Magnesiumsalz (Prange und Witthread).

Zinkchlorid, Borax, Wasserglas, isländisches Moos, Asbest etc. (Hansen).

Fluorsilicium, Chlorsilicium und ein alkalisches Silikat (Brobownicki).

Kieselfluor- oder Borfluor-Verbindungen von Eisen, Mangan, Aluminium oder Zink etc. (Rawson und Schlater).

Magnesiummonophosphat und Kalkwasser (Blyt).

Aluminiumsulfat und Knochenkohlepulver (Le Voir).

Holzkohle, Eisenvitriol und Zinksulfat (Siret).

In Salzsäure gelöste phosphorsaure Thonerde (Forbes).

Eine salzsaure Lösung von Bauxit unter Zusatz von Calciumphosphat (Guenantin).

Kalkmilch und Manganchlorür (Knauer).

Kalkmilch und Ausfällen des überschüssigen Kalkes in der Lösung durch Magnesiumcarbonat (Oppermann).

Lösliche Kieselsäure, Aluminiumsulfat und Kalkmilch (Nahnsen-Müller).

Lösliche Kieselsäure, Aluminiumsulfat und Thomasschlacke mit und ohne Zusatz von Kalkmilch (Nahnsen-Müller).

Magnesiumchlorid oder Calciumchlorid mit Ferrichlorid oder Alaun oder einer Mischung derselben, dazu Kalkwasser und event. Carbolsäure (F. Hille-Chiswick).

Eisenchlorid, Eisenvitriol, Carbolsäure und Wasser als saures und als alkalisches Präparat: Carbolsäure, Thonerdehydrat, Eisenoxydhydrat, Kalk und Wasser (M. Friedrich & Co. Leipzig).

Aluminiumsulfat und Natriumaluminat (Fr. Maxwell-Lyte).

Ein Salzgemisch von Eisen-, Thonerde- und Magnesia-Präparaten, dessen Zusammensetzung je nach dem Abwasser verschieden ist, dazu Kalk und besonders präparirte Zellfaser etc. (Dr. Fr. Hulwa-Breslau).

etc. etc.

Die Wirkungsweise aller dieser chemischen Fällungsmittel beruht darauf, dass dieselben durch Zusatz zu den Schmutzwässern entweder unter sich oder mit Bestandtheilen der Schmutzwässer unlösliche Verbindungen bilden, welche sich niederschlagen und gleichzeitig die suspendirten Schlammstoffe der Schmutzwässer mit niederreissen.

Als Fällungsmittel ist der Kalk resp. die Kalkmilch am weitesten in Gebrauch; seine klärende Wirkung ist darauf zurückzuführen, dass der Kalk mit dem in den fauligen Schmutzwässern vorhandenen doppeltkohlensauren Calcium oder der freien Kohlensäure resp. der an Alkalien gebundenen Kohlensäure nach obiger Gleichung (S. 56) einfach kohlensaures Calcium bildet, welches sich unlöslich abscheidet und dadurch eine Niederschlagung der suspendirten Schmutzstoffe bewirkt.

Wird neben dem Kalk eine Metallverbindung z. B. ein Eisen- oder Thonerdesalz etc. angewendet, so bilden sich gleichzeitig die unlöslichen Oxyd- oder Oxydul-Verbindungen dieser Basen, welche die mechanische Ausfällung der suspendirten Schlammstoffe mehr oder weniger wesentlich unterstützen. Andererseits werden die übelriechenden Stoffe der Schmutzwässer entfernt, indem z. B. der Schwefelwasserstoff durch Kalkmilch als Schwefelcalcium oder bei Anwendung von Eisensalzen oder sonstigen Metallsalzen als Schwefeleisen resp. als Schwefelverbindung der sonstigen Metalle gebunden wird.

Bei Anwendung von Gyps (Calciumsulfat) kann auch eine Bindung des Ammoniumcarbonats resp. eine Umsetzung statthaben, indem sich Calciumcarbonat und Ammoniumsulfat bilden. Da ersteres, das Ammoniumcarbonat, schon bei gewöhnlichen Temperaturen flüchtig ist, letzteres, das Ammoniumsulfat, dagegen nicht, so wird durch Gypszusatz den Schmutzwässern mehr oder weniger der stechende Geruch nach Ammoniak genommen.

Wenn auf diese Weise die Schmutzwässer durch die chemischen Fällungsmittel einerseits die suspendirten Schlammstoffe, andererseits den üblen Geruch verlieren, so fragt es sich weiter, wie steht es mit den in Lösung befindlichen Fäulnissstoffen und können die geklärten oder klar aussehenden und geruchlosen Schmutzwässer als hinreichend gereinigt angesehen werden?

Was zunächst das Ammoniak als Fäulnissproduct der stickstoffhaltigen organischen Stoffe anbelangt, so hat man vielfach angenommen, dass dasselbe durch Anwendung von löslicher Phosphorsäure, Magnesiumsalze und Kalkmilch gefällt werden könne, indem sich unlösliches phosphorsaures Ammonium-Magnesium bilde; aus dem Grunde ist von Prange & Witthread, wie oben angeführt, Calciummonophosphat, Magnesiumsalz und Kalkmilch, von Blyth Magnesiumphosphat und Kalkwasser als Fällungsmittel für Ammoniak vorgeschlagen.

Die hierüber angestellten Untersuchungen haben aber ergeben, dass das Ammoniak wenigstens in der Verdünnung, in welcher es in den fauligen Wässern vorzukommen pflegt, nicht oder nur in geringer Menge gefällt wird.

Ich versetzte ein Jauchewasser, welches im natürlichen filtrirten Zustande 261,7 mg Stickstoff in Form von Ammoniak pro l enthielt, in einer Portion mit

2,0 g Kalk pro 1 Liter, in einer anderen mit 4 g Superphosphat (von 14,5%, also = 0,58 g wasserlöslicher Phosphorsäure) + 2 g $MgCl_2$ + 2 g CaO und fand pro 1 Liter des gefällten und filtrirten Wassers:

	Portion I. (mit Kalk allein)	Portion II. (mit Kalk, Phosphorsäure und Magnesiumsalz)
Stickstoff in Form von Ammoniak	238,9 mg	228,3 mg

In der mit einer verhältnissmässig grossen Menge wasserlöslicher Phosphorsäure, Chlormagnesium und Kalkmilch versetzten Portion war demnach nur unerheblich weniger Ammoniak als in der blos mit Kalkmilch behandelten Portion.

Man kann daher in Uebereinstimmung mit anderweitigen Versuchen wohl behaupten, dass wir ein wirksames und praktisch anwendbares chemisches Fällungsmittel für das Ammoniak in den fauligen Schmutzwässern bis jetzt nicht besitzen.

Gehen wir nach diesen allgemeinen Bemerkungen näher auf die mit den einzelnen Fällungsmitteln erzielten Resultate ein, so findet unter den vorstehend aufgeführten chemischen Fällungsmitteln

1. der Kalk

die weiteste Verwendung. Die Wirkung desselben beruht, wie schon bemerkt, darauf, dass sich aus dem doppeltkohlensauren Calcium der Wässer sowie aus der freien Kohlensäure derselben einfach kohlensaures Calcium bildet, welches sich als unlöslich niederschlägt und die suspendirten Schlammtheilchen mit niederreisst. Die auf diese Weise mit Kalk gereinigten Kanalwässer von Blackburn und von Leicester ergaben z. B. pro 1 l:

Fällung durch Kalk.

	Suspendirte Stoffe		Gelöste Stoffe					
	Unorganische	Organische	Im ganzen	Organischer Kohlenstoff	Organischer Stickstoff	Ammoniak	Gesammt-Stickstoff
	mg	mg	mg	mg	mg	mg	mg
1. Kanalwasser von Blackburn							
a) Vor der Behandlung mit Kalk .	133,8	283,0	597,0	41,03	4,6	14,26	16,34
b) Nach „ „ „ „ .	63,4	69,8	660,0	26,19	4,12	19,59	20,12
2. Kanalwasser von Leicester							
a) Vor der Behandlung mit Kalk .	185,0	295,8	1120,0	35,36	7,47	18,00	22,29
b) Nach „ „ „ „ .	19,0	9,4	900,0	26,08	3,40	18,00	18,22

Wie man sieht, sind hiernach die suspendirten Stoffe zu ca. 80%, der gelöste organische Kohlenstoff zu 28% und der gelöste organische Stickstoff nur zu 44% vermindert, während das Ammoniak und die gesammten löslichen Stoffe in einem Falle eine schwache Vermehrung erfahren haben. Vgl. S. 57—59.

Der in Leicester durch Fällen mit Kalk erhaltene Niederschlag sowie mehrere von Dr. Wallace[1]) untersuchte Proben derartiger Niederschläge ergaben folgende Zusammensetzung:

	Wasser %/o	Or- ganische Stoffe %/o	In letz- teren Stick- stoff %/o	Mineral- stoffe %/o	Phos- phor- säure %/o	Schwe- fel- säure %/o	Kohlen- säure %/o	Kalk %/o	Magne- sia %/o	Eisen- oxyd %/o
1. Niederschlag in Leicester . . .	Wasser- frei	62,59	0,85	37,41	0,15	—	—	—	—	—
2. Aus 1 Million Gallon Spülwasser u. 1 Tonne Kalk .	11,35	30,60	1,33	58,05	2,31	0,71	4,86	10,65	4,12	5,56
3. desgl. nach einem leichten Regen .	11,87	35,62	1,85	52,51	1,97	1,02	12,25	20,57	4,00	1,26
4. Erster Rückstand nach Behandlung mit Kalk . . .	11,75	35,82	1,48	52,43	1,55	0,26	14,58	22,88	1,22	1,21
5. Zweiter Rückstand nach desgl.	14,00	40,68	2,06	45,32	1,44	0,22	10,94	18,54	0,57	1,40

Die Probe 1 ergab nur 0,09 % Ammoniak.

Andere Fällungsmittel.

Um die Wirkung des Kalkes zu unterstützen, fügt man noch verschiedene andere Chemikalien hinzu; so verwendet

2. Holden: Kalk, Eisenvitriol, Kohlenstaub und lässt durch eine Reihe Klärbassins fliessen.

3. in Gloucestershire verwendet man rohes Aluminiumsulfat und filtrirt nach dem Klären durch Coaks.

A.B.C-Process.

4. Sillar & Wiger versetzen nach dem A.B.C-Process (Alum, Blood and Charcoal oder Clay) mit einer Mischung von Alaun (600 Theile), Blut (1 Theil), Thon (1000 Theile), Magnesia (5 Theile), mangansaures Kalium (10 Theile), gebranntem Thon (25 Theile), Holzkohle (20 Theile), Thierkohle (15 Theile), und Dolomit (2 Theile). Hierzu kommen in einer anderen Mischung noch Aluminiumsulfat, Ferrosulfat und schwefelsaures Calcium und Thonerde.

5. Northampton verwendet zur Reinigung des Kanalwassers von 40,000 Personen Kalkmilch und Eisenchlorürchlorid und filtrirt dasselbe nach dem Absetzen durch eine Schicht Eisenerz. Die nach diesen Reini-

---

[1]) Siehe Ch. Heinzerling: Die Abwässer. Halle a. S. S. 19.

gungs-Verfahren von der mehrfach erwähnten englischen Commission erhaltenen Resultate sind folgende:

1 Liter Kanalwasser enthält:	Suspendirte Stoffe		Gelöste Stoffe						
	Unorganische mg	Organische mg	Gesammt mg	Organischer Kohlenstoff mg	Organischer Stickstoff mg	Ammoniak mg	Stickstoff als Nitrate und Nitrite mg	Gesammt-Stickstoff mg	Chlor mg
2. Holden-Process:									
von Bradford									
Vor der Behandlung . . . } 5. Oct. 1869	1495	360,5	799	63,03	5,77	18,45	0,08	21,04	64,7
Nach derselben	0	0	1704	35,78	6,68	15,20	3,67	24,87	67,8
3. Aluminiumsulfat:									
von Stroud									
Vor der Behandlung . . . } 28. Octbr. 1868	151,5	278,5	485	22,89	13,30	31,52	0,44	39,70	—
Nach derselben	18,8	22,0	535	22,03	6,92	22,75	0,33	25,98	—
4. A.B.C-Process:									
von Leanington									
Vor der Behandlung . . . } 10. Mai 1870	176,8	331,2	1257	66,57	19,49	99,90	0	101,76	153,0
Nach derselben	396	48,0	1346	61,30	19,29	110,17	0	110,02	153,0
von London									
Vor der Behandlung . . . } 10. Mai 1870	1,03	180	673	36,14	18,86	54,18	0	63,48	102,3
Nach derselben	Spur	Spur	805	22,57	18,78	60,86	0	68,90	102,0
5. Kalk und Eisenchlorid:									
Vor der Behandlung . .	667,2	164	880	37,00	28,59	60,00	0	78,0	—
Nach „ „ . .	9,2	0,4	885	18,45	17,79	50,00	0	58,97	—

Crookes[1]) untersuchte die in der Anstalt der Nativ-Guano-Gesellschaft zu Crossness nach dem A.B.C.-Process gereinigte Kloakenflüssigkeit und fand in letzterer noch pro 1 l:

| 12,5 | 5,9 | 1114,0 | 7,7 | 11,6 | 23,1 | — | 30,6 | 144,0 |

Hiernach werden durch die Fällungsmittel entfernt in % der vorhandenen Bestandtheile:

	Von suspendirten Stoffen	Von gelösten Stoffen Kohlenstoff	Stickstoff
Holden-Process	100,0 %	28,3 %	0,0 %
Aluminiumsulfat . . .	79,0 %	3,8 %	48,0 %
A.B.C-Process	92,0 %	32,1 %	54,3 %
Kalk- und Eisenchlorid .	99,8 %	50,1 %	37,1 %

---

[1]) Chem. News 1872 Bd. 73, S. 217.

Der nach dem Holden-Process erhaltene Niederschlag enthielt 0,5 % Stickstoff und 0,3 % Phosphorsäure; der in Leanington erhaltene Schlamm bestand aus: Wasser 7,46 %, organische Stoffe 34,27 % mit 1,55 % Stickstoff, Ammoniak 0,16 %, Phosphorsäure 1,98 % und 46,13 % Thon etc.

Dr. Wallace fand (l. c.) für drei durch Aluminiumsulfat (Alumcake)[1] und Kalk aus Spülwässern erhaltenen Niederschläge im trocknen Zustande folgende procentische Zusammensetzung:

	Wasser %	Or-ganische Stoffe %	Darin Stick-stoff %	Mineral-stoffe %	Phos-phor-säure %	Schwe-fel-säure %	Kohlen-säure %	Kalk %	Magne-sia %	Thon-erde %	Kiesel-säure %
Aus 1 Million Gallon Spül-wasser und											
1. je 1 Tonne Kalk und Aluminiumsulfat . .	12,71	29,61	1,26	57,68	2,12	1,73	8,37	16,70	3,24	4,51	16,62
2. 1 Tonne Aluminium-sulfat und 33 Ctr. Kalk	10,18	62,40	3,58	29,42	5,12	5,72	0,80	3,69	0,97	10,29	1,40
3. 1 Tonne Aluminium-sulfat und 5 Ctr. Kalk	14,80	39,60	1,52	45,60	4,86	2,12	3,40	5,20	3,92	18,26	6,90

Das Spülwasser No. 2 enthielt auch Abfallwasser aus Brennereien.

6. **Süvern's Desinfectionsmittel;** dasselbe wird in der Weise bereitet, dass man 100 Theile Kalk mit 300 Theilen Wasser löscht, dem heissen Brei noch 8 Theile Theer und 33 Theile Chlormagnesium zusetzt und schliesslich so viel Wasser, dass das Ganze 1000 Theile beträgt. 10 Theile dieser Mischung sollen für 1000 Theile Kanalwasser ausreichen.

Die in Berlin 1867 hiermit angestellten Versuche ergaben ein im allgemeinen günstiges Resultat; das gereinigte Wasser enthielt noch 2,8 bis 6,0 mg organischen Stickstoff; der Niederschlag ergab 0,7—1,0 % Stickstoff und 1,2—1,5 % Phosphorsäure.

7. **Lenk** nimmt rohe schwefelsaure Thonerde, Zinkchlorid, Eisenchlorid oder Soda.

Krocker[2] fand für die mit dem Süvern'schen (a) und Lenk'schen (b) und Völcker[3] die mit letzterem (c) Fällungsmittel erhaltenen Schlammabsätze der Kloakenwässer Berlins folgende procentische Zusammensetzung:

---

[1]) Das Thonerdepräparat enthielt: 49,31 % Wasser, 47,62 % Aluminiumsulfat 0,58 % Ferrosulfat, 1,09 % freie Schwefelsäure etc.
[2]) Ann. d. Landw. 1871. 3. Wochenbl.
[3]) Ebendort 1869. S. 403.

	Wasser %	Organische Stoffe %	Stickstoff %	Phosphorsäure %	Schwefelsäure %	Kieselsäure %	Kalk %	Magnesia %	Kali %	Eisenoxyd %	Thonerde %	Kohlensäure %	Sand %
a)	48,75	10,50	0,26	0,55	0,43	0,45	10,63	0,85	Spur	0,19	—	7,95	19,64
b)	90,55	5,90	0,38	0,31	0,07	0,08	0,26	0,03	0,01	0,09	0,98	—	1,51
c)	Trocken	42,26	1,86	4,91	0,33	—	13,91	2,30	0,59	4,44		6,52	—

8. Ueber das von Prange & Witthread angewendete Fällungsmittel: saures Calciumphosphat, Kalkmilch unter Zusatz von Magnesiumsalz hat A. Petermann[1]) bei dem Brüsseler Kanalwasser Versuche angestellt und pro 1 l gefunden: Prange & Witthread's Fällungsmittel.

	In Suspension			In Auflösung								
	Organ. Substanzen mg	Mineralsubstanzen mg	Gesammt mg	Organ. Substanzen mg	Mineralsubstanzen mg	Gesammt mg	Organ. Kohlenstoff mg	Organ. Stickstoff mg	Stickstoff als Ammoniak mg	Salpetersäure mg	Phosphorsäure mg	Chlor mg
Sewage vor der Reinigung	262,3	256,5	518,8	439,2	484,0	923,2	107,7	13,8	38,6	0,0	7,7	132,6
desgl. nach der Reinigung	15,2	42,1	57,3	174,8	594,4	769,2	69,5	8,9	41,6	0,0	Spuren	134,6

Für je 7 l Kanalwasser wurden 8 g des Fällungsmittels hinzugefügt; letzteres enthielt: 9,95 % wasserlösliche Phosphorsäure, 1,67 % in Ammoniumcitrat und 10,53 % in Salzsäure lösliche Phosphorsäure.

Ausserdem enthielt das geklärte Wasser 68 mg Kali; der bei 100° getrocknete Niederschlag ergab:

Wasser 2,27
Organische Stoffe (mit 0,6 % Stickstoff) 23,31
Sand und Thon 18,81
Mineralsubstanz (mit 4,87 in Citrat löslicher und
 und 4,77 in Salzsäure löslicher Phosphorsäure). 56,14
               100,00

Von den 52,4 mg Gesammtstickstoff wurden demnach nur 1,9 mg oder nur 3 % gefällt.

Also auch nach diesem Versuch ist durch die Anwendung von löslicher Phosphorsäure und Magnesiumsalzen kein Ammoniak (in Folge etwaiger Bildung von phosphorsaurem Ammonium-Magnesium) ausgefällt (vgl. S. 147). In der Sewage nach der Reinigung ist sogar etwas mehr Ammoniak als vor der Reinigung.

---

[1]) Bulletin de la station agricole de Gembloux No. 11.

Collet's Fällungs-mittel.

9. **Henri Collet** in **Paris** giebt an, auf folgende Weise die Ausfällung des Ammoniaks zu bewirken: man versetzt die Kloakenwässer mit oxydirtem Pyrit mit oder ohne Zusatz von Zinksulfat. Oder man setzt Thon, Schwefelsäure und Ferrisulfat und event. Braunstein zu. Dieses Gemisch wird vorher getrocknet, zerkleinert und mit Kieselfluorwasserstoffsäure versetzt. Den Abfallstoffen werden 5 % davon zugesetzt. Die gelatinösen und eiweissartigen Stoffe coaguliren und steigen mit den suspendirten festen Stoffen als Schaum an die Oberfläche. Auch durch Wasserglas mit Zink oder Eisensulfat und Schwefelsäure soll der Schaum hervorgebracht werden. Die davon getrennte saure Flüssigkeit enthält Stickstoff in Form von Ammoniumsalzen. Dieselbe wird durch Kalk neutralisirt. Durch Zusatz von Dolomit oder Kieserit wird dann Ammonium-Magnesiumphosphat gefällt.

Wirkliche Versuchsergebnisse über dieses Verfahren sind dem Verfasser bis jetzt nicht bekannt geworden; indess ist die Ausfällung des Ammoniaks auch nach diesem Vorschlage sehr unwahrscheinlich.

Forbes' u. Price's Fällungs-mittel.

10. **Dr. Forbes** und **A. P. Price**[1]) wenden ein in Westindien in grosser Menge vorkommendes Thonerdephosphat von folgender Zusammensetzung zum Fällen der Kloakenwässer an:

Wasser	Phosphorsäure	Thonerde	Eisenoxyd	Kalk	Unlöslicher Rückstand
22,22—22,88 %	33,11—38,96 %	24,57—27,06 %	2,07—2,76 %	1,03—2,09 %	6,70—17,00 %

Das Phosphat wird im gemahlenen Zustande der Einwirkung von 7 % tiger Schwefel- und Salzsäure ausgesetzt; das Kloakenwasser wird in Reservoirs oder Gruben gepumpt, mit dem aufgeschlossenen Phosphat gefällt, erst absetzen gelassen, dann noch mit Kalkmilch weiter geklärt. **A. Völcker** fand für den durch Zusatz von je 3000 kg zu 4 543 000 l Kloakenwasser von der London-Brücke erhaltenen Niederschlag folgende procentische Zusammensetzung:

Wasser	Organische Substanz+chem. gebundenes Wasser	Phosphorsäure	Kalk	Thonerde + Eisenoxyd etc.	Sand
3,98 %	20,11 %	28,52 %	13,09 %	29,95 %	4,35 %

Graham's Fällungs-mittel.

11. **A. Donalt Graham**[2]) hat neuerdings zur Reinigung der putriden Schmutzwässer folgendes Verfahren in Vorschlag gebracht:

Das zur Reinigung der Abwässer dienende Fällungsmittel wird erhalten durch Mischen von Braunstein mit soviel sehr fein vertheiltem Pyrit, als zur Umwandlung des Mangans in Sulfat nothwendig ist, durch Versetzen des

---

[1]) Centr. Bl. f. Agriculturchemie 1871 Bd. I S. 214.
[2]) Nach Chem. News 1881. Bd. 53 S. 160 in Chem.-Ztg. (Chem. Repertorium, Wochenbericht) 1886 S. 79.

Gemisches mit fein vertheiltem Thon im Verhältniss von 5 Theilen Thon auf 1 Theil Braunstein und Erhitzen des ganzen Gemenges in einem Muffelofen, wobei anfangs gelinde und später bis zur beginnenden Rothgluth erhitzt wird. Nach 3—4 Stunden ist die Oxydation beendet und alles Mangan, sowie ein Theil des Eisens in Sulfat verwandelt. Die erkaltete Masse wird mit Wasser besprengt und eine Woche oder länger feucht erhalten.

Diesem Fällungsmittel wird bei seiner Verwendung event. noch Thon zugesetzt, oder Holzkohle, wenn die Abwässer stark gefärbt sind. Sind letztere sauer, so muss etwas Kalk zugegeben werden. In der Regel sind indess die Wässer hinreichend alkalisch, um die Fällung des Mangans und Eisens zu bewirken.

Der aus den Abwässern gefällte Schlamm hat die Eigenthümlichkeit, sich freiwillig zu erhitzen. Er wird in Filterpressen von überflüssigem Wasser befreit und dann an einem geschützten Ort in Haufen geworfen, worauf starke Erhitzung eintritt und die Temperatur im Innern häufig auf 80° C. steigt. Schliesslich ist die Masse trocken und leicht zerreiblich. Sie kann dann zur Rückführung des Mangans und Eisens in Sulfat wieder mit Pyrit erhitzt werden, wobei die Oxydation der organischen Stoffe sehr vollständig und nicht die geringste Belästigung wahrnehmbar ist. — Die Herstellung von 1 Liter des Fällungsmittels mit ca. 15% Sulfaten und 85% Thon kostet ca. 16 S, und der Schlamm kann für 8—9 S pro 1 Liter regenerirt werden.

Das mit diesem Fällungsmittel behandelte Wasser ist klar und geruchfrei und kann lange aufbewahrt werden, ohne dass sich lästige Gase oder organische Keime entwickeln.

12. Fällungsmittel von Dr. H. Oppermann in Bernburg.

Der Umstand, dass freier Kalk, wie S. 147 hervorgehoben ist, unter Umständen zersetzend und lösend auf die organischen Stoffe der Schmutzwässer wirkt, hat H. Oppermann veranlasst, Magnesiumcarbonat und Kalk als Fällungsmittel vorzuschlagen. Diese setzen sich nämlich um zu Calciumcarbonat und Magnesiahydrat und letzteres hat die günstige Eigenschaft, dass es einerseits nicht zersetzend und lösend auf Eiweissstoffe wirkt, andererseits sowohl in der Lösung wie in dem entstandenen Niederschlag die Entwickelung von Mikroorganismen verhindert.

Um den Niederschlag schneller zum Absetzen zu bringen, verwendet H. Oppermann neben dem Magnesiumcarbonat etwas Eisenvitriol und lässt so viel Kalk darauf einwirken, dass beide zersetzt werden; nur bei einer Alkalität von 0,01—0,05 g CaO pro 1 l bleibt Magnesiahydrat gelöst, bei höherer Alkalität wird dieselbe gefällt.

Was die Umsetzung des Magnesiumcarbonats mit Kalk anbelangt, so kommt es nach den Untersuchungen Oppermann's darauf an, welche der verschiedenen kohlensauren Salze der Magnesia angewendet werden. Die sog. Magnesia alba des Handels wird durch Zersetzung löslicher Magnesiumsalze mit Natriumcarbonat hergestellt. Man kann aber auch Magnesiumcarbonat aus Magnesiahydrat mit Kohlensäure oder durch Kochen einer doppeltkohlensauren Magnesiumlösung erhalten.

Bringt man das erstere Präparat in Wasser suspendirt mit Kalk zusammen, so wird letzterer in der Kälte langsam, in der Wärme schnell in kohlensaures Calcium übergeführt. Die anderen Carbonate bewirken diese Umsetzung sofort. Beide Präparate wirken frisch bereitet und noch feucht (fein vertheilt) am effectvollsten.

Ganz neuerdings stellt Dr. H. Oppermann[1]) das Magnesiumcarbonat für genannten Zweck dadurch her, dass er reinen gebrannten Dolomit (mit 40 % MgO und 59 % CaO) in 5 Thle. Wasser vertheilt und in diese Dolomitmilch bei 25—30° C. — die Temperatur ist genau einzuhalten — bei einem Druck von ca. 1 Atmosphäre verdünnte Kohlensäure leitet.

Ich versetzte 4,2 g präcipitirtes Magnesiumcarbonat (wahrscheinlich die Magnesia alba des Handels) mit 2,8 g CaO im gelöschten Zustande in 9,4 l destillirtem Wasser und liess 24 resp. 72 Stunden stehen. Nach 24 Stunden fanden sich nur noch 0,0800 g, nach weiteren 48 Stunden 0,0770 g CaO pro 1 l in Lösung, während ursprünglich 0,2978 g CaO vorhanden waren; es hatten sich daher ca. 72,2% verhältnissmässig schnell mit dem Magnesiumcarbonat umgesetzt[2]).

Mit dieser Verbindung von Magnesiumcarbonat habe ich einige künstliche Fällungsversuche im Vergleich zu Kalk allein vorgenommen und zwar bei 2 städtischen Abgangwässern (einem weniger und einem mehr verunreinigten), sowie bei einem Strohpapierabflusswasser.

Es wurden verwendet 0,56 g resp. 0,84 g CaO, dazu 0,84 resp. 1,26 g $MgCO_3$, wie 0,15 g $FeSO_4 + 7H_2O$; die grösseren Mengen Kalk kamen bei dem stärker verunreinigten städtischen Abgangwasser zur Anwendung. Auch wurde bei diesen beiden Wässern etwas mehr als die stöchiometrisch erforderliche Menge Kalk zugesetzt, nämlich so viel mehr, dass eine Alkalität von 0,01—0,05 g CaO pro 1 l vorhanden war. Das mit diesen Fällungsmitteln versetzte Schmutzwasser gelangte sowohl gleich nach mehrstündigem als auch nach mehrtägigem Stehen zur Untersuchung; 1 l der Wässer enthielt gelöst:

	1. Weniger verunreinigtes städtisches Abgangwasser					2. Stark verunreinigtes städtisches Abgangwasser			
	Mineralstoffe (Glührückstand) mg	Glühverlust (organ. Stoffe etc.) mg	Stickstoff mg	Zur Oxydation erforderlicher Sauerstoff nach einigen Stunden mg	nach mehreren Tagen mg	Glühverlust (organ. Stoffe etc.) mg	Stickstoff mg	Zur Oxydation erforderlicher Sauerstoff mg	Kalk mg
a) Einfach filtrirtes Schmutzwasser	316,5	241,5	20,3	97,6	72,8	852,0	36,3	473,6	32,0
b) mit 0,56 resp. 0,84 g CaO pro 1 l gefällt	406,0	151,6	15,7	75,2	64,0	869,0	33,4	390,4	98,0
c) mit desgl. wie b + 0,84 resp. 1,26 g $MgCO_3$ gefällt	?	157,0	15,7	67,2	57,6	811,0	30,8	384,0	79,5
d) mit desgl. wie c + 0,15 g Eisenvitriol pro 1 l	420,0	154,0	10,8	67,2	52,0	710,0	23,8	352,0	78,0

[1]) Nach einer brieflichen Mittheilung.

[2]) Bei Anwendung von krystallinischem Magnesiumcarbonat (Magnesit) war die Umsetzung nur eine langsame, anstatt 0,2652 g CaO fanden sich nach 24 Stunden noch 0,2075 und nach weiteren 48 Stunden noch 0,2055 CaO pro 1 l in Lösung.

3. Bei dem Strohpapierabflusswasser wurden folgende Resultate für das filtrirte Wasser erhalten:

	Glührückstand (Mineralstoffe)		Glühverlust (organische Stoffe etc.)		Zur Oxydation erforderlicher Sauerstoff		Stickstoff	Kalk
	nach mehrstündigem Stehen	nach 8 tägigem Stehen	nach mehrstündigem Stehen	nach 8 tägigem Stehen	nach mehrstündigem Stehen	nach 8 tägigem Stehen	nach mehrstündigem Stehen	
	mg	mg	mg	mg	mg	mg	mg	mg
a) Einfach filtrirtes Wasser . .	1631,5	1959,6	1761,5	1424,4	896,0	504,0	22,5	682,0
b) mit 0,56 g CaO pro 1 l gefällt	1427,5	1769,2	1820,5	1511,2	944,0	760,0	27,0	621,0
c) mit 0,56 g CaO + 0,84 g MgCO$_3$ pro 1 l gefällt	1305,0	1562,0	1856,5	1510,0	880,0	704,4	20,2	562,5

Hieraus ersieht man, dass das Magnesiumcarbonat in Gemeinschaft mit Kalk in allen 3 Fällen eine stärkere Fällung hervorgerufen hat, resp. dass das filtrirte Wasser weniger organische Stoffe in Lösung enthält, als bei Anwendung von Kalk allein; dabei ist der Gehalt an Kalk (d. h. freiem) in den mit Magnesiumcarbonat versetzten Proben ebenfalls geringer, als in den Proben, die nur mit Kalk gefällt wurden.

Auch setzte sich der Niederschlag bei Wasser No. 3 viel schneller ab und war die überstehende Flüssigkeit viel klarer und farbloser; bei Wasser No. 1, welches viel Seifenwasser enthielt, bildete sich fast momentan ein grossflockiges Gerinnsel, welches sich sehr rasch absetzte und wobei die überstehende Flüssigkeit fast klar und wasserhell war; die mit Magnesiumcarbonat und Kalk versetzten Proben verhielten sich in dieser Hinsicht nicht nur günstiger wie die nur mit Kalk versetzten, sondern auch sogar günstiger, wie solche Proben, die mit Aluminiumsulfat und Kalk gefällt wurden.

Selbstverständlich können diese Versuche im kleinen noch nicht als massgebend für die Reinigung im grossen angesehen werden; indess scheint das Magnesiumcarbonat besonders in Gemeinschaft mit etwas Eisenvitriol bei Fällung der Schmutzwässer der Beachtung werth und ist möglich, dass dasselbe in anderer Form (sei es aus Magnesia und Kohlensäure oder aus doppeltkohlensaurem Magnesium bereitet) eine noch günstigere Wirkung äussert.

13. **Fällung mit Aluminiumsulfat und Natriumaluminat von Fr. Maxwell Lyte.**

Aus demselben Grunde wie Dr. H. Oppermann, nämlich um einen Gehalt an freiem Kalk, sowie auch eine grosse Härte des gereinigten Wassers zu vermeiden, hat Fr. Maxwell Lyte vorgeschlagen, die Schmutzwässer mit Aluminiumsulfat und Natriumaluminat an Stelle von Kalk zu fällen. Die Umsetzung verläuft hierbei für das gewöhnliche Natriumaluminat nach folgender Gleichung:

$$Na_6Al_2O_9 + Al_2(SO_4)_3 . 18\,H_2O = 3\,Al_2(OH)_6 + 3\,Na_2SO_4 + 9\,H_2O.$$

Auf diese Weise kann nicht nur jegliche alkalische Beschaffenheit des Wassers vermieden werden, sondern gelangt auch nicht, wie bei der üblichen Anwendung von Kalk, Calciumsulfat in das gereinigte Wasser, welches eine grosse Härte desselben bedingt.

Um die Wirkung dieses Fällungsmittels zu ermitteln, habe ich dieselben 3 Schmutzwassersorten, welche zu den vorstehenden Versuchen dienten, einerseits mit Aluminiumsulfat und Kalk, andererseits mit Aluminiumsulfat und Natriumaluminat gefällt.

Verwendet wurden zum Fällen 0,56 g resp. 0,84 g CaO und 0,3 g resp. 0,4 g Aluminiumsulfat pro 1 l — die grössere Menge bei Wasser No. 2 — und ferner Aluminiumsulfat und Natriumaluminat in solchem Verhältniss, dass eine Umsetzung genau nach vorstehender Gleichung stattfand; zu dem Zweck wurde die Alkalität des Natriumaluminats vorher bestimmt und ergaben sich in diesem Falle auf 0,3 g resp. 0,4 g Aluminiumsulfat 0,25 resp· 0,34 g Natriumaluminat pro 1 l.

Die mit den einzelnen Fällungsmitteln versetzten und filtrirten Wässer ergaben in der Lösung pro 1 l:

	1. Weniger verunreinigtes städtisches Abgangwasser					2. Stark verunreinigtes städtisches Abgangwasser			
	Glührückstand (Mineralstoffe)	Glühverlust (organ. Stoffe etc.)	Stickstoff	Zur Oxydation erforderlicher Sauerstoff		Glühverlust (organische Stoffe)	Stickstoff	Zur Oxydation erforderlicher Sauerstoff	Kalk
	nach mehrstündigem Stehen			nach mehrstündigem Stehen	nach mehrtägigem Stehen				
	mg	mg	mg	mg	mg	mg	mg	mg	mg
a) Einfach filtrirtes Schmutzwasser . .	316,5	241,5	20,3	97,6	72,8	852,0	36,3	473,6	32,0
b) Mit 0,56 g resp. 0,84 g Kalk allein gefällt	406,0	151,6	15,7	75,2	64,0	869,0	33,4	390,4	98,0
c) Mit desgl. wie bei b + 0,3 g resp. 0,4 g Aluminiumsulfat gefällt	473,5	158,0	18,0	70,4	64,0	710,0	32,5	345,6	90,0
d) Mit 0,3 g resp. 0,4 g Aluminiumsulfat + 0,25 resp. 0,34 g Natriumaluminat gefällt	566,0	142,0	9,0	62,4	48,8	805,5	25,2	371,2	30,5

3. Abgangwasser aus einer Strohpapierfabrik:

	Glührückstand (Mineralstoffe)		Glühverlust (organische Stoffe etc.)		Zur Oxydation erforderlicher Sauerstoff		Stickstoff	Kalk
	nach mehrstündigem Stehen	nach 8 tägigem Stehen	nach mehrstündigem Stehen	nach 8 tägigem Stehen	nach mehrstündigem Stehen	nach 8 tägigem Stehen	nach mehrstündigem Stehem	
	mg	mg	mg	mg	mg	mg	mg	mg
a) Einfach filtrirtes Wasser	1631,5	1959,6	1761,6	1424,4	896,0	504,0	22,5	682,0
b) Mit 0,56 g CaO pro 1 l gefällt	1427,5	1769,2	1820,5	1511,2	944,0	760,0	27,0	621,0
c) Mit 0,56 g CaO + 0,3 g Aluminiumsulfat pro 1 l gefällt	1388,0	1563,2	1380,5	1311,6	704,0	652,0	?	601,5
d) Mit 0,3 g Aluminiumsulfat + 0,25 g Natriumaluminat gefällt	1671,0	1931,6	1709,0	1336,0	864,0	568,0	?	643,0

Hiernach hat Aluminiumsulfat + Natriumaluminat (also eine Fällung in neutraler Lösung) unter allen Umständen eine stärker fällende Wirkung auf die organischen Stoffe resp. organischen Stickstoff geäussert, als Kalk für sich allein; bei Wasser No. 1 (und bei Wasser

Provisorische Reinigungs-Anlage in Ottensen.

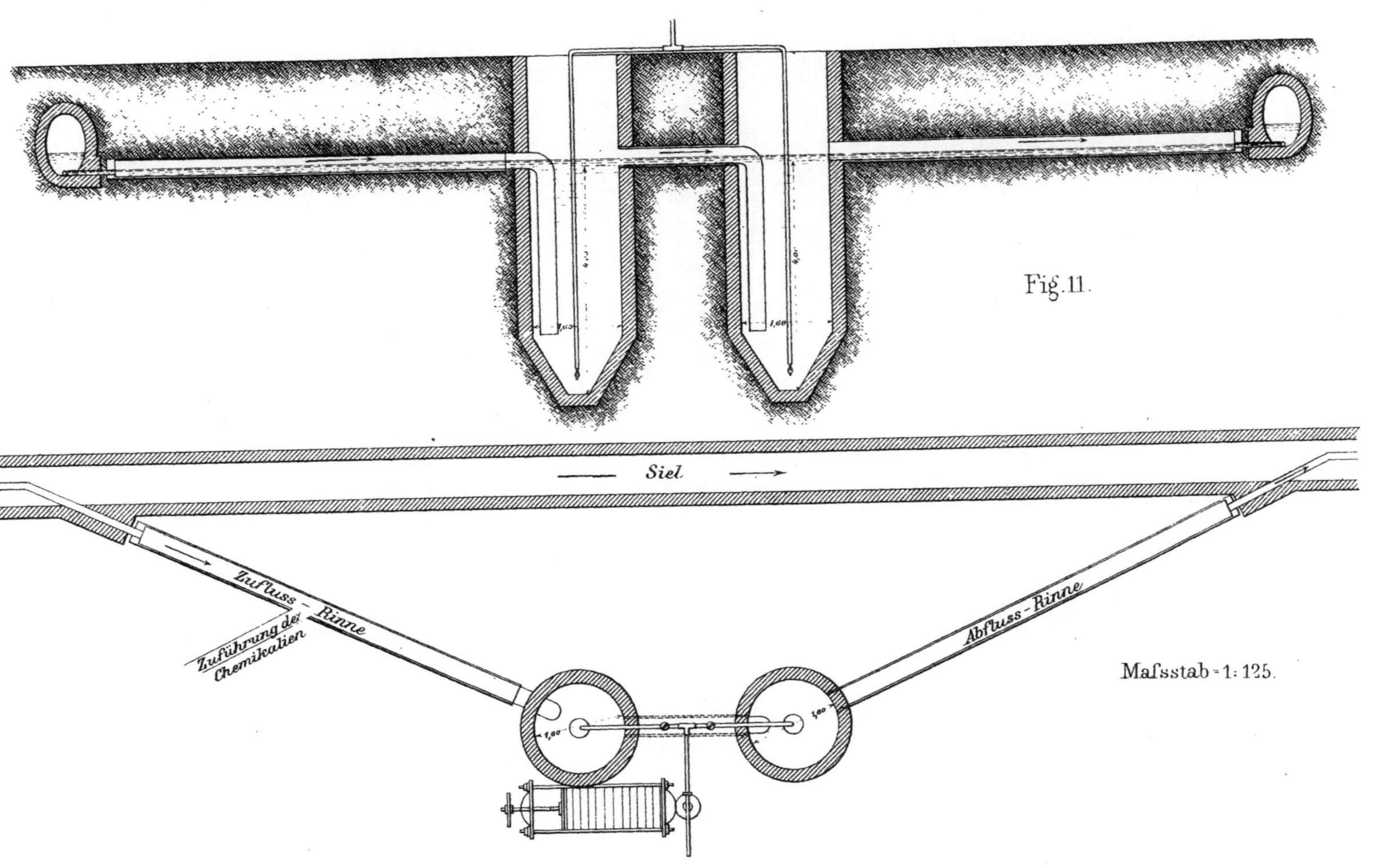

Verlag von Julius Springer in Berlin N

C. I. Keller, geogr.-lith. Anst. u. Steindr. in Berlin S.

No. 2, wenigstens für den Stickstoff) stellt sich die Fällung auch günstiger d. h. grösser heraus, als bei Aluminiumsulfat + Kalk.

Indess hat das Fällungsmittel (Aluminiumsulfat + Natriumaluminat) den Nachtheil, dass sich der Niederschlag schwerer absetzt als bei Anwendung von Metallsalzen mit einem grösseren Ueberschuss an Kalk; nur bei Wasser No. 1 setzte sich der Niederschlag ziemlich schnell zu Boden, bei den anderen Proben blieb der feinflockige Niederschlag von Thonerdehydrat lange Zeit suspendirt.

Auch dürfte die Anwendung von Natriumaluminat an Stelle des Kalkes unter gewöhnlichen Verhältnissen für grosse Mengen Abflusswässer zu theuer werden.

Unter Umständen aber, besonders wenn es darauf ankommt, ein neutrales geklärtes Wasser zu erzielen und eine grosse Menge Calciumsulfat in dem geklärten Wasser zu vermeiden, wird das Natriumaluminat in Gemeinschaft mit Aluminiumsulfat gute Dienste leisten können.

Diese letzteren und die meisten der oben S. 144 u. 145 erwähnten chemischen Fällungsmittel haben anscheinend bis jetzt keine oder kaum eine praktische Verwendung für die Reinigung von städtischen Abgangwässern gefunden.

Dagegen ist:

14. Das Fällungsmittel von Nahnsen-Müller (Firma F. A. Robert Müller & Co. in Schönebeck a. d. Elbe) in der letzten Zeit in Deutschland für den Zweck vielfach versucht und in Anwendung. Das Fällungsmittel besteht aus Aluminiumsulfat und löslicher Kieselsäure (aufgeschlossener Thon resp. Abfall bei der Alaunfabrikation) und aus Kalkmilch.

Verfasser hatte Gelegenheit, die Wirkung dieses Fällungsmittels in drei Fällen zu verfolgen.

Dasselbe wurde behufs Reinigung von städtischem Abgangwasser zuerst im August 1884 in Dortmund geprüft. Hier waren zur Absetzung des entstehenden Niederschlages keine besonderen Vorrichtungen getroffen; das mit den Fällungsmitteln versetzte Kanalwasser floss nur circulirend durch mehrere einfache Klärbassins. Der Schlamm setzte sich aber verhältnissmässig so schnell und vollkommen ab, dass das schmutzig schwarze Wasser schon aus dem dritten oder vierten Klärbassin klar und hell abfloss.

a) In Ottensen dagegen, wo das Fällungsmittel im October 1885 versuchsweise geprüft wurde, gelangte das mit den Chemikalien versetzte städtische Kanalwasser in Senkbrunnen, deren Einrichtung und Grösse aus der umstehenden Skizze[1]) (Fig. 11) ersichtlich ist.

Das Wasser wurde aus der Zuflussrinne durch ein Rohr bis fast auf den Boden des Senkbrunnens geführt, so dass es behufs Abflusses von unten nach oben steigen musste; auf diesem Wege liess das Wasser die specifisch schwereren Theile fallen, die sich unten im Brunnen ansammelten und ab und zu durch eine Schlammpumpe ausgehoben wurden.

---

[1]) Die drei nachstehenden Skizzen sind mir freundlichst von Herrn W. Budenberg in Dortmund resp. der Firma F. A. Robert Müller & Co. überlassen.

Es sollten versuchsweise täglich 500 cbm Schmutzwässer gereinigt werden und wurde zu dem Zweck der städtische Kanal durchbrochen und das aus der Oeffnung strömende Wasser durch eine Rinne, in welcher der Zusatz und die Mischung der Präparate mit dem Schmutzwasser stattfand, in den Senkbrunnen geleitet. Da der schlechten Bodenbeschaffenheit wegen dieser Brunnen in der gewünschten Tiefe nur mit grösseren Kosten und Schwierigkeiten hätte hergestellt werden können, hatte man sich entschlossen, noch einen zweiten Brunnen anzulegen, in dem das aus dem ersten Brunnen übertretende Wasser hineingeführt wurde. Diese Vorsicht erwies sich im grossen und ganzen als überflüssig, denn das Schmutzwasser hatte schon fast alle suspendirten Stoffe im ersten Brunnen abgesetzt.

Das gereinigte Wasser wurde in einem klaren geruchfreien Zustand dem Kanal auf der anderen Seite wieder zugeführt.

b) In Halle a. S. dagegen ist behufs Reinigung von 3000 cbm Wasser die folgende Einrichtung (Fig. 12, 13) getroffen, welche den bemerkenswerthen Vortheil hat, dass sich der Zusatz der Chemikalien je nach dem Zufluss des Wassers selbstthätig regulirt.

Die Anordnung ergiebt sich ganz von selbst aus der Zeichnung. Bei a erfolgt der Zutritt des ungereinigten Kanalwassers. b ist eine Senkgrube um die specifisch schwereren Theile, wie z. B. Sand und dergleichen schon vorher abzusondern; d und e sind automatisch wirkende Apparate, um den Zusatz der Chemikalien je nach dem Zufluss des Wassers selbstthätig zu reguliren; g und h sind horizontal und vertikal eingestellte drehbare Siebe, welche einmal die innige Vermischung der Chemikalien mit dem Schmutzwasser, anderentheils leichtere Schmutztheile, wie Holzstückchen, Korke etc. zurückhalten. Bei i treten die mit den Chemikalien vermischten Schmutzwässer in den Tiefbrunnen k, aus welchem das gereinigte Wasser bei m oben wieder austritt; dagegen bleiben die Schlammmassen auf dem Boden des Brunnens liegen; aus demselben werden sie durch eine Pumpe herausgeholt und zur Filterpresse befördert.

c) Neue, zu patentirende Kläranlage. In neuester Zeit hat die Firma F. A. Robert Müller & Co. folgende Kläranlage zur Patentirung angemeldet:

Der in Fig. 14 dargestellte Vertikalschnitt veranschaulicht die zu einer Kläranlage für Abwässer bestimmten baulichen und maschinellen Vorrichtungen.

Das in dem Kanal a dem Apparaten- und Maschinenhause A zufliessende Abwasser erhält mittelst Regulir-Apparat b (D. R. P. No. 33831) oder in sonst geeigneter Weise den zur Fällung der organischen Substanzen dienenden Zusatz von Chemikalien und fliesst, nachdem es einen Auffange-Apparat c, welcher bestimmt ist, mitgeführte gröbere schwimmende Körper, Stroh, Papier und dergleichen, zurückzuhalten, passirt hat, in cylindrische, unten conisch verjüngte Klärbrunnen B.

Der Eintritt des Abwassers erfolgt durch Einfallschacht d, welcher bei e in etwa $1/3$ der Gesammthöhe der Klärbrunnen in letzteres einmündet. Die durch den Chemikalien-Zusatz erzeugten, specifisch schwereren Niederschläge sammeln sich in diesem conischen Theil der Klärbrunnen, während das geklärte Wasser aus denselben bei f durch die Rinne g austritt.

Neue projektirte Kläranlage für Abwässer.

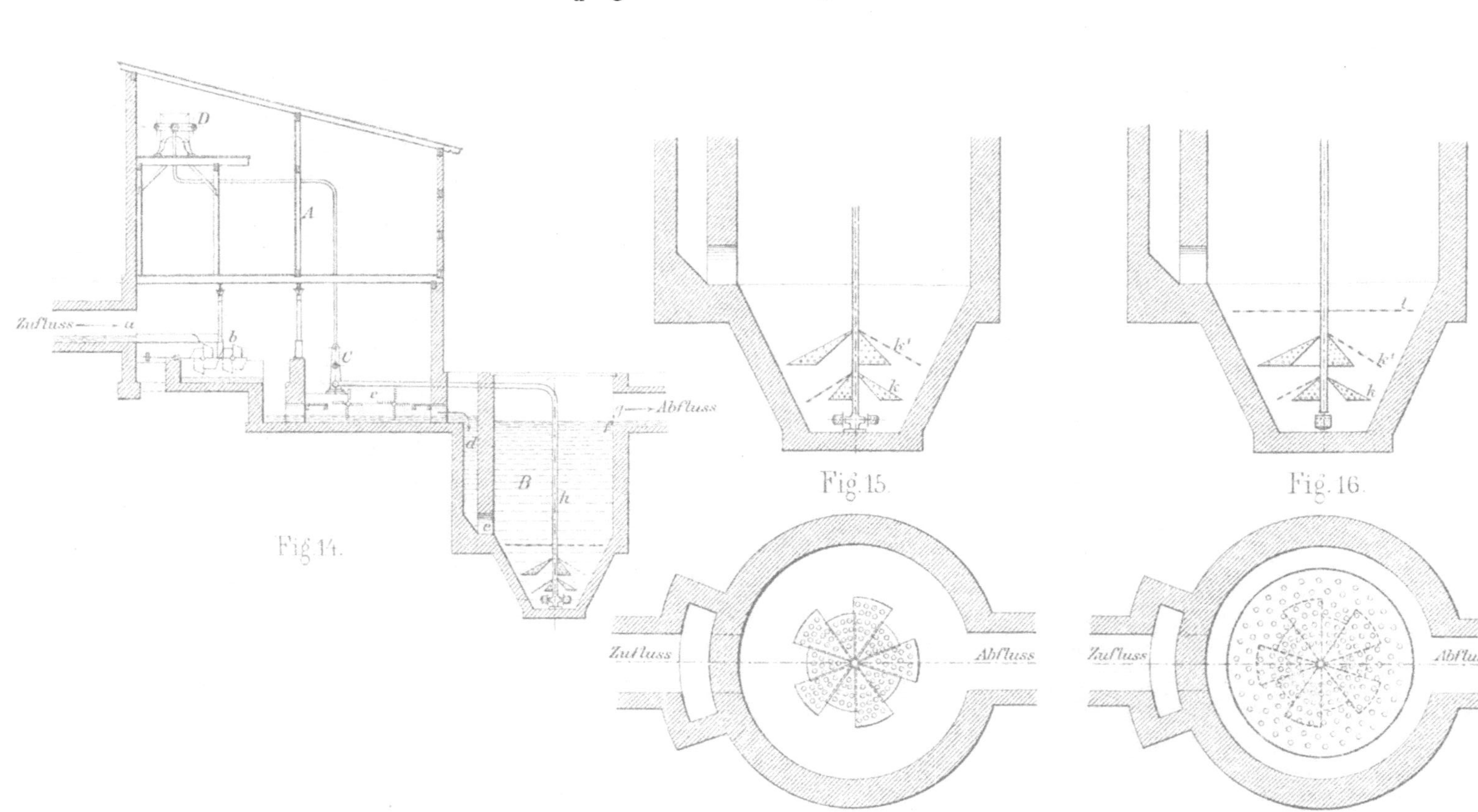

Zur Entfernung der Niederschläge aus dem Klärbrunnen dient die Pumpe C mit dem Saugrohr h. Erstere fördert den Schlamm zugleich nach der Filterpresse D, wo derselbe von dem mitgeführten Wasser befreit wird, was indessen auch in beliebig anderer Weise bewirkt werden kann.

Von Wichtigkeit für den Betrieb der Anlage ist es, dass derselbe ein gleichmässig continuirlicher ist, dass also die im conischen Theil der Klärbrunnen sich ansammelnden schlammigen Massen ausgepumpt werden können, ohne auf den Klärprocess des eintretenden Abwassers störend einzuwirken. Um letzteres zu verhüten, ist es nöthig, die beim Auspumpen resp. Ansaugen der niedergeschlagenen Bestandtheile hervorgebrachte und sich nach oberhalb mittheilende Bewegung des Wassers möglichst auf den conischen Theil der Klärbrunnen zu beschränken. Es wird dies erreicht durch Anbringung einer Vorrichtung an dem Saugrohr h, wie solche aus Fig. 15 in Grundriss und Vertikalschnitt ersichtlich.

Die qu. Vorrichtung besteht in zweifach übereinanderliegenden, jalousieartig sich deckenden, aus der Form eines Kegelmantels geschnittenen Segmenten k k¹ von Eisenblech oder anderem Material derart, dass die oberen Segmente die zwischen den unteren Segmenten vorhandenen Zwischenräume decken. Die Klappen selbst sind durchlocht und werden an dem unteren Theil des Saugrohres, also in der Höhe des conischen Theiles der Klärbrunnen in nach unten geneigter Richtung befestigt.

Auf diese Weise wird ein continuirlicher Betrieb erzielt, und es kann der Sedimentirungsprocess der Schlammmassen, sowie das Auspumpen derselben aus einem und demselben Gefässe gleichzeitig und continuirlich erfolgen.

Anstatt der vorerwähnten Segmente kann auch ein der Kreisform der Klärbrunnen sich anschliessender durchlochter Boden l, oder zwei solcher Böden in einigem Abstande übereinander oder aber eine Combination beider Vorrichtungen, Fig. 16, am Saugrohr innerhalb des conischen Theiles der Klärbrunnen angebracht werden, um den gleichen Erfolg zu erzielen.

Ueber die Wirkung des Nahnsen-Müller'schen Fällungsmittels können nachstehende Analysen des Verfassers Aufschluss geben, wobei zu bemerken ist, dass die Proben zu den Versuchen 2 und 3 von der Firma resp. dem Stadtbauamt Halle a. S. eingesandt wurden:

1. Versuch mit Dortmunder Kanalwasser im August 1884.

1 l Wasser enthielt:	Suspendirte Stoffe			Gelöste Stoffe											
	Un-orga-nische	Or-gani-sche	In letzte-ren Stick-stoff	Ge-sammt-ab-dampf-rück-stand	Zur Oxydation erforderlicher Sauerstoff in alka-lischer Lösung	in saue-rer	Am-moni-ak-Stick-stoff	Or-gani-scher Stick-stoff	Schwe-fel-wasser-stoff	Kalk	Chlor	Schwe-fel-säure	Koh-len-säure	Kie-sel-säure
	mg	mg	mg	mg	mg	mg	mg	mg	mg	mg	mg	mg	mg	mg
Ungereinigt .	295,6	370,8	37,4	753,0	102,6	90,4	20,5	14,6	15,4	124,0	113,6	23,8	167,2	12,5
Gereinigt . .	72,6	Spur	0	1215,0	145,6	121,6	17,7	11,5	0,7	354,0	117,1	35,8	0	13,0

2. Versuch mit Ottensener Kanalwasser im October 1885.

1 l Wasser enthielt:	Suspendirte Stoffe			Gelöste Stoffe								
	Mineralstoffe	Organische Stoffe	Stickstoff darin	Mineralstoffe	Organische Stoffe (Glühverlust)	Zur Oxydation erforderlicher Sauerstoff	Organischer Stickstoff	Ammoniak-Stickstoff	Phosphorsäure	Kali	Kalk	Chlor
	mg	mg	mg	mg	mg	mg	mg	mg	mg	mg	mg	mg
Ungereinigt . . .	218,8	442,0	24,1	1450,0	367,2	114,8	20,7	47,6	23,1	81,2	147,2	628,1
Gereinigt	18,8	Spur	0	1204,0	470,8	145,6	19,8	42,1	1,2	77,1	387,6	355,0

3. Versuch mit Hallenser Kanalwasser im Juli 1886.

1 l Wasser enthielt:	Mineralstoffe	Organische Stoffe	Stickstoff darin	Mineralstoffe	Organische Stoffe	Zur Oxydation erforderlicher Sauerstoff	Organischer Stickstoff	Ammoniak-Stickstoff	Phosphorsäure	Kali	Kalk	Chlor
Ungereinigt . . .	611,6	404,8	41,4	2829,6	546,4	168,8	6,5	58,0	36,4	98,8	276,8	1136,0
Gereinigt	0	0	0	1835,2	368,0	210,0	18,3	49,2	Spur	89,9	302,0	603,5

Das ungereinigte Wasser war in allen 3 Fällen tief schwarz gefärbt und schlammig mit stark fauligem Geruch; das gereinigte Wasser bis auf einen Stich ins Gelbe farblos, ferner bis auf einzelne Flocken klar und auch fast geruchlos; das ungereinigte Wasser reagirte ganz schwach sauer, das gereinigte stark alkalisch. Nach 14 tägigem Stehen wurden die beiden Wasserproben des Ottensener Versuchs nach Koch'scher Methode auf entwickelungsfähige Mikroorganismen untersucht und ergab das ungereinigte Wasser pro 1 ccm 1 200 000 entwickelungsfähige Keime von Mikrophyten; das gereinigte gar keine Keime (Vergl. S. 54 u. 55). Die Unterschiede im Gehalt an gelösten Stoffen (mineralischen, besonders an Chlor) bei dem ungereinigten und gereinigten Wasser des 2. und 3. Versuchs dürften einer unrichtigen Probenahme zuzuschreiben sein.

Das Nahnsen-Müller'sche Fällungsmittel hat den Vorzug, dass der auf seinen Zusatz entstehende Niederschlag verhältnissmässig rasch, wahrscheinlich in Folge der Bildung eines specifisch schweren unlöslichen Kalk-Thonerde-Silicats, sich abscheidet und der resultirende Schlamm[1]) auf Filterpressen sich pressen und so von einem grossen Theil des Wassers befreien lässt. Drei solcher Weise erhaltene Schlammarten ergaben:

	Aus Brunnen		Aus Berliner Kanalwasser
	I. Ottensen %	II. Ottensen %	%
Wasser	68,91	67,68	45,89
Organische Stoffe	8,77	10,91	17,35
In letzteren: Stickstoff.	0,309	0,346	0,77
Mineralstoffe	22,32	21,41	36,76
In letzteren: Phosphorsäure	0,398	0,411	1,32
Kalk	10,62	9,60	9,87
Unlöslicher Rückstand	4,04	5,64	3,86

---

[1]) Vielleicht ist dieses aber auch bei den mit anderen Fällungsmitteln erhaltenen Schlammarten der Fall.

Oder in der Trockensubstanz:

	Aus Brunnen		Aus Berliner Kanalwasser
	I. Ottensen %	II. Ottensen %	%
Organische Stoffe	28,08	33,75	32,06
Mit: Stickstoff	0,993	1,070	1,42
Mineralstoffe	71,92	66,25	67,94
In letzteren: Phosphorsäure	1,279	1,272	2,44
Kalk	34,15	29,70	18,24
Unlöslicher Rückstand	12,99	17,45	7,13

Der Schlamm aus Berliner Kanalwasser ergab ferner:

	Kali	Kieselsäure
Wasserhaltig . .	0,131 %	8,39 %
Wasserfrei . .	0,242 %	15,50 %

13. **Fällung mit Aluminiumsulfat, löslicher Kieselsäure und Thomas-**schlacke resp. dieser und etwas Kalkmilch.

Director Nahnsen (in Firma F. A. Robert Müller & Co. in Schönebeck a. d. Elbe) hat gefunden, dass Thomasschlackenmehl resp. diese in Gemeinschaft mit Kalkmilch unter Anwendung des obigen Thonpräparats eine stärker fällende Wirkung auf die Fällung besonders des Stickstoffs aus den putriden Schmutzwässern ausübt, als Kalk für sich allein. Es wurden z. B. nach den mir freundlichst überlassenen Versuchsresultaten gefunden:

(Die Thomasschlacke wurde 24 Stunden vorher als feines Pulver in Wasser aufge-geschlämmt; unter P ist obiges Thon-Präparat zu verstehen.)

1. Ottensener Kanalwasser:

pro 1 l angewandt:	Abdampf-rückstand mg	Glüh-verlust mg	Stick-stoff mg
1. Ungereinigt Wasser .	3024,0	840,0	174,2
Gereinigt mit:			
2. 0,12 g P + 0,8 g CaO	2204,0	280,0	126,5
3. 0,12 g P + 0,8 g CaO + 0,05 g Schlacken-mehl	2536,0	308,0	132,0
4. 0,12 g P + 0,8 g CaO + 0,1 g Schl. . . .	2442,0	300,0	122,0
5. 0,12 g P + 0,8 g CaO + 0,2 g Schl. . . .	2322,0	278,0	124,0
6. 0,12 g P + 0,8 g CaO + 0,5 g Schl. . . .	2336,0	240,0	116,0
7. 0,12 g P + 0,8 g CaO + 1,0 g Schl. . . .	2436,0	236,0	110,0
8. 0,12 g P + 0,8 g CaO + 2,0 g Schl. . . .	2464,0	220,0	97,5
9. 0,12 g P + 0,6 g CaO + 3,0 g Schl. . . .	—	—	93,3

2. Berliner Kanalwasser:

pro 1 l angewandt:	Abdampf-rückstand mg	Glüh-verlust mg	Stick-stoff mg
1. Ungereinigt . . .	1276,0	694,0	124,0
Gereinigt mit			
2. 0,36 g P + CaO bis alkalisch	862,0	248,0	80,0
3. 0,36 g P + 1,33 g Schlacke	1016,0	224,0	61,0
4. 0,36 g P + 2,50 g Schlacke	2220,0	210,0	63,0

3. Hallenser Kanalwasser:

pro 1 l angewandt:	Abdampf-rückstand mg	Glüh-verlust mg	Stick-stoff mg
1. Ungereinigt . . .	1896,0	606,0	99,0
Gereinigt mit:			
2. 0,12 g P + 0,25 g CaO	1524,0	260,0	67,0
3. 0,12 g P + 2,00 g Schlacke	1572,0	236	48,0

König.

Die von mir über die Wirkung der Thomasschlacke angestellten Versuche, bei welchen die Thomasschlacke ebenfalls 24 Stunden vorher mit Wasser aufgeweicht wurde, lauten nicht so günstig und übereinstimmend. Diese Versuche ergaben:

Angewandt pro 1 l zur Fällung:	Im filtrirten Wasser gelöst pro 1 l:			
	Mineralstoffe	Glühverlust (organische Stoffe etc.)	Zur Oxydation erforderlicher Sauerstoff	Organischer + Ammoniak-Stickstoff
	mg	mg	mg	mg
I. Versuch mit Essener Kanalwasser:				
1. Ohne Zusatz	352,0	282,0	64,8	45,0
2. 0,12 g Präparat + 0,8 g Kalk pro 1 l . .	442,0	264,8	48,8	40,2
3. 0,12 g „ + 2,0 g Thomasschlacke . .	518,0	276,0	52,8	40,2
II. Versuch mit Dortmunder Kanalwasser:				
1. Ohne Zusatz	374,0	366,0	89,6	26,8
2. 0,12 g Präparat + 0,7 g CaO pro 1 l . . .	959,2	342,0	74,4	27,5
3. 0,12 g „ + 2,0 g Thomasschlacke + Kalkmilch bis deutlich alkalisch	892,8	346,0	74,8	20,5
III. Versuch mit Abgangwasser von der Arbeiter-Kolonie Kronenberg:				
1. Ohne Zusatz	572,4	506,0	153,6	55,0
2. 0,15 g Präparat + 0,8 g CaO pro 1 l . . .	662,0	462,8	134,4	33,7
3. 0,15 g „ + 0,4 g CaO + 2,0 g Thomasschlacke	685,6	490,5	144,8	17,7

IV. Versuch mit Dortmunder Kanalwasser (stark mit Schneewasser verdünnt):

	Mineralstoffe	Glühverlust (organ. Stoffe)	Zur Oxydation erforderlicher Sauerstoff	Organischer + Ammoniak-Stickstoff	Kali	Kalk
	mg	mg	mg	mg	mg	mg
1. Ohne Zusatz	150,0	190,0	89,6	44,3	42,3	137,2
2. 0,15 g Präparat + 0,7 g CaO pro 1 l . . .	624,0	212,0	74,4	49,7	38,3	353,6
3. 0,15 g „ + 2 g Thomasschlacke . .	488,4	184,8	68,8	46,0	42,1	168,4
4. 0,15 g „ + desgl. + 0,4 g CaO pro 1 l	528,8	204,4	67,2	35,5	37,7	227,2

V. Versuch mit Abgangwasser der Arbeiter-Kolonie Kronenberg:

	Mineralstoffe	Glühverlust (organ. Stoffe)	Zur Oxydation erforderlicher Sauerstoff	Organischer + Ammoniak-Stickstoff	Kali	Kalk
1. Ohne Zusatz	629,6	890,8	268,0	72,5	159,8	
2. 0,15 g Präparat + 0,7 g CaO pro 1 l . . .	995,2	1140,4	282,8	72,5	150,8	590,0
3. 0,15 g „ + 2 g Thomasschlacke . .	668,0	933,2	280,4	71,0	150,9	160,0
4. 0,15 g „ + 2 g desgl. + 0,4 g CaO .	842,8	1143,6	303,2	75,5	145,5	470,8

Ferner wurde bei dem vorhin S. 160 erwähnten Versuch in Ottensen auch ein solcher mit dem Präparat und Thomasschlacke unter gleichzeitiger Anwendung von Kalkmilch gemacht und für das ungereinigte und gereinigte Wasser gefunden:

1 l enthält:	Suspendirte Stoffe			Gelöste Stoffe								
	Mineral-stoffe	Organische Stoffe	Stickstoff darin	Mineral-stoffe	Organische Stoffe (Glühverlust)	Zur Oxydation erforderlicher Sauerstoff	Stickstoff	Phosphorsäure	Kali	Kalk	Chlor	Schwefelsäure
	mg	mg	mg	mg	mg	mg	mg	mg	mg	mg	mg	mg
Ungereinigt . . .	311,6	397,2	26,6	1002,8	505,2	188,8	95,8	25,5	103,2	142,4	426,0	125,5
Gereinigt	10,8	12,4	0	1533,2	576,8	221,6	100,7	2,4	103,2	467,6	426,0	180,2

Auch dieses ungereinigte Wasser war stark schlammig, trübe und übelriechend, während das gereinigte bis auf einzelne Flocken klar, sowie fast farb- und geruchlos sich zeigte; das erstere hatte eine ganz schwache, das letztere eine sehr starke alkalische Reaction. Das ungereinigte Wasser ergab nach Koch'scher Methode 360 000, das gereinigte nur 300 entwickelungsfähige Keime von Mikrophyten.

Nach mehreren der vorstehenden Versuche übt die Thomasschlacke mit dem Thonpräparat, zumal wenn gleichzeitig etwas Kalkmilch angewendet wird, eine stärker fällende Wirkung, d. h. auf die gelösten Bestandtheile der putriden Schmutzwässer aus, als Kalkmilch für sich allein in Gemeinschaft mit dem Präparat. Diese Wirkung tritt aber nicht immer auf und muss ich einstweilen dahingestellt sein lassen, ob diese Verschiedenheit des Resultats durch die Natur der Abflusswässer d. h. der in denselben vorhandenen Stickstoffverbindungen, von dem Grade der fauligen Beschaffenheit oder von der Temperatur des Wassers etc. bedingt ist.

Dr. Frank-Charlottenburg[1]) hält die durch Behandeln mit Chlormagnesium gelockerte und gepulverte Thomasschlacke für besonders geeignet zur Fällung der putriden Schmutzwässer.

Jedenfalls ermahnen die vorstehenden Resultate zu weiteren Versuchen, da, abgesehen von der grösseren Reinigung derartiger Wässer auch in den Gegenden, wo die Thomasschlacke in grossen Mengen producirt wird, eine rationelle Verwendung derselben erzielt werden könnte; denn eine Anreicherung derselben mit Stickstoff und organischer Substanz würde eine allgemeinere Anwendbarkeit in der Landwirthschaft ermöglichen.

Im Anschluss hieran mögen einige Reinigungsanlagen noch besonders und ausführlich beschrieben werden; dieselben verwenden zwar die bereits besprochenen allgemeinen Fällungsmittel, nämlich entweder Kalk oder diesen in Gemeinschaft mit Ferrosulfat oder Aluminiumsulfat, indess sind dieselben zur Abscheidung des Schlammes etc. in ihrer Ausführung an sich nicht nur eigenartig, sondern auch bereits im grossen erprobt, so dass aus deren ausführlichen Beschreibung hierselbst vielleicht vielfach Nutzen gezogen werden kann.

---

[1]) Mittheilungen d. Vereins z. Förderung der Moorkultur. 1886. S. 269.

 15. Als eine solche sinnreiche Einrichtung sei die von **Friedrich Krupp in Essen a. d. Ruhr** für die **Arbeiter-Kolonien** ausgeführte Reinigungsanlage genannt.

Nachstehende, mir von der Firma freundlichst überlassene Skizze und Beschreibung erläutert die Anlage:

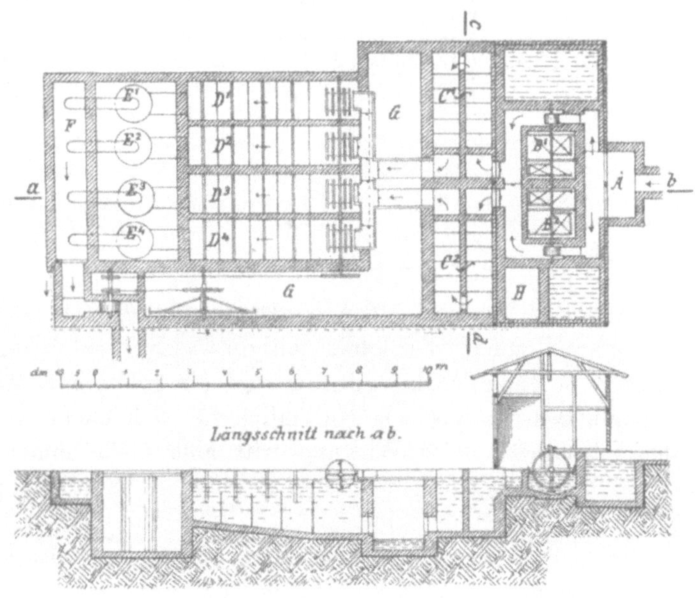

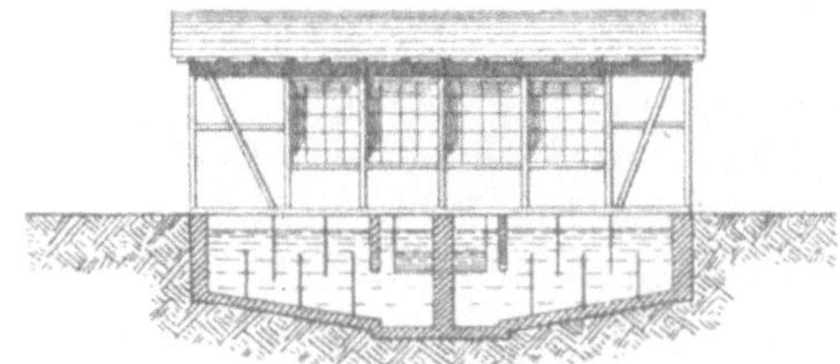

Fig. 17.

Dieselbe diente als Versuchsanlage anfänglich zur Reinigung von nur 200—300 cbm Schmutzwasser, ist aber unter entsprechender Vergrösserung neuerdings für die Reinigung der Abgänge sämmtlicher Arbeiter-Kolonien von 2000—3000 cbm ausgedehnt.

In der Anlage gelangt der Kalk als Hauptagens zunächst für sich allein zur Wirkung; das Ferrosulfat wird erst später zugesetzt, nachdem der Kalk Zeit hatte, seine volle zersetzende Kraft auszuüben.

Die Kläranlage setzt sich daher aus folgenden Theilen zusammen:

1. Dem Schlammfang A.
2. Dem Vertheilungsapparat für die Chemikalien B.
3. Dem Bassin zur Aufnahme des nur mit Kalk gesättigten Wassers C.
4. Dem Bassin, wo die Fällung mittelst Eisenvitriol erfolgt D.

5. Einem Apparat zur Rückhaltung der im geklärten Wasser noch enthaltenen Flocken etc. etc. E.
6. Dem Abflusskanal F.
7. Dem Schlammablass und dessen Sammelbassin G,
8. Dem Wassersammelbassin H.

Der Schlammfang A nimmt das zu reinigende Wasser zuerst auf und sollen darin vorab die schweren Sinkstoffe und auf dem Wasser schwimmenden Gegenstände, wie Früchte, Korke, Holz etc. zurückgehalten werden. Durch die beiden Seitenkanäle wird das Wasser den Vertheilungsapparaten B 1 und 2 für die Chemikalien zugeführt; es sind deren stets zwei erforderlich, um eine Auswechselung ermöglichen zu können. —

Der Vertheilungsapparat besteht aus einem kleinen oberschlächtigen Wasserrade, an dessen verlängerter Axe zwei Drehkreuze mit Schöpfgefässen und je einem Rührer angebracht sind, die in den beiden Behältern für Kalk und Eisenvitriol eintauchen. Durch das zufliessende Schmutzwasser wird das Rad in Bewegung gesetzt und je nach dem Zuflusse der Wassermenge, schneller oder langsamer umlaufen, daher auch durch die seitlich ausgiessenden Schöpfgefässe mehr oder weniger Chemikalien dem zu reinigenden Wasser zuführen. Die Zuführung der Chemikalien ist also selbstthätig und erfordert nur die zeitweise Füllung der Behälter mit Kalk und Eisenvitriollösung. Durch Versuche lässt sich leicht die erforderliche Anzahl, wie Grösse der Schöpfgefässe ermitteln, um den nöthigen Zusatz von Chemikalien zur Fällung der zu reinigenden Wässer zu erhalten. Der Kalk wird gleich unterhalb des Wasserrades zugesetzt; während der Eisenvitriol in einer besonderen Leitung den Bassins D zugeführt wird und hier erst zur Wirkung gelangt.

Nachdem der Kalk durch den Vertheilungsapparat zugesetzt ist, tritt das damit vermengte Wasser durch einen Kanal in die beiden Bassins C 1 und 2 (es sind deren zwei erforderlich, um bei einer Reinigung den Betrieb nicht zu unterbrechen); das Wasser nimmt seinen Lauf nach Richtung der Pfeile und wird durch die eingesetzten Wehre und Schützen zur Ruhe gebracht, wodurch sich schon ein grosser Theil der im Wasser enthaltenen und durch den Kalk gefällten Sinkstoffe in diesen Bassins abscheidet und niedersinkt.

Durch eine Vertheilungs-Rinne wird dann das mit Kalk gesättigte Wasser aus den Bassins C 1 und 2 nach den Bassins D 1, 2, 3, 4 (4 für sich getrennte Bassins) übergeleitet und bei seinem Eintritt mit Eisenvitriol versetzt; dadurch entsteht ein dunkelgrüner, dickflockiger Niederschlag von Eisenoxydulhydrat und Gyps, der im weiteren Verlauf des Bassins schnell zu Boden sinkt und alle vorhandenen Trübungen mit sich niederreisst. Zur Ruhe wird das Wasser hier gleichfalls durch Wehre gebracht und um eine bessere Rückhaltung der Flocken zu erreichen, sind hier statt der Schützen, Torffilter angewandt. Ein kleines Rührwerk bewirkt die innige Vermengung des zugesetzten Eisenvitriols mit dem die Kalklösung enthaltenden Wasser; die Triebkraft hierzu kann entweder direct von den Vertheilungs-Apparaten entnommen werden oder ist auch durch ein besonderes Triebrad, welches durch das abfliessende geklärte Wasser getrieben wird[1]), zu erreichen; jedoch wird Letzteres nur da möglich sein, wo ein grösseres Gefälle zur Verfügung ist.

Da zur Rückhaltung und gänzlichen Fällung der Flocken sehr lang gestreckte Bassins D erforderlich sind, so wurde es zum Bedürfniss, diese auf irgend eine andere Weise zurückzuhalten. Ein einfacher selbstthätiger Apparat E 1, 2, 3, 4, durch welchen das Wasser aus dem Bassin D noch geleitet wird (vergl. Fig. 18 S. 166), erfüllt den Zweck vollständig, so dass das Wasser in dem dahinter liegenden Abflusskanal F klar zum Abfluss gelangt.

Eine weitere Behandlung des abfliessenden Wassers wird noch durch Zuführung von Sauerstoff nothwendig, da dieser, bei dem beschriebenen chemischen Processe dem Wasser entzogen wird; da wo, wie in der Skizze ersichtlich, das geklärte Wasser noch als Trieb-

---

[1]) Dieses ist bei der neuen grösseren Anlage zur Durchführung gebracht.

kraft benutzt werden kann, wird die Zuführung des Luft-Sauerstoffs durch den Fall über das Triebrad ausreichend sein, andernfalls sich aber die Anlage eines kleinen Gradirwerks mit möglichster Vertheilung des Wassers empfehlen.

Die Beseitigung des Schlammes erfolgt aus den einzelnen Bassins C 1, 2, D 1, 2, 3, 4 abwechselnd und nach Bedürfniss bei vorheriger Herausnahme der Wehre und Oeffnen der Verschlussöffnungen, wie solche im Längenschnitt ersichtlich, in den Schlammablasskanal und aus diesem mit Gefälle in das Sammelbassin G. Von hier kann bei genügender Wasserkraft der Schlamm durch ein Schöpfrad oder Paternosterwerk bis auf die erforderliche Höhe gehoben werden. Der noch wasserhaltige Schlamm ist durch Gerinne, drainirte oder auf sonstige Art durchlässig hergestellte Bassins zur Abtrocknung zuzuleiten und gelangt von da zur Abfuhr resp. späteren Verwendung.

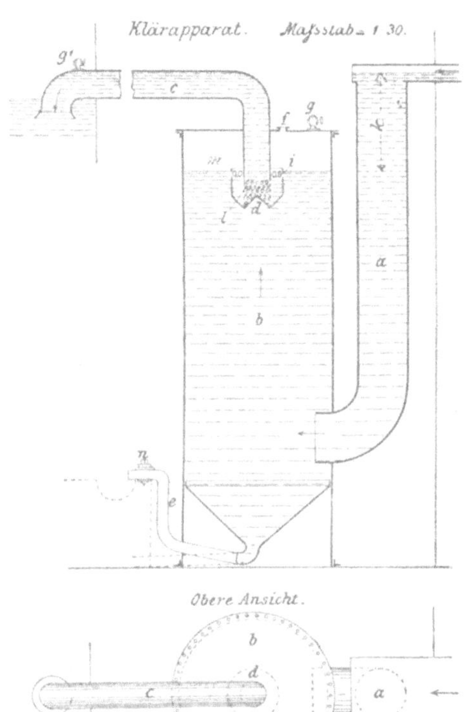

Fig. 18.

Der gewonnene Schlamm ist von verschiedener Beschaffenheit und ist es möglich, die verschiedenen Arten getrennt für sich zu beseitigen, namentlich wird der Schlamm aus dem Bassin C (nur mit Kalk vermischt) für die Landwirthschaft der werthvollste sein.

Zur Anmengung der Kalk- und und Eisenvitriollösungen ist das schmutzige Wasser nicht verwendbar und bedarf es einer besonderen Zuleitung reinen Wassers. In den meisten Fällen wird die Anlage einer besonderen Wasserzuleitung wegen mangelnden Anschlusses nur mit bedeutenden Kosten zu erlangen sein; durch eine einfache Einrichtung wie Skizze andeutet, wird dieser Uebelstand beseitigt.

Eine aus dem Abflusskanal F nach dem Bassin H angelegte Rohrleitung stellt eine Verbindung zwischen beiden Behältern her und das im Bassin H stets angesammelte Wasser kann mittelst einer Pumpe zu den Verbrauchsstellen je nach Bedürfniss gefördert werden.

Die am Ende der Kläranlage befindlichen Klärcylinder E haben die nebenstehende Einrichtung und bestehen aus folgenden Theilen: dem Zufluss- resp. Druckrohr a, dem Behälter b, dem Abflussrohr c nebst Korb d, sowie dem Schlammablassrohr e, einer Stopfschraube f und zwei Lufthähnen g, g¹. Die Abmessungen des Klärapparats sind abhängig von dessen Verwendung und dem zu klärenden Wasser oder den sonstigen Flüssigkeiten.

Bei Inbetriebstellung des Klärapparats ist zuerst durch die Stopfschraube i, der Korb d mit Wasser zu füllen, dann die Stopfschraube f und Lufthahn g zu schliessen und so ein Abschluss der Luft im Behälter b herzustellen. Zur Erreichung eines gleichmässigeren Abflusses ist es erforderlich, dass das Abflussrohr c bei h in einen Behälter mit Ueberlauf eintaucht. Durch Oeffnen des Lufthahnes g¹ ist ein Ausgleich der durch das Aufsteigen des Wassers im Abflussrohr c zusammengepressten Luft nach Bedürfniss herbeizuführen.

Nach Einleitung des Wassers etc. durch das Zuflussrohr a wird die Luft in dem Behälter b allmälig zusammengepresst, bis das Wasser die Abflussöffnungen i im Korb d erreicht; durch den Druck der Wassersäule k im Zuflussrohr a und die comprimirte Luft im Behälter b muss das Wasser in dem Abflussrohr c langsam durch die Oeffnungen l aufsteigen und gelangt schliesslich klar zum Abfluss.

Die Wassersäule k im Zuflussrohr a bewirkt einen gleichmässigen dauernden Druck auf die Luftschicht m und diese auf die Oberfläche des zu klärenden Wassers im Behälter b. Der Druck wächst auch bei vermehrter Zuführung durch die vergrösserte Druckhöhe k.

Die Pressung der Oberfläche des Wassers im Behälter b bringt das durchgeleitete Wasser gleichmässig zum Abfluss und vollständig zur Ruhe und gehen vermöge der Pressung alle im Wasser euthaltenen Flocken u. s. w. zu Boden; durch die Construction des Abflusskorbes d am Abflussrohr c gelangt aber nur das in der oberen gepressten Schicht befindliche klare Wasser durch die Oeffnungen i resp. l zum Abfluss.

Der Apparat wirkt, nachdem er einmal in Gang gesetzt ist, selbstthätig und bedarf nur eines zeitweiligen Ablassens des Schlammes resp. Niederschlages durch das Rohr e.

Der Schlamm, welcher sich in dem unteren trichterförmigen Abschluss des Cylinders b ablagert, wird durch den Druck der darüber stehenden Wassersäule im Behälter b und dem Zuflussrohr a mit Leichtigkeit herausgedrückt; auch ist der continuirliche Abfluss des Schlammes durch Abflussrohr e mittelst des Hahnes n zu bewerkstelligen. Bei periodischem Ablassen des Schlammes ist vorher der Zufluss abzustellen und der Lufthahn g zu öffnen.

Die Herstellung des Klärapparats kann im Metall, Mauerwerk in Verbindung mit Metall und Porzellan auch Glas und Holz erfolgen.

Ein nicht zu unterschätzender Vortheil der ganzen Kläranlage beruht darin, dass alles selbstthätig und durch Benutzung des Wassers als Triebkraft nur geringe Betriebskosten verursacht.

Zur Bedienung einer Anlage von 2—3000 cbm tägliches Wasserquantum genügt ein Arbeiter. Der bisher ermittelte Verbrauch an Chemikalien beträgt pro cbm zu klärendes Wasser ca. 0,9 Pf; wird jedoch bei Beschaffung grösserer Quantitäten auf etwa 0,8—0,7 Pf. oder noch mehr zu ermässigen sein; hierbei sei bemerkt, dass dieser Verbrauch sich auf ein ausschliesslich aus Hauswasser ohne jede Vermischung bestehendes Wasser bezieht.

Selbstverständlich kann statt des Eisenvitriols auch Aluminiumsulfat oder ein sonstiges Fällungsmittel verwendet werden; thatsächlich ergab die Anwendung von Aluminiumsulfat an Stelle des Eisenvitriols dieselben günstigen Resultate.

Verfasser hatte Gelegenheit, die Wirkung der ersten kleinen wie der grösseren Anlage zu verfolgen. Die chemische Untersuchung des gereinigten und ungereinigten Wassers[1] lieferte folgende Resultalte:

---

[1] Hierbei ist zu berücksichtigen, dass bei der 1. Probenahme das gereinigte Wasser nicht völlig dem ungereinigten entspricht, weil die Probenahme zu gleicher Zeit und kurz aufeinander erfolgte; bei der II. und III. Probenahme dagegen wurden die Proben durch Herrn Dr. F. Salomon, I. Chemiker der Krupp'schen Fabrik während des ganzen Tages geschöpft.

1 l enthält	Suspendirte Stoffe			Gelöste Stoffe									
	Unorganische	Organische	Stickstoff in letzteren	Mineralstoffe	Organische Stoffe (Glühverlust)	ZurOxydation erforderlicher Sauerstoff	Organischer Stickstoff	Ammoniak-Stickstoff	Phosphorsäure	Kali	Chlor	Kalk	Schwefelsäure
	mg	mg	mg	mg	mg	mg	mg	mg	mg	mg	mg	mg	mg

I. Probenahme am 30. October 1885:

1 l enthält	Unorganische	Organische	Stickstoff in letzteren	Mineralstoffe	Organische Stoffe	ZurOxydation Sauerstoff	Organischer Stickstoff	Ammoniak-Stickstoff	Phosphorsäure	Kali	Chlor	Kalk	Schwefelsäure
Ungereinigt	382,4	262,4	10,6	396,6	268,3	116,0	16,2	33,5	13,1	—	134,9	44,0	33,9
Gereinigt	13,2	57,6	Spur	880,8	310,4	161,6	16,4	27,9	Spur	—	145,5	302,0	84,2

II. Probenahme am 11. November 1885:

1 l enthält	Unorganische	Organische	Stickstoff in letzteren	Mineralstoffe	Organische Stoffe	ZurOxydation Sauerstoff	Organischer Stickstoff	Ammoniak-Stickstoff	Phosphorsäure	Kali	Chlor	Kalk	Schwefelsäure
Ungereinigt	1539,6	2708,8	67,4	583,6	343,6	208,0	27,7	25,5	28,0	104,9	170,4	74,0	44,2
Gereinigt	171,2	14,4	Spur	855,2	338,0	181,6	29,2	21,3	Spur	84,1	177,5	235,6	130,8

III. Probenahme am 1. October 1886:

1 l enthält	Unorganische	Organische	Stickstoff in letzteren	Mineralstoffe	Organische Stoffe	ZurOxydation Sauerstoff	Organischer Stickstoff	Ammoniak-Stickstoff	Phosphorsäure	Kali	Chlor	Kalk	Schwefelsäure
Ungereinigt	1931,2	1152,4	34,9	492,4	309,7	82,0	13,0	26,0	26,3	52,0	149,1	88,4	32,3
Gereinigt	28,4	26,2	Spur	565,6	227,2	99,5	17,1	15,7	Spur	41,8	149,1	167,6	89,0

Das ungereinigte Wasser war in allen 3 Fällen sehr schlammig und trübe; besonders in Probenahme II ist dasselbe ausserordentlich reich an suspendirten Stoffen (Schlamm), indem es tief dunkel gefärbt war. Das ungereinigte Wasser der I. Probenahme hatte einen sehr üblen Geruch, das der II. und III. Probenahme wegen der kälteren Witterung nicht in dem Masse; die ersten beiden ungereinigten Proben reagirten ganz schwach sauer, die dritte Probe schwach alkalisch, das gereinigte Wasser in allen 3 Fällen stark alkalisch. Letzteres war in allen 3 Fällen bis auf einzelne Flocken klar und hatte eine helle Farbe mit einem Stich ins Gelbe.

Das ungereinigte Wasser der II. Probenahme ergab nach Koch's Methode auf Platten in Nährgelatine cultivirt in 1 ccm 1 400 000—1 600 000 entwickelungsfähige Keime von Mikrophyten, das gereinigte nur 200.

Nach 3 wöchentlichem Stehen in verschlossenen Flaschen ergab das ungereinigte wiederum 1 400 000—1 600 000 solcher Keime, das gereinigte gar keine.

In derselben Weise lieferte das ungereinigte Wasser der III. Probenahme pro 1 ccm ca. 500 000 Keime von Mikrophyten, das gereinigte 360 (Vergl. S. 54 u. 55).

Für den in der Kläranlage gewonnenen Schlamm nämlich des ersten Schlammes nach Zusatz von Kalk allein und des zweiten Schlammes (nach Zusatz von Eisenvitriol) wurde bei einem Gehalt von 82,38 % Wasser in dem Kalkschlamm und bei 87,74 % in dem mit Eisenvitriol erhaltenen natürlichen Schlamm folgende Zusammensetzung der Trockensubstanz gefunden:

In der wasserfreien Substanz:	Organische Stoffe	Darin Stickstoff	Mineralstoffe	In letzteren:			
				Kalk	Eisenoxyd + Thonerde	Phosphorsäure	Thon + Sand
	%	%	%	%	%	%	%
1. Kalk-Schlamm	35,81	1,078	64,19	20,49	11,18	0,982	17,71
2. Mit Eisenvitriol und Kalk erhaltener Schlamm	36,87	1,175	63,13	13,79	18,27	1,297	16,39

15. Die Reinigungsanlage in Frankfurt a. M.

Dieselbe ist zwar erst im Bau begriffen und können daher über ihre Wirkung noch keine Resultate mitgetheilt werden; da jedoch die Anlage auf Grund anderweitiger erprobter Erfahrungen besonders in England angelegt ist, so kann sie für etwaige andere Fälle zur Richtschnur dienen und hat um desswillen ein besonderes Interesse, als in das dortige Sielnetz die Wasserklosets eingeführt werden, und die Anlage auf eine Reinigung von 18 000 cbm Schmutzwasser pro Tag berechnet ist. Das anzuwendende Verfahren ist eine Klärung auf mechanischem Wege, unterstützt und wirksamer gemacht durch den Zusatz chemischer Fällungsmittel; als solche sind Aluminiumsulfat und Kalk in Aussicht genommen.

Die allgemeine Disposition[1]) erhellt aus Fig. 19, während Fig. 20 den Entwurf der überwölbten tiefliegenden Klärbecken durch Längen- und Querschnitte veranschaulicht.

Wie aus der Zeichnung ersichtlich ist, zieht das Sachsenhäuser Hauptauslasssiel längs der Uferstrasse hin. Dasselbe hat von der Main-Neckar-Eisenbahnbrücke ab das Gefälle 1 : 2200, bei einer Höhe von 1,71 m auf eine Breite von 1,14 m und leitet sein Schmutzwasser durch einen nach Süden abgehenden Strang von 1,00 m Durchmesser in den, das nördliche Ende der Zuleitungsgallerie bildenden halbkreisförmigen Sandfang. In gerader Fortsetzung erhält dieses Hauptauslasssiel einen Nothauslass (mit Nr. II bezeichnet) von 1,20 m Durchmesser, der parallel der Uferstrasse nach dem Ausmündungssiel führt.

Von Norden kommend kreuzen die zwei das Frankfurter Abwasser führenden und vom Mainbette hier am linken Ufer aufsteigenden Dükerröhren unter diesem Nothauslasssiel hindurch und vereinigen sich dann in einem runden Siel von 1,20 m Durchmesser, das in gerader Linie in vorerwähnten Sandfang einmündet. Vor Eintritt desselben in den Sandfang zweigt ein Nothauslass (Nr. I bezeichnet) mit 1,20 m Durchmesser nach Westen ab, der mit dem Nothauslass Nr. II vereinigt, als Siel von 1,40 m Durchmesser zur Ausmündung führt. Für gewöhnlich findet durch diese beiden Nothauslässe kein Abfluss statt, sondern das gesammte Abwasser zieht durch die betreffenden Siele nach den Klärbecken.

Bis an den Sandfang werden alle Abwässer mit unverminderter Geschwindigkeit durch die Siele geführt. Dieselbe variirt zwischen 0,5 m und 0,7 m pro Sec. Beim Eintritt in den Sandfang wird diese zunächst auf etwa $^1/_{10}$ der obigen verlangsamt und die schwersten mitgeführten Stoffe, namentlich Sand und dergleichen, werden zu Boden sinken.

Die Sohle des Sandfangs ist auf — 1,8 m projectirt. Am Ende des Sandfangs ist eine Eintauchplatte angebracht, die quer über die ganze 6,0 m breite Gallerie reicht und 0,40 m, d. h. bis auf — 1,25 m in das Wasser eintaucht und alle schwimmenden Substanzen auffängt. Dieselben werden hier abgeschöpft.

Die Eintauchplatte ist bis auf + 1,5 m, d. h. 3,65 m über dem lokalen Nullpunkt der Ausmündungsstelle, hinaufgeführt und der Gang zu dessen Handhabung liegt auf dieser Höhe; deren Wirksamkeit ist demnach selbst bei Hochwasser im Main bis zu + 3,5 m gesichert. Hochwässer über + 3,5 m kommen nur etwa einmal alle drei Jahre vor.

Hinter der Eintauchplatte sind die Siebe angebracht, und zwar schräg gelegt, damit

---

[1]) Siehe „Die Klärbeckenanlage für die Sielwässer von Frankfurt a. M. von Stadtbaurath W. H. Lindley" in Deutsche Vierteljahrsschrift f. öffentliche Gesundheitspflege 1884 Bd. XVI Heft 4.

Fig. 19.

Main-Fluss
Ausmündungssiel
Düker
Vereinigter Nothauslass No I und II
Nothauslass-Siel No II
Hauptauslass-Siel
Sachsenhausen
Ablaufsiel
Nothauslass No I
Wohn-Haus.
Sandfang
Tiefauslaufschütze
Ueberfallmauer Thonerde-Schütze
Kalkmilch-Zulauf
Eingang
Mischkammer
Schlammlager.
Schlammlager.
Kalklager
Thonerdelager
Filter
Pressen
Kohlenraum
Brenn-Kessel
Proj.
Filterpressen
Proj. Thonerdelager
Proj. Kalklager
Ableitungs-Gallerie
Zuleitungs-Gallerie
Sandlager
Sandlager

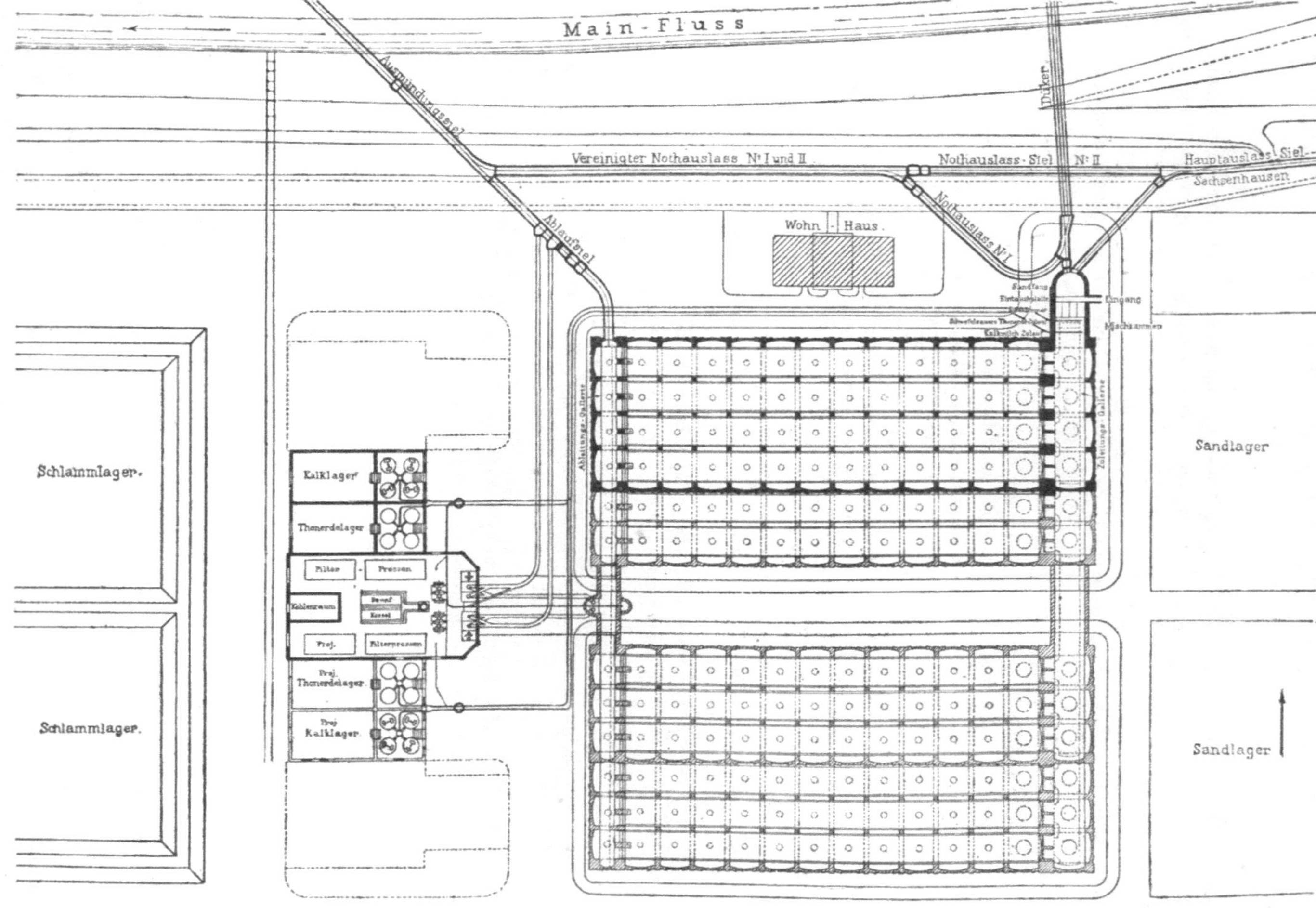

sie dem Wasser eine grössere Fläche bieten und leichter behufs Reinigung mit den sich darauf ansammelnden Stoffen herausgehoben werden können.

Die ganze Breite der Gallerie von 6,0 m ist in vier Theile getheilt, so dass jedes Sieb eine Breite von 1,45 m erhält. Die eisernen Theilungswände zwischen den einzelnen Sieben, sowie die Stirnplatte, gegen welche die Oberkanten der letzteren schliessen, sind bis auf + 1,5 m hinaufgeführt; ein ebenfalls bis auf + 1,5 m hinaufreichender Schieber kann vor jedem Siebe in Schlitzen, welche zu diesem Behufe an den Vorderkanten der Theilungswände angebracht sind, eingesetzt werden.

Auf diese Weise lässt sich der Zufluss zu irgend einer Siebabtheilung (selbst bei Wasserständen bis zu + 3,5 m) absperren, das Sieb behufs Reinigung herausnehmen und durch ein frisches ersetzen, ohne dass eine freie Verbindung von dem Sandfang nach dem Mischraum und demnach nach dem Klärbecken eröffnet wäre.

Das Wasser, von seinen gröbsten Substanzen und schwersten Sinkstoffen befreit, tritt nun in die Mischkammer, wo die Lösung von Aluminiumsulfat und dann die Kalkmilch zugesetzt und innig durch die Mischvorrichtungen damit vermengt wird.

Die Maschinen zu deren Bereitung sind, im Anschluss an das Maschinengebäude errichtet.

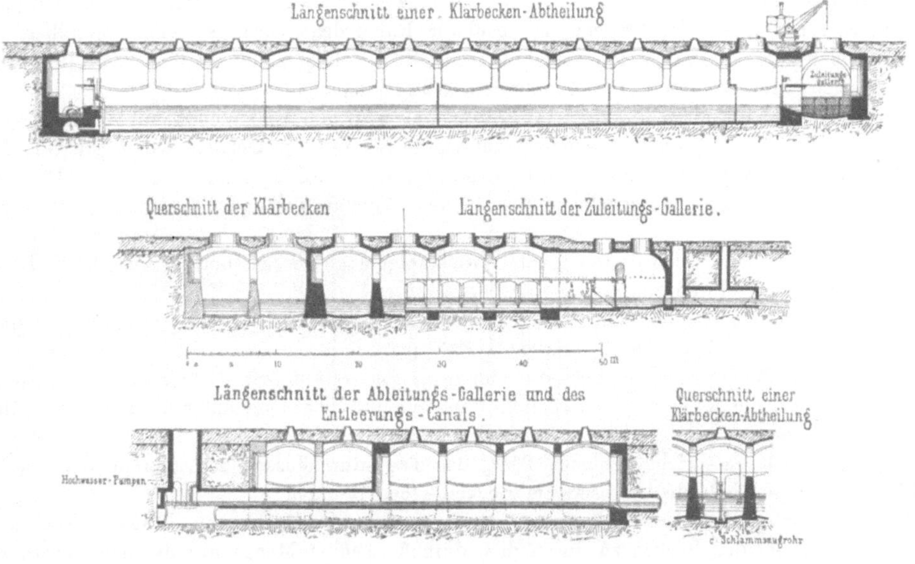

Fig. 20.

Aus dem Maschinenraume tritt das Wasser in die Zuleitungsgallerie, welches dasselbe den parallel mit dem Main, d. h. von Osten nach Westen gelegten Klärbecken, an ihren oberen östlichen Enden zuführt. Ausserdem dient diese Zuleitungsgallerie dazu, dem Wasser, bevor dasselbe in die einzelnen Klärbeckenabtheilungen eintritt, weitere Gelegenheit zur Ablagerung der schwereren mineralischen Substanzen zu bieten.

Die Sohle der Zuleitungsgallerie liegt in der Mitte auf — 2,3 m und hat bei 6,0 m Breite 0,3 m Stich, so dass deren Querschnitt unter dem auf — 1,0 m liegenden Wasserspiegel 7,2 qm beträgt. Die Geschwindigkeit wird zu normalen Zeiten, beim heutigen Zufluss weniger als 3 cm in der Sec., betragen und bei dem für die fernste Zukunft in Aussicht genommenen Ausbau etwa 7 cm pro Sec. Hier wird sich hauptsächlich Sand absetzen, der dann ausgebaggert wird.

Längs der westlichen Seite der Zuleitungsgallerie sind die Schützen angebracht zur Regulirung und eventuellen Abstellung des Zuflusses in den einzelnen Klärbecken. Diese Schützen sind so angeordnet, dass der Eintritt des Wassers in die Becken mit möglichst geringer Bewegung verbunden ist, damit die Ausscheidung und Ablagerung der suspendirten Theile sofort vor sich gehen kann. Dieses wird erfahrungsgemäss am besten durch lange horizontale und noch unter dem Wasserspiegel gelegene Schützenöffnungen erreicht. Jedes Becken erhält zwei durch eine Winde bewegliche Schützen 2,07 m breit und 0,20 m hoch.

Die Oberkante der Oeffnung liegt — 1,05 m, demnach 5 cm unter dem Wasserspiegel im Becken. Die Windevorrichtung ist von einem Gang aus zu handhaben, der auf + 1,5 m gelegt ist.

Der Zweck der Klärbecken ist, den in dem Sielwasser enthaltenen suspendirten, sowie den durch den chemischen Zusatz sich abscheidenden Stoffen durch eine längere Ruhe Gelegenheit zu bieten, sich abzulagern und das geklärte Wasser zum Abfluss gelangen zu lassen. An Stelle der absoluten Ruhe tritt bei der hier gewählten Anordnung eine äusserst verlangsamte Bewegung. Dieses sogenannte Durchflusssystem ist überall dort geboten, wo das vorhandene Gefälle gering ist, während nur bei stärkerem Gefälle oder wo das zu- oder abfliessende Wasser gehoben wird und demnach für die Sohle der Becken eine Vorfluth leicht zu schaffen ist, das System der absoluten Ruhe, das Wechselsystem, anwendbar ist.

Die Klärbeckengruppe 1 besteht aus sechs, 82,4 m langen, oben 6,0 m, unten (in Folge des Anzuges der Seitenwände) 5,4 m breiten Abtheilungen.

Die Sohle ist mit 0,3 m Stich gewölbt, und liegt am Einlaufende auf — 3,0 m, am Ausflussende auf — 4,0 m, hat demnach auf 82,4 m Länge 1,0 m Gefälle. Der Ausfluss findet über ein festes Wehr statt, dessen scharfe Kante auf — 1,03 m liegt, so dass der Wasserspiegel, im regelmässigen Betriebe und wenn kein Aufstau vorhanden ist, auf — 1,0 m gehalten wird.

Die Tiefe der Becken, von diesem Wasserspiegel gemessen, beträgt am oberen Ende 2,0 m, am unteren Ende 3,0 m.

Der Querschnitt unter dem Wasserspiegel beträgt am Einlaufende der Becken 10,5 qm, am Ausflussende 16,1 qm, im Durchschnitt 13,3 qm.

Der Inhalt eines jeden Beckens auf — 1,0 m gefüllt, ist 1100 cbm und ist jede Abtheilung auf die Reinigung von täglich 4000 cbm bis 5000 cbm unter normalen Verhältnissen berechnet.

Der Inhalt entspricht demnach 25 % des Tagesdurchflusses und beträgt der durchschnittliche Aufenthalt des Wassers im Becken sechs Stunden.

Die Wirksamkeit der Ablagerung hängt in grossem Masse von diesem Verhältniss des Rauminhalts der Becken zu der täglich durchfliessenden Menge ab; desshalb dürfte zu erwähnen sein, dass dieses Verhältniss in

$$
\begin{array}{ll}
\text{Leeds} & 22\tfrac{1}{2}\,\% \\
\text{Coventry} & 30\ \% \\
\text{Aylesbury} & 26\ \% \\
\text{Burnley} & 16\ \% \\
\end{array}
$$

beträgt; in Bradford beträgt der Beckeninhalt nur 5 % des täglichen Durchflusses, aber dort ist das intermittirende oder Wechselsystem angewendet, wonach die Becken abwechselnd gefüllt und entleert werden und dem Wasser eine Zeit lang vollständige Ruhe gegeben wird. Während in den vorgenannten Städten die Becken offen sind, werden die in Frankfurt überwölbt, so dass in denselben die Ablagerung vollständig vor den Einflüssen des Windes, der Stürme, und vor der Störung durch den Frost geschützt, bedeutend günstiger vor sich gehen wird.

Die jetzt auszuführenden vier Abtheilungen entsprechen nach vorstehenden Zahlen dem derzeitigen normalen Abfluss von 18 000 cbm pro Tag.

Die durschnittliche Geschwindigkeit, mit der das Wasser die Becken durchzieht, wird 4 mm in der Secunde betragen. In Folge der Construction der Becken mit geringerer Tiefe am Einlaufe und grösserer Tiefe am Ausflussende, nimmt die Geschwindigkeit des Wassers auf dessen Durchzug ständig ab; sie beträgt am Einlaufende ca. 5 mm, am Ausflussende ca. 3 mm pro Sec. Hierdurch wird gewissermassen eine Scheidung in dem Niederschlag bewirkt, das Schwere am oberen Ende abgelagert, das Feinere am unteren Ende.

Das Wasser fliesst, am unteren Ende angelangt, geklärt über das Ausflusswehr; dieses ist zweitheilig und mit Schützen versehen, damit, wenn auch das Wasser in der Abtheilungsgallerie durch den Main über die Höhe — 1,03 m aufgestaut ist, die Ausschaltung und Reinigung der einzelnen Klärbeckenabtheilungen dennoch erfolgen kann.

Die Ableitungsgallerie zieht längs den unteren Enden der Klärbeckenabtheilungen und empfängt von jeder das abfliessende geklärte Wasser. Dieselbe hat eine Breite von 3,0 m.

Um, so oft der Wasserstand im Main dies gestattet, vor Reinigung einer Klärbeckenabtheilung einen möglichst grossen Theil des Inhalts direct, d. h. ohne vorherige Hebung ablassen zu können, ist diese Gallerie mit ihrer Sohle auf 2,4 m und horizontal angelegt, so dass bei einer Abflusstiefe in derselben von 0,3 m die ausgeschaltete Abtheilung bis auf den niedrigsten Wasserstand des Mains (Null am Pegel), d. h. bis auf die Wasserspiegelcote — 2,1 m abgelassen werden kann.

Zu diesem Behufe ist, wie in der Zeichnung angedeutet, in jeder Abtheilung ein Entleerungsschieber von 30 cm Durchmesser angebracht, der es gestattet, das Oberwasser der Klärbecken nach der Ableitungsgallerie abzulassen.

Nachdem der Wasserspiegel in der ausgeschalteten Abtheilung bis auf die Wasserhöhe in der Ableitungsgallerie gesunken ist, muss das im Klärbecken bleibende Wasser durch eine Pumpe herausgeschafft werden.

Unter der Ableitungsgallerie ist zu diesem Zwecke ein Entleerungskanal angelegt mit 2,0 m Breite und 1,62 m Höhe; dessen Sohle liegt auf — 4,5 m. Das im Becken verbleibende Wasser wird durch die Entleerungsvorrichtung für das Unterwasser, wie sie in der Zeichnung dargestellt ist, in diesen Kanal abgelassen und zwar durch drei Schieber, je 50 cm breit und 20 cm hoch, wovon zuerst der oberste, dann der mittlere und zuletzt der unterste geöffnet wird. Hierdurch wird das Wasser schichtenweise von oben beginnend abgelassen, der auf dem Boden befindliche Niederschlag weder mit fortgerissen, noch aufgerührt, sondern von allem sich natürlich ausscheidenden Wasser befreit.

Der Entleerungskanal führt diese Abwässer nach dem, zwischen den zwei Klärbeckengruppen anzulegenden Pumpenschacht. Eine im Maschinenhause aufzustellende Centrifugalpumpe schöpft dasselbe hier und fördert es, so lange der Zufluss noch geklärt erscheint, wie aus dem Situationsplane ersichtlich, in das nach dem Ausmündungssiel führende Druckrohr, nachher, wenn Trübung eintritt, in den Revisionschacht der Thonerde- und Kalkmilchleitungen, durch welche es in den Mischraum und so wieder durch die Zuleitungsgallerie in die Klärbecken gelangt.

Die Entleerungspumpe ist auf die Förderung von 100 Litern pro Sec. berechnet, und kann demnach eine Klärbeckenabtheilung, wenn dieselbe bis auf — 2,1 m hat abgelassen werden können, in zwei Stunden entleeren, die bis auf — 1,0 m gefüllte in drei Stunden.

Ist auf diese Weise das über dem Niederschlag stehende Wasser aus einer ausgeschalteten Klärbeckenabtheilung entfernt, so geschieht die weitere Reinigung, indem der Sand und fester Niederschlag, der am oberen Ende sich gebildet hat, in Kübel eingefüllt wird.

Diese werden von dem über die erste Bogenreihe laufenden Dampfkrahn, durch die dazu im Gewölbe vorgesehenen Reinigungsöffnungen, auf die Oberfläche befördert und dessen Inhalt in Wagen oder auf die Sandlagerplätze ausgeleert.

Dieser Dampfkrahn hat 4,5 m Ausladung und dient nicht nur zur Beförderung des festen Niederschlags aus den Klärbeckenabtheilungen, sondern auch zum Herausheben des Sandes aus der Zuleitungsgallerie und aus dem Sandfang zum Heraufziehen der der Reinigung bedürftigen Siebe und kann ferner vermittelst eines Verbindungsgeleises zum Landungsplatze am Ufer gebracht werden, zur Ausladung der Chemikalien etc. bringenden Schiffe.

Der flüssige Niederschlag und Schlamm, der sich auf diese Weise nicht herausziehen lässt, wird, dem Gefälle folgend, auf der Sohle nach dem unteren Ende des Beckens fliessen, resp. befördert werden, und dort angelangt, durch die im Maschinenhause aufgestellte Schlammpumpe abgezogen werden.

Das 20 cm-Saugrohr dieser Pumpe liegt, wie aus Fig. 20 ersichtlich, auf Trägern längs der östlichen Seite der Ableitungsgallerie, und hat nach jeder Klärbeckenabtheilung eine durch Schieber abstellbare Verzweigung, deren Saugkopf in eine 50 cm unter der Sohle der Becken hinabreichende Vertiefung eintaucht.

Das Saugrohr nebst dessen Ventilen ist durch seine Lage stets zugänglich und leicht im Stande zu halten. Diese sämmtlichen Entleerungsvorrichtungen werden die Reinigung eines Beckens sehr rasch bewirken, so dass dasselbe nur kurze Zeit ausgeschaltet bleibt. Auch in der Ableitungsgallerie befindet sich ein auf + 1,5 m gelegener Gang, zur Handhabung der Wehrschützen, der Entleerungsvorrichtungen und der Schlammleitung.

Das durch die Ableitungsgallerie gesammelte und geklärte Wasser wird durch ein rundes Siel von 1,40 m Durchmesser nach der Ausmündung in den Main geführt.

Die Ausmündung selbst besteht, wie die übrigen hier angeführten Ausmündungen, aus einem hölzernen nach Art der Fässer zusammengesetzten Rohr, welches bis in die Stromrinne reicht und das Wasser tief unter dem niedrigsten Wasserstande in den Fluss führt.

Auf dem Ablaufsiel ist ein Schieber und Hängeklappenschacht angebracht, um bei Hochwasser im Main die Klärbecken vom Flusse abschliessen zu können.

Wasserstände beeinflussen bis zu + 1,15 m am Frankfurter Pegel die Abflussverhältnisse der Klärbecken im regelmässigen Betriebe nicht. Sobald der Wasserstand über diese Höhe hinaussteigt, findet in den Klärbecken ein entsprechender Aufstau statt. Sowohl die Klärbecken wie auch die Eintauchplatten und Siebe sind so eingerichtet, dass sie noch bei Wasserständen bis zu + 3,50 m am Pegel ungehindert functioniren können.

Um übermässigen Aufstau in den Becken wie im städtischen Sielnetz zu solchen Zeiten zu verhüten, wird das Ablaufsiel abgesperrt und das Wasser aus den Klärbecken durch die Hochwasserpumpen herausgefördert. Diese sind im Maschinenhause aufgestellt und schöpfen aus einem auf der Ableitungsgallerie zwischen der Klärbeckengruppe I und der projectirten Gruppe II angelegten Pumpschacht.

Die Druckröhren dieser Hochwasserpumpen münden in das Ablaufsiel unterhalb des Schieberschachts. Diese Anordnung ist auf dem Situationsplane dargestellt.

Für den Fall, dass bei noch höheren Wasserständen der Wasserstand im Becken die Höhe + 1,5 m überschreiten und über die Eintauchplatten und Siebe in der Zuleitungsgallerie hinweggehen sollte, werden in der zweiten Bogenreihe quer über die sämmtlichen Klärbecken und in voller Höhe Hochwassersiebe angebracht, um auch dann die gröberen Substanzen zurückzuhalten, obschon die enorme Wassermenge, die der Main zu solchen Zeiten führt, den Sieleinfluss nach jeder Richtung völlig unbemerkbar und unschädlich machen würde.

In den Gewölben der Klärbecken und der Zu- und Ableitungsgallerie sind Lichtschachte angebracht, wodurch jede Stelle der Sohle directe Beleuchtung erhält. Diese Lichtschachte dienen zugleich zur Ventilation und stellenweise als Reinigungsöffnungen.

Die ganze Anlage der Klärbecken ist in solidester und bester Weise in Portland-cement-Beton und Cementmauerwerk hergestellt.

Die Anlage des Maschinenhauses nebst dessen Nebengebäude, der verschiedenen Saug- und Druckleitungen etc. ist auf dem Situationsplane dargestellt.

In dem Mittelbau sind die Dampfkessel, die Maschinen und Pumpen untergebracht und zwar in der nördlichen Hälfte die jetzt auszuführende, während die südliche Hälfte für die Vermehrung bei Anlage der zweiten Klärbeckengruppe reservirt wird.

Zwei Dampfmaschinen von je 15 Pferdekraft, die für den Fall, dass die Hochwasser-pumpen zu treiben sind, sich kuppeln lassen, sind jetzt aufzustellen, während später weitere zwei hinzugefügt werden können.

Für die vorstehende Frankfurter Reinigungsanlage sind, wie bereits er-wähnt, vorwiegend Erfahrungen, welche man in einzelnen englischen Städten mit dieser Art Reinigungsverfahren gemacht hat, massgebend gewesen. Es mag daher von Interesse sein, die Resultate, welche man in England mit der künstlichen Reinigung der städtischen Abgangwässer durch chemische Fäl-lungsmittel gemacht hat, an einigen derartigen Anlagen näher kennen zu lernen. Zwei derselben hat Gewerberath Dr. G. Wolff in einem Reisebe-richt ausführlich beschrieben, nämlich die in Hawick und Bradford; ich lasse diese Beschreibungen hier wörtlich folgen, weil sie zeigen, dass durch künst-liche Reinigung dieser Abgangwässer mittelst chemischer Fällungsmittel (hier ausschliesslich Kalk), wenigstens unter Umständen zufriedenstellende Resultate erzielt werden können.

17. Reinigungsanlage in Hawick.
Hierüber berichtet G. Wolff[1]) wie folgt:

„Der Teviot ist ein Seitenstrom des Tweed; er drainirt eine Gebirgslandschaft von etwa 1000 qkm, in welcher die Regenhöhe 65—180 cm beträgt. Unter seinen vielen Zu-flüssen trug neben dem in der unteren Strecke mündenden Jed der in der obersten Strecke mündende Slitrig zu einer erheblichen Verunreinigung des Flusses durch den Einlauf städti-scher und industrieller Abfallstoffe bei. Im letzteren Falle war die Verunreinigung der Art, dass die Fische getödtet wurden und das Wasser nur zum Betrieb von Wasserrädern und Turbinen benutzt werden konnte, während es vor 30—40 Jahren noch allen Haushaltungs-zwecken in vollem Masse entsprach. Der Teviot führt nach Vereinigung mit dem Slitrig im Mittel etwa 10—15 cbm Wasser pro Sec. Die Verunreinigung des Slitrig und da-mit des oberen Teviotlaufes geschah durch die Industriestadt Hawick, welche dicht vor seiner Mündung in den Teviot belegen ist. Die Stadt hatte im Jahre 1870 11355 Ein-wohner und neben mehreren Färbereien und Gerbereien 8 grössere Fabriken, welche etwa 1400—1500 Tonnen Rohwolle zu Tuchen und gewirkten Waaren verarbeiteten. Die Stadt war nur zu $\frac{1}{3}$ etwa kanalisirt, aber gut mit frischem Wasser versehen, welches auch zur continuirlichen Spülung der die flüssigen Hausabfälle und einen Theil des Urins aufneh-menden Strassenrinnen benutzt wurde. Die Strassenreinigung geschah täglich durch die Corporation und erstreckte sich auf alle festen Abfälle der Strassen und der Haus- und Küchenwirthschaft. Die Abläufe der Kanäle und Strassenrinnen gingen ebenso wie sämmt-liche flüssigen und ein Theil der festen Fabrikabgänge zum grössten Theil in den Slitrig und zum kleineren Theil in den Teviot.

---

[1]) Eulenberg's Vierteljahresbericht N. F. Bd. 39 No. 1 u. 2.

1 l enthält	Suspendirte Schlammstoffe			Gelöste Stoffe				
	Im ganzen mg	Orga- nische mg	Unorga- nische mg	Im ganzen mg	Organi- scher Stick- stoff mg	Organi- scher Kohlen- stoff mg	Am- moniak mg	Chlor. mg
1. Slitrig oberhalb der Stadt un- vermischt	—	—	—	147,0	1,59	0,01	Spur	Spur
2. Kanalwasser von Hawick . .	440,0	235,0	205,3	390,0	31,9	12,9	41,7	66,0
3. Slitrig unterhalb der Stadt ver- mischt	—	—	—	207,0	14,1	0,87	0,40	11,1
4. Teviot desgl. nach Aufnahme des Slitrig	—	—	—	163,6	5,1	0,62	0,53	10,8

Beide Flüsse waren bald grau, bald braun und blau, bald schwarz gefärbt durch die Abgänge der Fabriken. In den siebziger Jahren wurde mit dem Wachsthum der Bevölkerung und der Industrie die Verunreinigung des Flusses immer intensiver. In Folge eines Processes wurden die Stadt und Fabrikbesitzer gezwungen, die Uebelstände zu beseitigen. Beide Flüsse sind jetzt klar, für Haushaltungszwecke und zum Fabrikbetriebe wie zum Tränken des Viehes brauchbar, von Forellen bevölkert und von Salmen wiederum besucht. Indess wurde dieses Ziel erst nach langwierigen und kostspieligen Versuchen erreicht. Die Versuche, die Kanalisation der Stadt und endliche Errichtung der nachbeschriebenen Anlagen haben einen Kapitalaufwand von 27000 Lstr. nöthig gemacht, welche die Corporation aus den dafür bestimmten öffentlichen Mitteln entlieh. Die Stadt hat jetzt eine Bevölkerung von 16200 Seelen und ihre sonst sich gleichgebliebene Industrie ist auf das 4—5fache gegen 1870 gewachsen.

Dem jetzigen Reinigungs-Verfahren liegt eine in Rivers Pollution Prevention Act ausgesprochene Vorschrift zu Grunde, wonach die städtischen Abfallflüssigkeiten vor dem Einlassen in Flüsse thunlichst gereinigt und die Fabrikeffluvien möglichst in dieses Reinigungs-Verfahren eingeschlossen werden sollen.

Zu dem Behufe ist die ganze, auf beiden Ufern des Flusses gelegene Stadt kanalisirt worden. Dem Kanalsystem sind zwangsweise alle Haus-, Küchen- und Stallwirthschaftswässer (darunter nahezu 3000 Klosets), sowie alle Fabrikabfallwässer angeschlossen; erstere betragen etwa 2300, letztere etwa 3300 cbm täglich. Tagewässer und die aus einer continuirlichen Spülung herrührenden Strassenwässer fliessen dem Kanal nicht zu, sondern direct in den Fluss. Dagegen ist eine Spülung derselben mit frischem, einem Hochreservoir entnommenen Wasser, wenn nöthig, vorgesehen. Saure und viel Fett enthaltende Flüssigkeiten dürfen aus den Fabriken dem Kanal nicht zugeführt werden: die starken Walkbrühen werden deshalb vorher mittelst des Säureverfahrens entfettet.

Die Reinigungsanlage liegt einige hundert Meter unterhalb der Stadt auf dem linken Ufer des Teviot; der Hauptkanal musste deshalb als communicirendes Rohr unter dem Flusse durchgeführt werden. Dort kommt das Schmutzwasser mit bald rother, brauner, grauer, bald blauer oder schwarzer Farbe und immer in dickflüssiger, seifig thoniger Beschaffenheit an. Es gelangt zuerst in die Schleusenkammer b (Fig. 21), wo es ein Stangensieb mit 1—2 cm breiten Zwischenräumen passirt und dann in die zur Ablagerung groben Schmutzes bestimmten Stromkästen c gelangt. Diese, mit einem Bodengefälle von 0,6 m in der Stromrichtung versehen, sind am Ende 1,8 m tief und müssen wöchentlich zweimal entleert werden. Es geschieht dieses mittelst der Schlammventile q und der Rohrleitungen r, welche die Schlämme der Schlammpumpe s zuführen; durch diese in das Schlammgerinne t gehoben, gelangen sie in die abwechselnd benutzten Schlammfilter u und trocknen dort, nachdem das ihnen beigemengte Wasser in den Boden versunken ist, allmälig aus.

Aus c gelangen die theilweise abgeklärten Schmutzwässer durch ein gemauertes Gerinne in die Mischkammer e, wo 2 horizontal arbeitende, von einem Motor angetriebene Flügelräder von etwa 0,8 m Durchmesser und etwa 20 Umdrehungen pro Minute den Trübestrom ohne Schaumbildung mit Kalkmilch mischen, die aus dem einer Spitzlutte ähnlichen Kalklöschtrog in stetigem Strahle zufliesst. Die Wirkung des Kalkzusatzes ist sofort sichtbar; das vorher gleichförmig dicklige und noch nicht geklärte Wasser wird rinselig und die ausgeschiedenen und zusammengeballten Niederschläge setzen sich, nachdem sie durch e[1] dem 2,0 m tiefen Klärgerinne i—i[5] zugeführt sind, sehr rasch aus der Flüssigkeit ab.

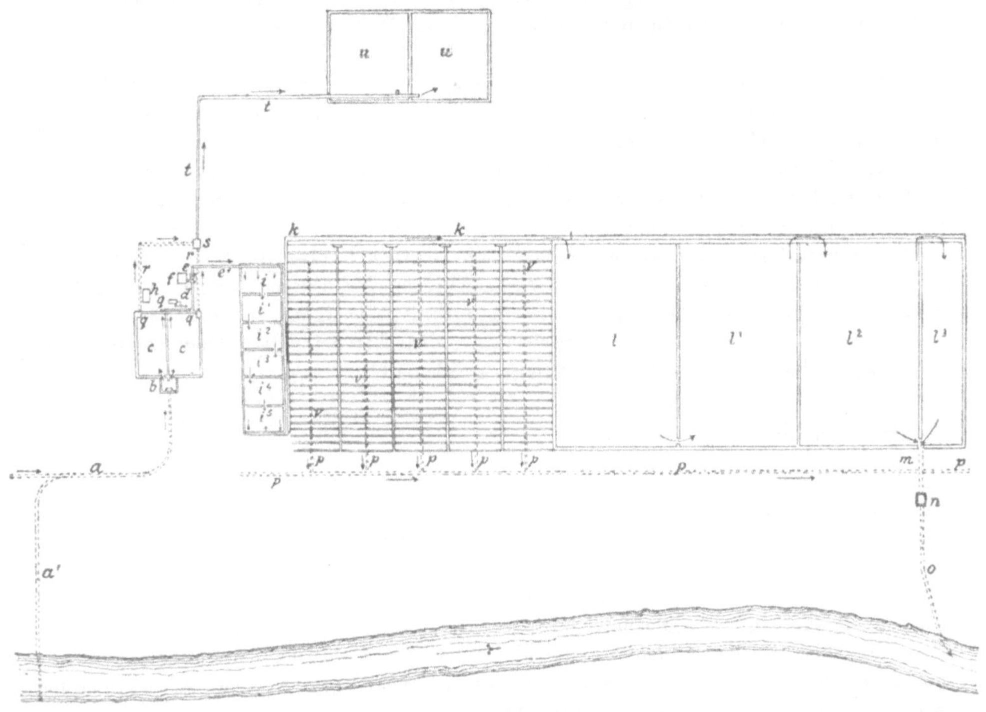

Fig. 21.

Beim Eintritt in die Leitung k erscheinen die Abwässer schon ziemlich klar. Die günstige Wirkung des Kalkzusatzes und besonders die fast vollständige Ausfällung der gelösten Farbstoffe, selbst der Theerfarben, ist dem Umstande zuzuschreiben, dass die beigemengten Färbereiwässer stets einen geringen Ueberschuss an Eisensalzen und Aluminiumsalzen enthalten. Die Schlämme der Gerinne-Abtheilung i werden wöchentlich, i[1] alle zwei Monate, i[3]—i[5] alle 3—6 Monate mittelst (in der Zeichnung fortgelassener) Schlammventile in gleicher Weise nach der Schlammpumpe s hin entleert und von dort weiter geschafft, wie es mit den Schlämmen aus c geschieht. — Die mittlere Geschwindigkeit des Wasserkörpers in i berechnet sich zu 0,00045 M. per Sec. — Das geklärte Wasser fliesst dann in die sehr grossen und etwa 1,8 m tiefen Klärgerinneteiche l, l[1], l[2] und l[3] und gelangt endlich, nachdem es die Controllstelle n passirt hat, durch den Kanal o in den Fluss.

König.12

An der Ausflussstelle ist das Wasser klar, in 5 cm hoher Schicht farblos; in 15 cm hoher Schicht zeigt es dagegen einen schwachen gelblichen Farbenton. Analysen liegen nicht vor. In der Gerinne-Abtheilung 1 hat sich während des $1\frac{1}{2}$ jährigen Betriebes eine nur wenige Centimeter hohe Schlammschicht, in 1^1, 1^2 und 1^3 aber nichts abgelagert. Die Geschwindigkeit des Wasserkörpers in 1 ist mit 0,0001 m pro Sec. anzunehmen. Die Gerinne i und l, sowie die Schlammfilter haben natürlichen durchlässigen Boden. Ein Theil des den Gerinnen zugeführten Wassers versinkt deshalb und wird von dem Drainirrohre p nach n und in den Fluss geführt.

Das Rieselfeld ist der Rest einer früher versuchten grösseren Berieselungs-Anlage, welche aber in Folge Verschmierung der Krume schlechte Resultate ergab, obgleich der Untergrund sehr durchlässig ist und die Rieselwässer, bevor sie dorthin gelangten, zwei Gerinne — freilich ohne vorhergehende Behandlung mit Kalk — durchlaufen hatten. Es ist jetzt mit Weiden bestanden und erhält nur so viel Wasser, als zu deren Kultur nothwendig ist.

Der Schlamm, welcher aus den Schlammkästen gewonnen wird, macht wöchentlich 120 Tonnen (lufttrocken mit 30—50% Wassergehalt) aus und wird, gemischt mit etwa 580 Tonnen fester Abfälle, welche seitens der Corporation aus der Strassenreinigung und aus der Abfuhr häuslicher und Kloset-Abfälle gewonnen werden, an die Landwirthe der Umgebung zu Preisen verkauft, welche je nach der Lage der Landwirthschaft zwischen 1 und 5 Mark pro Tonne schwankten.

Die Betriebskosten der Anlage stellen sich bei täglich 14—18 stündigem Betrieb auf 220—240 Mark pro Woche. Bei einem Verkaufspreise des fertigen Düngers von 1 Mark werden, nach Abzug der aus dem Abfuhr- und Strassenreinigungs-Geschäft erwachsenen Kosten, nur 80—100 Mark obiger Betriebskosten gedeckt; bei guten Düngerpreisen kommen hingegen alle Betriebskosten der Anlage in Wegfall.

18. Verfahren in Bradford.

Der Bradford-Beck drainirt ein Gebiet von etwa 15 qkm mit einer Regenhöhe von etwa 0,75 m. Er nimmt ausserdem alle aus dem Grundwasser und aus Wasserleitungen entnommenen Abläufe der Fabriken, der Hauswirthschaft u. s. w. auf, so dass sein Wasserquantum bei dem Eintritt in den mit dem Flusse Aire communicirenden schiffbaren Bradford-Kanal ein recht erhebliches ist. In der Zeit vor 1870 stieg die Verunreinigung des Kanalwassers durch die dem Bache zugeführten Ablaufwässer der Stadt Bradford in solchem Masse, dass die Kanaleigenthümer von Anliegern wegen der gesundheitsschädlichen üblen Gerüche, welche demselben entströmten, verklagt und gezwungen wurden, auf die Speisung des Kanals mit dem Bachwasser zu verzichten.

Den fauligen Exhalationen des Kanals waren oft entzündbare Gase in einem solchen Verhältniss beigemengt, dass spielende Buben sie entzünden und die Kanalschiffer dadurch weithin erschrecken konnten.

Der Bradford-Bach ist oberhalb der Stadt Bradford nach einer Untersuchung im Jahre 1869 schon stark verunreinigt; er nahm damals alle häuslichen Abfallwässer von etwa 140000 Einwohnern auf, aber noch nicht die aller Fabriken. Seitdem ist die Stadt kanalisirt und der Bach nimmt nicht nur die sämmtlichen Fabrik- und Hausabgangwässer, sondern auch diejenigen von 2000 Wasserklosets von 195000 Einwohnern auf.

Die Beschaffenheit der Schmutzstoffe und des Bradford-Baches erhellen aus folgenden Analysen:

1 l enthält:	Suspendirte Schlammstoffe.			Gelöste Stoffe:					
	Im ganzen	Organische	In letzteren Stickstoff	Im ganzen	Orga- nische	Orga- nischer Stick- stoff	Am- moniak	Kalk- phos- phat	Chlor
	mg	mg	mg	mg	mg	mg	mg	mg	mg
1869:									
1. Bradford-Bach oberhalb Bradford (13,5° F) . . .	Spur	—	—	440,0	3,49	0,81	1,05	—	18,7
2. Städtisches Kanalwasser .	865,0	648,0	—	950,0	95,05	9,26	27,21	—	68,0
3. Bradford-Bach unterhalb der Stadt nach Aufnahme des Kanalwassers (30,5° F.)	520,0	—	—	755,0	40,24	3,92	12,20	—	54,5
4. Jetziges Kanalwasser (in trockener Jahreszeit) . .	16610,0	9049,2	265,0	5700,0	3454,0	16,5	132,9	246,0	100,0

Bei der Chamäleon-Probe erforderte 1 Liter des jetzigen Kanalwassers 81,1 mg Sauerstoff.

Das gesammte Sielwasser, welches bei gewöhnlichem Wetter täglich 36—40000 cbm ausmacht und sicherlich zur Hälfte aus Abwässern von Wollwäschereien, Shoddy-, Tuch- und Stoff-Fabriken, Kamm- und Streichgarnspinnereien und Färbereien besteht, wird in den Sewage Works[1] der Bradford-Corporation gereinigt. Es kommt dort als dicklige seifige, mit Koth gemengte, unangenehm riechende Flüssigkeit an, deren Färbung je nach der Menge und Art der eingelassenen Farbwässer verschieden ist.

Das Reinigungsverfahren ist das folgende: Der Hauptsiel endet in einer Schleusen- kammer. Von dort werden die Schmutzwässer durch Einlasskanäle den Stromgerinnen zu- geführt, lassen dort einen Theil der suspendirten Stoffe, vornehmlich Fasern, in Folge der auf etwa 0,10 m verminderten Stromgeschwindigkeit fallen und gelangen dann, nachdem sie zwei zum Auffangen grober Schwimmkörper bestimmte Siebe passirt haben, mittelst Kanäle unter dem Gebäude hindurch nach dem Mischapparat. Dieser besteht aus einem stark ge- neigten und pyramidal verengten Gerinne, in welches, ähnlich wie an den Trübetheiltafeln von Schlämmherden, Vertheilungsklötzchen eingesetzt sind. Aus den Kalklöschtrögen, deren Inhalt durch mechanisch angetriebene Harken in steter Bewegung gehalten wird, fliesst continuirlich dünne Kalkmilch zu und wird mit dem Schmutzwasser innig gemengt. Auf 1000 cbm Schmutzwasser werden dabei 200—220 kg Kalk verbraucht. Die Einwirkung des Kalkes wird sofort sichtbar. Schon in den auf der ganzen Länge der Anlage sich erstrecken- den Vertheilungsgerinnen erscheinen in dem trüben Strom klare Flüssigkeitpartien. Die gefällte Flüssigkeit gelangt durch Schleusen nach den etwa 1,8 m tiefen und 81 cbm fassen- den Klärbehältern. In ihnen erfolgt bei völliger Ruhe der Flüssigkeit die Abscheidung der ausgefällten Theile in kurzer Zeit, so dass jeder Behälter bei gutem Wetter stündlich, bei schlechtem Wetter mindestens in $1\frac{1}{2}$ Stunden einmal gefüllt werden kann. Die Ableitung des klaren Wassers geschieht mittelst Rohre, die aus leichtem Kupferblech hergestellt, um tief gelagerte Stopfbüchsen drehbar sind und deren Einlassöffnung mit einem einfachen Klappventil verschliessbar ist; durch einen Schwimmer wird das Wasser stets im Niveau gehalten. Die Stopfbüchsen sind so tief gelegt, dass etwa $^8/_{10}$ des Behälterinhalts durch die Ventilrohre abfliessen kann. Aus ihnen tritt das nahezu klare und entfärbte Wasser

---

[1] Durch den Ingenieur Alsing eingerichtet und geleitet.

12*

über den Schlammkanal hinweg in Coaksfilter, welche es von oben nach unten durchläuft, um, nachdem es 2 Kanäle passirt hat, in Coaksfiltern einer nochmaligen (aufsteigenden) Filtration unterworfen zu werden. Das ablaufende Wasser ist klar, zeigt aber in 15—20 cm dichter Schicht einen deutlich gelblichen Farbenton.

Ein Liter des Filtrirabwassers bedurfte in der Chamäleonprobe 11,4 Theile Sauerstoff und enthielt:

Kohlensaures Calcium	Kohlensaures Magnesium	Schwefelsaures Calcium	Schwefelsaures Magnesium	Chlor-Kalium und Natrium	Thonerde etc.	Kieselsäure	Organische und in Rothgluth flüchtige Stoffe	Darin	
								Ammoniak	Stickstoff in Form organischer Verbindungen und Nitrate
mg	mg	mg	mg	mg	mg	mg	mg	mg	mg
49,0	15,1	22,4	10,5	11,4	1,5	0,5	8,1	0,8	0,33

Eine bei anderer Gelegenheit genommene Probe bedurfte nach demselben Analytiker in der Chamäleonprobe 1,6 Sauerstoff und enthielt in 1 l: 872,0 mg gelöste Stoffe, wovon 766,0 mineralischer und 106,0 organischer und verbrennlicher Art, neben 57,0 mg suspendirter mineralischer Stoffe; unter den gelösten Feststoffen sind aufgeführt: 52,0 Chlor, 6,0 Ammoniak, 1,4 organischer Stickstoff, viel Nitrat und 211,0 mg freier Kalk.

Als Filtermaterial dient eine 0,6 m dicke Schicht von Gascoaksabfällen, welche ungesiebt verwendet werden; sie bleiben 3—6 Monate im Gebrauch und werden schliesslich zur Kesselheizung verwendet.

Die in den Klärbehältern nach dem Ablassen des Klärwassers zurückgebliebene Schlammflüssigkeit gelangt durch die Schlammkanäle nach Schlammbehältern und wird aus ihnen mittelst Centrifugalpumpen und deren Saugrohre einem Hochgerinne und aus diesem den Schlammteichen zugeleitet. Das in ihnen noch zur Ausscheidung kommende Wasser geht durch Ueberlaufschächte und Kanäle zur nochmaligen Verarbeitung zu den Klärbehältern zurück.

Die Schlämme aus den Stromgerinnen werden durch eine auf Schienen laufende Baggermaschine ausgehoben und auf Haufen gestürzt, wo sie sehr rasch, und ohne fauligen Geruch zu verbreiten, vermodern. Sie sind dann ein gesuchter Gartendünger (Compost), dessen Zusammensetzung nach einer Analyse des Dr. Voelcker in London folgende ist:

Wasser	Organische Stoffe	Darin Stickstoff	Thonerde und Eisenoxyd	Calciumphosphat	Calciumcarbonat	Calciumsulfat	Alkalisalze und Magnesia	Darin Chlorkalium	Kieselsäure
%	%	%	%	%	%	%	%	%	%
15,00	41,88	0,77	4,61	1,21	7,11	0,73	2,24	0,82	27,52

Wenn die Schlammteiche nach 1—2jährigem Betrieb gefüllt sind, werden in den schon ziemlich festen Schlammkörper Gräben gezogen, in welchen sich das noch überflüssige Wasser sammelt. Die Abtrocknung des Schlammes geht dann ziemlich rasch und ohne Belästigung der nachbarlichen Villen von statten, so dass er bald ausgestochen und abgefahren werden kann. Er dient, nachdem er einen Winter hindurch dem Wetter ausgesetzt gewesen, als Farmdünger, und dieser hat nach Dr. Voelcker folgende Zusammensetzung:

Wasser	Organische Stoffe	Darin Stickstoff	Thonerde und Eisenoxyd	Calciumphosphat	Calciumcarbonat	Calciumsulfat	Alkalisalze und Magnesia	Darin Chlorkalium	Kieselsäure
%	%	%	%	%	%	%	%	%	%
15,00	36,44	0,67	3,77	3,34	27,36	2,36	3,52	0,77	8,21

Diese Dünger werden zum Durchschnittspreis von 2,50 Mark pro Tonne verkauft. Die Anlagekosten der ganzen Anstalt sind, weil vor Einführung des jetzigen Verfahrens Jahre lang Versuche mit verschiedenen Reinigungsmethoden gemacht und zu dem Zweck kostspielige Einrichtungen getroffen worden waren, sehr erheblich. Namentlich sind grosse Summen aufgewendet worden, um die Filtration der Schmutzwässer durch Torf und Torfcoaks praktisch durchzuführen. Nach den vorliegenden Angaben sollen für die früheren Versuche und für die jetzige Einrichtung zusammen etwa 1 260 000 Mark verausgabt worden sein.

Die Betriebskosten betragen, ohne Anrechnung des Anlagecapitals, netto 80 000 Mark jährlich, oder 2,0—2,22 Mark pro verarbeitetes cbm und Jahr. Sie werden in Form einer Specialsteuer von allen Steuerpflichtigen des Stadtbezirkes erhoben und berechnen sich zu 0,4102 Mark pro Kopf der Bevölkerung.

Wenn wir die in vorstehendem Kapitel über die Wirkung der chemischen Fällungsmittel aufgeführten Resultate zusammenfassen, so stellt sich als Gesammt-Ergebniss heraus, dass es durch chemische Fällungsmittel und Klärenlassen im grossen und ganzen nur gelingt, die suspendirten Schlammstoffe aus den städtischen Abgangwässern zu entfernen, nicht aber die gelösten Stoffe. Denn ebenso wenig wie wir für Ammoniak selbst bei Anwendung von löslicher Phosphorsäure und Magnesiumsalzen eine irgendwie nennenswerthe Fällung bewirken können, ebenso wenig besitzen wir für das in Lösung befindliche Kali ein Fällungsmittel; nur die Phosphorsäure kann entweder ganz oder doch fast ganz quantitativ ausgefällt werden, während von dem Gesammt-Stickstoff im allgemeinen kaum mehr als $^1/_3$ ausgefällt wird, d. h., wenn die städtischen Abgangwässer ohne Klosetinhalt durchschnittlich 70—80 mg Stickstoff pro 1 l enthalten, so gehen etwa 20—30 mg in den Niederschlag über, während 30—45 mg in Lösung verbleiben.

Es geht dieses nicht nur aus den Analysen der ungereinigten und gereinigten städtischen Abgangwässer hervor, sondern auch aus den Analysen des erzielten Schlammes. Während in den ungereinigten Wässern durchweg viel mehr (4—5 mal mehr) Stickstoff als Phosphorsäure vorhanden ist, stellt sich das Verhältniss in den erzielten Niederschlägen nahezu gleich oder für die Phosphorsäure sogar höher als für den Stickstoff heraus. Ferner enthalten die Niederschläge nur verhältnissmässig sehr wenig Ammoniak und Kali.

Auch auf die sonstigen gelösten organischen Stoffe üben die chemischen Fällungsmittel im allgemeinen keine oder nur eine sehr geringe fällende Wirkung aus. Ja man findet nicht selten, dass die mit einem Ueberschuss von Kalk behandelten und geklärten Schmutzwässer sogar **mehr** organische Stoffe in **Lösung** enthalten, als die ursprünglichen Schmutzwässer. Dieses lässt sich nur so erklären, dass der überschüssige Kalk zersetzend auf die suspendirten organischen Schlammstoffe wirkt und davon einen Theil in eine lösliche Form überführt.

Denn wir sehen, dass mitunter nicht nur der Glühverlust des Abdampfrückstandes, sondern auch die zur Oxydation erforderliche Menge Chamäleon resp. Sauerstoff bei dem geklärten und gereinigten Wasser grösser ist, als bei dem ursprünglichen Schmutzwasser im filtrirten Zustande und wenn diese beiden Methoden zur Bestimmung der Grösse der gelösten organischen Stoffe auch nicht ganz exact sind, und uns keinen Aufschluss besonders über die Form, in welcher diese vorhanden sind, geben, so liefern dieselben doch einen relativ richtigen Anhaltepunkt für die grössere oder geringere Verunreinigung der Schmutzwässer mit gelösten organischen Stoffen.

Für die Unschuldigkeit der auf diese Weise mit chemischen Fällungsmitteln, besonders der mit überschüssigem Kalk versetzten putriden Schmutzwässer hat man in letzterer Zeit vielfach geltend gemacht, dass die gereinigten und geklärten Wässer nach der Koch'schen Methode auf Nährgelatine-Platten keine oder nur äusserst wenige Kolonien von Mikrophyten geben, während sich in dem ungereinigten Wasser tausende und Millionen solcher entwickelungsfähigen Organismen befinden. Das ist allerdings, wie wir gesehen haben, richtig; wenn man aber daraus den Schluss zieht, dass die so gereinigten Schmutzwässer besser als destillirtes Wasser oder das beste Brunnenwasser sind, so ist dieses widersinnig.

Selbstverständlich werden durch die chemischen Fällungsmittel mit den suspendirten Schlammstoffen auch alle Keime von Mikroorganismen mehr oder weniger niedergeschlagen und wirkt der überschüssige freie Kalk „fäulnisshemmend" d. h. verhindert die Entwickelung von Fäulnissbacterien als solchen etc.; vielleicht auch beruht die fäulnisshemmende Wirkung des überschüssigen freien Kalkes mit darauf, dass der Kalk eine theilweise Zersetzung der stickstoffhaltigen organischen Stoffe bewirkt und auf diese Weise den Mikroben gleichsam den geeigneten Nährboden entzieht, aber wir haben S. 54 u. 55 gesehen, dass, wenn in solchen gereinigten Wässern der überschüssige Kalk durch Kohlensäure neutralisirt wird, oder die Wasser an offener Luft stehen bleiben, sich die Keime von Mikroorganismen wieder in grösster Menge ansammeln und dass alsdann wieder, wenn auch bei weitem weniger intensiv, Fäulniss eintreten kann.

Auch ist ganz selbstverständlich, dass ein Wasser, welches noch 30 bis 50 mg Ammoniak und organischen Stickstoff enthält, nicht als völlig gereinigt angesehen und mit bestem oder gutem Trinkwasser verglichen werden kann; denn es enthält, wenn der fäulnisshemmende Bestandtheil (der Kalk) beseitigt ist, noch alle Bedingungen, welche den Mikroben, deren Keime stets hinreichend in der Luft vorhanden sind, ihre Entwickelung ermöglichen.

Nun ist aber die Beseitigung des überschüssigen Kalkes durch Kohlensäure resp. durch doppeltkohlensures Calcium in der Natur stets gegeben. Denn alle unsere Bach- und Flusswässer enthalten (mit gewiss nur ganz seltenen Ausnahmen) Kohlensäure und doppeltkohlensaures Calcium; wenn daher die auf diese Weise gereinigten Wässer in diese abgeführt werden, so muss der überschüssige freie Kalk je nach dem Gehalt der Bach- und Flusswässer an Kohlensäure und doppeltkohlensaurem Calcium bald mehr bald weniger rasch nach S. 56 in einfach kohlensaures Calcium umgewandelt und als solches unlöslich ausgeschieden werden, so dass den Mikroorganismen wieder die Möglichkeit zur Ansiedelung und Entwickelung gegeben ist.

Für eine Reihe von Fällen wird es allerdings ausreichend sein, die Fäulniss der Abgangwässer thunlichst einzuschränken und bis auf gewisse Strecken d. h. bis die Schmutzwässer in grössere Wasserläufe gelangen, wo sie nicht mehr schaden, hintanzuhalten; in anderen Fällen aber kann auch die Einführung der, viel freien Kalk enthaltenden gereinigten Wässer nicht statthaft sein oder dadurch nachtheilig wirken, dass er aus dem natürlichen Bach- und Flusswasser das gelöste doppeltkohlensaure Calcium entfernt, eine Veranlassung zur Verschlammung giebt oder den Fischen die nöthigen Kalksalze wegnimmt oder das natürliche Bach- und Flusswasser weniger zur Berieselung geeignet macht, indem auch für diese das gelöste doppeltkohlensaure Calcium von grösster Bedeutung ist.

Die Frage, ob und in wie weit die chemisch gereinigten Wässer ohne Beanstandung in öffentliche Wasserläufe abgelassen werden können, richtet sich daher wesentlich mit nach den lokalen Verhältnissen.

Was die weitere Frage anbelangt, ob irgend ein und welches chemisches Fällungsmittel als das beste empfohlen werden kann, so giebt es nach den vorstehenden Versuchen ein einziges bestes Fällungsmittel nicht.

Für ein putrides Schmutzwasser, welches hinreichend freie Kohlensäure oder viel doppeltkohlensaures Calcium enthält, genügt unter Umständen der Zusatz von Kalkmilch allein, um die erforderliche Ausfällung der suspendirten Stoffe zu bewirken; in anderen Fällen ist der Zusatz eines Metallsalzes erforderlich, um einen thunlichst starken Niederschlag zu erzeugen. Hierbei sind wiederum der Preis oder der Umstand massgebend, dass sich der Niederschlag thunlichst schnell und vollkommen absetzt, sowie dass der erzielte Schlamm keine für seine Anwendung schädlichen Bestandtheile enthält.

In Bezug auf die Höhe der Ausfällung der gelösten Bestandtheile sind die einzelnen Fällungsmittel (mit Ausnahme vielleicht der Thomasschlacke, von Magnesiumcarbonat + Kalk, oder von Aluminiumsulfat + Natriumaluminat) von keiner wesentlich verschiedenen Wirkung; wir besitzen einfach für die gelösten Fäulstoffe kein durchgreifendes Fällungsmittel und weil der Gehalt der putriden Schmutzwässer an gelösten Fäulnissstoffen ein sehr verschiedener ist, so erscheint es nicht zulässig, bestimmte Grenzwerthe aufzustellen, bis zu welchen diese Schmutzwässer für alle und jeden Fall gereinigt werden sollen, wenn von der Reinigung durch chemische Fällungsmittel Gebrauch gemacht werden muss.

Wenn hiernach die Reinigung der Schmutzwässer durch chemische Fällungsmittel als eine unvollkommene bezeichnet werden muss, so soll damit durchaus nicht gesagt sein, dass sie überhaupt nichts nützt oder dass sie an sich zu verwerfen ist. In vielen Fällen bleibt eben kein anderer Ausweg der Reinigung übrig und ist durch die Beseitigung der suspendirten Schlammstoffe allein in vielen Fällen einer hinreichenden Reinigung Genüge geleistet. Es ist aber nothwendig, sich die Leistungsfähigkeit der einzelnen Reinigungsverfahren klar zu machen, damit nicht seitens der Verwaltung und Hygiene Forderungen gestellt werden, die sich überhaupt nicht erfüllen lassen. Die Unsicherheit in den Ansichten über die Leistungsfähigkeit der einzelnen Reinigungsverfahren ist wohl vielfach der Grund, dass überhaupt in der Reinigung dieser Art Wässer nichts geschieht und das ist jedenfalls schlimmer, als wenn von der Einführung eines Verfahrens Abstand genommen, welches den Uebelständen auch nur zum grössten Theil abzuhelfen im Stande ist.

Thatsächlich kann man das chemische Reinigungsverfahren noch dadurch wesentlich unterstützen, dass man bei vorhandenem Gefälle oder sonstwie das von suspendirten Schlammstoffen und Mikroorganismen befreite Wasser thunlichst stark und häufig lüftet, indem man einen Ueberschuss von Kalk möglichst zu vermeiden sucht.

Ueber die Gründe hierfür wie über die Art der Ausführung des Lüftens verweise ich auf S. 61—73.

4. Mechanisch wirkende und sonstige Reinigungsverfahren.

Sonstige Reinigungsverfahren. Ausser den drei besprochenen Principien der Reinigung giebt es noch verschiedene andere, welche entweder als eine Modification resp. Combination dieser gelten können oder von einem anderen Gesichtspunkte ausgehen. In dieser Hinsicht seien genannt:

Baggeley's Verfahren. 1. Das Verfahren von Henry Baggeley in London. Derselbe behandelt Kloakenwässer wie folgt: Von der Mündung des Abzugskanals bringt ein Schöpfrad die Masse, nachdem auf dem Wege aufwärts der grösste Theil der Flüssigkeit durch Körbe abfiltrirt ist, in eine geneigte Röhre, welche in einen Trockenraum führt. In diesem wird die Masse in mechanisch bewegte Schalen langsam von einem Ende zum andern geführt. Der Raum wird durch Abgangswärme von darunter gelegenen Kanälen aus erwärmt, die trockene Masse continuirlich durch eine Oeffnung am Ende entleert und kommt als Dünger auf den Markt. Die beim Trocknen sich entwickelnden Dämpfe gelangen in einen aus porösem Material gebildeten Condensirraum und liefern dort Ammoniakflüssigkeit. Der flüssige Theil des Kloakenwassers filtrirt durch eine Mauer aus porösem Ziegelwerk. Die filtrirte Flüssigkeit kann dann ohne Schaden in den Strom geleitet werden.

2. Das Verfahren von Robert Punchon in Brigton, welcher vorschlägt: die Schmutzwässer in 18 Fuss lange (hohe) Cylinder von 6 Fuss Durchmesser fliessen zu lassen, welche aus durchlöchertem Eisenblech oder Kupferdrathgewebe bestehen und deren Innenwand mit einem Gewebe ausgekleidet ist. Die Cylinder rotiren schnell auf ihrer Längsaxe; wenn das Wasser ausgeschleudert ist, wird die Masse mittelst einer mit Kautschuk versehenen Scheibe aus dem Cylinder gepresst.

In ähnlicher Weise wendet Margueritte Centrifugalapparate an.

Versuchsresultate von diesen Verfahren sind mir nicht bekannt geworden; indess bestehen dieselben nur in einer modificirten Filtration und ist einleuchtend, dass sie nur die Entfernung der suspendirten Schlammstoffe zum Ziele haben.

Von grösserer Bedeutung jedoch ist

3. das Verfahren von Rothe-Roeckner; dasselbe wird von der Firma Franz Rothe Söhne in Bernburg zur Ausführung gebracht und macht in letzter Zeit viel von sich reden.

Der Apparat (vgl. Fig. 22) besteht aus einem oben geschlossenen und unten offenen Cylinder A von ca. 7—8 m Höhe, dessen Durchmesser und Anzahl von der pro Minute durch den Apparat zu reinigenden Wassermenge abhängt.

Mit dem unten offenen Ende taucht der Cylinder A unter das Niveau des zu reinigenden Wassers in Bassin B.

Auf dem oberen geschlossenen Ende ist ein Verlängerungsrohr angebracht und an diesem oben das zur Luftpumpe führende Rohr F.

Nahe am oberen Rande des Cylinders A zweigt sich das mit einem Abschlusshahn versehene Rohr D ab, welches mit seinem unteren Ende unter das Wasserniveau des kleinen Bassins C taucht.

Das Niveau der Flüssigkeit im Bassin C liegt tiefer als das Niveau in B.

Der im Bassin niedergeschlagene Schlamm wird mittelst eines Baggerwerkes oder einer Pumpe E entfernt.

Das zu reinigende Abfallwasser fliesst in das Bassin B und muss behufs seiner Reinigung in dem Cylinder A aufwärts steigen, fliesst dann durch das Rohr D in das Bassin C und aus diesem gereinigt ab.

Um das Aufsteigen der Flüssigkeit im Cylinder A zu bewirken, wird, nachdem der untere Rand desselben sowie der des Rohres D unter Wasserabschluss gebracht ist, die Luft im Cylinder so lange verdünnt, bis das durch den Druck der äusseren Luft hochsteigende Wasser über die Mündung des Rohres D im Cylinder A angelangt ist. Mit Erreichung dieser Höhe ist ein selbstthätiger Heber hergestellt. Das Wasser fliesst durch

D und C, dessen Niveau tiefer als das des Bassins B liegt, continuirlich ab. Der Apparat wird sofort aufhören zu functioniren, sobald das Niveau im Cylinder A unter die Einfluss-öffnung von D sinkt.

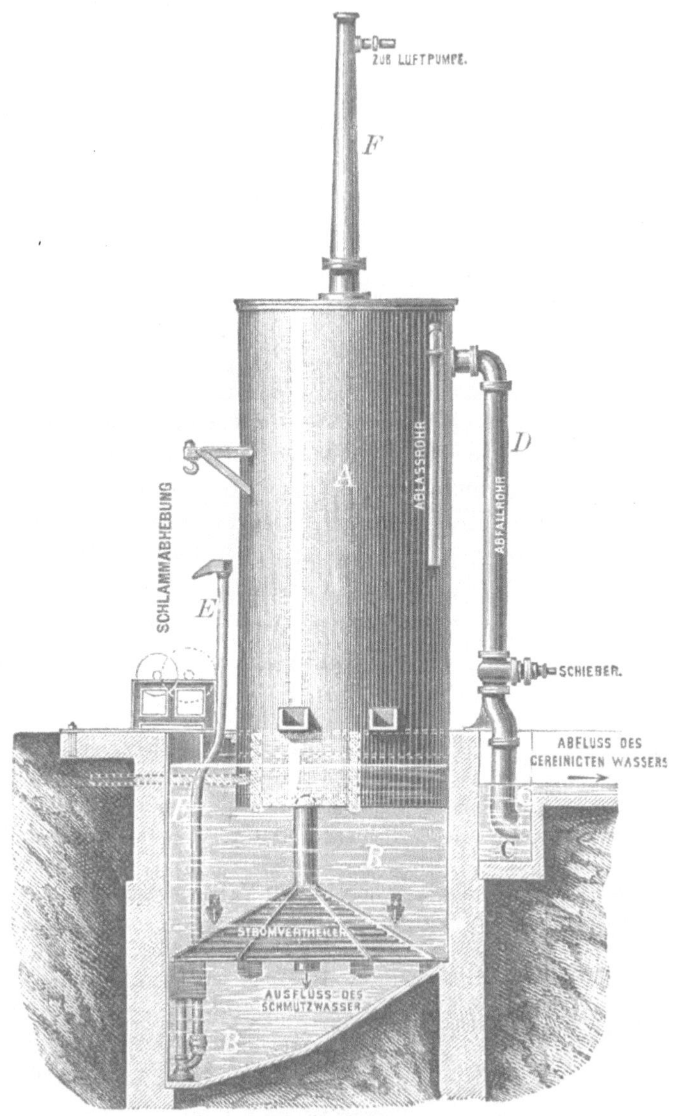

Fig. 22.

Um dieses zu verhüten, muss daher ein der vorherigen Höhe des Wasserniveaus entsprechender Grad von Luftverdünnung constant erhalten werden (ca. 550 mm).

Von wesentlichem Belang für die Reinigung der Wässer ist: erstens eine ruhige Bewegung und zweitens eine gleichmässige Vertheilung derselben sowohl im Brunnen als im Cylinder.

Um dieses zu erreichen, wird das Schmutzwasser dem 4 bis 5 m tiefen Brunnen nicht direct durch den Zulaufkanal, sondern aus diesem durch ein in der Mitte des Brunnens bis nahe über den Boden hinabgeführtes Einlaufrohr zugeleitet und dadurch gezwungen, bereits im Brunnen von unten nach oben den Aufsteigeprocess zu beginnen. Um das Einlaufrohr ist unten ein trichterförmiger Stromvertheiler im ganzen Brunnenquerschnitt angebracht, indem Lattenstäbe unter etwa 30 Grad herumgelegt und durch Holztäfelchen jalousieartig verbunden sind, so dass das aus dem Rohre unten austretende Wasser durch die vielen Jalousiespalten durchziehen und seine Bewegung auf den ganzen Querschnitt gleichmässig vertheilen muss. Ausserdem ist im oberen Theile des Cylinders eine eigenthümliche Ueberlauf-Construction vorhanden, welche die von unten her eingeleitete gleichmässige Bewegung im Cylinder auf dessen ganzer Höhe gewährleistet.

Beim Absetzen und Niedersinken des Schlammes fällt derselbe zunächst auf den Jalousietrichter, so dass bereits beim Durchziehen des aufsteigenden Wassers durch dessen Spalten der Filtrationsprocess beginnt, der sich wohl reichlich bis zur halben Höhe des Cylinders vollzieht. Wenn die auf den Trichter niedergeschlagenen Schlammmassen zu mächtig werden, rutschen sie durch ihr eigenes Gewicht von den schrägen Flächen ab und gelangen in eine Vertiefung der Brunnensohle, von wo sie durch ein aufgestelltes Baggerwerk oder eine entsprechende Schlammpumpe in consistenter Form gehoben und in ein kleines drainirtes Bassin geleitet werden, aus dem das noch anhaftende Schmutzwasser in den Brunnen zurücksickert, während der stichbar gewordene Schlamm je nach Bedarf und Verwendnng beseitigt wird.

Die Brunnenweite hängt von der Stichweite ab und beträgt z. B.:

1,9 m für Cylinder von 1,0 m Weite.
4,3 „ „ „ „ 3,2 „ „
5,8 „ „ „ „ 4,2 „ „

Die Aufsteige-Geschwindigkeit im Cylinder hängt von der Art und Zusammensetzung des Schmutzwassers ab und ist um so geringer, je feiner die Niederschläge sind; nach den bis jetzt gewonnenen Resultaten beträgt die Geschwindigkeit 2 mm bis höchstens 9 mm pro Sec. Um die Abscheidung der Schlammstoffe zu unterstützen, werden dem Schmutzwasser gleichzeitig, je nach seiner Beschaffenheit auch chemische Fällungsmittel zugesetzt (durchweg Kalkmilch und sonstige fällende Chemikalien); die Reinigung der Schmutzwässer mit diesem Apparat ist daher chemischer und mechanischer Art.

Die sich niederschlagenden Stoffe sammeln sich im Brunnen wie unten im Cylinder an und die sich niedersenkende Schlammschicht bildet also für sich eine Art Filter für das nachsteigende Wasser.

Ich hatte durch die Freundlichkeit der Patentbesitzer Gelegenheit, die Wirkung des Apparates in Versuchen zur Reinigung des Abgangwassers aus Dortmund im August 1884 und aus Essen im September 1885 zu beobachten; in dem ersten Falle wurde meines Wissens Kalk, in dem letzteren Kalk und Aluminiumsulfat als chemische Fällungsmittel benutzt. Den zwei von mir ausgeführten Analysen schliesse ich eine dritte von Dr. Fr. Kayser in Essen vom 20. October 1885 an, weil sie meine Resultate vollständig bestätigt (vgl. Centr.-Bl. f. allgemeine Gesundheitspflege 1886 S. 17).

— 188 —

1 l Wasser enthält:

| | Suspendirte Stoffe: | | | Lösliche Stoffe | | | | | | | | | |
	Un-organische	Organische	In letzteren Stickstoff	Mineral-Stoffe	Organische Stoffe (Glühverlust)	Zur Oxydation erforderlicher Sauerstoff	Stickstoff als Ammoniak	Stickstoff in organischer Verbindung	Schwefelwasserstoff	Kalk	Kali	Phosphorsäure	Chlor
	mg	mg	mg	mg	mg	mg	mg	mg	mg	mg	mg	mg	mg
1. Dortmunder Kanalwasser im August 1884:													
Ungereinigt	68,0	120,0	21,8	693,5	126,4	42,7	17,7	20,0	119,5	—	—	145,5	
Gereinigt .	58,6	0,0	0,0	1516,0	151,2	26,2	14,8	1,0	708,5	—	—	127,8	
2. Essener Kanalwasser am 8. September 1885:													
Ungereinigt	105,2	213,4	19,3	613,6	229,6	86,8	31,1	19,2	—	76,8	65,0	13,1	234,0
Gereinigt .	96,0	6,4	Spur	713,2	289,2	118,4	25,1	21,9	—	200,8	60,4	1,7	?
3. Desgl. am 20. October 1885 nach einer Untersuchung von Dr. Fr. Kayser in Essen.													
Ungereinigt	68,0	332,0	13,8	436,0	173,0	75,0	20,3	5,8	1,4	50,5	—	—	—
Gereinigt .	86,0	98,1	1,4	1403,0	372,0	86,7	21,5	2,6	—	352,0	—	—	—

In den beiden ersten Fällen waren die ungereinigten Wässer von Bacterien, Bacillen, Monaden und Pilzsporen überfüllt, während sich in dem schwachen Bodensatz der gereinigten Wässer keine oder nur vereinzelte Mikroorganismen nachweisen liessen; auch zeigten beide Proben gereinigten Wassers eine grosse Haltbarkeit. Letztere ist aber vorwiegend dem grossen Ueberschuss an zugesetztem Kalk mit zuzuschreiben; denn beide Wässer hatten eine stark alkalische Reaction.

Für den bei den Versuchen in Essen gewonnenen Schlamm fand ich folgende Zusammensetzung:

| | Wasser | Organische Stoffe | Darin Stickstoff | Mineral-stoffe | In letzteren: | | | |
					Kalk	Eisenoxyd + Thonerde	Phosphorsäure	Sand + Thon
	%	%	%	%	%	%	%	%
a) Im frischen Zustande:								
Probe 1	72,65	7,03	0,24	20,32	4,23	2,46	0,399	10,18
Probe 2	76,74	5,36	0,22	17,90	3,72	2,68	0,220	8,46
b) im wasserfreien Zustande:								
Probe 1	—	25,70	0,877	74,30	15,46	8,99	1,459	36,99
Probe 2	—	23,05	0,946	76,95	15,99	11,52	0,946	36,42

Es ist einleuchtend, dass die chemischen Fällungsmittel in diesem Apparat nicht anders wirken können, als bei sonstigen Reinigungsvorrichtungen, und gilt von der Art der Wirkung der chemischen Fällungsmittel für diesen Apparat genau dasselbe, was ich bereits S. 181—184 gesagt habe.

Wenn ferner als besonders günstig für denselben hervorgehoben wird, dass auch die lästigen Fäulnissgase, die durch die Luftpumpe abgesogen und in einen Schornstein geleitet werden können, entfernt werden, so hat diese Angabe zwar ihre Berechtigung, aber auch ihre zwei Seiten; denn mit den Fäulnissgasen wird auch ohne Zweifel ein Theil des Sauerstoffs entfernt, und wenn nach den obigen Auseinandersetzungen S. 61—73 gerade die Sauerstoffzuführung zu den fauligen Schmutzwässern als eine wesentliche Bedingung ihrer Haltbarkeit resp. Unschädlichmachung mit bezeichnet werden muss, so liegt bei vielen Schmutzwässern in der theilweisen Entgasung gerade kein Vortheil für den Reinigungsapparat.

Im übrigen besitzt derselbe zur mechanischen Reinigung der Schmutzwässer, wenn man von den Betriebskosten absieht, nicht unwesentliche Vorzüge vor ähnlichen Einrichtungen, nämlich:

1. Nimmt derselbe zur Erzielung eines hohen Effectes nur einen verhältnissmässig kleinen Raum ein, so dass er sich überall da, wo es an hinreichenden Flächen für Klärbassins fehlt, und selbst mitten in Städten anbringen lässt, weil gleichzeitig das Auftreten von Fäulnissgasen verhindert werden kann.

2. Wird durch das in Folge der gleichmässigen Vertheilung des Luftdruckes bewirkte ruhige Aufsteigen der Wassersäule eine verhältnissmässig ebenso rasche und vollkommene als gleichmässige Abscheidung der specifisch schwereren suspendirten Schlammstoffe erzielt.

3. Kann ohne Zweifel in Folge dieser letzteren Eigenschaft die Menge der chemischen Fällungsmittel eine etwas geringere sein, als bei Anwendung von einfachen Klärbassins, und wird der Apparat selbst dann nicht ganz aufhören klärend zu wirken, wenn der Zusatz von chemischen Fällungsmitteln auf kurze Zeit eine Störung erfährt.

Selbstverständlich kann man aber dort, wo man hinreichendes natürliches Gefälle besitzt, ein ähnliches bereits vielfach zur Ausführung gelangtes Princip der Reinigung anwenden, indem man das Schmutzwasser in cylinderförmige Behälter, die mit einem inneren cylinderförmigen Trichter durchsetzt sind, so fliessen lässt, dass dasselbe in letzterem wieder von unten nach oben steigen muss und oben zum Ausfluss gelangt[1]). Was bei dem Roeckner-Rothe'schen Apparat der Luftdruck bewirkt, wird hier, wenn auch nicht so vollkommen, durch den Druck des Wassers selbst erzielt. Wie eine solche Einrichtung, auch wenn das Wasser für den Zweck auf eine bestimmte Höhe gehoben werden muss, gleichzeitig zur Lüftung benutzt werden kann, habe ich bereits S. 70 auseinandergesetzt.

---

[1]) Vergl. auch Reinigungsapparate im Anhang.

Die Abscheidung der Niederschläge und suspendirten Schlammstoffe bietet bei Anwendung von geeigneten Fällungsmitteln keine allzu grossen Schwierigkeiten und lässt sich, wie wir vielfach gesehen haben, bei nur mässigem Gefälle meistens in einfacher Weise erreichen.

Verfahren von A. Müller.

4. Verfahren von Alex. Müller.

Alex. Müller befolgt bei der Reinigung von faulenden Schmutzwässern ein von allen bisher genannten Verfahren abweichendes und entgegengesetztes Princip, indem er der Fäulniss nicht vorbeugt, sondern dieselbe als Bedingung zur Reinigung wählt. Die von antiseptischen Beimengungen freien Abfallwässer werden in tiefen Erdbassins auf 25 bis 40° C. erwärmt, mit hefeartigen Organismen versetzt und falls nicht hinreichende Mengen Nährstoffe vorhanden sind, mit stickstoffhaltigen Stoffen wie Blut etc. und unorganischen Salzen versetzt. Nach der nöthigen Zeit wird die Flüssigkeit in den Bassins von dem Bodensatz abgezogen und auf Filter von Sand, Kohle etc. gebracht, die mit Drainröhren durchsetzt sind. Die bei der Fäulniss sich bildenden Gase werden dadurch beseitigt, dass man sie in ein System von Drainröhren, das in ein Feld gelegt ist, leitet. Die hier ablaufende Flüssigkeit soll genügend gereinigt sein.

Auch Walter East hat in derselben Weise vorgeschlagen, die Kloaken- und Abfallwässer durch einen beschleunigten Gähr- und Fäulnissprocess zu reinigen und zu dem Zweck bereits stark faulende Flüssigkeit hinzuzusetzen. Der Behälter, in welchem sich die Masse befindet, ist bedeckt; die Fäulnissgase werden durch eine Röhre über Eisenoxydhydrat und von da zu einem Schornstein geleitet resp. in die Feuerung eines Ofens; durch die vergohrene Flüssigkeit wird Luft gepresst; alsdann kann die Flüssigkeit nach der Filtration zur Berieselung dienen.

Es lässt sich nicht leugnen, dass durch die künstlich unterstützte Fäulniss ein grosser Theil der organischen Stoffe gasificirt wird und dass in Folge der Gasentwickelung die suspendirten Schlammstoffe sich abscheiden; aber andererseits wird auch ein Theil der suspendirten organischen Schlammstoffe durch die Fäulniss in Lösung gebracht; auch fragt es sich, ob die Gährung bei grossen zu reinigenden Wassermassen schnell genug wirkt und eine einfache Filtration zur Reinigung genügt. Resultate über das Müllersche Verfahren werden unter „Abgangwässer aus Zuckerfabriken" mitgetheilt werden.

Verfahren von Fr. Hulwa.

5. Verfahren von Fr. Hulwa.

Fr. Hulwa wendet zunächst ein Salzgemisch von Eisen-, Thonerde- und Magnesia-Präparaten an, dessen Zusammensetzung je nach dem Wasser verschieden ist, dazu Kalk und besonders präparirte Zellfaser. Unter Umständen wird der überschüssige Kalk durch Saturation mit Kohlensäure entfernt und schliesslich schwefelige Säure in das noch schwach alkalische Wasser geleitet.

Dass die Zuführung von Schornsteinluft (Kohlensäure) zu einem, Kalk im Ueberschuss enthaltenden Wasser vortheilhaft sein kann, habe ich bereits

S. 50 gezeigt. Neuerdings ist das Hulwa'sche Verfahren nach einer brieflichen Mittheilung zur Reinigung der Abgänge des Malteser-Krankenhauses Kunzendorf bei Freiburg in Schl., sowie des Luftkurortes Görbersdorf in Schl. eingerichtet. Versuchsergebnisse kann Verf. hierüber einstweilen noch nicht mittheilen, jedoch sind solche weiter unten bei „Abgangwässer aus Zuckerfabriken" sowie aus „Färbereien" ausführlich besprochen.

6. H. Wagener und A. Müller[1]) haben sich (unter E. P. 629 vom 16. Januar 1885) noch folgendes Verfahren zur Behandlung von städtischen Abfallwässern patentiren lassen:

Wagener-Müller's Verfahren.

Die Abwässer werden zuerst durch Siebe mit verschiedenen weiten Maschen von den suspendirten Theilen getrennt. Die filtrirte Flüssigkeit lässt man in einer Kammer über eine Reihe von Trögen herablaufen. In derselben Kammer sind andere Tröge über einander und zwischen den vorigen angeordnet, über welche Schwefelsäure herabfliesst. Man erzeugt in der Kammer ein Vacuum, wodurch das in der Flüssigkeit enthaltene Ammoniak frei wird, so dass es von der Schwefelsäure absorbirt wird. Aus den durch Siebe abgeschiedenen Senkstoffen werden zunächst die fetten Säuren und Fette extrahirt und die Faserstoffe abgeschieden, der Rest wird mit Kalk gemischt, als Dünger verwendet oder in Generatoren unter Einleiten von Dampf vergast. Aus den Vergasungsproducten wird in bekannter Weise Theer und Ammoniak abgeschieden; der nicht condensirte Theil wird für Leucht- oder Heizzwecke verwendet. Die im Generator zurückbleibende Asche enthält viel Phosphorsäure; sie wird direct oder nach der Behandlung mit Säure als Dünger benutzt.

Nachtrag zur Reinigung von städtischem Abgangwasser durch Berieselung.

Während des Druckes vorstehenden Abschnittes geht mir eine Schrift von Anatol Anekcandrowitsch Fadejeff[2]) und P. A. Gregorieff zu, welche neue und interessante Versuche über die Reinigung von Spüljauche durch Berieselung enthält und welche desshalb im kurzen Auszug hier als Nachtrag Erwähnung finden möge.

Nachtrag zur Reinigung durch Berieselung.

Die Versuche wurden an der land- und forstwirthschaftlichen Akademie Petrowsky bei Moskau mit den sämmtlichen Abgängen aus 20 Gebäuden ausgeführt, in welchen beständig 304 Erwachsene und 107 Kinder wohnen. Der Abortinhalt gelangt durchweg nur im Sommer ganz in die Schwemmkanäle, während er im Winter in den Aborten einfriert.

Die gesammten Schmutzwässer werden in ein Reservoir von ca. 45 cbm Inhalt gepumpt und gelangen von hier auf eine Rieselanlage, welche behufs vergleichender Versuche nach verschiedenen Systemen angelegt ist, nämlich einerseits in gewöhnlicher oder nach

---

[1]) Berichte der Deutsch. chem. Gesellschaft. Berlin 1886. S. 421.
[2]) Die Unschädlichmachung der städtischen Kloakenauswürfe durch den Erdboden von Anatol Anekcandrowitsch Fadejeff; aus dem Russischen übersetzt von Paul Otto Jos. Menzel. Leipzig. Karl Scholtze 1886.

Petersen's System[3]) in verschiedener Tiefe und bei verschiedener Entfernung der Drainröhren drainirt, andererseits ohne Drainage. Einige Vergleichsparzellen wurden gar nicht gerieselt, andere nur mit reinem Teichwasser; die Art der Anlage erhellt aus folgendem Uebersichtsschema:

Kultur von Feld- und Gartenfrüchten			Drainage	
	Ohne Berieselung		Gewöhnliche	I.
			Ohne Drainage	VIII. XI.
	Mit Berieselung von Kloakenwasser	Mit Drainage, in Tiefe 1,30 m	Ohne Drainage	V.
			Gewöhnliche	II.
			Petersen'sche, bei 5 m Entfernung	III.
			Ebenso, Entfernung 7 m	IV.
			Ebenso, Entfernung 10 m . . . VI. VII. IX.	
		2,0 m	Petersen, bei 10 m Entfernung .	X.
	Mit Berieselung von reinem Teichwasser		Drainage Petersen, Entfernung 10 m Tiefe 1,30 m	XII.

Wiesenparzelle XIII.

- Ohne Berieselung und Drainage.
- Mit Berieselung von Kloakenwasser und drainirt auf Petersen'sche Weise auf 1,10 m Tiefe und Entfernung von 10 m.
- Mit Berieselung von Drainwasser und drainirt auf Petersen'sche Weise auf 1,30 m Tiefe und Entfernung von 10 m.

Die einzelnen Parzellen sind gleich gross, nämlich ca. 1200 qm; nur Parzelle 13 ist ca. 3 ½ mal grösser; zwischen den einzelnen Parzellen liegt ein Weg von je 6 Meter Breite.

Der Boden der Parzellen ist bis auf den von Parzelle XIII von fast gleicher Beschaffenheit; die oberste Bodenschicht besteht in 20 cm Tiefe aus staubsandartigem Boden (leichter Lehmboden) gefärbt von einer dunkelgrauen Farbe von organischen Bestandtheilen (Vegetationsschicht) herrührend; darauf folgt eine ca. 10 cm starke Schicht von derselben mechanischen Beschaffenheit wie die oberste; nur ist sie frei von organischen Stoffen und Eisenoxydhydrat; an diese Schicht schliesst sich eine solche von grobkörnigem Sand und Thon an, welche bis zu 3 m Tiefe geht; der Sand besteht aus Quarz, Feldspath und Glimmer etc.

Nachdem im Jahre 1881 die Drainage-Röhren gelegt, wurde der Boden zweckentsprechend beackert und mit den verschiedensten Früchten (Körnerfrüchten, Wurzeln und Futtergewächsen) bestellt. Die Untersuchungen erstreckten sich auf die Unschädlichmachung der Spüljauche während der Sommermonate vom 1. April bis 1. November, wie während der Winterzeit.

Zu dem Zweck wurde eine gemessene Menge Schmutzwasser in zum Theil weit auseinanderliegenden (durchschnittlich 3—10 Tage betragenden) Zwischenräumen auf die Parzellen (resp. während der Winterzeit in Bassins) gebracht und einerseits die durch die Drainrohre ausfliessende Menge Wasser bestimmt, andererseits die Temperatur und chemische Zusammensetzung desselben. Bei dem nicht drainirten Boden waren fest an den Boden anschliessende Schachte in die Erde getrieben, aus welchen das Grund- resp. das durch den Boden filtrirte Schmutzwasser entnommen wurde.

Für gewöhnlich nahm man die Proben des Drainagewassers am Tage nach der Berieselung morgens d. h. 12—14 Stunden nach Beendigung der Bewässerung. Das aufgerieselte Wasser erschien meistens innerhalb ½ bis 1 Stunde nach dem Beginn der Rieselung im Drainrohr, erreichte 2—4 Stunden nach Beendigung der Berieselung die grösste

---

[3]) Bei der Petersen'schen Drainage liegen bekanntlich in dem Hauptsammeldrainrohr Absperrventile, welche behufs starker Durchlüftung des Bodens beliebig geöffnet und geschlossen werden können.

Höhe im Drainrohr, um von da an abzunehmen, bis nach 2—5 Tagen nach der Berieselung der Ausfluss aus den Drains ganz aufhörte.

Im allgemeinen wurde eine Flüssigkeitsschicht von 4—10 cm auf die Parzellen gebracht. Aus dieser allgemeinen Beschreibung wird man ein annäherndes Bild von der Art der Ausführung dieser Versuche gewinnen; bezüglich der weiteren Einzelheiten verweise ich auf die citirte Schrift.

I. Unschädlichmachung der Kloakenauswürfe zur Sommerzeit.

Was die Menge des durch den Boden filtrirten, aus den Drains ausfliessenden Drainagewassers anbelangt, so betrug dieselbe während der Sommerzeit von 0 bis 20% des aufgebrachten Kloakenwassers.

Die aus den Drains der Parzelle II und III ausfliessende Menge Drainagewasser betrug z. B. in Prozenten der aufgebrachten Kloakenflüssigkeit:

	Parzelle II.	Parzelle III.
Im ganzen aufgebrachte Kloakenflüssigkeit (Höhe der Schicht) . .	0,856 m	2,033 m
Im Monat Juni	20%	30%
„ „ Juli	2%	18%
„ „ August . . .	0	22%
„ „ September . .	1%	10%
„ „ October . . .	9%	25%
Durchschnitt pro 1 Monat	6,4%	21%

Die Temperatur des Drainagewassers von den beiden Parzellen II und III mit flacher Drainage schwankte nach den Beobachtungen von 1882 in den einzelnen Monaten der Vegetationszeit im Vergleich zu der der Kloakenflüssigkeit und des Grundwassers von Parzelle X wie folgt:

	Kloaken-flüssigkeit	Drainagewasser		Grundwasser von Parzelle X mit 2,0 m tiefer Drainage
		Parzelle II.	Parzelle III.	
	°C.	°C.	°C.	°C.
April	3,4—12,0	0,2— 4,8	0,3— 4,8	1,1— 3,8
Mai	6,4—12,4	4,7—11,7	5,0—14,0	5,9— 9,8
Juni	9,6—14,0	9,8—14,9	9,8—14,0	8,1—11,0
Juli	12,4—14,2	9,9—18,0	6,7—16,6	5,0—14,8
August	12,7—14,8	14,1—14,8	13,4—16,0	13,0—14,4
September	10,1—13,3	9,7—10,6	6,0—13,6	9,2—13,3
October	8,0—12,6	5,0— 6,6	3,3—10,7	4,5— 9,5

Mitunter ging die Temperatur des Drainagewassers um ein Bedeutendes herunter, wenn das Feld mit Kloakenflüssigkeit berieselt wurde, obschon die letztere eine höhere Temperatur hatte, als das Drainwasser. Einen Grund hierfür vermögen die Versuchsansteller nicht anzugeben. Im allge-

meinen schwankte die Temperatur des Drainagewassers in der Zeit von April
bis November zwischen 0,2—18,0° C.; bei vollständig hinreichender Bewässerung stieg sie nicht höher als bis 14,9° C.

Die chemischen Veränderungen d. h. die Reinigung, welche die
Kloakenflüssigkeit bei der Filtration durch den Boden auf den einzelnen Parzellen erleidet, erhellt aus folgenden Analysen des Drainagewassers, welche
für die einzelnen Parzellen das Mittel aus mehreren Einzelanalysen bilden:

| | Aufgebrachte Spüljauchen-schicht | | Anzahl der Beriese-lungen | | An-zahl der Ana-ly-sen | In 1 l Wasser: | | | | | |
| | 1882 | 1883 | 1882 | 1883 | | Ab-dampf-Rück-stand | Chlor | Am-moniak | Salpe-ter-Säure | Organ. Stick-stoff[1] | Ver-brauch-tes Chamä-leon[1] |
	m	m				mg	mg	mg	mg	mg	mg
Aufgebrachte Spüljau-che (Kloakenflüssig-keit)[2]					50	692,3	97,5	90,0	17,0	14,9	284,3
Drainagewasser[2]:											
Parzelle II, gewöhnliche Drainage 1,3 m tief .	0,941	0,599	19	8	6	439,0	86,7	1,2	47,7	0,26	10,2
Parzelle III, Petersen-sche Drainage, 1,3 m tief	2,033	2,824	35	30	13	568,9	73,2	3,4	127,6	0,39	29,0
Parzelle IV desgl. . .	0,684	—	10	—	6	424,0	44,8	1,7	79,7	0,75	21,5
Parzelle V, ohne Drai-nage	0,749	0,599	15	10	2	728,0	63,0	4,3	124,0	1,98	39,0
Parzelle VI, Petersen-sche Drainage, 1,3 m tief	0,107	1,070	?	?	5	426,0	32,2	3,6	25,0	0,88	30,0
Parzelle X, Petersen'sche Drainage, 2,0 m tief .	0,941	2,889	14	26	6	496,0	34,0	0,7	62,7	0,44	22,2
Parzelle XII, mit ge-wöhnlichem Teichwas-ser berieselt	—	—	—	—	4	271,0	7,8	0,95	27,0	0,28	11,3
Reines Grundwasser von Parzelle I	—	—	—	—	2	288,5	3,8	0,5	19,5	0,14	8,8
desgl. von Parzelle X .	—	—	—	—	3	444,0	26,8	0,7	71,3	0,09	14,0
desgl. aus Parzelle XIII	—	—	—	—	1	332,0	11,0	2,4	17,7	0,28	11,0

[1]) Für den Gehalt an organischem Stickstoff und verbrauchtem Chamäleon geben die
Versuchsansteller nach Ausschluss der zweifelhaften Analysen folgende corrigirten Mittelzahlen pro 1 l:

	Parzelle II.	Parzelle III.	Parzelle IV.	Parzelle V.	Parzelle VI.	Parzelle X.
Organischer Stickstoff . .	0,14 mg	0,18 mg	0,14 mg	1,97 mg	0,10 mg	0,54 mg
Verbrauchtes Chamäleon .	9,0 „	19,0 „	14,0 „	36,0 „	14,0 „	14,0 „

[2]) Die Kloakenflüssigkeit enthielt ferner im Mittel 385,0 mg suspendirte Stoffe mit 1,7 mg
Stickstoff also 96,5 mg Stickstoff im ganzen; ihre Zusammensetzung und die des Drainagewasser schwankte während der Untersuchungszeit in folgenden Grenzen:

Aus vorstehenden Zahlen erhellt, dass die städtische Spüljauche in diesem Falle selbst bei Aufbringung grosser Mengen im hohen Grade durch die Berieselung gereinigt werden kann; die in hygienischer Beziehung wichtigsten Bestandtheile, Ammoniak und organischer Stickstoff, haben bedeutend abgenommen, indem sie zum grossen Theil zu Salpetersäure oxydirt wurden (vgl. auch S. 111 u. 112).

Auffallend ist, dass das auf der nicht drainirten Parzelle V aus den eingesetzten Röhren ausgehobene, durch den Boden filtrirte Wasser eine viel schlechtere Reinigung erfahren hat, als auf den drainirten Parzellen. Die Versuchsansteller glauben diese Erscheinung dadurch erklären zu müssen, dass bei nicht Vorhandensein der Drainage die Flüssigkeit nur langsam durch das Erdreich hindurchfiltrirt, wobei die Oxydation der organischen Stoffe in Folge der schwachen Ventilation des Erdbodens bedeutend langsamer von statten geht.

Ohne Zweifel ist nach S. 83—92 die Oxydation der organischen Stoffe im Boden um so vollkommener, je grösser und durchlüfteter er ist; andererseits aber ist zu berücksichtigen, dass unter sonst gleichen Verhältnissen die Oxydation um so intensiver verläuft, je langsamer das Wasser sich durch den Boden bewegt. Dieses erhellt z. B. aus verschiedenen hiesigen Versuchen, welche mit gewöhnlichem Bachwasser auf einer Rieselwiese angestellt wurden. Dieselbe war nach verschiedenen Systemen drainirt, einmal in gewöhnlicher Weise drainirt, dann nach dem System Petersen und Abel, welche letztere Drainagen mit Absperrventilen versehen sind. Diese Absperrventile pflegen bei der Berieselung geschlossen zu werden, schliessen aber durchweg nicht ganz wasserdicht, sondern lassen stets noch mehr oder weniger Wasser durch.

Das durch die Drains abfliessende Wasser unterscheidet sich zunächst stets dadurch von dem oberirdisch abfliessenden Wasser, dass es diesem wie dem aufrieselnden Wasser gegenüber weniger Sauerstoff und organische Stoffe aber mehr Kohlensäure, Schwefelsäure und diesen entsprechend mehr Kalk enthält. So fanden wir im Mittel einer Reihe von Einzelversuchen in 4 Jahren auf mehreren drainirten Wiesenflächen:

		Abdampf-Rückstand mg	Chlor mg	Ammoniak mg	Salpeter-Säure mg	Organ. Stickstoff mg	Verbr. Chamäleon mg
Kloakenflüssigkeit	Min.	333,0	66,0	17,0	4,1	3,9	153,0
	Max.	1008,0	136,0	139,0	31,5	27,1	370,0
Drainagewasser von sämmtlichen Parzellen	Min.	202,0	8,0	0,0	17,0	0,0	7,0
	Max.	785,0	108,0	11,6	205,0	2,82	101,0

Die Zusammensetzung des Drainagewassers von Parzellen VII und IX habe ich nicht mit aufgenommen, weil die Drainage nicht in Ordnung war und zeitweise Kloakenflüssigkeit aufnahm.

	Aufrieselndes Wasser	Oberirdisch abrieselndes Wasser	Unterirdisch abrieselndes Wasser
Organische Stoffe .	114,5 mg	110,6 mg	96,1 mg
Sauerstoff	7,1 ccm	7,7 ccm	6,4 ccm
Kohlensäure . . .	216,2 mg	210,9 mg	219,9 mg
Kalk	146,6 „	140,1 „	143,1 „
Schwefelsäure . . .	39,6 „	38,9 „	40,1 „

Diese Beziehungen zwischen dem geringeren Gehalt an Sauerstoff und dem grösseren Gehalt an Kohlensäure, Schwefelsäure und Kalk machten sich im Drainagewasser bei den einzelnen Drainage-Systemen um so mehr geltend, je langsamer das Wasser durch den Boden sickerte, d. h. je weniger Wasser aus den Drains abfloss; so wurde gefunden:

	Petersen's Drainage	Abel's Drainage	Gewöhnliche Drainage ohne Absperrventil
	mit Absperrventilen		
Aus den Drains ausfliessende Wassermenge auf 1 ha und Sec. berechnet	3,19 l	2,43 l	16,50 l
1 l Drainwasser enthielt mehr oder weniger als das oberirdisch abrieselnde Wasser:			
Sauerstoff weniger	0,9 ccm	1,3 ccm	0,55 ccm
Kohlensäure mehr	9,8 mg	14,1 mg	3,7 mg
Schwefelsäure mehr	1,1 „	1,3 „	0,9 „
Kalk mehr	3,7 „	4,0 „	1,7 „

Ob daher bei den Versuchen in Petrowsky die schlechtere Reinigung der Kloakenflüssigkeit auf dem nicht drainirten Boden bei langsamer Versickerung allein der geringeren Durchlüftung des Bodens zugeschrieben werden muss, lasse ich dahingestellt. In der ersten Zeit der Benutzung derartiger Schmutzwässer zur Berieselung — und hier ist der Boden erst 2 Jahre benutzt — sollte man einen solchen Unterschied nicht erwarten; bei längere Zeit fortgesetzter Benutzung muss allerdings, wie bereits S. 124 bis 126 auseinandergesetzt ist, die reinigende d. h. oxydirende Wirkung des Bodens um so mehr nachlassen, je weniger er durchlüftet wird.

Im übrigen glaubt Fadejeff aus diesen Versuchen für die Sommerrieselung folgende Schlussfolgerungen ziehen zu dürfen:

1. Die grösstmöglichste Menge Flüssigkeit, welche im Laufe von 7 Monaten durch das Erdreich unschädlich gemacht werden kann, repräsentirt eine Massenschicht von 3,21 m.

2. Bei dieser Menge Flüssigkeit und unter bekannten Bedingungen der Berieselung vollzieht sich die Unschädlichmachung derselben vollständig.

3. Der Grad der Unschädlichmachung bleibt unveränderlich auch bei geringeren

Massen, was sich erklären lässt durch die Unabhängigkeit der Processe, die bei jeder besonderen Bewässerung im Erdboden vor sich gehen, wenn die nachfolgende Berieselung auf Boden fällt, der in den normalen Zustand wieder überzugehen hiermit gleichen Schritt hält.

4. Die beschleunigte Lüftung des Erdreichs unter Zuhülfenahme der Drainage zeigt dem Anscheine nach einen bedeutenden Einfluss auf den Zersetzungsprocess der organischen Bestandtheile. Diesen Process kann man jedoch bis jetzt nicht als hinreichend aufgeklärt betrachten.

5. Die sehr stark ventilirende Drainage von Petersen zeigte keinen Unterschied in der Unschädlichmachung im Vergleich zu der weniger ventilirenden und auf gewöhnliche Art eingerichteten Drainage.

6. Eine Filtrirschicht von 1,412 m ist vollständig hinreichend zur Erreichung vollständiger Resultate in Bezug auf Unschädlichmachung. Die Filtrirschicht von 2,1 m ergab im Mittel eine schlechtere Zusammensetzung von Wasser als eine geringere Schicht. Jedoch erfordert diese Bestimmung noch eine Berichtigung.

2. Unschädlichmachung der Kloakenflüssigkeit zur Winterzeit.

Unschädlichmachung zur Winterzeit.

Die Unterbringung grosser Massen Spüljauche im Winter hat ihre Schwierigkeiten. Ein Klima mit nur geringem Frost, wie in England erlaubt eine fast fortwährende Berieselung auch den Winter hindurch. Bei anhaltenden Frösten bedeckt sich jedoch die auf die Rieselfelder aufgebrachte Spüljauche mit einer Eisschicht, unter welcher sich das Wasser nicht gleichmässig fortbewegt und welche beim Anfrieren an die Oberfläche das Wachsthum der Pflanzen vernichtet.

Man hilft sich alsdann dadurch, dass man die Spüljauche in grossen Bassins aufstaut und einfach durch lockeres Erdreich filtriren lässt.

Die in Petrowsky zu dem Zweck nach dem Vorgange in Ossdorf bei Berlin angelegten 5 Bassins hatten im ganzen eine Fläche von 1521 qm und eine Tiefe von 1,70 m. Der Erdboden unter den Bassins war von annähernd gleicher Beschaffenheit mit dem der Versuchsparzellen. Jedes Bassin hat sein eigenes, von den anderen unabhängiges Drainagenetz, welches in einer Tiefe von 0,80—1,21 m und einer Entfernung von 4—5,5 m eines Drainagestranges gelegt ist. Sämmtliche Sammeldrains eines jeden Bassins werden durch ein gemeinschaftliches Ableitungsdrain in einen Sammelbrunnen abgeleitet.

Im Mittel floss von der in die Bassins gepumpten Kloakenflüssigkeit 36% durch die Drains ab; das Drainagewasser von den Bassins hatte aber, wie nach den früheren Ausführungen nicht anders erwartet werden kann, eine viel schlechtere Reinigung erfahren, als bei der Filtration durch einen mit Vegetation versehenen Boden in der wärmeren Jahreszeit. So ergab im Mittel mehrerer Analysen 1 Liter Wasser:

	Anzahl der Analysen	Suspendirte Stoffe	Abdampf-Rückstand	Chlor	Organischen Stickstoff	Verbrauchtes Chamäleon
	mg	mg	mg	mg	mg	mg
1. Aus den Bassins . . .	6	215,0	461,9	119,0	8,7	220,4
2. Aus den Drains . . .	15	—	632,0	82,8	4,3	148,2

Bei der einfachen Bodenfiltration wird man daher zur Winterzeit durchweg nur die Beseitigung der suspendirten Schlammstoffe erreichen; die der gelösten organischen Stoffe kann nur eine geringe sein, weil die, die Zersetzung resp. Oxydation derselben verursachende Thätigkeit der Mikroorganismen ruht oder doch nur eine beschränkte ist.

Dazu wird die Durchsickerung der Flüssigkeit durch die sich zu Boden setzenden suspendirten Stoffe wesentlich vermindert. Um dieses zu vermeiden, zog Fadejeff in einem Bassin 0,983 m breite und 0,428 m tiefe Furchenrücken, die bewirkten, dass der Niederschlag in die Furchen herabglitt und die Seiten- und Längsflächen der Rücken mehr durchdringungsfähig für die Flüssigkeit blieben.

In der That hatte diese Einrichtung den Erfolg, dass das Auffangen der durchsickernden Flüssigkeit vermittelst der Drains fast vollständig vor sich ging, so dass in Monaten, in welchen die Verdunstung sehr unbedeutend war, die ganze Ausgabe an Flüssigkeit aus dem Bassin das in die Drainstränge durchsickernde Wasser repräsentirte.

Dieser Umstand veranlasste Fadejeff weiter, die Parzelle VI in Kämme mit tiefen Furchen zu legen und die Kloakenflüssigkeit während des Winters in diese tiefen Furchen unter eine Eis- resp. unter Schneeschichten zu pumpen, damit dieselbe durch die Eis- und Schneeschicht vor Wärmeausstrahlung geschützt werde und frei in das Erdreich filtrire. Diese Versuche waren trotz mancher Störungen von gutem Erfolge. Das Drainagewasser war allerdings von sehr wechselnder und theilweise schlechter Beschaffenheit; es enthielt pro 1 Liter:

	Abdampf-Rückstand mg	Chlor mg	Organischen Stickstoff mg	Verbrauchtes Chamäleon mg
Minimum	313,0	15,0	Spur	15,0
Maximum . · . .	831,0	144,0	11,41	298,0
Mittel	664,1	96,3	2,79	82,9

Trotzdem glaubt Fadejeff, dass sich in besagter Weise im Winter eine Flüssigkeitsschicht von 0,428—0,749 m auf die Rieselfelder aufbringen lässt.

Die beim Aufthauen in den Furchen sich ansammelnde Flüssigkeit enthielt nach einer am 16. März 1882 entnommenen Probe pro 1 Liter:

Abdampf-Rückstand	Chlor	Organischen Stickstoff	Verbrauchtes Chamäleon
373,0 mg	35,0 mg	2,26 mg	169,0 mg

Diese und andere Winterversuche führten zu folgenden Schlüssen:

1. Durch die Filtration aus den Winterbassins wird die Kloakenflüssigkeit nicht unschädlich gemacht.

2. Auf bekannte Weise kann ein geeignetes Feld zur Winterzeit bewässert werden, jedenfalls bis zum 15. Januar oder 1. Februar. In der grossen Mehrzahl der Fälle kann dies auch immer geschehen, ausführbar ist die Berieselung während des ganzen Winters.

3. Die Kloakenmasse, welche man bei der Winterbewässerung aufpumpen kann, kann betragen 0,43—0,75 m.

4. Bassins mit gefrorenem Bodengrunde und nach und nach mit Flüssigkeit angefüllt, filtriren durch den Boden sehr wenig oder filtriren auch ganz und gar nicht.

5. Solche Bassins, welche bis zum Eintritt des Frühlings 1,07—1,28 m bei Aufthauung des Grundbodens angefüllt wurden, lassen die Flüssigkeit äusserst schnell durch das Erdreich hindurchlaufen, wobei man eine vollständig günstige Unschädlichmachung der Kloakenflüssigkeit erreicht.

6. Die Kloakenflüssigkeit kann gleichfalls ohne den geringsten Schaden zu verursachen auf Feldern mit gefrorenem Boden aufbewahrt werden, welche entweder in Furchen gepflügt, oder auf andere Weise hergerichtet wurden, wenn sie nur der Art des Zieles entsprechen.

7. Die Resultate, welche bei diesem Verfahren erreicht wurden, sind noch besser, als bei der Anhäufung von Kloakenflüssigkeit in den Bassins mit gefrorenem Boden.

8. Die Kloakenwassermenge, welche man auf solche Weise auf den Feldern im Laufe des Winters vertheilen kann, repräsentirt eine Menge von 0,535—0,749 m, im Mittel ungefähr 0,642 m.

Selbstverständlich haben die vorstehenden Resultate und Schlussfolgerungen Fadejeff's in ihren Einzelheiten nur für die dortigen Bodenverhältnisse und für eine Rieselzeit von 2—3 Jahren Gültigkeit.

Als ein grosser Uebelstand der Spüljauchenrieselung ist nach Mittheilungen von Herzfeld und Spielberg[1]) über die Berliner Rieselfelder die Schlickbildung anzusehen (vgl. S. 124). Unter „Schlick" versteht man alle festen Ausscheidungen, welche sich auf den Rieselfeldern bilden; derselbe entsteht einerseits aus den suspendirten Stoffen der Spüljauche (Papier etc.), andererseits durch einfaches Verdunsten derselben; er scheint das Product einer Art Celluloselösung zu sein. Der Schlick legt sich in flachen Schichten über die Felder, schliesst die Ackerkruste fast hermetisch ab und erstickt jede Vegetation (besonders junge Pflanzen). In den Winterbassins der Berliner Rieselfelder hat sich der Schlick oft 10—20 cm hoch angesammelt.

Die Beseitigung des Schlickes ist mit nicht geringen Schwierigkeiten verbunden. Eine mechanische Beseitigung ist nicht allgemein durchführbar, ein Verbrennen nur dann möglich, wenn er trocken und in gewissen Mengen vorhanden ist. Dem Verbrennen desselben steht überhaupt entgegen, dass er zu viel Asche, nämlich 70%, hinterlässt. Man hat versucht den

---

[1]) Tageblatt der 59. Versammlung Deutscher Naturforscher und Aerzte in Berlin 1886. S. 436.

Schlick unterzupflügen, aber er bildet im Boden Ballen einer torfartigen Masse, welche sehr schwer verwest, den Boden hohl macht und zur Verbreitung von Ungeziefer beiträgt. Nach Versetzen mit Staubkalk war zwar die Vegetation eine bessere, aber auch so wurden die Ballen noch nicht völlig zersetzt. Auf den Wiesen schadet der Schlick mehr als auf den Aeckern.

Verfahren zur Verwendung und Verarbeitung von Fäkalstoffen.
(Anhang zu städtischen Abgangwässern.)

Verarbeitung der Fäkalstoffe.

Wenngleich die Verwendung und Verarbeitung der Fäkalstoffe, insoweit sie nicht in die Flüsse gelangen, nicht in den Rahmen dieser Schrift gehören, so mögen hier doch kurz auch die Verfahren Erwähnung finden, welche man ausser der Berieselung eingeschlagen hat, um die Fäkalstoffe unschädlich resp. für die Landwirthschaft nutzbar zu machen[1]). Als solche Verfahren sind zu nennen:

Grubensystem.

1. Das Grubensystem.

Dieses ist das älteste aller Verfahren zur Behandlung der Fäkalien und noch jetzt in manchen Städten in Gebrauch; die Fäkalien werden mit jedem häuslichen Abfall so lange in Gruben aufbewahrt, bis sie abgefahren werden. Wie es das älteste Verfahren, so ist es in sanitärer Hinsicht auch das verwerflichste. Denn bei den einfachen Schwind-, Versitz- oder Senkgruben versickert durch das monate- und jahrelange Lagern nicht nur ein Theil der Fäkalien in den Boden, verunreinigt diesen und das Grund- resp. Brunnenwasser, sondern verpestet auch die Luft in den Wohnungen. Aber auch selbst bei sog. wasserdichten, cementirten Gruben ist diese Gefahr nicht ausgeschlossen; denn die Zersetzungsproducte der Fäkalien greifen allmälig den Cement und die Steine an, so dass diese Gruben nur für eine gewisse Zeit als wasserdicht zu betrachten sind; auch gelangt leicht durch Ueberlauf von dem Inhalt der Gruben in den Boden und in die Kanäle.

Der Grubeninhalt erfährt durch Spülwasser mehr oder weniger eine Verdünnung: der Gehalt an Wasser schwankt nach 9 Analysen (vgl. die unten citirte Schrift) von 91,3 —97,8 %, an Stickstoff von 0,24 bis 0,84 %, an Phosphorsäure von 0,05—0,60 %, an Kali von 0,10—0,22 %, im Mittel ergaben die 9 Analysen:

---

[1]) Wer sich eingehender über diesen Gegenstand informiren will, den verweise ich auf das vorzügliche Werk: „Die Verwerthung der städtischen Fäkalien von Ed. Heiden, Alex. Müller und K. v. Langsdorff. Hannover 1885.

Wasser	Trocken-Substanz	Organische Stoffe	Stickstoff	Mineralstoffe	Phosphor-säure	Kali	Dünger-werth pro 1 cbm
%	%	%	%	%	%	%	Mark
94,78	5,22	3,49	0,447	1,73	0,290	0,173	12,86

Zur Beseitigung des üblen Geruches resp. der Exhalationen wird der Grubeninhalt vielfach desinficirt.

Fr. Erismann[1]) untersuchte die Wirkung von verschiedenen Desinfectionsmitteln auf die Fäulniss in den Abortgruben und fand die durch die Desinfectionsmittel in der Abgabe der verschiedenen Gase hervorgebrachten Differenzen in Procenten der vor der Desinfection abgegebenen (resp. aufgenommenen) Gasmengen wie folgt: *Desinfectionsmittel.*

Desinfectionsmittel:	1. Abgabe				2. Aufnahme
	Kohlensäure	Ammoniak	Schwefel-wasserstoff	Kohlen-wasserstoff (CH_4)	Sauerstoff
	%	%	%	%	%
Sublimat	+ 43,1 \}[2]) — 50,6 \}	— 100	— 100	— 66,9	— 84,8
Eisenvitriol	— 26,5	— 100	— 100·	— 52,2	— 56,1
Schwefelsäure	+ 300 \}[2]) — 30 \}	— 100	?	— 73,5	— 79,8
Carbolsäure.	— 63,8	— 72,7	— 100	—	—
Kalkmilch	— 89,5	sehr starke Zunahme	— 100	— 76,3	—
Gartenerde	+ 9,0	— 84,5	— 100	— 70,3	+ 17,4
Kohle	+ 9,0	— 33,0	— 100	— 48,8	+ 16,9

Die stärkste Wirkung hat Sublimat hervorgerufen, bei diesem ist die Sauerstoffaufnahme am meisten herabgesetzt; es ist durch dasselbe, ebenso wie durch Schwefelsäure und Eisenvitriol das organische Leben zerstört, und damit der Hauptgrund zur Sauerstoffaufnahme beseitigt; die vor der Desinficirung auftretenden Gase sind entweder ganz oder zum grossen Theil verschwunden.

Carbolsäure und Kalk haben für Kohlensäure, Schwefelwasserstoff und Kohlenwasserstoff eine ähnliche Wirkung gehabt, nur entwickelt Kalkmilch naturgemäss eine grosse Menge Ammoniak.

Gartenerde und Kohle zeigen ein von diesen Desinfectionsmitteln ganz verschiedenes Verhalten. Ihre Wirkung als Desinfectionsmittel scheint unter Absorption von Ammoniak, Schwefelwasserstoff und Kohlenwasserstoff auf eine erhöhte Sauerstoffzufuhr und damit auf eine vermehrte Oxydation unter Bildung von mehr Kohlensäure zurückgeführt werden zu müssen.

Am meisten sind zur Desinfection des Grubeninhaltes Eisenvitriol,

---

[1]) Zeitschr. f. Biologie 1875. S. 207.
[2]) Die erste Zahl bedeutet das Resultat der drei ersten Tage nach der Desodoration, die zweite das Resultat der drei folgenden Tage.

Chlorkalk und Carbolsäure in Gebrauch, letztere bald in wässeriger Lösung, bald mit festen Substanzen vermischt in Form von Tafeln oder Pulvern. Zur Desinfection der frischen Fäkalien mit Eisenvitriol genügen nach v. Pettenkofer pro Person und Tag 25 g, von Carbolsäure etwa 3 g (nämlich von einer Lösung von 1 Theil Carbolsäure in 20 Theilen Wasser $^1/_2$ l für 8 Personen).

Bei diesen 3 Desinfectionsmitteln ist zu bedenken, dass sie, wenn sie in grösseren **Mengen** und im unzersetzten Zustande mit dem Abortinhalt auf den Acker gebracht werden, leicht nachtheilige Wirkungen hervorrufen können.

Von Eisenoxydulsalzen (sei es Eisenvitriol oder Schwefeleisen), wie auch von Carbolsäure ist dieses bekannt und nachgewiesen.

J. Nessler[1] fand, dass Keimpflanzen absterben, sobald die Lösungen (100 ccm), mit denen sie begossen wurden, mehr als 0,25 g Eisenvitriol und 0,1 g Carbolsäure enthielten, wenn der Boden trocken gehalten wurde; in feuchter Erde dagegen vertrugen die Keimpflanzen bis zu 2 g Eisenvitriol und bis zu 0,5 g Carbolsäure. O. Kellner[2] hat nachgewiesen, dass eine Lösung von 0,05 g Carbolsäure in 100 ccm Lösung die Keimkraft von Bohnen beeinträchtigt und bei 0,15 g Gehalt vollständig aufhebt. Dieses sind aber Mengen, welche bei der Desinfection der Exkremente mit Carbolsäure in Betracht kommen und schädlich wirken können, wenn der Abortinhalt mit keimendem Samen in directe Berührung kommt. Liess Kellner den carbolsäurehaltigen Dünger erst im Boden (Ausgiessen in eine offene Furche) versickern und streute nach Versickern des flüssigen Theiles den Samen (Weizen) auf den Dünger, indem er den Samen mit Erde bedeckte, so konnte er erst eine schädliche Wirkung beobachten, wenn mit einem, 2% Carbolsäure enthaltenden Abortinhalt gedüngt war; die Weizenpflänzchen von 10 cm Höhe gingen alsdann ein. In späteren Entwickelungsstadien waren selbst 3% Carbolsäure nicht mehr schädlich, wenn der Dünger nicht direct auf die Pflanzen, sondern in eine dichte, längs denselben gezogene Furche gegossen wurde.

Ueber eine event. Schädlichkeit des mit „Eisenvitriol" desinficirten Abortinhaltes, vgl. unter „Abgangwasser aus Schwefelkiesgruben" über die Schädlichkeit von Eisenvitriol auf Boden und Pflanzen.

2. Das Tonnensystem.

Viel zweckmässiger als das Grubensystem und den sanitären Anforderungen mehr entsprechend ist das Tonnensystem, bei welchem die Fäkalien in wasserdichten, gut verschlossenen Tonnen unter Abschliessung der Tonne durch eingeschalteten Syphon von dem Fallrohr, unter guter Lüftung des Fallrohres etc. gesammelt, und jedesmal gleich abgefahren werden, sobald

---

[1] Centr.-Bl. f. Agric. Chem. 1884. S. 596.
[2] Landw. Versuchsst. 1883. Bd. 30 S. 52.

die Tonne voll ist. Dieses muss z. B. bei kleineren tragbaren Tonnen (Eimer oder Kübel) von etwa 25 l Inhalt für eine Benutzung von 5 Personen alle 3 bis 4 Tage oder zweimal in der Woche geschehen, wie es thatsächlich in Kiel und Rostock ausgeführt wird.

Da in die Tonnen ausser den Fäkalien nichts, auch nicht das zum Nachspülen der Nachtgeschirre verwendete Wasser gelangt resp. gelangen soll, so hat der Inhalt derselben gegenüber dem Grubeninhalt eine etwas concentrirtere und weniger wässerige Beschaffenheit; so wurde im Mittel von 3 Analysen (von Fr. Soxhlet, E Guntz und A. Schimper) für den Tonneninhalt gefunden:

Wasser	Trocken-sub-stanz	Organ. Stoffe	Stick-stoff	Mineral-stoffe	Phos-phor-säure	Kali
%	%	%	%	%	%	%
94,05	5,95	4,41	0,479	1,44	0,216	0,206

Die Berliner Actiengesellschaft für Abfuhr und Phosphat-Dünger-Fabrikation (Ed. Hirsche) hat ein Tonnenkloset construirt, welches mit einem ventilirten Sitztrichter versehen ist.

3. Getrennte Aufsammlung der festen und flüssigen Excremente.

Der Umstand, dass die Fäces weniger schnell in Fäulniss gerathen, wenn sie keinen Harn beigemischst enthalten und sich im getrennten Zustande leichter entfernen resp. verwerthen lassen, ist Veranlassung gewesen, dass die Klosetfabrik von Marino & Co. in Stockholm ein sog. „schwedisches Luftkloset" construirt hat, bei welchem unter dem Sitzbrett ein flacher Trichter angebracht ist, welcher den Harn im Entleerungsmoment aufnimmt und in seinen Behälter leitet, während die Fäces hinter dem Trichter vorbei in das für sie bestimmte Gefäss fallen.

Man hat vorgeschlagen, den getrennt gesammelten Harn für sich unter Zusatz von Calciumcarbonat auf Ammoniumcarbonat zu verarbeiten, während sich die Herren Dr. O. Schur und A. Töpfer in Stettin vor 20 Jahren bemühten, aus den Fäces durch Bestreuen mit Kalk- und Kohlepulver eine Poudrette herzustellen. Alex. Müller[1]) fand für eine solche Kalkpoudrette aus den Fäces allein folgende Zusammensetzung:

	Wasser und organische Stoffe	In den organ. Stoffen Stick-stoff	Kohlen-säure	Kalk	Phos-phor-säure	Sand + Thon
	%	%	%	%	%	%
1. Probe	48,0	0,92	8,7	32,1	0,70	·2,4
2. Probe	39,7	0,82	9,8	37,0	0,57	5,2

Dr. Passavant hat nach Art des schwedischen Luftklosets einen verbesserten Erdabtritt construirt, in welchem die harnfreien Fäces mit feingesiebter Erde oder mit Asche von Steinkohlen oder Torf bestreut werden; der Behälter für letztere befindet sich auf dem Dachboden, von wo das Streumaterial den Abtritten zugeführt wird, während der abfiltrirte Harn in die Strassenkanäle geht.

4. Shone's pneumatische Spüljauchenförderung.

Isaac Shone trennt die Hausabwässer von dem Klosetinhalt, leitet aber letzteren nicht in Kanäle mit eigenem Gefälle, sondern befördert denselben mittelst Luftdruck an seinen Bestimmungsort. Die Exkremente sammeln sich in einem geschlossenen kugeligen oder cylindrischen Gefäss (eine Art automatischer Montejus), das sich durch die zu fördernde Flüssigkeit bis an die Decke füllen kann. Hat die Flüssigkeit in dem Gefäss eine gewisse Höhe erreicht, so wird durch eine schwimmende Schale das Ventil für die comprimirte Luft geöffnet und letztere presst den Inhalt des Gefässes durch ein zweites Rohr ab, während die Zuflussröhre für die Fäces (resp. Flüssigkeit) durch ein Kugelventil abgepresst wird. Die comprimirte Luft wird an einem Centralpunkt durch Dampf- oder Gasmaschinen oder ein Wasserwerk erzeugt und durch eine Rohrleitung an den Bestimmungsort geführt.

Ein Vortheil dieses Verfahrens ist, dass man bei der Kanalisation der Städte von dem Gefälle abhängig ist und tiefe Terrain-Einschnitte vermeiden kann; dagegen dürften die Betriebskosten nicht unbedeutend sein, weil mit der Leitung comprimirter Luft auf grössere Strecken ohne Zweifel nicht unerhebliche Verluste an Kraft verbunden sind.

5. Breyer's Gashochdruck-System.

In ähnlicher Weise wie Shone bewirkt Breyer die Entleerung der Klosets durch comprimirte Luft. In diesem Falle wird aber die comprimirte Luft in einer lokomobilen Maschine erzeugt, welche einmal alle 24 Stunden vor jedes Haus fährt und die Entleerung des besonders für den Zweck eingerichteten Klosets bewirkt. Der Klosetinhalt wird in einen an der lokomobilen Maschine befestigten Filtrirkessel gepresst, in welchem durch sehr feine Siebe eine Trennung des flüssigen und des festen und schlammigen Antheiles statthat. Der flüssige Antheil geht in die Strassenröhren und müsste nun noch weiter durch Berieselung oder sonstwie unschädlich gemacht werden; der feste schlammige Theil wird durch Auflassen heisser Luft getrocknet, gepresst und in einen unter der Maschine befindlichen Kessel fallen gelassen.

Die Ziegel sollen pro Kopf und Jahr ergeben: 2,6 kg Stickstoff, 0,40 kg Phosphorsäure und 0,07 kg Kali.

6. Das System Liernur (Differenzir-System).

Dieses kann als eine Art von Kanalisation angesehen werden; der Name

---

[1] Die Ziele und Mittel einer gesundheitlichen und wirthschaftlichen Reinhaltung der Wohnungen von Alex. Müller. 1869 S. 68.

Differenzir-System rührt daher, dass es die beiden Abgänge, einerseits die menschlichen Exkremente, andererseits die andren Abfälle, jede für sich getrennt aus der Stadt entfernt. Das Verfahren besteht im wesentlichen darin, dass die einzelnen Abortsitze durch ein eisernes Röhrennetz mit einem ausserhalb der Stadt befindlichen Maschinenhause luftdicht verbunden sind, und die Exkremente durch Evacuiren des eisernen Rohrnetzes in Folge des auf sie wirkenden Luftdrucks in das Maschinenhaus gelangen und dort entweder in Gruben gesammelt und von diesen in reinem Zustande an die Landwirthe verkauft oder nach dem neuesten und vollkommensten Project des Erfinders sofort in Vacuumpfannen zu einer Poudrette verarbeitet werden. Diese enthält im Mittel mehrerer Analysen:

Wasser %	Organische Stoffe %	Darin Stickstoff %	Mineral- stoffe %	Phosphor- säure %	Kali %
11,9	53,3	7,5	29,8	2,7	3,1

Dieses an sich rationelle Verfahren ist meines Wissens jetzt in Amsterdam (für bereits 62,000 Einwohner) und in Dortrecht eingeführt; auch lauten die Urtheile über dasselbe recht günstig.

Ein ähnliches pneumatisches System hat neuerdings von Berlier, Director der Abfuhr- und Dünger-Gesellschaft in Lyon, construirt; dasselbe ist im Princip mit dem System Liernur's identisch und nur in der Art der Ausführung etwas anders, nämlich complicirter und nicht so einfach als dieses.

Jedenfalls ist das Liernur-System geeignet, für Beseitigung der Fäkalstoffe in sanitärer Hinsicht das beste zu leisten, und wenn es bis jetzt dennoch nur eine beschränkte Anwendung gefunden hat, so wird das ökonomischen Gründen zuzuschreiben sein.

7. Verfahren von A. Scheiding.

Scheiding hat ein sogenanntes Feuerkloset construirt, welches bezweckt, die menschlichen Auswurfstoffe sofort nach dem Freiwerden durch Feuer zu vernichten. Zu dem Zwecke wird im Souterrain des Wohnhauses der Klosetofen aufgestellt, dem mittelst eines senkrecht leitenden Abfallrohres die Exkremente zugeführt werden. Koth und Harn werden für sich aufgefangen und verarbeitet; der Klosetofen besteht in dem Verbrennungsofen für die feste Masse und in dem mit demselben zusammenhängenden Apparat zum Abdampfen des Urins; das Feuer bestreicht, indem es auf seinem Wege die Kothmassen mit Zuhülfenahme der in demselben enthaltenen eigenen Brennstoffe in Asche verwandelt, die seitlich aufgestellten Abdampfpfannen, verdampft den darauf sich selbstthätig und gleichmässig vertheilenden Urin, um von da seinen Weg mit den frei gewordenen Gasen in einen benachbarten Schornstein zu nehmen.

Auf einem ähnlichen Princip beruht auch ein von J. v. Swiecianowski construirter Apparat, der in Warschau in Betrieb sein soll[1]).

Mosselmann's Verfahren.

8. Verfahren von Mosselmann.

Mosselmann hat seiner Zeit vorgeschlagen, den Klosetinhalt durch Löschen von gebranntem Kalk in demselben zu entwässern und in eine Kalkpoudrette umzuwandeln. Für diese Kalkpoudrette wurden gefunden:

$$
\begin{aligned}
33,9 \;&-52,6 \;\% \;\text{Wasser,} \\
0,40 \;&-\; 0,69 \,\% \;\text{Stickstoff,} \\
0,19 \;&-\; 1,23 \,\% \;\text{Phosphorsäure,} \\
0,1 \;&-\; 0,81 \,\% \;\text{Kali und} \\
24,4 \;&-50,2 \;\% \;\text{Kalk.}
\end{aligned}
$$

Selbstverständlich ist mit diesem Verfahren ein mehr oder minder grosser Verlust an Stickstoff verbunden und kann dasselbe, wenn es sich nicht um Poudrettirung von Fäces allein handelt, ein rationelles nicht genannt werden.

Petri's Verfahren.

9. Das Verfahren von Petri.

Petri hat für die Tonnen, Eimer oder Klosets ein vorwiegend aus Torf bestehendes Desinfectionsmittel hergestellt, rührt mit diesem die Fäkalien zusammen, fährt die lehmartige dunkle Masse ab, presst sie nach nochmaligem Durchrühren in viereckige Ziegel, trocknet dieselben an der Luft und verbrennt sie (als sog. Fäkalsteine), indem er die Asche zur Düngung empfiehlt.

Teuthorn's Verfahren.

10. Verfahren von Teuthorn.

Teuthorn stellt durch Abfuhr des Abortinhalts einer Anzahl Häuser in Leipzig in der Weise eine trockene Dungmasse her, dass die Stoffe in flache Erdgruben gebracht werden, wobei sich das flüssige in tiefer liegenden Bassins sammelt; die feste Masse wird mit Schwefelsäure behandelt, auf Horden unter Schuppen getrocknet, zerkleinert und gesiebt.

Thon's Verfahren.

11. Das Verfahren von Thon nach dem Vorschlage von Th. Dietrich.

Thon fährt den Abortinhalt direct ab, setzt demselben Superphosphat zu und trocknet ihn mittelst Wärme zu einer Poudrette ein. Nach seinen Angaben ist zur Verdampfung von 5 ℔ Wasser in den Fäkalien 1 ℔ Steinkohle erforderlich und stellen sich die Gesammtkosten der Verarbeitung von 1 Ctr. Fäkalien auf 40 Pf.

Th. Dietrich fand in der Thon'schen Poudrette:

Stickstoff 4,5—6,0%, Phosphorsäure 10,0—12,0%, Kali 1,5—3,0%.

---

[1]) Ausser zur Verbrennung der Fäkalien soll dieser Apparat auch dazu dienen, die Fäkalien mit Torfstreu zu mischen, den flüssigen Theil abfliessen zu lassen und den Strassenkanälen zuzuführen, während die mit dem festen Theil der Fäkalien getränkte Torfstreu entweder als solche zur Düngung abgefahren oder getrocknet wird.

12. Verfahren von H. Tiede.

Dieses Verfahren beruht darauf, dass die flüssigen und festen Theile des Abortinhalts zunächst unter vorheriger Aufsprengung mit einer Lösung von schwefelsaurem Magnesium und etwas Aluminiumsulfat in einen festen und flüssigen Theil getrennt werden; den flüssigen Theil lässt Tiede von Torfmehl unter Zusatz von Kainit aufsaugen und bringt den steifen Teig in eine Trockenkammer; der feste Theil der Exkremente wird in andere Bassins abgelassen, mit bestimmten Mengen Kalium-, Magnesiumsalz, Blut, getränktem Torfmehl und Phosphorsäurelösung versetzt und nach weiterer Behandlung mit Phosphat und Schwefelsäure unter Anwendung von Wärme getrocknet.

13. Verfahren von H. Schwarz.

Schwarz versetzt die Exkremente mit Kalkmilch, erhitzt die Masse in einem geschlossenen Kessel so lange, bis eine Scheidung eingetreten und das Ammoniak verflüchtigt ist. Letzteres wird für sich condensirt und gewonnen, während der ausgeschiedene Schlamm abfiltrirt und ausgepresst und das abgepresste Wasser abgelassen wird.

Nach den Analysen von Schwarz wird pro 200 Kilo Fäkalien gewonnen an Stickstoff

Im Destillat	Im Niederschlage	Im Ablaufwasser
0,36 %	0,08 %	0,06 %

Da das Ablaufwasser jedoch pro Liter noch 600 mg Stickstoff oder 14,4 % des Gesammt-Stickstoffs der Fäkalien enthält, so dürfte dasselbe nicht ohne sanitäre Bedenken in öffentliche Wasserläufe abzulassen sein.

14. Verfahren von v. Podewils.

v. Podewils conservirt die Fäkalien mittelst Rauches und dampft sie soweit ein, bis ungefähr 50 % des in denselben vorhandenen Wassers verflüchtigt sind; die Masse kommt dann in Trockenkästen, in welchen sie, durch darüber geleitete warme Luft noch mehr concentrirt, zu einer dickflüssigen Masse eingetrocknet wird; diese wird mit Torf, Asche oder Erde (auf 100 Kilo ursprüngliche Fäkalien 4 Kilo) und bereits fertiger Poudrette gemischt, zu Ziegeln geformt, an der Luft getrocknet und pulverisirt. Das Verfahren ist seit 2 Jahren in Augsburg in vollem Betriebe und wird dort der Gesammtinhalt sämmtlicher Tonnen von 30,000 Einwohnern in angegebener Weise verarbeitet.

Die Fabrik stellt 4 Fabrikate her

Fäkalextract	mit 8 % Stickstoff,	3 $\frac{1}{2}$ % Phosphorsäure,	3 $\frac{1}{2}$ % Kali
Fäkalguano	„ 5 % „	9 $\frac{1}{2}$ % „	2 % „
Fäkal-Ammoniaksuperphosphat	„ 7 % „	10 % „	$\frac{1}{2}$ % „
Fäkal-Knochenmehl	„ 3 % „	21 % „	$\frac{1}{2}$ % „

Dietzell's u.
Sinder-
mann's Ver-
fahren.

15. Verfahren von B. C. Dietzell und Sindermann.

Das Verfahren von B. C. Dietzell ist dem Schwarz'schen ähnlich.

Dietzell versetzt die Fäkalien in grossen Kesseln mit Aetzkalk und fängt das sich verflüchtigende Ammoniak in vorgelegter Schwefelsäure auf, wobei die auftretenden Gase über glühende Kohlen geleitet werden. Der Rückstand wird durch Torffilter vom grössten Theile des Wassers befreit und darauf getrocknet; er dient als Heizmaterial zur Trocknung des nächsten Filterrückstandes. Es kommt also mit Ausnahme der ersten Trocknung keine andere Heizkraft zum Trocknen der Exkremente in Anwendung als die, welche ihnen selbst innewohnt; die resultirende Asche enthält die werthvollen Düngerbestandtheile der Fäkalien, nämlich Phosphorsäure und Kali und der als Filter unbrauchbar gewordene Torf findet ebenfalls seine Verwendung als Dünger.

Auf einem ähnlichen Princip beruht das Verfahren von A. Sindermann, welcher (im Hotel zur Stadt Paris in Breslau) die Exkremente in eine Retorte bringt, darin trocknet und sie durch höhere Temperatur in der Art zerstört, dass sich die organischen Stoffe zersetzen und aus denselben einerseits Leuchtgas und Kohlensäure, Theer und Oel, andererseits Ammoniak bilden; letztere Producte (Ammoniak, Theer und Oel) werden wie üblich bei der Gasfabrikation gesammelt und verarbeitet, während das erzeugte Leuchtgas zur Beleuchtung des ganzen Etablissements dient.

Der Retorten-Rückstand ergab nach einer Analyse von E. Güntz:

Wasser,	Phosphorsäure,	Kali,	Kalk,	Sand + Kohle
5,57 %	8,61 %	5,45 %	6,51 %	57,32 %

Buhl und
Keller's Ver-
fahren.

16. Verfahren von Buhl und Keller in Karlsruhe.

Dieses Verfahren, welches anfänglich nach dem Patent von Hennebütte & Vauréal in Paris resp. der Société anonyme des produits chimiques du Sud-Ouest zu Paris eingerichtet war, besteht jetzt der Hauptsache nach in Folgendem:

Der aus der Stadt angefahrene Grubeninhalt wird in grossen überwölbten und verschlossenen unterirdischen Behältern angesammelt, untermischt, durch Zusatz (früher eines Zinksalzes jetzt) eines Mangansalzes ein Theil der gelösten Stoffe ausgefällt, der flüssige Theil von dem festen durch Dekantiren geschieden, der feste Theil hierauf in hydraulische Filterpressen eingesogen und zu Düngerkuchen gepresst; der flüssige Theil aber nebst dem Abwasser der Pressen in Destillirapparate abgesogen und daraus durch Erhitzen unter Mitverwendung von Aetzkalk im geeigneten Moment und unter Vorlage von Schwefelsäure das darin enthaltene Ammoniak als schwefelsaures Ammonium gewonnen. Die Ausbeute ist eine fast vollständige, so dass die nach der Zusammensetzung des Rohmaterials theoretisch berechnete Menge bis auf einen verschwindend kleinen Bruchtheil erzielt wird und in dem schliesslichen Abwasser der Fabrik nur noch sehr geringe

Mengen düngender Stoffe enthalten sind, wie durch die regelmässigen Analysen des Abwassers[1]) dargethan wird. Das Verfahren ist bis jetzt in Freiburg i. B. eingeführt und lieferten die erhaltenen Producte nach Analysen von E. Heiden, Engler und J. Nessler folgende Zusammensetzung:

a) für schwefelsaures Ammonium

Wasser	Schwefelsaures Ammonium	oder Stickstoff
0,13 %	98,95 %	20,29 %

b) für Rohpoudrette aus dem gemahlenen Presskuchen.

	Wasser %	Organ. Substanzen %	Darin Stickstoff %	Ammoniak %	Asche %	Darin Phosphorsäure %	Kali %	Sand %
a) Wasserhaltig . . .	13,63	35,87	2,27	0,39	42,37	6,72	0,62	8,13
b) Wasserfrei	—	53,7—58,1	3,0—4,1	—	41,9—46,3	6,2—7,2	0,3—0,5	—

17. Poudrettirung mit Erde und Torfmull.

Verfahren
mitTorfmull.

Moule hat vorgeschlagen, den Harn von Erde aufsaugen zu lassen und darin den Koth einzuhüllen. Da zu dem Zweck pro jeden Stuhl 7 ℔ Erde oder pro 1 Person im Jahr 25,6 Ctr. Erde erforderlich sein würden, so erscheint dieses Verfahren wegen der schweren Herbei- und Wegschaffung des nöthigen Erdequantums für eine Stadt unausführbar[2]); dagegen scheint die in letzter Zeit von verschiedenen Seiten vorgeschlagene Torfstreu resp. der Torfmull zur Desinfection und Unschädlichmachung der Fäkalstoffe besser geeignet zu sein. Ohne Zweifel besitzt nämlich der Torfmull für diesen Zweck besonders günstige Eigenschaften, da er einmal das 5 bis 9fache seines Gewichtes an Wasser aufzunehmen im Stande ist, dann auch

---

[1]) Engler fand in 6 Analysen pro 1 l Abgangwasser 1,16—29,11 g Abdampfrückstand, 0,74—26,68 g Mineralstoffe und 0,42—7,13 g organische Stoffe (Glühverlust). Alex. Müller erhielt nach einer im Juli 1883 entnommenen Probe pro 1 l Abgangwasser:

AbdampfRückstand g	Mineralstoffe g	Organ. Stoffe g	Schwefelsäure g	Chlor g	Kalk g	Magnesia g	Natron g	Kali g
12,59	9,43	4,29	0,90	2,86	2,20	0,04	2,00	0,96

[2]) Neuerdings hat George H. Ellis in Heathfield nach D. R. P. No. 35 118 ein besonderes Kloset (sog. Trockenkloset) für die Vermischung mit Trockenerde, Asche, granulirter Asche etc. construirt und John Dunnel Carrett in Southwold (England) hat nach D. R. P. No. 34666 an den Erdklosets Verbesserungen getroffen, welche die Füllung der Apparate mit den Desinfectionsmitteln, sowie die Entleerung der Eimer oder Behälter ermöglichen, ohne in das Gebäude eintreten zu müssen, welche daher bezwecken, das Erdklosetsystem für die Städte leichter ausführbar zu machen. Ich muss mich hier mit dem Hinweis auf diese Neuerungen begnügen.

im hohen Grade Fäulnissstoffe und Gase absorbirt. Thatsächlich ist das Verfahren schon vielfach in Anwendung und hat man besondere Klosets construirt, welche bei jeder Benutzung eine entsprechende Menge Torfmull in die zu desinficirende Masse herabfallen lassen. Der auf diese Weise erhaltene Torfmulldünger aus Aborten hat nach Analysen von H. Schultze (No. 1) und mir (No. 2 und 3), Carl Müller (No. 4) und Schimper (No. 5) im Vergleich zu natürlichem Torfmull folgende Zusammensetzung:

	Wasser %	Organische Stoffe %	Mineralstoffe %	Stickstoff %	Phosphorsäure %	Kali %
1. Natürliche Torfstreu[1]) (in der Trockensubstanz)	—	98,57	1,43	0,71	0,062	0,154
2. Torfstreu-Dünger:						
A. Im frischen, natürlichen Zustande:						
1. Probe aus Braunschweig	83,10	14,60	2,30	0,78	0,22	0,28
2. „ „ Münster	87,45	10,13	2,42	0,55	0,44	0,17
3. „ „ Bielefeld	83,92	10,47	5,61	0,36	0,51	0,40
4. „ „ Hildesheim	79,46	17,47	1,70	0,41	0,26	—
5. „ „ Pommritz	87,97	10,85	1,18	0,69	0,18	0,21
B. Im wasserfreien Zustande:						
1. Probe aus Braunschweig	—	86,38	13,62	4,62	1,30	1,66
2. „ „ Münster	—	80,73	19,27	4,36	3,51	1,35
3. „ „ Bielefeld	—	65,11	34,89	2,26	3,16	2,50
4. „ „ Hildesheim	—	85,03	14,97	1,99	1,27	—
5. „ „ Pommritz	—	90,17	9,83	5,73	1,49	1,74

Der Umstand jedoch, dass es für die Hauseingesessenen zu lästig ist, jedesmal die erforderliche Menge Torfstreu vorräthig zu halten und einzufüllen, wie auch der, dass obiger Latrinentorfstreudünger sehr wasserhaltig ist, hat mich veranlasst, Versuche darüber anzustellen, ob nicht durch Vermengen des abgefahrenen Abortinhaltes mit Torfstreu, Wiederaustrocknenlassen und nochmaliges Tränken etc. ein concentrirter Dünger erhalten werden kann. Die Versuche wurden in der Weise angestellt, dass Abortinhalt in eine Grube abgelassen, mit Torfmull vermengt und die durchtränkte Masse auf einem luftigen Lattenlager unter einem bedeckten Schuppen trocknen gelassen wurde. Beim Lagern entwickelte sich anfänglich eine starke Wärme, welche die Austrocknung begünstigte. Die ausgetrocknete Masse wurde zum zweiten und dritten Male mit Abortinhalt getränkt und in der Trockensubstanz desselben gefunden:

---

[1]) Dieselbe enthielt im natürlichen Zustande im Mittel von 6 Analysen 21,34% Wasser.

	Organische Stoffe	Mineral- stoffe incl. Sand	Stickstoff	Phosphor- säure	Kali
	%	%	%	%	%
Ursprüngliche Torfstreu	97,601	2,399	0,804	0,154	0,123
Torfstreu					
zweimal durchtränkt	82,367	17,633	2,870	1,664	1,182
dreimal durchtränkt	76,878	23,122	3,002	1,864	1,336
Torfmull					
einmal durchtränkt.	84,034	15,066	2,228	0,724	0,662
dreimal durchtränkt	75,752	24,248	3,094	1,731	1,445

Ohne Zweifel kann man daher durch 3—4maliges Tränken der Torfstreu mit Abortinhalt und Wiederaustrocknen an der Luft einen Dünger erhalten, der bei 25—30% Wasser 2% Stickstoff und je 1,5% Kali und Phosphorsäure enthält.

Ein solcher Dünger würde aber einen Geldwerth von 1,5—2,0 Mark pro 50 Kilo besitzen und sogar Eisenbahntransport vertragen können. Für eine Ausführung im grossen wäre nur erforderlich, in einiger Entfernung vor den Thoren einer Stadt einfach bedachte Schuppen, die vor Regen und den directen Sonnenstrahlen geschützt sind, zu errichten, in der Mitte derselben oder nebenan Gruben auszuwerfen, in denen der geruchlos abgefahrene Abortinhalt abgelassen und gleich nach dem Ablassen mit Torfmull vermengt wird; die durchtränkte Masse wird alsdann auf einer, unten luftigen Lattenlage dünn ausgebreitet, so dass sie austrocknet und den grössten Theil des Wassers wieder verliert, darauf zum zweiten, dritten und vierten Male zum Tränken benutzt etc.

Neuerdings ist das Verfahren auch bereits im grossen in der Stadt Elberfeld versucht und eingeführt worden; Torfstreu (mit Gyps resp. Strassenkehricht) wird mit Abortinhalt getränkt und die Masse entweder frisch oder nach dem Trocknen verkauft.

Fünf untersuchte Proben ergaben:

	I.	II.	III.	VI.	V.
	%	%	%	%	%
Wasser	37,07	73,88	29,27	67,02	69,95
Organische Stoffe	30,77	8,42	28,67	17,66	22,28
Asche	32,16	17,70	42,06	15,32	7,79
Stickstoff	1,05	0,74	0,79	0,49	0,98
Phosphorsäure	0,77	0,32	0,32	0,19	0,42
Kali	0,41	0,22	0,65	0,29	0,53
Kalk	—	—	5,06	1,97	0,65

Offenbar sind diese Proben (besonders No. II, IV und V) noch zu wasserhaltig, um weit transportirt werden zu können. Da nämlich der Gehalt dieses Latrinendüngers nicht höher wie der des Stallmistes ist, so würde man ihn in derselben Menge aufbringen müssen wie den Stallmist, um eine Wirkung zu erzielen. Solche Mengen lassen sich aber bei dem hohen Wassergehalt obiger Proben nicht rentabel mehr per Bahn transportiren. Auch ist der Gehalt an Aschebestandtheilen nicht günstig und könnte durch mehrmaliges Tränken der Torfstreu und Wiederaustrocknen ein um das Doppelte gehaltreicher Dünger erzielt werden. Jedenfalls aber zeigt dieser Versuch, dass sich das Verfahren auch im grossen ausführen lässt und sei noch erwähnt, dass zur Absorption der Schlachtabgänge im Schlachthause zu Paderborn zu Zeiten, wo mit dem Abflusswasser nicht gerieselt werden kann, ebenfalls Torfstreu verwendet werden soll.

Kieselsäure-Poudrette. 18. Als Curiosum mag noch erwähnt sein, dass sich 1881/82 in Dresden eine Poudrette-Fabrik etablirt hatte, welche anscheinend durch Fällen der Abortstoffe mit einem Kieselsäure-Praecipitat und Kalk (incl. Sand) eine sogenannte Kieselsäure-Poudrette herstellte, und sie um desswillen als ein sehr werthvolles Düngemittel anpries, weil sie eine grosse Menge löslicher Kieselsäure enthalte.

Dr. J. O. Schröder (No. 1—2) und Verfasser (No. 3—4) untersuchten diese Kieselsäure-Poudrette mit folgendem Resultat:

	Wasser	Organische Stoffe	Gesammt-stickstoff	Ammoniak-stickstoff	Phosphorsäure	Kali	In Salzsäure lösliche Kieselsäure	In Säure unlöslich
	%	%	%	%	%	%	%	%
1. Probe	26,60	7,30	0,44	—	0,35	—	—	58,62
2. Probe	4,00	8,00	0,46	—	0,35	—	—	79,80
3. Probe	nicht bestimmt	desgl.	0,56	0,29	0,58	0,75	16,33	—
4. Probe			0,32	0,15	0,37	0,49	15,19	—

Diese Kieselsäure-Poudrette wurde zu 2,00 M. (in einer anderen Sorte sogar zu 5,50 M.) pro 1 Ctr. = 50 Kilo angepriesen, während sie höchstens einen Geldwerth von 60—70 Pf. hat. Sie scheint auch über das Stadium der Anpreisung nicht hinausgekommen zu sein.

Friedrich's Verfahren. 19. Das Friedrich'sche Desinfectionsverfahren.

Die Firma M. Friedrich & Co. in Leipzig hat in letzterer Zeit einen sinnreichen Apparat construirt, um den Klosetinhalt in einfachster Weise mit einem Desinfectionsmittel zu mischen. Das Desinfections- und Klärmittel besteht aus einem pulverförmigen Gemenge von Thonerdehydrat, Eisenoxydhydrat, Kalkhydrat und Carbolsäure. Diese Masse befindet sich in einem Korb von Drahtgewebe, der in dem Mischgefäss aufgehängt ist und darin von Wasser umspült wird. Der darüber angebrachte Schwimmer steht mit dem Zuflusshahn der Wasserleitung in Verbindung, öffnet denselben, wenn das Niveau im Mischgefäss sinkt und schliesst ihn nach erfolgter Füllung. Wo keine Wasserleitung vorhanden ist, wird das Desinfectionsmittel als nasse Masse verwendet.

Bei jedem Ziehen des Stauventils tritt der Rührapparat in Wirksamkeit und arbeitet nach Wiedereinsetzen des Kegels noch so, dass das Desinfectionswasser sich in einer Höhe von 5—7 cm im Kloset ansammelt und die einfallenden Klosetwässer genöthigt sind, sich mit dem Desinfectionswasser zu mischen. Die gemischte Masse wird in eine aus Eisen oder Cementmauerwerk hergestellte Klär- und Staugrube übergeführt, bei welcher ein Stauventil die periodische Ablassung der geklärten Wässer in die städtischen Kanäle ermöglicht.

Das Friedrich'sche Desinfectionsverfahren ist jetzt vielfach in Leipzig und Berlin eingeführt; auch mag es für eine vorübergehende Aufhebung der Fäulniss und für eine mechanische Reinigung zu Zeiten der Noth vorzügliche Dienste leisten; indess kann es nicht als ein Verfahren zur vollen Unschädlichmachung der Fäkalstoffe gelten und bedingt ohne Zweifel nicht unwesentliche Ausgaben.

Vorstehende kurze Uebersicht über die Verfahren zur Verwendung und Verarbeitung der Fäkalstoffe zeigt, dass es verschiedene recht brauchbare Mittel giebt, die städtischen Abfallstoffe aller Art sowohl unschädlich zu machen, wie auch nutzbar zu verwenden; das aber kann nicht genug betont werden, dass es ein absolut bestes Reinigungs- und Verwendungs-Verfahren nicht giebt. Vereinzelt und unter ganz günstigen Verhältnissen mag es zulässig sein, die Abgangwässer ohne weiteres den Flüssen zuzuführen und die Unschädlichmachung der Selbstreinigung der Flüsse zu überlassen, unter diesen Umständen mag die Berieselung, unter anderen wieder nur die Abfuhr am Platze sein; die ganze Frage muss entschieden lokal geprüft und gelöst werden. In erster Linie kommt die sanitäre, in zweiter erst die landwirthschaftliche d. h. volkswirthschaftliche Seite der Frage in Betracht; wo beide Zwecke, die Unschädlichmachung in sanitärer Hinsicht und die landwirthschaftliche Verwerthung sich vereinigen lassen, da ist dieses unter allen Umständen anzustreben; wo aber bei einer zweckmässigen landwirthschaftlichen Ausnutzung die sanitären Verhältnisse leiden würden, da ist von einer solchen Abstand zu nehmen. Freilich kann man wohl behaupten, dass die grösste landwirthschaftliche Ausnutzung auch die beste sanitäre Lösung der Frage in sich schliesst.

Die weitere Frage anlangend, welches der Reinigungsverfahren das ökonomischste d. h. das rentabelste ist, so lässt sich auch diese im allgemeinen nur lokal entscheiden.

Unter allen Umständen dürfte die Reinigung durch Filtration und durch chemische Fällungsmittel nicht nur die unvollkommenste, sondern auch die unrentabelste sein; denn in demselben Masse, als nach diesen beiden Verfahren die in Fäulniss begriffenen oder fäulnissfähigen Stoffe nur unvollkommen und zum Theil entfernt werden, wird auch ein Product aus den Abgangmassen erzielt, welches nur geringe Mengen der nutzbaren Pflanzennährstoffe enthält und deshalb nur einen geringen Geldwerth besitzt. Für die anderen Reinigungsverfahren, die Berieselung oder Verarbeitung auf Poudrette etc. lassen sich über den Kostenpunkt bis jetzt durchweg keine allgemein gültige Normen aufstellen; denn abgesehen davon, dass die lokalen Erhebungen auch nur einen lokalen Werth haben, sind die Berichte durchweg auch so abgefasst, dass es nicht möglich ist, sich ein klares Bild über den Kostenpunkt zu verschaffen.

Das eine dürfte aber wohl mit Bestimmtheit aus den seitherigen Mittheilungen hervorgehen, dass keines der verschiedenen Verfahren einen eigentlichen Reinertrag für die städtischen Verwaltungen abwirft. Auch glaube ich, dass dadurch, dass man vielfach in sanguinischer Weise in den Aborten Goldgruben erblickt hat, die Frage verwirrt worden ist und desshalb Veranlassung zu einer heftigen Polemik gegeben hat. Mir will scheinen, dass es bei Beseitigung der städtischen Unrathstoffe, wenn dieselbe allen sanitären Zwecken entsprechen soll, bei den grösseren Städten ohne pecuniäre Opfer seitens der Commune oder Einzelner nicht abgeht und wenn man dieses festhält, so wird man unter Berücksichtigung der bis jetzt vorliegenden Erfahrungen mit den einzelnen Reinigungssystemen und unter Berücksichtigung der lokalen Verhältnisse schon das Richtigste finden.

Abgänge aus Schlachthäusern.

Die Abgänge aus Schlachthäusern bestehen vorwiegend aus dem Inhalt Abgänge aus Schlächtereien.
der Eingeweide und dem Blut, welches letzteres bis auf das Schweineblut
wenig als Nahrungsmittel verwendet wird. Die Menge der Schlachtabgänge
ist je nach den Thieren und dem Mastungszustande sehr verschieden; so
beträgt in Procenten des Körpergewichtes:

Inhalt von Magen und Darm	5,0—18,0%
Blut	3,2— 7,3%
Haut und Hörner	6,0— 8,4%
Beine bis zu den Sprunggelenken	1,6— 1,9%
Wollschmutz	3,2— 4,8%
Sonstige kleine Abfälle	0,4— 1,0%.

Während Knochen, Haut, Hörner und Fett gute Verwendung finden,
bietet die der flüssigen und breiigen Abgänge durchweg grosse Unannehm-
lichkeiten und Schwierigkeiten. In allen grösseren Städten sind jetzt
Schlachthäuser errichtet, wodurch die Abgänge wenigstens aus den Städten
verlegt sind. Aber damit findet nur eine Translokation und keine Beseitigung des Uebels statt; denn die an sich sehr leicht zur Zersetzung und
Fäulniss neigenden Abgänge fallen darum in derselben Menge den öffentlichen Wasserläufen zu und den unterhalb liegenden Ortschaften zur Last,
wenn nicht für eine Unschädlichmachung Sorge getragen wird.

Wir fanden für die flüssigen und breiigen Abgänge einer Schlächterei:

	Stickstoff	Phosphor-säure	Kali
1. Flüssig . . .	0,041 %	0,023 %	0,025 %
2. Breiig . . .	0,555 %	0,105 %	0,064 %

Für das Nachspülwasser eines Schlachthauses (also ohne Blut und
feste Bestandtheile) fand ich folgenden Gehalt pro 1 l:

Gesammt-Abdampf-Rückstand	Mineral-stoffe	Organische Stoffe (Glühverlust)	Zur Oxydation erforderlicher Sauerstoff	Gesammt-Stickstoff	Chlor	Kalk
mg	mg	mg	mg	mg	mg	mg
871,2	574,0	297,2	74,4	47,9	74,4	145,6

Das Wasser ergab 1 380 000 entwickelungsfähige Keime von Mikrophyten pro 1 ccm.

Selbstverständlich sind die Abgänge aus Schlachthäusern, wie die nachfolgenden Analysen von den Schlachthausabgängen in Erfurt und Leipzig (S. 220) zeigen, je nachdem demselben mehr oder weniger Magen- und Darminhalt oder Blut, Harn etc. beigemengt ist, in ihrer Zusammensetzung den grössten Schwankungen unterworfen.

Was die Reinigung dieser Abgangwässer anbelangt, so hatte ich Gelegenheit, die Wirkung von zweierlei chemischen Fällungsmitteln festzustellen, nämlich:

Reinigung nach Nahnsen-Müller. 1. Reinigung des Abgangwassers des Schlachthauses in Erfurt durch das Fällungsmittel von F. A. Robert Müller & Co. in Schönebeck (vergl. S. 157).

Das natürliche Abgangwasser aus dem Schlachthause war stark blutig gefärbt, hatte einen Bodensatz von Darminhalt und einen sehr stinkenden Geruch; das gereinigte Wasser war farb- und geruchlos. Die chemische Untersuchung ergab pro 1 Liter:

	Suspendirte Stoffe			Gelöste Stoffe						
	Unorganische	Organische	In letzteren Stickstoff	Unorganische	Organische (Glühverlust)	Organisch gebundener Stickstoff	Zur Oxydation erforderlicher Sauerstoff	Kalk	Phosphorsäure	Kali
	mg	mg	mg	mg	mg	mg	mg	mg	mg	mg
1. Ursprüngliches Abgangwasser .	152,5	1101,5	87,5	660,0	1320,0	171,7	547,2	110,0	32,0	117,7
2. Gereinigtes Abgangwasser . .	40,0	12,5	Spur	1097,5	695,0	12,9	68,0	325,0	Spur	67,5

Die Zunahme an unorganischen gelösten Stoffen in dem gereinigten Wasser hat ihren Grund darin, dass Kalk im Ueberschuss zugesetzt ist, in Folge dessen das gereinigte Wasser eine alkalische Reaction besass. Ammoniak und Schwefelwasserstoff waren in beiden Proben nicht oder nur in Spuren vorhanden, weil das Wasser verhältnissmässig frisch und in luftdicht verschlossenen Flaschen zur Untersuchung gelangte.

Friedrich'sches Reinigungsverfahren. 2. Reinigung des Abgangwassers des Leipziger Schlachthauses von M. Friedrich & Co. Leipzig.

Genannte Firma benutzt nach S. 145 zur Desinfection und Fällung mit chemischen Reagentien entweder ein saueres Präparat (Carbolsäure, Eisenchlorid, Eisenvitriol und Wasser, welches aber nicht klärend wirkt) oder ein alkalisches Präparat (Carbolsäure, Thonerdehydrat, Eisenoxydhydrat, Kalk und Wasser), welches eine fällende und klärende Wirkung besitzt.

Unter Umständen werden wie bei nachstehendem Versuch die saueren und chemischen Klärmittel zusammen angewendet.

Zum Absetzen der Schmutzstoffe bedient sich die Firma je nach der Grösse der Verunreinigung und der Menge des zu reinigenden Wassers verschiedener Klärvorrichtungen.

a) Doppeltgrube mit Schlammfilter und Kastenfilterbatterie bei periodischem Abfluss.

Dieselbe hat folgende Anordnung:

R ist ein selbstständiger Rührapparat, der mit der Wasserleitung in Verbindung steht und durch dieselbe in Thätigkeit gesetzt wird; er enthält die zuzusetzenden Chemikalien. Der Zufluss der letzteren wird vermittelst eines Grubenschwimmers durch die Menge des einfliessenden Abfallwassers regulirt.

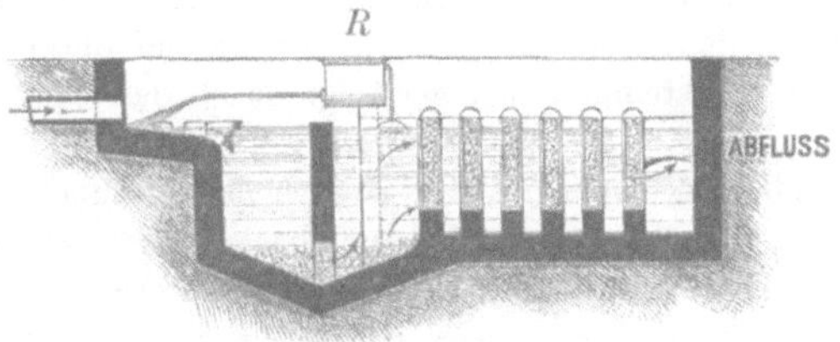

Fig. 23.

Das Wasser durchfliesst Mischgang, Doppelgrube mit Schlammfilter, wie bekannt, und tritt sodann in den Filtergang ein, woselbst eine Batterie Filterkästen mit zwischenliegenden Ruhe- und Ausgleichs-Bassins, letztere mit Schlammsammler, angeordnet sind. Diese Kastenbatterie ermöglicht eine grosse Leistung der Filteranlage.

Der Filtergang kann gerade ausgehen, oder einen Wendegang bilden. Jedes einzelne Kastenfilter ist von beiden Seiten gleich construirt und auch gleichmässig mit Filtermaterial beschickt, so dass die Benutzung von beiden Seiten durch Umkehrung erfolgen kann und wird hierdurch eine correcte und gleichmässige Ausnutzung des Filtermaterials erzielt.

Die Umkehrung der Kastenfilter geschieht bei kleinen Anlagen durch einfaches Ausheben und umgekehrtes Einsetzen derselben. Bei grossen Anlagen werden zwei Filteranlagen nebeneinander angeordnet und durch eine Wechselklappe das Wasser einmal von der einen und sodann von der anderen Seite durchgeleitet.

Das ausgenutzte Kastenfilter wird ausgehoben und durch ein neugefülltes ersetzt. Auf diese Weise wird bei Erneuerung des Filtermaterials keine Störung der ganzen Anlage bewirkt, ist also auch keine Abstellung der Anlage hierbei nöthig.

b) Doppeltgrube mit je 1 Schlammfilter und Nachfiltration nebst Schlammbassin.

Dieselbe wird durch folgende Zeichnung veranschaulicht:

Diese Anlagen dienen für stark verunreinigte und schwierig zu reinigende Abfallwässer, bei denen es sich empfiehlt, dieselben zweimal mit chemischen Mitteln und zwar getrennt zu behandeln. Es ermöglicht dies auch die Anwendung von sauren und alkalischen Mitteln.

Es sind wieder vorhanden die selbstthätigen Rührapparate und hier 2 Stück zur Eingabe der Reinigungsmittel. Das Abfallwasser mit dem Reinigungsmittel durchfliesst zunächst die erste Grubenanlage, bestehend aus Doppelgrube mit Sieb, Schlammsack und Doppelfilter mit oberen Wasser-Zu- und Austritt bei periodischem Wasserabflusse.

Bemerkt sei hierbei, dass diese Filter auch vortheilhaft als liegende Kastenfilter construirt werden können.

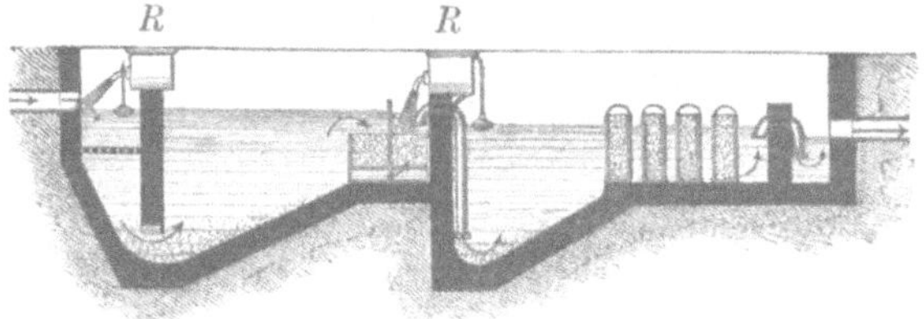

Fig. 24.

Das hier vorgereinigte Wasser erhält vor seinem Eintritt in die zweite Grubenanlage die Eingabe des zweiten Reinigungsmittels durch den Rührapparat, wird mittelst Heberrohres durch den Schlammsack weitergeführt und durchläuft sodann zur Nachklärung die angegebenen 4 Kastenfilter, um gereinigt durch das letzte Heberrohr abgelassen zu werden.

Der Schlamm sowohl der ersten, als der zweiten Grubenanlage wird, hier in grossen Quantitäten vorausgesetzt, in nebenliegende Schlammbassins durch Pumpen, Elevatoren oder dergleichen gefördert. Diese Schlammbassins sind drainirt und geben das mitgeführte Wasser zur Klärung in die Grubenanlage zurück, während der Schlamm sich festsetzt und stichbereit periodisch ausgestochen und abgefahren wird.

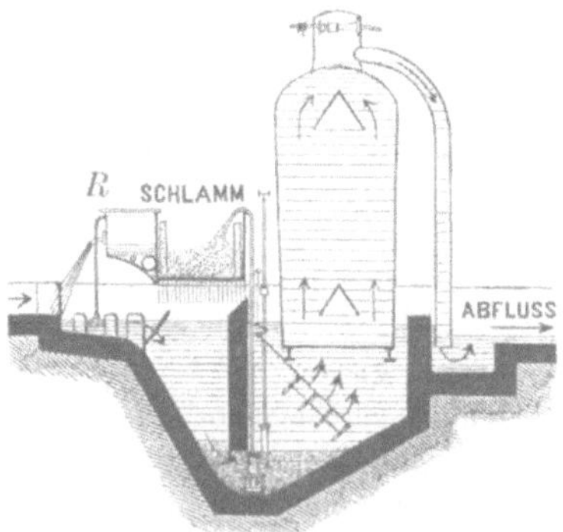

Fig. 25.

c) Anlage mit Schlammfilter und Heberklärung bei umstellbarer Stromvertheilung und continuirlichem, selbstregulirendem Abfluss nebst Schlammbassin.

Der Rührapparat R und die Vorrichtung für den Zufluss der Chemikalien ist wie bei den Klärgruben eingerichtet.

Das mit den Fällungsmitteln vermischte Wasser fliesst in eine Doppelgrube mit Schlammsack und wird weiter vermittelst einer eingetauchten Heberglocke durch Aufstauung geklärt, wie dieselbe von der Firma bereits seit 1877 angewendet wurde und in angeblich 1200 Fällen ausgeführt ist.

Die Wasserströmung in der Heberglocke wird unten, oberhalb des Schlammsackes, durch eine umstellbare Jalousie gewechselt und geregelt, sowie weiter oben durch eine oder mehrere angebrachte Stromscheiben. Zur Inbetriebsetzung und Haltung der Anlage ist wie bei dem Rothe-Roeckner'schen Apparat eine Luftentfernung nothwendig, welche durch eine Luft- oder Strahlpumpe oder dergleichen erzielt wird; auch können diese Vorrichtungen durch Verbindung mit Schwimmervorrichtung selbstthätig gemacht werden.

Der Schlamm wird aus dem Schlammsack durch eine Pumpe nach dem darüber liegenden drainirten Schlammbassin gehoben, aus welchem das mitgeführte Wasser wieder in die Grube zurückfliesst, während der stichbereite Schlamm abgefahren wird.

Der nachstehende Apparat (Fig. 26) beruht auf demselben Princip, gestattet aber schmutzreiche Abfallwässer bis zu den grössten Quantitäten aufzunehmen und zu reinigen.

Der Heberapparat ist in diesem Falle derart construirt, dass derselbe auf der zweiten

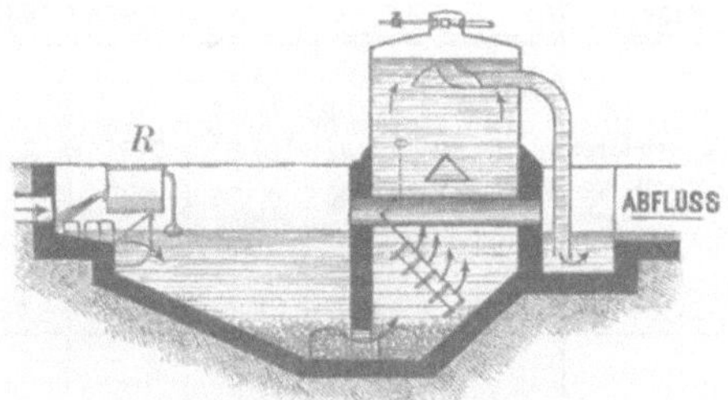

Fig. 26.

Grubenabtheilung dicht aufsitzt und der obere Ablauf des geklärten Wassers seitlich abgeht. Die Strömung in der Heberglocke wird wieder durch umstellbare Jalousien gewechselt und durch ebene Stromscheiben geregelt. Die Inbetriebsetzung und Inbetriebhaltung kann wieder durch Luftentfernung mittelst Pumpen oder dergleichen geschehen. Es ist hier jedoch auch möglich, für den Fall, dass höher fliessende Gebirgswässer zur Verfügung stehen, durch Verschluss des Heber-Zu- und Abflusses denselben mit Wasser zu füllen und in Betrieb zu setzen, auch durch Einschaltung eines einfach construirten überliegenden Luftkessels den Heber in Betrieb zu erhalten, so dass sich in diesem Falle mechanische Einrichtungen ersparen lassen.

Durch die Heberanlage sind ein oder nach Bedarf mehrere Ueberfluthrohre durchgeführt, um bei aussergewöhnlichen Wasserniederschlägen dieselben durchzuleiten, ohne die Wirkung der Heberanlage zu beeinträchtigen. Zur Entfernung des Schlammes aus dem Schlammsacke sind hier zwei seitliche Schlammsammler vorgesehen, aus welchen der Schlamm sodann in drainirte Schlammbassins oder drainirte Feldparzellen gefördert werden kann.

Führen die Abfallwässer sehr viele und schwere Verunreinigungen mit sich, so dass es von Vortheil ist, dem Schlamm zur Fortbewegung mechanisch nachzuhelfen, so wird auf dem Boden der ersten Grubenabtheilung eine langsam sich drehende Schnecke eingelegt, welche eine regelmässige Fortbewegung des Schlammes hervorruft und zwar in der Richtung nach dem Schlammsacke, resp. der Schlammpumpe;

auch ein ungeregeltes Festsetzen des Schlammes, wodurch durch Bildung von Stromkanälen nachtheilige Einwirkungen auf die Wasserströmung hervorgerufen werden könnten, verhindert wird.

Sämmtliche Klär-Anlagen können auch derart disponirt werden, dass die Gruben verhältnissmässig tiefer als bisher angenommen angelegt werden und zwar sobald weniger Raum für die Anlage vorhanden und die Bodenverhältnisse eine derartige Ausführung mit Vortheil gestatten.

Diese Tiefklärungen ergeben ebenfalls gute Reinigungsresultate, doch bedingt die Anlage, je tiefer und schmäler die Gruben angelegt werden, eine desto regelmässigere Entfernung des Schlammes aus den Gruben und eine correcte Stromvertheilung der durchfliessenden Wässer.

Die Firma M. Friedrich & Co. in Leipzig hat nach vorstehendem Princip mit den genannten Fällungsmitteln zwei Probeversuche zur Reinigung des Leipziger Schlachthausabfallwassers ausgeführt und dem Verfasser Proben des ungereinigten und gereinigten Wassers eingesandt; dieselben lieferten folgende Resultate pro 1 l:

	Suspendirte Stoffe			Gelöste Stoffe								Ge-sammt-Phosphor-säure
	Mineralstoffe	Organische Stoffe	In letzteren Stickstoff	Mineralstoffe (Glührückstand)	Organische Stoffe (Glühverlust)	Zur Oxydation erforderlicher Sauerstoff	Stickstoff	Kalk	Schwefelsäure	Chlor	Kali	
	mg	mg	mg	mg	mg	mg	mg	mg	mg	mg	mg	mg
1. Versuch:												
Ungereinigt . .	278,0	11040,0	585,0	880,0	2560,0	1136,0	427,5	435,0	Nicht bestimmt			155,0
Gereinigt . . .	Spur	0	0	8356,0	1100,0	104,8	27,0	4474,0	1771,8	3199,5	—	Spur
2. Versuch:												
Ungereinigt . .	1142,0	5448,0	450,0	992,0	1962,0	664,0	781,0	368,0	30,1	126,8	165,1	120,0
Gereinigt . . .	0	0	0	10093,0	698,0	92,8	56,3	4342,0	1719,0	3490,5	168,3	Spur

Die ungereinigten Proben waren beide ausnahmsweise schlammig und von einem äusserst fauligen, durchdringenden, unangenehmen Geruch; das gereinigte Wasser war völlig hell und klar, hatte jedoch noch schwach den Geruch des ungereinigten Wassers; letzteres reagirte in beiden Fällen schwach, das gereinigte Wasser stark alkalisch.

Die grosse Menge Mineralstoffe (an Chlor- und schwefelsaurem Calcium) rührt von den zugesetzten Reagentien (Eisenchlorid, Eisenvitriol und Kalk) her.

 In einem der grössten Schlachthäuser, nämlich in dem von J. J. Athinson zu Collingwood bei Liverpool werden sämmtliche Abfälle: Blut, Eingeweide und Fett etc. zur Schweinefütterung benutzt; der feste Dünger wird gesammelt und geht in die Nachbarschaft; die Spülwässer werden zur Berieselung benutzt. In Amerika werden die sämmtlichen Abgänge vielfach eingetrocknet und als Dünger verwendet; ein in letzterer Weise gewonnenes Trockenproduct ergab:

Wasser	Stickstoff	Phosphorsäure
7,18%	3,09%	13,63%.

Sind die Abfälle sehr fettreich, so wird das ausgeschiedene Fett abgeschöpft und für sich weiter verarbeitet. Wilson verfährt hierbei wie folgt:

Man zieht aus den betreffenden Abgängen das Fett durch Sieden aus, indem man sie in einen Digestor bringt und mit gespannten Dämpfen ca. 6 Stunden lang kocht. Dies reicht zumeist hin, um Knochen und Gewebe zerfallen und Fett frei zu machen. Die sich entwickelnden Gase und Dämpfe werden in einen entsprechend hohen Schornstein geführt, so dass eine Belästigung der Nachbarschaft durch Geruch kaum noch stattfindet. Nachdem das Fett abgezogen ist, wird die rückständige flüssige Masse mit saurem Kalkphosphat und Schwefelsäure vermischt, die festen Theile werden zersetzt und nach dem Trocknen der Masse erhält man einen fast geruchlosen künstlichen Dünger.

In Deutschland ist das Eintrocknen nur bei den Blutabgängen in Gebrauch; das getrocknete Blut oder Blutmehl, welches als Dünger geschätzt wird, enthält:

Wasser	Stickstoff	Phosphorsäure	Kali
9,0—12%	11,5—14,5%	1,0—2,0%	0,5—1,0%.

Eine noch wichtigere Verwendung kann aber das Blut bei der Blutalbuminfabrikation finden.

Auch ist mehrfach versucht, durch Eintrocknen von Blut mit Kleie etc. ein Futtermittel herzustellen; das Huch'sche sogenannte Kraftfuttermittel ergab mir folgende Zusammensetzung:

Wasser	Protein	Fett	N-freie Extractstoffe	Holzfaser	Asche
13,61%	31,31%	0,49%	40,21%	4,99%	9,39%.

Alex. Müller schlägt vor, die Blutabgänge mit Kalk und Torfmull zu compostiren, wodurch mit geringen Kosten ein geruchloses, schnell trocknendes Gemisch erhalten wird.

Als Desinfections- d. h. Conservirungsmittel empfiehlt sich nach Alex. Müller schwefelige Säure im Verhältniss von 1 : 500 oder entsprechende Mengen Bisulfit, welche unter Luftabschluss die Fäulniss von Blut auf Jahre hinaus verhindern.

Ohne Zweifel gehören die Abgänge aus den Schlachthäusern mit zu den gefährlichsten der putriden Schmutzwässer; bezüglich der Schädlichkeit derselben kann auf S. 30—52 verwiesen werden; für die Reinigung derselben sind im allgemeinen die gleichen Principien wie bei den städtischen Abgangwässern massgebend.

Abgänge aus Gerbereien und Lederfärbereien.

Die Abgangwässer der Gerbereien setzen sich zusammen aus den Einweichwässern, aus dem flüssigen Theil der Kalkgruben (Aescher), den Kleien- und Hundekothbädern, aus den ausgenutzten Lohbrühen und den arsenhaltigen Abfallwässern der Weissgerbereien (Rhusma).

Bei der Weissgerberei geschieht nämlich das Einweichen, Reinigen der Fleischseite und das Enthaaren wie bei der Lohgerberei, dagegen werden die noch mit Wolle versehenen Häute geschwödelt oder geschwedelt d. h. auf der Fleischseite mit Kalkbrei bestrichen, welchem Schwefelarsenik (auf 30 ℔ Kalk 2 ℔ Auripigment) zugesetzt wird; diese Verbindung bildet das Rhusma der Orientalen und giebt Veranlassung zur Bildung von Schwefelcalcium und Schwefelarsen. Sowohl die Einweichwässer, als auch die aus den Kalk- und faulen Aeschern, sowie die der ausgenutzten Lohbrühen enthalten grosse Mengen organischer in Fäulniss begriffener Stoffe. Die mehrfach erwähnte englische Commission fand für die verbrauchte Gerbe- und Kalkflüssigkeit (No. 1 und 2) und der Gesundheitsrath v. Massachusetts für die Salzlaugen (No. 3 und 4) folgende Zusammensetzung:

1 Liter enthält	Ge- sammt- gehalt mg	Organ. Kohlen- stoff mg	Organ. Stick- stoff mg	Am- moniak mg	Ge- sammt- stick- stoff mg	Chlor mg
1. Erschöpfte Gerbeflüssigkeit	8459,0	31821,7	362,9	108,3	452,1	—
2. do. Kalkflüssigkeit.	3186,5	2059,4	534,1	258,0	746,6	—
3. Frisches Salzwasser von 150 Schafhäuten nach 10 tägiger Einwirkung .	3794,0	Org. Stoffe 1060,0	3,6	410,0	—	980,0
4. desgl. nach 5 tägiger zweiter Maceration von 175 Häuten.	5726,0	1470,0	3,0	416,0	—	1792,0

Philippar[1]) untersuchte die Abgänge bei den Gerbereien auf ihren Werth als Düngermittel, nämlich

---

[1]) Journal d'agriculture pratique 1876 Bd. I S. 287 und S. 481. Vgl. Jahresbericht f. Agric. Chemie 1875/76. Abth. Dünger S. 49.

1. die thierischen Abfälle, welche durch Behandeln der frischen Häute mit Kalk etc. gewonnen werden. Die Untersuchung ergab folgende Resultate:

Frische Rückstände nach der Enthaarung enthalten:

im normalen Zustand:	im trocknen Zustand:	100 Theile mineralische Stoffe enthalten:
71,316 Wasser	83,896 organische Stoffe	6,50 Kieselsäure und Unlösliches
28,684 Trockensubstanz	16,104 mineral. „	25,0 phosphors. Kalk,
		65,3 Kalk,
		3,2 andere lösliche Salze,

ausserdem 6,991 % Stickstoff im normalen Dünger.

Frische Rückstände des Abgeschabten enthalten:

im normalen Zustand:	im trocknen Zustand:	100 Theile Mineralsubstanz bestehen aus:
79,608 Wasser	84,822 Organisches	0,6 Unlöslichem
20,392 Trockensubstanz,	15,178 Mineralstoffe,	10,0 phosphorsauren Kalk
		72,0 Kalk
		17,4 anderen Salzen;

6,965 % Stickstoff im normalen Dünger.

Die Durchschnittszusammensetzung eines Gemisches der beiden frischen Dünger fand Philippar:

im normalen Zustand:	im trocknen Zustand:	100 Theile Mineralstoffe enthalten:
75,462 Wasser	84,357 Organisches	3,55 Unlösliches
24,538 Trockensubstanz	15,643 Mineralstoffe	17,5 phosphorsauren Kalk
		68,65 Kalk
		10,3 andere mineral. Stoffe;

6,978 % Stickstoff.

Solche Abfälle bleiben gewöhnlich vor der Ablieferung 2—3 Monate in Haufen sitzen, wobei sie einem Fäulnissprocess unterliegen, nach welchem die Abfälle einen Wasserverlust und beträchtliche Volumenverminderung erleiden. In diesem Zustande werden die Abfälle an die Landwirthe abgegeben, welche in Frankreich für den cbm 3—5 Francs bezahlen.

Philippar hat eine gute Durchschnittsprobe solcher Abfälle, welche 3 Monate an der Luft in Haufen gelegen haben, analysirt und folgende Zusammensetzung gefunden:

im normalen Zustand:	im trocknen Zustand:	100 Theile Mineralsubstanz enthalten:
51,175 Wasser	38,015 Organisches	22,96 Kieselsäure etc.
48,825 Trockensubstanz;	61,985 Mineralisches;	16,16 Phosphorsauren Kalk
		60,00 Kalk
		0,88 verschiedene Salze;

2,081 % Stickstoff.

Diese Resultate zeigen, dass der fermentirte Dünger etwa 20 % Wasser, 50 % organischer Substanz und mindestens ca. 30 % seines Stickstoffgehaltes verloren hat.

Für die Landwirthe empfiehlt sich daher, diese Abfälle frisch zu kaufen, um durch Compostirung namentlich dem Verlust an stickstoffhaltigen Stoffen vorzubeugen. Philippar meint, es sei am besten, sofern eine Verwendung des Düngers in frischem Zustande unthunlich, diesen Abfalldünger mit Stallmist schichtenweise gleichartig zu mengen und dann das Gemisch anzuwenden.

2. Die Gerberlohe.

Je nach den Umständen ist der Wassergehalt der Geberlohe ein sehr verschiedener. Philippar hat im Januar 1876 mehrere Proben in dieser Beziehung untersucht und ist zu nachstehenden Resultaten gelangt:

	Grad der Trockenheit	Gewicht pro 1 l im normalen Zustand	Wasser im normalen Zustand
1. Alte ausgelaugte und gegohrene Lohe . .	sehr feucht	625,5 g	72,6 %
2. Frisch ausgelaugte (nicht gegohrene) Lohe	do.	496,0 g	70,0 %
3. Halb ausgelaugte Lohe	do.	419,6 g	69,6 %
4. Normale Lohe, noch nicht benutzt. . . .	trocken	205,5 g	15,8 %

Nach Philippar enthielt an der Luft getrocknete Lohe:

$5,1\,\%$ mineralische Substanzen, davon
$0,5\,\%$ Kalium
$0,5\,\%$ Phosphorsäure und
$94,9\,\%$ organische Substanz.

Die faserige und schlammige Beschaffenheit der Lohe macht sie zur Aufsaugung grosser Mengen von Flüssigkeit geeignet. Die obigen 4 Proben haben nach Philippar's Untersuchungen im Mittel auf 100 Gewichtstheile trockene Lohe 220 Gewichtstheile Wasser absorbirt.

Das grosse Absorptionsvermögen für Flüssigkeiten stellt sonach die Lohe neben die besten der gekannten und benutzten Streumaterialen und trotzdem ist die Verwendung der Lohe als Streumittel in der Landwirth-schaft nur eine beschränkte. Die freie Säure, welche die Lohe enthält und die Schwierigkeit ihrer Zersetzung sind es namentlich, welche gegen ihre Anwendung geltend gemacht werden.

Philippar glaubt, dass sich nicht nur die Neutralisirung der Säure der Lohe durch Vermischen derselben aus den oben erwähnten thierischen Abfällen erzielen lässt, sondern dass auch noch dabei der Vortheil erwächst, dass der Kalk die an sich langsame Zersetzung der organischen Lohbe-standtheile beschleunigt.

A. Petermann findet in den Abfällen der Lohgerberei $0,74\,\%$ Phosphorsäure, $1,17\,\%$ Kali und $36,00\,\%$ Kalk und empfiehlt dieselben ebenfalls zur Düngung resp. zur vorherigen Compostirung.

Zur Illustration, in wieweit ein Flusswasser durch Gerberei-Abfluss-wasser verunreinigt werden kann, mag der North-River dienen, welcher das Abwasser von 62 Gerbereien in Pedbody und Salem aufnimmt, und nach obigen Erhebungen des Gesundheitsrathes v. Massachusetts folgenden Gehalt pro 1 Liter hatte:

Gesammt-gehalt mg	Organische Stoffe mg	Unorgani-sche Stoffe mg	Eiweiss-Ammoniak mg	Ammoniak mg	Chlor mg
2455,2	412,0	2043,2	2,07	5,52	1080,0

E. Reichardt[1]) hatte Gelegenheit die Giftigkeit der arsenhaltigen Abgangwässer für Fische zu beobachten, wie auch ferner für Enten und sogar für Rindvieh nach Genuss eines Bachwassers, welches die Abgangwässer einer grossen Gerberei aufnahm. Anfänglich hatte man die Krankheit beim Rindvieh als Milzbrand betrachtet, jedoch ergaben die eigenthümlichen Erscheinungen bei der Section, dass eine Arsenvergiftung vorlag und bei näherer Nachforschung stellte sich heraus, dass die Gerbereien in der Nähe des Baches bei vergrössertem Betriebe und erhöhter Anwendung von Arsenik harmlos den Abfall dem öffentlichen Wasser zugeführt hatten; in dem Schlamm des Baches, worin die Fische crepirt waren, etwa 100 Schritt vom Einfluss der Abfälle fand E. Reichardt 0,6 % Arsen in der bei 100° getrockneten Masse; in dem zweiten Falle, wo die giftige Wirkung (für Rindvieh und Enten) erst in Entfernung von $\frac{1}{2}$—1 Stunde von der Gerberei bemerkt wurde, enthielt der trockene Schlamm von einem Teiche 0,014 % Arsen und desgl. aus dem Bach noch entfernter entnommen 0,013 %. Aus dem Arsengehalt des Schlammes erklärt sich sehr leicht, weshalb gerade die den Schlamm aufwühlenden Enten sich vergifteten.

H. Fleck[2]) giebt an, dass eine grosse Lederfabrik in Dresden, welche täglich 1000 Kalbfelle gerbt und färbt, durchschnittlich 85—100 cbm Abfall- und Planschwässer pro Tag liefert; dieselben sind von feinvertheiltem Kalk milchig getrübt und zeichnen sich in der Regel durch Fäulnissgeruch aus. Wenn die Gerberei mit einer Lederfärberei verbunden ist, so gesellen sich zu den Abwässern ersterer Art auch noch die nicht mehr brauchbaren Beizen und Farbenbrühen; letztere wirken dann den ersteren gegenüber mehrfach als Desinfections- oder Klärungsmittel, indem die in den Beizflüssigkeiten verbleibenden Metallsalzlösungen, die von den Weichwässern und Kalkäschern stammenden Albuminate ausscheiden und dadurch der Fäulniss derselben entgegenwirken. Bezüglich der schädlichen Wirkung der fauligen Abgangwässer verweise ich auf das S. 30—52 Gesagte und was die Schädlichkeit der arsenhaltigen Abgänge auch für Pflanzen anbetrifft, so ist sie

---

[1]) Grundlagen zur Beurtheilung des Trinkwassers. Halle 1880. S. 110.
[2]) 12. und 13. Jahresbericht etc. 1884. S. 11.

dieselbe, wie bei den arsenhaltigen Abgangwässern aus Färbereien, die weiter unten besprochen werden.

Schädlich-
keit für
Fische. Die Schädlichkeit der Gerbsäure und des Kalkhydrats für die Fischzucht anlangend, so beobachtete hierüber C. Weigelt[1] Folgendes:

Concentration der Lösung pro 1 Liter	Fischart	Temperatur des Wassers	Expositions-dauer[2]	Verhalten des Fisches nach Einwirkung des verunreinigten Wassers in reinem fliessenden Wasser[2]
1. Gerbsäure				
10 g pro 1 l	Grosse Forelle	6°C.	½ Stunde	Nach 40 Stunden todt.
10 „ „ „	Schleie	6°C.	½ „	Keine Symptome.
0,1 g pro 1 l	Grosse Forelle	6°C.	1 „	Ohne Wirkung.
0,1 „ „ „	Schleie	6°C.	13 „	Keine Symptome.
0,05 „ „ „	Grosse Forelle	6°C.	1½ „	Ohne Einfluss.
0,05 „ „ „	Schleie	6°C.	14 „	Keine Krankheitserscheinungen.
2. Kalkhydrat[3] $Ca(OH)_2$				
0,9 g pro 1 l	Mittlere Forelle	16°C.	4 Minut.	Nach 4 Minuten in dem kalkhaltigem Wasser todt.
0,3 „ „ „	desgl.	16°C.	7 „	Nach 7 Minuten todt.
0,15 „ „ „	desgl.	16°C.	13 „	Nach 13 Minuten todt.
0,07 „ „ „	desgl.	16°C.	26 „	Nach 26 Minuten todt.
0,03 „ „ „	desgl.	16°C.	2 Stunden	Springt heftig nach 44 Minuten, nach 2 Stunden in fliessendes Wasser (weiteres nicht angegeben).

Hiernach ist Gerbsäure in einer Concentration der Lösung von 0,1 g pro 1 ohne Einwirkung, während eine Lösung von 10⁰/₀₀, die übrigens in den Gewässern kaum vorkommen dürfte, tödtlich wirkt. Freier Kalk im Wasser wirkt schon in einer Concentration von 0,03 g $Ca(OH)_2$ pro 1 l nachtheilig.

Wenn zum Abhaaren in den Aeschern statt reinen gebrannten Kalkes der abgenutzte Gaskalk benutzt wird, so kommen zu den Bestandtheilen der Kalkwässer auch noch mehr oder weniger die des Gaskalkes, die in ihrer Schädlichkeit weiter unten bei „Abgängen aus Gasfabriken" besprochen werden. Hierbei darf nicht unerwähnt bleiben, dass, wenn die mit Gaskalk enthaarten Häute in die Lohgruben kommen, sich in Folge der sauren Lohbrühe giftige Gase, wie Schwefelwasserstoff, Blausäure und Kohlensäure entwickeln, welche für die Arbeiter gefährlich werden können. Wenn gefordert werden muss, dass Gerbereien ebenso wie Schlächtereien und Leimsiedereien wegen der widerlichen und schädlichen Gase und Gerüche vor

---

[1] Archiv f. Hygiene 1885. Bd. III S. 39.

[2] Die Fische wurden in die gerbsäurehaltige etc. Lösung von angegebener Concentration gebracht und kamen durchweg, nachdem sie darin die angegebene Zeit (Expositionsdauer) verbracht hatten, in reines fliessendes Wasser (vgl. S. 49 Anm.).

[3] Als $Ca(OH)_2$ berechnet.

die Städte verwiesen werden, so ist es andererseits unstatthaft, die Abgangwässer in die öffentlichen Wasserläufe abzulassen, ohne dass sie vorher von
den Fäulnissstoffen und giftigen Bestandtheilen befreit werden.

Die **Einweichwässer** können bei Bearbeitung der Lohabgänge zu Loh- Reinigung.
kuchen zum Anfeuchten mit benutzt werden. Die **einfachen Kalkwässer**
sind in zweckmässigen Klärbassins vorher zu reinigen und die faulen
Aescher (Kleien- und Hundekothbäder) mit Desinfectionsmitteln wie Chlorkalk oder roher Manganlauge, Calciumbisulfit zu versetzen und dann ebenfalls zu klären; die verbrauchten Lohbrühen müssen entweder mit Kalk
oder durch Filtration durch Sand oder poröse Erde gereinigt und nur in
geschlossenen Röhren abgelassen werden. Wo Gelegenheit vorhanden ist,
kann auch eine Reinigung durch Berieselung vorgenommen werden. Die
Abfallwässer beim Rhusma, die beim Abwaschen der geschwödelten Felle
auf der Waschbank erhalten werden, veranlassen zunächst die Entwickelung
von Schwefelwasserstoff, wobei einfach Schwefelarsen zurückbleibt; letzteres wird durch Aufnahme von Sauerstoff in unterschweflige Säure und
arsenige Säure verwandelt; zu letzterer gesellt sich auch noch die in Oper-
ment stets vorhandene arsenige Säure. Wenngleich die arsenige Säure mit
dem Kalk sich zu unlöslichem arsenigsauren Calcium verbindet, so wird
doch letzterer durch das in den fauligen Flüssigkeiten stets vorhandene
Ammoniak wieder gelöst und sollen diese Art Abgangwässer noch stets
zur Bildung von unlöslichem arsenigsauren Eisen mit Eisenvitriol und etwas
Kalkmilch versetzt und längere Zeit (etwa 24 Stunden) geklärt werden, ehe
sie in die öffentlichen Wasserläufe abgelassen werden.

K. und Th. Möller in Kupferhammer bei Brackwede haben sich folgendes Verfahren zur Reinigung der Gerbereiabgangwässer und solcher
Wässer, welche Schwefelarsen und Schwefelcalcium enthalten, patentiren
lassen (D. P. 10 642 v. 25. Febr. 1879):

„Die Abgangwässer werden entweder durch Einleiten von kohlensäurehaltigen Ver-
brennungsgasen gereinigt, wobei Schwefelarsen und Calciumcarbonat niederfallen, oder es
wird Salzsäure zugesetzt, wobei Schwefelarsen sich ausscheidet. Dann wird das Wasser
zur Abstumpfung der Säure mit Kalkhydrat versetzt. Ein Ueberschuss von diesem wird
durch Einleiten von kohlensäurehaltiger Luft entfernt, wobei neben dem Calciumcarbonat
auch organische Stoffe und Arsen sich ausscheiden. Der entwickelte Schwefelwasserstoff
wird in Kalkmilch geleitet. Die Lösung von Calciumsulfhydrat, mit dem erhaltenen Schwefelarsen vermischt, dient wieder zum Enthaaren der Häute in den Gerbereien. Wässer, welche
arsenige und Arsensäure enthalten, werden mit Calciumsulfhydrat oder Lauge von Sodarückständen versetzt und mit Salzsäure etc. wie vorhin behandelt. Das abfallende Schwefelarsen wird durch Rösten wieder in arsenige Säure verwandelt“.

Mir ist nicht bekannt, dass dieses Verfahren eine praktische Anwendung
gefunden hätte.

Dagegen hatte ich Gelegenheit, über die Reinigung der Abwässer einer

Schaffellgerberei verbunden mit Färberei des Leders folgende Erfahrung zu machen:

Reinigung der Abgänge einer Lederfärberei.

Die Klärung der Abgänge mit Kalk und sonstigen Fällungsmittteln hatte nur geringen Erfolg; dagegen wurden durch die verbrauchte Gerberlohe, durch welche man die Abgangwässer filtriren resp. sich senken liess, viel bessere Resultate erzielt.

An den Tagen der Probenahme wurden gebraucht und liefen ab: Rothe und gelbe Anilinfarben, sowie vorwiegend die Brühe vom Walkfass, in welchem sumakgegerbte Schafleder gereinigt und gewalkt wurden. Das ungereinigte und durch gebrauchte Gerberlohe gereinigte Wasser enthielt pro 1 l:

	Suspendirte Stoffe			Gelöste Stoffe						
	Unorganische	Organische	Stickstoff in letzteren	Mineralstoffe (Glührückstand)	Organische Stoffe (Glühverlust)	Zur Oxydation erforderlicher Sauerstoff	Stickstoff	Phosphorsäure	Kali	Kalk
	mg	mg	mg	mg	mg	mg	mg	mg	mg	mg
1. Probenahme:										
Ungereinigt . . .	451,5	4285,0	145,8	1608,0	2959,0	1694,0	21,7	} Spur	231,1	304,0
Gereinigt	0,0	212,5	3,4	509,5	587,0	608,0	15,1		101,1	191,0
2. Probenahme:								Schwefelsäure		
Ungereinigt . . .	3236,0	9401,5	247,5	2541,5	2327,5	2640,0	24,8	56,3 [1]	939,0	413,0
Gereinigt	55,0	251,5	11,3	662,5	963,0	1008,0	11,3	8,3	255,0	161,0

Das gereinigte Wasser war allerdings bei der ersten Probenahme noch schwach gefärbt und zeigte nach mehrwöchentlichem Stehen einen stark fauligen Geruch; indess ist die Wirkung der gebrauchten Lohe auf die Reinigung unverkennbar und bedeutend; dieselbe dürfte Schmutzstoffe vorwiegend mechanisch zurückhalten, die Farbstoffe dagegen wie sonstige organische Fasern auf sich niederschlagen.

Um die entfärbende Wirkung der ausgenutzten Lohe zu ermitteln, löste ich von den in vorstehender Lederfärberei benutzten Farben: Lichtgrün S, Neuroth 3 R, Wasserblau BB und Auramin II je 5 g in 1 l Wasser und setzte zu 50 g ausgenutzter und getrockneter Lohe je 300 ccm dieser Farblösungen; diese sogen ca. 150 ccm dieser Farblösungen auf und die überstehende Farbstofflösung enthielt weniger Farbstofflösung resp. gebrauchte weniger zur Oxydation erforderlichen Sauerstoff als die ursprüngliche Farbstofflösung:

---

[1] Gesammt-Phosphorsäure in suspendirten + gelösten Stoffen.

	Lichtgrün S.	Neuroth 3 R.	Wasserblau B B.	Auramin II.
Absorbirte Menge Farbstoff pro 100 g ausgenutzter Lohe . .	0,024 g	0,048 g	0,120 g	1,182 g
Die Lösung erforderte weniger Sauerstoff zur Oxydation (pro 1 Liter)	144 mg	432 mg	656 mg	2688 mg

Am meisten wurde daher der gelbe Farbstoff Auramin II von der Lohe absorbirt. Natürliche ungebrauchte Lohe verhielt sich nur für Auramin II günstiger, indem hier von 50 g Lohe die gesammte Menge von 1,5 g Farbstoff absorbirt war; bei den anderen Farbstoffen war ein Unterschied nicht zu constatiren, ein Beweis, dass das Niederschlagen des Farbstoffes durch die Lohe-Faser, nicht durch die Gerbsäure verursacht resp. begünstigt wird.

Da aber die Arbeiter sich von jeher in der vorstehenden Ledergerberei die farbigen Hände durch Waschen mit abgenutzter Gerberlohe reinigen, so dürfte man für viele Fälle in der ausgenutzten Gerberlohe — durch langsame Filtration — ein einfaches und billiges Mittel besitzen; schwache Farbstofflösungen zu entfärben.

Schädlichkeit des Holzflössens in den Flüssen für die Fischerei.
Anhang zu Abgängen aus Gerbereien.

Bei dem Holzflössen in den Flüssen kommen für die Verunreinigung derselben ähnliche Stoffe in Betracht, wie unter Umständen bei den Gerbereien. Es mögen daher im Anschluss an dieses Kapitel die Erfahrungen mitgetheilt werden, welche über die Schädlichkeit der Holzflösserei für die Fischzucht in Schweden und Norwegen gemacht sind. Hierüber hat And. Joh. Malmgren im Jahr 1884 einen Bericht[1]) erstattet, dem ich Folgendes entnehme:

Die nicht entrindeten Stämme schaden aus zweierlei Gründen: 1. weil die sich ablösende Rinde der Fischerei mit Netzen und ähnlichen Fischereigeräthschaften direct hinderlich ist. 2. weil die Rinde die Flüsse mechanisch und chemisch verunreinigt, so dass die Fische von vornherein ungern in die Flüsse aufsteigen, nicht laichen können, weil die Rinde auch zu

---

[1]) Relation om Timmerflottningen i Konungarikena Sverige och Norge etc. af And. Joh. Malmgren Helsingfors 1884 (Bericht über Holzflössereien in den Königreichen Schweden und Norwegen etc.).

Boden sinkt und den Boden hierzu ungeeignet macht und endlich, weil Pflanzen und Thiere, wovon die Fische leben, zerstört werden.

Bei Ueberschwemmungen werden auch Wiesen durch die absetzende Rinde beschädigt.

In Norwegen ist die Flösserei durch zweckmässige Gesetze geregelt. Das Holz wird schon im Walde entrindet, eine Beschädigung durch die Rinde fällt daher weg. Trotzdem aber das Holz entrindet wird und die Flüsse eine starke Stromgeschwindigkeit besitzen, hat man beobachtet, dass die Fischerei in denjenigen Flüssen, in denen geflösst wird, stark gelitten hat. Dieser Zustand wird jedoch in Norwegen durch die Sägespähne verursacht, welche sehr schädlich sind. Die Sägemühlen werden nämlich, durch Wasserkraft getrieben und die Sägespähne meistens in die Flüsse geworfen, durch welche sie fortgetragen werden. Gegen diesen Missbrauch existirt kein Gesetz. Die Sägespähne sinken an den stillen Stellen der Flüsse zu Boden, ebenda, wo die Fische meist ihren Laich absetzen wollen. Diese werden dadurch gehindert zu laichen, weil sie gewöhnt sind, dies auf einem mit Sand oder kleinen Steinchen besetzten Boden zu thun. Etwa abgesetzter Laich wird durch Pilze getödtet, deren Vegetation in solchem Boden sehr gefördert wird. Im Winter tritt auch die mechanische Beeinflussung hinzu, da die Flüsse bedeutend kleiner werden. Die Lachsfischerei hat durch die Sägespähne sehr stark gelitten.

In manchen Flüssen schafft man grosse Mengen Holz dadurch fort, dass man das Wasser in grossen Bassins sich sammeln und dann plötzlich abfliessen lässt, um das Holz fortzutreiben.

In einigen Gegenden Schwedens hat der Reichthum an Fischen so abgenommen, dass es sich nicht mehr lohnt zu fischen und die Einwohner in Folge dessen verarmten und wegzogen.

In Hollau in Schweden hat die Fischerei im Jahre 1875 noch 23,306 Kronen eingetragen, im Jahre 1886 nur mehr 8065 Kronen; der Schaden wird dem Rindenabfall zugeschrieben.

Im Voxna-Fluss in Schweden wurden in den 40er Jahren 2400 bis 4000 Kilo Aale gefangen, während jetzt diese Fischerei fast ganz danieder liegt; ebenso steht es mit der Lachsfischerei in diesem kleinen Fluss. Auch hier wird dieser Zustand auf die Holzflösserei zurückgeführt.

In Finnland ist nach Malmgren die Beschädigung der Fischerei durch das Holzflössen noch grösser, weil hier die Flüsse, welche das Holz fortzuschwemmen haben, länger sind, als in Schweden und Norwegen, ausserdem die Verhältnisse bis jetzt durch keine Gesetze irgend welche Regelung erfahren haben.

Abgangwasser aus Bierbrauereien und Brennereien.

1. **Zusammensetzung.** Die Abgangwässer aus den Bierbrauereien setzen sich zusammen aus den Einweichwässern von Gerste, aus den Spül- und Schwankwässern der Bierfässer, der Gährbottiche und Lagerfässer etc. Diese Schmutzwässer führen Hefezellen und Fäulnisspilze aller Art mit sich und bilden durch den Gehalt an leicht löslichen Stickstoffverbindungen eine sehr zur Fäulniss neigende Flüssigkeit. Nur der Umstand, dass neben dem unreinen Spül- und Schwankwasser auch verhältnissmässig viel reines Wasser zur Anwendung kommt, bewirkt, dass diese an sich sehr schlechten Abgangwässer nur dort zur Beschwerde Veranlassung geben, wo sie im Verhältniss zu dem sie aufnehmenden Bachwasser in grosser Menge abgelassen werden. Nachstehende Analysen von Abgangwässern aus Bierbrauereien Dortmund's veranschaulichen die Zusammensetzung dieser Art Wässer; No. 1 und 2 der Analysen sind von Alex. Müller[1]), No. 3, 4 und 5 vom Verfasser ausgeführt.

1 Liter enthält:	1. Hefenwasser	2. Gerste- weichwas- ser[2])	3. Spülwasser	4.	5. Schwank- wasser
	mg	mg	mg	mg	mg
Gesammt-Abdampfrückstand	1432,0	2200,0	2535,0	1378,4	1847,0
Glührückstand (Mineralstoffe)	661,0	1392,0	1354,6	768,0	833,4
Glühverlust (organ. Substanz etc.)	771,0	808,0	1180,4	610,4	1013,6
Stickstoff in Form von Ammoniak. . . .	—	—	20,6	12,2	—
do. in organ. Verbindung	17,0	13,0	19,0	22,6	33,3
Chlor	81,0	143,0	36,8	29,6	19,3
Phosphorsäure	14,0	43,0	19,8	35,8	20,2
Schwefelsäure	92,0	199,0	110,5	30,9	77,6
Kalk	226,0	200,0	421,0	64,0	258,0
Magnesia.	30,0	83,0	81,0	98,6	59,4
Kali	25,0	439,0	79,3	83,4	66,4
In Säure unlöslicher Rückstand	16,0	34,0	446,0	321,0	281,8

[1]) Preuss. Landw. Jahrbücher 1885. S. 300.
[2]) Mittel von 3 Analysen.

Krandauer (Weihenstephan) untersuchte ebenfalls 52 Sorten derartiger Brauereiabgangwässer und fand den Abdampf-Rückstand resp. den Gehalt an gelösten Stoffen von 80,0—924,0 mg schwankend, den des Chlors von 0,2—407,3, des Kalkes von 11,2—161,3, der Magnesia von 0,7—87,2 mg pro 1 l. Diese Zahlen sind nach Krandauer nicht abnorm und bezüglich des Gehaltes an organischen Stoffen verhielten sich die Wässer, wie er bemerkt, gut, giebt aber keinen bestimmten Gehalt an.

Dass die Brauerei-Abgangwässer mitunter nicht unerhebliche Mengen verunreinigender Stoffe mit sich führen, beweist noch folgende Analyse des Verfassers von einem solchen Abgangwasser:

1 Liter enthält:

Suspendirte Stoffe			Gelöste Stoffe					
Un-organische	Organische	In letzteren Stickstoff	Gesammt	Unor-ganische (Glüh-rückstand)	Organische (Glüh-verlust)	Organischer Stickstoff	Zur Oxyda-tion erfor-derlicher Sauerstoff	Phos-phor-säure
mg	mg	mg	mg	mg	mg	mg	mg	mg
135,0	362,5	43,5	1170,0	825,0	345,0	14,1	172,8	14,0

Für Gersteauszugwasser fand ich folgenden Gehalt pro Liter:

	Stickstoff	Kali	Phosphor-säure
1. Probe . .	154,0 mg	196,0 mg	74,0 mg
2. do. . .	12,0 „	89,0 „	9,0 „

Die Weichwässer enthalten stets mehr oder weniger Gummi, Zucker, stickstoffhaltige Substanzen neben Kali und Phosphorsäure und gehen ebenso, wie das Hefewasser, sehr rasch in Fäulniss über, indem sie alle Zersetzungsproducte liefern, welche bei der Fäulniss stickstoffhaltiger Substanzen beobachtet worden sind.

Verunreinigung der Flüsse durch diese Abgänge. Ueber den Grad von wirklichen Bach- oder Flusswasser-Verunreinigungen durch Brauerei-Abgänge sind bis jetzt nur wenige Fälle bekannt. Das Sunderholz-Bachwasser bei Dortmund besteht fast ausschliesslich aus den Abgangwässern der zahlreichen (ca. 45 Stück) Brauereien Dortmunds; Verfasser untersuchte das Wasser dieses Baches zu drei verschiedenen Zeiten nach Aufnahme der Brauereiabgänge (Analysen No. 1—3), Alex. Müller (No. 4 und 5) dasselbe am Ursprung und nach Aufnahme der Abgangwässer mit folgendem Resultat pro 1 l:

	Suspendirte Stoffe			Gelöste Stoffe						
	Unor-ganische	Or-ganische	Stick-stoff in letz-teren	Ge-sammt	Orga-nische Stoffe	Am-moniak-Stick-stoff	Organ. Stick-stoff	Schwe-fel-wasser-stoff	Schwe-fel-säure	Chlor
	mg	mg	mg	mg	mg	mg	mg	mg	mg	mg
No.1. 30. März 1883	9,2	—	—	1628,0	458,2	6,3	—	6,8	137,5	610,0
No.2. 18. Aug. 1884	992,0	110,0	13,5	1620,0	438,0	3,9	3,2	7,5	83,5	772,0
No.3. 22. Aug. 1884	Nicht bestimmt			1025,2	396,0	7,5	2,8	14,0	—	—
No.4. Am Ursprung	—	—	—	1095,0	133,0	3,0	2,0	—	82,0	162,0
No.5. Nach Aufnah-me der Abwässer	—	—	—	1711,0	440,0	5,0	8,0	—	135,0	686,0

Der hohe Gehalt an suspendirten unorganischen Bestandtheilen bei No. 2 muss als abnorm bezeichnet werden, vielleicht dadurch veranlasst, dass der Bodenschlamm des Baches mit aufgerührt worden ist, da nach den anderen Untersuchungen der Sunderholzbach fast frei von suspendirten Stoffen ist.

Alex. Müller fand (l. c.) für den lufttrocknen Schlamm aus dem Sunderholzbach folgende procentische Zusammensetzung:

Wasser	Or-ganische Stoffe	Mi-neral-stoffe	In letzteren:					
			Kalk	Magne-sia	Eisen-oxyd	Kali	Phos-phor-säure	Sand + Thon
1,9%	5,4%	92,7%	0,63%	0,50%	5,29%	0,48%	0,22%	80,2%

Im frischen Zustande enthielt der Schlamm ziemlich viel Schwefeleisen.

Das Sunderholzbachwasser besitzt in der wärmeren Jahreszeit einen überaus stinkenden Geruch, der viel stärker und unangenehmer ist, als von dem Dortmunder Kanalwasser, und sich mitunter schon auf weite Strecken bemerkbar macht. Wir fanden das Wasser häufig von ausgeschiedenem Schwefel milchig trübe; an den Uferrandungen hatte sich ein Filz von Pilzen verschiedener Art angesetzt und konnten wir darin auch Beggiatoa alba erkennen.

Ferner untersuchte H. Fleck[1]) während der trocknen Jahreszeit das Wasser eines fast wasserleeren Bachgerinnes, welches durch Brauereiabfall-wässer verunreinigt worden war und zur Beschwerde Veranlassung gegeben hatte. Verschiedene an verschiedenen Tagen entnommene Flüssigkeits-proben reagirten sauer, waren völlig trübe und schieden, ohne sich zu klären, einen grauen schlammigen Bodensatz ab; die überstehenden trüben

---

[1]) 12. und 13. Jahresbericht der Königl. Chem. Centralstelle Dresden 1884. S. 9.

Wässer besassen den Geruch von saurem Bier, der Bodensatz enthielt reichlich Rotatorien, Hefezellen, Fäulnissbacterien und entwickelte den Geruch nach Schwefelwasserstoff; ein darüber gehaltenes, mit Bleizuckerlösung getränktes Papier, wurde nach kurzer Zeit gebräunt.

In 1 Liter der Flüssigkeiten wurden gefunden:

I.   3,206 g feste Bestandtheile mit 2,500 g organischer Substanz
II. 0,920 g „   „   „ 0,620 g   „   „
III. 1,340 g „   „   „ 0,276 g   „   „
IV. 1,696 g „   „   „ 0,256 g   „   „
V.   1,127 g „   „   „ 0,367 g   „   „

Ebenso wurden darin festgestellt nach gleicher Reihenfolge:

	I.	II.	III.	IV.	V.
Ammoniak	0,003 g	0,008 g	0,150 g	0,159 g	0,048 g

25 ccm von jeder Flüssigkeitsprobe mit je 50 ccm einer 10procentigen vorher gekochten Traubenzuckerlösung bei $+ 25^0$ C. sich selbst überlassen, bedingte den sofortigen Eintritt von alkoholischer Gährung, bei welcher aus:

	I.	II.	III.	IV.	V.
Probe	0,188 g	0,060 g	0,032 g	0,033 g	0,036 g Kohlensäuregas

entwickelt wurden.

„Diese Mengen gestatten einen ungefähren Rückschluss auf den relativen Hefegehalt der Abfallwässer; durch die Behandlung der erzielten Verdampfungsrückstände mit Aether resultirte eine gelblich gefärbte Auflösung, in welcher bitterschmeckendes Hopfenharz und Fetttheile deutlich nachweisbar waren und in dem alkoholischen Extract desselben Rückstandes zeigte sich, zumal in den letzten 3 Proben Abfallwässer, welche sich auch durch einen sehr hohen Ammoniakgehalt auszeichneten, Galle und Harnfarbstoffe in gleich intensivem Grade.

Dieser letztere Befund war jedoch ein Beweis dafür, dass dieses Wasser nicht nur die Bestandtheile des Brauereiwassers enthielt, sondern auch noch gleichzeitig die von menschlichen Fäkalstoffen. Eine nähere Erkundigung ergab thatsächlich, dass in die Schleusen der Brauerei nicht nur die Spülwässer dieser, sondern auch die Fallflüssigkeiten aus Wirthschaftsräumen und Ställen gelangten."

Neuerdings berichtet auch Prof. Caspary[1]) in Chemnitz über folgende Bachverunreinigungen durch Brauerei-Abgangwässer:

„In die Bernsbach, die bis dahin stets reines Wasser geführt hatte, wurden die Abflüsse einer Brauerei geleitet; das Wasser nahm einen widrigen Geruch an, schmeckte ekelhaft und die darin befindlichen Steine und Pflanzen wurden von einer weisslichen, wie Baumwolle aussehenden Substanz überzogen; losgerissen schwamm sie im Bache weiter und trat derartig in Massen auf, dass sie die Rohre verstopfte, durch welche der Stadt das Wasser zugeführt wurde. Bei genauer Untersuchung entpuppte sich die Substanz, welche unter entsetzlichem Geruche in Fäulniss überging, als das bekannte Wasserhaar (Leptomitus lacteus)."

---

[1]) Aus „Blätter für Handel und Gewerbe und sociales Leben" in „Norddeutsche Brauerzeitung". 1884. S. 1219.

Einen ähnlichen Fall finden wir verzeichnet aus Turm bei Teplitz. Die Clary'sche Brauerei liess ihre Abwässer in den Turner Bach fliessen, dessen Wässer sich früher einer angenehmen Klarheit und Reinheit erfreuten. 1864 klagten die Besitzer der am Bache gelegenen Grundstücke über eine „pestilenzialische" Verunreinigung des Wassers und der Luft; auch hier ergab die Untersuchung, dass die Belästigung in Folge der massenhaften Bildung von Leptomitus hervorgerufen war.

2. **Schädliche Wirkungen.** Die schädlichen Wirkungen der Brauerei-Abgangwässer erhellen schon aus den letzteren Ausführungen und verweise ich im übrigen auf das, was ich über die Schädlichkeit der fauligen Abgangwässer im Eingange dieses Kapitels Seite 30—52 gesagt habe.

Da die Abwässer der Brauereien mitunter freie Essigsäure und Milchsäure enthalten, so können sie auch dadurch schädlich wirken, dass sie den Kalk aus Mörtel resp. Cement lösen und nach dieser Richtung hin nachtheilig werden.

3. **Reinigung.** Für die Reinigung der Brauerei-Abgangwässer wird bis jetzt allgemein Kalkmilch empfohlen. So berichtet E. Reichardt[1]), dass ein Brauereiwasser, welches einen Teich derartig verunreinigte, dass die Anwohner Beschwerde führten, und welches neben Fäulnissstoffen und sonstigen Stickstoffsubstanzen 1°/₀ (10 000 mg pro Liter) durch Chamäleon oxydirbare organische Substanz enthielt, durch Scheidung mit Kalkmilch und Ablagerung in Klärteichen soweit gereinigt wurde, dass es nur Spuren von organischem Stickstoff und nur 50 mg durch Chamäleon oxydirbare organische Stoffe enthielt. In anderen Fällen hat man auch, besonders bei Mälzereien, eine gute Wirkung mit der Süvern'schen Fällungsmasse (vgl. S. 150) erzielt.

Ich hatte Gelgenheit, die Wirkung sowohl des Rothe-Roeckner'schen (S. 185) als auch des Nahnsen-Müller'schen Reinigungsverfahrens (S. 157) bei Brauereiabgangwässern festzustellen.

Mit dem Rothe-Roeckner'schen Apparat wurde (unter Zusatz von Kalkmilch) einmal im August 1884 das Sunderholzbachwasser bei Dortmund, welches, wie bemerkt, fast ausschliesslich durch Abgangwässer von Brauereien verunreinigt wird, und dann im Winter 1885 das Abgangwasser einer Brauerei in Braunschweig gereinigt; in ersterem Falle handelte es sich um einen vorübergehenden Versuch, bei letzterem um eine bleibende Einrichtung.

Die Reinigung mit dem Nahnsen-Müller'schen Fällungsmittel wurde bei einem Brauerei-Abgangwasser in Schönebeck a. d. Elbe versuchsweise ausgeführt.

---

[1]) Vgl. „Nordd. Brauerztg.". 1884. S. 1219.

Die Untersuchung der ungereinigten und gereinigten Brauerei-Abgangwässer lieferte folgende Resultate pro 1 Liter:

	Suspendirte Stoffe			Gelöste Stoffe							
	Unorganische	Organische	In letzteren Stickstoff	Mineralstoffe (Glührückstand)	Organische Stoffe (Glühverlust)	Zur Oxydation erforderlicher Sauerstoff	Stickstoff	Phosphorsäure	Kali	Kalk	Schwefelwasserstoff
	mg	mg	mg	mg	mg	mg	mg	mg	mg	mg	mg

I. Reinigungsverfahren von Rothe-Röckner:

	Unorganische	Organische	In letzteren Stickstoff	Mineralstoffe	Organische Stoffe	Zur Oxydation erf. Sauerstoff	Stickstoff	Phosphorsäure	Kali	Kalk	Schwefelwasserstoff
1. In Dortmund											
Ungereinigt .	992,0	110,0	13,5	1620,0		21,9	8,0	—	—	187,0	7,5
Gereinigt . .	64,4	Spur	0,0	1917,5		25,3	6,2	—	—	512,5	6,2
2. Braunschweig											
Ungereinigt .	23,2	173,2	7,5	330,8	240,4	86,4	14,9	9,5	20,6	128,4	2,9
Gereinigt . .	Spur	Spur	0,0	2275,6	512,0	161,6	13,4	2,8	25,0	838,0	0,0

II. Reinigungsverfahren von Nahnsen-Müller:

	Unorganische	Organische	In letzteren Stickstoff	Mineralstoffe	Organische Stoffe	Zur Oxydation erf. Sauerstoff	Stickstoff	Phosphorsäure	Kali	Kalk	Schwefelwasserstoff
Ungereinigt .	135,0	362,5	43,5	825,0	345,0	172,8	14,1	14,1	100,3	155,0	—
Gereinigt . .	12,5	12,5	Spur	955,0	552,5	264,0	23,8	Spur	91,6	175,0	—

Selbstverständlich sind vorstehende Resultate für die Beurtheilung der Wirkung des einen oder anderen Verfahrens nicht massgebend; denn einerseits ist das zu reinigende Wasser in allen drei Fällen verschieden und liefert hiernach ein und dasselbe Reinigungsverfahren verschiedene Resultate; andererseits ist fraglich, ob die Proben gereinigten Wassers besonders sub I No. 2 dem ungereinigten in seiner ursprünglichen Zusammensetzung entsprochen hat. Wenn irgendwelche Schmutzwässer, so sind gerade die Brauerei-Abgangwässer von sehr schwankender Zusammensetzung.

Als charakteristisch dafür, wie sehr der überschüssige Kalk die Haltbarkeit derartiger putrider Wässer erhöht, mag angeführt werden, dass die beiden Wässer sub I No. 2 vom 8. bis 21. April in luftdicht verschlossenen Behältern im Keller gestanden und das ungereinigte Wasser einen unangenehmen Geruch angenommen hatte, während das gereinigte Wasser noch fast klar und geruchlos war. Das erstere war von Bacterien, Bacillen, Monaden und Pilzsporen überfüllt; in dem schwachen Bodensatz des gereinigten Wassers konnten dagegen keine Mikroorganismen nachgewiesen werden; derselbe bestand nur aus Calciumcarbonat nebst Eisenoxydflocken.

Ueber die Bedeutung dieser Eigenschaft der, überschüssigen Kalk enthaltenden gereinigten Wässer für die Frage der Flussverunreinigung vgl. S. 54 u. 55.

Wie kaum hervorgehoben zu werden braucht, können zur Reinigung dieser Abgangwässer auch mehr oder weniger alle die Verfahren in Anwendung kommen, welche sich bei der Reinigung der städtischen Abgangwässer bewährt haben; vor allen Dingen dürfte, wo Gelegenheit dazu vorhanden ist, eine Reinigung durch Berieselung zu empfehlen sein.

Das Abgangwasser aus Branntwein-Brennereien hat z. B. in dem Hefenwasser viel Aehnlichkeit mit dem der Brauereien, nur gelangt hier ungleich weniger Wasser zum Abfluss. Die sogenannten Kochwässer von den Kartoffeln enthalten neben Gummi, Stärkemehl auch das Solanin etc., besitzen einen höchst unangenehmen, kratzenden Geschmack und gehen leicht in Fäulniss über.

Für das Hefenwasser einer Branntwein-Brennerei fand ich folgende Zusammensetzung pro 1 l:

Organische Stoffe	In diesen Stickstoff	Mineralstoffe	Kalk	Schwefelsäure	Kali	Phosphorsäure	Zur Oxydation erforderlicher Sauerstoff
mg	mg	mg	mg	mg	mg	mg	mg
6921,2	278,2	782,0	134,8	114,4	96,3	194,5	2560,0

Von den organischen Stoffen waren 95,2 mg, von den unorganischen 46,8 mg im suspendirten Zustande vorhanden.

Das Wasser war milchig trübe und reagirte schwach sauer; es enthielt eine grosse Menge Hefezellen, Bacterien und Bacillen.

Abgangwasser aus Stärkefabriken.

Die Abgangwässer aus Stärkefabriken enthalten naturgemäss alle diejenigen Stoffe der stärkehaltigen Rohstoffe, welche in Wasser löslich sind und bei der Absonderung der Stärkekörner an letzteres abgegeben werden; dazu gehören lösliche Stickstoffverbindungen (Eiweiss), Gummi, Zucker und von Mineralstoffen, vorwiegend Kali und Phosphorsäure. Hierzu treten unter Umständen noch die zum Einweichen benutzte Säure oder Alkalilauge (Soda).

Zwei Abgangwässer aus Weizenstärkefabriken und eine desgl. aus einer Reisstärkefabrik, welche von mir untersucht wurden, sowie ein von M. Märcker[1]) untersuchtes Abgangwasser einer Kartoffelstärkefabrik ergaben pro 1 Liter:

Abgangwasser	Organ. Stoffe mg	Darin Stickstoff mg	Mineralstoffe mg	Kali mg	Phosphorsäure mg	Ammoniak mg	Salpetersäure mg	Kalk mg
1. Weizenstärkefabrik	—	1120,0	—	520,0	910,0	—	—	471,5
2. do.	3775,0	1465,0	2168,0	948,0	804,0	—	—	—
3. Reisstärkefabrik	—	280,0	—	205,4	120,0	—	—	—
4. Kartoffelstärkefabrik . . .	1134,2	140,67	723,8	212,5	56,6	37,4	3,8	—

R. Hoffmann fand für das zum Einquellen des Weizens verwendete Wasser folgenden procentischen Gehalt:

	Spec. Gewicht	Wasser %	Mineralstoffe %	Organische Stoffe %	Stickstoff %
1. Probe	1,0205	96,607	2,242	1,151	0,75
2. „	1,0031	97,930	1,488	0,582	0,55

Weitere Analysen über die Abgangwässer aus Reis- und Weizenstärkefabriken folgen weiter unten S. 242 u. 243.

---

[1]) Zeitschr. d. Landw. Centr.-Vereins d. Prov. Sachsen. 1876. S. 171.

Nach dieser Zusammensetzung gilt bezüglich der Verunreinigung der Schädliche Wirkung. Flüsse und schädlichen Wirkungen der Stärkefabrik - Abwässer ganz dasselbe, was von andern fauligen und fäulnissfähigen Abgangwässern S. 30 bis 53 gesagt worden ist. In Dingler's polytechnisches Journal 1841 Bd. 80 S. 399; 1844 Bd. 92 S. 122; 1874 Bd. 214 S. 225 wird über Fälle berichtet, wo die Belästigung der Nachbarschaft durch Abwässer der Stärkefabriken so gross gewesen ist, dass die Fabriken geschlossen wurden. H. Eulenberg (Handbuch der Gewerbe-Hygiene) theilt einen Fall mit, in welchem die Abwässer einer Stärkefabrik in einen Mühlteich abgelassen wurden; der mit abgelassene Schlamm machte sich noch $^1/_2$ Meile bemerkbar, während sich an den Ufern des Baches, der bereits unter Brauereiabflusswasser erwähnte Pilz Leptomitus lacteus entwickelt hatte.

Die zweckmässigste Reinigung dieser Abwässer ist unzweifel- Reinigung durch Berieselung.

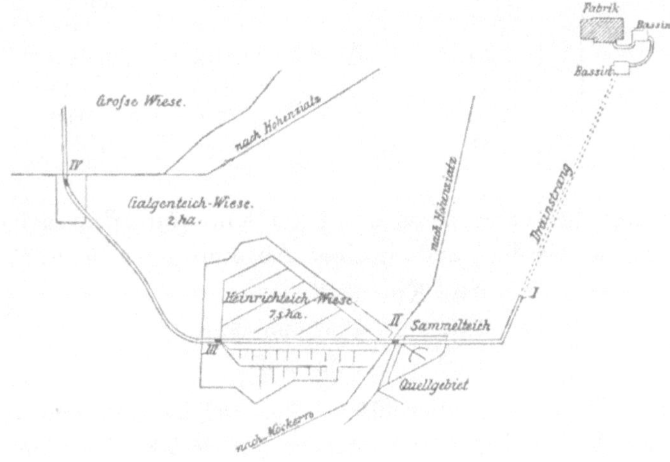

Fig. 27.

haft die durch die Berieselung. Hierüber haben M. Märcker und M. C. de Leeves (l. c.) interessante Versuche mit Abwässern der Kartoffelstärkefabrik bei Hohenziatz angestellt. Die Einrichtung der Reinigungsanlage ist, wie aus vorstehender Zeichnung ersichtlich, folgende:

Das Abflusswasser durchfliesst erst 2 Absatz-Bassins um die noch suspendirten feinen Stärketheilchen niederfallen zu lassen, geht dann durch einen ca. 170 m langen Drainstrang und 80 m langen offenen Graben zu einem kleinen Sammelteich; hier wird er mit reinem Quellwasser vermischt, um die ziemlich starke Concentration des Fabrikwassers zu vermeiden und grössere Wassermengen zur gleichmässigen Vertheilung auf der Rieselfläche zu gewinnen; alsdann wird das mit reinem Quellwasser vermischte Abflusswasser auf eine 7,5 ha grosse Wiese (Heinrichsteich-Wiese) geleitet, auf derselben durch ein System von grösseren und kleineren Gräben vertheilt und durch eine Stauvorrichtung aufgehalten; die Abführung geschieht durch eine Drainage, welche durch eine Schutzvorrichtung beliebig in und ausser Wirksamkeit gesetzt werden kann. Da die Rieselfläche von 7,5 ha unmöglich alle Nährstoffe des Abflusswassers ausgenutzt haben konnte, so wurde das von der Heinrichsteich-Weise abfliessende Wasser durch einen offenen Graben nach einer zweiten etwa 120 m entfernten Wiese (Galgenwiese) von etwa 2 ha Grösse geleitet, hier wiederum zum Rieseln gebraucht und endlich noch zum Bewässern von 2,5 ha einer sich daran schliessenden grossen Wiese benutzt.

Um die Wirkung der Berieselung auf das Wasser festzustellen, wurden an den bezeichneten Punkten I, II, III und IV Proben entnommen und gefunden pro 1 Liter in mg:

	I. Wasser der Stärkefabrik, wie es aus derselben abfliesst.	II. Dasselbe nach Vermischung mit Quellwasser, wie es aus dem Klärbassin abfliesst.	III. Dasselbe, nachdem es über eine Wiese von 7,5 ha gegangen.	IV. Dasselbe, nachdem es zum zweiten Male über eine Wiese von 2 ha gegangen.	Abnahme II.—IV. mg	%
Feste Bestandtheile im ganzen . . .	1857,8	323,8	322,8	162,0	161,8	50,0
Organische Stoffe .	1134,2	101,8	38,0	78,8	23,0	22,6
Unorganische Stoffe .	723,8	222,0	384,8	183,2	38,8	17,5
Kali	212,46	55,0	41,20	8,18	46,8	85,1
Phosphorsäure . .	56,60	5,5	Spuren	Spuren	5,50	100
Stickstoff	140,67	12,06	4,06	9,10	2,96	24,4
Ammoniak	37,36	0,00	0,00	0,00	—	—
Salpetersäure . . .	3,84	Spuren	Spuren	Spuren	—	—

M. Märcker berechnet, dass aus 1000 Kilo Kartoffeln bei der Stärkefabrikation gelöst werden und in das Abgangwasser übergehen können

6,52 Kilo Kali
1,87 „ Phosphorsäure
1,90 „ Stickstoff.

Nach der disponiblen Rieselfläche von 12 ha und den verarbeiteten Kartoffeln kam pro ha das Abgangwasser von 84 500 Kilo Kartoffeln oder pro ha

550,94 Kilo Kali
158,03 „ Phosphorsäure
160,56 „ Stickstoff.

Diese Menge Nährstoffe ist selbstverständlich zu gross, als dass sie von einem ha verarbeitet werden kann; in Folge dessen hat die Fabrik, zumal sie den Betrieb noch um $^1/_3$ erhöhte, die Rieselfläche um mehr als das Doppelte, nämlich auf 25 ha vergrössert. Im übrigen hat die Berieselung mit diesen Wässern, ähnlich wie in andern Fällen, auch einen sehr vortheilhaften Einfluss auf die procentische Zusammensetzung des Heues gehabt, indem M. Märcker und de Leeves fanden:

No. I. Heu von dem zweiten Schnitt des Jahres vor der Rieselung.
No. II. Heu von dem ersten Schnitt nach der Rieselung.
No. III. Heu von dem zweiten Schnitt nach der Rieselung von den erhöhten Stellen der Wiese, welche den geringsten Nutzen von der Rieselung gehabt hatten; von dieser Stelle wurden nur 2 Schnitte gewonnen.

No. IV. Heu von dem zweiten Schnitt nach der Rieselung, von den normalen Stellen der Wiese; an diesen Stellen wurden 3 Schnitte gewonnen.

No. V. Heu von dem dritten Schnitt nach der Rieselung, von derselben Stelle wie No. IV gewonnen.

100 Theile Heu auf einen gleichen Feuchtigkeitsgehalt von 15% berechnet, enthielten:

	I.	II.	III.	IV.	V.
Feuchtigkeit	15,00	15,00	15,00	15,00	15,00
Holzfaser	22,67	22,82	26,52	26,46	27,28
Mineralstoffe	7,64	8,69	8,79	6,80	9,25
Aetherextract	2,09	2,30	3,22	2,64	1,81
Eiweissstoffe	10,79	15,85	14,26	14,04	11,47
Stickstofffreie Extractstoffe	41,81	35,34	32,21	35,06	35,19
	100,00	100,00	100,00	100,00	100,00

Die Stärkefabrik in Wittingen[1]) (Hannover) benutzt die Abwässer ebenfalls zur Berieselung; die Wiesenfläche (früher Ackerboden) von 13 ha Grösse hat lehmigen Sandboden; dieselbe lieferte schon im ersten Jahr nach dem Umbau bei Verarbeitung von 1000 Wispel (= 13190 Hectoliter) Kartoffeln zwei gute Schnitte; im letzten Jahr der 2. Campagne wurden bei Verarbeitung von 2000 Wispeln Kartoffeln aus dem Verkauf des gewonnenen Grünfutters 4000 M. erzielt; jedoch erweist sich bei der kräftigen düngenden Wirkung des Abwassers für dieses verarbeitete Quantum Kartoffeln die Fläche als zu klein; sie muss vergrössert werden.

Falls keine geeignete Rieselfläche in hinreichender Grösse zur Verfügung steht, werden auch bei diesen Abgangwässern Fällungsmittel, wie Kalkmilch und andere, die neben der Phosphorsäure auch gleichzeitig einen grossen Theil des Stickstoffs niederschlagen, gute Dienste leisten.

Die Stärkefabrik von E. Hoffmann & Co. in Salzuflen, eine der grössten Deutschlands, verwendet als Fällungsmittel: Kalkmilch und Wasserglas; zu den Abgängen der Stärkefabrik, welche vorwiegend Reis, durch vorheriges Einweichen in Sodalauge, verarbeitet, gesellen sich aber noch die der Papp- und Sodafabrik, worin die für die Stärkefabrikation verwendeten Gegenstände eigens dargestellt werden. Die sämmtlichen Abgangwässer werden zusammengeführt und gemeinschaftlich gereinigt; im Durchschnitt werden auf 100 l Abgangwasser 50 g Kalk und 10 g Wasserglas von 38° B. verwendet; die mit den Fällungsmitteln versetzten Abgangwässer werden in einem Klärteich von den suspendirten Schlammstoffen gereinigt und dann an einem Drahtnetz gelüftet. Die nachstehenden Proben von gereinigtem und ungereinigtem Wasser wurden mir freundlichst von Herrn Dr. H. Schreib, Chemiker der Fabrik, übersandt; zu denselben ist jedoch zu bemerken, dass

Reinigung durch Kalkmilch und Wasserglas.

---

[1]) Centr.-Bl. f. Agric.-Chem. 1886. S. 285.

die Abgänge von den einzelnen Fabrikabtheilungen nicht stets in demselben Verhältniss zu einander abfliessen, dass es desshalb schwer hält, gute Durchschnittsproben des ein- und abfliessenden Wassers von den Klärteichen zu erhalten; die Probe 1 (ungereinigtes Abgangwasser) der ersten Probenahme wurde künstlich in dem Verhältniss gemischt, wie die einzelnen Fabrikabgänge abzufliessen pflegen; Probe 3 (gereinigtes Wasser von den Klärteichen) wurde während des ganzen Tages geschöpft, enthielt aber am Tage der Probenahme weniger Wasser der Stärkefabrik als an anderen Tagen, während Probe 2 im kleinen mit den Fällungsmitteln eigens gereinigt wurde; zu diesem Versuch wurden auf 100 l Abgangwasser 8,5 g Kalk und 18 g Wasserglas verwendet. Bei der zweiten Probenahme wurde das von den Klärteichen abfliessende und gelüftete Wasser während des ganzen Tages geschöpft. Die Untersuchung ergab pro 1 l:

	Suspendirte Stoffe			Gelöste Stoffe								
	Unorganische	Organische	Stickstoff	Unorganische (Glührückstand)	Glühverlust (organische Stoffe etc.)	Zur Oxydation erforderlicher Sauerstoff	Stickstoff	Kalk	Schwefelsäure	Kali	Natron	Phosphorsäure
	mg	mg	mg	mg	mg	mg	mg	mg	mg	mg	mg	mg
I. Probenahme:												
1. Ungereinigt . .	68,0	229,6	15,0	1966,0	904,4	147,2	22,5	294,4	134,9	89,5	651,5	19,2
2. Selbst im kleinen gereinigt .	Spur	0	0	3045,6	1124,8	217,6	18,8	876,4	131,1	101,7	686,0	Spur
3. Gereinigt im grossen, von den Klärteichen abfliessend . . .	Spur	Spur	Spur	3339,2	856,4	176,0	18,8	845,6	331,6	102,0	776,5	2,5
II. Probenahme:												
4. Ungereinigt . .	41,2	136,8	nicht bestimmt	2928,0	1021,2	228,0	49,7	408,0	120,0	469,9	788,3	35,2
5. Gereinigt . . .	wenig	Spur	0	2975,6	1010,0	264,0	35,7	628,0	321,5	462,2	681,5	9,1

Das ungereinigte Wasser war thonig trübe und von schwach saurer Reaction, die gereinigten Proben waren bis auf einzelne Flocken von Calciumcarbonat klar und reagirten stark alkalisch. Das ungereinigte Abgangwasser geht sehr schnell in Fäulniss über und nimmt alsdann einen äusserst intensiven Geruch nach Schwefelwasserstoff an; das gereinigte hält sich längere Zeit, ohne in Fäulniss überzugehen.

Die auffallende Zunahme an Schwefelsäure in dem gereinigten, von der Reinigungsvorrichtung abfliessenden Wasser dürfte ohne Zweifel auf eine Oxydation des Eiweiss-Schwefels in den Klärteichen und durch die Lüftungsvorrichtung zurückzuführen sein.

Für die mit diesem Fällungsmittel erhaltenen Schlammproben fand ich im lufttrockenen Zustande folgende Zusammensetzung:

	Bassin 1		Bassin 2		5.
	a	b	a	b	Probe
Wasser	7,87 %	21,78 %	5,33 %	12,82 %	4,95%
Organische Stoffe .	15,38 %	12,83 %	14,89 %	15,68 %	33,49%
Mineralstoffe . . .	76,75 %	65,39 %	79,76 %	61,50 %	61,56%
Stickstoff	0,28 %	0,11 %	0,58 %	0,18 %	0,54%
Phosphorsäure . .	0,332 %	0,192%	0,697 %	1,28 %	0,63%
Kalk	14,88 %	20,63 %	9,74 %	29,40 %	38,34%
Sand + Thon . .	—	—	44,36 %	11,30 %	—[1]

Man sieht, dass der Schlamm nur verhältnissmässig wenig organische Stoffe und Stickstoff enthält; das kann nicht befremden, wenn man bedenkt, dass die verunreinigenden organischen Stoffe in diesem Abwasser grösstentheils gelöst sind und die löslichen organischen Stoffe, wie wir oben S. 181 gesehen haben, durch chemische Fällungsmittel nicht oder nur in geringem Masse niedergeschlagen werden.

R. Schütze[2]) theilt einige Versuche mit, welche bezweckten, die nach dem „Sauerverfahren" (oder auch „Verfahren von Halle" etc. gt.) bei der Weizenstärkefabrikation gewonnenen Sauerwässer durch Fällen mit Kalkmilch zu reinigen. *Reinigen durch Fällen mit Kalk.*

Das Sauerverfahren besteht bekanntlich darin, dass man den gequollenen und zerquetschten Weizen zur Lockerung der Stärkekörnchen in Bottichen einer Säuerung resp. einer Gährung unterwirft. Hierdurch geht ein grosser Theil des Klebers resp. der Proteïnstoffe in das Sauerwasser über, und letzteres gehört mit zu den lästigsten und gefährlichsten Fäulnisswässern, welche es giebt. In Frankreich ist desshalb die Anlage von solchen Fabriken, welche nach diesem Verfahren arbeiten, in den Städten verboten, während andere Fabriken in jedem bevölkerten Ort betrieben werden dürfen. R. Schütze fand für das in den Weizenstärkefabriken in Halle a. S. gewonnene Sauerwasser in mehreren Proben folgende Zusammensetzung:

	Winter 1884/85		August 1885		Sept. 1885
	I.	II.	III.	IV.	V.
	Nach zum Theil 2 maligem Gebrauch.	Nach einmaligem Gebrauch			
	100 ccm	100 ccm	100 ccm	100 ccm	100 ccm
Acidität in 1 ccm $^1/_{10}$ Normalalkali (KOH)	97	92	110	133	149
Abdampfrückstand	5,22 g	—	3,1096 g	1,33 g	1,14 g
Farbe desselben	braun	—	hellbraun	braun	braun
Geruch „	nach Bierextract	—	Fleischextract und Malz		Fleischextract
Mineralstoffe	0,582 g	—	—	—	0,4 g
N-Substanz (N × 6,25)	—	—	—	—	1,9125 g
Oder Stickstoff	—	—	—	—	0,306 g

[1]) Diese Probe enthielt 7,58% Kieselsäure.
[2]) Landw. Versuchsstationen. 1886. Bd. 33 S. 197.

Hiernach enthalten die Sauerwässer im Sommer grössere Mengen von Säuren — wie da sind: Essig-, Propion-, Butter- und Milchsäure — als im Winter, was ohne Zweifel darin seinen Grund hat, dass die Säuerung resp. Gährung in der wärmeren Jahreszeit intensiver verläuft als im Winter.

Auch sehen wir, dass der Abdampfrückstand um so geringer ist, je mehr Säuren vorhanden sind. Dieses ist wohl darauf zurückzuführen, dass die Säuren durch Zersetzung aus der Glycose resp. dem Kleber gebildet werden, dass also einerseits bei dieser Zersetzung eine theilweise Gasificirung stattfindet, andererseits sich ein Theil der gebildeten Säuren verflüchtigt.

Wie gross die Mengen organischer Stoffe sind, welche durch derartige Sauerwässer den Flüssen zugeführt werden können, erhellt daraus, dass nach den Angaben von R. Schütze die Halle'schen Stärkefabriken z. B. 90 bis 100 000 D.-Ctr. Weizen verarbeiten und dabei nach oberflächlicher Schätzung ca. 33 000 cbm Sauerwasser liefern; diese würden nach obigen Proben Abdampfrückstand d. h. trockene organische und mineralische Stoffe liefern:

I.	III.	IV.	V.
1722,6	1026	438,9	376,2 D.-Ctr.

Was die Reinigung dieser Sauerwässer anbelangt, so fand R. Schütze, dass zur Gewinnung von gut verwendbaren Nebenproducten die schon früher vorgeschlagene Kalkfällung, jedoch bei einer Temperatur von 55° bis höchstens 70°, den Vorzug verdient.

Mit Hülfe des Retourdampfes der Dampfmaschine wird das Sauerwasser in einem mit Holzdeckel bedeckten Bottich auf 60°—70° erhitzt und dann so lange dicke Kalkmilch unter Umrühren mit einem Holze zugefügt, bis ein herausgenommener Tropfen eine Phenolphtaleïnlösung eben röthet; dann fügt man noch so viel Wasser zu, bis ihre alkalische Reaction verschwindet. Binnen einer Stunde hat sich der Niederschlag so weit abgesetzt, dass die überstehende Flüssigkeit abgelassen werden kann. Diese hatte von Probe I und V noch folgenden Gehalt:

	I.	V.
Abdampfrückstand	2,0085%	3,1805%
Darin:		
Mineralstoffe	0,4265%	0,5436%
Organische Stoffe	1,5820%	2,6369%
In letzteren:		
Rohproteïn	—	1,1675%
Oder Stickstoff	—	0,1868%

Das Wasser hatte einen Geruch nach frischgebackenem Brod, war klar und von gelblicher Farbe.

Die erhaltenen Niederschläge hatten folgende Zusammensetzung:

	Von Probe		
	I.	II.	V.
Gesammtmenge des aus 1 l gefällten Niederschlages	8,5 g	—	7,25 g
Procentische Zusammensetzung desselben:			
Wasser	—	9,88%	6,96%
Kalkphosphat ($Ca_3P_2O_8$)	26,61%	35,09%	34,28%
Oder Phosphorsäure	12,09%	15,95%	15,58%
Rohproteïn	18,50%	8,69%	33,85%
Oder Stickstoff	2,96%	1,39%	5,42%
N-freie organische Stoffe	—	38,08%	5,87%
Asche nach Abzug des Kalkphosphats	—	8,56%	19,04%

R. Schütze ist der Ansicht, dass diese Kalkniederschläge zweckmässig an Schweine verfüttert werden können und wegen ihres hohen Gehaltes an Kalkphosphat und Mineralstoffen am besten den Weizenträbern beigefüttert werden, die bekanntlich arm an Mineralstoffen sind und die ohnehin einen Zusatz von Knochenmehl resp. Knochenasche erfahren.

Immerhin ist auch hier die durch die Fällung erzielte Menge Niederschlag nicht sehr erheblich, indem aus 1 cbm Sauerwasser ca. 6 kg gewonnen werden, was auf sämmtliche Halle'sche Stärkefabriken berechnet ca. 2000 Doppeltcentner ausmachen würde.

Da das mit Kalk gefällte Sauerwasser, wie wir sehen, noch grosse Mengen gelöster N-haltiger organischer Stoffe enthält, so wird hier wie in anderen Fällen mit dem gefällten und geklärten Wasser noch eine Berieselung angestrebt werden müssen. Diese wird überhaupt, wie bereits erwähnt, für die Abgangwässer der Stärkefabriken, wenn sie keine freie Säure oder Alkalilauge enthalten, die beste Reinigung herbeizuführen im Stande sein.

Abgangwasser aus Zuckerfabriken.

1. **Zusammensetzung.** Bei der aussergewöhnlichen Entwickelung, welche die Rübenzuckerindustrie in dem letzten Jahrzehnt genommen hat, sind gerade die Abgangwässer der Zuckerfabriken in manchen Gegenden zu einer grossen Calamität geworden. Die Frage ihrer Reinigung beschäftigt daher seit einer Reihe von Jahren sowohl die Organe der Regierung wie die der betheiligten Industrie.

Wie gross die Abfallwässer einer Zuckerfabrik sind, erhellt z. B. aus folgenden Zahlen:

Eine Zuckerfabrik, die nach dem Diffusionsverfahren arbeitet, gebraucht pro je 1000 Ctr. verarbeitete Rüben für:

Rübenwäsche	25	cbm
Saftgewinnung . . .	111	„
Condensation	511	„
Dampferzeugung . . .	75	„
Knochenkohlehaus . .	25	„
Reinigung	12½	„
Summa	759½	cbm Wasser.

A. Bodenbender[1]) giebt daher an, dass eine täglich 4000 Ctr. Rüben verarbeitende Zuckerfabrik ebensoviel Abwasser liefert, wie eine Stadt von 20 000 Einwohnern, und dass sie mit diesem Wasser ebensoviel organische Stoffe fortführt, wie eine Stadt von 50 000 Einwohnern. Die Abgangwässer aus den Zuckerfabriken setzen sich zusammen aus denen der Rübenschwämme und Rübenwäsche, dem Diffusions- und Schnitzelpresswasser, dem Knochenkohle-Waschwasser und Osmosewasser. J. Breitenlohner[2]) fand für die vereinigten Schmutzwässer einer Zuckerfabrik, welche die Sedimentärbassins passirt hatten, also von suspendirten Stoffen befreit waren, dass das Wasser von gräulich-milchigem Ansehen war, sauer reagirte und

---

[1]) Braunschweigische landw. Zeit. Bd. 52 S. 61.
[2]) Centralbl. für die gesammte Landescultur in Böhmen 1869 S. 294.

deutlich nach Schwefelwasserstoff roch. 1 Liter des geklärten Wassers enthielt:

| Organische Stoffe | Darin Stickstoff | Schwefel | Schwefelsäure | Phosphorsäure | Kali | Natron | Kalk | Magnesia | Eisenoxyd + Thonerde | Chlor | Kieselsäure |
mg	mg	mg	mg	mg	mg	mg	mg	mg	mg	mg	mg
531,8	101,5	74,5	19,2	8,0	53,5	55,9	269,9	43,0	136,8	112,9	27,2

Für die Absätze aus den Sedimentärgruben fand Breitenlohner (No. 1), J. Th. Becker[1]) (No. 2 und 3) und R. Hoffmann (No. 4) aus anderen Fabriken folgende procentische Zusammensetzung:

| | Wasser | Organische Substanz | Darin Stickstoff | Schwefelsäure | Phosphorsäure | Kali | Natron | Kalk | Magnesia | Eisenoxyd + Thonerde | Chlor | Kieselsäure | Kohlensäure |
	%	%	%	%	%	%	%	%	mg	%	%	%	%
1 . . .	Trocken	0,35	0,373	0,33	0,34	0,79	0,14	7,30	1,28	9,73	—	1,04	3,65
2 . . .	2,767	7,959	0,311	0,044	0,429	0,091	0,061	1,049	0,300	2,590	0,007	0,010	0,546
3 . . .	3,540	9,384	0,379	0,213	0,683	0,058	0,089	1,399	0,156	2,333	0,023	0,007	0,166
4 . . .	4,05	6,60	0,44	1,32	3,09	1,001	0,530	1,001	—	7,24	0,031	—	1,28

Teuckert[2]) giebt für die Zusammensetzung der Abgangwässer der Zuckerfabrik Landsberg bei einer täglichen Verarbeitung von 3000 Ctr. Rüben folgenden Gehalt pro 1 Liter an:

| Gesammtrückstand | Glühverlust | Suspendirt | Unorganische Stoffe | Organische Stoffe | Gelöste Stoffe | Glühverlust | Stickstoff als Ammoniak | Proteïnstoffe | Salpetersäure |
mg	mg	mg	mg	mg	mg	mg	mg	mg	mg
2633	483	1763	1251	242	870	241	14	11,6	6,02

Verfasser fand für die gesammten Abgangwässer der Zuckerfabrik Brakel vor und nach dem Reinigen im Sammelteich (Ia und Ib) sowie für das Osmosewasser und für das Gesammtabgangwasser einer anderen Fabrik folgenden Gehalt pro 1 Liter:

| | Organ. Substanz | Mineralstoffe | GesammtStickstoff | Kali | Kalk | Phosphorsäure |
	mg	mg	mg	mg	mg	mg
1a. Direct aus der Fabrik abfliessendes Wasser	718,0	3308,0	20,9	79,0	169,0	15,0
1b. Aus dem Sammelteich „ „	504,0	3225,0	17,6	71,0	169,0	—
2. Osmosewasser	1277,0	4650,0	560,0	2620,0	86,0	—

[1]) Zeitschr. d. Ver. für Rübenzucker-Industrie Bd. 1868 S. 285.
[2]) Die Deutsche Industrie 1882 S. 871.

3. Gesammtabwasser einer anderen Zuckerfabrik:

Suspendirte Stoffe			Gelöste Stoffe						
Unorganische	Organische	Stickstoff	Im ganzen	Mineralstoffe	Glühverlust	Zur Oxydation erforderlicher Sauerstoff	Organischer Stickstoff	Ammoniak	Kalk
mg	mg	mg	mg	mg	mg	mg	mg	mg	mg
962,5	350,0	26,6	1425,0	905,0	520,0	126,4	24,0	25,1	185,0

F. Strohmer[1]) untersuchte Osmosewasser mit folgendem Resultate:

Wasser	Zucker	Asche	Organ. Stoffe
93,01%	1,95%	1,401%	3,64%.

Die Asche enthielt 47,30% Kali und 1,22% Phosphorsäure.

W. Demel[2]) endlich fand für die verschiedenen Abgangwässer von Zuckerfabriken im Mittel folgenden Gehalt pro 1 Liter:

	Glühverlust	Glührückstand	Summa beider	Ammoniak	Zur Oxydation erforderl. Kaliumpermanganat	Reaction
	mg	mg	mg	mg	mg	mg
1. Rübenwaschwasser . . { Suspendirt .	345,5	504,01	538,53			
Gelöst . .	16,04	12,02	28,06	2,43	20,01	Neutral
Summa . .	50,56	516,03	566,59			
2. Knochenkohlewaschwasser, gelöst . .	380,09	2736,00	3116,09	1,82	196,62	Sauer
3. Osmosewasser, gelöst	1130,07	427,50	1557,57	0,44	3706,15	Basisch
4. Gesammtabflusswasser. { Suspendirt .	8,62	58,22	66,84			
Gelöst . .	20,91	16,32	37,23	1,50	24,57	Neutral
Summa . .	29,53	24,54	104,07			

Aus vorstehenden Analysen erhellt, dass die Abgangwässer der Zuckerfabriken nicht nur eine grosse Menge suspendirter Schlammstoffe, sondern auch eine grosse Menge in Fäulniss begriffener oder fäulnissfähiger Stoffe mit sich führen. Die Spodiumwässer (Knochenkohlewaschwässer), deren freie Säure nur in einzelnen Fällen durch Kalkmilch neutralisirt wird, begünstigen, da sie selbst in Fäulniss begriffen sind, die Zersetzbarkeit der anderen Wässer, mit denen sie vereinigt werden. Am reichsten an gelösten fäulnissfähigen Stoffen sind die Osmosewässer, weshalb dieselben auch häufig wegen ihres hohen Gehaltes an Stickstoff und Kali für sich allein auf Gewinnung der Pflanzennährstoffe verarbeitet werden. Eine Verunreinigung der Bäche und Flüsse durch diese Abgangwässer kann daher um so weniger

[1]) Deutsche Landw. Presse 1882. S. 610.
[2]) Zeitschr. für Rübenzuckerindustrie Bd. 12. 1884 No. 1 S. 11—14.

bezweifelt werden, als es den Zuckerfabriken in der Nähe meistens an grossen Wasserläufen fehlt, in welche sie die Abgangwässer ablassen können.

Als Beleg hierfür mag eine Untersuchung des Soeste-Baches vor und nach Aufnahme des Abgangwassers der Soester Zuckerfabrik angeführt werden; die Untersuchung ergab:

Verunreinigung von Flüssen.

	Gesammt-abdampf-rückstand.	Glühverlust des filtrirten Wassers	Zur Oxydation erforderlicher Sauerstoff	In Salzsäure unlöslicher Rückstand	Stickstoff	Salpetrige Säure	Kalk	Kali	In 1 ccm entwicklungsfähige Keime von Mikrophyten
	mg	mg	mg	mg	mg	mg	mg	mg	
1. Abgangwasser der Fabrik	760,8	52,4	15,2	255,6	15,1	0	156,8	16,6	25000
2. Soeste-Bach vor Aufnahme des Abgangwassers	369,2	40,0	4,5	6,0	8,0	Sehr viel	140,0	7,0	60000
3. Soeste-Bach nach Aufnahme des Abgangwassers (Mittel von 4 Stellen)	426,6	51,9	5,6	23,1	11,3	viel	156,1	8,0	144200

Hierzu ist zu bemerken, dass der Soeste-Bach an sich schon durch Abgänge aus der Stadt Soest verunreinigt wird, dass die Proben ferner am 11. December 1885, also zu einer Zeit entnommen wurden, wo Schnee- und Frostwetter herrschte und der Bach verhältnissmässig viel Wasser führte.

2. Schädliche Wirkung.

Schädliche Wirkungen.

Nach Art ihrer Zusammensetzung theilen die Abgangwässer aus Zuckerfabriken, welche ungemein leicht in Fäulniss übergehen, alle schädlichen Wirkungen der putriden Schmutzwässer überhaupt. In Folge der Fäulniss bildet sich in den Bächen und Abflusskanälen Schwefelwasserstoff und berichtet H. Eulenberg[1]) über einen Fall, wo die Besitzerin einer an einem Bache belegenen Mühle· in Folge der starken Entwickelung von Schwefelwasserstoff krank wurde, alles Metallgeschirr in der Mühle sich schwärzte, das Mehl einen widerlichen Geruch annahm und sogar das Mühlenrad mit fein vertheiltem Schwefel bedeckt war, der sich bei Oxydation des Schwefelwasserstoffs ausgeschieden hatte.

Bei Verunreinigung des Soeste-Baches durch die Abgangwässer der Zuckerfabrik Soest wurde von einem an dem Bach gelegenen Müller — ob mit Grund oder ohne Grund lasse ich dahingestellt — geltend gemacht, dass sich die Mühlenräder seit Errichtung der Fabrik mit einem schleimartigen Filz überzogen hätten. In demselben wurden gefunden der Pilz Lyngbya papyrina, ferner die Bacillariaceen: Nitschia minutissima, Navicula dicephala, Stauroneis Cohnii.

---

[1]) Handbuch der Gewerbe-Hygiene 1876 S. 502.

Dr. Rupprecht[1]) theilt mit, dass durch das Abgangwasser einer Zuckerfabrik auch ein Brunnen in solcher Weise verunreinigt wurde, dass nach Genuss des Wassers desselben in einer Familie typhöse Krankheiten auftraten; das Brunnenwasser enthielt alle diejenigen Mikroorganismen, nämlich Diatomaceen, speciell Diatomellen, die auch der das Zuckerfabrik-Abgangwasser aufnehmende, etwa 3 m entfernte Fluss zeigte. Als Ursache der Verunreinigung konnte nur angenommen werden, dass der Fluss einen ungewöhnlich tiefen Wasserstand nachwies, so dass die Fabrikwässer nur wenig Abfluss hatten und Zeit fanden, ihre organischen Bestandtheile sinken zu lassen und an Ort und Stelle der weiteren Zersetzung Preis zu geben. Unter den Algen, welche sich vorwiegend da, wo die Abflusswässer mit reinem Flusswasser zusammentreffen, entwickeln, ist auch hier, wie bei den Brauerei- und Stärkefabrikabgangwässern, besonders Leptomitus lacteus, der sog. „Wasserflachs" oder das „Wasserhaar", vertreten. Ehe diese Vegetationen erscheinen, wird, wie H. Eulenberg[2]) angiebt, die Oberfläche des Wassers bläulich und irisirend, während sich auf dem Grunde ein weisslich grauer Schleim ansammelt, der sich in langen Fäden ausziehen lässt; der üble Geruch ist dann bedeutend und die Entwickelung von Kohlensäure, Ammoniak und Schwefelammonium sehr reichlich. Die ausgebildeten Algen bilden ein dichtes Convolut von sehr fein gegliederten Fäden, die in eine schwach keulenförmige mit körniger Masse gefüllte Spitze endigen und sich zu dicken, zopfartigen Büscheln vereinigen. In diesem Convolut hält sich eine grosse Menge Infusorien auf, ein Beweis, dass in der nächsten Nähe der Algen keine Schwefelwasserstoff-Entwicklung stattfindet.

„Die Alge kann nur einer zweifachen Metamorphose unterliegen; da, wo sich nur fauliges Wasser befindet, zerfällt sie und zersetzt sich zu einer gallertartig zusammengeschrumpften Masse; es tritt ein Geruch nach faulen Fischen ein, der nur durch die Zersetzungsproducte, die verschiedenen Aminbasen, bedingt sein kann.

Je mehr aber frisches Wasser zufliesst und je mehr der stickstoffhaltige Nährboden schwindet, desto mehr geht der Leptomitus in einen grünlichen Schleim über, der sich allmälig zu chlorophyllhaltigen Algen gestaltet.

Der Fäulnissprocess, dem eiweisshaltige Gebilde unterliegen, und der Zersetzungsprocess, dem die Alge bei gänzlichem Mangel an reinem Wasser unterworfen ist, bedingen die Gefahr für die Gesundheit der Menschen; die Gräben und Bäche, welche diese Zersetzungsproducte enthalten, gehören zur Kategorie der Kloaken, die zweifelsohne der Entwickelung von epidemischen Krankheiten Vorschub leisten können. In der Umgebung der Zuckerfabriken würde sich diese Thatsache noch mehr und bestimmter geltend machen, wenn nicht glücklicher Weise die sogenannte Campagne,

---

[1]) Deutsche Wochenschrift für Gesundheitspflege und Rettungswesen 1884 S. 39.
[2]) H. Eulenberg, Handbuch der Gewerbe-Hygiene 1876. S. 503.

d. h. die eigentliche Fabrikationszeit, in die kühlere Jahreszeit fiele; sie dauert in der Regel von Mitte September bis Februar.

Auch macht sich der Nachtheil für den Menschen weniger auffällig bemerkbar, weil es sich bei den in Zersetzung übergegangenen Algen um keinen eingeschlossenen Raum handelt, sondern der Diffusion der Gase im Freien ein hinreichender Spielraum gegeben ist; immerhin werden aber die Adjacenten solcher Gräben oder Bäche einer gewissen Gefahr ausgesetzt sein, wenn die schädlichen Effluvien in grösserer Nähe auf sie einwirken."

Auch bei den Bächen, welche diese Abgangwässer aufnehmen, kann man die S. 45 erwähnte Beobachtung machen, dass, wenn wärmere Temperatur und damit eine erhöhte Fäulniss eintritt, wie dieses z. B. bei dem vorhin erwähnten Soeste-Bach, während dreier Jahre jedesmal nach Eröffnung der Campagne constatirt ist, die Fische mit einem Male zu Grunde gehen und auf dem Wasser schwimmen.

In den Wasserläufen, welche diese Abwässer führen, sammelt sich mitunter eine dicke schwarze Schicht von Schwefeleisen an, während ein weisser Ueberzug von Schwefel sich darüber lagert.

3. Reinigung.

Reinigung. Osmosewasser.

Zur Reinigung der Osmosewässer ist empfohlen worden, sie direct oder nach dem Eindicken zur Düngung zu verwenden. H. Briem[1]) fand in einem eingedickten Osmosewasser bei 20,5—21,3 % Trockensubstanz, 1,8—2,4% Kali, 0,5—0,6% Phosphorsäure und 0,42 % Stickstoff; Düngungsversuche mit dem Osmosewasser ergaben jedoch ein sehr ungünstiges Resultat, indem die Qualität der Rüben wesentlich verschlechtert wurde; die Rüben enthielten:

Im Mittel von den 6 Versuchsfeldern:	Mittleres Gewicht einer Rübe	Zucker (polarisirt)	Quotient	Auf 100 Zucker kommtNichtzucker
Rüben ohne Osmosewasser-Düngung	496	12,16	81,6	22,5
Rüben mit „ „	865	10,28	75,6	32,3

A. Gawalowsky[2]) findet die Zusammensetzung des auf 42° B. eingedickten Osmosewasser's wie folgt:

Wasser %	Zucker %	Sonstige organische Stoffe %	Gesammt-Stickstoff %	Eisenoxyd + Thonerde %	Kalk %	Magnesia %	Kali %	Natron %	Schwefelsäure %	Chlor %	Phosphorsäure %
24,5	26,7	36,3	2,22	0,09	0,24	0,09	8,8	1,9	0,67	0,7	fehlt

---

[1]) Organ des Centralvereins für Rübenzuckerindustrie in der österr.-ungar. Monarchie 1882. S. 27.
[2]) Neue Zeitschr. f. Rübenzucker-Industrie 1885. No. 21 S. 265.

Gawalowsky berechnet hiernach den Düngegeldwerth zu 13,00 M. pro 100 kg eingedickten Osmosewassers.

F. Strohmer (l. c.) schlägt vor, um die verdünnten Nährstoffe zu concentriren, die Kohlenasche durch Osmosewasser anzurühren und giebt an. dass ein solches Verfahren schon in einer Mährischen Fabrik eingeführt ist. Die Analyse eines solchen Products ergab:

Ursprüngliche Asche:

Wasser . . . . 0,78 %
Unverbrauchte Kohle etc. 10,58 % mit 0,00 % Stickstoff
Mineralstoffe . . . . . 88,64 % mit { 1,15 % Phosphorsänre
                                               { 1,58 % Kali.
100,00 %

In 100 Mineralstoffen 1,29 % Phosphorsäure
2   1,78 % Kali.

Mit Osmosewasser behandelte Asche:

Wasser . . . . 1,34 %
Mineralstoffe . . . . . 75,72 % mit { 1,20 % Phosphorsäure
                                             { 1,96 % Kali
Unverbrauchte Kohle und
  organische Substanz . 22,94 % mit 0,61 % Stickstoff
100,00 %

In 100 Mineralstoffen 1,58 % Phosphorsäure
                                 2,59 % Kali.

Gewerberath Neubert[1]) hält es für vortheilhaft, die Osmosewässer zu verdicken und mit Torfstreu zu vermengen.

Ich fand in dem solcher Weise mit Osmosewasser getränkten Torfmull der Dessauer Actien-Zuckerraffinerie:

Wasser	Organische Stoffe	Darin Stickstoff	Mineral-stoffe	Darin Kali	Phosphor-säure
%	%	%	%	%	%
29,13	46,74	3,28	24,13	11,68	Spur

M. Märcker[2]) findet darin 2,5—3,3 % Stickstoff und 11,5—14,0 % Kali. Dr. L. Kuntze stellte mit diesem Torfmulldünger im Vergleich zu Chilisalpeter einen Düngungsversuch an und fand:

	Ertrag pro Morgen	In den Rüben		Reinheits-Quotient
	Ctr.	Zucker %	Nichtzucker %	
1. Mit Torfmulldünger	165,61	14,2	2,1	87,1
2. Mit Chilisalpeter	157,94	13,6	2,4	85,0

---

[1]) Chemiker-Zeitg. 1884. S. 248.
[2]) Hannov. land- u. forstw. Zeitg. 1885. No. 1.

Hiernach hat der Torfmulldünger (resp. der Stickstoff darin) sowohl auf Quantität wie Qualität der Ernte besser gewirkt wie der Chilisalpeter.

In den 60er Jahren sind auch Versuche darüber gemacht, die Abgangwässer mit dem Süvern'schen Desinfectionsmittel (S. 150) zu reinigen und den Niederschlag als Dünger zu verwerthen. F. Stohmann[1]) fand in 3 solchen Proben:

Süvern's Verfahren.

	Phosphorsäure	Stickstoff	Kali	Kalk	Thonerde + Eisenoxyd	Sand + Erde	Wasser	Sonstiges[2])
1. Probe . .	0,37	0,12	0,23	0,23	2,64	26,05	56,98	7,38
2. „ . .	0,18	0,16	0,21	9,17	2,40	24,29	55,15	8,44
3. „ . .	0,20	0,09	0,06	6,56	1,37	10,64	75,69	5,39

Das Süvern'sche Verfahren scheint jedoch wieder ganz aufgegeben zu sein.

Auch hat der Vorschlag von Schrader[3]), bei der Reinigung mit Kalkmilch, Carbolsäure zuzusetzen, ebenso wenig Beachtung resp. Eingang gefunden, als der Vorschlag von Dougall & Campbell[4]), welche die Abfallwässer mit einer Lösung von saurem phosphorsauren Calcium und Kalkmilch fällen wollen.

Schrader's Verfahren.

Eine grössere Bedeutung hat ein Vorschlag resp. ein Verfahren von Riehn[5]); derselbe theilt die Abwässer, um sie einzeln zu reinigen, in folgende 3 Klassen:

Riehn's Verfahren.

1. Wasser aus der Rübenwäsche und der Saftgewinnung,
2. Wasser von der Knochenkohlebehandlung, Tücher- und Beutelwäsche,
3. Condensations- und condensirtes Wasser von dem Verkochen des Saftes.

Letztere werden für sich gesammelt, wieder zum Kesselspeisen, zum Waschen der Knochenkohle etc. benutzt.

Die Wässer der Rübenwäsche und Saftgewinnung, welche Erde, Wurzelfasern, Rübentheilchen, Zucker, Salze etc. enthalten, werden erst durch zwei oder mehr Klärbassins geleitet, bis sie den grössten Theil des Schmutzes abgesetzt haben; von hier fallen sie auf resp. durch ein Filter, bestehend aus Schlacke, Kies und einem anderen geeigneten Material, die unter Umständen noch mit Alaunschlamm, Eisenchlorid, Kaliumperman-

---

[1]) Zeitschr. d. Centr.-Ver. für die Provinz Sachsen 1868. S. 327.
[2]) „Sonstiges" umfasst die organische Substanz, die an Kalk gebundene Kohlensäure, desgl. Wasser, Magnesia, Natron, Chlor und Schwefelsäure.
[3]) Zeitschr. für Rübenzucker-Industrie 1871 S. 604.
[4]) Ebendort 1871 S. 937.
[5]) Ebendort 1877 S. 51.

ganat etc. gemengt werden. Von diesem ersten Filter treten die Wässer von unten in ein zweites und durch Uebersteigen in ein drittes Filter, welche beide am zweckmässigsten aus Torfkohle, oder falls diese nicht zu haben ist, aus Knochenkohleabgängen oder präparirter Holzkohle (grob gekörnte Holzkohle mit einer Lösung von 5 Theilen Monocalciumphosphat und gleichviel Aluminiumsulfat gekocht, getrocknet und geglüht) bestehen. Das so gereinigte Wasser geht wieder zur Fabrik zurück, um von neuem benutzt zu werden; die Filter brauchen angeblich nur ein oder einige Male' für die Campagne erneuert zu werden.

Die Wässer von der Knochenkohlebehandlung, welche grössere Mengen Eiweiss, Zucker, Alkalien, alkalische Erden, Fermente etc. enthalten, werden durch Filter von Torfkohle gereinigt und erhalten zweckmässig zur Fällung einen Zusatz von der von Blanchard & Chateau empfohlenen Verbindung von saurem phosphorsauren Magnesium mit einem basischen Eisensalz, oder einen Zusatz des von Dr. A. Frank vorgeschlagenen Fällungsmittels, bestehend aus schwefelsaurem Magnesium, phosphorsaurem Calcium und phosphorsaurem Eisen.

Ohne Zweifel kann die Trennung resp. die getrennte Behandlung der verschiedenen Abgangwässer der Zuckerfabriken nach dem Riehn'schen Vorschlage als eine zweckmässige genannt werden, jedoch scheint das Verfahren als solches keine practische Anwendung gefunden zu haben.

Reinigung durch Berieselung. Wie bei den Abgangwässern der Stärkefabriken, so ist auch bei denen der Zuckerfabriken vielfach eine Reinigung durch Berieselung angestrebt worden. Teuchert (l. c.) ermittelte die Veränderungen, welche das Abflusswasser der Zuckerfabrik zu Landsberg (mit einer täglichen Verarbeitung von 300 Ctr. Rüben) durch Berieselung auf einer 6 ha grossen Wiese erfährt und fand:

	Gesammt-rückstand	Glüh-verlust	Davon suspendirt	Organische Stoffe	Unorganische Stoffe	Gelöste Stoffe	Glüh-verlust	Stickstoff als Ammoniak	Proteïnstoffe	Salpetersäure
	mg	mg	mg	mg	mg	mg	mg	mg	mg	mg
Im schmutzigen Wasser	2633	483	1763	1251	242	870	241	14	11,6	0,02
Im gereinigten Wasser	693	51	31	19	12	661	38	0,8	2,5	0,01
Mithin durch die Anlage verbraucht .	1940	432	1732	1232	230	209	203	13,2	9,1	0,01

Algenbildungen, Bacterien und Vibrionen wurden in dem gereinigten Wasser nicht gefunden.

Neuerdings sind auf Veranlassung der Herren Minister für Handel und Gewerbe, des Innern und für Landwirthschaft, Domänen und Forsten sehr

eingehende Untersuchungen über die Wirkung verschiedener Reinigungsverfahren von Zuckerfabrikabgangwässern angestellt[1]) worden und zwar

1. nach dem Patentverfahren von W. Knauer, welches im wesent- Knauer's
Verfahren.
lichen darauf beruht, dass nach mechanischer Entfernung von Schnitzeln,
Schlamm und Schaum die kalten Abwässer in sogenannten Gegenstrom-
kühlern mittelst der heissen Abwässer, abziehender Feuerungsgase, Abdampfs
resp. nöthigen Falls directen Dampfs auf 80° C. und darüber erhitzt werden
und hierdurch unter Zusatz von Kalkmilch und Manganchlorür eine vollständige Präcipitation der organischen Fäulniss- und gährungsfähigen Stoffe
angestrebt wird, um hiernächst das dergestalt gereinigte Wasser durch die
erwähnten Gegenstromkühler und darauf folgende Ueberleitung über ein
Gradirwerk abzukühlen und alsdann je nach Bedarf, entweder im Fabrikbetriebe wieder zu verwenden oder abzuleiten.

Das Verfahren wurde geprüft auf der:

Zuckerfabrik Altenau bei Schöppenstedt, Herzogthum Braunschweig.
Actien-Zuckerfabrik Oschersleben
Zuckerfabrik Rudolph & Cie., Magdeburg   Alle 3 im Regierungs-
   do.   Schalkensleben   Bezirk Magdeburg.

Bei der Zuckerfabrik von Rudolph & Cie., Magdeburg, ist das Verfahren von Knauer wie folgt eingerichtet:

Auf der Zuckerfabrik fliessen die Rübenwaschwässer und die mittelst geeigneter Vorrichtungen von Schnitzeln und Schaum befreiten Wässer der Schnitzelpressen in einer gemauerten Rösche a c in ein System von 6 Absatz-Bassins d d zur Ausscheidung der Rüben-
und Schlammbeimengungen.

Der Zufluss und Ablauf ist derart durch Schieber geregelt, dass das Reinigen der
einzelnen Bassins von den angesammelten mechanischen Verunreinigungen ohne Unter-
brechung des Betriebes erfolgen kann.

In einem weiteren Bassin e mit drei untereinander verbundenen Abtheilungen vereinigen sich die eben erwähnten geklärten Wässer mit den Abwässern des Knochenkohlen-
hauses und werden von hier aus mit maschineller Kraft nach dem Hochreservoir f gehoben,
um alsdann durch eine Rohrleitung den Gegenstrom-Apparaten ii zur Vorwärmung zuzu-
fliessen und hiernächst in das Anwärmebassin g überzutreten.

Zur Erzielung eines möglichst hohen Wärmegrades sind in dieses Anwärmebassin besondere Rohrleitungen o o:

1. von den Filterabdampfrohren,
2. von den Kesselablassrohren,
3. von der Bodenheizung,
4. von dem Retour d'eau,
5. von Eisfeldt'schen Apparaten und
6. von den Montejus

eingeführt.

---

[1]) Die Ergebnisse d. amtl. Verhandlungen zur Prüfung der Abflusswässer aus Rohzuckerfabriken. 1885.

Mittelst einer weiteren Rohrleitung o fliesst dem Anwärmebassin continuirlich Kalkmilch zu. (Täglicher Verbrauch an Kalk angeblich 12 Ctr.) Aus dem Bassin g tritt das
angewärmte Wasser in ein Bassin h ein und erhält hier einen tropfenweisen Zusatz von
Manganchlorür.

Der durch die Scheidung mittelst Kalkmilch und Manganchlorür entstehende Schlamm
wird in 2 Bassins m gesammelt und von dort zur Düngung abgefahren.

Nach der stattgehabten Scheidung treten die gereinigten Wässer wieder in die Gegenstromapparate i zu deren Umspülung behufs Vorwärmung der darin circulirenden Schmutzwässer ein und werden demnächst in ein Gefluder gehoben und über das Gradirwerk k
geleitet, um hierdurch auf die Temperatur der Luft abgekühlt zu werden und die noch
vorhandenen Kalktheile thunlichst auszuscheiden. Das Gradirwerk ist ca. 40 m lang, 10 m
hoch und hat ca. 40 qm nutzbare Dornenwandfläche. Von letzterer wird etwa ein Drittel
zur Abkühlung der gereinigten Wässer, der übrige Theil zur Abkühlung des einem Reinigungsverfahren nicht unterworfenen Fallwassers benutzt. Letzteres geht nach der Abküh-

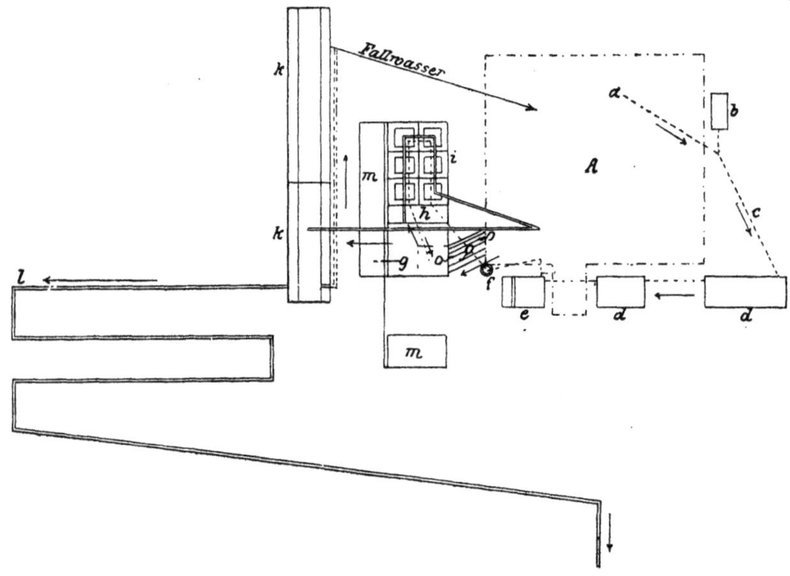

Fig. 28.

...... Lauf der Schmutzwässer,
=== Lauf der gereinigten Wässer,
A Fabrikgebäude,
a Rübenwäsche,
b Schnitzelfänger,
c Rösche,
dd Absatzbassins für Rübenwaschwasser,
e Sammelbassin Rübenwasch- und Kno-
chenhauswasser,
f Hochreservoir,
g Anwärme- und Kalkbassin,
h Manganbassin,
i Gegenstromapparate,
kk Gradirwerk,
l Abflussgräben,
mm Schlammbassins,
o Wärme- und Kalkzuführungsrohre.

lung zur Wiederbenutzung in die Fabrik zurück, während die gereinigten und abgekühlten
Wässer behufs weiterer Ausscheidung von Kalktheilen in einem System von flachen Gräben
nach kurzem Lauf dem Schrotebach zufliessen oder nach Bedarf aus dem am Fuss des
Gradirwerks befindlichen Bassin mit dem Fallwasser der Fabrik zur Wiederverwendung
zugeleitet werden.

2. **Verfahren nach System Elsässer.** Dasselbe besteht im wesent-
lichen auf natürlicher Abgährung der Abwässer mit nachfolgender Beriese-
lung und wurde geprüft auf der Zuckerfabrik Roitzsch und Landsberg, beide
im Regierungsbezirk Merseburg.

Verfahren
von Elsässer.

Auf der Zuckerfabrik Roitzsch vereinigen sich sämmtliche abgehenden Fabrikwässer mit Ausnahme des grössten Theils des aus der Condensation (von dem Vacuum und den Verdampfapparaten) herrührenden sogenannten Condensations- oder Fallwassers unweit der Fabrik in zwei grossen Sammel- oder Gährbassins, von welchen jedes ca. 50 m lang, 20 m breit und 2 m tief ist. Wenn das erste Bassin gefüllt ist, treten die Wässer, nachdem sie sich abgesetzt haben, durch eine seitliche Oeffnung in das zweite Bassin über, wobei der bei der Gährung nach oben steigende, mit Schmutz vermischte Schaum etc. durch eine Bohlenvorrichtung zurückgehalten wird. Im zweiten Bassin befindet sich das Saugrohr zu einer Pumpe, welche die abgegohrenen Wässer so hoch hebt, dass sie dem Rieselterrain zulaufen können. Die gehobenen Wässer fliessen alsdann zunächst durch einen Kasten, in welchen mittelst einer Luftpumpe continuirlich Luft gepumpt wird, um angeblich eine Oxydation der im Wasser noch vorhandenen schädlichen Substanzen herbeizuführen, und hierauf in ein Gefluder ab, um durch dasselbe dem drainirten, in abgedämmte Parzellen eingetheilten Rieselterrain nach bestimmtem Turnus wechselweise zugeführt zu werden.

Von dem Condensations- oder Fallwasser fliesst das von der nassen Luftpumpe des Kochvacuums kommende nach den Gährbassins. Im übrigen wird das Fallwasser zur Abkühlung über ein Gradirwerk geleitet und alsdann einem Abzugsgraben zugeführt.

In diesem Abzugsgraben vereinigt sich das Fallwasser mit dem aus den Drains des Rieselterrains abfliessenden Wasser und fliesst mit letzterem vereint in den Strengbach.

Zur Berieselung dienten nach Angabe der Fabrikdirection in der Campagne 1880/81 ca. 10 ha Wiesenland und $1^1/_2$—2 ha Ackerland, durchweg schwerer lehmiger Boden. An Rüben wurden in 24 Stunden 4500 Ctr. verarbeitet.

Die Sammel- oder Gährbassins werden nach dem Schluss der Campagne von den zurückgebliebenen Schlämmen und sonstigen Absatzproducten entleert.

3. **Verfahren von A. Müller-Schweder.** Dasselbe beruht auf Ab-
gährung der Abwässer unter Zusatz von Fermenten, Klärung durch Kalk-
milch und Berieselung. Dasselbe wurde auf der Zuckerfabrik Gröbers, Re-
gierungsbezirk Merseburg, die pro Tag 2400 Ctr. Rüben verarbeitet, geprüft
und ist die Einrichtung folgende:

Verfahren
von Müller-
Schweder.

Die von der Rübenwäsche, dem Knochenkohlenhause und der Diffusion kommenden Abwässer werden jedes für sich in besondere gemauerte Bassins geleitet, in welchen die anhaftenden Rübentheile, Schlämme und sonstige mechanische Verunreinigungen sich absetzen sollen. Die Rübenwaschwasserbassins liegen unmittelbar an der Waschtrommel; das eine derselben ist zum Zurückhalten der Rübenschwänze etc. mit einem engen Holzsiebe überdeckt. Die Schnitzelbassins können behufs Ausräumung der angesammelten Rückstände wechselweise an- und abgestellt werden. Die Knochenkohlenwässer fliessen nach dem Austreten aus den Sammelbassins unter den Aborten hindurch und nehmen dort die Exkremente der Fabrikarbeiter (ca. 150) auf.

Sämmtliche Schmutzwässer vereinigen sich alsdann mit den Spülwässern der Fabrik innerhalb des Fabrikhofes in einer Rösche und erhalten nunmehr einen Zusatz von Kalk (angeblich 12 Ctr. in 12 Stunden). Die Wässer fliessen hiernächst aus der Rösche wechselweise in zwei nebeneinander liegende Vorgräben, und dann in 4 Bassins von zusammen 1580 qm Flächeninhalt und einer durchschnittlichen Tiefe von 2 m.

Aus dem letzten Bassin fliessen die Wässer sodann in einer theilweise verdeckten, theilweise offenen Rösche, nachdem ihnen nochmals geringe Mengen Kalkmilch zugesetzt sind, nach dem Berieselungsterrain. Dasselbe umfasst im ganzen eine Ackerfläche von $10^{1}/_{2}$ ha, von welchen zur Zeit der Besichtigung und Probenahme jedoch nur 8 ha benutzt wurden. Das Berieselungsterrain, insgesammt Ackerland, ist in neun Abtheilungen eingetheilt, deren Oberfläche im Durchschnitt 2,83 m über dem die Drainabflusswässer aufnehmenden Abflussgraben liegt. Die Drainröhren sind in einer Tiefe von ca. 1 m gelegt und haben im ganzen drei Abflüsse nach dem allgemeinen Abzugsgraben.

Der Berieselungsbetrieb ist derartig geregelt, dass unter dreistündigem Wechsel jedesmal zwei Abtheilungen gleichzeitig bewässert werden. Aus dem Abzugsgraben treten alsdann die gesammten Drainwässer in den an dem Rieselterrain vorbeifliessenden Kabelskebach und vereinigen sich darin ungefähr an dem nämlichen Punkte mit den Drainabflusswässern der benachbarten Berieselungsanlagen der Zuckerfabrik Schwoitsch.

Von beiden Fabriken gemeinsam wird demnächst das Kabelskewasser nach etwa halbstündigem Laufe unter nochmaligem Kalkzusatz (3 Ctr. täglich) über eine zweite nicht besonders aptirte Rieselfläche wild übergerieselt, ohne dass solches von Alex. Müller bei der Einrichtung der Reinigungsanlage angeordnet ist.

Verfahren in Stöbnitz.

4. Abweichende Verfahren.

a) Verfahren auf der Zuckerfabrik Stöbnitz.

Auf dieser Fabrik werden die Abwässer von den Schnitzelpressen in einen hochliegenden Oberflächen-Condensator gepumpt und unter Zusatz von $^{1}/_{2}\,^{0}/_{0}$ Kalk mittelst directen Dampfes auf 80° C. angewärmt. Die angewärmten Wässer fliessen mit den von Rübentheilen mittelst eines Wasserrostes befreiten Rübenwaschwässern, dem Diffusions- und Spülwasser in ein System von 15 Absatz- und Klärbassins und vereinigen sich dort mit den Knochenkohlehaus- und Kesselabblasewässern, welche schon vorher zum Absetzen von suspendirten Schlammtheilchen durch 4 besondere Absatzbassins geleitet worden sind.

Die genannten vorerwähnten Schmutzwässer werden nach dem Absetzen und Klären in den gedachten 15 Bassins auf dem letzten Bassin mittelst einer Centrifugalpumpe in ein Hochreservoir gehoben, fliessen von dort auf ein Gradirwerk und werden nach der Gradirung in einem Abzugsgraben nach längerem, ca. $^{1}/_{4}$ stündigem Laufe auf eine etwa $4^{1}/_{2}$ ha grosse drainirte Wiese in wilder Berieselung (ohne wechselnde Anstauvorrichtungen) geleitet. Die in einer offenen Rösche angesammelten Drainabflüsse fliessen alsdann in den Klingebach und zunächst in die Geitel.

Der in den Absatzbassins angesammelte Schlamm wird in eine benachbarte geräumige Schlammgrube geschafft und nach Schluss der Campagne zu Düngungszwecken abgefahren.

Verfahren in Körbisdorf.

b) Verfahren auf der Zuckerfabrik Körbisdorf.

Auf dieser Fabrik werden die von der Diffusion und den Schnitzelpressen kommenden Wässer und der Rest der Filtrirabsüsser abwechselnd in zwei eisernen Kasten unter Zusatz von $^{1}/_{2}\,^{0}/_{0}$ Kalk mittelst Retourdampfs und directen Dampfs auf 80° C. angewärmt und laufen alsdann im Verein mit dem Rübenwaschwasser gradatim durch 11 unter zweckmässiger Ausnutzung der günstigen Höhenverhältnisse des Bodens angelegte Absatzbassins (je 4,5 m lang, 3 m breit und 2 m tief). Das geklärte Wasser fliesst durch einen Fluder ab, während der abgesetzte Schlamm in ein neben den Absatzbassins befindliches grosses Sammelbassin abgelassen wird, welches keinen Abfluss hat und erst am Schluss der Campagne entleert wird.

Aus dem Fluder tritt das geklärte Wasser nach Aufnahme des überschüssigen Betriebswassers (Braunkohlengrubenwasser) zunächst behufs weiterer Absetzung in zwei, in der Nähe des Gradirwerks befindliche Bassins und vereinigt sich dann noch mit dem durch Ueberleitung über das Gradirwerk abgekühlten Fallwasser, soweit letzteres nicht in den Betrieb zurückgeht. Die vereinigten Wässer fliessen alsdann mit einer durchschnittlichen Temperatur von 25° C. in den Geiselbach. Die Kohlenhauswässer werden dagegen zunächst in mehrere kleine Bassins zum Ausscheiden der mitgeführten Kohlentheilchen und anderer mechanischer Verunreinigungen geleitet und laufen alsdann durch einen Kanal unter dem Geiselbach hindurch in einen Brunnen, aus welchem sie auf ein, längs des rechten Ufers der Geisel sich hinziehendes Wiesenterrain austreten. Nach der Angabe der Fabrikdirection ist von diesem ca. 75 ha grossen Wiesenterrain der obere Theil, auf welchem der Brunnen sich befindet, drainirt. Die Drainabflüsse münden in einen das Wiesenareal durchschneidenden Quergraben und es treten von hier aus die Wässer auf den nicht drainirten Theil der Wiesen über, um dort zu versumpfen.

Die nach vorstehenden Verfahren gereinigten Abgangwässer wurden von Dr. P. Degener und Professor M. Märcker einer chemischen Untersuchung unterworfen, während Professor Ferd. Cohn die mikroskopische Untersuchung übernahm. Leider fehlt bei den chem. Analysen die Zusammensetzung der natürlichen ungereinigten Abgangwässer, um so einen Vergleich anstellen zu können, wie sich die Reinigungs-Verfahren in quantitativer Hinsicht verhalten. *Chem. Untersuchungen über diese Verfahren.*

Die von P. Degener untersuchten Wasserproben und die Resultate der Untersuchung sind folgende:

(Vgl. Tabelle I. und II. auf S. 260—265.)

Zu diesen Tabellen macht P. Degener folgende Bemerkungen:

Tabelle I.

1. Organische Substanz. Den grössten Gehalt daran zeigen die Wässer von Altenau, Oschersleben, Magdeburg, Schackensleben, in denen überall das Knauer'sche Verfahren eingeführt ist.

Demnächst folgt das in Körbisdorf angewandte Verfahren. Das Wasser von Gröbers schliesst sich darauf an, besitzt aber nur etwa $\frac{1}{3}$ der in dem Körbisdorfer Wasser gelösten organischen Substanz.

Die massgebenden Wässer von Stöbnitz, Landsberg und Roitzsch, die sich sämmtlich eines mehr oder weniger modificirten Berieselungs-Verfahrens bedienen, haben einen durchschnittlich um das 15—30fache geringeren Gehalt an gelöster organischer Substanz, als die nach Knauer gereinigten Wässer.

2. Zucker ist fast ausschliesslich nur in den nach Knauer gereinigten Wässern nachzuweisen. Nur das nach dem in Gröbers angewandten Verfahren behandelte Wasser enthält noch gewisse Mengen, Fehling'sche Lösung nach der Inversion reducirende organische Substanz.

3. In Bezug auf den Gesammtstickstoff zeichnen sich durch grossen Gehalt besonders aus die Wässer von Altenau, Oschersleben, Magdeburg B. Einen besonders geringen Gehalt zeigen Stöbnitz, Roitzsch, Landsberg, Gröbers, Schackensleben II a.

4. Der nach dem Austreiben des Ammoniaks durch Natronkalk bestimmte Stickstoffgehalt — der den fäulnissfähigen Stickstoff einschliesst — ist am grössten in den

Tabel

Hauptsächlichste Resultate der chemischen

1 Liter enthält:

System	Name der Fabriken	Art des untersuchten Wassers.
Knauer	Altenau I	Gereinigtes ungradirtes Abwasser. Temperatur bei der Entnahme 70° C. . . .
	do. II	Gereinigtes und gradirtes Abwasser mit ungereinigtem Fallwasser. Temp. 20° C. .
	Oschersleben I	Gereinigtes Abwasser vor Umspülung der Kühler, Temp. 71° C. . . . .
	do. II	Wasser vom Abflussgraben beim Gradirwerk, Temp. 20° C. . . . .
	do. III	Brunnenwasser für den Betrieb . . . .
	Magdeburg A I	Gereinigtes Abwasser vor Umspülung der Gegenstromkühler, Temp. 70—90° C. . .
	do. A II	Gereinigtes Abwasser vom Gradirwerk ohne Fallwasser, Temp. 13—7° C. herab .
	do. A III	Gereinigtes Abwasser incl. Fallwasser vor der Einleitung in den Schrotebach, Temp. gleichmässig 0° C. . . . .
	do. B I	Knochenkohlegährwasser, Temp. 26° C. . . . .
	do. B II	Gereinigtes Abwasser vor der Einleitung in die Gegenstromkühler, Temp. 84—85° C.
	do. B III	Gereinigtes Abwasser nach Ueberleitung über das Gradirwerk, Temp. 9° C. . . .
	Schackensleben I a	Gereinigtes Abwasser vor der Einleitung in die Gegenstromapparate, Temp. 72° C. .
	do. I b	Dasselbe, Temp. 88° C. . . . .
	do. I c	Dasselbe, Temp. 89° C. . . . .
	do. II a	Gereinigtes Abwasser nach Ueberleitung über ein Gradirwerk, correspondirend mit Probe I a, Lufttemperatur . . . .
	do. II b	Dasselbe, correspondirend mit Probe I b und I c, Lufttemperatur . . . . .
	do. III	Teichwasser, enthaltend gereinigtes Abwasser und ungereinigtes Fallwasser . .
Alex. Müller	Gröbers I	Schmutzwasser nach Ablauf aus den Gährbassins und Kalkzusatz, vor Ablauf auf die Rieselfelder, excl. Fallwasser, Temp. 5° C. . . . .
	do. II	Abflusswasser aus den Drains, Temp. 3° C. . . . .
Elsässer	Landsberg I	Schmutzwasser vor Ablauf auf die Rieselfelder, Temp. 9° C. . . . .
	do. II	Abflusswasser aus den Drains, Temp. 4—5° C. . . . .
	Roitzsch I	Betriebswasser . . . .
	do. II	Schmutzwasser vor Einfluss in die Gährbassins, Temp. 30,5° C. . . . . .
	do. III	Abflusswasser aus den Drains, Temp. 3° C. . . . .
Besondere Verfahren	Körbisdorf I	Betriebswasser (Grubenwasser) Temp. 12° C. . . . .
	do. II	Gereinigtes Abfallwasser ohne Fall- und Kohlenhauswasser, Temp. 26° C. . . .
	do. III	Vereinigte Kohlenhauswässer (nach Gährung), Temp. 45° C. . . . .
	Stöbnitz I	Betriebswasser (Grubenwasser), Temp. 8° C. . . . .
	do. III	Gereinigtes Abwasser nach der Berieselung ohne Fallwasser, Temp. 6° C. . . .

l e I.

Untersuchung der unveränderten Wässer.

1.	2. Organische Substanz gelöst	3.	4.	5.	6. Gelöster Stickstoff	7.	8.	9.	10.	11.	12.	13.	14.
Suspendirt	Kohlensäure aus ihr mittelst CrO_3	ZurOxydation nöthiger Sauerstoff	Verhältniss von C : O O = 1	Rohrzucker	Ammoniak	Salpetrige Säure	Stickstoff durch Verbrennung mit Natronkalk	Gesammt-Stickstoff	Schwefelsäure SO_3	Schwefelwasserstoff	Alkalinität CaO	Eindampfrückstand	Suspendirte unorganische Stoffe
mg	mg	mg	mg	mg	mg	mg	mg	mg	mg	mg	mg	mg	mg
40,3	1900	1153,6	2,3	420	88,3	0,9	54,3	126,4	128,5	0	1065	5825	455,3
190,9	994	642,4	2,9	—	11,9	1,8	59,0	68,6	22,5	0	131,6	2440	555
2,9	956	492	1,28	76	80,9	0,2	8,2	75,2	121,5	0	458	2303	69,6
85,3	765	358	1,06	1004	64,2	0,2	7	60	53	Reaction schwach	0	1595	86,7
0,8	30	1,3	—	—	5	•0	3,6	8,6	230	0	0	1002	2,6
15,7	894	170,4	0,52	640	21,5	0,1	11,7	29,7	0	0	588	3287	21
26,1	1126	211,5	0,50	84	5,3	0,05	13,2	17,6	131	0	274	3200	36
27,7	1074	—	—	740	7,7	0,05	15,3	21,6	137	0	229	3101	66,5
242,2	359	189	1,3	—	34	0	26,5	54,5	142	Reaction schwach	0	15979	94,8
3,6	4026	478,5	0,45	640	21,4	0,1	25,4	42,4	153	0	495,6	6065	6,8
35,3	2521	472,5	0,50	1280	nicht bestimmt	1,0	25,4	—	155	0	152	6345	74,9
80,8	804	45	0,41	0	42	1,4	16,3	55,2	41	0	429	3860	162,1
30,4	1631,5	423	0,60	0	58	0,4	14,0	62,0	41	0	449,6	3630	75,0
28,3	1655	439,5	0,57	232	69	0,6	14,0	71,0	36	0	568,3	3608	75,8
79,3	1551	400,5	0,58	0	Spur	0,8	13,6	13,6	0	0	28	4782	167,5
48	1025,5	349,5	0,70	64	Spur	0,8	20,2	20,2	29	0	207,8	2941	100,0
66	216,5	79,5	0,82	0	30,2	1,5	8	23,7	5	Reaction schwach	127,6	1506	47,0
91,9	165	26	0,48	Spur	42,5	Spur	7,4	42,4	95	Reaction stark	0	690	201,3
7	172,5	14,2	0,44	344	12	Spur	3,9	13,9	56	Reaction schwächer	0	1243	12,4
31,3	37,5	19	1,20	Spur	7,7	0,6	2,6	8,9	54	0	0	562	200,8
14,4	28	9	0,76	Spur	5,4	0,1	2,8	7,2	39	Reaction sehr schwach	0	506	30,6
1,1	15	0,5	0,38	0	1,3	0	1,4	2,7	47	0	0	1252	2,3
87,2	131,5	67,5	1,3	0	16	0,1	1,3	14,9	0	Reaction sehr schwach	28	1173	129,5
4,6	29,5	4	0,42	Spur	9,8	0	2,3	10,4	43	do.	0	486	27,2
61,6	22	3,7	0,49	0	Spur	2,1	2,3	2,3	118	0	132	709	14,5
16	511,5	141	0,38	0	4,1	1,8	15	18,5	17	0	42	1113	104,3
353,8	96	38	0,82	0	101	1	4,2	93,2	80	Reaction stark	176	2973	627,0
6	40,5	5	0,46	0	nicht bestimmt	2,3	1,7	—	159	0	195	1082	19,7
9	57,5	6,4	0,44	0	Spur	2,7	2,2	2,2	254	0	120	600	4,5

Tabel

Zusammensetzung und Be

Die Columnenzahlen correspondiren mit denen der Tabelle I.
angesetzten berücksichtigt. m bedeutet mit Kohlensäure behandelt, o bedeutet das Gegentheil. Columne 23
Columne 24 die aus 1 Liter der betreffenden Wässer nach längerem Stehen mittelst Chromsäure
1 Liter enthält:

System	Name der Fabriken	Art des untersuchten Wassers	9	2.	3.	4.	5.
			Ge-sammt-Stick-stoff	Organische Substanz			
				Daraus CO_2	Erford. O	C : O O = 1	Rohr-zucker
			mg	mg	mg	mg	mg
Knauer	Altenau I	Gereinigtes ungradirtes Abwasser, Temp. bei der Entnahme 70° C.	126,4	1900	1153	2,3	420
	do. II	Gereinigtes und gradirtes Abwasser mit un-gereinigtem Fallwasser, Temp. 20° C.	68,6	994	642	2,9	—
	Oschersleben I	Gereinigtes Abwasser vor Umspülung der Kühler, Temp. 71° C.	75,2	956	492	1,28	76
	do. II	Wasser vom Abflussgraben beim Gradir-werk, Temp. 20° C.	60	765	358	1,06	1004
	do. III	Brunnenwasser für den Betrieb	8,6	30	1	—	0
	Magdeburg A I	Gereinigtes Abwasser vor Umspülung der Gegenstromkühler, Temp. 70—90° C.	29,7	894	170	0,52	640
	do. A II	Gereinigtes Abwasser vom Gradirwerk ohne Fallwasser, Temp. 13—7° C. herab	17,6	1126	211	0,50	684
	do. A III	Gereinigtes Abwasser incl. Fallwasser vor der Einleitung in den Schrotebach, Temp. gleichmässig 0° C.	21,6	1074	—	—	740
	do. B I	Knochenkohlegährwasser, Temp. 26° C.	54,5	359	189	1,3	0
	do. B II	Gereinigtes Abwasser vor der Einleitung in die Gegenstromkühler, Temp. 84—85° C.	42,4	4026	478	0,45	640
	do. B III	Gereinigtes Abwasser nach Ueberleitung über das Gradirwerk, Temp. 9° C.	0	2521	472	0,50	1280
	Schackensleben I a	Gereinigtes Abwasser vor der Einleitung in die Gegenstromapparate, Temp. 72° C.	55,2	804	45	0,41	0
	do. I b	Dasselbe, Temp. 88° C.	62,0	16315	423	0,60	0
	do. I c	Dasselbe, Temp. 89° C.	71,0	1655	439	0,57	232

l e II.

schaffenheit der Gährwässer.

Von den Gährwässern sind nur die bei höherer Temperatur
enthält die der Columne 3 entsprechenden Mengen Sauerstoff (O) für die 10fach verdünnten Gährwässer,
aus der gelösten organischen Substanz erhaltenen Kohlensäure entsprechend Columne 2.

11. Schwefelwasserstoff mg	12. Gehalt an CaO mg	16. Geruch	17. Mikroskopischer Befund	18. Mikroskop. Befund der mit CO_2 behandelten Gährwässer	19. Geruch bei 30° Celsius	20. Ammoniak mg	21. Salpetrige Säure mg	22. Schwefelwasserstoff mg	23. Organische Substanzen O (Col. 3) mg	24. Organische Substanzen CO_2 (Col. 2) mg
0	1065	ammoniakalisch	sehr wenig Lebendes, keine Bacterien	nicht zahlreiche Infusorien und Bacterien	schwach faulig ammoniakalisch	64,8 m 44,2 o	0,15 o 0,1 m	0		970
0	131,6	unangenehmer wie I	Bacterien, Bacillen, Infusorien	Bacterien etc. in bedeutend vermehrter Menge	sehr faulig	21,1 m 15,0 o	0,1 o 0,1 m	0		
0	458	ammoniakalisch	sehr wenig Lebendes, besonders wenig Bacterien	bedeutende Vermehrung	schwach faulig	115,6 o	0,87 o 0,1 m	0		
schwache Reaction	0	sehr faulig	viel Bacterien, Amöben etc.	starke Vermehrung	stinkend	69,2 m 70 o	0,07 o 0,45 m	vorhanden		460 115
0	0	ohne Geruch	keine Bacterien	ebenso	ohne Geruch	0,7	0,6 o	0		
0	583	ammoniakalisch	todte Bacterien	lebende Bacterien nicht sehr zahlreich	deutlich faulig	27,2 m 13,6 o	0,64 m 0,38 o	0		486
0	274	do.	wenig lebende Bacterien	Bacterien sehr viel zahlreicher	do.	6,8 m 5,1 o	2,0 m 1,3 o	0	347	
0	229	do.	lebende Bacterien	ebenso	do.	9,5 m 8,1 o	0,3 o	0		
schwache Reaction	0	faulig	alle möglichen Bacterien und Infusorien zahlreich	dieselben noch zahlreicher	sehr belästigend	11,5 o 23,2 m	Spur	vorhanden		
0	495,6	ammoniakalisch	Bacterien todt							
0	152	unangenehm ammoniakalisch	viele Bacterien und Bacillen lebend	nicht vermehrt	immer noch unangenehm	8,3 m 6,6 o	Spur m 0,3 o			1821
0	420	ammoniakalisch	wenig Bacterien	wenig vermehrt	etwas, aber nicht bedeutend stinkend	40,1 m 25,6 o	0,1 m 0,1 o	0		
0	449	do.	äusserst wenig Bacterien					0		
0	568,3	do.	do.		schwach faulig			0		695

System	Name der Fabriken	Art des untersuchten Wassers	9. Gesammt-Stickstoff mg	Organische Substanz			
				2. Daraus CO_2 mg	3. Erford. O mg	4. C : O O = 1	5. Rohrzucker mg
Knauer	Schackensleben II a	Gereinigtes Abwasser nach Ueberleitung über ein Gradirwerk, correspondirend mit Probe I a, Lufttemperatur	13,6	1551	400	0,58	0
	do. II b	Dasselbe, correspondirend mit Probe I b und I c, Lufttemperatur	20,2	1025	349	0,70	64
	do. III	Teichwasser, enthaltend gereinigtes Abwasser und ungereinigtes Fallwasser	23,7	216	79	0,82	0
Alex. Müller	Gröbers I	Schmutzwasser nach Ablauf aus den Gährbassins und Kalkzusatz, vor Ablauf auf die Rieselfelder, excl. Fallwasser, Temp. 5° C.	24,4	165	26	0,48	Spur
	do. II	Abflusswasser aus den Drains, Temp. 3° C.	13,9	172	14	0,44	344
Elsässer	Landsberg I	Schmutzwasser vor Ablauf auf die Rieselfelder, Temp. 9° C.	8,9	37	19	1,20	Spur
	do. II	Abflusswasser aus den Drains, Temp. 4 bis 5° C.	7,2	28	9	0,76	do.
	Riotzsch I	Betriebswasser	2,7	15	0,5	0,38	0
	do. II	Schmutzwasser vor Einfluss in die Gährbassins, Temp. 30,5° C.	14,9	131	67	1,3	0
	do. III	Abflusswasser aus den Drains, Temp. 3° C.	10,4	29	4	0,42	Spur
Besondere Verfahren	Körbisdorf I	Betriebswasser (Grubenwasser), Temp. 12° C.	2,3	22	3	0,49	0
	do. II	Gereinigtes Abfallwasser ohne Fall- und Kohlenhauswasser, Temp. 26° C.	18,5	511	141	0,38	0
	do. III	Vereinigte Kohlenhauswässer (nach Gährung), Temp. 45° C.	93,2	96	38	0,82	0
	Stöbnitz I	Betriebswasser (Grubenwasser), Temp. 8° C.		40	5	0,46	0
	do. II	Gereinigtes Abwasser nach der Berieselung ohne Fallwasser, Temp. 6° C.	2,2	57	6	0,44	0

Fortsetzung.

11. Schwefelwasserstoff	12. Gehalt an CaO	16. Geruch	17. Mikroskopischer Befund	18. Mikroskop. Befund der mit CO_2 behandelten Gährwässer	19. Geruch	20. Ammoniak	21. Salpetrige Säure	22. Schwefelwasserstoff	23. O (Col. 3)	24. CO_2 (Col. 2)
					Gährwässer — bei 30° Celsius				Organische Substanzen	
mg	mg					mg	mg	mg	mg	mg
0	28	schwach faulig	viele Bacterien und Bacillen	vermehrte Anzahl derselben	noch nach Monaten schwach faulig	10 m / 5 o	0,15 m / 0,25 o	0	245	
0	207,8	do.	zahlreiche Bacterien, aber nicht wie in Sch. II a	do.	deutlich faulig	7,6 m / 4 o	0,05 m / 0,1 o	0	25	
schwache Reaction	127,6	stinkend	äusserst zahlreiche Bacterien und Infusorien	do.	stinkend	34,3 m	0,5 m / 0,35 o	vorhanden		128
starke Reaction	0	sehr unangenehm	sehr viel Bacterien etc.	keine Bacterien mehr	schwach	20 m / 24 o	5,7 m / 1 o	nicht mehr vorhanden	0	24
nicht so starke Reaction	0	unangenehm	weniger bedeutend wie bei I	do.	do.	5 m / 2 o	0,9 m / 5,5 o	do.	25	—
0	0	schwach ammoniakalisch	nicht zahlreiche Bacterien	Bacterien nicht nachzuweisen	fast geruchlos	10 m / 6 o	1,6 m / 1,6 o	0		
sehr schwache Reaction	0	ammoniakalisch	Bacterien etwas zahlreicher	keine Bacterien mehr	geruchlos	Spur / Spur	1,3 o	0	37	
0	0	geruchlos	keine Bacterien			Spur	0,7 m / 1,6 o	0		
sehr schwache Reaction	28	schwach unangenehm	ziemlich viele Bacterien	viele Infusorien, wenig Bacterien	schwächer	15 m / 15 o	0,1 m / 2,2 o	0		
do.	0	fast unmerklich	wenig Bacterien	Bacterien nicht mit Sicherheit nachzuweisen	unmerklich	2 m / 8 o	2,7 m / 3,2 o	0	24	
0	132	unbedeutend	wenig Bacterien, mehr Infusorien	vermehrtes organ. Leben				0		
0	42	ammoniakalisch	sehr wenig organ. Leben	etwas, aber nicht sehr vermehrt	faulig	0,4 m / 0,6 o	0,4 m / Spur o	0		
starke Reaction	176	sehr unangenehm faulig	viel Bacterien etc.	verminderte Anzahl derselben	weniger unangenehm	109,8 m / 81,7 o	0,7 m / 2,7 o	nicht mehr vorh.		
0	95	geruchlos	keine Bacterien					0		
0	120	do.	sehr wenige Bacterien	Bacterien nicht nachzuweisen	gänzlich geruchlos	Spur	0,8 m / 0,75 o	0	21	

Wässern von Altenau, Magdeburg B; am geringsten in Stöbnitz, Gröbers, Landsberg, Roitzsch.

5. Am kohlenstoffreichsten (den Eiweissstoffen nahestehend) ist die gelöste organische Substanz in Altenau, Oschersleben.

In den übrigen Wässern ist dieser Kohlenstoffgehalt ziemlich gleichmässig. Dies scheint mit dem verhältnissmässig bedeutenden Gehalt an Stickstoff in Beziehung zu stehen.

6. In dem Schwefelsäuregehalt machen sich keine bedeutenden Unterschiede geltend.

7. Schwefelwasserstoff findet sich in den Knochenkohlen-Gährwässern (Magdeburg B I und Körbisdorf III), sowie in den Wässern von Gröbers in grösserer Menge. Geringe Mengen waren enthalten in Oschersleben II, Schackensleben III, Landsberg II, Roitzsch II und III. In den 4 letzten Fällen war der chemische Nachweis undeutlich, und Schwefelwasserstoff nur im Absatze als Schwefeleisen oder durch das Vorhandensein der Beggiatoa nachzuweisen. Es waren offenbar die letzten Spuren der fast beendeten Gährung, wenigstens in den Wässern von Landsberg und Roitzsch.

8. Die Alkalinität ist in den nach Knauer gereinigten Wässern besonders gross, nimmt aber nach dem Gradiren sehr beträchtlich ab; gleichzeitig vermehrt sich die Menge der suspendirten Stoffe.

9. Der Eindampfrückstand ist am grössten in dem nach Knauer gereinigten Wasser. Nach dem Gradiren und Verdünnen mit Fallwasser nimmt er ganz bedeutend ab, kommt aber niemals auf so niedrige Zahlen, wie sie die Wässer von Gröbers, Stöbnitz, Roitzsch, Körbisdorf und Landsberg aufweisen. Wahrhaft exorbitante Zahlen weisen die gereinigten Wässer von Magdeburg B II und III, abgesehen von I, auf und erklären sich dieselben wohl durch die stete Wiederbenutzung des Wassers.

10. Bei den suspendirten organischen Stoffen machen sich bedeutende Unterschiede bei den verschiedenen Reinigungsverfahren nicht geltend.

Tabelle II.

Dieselbe enthält die hauptsächlichsten Zahlen der Tabelle I im Vergleich mit den bei der Untersuchung der Gährwässer enthaltenen. Desgleichen sind die mikroskopischen Eigenschaften, sowie der Geruch angeführt.

Es ergiebt sich bei der Beobachtung dieser Tabelle:

1. Die nach dem Knauer'schen Verfahren gereinigten Wässer zeigen in ihrem ursprünglichen Zustande, sobald sie stark alkalisch sind, nur geringen, nicht lästigen Geruch und nur Spuren organischen Lebens (Altenau I, II, Oschersleben I, Magdeburg A II, III, B II, III etc.

2. Sobald die Alkalinität fast oder ganz verschwunden ist (nach dem Gradiren), tritt ein fauliger Geruch auf und eine sehr lebhafte Entwicklung von Fäulnissfermenten beginnt (Oschersleben II, Schackensleben II a und II b).

3. Wird in den unter 1 aufgeführten Wässern die Alkalinität durch Einleiten von Kohlensäure künstlich aufgehoben, so gehen alle in mehr oder weniger intensive faulige Gährung über, deren Intensität ausser von der Temperatur noch von der stattgehabten Infection mit Fäulnissfermenten abhängt. Dieselbe findet im Freien viel leichter und vollständiger statt, und es gelang durch Stehenlassen der — kalkhaltigen oder entkalkten — Wässer in der Luft des Laboratoriums nicht, eine solche Gährung hervorzurufen, wie sie Oschersleben II und Schackensleben III an und für sich schon zeigten, wenngleich besonders die bei Altenau II beobachtete nahe hinreichte.

4. Im Gehalt an Ammoniak und salpetriger Säure sind grosse Unterschiede von den nach anderen Methoden gereinigten Wässern nicht zu erkennen; dasselbe gilt von der organischen Substanz der unverdünnten Wässer, die überall, auch wo Gährung nur in ge-

ringem Masse stattgefunden, abgenommen hatte. Die organische Substanz der — mit Wasserleitungswasser — verdünnten Wässer hat sogar etwas zugenommen.

5. Die verdünnten Wässer Altenau II, Magdeburg B III und Schackensleben III erwiesen sich als für junge Fische giftig wirkend.

6. Das Wasser Körbisdorf II, ursprünglich fast ohne organisches Leben, zeigte nach einiger Zeit einen schwach fauligen Geruch, verbunden mit einer schwachen Vermehrung der Organismen.

7. In den Wässern Stöbnitz und Landsberg ist nach der Gährung weder Geruch, noch sind Bacterien vorhanden. In Roitzsch sind Bacterien mit Sicherheit ebenfalls nicht mehr nachzuweisen. Es ist in all' diesen zuletzt benannten Wässern die Gährung somit in ihrem letzten Stadium gewesen und musste sie wegen Mangels an Nahrung in kürzester Frist zu Ende gehen.

Schwefelwasserstoff, wo er vorhanden gewesen, war zugleich verschwunden.

8. Die Wässer Stöbnitz III und Landsberg III waren jungen Fischen in keiner Weise schädlich."

„Wenn man die bisher im einzelnen aufgeführten analytischen Resultate und gezogenen Consequenzen zu einem Gesammtbilde von der Wirksamkeit der verschiedenen geprüften Wasserreinigungs-Verfahren ordnet, so ergiebt sich Folgendes:

1. Gänzlich tadellos ist keines der untersuchten Wässer, doch kommen diesem Zustande die Abwässer von Stöbnitz, in etwas aber wenig geringerem Grade von Landsberg und schliesslich die von Roitzsch sehr nahe. Die Menge der organischen Substanz in ihnen ist so gering, die des Stickstoffs desgleichen, dass von einer belästigenden Gährung selbst nach reichlicher Inficirung nicht mehr die Rede sein kann. Sämmtliche der angeführten Wässer wiesen bei ihrer Ankunft zwar noch geringe Mengen lebender Fäulnissfermente auf; ein belästigender Geruch ist aber damit auch bei weiterer Kultivirung in keiner Weise verbunden. Die Haltbarkeit ist eine absolute. Die Wässer Landsberg und Stöbnitz werden bei längerer Aufbewahrung im Gegentheil besser, während Roitzsch anfänglich eine geringe Verschlechterung zeigt. In allen Wässern ist der Gährungs- resp. Fäulnissprocess im letzten Stadium begriffen und muss im Freien in kürzester Zeit beendet sein.

Ohne Bedenken kann man die Abwässer dieser Fabriken auch kleineren Wasserläufen zufliessen lassen, zumal der Versuch gezeigt hat, dass junge Fische in den unverdünnten Wässern ohne Schädigung zu leben im Stande sind.

2. Das Abwasser der Zuckerfabrik Gröbers war noch in lebhaftester Gährung begriffen und enthielt etwas ansehnlichere Mengen organischer Substanz. Dagegen begann nach einigen Tagen eine Schwefelwasserstoff-Gährung, begleitet von der Entwicklung zahlreicher Fäulnissbacterien. Zwar kam die Gährung nach einiger Zeit vollständig zu Ende; doch wäre es, zumal das Wasser nach längerer Zeit einen üblen Geruch verbreitete, bedenklich gewesen, es in einen kleinen Wasserlauf fliessen zu lassen.

3. Der Geruch des Wassers Körbisdorf II war nach seiner Ankunft zwar nicht belästigend, auch war die Menge der vorhandenen Bacterien etc. nicht gross, aber die Haltbarkeit war eine geringe, indem sich besonders nach Ausfällung des Kalkes, eine ziemlich lebhafte faulige Gährung verbunden mit unangenehmem Geruch entwickelte. Es war somit von diesem Wasser eine Verunreinigung der Wasserläufe zu befürchten.

4. Die Knauer'schen Wässer endlich zeigten, sobald sie mit einer hohen Temperatur und hohem Kalkgehalt zum Abfluss gelangten, eine verhältnissmässig bedeutende Haltbarkeit, wenngleich dieselbe durchaus nicht eine absolute zu nennen war. Es stellte sich heraus, dass der Kalkgehalt in den Wässern Magdeburg A. III, B. III, Schackensleben Ia nicht vollständig die Entwickelung organischen Lebens zu unterdrücken im Stande war, wenngleich eine nennenswerthe Vermehrung der Organismen nicht stattfand. Dies hat Versuchsansteller früher schon dadurch zu erklären gesucht, dass die Infection der Wässer in Folge der hohen Ablauftemperatur und des Kalkgehalts fast vernichtet war. Ein Kriterium für die Schädlichkeit oder Unschädlichkeit eines solchen Wassers kann nicht der Umstand bilden, dass in demselben Fäulnissfermente sich finden resp. nicht finden, sondern vielmehr, ob sie sich darin weiter entwickeln oder nicht, ob sie eine faulige Gährung hervorrufen oder nicht. Dieselbe wird ausserdem je nach der Menge der anfänglich vorhandenen Fermentorganismen rasch oder langsam verlaufen. Einen werthvollen Anhaltepunkt für die Haltbarkeit der nach Knauer gereinigten Wässer hat man in der Beschaffenheit derselben nach dem Gradiren. Hier, wo die Temperatur der Entwickelung der Organismen günstiger wird, wo ferner der antiseptische Einfluss des Kalkes durch Ausfallen des grössten Theiles desselben wegfällt, zeigt es sich allerdings, dass die Wässer in mehr oder weniger intensiv faulige Gährung übergehen; einige der untersuchten Wässer kamen bereits in einem solchen Zustande an, andere nahmen in den Gährversuchen, besonders nach vorheriger Ausfällung des Aetzkalkes einen solchen bald an.

Im allgemeinen kann über die nach Knauer gereinigten Wässer gesagt werden, dass dieselben im ungradirten Zustande eine grosse, wenn auch keineswegs absolute Haltbarkeit besitzen, dass sie aber nach dem Gradiren, oder, nachdem sie ihren Gehalt an Kalk ganz oder fast vollständig eingebüsst haben, die ausgesprochene Neigung zeigen, in Fäulniss überzugehen. Alsdann sind sie bei dem im Vergleich zu den nach den in Stöbnitz, Landsberg und Roitzsch angewandten Reinigungsverfahren behandelten Wässern ausserordentlich hohen Gehalt an organischer Substanz und an Stickstoff im Stande, sowohl die Umgebung belästigende Gerüche zu verbreiten, als auch kleinere wie grössere Wasserläufe für häusliche Zwecke unverwendbar zu machen und in jenen ersteren der Fischzucht gefährlich zu werden.

Das Knauer'sche Verfahren erhält die Wässer nur so lange in ungefährlichem Zustande, als sie ihren Kalkgehalt bewahren. Es wäre also ohne Bedenken nur in solchen Fällen zu verwenden, wo die Abwässer sich in kürzester Frist nach ihrem Ablauf aus der Fabrik mit sehr grossen Mengen rasch fliessenden Wassers vermischten; aber auch dann würde, wie der mit Schackensleben III vorgenommene Gährversuch mit zehnfach verdünntem Wasser andeutet, die vollständige Oxydation der organischen Substanz unter Umständen eine sehr lange Zeit erfordern können.

Es muss aber hervorgehoben werden, dass durch das Knauer'sche Verfahren, wenn auch keine vollständige, so doch eine sehr beachtenswerthe Reinigung der Abwässer erzielt wird."

In derselben Weise hat M. Märcker die Abgangwässer der vorstehenden Zuckerfabriken untersucht und findet z. B. im Mittel für die Zusammensetzung der nach Knauer gereinigten Abwässer im gradirten und ungradirten Zustande folgenden Gehalt pro 1 Liter:

		Nicht gradirt mg	Gradirt mg	Differenz mg
CaO (Alkalinität)		578	185	— 339
Suspendirt . . .	organisch .	22	41	+ 19
	mineralisch	40	122	+ 88
	Summa . .	62	163	+ 107
Eindampfrückstand	organisch .	2197	2023	— 174
	mineralisch	1716	1520	— 196
	Summa . .	3913	3543	— 370
Organ. Substanz durch Oxydation		1354	1274	— 80
Reducirte Substanz		798	719	— 79
N als NH_3		27,52	13,69	— 13,83
N als sonstig		31,26	19,15	— 12,11
Summa		58,76	32,84	— 25,94
Salpetersäure		66,90	6,82	— 0,08
Schwefelsäure		115	123	+ 8

M. Märcker urtheilt über die Beschaffenheit des gradirten Knauer'schen Wassers wie folgt:

„Das gradirte Abflusswasser gleicht in Aussehen und Farbe dem nicht gradirten; es wird voraussichtlich weder durch seinen ihm im natürlichen Zustande innewohnenden Geruch, noch auch durch die Menge und Natur seiner suspendirten Stoffe lästig werden, dagegen ist dasselbe noch ebenso reich an oxydirbaren organischen Stoffen und an Zucker, wie das ungradirte Wasser. Sein Gehalt an Ammoniak und amidartigen Verbindungen ist noch immer sehr hoch, wenngleich derselbe durch das Gradiren etwas vermindert wurde. Im ganzen machten die Abflusswässer dieser Kategorie im frischen Zustande keinen ungünstigen Eindruck."

Weiter versuchte M. Märcker die Abflusswässer nach dem Rieselverfahren aus den Drains, sowie das der Zuckerfabrik Körbisdorf und fand für diese im Mittel im Vergleich zu dem nach Knauer's Verfahren gereinigten Wasser folgenden Gehalt pro Liter:

	Nach Knauer's Verfahren	Nach dem Rieselverfahren	Abflusswasser der Zuckerfabrik Körbisdorf
	mg	mg	mg
Alkalinität (Kalk)	185	8	163,2
Suspendirte Stoffe — organisch .	41	6	15
Suspendirte Stoffe — mineralisch	122	5	53
Suspendirte Stoffe — Summa . .	163	11	68
Abdampfrückstand — organisch .	2023	249	675
Abdampfrückstand — mineralisch	1520	637	510
Abdampfrückstand — Summa . .	3543	886	1185
Organ. Substanz durch Oxydation	1274	91	414
Reducirende Substanz	719	0	374
Stickstoff als NH_3	13,69	5,86	4,075
„ sonstig.	19,15	4,04	6,73
„ Summa	32,84	9,90	10,805
Salpetersäure	6,82	—	5,63
Schwefelsäure	123	86	130

M. Märcker hat auch die Abgangwässer auf ihre Haltbarkeit in kalkhaltigem und kalkfreiem d. h. mit Kohlensäure gesättigtem Zustande, sowie bei einer Temperatur von 20,6 und 10,5° C., ferner in zehnfach verdünntem Zustande geprüft und kommt zu folgenden Schlussfolgerungen:

1. Nach Knauer gereinigte Abflusswässer.

„Die Haltbarkeit der Knauer'schen Abflusswässser ist eine absolute, so lange dieselben ihren Kalkgehalt und damit ihre Alkalinität bewahrt haben; diese Haltbarkeit erstreckte sich bei den ausgeführten Versuchen über mehrere Monate.

Wenn man den Kalkgehalt der Knauer'schen Abflusswässer durch Kohlensäure ausfällt, so ist die Haltbarkeit derselben keineswegs mehr eine absolute zu nennen.

Bei einer Durchschnittstemperatur von 20,6° C. traten in dem unverdünnten Wasser schliesslich tiefeingreifende Zersetzungen ein, welche bei 5 von den angestellten Versuchen zur Bildung übelriechender, schädlicher und der Umgebung der Abflusswässer zweifellos lästiger Producte führten. Andererseits muss jedoch anerkannt werden, dass bei 7 Proben übelriechende Producte nicht entstanden und dass überhaupt die Menge und die Natur jener übelriechenden, in dem Knauer'schen Wasser auftretenden Producte keineswegs mit denjenigen zu vergleichen ist, welche man in den früheren Abflusswässern der Zuckerfabrik anzutreffen gewohnt war.

Bei einer Durchschnittstemperatur von 10,5° C. neigten die nach dem Knauer'schen Verfahren gereinigten Abflusswässer weit weniger zu einer Zersetzung, als bei obiger höherer Temperatur, indessen gingen auch bei dieser Temperatur noch einzelne derselben in übelriechende Zersetzungen über, — namentlich schienen hiervon diejenigen Proben betroffen zu sein, welche Knochenkohle-Gährwasser enthielten.

Eine Verdünnung des nach dem Knauer'schen Verfahren gereinigten Abflusswassers auf das Zehnfache hatte eine Zersetzung nicht ausgeschlossen, indessen waren nur bei den aus einer Fabrik, nämlich derjenigen zu Sckackensleben, kommenden Proben übelriechende und lästige Producte aufgetreten. Bei einer Wiederholung desselben Versuches in späterer Zeit traten auch hier keine übelriechenden Producte auf.

Die nach dem Knauer'schen Verfahren gereinigten Abflusswässer besitzen demnach zwar keine absolute Haltbarkeit, indessen dürfte ein Reinigungsverfahren, welches die Abflusswässer wenigstens eine gewisse Zeit vor Zersetzungen bewahrt, unter Umständen auch schon als ein wirksames zu bezeichnen sein.

Ueber diesen Punkt wurden nachstehende Beobachtungen gemacht.

Bei einer Durchschnittstemperatur von 20,6° C. siedelten sich in dem verdünnten, aber entkalkten Wasser innerhalb weniger Tage zahlreiche Zersetzungs-Organismen an. Eine Bildung von übelriechenden und schädlichen Producten fand jedoch innerhalb der ersten 10 Tage in keinem einzigen Falle statt — da, wo sie überhaupt stattfand, fällt sie in eine spätere Zeit. Offenbar sind es die in grosser Menge innerhalb einer längeren Zeit gebildeten Organismen, welche bei ihrem Absterben jene übelriechenden Producte erzeugen.

Bei einer Durchschnittstemperatur von 10,5° C. zeigten die Knauer'schen Flüssigkeiten einen bemerkenswerthen Widerstand gegen die Entwicklung von Zersetzungs-Organismen — übelriechende Producte entstanden während der ersten 10 Tage überhaupt nicht.

Auch in zehnfach verdünntem Zustande siedelten sich in dem nach dem Knauer'schen Verfahren gereinigten Abflusswasser sehr bald Zersetzungs-Organismen an, in keinem einzigen Falle entstanden jedoch innerhalb der ersten Tage übelriechende und belästigende Producte."

Das Gesammtresultat seiner Beobachtungen über das Knauer'sche Verfahren glaubt M. Märcker folgendermassen zusammenfassen zu können:

„Die betreffenden Abflusswässer enthalten zwar gährungsfähige Stoffe in ansehnlichen Mengen und es entwickelten sich in denselben unter Umständen schneller oder langsamer Zersetzungs-Organismen, indessen führte das Leben und die Vermehrung derselben in den ersten Tagen nicht zur Bildung übelriechender und lästiger Producte; nach längerer Zeit traten allerdings in mehreren Fällen übelriechende Producte auf.

Durch eine zehnfache Verdünnung des Wassers wurde zwar die Zersetzung nicht aufgehalten, aber es erfolgte doch die Bildung übelriechender Producte seltener.

Würde sich dieses Verhalten in der Praxis wiederholen, so könnte man das Knauer'sche Verfahren wohl als ein brauchbares bezeichnen, indessen nimmt Versuchsansteller Anstand, solches nach seinen Laboratoriumsversuchen allein auszusprechen, da die Verhältnisse in der Wirklichkeit möglicher Weise eher zu Zersetzungen führen können, als dasselbe bei den Laboratoriumsversuchen geschah; ebenso können allerdings die Verhältnisse in der Praxis unter Umständen auch günstiger liegen".

„2. Die nach dem Rieselverfahren gereinigten Abflusswässer.

„Die nach dem Rieselverfahren gereinigten Abflusswässer der Zuckerfabriken Roitzsch und namentlich Landsberg und Stöbnitz zeigten im ursprünglichen Zustande eine sehr befriedigende Reinheit und einen sehr niedrigen Gehalt an solchen Verbindungen, welche zu

einer Zersetzung neigen könnten, dagegen war das zur Untersuchung eingelieferte Abflusswasser der Zuckerfabrik Gröbers reich an zersetzungsfähigen organischen Stoffen und auch
schon im Augenblick der Probenahme offenbar in lebhafter Zersetzung begriffen, so dass
dieses Wasser mit Bestimmtheit als ein sehr mangelhaft gereinigtes bezeichnet werden
muss.

Die nach dem Riesel-Verfahren gereinigten Abflusswässer besassen sämmtlich einen
niedrigeren Gehalt an organischen und mineralischen Stoffen, als die nach dem Knauer'-
schen Verfahren gereinigten. Indessen lehrt das Beispiel der Zuckerfabrik Gröbers, dass
dieser Umstand nicht allein massgebend ist, da das an organischen und Mineralstoffen
ärmere Wasser der Zuckerfabrik Gröbers schneller in Zersetzung überging und übelriechende
und schädliche Producte in weit grösserer Menge lieferte, als sämmtliche Abflusswässer des
Knauer'schen Verfahrens.

Ueber die Haltbarkeit der Rieselwässer liegen folgende Beobachtungen vor. Bei einer
Durchschnittstemperatur von 20,6° C. waren die Rieselwässer von Landsberg und Stöbnitz
von einer fast absolut zu nennenden Haltbarkeit, während dasjenige von Roitzsch in
einen mässigen, dasjenige von Gröbers aber in einen hochgradigen, von der Bildung übelriechender und lästiger Producte begleitenden Zustand der Zersetzung überging. Bei einer
Durchschnittstemperatur von 10,5° C. zeigten die Abflusswässer von Landsberg und Stöbnitz
dieselbe gute Haltbarkeit und auch dasjenige von Roitzsch befriedigte vollkommen. Das
Abflusswasser der Zuckerfabrik Gröbers war indessen, trotzdem es bei sehr niedriger Temperatur zur Untersuchung eingeliefert wurde, schon im Augenblick der Einlieferung in voller
Zersetzung begriffen.

Im zehnfach verdünnten Zustande hielt sich das Abflusswasser der Zuckerfabrik Gröbers ohne die Bildung übelriechender Producte, die Abflusswässer von Roitzsch, Landsberg
und Stöbnitz befriedigten auch hier vollkommen."

Das Schlussresultat seiner Beobachtungen über die Rieselwässer fasst
M. Märcker wie folgt zusammen:

„Die Abflusswässer von Landsberg und Stöbnitz befriedigten in allen
Beziehungen die weitgehendsten Ansprüche, da sie sich sowohl bei höherer
wie bei niedrigerer Temperatur, sowohl im concentrirten wie im verdünnten
Zustande dauernd unverändert hielten; das Abflusswasser der Zuckerfabrik
Roitzsch ging zwar bei höherer Temperatur schliesslich in faulige Zersetzungen über, zeigte dagegen bei niedrigerer Temperatur eine bemerkenswerthe Haltbarkeit.

Vorstehende Resultate müssen, wenn sie sich in der Praxis bestätigen,
sehr günstige genannt werden.

Dagegen war die Reinigung des Abflusswassers durch das in der Zuckerfabrik Gröbers ausgeübte Verfahren eine sehr mangelhafte".

3. Das Abflusswasser der Zuckerfabrik Körbisdorf.

„Dieses Wasser stand in seiner Zusammensetzung den nach dem Knauer'-
schen Verfahren gereinigten Abwässern sehr nahe. In seiner durchschnittlichen Haltbarkeit blieb es jedoch hinter denselben weit zurück."

Mikroskopi-
sche Unter-
suchung. Was die mikroskopische Untersuchung von Prof. F. Cohn anbelangt, so liess derselbe die gröberen Verunreinigungen des Wassers sich
zunächst absetzen und untersuchte, indem er Reaction, Farbe, Durchsichtig-

keit, Geruch des Wassers, Menge, Beschaffenheit des Absatzes notirte, den Absatz anfänglich tagtäglich mikroskopisch; dann verfolgte er das Verhalten der verschiedenen Wässer gegen eine mineralische Bacterien-Nährlösung (Pasteur'sche Nährlösung) und gegen eine Lösung von Malzextract in destillirtem Wasser (1 : 10).

Die Ergebnisse, zu denen F. Cohn gelangte, sind folgende:

„A. Reinigung durch Zusatz einer Base (Kalk) zum Abwasser.

1. Durch Zusatz einer Base werden alle in den Abwässern vorhandenen mechanischen Verunreinigungen, mögen dieselben nun organischer Natur oder Organismen sein, niedergeschlagen; das Wasser wird und bleibt völlig klar, so lange dasselbe alkalisch reagirt; lebende Organismen irgend welcher Art entwickeln sich nicht darin; auch vermag das Wasser in Nährlösungen in der Regel keine Trübung zu erregen, ist demnach als keimfrei zu betrachten oder enthält doch nur äusserst spärliche Bacterienkeime.

2. In allen obigen Fabriken wird jedoch bei weiterem Verlauf der sogenannten Reinigung die zugesetzte Base nach einiger Zeit neutralisirt, vermuthlich der Aetzkalk in kohlensaures Calcium durch Aufnahme von Kohlensäure aus der Luft oder aus dem zur Vermischung gebrauchten Wasser umgewandelt, und das Abwasser alsdann neutral.

Hierbei tritt vor allem eine langanhaltende Trübung des Wassers durch krystallinische Ausscheidungen ein, sowie Vermehrung des Absatzes und Bildung eines krystallinischen Häutchens an der Oberfläche.

3. Durch den Zusatz der Base werden die meisten in Fäulnissprocessen sich entwickelnden Organismen, insbesondere Mycelpilze und Infusorien, dauernd beseitigt, weil vollständig getödtet; sie entwickelten sich daher auch nicht in dem neutral gewordenen Abwasser.

4. Gewisse Arten von Bacterien dagegen werden durch den Zusatz der Base nicht, oder doch nicht vollständig getödtet, sondern nur ihre Vermehrung in dem alkalischen Wasser unmöglich gemacht; auch nachdem das Wasser neutral geworden, findet im Wasser selbst nur eine geringe Vermehrung der Bacterien, kein intensiver, mit Fäulnissgeruch etc. verbundener Fäulnissprocess statt; in Nährlösungen jedoch bewirkt das neutrale Wasser Bacterientrübung.

5. Dagegen enthält der Absatz auch im alkalischen Wasser entwickelungsfähige Keime von Bacterien, welche in Nährlösungen sich sofort reichlich vermehren; sobald das Wasser neutral geworden ist, vermehren sich die Keime im Absatz selbst sehr reichlich, so dass dieser eine ergiebige Quelle für Fäulnisserregung abgiebt.

6. Auch an der Oberfläche des Wassers in dem krystallinischen Häutchen vermehren sich die Bacterien, sobald das Wasser neutral reagirt, wenn es auch nie zur Bildung eigentlicher Bacterienschleimhäute kommt.

7. Die im Wasser enthaltenen fäulnissfähigen organischen Stoffe werden durch den Zusatz der Base nicht derart verändert, dass dieselben zu späterer Zersetzung durch Fäulniss unfähig gemacht würden; vielmehr können dieselben im weiteren Verlauf des Reinigungsverfahrens in solche Verhältnisse gelangen, dass dieselben der intensivsten Fäulniss unterliegen. Dies wurde beobachtet im Oscherslebener Wasser vom Abflussgraben beim Gradirwerk; Schackenslebener Teichwasser enthält gereinigtes Abwasser und ungereinigtes Fallwasser. Derartige Zustände sind offenbar für die öffentliche Benutzung der Wässer nicht geeignet.

8. Von den Fabriken Altenau, Körbisdorf und Magdeburg sind dem Versuchsansteller Wasserproben zugeschickt worden, welche beim Empfang noch alkalisch reagirten und erst nach einiger Zeit durch Sättigung der freien Basen mit Kohlensäure neutral wurden.

Hier wurde zwar die reichliche Anwesenheit lebender Bacterien im Absatz und an der Oberfläche, sowie die Trübungen der Nährlösungen durch Absatz und in geringerem Grade auch
durch das Wasser selbst constatirt, doch fand kein intensiver Fäulnissprocess statt (vergl. 4).
Ob durch Einleitung dieser gereinigten Abwässer in grössere Wasserläufe ähnliche Zustände
eintreten wie in Oschersleben und Schackensleben, darüber fehlte es F. Cohn an einem Anhalt.

9. Von den hier besprochenen Fabriken ist nur von einer (Oschersleben) das
Betriebswasser zugesetzt; dieses zeigte die gewöhnlichen Verunreinigungen nicht vollständig
von Licht und Luft abgeschlossener Brunnen, war aber sonst als unbedenklich zu bezeichnen.

B. Reinigung durch Ueberrieselung.

1. Die Schmutzwässer von Landsberg, Roitzsch und Gröbers vor Ablauf in die Rieselfelder befanden sich im Zustande intensiver Fäulniss, welche sich nicht blos durch eine unendliche Vermehrung von Bacterien, Monaden und Protozoen der Fäulniss, durch Bildung von
Zoogloeaflocken und farblosen Leptothrixmassen, die sich zu schwärmenden Gallerthäuten
an der Oberfläche und am Boden ansammeln, sondern auch durch milchige Trübung, stinkenden Geruch, Entwickelung von Schwefelwasserstoffgas, durch Ausscheiden von Schwefeleisen und in Gröbers selbst durch Abscheidung von Schwefelpulver aus den Sulfaten der
Abwässer kennzeichnet; sie sind in diesem Zustande zu öffentlicher Benutzung ungeeignet.

2. Aber auch die Abflusswässer aus den Drains befinden sich noch im Zustande intensiver Fäulniss, so dass der Boden den Abwässern weder die fäulnissfähige Substanz
noch auch die Fäulniss erregenden Organismen in ausreichendem Masse entzogen hat; sie
sind in diesem Zustande ebenfalls für die öffentliche Benutzung nicht geeignet.

3. Allerdings kommen die Fäulnissprocesse in den Abflusswässern nach einiger Zeit
zu Ende, wenn die darin enthaltenen gährungsfähigen Stoffe zersetzt sind; das Wasser, das
bis dahin stinkend und milchig war, wird dann klar und es entwickeln sich in ihm grüne
und braune Algen, zumeist Conferven und Diatomeen, wie sie das gewöhnliche Graben- und
Bachwasser charakterisiren. In Landsberg und Roitzsch, wo das Wasser offenbar stark
eisenhaltig ist, entwickeln sich nach Beendigung der Fäulniss die Brunnen-Filzmassen der
Lyngbya ochracea, welche schwimmende Gallerthäute und Flocken bildet.

4. Die Reinigungsmethode in Stöbnitz bietet insofern abweichendes, als die vereinigten
Kohlenhauswässer ohne vorhergehende Gährung mit Salzsäure und Soda gekocht werden; sie
zeigen in Folge dessen zuerst nur getödtete Bacterienmassen zwischen den Kohlenbröckchen;
doch befinden sich darunter auch lebensfähige Keime, welche nach einiger Zeit sich vermehren
und insbesondere im Absatz reichlich umherschwärmen; dieser bewirkt auch Trübung der
Nährlösungen.

Nach der Berieselung zeigen die Abflusswässer von Stöbnitz sich im Zustand der
Fäulniss, wenn auch vielleicht minder intensiv als die in den anderen Fabriken; erst wenn
diese beendet ist, zeigt das Wasser normalere Eigenschaften, entwickelt grüne Algen und
— als Zeichen seines Eisengehalts — die braunen Filzmassen der Lyngbya ochracea.

5. Die dem Versuchsansteller zugeschickten Proben der Betriebswässer von Roitzsch
und Stöbnitz zeigten, die erstere vorzügliche, die zweite normale Beschaffenheit.

C. Kohlengährwässer.

Von den Fabriken Körbisdorf und Magdeburg Rudolph & Co. wurden Proben von
„vereinigten Kohlenhauswässern nach der Gährung“, resp. von „Knochenkohlengährwasser“
untersucht.

1. Die gegohrenen Kohlenhauswässer befinden sich nach der Gährung noch im Zustande intensiver Fäulniss, die sich durch unendliche Vermehrung verschiedener Bacterienarten kennzeichnet und sie in diesem Zustand zu öffentlicher Benutzung ungeeignet macht.

Merkwürdig ist das Auftreten eigenthümlicher Formen, die wohl mit specifischen Fermentationen zusammenhängen; in Körbisdorf ein Micrococcus, der an den Essigpilz erinnert, in Magdeburg ausserdem auch ein Kahmpilz, der eine pulvrige Kahmhaut bildet und gemeinsam mit den Bacterien das Wasser selbst milchig trübt.

2. Das zur Untersuchung eingesendete Betriebswasser von Körbisdorf ist mechanisch durch Kohlentheilchen verunreinigt, sonst aber frei von Organismen."

D. Vergleichung der Reinigungsverfahren.

„Die Beantwortung der gestellten Frage: Auf welcher Zuckerfabrik sind durch das Reinigungsverfahren die relativ günstigsten Resultate erzielt? ist dadurch unmöglich gemacht, dass in keinem der untersuchten Fälle die Abwässer in normale Beschaffenheit zurückgebracht worden sind. Denn wie schon erwähnt, befinden sich die Abflusswässer der Berieselungsmethode noch im Zustande intensiver Fäulniss und erlangen erst nach Beendigung derselben normalere Beschaffenheit.

Die durch Zusatz einer Base alkalisch gemachten Abwässer sind zwar von Fäulnissprocessen frei und enthalten selbst keine oder nur Spuren von Fäulniss erregenden Organismen, während die Absätze reich an letzteren sind. Auch die durch Bildung unlöslicher Carbonate neutral gewordenen Abwässer sind zwar reicher an Fäulniss erregenden Organismen, gestatten jedoch nicht das Auftreten intensiver Fäulnissprocesse im Wasser. Die Erscheinungen von Oschersleben und Schackensleben zeigen jedoch, dass die Reinigung durch Zusatz der Base keine dauernde ist, und dass durch Einleitung der gereinigten Wässer in andere Wasserläufe noch nachträglich sehr intensive Fäulnissprocesse auftreten können.

Sollte, was sich aus den vorgelegten Proben nicht erkennen lässt, ein solches nachträgliches Faulen bei dem Verfahren von Altenau, Körbisdorf und Magdeburg vermieden werden, so würden diese die relativ günstigsten Resultate ergeben haben.

Da, wie sich herausgestellt, das alkalisch reagirende (Kalk-) Wasser klar und im allgemeinen keimfrei, während der Absatz an Keimen und fäulnissfähiger Substanz reich ist, so würde eine vollständige Entfernung des letzteren, durch Absetzen oder Abfiltriren möglicherweise die in einzelnen Fabriken zu Tage gekommenen Uebelstände einschränken, vielleicht beseitigen. Die Gradirwerke wirken den antiseptischen Eigenschaften des Kalks offenbar entgegen, indem sie die Bildung von Carbonaten beschleunigen. Ob die bei dem Knauer'schen Verfahren zugefügten Manganverbindungen und die erhöhte Temperatur einen wesentlichen, insbesondere einen andauernden reinigenden Einfluss haben, liess sich aus den zugeschickten Abwässerproben nicht erkennen.

Die Benutzung der Abwässer zur Berieselung kann insofern mit diesem Namen eigentlich nicht bezeichnet werden, als der wesentlichste Factor der

Rieselwirthschaft, die Vegetation bei der vorzugsweise im Winter stattfindenden Thätigkeit der Zuckerfabriken ausser Betracht kommt und daher nur die Absorption und Filtration des Bodens wirksam sein kann; dass beides nicht in ausreichendem Masse geschieht, scheinen die mikroskopischen Untersuchungen der Drainwässer zu ergeben. Ob im Freien bei der niedrigeren Temperatur unserer Winter die Fäulniss derselben vielleicht bedeutend langsamer und daher minder übelständig vor sich geht, als in der 15—20° C. erreichenden Luft des Laboratoriums, lässt Versuchsansteller unentschieden. Dass andererseits durch die Beendigung des Fäulnissprocesses in den Abwässern diese wieder normale Eigenschaften annehmen, wo ihr Ablassen in die Wasserläufe keinerlei Bedenken erregen kann, zeigt die mikroskopische Beobachtung zweifellos an."

Ein durchschlagendes Ergebniss haben demnach diese Reinigungs-Versuche noch nicht geliefert. Während das Schlussgutachten der Commission (bestehend aus Regierungs-Assessor Schow, Gewerberath Dr. Süssenguth und Director Julius Engel etc.) dahin lautet, dass ein rationell eingerichtetes und betriebenes Ueberrieselungs- und Aufstauverfahren nach vorgängiger natürlicher Abgährung der Abwässer, wie solches nach dem System Elsässer auf der Zuckerfabrik Roitzsch und Landsberg eingerichtet ist, relativ am meisten, sofern dazu geeignete Ländereien zu Gebote stehen, empfohlen zu werden verdient, spricht sich die Königlich technische Deputation für Gewerbe dahin aus, dass durch das Knauer'sche Verfahren diejenige Grundlage gewonnen zu sein scheint, auf welcher weiter zu arbeiten ist.

Nach den unter „städtischem Abgangwasser" gemachten Begründungen muss man unbedingt dem ersteren Schlussgutachten der Sachverständigen-Commission zustimmen, nämlich, dass im Princip die Berieselung die beste Reinigung herbeizuführen im Stande ist, dass sie bei den Zuckerfabrikabwässern nur um desswillen ihre Schwierigkeiten und keine hinreichende Wirkung hat, weil dieselbe in einer Zeit vorgenommen werden muss, wo keine oder nur eine geringe Vegetation vorhanden ist.

Müller's Verfahren. Ausserdem ist zu diesen Untersuchungen zu bemerken, dass das Verfahren von Alex. Müller auf der Zuckerfabrik Gröbers nicht ganz, sondern nur theilweise zur Anwendung gekommen ist; man hat geglaubt, sich von der vollständigen Durchführung dispensiren zu dürfen, weil die durch die theilweise Durchführung erzielten Resultate genügten und die Fabriken (ausser Gröbers noch die Zuckerfabriken von Zeising & Co. und W. Knauer & Co. in Schwoitsch) gegen die früher erhobenen Beschwerden der Interessenten völlig schützten[1]).

---

[1]) Nach einem mir aus „Die deutsche Zuckerindustrie" (1879) eingesandten Separatabzug.

Es mag daher das Verfahren und seine Begründung nach den Ausführungen des Patentinhabers Herrn Prof. Dr. Alex. Müller selbst hier ausführlich nachgetragen werden. Das Verfahren geht von folgenden Gesichtspunkten aus:

Während die landläufige Desinfection der Abwässer darauf ausgeht, die Thätigkeit der genannten Organismen zu verhüten oder zu hemmen, zielt umgekehrt das Müller'sche Verfahren darauf ab, dieselbe vorbedacht und planmässig für die Ausfällung und Mineralisirung der Abfallstoffe auszubeuten, vor allem für diejenige der sogenannten Kohlehydrate und ähnlicher stickstofffreier oder stickstoffarmer organischer Substanzen, aber im allge_meinen jedweder solcher Substanz, welche sich der Ausfällung und Absorption durch Chemikalien und durch den Erdboden entzieht oder deren Conservirung durch Antiseptica zu theuer kommt, bezügl. zu ephemer ist. Je nach der Natur der zu mineralisirenden organischen Substanz umfasst das Müller'sche Verfahren folgende Massregeln:

a) Herstellung der günstigsten chemischen und physikalischen Vorbedingungen durch Verdünnung, durch Aufhebung der sauren oder alkalischen Reaction, durch Abkühlung oder Erwärmung;

b) Ansiedlung der gewünschten Parasitorganismen (Fermente);

c) Zweckmässige Ernährung derselben durch Zusätze von eiweissartigen oder vice versa von zuckerartigen Stoffen, ferner von Phosphorsäure, Ammoniak, Kali u. s. w., oder durch Beseitigung giftiger Stoffe z. B. Kupfer, schwefliger Säure u. s. w., ferner durch Abhaltung oder Zuführung von atmosphärischem Sauerstoff, letztere namentlich durch Bodendrainage in der Weise, dass, wie die Saugdrains am unteren Ende frei, zur Abführung des Wassers, ausmünden oder durch einen Sammeldrain verbunden werden, dieselben auch nach obenhin frei mit der Atmosphäre communiciren können, so oft es im Interesse des Nitrifikationsprocesses für nothwendig und dienlich erachtet wird;

d) Isolirung der Mineralisirungsorganismen von der Umgebung durch passende Einschliessung und Bedeckung der betreffenden Abwässer;

e) Beseitigung der Gährungs- und Fäulnissgase durch Bodenabsorption.

Bei der Ausführung des Verfahrens ist in den Abwässern, welche von störenden Beimengungen durch Sedimentation bezw. Filtration befreit worden sind, unter Umständen auch selbst in einem und demselben Etablissement je nach ihrer verschiedenen Entstehung und Zusammensetzung getrennt zu behandeln sind, zunächst die günstigste Temperatur für die Entwicklung der hefenartigen Organismen herzustellen und soweit möglich, während ihrer Wachsthumsperiode einen oder mehrere Tage zu erhalten.

In Zuckerfabriken erfolgt die Erwärmung durch Condensationswasser, in anderen Fabriken durch Dampf oder sonstige abgehende Wärme, nöthigenfalls durch besondere Heizung. Eine Erwärmung über 40° C. ist sorgfältigst zu vermeiden.

Durch Einschliessen und Bedecken mit schlechten Wärmeleitern lässt sich verhüten, dass die Abkühlung vorzeitig unter 25° C. fortschreitet.

In chemischer Beziehung hat man für Fernhaltung oder Beseitigung aller solcher Stoffe zu sorgen, welche der Entwicklung der mehrgenannten Organismen nachtheilig sind, also aller antiseptischer Stoffe, wie Theeröle, schwefliger Säure, der Kupfer-, Eisen- und anderer Schwermetallsalze. Starke Säuren, wie Salz-, Salpeter-, Schwefelsäure, desgleichen entstandene Milchsäure, werden durch Kalk oder Natron (als Hydrat oder Carbonat) vollständig neutralisirt; ein Ueberschuss von kaustischem fixen Alkali ist zu vermeiden.

Besondere Aussaat von hefeartigen Organismen ist nur selten nöthig. Sie geschieht meist ausreichend durch die zahllosen Keime derselben, welche in der Atmosphäre schweben und zur Ansiedlung auf günstigem Boden bereit sind, und erfolgt überdies nebenher noch durch die organischen Zusätze, welche zur Herstellung eines passenden Nährstoffverhältnisses in Form von Fleisch, Blut, Leim, Kleber, menschlichen Exkrementen u. s. w. gegeben werden. Andernfalls benutzt man Hefe, Composterde und dergl. Von unorganischen Stoffen sind nach Bedarf Ammon-, Kali- und Phosphorsäuresalze anzuwenden. Als Norm gilt eine Correction des Stickstoffgehaltes auf 1 % der organischen Substanz im Abwasser.

Was von den Hefenorganismen nicht während des Defäkationsprocesses in den Bodensatz gebracht worden ist, wird abfiltrirt, oder mit Hülfe von nitrificirenden Organismen verbrannt.

Die mechanischen und bautechnischen Einrichtungen für das Verfahren sind ausserordentlich einfach.

Sie bestehen in drei bis vier Bassins von wenigstens 1 m Tiefe für die Digestion und Defäkation des Abwassers; dieselben müssen zusammen mindestens eine volle Tagesproduction des Abwassers fassen können und continuirlichen Zu- und Abfluss haben. Sie werden aus dem Boden ausgehoben und erhalten eine schwimmende Decke aus porösen Materialien (Stroh, Spreu, Schaum u. s. w.) zur Erschwerung der Abkühlung und Abdunstung.

Etwa lästig werdende Fäulnissgase, wie lästige Gase und Dämpfe überhaupt, werden dadurch beseitigt, dass sie in ein System von Drainröhren getrieben werden, welches so in ein Feld eingelegt ist, dass es in der Regel trocken bleibt oder doch nie ganz voll Wasser läuft.

Den Bassins schliessen sich in beliebiger Entfernung Filter aus Koaksstaub, Kohle, Sand oder gewaschenem Boden an, welche durch beiderseitig offene Drains gut gelüftet sind und an Inhalt wenigstens das 50fache Volumen des täglichen Abwassers besitzen.

Als Producte des hier beschriebenen Verfahrens resultiren einerseits Bassin- und Filterschlamm, welcher frisch oder compostirt einen werthvollen Dünger für Landwirthschaft und Gartenbau darstellt, andererseits Drainwasser, welches so rein ist, dass es wie städtisches Brunnenwasser fast für jedweden häuslichen und gewerblichen Zweck verwendbar ist.

Das Verfahren ist in erster Linie berechnet für Befreiung der Rübenzuckerfabriken von ihren überaus lästigen Abwässern. Seine Anwendung auf Behandlung der Abwässer, der Stärke- und Papierfabriken, der Brauereien, Brennereien, Mälzereien, der Färbereien, Appreturanstalten, Wäschereien, Gerbereien und selbst der städtischen Spüljauche bleibt im Wesen dieselbe und fordert nur geringe Modifikationen, gemäss der Natur der betreffenden Abwässer.

Wenn man bedenkt, dass die Zersetzung (Gasificirung resp. Mineralisirung) der organischen Stoffe der putriden Abwässer sowohl im Boden bei der Berieselung (S. 89) wie im Wasser bei der Selbstreinigung der Flüsse (S. 99) durch Mikroorganismen bewirkt wird, so lässt sich nicht leugnen, dass dem Müller'schen Verfahren, diesen Vorgang durch künstliche Vegetation von hefeartigen resp. Fäulnissorganismen hervorzurufen, ein principiell richtiger Gedanke zu Grunde liegt. Die Ausführbarkeit des Verfahrens hängt nur wesentlich davon ab, dass der Zersetzungs- (d. h. Gasificirungs- und Mineralisirungs-) Process in concreten Fällen so rasch von statten geht, dass nicht eine übermässige Aufsammlung der Abwässer nothwendig ist, ferner aber auch wesentlich davon, dass das vergohrene oder verfaulte Wasser durch gehörige, entsprechende Filtration, Berieselung oder Lüftung von den Fäulnissproducten befreit und wieder hinreichend mit Luftsauerstoff gesättigt wird. Letzteres ist um so mehr erforderlich, als durch die

Gährung resp. Fäulniss ein Theil der suspendirten Stoffe in Lösung übergeführt und das Abwasser des vorhandenen Sauerstoffs (zur Oxydation der verunreinigenden Stoffe) in erhöhtem Masse beraubt wird. Auch ist weiter zu berücksichtigen, dass die entstehenden Fäulnissgase für die Umgebung nicht lästig und nachtheilig werden; die Erreichung dieser letzteren Forderung ist wieder wesentlich von lokalen Verhältnissen abhängig. —

Nach Ausführung der vorstehenden Untersuchungen sind noch einige neuere Verfahren zur Reinigung von Zuckerfabrikabgangwasser in Anwendung gebracht, nämlich:

5. Das Nahnsen-Müller'sche Verfahren (vgl. S. 157). Dasselbe ist in den letzten 2 Jahren nach dem Bericht der Fabrikinspectoren in einer Reihe von Zuckerfabriken (40—50) angewendet worden; die Untersuchung eines ungereinigten und nach dem Verfahren gereinigten Wassers ergab dem Verf. folgende Resultate pro 1 Liter:

1 l enthält:	Suspendirte Stoffe			Gelöste Stoffe						
	Unorganische	Organische	Stickstoff	Mineralstoffe	Organische Stoffe (Glühverlust)	Zur Oxydation erforderlicher Sauerstoff	Organ. Stickstoff	Ammoniak	Kalk	Kali
	mg	mg	mg	mg	mg	mg	mg	mg	mg	mg
1. Probe:										
Ungereinigt . . .	962,5	350,0	26,6	905,0	520,0	126,4	24,0	25,1	185,0	57,3
Gereinigt	10,0	29,5	2,0	1525,0	327,5	264,0	27,5	17,5	?	—
2. Probe:										
Gereinigt	Spur	Spur	Spur	792,5	187,5	59,2	16,7	Spur	210,0	45,3

Die erste Probe des gereinigten Wassers verhielt sich desshalb ungünstiger als die zweite, weil sie etwas Osmosewasser einschloss. Beide Proben gereinigten Wassers reagirten alkalisch.

Der nach diesem Verfahren gewonnene, auf der Filterpresse schwach gepresste Schlamm enthielt:

	Wasser	Organische Stoffe	In letzteren Stickstoff	Mineralstoffe	Phosphorsäure	Kalk
	%	%	%	%	%	%
Im natürlichen Zustande	33,38	14,61	0,45	52,01	0,74	21,07
Oder in der Trockensubstanz	—	21,93	0,68	78,07	1,11	31,63

6. Verfahren von Rothe-Roeckner (vgl. S. 185).

Dieses Verfahren ist auf der Zuckerfabrik Rössla eingeführt; das ungereinigte und gereinigte Wasser ergab mir pro 1 Liter:

| | Suspendirte Stoffe | | | Gelöste Stoffe | | | | | | | |
	Organische	Unorganische	Stickstoff	Mineralstoffe	Organische Stoffe (Glühverlust)	Zur Oxydation erforderlicher Sauerstoff	Organischer Stickstoff	Ammoniak	Phosphorsäure	Kali	Kalk
	mg	mg	mg	mg	mg	mg	mg	mg	mg	mg	mg
1. Ungereinigt . . .	769,6	3663,2	39,7	553,2	354,8	115,2	14,9	4,5	9,6	33,7	198,0
2. Gereinigt	Spur	Spur	0	657,2	367,2	150,4	21,3	Spur	Spur	22,3	271,2

Das ungereinigte Wasser war sehr schmutzig, reagirte schwach sauer und hatte einen starken Rübengeruch; das gereinigte Wasser war selbst nach 14tägigem Stehen in verschlossener Flasche bis auf kleine Mengen von ausgeschiedenem kohlensauren Calcium und etwas organischer Substanz klar bei schwach alkalischer Reaction.

Der Bodensatz des ungereinigten Wassers bestand aus Mineralsubstanz und Pflanzengeweben mit vielen Bacterien; in dem geringen Bodensatz des gereinigten Wassers liessen sich letztere nicht nachweisen.

7. Verfahren von Dr. Fr. Hulwa in Breslau (vergl. S. 190).

Das Verfahren eignet sich nach den Angaben von Fr. Hulwa nicht bloss, wie zahlreiche Versuche ergeben haben, zur Reinigung von Zuckerfabrik-Abwässern, sondern auch ebenso zur Reinigung von Abwässern anderer gewerblicher und industrieller Anlagen, wie Papierfabriken, Brauereien, Färbereien u. s. w. und ganz besonders für Spüljauchen und Sielwässer, also für die fäkalen und wirthschaftlichen Abwässer von Städten und Ortschaften.

Zu dem Verfahren gehören drei in der Kälte sich vollziehende Operationen, und zwar:

1. Eine Scheidung und Fällung des Schmutzwassers, mittelst eines Pulvers von neuer und eigenthümlicher Zusammensetzung. (Ein Salzgemisch von Eisen-, Thonerde- und Magnesiapräparaten, dazu Kalk mit besonders präparirter Zellfaser.)
2. Eine Saturation der geklärten, stark alkalischen Flüssigkeit mittelst Kohlensäure;
3. Der Zusatz von sehr geringen Mengen von schwefliger Säure zu der saturirten, schwach alkalischen bis neutralen Flüssigkeit behufs besserer Conservirung derselben.

Durch das Fällungspulver, dessen Zusammensetzung und anzuwendende Menge sich nach der Beschaffenheit der Abwässer richtet, werden zuvörderst alle in den Abwässern suspendirt vorhandenen, mineralischen und organischen Beimengungen einschliesslich aller mikroskopischen Organismen, Sporen, Keime u. s. w., endlich eine Reihe von Riechstoffen, vor allem Schwefelwasserstoff, aus der Flüssigkeit entfernt, und zwar in einer verhältnissmässig kurzen Zeit, so dass schon nach wenigen Minuten eine vollständig klare Flüssigkeit, über einem etwa nur ein Zehntel des Volumens derselben einnehmenden compacten Niederschlage sich befindet.

Die von dem gefällten Schlamm, entweder durch einfaches Abheben oder Ablassen, oder mittelst Filterpressen getrennte, klare und stark alkalische Flüssigkeit wird hierauf in besonderen Gefässen in der Kälte mittelst Kohlensäure bis zur verschwindenden Alkalinität saturirt; hierdurch wird neben anderen Stoffen vornehmlich der in der Flüssigkeit gelöste und event. überschüssig vorhandene Kalk, welcher durch sein Verhalten in dem abfliessenden Wasser belästigend wirkt, ausgeschieden, und ausserdem auch die Entfernung etwa noch vorhandener Riechstoffe, veranlasst.

Bei besonders übelriechenden Wässern ist es vorbehalten, zum Zweck der Zerstörung gewisser Geruchsstoffe, deren Beseitigung in dem ursprünglichen Wasser unmöglich geworden wäre, die Flüssigkeit vor der Saturation mit einem Oxydationsmittel in geringen Quantitäten, zu behandeln.

Die ohne oder mit vorherigem Zusatz von Oxydationsmitteln saturirte Flüssigkeit gelangt hierauf mit eigenem Druck in Puvrez'sche Rinnenfilter und kommt aus diesen, durch Schläuche von besonderem Gewebe filtrirt, krystallklar mit fast neutraler Reaction, ohne irgend bemerkenswerthen Geruch oder Geschmack zum Ablauf.

Um nun dieses ablaufende Wasser noch besser zu conserviren, werden demselben in der Ablaufsrinne durch ein in dieselbe hineingelegtes, mit Löchern versehenes Rohr einige Gasblasen, resp. geringe Mengen von schwefliger Säure oder auch schwefligsaure Salze zugeführt.

Nach einem während zehn Tage in Mährisch-Neustadt ausgeführten Versuche sollen in einem Gemisch von einem Theile des gereinigten Wassers, mit vier Theilen Bachwasser sich diverse Fischgattungen, wie: Karpfen, Hechte, Barsche, Weissfische etc. während der ganzen Dauer der Versuche wohl und munter befunden haben.

Als neu und eigenthümlich bei dem Verfahren wird der Umstand bezeichnet, dass der bei der Fällung, also im ersten Stadium der Reinigung gebildete Schlamm zur Reinigung anderer neuer Quantitäten von Abwässern wieder benutzt werden kann, wodurch nicht nur das Verfahren ungemein an Einfachheit und Billigkeit gewinnt, sondern auch der durch Abbaggern oder mittelst Filterpressen zuletzt erhaltene Schlamm concentrirter wird und einen Düngwerth erhält, welcher annähernd die Betriebskosten des Verfahrens deckt.

Von der Anwendung des Reinigungs-Verfahrens auf Zuckerfabrik-Abwässer bleiben zweckmässig ausgeschlossen die Condensations-Wässer und die Osmose-Abwässer.

Jedoch vermag man auch durch das vorliegende Verfahren, wie die Versuche in Mährisch-Neustadt ergeben haben, während der Campagne das Osmose-Abwasser gemeinsam mit dem übrigen Abwasser erfolgreich zu reinigen.

Mit Beendigung der Campagne sind die Osmose-Wässer gesondert zu verarbeiten.

Ferner wird als Vorzug des Verfahrens angegeben, dass der in dem Zuckerfabrikabgangwasser vorhandene Zucker durch das Fällungsmittel ausgeschieden und aus dem Pressschlamm nach einem einfachen patentirten Verfahren dem Fabrikbetrieb wieder zugeführt werden kann.

Der so wieder gewonnene Zucker in Gemeinschaft mit dem Düngwerth des erzielten Schlammes sollen die Kosten der Verfahrens annähernd oder mehr als decken.

Die Kosten des Verfahrens von 1400 cbm Zuckerfabrik-Abgangwasser (nämlich 550 cbm für Rübenwäsche und Schwemmwasser, 550 cbm Diffusions-Abwässer, 200 cbm Spodium-Abwässer und 100 cbm Osmose-Abwässer) stellen sich wie folgt:

1. Für einmalige Einrichtung (der Gebäude nebst 6 Bassins, Pumpenanlage, Filterpressenanlage, Saturateure, Rinnenfilter, Kohlensäure- und Schwefeligsäure-Ofen, sowie Filtertuch und Schläuche) im ganzen . 13 300,00 Mark.
2. Für die täglichen Betriebskosten (nämlich Fällungsmittel = 40 M., 4 Arbeiter, Kohlensäure und schwefelige Säure je 8,50 M., für Amortisation, Schläuche, Tücher etc.) . . . . 75,00 M.

Diesen täglichen Ausgaben steht gegenüber die Gewinnung von 560 Ctr. Schlammdünger (aus obigen 1400 cbm Abgangwasser), dessen Geldwerth bei 0,25 % Stickstoff, 0,25 % Phosphorsäure und ca. 20 % Kalk nach Hulwa auf 30 Pf. pro 1 Ctr. oder im ganzen auf 168,00 M. zu veranschlagen ist. Ferner berechnet Fr. Hulwa, dass aus dem Rübenschnitzelpresswasser (75 000 Liter mit etwa 0,4 % Zucker) nach dem Verfahren durchschnittlich 6 Ctr. oder mindestens 3 Ctr. Zucker wieder gewonnen werden können, die bei einem Preis von 20 M. pro Ctr. einen Geldwerth von 60 M. repräsentiren.

Ueber die Art der Einrichtung des Reinigungsverfahrens in Weizenrodau und Strehlen geben folgende Zeichnungen und Beschreibungen Aufschluss:

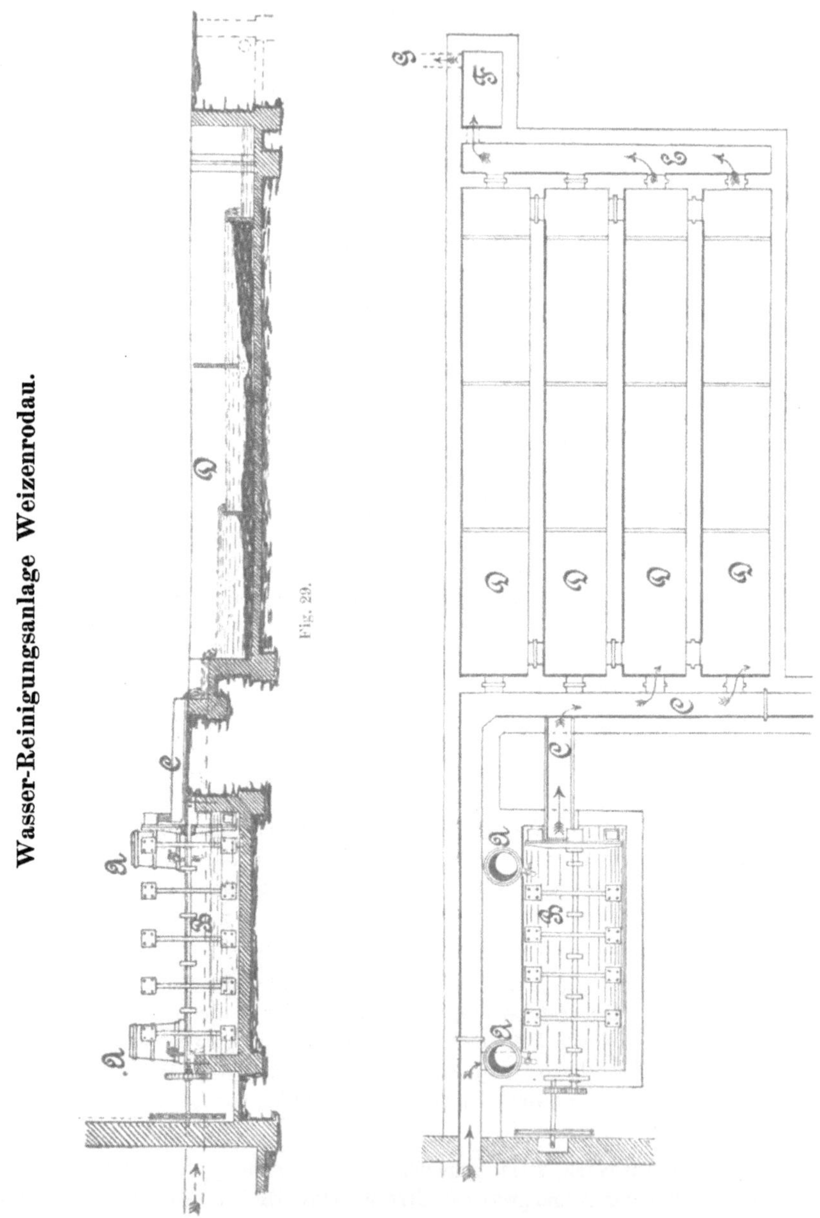

I. Reinigungsanlage in Weizenrodau (Fig. 29 u. 30).

Dem Zuckerfabrik-Abwasser fliesst aus den Bottichen A in dem Rührwerk B das
Reinigungsmaterial in dünnem Brei zu. Die Mischung wird durch das am Ende des Rühr-

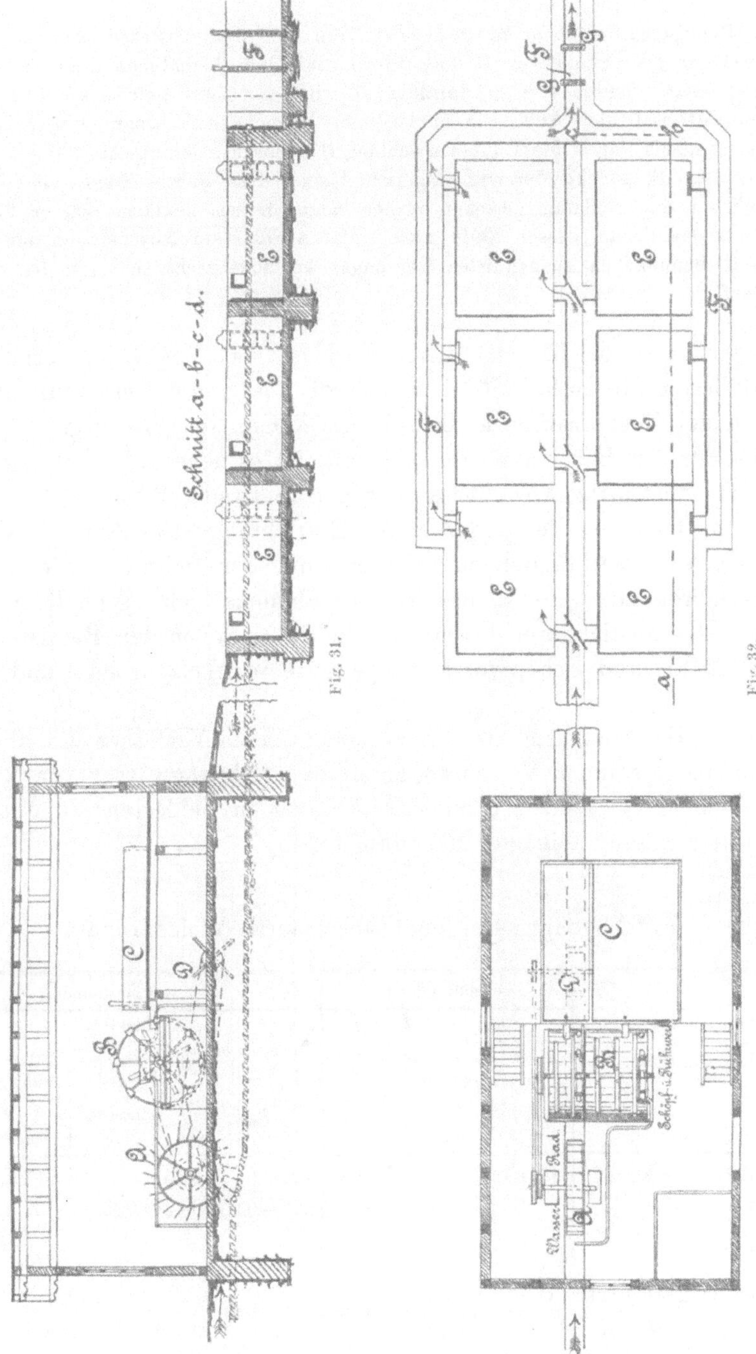
Wasser-Reinigungsanlage Strehlen.
Schnitt a—b—c—d.
Fig. 31.
Fig. 32.
Wasser-Rad
Schlof- u. Suhwerk

werks befindliche Schöpfrad in den Canal C gehoben, gelangt darauf in die Klär- resp. Absatzbassins D und aus diesen durch den Ueberlaufkanal E in die Rohrleitung F, welche das gereinigte Wasser dem Flusse zuführt.

2. Reinigungs-Anlage in Strehlen (Fig. 31 u. 32). Das Abwasser passirt das Wasserrad A, welches die Schöpfräder B und die an denselben befindliche Rühr-Vorrichtung in Bewegung setzt. Durch die Schöpfräder B wird aus zwei getrennten Bassins C das Reinigungs-Material dem Abwasser in bestimmt abgemessenen Quantitäten zugeführt, am Schlusse nochmals durch die Rühr-Vorrichtung B gemischt, und gelangt die Mischung in die Klärbassins E, welche derartig eingerichtet sind, dass durch Etagenschieber das geklärte Wasser vom Schlamm getrennt werden kann. Dieses geklärte Wasser fliesst durch den Hauptkanal F, an dessen Ende zwei einfache Filter zur Abscheidung der noch etwa im Wasser befindlichen suspendirten Unreinigkeiten angebracht sind, in den öffentlichen Wasserlauf.

Nach einer brieflichen Mittheilung ist das Verfahren ferner in den Zuckerfabriken Rosenthal, Prieborn, Trachenberg und Bernstadt eingeführt; ferner in der Zuckerraffinerie Brockhoff & Cie. in Duisburg.

Wie Dr. Fr. Hulwa weiter mittheilt, ist es neuerdings gelungen, durch besonders construirte Absatzbassins von 8 m Breite, 20 m Länge und 0,5 bis 0,75 m Tiefe — die in der ersten Einrichtung etwa 2000 M. kosten — 5000 cbm Abwasser täglich zu reinigen und den Schlamm, der sich nach dem Verfahren zu $^1/_{10}$—$^1/_{20}$ des Wasservolumens sehr schnell abscheiden soll, in fester abstichbarer Form zu erhalten. Neben den Bassins sind nur einfache Rühr- und Schöpfvorrichtungen wie in Weizenrodau und Strehlen erforderlich.

Dr. Fr. Hulwa hatte die Freundlichkeit, dem Verfasser die ungereinigten und nach seinem Verfahren gereinigten Abgangwässer von 2 Zuckerfabriken (nämlich Weizenrodau und Altjauer in Schlesien) zu übersenden, deren Untersuchung folgende Resultate ergab:

a) Abgangwasser der Zuckerfabrik Weizenrodau.

1 Liter enthält:	Suspendirte Stoffe			Gelöste Stoffe				
	Unorganische	Organische	In letzteren Stickstoff	Mineralstoffe (Glührückstand)	Organische Stoffe (Glühverlust)	Zur Oxydation erforderlicher Sauerstoff	Stickstoff	Kalk
	mg	mg	mg	mg	mg	mg	mg	mg
Ungereinigt	1076,0	735,0	52,4	559,0	347,5	84,0	17,8	200,0
Gereinigt	0,0	0,0	0,0	2058,5	1068,5	303,2	32,7	868,5

Das ungereinigte Wasser war stark erdig trübe und reagirt schwach sauer; das gereinigte Wasser war dagegen ganz klar, aber von vielem überschüssigen Kalk stark alkalisch.

Gesammt-Abgangwasser der Zuckerfabrik Altjauer in Schlesien:

1 l enthält	Suspendirte Stoffe			Gelöste Stoffe						
	Unorganische	Organische	Stickstoff in letzteren	Mineralstoffe (Glührückstand)	Organische Stoffe (Glühverlust)	Kalk	Kali	Schwefelsäure	ZurOxydation erforderlicher Sauerstoff	Stickstoff
	mg	mg	mg	mg	mg	mg	mg	mg	mg	mg
Ungereinigt . . .	4177,5	580,0	75,9	402,5	390,0	62,0	65,6	19,4	201,6	26,4
Gereinigt:										
1. Probe . . .	0	0	0	700,0	277,0	220,0	44,6	207,3	304,0	26,4
2. Probe . . .	0	0	0	956,4	280,0	412,8	57,5	275,2	167,2	24,7

Das gereinigte Wasser reagirte schwach sauer und enthielt in Probe 1 deutliche Mengen von schwefliger Säure; diesem Umstande ist auch zuzuschreiben, dass das gereinigte Wasser in Probe 1 mehr Sauerstoff zur Oxydation verlangte als das ungereinigte.

Das in der Zuckerfabrik Strehlen nach diesem Verfahren gereinigte Wasser wird noch zur Berieselung benutzt[1]).

Ferner hatten mehrere nach diesem Verfahren erhaltenen Schlammproben folgende Zusammensetzung:

	Probe 1. Porös, schwammig in Stücken	Probe 2. Porös, schwammig in Presskuchen	Probe 3. Erdig, dunkel	Probe 4. Erdig, weisser Presskuchen	Probe 5. dunkel	Probe 6. hell
	%	%	%	%	%	%
Wasser	45,36	27,27	32,69	4,53	28,04	22,18
Organische Stoffe	13,28	22,08	23,70	11,26	10,36	11,24
Mit Stickstoff	0,53	0,66	0,67	0,37	0,34	0,41
Mineralstoffe	41,36	50,65	43,61	84,21	61,60	66,58
In letzteren:						
Kalk	21,32	27,60	21,88	19,10	8,61	9,55
Kali	0,101	0,108	0,102	0,261	0,284	0,285
Phosphorsäure . . .	0,89	0,66	1,28	0,27	0,402	0,461
Kieselsäure ⎱ Sand + Thon etc.⎰ . .	4,84	3,41	4,79	48,22	⎰ 4,29 ⎱ 36,21	4,45 38,72

In der Sitzung des Schlesischen Zweigvereins der Rübenzuckerfabrikanten des deutschen Reiches in Breslau am 20. April 1886 (vgl. Deutsche Zuckerindustrie Jahrgang XI. No. 20) wurde von den Fabrikdirectoren

---

[1]) In diesem Falle erlitt Bachwasser vor und nach Aufnahme des chemisch gereinigten Wassers nach drei dem Verfasser eingesandten Proben nur folgende Veränderung:

Dr. Bamberg (Strehlen) und H. Kopisch (Waizenrodau) öffentlich bekundet, dass sie mit den nach dem Hulwa'schen Reinigungsverfahren erzielten Resultaten zufrieden seien und dasselbe ferner anwenden würden; der Vorsitzende (Dr. Bamberg) empfiehlt das Verfahren als zweckmässig und billig und die Einführung desselben überall da, wo das Bedürfniss oder zwingende Veranlassung zur Reinigung der Abwässer vorliegen.

8. Verfahren von Dr. H. Oppermann in Bernburg.

Oppermann's Verfahren.

Wie schon S. 153 erwähnt, fällt Dr. H. Oppermann die an organischen Stoffen reichen Schmutzwässer mit Magnesiumcarbonat[1]) und Kalkmilch. Der Kalk setzt sich mit ersterem um, indem sich Calciumcarbonat und Magnesiahydrat bildet. Letzteres ist nur sehr schwer löslich in Wasser, geht daher grösstentheils mit in den Niederschlag über. Da Magnesiahydrat nicht wie Kalkhydrat nach den Versuchen Oppermann's zersetzend auf Eiweissstoffe wirkt, die Flüssigkeit aber in Folge der Umsetzung weniger Kalk gelöst enthält, so kann dieses Fällungsmittel stärker reinigend auf Schmutzwasser wirken als die bisher üblichen Fällungsmittel. Gleichzeitig lässt das vorhandene Magnesiahydrat weder in dem Niederschlag noch in der geklärten Flüssigkeit, wie H. Oppermann durch Versuche festgestellt hat, Spaltpilze (Cladothrix, Crenothrix, Beggiatoa etc.) aufkommen[2]). H. Oppermann giebt an, dass der mit seinem Fällungsmittel bei Zuckerfabrik-Abgangwasser erhaltene Schlamm 5—10 mal mehr Stickstoff enthält als der durch Kalk allein aus den Effluvien gefällte Schlamm; der feuchte Schlamm des Schlammteiches der Zuckerfabrik Aderstedt ergab z. B. bei 57,9 % Wasser 1,18 % Stickstoff, der von Binndorf ca. 1 % Stickstoff bei ca. 60 % Wasser. Bei der Zuckerfabrik Minsleben am Harz, deren Abwässer in die Holtemme fliessen, constatirte H. Oppermann, dass hier

1 l enthält:	Unorganische Stoffe (Glührückstand) mg	Organische Stoffe (Glühverlust) mg	Zur Oxydation erforderlicher Sauerstoff mg	Gesammt-Stickstoff mg	Kalk mg
1. Chemisch gereinigtes Wasser aus den Drains von Strehlen	299,0	55,0	10,8	13,1	131,5
2. Bachwasser vor Einmündung der gereinigten Fabrikabwässer in Strehlen	265,0	56,0	12,8	12,1	116,5
3. Bachwasser nach Einmündung der gereinigten Fabrikabwässer in Strehlen	281,0	52,5	10,2	12,4	121,5

[1]) Ueber die Darstellung des Magnesium-Carbonats vgl. S. 154.
[2]) H. Oppermann: Die Magnesia im Dienste der Schwammvertilgung, Reinigung der Effluvien etc. Bernburg u. Leipzig. Verlag von J. Bachmeister.

durch das nach seinem Verfahren gereinigte Zuckerfabrikwasser nicht nur die Wasserspaltpilze beseitigt wurden, sondern dass auch die Zunahme an unorganischen Bestandtheilen in dem Wasser eine sehr geringe war. H. Oppermann fand z. B. pro 1 l:

	Gesammtabdampfrückstand mg	Glühverlust mg	Mineralstoffe mg
a) Einige 100 Schritt unterhalb des Einflusses des gereinigten Fabrikwassers	176,3	56,2	120,1
b) ¼ Stunde weiter entfernt (Schattenberg's Mühle)	182,4	56,9	125,5
c) Ca. ¼ Stunde weiter entfernt (Simon's Mühle)	191,6	59,1	132,5
d) Ca. 1 Stunde weiter entfernt in Derenburg, unterhalb der Stadt, unter Tacke's Mühle	265,6	91,5	174,2

Ammoniak und salpetrige Säure waren in dem Wasser nur in Spuren vorhanden. Die Zunahme an organischen wie unorganischen Stoffen beruht in diesem Falle darauf, dass die Holtemme auf dem weiteren Laufe unterhalb der Fabrik noch die Abwässer aus Dörfern und besonders aus Derenburg aufnimmt.

Die günstige Wirkung von Magnesiumcarbonat und Kalk (gleichsam durch die Umsetzung beider im statu nascendi) auf die Fällung von organischen Stoffen hat H. Oppermann veranlasst, dieses Gemisch auch an Stelle des Kalkes allein zum Reinigen der Zucker- und Pflanzensäfte überhaupt vorzuschlagen. Auch hierüber liegen einige günstige Berichte vor.

Verfasser hatte bis jetzt selbst keine Gelegenheit, das Verfahren bei Zuckerfabrikabwässern zu prüfen und kann sich hier nur auf die Mittheilung beschränken, dass dasselbe bis jetzt Mitte Sommer 1886 in der Campagne 1884/85 in den Zuckerfabriken Aderstedt und Stoessen während der ganzen Campagne, in Minsleben 6 Wochen und in Binndorf während der letzten Woche der Campagne angewendet worden ist. In der Sitzung des Zweigvereins für Rübenzucker-Industrie von Halle und Umgegend vom 9. April 1885 (deutsche Zucker-Industrie 1885 No. 16) haben Director Jostmann-Minsleben und Director Hahne-Artern sich sehr befriedigend über das Verfahren geäussert und wurde in Aderstedt die Beobachtung gemacht, dass die Fische nach Einführung dieses Reinigungsverfahrens bis in die Nähe des Schlammteiches herankamen. Auch wurde in Aderstedt ein grosser Theil des verwendeten Wassers im Fabrikbetriebe wieder benutzt.

Auf 1000 Ctr. verarbeitete Rüben ist im Durchschnitt ausser dem Kalk ca. 1 Ctr. des Salzgemisches — nach neuesten Angaben 50 Kilo gebrannter

Dolomit und 20 Kilo Kalk — erforderlich und stellen sich die Kosten hierfür auf 1,20 Mark.

Weitere Reinigungsverfahren für Abgangwässer von Zuckerfabriken sind dem Verfasser nicht bekannt geworden, indess mag noch erwähnt werden, dass der in der Rübenzucker-Industrie rühmlichst bekannte Dr. A. Bodenbender zur Reinigung der Zuckerfabriken-Abwässer folgendes allgemeine Verfahren vorschlägt:

Bodenbender's Vorschlag.

„Die Abwässer werden zunächst möglichst rasch von den darin enthaltenen suspendirten Stoffen, als Rübenerde, Rübenblättern und Schwänzen durch Filtration über Roste oder vermittelst des Rothe-Röckner'schen Apparates getrennt. Der breiige Schlamm wird durch Fowler'sche Pumpen oder Baggerwerke in Erdbassins behufs vollständiger Austrocknung befördert. Das von allen suspendirten Stoffen möglichst befreite Wasser wird dann einer chemischen Reinigung unterzogen. Es haben sich für diesen Zweck die Sulfate der Erdmetalle (Thonerde, Magnesia und Eisenoxydul), sowie das saure Kalkphosphat unter Zusatz von Kalk bis zur schwach alkalischen Reaction als höchst wirksam erwiesen. Diese chemische Reinigung, welche also in einer Fällung organischer Substanzen durch die genannten Metalloxyde besteht und einen sehr werthvollen Dünger liefert, erstreckt sich auf alle Abwässer der Zuckerfabriken, mit Ausnahme des zur Condensation der Dämpfe verwandten, welches nur zur Abkühlung über Gradirwerke zu leiten ist. Nach der Dekantation der Niederschläge wird das klare Wasser über schlammigen Koaks in aufsteigendem Strom filtrirt und alsdann einer Durchlüftung auf Gradirwerken ausgesetzt, wobei es stets schwach alkalisch sein muss. Hierbei unterliegen viele organische Stoffe, darunter auch Zucker, unter gewissen Bedingungen (Wärme und Feuchtigkeit bei Gegenwart von viel Luft und sehr wenig Kalk) einem Oxydations-(Verbrennungs-) Process. Es ist hierbei jedentheils vortheilhaft, wenn die organischen Stoffe möglichst tief eingreifende Zersetzung erleiden, da alsdann Verbindungen von geringerem Atomgewicht erzeugt werden, deren endlicher Zerfall in Kohlensäure, Wasser, Ammoniak etc. rascher erfolgt, als dies bei hochatomigen der Fall ist".

Nach den von mir gemachten Erfahrungen über Reinigung derartiger Abwässer glaube ich diesen Vorschlag, der je nach den lokalen Verhältnissen modificirt werden kann, als zweckmässig und rationell bezeichnen zu können.

Abgangwasser aus Papier-Fabriken.

1. **Zusammensetzung.** Zur Papierfabrikation werden Lumpen, Hadern oder Stratzen, Stroh, Holz und Espartogras verwendet. Die Verarbeitungsweise dieser Materialien ist sehr verschieden. Zur Reinigung und Bleichung benutzt man Alkalilaugen (Potasche oder Soda) oder auch Natronlaugen, Kalkmilch, Chlorkalk und neuerdings für die Holzcellulose saures schwefligsaures Calcium etc.; dazu gesellen sich noch Farbmittel und Beschwerungsmittel aller Art. Die Abflusswässer können daher je nach den Materialien und den Fabrikationsmethoden sehr verschieden sein.

Einige von derartigen Abgangwässern ausgeführte Analysen ergaben:

1 Liter enthält:	Suspendirte Stoffe		Gelöste Stoffe					
	Organische mg	Unorganische mg	Im ganzen mg	Organische mg	Organ. Stickstoff mg	Kalk mg	Schwefelsäure mg	Chlor mg
1. Strohpapierfabrik[1]	668,0	189,5	8386,7	4671,5	89,7	—	—	—
2. desgl.[1]	146	4,4	—	2267,2	79,3	972,8	—	—
3. desgl.[1]	515,5	232,4	480,0	170,0	12,6	155,0	—	—
4. Holzpapierfabrik a[1] . . .	192,4	200,8	687,9	257,5	—	160,4	169,0	15,9
5. desgl. b	251,6	265,4	620,4	112,2	—	—	—	—
6. Espartoflüssigkeit einer Papierfabrik[2]	—	—	40380,0	9388,4 (Kohlenstoff)	770,4	—	—	—

H. Fleck[3] fand für die Soda- und Kalklauge bei der Strohstoffbereitung folgende Zusammensetzung pro 1 Liter:

---

[1] No. 1—5 vom Verfasser, No. 2 Mittel von 4 Analysen.
[2] No. 6 nach Analyse der englischen Commission.
[3] 12. und 13. Bericht der Königl. sächs. chemischen Centralstelle etc. Dresden 1884 S. 17.

Abdampf-rückstand	Organ. Stoffe	In letzteren		Mineral-stoffe	In letzteren					
		Ammoniak-Stickstoff	Organ. Stickstoff		Aetz-Natron	Kohlen-saures Natrium	Kiesel-saures Natrium	Natron mit organ. Säuren	Chlor-natrium	Schwe-felsaures Natrium
g	g	g	g	g	g	g	g	g	g	g

Sodalauge (spec. Gewicht 1,0060):

| 44,684 | 30,813 | 0,0286 | 0,2668 | 13,869 | 0,295 | 1,594 | 0,536 | 4,788 | 1,003 | 1,512 |

Kalklauge (spec. Gewicht 1,0240)

| 54,664 | 40,230 | 0,0245 | 0,2208 | 14,434 | Aetzkalk 0,981 | — | desgl. Kalk 0,316 | desgl. Kalk 8,083 | 0,345 | 0,899 |

In der Sodalauge wurden durch Mineralsäuren 1,970 g stickstoffhaltiger Säure frei von Fetten und Harzen, löslich in Alkohol und Benzin ausgeschieden; ferner liessen sich durch Blei- und Bariumsalze Gallussäure und Humusverbindungen nachweisen.

Karmrodt[1]) analysirte die Abgänge aus der Bleicherei von Papierfabriken und fand in der abgenutzten Bleichlauge folgenden Gehalt pro 1 Liter:

	1.	2.	3.
Freie Salzsäure	57,60 g	53,75 g	50,70 g
Eisenchlorid	46,50 „	40,30 „	37,95 „
Manganchlorid	142,50 „	76,90 „	78,20 „
Chlor	21,30 „	Wenig	Wenig
Chlorcalcium	Wenig	6,65 g	7,76 g

Eine andere Flüssigkeit aus einer Papierfabrik lieferte ihm folgende Zusammensetzung pro 1 Liter:

Chlor-calcium	Chlor-kalium	Chlor-natrium	Schwefel-saures Ka-lium	Ammoniak	Thon (fein ver-theilt)
g	g	g	g	g	g
2,31	0,88	1,12	0,24	1,79	2,02

Für das Abflusswasser aus einer Strohpappen-Fabrik fand ich pro 1 Liter:

		a	b
Suspendirte Schlammstoffe . . .	{ organische	322,0 mg	307,5 mg
	unorganische	781,0 „	441,0 „
Gelöste Stoffe . . .	{ organische (Glühverlust)	258,0 „	908,5 „
	unorganische	463,2 „	531,0 „
Zur Oxydation der gelösten organischen Stoffe erforderlicher Sauerstoff		84,0 „	296,0 „
Gesammt-N in organischer Verbindung		35,7 „	24,4 „

[1]) Zeitschr. d. landw. Ver. v. Rheinpreussen. 1861 S. 387 u. Hoffmann Jahresbericht f. Agric. Chem. 4. Jahrg. S. 177.

Die unorganischen suspendirten Schlammstoffe bestehen aus fein aufge-
schlämmtem Thon.

Einer besonderen Erwähnung bedürfen die nach dem Verfahren von
Mitscherlich bei der Fabrikation der sog. Sulfitcellulose gewonnenen
Abgänge.

Im Gegensatz zu der Natroncellulosefabrikation, bei welcher die
Freilegung des Zellstoffs durch Kochen mit Aetzlaugen geschieht, wird bei
der Sulfitcellulose das ebenfalls als Rohmaterial dienende Holz mit einer
etwa 5⁰ Baumé (= 1,035 spec. Gew.) schweren Lösung von saurem schwefligsauren Calcium oder auch von saurem schwefligsauren Magnesium längere
Zeit unter hohem Druck gekocht und dadurch die incrustirende Substanz
der Zellen so vollkommen gelöst, dass die zurückbleibende reine Cellulose
von schwefelsaurem Anilin oder von Phloroglucin nicht mehr gefärbt wird.
Das Kochen findet in grossen Gefässen statt, welche etwa 20 cbm Holz
und ebensoviel Lauge für eine Operation aufnehmen. Aus der Calcium-
bisulfitlösung, welche beim Einfüllen ca. 1,4% Calciumoxyd und 3,6%
schweflige Säure, entsprechend 4,6% saurem schwefligsauren Calcium neben
etwas freier schwefliger Säure enthält, entweicht beim Kochen ein Theil
der freien und halbgebundenen schwefligen Säure in Gasform, unter Abscheidung von schwer löslichem, einfach-schwefligsaurem Calcium; die ent-
weichende schweflige Säure wird in einzelnen Fabriken wieder aufgefangen.
Die Hauptmenge des sauren schwefligsauren Calciums verbleibt aber theils
frei, theils in Verbindung mit organischen Körpern, namentlich Aldehyden
und Ketonen, welche durch Spaltung der Glucoside unter gleichzeitiger
Bildung von Traubenzucker entstehen, in der Kochlauge.

Nach den Untersuchungen von Dr. A. Frank in Charlottenburg[1]), welcher
sich mit dem chemischen Theil des Sulfitcelluloseprocesses eingehend beschäftigt hat, enthalten die beim Kochen abfallenden und bisher vielfach
den Flussläufen zugeführten Laugen durchschnittlich pro 1 Liter:

Gesammt-Trockenrückstand . . .	80,0—84,00 g
Davon Calciumoxyd	7,40 g
Schwefelsäure	1,20 g
Schweflige Säure	14,74 g
Chlor	0,07 g
Phosphorsäure	0,05 g
Kieselsäure	0,15 g
Magnesia und Alkalien	0,40 g
Organische Stoffe etc.	53,0—60,00 g

Der Gehalt der Lauge an organischen Stoffen beträgt somit 6,0—6,4%.
Unter diesen organischen Körpern finden sich, der Natur des Materials ent-

---

[1]) Nach einer brieflichen Mittheilung.

sprechend, eine grosse Anzahl schwer isolirbarer Zwischenproducte: Amyloide, Gummiarten, Spaltungsproducte der Gerbsäuren, humusartige Stoffe etc. Nachgewiesen sind darin grosse Mengen von Traubenzucker — bis zu 2 %/₀ — sowie Ameisensäure und verschiedene Aldehyde (Vanillin etc.).

Wir sehen hieraus, dass die Abgänge aus Papierfabriken je nach Art der Fabrikation sehr verschieden zusammengesetzt sind; neben grösseren Mengen organischer Stoffe aller Art enthalten sie bald Alkali- und Kalklauge, bald freie Säuren, wie Salzsäure, schwefelige Säure, Chlor oder deren saure Salze.

Die Abgänge aus Papierfabriken tragen daher vielfach wesentlich mit zur Verunreinigung der Flüsse bei.

Die Abwässer von der Lumpen-, Stroh- und Espartogras-Fabrikation gehen ungemein leicht in Fäulniss über und bedecken oft mehrere Kilometer weit die dieselben aufnehmenden Flüsse mit einem consistenten Schaum.

Zur Veranschaulichung, in welcher Weise mitunter Bäche oder Flüsse durch diese Abgangwässer verunreinigt werden können, mögen folgende Analysen dienen:

1. Der Forellenbach bei Hillegossen nimmt das Abflusswasser einer Papierfabrik auf, welche Lumpen und Holzcellulose verarbeitet; das Wasser desselben ergab nach einer im December 1881 ausgeführten Untersuchung folgenden Gehalt pro 1 l vor und nach der Aufnahme dieser Abgänge, wobei zu bemerken ist, dass eine Reinigung des Abgangwassers nicht statt hatte.

	Suspendirte Stoffe		Gelöste Stoffe				
	Organische mg	Unorganische mg	Im ganzen mg	Organische mg	Kalk mg	Schwefelsäure mg	Chlor mg
Forellenbachwasser:							
1. Oberhalb der Fabrik	0	0	376,3	34,7	147,2	96,5	12,4
2. Unterhalb der Fabrik	69,6	95,2	553,7	178,5	151,6	119,5	15,9

2. Desgleichen hatte der Röhr-Fluss im Amte Hüsten durch Aufnahme eines Strohpapierfabrik-Abflusswassers im September 1884 folgenden Gehalt pro 1 Liter:

Suspendirte Stoffe		Gelöste Stoffe		Zur Oxydation der gelösten organischen Stoffe erforderlicher Sauerstoff
Organische mg	Unorganische mg	Gesammt mg	Organische mg	mg
308,4	371,2	621,6	241,6	108,8

3. Der North Esk zeigte nach einer Untersuchung der englischen Commission vor und nach Aufnahme der Abgangwässer aus 8 Papierfabriken folgenden Gehalt pro 1 Liter:

| | Suspendirte Stoffe | | Gelöste Stoffe | | | | | | Härte |
	Organische mg	Unorganische mg	Gesammt mg	Organischer Kohlenstoff mg	Organischer Stickstoff mg	Ammoniak mg	GesammtStickstoff mg	Chlor mg	
Der North Esk . .	—	2,8	139	4,43	0,5	0,03	0,53	10,9	7,1°
Derselbe nachdem er 8 Papierfabriken berührt hat . .	117,2	52,0	198	10,81	1,01	0,03	1,04	18,9	9,5°

4. Ferner theilt H. Eulenberg[1]) folgenden Fall einer Fluss-Verunreinigung durch Abgangwasser einer Papierfabrik, die Stroh und Holz verarbeitete, mit. Das Abfallwasser floss frei in einen kleinen Bach, so dass alle Fische darin zu Grunde gingen. Die Untersuchung des Wassers ergab pro 1 Liter:

	Chlor mg	Schwefelsäure mg	Kalk mg	Magnesia mg	Organische Stoffe mg
Oberhalb der Papierfabrik	24,81	Spuren	72,0	7,2	128,0
An der Fabrik	227,2	182,4	173,0	13,6	387,0
Unterhalb der Fabrik . .	347,9	31,6	103,04	13,6	5904,0

5. H. Fleck (1. c.) fand die Veränderung, welche das Mulde-Wasser durch die Aufnahme einer Strohstofffabrik erleidet, pro 1 Liter wie folgt:

1. Mulde-Wasser vor der Strohstoff-Fabrik:

Organische Substanz . . . . 15,4 mg
Schwefelsaures Calcium . . . 27,2 „
    „   Magnesium . . 2,4 „
Salpetersaures   „   . . 3,4 „
Kohlensaures   „   . . 9,5 „
Kieselsaures   „   . . 8,0 „
Ammoniak . . . . Spuren.

2. Mulde-Wasser hinter der Strohstoff-Fabrik:

Organische Substanz . . . 57,0 mg
Schwefelsaures Calcium . . 189,2 „
Kohlensaures   „   . . 48,8 „
Kohlensaures Magnesium . . 21,0 „
Salpetersaures   „   . . 11,0 „
Kohlensaures Natrium . . . 198,5 „
Kieselsaures Natrium . . . 56,9 „
Chlornatrium . . . . . . 261,0 „
Kohlensaures Ammonium . . 41,9 „
1455,0 mg
feste Stoffe.

In den organischen Substanzen wurden 10,6 mg Stickstoff gefunden. Bei dem hohen Gehalt des Wassers an kohlensaurem Natrium war hier

---

[1]) Handbuch der Gewerbe-Hygiene. Berlin 1876 S. 534.

offenbar die Sodalauge als solche abgelassen. In einem andern Falle wurde für ein mit Abfallwasser von einer Papierstofffabrik verunreinigtes Flusswasser folgender Gehalt an gelösten Stoffen pro 1 Liter gefunden:

Organische Substanz . . . . 71,2 mg
Schwefelsaures Calcium . . . . 129,9 „
„   Eisenoxyd und Thonerde . . . . . 12,5 „
„   Magnesium . . . . 11,2 „
Salpetersaures Magnesium . . . . 1,6 „
Chlormagnesium . . . . 7,8 „
Chlornatrium . . . . 22,1 „
Chlorkalium . . . . 10,6 „
266,9 mg feste Stoffe.

Letzteres Wasser war durch blauen Farbstoff milchig getrübt; der Farbstoff lagerte sich nach eintägiger Ruhe vollständig ab; der Bodensatz betrug 10,907 g pro Liter und bestand aus 5,182 g weissem Thon (Kaolin), 5,509 g Lein-, Baumwoll- und Holzfaser, sowie aus 0,216 g Anilin-Violett.

Man sieht daraus, dass die Papierfabriken unter Umständen die Bäche und Flüsse in hohem Grade verunreinigen können und liefern thatsächlich grade diese Art faulige resp. fäulnissfähige Abfallwässer recht häufig Veranlassung zu Beschwerden.

Schädliche
Wirkung.

2. Schädliche Wirkung.

Was die schädliche Wirkung der organischen Bestandtheile der Papierfabrikabgangwässer nach verschiedenen Seiten hin anbelangt, so verweise ich auf das, was ich im Eingange S. 30—52 zu diesem Kapitel bereits gesagt habe.

Für Fische.

Ich habe wiederholt zu beobachten Gelegenheit gehabt, dass in Bächen und Flüssen, welche gerade diese Abfallwässer aufnehmen, in der wärmeren Jahreszeit, wenn durch eine höhere Temperatur des Wassers der Fäulnissvorgang begünstigt wird, die Fische mit einem Male an einem Tage zu Grunde gehen und das Wasser alsdann einen sehr starken üblen Geruch verbreitet. Wenn die Wässer neben den organischen Stoffen auch noch gleichzeitig Alkalilaugen, Salzsäure, unterchlorige Säure oder schweflige Säure enthalten, so nehmen sie dadurch noch einen weiteren specifisch schädlichen Charakter an; denn dass diese Bestandtheile selbst in geringen Mengen Pflanzen und Thieren direct schaden, bedarf kaum der Erwähnung.

Ueber die Schädlichkeit von Chlorkalk und schwefeliger Säure für Fische hat C. Weigelt[1] folgende Beobachtungen gemacht:

---

[1] Archiv für Hygiene 1885. Bd. III. S. 39. Ueber die Art der Ausführung dieser Versuche siehe S. 49 Anm.

Concentration der Lösung pro 1 Liter	Fischart	Temperatur des Wassers ⁰ C.	Expositions-dauer	Verhalten des Fisches
1. Chlorkalk. 0,041 g Chlor	Kleine Forelle	12	10 Min.	Nach 5 Minuten Seitenlage, nach 10 Minuten todt.
0,01 g „	Schleie	8	67 „	Nach 67 Minuten Seitenlage, nach 4 Stunden in reinem Wasser todt.
0,005 g „	Kleine Forelle	12	20 „	Nach 20 Minuten in dem chlorhaltigen Wasser todt.
0,005 g „	Schleie	12	76 „	Nach 76 Minuten Seitenlage, nach 6 Stunden in reinem Wasser todt.
0,001 g „	Grosse Forelle	6	129 „	Nach 44 Minuten Seitenlage, nach 129 Minuten in dem chlorhaltigen Wasser todt.
0,001 g „	Mittlere Forelle	12	98 „	Nach 34 Minuten Seitenlage, nach 98 Minuten todt.
0,001 g „	Kleine Forelle	12	34 „	Nach 20 Minuten Seitenlage, erholt sich anfänglich etwas in fliessendem Wasser, ist aber nach 34 Minuten in dem chlorhaltigen Wasser todt.
0,001 g „	Kleine Forelle	12	34 „	desgl. nach 34 Minuten todt.
0,001 g „	Kleine Forelle	12	10 „	Erholt sich nach 10 Minuten Expositionsdauer in fliessendem Wasser.
0,001 g „	Schleie	6	3 Stunden	Keine Symptome.
0,001 g „	Kleiner Lachs	6	31 Min.	Nach 2 Stunden in fliessendem Wasser todt.
0,001 g „	6 ganz kleine Forellen	11	105 „	Alle nach 1 ³/₄ Stunden in dem chlorhaltigen Wasser todt.
0,001 g „	5 Aeschen und 6 Forellen, Dotterträger	11	60 „	Aeschen nach 2 Stunden 22 Minuten in fliessendem Wasser todt, die übrigen erst nach 24 Stunden sicher todt.
0,001 g „	8 ganz kleine Forellen und 8 Aeschen	11	15 „	Nach 2 ¹/₂ Stunden in fliessendem Wasser todt.
0,001 g „	10 Forelleneier	14	60 „	Nach 6 Tagen alle geschlüpft.
0,0008 g „	Kleine Forelle	12	35 „	Nach 37 Minuten Seitenlage, nach 47 Minuten in fliessendem Wasser todt.
0,0005 g „	6 ganz kleine Forellen	14	1—2 St.	Nach 2 Stunden in dem chlorhaltigen Wasser alle todt.
0,0005 g „	7 ganz kleine Forellen und 7 Aeschen	14	13 St.	Nach 15 Minuten alle matt, nach 13 Stunden alle todt.
0,0005—0,00025 g	Kleine Forelle	12	2 ¹/₂ St.	Nach 2 ¹/₂ Stunden in fliessendes Wasser, nach 3 Stunden 6 Minuten todt.
0,00025 g „	7 ganz kleine Forellen	14	1 St.	Nach 1 Stunde alle matt, darauf in fliessendes Wasser, hier nach 13 Stunden alle todt.
0,00025 g „	6 desgl. und 6 Aeschen	14	15 Min.	Bleiben in fliessendem Wasser alle am Leben.
0,0001 g „	Kleine Forelle	14	2 ¹/₂ St.	Keine Symptome.
0,00005 g „	desgl.	14	2 ¹/₂ St.	Keine Symptome.

Concentration der Lösung pro 1 Liter	Fischart	Temperatur des Wassers ⁰ C.	Expositions-dauer	Verhalten des Fisches
2. Schwefelige Säure.				
0,005 g SO_2	Grosse Forelle	8	1 Stunde	Sehr unruhig und Seitenlage.
0,001 g „	desgl.	8	2 „	desgl. 80 Athemzüge in der Minute.
0,001 g „[1]	Schleie	8	103 Min.	Nach 103 Minuten Seitenlage, am anderen Morgen in fliessendem Wasser todt.
0,0005 g „[1]	Grosse Forelle	8	3 „	Nach 3 Minuten Seitenlage.
0,0005 g „	6 ganz kleine Forellen	8	30 „	Bleiben alle am Leben.
0,0005 g „[1]	6 desgl.	8	67 „	Nach 1 Stunde 7 Minuten alle todt.

Hiernach erweist sich ein Gehalt von 0,005 g Chlor pro 1 l bei Schleien von tödtlicher Wirkung, während bei Forellen und Lachsen schon ein solcher von 0,0008 g pro 1 ausreicht.

Schwefelige Säure wirkt nicht minder akut als Chlor, indem schon ein Gehalt von 0,0005 g SO_2 pro 1 l bei einer grossen Forelle nach 3 Minuten Seitenlage bewirkte; da die schwefelige Säure in dem, Calciumcarbonat enthaltenden Wasser in schwefeligsaures Calcium übergegangen war und diese akute Wirkung nur nach Ansäuern des Wassers eintrat, so folgt daraus, dass die schwefeligsauren Salze entweder unschädlich oder wesentlich unschädlicher sind als die freie Säure.

3. Reinigung.

Reinigung. Alkalilauge. 1. Die bei der Papierfabrikation benutzte Alkalilauge, wozu man meistens Natronlauge nimmt, lässt sich in der Weise wieder nutzbar machen, dass man dieselbe unter Zusatz von organischen Stoffen (z. B. Sägemehl) zu einem Teig anrührt und dann in Retorten calcinirt; die dabei entweichenden Gase können zur Beleuchtung oder Feuerung dienen, während der Rückstand in der Retorte in üblicher Weise auf Aetzalkali verarbeitet wird.

Ueber die Möglichkeit dieser Ausführung liegen verschiedene Mittheilungen[2] von der Strohstofffabrik in Lucka wie von einer in Dresden vor. Die Strohstofffabrik in Lucka gewinnt auf diese Weise 80 % für die Fabrikation nutzbare Lauge zurück und hat, wie berichtet wird, das Anlagekapital von 15000 Mark nicht nur schnell wieder verdient, sondern auch noch Ueberschüsse erzielt. In derselben Weise berichtet E. Reichardt[3] über günstige Erfolge der Wiedergewinnung von Natronlaugen bei andern

---

[1] In diesen Versuchen wurde das Wasser auch mit Salzsäure schwach angesäuert.
[2] Hannover'sche land- und forstwirthschaftliche Zeitung 1884 S. 393.
[3] Chem. Zeitg. 1884 S. 1513.

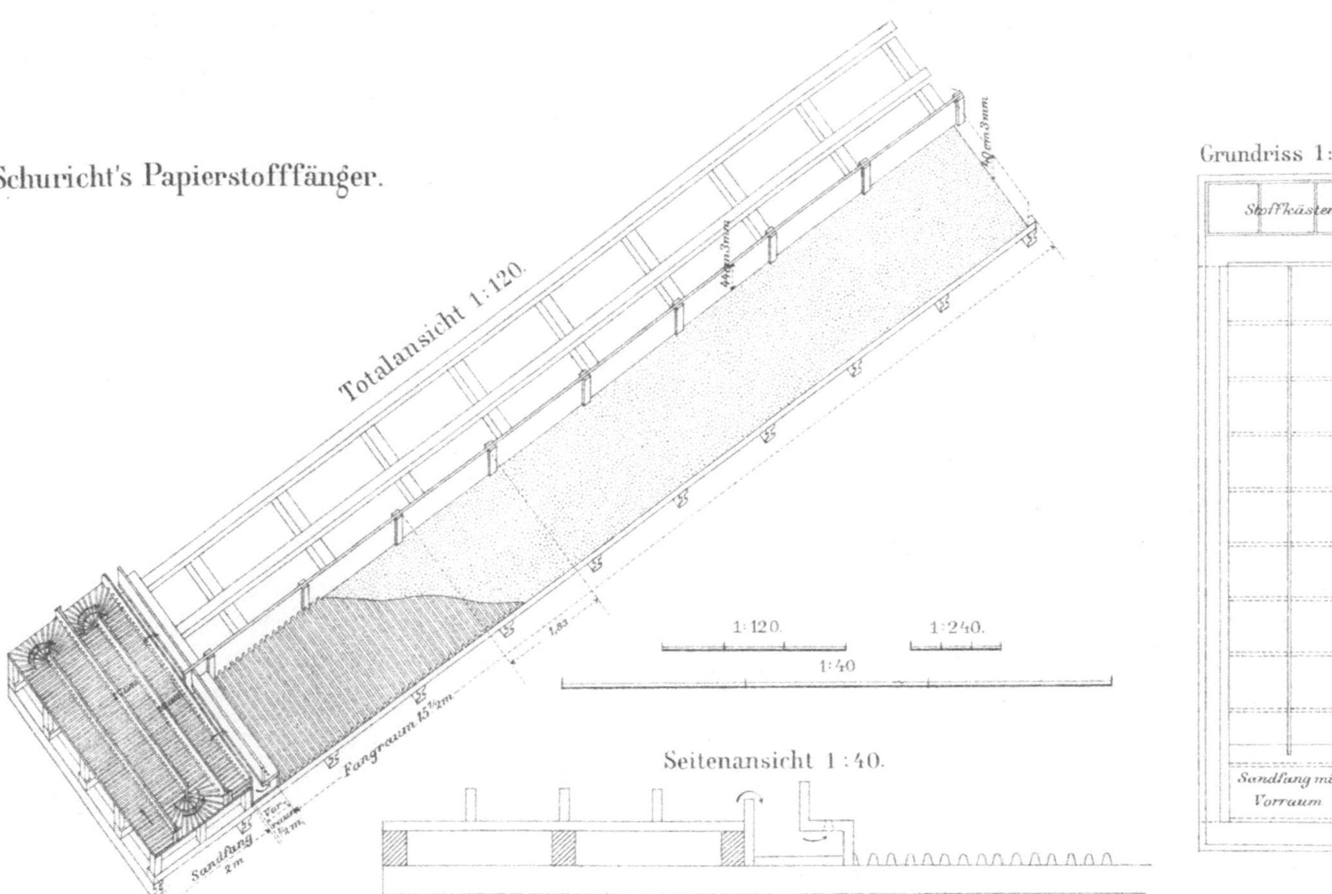

Schuricht's Papierstofffänger.
Totalansicht 1:120.
Grundriss 1:240.
Stoffkästen
Grundmauer
Sandfang mit Vorraum
Fangraum 15½m
Sandfang 2m
Vorraum ½m
Seitenansicht 1:40.
1:120.
1:240.
1:40.

Fabriken, die für den Zweck ein Anlagekapital von 10000 Mark machen mussten, dadurch aber sogar Vortheile erzielten.

Ueber die Art und Weise, wie in England die verbrauchte Natronlauge wiedergewonnen wird, vergleiche weiter unter No. 8.

Um aus den verbrauchten Laugen einen geeigneten Dünger zu erzielen, hat man auch vorgeschlagen, statt Natronlauge oder Soda Ammoniak resp. Potasche anzuwenden, jedoch weiss ich nicht, ob diese Vorschläge irgendwie zur Ausführung gelangt sind.

2. Zur Entfernung der in den Abgangwässern enthaltenen organischen Schlammstoffe sind verschiedene Verfahren in Vorschlag gebracht und müssen sich dieselben ohne Zweifel ganz nach der Art der Fabrikation richten. Das Abgangwasser aus Holzpapierfabriken ist z. B. viel flockiger d. h. enthält viel gröbere suspendirte Stoffe und lässt sich daher weit leichter reinigen als das von Stroh- und Lumpenpapierfabriken. Bei dem Abgangwasser aus Holzpapierfabriken lässt sich ohne Zweifel die Reinigung durchweg durch einfache mechanische Ausscheidung der unreinen Bestandtheile erreichen. Verfasser hatte Gelegenheit das Verfahren von E. Schuhricht in Siebenlehn in seiner Wirksamkeit zu beobachten. Zur Erläuterung des Verfahrens möge die Zeichnung Fig. 33 und folgende Beschreibung dienen:

Entfernung der suspendirten Stoffe.

Schuhricht's Verfahren.

Die Grundlage dieser Erfindung ist eine Abscheidung der im Wasser schwebenden Theilchen unter Wasser auf einem durchlässigen Boden (hier aus Metallgewebe bestehend), der dem Wasser den Durchgang gestattet, aber die daraus abgelagerten Stoffe zurückhält, so dass diese im unvermischten Zustande von der Bodenfläche abgenommen werden können, nachdem das überschüssige Wasser abgelaufen ist. Bei der Ablagerung verengen die im Wasser befindlichen Unreinheiten zunächst die Oeffnungen des Bodenkörpers und bilden gewissermassen eine Schicht Filtermaterial, welche nur noch dem Wasser Durchgang gestattet, alle festen Theilchen aber zurückhält.

Damit diese Filtration unter constantem Druck und stets aus einer ruhigen Wassermasse vor sich geht, wird während der Dauer derselben der über dem Filterboden stehende Wasserspiegel auf constanter Höhe gehalten, welche durch einen Ueberfall bestimmt wird. — Das Wasser verlässt also den Apparat theils in filtrirtem Zustande durch den durchlässigen Boden, theils in geklärtem Zustande über dem Ueberfall am Ende des Apparates nach Zurücklegung eines langen Weges. —

Die abgeschiedenen festen Theilchen werden auf dem Filterboden durch den Druck des darüber stehenden Wassers festgehalten, so dass sie nicht von der Wasserströmung aufgewirbelt werden, ausserdem ist Sorge getragen, dass die Strömung im Filterbassin eine möglichst geringe ist. Die Grösse und specielle Einrichtung der Apparate richtet sich nach der Menge der zu reinigenden Wässer und der Natur der in denselben enthaltenen Unreinheiten. — Namentlich dienen die Apparate zur Reinigung der Abwässer der Papierfabriken. —

Infolge der raschen und vollkommenen Entwässerung gehen die durch diesen Apparat gewonnenen Stoffe niemals in Fäulniss über und können leicht und regelmässig entfernt werden.

Die Wirkungsweise und Einrichtung des Apparates (vgl. Fig. 33) ist im allgemeinen folgende:

Die zu reinigenden Wässer passiren zunächst einen sogenannten Sandfang, welcher Sand und andere schwere Körper zurückhält. Der darauf folgende Raum hält leichte, auf dem Wasser schwimmende Theilchen zurück und zertheilt die zufliessenden Wässer gleichmässig über die Oberfläche der Fangräume. Jeder Apparat besteht aus zwei gleich grossen Fangräumen, welche in der Mitte durch eine Scheidewand getrennt sind, so dass die Fangräume unabhängig von einander wirken können, daher der eine entwässert und vom Stoff befreit werden kann, während der andere arbeitet. Auf diese Weise lässt sich der Apparat im ununterbrochenen Betrieb zur Klärung beständig zufliessender Wassermengen verwenden.

Erfahrungsgemäss werden mit diesen Apparaten aus den Ablaufwässern der Papierfabriken 75 % bis 98 % der darin schwebenden festen Stoffe gewonnen, selbst nachdem fdiese Wässer bereits durch rotirende Stofffänger gegangen sind, deren Trommeln mit feinmaschigerem Sieb, als es den Boden des Apparates bedeckt, bezogen sind.

Die Untersuchung eines nach vorstehendem Verfahren gereinigten Holzpapierfabrik-Abflusswassers im Jahre 1883 lieferte dem Verfasser folgendes Ergebniss pro 1 Liter:

	Suspendirte Schlammstoffe		Gelöste Stoffe		
	Organ. Stoffe	Mineral-Stoffe	Im ganzen	Organ. Stoffe	Schwefelsäure
	mg	mg	mg	mg	mg
1. Ursprüngliches Fabrikabflusswasser, ehe es in die Fangräume tritt	251,6	265,4	620,4	112,2	227,0
2. Gereinigtes Abflusswasser, wie es direct von den Fangräumen abfliesst	11,8	19,0	533,2	134,3	148,5
Abnahme . . .	239,8	246,4	—	—	—
Oder %	95,2	92,8	—	—	—

Man sieht hieraus, dass sich nach diesem Verfahren eine ziemlich vollkommene Abscheidung der suspendirten Schlammstoffe aus einem Holzpapierfabrik-Abgangwasser erzielen lässt und will ich ausdrücklich bemerken, dass die Probenahme von mir an einem Tage bei normaler Function des Apparates erfolgte, ohne dass die Fabrik von derselben irgend welche Kenntniss hatte.

Eine Verwendung des Abgangwassers aus Holzpapierfabriken, etwa zu Berieselungszwecken würde nicht zu empfehlen sein, weil der Holzstoff keine düngende Wirkung besitzt, im Gegentheil Pflanzen und Boden wie mit einer Art Filz überziehen und eher schädlich als vortheilhaft wirken würde. Um beurtheilen zu können, welche Filzmasse auf diese Weise unter Umständen auf den Boden aufgetragen werden kann, möge folgende Berechnung angestellt werden:

Nehmen wir an, dass pro Morgen mit 10 Liter Wasser pro Sec. gerieselt wird — bei der gewöhnlichen Wiesenrieselung wird aber meistens noch die dreifache Menge genommen — sowie, dass das verunreinigte Bachwasser 100 mg suspendirte Holzstoffe enthält, so enthalten 10 Liter 1 g und werden in einer Minute $1 \times 60 = 60$ g oder pro Tag $60 \times 60 \times 24 = 86400$ g oder 86,4 Kilo aufgetragen; da man für gewöhnlich mindestens 30 Tage Rieselzeit rechnen kann, so würden $30 \times 86,4 = 2592$ Kilo Holzmasse dem Boden zugeführt werden, eine Menge, die als Holzstoff für eine Wiese entschieden nachtheilig werden muss.

3. Verfahren von Donkin.

Donkin hat für Reinigung von Abwässern von Papierfabriken (Banknotenpapier) den untenstehenden Apparat Fig. 34 construirt; derselbe besteht aus länglichen, trogartigen Behältern, die etagenförmig über einander stehen. Jeder Kasten ist in der Längsrichtung durch eine Scheidewand in 2 Theile getheilt in der Weise, dass zwischen dem Boden der Behälter und dieser Scheidewand unten eine Oeffnung bleibt; die eine innere Hälfte ist mit einem Drahtnetz überzogen, welches 50 Drähte auf einen Zoll (englisch) enthält. Das Wasser fällt von einem Behälter in den andern auf das Drahtnetz in einer Flächendicke von $^3/_4$ Zoll englisch, in einer Höhe von 2 Fuss und mit einer Geschwindigkeit von ca. 11 Fuss eng-

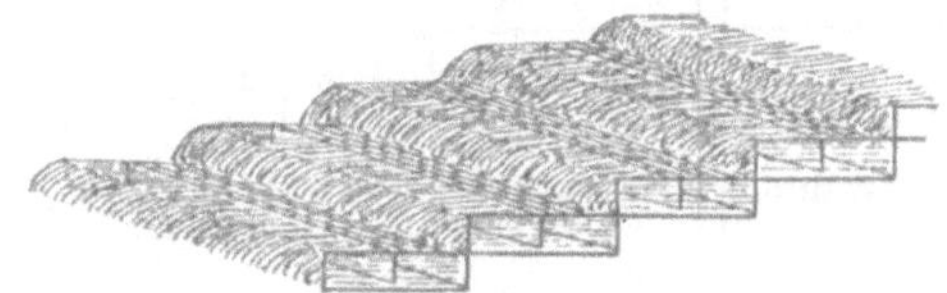

Fig. 34.

lisch pro Sec. Das Wasser tritt milchig durchscheinend auf die erste Etage; sowie es aber den zweiten Behälter erreicht hat, wird es trübe und setzt am Drahtnetz einen schwarzen Schlamm ab, der fortwährend entfernt werden muss, so gross ist angeblich die Menge der sich absetzenden Masse.

4. Reinigung durch Behandeln mit Kalkmilch und durch einfache Klärung.

E. Aubry-Vilet berichtet über das Reinigungsverfahren der Abgangwässer einer Papierfabrik in Esonnes, welche ca. 10,000 cbm Abgangwasser pro Tag liefert und dieses wie folgt reinigt:

Das Wasser fliesst durch einen 20 m langen, 6 m breiten und $1^1/_2$ m tiefen Kanal mit sehr geringer Geschwindigkeit, 1 mm pro Sec., in ein wasserdichtes Bassin. Längs des Kanals sind Behälter aufgestellt, aus welchen fortwährend Kalkmilch in das Wasser im Kanal tropft und dasselbe geruchlos macht. In dem Bassin verbleibt das Wasser ungefähr 8 Tage, nach welcher Zeit sich die festen Stoffe zu Boden gesetzt haben. Das klare Wasser wird alsdann abfliessen gelassen, der schlammige Bodensatz durch eine Klappe auf der Sohle des Bassins in ein zweites, tiefer liegendes Bassin geleitet. Dieses Bassin hat den Zweck, den Bodensatz trocken zu machen. Es besitzt wasserdichte Wände, hat einen sehr durchlassenden, mit Hammerschlag bedeckten Boden. Das Wasser zieht ab, nach einigen Tagen beginnt die trocknende Masse zu bersten und wird nun aus dem Bassin herausgeschafft. Der Schlamm hat ca. 75 % Wasser, nach einige Monate langem Liegen an der Luft enthält er nur noch 15—20 %. Selbstverständlich sind für grosse Wassermassen mehrere Bassins nothwendig; 10,000 cbm tägliches Abgangwasser erfordern ein Terrain von 2 ha. Die Anlagekosten für die Bassins betragen 20 Frs. pro qm, die täglichen Unkosten für Arbeitslohn 20 Frs. und für Kalk 40—50 Frs. Der Kalkschlamm von 1 cbm Wasser beträgt 3—8 Liter, worin 11—15 g Stickstoff und 20—25 g phosphorsaures Calcium enthalten sind.

Kalkmilch u. Filtration.

5. Reinigung durch Zusatz von Kalk und durch Filtration.

Für gewöhnlich pflegt man die Abgangwässer der Papierfabriken in der Weise zu reinigen, dass man ihnen, wie bei dem Verfahren unter No. 4, Kalkmilch zusetzt, in Klärteichen sich absetzen lässt, dann aber noch filtrirt oder zur Rieselung benutzt. Die englische Commission berichtet z. B. über das Ergebniss der Reinigung nach Behandlung mit Kalk und nach der Filtration; 1 l Wasser ergab:

	Suspendirte Stoffe		Gelöste Stoffe					
	Organische	Unorganische	Gesammt-Gehalt	Organischer Kohlenstoff	Organischer Stickstoff	Ammoniak	Stickstoff als Nitrate und Nitrite	Gesammt-Stickstoff
	mg	mg	mg	mg	mg	mg	mg	mg
Der Roch bei der Papierfabrik .	31,8	28,2	4,33	45,18	2,88	5,12	2,30	9,40
Derselbe nach der Behandlung mit Kalk und nach der Filtration	—	—	3,01	3,68	0,10	0,20	17,10	17,36

Nahnsen-Müller's Verfahren

6. Reinigung durch Nahnsen-Müller's Fällungsmittel (F. A. Robert Müller & Co. in Schönebeck) vgl. S. 157.

Verfasser hatte Gelegenheit, die Wirkung des Nahnsen-Müller'schen Fällungsmittels (bestehend aus präcipitirter Kieselsäure, einem löslichen Thonerdesalz und Kalkmilch) festzustellen. Das Abgangwasser der Papierfabrik war stark schlammig von bläulicher Farbe; das gereinigte Wasser dagegen klar und geruchlos bei alkalischer Reaction. Die Untersuchung des ungereinigten und gereinigten Abgangwassers ergab pro 1 l:

	Suspendirte Stoffe			Gelöste Stoffe			
	Unorganische	Organische	In letzteren Stickstoff	Unorganische	Zur Oxydation erforderlicher Sauerstoff	Organischer Stickstoff	Kalk
	mg	mg	mg	mg	mg	mg	mg
Ungereinigtes Wasser	232,5	515,5	31,4	310,0	112,0	12,6	155,0
Gereinigtes Wasser	5,1	Spur	Spur	610,0	67,2	7,0	260,0

Auch nach diesem Verfahren lässt sich daher eine wesentliche Reinigung[1]) der Abwässer herbeiführen.

---

[1]) Die Zunahme an Mineralstoffen bei dem gereinigten Wasser erklärt sich daraus, dass zur Reinigung resp. Fällung ein Ueberschuss von Kalkmilch verwendet ist.

7. Reinigung durch Fällen mit Kalkmilch und durch Berieselung. Reinigung durch Kalk und Berieselung.
Dass Abwässer aus Strohpapierfabriken sich vortheilhaft zur Berieselung benutzen lassen, ist bekannt; so berichtet Carl Drewsen[1]), dass auf einer Wiese von 15 Morgen der Heuertrag nach Einführung einer Berieselung mit Strohpapierfabrik-Abgangwasser in den Jahren 1871—1875 von 12 auf 37 Fuder und bei einer anderen Fläche von $48^1/_2$ Morgen in den Jahren 1876—1878 von 42 auf 46 Fuder pro Jahr stieg. Auch eine Strohpapierfabrik bei Münster benutzt das Abgangwasser nach Klärung in Klärbassins zur Berieselung und habe ich Veranlassung genommen, die Art und Weise der Reinigung nach dieser Methode durch 4 Probenahmen zu verfolgen.

Das Fabrikabflusswasser (ca. 300 cbm pro Tag) gelangt erst unter fast regelmässigem Zusatz von Kalkwasser in ein grösseres System Klärteiche, in denen sich ein grosser Theil der suspendirten Strohtheilchen abscheidet[2]), von den Klärteichen fliesst das Wasser perpetuirlich über eine Wiese von $^2/_3$ ha.

An den Tagen der nachstehenden Probenahmen betrug der Ueberfall in einer 10 cm breiten Oeffnung 8,5 cm Höhe = 4,4 l pro Sec.

1. Probenahme am 30. Mai 1883, nachmittags $4—5^1/_2$ Uhr: Himmel bedeckt und still; mittlere Tagestemperatur 17,8º C.

2. Probenahme am 1. Juni 1883, nachmittags $3—4^1/_2$ Uhr; sonniges und ruhiges Wetter; mittlere Tagestemperatur 20,2º C.

3. Probenahme am 26. Juni 1884 bei heiterem Wetter und 15,9º C. mittlerer Tagestemperatur.

4. Probenahme am 17. Juli 1884 bei trübem Wetter und 20,4º C. mittlerer Tagestemperatur.

Die umstehenden Zahlen, welche das Mittel[3]) dieser zu verschiedenen Zeiten entnommenen Proben bilden, können zwar nicht als völlig exacte angesehen werden, weil das Fabrikwasser nicht mit constanter Zusammensetzung abfliesst, daher die Proben für das aus den Klärteichen und von der Wiese abfliessende Wasser nicht ganz der jedesmal entnommenen Probe des direct abfliessenden Fabrikwassers entsprechen wird, indess wird dieser Fehler theilweise dadurch ausgeglichen, dass das Wasser durch längeres Verweilen in den Klärteichen eine gleichmässigere Mischung erfährt und gewähren die Durchschnittszahlen der 4 Probenahmen wenigstens hinreichend sichere Anhaltepunkte, um die Art und Weise dieser Reinigung beurtheilen zu können.

Die Resultate sind folgende:

---

[1]) Hannoversche land- und forstw. Zeitung 1881 S. 465.
[2]) d. h. die suspendirten Strohtheilchen werden durch die eintretende Fäulniss theils als schaumige Masse in die Höhe geworfen und dann abgeschöpft, theils schlagen sie sich mit dem sich unlöslich abscheidenden kohlensauren Calcium nieder.
[3]) Ueber die in den einzelnen Untersuchungsreihen erhaltenen Resultate vgl. Landw. Jahrbücher 1885. S. 234.

1 Liter Wasser enthält:	a. Direct aus der Stroh-papier-Fabrik abflies-sendes Wasser mg	b. Aus den Klär-teichen abflies-sendes Wasser, aufflies-send für dieWiese mg	c. Von der Wiese abflies-send mg	Ab- (—) oder Zunahme (+) des ursprünglichen Gehaltes				
				Im ganzen		Oder in Procent		
				In den Klärteichen mg	Auf der Wiese mg	In den Klärteichen %	Auf der Wiese %	Insgesammt %
Suspendirte Schlammstoffe	1464,4	975,5	611,0	— 488,9	— 364,5	— 34,4	— 24,9	— 59,3
Zur Oxydation der gelösten organischen Stoffe erfor-derlicher Sauerstoff . .	1133,6	676,5	433,5	— 457,1	— 243,0	— 40,3	— 21,4	— 61,7
Sauerstoff . . . . ccm	4,2	2,0	2,8	— 2,2	+ 0,8	— 52,4	+ 19,0	— 33,4
Kohlensäure . . . mg	124,9	443,8	582,0	+ 318,9	+ 138,2	+ 255,3	+ 110,1	+ 335,4
Kalk . . . . . . -	972,8	728,5	649,8	— 244,3	— 79,7	— 25,1	— 8,2	— 33,3
Kali . . . . . . -	92,9	113,0	109,1	+ 20,1	— 3,9	+ 21,6	— 4,2	+ 17,4
Salpetersäure . . . -	31,8	16,6	12,4	— 15,2	— 4,2	— 47,7	— 13,2	— 60,9
Stickstoff in Form von Ammoniak . . . -	3,5	2,6	2,9	— 0,9	+ 0,3	— 25,7	+ 8,6	— 17,1
Organisch gebundener Stickstoff . . . . -	79,3	53,6	36,2	— 25,7	— 17,4	— 32,4	— 21,9	— 54,3
Phosphorsäure . . . -	9,4	1,6	1,4	— 7,8	— 0,2	— 82,9	— 2,1	— 85,0

Hiernach nehmen die suspendirten und gelösten organischen Stoffe, sowie der organisch gebundene Stickstoff in den Klärteichen um ca. $\frac{1}{3}$ ab und auf der Wiese findet noch eine weitere Abnahme von ca. $\frac{1}{4}$ derselben statt, so dass im ganzen ca. 60% derselben entfernt werden.

In Folge der in den Klärteichen eintretenden Fäulniss erfährt der Sauerstoff des Wassers naturgemäss eine Abnahme, während die Kohlensäure erheblich zunimmt; die Kohlensäure-Bildung durch Oxydation der organischen Stoffe schreitet auf der Wiese weiter vorwärts, gleichzeitig aber nimmt durch die Berieselung der Sauerstoffgehalt des Wassers wieder zu. Der zugesetzte Kalk schlägt sich zu durchschnittlich 25% in den Bassins nieder, 10% desselben werden noch auf der Wiese abgelagert. Die Zunahme des Kalis in den Klärteichen muss darauf zurückgeführt werden, dass sich während der Fäulniss aus den in den Klärteichen abscheidenden Strohtheilchen Kali löst. Die durchschnittliche schwache Abnahme an Ammoniak in den Klärteichen beruht ohne Zweifel auf einer Verflüchtigung in Folge des zugesetzten Kalkes, die auf der Wiese wieder eintretende schwache Zunahme auf der weiteren Umsetzung der organischen Stickstoff-verbindungen. Dass die Salpetersäure eine Abnahme erfährt, steht im Ein-klang mit der bei der Fäulniss auftretenden Nitritbildung. Ebenso kann die fast vollständige Abscheidung der Phosphorsäure in Folge des zuge-setzten Kalkes nicht anders als erwartet werden.

Man sieht hieraus, dass ein Strohpapierfabrik-Abflusswasser nach vorstehendem Verfahren wesentlich gereinigt werden kann. Wenn man aber die absoluten Mengen in Betracht zieht, so bleiben in diesem Falle noch sehr grosse Massen Fäulnissstoffe in dem gereinigten Wasser und ist einleuchtend, dass letzteres ein Bachwasser, wenn dessen Wassermenge und Stromgeschwindigkeit nur gering ist, bedeutend verunreinigen kann.

Selbstverständlich hat auch die reinigende Wirkung eines Bodens (vgl. S. 124) ihre Grenze.

Der schon längere Zeit mit vorstehendem Abwasser berieselte Wiesenboden ist in seiner obersten Krume in Folge der grossen Menge aufgerieselter organischer Stoffe ganz schlammig und moorig geworden; so ergab derselbe gegenüber Boden von nicht berieselten Stellen der Wiese bis zu einer Tiefe von 25 cm auf wasserfreie Substanz berechnet:

	Berieselter Boden	Nichtberieselter Boden
Humus	11,18%	5,36%

Die organischen Stoffe (Humus) in dem berieselten Boden haben daher bereits um das Doppelte zugenommen und ist einleuchtend, dass bei fortwährendem Aufleiten des Abflusswassers schliesslich ein Zeitpunkt auftreten muss, wo der Boden von den Fäulnissstoffen nichts mehr aufnimmt, sondern vielmehr noch solche an das Rieselwasser abgiebt.

Der in den Klärteichen abgeschiedene Schlamm ergab folgenden Gehalt: Zusammensetzung des Schlammes.

In 100 Theilen Schlamm:	Kali	Phosphorsäure	Stickstoff
	0,033%	0,047%	0,048%

A. Petermann[1]) fand für die Rückstände aus Papierfabriken folgende proc. Zusammensetzung:

Probe	Wasser %	Organische Stoffe %	Organischer Stickstoff %	Phosphorsäure %	Kali %	Kalk %
1. Von der Laugenbereitung	52,29	13,26	0,26	0,15	0,96	—
2. Desgleichen	46,57	8,22	—	—	0,16	16,10
3. Absätze der Lumpenwäsche	13,92	38,08	0,70	1,68	0,34	21,68
4. Desgleichen	4,63	4,75	0,47	0,41	0,49	—

Derartige Abfälle können entweder direct zur Düngung oder zur Kompostbereitung benutzt werden.

8. Sonstige Reinigungsverfahren. Verfahren in England.

Ueber Reinigungsverfahren einiger Strohpapierfabriken in England hat neuerdings Gewerberath Dr. G. Wolff in einem Bericht: „Ueber die in England und Schottland besichtigten Anlagen zur Reinigung gewerblicher

---

[1]) Ann. agronom. 1882., S. 135.

und städtischer Abwässer[1])" sehr eingehende und interessante Mittheilungen gemacht, aus denen ich das von der Fabrik James Brown & Comp. Esk Millis befolgte Verfahren hier ausführlich wiedergebe.

Die Fabrikation erstreckt sich auf wöchentlich 60 Tonnen Schreib- und Buchdruckpapiere. Als Rohmaterial dienen Hadern (etwa 15%) und Esparto (etwa 85%). Beschäftigt sind ca. 400 Arbeiter.

Im Jahre 1870 wurden mit einem Arbeiterbestand von 250 Personen aus 351 t Lumpen und 2121 t Esparto 1480 t Papier erzeugt. Die Ausbeute betrug etwa 60%, während 26% des Rohmaterials nebst erheblichen Mengen von Chemikalien in den Abwässern dem Flusse zugeführt und etwa 14% des Rohmaterials theils in Form von Staub und Schlamm gewonnen, theils beim Calciniren der gebrauchten Natronlaugen verbrannt wurden. Damals war schon mit den Einrichtungen für die Reinhaltung des Flusses begonnen worden. Die uneingeschränkte Erzeugung der Abwässer stand aber dem Zwecke im Wege. Es mussten täglich 2 340 cbm derselben verarbeitet werden, und es gelang mittelst eines Stromgerinnes von im ganzen 4 680 qm Grundfläche und 204 m Lauflänge bei theils 15, theils 30 m Strombreite die genannte Menge so weit zu reinigen, dass die Abläufe pro 1 Liter 800—940 mg gelöster und 93,6 mg suspendirter Festkörper, unter ersteren 75,5 mg organischen Kohlenstoff, 11,43 mg organischen Stickstoff und 1,25 mg Ammoniak enthielten; die Stromgeschwindigkeit im Endgerinne mag dabei etwa 0,01 m betragen haben. Die Gerinne mussten, weil sich grosse Schlammmengen absetzten, häufig gereinigt werden und das Verfahren wurde dadurch theuer.

Mit Uebergehung des früheren Fabrikationsganges geschieht das Kochen jetzt in stehenden, stabilen Kesseln von 3—4 m Höhe und 2—3 m Durchmesser unter einem Druck von $\frac{1}{4}$—3 Atmosphären mit Natronlauge, deren Concentration je nach dem Zwecke wechselt. Um die Kochbrühen vom Esparto thunlichst zu sondern, wird letzteres in hydraulischen Pressen von etwa 1 cbm Fassungsraum scharf ausgepresst. Es gelangt dann in Auslaugekästen, welche nach Art des Shauk-Systems betrieben und nicht mit frischem Wasser, sondern mit erwärmten Brühen der Mahlholländer beschickt werden; die entstehenden Auslaugebrühen werden wieder in der Kocherei und zur Herstellung neuer Natronlaugen benutzt. Sie werden (90 cbm pro Tag) in Porion-Oefen mit einem Kohlenaufwand von 8 t pro Tag (die Kohlen kosten 3,5 Sch. pro Tag) verdampft und ergeben monatlich 85 t Natronhydrat; behufs rascheren Verdampfens und Garschmelzens wird in die Masse auf dem Flammofenheerd heisse Luft eingeblasen. Aus den Auslaugekästen gelangt das Esparto in die Holländer. Dabei ist zu bemerken, dass die Mahlwässer in die Auslaugerei gehen. Gewaschen wird der Stoff nur 2—3, im Maximum 5—9 Minuten und zwar stets mit den säuerlichen Abwässern der Bleichholländer; die Waschwässer gehen ins Gerinne. Bevor der Stoff in die Bleichholländer kommt, wird er scharf ausgepresst, ebenso wenn er diese verlässt. Dadurch ist einerseits ein geringerer Wasserkonsum beim Waschen, wie ein geringerer Verbrauch und eine völlige Ausnutzung des Chlorkalks erreicht und andererseits die Anwendung von Antichlor unnöthig geworden. Die Abwässer der Bleichholländer machen etwa 5 cbm p. t Esparto aus; sie gehen, soweit sie zum Waschen des Mahlstoffes nicht nöthig sind, direct ins Gerinne; die Waschwässer vom gebleichten Stoffe werden grossentheils zur Herstellung frischer Bleichlaugen benutzt, der Rest geht ins Gerinne. Um über die zur Wiederbenutzung bestimmten Abwässer bequem disponiren zu können, werden sie in Hochreservoirs gehoben, welche mit den Verbrauchsstellen durch ein Rohrnetz in Verbindung stehen. Die Abwässer jeder Papiermaschine werden, so lange dieselbe Sorte

---

[1]) Eulenberg's Vierteljahresbericht für gerichtl. med. und öffentl. Sanitätswesen. N. F. XXXIX 1 u. 2.

erzeugt wird, wiederholt benutzt, d. h. aufgebracht und nur beim Wechsel von Farben ins Gerinne geleitet. Alle Nassarbeitsräume sind drainirt, so dass Schlabber- und Spülwasser einem gemeinschaftlichen Sammelschacht zufliessen, aus welchem sie ins Gerinne gehoben werden.

Die Abwässer betragen 680 cbm in 24 Stunden. Zu ihrer Bereitung ist ein Stromgerinne (Fig. 35) vorhanden, dessen sechs erste Abtheilungen bei 15 m Breite eine Länge von je 4 m haben und durch feste Zwischenwände von einander geschieden sind. Die nächsten 3 Abtheilungen haben 24 m Breite und je 1,3 m Länge. Alle einzelnen Abtheilungen haben eine Wassertiefe von 1,3 m und ihre Zwischenwände nehmen stromabwärts um je 10—15 m an Höhe ab. Der Einlauf und Austritt des Wassers erfolgt stets über die ganze Breite der Abtheilungen; dabei sind die Leitgerinne so disponirt, dass jede Abtheilung, wenn nöthig, ausgeschaltet werden kann. Die mittlere Geschwindigkeit des Wasserkörpers berechnet sich für die schmäleren Stromgerinne auf 0,0005 m, für die breiteren auf 0,0003 m pro Sec. Eine erhebliche Ausscheidung von Schlämmen findet nur in den ersten 3 Abtheilungen statt, derart, dass No. 1 wöchentlich, No. 2 monatlich, No. 3 halbjährlich

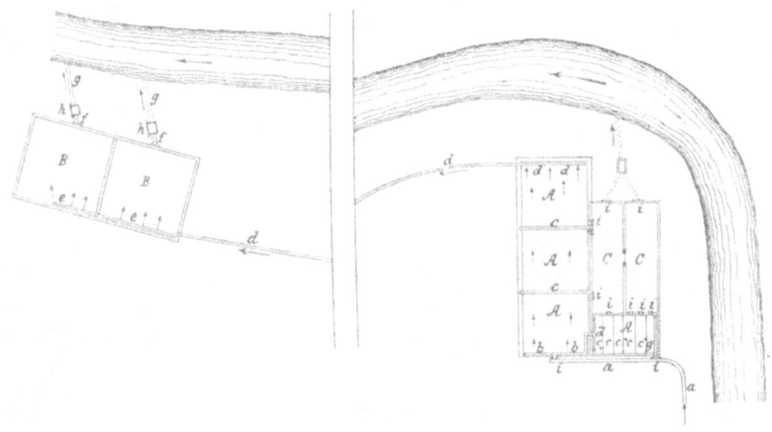

Fig. 35.

und die übrigen nur alle 2—3 Jahre gereinigt werden müssen; dabei werden in einer Woche durchschnittlich 650 kg Schlamm (Trockengewicht) = 1,08% der Papierproduktion gewonnen, welche nass einen Raum von 4—5 cbm erfüllen und weniger als 5% Faser enthalten. Die Schlämme werden aus den Stromgerinnen dadurch entfernt, dass nach Umstellung der Leitgerinne die Schleusen i wenig gezogen und der Inhalt der Gerinne theilweise oder ganz in die Schlammfilter C abgelassen wird. Die Schlammfilter, deren Construction aus Fig. 36 (B) ersichtlich ist, bezwecken einerseits ein rasches Trocknen der Schlämme und andererseits eine völlige Klärung und theilweise Oxydation und Durchlüftung des abfliessenden Schlammwassers. Beide Zwecke werden vollständig erreicht dadurch, dass die drainirte Sohle und die Gerölle- und Grobaschenschicht der Filter stets mit Luft erfüllt und die obere, aus feiner Kesselasche bestehende Filterschicht dicht genug ist, um suspendirte Theilchen zurückzuhalten. Zwei bis drei Tage nach dem Einlassen der Schlämme in das Filter sind dieselben so weit abgetrocknet, dass sie plastisch geworden sind und sich mit Leichtigkeit ausheben und transportiren lassen; beim Ausheben der Schlämme bleibt ein Weniges der Filterschicht an ihnen haften, und es bedarf dann einer leichten Ueberstreuung der Filteroberfläche mit Feinasche, um sie wieder in brauchbaren Zustand zu versetzen. Es steht aber auch nichts im Wege, wenn, wie in Esk Mills, diese Filter drei

König.20

Wochen hintereinander mit Schlamm beschickt und erst in der vierten Woche gereinigt werden. Die Abläufe aus der 9. Abtheilung des Stromgerinnes erscheinen schon wasserklar; nichtsdestoweniger werden sie noch in die Filter B (Schnitt in Fig. 37 und Projection

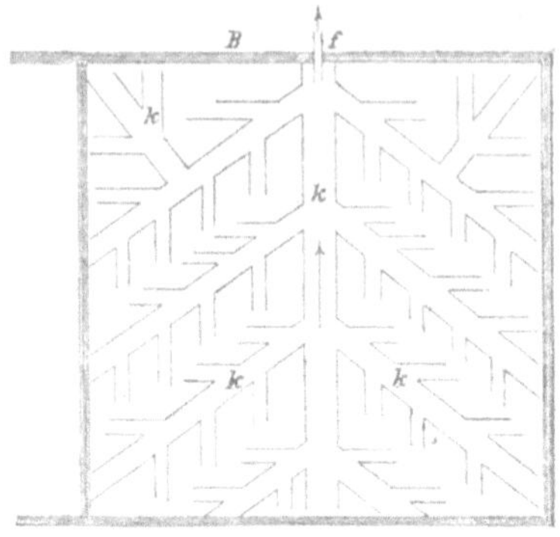

Fig. 36.

der drainirten Sohle in Fig. 36) geleitet und gelangen, nachdem sie diese passirt haben, durch das Rohr g in den Fluss. Sie enthalten dann in 100 000 Theilen 4—5 Theile suspendirter und 120—130 Theile gelöster Festsubstanzen, wovon etwa 15—20 Theile ver-

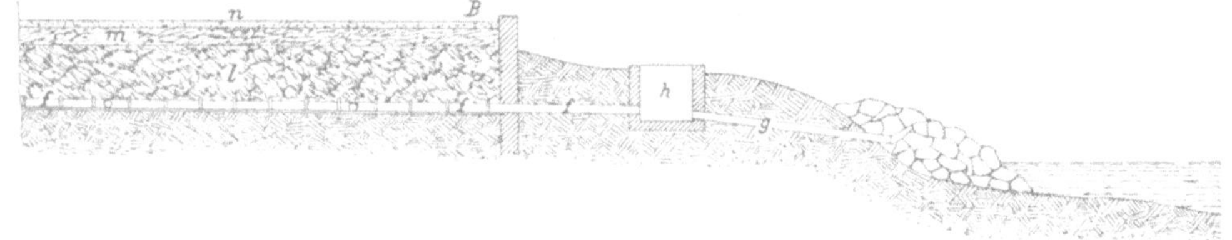

Fig. 37.

brennbar sind; eine Färbung hat Dr. Wolff in dem Abwasser nicht mehr wahrgenommen und sein Geschmack glich dem einer sehr stark verdünnten Chlorcalciumlösung.

Die Filter werden abwechselnd benutzt, um einer steten Durchlüftung derselben sicher zu sein; sie arbeiten schon seit Jahren, ohne einer Nachhülfe zu bedürfen.

Aehnliche Einrichtungen haben andere englische Fabriken. Die Fabrik von Alexander Cowan & Comp. in Pennecuick, deren Production doppelt so gross ist, als die der ersten Fabrik, verdampft die Laugen zur Wiedergewinnung des Natrons in Porionöfen, bei welchen zwischen Regenkammer und Flammheerd eine Rauchverbrennungskammer von 5 m Länge und 2 m Höhe eingeschaltet ist; die Papiermaschinenwässer werden nicht wieder benutzt, sondern gehen, nachdem sie ein etwa 0,5 m breites, 0,5 m tiefes und 100 m langes Vorgerinne passirt und dort ihre werthvolleren Bestandtheile abgesetzt haben, zur Fällungsstation des Hauptgerinnes. Die Schlämme aus diesem Vorgerinne werden in, mit Leinen ausgeschlagene Bottiche gekehrt, welche mit einer Saugpumpe in Verbindung stehen, die den Schlämmen den grössten Theil ihres Wassergehalts sehr rasch entzieht, wonach sie auf grössere Deckplatten von Feuerungskanälen völlig getrocknet und in Ziegelform zu guten Preisen verkauft werden.

Ferner werden die Abfallwässer mit einer Lösung von Eisenchlorid und mit Kalkmilch versetzt, durch ein Flügelrad in einem engen Kanal gut durchgemischt und dann ins Hauptgerinne abgelassen. Der Zusatz von Eisenchlorid und Kalkmilch geschieht mittelst stellbarer Schöpfrädchen, in ähnlicher Weise wie bei dem bekannten Melchior Nolden'-schen Apparat. Als Fällungskalk werden die Rückstände der Chlorkalklaugerei benutzt. Die Wirkung des Fällungsmittels ist eine gute, da das gefällte Eisenoxydhydrat alle Schmutz-theilchen fest einschliesst, sich im Gerinne leicht ablagert und auch einen erheblichen Theil der gelösten, färbenden Stoffe mit niederschlägt.

Ueber einige Versuche, Strohpapierabflusswasser durch Fällung mit Magnesiumcarbonat + Kalk wie mit Aluminiumsulfat + Natriumaluminat zu reinigen vgl. S. 155 u. 156.

9. Reinigung der Abgänge bei der Fabrikation der Sulfit-Cellulose. Reinigung
der Abgänge
von der Sul-
fit-Cellulose.

Die durch den Gehalt an freier schwefeliger Säure und saurem schwefligsauren Calcium besonders schädlichen Abgänge der Fabrikation von Sulfit-Cellulose hat man versucht, durch Zusatz von Kalkmilch abzustumpfen, um so schwerlösliches Calciummonosulfit zu erhalten. Hierdurch kann aber eine genügende Reinigung nicht erzielt werden, weil einerseits das Monosulfit nicht ganz unlöslich ist, andererseits die practische Ausführung ihre Schwierigkeiten hat, indem z. B. ein Ueberschuss von angewandtem Aetzkalk bei dem hohen Zuckergehalt der Laugen leicht in Lösung geht und dadurch die Qualität des Wassers wieder sehr verschlechtert. Thatsächlich konnten bei Anwendung dieses Verfahrens Beschwerden über Beschädigungen durch diese Abgänge nicht abgestellt werden.

Wesentlich bessere Resultate stellt jedoch ein Reinigungsverfahren der Abfalllaugen in Aussicht, welches Dr. Ad. Frank (Charlottenburg) auf Grund seiner oben erwähnten speciellen Untersuchungen ausgearbeitet und erprobt hat. Dr. Frank schlägt[1]) den in solchen Fällen allein sicheren Weg ein: das pecuniäre Interesse des Fabrikanten durch Reinigung seiner Abfallstoffe direct mit zu fördern. Zu diesem Zwecke lässt er die abgenutzten Laugen zunächst auch durch Kalk fällen, giebt aber für den auf solche Art erzielten Niederschlag, eine Reinigungsmethode an, welche dessen lohnende Wiederbenutzung in der Fabrikation unter gleichzeitiger Verwerthung der beim Kochen gasförmig entwickelnden schwefligen Säure gestattet. Durch die von dem Niederschlag klar abgelassene Lauge, aus welcher durch die Fällungsoperation auch die harzigen Stoffe beseitigt sind, wird ein Gemisch von Kohlensäure und atmosphärischer Luft (Schornsteingase) geblasen, um den noch darin gelösten Aetz-Kalk als Calciumcarbonat auszufällen und den ebenfalls in Lösung befindlichen Rest von Calciummonosulfit zu unschädlichem Gyps zu oxydiren. Die so von schwefligsauren Verbindungen, Harzen und Aetzkalk gereinigte Lauge kann unter Umständen den Flüssen ohne Bedenken für die Fischzucht und die Verwendung als Tränkwasser zugeführt werden, indess findet dieselbe nach Dr. Frank's Vorschlägen eine ungleich vortheilhaftere Benutzung, zur Kom-

---

[1]) Nach einer brieflichen Mittheilung.

postbereitung sowie als Düngungsmittel für Wiesen, Futter-Kräuter etc., denn jeder cbm Lauge enthält etwa die Aschenbestandtheile von 1 cbm Holz und auch noch einen Theil des im Holze vorhandenen Stickstoffs. Das Eindampfen der gereinigten Lauge liefert eine süss, wenn auch in Folge Gerbsäuregehaltes etwas kratzend schmeckende Masse, welche völlig trocken 15—18 % Traubenzucker enthält und schon desshalb auch für Futterzwecke eine günstige Ausnutzung gestattet. Die gereinigte Holzkochlauge hat ihrer Zusammensetzung nach eine gewisse Aehnlichkeit mit den Schlempen der Rübenmelassebrennereien, unterscheidet sich aber von denselben in einer für Fütterungszwecke vortheilhaften Weise durch ihren geringeren Gehalt an Salzen und höheren Gehalt an Zucker. Jedenfalls bietet diese Masse, welche man fast eine „Holzbouillon" nennen könnte, die assimilirbaren Theile der Holzsubstanz in leichter verdaulicher Form als das Holz selbst, welches neuerdings nach dem Wendenburg'schen Verfahren zur Fütterung vorgeschlagen wird.

Das Verfahren von Dr. Ad. Frank, von welchem im Augenblick alle Details noch nicht angegeben werden können, besteht kurz in Folgendem:

Das Calciummonosulfit ist in Wasser sehr schwerlöslich (1 : 800), während Calciumbisulfit sich schon in geringen Mengen Wasser löst. Kocht man Bisulfitlösung, so scheidet sich unter Freiwerden von schwefliger Säure einfach schwefligsaures Calcium aus. Dies Verfahren ist, wie gesagt, schon früher bei den Sulfitcelluloselaugen angewandt, hatte und konnte aber nur ungenügende Resultate geben, weil das Calciumbisulfit der Laugen sich in einer weiteren Verbindung mit Aldehyden befindet, welche nicht durch blosses Kochen, sondern erst bei Zusatz eines Alkalis oder einer alkalischen Erde zerlegt wird. Natürlich wendet man hierzu Kalk an, weil dieses das weiter zu benutzende und daneben schwer lösliche einfach-schwefligsaure Calcium bildet. Die geringe Menge des letzteren, welche in Lösung bleibt, wird, wie die weitere Untersuchung zeigte, bei Gegenwart organischer Substanzen mittelst Durchblasens von Sauerstoff weit rascher zu schwefelsaurem Calcium oxydirt, als eine reine wässerige Lösung des Monosulfits.

Die für Reinigung der Sulfitlaugen construirten Apparate sind dem Betriebe der Fabrikation speciell angepasst.

Berücksichtigt man, dass die Sulfitcellulose-Fabrikation in steter Zunahme begriffen ist und jetzt schon Fabriken bestehen, welche pro Tag 500 cbm Holz verarbeiten, so lässt sich die grosse Bedeutung der Frank'schen Vorschläge nicht verkennen. Sie liefern einen weiteren Beweis dafür, dass bei ernstem Wollen und Streben an sich sehr schädliche Abfälle von Fabrikationen in vortheilhafter Weise verarbeitet werden können, und dass sich unter Umständen bei rationellem Betriebe die Interessen der Industrie und der Landwirthschaft recht gut vereinigen lassen.

Abgangwasser von Flachsrotten.

Um die in dem Rohstoffe enthaltene harzige Substanz aus dem Bast Abgang-wasser von Flachsrotten. zu entfernen, wird der Flachs einem Gährungs- oder Fäulnissprocess unter-worfen; hierzu bedient man sich der Thau-, Fluss-, Teich- oder Kasten-rotte. Bei der Thaurotte kommen nachtheilige Zersetzungsproducte nicht in Betracht, weil die Leinpflanze durch die Ausbreitung auf Feldern eine langsame Zersetzung erleidet und die Zersetzungsproducte durch die Luft mehr oder weniger rasch fortgeführt werden. Bei der Teichrotte wird die Leinpflanze in Bündeln gebunden und unter dem Wasserspiegel gehalten. Nach einigen Tagen tritt ein Fäulnissprocess ein, indem sich Fäulnissgase mit widerlichen Gerüchen entwickeln. In das Wasser gehen die in Wasser löslichen Bestandtheile der Leinpflanze über, nämlich: phosphorsaure Salze, Kohlehydrate und organische Stickstoffverbindungen, aus welchen sich Ammoniak, Nitrate und Nitrite bilden, wie auch organische Säuren aller Art, z. B. Buttersäure, Propion- und Essigsäure. Dasselbe ist bei der Kastenrotte der Fall, bei welcher das Rotten in Bottichen und in Räumen bei einer Temperatur von 30—35° C. geschieht und wobei man dem Wasser zur Beschleunigung des Processes auch noch faulende Substanzen, wie aufgeschlemmte Bierhefe, Blutserum oder zur Erzielung eines weissen Flachses entbutterte Milch oder Quark zusetzt.

Fausto Sestini[1]) fand pro 1 Liter Flachs-Rottewasser:

Gelöste Stoffe . . . . 6140 mg
Darin Stickstoff . . . . 663 „
Organische Säure = Buttersäure . . . 44 „

Nach· ihrer Zusammensetzung können daher die Flachsrottenwässer unter Umständen, wenn sie in kleine Bäche und Flüsse abgelassen werden, nicht minder für Fischzucht und andere Nutzungszwecke schädlich wirken, wie sonstige faulige Abgangwässer.

---

[1]) Dingler's Polytechnisches Journal 1875. S. 88 und 216.

Zur Reinigung desselben empfiehlt sich bei ihrem hohen Gehalt an Pflanzennährstoffen in erster Linie die Berieselung oder wenn dieses nicht möglich ist, eine Fällung mit Kalkmilch oder sonstigen Reinigungsmitteln. Die Flussrotte ist nach dem Gesetz vom 28. Februar 1843 nur nach eingeholter polizeilicher Erlaubniss gestattet. Auch wird zum Rotten wohl verdünnte Schwefelsäure ($\frac{1}{4}$ %) oder Kochen in Laugen mit und ohne Zusatz von Seife angewendet. Diese Art Abgangwässer sind ebenfalls entsprechend zu reinigen, indem man das säurehaltige Rottewasser mit Kalk neutralisirt, die laugenhaltigen Wässer zum Begiessen von Komposthaufen benutzt oder die Seife unschädlich zu machen sucht, wie dieses unter Wollwäschereien angegeben ist.

Abgangwasser der Fettindustrie.

Die durch Auspressen oder Schlagen aus den Oelsamen gewonnenen Oele und Fette enthalten stets noch mehr oder weniger: Schleimstoffe, eiweissartige Körper, Gummi, Harz etc. Um das Oel oder Fett von diesen Unreinigkeiten zu befreien, setzt man demselben unter tüchtigem Mischen $\frac{1}{2}$ bis 1 % concentrirte Schwefelsäure zu und weiter nach 24 Stunden bis auf 75° C. erwärmtes Wasser, in dem Verhältniss, dass es etwa $\frac{2}{3}$ des Volumens vom Fett ausmacht; nachdem man tüchtig umgerührt hat, lässt man die Mischung an einem etwa 30° C. warmen Orte so lange stehen, bis sich das Oel vom Wasser getrennt hat. Die dem Rohöl beigemengten Schmutzstoffe gehen auf diese Weise in das schwefelsäurehaltige Wasser über und wurde für letzteres im Mittel von 5 Analysen von der englischen Commission folgender Gehalt pro 1 Liter gefunden:

	Suspendirt		Gelöst							
	Organische Stoffe	Unorganische Stoffe	Gesammt-Gehalt	Organischer Kohlenstoff	Organischer Stickstoff	Ammoniak	Stickstoff als Nitrate und Nitrite	Gesammt-Stickstoff	Chlor	Arsen
	mg	mg	mg	mg	mg	mg	mg	mg	mg	mg
Extractionsfabrikation. Durchschnitt aus 5 Analysen . . .	540,9	41,4	5187	441,86	77,97	195,45	0,03	238,9	297,5	0,48

Abgesehen demnach von dem Säuregehalt enthalten diese Wässer nicht geringe Mengen stickstoffhaltiger organischer, in Fäulniss befindlicher resp. fäulnissfähiger Stoffe, welche alle die, die vorstehend genannten Abfallwässer charakterisirenden Eigenschaften theilen. Auch diese sollen nicht in Wasserläufe abgelassen werden, bevor sie nicht mit Kalk neutralisirt resp. gefällt und in Klärbassins gereinigt worden sind. Dasselbe gilt für die Abgangwässer, wenn das Raffiniren des Oeles durch Chlorzink bewirkt worden ist.

<h1 style="text-align:center">Abgänge aus Leimsiedereien.</h1>

 Die Abgänge aus Leimsiedereien sind verschieden, je nachdem man den Leim (Lederleim) aus den Abfällen der Roth-, Weiss- und Sämischgerbereien oder wie Knochenleim aus den Knochen gewinnt.

Die ersteren Abfälle werden, um sie vor der Abkochung von allen fleischigen und blutigen Theilen sowie Fett zu reinigen, längere Zeit mit Kalkmilch behandelt; hierbei entwickelt sich aus dem Leimgut ein unangenehmer Geruch nach Schwefelammonium oder Ammoniak, während sich in dem kalkhaltigen Macerationswasser buttersaures, baldriansaures und propionsaures Calcium bilden; ausserdem nimmt das Macerationswasser thierische Stoffe aller Art auf, welche bis zu 1,50 $^o/_o$ des Macerationswassers ausmachen können. Bei der Fabrikation des Knochenleims werden die Knochen zur Befreiung von Fett vorher stark ausgekocht; hierbei geht das Knochenfett in das Wasser über und sammelt sich an der Oberfläche an, wo es abgeschöpft wird, während in dem Siedewasser stickstoffhaltige Bestandtheile der Knochen nämlich: etwas Leim, Schwefelammonium, kohlensaures Ammonium, ferner seifenartige Verbindungen etc. neben geringen Mengen Kalkphosphat gelöst bleiben.

Beide Abgänge, das kalkhaltige Macerationswasser wie die Knochenbrühe (Leimbrühe) können direct zur Düngung verwendet werden, oder die Leimbrühe auch zur Superphosphatfabrikation oder als Schweinefutter. Häufig aber lässt man sie ohne weiteres in öffentliche Wasserläufe abfliessen und hier richten sie unter Umständen denselben Schaden an, wie die mit putriden Stoffen geschwängerten Abgangwässer überhaupt (vgl. S. 30—52). Hat man, um möglichst viel Fett aus den Knochen zu gewinnen, gleichzeitig zum Sieden Salzsäure verwendet, so kann auch die Knochenbrühe freie Salzsäure enthalten.

Die Untersuchung eines ungereinigten und mit dem Müller-Nahnsen'schen Fällungsmittel (vgl. S. 157) gereinigten Abgangwassers aus einer Leimfabrik lieferte folgenden Gehalt pro 1 Liter:

	Suspendirte Stoffe:			Gelöste Stoffe:					
	Un-organi-sche	Organi-sche	In letzteren Stick-stoff	Im ganzen	Mine-ral-Stoffe	Organi-sche Stoffe (Glüh-verlust)	Organi-scher und Am-moniak-Stick-stoff	Zur Oxyda-tion er-forderli-cher Sauer-stoff	Kalk
	mg	mg	mg	mg	mg	mg	mg	mg	mg
Ungereinigt	73,3	306,0	22,5	6719,9	4416,6	2303,3	73,1	281,6	2100,0
Gereinigt	0	0	0	6013,2	3976,6	2036,6	58,0	232,0	1906,6

Beide Wässer, das ungereinigte wie gereinigte waren von schwach alkalischer Reaction; das ungereinigte Wasser war schon vor dem Zusatz des Fällungsmittels theilweise abgeklärt, hat daher im natürlichen Zustande noch mehr suspendirte Schlammstoffe enthalten.

Auch hier dürfte die Reinigung durch Berieselung in erster Linie in Betracht zu ziehen sein, wenn dazu eine geeignete und hinreichende Bodenfläche zu beschaffen ist.

Abfallwasser
von Wollwäschereien, Tuch-, Baumwoll- und Seidenfabriken.

Die Schafwolle enthält nach E. Schulze und M. Märcker[1] 10,83 bis 23,48% Wasser, 7,17—14,66% Wollfett, 2,93—23,44% Schmutz, 20,50 bis 22,98% Wollschweiss, d. h. in Wasser lösliche Bestandtheile und 20,83 bis 50,08% reine Wollfaser. Der in kaltem Wasser lösliche Wollschweiss besteht vorzugsweise aus den Kaliseifen der Oel- und Stearinsäure mit wenig Essigsäure und Baldriansäure, ferner aus Schwefelsäure, Phosphorsäure, Chlorkalium, Ammoniumsalzen etc.

E. Schulze und M. Märcker fanden für den in Wasser löslichen Antheil der Wolle folgende Zusammensetzung:

	Wolle von Landschafen				Rambouillet-Vollblutschafe	
	1	2	3	4	5	6
a) In der Trockensubstanz des Wasserextracts.						
Organische Substanz	58,92	59,47	59,76	61,86	59,12	60,47
Darin Stickstoff	1,85	1,89	2,57	2,81	3,27	3,42
Mineralstoffe (Kohlensäure frei)	41,08	40,53	40,24	38,14	40,88	39,53
b) Auf lufttrockne Wolle berechnet.						
Stickstoff	0,38	0,43	0,56	0,63	0,67	0,77
Mineralstoffe (Kohlensäure frei)	8,52	9,31	8,76	8,49	8,38	8,89

Der wässerige Extract lieferte ferner in Procenten. der rohen Wolle 0,01—0,11% Ammoniak und 0,35—1,30% Kohlensäure, welcher 1,10 bis 4,08% kohlensaures Kalium in Procenten der Rohwolle entspricht. Die kohlensäurefreie Asche ergab zwischen 58,94—84,99% Kali.

F. Hartmann[2] fand in der Rohwolle 2,9% kohlensaures Kalium und 83,1% in der Wolleasche, während nach Maumené[2] die Asche aus 86,8% kohlensaurem Kalium, 6,2% Chlorkalium und 2,8% schwefelsaurem Kalium be-

---

[1] Journal für praktische Chemie Bd. 108 S. 193.
[2] Ferd. Fischer: Die Verwerthung der städtischen und Industrie-Abfallstoffe. 1875 Seite 142.

steht. Selbstverständlich gelangen diese in Wasser löslichen Bestandtheile der Wolle schon mehr oder weniger bei der Pelzwäsche ins Wasser und können auf diese Weise die Flüsse verunreinigen. Die mehrfach erwähnte englische Commission fand z. B. für die Veränderung eines Bachwassers, welche durch die Schafwäsche veranlasst worden war, folgende Zahlen:

	Suspendirt		Gelöst							
	Organische Stoffe	Unorganische Stoffe	Gesammt	Organischer Kohlenstoff	Organischer Stickstoff	Ammoniak	Stickstoff als Nitrate und Nitrite	Gesammt-Stickstoff	Chlor	Arsen
	mg	mg	mg	mg	mg	mg	mg	mg	mg	mg
Wasser wie es zur Schafwäsche fliesst	—	Spur	307	3,3	1,17	0,65	3,9	5,62	—	—
Dasselbe nach der Schafwäsche. . .	519	645	1810	258,2	39,42	19,14	0	55,18	—	—

Durch die Pelzwäsche wird daher der gelöste Theil des Schmutzes mit geringen Mengen Wollfett entfernt[1]). Für die Verunreinigung der Flüsse spielen jedoch diese Abwässer keine bedeutende Rolle, weil die Schafwäsche nur auf einige wenige Tage im Jahre beschränkt ist. Anders ist es jedoch mit den Abwässern der Wollwäschereien für Zwecke der Tuchfabrikation. Man kann hier dreierlei Art Abfallwässer unterscheiden; nämlich:

1. die beim Waschen der Wolle,
2. die beim Walken und .
3. die beim Ausfärben der Wolle und der betreffenden Gewebe.

Wie bedeutend die Schmutzstoffe sind, welche bei Verarbeitung der Wolle in Betracht kommen, mag daraus erhellen, dass nach den Erhebungen der englischen Commission zur Herstellung von 500 Stück Tuch erfordert werden etwa:

1600 kg Soda, 60 cbm Harn, 3000 kg Seife, 2000 kg Oel, 1000 kg Leim, 2300 kg Schweineblut und Schweinekoth, 2000 kg Walkerde, 20 000 kg Farbwaaren, 2000 kg Alaun oder Weinstein, wozu sich noch 8000 kg Wollfett und Schmutz gesellen.

Die Wollwaschwässer enthalten demnach neben den Bestandtheilen der zugefügten Wollreinigungsmittel auch noch diejenigen Stoffe, welche durch diesen Reinigungsprocess gleichzeitig aus der Wolle gelöst werden, nämlich vorwiegend das Fett. Die Walkwässer und die ersten Spülwässer enthalten ausser Seife sämmtliche lösliche Substanzen, welche die Tuche bei der Färberei und Weberei aufgenommen haben; die Abfallwässer

---

[1]) E. Schulze und M. Märcker berechnen (l. c.) den Düngergeldwerth des Waschwassers von 100 kg Wolle zu 3—4 Mark und Maumené (l. c.) zahlt für 300 Liter Wasser, in welchem 1000 kg Wolle gewaschen sind, zur Gewinnung von Potasche 14,5 Mark.

beim Ausfärben der Wolle dahingegen die zum Färben benutzten Farbstoffe, die je nach ihrer Art sehr verschieden sind.

Zusammen-
setzung.

Ueber die **Zusammensetzung** derartiger Abgangwässer, wie über die Verunreinigung der Flüsse können verschiedene von der englischen Commission ausgeführte Analysen Aufschluss geben, welche neben den Abwässern von Wollwäschereien und Tuchfabriken auch die von Seiden- und Baumwollfabriken betreffen. Der Arsengehalt ist auf die verunreinigte Seife und Soda zurückzuführen. Diese Analysen ergaben pro 1 Liter:

	Suspendirt		Gelöst							
	Or- ganische Stoffe	Unor- ganische Stoffe	Ge- sammt	Orga- nischer Kohlen- stoff	Orga- nischer Stick- stoff	Am- moniak	Stick- stoff als Nitrate und Nitrite	Ge- sammt- Stick- stoff	Chlor	Arsen
	mg	mg	mg	mg	mg	mg	mg	mg	mg	mg
1. Abwasser einer Wollwäscherei .	26116	8710	10994	1324,8	98,80	546,1	0	548,5	—	Spur
2. Abwasser einer Flanellwäsche . .	17334	3460	12480	4463,5	911,80	800,1	0	1570,7	1600	0
3. Abwasser einer Wolldeckenfabrik	3142	604	6780	1207,1	195,1	9,40	0	202,8	356,0	0,04
4. Abwasser der Teppichfabrik zu Rochdale	—	—	1031	149,2	9,3	11,4	—	18,7	—	0,12
5. Abwasser aus 15 Wollenfabriken, durchschnittlich .	3724	1024	3370	647,8	103,8	116,47	0,4	200,1	219,4	0,11
6. Abwasser aus 5 Baumwollfabriken, durchschn.	190	70	502	42,4	2,99	1,25	0	4,0	48,6	0,34
7. Abwässer einer Seidenfabrik . .	—	—	265	14,9	1,53	0,26	—	1,7	—	0,12
8. Kanalwasser, welches die Abflüsse einiger Wollenfabriken aufgenommen hatte . .	355	77	2272	379,7	137,3	257,2	0	349,2	400,0	0

Man sieht daraus, dass die Abwässer von Baumwoll- und Seidenfabriken bei weitem nicht solche Schmutzstoffe enthalten, als die der Wollfabriken.

Karmrodt[1] fand in dem Wollwasch-Wasser einer Streichgarnspinnerei pro 1 l: 0,18 g Mineralsalze, 1,25 Nhaltige organ. Stoffe, 8,07 g Fett und 5,4 g Ammoniak.

H. Fleck[2] untersuchte ebenfalls ein Wollwaschwasser und fand darin 48,50 g gelöste feste Stoffe mit 38,00 g organischer Substanz und Am-

---

[1] Zeitschr. d. landw. Vereins f. Rheinpreussen 1861. S. 387.
[2] 12. u. 13. Jahresbericht etc. Dresden 1884. S. 11.

moniumsalzen und 10,50 g Mineralstoffen pro 1 Liter. Die näheren Bestandtheile pro 1 Liter waren:

1. Suspendirte Schlammstoffe

Schwefeleisen	0,373	g
Kohlensaures Calcium . . .	0,952	„
Kieselsaure Thonerde	0,245	„
Phosphorsaures Ammonium und Magnesium	0,438	„
	2,008	g

2. In der Flüssigkeit gelöst

Organische Stoffe	38,773	g
Doppelkohlensaures Ammonium	1,009	„
Chlornatrium	0,925	„
Schwefelsaures Natrium . . .	1,352	„
Kieselsaures „ . . .	0,499	„
Kohlensaures „ . . .	0,546	„
Kali (von Fett gebunden) . .	3,386	„
	46,490	g

Die pro 1 Liter gefundene Menge von 38,773 g organischer Stoffe enthielt 34,6455 g Fett, welches an Kali gebunden war.

Für das Wasser einer Wollgarnspinnerei fand Verfasser folgende Zusammensetzung pro 1 l:

Suspendirte Stoffe		Gelöste Stoffe					
Unorganische	Organische	Mineralstoffe	Organische Stoffe (Glühverlust)	Zur Oxydation erforderlicher Sauerstoff	Kalk	Schwefelsäure	GesammtStickstoff
mg	mg	mg	mg	mg	mg	mg	mg
190,0	640,0	1190,0	776,0	295,0	282,0	406,6	45,0

Das Wasser war blauschwarz gefärbt wie Tinte und hatte nach mehrtägigem Aufbewahren in verschlossener Flasche einen stark fauligen Geruch.

Ueber die Verunreinigung von Flüssen durch Abgangwässer aus Tuchfabriken theilt H. Fleck eine Untersuchung bei der Spree mit, indem er das Wasser derselben oberhalb der Fabrik, hinter der Fabrik und dann hinter der Fabrik und einigen Wohnhäusern untersuchte und pro Liter fand:

	Gelöste Stoffe mg	Organische Substanz mg	Salpetersäure mg	Ammoniak mg
Vor der Fabrik geschöpft . . .	134,0	8,0	1,0	0,07
Hinter der Fabrik geschöpft . .	137,0	9,0	1,0	0,07
Hinter Fabrik und Wohnhäusern geschöpft	167,0	11,0	1,0	0,32

Aus diesen Zahlenwerthen ergiebt sich, dass, wenn man die für das vor der Fabrik geschöpfte Wasser erhaltenen Werthe gleich 100 setzt, sich die Bestandtheile des Wassers in folgenden Verhältnisszahlen ausdrücken lassen:

	Gelöste Stoffe	Organ. Substanz	Salpetersäure	Ammoniak
	mg	mg	mg	mg
Vor der Fabrik geschöpft . . .	100	100	100	100
Hinter der Fabrik geschöpft . .	102,2	102,2	100	100
Hinter Fabrik und Wohnhäusern geschöpft	132,1	137,5	100	188

In diesem Falle ist daher die Spree durch das Abwasser der Tuchfabrik in geringerem Grade verunreinigt als durch die von menschlichen Wohnungen, indess haben in anderen Fällen, z. B. in den Fabriken des Regierungsbezirkes Frankfurt a. O., ferner iu der Wurm bei Aachen die Abfallwässer von Wollwäschereien und Tuchfabriken Nothstände hervorgerufen, welche dringende Abhülfe erheischten; so hatte das Wasser der Wurm nach Aufnahme dieser Abwässer oft eine tintenartige Beschaffenheit angenommen und hauchte die widerlichsten Effluvien aus, wobei sich besonders Schwefelwasserstoff bemerkbar machte.

Verfasser fand z. B. in einem mit den Abgängen einer Putzwollfabrik verunreinigtem Quellwasser pro 1 Liter:

Suspendirte Stoffe			Gelöste Stoffe							
Unorganische	Organische	In letzteren Stickstoff	Gesammt	Durch Chamäleonoxydirbare organische Stoffe	Kalk	Schwefelsäure	Chlor	Salpetersäure	Salpetrige Säure	Ammoniak
mg	mg	mg	mg	mg	mg	mg	mg	mg	mg	mg
883,0	120,0	11,1	615,6	268,6	162,5	25,7	10,6	10,0	Viel	Spur

An Mikroorganismen enthielt das Wasser: Mikrococcen, Bacillen, Bacterien und Beggiatoa alba.

Auch lässt sich nach den Bestandtheilen, welche diese Wässer mit sich führen, eine schädliche Wirkung, wie bei allen fauligen Abgangwässern, nicht in Abrede stellen, wenn nicht verhältnissmässig grosse Wasserläufe zur Verfügung stehen, in welche sie abgelassen werden können. Zu den Fänlnissstoffen aller Art gesellen sich noch Seife und Alkalilauge, welche ebenfalls nach verschiedenen Richtungen hin nachtheilig sind.

Ueber die Schädlichkeit von Soda und Seife für Fische hat C. Weigelt[1]) noch besondere Versuche mit folgenden Resultaten angestellt:

Schädliche Wirkung.

Schädlichkeit f. Fische.

---

[1]) Archiv für Hygiene 1885. Bd. III S. 39. Ueber die Untersuchungsmethode vergl. S. 49 Anm.

Concentration der Lösung pro 1 Liter	Fischart	Temperatur des Wassers ° C.	Expositions-dauer	Verhalten des Fisches
1. Soda.				
10,0 g Na_2CO_3 + 10 H_2O	Grosse Forelle	6	5 Min.	Nach 2 Minuten Seitenlage, erholt sich anscheinend in fliessendem Wasser, ist aber am dritten Tage todt.
10,0 g „ „	Schleie	6	4 „	Nach 2 Minuten Seitenlage, erholt sich in frischem Wasser.
5,0 g „ „	Grosse Forelle	6	6 „	Nach 6 Minuten Seitenlage, erholt sich in fliessendem Wasser.
5,0 g „ „	Schleie	6	5 „	Nach 2 Minuten Seitenlage, erholt sich in fliessendem Wasser.
3,0 g „ „	Mittlere Forelle	12	15 „	Nach 5 Minuten Seitenlage, erholt sich in fliessendem Wasser.
1,0 g „ „	Grosse Forelle	6	9 Stunden	Nach 43 Minuten 74 Athemzüge in der Minute mit stets geöffnetem Maul, nach 9 Stunden in dem Wasser todt.
1,0 g „ „	Mittlere Forelle	12	20 Min.	Schwimmt nach 3 Minuten ängstlich hin und her, kommt nach 20 Minuten in fliessendes Wasser.
1,0 g „ „	Kleine Forelle	12	30 „	Schwimmt nach 10 Minuten sehr unruhig, kommt nach 30 Minuten in fliessendes Wasser.
1,0 g „ „	Schleie	6	14 Stdn.	Keine Symptome.
0,1 g „ „	Kleine Forelle	12	2 „	Keine Symptome.
2. Seife.				
1,0 g trockne Seife[1]) (unfiltrirt)	1 mittlere Forelle und 1 californ. Lachs	?	1½—2 St.	Lachs nach 1 ½ Stunde todt, Forelle kommt nach 2 Stunden in frisches Wasser.
1,0 g trockne Seife (filtrirt)	2 mittlere Forellen und 1 californ. Lachs	?	2 Stdn.	Keine Symptome.

Für Soda beträgt daher bei einem Gehalt von 5 resp. 10⁰/₀₀ die Widerstandsdauer der Forelle wie Schleie etwa 3 Stunden; ein längerer Aufenthalt in nur 1⁰/₀₀ Soda bewirkte bei einer grossen Forelle nach 9 Stunden den Tod, während eine Schleie diese Concentration 14 Stunden ohne Schaden ertrug.

Die Versuche mit Seife lassen kein bestimmtes Resultat erkennen.

Prof. Nitsche-Tharand[2]) ermittelte auch — über die Art der Versuchsanstellung vgl. S. 51 Anm. — den Einfluss von sodahaltigem Wasser auf die Befruchtung von Forelleneier.

---

[1]) Gewöhnliche harte Waschseife wurde bis zum konstanten Gewicht getrocknet und zu 1 g pro 1 l gelöst; der ausgeschiedene flockige Kalkniederschlag wurde in einem Versuch schwimmend belassen, in dem anderen abfiltrirt.

[2]) Vgl. C. Weigelt in „Archiv f. Hygiene" Bd. III S. 82—83.

Von 100 Eiern standen ab nach Ablauf von Tagen:

Gehalt pro 1 l:	11 Tage	22 Tage	33 Tage	44 Tage	55 Tage	66 Tage	77 Tage	88 Tage	99 Tage	110 Tage	121 Tage	132 Tage
2,0 g Soda . . .	2	2	13	50	54	58	60	63	64	64	71	84
1,0 g „ . . .	0	0	5	13	13	13	15	20	23	23	99	100
Controlversuch .	0	0	2	2	3	3	3	3	3	3	22	43

Am 30. Tage wurden je 3 Eier entnommen und gefunden, dass bei 2,0 g Soda pro 1 l alle 3 befruchtet, aber gegen die übrigen weit zurück waren, in der Reihe mit 1 g Soda war nur 1 Ei befruchtet und verhältnissmässig gut entwickelt, die 2 anderen dagegen nicht befruchtet.

Die Menge der abgestorbenen Eier bei dem Controlversuch in gewöhnlichem Wasser betrug nach 132 Tagen, wie wir sehen, nur 43 %; auch waren hier die am 30. Tage entnommenen Eier alle 3 befruchtet und normal entwickelt.

Reinigung. Die aus den Wollwäschereien, Tuch-, Baumwolle- und Seidenfabriken den Flüssen zugeführten Schmutzstoffe sind nicht gering; eine thunlichst sorgfältige Reinigung ist daher anzustreben und kann um so mehr gefordert werden, als unter Umständen mit der Reinigung sogar Vortheile verbunden sind. Man schätzt das z. B. jährlich in Europa zur Walke gelangende Tuchquantum auf ca. 10 Millionen Ctr.; 8000 ℔. davon entsprechen 150 cbm Abfallwasser resp. 2000 ℔. Seife und einschliesslich 800 ℔. Oel aus der Spinnerei, so dass im Mittel etwa 1600 ℔. Kalkseife daraus gewonnen werden können. Die Walkwässer würden daher jährlich etwa 2 Millionen Ctr. Kalkseife zu liefern im Stande sein.

Zur Reinigung dieser Abgangwässer sind folgende Verfahren vorgeschlagen:

1. Reinigung der Wollwäschereiabwässer durch Verarbeitung auf Potasche.

Verarbeitung auf Potasche. Nach Ferd. Fischer[1]) laugen Maumené und Rogelet die Rohwolle aus, dampfen die Flüssigkeit ab, lassen den geschmolzenen Rückstand in Retorten fliessen und destilliren; hierbei werden Leuchtgase, Ammoniak, Theer etc. gewonnen, während die zurückbleibende Masse in Flammenöfen geglüht und auf Potasche verarbeitet wird. Maumené giebt an, dass aus 1000 Kilo Rohwolle 150—180 Kilo Potasche gewonnen werden.

Aehnliche Einrichtungen besitzen die Wollwäschereien von Müllendorf und von Mehlen in Verviers, von Fernau in Brügge und von Matteau in Antwerpen. Der Ingenieur H. Fischer hat zum Abdampfen dieser Flüssigkeit und zum Calciniren der Rückstände folgenden Ofen construirt:

---

[1]) Die Verwerthung der städtischen und Industrie-Abfallstoffe. Leipzig 1875 S. 144.

Die Laugen und Waschwässer werden in das eiserne Bassin A gepumpt, hier durch die abziehenden Verbrennungsgase vorgewärmt und nach Bedürfniss in das Abdampfbassin B abgelassen. Von dort werden die eingedickten Rückstände in den Calcinirraum C geschafft. Sobald sie hier durch die aus dem Feuerraum x kommenden Flammen ausgetrocknet sind, verbrennt Wollfett, Schmutz und dergleichen unter Entwickelung bedeutender Wärmemengen, so dass es durch Regulirung des Luftzutrittes gelingt, mit 1 kg Kohle 12 kg Flüssigkeit zu verdampfen. Der Feuerraum, der Calcinirraum und das Abdampfbassin sind aus Chamottesteinen, der Schornstein n aus Backsteinen hergestellt.

Der ebenfalls von H. Fischer erbaute grössere Ofen in Döhren bei Hannover ist 12 m lang, 2,3 m breit, 2,0 m hoch. Das Vorwärmebassin A ist 3,25 m lang, 2,0 m breit und 1,0 m tief; das Abdampfbassin B ist 6,5 m lang, 1,0 m im Lichten weit und 0,35 m tief; der Calcinirofen C, welcher 0,5 m tiefer liegt als B, ist 3,0 m lang, 1,0 m im Lichten weit und 0,25 m tief bis zu den Bedienungsthüren.

Es wurden in Döhren täglich etwa 5000 kg Wolle ausgelaugt und hieraus 152 kg rohe Potasche mit 80% Kaliumcarbonat gewonnen. Die Lauge ist im Durchschnitt 20° B. oder 16procentig.

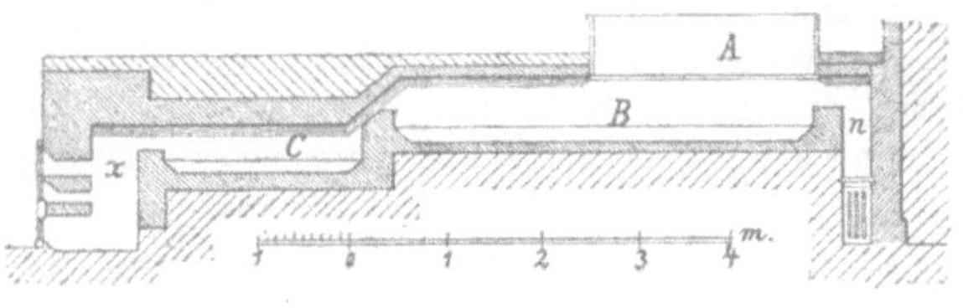

Fig. 38.

H. Havrez empfiehlt die eingedampften Laugen zur Herstellung von Blutlaugensalz und Cyankalium.

2. Reinigung durch Abscheidung der Fette mittelst Schwefelsäure. *(Abscheidung der Fette.)*

Zur Zersetzung fetthaltiger Laugen mittelst Säure sammelt man die Abwässer in Fässern oder hölzernen Kasten und fügt Schwefelsäure hinzu; die hierdurch abgeschiedene schwarze Masse von Fettsäure wird abgeschöpft und in Fässern an Stearinsäure-Fabriken behufs weiterer Verarbeitung abgegeben oder als Wagenschmiere resp. als Zusatz zum Degras benutzt. Die schmutzige, salzhaltige Flüssigkeit geht jedoch in die Flüsse. In Brünn benutzt man 66grädige Schwefelsäure, die vorher mit 3 Theilen Wasser verdünnt ist; die an die Oberfläche getretenen Fettsäuren werden nach dem Erkalten abgeschöpft und zur Entfernung des Wassers einem hydraulischen Druck ausgesetzt. Die Masse wird dann bei 180—200° umgeschmolzen und nochmals abgepresst. Der sich am Boden ansammelnde schmierige Rückstand wird wegen seines Gehaltes an düngenden Bestandtheilen als Düngemittel verwendet.

3. Reinigung durch Zusatz von Kalk. *(Reinigung durch Kalk.)*

Die Reinigung der Abwässer durch Säuren hat den Uebelstand, dass die geklärten Flüssigkeiten leicht freie Säuren enthalten, deshalb nach dieser Richtung, wenn sie nicht wieder neutralisirt werden, ebenso schädlich wirken können, als die ungereinigten Wässer. Aus dem Grunde ist die Reinigung durch Kalkwasser entschieden vorzuziehen. Diese Art Reinigung ist zuerst von Zeller und Jeannency vorgeschlagen. Sie erwärmen das Seifenwasser auf 75°, fällen dieses durch Kalk und verwenden den Niederschlag zur Darstellung von Leuchtgas. Eine Kammgarnspinnerei von 20 000 Spindeln lieferte täglich etwa 500 kg dieses Niederschlages, aus welchem 105 cbm eines sehr guten Leuchtgases erhalten wurden. Schwamborn hat dieses Verfahren wesentlich verbessert; es besteht nach einer Beschreibung von Ferd. Fischer (l. c. S. 146 und 147) in Folgendem:

Ist das Sammelbassin a von 105 cbm Inhalt gefüllt, was bei einem Verbrauche von 1000 kg Seife, die, im Mittel zu 25% gerechnet, einem Quantum von etwa 4000 kg damit gewalkter roher Tuchwaare entsprechen, in etwa 14 Tagen der Fall ist, so wird sein Inhalt durch einen am Boden desselben befindlichen Kanal in einen tiefer liegenden, gleichgrossen Behälter, das Zersetzungsbassin b, abgelassen, zugleich aber aus einem höher stehenden Gefässe c ein dünner Strahl Kalkmilch der Abflussrinne zugeführt.

Der Boden des Zersetzungsbassins b ist aus 3 Lagen von Ziegelsteinen gebildet. Zu unterst liegt eine flache, darauf eine hochkantige mit so grossen Zwischenräumen, als es die oberste wieder glatte Lage, welche mit Mörtel verbunden ist, gestattet. Dieses Kanal-

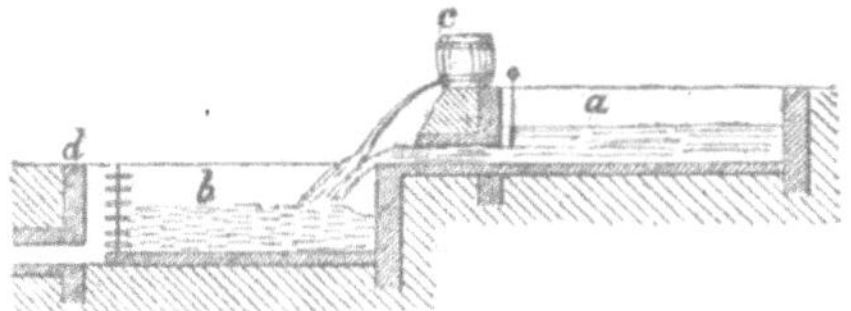

Fig. 39.

system hat Neigung nach einer Ecke des Behälters und Verbindung mit einem daselbst fest eingepassten, über einem Abflusskanal eingebrachten prismatischen Holztrichter d, der bis zur Höhe des Bassins reicht und mit einer schräg aufsteigenden Reihe von Löchern, die beim Einlassen der Brühe durch Holzzapfen verschlossen sind, versehen ist.

Die Zersetzung findet nach dem Einströmen in das Bassin augenblicklich statt. Die Kalkseife scheidet sich in flockigem Zustande aus, hüllt hierbei die suspendirten festen Substanzen, wie Farbstoffe, Wollfasern etc., ein, sinkt mit diesen allmälig zu Boden und verdichtet sich schliesslich zu einem dickschlammigen Niederschlage. Bereits nach wenigen Minuten ist die oberste Schicht der Flüssigkeit nicht allein klar, sondern auch farblos. Die sowohl auf die suspendirten als auch auf die gelösten Farbstoffe sich erstreckende Klärung ist erfahrungsmässig so energisch, dass man dem seifenhaltigen Abfallwasser noch bedeutende Mengen von anderen Farbwässern zuführen kann, um dieselben mit zu klären. Die charakteristische Erscheinung der Flocken im freien Wasser ist der Anhaltspunkt für den genügenden Zusatz von Kalk. Ein Ueberschuss desselben ist indess dem Klärungsprocess nicht hinderlich. Annähernd, jedoch immerhin wechselnd nach dem Seifengehalt des Wassers, ist auf 150 cbm Brühe 0,3 cbm oder 0,2 Procent des Volumens derselben, an Kalkbrei, wie er sich in den Löschgruben befindet, zu rechnen.

Das geklärte Wasser wird durch Losziehen der an dem Trichter d angebrachten Holzzapfen von oben nach unten abgelassen bis an den Punkt, wo die dickschlammige Kalkseife sich abgelagert befindet.

Das weitere Entwässern des Niederschlages erfolgt theils durch Verdunstung, welche durch das Rissigwerden und Aufklaffen des Schlammes unterstützt wird, theils durch Filtration in das Kanalsystem des Bodens und Trocknen an der Luft.

Der so erhaltene Niederschlag besteht aus:

$$
\begin{array}{lr}
\text{Wasser} & 3,11 \\
\text{Kalk und Eisenoxyd} & 18,47 \\
\text{Fettsäure} & 71,96 \\
\text{Wollfaser, Farbstoffe, Schmutz} & 6,46 \\
\hline
& 100,00
\end{array}
$$

100 kg desselben werden in Aachen von Gasanstalten mit 18 Mark bezahlt; es werden daraus 30,6 cbm des besten Leuchtgases erhalten.

4. Reinigung durch Chlorcalcium oder Chlormagnesium oder Bittersalz. Statt des Kalkes resp. der Kalkmilch hat E. Neumann eine Chlorcalciumlösung (oder an dessen Stelle auch Chlormagnesium- oder Bittersalzlösung) empfohlen. Die Zersetzungsweise ist dieselbe, wie beim Kalkverfahren, unterscheidet sich jedoch dadurch von diesem, dass sich nicht kohlensaure Alkalien bilden, sondern die chlor- resp. schwefelsauren Salze derselben. Die ausgeschiedene Seifenmasse wird auf Filterpressen gebracht und die Presskuchen entweder ebenfalls zur Gewinnung von Fett oder von Fettgas verwendet.

Zur Gewinnung von Fett werden die Presskuchen mit verdünnter Salzsäure angerührt bis zur schwach sauren Reaction und dann die Masse durch eine mit Dampf erwärmte Filterpresse gedrückt, wodurch Fett und Chlorsalze ablaufen; ersteres wird abgehoben und mit 10%iger Schwefelsäure bis 70° C. erwärmt, worauf das Fett nach einiger Zeit klar oben aufschwimmt.

H. Fleck (l. c.) fand die Zusammensetzung eines so gereinigten Wollwaschwassers pro 1 Liter wie folgt:

$$
\begin{array}{ll}
\text{Fettsäure} & 0,787 \text{ g} \\
\text{Aetzammoniak} & 0,032 \text{ g} \\
\left.\begin{array}{l}\text{Kali} \\ \text{Ammoniak}\end{array}\right\} \text{an obige Fettsäure gebunden} & \left\{\begin{array}{l}0,417 \text{ g} \\ 0,157 \text{ g}\end{array}\right. \\
\text{Organische Substanzen chemisch-indifferenter Art, putrider Natur} & 2,387 \text{ g} \\
\text{Schwefelsaures Calcium} & 0,764 \text{ g} \\
\text{Schwefelsaures Magnesium} & 0,243 \text{ g} \\
\text{Chlornatrium} & 2,537 \text{ g} \\
\text{Kieselsaures Natrium} & 0,037 \text{ g} \\
\text{Schwefelsaures Natrium} & 2,792 \text{ g} \\
\text{Schwefelsaures Kalium} & 3,386 \text{ g}
\end{array}
$$

Andererseits sind zum Fällen vorgeschlagen Chlorcalcium und Kalk; ferner Eisensalze, Baryt etc.

Entfetten durch Aether.

5. **O. Braun** entfettet die Wolle, nachdem zuerst der Schweiss und ein Theil des Schmutzes[1]) mit Wasser entfernt und das Wasser durch Alkohol, der Alkohol durch Aether verdrängt ist, durch Extraction mit Aether, um so mehr oder weniger reines Wollfett zu erhalten.

Selbstverständlich können die durch Kalk oder Chlorcalcium gereinigten Abfallwässer unter Umständen noch zweckmässig zur Berieselung dienen; was die Abgangwässer von den Wollfärbereien anbelangt, so werden diese in dem folgenden Kapitel „Färberei-Abflusswasser" nähere Berücksichtigung finden.

6. **Carl Lortzing** in Charkow empfiehlt die Abwässer zur Herstellung von Asphaltmastix (D. P. 24 712 vom 6. April 1883).

Die aus den Abwässern der Wollwäschereien erhaltenen Fettschlammkuchen werden getrocknet und pulverisirt. Von diesem Pulver werden 95 Theile zu 15 Theilen Wollfett, das ebenfalls aus den Wollwaschwässern vor Abscheidung des Schlammes abgeschieden wird, und in einem Kessel bei 200^0 geschmolzen gehalten wird, zugesetzt. Diesen Massen können noch $100^0/_0$ Kalk oder ein anderes Fällungsmaterial zugesetzt werden. Nach einem andern, unter Umständen geeigneten Verfahren werden die Schlammkuchen in Kesseln der Einwirkung von Dampf von 5 Atmosphären ausgesetzt. Hierbei scheidet sich Wasser aus der Masse ab, indem letztere zäh wird.

7. Nach **E. F. Hughes**, London (für L. G. G. **Daudenart** und E. **Verbert**, Schaerbeck bei Brüssel, nach dem englischen Patent vom 14. März 1873. P. P. W. No. 939) werden die zum Waschen der Wolle verwendeten Wässer mit Barytlösung vermischt, der erhaltene Niederschlag gesammelt, gepresst und mit heisser verdünnter Salzsäure zerlegt.

Man schöpft das abgeschiedene Fett ab, verdampft die Flüssigkeit und verarbeitet den Rückstand (Chlorbarium) zu kohlensaurem Barium nach der in Pat. Spec. 938/1873 beschriebenen Methode.

Ueber die Reinigung des Abgangwassers einer Wollgarnspinnerei nach dem Verfahren von Dr. **Gerson** vgl. Anhang.

---

[1]) Petermann fand in dem Schmutz von der Wollwäsche:

Wasser	Organ. Stoffe	Organ. Stickstoff	Phosphorsäure	Kali
48,9 %	13,08 %	0,58 %	0,15 %	0,39 %

Dieser Wollschmutz kann ebenso wie der trockne Abfall (Wollstaub oder Wollabfall), in welchem wir 1,48—9,11 % oder im Mittel von 85 Proben 4,77 % Stickstoff fanden, entweder direct oder nach der Kompostirung zur Düngung Verwendung finden.

Abgangwasser aus Farbenfabriken und Färbereien.

1. Zusammensetzung.

Die Abwässer aus Farbenfabriken und Färbereien sind bei der grossen Masse der zur Verwendung kommenden Farbstoffe sehr mannigfaltiger Art, können jedoch hier zusammengefasst werden, weil sie sich bezüglich ihrer schädlichen Wirkungen, wie ihrer Reinigungsmethoden gleich oder ähnlich verhalten. Zu den eigentlichen Farbstoffen gesellen sich in den Abwässern auch noch Reste von Beizen, Pigmenten und sonstigen Hülfsstoffen von mehr oder weniger nachtheiligem Charakter. Unter diesen Hülfsstoffen sind besonders zu nennen die Metalloxyde: Zink-, Zinn-, Blei-, Kupfer- und Chromoxyd resp. Chromsäure, Antimon (als Brechweinstein) und vor allen Dingen arsenige Säure resp. Arsensäure, welche nicht nur zur Darstellung von Fuchsin und Safranin, sondern auch zur Darstellung rother Tücher als Alkali- oder Calciumsalze oder als Arsen resp. Opermentküpe in der Zeugdruckerei zur Verwendung kommen. Ueber die Zusammensetzung dieser Abgangwässer mögen folgende Analysen der englischen Commission Aufschluss geben:

1 l enthält:	Suspendirt		Gelöst								Be-merkun-gen
	Organi-sche Stoffe	Unor-ganische Stoffe	Ge-sammt	Organi-scher Kohlen-stoff	Orga-nischer Stick-stoff	Am-moniak	Stick-stoff als Nitrate und Nitrite	Ge-sammt-Stick-stoff	Chlor	Arsen	
	mg	mg	mg	mg	mg	mg	mg	mg	mg	mg	
1. Abwasser aus Farbeküpen zum Wollefärben .	779,2	240,8	1076	489,7	33,21	4,92	0	37,26	—	—	
2. Abwasser aus einer Druckerei wie es in den Etheron fliesst . . .	207,4	53,0	762	17,92	4,27	0,90	0	5,01	2,9	—	
3. Abwasser aus einer Färberei und Bleicherei .	354,2	146,2	434	48,22	2,38	0,40	0	2,71	45,0	0,50	
4. Abwasser von Färberei, Druckerei, Bleicherei (Durchschn. aus 5 Fabriken)	189,7	70,2	502	42,26	2,99	1,25	0	3,99	48,6	—	

1 l enthält	Suspendirt		Gelöst								Be-merkungen
	Orga-nische Stoffe	Unor-ganische Stoffe	Ge-sammt-	Orga-nischer Kohlen-stoff	Organi-scher Stick-stoff	Am-moniak	Stick-stoff als Nitrate und Nitrite	Ge-sammt-Stick-stoff	Chlor	Arsen	
	mg	mg	mg	mg	mg	mg	mg	mg	mg	mg	
5. Kanalwasser einer Druk-kerei	113,8	34,2	369	27,11	2,81	0,35	0	3,10	—	0,20	
6. Kanalwasser einer an-deren Druckerei . . .	9,7	9,2	397	10,51	1,19	0,21	0	1,36	42,8	1,60	nach 16-tägigem Absitzen
7. Abwasser einer Färberei nach dem Absitzenlassen	36,4	36,4	705	32,83	3,44	2,83	0,58	6,35	66,0	0	
8. Dasselbe nach der Fil-tration durch Sand und nach der Berieselung .	0	0	621	12,48	3,03	2,73	2,00	7,28	55,4	0	
9. Der Bach, wie er zu einer Druckerei gelangt . .	0	0	60	2,46	0,23	0	0	0,23	11,0	0	5,4 ⁰ Härte
10. Der Bach, wie er die-selbe nach dem Durch-seihen und Absetzen verlässt	73,4	25,4	358	69,94	3,13	0,35	0	3,42	28,0	0,32	7,7 ⁰ Härte
11. Purpurflüssigkeit einer Anilinfabrik	—	—	3480	23,30	9,69	34,30	—	41,63	—	0,40	
12. Abwasser einer Zeug-färberei	352,2	179,4	2365,0	96,19	5,99	—	—	—	428,0	—	

Der Verf. fand für einige Abgangwässer aus Färbereien folgende Zusammensetzung:

1 Liter enthält:	Roth- und Blauholz-Färbereien			4. Türkisch-Rothfärberei	5. Aus einer Fabrik für Appretur und Druckerei
	1	2	3		
	mg	mg	mg	mg	mg
Abdampfrückstand trocken	4476,2	1205,6	819,6	228,0	703,2
Organische Stoffe	1345,5	—	—	—	—
Zur Oxydation derselben erforderlicher Sauer-stoff	—	94,4	129,2	4,8	43,4
Stickstoff in organischer Verbindung . . .	—	20,5	15,4	Spur	12,8
Chlor	—	—	42,5	34,8	152,4
Schwefelsäure	1650,5	228,5	115,0	8,4	46,4
Eisenoxyd	111,4	—	—	—	—
Eisenoxydul	—	158,8	87,1	—	51,1
Kalk	269,0	82,4	108,4	35,6	76,8
Magnesia	61,1	—	—	—	—
Kali	72,3	—	—	—	—
Natron	554,2	—	—	—	—

Ein anderes, schlammig und roth aussehendes Färberei-Abgangwasser einer Türkischroth-Färberei ergab dem Verf. folgende Zusammensetzung pro 1 Liter:

Suspendirte Stoffe				Gelöste Stoffe							
Un-organi-sche	Darin Kalk	Organi-sche	Darin Stick-stoff	Mineral-stoffe (Glüh-rück-stand)	Orga-nische (Glüh-verlust)	Zur Oxydation erforderlicher Sauerstoff	Stick-stoff	Phos-phor-säure	Kali	Kalk	Schwe-fel-säure
mg	mg	mg	mg	mg	mg	mg	mg	mg	mg	mg	mg
936,0	301,5	239,5	22,4	2893,5	2513,0	593,6	69,3	17,9	463,2	29,0	231,2

H. Fleck[1]) fand für das Wasser aus einer Indigo-Küpenfärberei bei einem spec. Gew. von 1,0060 folgenden Gehalt:

Suspendirte Stoffe 31,66 %				Gelöste Stoffe 0,55 %		
Indigo-blau	Eisen-oxyd und Thon-erde	Zink-oxyd	Kalk und Sand	Orga-nische Stoffe	Kalk-hydrat	Schwe-felsaures Natrium und Chlor-natrium
%	%	%	%	%	mg	%
0,06	3,06	7,34	21,20	0,19	0,09	0,27

Cas. Nienhaus Meinau[2]) berichtet über die Fuchsinfabrik von F. Petersen zu Schweizerhalle, dass dieselbe täglich zwischen 700—900 kg oder jährlich 225 000 kg Arsensäure verarbeitet und dabei ein concentrirtes Abwasser von 1,090 spec. Gew. von intensiv fuchsinrother Farbe und saurer Reaction ablässt, welches 18,8 g Arsensäure und 29,45 g arsenige Säure pro 1 Liter enthält.

In dem Abwasser aus dem Sammler von 1,031 spec. Gew. fand er 7,52 g arsenige Säure pro Liter und in einem teigigen Rückstande nach dem Austrocknen 14,7 % Arsenverbindungen als arsenige Säure berechnet.

Es können daher, wenn diese Wässer nicht gereinigt und geklärt werden, unter Umständen ganz gewaltig grosse Mengen verunreinigender und giftiger Stoffe in die Bäche und Flüsse gelangen. Ich fand z. B. für den Gladbach bei München-Gladbach, welcher die Abgangwässer aus einer Reihe industrieller Etablissements, vorwiegend aber die von Färbereien, aufnimmt, dass derselbe durch die Aufnahme dieser Wässer eine tiefdunkle Farbe annimmt und vor der Aufnahme als reines Bachwasser und nach

Verunreinigung der Flüsse.

---

[1]) 12. und 13. Jahresbericht etc. 1884 S. 16.
[2]) Bericht über die Verunreinigung des Rheines. Basel 1883. S. 9.

Aufnahme der Färbereiabgangwässer am 7. Mai 1883 folgenden Gehalt pro 1 Liter hatte:

	Ab-dampf-rück-stand trocken	Kalk	Eisen-oxydul	Schwe-fel-säure	Chlor	Zur Oxyda-tion der or-gan. Stoffe erforderl. Sauerstoff	Stickstoff in organischer Verbindung
	mg	mg	mg	mg	mg	mg	mg
Reines Bachwasser.	197,0	49,7	0,0	18,3	8,5	0,8	0
Nach Aufnahme der Färberei-abgangwässer	309,2	55,6	30,9	37,9	35,5	16,4	8,2[1])

Dasselbe ergiebt sich aus den oben angeführten Analysen 9 und 10 der englischen Commission. Nicht immer jedoch mag diese Verunreinigung bei grösseren Flüssen in dem Masse auftreten wie hier; so fand H. Fleck (l. c.) für 2 Wasserproben, von welchen die eine vor dem Fabrikdorfe mit vorwiegend Färbereien, die andere hinter dem Dorfe aus der Mulde entnommen war, dass beide Flüssigkeiten dunkel gefärbt, trübe waren und nach längerer Ruhe einen schwarzen Bodensatz abschieden, über welchem das geklärte Wasser wenig gelb gefärbt erschien. Die Menge des Bodensatzes betrug für Wasser 1 vor dem Dorfe 18,2 g und für Wasser 2 hinter dem Dorfe 1,27 g pro Liter, wobei zu bemerken ist, dass das Wasser 1 die Effluvien einer grösseren Fabrikstadt aufgenommen hatte, während Wasser 2 die Abgänge des hinter dieser Stadt gelegenen Fabrikdorfes mit den Färbereien einschloss, und constatirt werden sollte, ob durch den Einfluss der Färbereiabgangwässer die Qualität des Wassers wesentlich verändert werde. Der Bodensatz ergab zunächst folgende procentische Zusammensetzung:

	1	2
Steinkohlenstaub und Faserstoffe .	34,50%	67,13%
Sand und Phosphat	47,64%	23,25%
Schwefelkupfer	1,37%	0,70%
Schwefelzink	0,51%	0,02%
Schwefeleisen	15,95%	8,41%

Die geklärten Wässer besassen starken Fäkalgeruch; ein darüber gehaltenes Bleizuckerpapier wurde durch sich entwickelndes Schwefelwasserstoffgas sofort gebräunt und als Bestandtheile ergaben sich in 1 Liter Wasser:

---

[1]) Hierin ein kleiner Theil in Form von bereits gebildetem Ammoniak.

	1	2
	1	2
Schwefelsaures Calcium	256,0 mg	288,0 mg
Kohlensaures Calcium	53,0 „	26,0 „
Kohlensaures Magnesium	79,0 „	78,0 „
Kohlensaures Natrium	80,0 „ .	68,0 „
Kochsalz	162,0 „	118,0 „
Schwefelammonium	91,0 „	94,0 „
Organische Substanzen	360,0 „	196,0 „
Summa . . .	1081,0 mg	868,0 mg

Man sieht aus diesen Analysen, dass die Abgangwässer der Färbereien das Flusswasser kaum zu seinem Ungunsten verändert, vielmehr günstig und reinigend gewirkt haben, indem durch die von den Beizflüssigkeiten herrührenden Eisen-, Kupfer-, Zinn-, und Zinksalze das von den putriden städtischen Abgängen herrührende Schwefelammonium des Flusswassers zersetzt ist und die Metalle als Schwefelverbindungen in den Schlamm übergeführt sind. In ähnlicher Weise fand H. Fleck in dem Schlamm von den Böschungen des zu einem an Färbereien reichen Dorfe gehörigen Pleissenufers:

0,195 % Kupfer
0,018 % Blei
0,025 % Arsenik } sämmtlich als Schwefelverbindungen
7,730 % Eisen

ausserdem

2,870 % Fett
0,220 % Anilinviolet
88,942 % Sand, Thon und Humussubstanzen,

während in dem Flusswasser keine Spur des Farbstoffs wie der obigen Metalle festzustellen war. Wenngleich hiernach durch Zusammenfliessen von putriden Abgangwässern mit denen von Färbereien in diesen Fällen eine Art Selbstreinigung des Flusswassers stattgefunden hat, so ist doch zu berücksichtigen, dass auch der ausgeschiedene Schlamm bei seinem Gehalt an Schwefelmetallen und zumal, wenn er Arsen enthält, wiederum schädlich und nachtheilig wirken kann, wenn er z. B. von Thieren, wie Enten, aufgewühlt oder auf Aecker und Ländereien ans Ufer geworfen resp. gespült wird (vergl. S. 225).

2. Schädliche Wirkung.

a) In sanitärer und gewerblicher Hinsicht.

Die schädlichen Wirkungen der Farbenfabriken- und Färberei-Abfallwässer beruhen einmal auf dem Gehalt von nicht ausgenutztem Farbstoff, dann auf dem von Metallverbindungen, besonders von Arsenverbindungen. Dass die Farbstoffe als solche, auch wenn sie keine giftigen Metallverbindungen enthalten, schädlich wirken und das Wasser für alle Zwecke, wozu ein reines Bachwasser benutzt zu werden pflegt, unbrauchbar machen, braucht kaum hervorgehoben zu werden. Abgesehen davon, dass die farbige Beschaffenheit des Wassers eine Benutzung für häusliche und gewerbliche Zwecke zum Waschen, Spülen, Bleichen, Kochen etc. unmöglich macht, kann auch nicht geleugnet werden, dass die Farbstoffe als solche für Vieh als **Für Vieh.** Viehtränke und für Fische schädlich wirken können. Denn, wenn man bedenkt, dass nach vielen angestellten Versuchen beim Füttern von Krapp die Farbstoffe desselben sich in den Knochen ablagern und nach Lieberkühn auch Alizarinkalk in die Knochen übergeht, so ist nicht abzusehen, weshalb nicht auch andere Farbstoffe den Weg durch den Thier-Organismus nehmen sollen. Dass der Geschmack der Milch sich vielfach nach der Art des Futters richtet, ist bekannt. Die Milch der stark mit Rüben gefütterten Kühe nimmt einen Rübengeschmack an; die Milch von, mit häuslichen Abfällen aller Art (wie saure Kartoffelnschnitzel, Ueberbleibsel von Gemüse etc., auch Schlempe) gefütterten Kühen ist, wie bekannt, unbrauchbar für Ernährung der Kinder und hat Krankheiten der letzteren zur Folge. Wenn ferner bekannt ist, dass die Butter resp. Milch bei saftigem Grünfutter im Frühjahr sich durch Farbe und Geschmack sehr vortheilhaft von der Butter resp. Milch bei Trockenfutter im Winter unterscheidet, so kann wohl nicht geleugnet werden, dass auch das mit Farbstoffen aller Art geschwängerte Abwasser von Färbereien, wenn es von Milchkühen genossen wird, einen entsprechenden nachtheiligen Einfluss auf Geschmack und Farbe der Milch resp. der Butter haben kann. Dieses gilt nicht nur dann, wenn die Farbstoffe in Wasser gelöst genossen werden, sondern auch dann, wenn dieselben durch Benutzung des farbigen Wassers auf Wiesen getragen und die Farbstoffe an den Pflanzenstengeln und Blättern niedergeschlagen und mit diesen von den Thieren verzehrt werden.

Für Fische. Cas. Nienhaus-Meinau[1]) hat auch gefunden, dass Fische (Nasen und Aesche), als sie dem Ausfluss einer Farbenfabrik, die kein Arsen verwendet, ausgesetzt wurden, alsbald starben und dass die Kiemen derselben missfarbig und mit einer graubraunen Substanz durchsetzt waren. Selbstverständlich sind die giftigen und schädlichen Einwirkungen viel grösser, wenn die Abfallwässer gleichzeitig Metall-, besonders Arsen-Verbindungen enthalten.

So giebt Cas. Nienhaus-Meinau (l. c.) für das oben beschriebene Abfallwasser einer Fuchsinfabrik, welches 18,8 g Arsensäure und 29,45 g

---

[1]) Bericht über die Verunreinigung des Rheines von Cas. Nienhaus-Meinau. Basel 1883. S. 10.

arsenige Säure pro 1 Liter enthielt, an, dass dasselbe kleine Fische sofort tödtete; als er von demselben 10 ccm einem Liter Wasser zufügte (also in 100 facher Verdünnung), so starb ein kleiner Fisch nach 4 Stunden, bei 20 ccm auf 1 Liter nach 1 Stunde 40 Minuten, bei 25 ccm auf 1 Liter nach 35 Minuten und bei 35 ccm auf 1 Liter nach 10 Minuten. Auch das 2. Abgangwasser (S. 327) mit 7,52 g arseniger Säure pro 1 Liter tödtete kleine Fische nach wenigen Athmungen.

C. Weigelt[1]) hat ebenfalls Versuche über die Giftigkeit von Arsen-Verbindungen für Fische angestellt und zog ferner noch zu den Versuchen heran: Gelbes Blutlaugensalz, Quecksilberchlorid, chromsaures Kalium, Kalialaun, Ammoniakalaun, Chromalaun etc., welche ebenfalls in den Farbfabriken, Färbereien und Druckereien Verwendung finden.

Concentration der Lösung pro 1 Liter	Fischart	Temperatur des Wassers ⁰C.	Expositions-dauer	Verhalten des Fisches
1. Arsenige Säure: $0,1$ g As_2O_3	Grosse Forelle	9	2 Stunden	Keine Symptome, kommt nach 2 Stunden Expositionsdauer in fliessendes Wasser.
2. Arsenigsaures Natrium: $1,00$ g Na_3AsO_3	5 ganz kleine Forellen, 5 ganz kleine Lachse, 5 Forellen, Dotterträger	12	2½ Stdn.	Nach 1—2 Stunden Krampfbewegungen, nach 2½ Stunden alle todt.
$1,00$ g „ „	5 ganz kleine Forellen, 5 Forellen, Dotterträger, 5 Lachse desgl.	23	40 Min.	Nach ½ Stunde keine Krampfbewegungen mehr, nach 40 Minuten kein Leben mehr wahrnehmbar; in frisches Wasser gebracht, zucken noch einzelne, nach einer Stunde alles todt.
$0,50$ g „ „	5 ganz kleine Forellen, 5 Lachse, Dotterträger	12	2 St. 30 M.	Athmen heftig, nach 1 Stunde sichtlich matt; nach 2½ Stunden in frisches Wasser gebracht, leben noch nach 7 Stunden, dann nicht weiter beobachtet.
$0,50$ g „ „	5 ganz kleine Forellen, 5 Forellen, Dotterträger, 5 Lachse	23	2 Stunden	Nach 2 Stunden kaum mehr Lebenserscheinungen, in frischem Wasser erholen sich anscheinend alle; nach 7 Stunden 2 Dotterträger ganz krank; am anderen Morgen diese todt.
$0,10$ g „ „	Schleie	8	17 Stdn.	Keine Symptome.

---

[1]) Archiv f. Hygiene 1885. Bd. III S. 39. Ueber die Untersuchungsmethode vergl. S. 49 Anm.

Concentration der Lösung pro 1 Liter	Fischart	Temperatur des Wassers °C.	Expositions-dauer	Verhalten des Fisches
2. Arsenigsaures Natrium:				
0,10 g Na_3AsO_3	5 ganz kleine Forellen, 5 Forellen, Dotterträger, 5 Lachse desgl.	16	4 Stunden	Athmen sehr rasch und sind sehr matt; nach 4 Stunden in frisches Wasser gebracht, die Dotterträger sind am anderen Morgen todt, die Forellen anscheinend sehr munter.
0,05 g „ „	5 ganz kleine Forellen, 5 Forellen, Dotterträger	12	2½ Stdn.	Nach 2½ Stunden keine Symptome; in frisches Wasser gebracht, befinden sich alle am Abend nach 7 Stunden munter, ebenso am anderen Morgen.
0,05 g „ „	5 ganz kleine amerik. Seeforellen, 5 amerik. Seeforellen Dotterträger	23	2½ Stdn.	Nach 2½ Stunden keine Symptome, in frisches Wasser gebracht wie vorhin.
3. Arsensaures Natrium:				
5,00 g $Na_2HAsO_4 + 12H_2O$	1 californ. Lachs	16	1 Stunde	Bleibt ruhig, nach 1 Stunde in in frisches Wasser gebracht, am andern Morgen todt.
1,00 g do.	1 mittlere Forelle	16	2 „	Desgl. nach 2 Stunden in frisches Wasser gebracht, am dritten Tage todt.
1,00 g do.	5 ganz kleine Forellen, 5 Forellen, Dotterträger	12	2½ „	Keine Symptome; nach 2½ St. in frisches Wasser gebracht, leben am nächsten Tage noch.
1,00 g do.	Desgl.	23	2 „	In frisches Wasser nach 2 Stunden gebracht, am nächsten Tage 3 Dotterträger und 1 Forelle todt.
0,50 g do.	Desgl.	12	2½ „	Keine Symptome; nach 2½ St. in frisches Wasser gebracht, leben noch am anderen Tage.
0,50 g do.	Desgl.	23	2 „	Wie vorhin.
0,10 g do.	3 ganz kleine Forellen, 10 Forellen, Dotterträger	16	4 „	Nach 4 Stunden unter heftigem Athmen matt, erholen sich bald in frischem Wasser, am anderen Morgen 3 Dotterträger todt.
0,05 g do.	5 ganz kleine amerik. Seeforellen, 5 amerik. desgl., Dotterträger	12	3 „	Nach 3 Stunden in frisches Wasser gebracht, keine Symptome.
0,05 g do.	desgl.	23	3 „	Desgl.

Concentration der Lösung pro 1 Liter	Fischart	Temperatur des Wassers °C.	Expositions-dauer	Verhalten des Fisches
4. Quecksilber-chlorid.				
0,10 g $HgCl_2$	Grosse Forelle	9	48 Min.	Schnappt gleich heftig, schwimmt wild umher und krümmt sich, nach 23 Minuten Rückenlage, nach 48 Minuten todt.
0,10 g „	Schleie	9	97 Min.	Nach 97 Minuten Seitenlage; in frisches Wasser gebracht, bleibt sie liegen, am anderen Morgen todt.
0,05 g „	Grosse Forelle	9	29 Min.	Liegt nach 29 Minuten auf dem Rücken; in frisches Wasser gebracht, bleibt sie liegen, nach 54 Minuten todt.
5. Gelbes Blut-laugensalz.				
1,0 g $K_4Fe(CN)_6 + 3 H_2O$	Grosse Forelle	8	1 Stunde	Nach 1 Stunde keine Symptome.
6. Chromsaures Kali:				
1,0 g $K_2Cr_2O_7$	Grosse Forelle	9	10 Min.	Leidet offenbar Schmerzen an den Kiemen. Nach 10 Minuten Seitenlage, erholt sich in frischem Wasser wieder ohne weitere schädlichen Folgen.
0,2 g „	desgl.	9	75 „	Nach 46 Minuten offenbare Unbequemlichkeit; nach 75 Minuten in frisches Wasser gebracht, erholt sie sich wieder.
7. Chromalaun:				
1,0 g $Al_2Cr_2(SO_4)_4 + 24 H_2O$	Grosse Forelle	9	10 Min.	Nach 5 Minuten dauernde Seitenlage, erholt sich in frischem Wasser und ist nach 8 Tagen noch am Leben.
0,2 g do.	desgl.	9	75 Min.	Keine Symptome.
8. Ammoniak-alaun:				
10 g $Al_2(NH_4)_2(SO_4)_4 + 24 H_2O$	Grosse Forelle	7,5	2 Min.	Nach 2 Minuten Seitenlage.
1,0 g do.	desgl.	7,5	?	Schwimmt gleich wild umher.
9. Kalialaun:				
10,0 g $Al_2K_2(SO_4)_4 + 24 H_2O$	Grosse Forelle	7,5	3 Min.	Schwimmt gleich wild umher, nach 2 Minuten Seitenlage, erholt sich in frischem Wasser.
1,0 g do.	desgl.	7,5	2 Min.	Desgl.
1,0 g do.	Schleie	7,5	15 Stdn.	Nach 15 Stunden keine Symptome.
1,0 g do.	Mittlere Forelle	17	3 „	Nach 10 Minuten Seitenlage, nach 3 Stunden todt.

Concentration der Lösung pro 1 Liter	Fischart	Temperatur des Wassers ^{0} C.	Expositions-dauer	Verhalten des Fisches
9. Kalialaun: 0,5 g $Al_2K_2(SO_4)_4 + 24\,H_2O$	Grosse Forelle	7,5	3 Min.	Nach 3 Minuten Seitenlage.
0,5 g do.	1 mittlere Forelle, 1 californ. Lachs, 1 Saibling	16	44 Min.bis 16 Stdn.	Schwimmen alle wild umher, nach 1 resp. 2 resp. 16 Minuten Rückenlage, Lachs nach 44 Minuten, Saibling nach 104 Minuten todt; Forelle kommt nach 19 Stunden in frisches Wasser, ist am dritten Tage todt.
0,1 g do.	1 mittlere Forelle, 1 californ. Lachs	17	6—15 St.	Lachs nach 6 Stunden, Forelle nach 15 Stunden todt.
0,1 g do.	6 ganz kleine Forellen, 6 Forellen, Dotterträger, 6 Aeschen	10	24 Stdn.	Bleiben alle am Leben.

Desgleichen erwiesen sich Concentrationen von 0,05% bei 14—15½ St. Expositionsdauer ohne Wirkung.

Concentration der Lösung	Fischart	Temp.	Dauer	Verhalten des Fisches
10. Eisenalaun: 10,0 g $Fe_2K_2(SO_4)_4 + 24\,H_2O$	Grosse Forelle	7,5	2 Min.	Nach 2 Minuten Seitenlage, erholt sich in frischem Wasser.
1,0 g do.	desgl.	7,5	1 Min.	Nach 1 Minute Seitenlage, erholt sich in frischem Wasser.
1,0 g do.	Schleie	7,5	16 Stdn.	Nach 16 Stunden keine Symptome.
0,1 g do.	Grosse Forelle	7,5	15 Min.	Nach 15 Minuten Seitenlage, erholt sich in frischem Wasser.
0,05 g do.	desgl.	7,5	14 Stdn.	Nach 14 Stunden keine Symptome.
11. Oxalsäure. 0,1 g $C_2H_2O_4$	Grosse Forelle	6	30 Min.	Ist anfangs unruhig und später matt; nach 30 Minuten in fliessendes Wasser gebracht, erholt sie sich.

Hiernach haben arsenige Säure und ihr Natriumsalz bei 0,1 g pro l auf Forellen bei 2 stündigem und auf Schleie bei 17 stündigem Aufenthalt keine schädlichen Wirkungen ausgeübt. Quecksilberchlorid führte dagegen bei einem Gehalt von 0,1 und 0,05 g pro 1 l sowohl bei Forellen wie bei Schleien den sicheren und baldigen Tod herbei.

Auffallend ist auch die akute Wirkung der Alaune auf Forellen; von Eisenalaun sowohl wie den eigentlichen Alaunen (Kali- und Ammoniakalaun) erweisen sich schon Mengen von 0,05—0,10 g pro 1 l für Forellen bei verhältnissmässig geringer Expositionsdauer als schädlich, während Schleie grössere Concentrationen längere Zeit vertragen kann, ohne dauernden Schaden zu nehmen.

C. Weigelt ist geneigt, dem in den Alaunen vorhandenen Eisenoxyd resp. der Thonerde einen specifisch giftigen Einfluss auf Fische (wenigstens Forelle) zuzuschreiben und glaubt die Grenze der Schädlichkeit für Eisenoxyd auf 0,02—0,01 g Eisen und für Thonerde auf 0,007—0,0038 g Aluminium pro 1 l festsetzen zu können.

Prof. Nitsche-Tharand[1]) suchte festzustellen, welchen Einfluss Kalialaun auf die Befruchtung von Forelleneier hat. Ueber die Art der Versuchsanstellung vgl. S. 51 Anm. Er fand, dass von 100 Eiern abstanden nach Ablauf von Tagen:

Gehalt pro 1 l	11	22	33	44	55	66	77	88	99	110	121	132 Tage
1,0 g Kalialaun . .	0	0	3	30	32	32	32	33	35	35	84	92
0,1 g „ . .	0	0	3	8	10	10	11	11	12	13	50	88

Am 30. Tage wurde für je 3 entnommene Eier gefunden, dass in der Reihe mit 1,0 g Kalialaun per 1 l alle 3 befruchtet, aber weit zurückgeblieben waren; bei der Reihe mit 0,1 g Kalialaun pro l waren 2 befruchtet und 1 unbefruchtet.

Bei der Controle in gewöhnlichem reinen Wasser (S. 320) waren nach 132 Tagen nur 43% Eier abgestorben; auch waren die am 30. Tage entnommenen Eier alle 3 befruchtet und normal entwickelt.

C. Weigelt fand, dass in einem Versuch, bei welchem in gewöhnlichem Wasser 51,5% Eier befruchtet wurden, in einem 0,1 g Kalialaun pro 1 l enthaltenden Wasser die Menge der befruchteten Eier nur 0,9% betrug.

Wie die Flüsse, so können auch die Brunnen durch die Abgänge der Farbfabriken und Färbereien, besonders durch den Arsengehalt verdorben und vergiftet werden. *Verunreinigung von Brunnen.*

Tardieu[2]) berichtet über eine derartige Brunnenvergiftung zu Nancy durch die Abgänge einer Tapetenfabrik, welche Schweinfurter Grün verarbeitete und wo durch den Genuss des vergifteten Brunnenwassers mehrere Menschen tödtlich erkrankten. Jul. Kratter[3]) erwähnt, dass durch zwei Fuchsinfabriken in Basel 1864 mehrere Brunnen inficirt[4]) und nach Genuss des Wassers zahlreiche Erkrankungen hervorgerufen wurden; dasselbe geschah durch die Rückstände einer Fuchsinfabrik in Elberfeld und Barmen.

---

[1]) Vgl. C. Weigelt in Archiv für Hygiene 1885. Bd. III. S. 82.
[2]) Tardieu, Dictionaire d' hygiène publ. III. S. 35.
[3]) Jul. Kratter, Studien über Trinkwasser und Typhus. Graz 1886. S. 7.
[4]) Vgl. F. Goppelsröder. Zur Infection des Bodens und des Bodenwassers. Basel 1872.

b) Für die Pflanzen-Vegetation.

Schädliche Wirkung für Pflanzen in wässrigen Lösungen. Dass die arsenige Säure auch für Pflanzen ein äusserst heftiges Gift ist, hat neuerdings Fr. Nobbe in Gemeinschaft mit P. Baessler und H. Will[1]) nachgewiesen. Dieselben suchten bei ihren zahlreichen Versuchen folgende Fragen zu beantworten:

1. Welche äusserlich sichtbare Veränderungen erleiden die unter Zusatz von Arsen vegetirenden Pflanzen?

Zu diesen, wie den andern Versuchen liessen sie die Pflanzen in wässeriger Normalnährstoff-Lösung vegetiren, welche pro 1 l enthielt:

Chlorkalium	Chlorcalciumnitrat	Magnesiumsulfat $(MgSO_4)$	Eisen-Phosphat	Monokaliumphosphat
0,232 g	0,509 g	0,093 g	0,033 g	0,133 g

Die Vegetationsgefässe fassten 2,5 l; das Arsen wurde stets in Form von arsenigsaurem Kalium zugesetzt, indem gleichzeitig andere Pflanzen ohne Arsenzusatz zur Controle dienten; die zugesetzten Arsenmengen in 4 verschiedenen Reihen waren folgende:

Pflanze	I	II	III	IV
	3	33	333	1000 mg As pro 1 l
entsprechend	$^1/_{300000}$	$^1/_{30000}$	$^1/_{3000}$	$^1/_{1000}$ Arsen
oder	7,92	79,2	792	2639 mg As_2O_3

Als Versuchspflanzen dienten Erbsen, Hafer, Pferdezahnmais und Erle. Schon nach 1—2 stündiger Einwirkung traten bei den stärkeren Arsenzusätzen von 333 und 1000 mg äusserlich sichtbare Wirkungen hervor, indem die Pflanzen in Halm und Blättern erschlafft und gekrümmt waren; bei den schwächeren Arsenzusätzen erlagen die Pflanzen am 2., 3. oder 4. Tage. Ein Wurzelzuwachs hatte selbst bei der schwächsten Gabe von Arsen nicht stattgefunden, ebensowenig ein Höhenzuwachs. Von den Blättern wurden zuerst die ältesten entfärbt, indem sie eine schmutzig weissbräunliche oder eine fahlweissgelbe Färbung annahmen. Auf das Schlaff- und Welkwerden der Blätter folgte durchweg intermittirend eine Erfrischung und Wiederanfeuchtung derselben.

2. Ueber den Grund des Absterbens der mit Arsen vergifteten Pflanzen?

Da die zunächst sichtbare Wirkung des Arsens in einer von Erfrischungs-Perioden unterbrochenen Welkung der Blätter und jüngeren Axentheile besteht, so kann der Verlust der Turgescenz entweder darin begründet sein, dass das Arsen die Pflanzen zu einer übermässigen Transpiration anregt, oder dass es die Wasseraufnahme der Wurzeln hemmt.

---

[1]) Landwirthschaftliche Versuchsst. 1884 Bd. XXX. S. 382.

Um dieses festzustellen, liessen die Versuchsansteller einmal Pflanzen mit Arsenzusatz (1 pro mille Arsenlösung) in feuchter Luft und im Dunkeln vegetiren; dann aber auch ermittelten sie die Transpirations-Verhältnisse der vergifteten Pflanzen. Die Versuche in feuchter Luft und im Dunkeln ergaben zwar, dass die solcher Weise gezogenen Pflanzen längere Zeit turgescent erhalten werden konnten, dass aber die spätere Vergiftung dadurch nicht aufgehoben wurde. Zur Ermittelung der verdunsteten Wassermenge der Arsenvergiftungen diente eine gesunde zweijährige Schwarzerle von 1,44 m Höhe, 22 mm Wurzelstock im Durchmesser, 27 Nebenaxen und von 480 g Lebend-Gewicht. Das Bäumchen stand in einem 5 Liter-Gefäss mit dicht anschliessendem Deckel in der Art befestigt, dass eine vertikale Verschiebung desselben ausgeschlossen war. Die Menge des periodisch aufgenommenen Wassers, welche nicht ohne weiteres identisch ist mit der verdunsteten Wassermenge, wurde aus den Niveau-Veränderungen der Nährstoffflüssigkeit vermittelst eines besonderen, in den Cylinderdeckel eingelassenen Spitzen-Apparates ermittelt, wobei die Pflanze jedesmal genau in ein und dieselbe Stellung gebracht wurde. Der Versuch wurde in einem nach Norden gelegenen Raume ausgeführt, dessen Beleuchtung (diffuses Licht) Temperatur und relative Feuchtigkeit während der Versuchsdauer nur geringen Schwankungen unterworfen war. In einem sechstägigen Vorversuche wurde zunächst die tägliche normale Verdunstung und Wasseraufnahme bestimmt, dann die nach Zusatz von 33 mg Arsen pro Liter Nährlösung.

Es wurde pro 1 Tag gefunden:

Normal-Verdunstung		Verdunstung nach der Vergiftung					
Mittel vom 11.—13. Aug.		17. August		18. August		19. August	
Verdunstet	Aufgenommen	Verdunstet	Aufgenommen	Verdunstet	Aufgenommen	Verdunstet	Aufgenommen
579,8	581,9	416,4	387,1	214,9	203,8	123,0	71,1

Aus diesen Zahlen geht hervor, dass sofort nach dem Einsetzen der Pflanze in eine relativ verdünnte Arsenlösung eine auffallende Depression der Wasseraufnahme und der Verdunstung eintrat. Am ersten Tage betrug die Abnahme der Gesammt-Verdunstung $28,2\,^0/_0$, am zweiten $62,9\,^0/_0$ und am dritten sogar $78,8\,^0/_0$ gegenüber der Normalverdunstung. Bemerkenswerth ist auch die Erscheinung, dass die Wasseraufnahme von vornherein und durchgehends noch etwas hinter der Verdunstungsgrösse zurückbleibt, so dass die Pflanze mehr und mehr an Lebend-Gewicht einbüsste.

Dieser Versuch mit der Erle wurde am dritten Tage, wo die Pflanze dem Tode nahe war, abgeschlossen und ihre einzelnen Theile auf Arsen geprüft. In den Wurzeln, einschliesslich der 80 mm Stammbasis, welche zusammen 30,6 g Trockensubstanz lieferten, wurden $2,44$ mg $= 0,00797\,^0/_0$ Arsen gefunden; die oberirdischen Organe (Stamm, Zweige und Blätter) mit zusammen 85,6 g Trockensubstanz ergaben $2,44$ mg $= 0,00285\,^0/_0$ Arsen.

Hieraus erhellt, dass das Arsen sofort bei seinem Eintritt in die Wurzeln das Protoplasma krankhaft afficirt und dessen osmotische Kraft zerstört. ·Schon die glasige Beschaffenheit der Wurzeln ist ein Zeugniss für den Erguss von Zellsaft in die Intercellularräume, wie ferner für den Austritt von Gerbsäure aus den Wurzeln der Erle; dass zugleich der Wurzeldruck beeinträchtigt wird, wurde durch das Unterbleiben der Blutung aus den abgeschnittenen Stumpfen nachgewiesen.

3. Ueber die unteren Grenzen der vegetativen Giftwirkung des Arsens.

Nachdem in den ersten Versuchen ein Zusatz von 20 mg Arsen pro 1 l zu einer Normalnährstofflösung jedes weitere Wachsthum gehindert und selbst schon 3,0 mg pro 1 l merklich schädlich gewirkt hatten, wurden den Pflanzen in zwei weiteren Versuchsreihen mit Pferdezahnmais noch geringere Mengen Arsen als Zusatz zur Normallösung geboten, nämlich:

	$^1/_{300000}$ As	$^1/_{500000}$ As	$^1/_{1000000}$ As	
ensprechend	3,3	2	1	mg As pro 1 l
oder	7,92	5,28	2,64 mg As_2O_3	„ „

Die Pflanzen, deren Grösse im Anfange von 175—380 mm variirte, wurden am 26. Juli in die Giftlösung gesetzt und am 1. November geerntet. Während die Controllpflanzen durchweg ein gesundes reiches System weisser Wurzelfasern besassen und vollständig normal aussahen, wenn auch ihr Wuchs der Jahreszeit entsprechend nicht gerade üppig zu nennen war, nahmen die Arsenpflanzen allmälig ein eigenthümliches fahlgelbes Aussehen an, indem die Wurzeln kränkelten und weder Längswachsthum noch Verzweigung zeigten. Bei der am 1. November erfolgten Ernte ergaben sich folgende Mittelzahlen für je 4 Pflanzen:

Bezeichnung der Pflanzen	Höhe mm	Zuwachs mm	Blatt-·vermehr	Trockensubstanz g
Controllpflanzen . .	637	437	8	5,90
$^1/_{1000000}$	462	195	6	4,36
$^1/_{500000}$	434	116	5	3,45
$^1/_{300000}$	387	165	5	2,05

Hiernach ist die untere Schädlichkeitsgrenze mit der Concentration von $^1/_{1000000}$ (1 mg p. l) As noch nicht erreicht, und es bringt selbst diese homöopathische Dosis Arsen in der Nährstofflösung eine ausgesprochene Verzögerung sowohl des Höhenwuchses, als der Bildung organischer Substanz hervor.

4. Versuche über die quantitative Aufnahme von Arsen durch die Pflanze.

Zu diesen Versuchen wurden 2—4jährige Erlen und Ahorne gewählt, welche bis dahin in Wasserkulturen üppig und normal vegetirt hatten; dieselben erhielten verschiedene Arsenmengen, nämlich: 10 mg, 33 mg, 100 mg und 1000 mg Arsen pro 1 l. Sie wurden so lange vegetiren gelassen, bis sie deutlich krank resp. abgestorben waren. Die Ergebnisse über die Mengen des aufgenommenen Arsens sind in folgender Tabelle enthalten:

Versuche	Pflanzentheile	Trockensubstanz	Absolute gefundene Menge an		100 000 Theile Trockensubstanz enthalten	
			As_2O_3	As	As_2O_3	As
		g	mg	mg	g	g
I. Versuch.						
Alnus glutinosa . . . {	Wurzel	33,7	—[1]	—	—	—
	Stamm und Aeste	48,0	4,00	3,03	8,33	6,31
im Sonnenlichte . . .	Blätter	52,2	0,50	0,38	0,96	0,73
3 Tage in $^1/_{30000}$ As . .	Oberird. Organe ·	100,2	4,50	3,41	4,49	3,40
II. Versuch.						
Alnus glutinosa	Wurzel	30,6	3,22	2,44	10,52	7,97
im diffusen Lichte. . .	Oberird. Organe	85,6	3,22	2,44	3,76	2,85
3 Tage in $^1/_{30000}$ As . .						
III. Versuch.						
Acer rubrum	Wurzel	5,4	—[1]	—	—	—
5 Tage in $^1/_{100000}$ As . .	Oberird. Organe	11,7	0,50	0,38	4,27	3,24
IV. Versuch.						
Alnus incana	Wurzel	26,1	33,79	25,60	129,46	98,10
10 Tage in $^1/_{100000}$ As .	Oberird. Organe	57,8	6,43	4,87	11,12	·8,43
3 „ „ $^1/_{1000}$ As . .						

Aus dieser Tabelle erhellt, dass es nur eine äusserst geringe Menge
Arsen ist, welche die durch dasselbe getödtete Pflanze in sich aufgenommen
hat; selbst die Wurzeln enthalten doch immer nur sehr kleine Mengen, obgleich grössere, als die oberirdischen Organe; letzteres ist in Uebereinstimmung mit der oben erwähnten Thatsache, dass die Wirkung des Arsens
von den Wurzeln ausgeht. Denn der Einwand, dass ein Theil des in den
Wurzeln gefundenen Plus von Arsen mechanisch aussen angehaftet habe,
hat nach Ueberzeugung der Versuchsansteller, angesichts der Sorgfalt, welche
dem Abspülen der Wurzeln zugewendet worden, nur eine sehr untergeordnete Bedeutung.

Die oberirdischen Organe ihrerseits differiren unter einander im Arsengehalt in der Art, dass die grössere Menge in den Axengebilden enthalten
ist; die Blätter nahmen nur verschwindende Spuren Arsen auf.

Weiter wurden Versuche angestellt, mit welcher Geschwindigkeit das
Arsen wirkt und mit welcher Schnelligkeit dasselbe in die Pflanzen über-
geht und gefunden, dass eine Einwirkungsdauer der arsenhaltigen Lösung
von mehr als 10 Minuten schädlich wirkt und dass das Arsen in einem
Zeitraum, in welchem schon heftige Erkrankungen in den oberirdischen
Organen auftreten, höchstens in Spuren von letzteren aufgenommen wird.
Dies beweist, dass die Transpirationsstörungen, welche schliesslich den Tod

---

[1] Nur qualitative Untersuchung wegen eingetretener Verluste.

der Pflanze herbeiführen, nicht so sehr einem directen Angriff des Giftes auf die betreffenden Organe selbst zuzuschreiben sind, als vielmehr dem Umstande, dass die Hauptwirkung des Arsens in einer Störung der Wurzelfunctionen gesucht werden muss. Im übrigen fassen die Versuchsansteller ihre Resultate wie folgt zusammen:

1. „Das Arsen ist ein äusserst heftig wirkendes Gift für die Pflanze; schon eine Beigabe von $^1/_{1000000} = 1$ mg pro 1 l zur Nährstofflösung bringt messbare Wachsthumstörungen hervor.

2. Das Element tritt nur in sehr geringen Mengen in die Pflanze ein; es ist nicht möglich, in die letztere irgend erhebliche Mengen einzuführen.

3. Die Wirkung des Arsens geht von den Wurzeln aus, deren Protoplasma desorganisirt und in seinen osmotischen Actionen gehindert wird; die Wurzel stirbt schliesslich ohne Zuwachs ab.

4. Die oberirdischen Organe erfahren die Wirkung des Arsens zunächst durch intensives, von Erholungsperioden unterbrochenes Welken, dem der Tod folgt.

5. Durch Verhinderung der Transpiration (Verdunkelung, Einstellung in feuchte Räume etc.) wird es möglich, Pflanzen in Arsenlösung eine Zeit lang turgescent zu erhalten, ohne dass hierdurch die spätere Giftwirkung aufgehoben wurde.

6. Wird die Pflanze nur kurze Zeit (länger als 10 Minuten) der Einwirkung des Arsen auf die Wurzeln ausgesetzt und hierauf in normale Ernährungsverhältnisse zurückgeführt, so lässt sich die Wirkung des Giftes etwas verzögern; späterhin tritt gleichwohl Wachsthumverzögerung oder gänzliches Absterben ein."

 Wir haben die Giftigkeit der arsenigen Säure auch im Boden in der Weise festzustellen gesucht, dass wir dem Boden im lufttrocknen Zustande 0,025 %, 0,05 % und 0,1 % arsenige Säure zumischten und die Vegetation in diesen Reihen mit der im Boden ohne jeglichen Zusatz verglichen. Als Boden wurden Sand-, Lehm- und Kalkboden gewählt, die mit Grassamen besät wurden.

Die unten durchlochten Töpfe hatten eine Höhe von 30 cm und einen Durchmesser von 15 cm; die Töpfe erhielten, nachdem das untere Loch erst locker durch Asbest geschlossen wurde, eine Schicht von einigen cm grobem Sand, darauf die genannten Bodenarten; die Menge des letzteren betrug durchschnittlich rund 5,5 kg pro Topf.

In allen Reihen machten sich anfänglich die Wirkungen der arsenigen Säure geltend.

Von den am 25. Mai gleichmässig eingesäeten je 200 Korn englischem Raygras gingen im Durchschnitt zweier Töpfe auf:

	Reihe	I	II	III	IV
Zusatz von arseniger Säure		0	0,025%	0,050%	0,100%
Sandboden		123	137	131	97
Lehmboden		140	127	124	103
Kalkboden		56	74	65	34

In den Töpfen ohne Zusatz von arseniger Säure entwickelten sich die Pflanzen normal und mit gesundem Aussehen; bei den Töpfen mit Zusatz von arseniger Säure war die Entwickelung bei den einzelnen Bodenarten verschieden.

Bei Sandboden konnte in den Töpfen mit 0,025% arseniger Säure kaum ein Unterschied gegen Reihe I bemerkt werden, in den Töpfen mit 0,05% arseniger Säure war die Vegetation etwas schlechter, während in den Töpfen mit 0,1% arseniger Säure die Pflanzen rothspitzig waren und sich nur kümmerlich entwickelten. Ganz ähnlich verhielten sich die Reihen mit Zusatz von arseniger Säure bei Kalkboden; hier war die Vegetation in den Töpfen mit 0,1% arseniger Säure von den 3 Bodenarten am dürftigsten.

Bei Lehmboden dagegen trat in den Reihen mit 0,025% und 0,050% arseniger Säure äusserlich kaum ein Unterschied gegen Normalreihe I hervor; in der Reihe IV mit 0,1% arseniger Säure war die Vegetation zwar entschieden schlechter wie bei Reihe I, indess waren die vorhandenen Pflanzen nicht rothspitzig wie bei Reihe IV in Sand- und Kalkboden, sondern blieben die ganze Vegetationszeit hindurch grün und erholten sich augenscheinlich mit dem Fortschreiten der Vegetationszeit immer mehr.

Diesem äusseren Verhalten entsprach auch im allgemeinen die Ernte an Pflanzentrockensubstanz; es wurde nämlich für die Ernte an wasser- und sandfreier Pflanzensubstanz für je 2 Töpfe gefunden:

	Reihe	I	II	III	IV
Zusatz von arseniger Säure		0	0,025%	0,050%	0,100%
Sandboden		6,838 g	5,986 g	5,052 g	3,312 g
Lehmboden		15,259 „	13,730 „	14,786 „	11,269 „
Kalkboden		16,565 „	16,092 „	14,017 „	0,703 „

Man sieht hieraus, dass die arsenige Säure im Boden bei weitem nicht so giftig auf die Pflanzen wirkt, wie in wässeriger Lösung und dass sich die einzelnen Bodenarten gegen dieselbe sehr verschieden verhalten. Die 3 Boden enthielten:

	Sandboden	Lehmboden	Kalkboden
Humus	1,55 %	3,02 %	3,42%
Kalk	0,237%	0,678%	31,33%

Da nach den Untersuchungen von H. Fleck arsenige Säure in Tapeten durch den Kleister bei hinreichendem Feuchtigkeitsgehalt in Arsenwasserstoff übergeführt werden kann, so liegt die Vermuthung nahe, dass in diesem Falle der Humus des Bodens ebenfalls eine Reduction der arsenigen Säure zu Arsenwasserstoff bewirkt und letzterer sich verflüchtigt hat. Wenn trotz des höheren Humusgehaltes des Kalkbodens die arsenige Säure in letzterem verhältnissmässig schädlicher als im Sand- und Lehmboden gewirkt hat, so hat das vielleicht — und zwar nicht ohne Wahrscheinlichkeit — seinen Grund darin, dass hier die arsenige Säure an Stelle der Kohlensäure im Kalkcarbonat getreten ist und sich als arsenigsaures Calcium längere Zeit wirksam d. h. giftig erhalten hat.

Jedenfalls sieht man aber auch aus diesen Versuchen, dass die arsenige Säure schon bei einem Gehalt von 0,025 % im Boden deutliche schädliche Wirkungen äussert.

3. Reinigung.

Reinigung. Für die Reinigung der Färbereiabgangwässer werden allgemein **Kalkmilch** und wenn Arsen vorhanden ist, **Kalkmilch** unter Zusatz von **Eisenvitriol** empfohlen und durchweg angewendet. Die durch Kalkmilch (resp. Eisenvitriol) niedergeschlagenen Schlammstoffe müssen in zweckmässigen Klärbassins zum Absetzen gebracht werden. Der arsenhaltige Absatz ist, wenn er nicht weiter verarbeitet wird, so zu verscharren, dass er auch der Nachbarschaft nicht zum Nachtheil werden kann; enthält der Kalkniederschlag nur die Farbstoffe, so kann derselbe unter Umständen als Dünger Verwendung finden. Ich fand für derartigen **Färbereiabfall-** Färberei- **kalk** folgende procentische Zusammensetzung:
kalk.

Kohlensau-res Calcium	Kalk ungebunden	Schwefel-saures Calcium (Gyps)	Eisenoxyd (mit Oxydul)	Stickstoff
28,30 %	6,51 %	21,38 %	10,70 %	Spuren

4 andere Proben ergaben:

	I	II	III	IV
Wasser	56,64 %	45,21 %	—	—
Organische Stoffe . .	6,48 %	26,10 %	—	—
(Mit Stickstoff . . .	Spuren	0,45 %	0,68 %	0,231 %)
Mineralstoffe	36,88 %	28,69 %	—	—
Mit: Phosphorsäure .	0,55 %	0,29 %	0,22 %	0,149 %
Kalk	14,59 %	2,22 %	—	—
Kali	0,66 %	0,18 %	—	—

E. Reichardt[1]) giebt an, dass in England die Kalkniederschläge auch

---

[1]) Chem.-Zeitg. 1884 S. 1513.

sogar dazu verwendet werden, um daraus wieder verwendbare Farbstoffe zu extrahiren. In anderen Fällen lassen sich kostspielige Farbstoffe durch die Fixirmittel, z. B. Zinnchlorid niederschlagen und aus diesen Niederschlägen wiedergewinnen.

E. Hankel[1]) hat einige Laboratoriumsversuche über die Klärung der Abfallwässer aus Färbereien angestellt und gefunden, dass eine Sedimentirung durch Ruhe allein nicht zum Ziele führt, dass dagegen die Klärung mit Kalk sowohl bei dem Abfallwasser der Wollfärbereien als auch der Baumwollfärbereien befriedigende Resultate liefert, indem meistens nach 24 Stunden eine vollständige und genügende Klärung erreicht wurde. Als ein sehr geeignetes Klärungs- und Entfärbungsmittel erwies sich auch der Torf, indess bietet er den Uebelstand, dass die Abfallwässer nur sehr langsam durch das Torffilter hindurchgehen.

Ueber die Fällung resp. Niederschlagung von Farbstoffen durch ausgenutzte Lohe vgl. S. 228.

Einige neuere patentirte Verfahren zur Aufbereitung der Färbereiabgangwässer lauten nach den Berichten von R. Biedermann in „Berichte der deutschen chemischen Gesellschaft in Berlin" wie folgt:

1. Verfahren von E. A. Parnell, Swansea, England zur Gewinnung des Arsens aus Rückständen der Anilinfabrikation, datirt vom 12. Mai 1876 No. 2002. *(Parnell's Verfahren.)*

Beim Erhitzen dieser Rückstände destillirt nur etwa $^1/_3$ des Arsens ab; der übrige Theil bleibt als arsensaurer Kalk zurück. Patentinhaber setzt diesem Salze quarzhaltigen Sand und Kohle zu und erhitzt; das Arsen verflüchtigt sich und kieselsaures Calcium bleibt in der Retorte.

2. Verfahren von Aug. Leonhardt in Mainkur bei Frankfurt a. M. zur Wiedergewinnung des Arsens aus Rückständen der Fuchsinfabrikation (D. P. 3216 vom 25. December 1877. Engl. P. No. 519 vom 8. Februar 1878). *(Leonhardt's Verfahren.)*

Die festen arsenhaltigen Rückstände werden auf einem Heerde verbrannt. Mit der Wärme dieser Verbrennung wird ein unmittelbar daranstossender Flammofen geheizt, und die aus diesem Flammofen abziehenden, heissen Gase werden zur Abdampfung der bei der Fabrikation abfallenden, arsenhaltigen Laugen benutzt. Der trockene Rückstand derselben wird in dem Flammofen der Röstung und Sublimation unterworfen. Der darauf sublimirte Arsenik wird nebst den bei der Verbrennung der festen Rückstände entweichenden Gasen hinter den Abdampfwannen in Giftfängen üblicher Construction gesammelt.

Die durch das verdampfende Wasser abgekühlten und auch mit Wasserdampf gesättigten Feuergase lassen die arsenige Säure ausserordentlich rasch fallen, so dass trotz verhältnissmässig kleiner Giftfänge doch kein Arsen in den Schornstein gelangt.

Im Flammofen bleibt eine Schlacke, die, wenn bei der Fuchsinfabrikation wenig Kalk angewendet worden ist, fast nur aus Kochsalz, kohlensaurem und arsensaurem Natrium besteht und deren lösliche Salze wieder in die Fabrikation eingehen können.

------

[1]) Laboratoriumsversuche zur Klärung der Abwässer der Färbereien. Glauchau 1884.

Higgin's
Verfahren.

3. Verfahren von J. Higgin, Manchester und J. Stenhouse, London No. 3949, datirt vom 30. December 1872.

Um die Arsen- und Phosphorsalze aus den zum Fixiren (dem sog. „Kothen") der Beizen gebrauchten Lösungen wiederzugewinnen, verfahren die Patentinhaber folgendermassen: Das Abflusswasser wird mit einem Eisen- oder Mangansalze vermengt, das Gemenge durch Zusatz von Kalkmilch alkalisch gemacht und absetzen gelassen. Der das Arsen und den Phosphor enthaltende Niederschlag wird, nach Dekantiren der darüberstehenden, klaren Mutterflüssigkeit, auf Tuchfiltern drainirt, eine Probe desselben auf Gehalt von Basen geprüft und die ganze Masse mit so viel Einfachschwefelnatrium versetzt, dass ein Aequivalent dieses letzteren auf je ein Aequivalent Base kommt; das so erhaltene Gemisch wird mit Wasser flüssig gemacht und in mit Dampf erhitzten Pfannen zwei Stunden lang gekocht. Die resultirende klare Lösung enthält arsenig-, arsen- und phosphorsaures Natrium; sollte in derselben auch ein wenig Schwefelnatrium zugegen sein, so oxydirt man es mittelst unterchlorigsauren Natriums. Die Lösung ist nun zu neuen „Kothen" verwendbar; in Fällen, wo sie zu alkalisch befunden wird, neutralisirt man mit einer Mineralsäure.

Schott's
Verfahren.

4. Verfahren von E. A. Schott in Kreiensen zur Anfertigung von Torfkohle behufs Reinigung der Flüssigkeiten von Farbstoffen aus anderen, fremden, sie verunreinigenden Bestandtheilen. (D. P. 14923 vom 14. December 1880.)

Leichter Torf wird mit fetten Steinkohlen, Braunkohlen etc. schichtweise gemengt und in einem möglichst dicht abzuschliessenden Raum stark erhitzt. Die sich bei der Erhitzung aus den fetten Steinkohlen etc. entwickelnden Destillationsproducte werden unter Bildung dunklen Rauches zersetzt, welcher die Torfkohle durchzieht und Kohle bei der Abkühlung des Ofens in derselben ablagert. Nach Beendigung des Processes kann die in Koaks übergeführte, schichtweise eingelagerte Steinkohle leicht von der Torfkohle getrennt werden.

Für denselben Zweck ist neuerdings der Grude-Koaks[1]) vorgeschlagen (D. R. P. 35975), wie er aus dem sächsischen Mineral-Oeldistrikte zu beziehen ist. Derselbe wird fein gemahlen, abgesiebt, mit Kalkphosphat (5 Theile Grude-Koaks und 2 Theile Kalkphosphat) innig gemischt und in einer rotirenden Trommel so lange erhitzt, bis die Masse zu glühen beginnt. In diesem Augenblick unterbricht man die Erwärmung, breitet die Masse an der Luft aus, lässt nachglühen und erkalten. Ein zu kurzes oder zu langes Glühen beeinflusst die Absorptionsfähigkeit des Productes wesentlich. Letzteres ist ein schwarzes, der Thierkohle ähnliches Pulver. 5 g desselben entfärben z. B., wie angegeben wird, ein Gemisch von 10 g gewöhnlicher Galläpfeltinte mit 20 g Quellwasser innerhalb einiger Minuten.

Chorley's
Verfahren.

5. Verfahren von J. Thom, Chorley, England und Dr. Stenhouse, London No. 2186, datirt vom 22. Juli 1872.

Das Patent bezieht sich auf die Wiedergewinnung von Farb- und Fettstoffen aus den Flüssigkeiten, die zum Schönen gefärbter Zeuge gedient

---

[1]) Chem. Zeitg. 1886. S. 795.

haben, und ist besonders vortheilbringend, wo es sich um die Abscheidung von Alizarin und dessen Derivativfarben handelt.

Die Wässer werden so lange mit Chlorcalciumlösung vermischt, als in denselben noch ein Niederschlag entsteht, und der Mischung wird soviel Kalkmilch zugesetzt, dass die Flüssigkeit freien Kalk enthält. Die Patentinhaber nehmen 20 Gallonen Kalkmilch, welche 43 Pfd. Aetzkalk enthalten, auf 20000 Gallonen Seifenwasser. Nach dem Kalkzusatze wird während 12 Stunden absetzen gelassen und nachher die klare Lösung von dem am Boden angesammelten Niederschlag abgezapft. Dieser Niederschlag wird mit grade so viel Säure behandelt, als erforderlich ist, um die Fettverbindungen, nicht aber die Farbstoffe, zu zersetzen. Es findet sich, dass 310 Pfd. käuflicher Salzsäure (etwa 33% trockene Säure enthaltend) für 35860 Pfd. des feuchten Niederschlages ausreichen. Die Salzsäurelösung, in der abgeschiedenes Fett und die Farbkörper suspendirt sind, wird durch Flanell filtrirt; die durchgegangene Flüssigkeit (hauptsächlich Chlorcalciumlösung) wird zur Behandlung neuer Mengen von Waschwässern benutzt; die am Filter gebliebenen Rückstände erhitzt man bis zum Schmelzen des Fettes, lässt dann abkühlen und trennt das Fett vom Alizarin entweder durch Auspressen in Säcken oder durch Auflösen mittelst Petroleums. Der bleibende Farbstoff wird durch Behandlung mit Schwefelsäure und nachheriges Waschen mit Wasser gereinigt. Das schwach gefärbte Fett kann gleichfalls auf eine der üblichen Weisen rectificirt werden.

Ob und welche dieser Verfahren sich bereits praktisch eingeführt haben, kann ich nicht sagen.

Dagegen scheint

6. Das Reinigungsverfahren von Dr. Fr. Hulwa in Breslau, welches unter Abgangwässer aus Zuckerfabriken S. 280 ausführlich beschrieben ist, für Färberei-Abwässer eine besondere Bedeutung zu erlangen. Die Art der Ausführung desselben ist, wie mir der Erfinder mittheilt, hier etwas anders wie bei Zuckerfabrikabgangwasser; auch stellen sich die Kosten der Reinigung hier etwas höher, indess ist dafür das gereinigte Wasser neutral und kann unter Umständen sogar für zarte Farben in der Färberei wieder verwendet werden. Hulwa's
Verfahren.

Nach einem Bericht der Schlesischen Türkischroth-Färberei Suckert, Rosenberger & Hilbert in Ernsdorf bei Reichenbach in Schlesien, über die Einrichtung und Erfolge des Dr. Hulwa'schen Abwasser-Reinigungs-Verfahrens gelangen daselbst zur Reinigung:

1. Sodalauge vom Abkochen der Garne,
2. deren Spülwässer,
3. Spülwässer der Beize,
4. Spülwässer der Kreidebäder,
5. Farbbad (Alizarin),
6. Spülbäder (Alizarin),
7. Spülbäder von der Avivage.

Es gelangen täglich ca. 375 cbm gleich 375000 l solchen Abgangwassers zur Reinigung, wovon ca. $^2/_3$ Wasch- oder Spülwässer sind.

Die Reinigung erfolgt durch Zusatz von Materialien in flüssiger und in fester pulveriger Form.

Die Manipulationen der Reinigung gestalten sich nach Fig. 40 und 41 wie folgt:

Die Abwässer gelangen noch innerhalb der Fabrik in einen eisernen Trog von 3 m Länge und 1 m Breite, erhalten dort durch das Schüttelwerk A den nöthigen Zusatz von Chemikalien und werden mittelst eines sehr zweckmässig construirten Rührwerkes B aufs innigste mit dem hineingeschütteten oder hineinfliessenden Reinigungsmaterial gemischt.

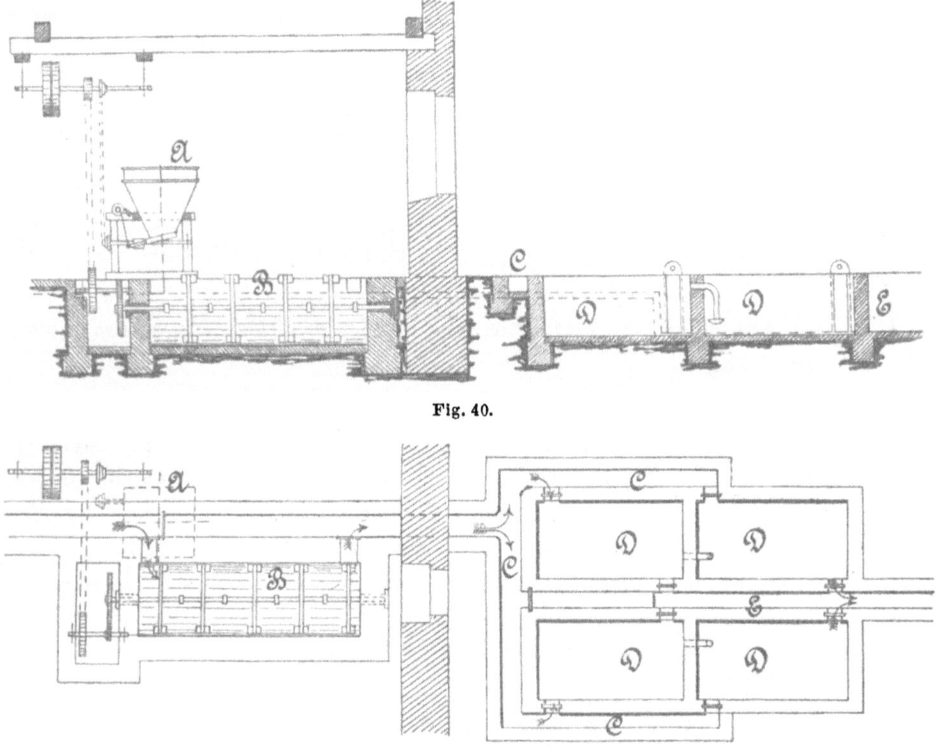

Fig. 40.

Fig. 41.

(Reinigungsanlage der Schles. Türkischrothfärberei in Ernsdorf.)

Die in solcher Weise behandelte Flüssigkeit fliesst darauf durch eine Rohrleitung C in eine Reihe ausserhalb des Fabrikgebäudes im Hofraum belegener, schon von früher her bestehender grösserer, ausgeschachteter und mit Holzkohlen verkleideter offener Bassins D ab, welche, vier an der Zahl, durch doppelte, innen mit Schlacke ausgefüllte, durchlöcherte Scheidewände getheilt und mit Schiebervorrichtungen versehen sind.

Sofort nach Zusatz des Reinigungsmittels und bereits im ersten Bassin scheidet sich dies stark braunroth bis gelbroth gefärbte Abwasser in dichte gefärbte Flocken und in eine geklärte Flüssigkeit, welche letztere durch die Scheidewände in die Bassins filtrirt, dabei immer vollständiger die ausgeschiedenen, noch suspendirt verbliebenen, feinsten Partikeln absetzt und endlich aus dem letzten Bassin völlig klar, farblos und geruchlos mit schwach alkalischer bis neutraler Reaction durch eine Schütze und den Kanal E in den Klinkenbach austritt.

Der vornehmlich im ersten Bassin sich ablagernde Schlamm (Fällungs-Rückstand) wird von Zeit zu Zeit während der Pausen des Betriebes herausgeschafft und als Dünger verwendet.

Die Kosten der ersten Reinigungsanlagen betrugen nach dem Bericht dort 3000 M., die der täglichen Reinigung pro 375 cbm ca. 9,00 M., oder pro 1 cbm $2^1/_2$ Pfge.

Ausserdem ist nach einer brieflichen Mittheilung das Hulwa'sche Reinigungs-Verfahren in der Färberei von G. F. Zwanziger & Söhne in Peterswaldau und der Färberei von Hermann Wünsche in Ebersbach eingeführt.

Dr. Fr. Hulwa übersandte mir ungereinigtes und nach seinem Verfahren gereinigtes Wasser von zwei Färbereien, nämlich von vorgenannter Türkischroth- und einer Blaufärberei, deren Untersuchung folgendes Resultat pro 1 l lieferte:

| | Suspendirte Stoffe | | Gelöste Stoffe | | | | | | |
	Un-organische	Orga-nische	Un-organische (Glüh-rück-stand)	Orga-nische (Glüh-verlust)	Zur Oxyda-tion er-forder-licher Sauer-stoff	Stick-stoff[1]	Kalk	Kali	Schwe-fel-säure
	mg	mg	mg	mg	mg	mg	mg	mg	mg
1. Aus der Türkischroth-Färberei:									
Ungereinigt	22,8	12,8	1229,6	788,0	410,0	20,2	29,2	529,9[2]	62,4
Gereinigt	Spur	0	912,0	298,0	57,6	2,1	365,2	107,2	207,2
2. Aus der Blaufärberei:									
Ungereinigt	27,6	8,4	697,6	464,0	1240,0	11,2	182,8	107,4	354,5
Gereinigt	0	0	1417,2	253,2	560,0	9,0	417,2	105,2	570,1

Das Abwasser der Türkischrothfärberei war tiefroth, das andere tiefblau gefärbt; beide Proben gereinigten Wassers waren dagegen vollständig farblos und klar; ausser etwas ausgeschiedenem Calciumcarbonat war in beiden Proben keine Trübung vorhanden. Das Abwasser der Türkischrothfärberei reagirte schwach, das gereinigte Wasser derselben stark alkalisch; das Abwasser der Blaufärberei war schwach sauer, das gereinigte Wasser dagegen neutral.

---

[1] Gesammt-Stickstoff in suspendirten und gelösten Stoffen.

[2] Die grosse Menge Kali rührt ohne Zweifel von der Verwendung von Kaliseife her; freier Kalk soll sich mit dieser zu unlöslichem fettsauren Calcium und freiem Kali umsetzen; in diesem Falle ist offenbar die Kaliseife als solche zum grössten Theil durch das Fällungsmittel niedergeschlagen.

Es liegt auf der Hand, dass der präparirte Zellstoff in dem Hulwa'-schen Fällungsmittel entfärbend wirken muss und dass letzteres desshalb gerade für Färbereiabwässer specifisch zu wirken im Stande ist. Auch haben, wie mir Dr. Fr. Hulwa mittheilt, die in Färbereien mit diesem Reinigungsverfahren erzielten günstigen Resultate die Königl. Regierung in Breslau veranlasst, durch Rescript an alle Landräthe des Bezirks zu erklären, dass die nach diesem Verfahren gereinigten Färbereiabwässer unbedenklich in die öffentlichen Wasserläufe abgeleitet werden dürfen.

II. Theil.

Abgangwasser mit vorwiegend mineralischen Bestandtheilen.

Abgänge von Gasfabriken.

Unter den Abgängen von Gasfabriken kommen vorwiegend
1. der Gaskalk und
2. das Gas- resp. Gasometer-Wasser in Betracht.

Gaskalk.

Der Kalk dient bekanntlich zur Reinigung des Gases von Kohlensäure, Schwefelwasserstoff, kohlensaurem Ammonium, Cyan-Ammonium, Schwefelammonium etc. In Folge dessen enthält der benutzte Gaskalk vorwiegend Schwefelcalcium, schwefligsaures Calcium, schwefelsaures Calcium, kohlensaures Calcium, Rhondancalcium, ferner Theer und sonstige Gas-Destillations-Producte. Einige Analysen des Gaskalkes ergaben:

1. nach A. Völcker[1].

Gebundenes Wasser und organische Stoffe	7,24%
Eisenoxyd und Thonerde	2,49 „
Schwefelsaures Calcium	4,64 „
Schwefligsaures „	15,19 „
Kohlensaures „	49,40 „
Aetzkalk	18,23 „
Magnesia und Alkalien	2,53 „
Unlösliche kieselartige Masse	0,28 „

2. nach E. Peters[2].

Wasser	3,36%
Organische Stoffe (Theer, Cyan etc.)	1,32 „
Eisenoxyd und Thonerde	1,22 „
Schwefelsaures Calcium	16,24 „
Schwefligsaures „	4,96 „
Schwefelcalcium	3,23 „
Kohlensaures Calcium	20,20 „
Aetzkalk	48,71 „
Magnesia	0,52 „
Alkalien	0,24 „

3. Prager Gaskalk[3].

Kohlensaures Calcium	25,00%
Schwefelsaures „	23,34 „
Aetzkalk mit etwas Eisen, Thonerde, Magnesia	46,28 „
Cyan	0,63 „
Schwefelcalcium	0,25 „
Organische Stoffe (Theer und dergl.)	0,50 „
Wasser	4,00 „

4. Gaskalk-Rückstände nach Phipson[3].

Wasser	14,00%
Schwefel	60,00 „
Organische Stoffe, in Alkohol unlöslich	3,00 „
Organische Stoffe, in Alkohol löslich (Schwefelcyancalcium, Salmiak, Kohlenwasserstoff etc.)	1,50 „
Sand und Thon	8,00 „
Kohlensaures Calcium, Eisenoxyd etc.	13,50 „

[1] Jahresbericht über die Fortschritte der Agriculturchemie Bd. VIII. S. 254.
[2] Ebenda Bd. VIII. S. 254.
[3] Ebenda Bd. VII. S. 242.

5. Gaskalk nach Ad. Mayer[1]

Wasser 30,1%
Gelöschter Kalk . . . . . . 32,6 „
Kohlensaures Calcium . . . . 17,5 „
Gyps und schwefligsaures Cal-
    cium . . . . 20,2 „
Schwefelcalcium . . . . . . Spuren
Rhodancalcium . . . . . . Spuren

A. Petermann fand in 3 Proben Gaskalk 0,29%, 0,05% resp. 0,41% organisch gebundenen Stickstoff.

Schädlichkeit für Pflanzen. Unter diesen Bestandtheilen des Gaskalkes müssen die niederen Schwefelverbindungen (wie Schwefelcalcium, unterschwefligsaures und schwefligsaures Calcium), ferner Rhondancalcium als äusserst starke Pflanzengifte bezeichnet werden. Thatsächlich hat nach vielfachen Erfahrungen des Verfassers in Westfalen eine Düngung mit Gaskalk schädliche Wirkungen hervorgerufen, indem die betreffenden Aecker mitunter auf mehrere Jahre ertraglos blieben d. h. keine nutzbringende Vegetation aufkommen liessen. In einem Falle ging eine Hecke ein und wurde dürre, nachdem in ihrer unmittelbaren Nähe Gaskalk aufgeschüttet war. Eine Verwendung des Gaskalkes zur Düngung kann daher, wie auch allgemein anerkannt ist, nicht empfohlen werden; auch ist dafür zu sorgen, dass die Auslauge-Wässer von aufgeschüttetem Gaskalk nicht in die Wasserläufe gerathen, weil gerade die schädlichen Bestandtheile in demselben am leichtesten löslich in Wasser sind, daher ein Bachwasser unter Umständen sehr verunreinigen und vergiften können.

Schädlichkeit für Fische. Ueber die Giftigkeit derartiger Kalkverbindungen einer Gasfabrik für Fische machte Cas. Nienhaus-Meinau[2] eine Beobachtung bei den Abgängen der städtischen Gasfabrik in Basel. Die Abgänge dieser Fabrik sind zu einem grossen Schutthaufen aufgeschüttet und fliessen die Auslaugewässer resp. der Schlamm in den Rhein. Die Verunreinigung macht sich durch eine trübe schlammige Wasserschicht bis auf ca. 50 m von der Einflussstelle bemerkbar. Nienhaus-Meinau legte etwa 10 m unterhalb des Einflusses des Schlammes am 5. Mai 6 Uhr abends einen Fisch aus und hob ihn wieder am 6. Mai nachmittags 2 Uhr. Der Fisch war am Sterben. Die Kieme waren blassgrau und wurden nach dem Ausschneiden mit destillirtem Wasser gewaschen. Das Waschwasser reagirte alkalisch und lagerte einen Bodensatz ab, der als Kalk erkannt wurde. Die Asche der Kiemen, Leber und Schleimhaut enthielten etwas Eisen und reichlich Kalk.

---

[1] Tijdschrift voor Landbouwkunde 1881. S. 201.
[2] Bericht über die Verunreinigung des Rheins durch Abfallstoffe der Fabriken etc. Basel 1883. S. 18.

In dem abgeführten Schlamm fand sich ebenfalls Eisen und zwar wesentlich in der Oxydulform vor. Ueber die Schädlichkeit des freien Kalkes für die Fische vgl. auch C. Weigelt unter „Abgänge aus Gerbereien" S. 226.

Gaswasser resp. Gasometerwasser. Gaswasser.

1. Zusammensetzung. Das Gaswasser enthält eine Reihe Ammoniak-Verbindungen, wie kohlensaures und schwefelsaures Ammonium, Chlor- und Schwefel-Ammonium, ferner unterschwefligsaures Ammonium und Cyan-Verbindungen, besonders Rhodan-Ammonium. So fand G. Th. Gerlach[1] in 3 verschiedenen Gaswässern.

	1.	2.	3.
Unterschwefligsaures Natrium . .	0,1036 g	— g	— g
„ Ammonium	— „	0,1628 „	0,5032 „
Schwefelammonium	0,0340 „	0,0646 „	0,6222 „
Doppeltkohlensaures Ammonium	0,1050 „	0,1470 „	0,2450 „
Kohlensaures „	0,4560 „	0,7680 „	0,3120 „
Schwefelsaures „	0,0462 „	0,0858 „	0,1320 „
Chlor-Ammonium	3,0495 „	0,7120 „	0,3745 „

Desgleichen fanden:

<table>
<tr><td>1. J. Nessler[2]</td><td>2. Robert Hoffmann[3].</td></tr>
<tr><td>Ammoniak</td><td>Ammoniak</td></tr>
<tr><td>I. Probe . 0,28%</td><td>I. Probe . 1,50%</td></tr>
<tr><td>II.   „   . 0,78 „</td><td>II.   „   . 1,13 „</td></tr>
<tr><td>III. „   . 1,42 „</td><td>III. „   . 1,31 „</td></tr>
<tr><td>IV. „   . 2,00 „</td><td>IV. „   . 1,39 „</td></tr>
</table>

Für ein direct von einer Gasanstalt abfliessendes Wasser fand ich folgende Zusammensetzung pro 1 l:

Abdampf-Rückstand mg	Glühverlust mg	Stickstoff in Form von Ammoniak mg	Stickstoff in organischer Verbindung mg	Chlor mg	Schwefelsäure mg	Phosphorsäure mg	Kalk mg	Magnesia mg	Kali mg	In Säure unlöslicher Rückstand mg
722,8	258,0	30,1	20,6	123,9	84,1	14,4	284,0	54,0	100,4	22,8

Wegen dieser nicht zu unterschätzenden Menge Ammoniak wird das Gaswasser jetzt allgemein zur Gewinnung von schwefelsaurem Ammonium benutzt, indem man es mit Kalkmilch oder sonstwie der Destillation unter-

---

[1] Jahresbericht über die Fortschritte der Agriculturchemie Bd. XIII. S. 223.
[2] Ebenda Bd. XI. S. 400.
[3] Ebenda Bd. III. S. 186.

wirft und das Ammoniakgas in Schwefelsäure auffängt. Im allgemeinen rechnet man auf 100 cbm Gas 2,0—2,5 kg Ammoniumsulfat.

In dem Kalkrückstande verbleiben alsdann vorwiegend diejenigen Säuren und Verbindungen, an welche das Ammoniak in dem rohen Gaswasser gebunden war (z. B. Rhodan, Schwefel, unterschweflige Säure, Schwefelsäure etc.). Für ein derartig mit Kalkmilch abgekochtes Gaswasser fand ich folgende Zusammensetzung pro 1 l:

Abdampfrückstand (trocken)	20,4230 g
Darin:	
Rhodancalcium	2,3282 „
Schwefelcalcium	2,5633 „
Unterschwefligsaures Calcium	1,0913 „
Schwefelsaures „	0,5785 „
Durch Aether ausziehbare, phenolartige Stoffe . .	0,6080 „
Kalk	6,4481 „
Sonstige Stoffe, Hydratwasser, Phenol etc., zum Theil in Verbindung mit Kalk	6,8056 „

Von diesem abgekochten Gaswasser wie auch von dem ursprünglichen Gaswasser gilt dasselbe, was bereits vom Gaskalk gesagt ist; nämlich, dass es vorwiegend durch seinen Gehalt an Schwefel- und Rhodan-Verbindungen, sowie an Carbolsäure durchaus schädlich für Thiere wie Pflanzen ist, daher die Ablassung desselben in öffentliche Wasserläufe nicht gestattet werden kann.

Verunreinigung der Flüsse. Zur Erläuterung, wie ein Bachwasser durch Gasometerwasser verunreinigt werden kann, mag folgender Fall dienen. In der Nacht vom 30. April bis 1. Mai war das Gasometerwasser einer Borghorster Fabrik in den Klünderbach abgelassen; am 1. Mai nachmittags liessen sich die Bestandtheile des Gasometerwassers noch deutlich in Tümpeln und Weihern, durch welche der Klünderbach fliesst, nachweisen; das Wasser ergab pro 1 l:

	Unvermischtes Klünderbachwasser oberhalb	Verunreinigtes Klünderbachwasser unterhalb
Suspendirte Stoffe	74,6 mg	77,5 mg
Schwefelsäure	46,7 „	53,7 „
Ammoniak	33,9 „	209,5 „
Zur Oxydation . der organischen Stoffe erforderlicher Sauerstoff .	80,0 „	288,0 „

Das Wasser roch deutlich nach Phenol und liessen sich in demselben, nachdem es mit Kalihydrat versetzt, fast bis zur Trockne verdampft und dieser Rückstand mit Alkohol zur Lösung des Rhodankaliums extrahirt war, mit Eisenchlorid noch sehr deutlich Rhodan nachweisen, während diese Reaction bei dem unvermischten Klünderbachwasser nicht auftrat.

2. **Schädliche Wirkung.** Was die schädliche Wirkung der Carbol- Schädliche Wirkung auf Keimung der Pflanzen. säure für Pflanzen anbelangt, so ist dieselbe vorwiegend für die Keimung der Pflanzen festgestellt. So hatte nach Vogel[1] ein Wasser, welches auf 50 ccm nur 1 Tropfen Carbolsäure enthielt, zur Folge, dass mit diesem Wasser benetzte Samen nicht die geringste Keimung zeigten.

W. Detmer[2] findet, dass eine 1 procent. Carbolsäure-Lösung die Keimfähigkeit der Samen wie das Wachsthum der Keimpflanzen völlig aufhebt; als er 5 Stück Erbsen mit 10 ccm einer $^1/_{10}$ procent. Carbolsäure-Lösung übergoss, 24 Stunden bei Seite stellte, dann abtrocknete und in destillirtes Wasser brachte, keimten zwar noch sämmtliche Samen, aber die Evolutionsintensität der Keimpflanzen war entschieden beeinträchtigt.

J. Nessler[3] hat in früheren Untersuchungen gefunden, dass Kulturpflanzen absterben, wenn sie mit einem Wasser, welches 0,1 g Carbolsäure enthält, begossen und der Boden trocken gehalten wird.

Auch O. Kellner[4] weist durch Versuche nach, dass eine Lösung von 0,05 g Carbolsäure pro 100 ccm die Keimkraft von Bohnen deutlich schwächt und bei 0,15 g vollständig aufhebt (vgl. S. 201).

Ueber die Wirkungen der Schwefelverbindungen, der schwefligsauren und unterschwefligsauren Verbindungen der Gasfabrikations-Abfälle auf Boden und Pflanzen sind bis jetzt noch keine directen Versuche angestellt, jedoch lässt sich aus Versuchen mit analogen Verbindungen schliessen, dass sie schon deshalb nachtheilig wirken müssen, weil sie Producte unvollendeter Oxydation bilden und in erhöhter Menge den für das Gedeihen der Pflanzen erforderlichen Sauerstoff des Bodens in Anspruch nehmen.

Von äusserst giftigen Eigenschaften für die Pflanzen aber hat sich in den Gasfabrikations-Abfällen das Rhodanammonium erwiesen. Schädlichkeit des Rhodanammoniums für Pflanzen.

Die ersten Beobachtungen hierüber machte Schumann[5]. Derselbe verwandte das als braunes englisches schwefelsaures Ammonium in den Handel kommende Salz zu Düngungsversuchen. Letzteres enthielt:

> 4,86% Wasser
> 14,87% Schwefelsaures Ammonium,
> 73,94% Rhodanammonium,
> 6,23% Sand und Verunreinigung.

In einer Menge von 195,5 kg pro ha auf eine Wiese gestreut, bewirkte es ein Gelbwerden und Absterben der Pflanzen, so dass der ganze erste

---

[1] Jahresbericht für Agric.-Chemie XIII. Bd. II S. 781.
[2] Landw. Jahrbücher 1881 Heft 5.
[3] Centralbl. für Agric.-Chemie 1884 S. 596.
[4] Landw. Versuchsstationen 1883. Bd. XXX S. 52.
[5] Ebenda 1872. Bd. XV. S. 230 ff.

Schnitt verloren ging. Ein Superphosphat mit 25% des erwähnten Salzes zu Kartoffeln verwendet, gab einen Verlust von $^2/_3$ des Ernteertrages.

Gleiche Vergiftungssymptome beobachtete P. Wagner[1]). Auf einem Felde A, welches mit $^1/_2$ Ctr. Ammoniak-Superphosphat (enthaltend 10% N. und 9% lösl. Ph.) pro Morgen gedüngt und mit Gerste bestellt war, keimten die Samen nur spärlich und die wenigen Pflanzen, welche aufgingen, entwickelten sich nur kümmerlich und gingen später noch grösstentheils zu Grunde; dagegen wurde auf einem daneben liegenden Felde B, welches in derselben Weise bestellt, aber mit einem Ammoniak-Superphosphat aus einer anderen Fabrik gedüngt war, ein normaler Ertrag erzielt.

Eine nachträgliche Untersuchung der beiden Superphosphate ergab, dass ersteres stark rhodanhaltig war, letzteres nicht. Auch directe Versuche, welche P. Wagner[2]) in Folge dessen bei Gerste, Klee und Mais anstellte, zeigten die grosse Giftigkeit des Rhodans für die Pflanzen.

Kohlrausch[3]) wandte zu Versuchen ein Phosphat mit nur 2,25% Rhodanammonium an und erzielte damit bei Zuckerrüben ein späteres Aufgehen und Kränkeln in der ersten Jugend, welches sich aber im Verlauf der Vegetation verlor und nur den späteren Eintritt der Ernte zur Folge hatte. Bei exacten Versuchen in Nährstofflösungen und im Boden gingen Gerste und Sommerweizen schon bei ganz geringen Gaben von Rhodanammonium zu Grunde.

Da diese Versuche jedoch nicht deutlich erkennen liessen, in welcher geringsten Menge das Rhodan schädlich zu wirken anfängt, so haben wir weitere Versuche hierüber angestellt[4]).

1. Topfversuche über den Einfluss des Rhodanammoniums auf die Keimung der Gerste.

5 kg lufttrockenen Boden enthaltende Töpfe mit einer oberen Bodenfläche von 93 □ Zoll, wurden wie folgt behandelt:

I. erhielt 4 g Ammoniak-Superphosphat von 9,75% Stickstoff, und 10,3% löslicher Phosphorsäure,
II. Dasselbe + 0,05 g Rhodanammonium
III.   „   + 0,10 g   do.
IV.   „   + 0,25 g   do.
V.   „   + 0,50 g   do.

Jeder Topf wurde am 28. Mai mit 12 Korn Gerste besäet, nachdem zuvor das Ammoniaksuperphosphat mit dem Boden in 3 Zoll Höhe innigst gemischt war. Das Ganze wurde dann mit der entsprechenden Menge Rhodanammonium, in 200 ccm Wasser gelöst, begossen.

----

[1]) Journal für Landwirthschaft 1873 S. 432.
[2]) Bericht über Arbeiten der Versuchsstation Darmstadt. S. 69.
[3]) Organ des Vereins für Rübenzuckerindustrie der österreichisch-ungarischen Monarchie. 12. Jahrgang 1874. I. Heft S. 1 ff.
[4]) Vgl. die erste Mittheilung von Dr. C. Krauch im Journal f. Landw. 1882. S. 271.

Die weitere Beobachtung ergab folgendes Resultat:

Bei No. I. waren alle Samen am 31. Mai gekeimt, die Pflanzen entwickelten sich kräftig und gesund; bei der am 3. Sept. vorgenommenen Ernte zeigten die Aehren durchschnittlich 14—18 reife Körner.

Bei No. II. waren am 1. Juni zwei Samen gekeimt, die anderen Samen keimten nicht. Am 3. Sept. waren die zwei Pflanzen noch grün, sie hatten viel kleinere Aehren als I; die Aehren waren theilweise noch nicht reif, die Pflanzen schwächlich entwickelt.

Bei No. III. Einzelne Samen kamen am 2. Juni, gingen aber nach einigen Tagen wieder ein. 14 Tage bis 3 Wochen nachher entwickelten sich noch einige Pflanzen kümmerlich und waren am 3. Sept. noch grün.

Bei No. IV und V ist kein Samen aufgegangen.

Durch 0,25 und 0,50 g Rhodanammonium pro Topf wurde somit die Keimfähigkeit aller 12 Samen vernichtet. Bei 0,05 und 0,10 g Rhodanammonium brachten es noch einige Samen zur Keimung, entwickelten aber ungesunde und abnorme Pflanzen. Bedenkt man, dass das Rhomanammonium bei diesen Versuchen je auf 93 ☐ Zoll Bodenfläche vertheilt wurde, so ist ersichtlich, dass jeder der 12 einzelnen gleichmässig über diese Fläche verbreiteten Samen nur eine ungemein geringe Menge des Giftes zur Vernichtung des in ihm schlummernden Lebens gebrauchte.

Zu diesen Versuchen diente sandiger Lehmboden. Auf demselben Boden machten wir auch:

2. Versuche über die Einwirkung des Rhodanammoniums auf Gerstenpflanzen, welche sich vor der Blüthe befanden.

Zwei Töpfe von der oben bezeichneten Grösse, in welchen die Gerste üppig und kräftig vegetirte, wurden vom 21. Juni ab mit Rhodanammoniumlösung begossen und zwar:

Topf Ia jedesmal mit 0,02 g Rhodanammonium in 200 ccm Wasser gelöst,
Topf Ib jedesmal mit 0,04 g Rhodanammonium in 200 ccm Wasser gelöst.

Am 25. Juni zeigten die Pflanzen in Ib, nachdem sie zweimal mit obiger Lösung begossen waren, ein deutlich krankhaftes Aussehen, indem die Blätter an den Spitzen unter Ringeln und Annahme einer gelbweissen Farbe abstarben.

Am 27. Juni zeigten auch die Pflanzen in Ia, nachdem sie dreimal mit obiger Lösung begossen waren, dasselbe krankhafte Aussehen.

Am 7. Juli wurde abermals begossen und jetzt starben die Pflanzen nach einigen Tagen ganz ab.

Also auch für die vollkommen entwickelte Pflanze ist das Rhodanammonium ein heftiges Gift.

3. Auch in Wasserkulturen haben wir die Giftigkeit des Rhodans constatirt.

Gerstenpflanzen mit 7—12 Blättern, die bis zum 21. Juni in $\frac{1}{2}$ pro mille Nährlösung gestanden, wurden jetzt in 1 pro mille Nährlösung gesetzt; ausserdem erhielten:

Pflanzen in Glas A einen Zusatz von 0,025 g Rhodanammonium
„ „ „ B „ „ „ 0,050 g „
„ „ „ C „ „ „ 0,100 g „

pro Liter Nährlösung. Die Gläser, welche zu diesen Versuchen benutzt wurden, fassten $1\frac{1}{2}$ l. In jedem Glase vegetirten 3 Pflanzen. Das Ergebniss der Versuche ist folgendes:

In allen drei Gläsern zeigten die Pflanzen am 25. Juni ein krankhaftes Aussehen, indem sie von den Spitzen an eine gelbweisse Farbe annehmen und abstarben resp. abtrockneten. Am 8. Juli waren die Pflanzen in C völlig abgestorben. Am 1. August wurden die Lösungen erneuert, da die Pflanzen von A und B an einzelnen Sprossen noch wenig Grün zeigten. (Die alte Lösung gab keine Rhodanreaction mehr.)

Nach dieser erneuerten Gabe von Rhodanammonium starben auch die Pflanzen in A und B nach gut 8 Tagen ab und zwar die in A zuletzt. Bei Controlversuchen, welche gleichzeitig mit Pflanzen ohne Rhodanammonium-Zugabe ausgeführt waren, wurde eine sehr üppige Vegetation erhalten.

Nach vorstehenden Versuchen sind die Mengen, bei welchen das Rhodan schädlich gewirkt hat, so minimal, dass es als äusserst starkes Pflanzengift bezeichnet werden muss.

Zu anderen und in etwa abweichenden Resultaten gelangte Jul. Albert[1]. Derselbe besäete 3 Kästen von je 1 ☐m Oberfläche und 25 cm Höhe, die mit sterilem Sand gefüllt waren, mit Hafer und düngte dieselben ausser mit einem Grunddünger, der 40 g Phosphorsäure, 50 g Kali, 20 g schwefelsaures Magnesium und 500 g kohlensaures Calcium enthielt, mit verschiedenen Mengen eines 0,739 % Rhodanammonium enthaltenden Superphosphats. Kasten No. 1 erhielt von letzterem 62 g, Kasten No. 2 = 124 g. No. 3 = 186 g. Der Hafer ging ganz regelmässig auf, zeigte auch in der späteren Entwickelung keine Krankheitserscheinungen.

Am 23. Juni wurde einem jeden der 3 Kasten eine Nachdüngung von 51 g des Superphosphats gegeben, aber auch hiernach konnten keine Abnormitäten in der Entwickelung bemerkt werden.

In einem weiteren Versuch in denselben Kästen mit Hafer wurde reines Rhodanammonium gegeben und zwar in einem Liter Wasser gelöst No. 1 = 1 g, No. 2 = 2 g, No. 3 = 3 g und zwar vom 7. Juli an. Am 12. Juli zeigten sich zwar bei Kasten No. 2 und 3 einzelne weissgewordene Blattspitzen, jedoch verschwanden dieselben alsbald und waren am 17. Juli nicht mehr zu sehen. In derselben Weise wurden die Pflanzen noch am 21. Juli und 8. und 14. Aug. begossen; zwar zeigte sich nach dem zweiten Begiessen wiederum ein schwaches Bleichwerden einzelner Blätter, indess verschwand dieses ebenfalls alsbald und war der Ernteertrag entsprechend der zugesetzten Menge Rhodanammonium bei No. 2 und 3 ein höherer als bei No. 1, indem von No. 1 = 434 g, von No. 2 = 772 g und von No. 3 = 867 g Pflanzensubstanz geerntet wurde. Entgegengesetzte Resultate erhielt jedoch Albert in Gartenerde, in welcher (in Blumentöpfen) Zuckerrübenpflanzen, eine Fuchsie, eine Gloxinie, eine buntblätterige Nessel, eine Monatsrose und Tabackpflanzen gezogen wurden.

Hier genügten verhältnissmässig kleine Gaben Rhodanammonium, um diese Pflanzen zum Absterben zu bringen. Jul. Albert ist daher der Ansicht, dass das Rhodanammonium zwar giftig für Pflanzen ist, aber bei weitem nicht so intensiv, wie nach vorstehenden Versuchen allgemein angenommen wurde.

M. Märcker[2] fügt diesen Versuchen im kleinen noch eine Beobachtung im grossen bei, wornach eine Düngung mit 100 kg Rhodanammonium pro ha bei Hafer keinen Schaden hervorgebracht hat und ist ebenfalls der Ansicht, dass schwach rhodanhaltige Superphosphate keinen Schaden bringen können.

Diese sich widersprechenden Versuchs-Resultate veranlassten mich, unsere ersten Versuche durch eine Wiederholung im Sommer 1883 nochmals zu controlliren. Der Umstand, dass Albert in reinem Sandboden keine schädliche Wirkungen beobachten konnte, während die Versuche in Gartenboden mehr oder weniger mit unseren Resultaten übereinstimmten, brachte mich auf die Vermuthung, dass das Nichteintreten der schädlichen Wirkungen des Rhodanammoniums darauf beruhte, dass es sich unter den genannten Verhältnissen rasch zersetzt, d. h. in Ammoniak und Salpetersäure und Schwefelsäure umgesetzt hatte. Um dieses zu entscheiden, düngten wir 2 Versuchsreihen einmal mehrere Wochen vor der Einsaat und dann gleichzeitig mit der Einsaat.

---

[1] Ueber den Werth verschiedener Formen stickstoffhaltiger Verbindungen für das Pflanzenwachsthum. Inaugural-Dissertation.
[2] Landw. Zeitschrift der Prov. Sachsen. 1883. S. 74.

Gewöhnlicher Feldboden (sandiger Lehmboden) wurde in Töpfe von 30 cm Höhe und 15 cm Durchmesser gefüllt; die Töpfe hatten unten ein Loch, welches mit Asbest locker verschlossen wurde, darauf folgte zunächst eine 2—3 cm Schicht von grobem Sand, um eine Luftabsperrung von unten her zu vermeiden. Jeder Versuchstopf erhielt eine Düngung von 8 g Ammonium-Superphosphat mit 5 % Stickstoff und 10 % löslicher Phosphorsäure; dazu in Versuchsreihe A:

Reihe I ohne Zusatz von Rhodanammonium,
    „ II mit Zusatz von 0,05 g Rhodanammonium pro Topf
    „ III „.   „   „ 0,10 g   „   „   „
    „ IV „   „   „ 0,25 g   „   „   „

Zu jeder Reihe wurden 3 Versuchstöpfe verwendet und zwar der 1. Topf mit Gräsern, der 2. Topf mit Hafer und der 3. Topf mit Gerste bestellt.

Der Boden und Dünger wurde am 30. April 1883 eingefüllt und von da an alle Töpfe jeden zweiten Tag mit 100 ccm Wasser bis zum 6. Juni begossen; es waren daher vom Tage der Unterbringung des Düngers und des Rhodanammoniums bis zur Bestellung reichlich 5 Wochen vergangen. In dieser Zeit entwickelten sich in den 3 Töpfen der Reihe I eine reichliche, in denen der II. Reihe eine geringere Menge Unkräuter aller Art, während in den Töpfen der Reihe III und IV kein einziges Unkraut sich entwickelte. Am 6. Juni wurden die Töpfe in jeder Reihe unter Ausrottung der Unkräuter mit obigen Samenarten besäet. In sämmtlichen Töpfen gingen die Pflanzen gleichmässig auf und entwickelten sich eine Zeitlang regelmässig weiter; bald aber überholten sogar die Pflanzen in den Töpfen, welche einen Zusatz von Rhodanammonium erhalten hatten, die in den Töpfen ohne Zusatz von Rhodanammonium und zwar in einer dem zugesetzten Rhodanammonium entsprechenden Steigerung, indem sie sich kräftiger entwickelten und ein saftigeres und dunkleres Grün zeigten. Diese Erscheinung kann nur in der mit dem Rhodanammonium gegebenen grösseren Menge Stickstoff und darin ihren Grund haben, dass sich das Rhodanammonium in den 5 Wochen, welche zwischen der Unterbringung des Düngers und der Einsaat verstrichen waren, zersetzt und in nährfähige Stickstoffverbindungen umgesetzt hatte.

Versuchsreihe B.

In derselben Weise wurde eine Versuchsreihe B gebildet nur mit dem Unterschiede, dass Dünger und Rhodanammonium gleichzeitig mit dem Samen am 6. Juni untergebracht wurde; von Gerste und Hafer wurden je 40 Korn ausgelegt; ein durchgreifender Unterschied zwischen Gerste, Hafer und Gras in dem Verhalten gegen Rhodanammonium wurde nicht beobachtet.

In den Töpfen mit 0,25 g Rhodanammonium keimten fast gar keine Samen und waren die beobachteten Keime sämmtlich verkümmert; einzelne entwickelten sich etwas weiter, jedoch war das Wachsthum so kümmerlich, dass eine eigentliche Pflanzenentwickelung in sämmtlichen Töpfen nicht stattfand. Auch in den Töpfen mit 0,1 g Rhodanammonium war die Keimung und anfängliche Entwickelung eine spärliche und kümmerliche; am 18. Juli waren je 5 Pflanzen von Hafer und Gerste etwas besser entwickelt, zeigten jedoch eine gelbgrüne Farbe und graue, gerollte Spitzen; die Gräser hatten sich verhältnissmässig mehr entwickelt, zeigten jedoch auch fernerhin kein normales Wachsthum. Die sich entwickelnden Hafer- und Gerstepflanzen kamen nicht zur Aehrenbildung.

In den Töpfen mit 0,05 g Rhodanammonium entwickelten sich je 12 Hafer- und Gerstepflanzen, wenn auch anfänglich etwas kümmerlich, und erholten sich davon je 6 bis Ende Juni so weit, dass diese von da normal weiter wuchsen; sie setzten ca. 8 Aehren an. Von Gräsern war verhältnissmässig mehr aufgegangen; die anfangs kränklich aussehenden Pflanzen erholten sich nach 4 Wochen soweit, dass sie von da an üppig weiter vegetirten.

Um noch eklatanter nachzuweisen, dass die normale und üppige Entwickelung in der

Versuchsreihe A in den mit Rhodanammonium versetzten Töpfen nur daran liegen konnte, dass sich das Rhodanammonium in den 5 Wochen zwischen der Unterbringung desselben und der Einsaat zersetzt hatte, wurden die Reihen II, III und IV vom 7. Juli an alle 2—4 Tage mit je 200 ccm einer Lösung von 0,05 g, 0,10 g und 0,25 g Rhodanammonium pro Liter begossen.

In Reihe IV zeigten die Pflanzen schon am 13. Juli nach je 3 maligem Begiessen mit 0,25 g Rhodanammonium pro 1 l sämmtlich deutliche Erkrankung, indem die Spitzen der Blätter unter Aufrollen weiss wurden. Am 23. Juli nach 5 maligem Begiessen waren die Hafer- und Gerstepflanzen sämmtlich ganz todt und die Gräser fast ganz abgestorben.

Auch die Pflanzen der Reihe III waren bereits am 13. Juli nach 3 maligem Begiessen mit 0,1 g Rhodanammonium in der Lösung deutlich erkrankt und am 28. Juli nach 7 maligem Begiessen bei Hafer und Gerste ganz und bei Gräsern fast ganz unter Aufrollen und Weisswerden der Blattspitzen abgestorben.

In der Reihe II zeigte sich die Erkrankung schon deutlich am 18. Juli nach 5 maligem Begiessen mit 0,05 g Rhodanammonium pro 1 l; diese schritt mit dem öfteren Begiessen stetig vorwärts, so dass am 30. Juli nach 9 maligem Begiessen auch hier Hafer und Gerste ganz abgestorben waren und die Gräser bis auf den Stock, der noch grün war.

In allen Reihen erkrankten die Gerstepflanzen eher und intensiver als die Haferpflanzen, während die Gräser sich am meisten widerstandsfähig zeigten.

Gleichzeitige Versuche mit Rhodanammonium in Wasserculturen lieferten dasselbe Resultat wie früher.

Neuerdings hat auch E. Wollny[1]) Versuche mit rhodanhaltigem Ammoniaksuperphosphat angestellt und gefunden, dass dasselbe bei einem Gehalte von 0,7—1,0 % Rhodanammonium bei fast allen Kulturpflanzen keine schädliche Wirkung ausübte, sondern dieselbe günstige Wirkung zeigte, wie rhodanfreies Ammoniak-Superphosphat, wenn es in einer Menge von 500 kg pro 1 ha angewendet wurde. Wurden jedoch grössere Mengen als diese gegeben, so machte sich der schädliche Einfluss des Rhodanammoniums bemerkbar; am empfindlichsten erwiesen sich Kartoffeln und Mais, auch bei Gras trat die nachtheilige Wirkung hervor.

Nehmen wir nach diesen Versuchen 1 % Rhodanammonium im Ammoniak-Superphosphat an, so würden also 5 kg = 10 Pfd. pro 1 ha oder $2\frac{1}{2}$ Pfd. Rhodanammonium pro 1 Morgen nicht schaden; da ein preuss. Morgen = 180 □R., 1 □R = 144 □Fuss ist, also 25920 □Fuss fasst, so würde nach diesen Versuchen eine Menge von

$$\frac{2{,}5 \text{ Pfd.} = 1250 \text{ g}}{25920} = \text{rund } 0{,}05 \text{ g}$$

Rhodanammonium pro 1 □Fuss Bodenfläche nicht schaden, grössere Mengen dagegen nachtheilig wirken[2]).

---

[1]) Zeitschr. des landw. Ver. in Baiern. 1883. S. 873.
[2]) In dem mir vorliegenden Referat über diese Versuche (Chem. Zeitg. 1884 S. 122) heisst es weiter: „Winterroggen ertrug ohne Beeinträchtigung des Wachsthums 20 kg, Sommerraps, Rübsen, Erbsen, Runkel- und Kohlrüben 7—10 kg (Rhodanammonium?) pro 1 ha“. Diese Angabe steht mit der ersteren im Widerspruch, wonach nur $\frac{1}{4}$, nämlich

Dieses Ergebniss im grossen steht vollständig mit den hiesigen Beobachtungen im Einklang; unsere Versuchstöpfe besassen 92 □ Zoll oder reichlich ½ □ Fuss Bodenfläche und hier wirkten 0,05 g pro Versuchstopf oder rund 0,1 g Rhodanammonium pro 1 □ Fuss Bodenfläche schon ganz entschieden nachtheilig sowohl auf die Keimung, wie auf die weitere Entwickelung der Pflanzen.

Zu ganz gleichen Resultaten ist auch G. Klien[1]) gekommen. Von 3 gleichgrossen, mit Gerste und Hafer besäeten Parcellen erhielt die eine rhodanhaltiges (0,8 % Rhodanammonium), die zweite ein gleich zusammengesetztes, aber rhodanfreies Ammoniak-Superphosphat, die dritte blieb unbedüngt. Auf der ersten Parcelle blieben die Gerste- und Haferpflänzchen in ihrer Entwickelung zurück, die Blättchen bekamen braune Spitzen. Dieser Zustand hielt 2—3 Wochen an, worauf eintretendes Regenwetter den Pflanzen ein normales kräftiges Aussehen verlieh. Die Pflanzen der rhodanhaltigen Parcelle entwickelten sich dann anscheinend ebenso gut, wie die der andern beiden Parcellen; eine quantitative Feststellung der Ernte war leider nicht möglich. Die Reife trat zuerst ein auf der ungedüngten, dann auf der gedüngten rhodanfreien und zuletzt auf der gedüngten rhodanhaltigen Parcelle. Wasserkulturen von Gerste und Haferpflanzen gingen sofort ein, wenn bei Keimpflanzen einem Liter Nährlösung 0,01 g Rhodanammonium zugefügt wurde. Aeltere Pflanzen mit 6—8 Blättern vertrugen diese Rhodanmenge gut, bei Verdoppelung derselben erkrankten sie aber auch sofort. Von 0,1 g Rhodanammonium pro 1 l wurden selbst fast ausgewachsene Pflanzen in kürzester Zeit zum Absterben gebracht.

Endlich haben auch noch J. Fittbogen, R. Schiller und O. Foerster[2]) die grosse Giftigkeit von Rhodanammonium nachgewiesen; sie düngten Gartenboden in Töpfen mit 4 kg Boden mit 0,3 g Ammoniumsulfat und 0,045 g Rhodanammonium, und fanden, dass von 10 ausgesäeten Gerstekörnern in einem Topf zwar 1, in dem anderen 2 Pflanzen ausliefen, aber eingingen, nachdem sie das erste Blatt entwickelt hatten. Ferner hatte bei Freilandpflanzen von Gerste, welchen im Stadium des Schossens 6 g resp. 12 g Rhodanammonium pro 1 qm verabreicht wurden, diese Gabe unmittelbar den Stillstand der Vegetation und weiterhin das Absterben derselben zur Folge. Dagegen äusserte das Rhodanammonium weniger giftige Eigenschaften, wenn es in einem gemergelten Quarzsand (40 g Ca CO₃ pro 4 kg) zur Anwendung kam. Diese Erscheinung muss offenbar auf, durch das

---

5 kg Rhodanammonium pro 1 ha als zulässig bezeichnet werden. Nehmen wir auch diese Menge als unschädlich an, so würde das rund 0,20 g Rhodanammonium pro 1 □ Fuss Bodenfläche ausmachen, welche noch als zulässig zu bezeichnen wären; auch dieses ist noch eine verhältnissmässig minimale Menge.

[1]) Königsberger land- und forstw. Zeitg. 1884 No. 19. Vgl. Centralbl. für Agric.-Chemie 1884 S. 519.

[2]) Preuss. landw. Jahrbücher 1884. S. 765.

Calciumcarbonat bewirkte schnellere Nitrifikation des Rhodanammoniums zurückgeführt werden.

Jedenfalls sind die Mengen, in welchen das Rhodanammonium schon schädlich für die Pflanzenentwicklung wirkt, so minimal, dass es ganz ohne Zweifel als ein äusserst heftiges Pflanzengift bezeichnet werden muss und glaube ich die Landwirthe nicht dringend genug vor der Verwendung rhodanhaltiger Rohammoniak-Superphosphate d. h. von Superphosphaten, die mit Rohammoniak aus Leuchtgas oder ähnlichen Producten gewonnen sind, warnen zu müssen[1]).

Zwar zersetzt sich das Rhodanammonium, wie wir gesehen haben, unter Umständen verhältnissmässig rasch im Boden und wirkt dann nicht mehr schädlich, auch mag sich hierin die eine oder andere Bodenart (kalkhaltiger und luftiger Boden etc.) nach Fittbogen's Versuchen besonders günstig verhalten, aber mit diesem Verhalten kann der Landwirth nicht sicher rechnen. Für die Herbstdüngung ist durchweg eine mehrwöchentliche Vordüngung und Unterbringung des Düngers vor der Aussaat nicht angängig und wer sagt ihm bei Anwendung im Frühjahr mit Sicherheit, wann die Zersetzung des Giftstoffes vollendet ist?

Offenbar hängt die Zersetzung des Rhodanammoniums ausser von der Bodenart auch noch von der Witterung ab, indem sie bei feuchter Witterung schneller als bei trockener Witterung erfolgen wird: aber auch das ist ein Factor, den der Landwirth nicht in der Hand hat.

Ueber die Schädlichkeit der Gaswasser-Bestandtheile auf Fische hat C. Weigelt[2]) einige Versuche ausgeführt; derselbe rechnet auch das Cyankalium zu den Bestandtheilen der Abgänge von Gasanstalten. Ich lasse dahingestellt, ob das Cyankalium als solches zu den normalen Bestandtheilen dieser Art Abgänge gehört; indess ist das Vorkommen von Cyanverbindungen überhaupt in denselben nachgewiesen und mögen die Weigelt'schen Versuche über die Giftigkeit auch von Cyankalium hier ebenfalls Platz finden:

<table>
<tr><td colSpan="1" style="text-align:left">Schädlichkeit für Fische.</td></tr>
</table>

---

[1]) Von welcher Zusammensetzung mitunter das aus Gaswasser gewonnene Roh-Ammoniakzalz ist, mag folgende Analyse von M. Märcker zeigen:

Wasser	Schwefelsaures Ammon	Schwefelsaures Eisenoxydul	Eisencyanür	Schwefel	Sulfocyanverbindungen	Schwefeleisen und Eisenoxydul	Kalk und organ. Stoffe	Sand und Thon
8,7%	17,8%	15,6%	5,4%	10,7%	1,2%	22,3%	14,8%	3,5%

[2]) Archiv f. Hygiene Bd. III. S. 39; über die Versuchsmethode siehe S. 49 Anm.

Concentration der Lösung pro 1 Liter	Fischart	Temperatur des Wassers ⁰ C.	Expositions-dauer	Verhalten des Fisches
1. Cyankalium: 0,010 g KCN	GrosseForelle	8	12 Min.	Fährt wild hin und her, sperrt das Maul weit auf, nach 5 Minuten Rückenlage, schwimmt in dieser Lage ruckweise hin und her; nach 12 Minuten in fliessendes Wasser versetzt, erholt sie sich wieder nach 10 Minuten.
0,005 g „	Schleie	8	5 Stdn.	Anfänglich keine Symptome, schwimmt nach 73 Minuten wie toll umher, nach 3 Stunden 20 Min. Seitenlage, kommt nach 5 Stunden in reines Wasser und erholt sich allmälig.
2. Rhodan-ammonium: 0,1 g $(NH_4)CNS$	GrosseForelle	8	1 Stunde	Keine Symptome.
3. Carbolsäure: 0,050 g	GrosseForelle	6	5 Min.	Schwimmt gleich wild umher, nach 3 Minuten Seitenlage, kommt nach 5 Minuten in reines Wasser.
0,050 g	Schleie	6	1 Stunde	Schwimmt nach 3 Minuten unter heftigem Zittern ruckweise hin und her, nach 9 Minuten Seitenlage mit heftigen Zuckungen und Verdrehen der Augen; nach 1 Stunde in fliessendes Wasser gebracht, ist am anderen Morgen nach 15 Stunden todt.
0,010 g	GrosseForelle	6	23 Min.	Schwimmt nach 5 Minuten wie toll umher, wird wieder ruhiger, nach 23 Min. Seitenlage und kommt dann in fliessendes Wasser.
0,010 g	Schleie	6	15 Stdn.	Keine Symptome, kommt nach 15 Stunden in fliessendes Wasser.
0,005 g	GrosseForelle	6	1 Stunde	Nach 15 Minuten unruhig, kommt nach 1 Stunde in fliessendes Wasser.
0,005 g	Schleie	6	15 Stdn.	Keine Symptome, kommt nach 15 Stunden in fliessendes Wasser.
4. Theer: 10,0 g[1]	Schleie	8	28 Min.	Wird unruhig, schwimmt nach 11 Minuten seitlich, steckt den Kopf aus dem Wasser, nach 16 Minuten Rückenlage, kommt nach 28 Minuten in fliessendes Wasser, worin sie sich nach 50 Minuten erholt.
0,2 g[2]	Schleie	8	28 Stdn.	Anfangs ruhig, kommt nach vielen Stunden nach oben und bleibt in schräger Stellung, den Kopf aus dem Wasser streckend, ab und zu schnappend stehen; ist sehr matt und kommt nach 28 Stdn. heraus.

[1] 50 g Theer in 5 l Wasser möglichst vertheilt.
[2] 1 g Theer in 5 l Wasser vollständig vertheilt.

Hiernach ist Cyankalium schon in Mengen von 0,005—0,01 g pro Liter im Stande, in kurzer oder längerer Zeit Forellen wie Schleien dem Tode nahe zu bringen; auffallender Weise aber erholen sich die Thiere, wenn sie nach Ablauf der Widerstandsdauer in fliessendes Wasser übergeführt werden. Ebenso giftig erweist sich die Carbolsäure für Fische; die Grenze ihrer Schädlickeit liegt für Forellen zwischen 0,005—0,01 g, für Schleien zwischen 0,01—0,05 g pro 1 l. In theerhaltigem Wasser sowohl von 10 g wie 0,2 g pro 1 l Gehalt wurden Schleien stark afficirt; während aber in einer 10 pro mille Lösung nach 16 Min. bei einer Schleie Seitenlage eintrat, hielt eine andere in einer 0,2 pro mille Lösung 28 St. aus, ohne sich auf die Seite zu legen. Rhodanammonium äusserte in einer Concentration von 0,1 g pro 1 l und bei einstündiger Einwirkung keine schädliche Wirkung auf Forellen. Ueber die Wirkung von kohlensaurem Ammonium auf Fische siehe S. 51 und über die von Schwefelcalcium weiter unten unter „Abgänge von Schlackenhalden".

Ver-
unreinigung
von
Brunnen. Hervorgehoben mag noch ferner werden, dass ein Gaswasser unter Umständen durch Eindringen in den Erdboden auch benachbarte Brunnen zu vergiften resp. zu verderben im Stande ist.

So fand Ferd. Fischer[1]) in einem ca. 300 m von der Gasanstalt entfernten Brunnenwasser folgende Bestandtheile pro 1 l:

Organische Stoffe	4198,4 mg
Chlor.	440,2 „
Schwefelsäure (S O$_3$)	991,6 „
Salpetersäure (N$_2$ O$_5$)	2,3 „
Salpetrige Säure (N$_2$ O$_3$) . . .	0,0 „
Ammoniak (N H$_3$)	81,6 „
Kalk (Ca O)	906,1 „
Magnesia (Mg O)	136,2 „
Härte	109°,7

Ferner etwa 300 mg Rhodanammonium.

Das Wasser war weisslich trübe, roch eigenthümlich nach Leuchtgas und hatte einen sehr unangenehmen Geschmack.

Dass ein solches Wasser folglich ungeniessbar und für jegliche häusliche Zwecke unverwendbar ist, braucht kaum hervorgehoben zu werden.

Reinigung. 3. Reinigung resp. Unschädlichmachung der Abgänge.

Gaskalk. 1. Dass der Gaskalk als solcher nicht frisch zur Düngung verwendet werden darf, ist bereits oben angeführt; ob es gelingt, ihn durch vorheriges jahrelanges Kompostiren (d. h. Durchsetzen mit Erde, Stroh und sonstigen

---

[1]) Vgl. Dingler's: Polytechnisches Journal 1874. Bd. 114 S. 85.

organischen Abfällen) unschädlich zu machen, d. h. die schädlichen Bestandtheile wie Schwefel und Rhodanverbindungen sowie Theerproducte zur Oxydation zu bringen, ist bis jetzt noch nicht direct nachgewiesen, indess nicht unwahrscheinlich. Man hat ferner vorgeschlagen, den Gaskalk zum Enthaaren der Häute in den Gerbereien, zu Desinfectionen, zu Mörtel oder Farben zu benutzen.

G. Robertson Hislop in Paisley hat vorgeschlagen, den Gaskalk zur Gewinnung von Schwefel zu benutzen (Eng. P. 2730 vom 10. Juni 1882).

Der Gaskalk wird mit Theer oder Koaks gemischt und erhitzt. Die calcinirte Masse wird mit Wasser gelöscht. Wenn durch Reduction von Calciumsulfat viel Sulfid zugegen ist, so kommt die Masse in den ersten Gasreiniger, wo durch die im Gas enthaltene Kohlensäure das Sulfid zersetzt wird. Der Schwefelwasserstoff wird dann durch Eisenoxyd beseitigt. Auch Gyps soll in dieser Weise behandelt werden, wobei dann das Sulfid durch die Kohlensäure von Ofengasen zersetzt werden soll.

Wo eine derartige Verwendungsweise nicht möglich ist, bleibt nichts anderes übrig, als ihn so aufzuschütten, dass die durchdringenden Regenwässer nicht in das Grundwasser resp. in die Wasserläufe gelangen.

2. Das Gaswasser als solches dürfte bis jetzt wohl von keiner Gasfabrik Gaswasser. mehr oder nur noch äusserst selten zum Abfluss gelangen, indem es, wie bereits bemerkt, allgemein zur Gewinnung von Ammoniak verwendet wird. Um so gefährlicher aber ist das abgekochte Gaswasser, weil sich hierin gerade die schädlichen Bestandtheile anhäufen. Eine weitere Verwendung hierfür giebt es nicht und in den meisten Fällen dürfte es den natürlichen Wasserläufen zugeführt werden. Geschieht die Zuführung je nach der Menge des Wassers in den es aufnehmenden Bach oder Fluss, in einer stetig langsamen Weise, so dass sich in dem vermischten Bach- oder Flusswasser nicht mehr mit Sicherheit qualitativ Rhodan und Phenol nachweisen lässt, so dürfte gegen die Einführung in die natürlichen Wasserläufe nichts zu erinnern sein. Ist eine derartige Gelegenheit nicht vorhanden, so kann man das abgekochte Gaswasser nur dadurch beseitigen und unschädlich machen, dass man es entweder in cementirten und bedeckten Gruben, deren Abzüge mit einem Schornstein ein Verbindung stehen, eintrocknen oder durch Torf, Sägespähne, verbrauchte Lohe etc. aufsaugen lässt, letztere Masse trocknet, presst und als Brennmaterial benutzt.

Henry Bower in Philadelphia empfiehlt die Darstellung von Eisenferrocyanid neben der von Ammoniak aus Gaswasser (Engl. P. 2918 vom 20. Juni 1882).

Das im Gaswasser enthaltene Cyanammonium wird durch Zusatz von bestimmten Mengen Eisen oder Eisensalz in Ferrocyanammonium umgewandelt; oder das klare Gaswasser wird durch eine Schicht Eisenspähne filtrirt. Die Flüssigkeit wird dann mit Kalk versetzt, das Ammonium abdestillirt und aus der Lösung wird nach dem Absetzen und Neutralisiren Berliner-Blau gefällt.

3. Statt des Kalkes wird in den letzten Jahren auch vielfach Eisenoxyd zur Reinigung des Steinkohlengases angewendet. Für die Aufarbeitung des verbrauchten Eisenoxyds sind eine Reihe Verfahren in Vorschlag gebracht:

1. Verfahren von G. W. Valentin, London, zur Darstellung von Berliner-Blau (Patent datirt vom 12. Novbr. 1874 No. 3908).

Eisenoxydhydrat, das zum Reinigen von Leuchtgas verwendet war, wird, nach Auswaschen mit Wasser, mit Magnesiumcarbonat oder mit Kreide bei höherer Temperatur digerirt und die Masse mit Wasser ausgezogen. Der lichtgelbe, etwas alkalische Auszug enthält Ferrocyanmagnesium oder Ferrocyancalcium und setzt auf Zugabe von etwas Säure und einem Eisensalze ein schönes Berliner-Blau ab.

2. Verfahren von F. W. B. Mohr, London (Pat. datirt vom 20. Mai 1876 No. 2147).

Die Eisenoxyd-Rückstände werden erst mit heissem Wasser ausgelaugt, um die löslichen Ammoniumsalze fortzuschaffen, und dann mit concentrirter Aetznatronlösung. Die letzterhaltene Lösung wird, nach dem Abziehen von den unlöslichen Theilen, mittelst Salzsäure schwach angesäuert, um einen Theil des Schwefels abzuscheiden und nachher mit einem Eisenoxydulsalze und einem Oxydationsmittel, etwa Chlorkalk versetzt, um Berliner-Blau zu gewinnen.

3. Verfahren von F. Wirth, Frankfurt a. M. (G. T. Gerlach, Kalk bei Köln) datirt vom 26. Sept. 1876 No. 3756.

Das ausgenutzte Eisenoxyd wird fein gemahlen, erst mit Wasser, dann mit Aetznatronlösung ausgezogen; aus dem letzteren Auszug werden durch Zusatz von Säure, bis zur schwach sauren Reaction, Schwefel und Cyanide niedergeschlagen und der vom Niederschlage abgezogenen, nöthigenfalls filtrirten Lösung wird Eisenchlorid zugefügt.

Aus dem nach dem zweiten Auszuge bleibenden Rückstand wird der Schwefel durch Destillation in eisernen oder thönernen Retorten in einem Strome überhitzten Wasserdampfes abgeschieden. Die ausgelaugte und entschwefelte Masse wird durch Erhitzen unter Luftzutritt in Colcothar übergeführt.

4. Verfahren von J. H. Johnsen, London (H. Grüneberg, Kalk bei Köln) datirt vom 9. Sept. 1876 No. 3551.

Nach Ausziehen des ausgenutzten Eisenoxyds mit Wasser und Alkali wird mit Salzsäure behandelt, um Theile des Schwefels abzuscheiden, und nachher mittelst Eisensalzes und Chlorkalkes auf Berliner-Blau verarbeitet.

5. Verfahren von Will. Virgo Wilson in London (Engl. P. No. 314 vom 24. Jan. 1878).

Die Ferrocyanverbindungen aus den Rückständen der Leuchtgasreinigung werden, wie gewöhnlich mit Kalk ausgezogen und mit Eisensalz gefällt. Die Erfindung besteht darin, dass der getrocknete Niederschlag mit Petroleum oder Benzol behandelt wird, um theerige Unreinigkeiten zu entfernen.

6. Verfahren von H. Kunheim in Berlin und H. Zimmermann in Wesseling bei Köln (D. P. 26884 vom 6. Juli 1883).

Die Behandlung der Gasreinigungswässer mit Kalkmilch liefert eine schlechte Ausbeute, die mit überschüssiger Aetzalkalilauge ist nicht ökonomisch.

Die Verfasser verfahren so, dass sie die vorher entschwefelten und event. durch wässerige Auslaugung von den löslichen Ammoniumsalzen befreiten Massen im lufttrockenen Zustande mit pulverförmigem Aetzkalk vermischen.

Die lockere Mischung wird in einem geschlossenen Apparat auf $40-100^{\circ}$ erwärmt, um das nicht in löslicher Verbindung vorhandene Ammoniak auszutreiben. Dann wird die Masse einer methodischen Auslaugung mit Wasser unterworfen. Die event. in Folge der Anwesenheit von Ammoniak alkalisch reagirende Ferrocyancalciumlauge wird genau neutralisirt und dann zum Sieden erhitzt, wobei schwer lösliches Ferrocyancalciumammonium, $Ca(NH_4)_2 Fe Cy_6$, ausfällt. Dieser Körper wird durch Behandlung mit Aetzkalk in geschlossenen Gefässen zersetzt.

Unter Entweichung von Ammoniak erhält man reine Ferrocyancalciumlauge, welche auf Berliner-Blau verarbeitet werden kann. Um Blutlaugensalz zu gewinnen, wird die Lauge eingedampft und mit soviel Chlorkalium versetzt, dass Ferrocyancalciumkalium, $Ca K_2 Fe Cy_6$, ausfällt.

Dies Doppelcyanür wird durch Kochen mit Kaliumcarbonat in Blutlaugensalz übergeführt. Auf diese Weise ist die Hälfte des bisher verwendeten Kaliumcarbonats durch das viel billigere Chlorkalium ersetzt. Auch kann man in diesem Verfahren das Kaliumcarbonat durch Natriumcarbonat ersetzen.

Abflusswasser
aus Steinkohlengruben, von Salinen etc. mit hohem Kochsalzgehalt.

Zusammensetzung:

Die Abwässer der Steinkohlengruben sind durchweg durch einen hohen Gehalt an Kochsalz ausgezeichnet; mitunter enthalten sie auch schwefelsaures Eisenoxydul und freie Schwefelsäure, worüber weiter unten unter „Abgangwasser aus Schwefelkiesgruben" zu vergleichen ist. Auch die Soolwässer und Mutterlaugen von Salzsiedereien sind durch einen hohen Gehalt an Kochsalz resp. an Chlorcalcium und Chlormagnesium ausgezeichnet. Wenngleich die Soolwässer auf Kochsalz und die Mutterlaugen bei günstiger Zusammensetzung auf Badesalz verarbeitet werden, so kommt es doch vor, dass sie besonders dann, wenn sie direct für Badezwecke dienen, in die natürlichen Wasserläufe abgelassen werden, deshalb hier ebenfalls Erwähnung finden müssen.

a) Steinkohlen-Grubenwasser.

Die Zusammensetzung der Abwässer der Steinkohlengruben erhellt aus folgenden vom Verf. ausgführten Analysen:

1 l enthält:	Suspendirte Schlammstoffe (Eisenoxyd) g	Abdampf-Rückstand g	Kalk g	Magnesia g	Schwefelsäure g	Chlor g
1. Grubenwasser vom Piesberge bei Osnabrück						
a) 1876	0,215	5,880	0,692	—	0,706	2,803
b) 1882. I. Abfluss	0,058	16,026	0,778	—	0,735	8,618
II. „	0,170	14,862	0,884	0,216	0,976	7,872
2. Zeche Westfalia bei Dortmund	—	1,958	0,384	0,046	0,097	0,856
3. Andere Zeche dort	—	3,414	0,281	0,111	0,013	1,533
4. Zeche Borussia a)	0,038	6,152	0,233	0,119	0,466	2,496
b)	0,019	4,920	0,196	0,117	0,709	1,883
5. „ von Holzwickede	0,042	1,327	0,114	0,091	0,732	0,023
6. „ Consolidation bei Schalke	—	60,360	4,224	1,272	0,007	32,623
7. „ Centrum I bei Wattenscheid . . .	—	14,740	0,725	0,211	—	7,029
8. „ Mathias Stinnes bei Carnass . . .	—	33,493	1,529	—	0,241	18,921
9. Aus Langendreer	—	21,870	1,280	0,436	Spur	13,281
10. Zeche „Vereinigte Germania" in Marten.						
a) Probe	—	3,480	0,244	0,080	0,775	1,024
b) Probe	—	3,835	0,222	0,086	1,036	1,042
11. Zeche „Franziska" Tiefbau	—	1,152	0,095	0,070	0,390	0,140

In einigen der vorstehenden Proben wurde auch Kali und Natron bestimmt und berechnete sich darnach folgender Gehalt an Salzen:

1 l enthält:	Chlor-Natrium	Chlor-Kalium	Chlor-Magnesium	Chlor-Calcium	Schwefelsaures Calcium	Kohlensaures Calcium	Schwefelsaures Magnesium
	g	g	g	g	g	g	g
No. 1 (a und b im Mittel)	13,592	—	—	—	0,749	0,883	0,648
No. 6	44,129	1,182	3,017	4,750	0,012	3,250	—
No. 9	18,212	wenig	1,035	2,314	—	0,309	—
No. 10 a)	1,698	„	—	—	0,294	0,219	0,240
b)	1,717	„	—	—	0,485	0,039	0,259
No. 11	0,234	—	—	—	—	0,169	0,175

Bei No. 11 berechnete sich ferner 0,443 g Natriumsulfat, 0,052 g Kaliumsulfat und 0,024 Magnesiumcarbonat.

Ausführliche Analysen von Grubenwässern verschiedener Kohlenzechen führte auch Dr. F. Muck in Bochum aus und zwar mit folgenden Resultaten:

Ein Liter Wasser enthält:

Laufende No.	Namen der Zechen etc.	Natron	Kalk	Magnesia	Chlor	Schwefelsäure	Gebundene Kohlensäure
		g	g	g	g	g	g
1	Engelsburg	0,10115	0,10875	0,03474	0	0,12154	0,12360
2	Maria Anna I . . .	0,17176	0,11776	0,11100	0	0,45970	0,08365
	„ „ II . . .	0,19263	0,14672	0,10883	0	0,58232	0,11123
3	Prinz-Regent	0,29223	0,10950	0,08027	0	0,47382	0,12106
4	General	0,41030	0,19150	0,11500	0	0,91620	0,06620
5	Herm. Liborius . . .	0,67621	0,05376	0,04522	0,42073	0,37288	0,06700
6	Präsident I	0,28524	0,21235	0,05700	0,22479	0,27811	0,13950
	„ II	0,12823	0,11751	0,03531	0,03782	0,15553	0,11331
7	Friederika	0,23706	0,10685	0,06252	0,03619	0,28910	0,14073
8	Pluto	8,43203	0,79744	0,55710	11,58814	0,03296	0,01053
9	Centrum I	7,21881	0,84672	0,27676	9,44457	0,11468	0,17076
	„ II	—	—	—	0,28927	—	—
10	Constantin	5,36177	0,64512	0,25370	6,13386	0,08961	0,73668
11	Unser Fritz	4,84382	0,35728	0,19280	6,03265	0,06441	0,16029
12	Königsgrube	4,00827	0,56090	0,22920	5,24150	0,20140	0,17452
13	Hannover I Grubenw.	0,01156	0,19320	0,05800	1,36971	0,13596	0,00279
	„ I Mergelw.	0,14324	0,17920	0,04324	0,23481	0,04102	0,12160
	„ II	1,60613	0,10620	0,05118	1,72475	0,16343	0,11884
14	Hannibal I	1,30240	0,110888	0,05261	1,37554	0,08961	0,09304
15	Carolinenglück . . .	—	—	—	0,55579	—	—

Daraus berechnet sich:

Laufende No.	Namen der Zechen etc.	Chlornatrium	Chlormagnesium	Chlorcalcium	Schwefelsaures Natrium	Schwefelsaures Magnesium	Schwefelsaures Calcium	Kohlensaures Calcium	Kohlensaures Magnesium	Kohlensaures Natrium	Summa der Mineral-Bestandtheile	Chloride
		g	g	g	g	g	g	g	g	g	g	g
1	Engelsburg	0	0	0	0,21960	0	0	0,19420	0,07295	0,01190	0,49865	0
2	Maria Anna I	0	0	0	0,39333	0,33300	0,02742	0,19012	0	ger. Menge	0,94387	0
	„ „ II	0	0	0	0,44112	0,32649	0,01240	0,25280	0	„	1,03281	0
3	Prinz Regent	0	0	0	0,66921	0,14526	0	0,19553	0,06688	Spur	1,07688	0
4	General	0	0	0	0,93960	0,34500	0,25820	0,151140	0	„	1,69420	0
5	Herm. Liborius	0,60348	0	0	0,66186	0	0	0,09496	0,09496	0,02426	1,47952	0,60
6	Präsident I	0,36459	0	0	0,20310	0	0,27820	0,17460	0,11970	Spur	1,14019	0,42
	„ II	0,06234	0	0	0,21794	0	0,05569	0,16889	0,07415	ger. Menge	0,57901	
7	Friederika	0,05965	0	0	0,47049	0	0,04087	0,16075	0,13129	vorhanden	0,86305	0,06
8	Pluto	15,90112	1,32199	1,50721	0	0	0,05603	0,02394	0	0	18,81029	18,72
9	Centrum I	13,61323	0,65675	0,58928	0	0	0,19495	0,38800	0	0	15,44221	14,85
	„ II	0,91628	—	—	—	—	—	—	—	—	—	
10	Constantin	10,11122	0	0	0	0	0,15233	1,04000	0,53277	0	11,83632	10,11
11	Unser Fritz	9,13447	0,45751	0,21375	0	0	0,10945	0,36430	0	0	10,27948	9,80
12	Königsgrube	7,55880	0,54389	0,39048	0	0	0,34360	0,39678	0	0	9,23355	8,50
13	Hannover I Grubenw. .	1,90760	0,13763	0,15587	0	0	0,23113	0,00634	0	0	2,43857	5,41
	„ I Mergelw. .	0,27012	0,09487	0	0	0	0,06971	0,26860	0,00684	0	0,71014	
	„ II	2,84344	0	0	0,22527	0,05628	0	0,18964	0,06808	0	3,38271	
14	Hannibal I	2,45606	0	0	0	0	0,13777	0,08600	0,11048	0	2,79031	2,45
15	Carolinenglück	0,91628	—	—	—	—	—	—	—	—	—	0,91

In welcher Weise das Steinkohlen-Grubenwasser die natürlichen Wasserläufe unter Umständen verändert, möge aus folgenden Untersuchungen des Verf.'s erhellen, wobei zu bemerken ist, dass die Emscher den grössten Theil der Grubenwässer aus dem westfälischen Kohlenrevier aufnimmt.

Verunreinigung der Flüsse.

	Suspendirte Schlammstoffe (Eisenoxyd) g	Abdampf-Rückstand g	Kalk g	Magnesia g	Schwefelsäure g	Chlor g	Dem Chlor entspricht Chlornatrium g
1. Hase. Wasser bei Osnabrück 1876							
a) Unvermischt	—	0,597	—	—	—	0,115	0,199
b) Vermischt mit Grubenwasser vom Piesberg	—	1,256	—	—	—	0,557	0,918
2. Hase. Wasser bei Osnabrück 1882							
a) Unvermischt	0,010	0,616	0,129	—	0,099	0,126	0,207
b) Vermischt mit Grubenwasser vom Piesberg	0,031	3,025	0,243	0,057	0,237	1,439	2,373
3. Baumbach nach Aufnahme von Grubenwasser 1883	—	30,185	1,516	—	0,088	16,400	27,038
4. Hüllerbach nach Aufnahme von Grubenwasser 1883	—	3,256	0,274	—	0,281	1,543	2,543
5. Kleine Emscher nach Aufnahme von Grubenwasser 1883	—	4,195	0,342	—	0,281	2,093	3,449
6. Grosse Emscher nach Aufnahme von Grubenwasser 1883	—	1,569	0,216	—	0,192	0,659	1,087

Für die letzten 4 Wässer fand Dr. Muck zu einer anderen Zeit 1881 folgenden Gehalt pro 1 l:

	Gesammt-Mineralstoffe g	Chlornatrium g	Chlorcalcium g	Chlormagnesium g	Schwefelsaures Calcium g	Kohlensaures Calcium g
1. Baumbach vermischt mit Grubenwasser	16,597	13,528	2,084	0,820	0,164	0,00
2. Hüllerbach „ „ „	2,286	1,889	0,00	0,188	0,399	0,109
3. Kleine Emscher „ „ „	3,534	2,676	0,041	0,231	0,372	0,215
4. Grosse Emscher „ „ „	2,832	2,201	0,070	0,178	0,345	0,037

b) Soolwässer und Mutterlaugen.

Die Zusammensetzung von Soolwässern und Mutterlaugen sind im allgemeinen nach zahlreich vorliegenden Analysen bekannt, indess mögen hier einige von mir selbst ausgeführte Analysen von Soolwässern und Mutterlaugen aus dem westfälischen Gebiete mitgetheilt werden, nämlich:

Soolwasser und Mutterlauge.

24*

1 Liter enthält:	1. Von Gottesgabe bei Rheine			2. Von Werl			3. Von Westenkotten	
	$2^{1}/_{2}$ % Soole	9 % Soole	Mutterlauge	Rohsoole	Natürliche Mutterlauge	Concentrirte Mutterlauge	Soole	Mutterlauge
	g	g	g	g	g	g	g	g
Bromkalium . . .	fehlt	0,0563	1,902	0,0144	1,9115	3,3754	0,0303	0,5564
Jodkalium	fehlt	fehlt	0,0088	0,00059	0,0053	0,0137	0,00028	0,00212
Chlorkalium . . .	0,0183	0,4611	10,821	1,7791	54,5854	84,5523	1,3644	35,7204
Chlornatrium . . .	25,7140	83,5360	164,682	68,5812	51,0635	46,2596	77,9662	238,0399
Chlorlithium . . .	fehlt	fehlt	2,288	0,0716	4,7009	8,9833	0,0423	1,1719
Chlorcalcium . . .	0,6025	2,7214	119,636	4,2532	245,8802	382,8287	2,3371	51,2847
Chlorstrontium . .	0,0458	0,2172	8,589	0,0744	2,7302	4,6457	0,1188	1,0673
Chlormagnesium . .	0,2634	1,2406	37,192	—	101,3113	157,9836	0,2415	1,1070
Magnesiumsulfat . .	—	—	119,636	1,4436	0,2760	0,9285	0,6108	0,9672
Calciumsulfat . . .	—	—	—	0,3474	—	—	1,4076	—
Calciumcarbonat . .	—	—	—	1,2669	—	—	1,8750	—
Calciumnitrat . . .	—	—	0,309	—	1,8966	3,2891	—	—
Magnesiumcarbonat .	—	—	—	—	—	—	0,2133	—
Ammoniumnitrat . .	0,0021	0,0669	—	—	—	—	0,0234	0,1074
Ammoniumcarbonat.	—	—	—	—	—	—	—	0,0962
Kieselerde	—	—	—	0,0230	0,0030	0,0600	—	—
Summa . . .	26,6461	88,2995	345,668	77,8874	464,3939	693,3429	86,2310	330,1205
Spec. Gewicht . .	1,0196	1,0602	—	1,0550	1,4280	1,8009	1,0594	1,2132

 Wenn ein derartiges Soolwasser oder die Mutterlaugen in die öffentlichen Wasserläufe gelangen, so müssen sie selbstverständlich denselben ebenso wie die Steinkohlen-Grubenwasser einen erhöhten Gehalt an den sie charakterisirenden Bestandtheilen mittheilen. So ergab ein Bachwasser bei Sassendorf nach einer Probenahme am 23. Juni 1881.

1 Liter enthält:	1. Reines Bachwasser	2. Abflusswasser		3. Bachwasser nach Aufnahme der beiden Abflusswässer unter 2
		a) von 5000 bis 7000 Soolbädern	b) Mutterlauge von 8 Siedereien enthaltend	
	g	g	g	g
Abdampfrückstand . .	0,329	46,226	541,400	1,686
Darin: Chlor	0,011	24,822	226,944	0,886
Chlor = Kochsalz . .	0,019	40,922	374,144	1,462
Ferner:				
Kalk	0,088	1,090	89,467	0,169
Magnesia	Spur	0,259	0,976	0,025
Schwefelsäure . .	0,005	0,671	0,263	0,036

In einem anderen Falle ergoss sich das Wasser der Thermalquelle bei Werne in den Hornebach. Derselbe veränderte sich durch Aufnahme des

Soolwassers nach einer am 19. Jan. 1876 vorgenommenen Untersuchung wie folgt:

1 Liter enthält:	1. Soolwasser, an der Quelle entnommen g	2. Unvermischtes Hornebachwasser vor Aufnahme des Soolwassers g	3. Hornebachwasser nach Aufnahme des Soolwassers g
Trockener Abdampfrückstand .	73,935	0,2838	0,8220
Darin: Chlor	41,0304	0,0127	0,8849
Schwefelsäure	0,7985	0,0230	0,0409
Eisenoxyd	0,0440	Spuren	Spuren
Kalk	2,5430	0,1275	0,1755
Magnesia	0,4777	0,0059	0,0185
Natrium	25,9696	0,0149	0,5228
Kalium	1,3757	0,0055	0,0231
Unlöslicher Rückstand . . .	Spuren	0,0102	0,0086
Summa . .	72,2389	0,1997	1,6743
Kochsalz-Gehalt	66,0300	0,0380	1,3295

Bei geringerem Wasserstande des Hornebachs am 21. Juli 1876 ergaben sich für die Veränderung folgende Zahlen:

	1.	2.	3.
Abdampfrückstand	69,308	0,2944	13,094
Darin: Chlor	46,691	0,0248	7,677
Diesem entspricht Kochsalz . .	67,0818	0,0409	12,657

Hieraus ist ersichtlich, dass ein Bach- oder Flusswasser durch Aufnahme von Steinkohlengrubenwasser, Soolwasser und Mutterlaugen unter Umständen einen hohen Gehalt an Chlornatrium mit mehr oder weniger Chlorcalcium und Chlormagnesium annehmen kann und fragt es sich, in welcher Weise diese Chloride nach den verschiedensten Richtungen hin nachtheilig sein können.

Schädliche Wirkungen.

1. **Auf den Boden.** Wenn ein Zechenwasser neben den Chloriden auch noch eine grössere oder geringere Menge Eisenoxydschlamm enthält, so gilt von letzterem dasselbe, was unter Abschnitt „Abflusswasser aus Schwefeskiesgruben" gesagt ist und sei auf diesen verwiesen.

Das Kochsalz, der vorwiegendste Bestandtheil dieser Abwässer, ist sehr leicht löslich in Wasser und wird vom Boden nicht absorbirt; dass jedoch der Boden unter Umständen bei stagnirendem Grundwasser mehr oder weniger Kochsalz aufnehmen kann, ergiebt sich aus folgenden Untersuchungen:

a) Der Schlamm aus dem Bach, welcher das Grubenwasser der oben erwähnten Zeche Mathias Stinnes aufnimmt und zeitweise auf die nebenan liegenden Aecker resp. den Waldboden ausgeworfen wird, ergab z.B. in der Trockensubstanz nach 3 verschiedenen Proben:

0,786 %, 6,298 % und 4,853 % Chlornatrium.

b) Der Boden vom Uferrande des Hornebaches, welcher das Soolwasser der Thermalquelle Werne aufnimmt, enthält in wässerigem Auszuge:

0,135 % Chlor entsprechend 0,222 % Chlornatrium

auf trocknen Boden berechnet, während sich in demselben entfernter vom Ufer nur Spuren von Chlornatrium im wässerigen Auszuge vorfanden.

c) Der Boden einer von Zechenabflusswasser inficirten Wiese in Kley bei Marten ergab gegenüber nicht inficirten Stellen der Wiese folgenden Gehalt auf geglühten Boden berechnet:

	1. Nicht inficirter Boden %	2. Inficirter Boden	
		I. Probe %	II. Probe %
Chlor	0,054	0,266	0,121
„ = Chlornatrium	0,088	0,438	0,199
Schwefelsäure . . .	0,072	0,215	0,179
Eisenoxyd	3,960	4,874	4,351

d) Aus dem Abflussgraben von Zeche Centrum I in Gunningfeld bei Wattenscheid war der Schlamm wiederholt auf eine nebenanliegende Wiese geworfen und zeigten die beworfenen Stellen nach eingetretener Trockenheit im Sommer eine verdorrte Vegetation. Boden und Pflanzen von diesen Stellen enthielten:

1. Boden (in geglühtem Zustande):

	1. Vom Uferrande weg, mit keiner oder einer verdorrten Vegetation	2. Von entfernten und höher gelegenen Stellen der Wiese mit gesunder Vegetation
Chlor	1,056 %	0,009 %
Diesem entspricht Kochsalz . .	1,739 %	0,015 %

2. Gräser:

	1. Vom Uferrande weg, durchweg verdorrt	2. Von höher gelegenen Stellen der Wiese, gesund aussehend.
Die Pflanzentrockensubstanz enthält: Chlor	2,059 %	0,823 %
Diesem entspricht Kochsalz . .	3,393 %	1,356 %

Durch die Uebertragung von Kochsalz in den Boden gehen aber ausser der directen Einverleibung von Kochsalz eine Reihe Veränderungen in der Constitution der Bodenbestandtheile vor sich, welche eingehend erörtert werden müssen.

Lässt man nach F. Storp[1]) Gyps mit einer Lösung von Chlornatrium stehen, so wirkt dieselbe stärker lösend auf den Gyps wie Wasser ohne Chlornatrium.

Storp behandelte 14 Tage lang bei 15° C. je 10 g geglühten Gyps mit $\frac{1}{2}$ l Wasser, dem verschiedene Mengen Chlornatrium zugesetzt waren und fand in der Lösung folgende Mengen Gyps:

	No. 1	No. 2	No. 3	No. 4	No. 5
NaCl pro 1 Liter . .	0,00	0,10	0,40	0,60	0,80
Gelöst $CaSO_4$ . . .	2,0601	2,1192	2,1743	2,1981	2,2124 pro 1 l.

Nach de Luna lösen 4200 Theile Wasser 1,0 Theil 3 basisch phosphorsauren Kalk, während dieselbe Wasser Menge 10,5 Theile also 10,5 mal mehr löst, wenn ihr 250 Theile Chlornatrium zugesetzt werden. Für einen gefällten kohlensauren Kalk fand F. Storp, dass von 16,867 g durch 10 g Kochsalz in $\frac{1}{2}$ l Wasser 0,026 g Kalk, also 0,55 % des vorhandenen Kalkes gelöst wurden. In derselben Weise untersuchte derselbe die lösende Wirkung von Kochsalz-Lösung auf Magnesit (mit 97,65 % $Mg\,CO_3$) und erhielt bei 10tägiger Einwirkung von $\frac{1}{2}$ l Chlornatrium-Lösung folgende Mengen gelöster Magnesia:

	No. 1	No. 2	No. 3	No. 4
NaCl pro 1 Liter . .	0,1 g	0,3 g	2,5 g	5,0 g
Gelöste Magnesia . .	0,0169 g	0,0216 g	0,0269 g	0,0286 g pro 1 l.

Offenbar beruht die Löslichkeit dieser kohlensauren Salze in Chlornatrium-Lösung auf einer chemischen Umsetzung, indem sich kohlensaures Natrium und Chlorcalcium resp. Chlormagnesium bilden. Ueber den lösenden Einfluss einer Chlornatriumlösung auf Feldspathe in Vergleich zu reinem Wasser giebt eine Arbeit von J. Fittbogen[2]) Aufschluss. Derselbe fand, dass aus 1 kg geschlemmtem Feldspath in 3 Jahren gelöst wurden:

2 $\frac{1}{2}$ Liter Wasser	K_2O	Na_2O	CaO	MgO	SO_3	SiO_2	Al_2O_3 + Fe_2O_3
1. Ohne Zusatz	0,0196	0,0129	0,0111	0,0029	0,0017	0,0351	0,0027
2. Mit 0,2 Aequiv. NaCl	0,0682	5,979	0,0769	0,015	0,1029	1,0396	0,0012

Noch stärker ist die Einwirkung des Kochsalzes auf Zeolithe, wobei Natrium in das Silikat tritt, während eine entsprechende Menge Kalium gelöst wird. So fand Lemberg[3]) für einen künstlich dargestellten Zeolith

---

[1]) Landw. Jahrbücher 1883. S. 804.
[2]) Jahresbericht über die Fortschritte der Agricultur-Chemie. Bd. XVI S. 7.
[3]) Ebendort Bd. XX. S. 36.

unter der Einwirkung verschiedener Mengen Chlornatrium folgende Umsetzung:

| | 1.
Ursprüng-
liches
Silikat | 1 a | 1 b | 1 c | 1 d |
| | | Dasselbe nach Behandlung mit | | | |
		1 Aequ. NaCl	2 Aequ. NaCl	4 Aequ. NaCl	10 Aequ. NaCl
SiO_2	46,04	47,60	48,60	49,02	49,57
Al_2O_3	29,38	29,99	29,74	30,12	30,29
K_2O	22,75	16,00	14,12	11,89	8,95
Na_2O	1,83	6,41	7,54	8,97	11,19

K. Eichhorn[1]) hat festgestellt, dass zwischen den humussauren und den mineralsauren Salzen im Boden ein lebhafter Umtausch der Basen stattfindet, indem freie Humussäuren die mineralsauren Salze zersetzen und freie Mineralsäure abscheiden. Dieselben Beziehungen fand F. Storp für die Chloride des Natriums, Calciums und Kaliums.

Die lösende Wirkung, welche Kochsalzlösungen auf die einzelnen Boden-Constituenten ausübt, macht sich auch geltend, wenn dieselben auf den Gesammtcomplex „Boden" einwirken.

So fand Eichhorn[2]), dass beim Auslaugen eines Bodens mit reinem Wasser und $^1/_{10}$ procentiger Kochsalzlösung folgende Mengen Nährstoffe auf einen preussischen Morgen von 1 Fuss Tiefe berechnet in Lösung gingen:

	Reines Wasser	Kochsalzlösung
Schwefelsäure	117 Pfd.	130 Pfd.
Phosphorsäure. . . .	36 „	27 „
Kali	134 „	171 „
Kalk	149 „	315 „
Magnesia	45 „	82 „
Ammoniak	10 „	12 „

A. Frank[3]) und E. Peters[4]) finden dasselbe und haben auch für die Phosphorsäure ein grösseres Lösungsvermögen der Kochsalzlösung nachgewiesen.

E. Heiden[5]) behandelte ebenfalls Boden mit reinem und kochsalzhaltigem Wasser (auf 100 und 200 g Boden 1 resp. 2 g Kochsalz) und findet, dass durch kochsalzhaltiges Wasser mehr als durch reines Wasser gelöst wird, nämlich:

---

[1]) Landw. Jahrbücher 1875. S. 16; 1877. S. 958.
[2]) Chem. Ackermann 1861. S. 28.
[3]) Landw. Versuchsstation 1866. S. 45.
[4]) E. Heiden's Düngerlehre Bd. II. 1. Aufl. S. 492.
[5]) Ebenda Bd. II. S. 493.

Von:	100 g Obergrund g	100 g Untergrund g	200 g Boden g
Kieselerde	—	—	0,0013
Eisenoxyd	0,0103	0,0012	0,0103
Kalk	0,0118	0,0238	0,0494
Magnesia	0,0023	0,0049	0,0083
Kali	—	0,0034	0,0003

Aehnliche Resultate erhielt G. H. Dietrich[1]) bei Einwirkung von verschiedenen Salzlösungen, darunter auch von Chlornatriumlösung auf Basalt und Ackererde.

Diese Versuche haben wir in der verschiedensten Weise wiederholt.

In einer Versuchsreihe wurden je 500 g Boden mit 3 Liter Wasser allein und unter Zusatz von verschiedenen Mengen Kochsalz ca. 6 Wochen unter öfterem Umschütteln stehen gelassen, dann die Lösung auf ihre Bestandtheile untersucht.

Als Boden diente ein sandiger Lehmboden, dem in einer zweiten Reihe je 25 g kohlensaures Calcium zugesetzt wurden, um den Einfluss des Wassers auf kalkhaltigen Boden gegenüber einem solchen mit normalem Kalkgehalt kennen zu lernen.

(Siehe die Resultate in der Tabelle auf S. 378.)

Man sieht hieraus, dass, um so mehr Kali, Kalk und Magnesia gelöst wird, je höher der Gehalt des Wassers an Chlornatrium ist, und dass mit einer grösseren Menge Kalk im Boden auch eine grössere Menge in Lösung geht.

Ferner wurden von F. Storp je 0,5 kg Boden in grossen Flaschen mit je 3 Litern destillirten Wassers, denen verschiedene Mengen von Chlornatrium zugesetzt waren, angesetzt, dann verstöpselt und unter häufigem Umschütteln stehen gelassen. Nach 14 Tagen wurde filtrirt und in den Filtraten die für die Pflanzen als Nährstoffe wichtigen Verbindungen bestimmt.

Es befanden sich in 1000 ccm:	1. g	2. g	3. g	4. g	5. g	6. g
1. Der benutzten Lösung:						
NaCl	0,1	0,2	0,3	0,4	0,5	0,6
2. Des Filtrats:						
SO_3	0,0549	0,0563	0,0572	0,0585	0,0643	—
CaO	0,1226	0,1278	0,1344	0,1434	0,1500	0,2010
Der SO_3 entspricht CaO	0,0384	0,0394	0,0400	0,04095	0,0450	—
Rest früher an CO_2 oder SiO_2 gebunden	0,0842	0,0884	0,0945	0,1024	0,1050	—
KCl	0,0222	0,0248	0,0348	0,0473	0,1185	0,1681
NaCl	0,0978	0,1872	0,2544	0,3301	0,4010	0,4589
Also absorbirt pro 1000 ccm Lösung eine dem NaCl entsprechende Menge Na_2O .	0,0022	0,0126	0,0456	0,0699	0,0990	0,1411

---

[1]) Jahresbericht f. Agric.-Chem. 1862/63. Bd. V. S. 13.

Die Resultate sind folgende:

	A. Gewöhnlicher Boden.					B. Boden unter Zusatz von 25 g CaCO₃.			
	I.	II.	III.	IV.	V.	I.	II.	III.	IV.
	Boden- und Brunnen-wasser	Boden- und Brunnen-wasser mit 0,5 g pro l = 0,05 % Kochsalz	Boden- und Brunnen-wasser mit 2,5 g pro l = 0,25 % Kochsalz	Boden- und Brunnen-wasser mit 5 g pro l = 0,5 % Kochsalz	Boden- und Brunnen-wasser mit 10 g pro l = 1,0 % Kochsalz	Boden- und Brunnen-wasser	Boden- und Brunnen-wasser mit 2,5 g pro l = 0,25 % Kochsalz	Boden- und Brunnen-wasser mit 5,0 g pro l = 0,5 % Kochsalz	Boden- und Brunnen-wasser mit 10 g pro l = 1,0 % Kochsalz
Die Lösung enthält pro Liter in mg:									
	mg	mg	mg	mg	mg	mg	mg	mg	mg
Schwefelsäure	60,8	61,4	67,6	70,7	84,0	99,9	105,9	107,8	122,0
Kalk	219,0	248,6	345,0	432,2	550,0	248,0	364,0	454,8	583,6
Magnesia	14,4	16,6	21,9	28,5	38,7	21,0	28,9	36,4	48,4
Chlor	45,3	333,3	1503,5	3007,0	5975,0	44,0	1517,6	3021,2	5992,7
Chlornatrium, NaCl aus dem Cl berechnet	74,8	549,5	2478,7	4957,4	5850,5	72,5	2502,0	4980,7	9879,7
NaCl bei der Analyse gefunden . .	79,8	454,0	2127,0	4422,4	8917,4	79,0	2187,4	4434,0	8871,0
Natron	42,3	240,6	1127,3	2343,8	4726,2	41,9	1159,3	2350,0	4701,6
Chlorkalium	12,2	14,4	15,6	20,0	—	12,0	16,4	18,6	Nicht be-
Kali	7,8	9,0	9,8	12,7	—	7,7	10,4	11,8	stimmt

Der Boden enthielt für sich schon eine geringe Menge Chlornatrium, das sich bei der beschriebenen Behandlung des Bodens selbstverständlich gelöst hat und so den Gehalt der Filtrate an Chlornatrium erhöhte. Dadurch zeigen die in der letzten Reihe angeführten Zahlen die Absorption des Natrons alle um eine gleiche geringe Menge zu niedrig an.

Aus vorstehenden Versuchen geht hervor, dass das Kochsalz lösend auf die Bodenbestandtheile resp. die Pflanzennährstoffe, besonders auf Kalk und Kali umsomehr einwirkt, je grösser die einwirkende Menge Chlornatrium ist. Auf diese Eigenschaft des Chlornatriums muss die indirect düngende Wirkung desselben zurückgeführt werden. Letztere kann jedoch nur soweit gelten, als das Chlornatrium als solches im Boden verbleibt und auch hier hat die Anwendung des Kochsalzes als Düngemittel eine Grenze, indem bei einem gewissen Gehalt, wie wir weiter unten sehen werden, die vortheilhafte Wirkung in eine schädliche umschlägt. Anders auch ist die Sache, wenn das Kochsalz nicht im Boden verbleibt, sondern im Rieselwasser gelöst den Boden durchsickert; alsdann werden unter Umständen die gelösten Boden-Nährstoffe mit dem Rieselwasser fortgeführt und ausgewaschen.

Um dieses nachzuweisen, liessen wir durch 6 Portionen desselben Bodens von je 17 kg bei gewöhnlicher Zimmertemperatur je 72 Liter Wasser tropfenweise durchfiltriren, dem verschiedene Mengen Kochsalz pro 1 Liter zugesetzt waren. Der Boden wurde nach dieser Behandlung an der Luft abgetrocknet, gleichmässig gemischt, und mit verdünnter Salzsäure von 1,062 spec. Gewicht bei 50—60 ^{0} C. digerirt. 1 kg Boden (wasserfrei) ergab folgende lösliche Bestandtheile:

	No. 1.	No. 2.	No. 3.	No. 4.	No. 5.	No. 6.
NaCl pro Liter:	0,0	0,1	0,2	0,4	0,6	0,8
	g	g	g	g	g	g
Gelöst: SO_3	0,5212	0,5132	0,4994	0,4916	0,4628	0,4208
P_2O_5	1,3035	1,2251	1,1943	1,1896	1,1360	1,0699
Cl	0,0246	0,0413	0,0655	0,1176	0,1524	0,1664
CaO	2,8710	2,4500	2,3950	2,0110	1,3950	0,7781
K_2O	0,6100	0,5732	0,4840	0,3756	0,3132	0,2880
Na_2O	0,3268	0,5100	0,7124	0,9196	1,0932	1,2272
Dem Cl entspricht { NaCl	0,0402	0,0675	0,1070	0,1921	0,2490	0,2718
{ Na_2O	0,0215	0,0361	0,0572	0,1027	0,1331	0,1453
Demnach Rest für Na_2O .	0,3053	0,4747	0,6552	0,8169	0,9601	1,0819

Dieser Versuch wurde im Jahre 1882 nochmals und mit grösseren Mengen Wassers sowie Kochsalz pro Liter bei einem andern Boden wiederholt.

Je 20 kg eines lehmigsandigen Feldbodens, der durch ein Sieb von 1,5 mm Weite gebracht war, wurden in ein unten mit grobem Sand und Siebsatz versehenes Fass gefüllt, jedesmal 40 Liter gewöhnliches Brunnenwasser aufgegeben und gehörig umgerührt. Nach dem Absetzen des Bodens wurde das Wasser durch ein unten am Fass befindliches (vorher mit Quetschhahn verschlossenes) Rohr abgelassen, so dass das Wasser ähnlich, wie bei der Berieselung durch den Boden filtriren musste. Diese Operation wurde in jeder Reihe 6 mal wiederholt und 1 mal der Boden mit dem Wasser für sich allein ohne jeglichen Zusatz behandelt, dann andere Proben unter Zusatz von verschiedenen Mengen Chlornatrium. Von dem mit diesen Salzlösungen behandelten gleichmässig im lufttrocknen Zustande verriebenen Boden wurden je 50 g ½ Stunde mit verdünnter Salzsäure (50 ccm Salzsäure, 150 ccm Wasser) unter Ersatz des verdunsteten Wassers gekocht und auf 1000 ccm gebracht. Von dem Filtrat dienten je 300 resp. 500 ccm zur Bestimmung der einzelnen Bestandtheile nach bekannten Methoden. Der wasserfreie (d. h. von hygroskopischem Wasser freie) Boden hat hiernach in den einzelnen Reihen folgenden Gehalt an, in verdünnter Salzsäure löslichen Mineralstoffen:

Reihe	I.	II.	III.	IV.	V.	VI.
Leitungswasser + Zusatz pro 1 Liter.						
	mg	mg	mg	mg	mg	mg
Kochsalz (NaCl)	0	300	600	1000	2500	5000
Der Boden enthält:	%	%	%	%	%	%
Glühverlust Humus + chemisch gebundenes Wasser	4,07	4,12	3,76	3,87	4,06	4,13
Phosphorsäure	0,178	0,166	0,157	0,160	0,161	0,164
Schwefelsäure	0,040	0,037	0,037	0,036	0,038	0,035
Chlor	0,017	0,023	0,027	0,037	0,090	0,171
Kalk	0,475	0,446	0,396	0,383	0,348	0,303
Magnesia	0,167	0,139	0,104	0,099	0,097	0,092
Kali	0,075	0,074	0,066	0,058	(0,064)	(0,060)
Natron	0,056	0,085	0,101	0,132	0,230	0,299

Man sieht hieraus, dass ein Boden, um so weniger leicht lösliche Pflanzennährstoffe behält, oder was dasselbe ist, um so mehr der Pflanzennährstoffe beraubt wird, je grösser die Mengen Kochsalz sind, welche durch die Bodenschichten filtriren. Die Grenze, bei welcher diese bodenauswaschende Wirkung des Kochsalzes schon deutlich hervortritt, lässt sich nach vorstehenden Versuchen annähernd auf 500 mg oder 0,5 g pro 1 l feststellen; d. h. ein Wasser empfiehlt sich nicht mehr zur Berieselung, wenn es grössere Mengen Kochsalz als diese enthält. Die schädigende Wirkung kann alsdann nur dadurch wieder ausgeglichen werden, dass das Rieselwasser gleichzeitig grössere Mengen Kali, Kalk und Phosphorsäure enthält, als ein Wasser ohne solchen Kochsalzgehalt.

Um auch diese Wirkung des Kochsalzes bei der natürlichen Rieselung nachzuweisen, hat F. Storp den oben unter „Städtisches Abgangwasser" S. 113 beschriebenen Rieselkasten, der eine normale Grasvegetation hatte, einmal mit reinem Leitungswasser und dann unter Zusatz von 0,5 kg Kochsalz pro 500 Liter Wasser berieselt und zwar mit Wassermengen, wie sie bei der gewöhnlichen Wiesenrieselung üblich sind. Der Kasten wurde einige Tage vor dem Versuch schon berieselt, dann wurden am 21. August morgens vor dem Aufleiten des kochsalzhaltigen Wassers Proben von dem auf- und abfliessenden natürlichen Leitungswasser entnommen und am selben Tage abends desgleichen, nachdem den ganzen Tag über das kochsalzhaltige Wasser aufgeleitet war.

Das Wetter war während des ganzen Versuchs trübe und nebelig. Es flossen im Mittel mehrerer Messungen pro 1 Minute auf resp. ab:

Auf- fliessendes Wasser	Ab- fliessendes Wasser	Abnahme	
ccm	ccm	ccm	%
694,2	602,4	91,7	13,20

Die Analyse der Probe ergab folgenden Gehalt pro 1 l:

Proben:	21. Aug. Morgens auffliessen- des Leitungs- wasser mg	21. Aug. Morgens abfliessendes Leitungs- wasser mg	21. Aug. Abends auffliessende NaCl Lösung mg	21. Aug. Abends abfliessende NaCl Lösung mg
Cl	30,1	28,37	528,35	501,76
SO_3	95,31	95,62	100,09	97,52
N_2O_5	44,59	36,72	44,59	39,34
CaO	95,2	108,18	98,2	109,6
K_2O	9,74	10,30	9,92	11,12
Na_2O	17,25	18,88	432,3	415,7

Wenngleich diese Versuche einer während mehrerer Tage andauernden Fortsetzung und einer Wiederholung bedürfen, so ist doch bemerkenswerth, dass die Zunahme von Kali und Kalk bei Zuführung von kochsalzhaltigem Wasser für gleiches Volumen grösser ist, als bei Zuführung von reinem Leitungswasser.

Die Zunahme beträgt nämlich pro Liter:

	Reines Leitungswasser mg	Kochsalzhaltiges Wasser mg
Kalk	6,6	11,4
Kali	0,6	1,1

Die grössere Zunahme von Kalk und Kali in dem abfliessenden Wasser nach Zufügung von Kochsalz zum Rieselwasser steht vollständig im Einklang mit den vorhin gefundenen Resultaten bei dem nackten Boden.

Auf die lösende Wirkung von kochsalzhaltigem Wasser, besonders auch auf kohlensaures Calcium muss ohne Zweifel zurückgeführt werden, dass die Uferränder, welche mehr oder weniger kohlensaures Calcium enthalten, mitunter stark angefressen werden und einstürzen, wenn ein Bachwasser grössere oder geringere Mengen Kochsalz mit sich führt.

Die schädliche Wirkung von kochsalzhaltigem Wasser auf den Boden tritt aber nicht allein bei der Berieselung hervor, sondern es genügt auch, dass ein Boden zeitweise oder vereinzelt mit kochsalzhaltigem Wasser überschwemmt wird. So ist bekannt, dass die Polders in der Nähe der See unfruchtbar werden, wenn sie mit Meerwasser überschwemmt werden.

G. Reinders[1]) giebt in Versuchen über den Einfluss des Meerwassers auf den Boden an, dass ein Chlorgehalt von 0,25 %, löslich im Bodenwasser, schon schädliche Folgen hat, und die Erde unfruchtbar macht, indem nur wenige Samen hierin keimen und sich entwickeln können.

Nach Adolf Mayer[2]) ist die Menge, wobei schon eine schädliche Wirkung des Kochsalzes nach dieser Richtung im Boden anfängt, eine geringere als $\frac{1}{4}$ %. Er fand in überschwemmtem und beschädigtem Reiderswolder-Polder in 0,3 m Tiefe in einem noch feuchten Zustande 0,06—0,09 % Kochsalz und in 0,6 m Tiefe 0,07—0,29 % Kochsalz.

Die schädliche Wirkung des Kochsalzes im Polder beruht nach A. Mayer darin, dass Salzlösungen, welche in thonigen Massen keinerlei chemische Veränderungen erleiden, zu capillaren Bewegungserscheinungen zwischen den Thontheilchen Veranlassung geben, deren Resultat bei dem Wiederausspülen des Salzes ein Zusammenschlemmen (Dichtschlemmen) des Thones ist. In Folge dessen wird der Boden schwer durchlässig, mühsam zu verarbeiten, lässt in der nassen Zeit nicht Luft genug zu den Pflanzenwurzeln, neigt auch aus demselben Grunde zu schädlichen Reductions-Erscheinungen und in der trockenen Zeit zerreisst er in mächtige Spalten, wodurch wiederum die Pflanzenwurzeln beschädigt werden. Auf die Pflanzenwurzeln kann ein Kochsalzgehalt im Boden unter Umständen auch schon bei $\frac{1}{4}$ % und weniger nachtheilig wirken, denn im allgemeinen gedeihen die Pflanzen nur bei gewissen Concentrationen von Nährstofflösungen; in mehr als $\frac{1}{2}$ % Lösungen machen sich schon gewöhnlich Schädigungen geltend, auch wenn es sich um assimilirbare Salze handelt; umsomehr aber bei Kochsalz, welches eigentlich kein Pflanzennährstoff ist, sondern gewissermassen den zufälligen Bestandtheilen der Pflanzenaschen zugerechnet werden muss. So können Pflanzen im Frühjahr in einem salzhaltigen Boden gut aufgehen und gedeihen, während sie im Hochsommer erheblich leiden und absterben. Im Winter und Frühjahr ist der Boden wasserreich und wird das Kochsalz mehr und mehr in den Untergrund gewaschen. Im Sommer trocknet der Boden aus, es steigt viel Wasser capillar aus dem Untergrund nach oben, um zu verdunsten und wird einerseits das Kochsalz wieder an die oberen Bodenschichten geführt, andererseits bildet sich eine concentrirte Salzlösung, welche schädigend auf die Pflanzenwurzeln wirkt und die Pflanze zum Absterben bringt. Hiermit steht im Einklange, dass das Absterben von Pflanzen und Bäumen an den Ufern der Bäche oder an Stellen, welche mit kochsalzhaltigem Wasser überschwemmt wurden, durchweg am meisten und erst hervortritt, wenn der

---

[1]) Landw. Versuchsstationen 1876. Bd. XVI S. 190.
[2]) Journal für Landw. 1879 S. 389 und Forschungen auf dem Gebiet der Agric.-Physik von Wollny Bd. 2 S. 251.

Boden im Sommer austrocknet, dass aber keine schädliche Wirkungen beobachtet werden, so lange er hinreichend feucht ist.

2. Schädliche Wirkungen auf die Pflanzen..

a) Auf den Keimprocess.

Die Angaben über die Schädlichkeit des Chlornatriums auf die Keimung der Samen lauten sehr verschieden. Tautphöus[1]) findet, dass viele Samen (Weizen, Roggen, Mais, Bohnen und Erbsen) schon bei einem Gehalt von 0,5 % Kochsalz in ihrer Keimfähigkeit eine Beeinträchtigung erfahren; nur Rapssamen keimte in 2 %iger Kochsalzlösung so gut wie in destillirtem Wasser. J. Nessler[2]) dagegen theilt mit, dass bereits eine 0,5 %ige Chlornatriumlösung nachtheilig auf keimende Raps- und Kleesamen einwirkt, dass Weizen dagegen noch in 1 %iger Lösung keimt. Nach Versuchen von Fleischer[3]) liess eine 11 %ige Chlornatriumlösung Diestel-, Gerste-, Buchweizen-, Runkelsamen so gut fortkommen, wie destillirtes Wasser; theilweise blieben Weizen, Lein, Raps und Mais aus.

F. Storp (l. c.) legte je 200 Korn Gerste in Wasser, dem folgende Zusätze Chlornatrium pro Liter gegeben waren.

	No. I.	II.	III.	IV.	V.
	g	g	g	g	g
NaCl	0,0	0,10	0,50	1,00	5,00

Nach viertägigem Quellen wurden die Körner in Schalen auf Filtrirpapier gelegt, das durch die gleichen Lösungen fortwährend feucht gehalten wurde.

Die Schalen wurden zum Schutze vor Trockenheit und Sonne mit blauem Pappendeckel bedeckt.

Nach weiteren 5 Tagen zeigte sich folgendes:

Bei Nummer

I.	II.	III.	IV.	V.
Die meisten Körner hatten Wurzelkeime und einen Blattkeim.	Fast alle Körner waren gekeimt, ein Blattkeim zeigte sich noch nicht, die Entwickelung war und blieb noch etwas gleichmässiger wie bei I.	⅓ gekeimt, ein Blattkeim.	12—15 Körner gekeimt.	Meist noch nicht gequollen, kein Keim.

Nach abermals 5 Tagen:

---

[1]) Ueber die Keimung der Samen bei verschiedener Beschaffenheit derselben. Inaugural-Dissertation. München 1876.
[2]) Wochenbl. d. landw. Vereins im Grossherz. Baden. 1877 No. 6.
[3]) Nobbe: Samenkunde 1876. S. 269.

I.	II.	III.	IV.	V.
Die Halme waren meist 5 cm lang, einige aber noch mehr zurück.	Die Halme waren gleichmässig 5 cm lang.	Viele Körner waren ausgeblieben, die vorhandenen Halme aber am kräftigsten, 6 bis 8 cm lang.	30 Halme, Aussehen wie I.	14 Körner hatten gekeimt, 8 zeigten 1 cm lange Blattkeime.

Hiernach übt das Chlornatrium in ganz verdünnten Lösungen ($^1/_{100}\,^0/_0$) anscheinend auf den Keimprocess eine günstige Wirkung aus, bei stärkeren Concentrationen drückt es aber den Procentsatz der keimenden Körner mehr und mehr herab und verlangsamt den Verlauf des Processes. Dasselbe Resultat macht sich geltend in einem Boden, der, wie vorhin angegeben ist, mit kochsalzhaltigem Wasser berieselt wurde.

Zu ähnlichen Resultaten gelangte M. Jarius[1]. Er liess die verschiedensten Samen (Erbsen, Wicken, Mais, Gerste, Hafer, Roggen, Weizen, Raps, Rübsen, Rothklee) in destillirtem und salzhaltigem Wasser (Chlornatrium, Chlorkalium, Kaliumnitrat, Ammoniumsulfat von je 0,4 $^0/_0$, 1,0 $^0/_0$ und 2 $^0/_0$ Concentration) keimen und fand, dass 1. 0,2—0,4 $^0/_0$ige Salzlösungen im allgemeinen eine günstige Wirkung auf die Keimung hervorrufen, indem sie dieselbe beschleunigen und eine üppigere Sprossentwickelung bewirken; dass dagegen 2. 1 $^0/_0$ige und besonders 2 $^0/_0$ige Salzlösungen den Verlauf der Keimung hemmen, dieselbe hinausschieben oder ganz vereiteln. 3. Der schädigende Einfluss steigert sich und der günstige verringert sich um so mehr, je beschränkter der Sauerstoffzutritt ist. 4. Die günstige Wirkung äussert sich am meisten bei den Leguminosen, der schädigende Einfluss am wenigsten bei den Gramineen.

b) Auf die wachsenden Pflanzen.

Auf wachsende Pflanzen.

Zur Entscheidung der Frage, bei welchem Gehalt des Wassers an Kochsalz eine schädliche Wirkung auf wachsende Pflanzen statthat, sind bereits 1868 von H. Bardeleben[2] Versuche angestellt.

Er begoss für diesen Zweck täglich eine Grasvegetation in Blumentöpfen, die ursprünglich mit demselben Boden gefüllt waren, mit reinem Brunnenwasser und solchem, dem Kochsalz in verschiedenen Mengen zugesetzt war; nämlich

	Topf I.	II. III. IV. V. VI. VII. VIII.
Zusatz:	Reines Brunnenwasser	Brunnenwasser +
		$^1/_4\,^0/_0$, $^1/_2\,^0/_0$, 1 $^0/_0$, 1$^1/_2\,^0/_0$, 2 $^0/_0$, 2$^1/_2\,^0/_0$, 3 $^0/_0$ Kochsalz.

Der Versuch begann am 16. Mai; am 22. Mai, also nach 6 maligem Begiessen war

---

[1] Landw. Versuchsst. 1885. Bd. 32 S. 149.
[2] Bericht der Königlichen Prov.-Gewerbeschule in Bochum 1868.

das Gras bei No. III. bis auf einige kräftige Halme bereits abgestorben, ebenso bei V—VII bis zum 5. Juni, also nach 21 Tagen. Am 6. Juli, also nach 51 Tagen, war auch bei IV die Vegetation fast völlig vernichtet und bei II und III entsprechend der Concentration viel geringer als bei I.

Die Ernte des lufttrocknen Heus, der Asche- und Chlorgehalt bei I—IV war folgender:

	I.	II.	III.	IV.
Ernte an Heu . . .	13,520	8,685	5,825	1,865
Aschegehalt desselben .	14,66 %	18,89 %	25,47 %	34,25 %
Chlorgehalt der Asche .	13,23 %	30,99 %	36,94 %	39,02 %
desgl. des Bodens . .	0,003 %	0,008 %	0,013 %	0,023 %

Hieraus ergiebt sich, dass ein Wasser, welches nur unerheblich mehr an Kochsalz in Lösung enthält, als gewöhnliches Quell- oder Brunnenwasser, immerhin schon einen nachtheiligen Einfluss auf den Vegetationsprocess der Wiesengewächse auszuüben im Stande ist, sobald es längere Zeit hindurch als Flösswasser benutzt wird.

H. Bardeleben schliesst: „Dass ein Wasser mit $^1/_2$ und mehr Procent Kochsalz als Flösswasser benutzt, als ein für die Wiesenkultur schädliches, und unbedingt als ein auf den Graswuchs nachtheilig wirkendes zu betrachten ist".

Um diese Frage zu erweitern, wurden von mir im Sommer 1876 noch Versuche darüber ausgeführt, inwieweit Kochsalz auf Sträucher und Bäume schädlich influirt. Es wurden zu den Versuchen eine Deucia-Art und sogen. wilde Obstbäume gewählt.

1. Versuch mit Deutzia. Sechs gleichmässig entwickelte, in kommender Blüthe befindliche Pflanzen wurden vom 29. April an mit reinem und kochsalzhaltigem Wasser verschiedener Concentration bis zum Absterben derselben begossen. Entsprechend der Concentration fingen die Pflanzen an zu kränkeln; die Blätter rollten an der Spitze auf, vergilbten allmälig und fielen wie die Blüthen ab. Das Weitere ergiebt sich aus nachstehenden Zahlen:

Topf I.	II.	III.	IV.	V.	VI.
	Kochsalz per 1 Liter Wasser:				
Zusatz: Reines Wasser	0,5	1,0	1,5	2,0	3,0 g

Zu Ende des Versuchs ganz gesund.

	Abgestorben nach 140	69	32	26	26 Tagen.
Grösse des Zusatzes von Wasser	—	6$^1/_2$	6	4	4 Liter.

	Topf I.	II.	III.	IV.	V.	VI.
Asche[1]) der blätterfreien trocknen Pflanzen . .	5,38 %	9,24 %	13,61 %	11,76 %	11,57 %	8,17 %
Chlorgehalt der Asche .	6,75 %	16,46 %	28,47 %	32,70 %	30,67 %	28,38 %
Chlorgehalt des wasserfreien Bodens . . .	0,004 %	0,245 %	0,192 %	0,041 %	0,065 %	0,110 %

---

[1]) d. h. Kohle-, Sand- und Kohlensäure-freie Reinasche.

2. **Versuch mit wilden Obstbäumchen.** Die Obstbäumchen hatten eine Höhe von etwa 1 m; sie befanden sich in grösseren Gartentöpfen mit gleichmässig beschaffenem Boden. Auch hier wurden 6 Stück genommen, die vom 7. Juli mit Kochsalz-Lösungen von vorstehender Concentration begossen wurden. Nachdem 6 Liter derselben zugesetzt waren, wurde am 28. Juli die Concentration erhöht, nämlich 3, 5, 7, 10 und 12 g Kochsalz pro 1 Liter Wasser gegeben. Nach Zusatz von 6 bis 8 Liter dieser Lösungen zeigten sämmtliche Bäumchen am 21. bis 24. August gegenüber I, welches nur mit reinem Brunnenwasser begossen war, deutliche Erkrankungen, indem die Blätter gelb und roth wurden. Am 15. September, nach 16 Tagen, waren die Blätter der Bäumchen V und VI sämmtlich abgestorben und konnte am 7. October, nach 68 Tagen, No. VI als fast todt bezeichnet werden, nachdem 21 Liter Kochsalz von 12 g pro Liter zugesetzt waren. Ein Gleiches war von den anderen Bäumchen nicht zu constatiren, wenngleich deutlich krank, konnten sie nicht als abgestorben bezeichnet werden. Leider setzte die ungünstige Witterung dem Versuch ein Ende.

Die Bestimmung der Asche, des Chlors etc. ergab folgende Zahlen:

	I.	II.	III.	IV.	V.	VI.
	Zusatz: Reines	Kochsalz pro 1 Liter Wasser:				
	Brunnenwasser	3 g	5 g	7 g	10 g	12 g
Asche[1])-Gehalt der trocknen Bäumchen . . .	2,45 %	2,13 %	2,95 %	2,93 %	3,19 %	2,85 %
Chlorgehalt der Reinasche	0,73 %	1,52 %	1,41 %	2,15 %	5,84 %	10,87 %
Chlorgehalt des wasserfreien Bodens . . .	—	0,016 %	0,032 %	0,065 %	0,032 %	0,053 %

Der geringe und schwankende Gehalt des Bodens an Chlor bei dem bedeutenden Zusatz von Kochsalz kann nicht befremden; denn es ist bekannt, dass der Boden für Kochsalz nur ein äusserst geringes Absorptionsvermögen besitzt. Das Chlor wird entweder als Chlornatrium, oder, nachdem es sich mit Kalk- oder Magnesiasalzen zu Chlorcalcium oder Chlormagnesium umgesetzt hat, ausgewaschen. Die Töpfe der Obstbäume standen draussen im Garten, so dass es mehr als wahrscheinlich ist, dass das Chlor in der damaligen regenreichen Zeit des September grösstentheils ausgelaugt wurde.

Aus diesem Grunde haben vielleicht auch die Kochsalzlösungen für die Obstbäumchen nicht so schädlich gewirkt, als man es nach den Wirkungen für Gras und die Deutzia-Pflanze hätte erwarten sollen.

Im übrigen erhellt aus diesen Versuchen, dass die Wirkung des Kochsalzes eine um so nachtheiligere ist, in je grösserer Concentration es den Pflanzen verabreicht wird; sie sterben der Concentration entsprechend mehr oder weniger rasch ab; der Asche- und Chlorgehalt der Pflanzen steigt mit der Concentration der verabreichten Kochsalzlösung. Die Pflanzen sind um so empfindlicherer gegen erhöhte Kochsalzmengen, je stärker ihr Wachsthum ist.

Wir sehen, dass bei den zarten Sträuchern (Deutzia) schon ein Gehalt von 1 g Kochsalz pro Liter einen entschieden nachtheiligen Einfluss ausübt, der nach kürzerer oder längerer Zeit die Pflanzen zum Absterben bringt.

---

[1]) d. h. Sand-, Kohle- und Kohlensäure-frei.

Die Obstbäumchen sind wegen ihres langsameren Wachsthums nicht so empfindlich, jedoch ist auch hier ein Gehalt von 5 g Kochsalz pro Liter oder von $^1/_2\,\%$ und darüber ähnlich wie bei den Bardeleben'schen Versuchen mit Gräsern von schädlichem Einfluss, der schliesslich mit dem Tode der Pflanzen (resp. Bäume) endigt.

Liegt der Gehalt unter dieser Grenze, so können die Pflanzen sich mehr oder minder längere Zeit erhalten und eine erhebliche Menge Chlor in sich anhäufen, bis sie schliesslich erliegen. Ist der Kochsalzgehalt höher, so kommen die Pflanzen verhältnissmässig rasch zum Absterben, ohne dass die Asche den Chlorgehalt angenommen hat, den dieselbe bei minder concentrirten, längere Zeit verabreichten Lösungen zeigt.

Aehnliche Versuche stellte F. Storp (l. c.) an bei

3—4 jährigen Eichen

2 „ Fichten (Einzelpflanze) und

1 „ „ (Büschelpflanze).

Sämmtliche Bäumchen wurden vor Beginn der Vegetationsperiode in Töpfe gepflanzt und nach Bedürfniss mit destillirtem Wasser begossen, bis die Eichen völlig ergrünt und die jungen Nadeln der Fichten ziemlich entwickelt waren.

Alsdann wurden die möglichst gleichen Pflanzen ausgesucht und gleichmässig in 5 verschiedene Reihen vertheilt. Jede Reihe enthielt:

4 Töpfe mit Eichen,

1 Topf mit 2jährigen Fichten,

2 Töpfe mit einjährigen Fichtenbüschelpflanzen.

Vom 7. Juni an wurde begossen:

	Reihe I.	II.	III.	IV.	V.
	g	g	g	g	g
mit destillirtem Wasser + NaCl pro 1 l:	0,1	0,1	0,2	0,4	0,6

Beim jemaligen Begiessen erhielt jeder Topf 100 ccm Lösung. Dieses Mass genügte, um den Boden feucht zu erhalten, und floss dabei nichts (oder nur in einzelnen Fällen unbedeutende Mengen) unten ab.

Die Bodenlösung wurde auf diese Weise allmälig immer concentrirter sowohl an Nährstoffen wie an Chlornatrium, Chlorcalcium und den anderen angeblich schädlichen Bestandtheilen; eine Auslaugung aber wurde vermieden. In dieser Weise wurde gegossen im

Juni 13 mal

Juli 22 „

August 24 „

September 12 „

October 10 „

Die Eichen wurden einige Male mehr begossen, da dieselben in grösseren Töpfen standen. (Die Eichen standen in Glastöpfen, die etwa 5 kg Boden enthielten, die Fichten in irdenen, nur halb so viel Erde fassenden Blumentöpfen.)

Zu Anfang August wurden sämmtliche Fichten der Reihe V und fast gleichzeitig die der Reihe IV rothspitzig. Der Boden hatte bis zu diesem Punkte $2^1/_2$ g resp. 1,6 g NaCl durch das Giessen aufgenommen, enthielt also in den Fichtentöpfen jetzt ungefähr $0{,}10\,\%$

resp. 0,064% NaCl. Das Absterben der Nadeln ging von Tag zu Tag weiter, bis dieselben schliesslich ganz braun wurden und abfielen[1]).

Dieselben Erscheinungen in demselben Verlauf begannen sich im Anfange des Monats September bei den Fichten der Reihe III zu zeigen, nach einer Zuführung von 1,26 g NaCl. Dagegen behielten die Pflanzen der Reihe I und II ein frisches und gesundes Aussehen und entwickelten sich kräftig; die Reihe II schien die Reihe I im Wachsthum noch überflügeln zu wollen. Im Sommer (1882) zeigten sich jedoch in der Reihe II allmälig dieselben krankhaften Erscheinungen.

Die Eichen hatten auch bei diesem Versuche ihre von anderer Seite schon bemerkte hohe Resistenzfähigkeit gegen schädliche Einflüsse bewiesen. Sie zeigten bis jetzt, wenn man von der Entwickelung längerer Triebe, die einige Eichen der Reihe I auszeichneten, absah, keinerlei deutliche Unterschiede.

Bei der grossen Aehnlichkeit der Lebensbedingungen unserer Kulturpflanzen konnte man jedoch annehmen, dass bei Fortsetzung dieser Versuche schliesslich auch die Eichen nicht mehr der schädlichen Wirkung des Chlornatriums widerstehen würden.

Ferner hat F. Storp, um die directe Einwirkung des Chlornatriums auf die Entwickelung der Pflanzen zu ermitteln, Wasserkulturversuche angestellt, indem er eine Nährlösung von:

$$43{,}51 \text{ g } KCl + 47{,}76 \text{ g } Ca(NO_3)_2 + 8{,}73 \text{ g } MgSO_4 + 2{,}29 \text{ g } K_2HPO_4 \text{ und dazu}$$
$$3{,}3 \text{ g } Fe_2(PO_4)_2 \text{ (frisch gefällt)}$$

pro 10 Liter Wasser herstellte und hiervon aliquote Theile zu Wasserkulturen mit Gerste und Gräsern nahm. In den ersten 8 Tagen kamen die Pflänzchen in reines Brunnenwasser dann 14 Tage, vom 7.—21. Juni, in eine Nährlösung von $1/2$ pro mille und von da in eine solche von 1 pro mille und zwar unter Zusatz von steigenden Mengen Chlornatrium. Die Nährlösungen in den einzelnen Versuchstöpfen war folgende:

		Nährsalz g	NaCl pro Liter g
No.	I	1,0	—
„	II a	1,0	+ 0,2
„	III b	1,0	+ 0,4
„	IV a	1,0	+ 0,6
„	II b	0,8	+ 0,2
„	III b	0,6	+ 0,4
„	IV b	0,4	+ 0,6

Die mit a bezeichneten Nummern erhielten also gleiche Nährstoffmengen und mit der Ziffernummer zunehmende Chlornatriummengen, während bei den mit b bezeichneten Nummern der Nährstoffgehalt um ebensoviel abnahm, als die Chlornatriummenge zunahm, der Gesammtsalzgehalt der Flüssigkeit also 1 g pro Liter blieb.

Am 4. und 24. Juli und 3. September wurden die Lösungen erneuert. Die Gerstenpflanzen wuchsen alle ohne krankhafte Erscheinungen und zuerst auch ziemlich gleichmässig heran. Später zeigten sich, namentlich in der Zahl der gebildeten Aehren, erhebliche Unterschiede, aber ohne die geringste Regelmässigkeit. Im August wurden alle Gerstenpflanzen stark von Erysiphe graminis befallen, welcher Umstand die weitere nor-

---

[1]) Den Winter hindurch (bis zum 1. Mai) wurden diese Pflanzen mit destillirtem Wasser begossen und die schädlichen Stoffe auf diese Weise ausgewaschen. Das im Frühjahr erfolgte kräftige Treiben der fast als abgestorben erschienenen Pflanzen bewies, dass die Folgen einer Chlornatrium-Vergiftung rechtzeitig noch völlig zu heben sind.

male Entwickelung verhinderte. Irgend eine Einwirkung des Chlornatriums auf die Gersten-pflanzen war bis dahin nicht bemerkbar.

Die Gräser zeigten von Anfang bis zu Ende in allen Töpfen ein frisches gesundes Aussehen, nur schien in den Töpfen mit weniger Chlornatrium im allgemeinen die Ent-wickelung eine üppigere zu sein, als in den Töpfen mit höherem Chlornatriumgehalt und gleichzeitig geringerem Nährstoffgehalt.

Die Ernte (3. September 1881) bestätigte dies. Es lieferten:

1 Topf von	I	II a	II b	IIIa	IIIb	IVa	IVb
Nährsalz pro Liter	1,0	1,0	0,8	1,0	0,6	1,0	0,4 g
NaCl „ „	0,0	0,2	0,2	0,4	0,4	0,6	0,6 „
Heu bei 100⁰ getrocknet . . .	7,7	12,3		7,7	7,3	8,6	4,3 „
mit einem N-Gehalt bezogen auf							
Trockensubstanz von . . .	1,25	1,26		1,15	1,07	1,19	1,00%
Dementsprechend Rohproteïn .	7,81	7,875		7,19	6,69	7,44	6,25 „

Der höhere Chlornatriumgehalt der Lösungen allein, bei gleichbleibendem Nährstoffgehalt, scheint nach diesem Versuch keinen wesentlichen schäd-lichen Einfluss auf die Entwickelung der Pflanzen ausgeübt zu haben, sehr deutlich tritt dieser jedoch hervor (sowohl in Quantität als Qualität der Ernte) bei den Nummern, wo gleichzeitig mit der Zunahme des Chlorna-triumgehaltes der Lösung ihr Nährstoffgehalt abnimmt.

Um weiter festzustellen, wie sich der Ernteertrag auf Böden heraus-stellt, welche mit kochsalzhaltigem Wasser berieselt wurden, haben wir die oben mit verschiedenen Mengen Kochsalz behandelten Böden in Thontöpfe gefüllt, die ca. 5 kg Boden fassten und letzteren mit Grassamen besäet.

Von jeder Reihe wurden 3 Töpfe aufgestellt und das verdunstete Wasser gleich-mässig durch Begiessen mit destillirtem Wasser ersetzt.

I. Versuchsreihe 1881. (In dem oben S. 379 erwähnten Boden, der mit 72 Liter Wasser unter Zusatz von verschiedenen Mengen Kochsalz behandelt war.)

Der Grassamen, (ein Gemisch von englischem, französischem Raygras und Thimothee-gras) wurde am 24. Mai 1881 ausgesäet, die Ernte am 1. August und am 20. October 1881 genommen.

Die Resultate sind folgende:

	No. I.	II.	III.	IV.	V.	VI.
Boden behandelt mit . .	0,0	0,1	0,2	0,4	0,6	0,8 g NaCl pro Liter
Ernteertrag	23,00	15,32	16,06	13,52	15,65	12,45 g

Hiervon befanden sich in % auf Trockensubstanz berechnet:

	%	%	%	%	%	%
Stickstoff	1,72	1,59	1,40	1,19	1,35	1,08
Dementsprechend:						
Roh-Proteïn	10,75	9,94	8,75	7,44	8,44	6,75
Fett = Aetherextrakt . .	4,05	3,9	3,35	3,6	3,8	—
Gesammtasche	12,7	13,23	13,32	12,69	12,56	12,41

Von den extremen Gliedern No. I und VI wurde eine vollständige Aschenanalyse ausgeführt.

Es fanden sich in 100 Theilen Reinasche von

	No. I	VI.
SiO_2	31,62	32,60
P_2O_5	6,91	6,19
SO_3	9,61	6,82
Cl	3,70	10,13
CO_2	3,82	1,00
CaO	11,71	10,83
MgO	5,84	4,18
K_2O	21,21	20,16
Na_2O	3,88	8,94
Dem Cl entspricht		
Na_2O	3,23	8,85
Fe_2O_3	1,81	1,75
Summa	100,11	102,60
O für Cl ab . .	1,67	4,57
	98,44	98,03

Diese Untersuchung ergiebt, dass die werthlosen Aschenbestandtheile in der Pflanze SiO_2, Na_2O und Cl bei No. VI zugenommen haben, während die werthvolleren alle, sogar zum Theil eine erhebliche Abnahme erfahren. haben. Besonders beachtenswerth ist die starke Abnahme von Phosphorsäure und Schwefelsäure und die gleichzeitige Abnahme der Proteinstoffe. Das Kali hat nur um weniges abgenommen. Dieser Umstand scheint anzuzeigen, dass auch in dem Boden VI, der nach S. 379 doch nur halb so viel in Salzsäure lösliches Kali enthält wie Boden I, das Kali noch nicht im sogen. Minimum vorhanden gewesen ist resp. durch das vorhandene Chlornatrium aus den Silikaten löslich gemacht wurde. Endlich ist, wie der Kohlensäuregehalt anzeigt, die Basicität der Asche VI wesentlich geringer, als die der Asche I, ein Umstand, der nicht ohne Bedeutung zu sein scheint für den Rückschluss von der Beschaffenheit der Asche auf die der Pflanzen[1]) und daher bemerkt zu werden verdient.

Quantität wie Qualität der Ernte nehmen also auf den mit stärkeren Chlornatriumlösungen ausgewaschenen Böden immer mehr ab und bestätigen so die Gefährlichkeit der auslaugenden Kraft solcher Lösungen.

II. Versuchsreihe 1882. Um vorstehende Resultate ganz sicher zu stellen, wurde im Jahre 1882 der Boden, welcher sechsmal mit je 40 Liter Wasser unter Zusatz von wechselnden Mengen Kochsalz pro je 20 kg Boden begossen war, in ganz derselben Weise am 22. Juni 1882 in denselben Töpfen mit obigem Grasgemisch besäet und die Ernte ermittelt. Die erste Ernte wurde am 10. September, die zweite am 16. November genommen. Die Resultate sind folgende:

---

[1]) Siehe hierzu: A. Mayer, landw. Versuchsstat. 1881 S. 101 u. 346 und Haubner, Archiv für Thierheilk. 1878. S. 108/9 und 134.

Vegetation in dem mit Kochsalz behandelten Boden.

N°I. Boden mit gewöhnlichem Brunnen-(Leitungs-)wasser behandelt.
" II desgl. desgl. unter Zusatz von 300 mg Kochsalz pro 1 Liter
" III desgl. desgl. " " " 600 mg " " "
" IV desgl. desgl. " " " 1000 mg " " "
" V desgl. desgl. " " " 2500 mg · " " "
" VI desgl. desgl. " " " 5000 mg " " "

Verlag von Julius Springer in Berlin N

Fig. 42.

C.L.Keller, geogr. lith. Anst. u. Steindr. in Berlin S.

Gesammternte pro je 3 Töpfe:

Reihe	I.	II.	III.	IV.	V.	VI.
	mg	mg	mg	mg	mg	mg
Zusatz von Kochsalz zu dem Leitungswasser pro 1 Liter	0	300	600	1000	2500	5000
	g	g	g	g	g	g
Gesammternte an Pflanzen - Trockensubstanz	27,867	25,947	17,577	15,221	9,718	10,429
Darin: Rohproteïn	2,575	2,558	1,740	1,719	1,578	1,638
Fett (Aetherextract) . . .	1,151	1,087	0,886	0,702	0,543	0,604
N-freie Extractstoffe	12,835	11,542	7,694	6,555	4,085	4,650
Holzfaser	7,949	7,519	5,074	4,393	2,311	2,402
Reinasche	3,467	3,241	2,183	1,852	1,201	1,235
Kali	1,217	1,136	0,749	?	0,405	0,421
Natron	?	0,037	0,051	0,136	0,147	0,191
Kalk	0,488	0,380	0,355	0,209	0,101	0,089
Schwefelsäure	0,184	0,199	0,112	0,098	0,057	0,062
Phosphorsäure	0,322	0,317	0,220	0,222	0,154	0,155

Da die Unterschiede in der Vegetation der einzelnen Reihen auch äusserlich sehr hervortraten, habe ich die Versuchstöpfe photographiren lassen, und giebt die Abbildung 42 auf Tafel V eine Veranschaulichung der beobachteten Verhältnisse.

Diese letzteren Versuche lassen die Einwirkung des Kochsalzes auf Boden und Pflanzen noch frappanter hervortreten, als die ersten Versuche. Wir sehen, dass ganz entsprechend dem Verhalten, dass durch kochsalzhaltiges Wasser der Boden an Kali, Kalk und sonstigen Nährstoffen ausgewaschen wird, auch der Ernteertrag ein entsprechend niedriger ist. Ohne Zweifel muss ein grosser Theil dieser Wirkung darauf zurückgeführt werden, dass ein Theil des Chlornatriums in dem Boden verblieb, da der berieselte Boden einfach abtropfen gelassen und an der Luft trocken gemacht wurde. Jedoch haben wir mit Absicht diese Versuchsform gewählt, weil der schädliche Einfluss des kochsalzhaltigen Wassers meistens bei der Berieselung von Wiesen hervortritt; diese pflegt man aber nach der Berieselung einfach abzustellen, so dass ein Theil des Kochsalzes als solches in der Boden-Lösung verbleibt und nur nach und nach durch Regenwasser, wie in den Versuchen durch destillirtes Wasser, in tiefere Schichten gewaschen wird.

Als auffallend mag noch hervorgehoben werden, dass in dem Boden, welcher mit 1 g Kochsalz pro Liter und mehr behandelt worden war, anfänglich kaum ein Samen oder gar keine Samen keimten, sondern erst vereinzelte Pflanzen aufgingen, nachdem durch wiederholtes Begiessen mit destillirtem Wasser zum Ersatz des verdunsteten Wassers, das Chlornatrium mehr und mehr in den Untergrund gewaschen war. Diese vereinzelten Pflanzen entwickelten sich später meistens um so üppiger und überflügelten die einzelnen Individuen in den Normaltöpfen.

Wenngleich diese Versuche noch mit einzelnen Mängeln behaftet sind, so folgt doch das mit Sicherheit aus denselben, dass ein kochsalzhaltiges Wasser durch seine Fähigkeit, Bodennährstoffe auszulaugen, für Zwecke der Wiesenberieselung schon einen bedenklichen Charakter annimmt, wenn es mehr als 500 mg Chlornatrium pro 1 l enthält und dass ein Wasser mit mehr als 1000 mg (oder 1 g Chlornatrium pro Liter) abgesehen davon, dass eine Nährsalzlösung von 1 pro mille den Pflanzen überhaupt nicht zusagt, nicht mehr mit Vortheil zur Berieselung zu verwenden ist.

3. Schädlichkeit in gewerblicher Hinsicht.

Ein stark kochsalzhaltiges Wasser ist weder zum Waschen oder Bleichen noch als Kesselspeisewasser zu verwenden, denn bei der Wäsche ist die Möglichkeit der Bildung von harter Seife nicht ausgeschlossen und als Kesselspeisewasser bewirkt es ein schnelleres Rosten und Oxydiren von Eisen- und Kupfertheilen. Desgleichen ist ein kochsalzreiches Wasser unbrauchbar für Zuckerfabriken zur Diffusion, indem es die Ausbeute an Zucker verringert. Wenn mir hierüber auch keine directen Beobachtungen bekannt sind, so möchte ich doch annehmen, dass ein Wasser, welches mehr als 200—300 mg Chlornatrium pro 1 l enthält, in diesen Richtungen schon mehr oder weniger schädlich wirken kann.

4. Schädlichkeit in sanitärer Hinsicht.

Dem Kochsalz wohnt an sich natürlich bis zu einer gewissen Grenze keine schädliche Wirkung für Menschen und Thiere inne, im Gegentheil, es ist sogar von förderlichem Einfluss auf die Ernährung, speciell Verdauung; indess kann Kochsalz nur bis zu einem bestimmten Grade in wässeriger Lösung aufgenommen werden, wenn das Wasser noch seinen Zweck, den Durst zu stillen, erfüllen soll. Ein Wasser, welches 5 g Chlornatrium pro 1 l enthält, schmeckt für den Menschen schon zu salzig, während es vielleicht von Thieren noch genossen wird.

Nach Beobachtungen und Untersuchungen, welche Dr. Muck in Bochum hierüber angestellt hat, wurde ein Wasser, welches aus einem Gemisch von Steinkohlen-Grubenwasser und süssem Bachwasser bestand, und sich in Tümpeln auf Weiden befand, noch bei einem Gehalt von 2,5 resp. 2,2 resp. 1,3 resp. 3,11 g Kochsalz pro Liter gern und ohne Schaden von Thieren genommen und dürften derartige Mengen Kochsalz also für ein Wasser als Viehtränke noch zulässig sein.

Ich selbst habe gefunden, dass ein mit Steinkohlen-Grubenwasser vermischtes Teich- oder Grabenwasser auf Gut Rotthausen bei Gelsenkirchen, welches 3,405 g Abdampfrückstand mit 1,597 g Chlor (entsprechend 2,633 g Na Cl) enthielt, noch unbeschadet als Viehtränke benutzt wird.

Was den zulässigen Gehalt eines Wassers an Kochsalz für Süss- wasserfische anbelangt, so hat Dr. v. der Marck beobachtet, dass in dem Emscher Wasser bei Oberhausen bei einem Gehalt von 3,5 g Chloriden pro Liter noch Hechte, Barsche, Weissfische und Aale gut gedeihen; auch giebt die deutsche Ostsee-Expedition an, dass in der Nähe der Insel Rügen in einem Wasser von $^3/_4 \,^0/_0$ ($= 7,5$ g pro 1 l) Salzgehalt echte Süsswasser- fische, (darunter Barsche und Zander) aufs beste fortkommen.

Die sonstigen Angaben über die Grenzen der Schädlichkeit von Koch- salz für Süsswasserfische lauten verschieden. Während L. Grandeau[1] fand, dass Kochsalz in einer Menge von 10 g pro 1 l bei einer Wasser- temperatur von 20° C. bei Schleien in 5 Stunden den Tod bewirkte, konnte C. Weigelt[2] bei einer solchen Menge und der angegebenen Wassertempe- ratur noch keine schädliche Wirkung beobachten. Die von Weigelt über die Wirkung verschiedener Mengen Kochsalz bei verschiedenen Tempera- turen erhaltenen Resultate sind in folgender Tabelle enthalten:

Concentration der Lösung pro 1 Liter	Fischart	Temperatur des Wassers ⁰C.	Expositions-dauer	Verhalten des Fisches.
10 g NaCl	Grosse Forelle	6	15 Stdn.	Nach 2 stündigem Aufenthalt 67 Athem-züge in der Minute; kommt nach 15 Stunden in fliessendes Wasser.
10 g „	Schleie	6	14 „	Nach 14 stündigem Aufenthalt keine Symptome.
10 g „	Schleie	20	21 „	Nach 21 stündigem Aufenthalt keine Symptome.
10 g „	Schleie	20	21 „	Anfangs unruhig, dann still und keine weiteren Symptome.
10 g „	5 ganz kleine Fo-rellen, 5 Forel-len, Dotterträ-ger, 5 Aeschen	14	15½ „	Bleiben am Leben.
5 g „	Grosse Forelle	6	2 „	Nach 2 Stunden 57 Athemzüge in der Minute; keine Krankheitserscheinun-gen.
1 g „	Grosse Forelle	6	15 „	Nach 2 Stunden 57 Athemzüge in der Minute; nach 15 stündigem Aufent-halt keine Symptome.
1 g „	Schleie	6	14 „	Keine Symptome.
0,3 g „	Kleine Forelle	12	2 „	Keine Anzeichen.

[1] Grandeau: La soudière de Dieuze etc. Paris 1872. Libraire agricole de la maison rustique.
[2] Archiv f. Hygiene. 1885. Bd. III. S. 39. Ueber die Versuchsmethode vgl. S. 49 Anm.

Ch. Richet[1]) findet die toxische Dose des Chlornatriums für Fische erst zu 24,0 g pro 1 Liter, während die von Chlorcalcium zu 2,4 g, von Chlormagnesium zu 1,5 g und die von Chlorkalium bereits zu 0,1 g pro 1 Liter.

Diese letzteren Resultate harmoniren indess nicht mit Versuchen von H. de Varigny und Paul Bert[2]) über den Einfluss, welchen die Salze des Meerwassers auf die Süsswasserthiere ausüben. Nach den Versuchen H. de Varigny's übt eine Lösung von schwefelsaurem Magnesium, deren Concentration dem im Meerwasser herrschenden Verhältniss entspricht, welche also 2,2 g pro Liter enthält, keinen schädlichen Einfluss auf die Entwickelung der Froscheier und der Kaulquappen aus. Die in einer solchen Flüssigkeit ausgeschlüpften Kaulquappen gediehen sogar noch in einer Lösung, deren Gehalt an schwefelsaurem Magnesium nach und nach auf 4 g pro Liter gebracht war. Ebensowenig lässt sich beim Chlorkalium und Chlormagnesium unter analogen Verhältnissen ein schädlicher Einfluss wahrnehmen. Von ersterem enthält das Meerwasser 0,7 g, von letzterem etwa 3,5 g pro Liter; es wirkten aber selbst Lösungen, welche 3 g Chlorkalium, resp. 4 g Chlormagnesium enthielten, nicht nachtheilig auf die Entwickelung der Eier und der Kaulquappen. Dagegen vernichtet eine Chlornatriumlösung schon bei einer weit geringeren Concentration, als sie im Meerwasser, welches davon 20—25 g pro Liter enthält, vorhanden ist, die Lebensthätigkeit der Froscheier und der Kaulquappen. Die letzteren starben bei einem Alter von 10—20 Tagen noch in einer aus gleichen Theilen Süsswasser und Meerwasser bestehenden Lösung, während sie bei einem Alter von 5—6 Wochen zwar nicht darin zu Grunde gingen, aber in ihrer Entwickelung kaum bemerkbare Fortschritte machten.

P. Bert hat bereits 1871 derartige Versuche angestellt und ist im wesentlichen zu gleichen Resultaten gelangt; auch er findet, dass die Chlorverbindungen des Chlornatriums und Chlormagnesiums energischer wirken, als äquivalente Mengen der schwefelsauren Salze; ferner dass die Menge der im Meerwasser enthaltenen Chloride hinreicht, den Tod der Süsswasserthiere in 30—40 Minuten herbeizuführen. In einer Lösung, welche das gesammte, in einem gleichen Volumen Meerwasser enthaltene Magnesium als Chlorid enthielt, starben Ellritzen innerhalb 45 Minuten; in einer Lösung, welche das sämmtliche in einem gleichen Volumen Meerwasser enthaltene Chlor in Verbindung mit Natrium enthielt, trat der Tod der genannten Fische schon in 25 Minuten ein.

Bert hat ferner gefunden, dass der Tod bei denjenigen Thieren, deren Körper mit einem schützenden Schleim überzogen ist, in Folge einer exosmotischen Wirkung auf die Kiemen eintritt; es zeigt sich dort ein Undurch-

[1]) Compt. rend. 97 S. 1004.
[2]) Compt. rend. 1883. 97. S. 55 u. 131; vgl. Centr. Bl. f. Agricultur-Chemie. 1883. S. 652.

sichtigwerden des Epithels, sowie eine Störung in der Luftcirculation. Bei den Thieren ohne Schleimüberzug, wie Fröschen, Kaulquappen etc. hat die Exosmose eine Austrocknung des Körpers zur Folge, so dass das Thier $\frac{1}{4}$—$\frac{1}{3}$ seines Gewichts verliert; man kann sogar einen Frosch schon dadurch tödten, dass man einen seiner Füsse in Meerwasser taucht. Ein ausgewachsener, völlig unbeschädigter Aal vermag lange Zeit im Meerwasser zu leben; wenn aber der schützende Schleim von irgend einer Stelle seines Körpers entfernt wird, stirbt er in wenigen Stunden.

Bert studirte ferner den Einfluss der Temperatur und der Körpergrösse auf die Widerstandsfähigkeit der Thiere und fand, in Uebereinstimmung mit C. Weigelt. dass diese um so geringer wird, je höher die Temperatur des Wassers ist, und dass grössere Thiere widerstandsfähiger sind, als kleinere. Von Fischen erwiesen sich besonders der Aal, ferner der Salm und der Stichling resistent, während der Uklei sich überaus empfindlich zeigte.

Bert hat sich dann weiter mit der wichtigen Frage der Anpassung beschäftigt und ist hier zu besonders interessanten Resultaten gelangt. Durch ganz allmäligen, auf viele Tage vertheilten Zusatz von Meerwasser zum Süsswasser erzielte er zunächst bei Fischen, Kaulquappen, Crustaceen etc. und sogar bei Conferven eine sog. „halbe Anpassung", worunter die Erscheinung verstanden ist, dass die Thiere (oder Pflanzen) in einer, während ihres Aufenthalts darin, allmälig hergestellten Salz—Süsswassermischung am Leben bleiben, während sie schnell zu Grunde gehen, wenn sie unmittelbar, nachdem sie aus dem süssen Wasser herausgenommen sind, in diese Mischung gebracht werden. Es wurde später aber auch eine „ganze Anpassung" erzielt und zwar wurden diese Versuche mit den zu den Crustaceen gehörenden Wasserflöhen ausgeführt. Dieselben hatten sich durch längeren Aufenthalt in einer Flüssigkeit, deren Salzgehalt einem zur Hälfte mit Süsswasser verdünnten Meerwasser entsprach, dem neuen Medium so angepasst, dass sie zu Grunde gingen, als sie in Süsswasser, ihre ursprüngliche Heimath, zurückversetzt wurden. Bei diesen Thieren beobachtete Bert noch eine weitere, höchst interessante Erscheinung: Als das Süsswasser, in welchem sie lebten, relativ schnell, d. h. binnen wenigen Tagen, soweit mit Salz versetzt war, dass sein Gehalt daran dem einer Mischung von 2 Theilen Süsswasser mit 1 Theil Meerwasser entsprach, gingen die Thiere sämmtlich zu Grunde. Nach einigen Tagen aber zeigten sich neue Wasserflöhe, welche den Eiern der gestorbenen entschlüpft waren, so dass hier eine Anpassung, nicht des Individuums, sondern der Species stattgehabt hatte. Diese in Salzwasser zur Welt gekommenen Wasserflöhe unterschieden sich nur durch ihre Grösse von den gestorbenen, sonst waren, auch mit Hülfe des Mikroskops, keine unterscheidenden Merkmale wahrzunehmen.

Die Süsswasser-Infusorien (Paramaecien, Kolpoden, Vorticellinen, Diatomeen) und die Conferven zeigten sich vollkommen widerstandsfähig gegenüber einem Salzgehalt des Wassers, bei welchem die Fische und Crustaceen schon zu Grunde gingen.

Im allgemeinen wirkt ein Salzgehalt des Wassers, welcher dem einer Mischung von 2 Theilen Süsswasser und 1 Theil Meerwasser entspricht, auf die Süsswasserthiere tödtlich. Eine Anpassung derselben an einen Salzgehalt, welcher den einer Mischung von gleichen Theilen Meer- und Süsswasser um ein Geringes übertrifft, lässt sich leicht erzielen. Darüber hinaus wird die Erreichung einer Anpassung sehr schwierig; man darf den Salzgehalt des Wassers nur sehr langsam, pro Tag und Liter um etwa 0,1 g steigern.

Ueber die Schädlichkeit von Chlorcalcium und Chlormagnesium für Fische nach sonstigen Versuchen vgl. das folgende Kapitel.

Reinigung.

 Eine Reinigung kochsalzhaltiger Wässer von ihrem hauptsächlichsten Bestandtheil, dem Kochsalz, ist nur dann möglich, wenn dasselbe so kochsalzreich ist, dass es sich auf Kochsalz verarbeiten lässt. Dieser Fall tritt aber bei den Grubenwässern der Kohlenzechen nicht ein und so bleibt nichts übrig, als dieselben den natürlichen Wasserläufen zuzuführen. In vielen Fällen lässt sich die Verunreinigung der Bäche dadurch einschränken, dass die Grubenwässer, wie es z. B. im Kreise Bochum beabsichtigt wird, in einen Sammelabfluss zusammengeleitet und einem grösseren Flusse zugeführt werden. Eine in der letzten Zeit von dem Gesammtabfluss der Grubenwässer des Bochumer Reviers ausgeführte Analyse ergab pro 1 Liter:

Suspendirte Stoffe	Lösliche organische Stoffe	Chlornatrium	Chlorkalium	Chlorcalcium	Magnesiumsulfat	Calciumsulfat	Calciumnitrat
g	g	g	g	g	g	g	g
0,0225	0,0853	2,5695	0,0655	0,5190	0,2457	0,0674	0,0076

Ein solches Wasser dürfte wenigstens zur Viehtränke noch zulässig und der Fischzucht nicht schädlich sein.

Suspendirte Schlammtheile, wie Eisenoxyd, Kohle etc. in den Grubenwässern lassen sich durch zweckentsprechende Klärvorrichtungen beseitigen.

Ist ein Boden durch kochsalzhaltiges Wasser überschwemmt und stark kochsalzhaltig geworden, so empfiehlt A. Mayer[1] um die Gefahren der Dichtschlemmung zu vermeiden resp. zu beseitigen:

---

[1] Journ. f. Landw. 1879. S. 389.

1. den Boden ausfrieren zu lassen, d. h. ihn vor Winter in rauhe Furche zu legen, damit der Frost besser einwirken kann und die Salztheilchen den Winter über besser in den Untergrund gewaschen werden.
2. Anbau von bodenlockernden Gewächsen (z. B. Klee und sonstigen tiefwurzelnden Pflanzen).
3. Düngung mit ähnlich wirkenden Salzen, wie z. B. mit Chilisalpeter.

Abgangwasser aus Chlorkaliumfabriken, Salzsiedereien etc. mit hohem Gehalt an Chlorcalcium und Chlormagnesium.

Zusammensetzung:

Die Abgangwässer der Chlorkaliumfabriken (bei Stassfurt, Aschersleben und Bernburg), der Salzsiedereien, Ammoniaksoda- und Chlorkalk-Fabriken etc. enthalten eine grosse Menge Chloride, besonders Chlorcalcium oder wie erstere Chlormagnesium. K. Kraut[1]) giebt an, dass unter Berücksichtigung der Verhältnisse der neueren Etablissements in Stassfurt täglich 40,000 Ctr. Rohsalz verarbeitet werden und von der Verarbeitung als Abfall in die Flüsse gelangen. —

Bei Verarbeitung von 40 000 Ctr. oder 54 000 Ctr. 40 000 Ctr. oder 54 000 Ctr.

Chlormagnesium . .	8008 Ctr.	10 811 Ctr.	oder pro Sec.	4,634 Kilo				6,256 Kilo
Chlornatrium . . .	344 „	464 „	„ „ „	0,200 „				0,270 „
Chlorkalium	328 „	443 „	„ „ „	0,192 „				0,259 „
Schwefelsaures Magnesium	892 „	1204 „	„ „ „	0,516 „				0,697 „

Diese Salzwässer ergiessen sich durch verschiedene Nebenflüsse schliesslich sämmtlich in die Elbe und wird seitens der Stadt Magdeburg, welche das Elbewasser als Leitungswasser benutzt, gegen die Ablassung der Abwässer in die Elbe Einsprache erhoben, indem geltend gemacht wird, dass durch die Effluvien der Gehalt des Elbewassers an Chloriden unter Umständen bei sehr niedrigem Wasserstande in gefahrdrohender Weise erhöht wird[2]). K. Kraut weist jedoch nach, dass die Verunreinigung der Elbe durch diese Salze unter normalen Wasserverhältnissen keine bedenkliche ist, indem er bei dem niedrigsten Wasserstande von 0,37 m die Wassermenge zu 128 cbm pro Sec. und bei mittlerem Wasserstande von 1,78 m

---

[1]) Welche Bedeutung hat der Zufluss der Effluvien der Chlorkaliumfabriken bei Stassfurt, Aschersleben und Bernburg für den Gebrauch des Elbewassers. Darmstadt. (Als Manuscript gedruckt.)
[2]) Vgl. Vortrag von Prof. Dr. Schreiber, Tageblatt der Naturforscher und Aerzte in Magdeburg 1884. S. 276.

dieselbe zu 330 cbm pro Sec. annimmt, findet er, dass durch die Aufnahme der obigen Salzmengen der Gehalt des Elbewassers nur um folgende Mengen Salze pro 1 l zunimmt:

Bei Verarbeitung von	Niedrigster Wasserstand.		Mittlerer Wasserstand.	
	40 000 Ctr.	54 000 Ctr.	40 000 Ctr.	54 000 Ctr.
	mg	mg	mg	mg
Chlormagnesium . . um	36,22	48,90	14,05	18,97
Chlornatrium . . . „	1,56	2,10	0,60	0,82
Chlorkalium . . . „	1,50	2,03	0,58	0,79
Schwefelsaures Magnesium . . . . „	4,04	5,45	1,56	2,11

oder bei mittlerem Wasserstande und einer Verarbeitung von 40,000 Ctr. pro Tag um 11,13 mg Chlor, 6,44 mg Magnesia ($= 0,901^0$ Härte) und 1,04 mg Schwefelsäure. Bei mittlerem Wasserstande und gleichmässiger Vertheilung würde also eine tägliche Verarbeitung von 44,400 Ctr.[1] Rohsalz erforderlich sein, um die Härte des Elbewassers um einen Grad zu erhöhen; dazu aber kommt, dass die Abwässer, die bei Stassfurt, Aschersleben und Bernburg abfliessen, nicht unverändert bis Magdeburg gelangen. K. Kraut ist daher der Ansicht, dass die Annahme, „im Elbewasser habe eine rapide Zunahme des Chlorgehalts und der Härte in Folge des kolossalen Aufschwungs der Kaliindustrie in den letzten Jahren stattgefunden und diese Industrie gefährde die Verwendbarkeit des Elbewassers zu wirthschaftlichen und gewerblichen Zwecken“, nicht berechtigt ist; wenn dieses der Fall, so müssten mit dem Auf- oder Rückgang der Chlorkaliumfabriken eine Zu- resp. Abnahme des Chlors im Elbewasser verbunden sein; dieses ist aber nach den angestellten Untersuchungen nicht der Fall. So betrug:

	Menge des verarbeiteten Rohsalzes:			
	42 000 Ctr. pro Tag		34 000 Ctr. pro Tag	
	13. Mai 1878	30. Novbr. 1879	18. Juni 1878	30. Sept. 1879
Wasserstand der Elbe . .	1,8 m	2,00 m	1,09 m	1,10 m
Chlorgehalt des Elbewasser pro 1 Liter	70,0 mg	93,3 mg	140,0 mg	220,0 mg

Desgleichen wurden für den mittleren Chlorgehalt im Elbewasser und die verarbeiteten Mengen Rohsalz in den Jahren 1879—1883 gefunden:

	1879	1880	1881	1882	1883.
Verarbeitete Menge Rohsalz pro Tag	34 000	29 000	41 000	60 000	53 000 Ctr.
Mittlerer Chlorgehalt des Elbewassers pro 1 Liter	150,2	112,0	118,0	240,0[2]	141,8

---

[1] Indem K. Kraut eine Verarbeitung von 70000 Ctr. Rohsalz und einen täglichen Abgang von 14500 Ctr. Chlormagnesium annimmt, berechnet sich die Zunahme von Chlormagnesium im Elbewasser bei mittlerem Wasserstande zu 25,5 mg pro Liter.

[2] Nach einer einzigen Angabe des Magistrats, während K. Kraut am 28. Juni

Wir sehen hieraus, dass einerseits bei einer Abnahme der verarbeiteten Menge Rohsalz eine Zunahme an Chlor im Elbewasser stattgefunden hat, dass andererseits wenigstens der Chlorgehalt des Elbewassers nicht proportional steigt und fällt mit der Menge des verarbeiteten Rohsalzes. Es ist daher anzunehmen, dass der Chlorgehalt des Elbewassers nicht allein von den Chlorkaliumfabriken herrühren kann, sondern hierzu auch andere Zuflüsse beitragen müssen. So erinnert K. Kraut daran, dass nicht weniger wie 300 Zuckerfabriken Böhmen's und Sachsen's und verschiedene andere gewerbliche Etablissements ihre Schmutzwässer in die Elbe entsenden. Als auffallend auch (vgl. Einleitung S. 11) muss hervorgeheben werden, dass die Effluvien von den Chlorkaliumfabriken in Stassfurt, Aschersleben und Bernburg, nachdem sie mehrere Meilen geflossen sind, bei Magdeburg noch nicht gleichmässig in Elbewasser vertheilt sind, indem die linksseitige Elbe weniger Chloride führt, als die rechtsseitige; ein Beweis dafür, dass mitunter verunreinigende Abgangwässer grössere Strecken mit dem Bachwasser zusammenfliessen können, ehe sie sich gleichmässig mit demselben gemischt haben.

Verunreini-
gung der
Flüsse. Wenn somit die obigen Abgangwässer für die Elbe keine bedenklichen Verunreinigungen hervorrufen, so ist dieses doch bei kleineren Bächen mit geringeren Wassermengen nicht zu bezweifeln; so nimmt die Eine bei Aschersleben die Abwässer des neuen Alkaliwerkes auf und ergiesst sich mit denselben in die Wipper. Die dadurch für die beiden Bachwässer bewirkten Veränderungen erhellen aus folgender Untersuchung von Weinling[1]); derselbe fand pro 1 l:

	Kalk	Chlor	Schwefel-säure	Magnesia
	mg	mg	mg	mg
1. Abwässer vom neuen Alkaliwerk in Aschersleben	—	110 670,0	10 472,0	54 013,0
2. Eine vor Aufnahme der Abwässer	144,1	35,1	92,0	44,1
3. Wipper vor Aufnahme der Eine	131,7	112,7	92,7	46,8
4. Wipper nach Aufnahme der Eine mit den Abwässern	164,6	4096,4	453,2	2112,0
5. Wipper desgl. einige Meilen weiter . . .	131,6	1544,2	303,1	725,4
6. Wipper desgl. noch weiter unterhalb . . .	129,3	630,6	123,6	322,8

Man sieht hieraus, dass kleinere Bäche durch dieses Abwasser mitunter in ihrer Zusammensetzung erhebliche Veränderungen erleiden und dass die-

---

1882 im Magdeburger Leitungswasser bei 1,34 m Wasserstand 127,2 mg Chlor pro Liter fand.

[1]) Chem. Zeitg. 1883. S. 1301.

selben auch durch die Abgangwässer aus Salzsiedereien, die, wie z. B. in der Mutterlauge statt des Chlormagnesiums vorwiegend Chlorcalcium ablassen, verunreinigt werden können, habe ich bereits an einem Falle unter „Kochsalzhaltigen Abgangwässern" S. 372 gezeigt.

Ausserdem werden noch mehr oder weniger stark chlorcalciumhaltige Abgangwässer in den Industrien gewonnen, in welchen Salzsäure zur Fabrikation angewendet und die nicht ausgenutzte freie Salzsäure durch Kalk neutralisirt wird.

Dieses ist z. B. der Fall bei der Gewinnung des Kupfers auf nassem Wege. So verwendet man in der Stadtberger-Hütte bei Stadtberge Westf. den Kieselschiefer und Thonschiefer, welche das Kupfer in den Kluftflächen als Kupfercarbonat und im Innern als fein vertheiltes Schwefelkupfer enthalten, zur Extraction des Kupfers mit Salzsäure.

Nach einer freundlichen Mittheilung von Dr. Rentzing in Niedermarsberg werden dort jährlich ca. 50,000 Ctr. rohe Salzsäure auf ca. 800,000 bis 900,000 Ctr. Erze zum Auslaugen des Kupfers benutzt.

Die Erze werden auf 2—3 mm zerkleinert, alsdann mehrmals mit verdünnter Salzsäure angefeuchtet, in 4—5 m hohe Haufen aufgeschichtet und dann 3—4 Wochen der Einwirkung der Luft ausgesetzt. Nach dieser Zeit ist der grösste Theil des Kupfers in die Chlorverbindungen desselben umgewandelt und werden alsdann die Erze in die Laugekästen gebracht, um anfangs mit Mutterlauge, dann unter Zusatz von säurehaltiger Mutterlauge und zuletzt mit verdünnter roher Salzsäure behandelt zu werden. Nach 14—16 Tagen ist der Kupfergehalt der Erze bis auf 0,25 % herabgegangen; nachdem die Erze mit Mutterlauge abgewaschen sind, werden sie auf die Halde gebracht. Diese bilden ganze Berge bis zu 23 m Höhe und nehmen einen Flächenraum von mehr denn 6 ha ein.

Die atmosphärischen Niederschläge und durchsickernde Wässer nehmen aus diesen Halden nun fortwährend Kupfer auf und liefern täglich ca. 245 cbm kupfer- und eisenhaltige Haldenwässer, aus denen jährlich ca. 2000 Ctr. Kupfer gewonnnen werden.

Diese Haldenwässer werden aufgefangen und mittelst Rohrleitungen in Rührwerke geleitet, in denen durch Eisenabfälle (Blechschnitzel) das Kupfer niedergeschlagen wird. Die eisenhaltige Flüssigkeit wird in tiefer gelegene Rührwerke geleitet und in diesen mit Kalkmilch behandelt. Alsdann gelangt der ganze Inhalt in die Klärbassins und wird die Flüssigkeit nach vollständigem Absetzen der festen Bestandtheile dem Hintergraben zugeführt, um sich unterhalb der Hütte mit dem Wasser der Glinde zu vereinen. Die Glinde führt pro Minute 33,2 cbm und aus dem Bassin fliessen pro Minute 1,4 cbm chlorcalciumhaltige Wässer ab, welche sich mit diesen 33,2 cbm vereinen und welche zur Wässerzeit den Wiesen zugeführt werden.

Die Zusammensetzung dieses Abgangwassers, und die Beeinflussuug der Zusammensetzung des Wassers der Glinde durch dasselbe erhellt aus folgenden Analysen:

1 Liter enthält:	Gesammt-Abdampfrückstand mg	Kalk mg	Magnesia mg	Kali mg	Natron mg	Chlor mg	Schwefelsäure mg	Salpetersäure mg
1. Wasser aus der Glinde vor Aufnahme der Abwässer der Stadtberger Hütte	297,2	122,5	27,5	9,2	3,8	8,8	31,7	26,0
2. Abwasser der Stadtberger Hütte	10221,7	4935,0	70,0	19,6	59,9	6298,8	236,9	10,7
3. Wasser aus der Glinde nach Aufnahme der Abwässer der Stadtberger Hütte	492,0	172,0	35,0	10,1	5,6	88,7	35,2	19,9

Auf Salze umgerechnet, würde das Abwasser No. 2 pro 1 Liter enthalten:

Kaliumsulfat mg	Natriumsulfat mg	Magnesiumsulfat mg	Calciumsulfat mg	Calciumnitrat mg	Chlorcalcium mg
36,5	137,2	210,0	4,6	16,2	9817,2

Das Glindewasser nimmt nach obigen Zahlen allerdings durch die Aufnahme dieses Abgangwassers einen höheren Gehalt an Chlorcalcium etc. an, indess ist die absolute Menge nicht sehr wesentlich und kann in diesem Falle wohl keine nachtheiligen Wirkungen äussern, wie denn auch das mit dem Abgangwasser vermischte Glindewasser seit ca. 20 Jahren zur Bewässerung benutzt worden ist, ohne dass sich bis jetzt Nachtheile bemerkbar gemacht haben.

Auch sind Chlorcalcium und Chlormagnesium für die Vegetation nicht so schädlich, wie man früher angenommen hat.

Schädliche Wirkungen.

Schädliche Wirkungen. Was die schädlichen Wirkungen dieser beiden Arten Abgangwässer anbelangt, so mögen dieselben, bei dem gleichen Verhalten von Chlormagnesium und Chlorcalcium hier zusammen behandelt werden.

1. Wirkung auf Boden.

Auf Boden. Die Wirkungen von Wässern mit mehr oder weniger Chlormagnesium und Chlorcalcium auf den Boden sind ganz analog denen des Wassers mit Chlornatriumgehalt.

Wir haben[1]) nämlich je 0,5 kg Boden mit je 3 Liter destillirtem Wasser übergossen und letzterem einmal gar nichts, dann verschiedene Mengen (0,5, 1,0 und 1,5 g pro Liter) Chlormagnesium und Chlorcalcium zugesetzt; den Boden wiederholt in Flaschen mit dem

---

[1]) Die Untersuchungen wurden vom Verf. in Gemeinschaft mit Dr. C. Böhmer, Ed. Schmid, Dr. v. Peter, Dr. Swaving und Dr. A. Schulte im Hofe ausgeführt.

Wasser geschüttelt, 21 Tage stehen lassen, filtrirt und in aliquoten Theilen Kali, Kalk und Magnesia bestimmt; es wurde in der überstehenden Flüssigkeit (3 Litern) gefunden:

Chlormagnesium-Reihe.

Zusatz von $MgCl_2$	0	0,5	1,0	1,5 g pro Liter
In Lösung:				
Kali	0,0124 g	0,0357 g	0,0422 g	0,0579 g
Kalk	0,0768 g	0,1542 g	0,2043 g	0,2938 g
Magnesia . .	0,0111 g ·	0,0546 g	0,1176 g	0,1562 g

Chlorcalcium-Reihe.

Zusatz von $CaCl_2$	0	0,5	1,0	1,5 g pro Liter
In Lösung:				
Kali	0,0124 g	0,0318 g	—	0,0411 g
Kalk	0,0768 g	0,2886 g	0,5190 g	0,7485 g
Magnesia . . .	0,0111 g	0,0207 g	0,0261 g	0,0276 g

Eine Wiederholung dieses Versuches mit 1,5 kg eines anderen Bodens und je 3 Liter Wasser mit und ohne Zusatz von Chlorcalcium und Chlormagnesium lieferte ganz ähnliche Resultate; der Boden stand mit den Salzlösungen bei gewöhnlicher Zimmertemperatur von Juli—November und wurde fast jeden Tag mit denselben durchgeschüttelt. Es wurde für die 3 Liter der überstehenden Lösung gefunden:

Chlormagnesium-Reihe.

Zusatz von $MgCl_2$	0	0,5	1,0	1,5 g pro Liter
In den 3 Litern Lösung:				
Chlor	0,0213 g	0,5751 g	1,1076 g	1,6293 g
Kali	0,0009 „	0,0284 „	0,0560 „	0,0876 „
Kalk	0,2376 „	0,4500 „	0,5718 „	0,6738 „
Magnesia . . .	0,0333 „	0,1828 „	0,3909 „	0,5663 „

Chlorcalcium-Reihe.

Zusatz von $CaCl_2$	0	0,5	1,0	1,5 g pro Liter
In den 3 Litern Lösung:				
Chlor	0,0213 g	0,6921 g	1,4715 g	1,7040 g
Kali	0,0009 „	0,0066 „	0,0128 „	0,0153 „
Kalk	0,2378 „	0,5592 „	0,8712 „	1,2288 „
Magnesia . . .	0,0333 „	0,0636 „	0,0768 „	0,0828 „

Untersucht man den rückständigen Boden, so findet man in demselben nach Behandlung mit Chlormagnesium entsprechend weniger Kali und Kalk und nach der mit Chlorcalcium weniger Kali und Magnesia.

So wurde ein magerer Sandboden und ein mittelschwerer Lehmboden in der nachstehend unter „2. Wirkung auf Pflanzen" beschriebenen Weise 10 mal mit verschieden starken Lösungen von Chlorcalcium und Chlormagnesium behandelt, einmal mit destillirtem Wasser nachgewaschen und der rückständige Boden an der Luft getrocknet.

Je 100 g des lufttrocknen Bodens wurden dann gleichmässig $\frac{1}{2}$ Stunde mit verdünnter Salzsäure (100 ccm concentrirte Salzsäure und 200 ccm Wasser) gekocht, die Lösung

26*

auf 1000 ccm aufgefüllt und in aliquoten Theilen des Filtrats, Kalk, Magnesia, Kali und Phosphorsäure bestimmt; die Untersuchung ergab in der salzsauren Lösung auf geglühten Boden berechnet:

1. Behandlung mit Chlormagnesium.

	Sandboden				Lehmboden			
Zusatz von MgCl$_2$ pro 1 l . . .	0 g	0,5 g	1,0 g	1,5 g	0 g	0,5 g	1,0 g	1,5 g
In der salzsauren Lösung des Bodens:	%	%	%	%	%	%	%	%
Kalk	0,175	0,151	0,136	0,140	0,694	0,526	0,415	0,325
Magnesia	0,056	0,077	0,087	0,090	0,160	0,278	0,334	0,386
Kali	0,025	0,021	0,022	0,020	0,086	0,113	0,111	0,123
Phosphorsäure	0,074	0,077	0,077	0,074	0,078	0,079	0,077	0,079
Chlor	0,010	0,009	0,008	0,013	0,009	0,036	0,037	0,039

2. Behandlung mit Chlorcalcium.

	Sandboden				Lehmboden			
Zusatz von CaCl$_2$ pro 1 l . . .	0 g	0,5 g	1,0 g	1,5 g	0 g	0,5 g	1,0 g	1,5 g
In der salzsauren Lösung des Bodens:	%	%	%	%	%	%	%	%
Kalk	0,175	0,196	0,201	0,198	0,694	0,799	0,838	0,912
Magnesia	0,056	0,052	0,048	0,045	0,160	0,159	0,154	0,169
Kali	0,025	0,022	0,017	0,021	0,086	0,095	0,089	0,106
Phosphorsäure	0,074	0,075	0,078	0,071	0,078	0,072	0,074	0,072
Chlor	0,010	0,029	0,031	0,028	0,009	0,028	0,026	0,026

Man sieht hieraus, dass sich Chlormagnesium und Chlorcalcium in ähnlicher Weise gegen den Boden verhalten wie Chlornatrium; sie wirken lösend auf die Bestandtheile des Bodens, indem die Basen vom Boden absorbirt und dafür eine entsprechende Menge anderer Basen aus dem Boden in Lösung geht, also Kalk und Kali bei Einwirkung von Chlormagnesium, dagegen Magnesia und Kali bei Einwirkung von Chlorcalcium auf den Boden. Die umsetzende Wirkung des Chlormagnesiums ist aber viel stärker, als die des Chlorcalciums. Das macht sich nicht nur geltend für die Salzlösungen, welche längere Zeit mit dem Boden in Berührung waren, sondern auch für den rückständigen Boden, welcher mehrmals mit Lösungen dieser Chloride behandelt war.

Zwar ist die verdünnte Salzsäure als Reagens für die im Boden befindlichen, leicht löslichen Pflanzennährstoffe sehr wenig zuverlässig und massgebend, indess sehen wir doch, dass sowohl der magere Sand- als der gehaltreichere Lehmboden nach wiederholter Behandlung derselben mit Chlormagnesium-Lösungen an Kalk nicht unerheblich und umsomehr abgenommen hat, je grössere Mengen Chlormagnesium auf den Boden eingewirkt haben. Bei Chlorcalcium macht sich die Abnahme an Magnesia in dem rückständigen Boden nicht oder nur unbedeutend geltend, weil es an sich schwächer als Chlormagnesium einwirkt und weil die angewendete Salzsäure diese geringen Unterschiede nicht hervortreten lässt.

Für Kali macht sich nur beim Sandboden eine schwache Abnahme in dem salzsauren Auszuge geltend; bei dem Lehmboden sehen wir dagegen sogar eine, mit der angewendeten Concentration der Chloride schwach ansteigende Zunahme.

Da in den Salzlösungen selbst eine der Concentration der einwirkenden Chloride entsprechende Menge Kali mehr ist, als in der wässerigen Lösung des Bodens ohne Zusatz von Chloriden, so kann man hieraus nur schliessen, dass diese Chloride, besonders Chlormagnesium, zwar lösend auf das Kali des Bodens wirken und solches wegführen, dass sie aber andererseits dasselbe aus den Silikaten aufschliessen und in leicht lösliche Form überführen.

Das stimmt auch vollständig, wie wir gleich sehen werden, mit dem Resultat überein, welches für die in dem Boden gewachsenen Pflanzen und deren Gehalt an Kali gefunden wurde.

2. Wirkung auf Pflanzen.

Man pflegt bis jetzt dem Chlormagnesium und dem Chlorcalcium specifisch giftige Wirkungen auf die Pflanzen zuzuschreiben. Um dieses zu prüfen, haben wir mit beiden Chloriden ähnliche Versuche wie mit Chlornatrium angestellt.

Je 20 kg eines mittelguten lehmigen Sandbodens wurden zunächst mit verschiedenen Mengen Chlorcalcium und Chlormagnesium genau in der, wie bei den Kochsalzversuchen (S. 379) angegebenen Weise, behandelt, indem der Boden in Fässer gefüllt, darauf jedesmal 40 l Wasser, unter Zusatz wechselnder Mengen der beiden Salze, gegeben und das Wasser durchfiltrirt wurde. Im ganzen wurden 10 mal je 40 l in jeder Reihe aufgegeben und dem Wasser in den einzelnen Reihen zugesetzt pro 1 l:

Chlormagnesium resp. Chlorcalcium 0, 0,5 g, 1,0 g und 1,5 g.

Um festzustellen, ob das Chlormagnesium resp. Chlorcalcium als solches schädlich wirkt, wurde in einer Reihe der Boden nach dem Abtropfen einfach abtrocknen gelassen, so dass ein Theil der Chloride als solche in der Bodenlösung verblieb. In einer zweiten Versuchsreihe jedoch wurden die Salze durch einmaliges Nachwaschen d. h. Durchfiltriren von 40 Liter destillirtem Wasser zum grössten Theil entfernt. Nachdem der so behandelte Boden durch einfaches Ausbreiten an der Luft trocken gemacht war, wurde er gleichmässig gemischt und in die unter Kochsalz beschriebenen Versuchstöpfe gefüllt; in jeder Reihe kamen 3 Töpfe zur Anwendung, welche am 27. Mai 1884 mit Grassamen besäet wurden. Auch hier machte sich, wie beim Kochsalz die Erscheinung geltend, dass die Samen in dem mit den stärkeren Salzlösungen behandelten Boden nur spärlich keimten und sich anfänglich nur kümmerlich entwickelten, dass dagegen die Pflanzen, welche sich entwickelten, später die in der Normalreihe und in dem mit schwächerer Salzlösung behandelten Boden in der Entwicklung übertrafen. Die erste Ernte wurde am 24. Juli genommen, dann der

Boden in den Töpfen umrayolt und nochmals mit Grassamen besäet. Diese zweite Vegetation war selbstverständlich eine viel schwächere und wurde am 10. October geerntet.

Die in den einzelnen Reihen geerntete Pflanzentrockensubstanz und der Gehalt derselben an Mineralstoffen sind in folgender Tabelle enthalten:

Chlormagnesium-Reihe.

	Nicht mit destillirtem Wasser nachgewaschen.				Mit destillirtem Wasser nachgewaschen			
	g	g	g	g	g	g	g	g
Zusatz von $MgCl_2$ pro 1 l . . .	0	0,5	1,0	1,5	0	0,5	1,0	1,5
Gesammternte (wasser- u. sandfrei)	9,839	10,950	11,431	10,156	11,564	?	11,230	10,351
	%	%	%	%	%		%	%
Darin: Reinasche	12,56	13,02	13,12	12,79	12,80		12,02	13,32
Mit: Kalk	1,839	1,452	1,274	1,231	1,871		1,289	1,271
Magnesia	0,594	0,800	0,829	1,176	0,586		1,008	1,171
Kali	3,106	3,505	3,940	3,672	3,353		—	3,436
Phosphorsäure. . .	1,379	1,218	1,215	1,179	1,279		1,232	1,237

Chlorcalcium-Reihe.

	g	g	g	g	g	g	g	g
Zusatz von $CaCl_2$ pro 1 l . . .	0	0,5	1,0	1,5	0	0,5	1,0	1,5
Gesammternte (sand- u. wasserfrei)	9,839	10,744	10,105	?	11,564	9,801	10,006	?
	%	%	%		%	%	%	
Reinasche	12,56	13,47	12,52		12,80	13,13	12,12	
Mit: Kalk	1,839	2,248	2,268		1,871	2,061	2,020	
Magnesia	0,594	0,486	0,395		0,586	0,466	0,493	
Kali	3,106	2,809	2,821		3,353	3,086	2,704	
Phosphorsäure	1,379	1,290	1,272		1,279	?	1,217	

Diese Versuche wurden in derselben Weise im Jahre 1885 mit dem oben besprochenen leichten Sandboden und Lehmboden wiederholt; nachdem 10 mal mit den Salzlösungen behandelt war, wurde zur Entfernung des grössten Theiles der Salze 1 mal mit destillirtem Wasser ausgewaschen und der so behandelte Boden nach dem Trocknen an der Luft zu den Kulturen verwendet. Ueber die in verdünnter Salzsäure löslichen Bestandtheile desselben vgl. S. 404.

Der Boden in den Töpfen wurde am 1. Juli mit Grassamen besäet; auch hier zeigte sich im allgemeinen, dass die Samen in den Reihen, deren Boden mit Salzlösungen behandelt war, viel unregelmässiger und spärlicher keimten, dass die gekeimten Pflanzen in der ersten Vegetationszeit vom 1. Juli bis 8. August, an welchem Tage die erste Ernte genommen wurde, eine geringere Entwickelung zeigten; in der 2. Periode vom 8. August bis 25. September, wo die zweite Ernte genommen wurde, war die Entwickelung bei den mit Salzlösungen behandelten Reihen jedoch durchweg eine um so üppigere, so dass mit Ausnahme der $MgCl_2$-Reihe bei Sandboden, die Gesammternte bei letzteren, wie nachstehende Zahlen zeigen, sogar eine grössere war, als in dem nicht mit Salzlösungen behandelten Boden.

Ueber die in den einzelnen Reihen erzielte Grasernte und deren Gehalt an Mineralstoffen giebt nachstehende Tabelle Aufschluss, wobei noch zu bemerken ist, dass der Boden in den einzelnen Reihen stets auf demselben Feuchtigkeitsgrad — nämlich auf ca. 60% seiner wasserhaltenden Kraft — gehalten wurde.

1. Chlormagnesium-Reihe.

	Sandboden				Lehmboden			
Zusatz von $MgCl_2$ pro 1 l . . .	g 0	g 0,5	g 1,0	g 2,0	g 0	g 0,5	g 1,0	g 2,0
Wasser- und sandfreie Gesammternte	23,369	21,871	18,290	18,778	17,473	23,237	19,687	30,045
Darin: Reinasche	$\%$ 12,60	$\%$ 12,35	$\%$ 13,35	$\%$ 13,23	$\%$ 14,58	$\%$ 14,57	$\%$ 14,67	$\%$ 14,19
Mit: Kalk	2,057	1,260	1,023	0,975	2,178	1,184	1,240	1,046
Magnesia	0,858	1,301	1,352	1,377	0,861	1,204	1,273	1,356
Kali	3,197	3,601	4,397	4,803	4,694	4,869	5,693	5,777
Phosphorsäure . .	0,787	0,873	0,903	0,750	0,981	1,160	1,166	0,947

2. Chlorcalcium-Reihe:

	g 0	g 0,5	g 1,0	g 2,0	g 0	g 0,5	g 1,0	g 2,0
Zusatz von $CaCl_2$ pro 1 l . . .								
Wasser- und sandfreie Gesammternte	23,369	24,861	23,541	27,380	17,437	31,644	17,670	26,008
Darin: Reinasche	$\%$ 12,60	$\%$ 12,95	$\%$ 12,15	$\%$ 12,77	$\%$ 14,58	$\%$ 13,06	$\%$ 11,72	$\%$ 11,94
Mit: Kalk	2,057	2,519	2,654	2,865	2,178	2,379	2,644	2,809
Magnesia	0,858	0,746	0,707	0,666	0,861	0,626	0,572	0,519
Kali	3,197	3,138	3,571	3,652	4,694	—	4,802	5,005
Phosphorsäure . .	0,787	0,764	0,723	0,733	0,981	0,879	1,059	0,907

Oder indem Reinasche, Kalk, Magnesia, Kali und Phosphorsäure auf die wirklich geerntete Pflanzensubstanz umgerechnet werden, wurden von dieser aus dem Boden aufgenommen:

1. Chlormagnesium-Reihe.

	Sandboden				Lehmboden			
Zusatz von $MgCl_2$ pro 1 l . . .	g 0	g 0,5	g 1,0	g 1,5	g 0	g 0,5	g 1,0	g 1,5
Reinasche	2,944	2,701	2,442	2,484	2,548	3,386	2,888	4,263
Kalk	0,481	0,276	0,187	0,183	0,381	0,275	0,244	0,314
Magnesia	0,201	0,285	0,247	0,258	0,150	0,280	0,251	0,407
Kali	0,747	0,788	0,804	0,902	0,818	1,131	1,121	1,736
Phosphorsäure	0,184	0,191	0,165	0,141	0,171	0,270	0,230	0,294

2. Chlorcalcium-Reihe.

Zusatz von CaCl$_2$ pro 1 l . . .	Sandboden				Lehmboden			
	0 g	0,5 g	1,0 g	1,5 g	0 g	0,5 g	1,0 g	1,5 g
Reinasche	2,944	3,219	2,860	3,496	2,542	4,133	2,071	3,105
Kalk	0,481	0,626	0,625	0,784	0,381	0,453	0,467	0,731
Magnesia	0,201	0,185	0,166	0,182	0,150	0,198	0,101	0,136
Kali	0,743	0,780	0,841	1,000	0,818	—	0,849	1,302
Phosphorsäure	0,184	0,190	0,170	0,201	0,171	0,278	0,187	0,236

Aus diesen Versuchen geht zunächst hervor, dass in den Fällen, in welchen der Boden mit Chlormagnesium behandelt war, die Pflanzentrockensubstanz entsprechend ärmer an Kalk und reicher an Magnesia ist, während nach Behandlung mit Chlorcalcium umgekehrt der Kalk entsprechend zu- und die Magnesia abgenommen hat.

Bei Kali dagegen finden wir, dass dasselbe sowohl procentisch wie absolut nach der Behandlung mit den Salzlösungen eine Zunahme erfahren hat und diese Zunahme ist bei den Chlormagnesium-Reihen eine stärkere, wie bei den Chlorcalcium-Reihen. Es kann dieses befremden, da, wie wir gesehen haben, das Chlormagnesium stärker lösend auf das Kali im Boden wirkt, als Chlorcalcium, dass man daher gerade in den Chlormagnesium-Reihen viel weniger Kali als in den Chlorcalcium-Reihen erwarten sollte.

Nicht minder befremdend kann erscheinen, dass in den Böden nach Behandlung derselben mit den Salzlösungen, also trotz der grösseren Auswaschung von Nährstoffen, in 5 Fällen eine höhere Ernte erzielt wurde, als in den Böden, welche nur mit gewöhnlichem Wasser ohne Zusatz der Chloride behandelt waren.

Beide Thatsachen finden aber ihre einfache Erklärung, wenn man annimmt und die übereinstimmenden Zahlen sowohl bei dem Boden, wie den darin gewachsenen Pflanzen, drängen zu dieser Annahme, nämlich, dass Chlormagnesium und Chlorcalcium einerseits, wie Chlornatrium eine bodenauswaschende, andererseits aber wie Eisenvitriol eine aufschliessende und indirect düngende Wirkung besitzen.

Wir sehen nämlich, dass bei den Versuchen im Jahre 1884 die Ernte an Pflanzensubstanz in der zweiten Hauptreihe, in welcher die beiden Salze durch einmaliges Nachwaschen mit destillirtem Wasser wieder zum grössten Theile aus dem Boden entfernt wurden, etwas geringer ist, als in der Normalreihe, deren Boden nicht mit Salzlösungen behandelt war, während in der ersten Hauptreihe, in welcher die Salzlösung, soweit sie nicht von selbst aus dem Boden abtropfte, im Boden verblieb und mit diesem an der Luft austrocknete, die Ernte an Pflanzensubstanz durchweg etwas grösser ist, als in der Normalreihe. Hier muss daher wohl die noch vorhandene grössere Menge Chlormagnesium resp. Chlorcalcium eine entsprechend grössere lösende Wirkung auf die Bodennährstoffe, besonders auf Kali, ausgeübt haben.

Noch mehr tritt dieses bei den Versuchen im Jahre 1885 hervor. Hier hat bei dem mageren Sandboden die Behandlung mit Chlormagnesium eine Verringerung der Ernte zur Folge gehabt, während bei Behandlung desselben mit Chlorcalcium keine Verminderung, sondern eher eine Erhöhung der Ernte hervortritt. Da, wie wir gesehen haben, Chlormagnesium stärker lösend auf die Bodennährstoffe, besonders auf Kali wirkt, als Chlorcalcium, so konnte bei dem an sich mageren Sandboden die bodenauswaschende Wirkung des Chlormagnesiums in den angewandten Mengen nicht durch die aufschliessende und indirect wirkende ersetzt werden, während dieses bei dem nicht so stark einwirkenden Chlorcalcium in den angewandten Mengen der Fall war.

Bei dem an Nährstoffen reicheren Lehmboden macht sich bei den angewandten Mengen die bodenauswaschende Wirkung von beiden Chloriden noch gar nicht geltend, indem hier in dem mit denselben behandelten Boden mehr Pflanzensubstanz geerntet wurde, als in der Normalreihe. Im Durchschnitt der 3 Reihen ist auch hier in dem mit Chlorcalcium behandelten Boden etwas mehr geerntet, als in dem mit Chlormagnesium behandelten, nämlich:

Normalreihe	Chlormagne- sium-Reihe	Chlorcalcium- Reihe
17,47 g	24,32 g	25,11 g.

Bei dem reicheren Lehmboden haben die angewandten Mengen Chloride nicht so stark auswaschend gewirkt, dass eine Ertragsverminderung bewirkt wurde; die auswaschende Wirkung der Salzmengen ist durch die aufschliessende übertroffen, in Folge dessen sogar eine Ertragserhöhung eingetreten ist.

Wir finden ferner in den Versuchen von 1885, dass eine Behandlung mit 0,5 g Chloride pro 1 l entweder keine erhebliche Verminderung (wie bei Sandboden, Chlormagnesium-Reihe) oder wie in den anderen Reihen eine Erhöhung der Ernte bewirkt hat, dass diese bei Behandlung mit 1,0 g Chloride pro 1 l wieder sinkt, während sie bei Behandlung mit 1,5 g pro 1 l wieder erheblich steigt.

Ich würde auf diesen Umstand bei der Mangelhaftigkeit dieser bisherigen Versuche kein Gewicht legen, wenn diese Beziehung nicht übereinstimmend in allen 4 Reihen hervorträte.

Das findet aber wieder seine Erklärung in der Annahme, dass Chlorcalcium und Chlormagnesium neben der auswaschenden auch eine aufschliessende Wirkung auf die Bodenbestandtheile ausüben. Bei Einwirkung von 0,5 g Chloride findet noch keine so starke auswaschende Wirkung statt, dass sie auf die Ertragsfähigkeit des Bodens Einfluss hat, bei Einwirkung von 1,0 g Chloride pro 1 l ist die auswaschende Wirkung grösser als die aufschliessende und erniedrigt den Ernteertrag, während bei Anwendung einer grösseren Menge Chloride, wie 1,5 g pro 1 l, die auswaschende Wirkung durch die aufschliessende übertroffen wird und wieder eine Erhöhung des Ernteertrages zur Folge hat[1]).

Dieses alles versteht sich, wohl bemerkt, nur für die von uns angewandten Mengen Chloride, die wir auf den Boden einwirken liessen.

Denn, da grössere Mengen Chlorcalcium und Chlormagnesium, wie wir gesehen haben, auch grössere Mengen Kali und Magnesia resp. Kalk aus dem Boden lösen und wegführen, so ist einleuchtend, dass bei fortgesetzter Einwirkung, wie z. B. bei der Berieselung, um so mehr dieser Nährstoffe mit der Zeit ausgewaschen und fortgeführt werden müssen, je mehr ein Wasser an diesen Chloriden enthält. Wenn daher auch bei Berieselung mit chlorcalcium- und chlormagnesiumhaltigem Wasser anfänglich in Folge der aufschliessenden und indirect düngenden Wirkung der beiden Chloride gerade wie bei Eisenvitriol — vgl. Abgangwässer aus Schwefelkiesgruben — trotz der Auswaschung von Kali und Magnesia resp. Kalk sogar eine Ertragserhöhung eintritt, so muss doch bei fortgesetzter Berieselung mit einem an diesen Chloriden reichen Bachwasser ein Zeitpunkt eintreten, wo der Boden an einem der wichtigsten Nährstoffe, an Kali, an Kalk resp. an Magnesia erschöpft und völlig ertraglos wird.

Es kann allerdings nach den bisherigen Versuchen, die noch weiter zu controliren sind, angenommen werden, dass Chlorcalcium und Chlormagnesium nach dieser Richtung nicht so schädlich wirken, wie Chlornatrium und vielleicht schon aus dem Grunde nicht so schädlich, weil sich die Basen Kalk und Magnesia bis zu einer gewissen Grenze physiologisch im Lebensprocess der Pflanzen gegenseitig zu vertreten im Stande sind; indess will es nach obigen Versuchen scheinen, dass jeder Gehalt eines Wassers an diesen Chloriden, welcher über 0,5 g pro 1 l liegt, wenigstens bei Chlormagnesium, mit der Zeit schädlich wirken muss und dass ein Wasser mit 1,0 g dieser Chloride pro 1 l für Zwecke der Berieselung zu verwerfen ist.

Wir haben die Wirkung von Chlormagnesium und Chlorcalcium in ähnlicher Weise wie bei Chlornatrium (vgl. S. 388) auch in wässriger Lösung (Wasserkulturen) auf Pflanzen festzustellen gesucht und gefunden, dass 2,0 g derselben pro 1 l neben den sonstigen Pflanzennährstoffen (in 0,5 pro mille-Lösungen) bei Gräsern wenigstens keine Erkrankungen zur Folge hatten; bei Gerste missglückten die Versuche, weil dieselbe frühzeitig von Rost befallen wurde und auch die Pflanzen in den Normalreihen erkrankten.

---

[1]) Vielleicht ist auch eine stärkere Concentration als die von 1 g pro 1 l erforderlich, um eine Aufschliessung der vermuthlich in Form von Silikaten vorhandenen Kaliverbindungen zu bewirken.

Eine Wiederholung dieser Versuche war vor dem Druck dieser Schrift leider nicht mehr möglich; indess glaube ich auf Grund der bisherigen Versuche, so mangelhaft sie auch noch sein mögen, doch folgende Schlussfolgerungen ziehen zu dürfen:

1. Chlorcalcium und Chlormagnesium sind in mässigen Concentrationen als solche nicht specifisch pflanzengiftig, wie man bisher vielfach angenommen hat. Es scheint vielmehr Chlornatrium als solches für den Pflanzenwuchs schädlicher als diese Chloride zu sein.

2. Chlorcalcium und Chlormagnesium wirken lösend auf die Nährstoffe des Bodens; dadurch aber, dass sie sich mit anderen Verbindungen umsetzen, dass das Calcium des Chlorcalciums an die Stelle von Kalium und Magnesium tritt, das Magnesium des Chlormagnesiums dagegen an die Stelle von Kalium und Calcium, wirken die Chloride, wenn sie im Boden verbleiben, aufschliessend und indirect düngend. Auf diese Weise kann ein mit diesen Chloriden behandelter Boden, trotzdem Nährstoffe ausgewaschen sind, in der ersten Zeit höhere Erträge liefern, als bei Abwesenheit der Chloride. Bei fortgesetzter Behandlung eines Bodens, wie bei der Berieselung der Wiesen muss jedoch mit der Zeit eine Erschöpfung eintreten, und zwar um so eher, je grössere Mengen Chloride in dem Wasser vorhanden sind und je ärmer der Boden an Nährstoffen, d. h. an umsetzungsfähigen Basen ist.

Dabei übt Chlormagnesium eine stärkere Wirkung aus als Chlorcalcium.

3. Mengen von 0,5 g Chlormagnesium pro 1 l wirken schon deutlich lösend und umsetzend auf die Bodenbestandtheile.

Chlorcalcium wirkt zwar nicht so stark auf die Bodenbestandtheile, jedoch dürften auch bei diesem Mengen in einem Wasser, welche über 0,5 g pro 1 l liegen, mit der Zeit einen nachtheiligen Einfluss äussern. Jedenfalls sind Wässer mit 1 g der beiden Chloride pro 1 l und darüber für Berieselungszwecke zu verwerfen, zumal Salzlösungen von 1 pro mille den Pflanzen auf die Dauer nicht zusagen.

3. Schädlichkeit in gewerblicher Hinsicht.

Bezüglich der Schädlichkeit in gewerblicher Hinsicht ist hervorzuheben, dass ein an Chlorcalcium und Chlormagnesium reiches Bachwasser wegen der Möglichkeit der Bildung harter Seife (fettsaures Calcium oder Magnesium) nicht als Waschwasser, auch wegen seiner Härte nicht als Speisewasser für Dampfkessel benutzt werden kann, und dass es auch zur Diffusion in Zuckerfabriken unbrauchbar ist, da die Salze das Krystallisations-Vermögen des Zuckers beeinträchtigen.

4. Schädlichkeit für Thiere und Fische.

Ob und wie weit Chlorcalcium resp. Chlormagnesium im Wasser als Tränke für Thiere schädlich sind, darüber sind Verf. bis jetzt keine Beobachtungen bekannt geworden, jedoch ist anzunehmen, dass von denselben eine viel geringere Menge zulässig sein wird, als vom Kochsalz, weil sie nicht wie dieses eine diätetische Wirkung besitzen.

Ueber die Schädlichkeit des Chlorcalciums resp. Chlormagnesiums für Fische sind dagegen mehrere Versuche angestellt.

Die von C. Weigelt[1]) erhaltenen Resultate sind in folgender Tabelle enthalten:

Concentration der Lösung pro 1 l	Fischart	Temperatur des Wassers °C.	Expositionsdauer	Verhalten des Fisches:
100 g CaCl$_2$	5 Lachseier, 3 Eier von amerikan. Seeforellen.	15	5 Min.	Am dritten Tage schlüpften im frischen Wasser gesunde Dotterträger aus, welche nach weiteren 3 Tagen noch am Leben waren.
100 g „	Mehrere Flussgrundeln (Gobia vulgaris)	20	4 „	Nach 1—2 Minuten dauernde Seitenlage, nach 4 Minuten in frisches Wasser gebracht; der schwächste dort nach 3 weiteren Minuten, der stärkste nach 27 Minuten todt.
100 g „	2 desgl.(fast gleich gross)	12	4 „	Nach 1—2 Minuten dauernde Seitenlage, nach 4 Minuten in frisches Wasser gebracht; der eine dort nach weiteren 55 Minuten, der andere nach 64 Minuten todt.
100 g „	2 desgl. (ebenso)	12	1 resp. 10 Minuten	Der eine wurde nach 1 Minute Aufenthalt (mit dauernder Seitenlage) in frisches Wasser gebracht, war dort aber nach 75 Minuten todt; der andere war in der Salzlösung nach 20 Minuten todt.
100 g „	2 kleine Weissfische (Alburnus lucidus)	12	4 Min.	Nach 1 Minute dauernde Seitenlage; nach 4 Minuten in frisches Wasser gebracht, sind beide nach 25 resp. 30 Minuten todt.
50 g „	5 Lachseier	15	10 „	Nach 40—60 Stunden schlüpfen im reinen Wasser gesunde Dotterträger aus, welche nach 3 weiteren Tagen noch munter sind.
50 g „	5 Lachse, Dotterträger	16	10—12 M.	Einer nach 10 Minuten, die anderen nach 12 Minuten todt.
50 g „	1 grösserer und 2 kleinere Flussgrundeln	13	10 Min.	Nach 5—6 Minuten Seitenlage, nach 12 Minuten in frisches Wasser gebracht; nach weiteren 51 Minuten[2]) der kleinste, nach 59 Minuten der mittlere, nach 64 Minuten der grössere todt.

[1]) Archiv f. Hygiene 1885. Bd. III. S. 39. Ueber die Versuchsmethode vgl. S. 49 Anm.
[2]) Im Text steht, dass die Flussgrundeln um 5 h 2′ in die Lösung gesetzt, um 5 h 12′ in frisches Wasser kamen, dass der eine 5 h 3′, der zweite 5 h 11′ und der dritte 5 h 16′ verendete, ich habe angenommen, dass es hier überall 6 h statt 5 h heissen muss.

Concentration der Lösung pro 1 l	Fischart	Temperatur des Wassers ^{0} C.	Expositionsdauer	Verhalten des Fisches.:
50 g CaCl₂	2 Flussgrundeln, 1 Weissfisch	13	5 Min.	Weissfisch nach 2 Minuten, Grundeln nach 4—5 Minuten Seitenlage; nach 5 Minuten Aufenthalt in frisches Wasser gebracht; Weissfisch darin nach 46 Minuten, Grundeln nach 76 resp. 85 Minuten todt.
50 g „	2 Stichlinge (Gasterosteus aculeatus)	13	25 „	Nach 9—10 Minuten Seitenlage; nach 25 Minuten in frisches Wasser gebracht; dort nach weiteren 19 resp. 21 Minuten todt.
25 g „	11 Lachse, Dotterträger	16	75 „	Sogleich unruhig; einer nach 50 Minuten, die anderen nach 75 Minuten todt.
25 g „	2 Grundeln, ein Weissfisch, ein Stichling	12	40 „	Nach 25 Minuten bei allen Seitenlage; nach 40 Minuten in frisches Wasser; darin nach 46 Minuten eine Grundel todt, der Weissfisch auch am anderen Morgen (nach etwa 14—15 Stunden?), die beiden anderen scheinbar munter.
10 g „	10 Lachse, Dotterträger	16	1 Stunde	Keine Symptome; auch in frischem Wasser nach 24 Stunden keine Schädigung.
10 g „	Grundeln, Weissfische, Lachse	12	1—3 Stdn.	Kaum ängstlich, selbst bei einstündigem Verweilen wirkungslos; einmal starb nach 3 stündigem Aufenthalt 1 Grundel.

(Wiederholungen mit dieser Concentration aber bei höheren Wärmegraden 17—20⁰ ergaben grosses Unbehagen und Seitenlage nach verhältnissmässig kurzer Zeit.)

10 g CaCl₂	Grosse Forelle	6	15 Stdn.	Nach 2 Stunden Aufenthalt 50 Athemzüge in der Minute; kam nach 15 Stunden heraus.
10 g „	Schleie	6	18 „	Anfangs unruhig, beruhigt sich aber wieder, nach 17 Stunden heraus.
10 g „	Schleie	20	3 St. 5 Min.	Schiesst wild hin und her, beruhigt sich wieder, nach 3 Stunden 2 Minuten Seitenlage; kommt nach 3 Stunden 5 Minuten in frisches Wasser, ist dort am dritten Tage todt.
10 g „	Schleie	20	21 Stdn.	Verhält sich anfänglich wie die vorige; kommt nach 21 Stunden in frisches Wasser, wo sie sich scheinbar erholt, aber bald nachher todt ist.
10 g „	Schleie	20¹)	19 „	Anfängliches Verhalten wie die vorigen; nach 5½ Stunden Seitenlage, fällt nach 19 Stunden wie todt zu Boden; in reinem Wasser bleibt sie auf der Seite liegen und ist nach einigen Stunden todt.
5 g „	Grosse Forelle	6	2 „	Nach 2 Stunden 40 Athemzüge in der Minute, sonst keine Symptome.

¹) Ein Controlfisch blieb 20 Stunden im Wasser von 20⁰ C. ohne Nachtheile.

Concentration der Lösung pro 1 l	Fischart	Temperatur des Wassers ^{0} C.	Expositions-dauer	Verhalten des Fisches:
1,0 g CaCl$_2$	Grosse Forelle	6	15 Stdn.	Nach 2 Stunden 74 Athemzüge in der Minute; nach 15 Stunden heraus.
1,0 g „	Schleie	6	14 „	Keine Symptome.
0,5 g „	Kleine Forelle	12	5 Stdn.	Keine Symptome.

L. Grandeau[1]) hat beobachtet, dass eine Lösung von 10 g Ca Cl$_2$ pro Liter bei einer Wassertemperatur von 20^0 C. Schleien nach etwa 5 Stunden den Tod bringt. Nach den vorstehenden Versuchen von C. Weigelt ist die Widerstandsdauer bei einer höheren Temperatur ebenfalls geringer wie bei einer niederen Temperatur d. h. ein Chlorcalciumgehalt in einem Wasser ist, abgesehen von der Fischart, um so schädlicher, je höher die Temperatur des Wassers ist; ohne Zweifel liegt die Grenze der Schädlichkeit bei etwa 5 g Chlorcalcium pro 1 l.

C. H. Richet[2]) findet die toxische Dose für Fische noch geringer; denn nach seinen Versuchen wirkt ein Gehalt von 2,4 g Chlorcalcium und 1,5 g Chlormagnesium pro 1 l binnen 48 Stunden tödtlich auf Fische (vgl. auch unter Kochsalz S. 394). Für Chlornatrium ist nach den Versuchen Richet's die toxische Dose für Fische binnen 48 Stunden 24,0 g pro Liter; wenn man annimmt, dass Chlormagnesium, Chorcalcium und Chlornatrium auch bei grösseren Thieren in demselben Verhältnisse wirken, so könntc man, da nach S. 392 ein Gehalt von 2—3,5 g Chlornatrium pro 1 l in einem Tränkwasser für Vieh noch als zulässig erscheint, die unterste zulässige Grenze für Chlormagnesium und Chlorcalcium auf 150 resp. 300 mg pro Liter veranschlagen.

Reinigung.

Reinigung. Eine Reinigung und Unschädlichmachung dieser Art Abgangwässer ist, wenn sie nicht bei genügender Concentration eine directe technische Verwendung finden können, schwer zu ermöglichen.

In neuester Zeit sind einige Verfahren angegeben, um aus Chlorcalcium und Chlormagnesium „Salzsäure" zu gewinnen; nämlich:

Solvey's Verfahren. 1. Verfahren von Ernest Solvey in Brüssel (Engl. P. 838 vom 25. Febr. 1880).

---

[1]) L. Grandeau: La soudière de Dieuze etc. Paris. 1872.
[2]) Comptes rendus. Bd. 97 S. 1004.

Eine Mischung von Chlorcalcium und Thon wird mittelst Wasserdampfes bezw. Luft in einer Art Kugelofen zersetzt. Im unteren verengten Theil desselben, der von dem Feuer direct bestrichen wird, sammelt sich das Material nach der Zersetzung. Hier tritt der Wasserdampf bezw. die Luft ein, eine vorherige Erhitzung derselben wird überflüssig. Das bei diesem Verfahren gewonnene Kalksilicataluminat giebt, mit einer geringen Menge Kalkpulver gemengt und damit gebrannt, einen guten Cement. Dazu ist nöthig, dass die Zersetzung bei möglichst niedriger Temperatur ausgeführt wird. (Engl. P. 840 vom 25. Februar 1880.)

2. Verfahren von G. Eschelmann in Mannheim (D. P. 17058 vom 17. Juli 1881). Eschelmann's Verfahren.

Beim Erhitzen von Chlorcalcium mit Magnesiumsulfat bei Gegenwart von Wasser bildet sich ein basisches Calciummagnesiumsulfat und Salzsäure:

$$CaCl_2 + MgSO_4 + H_2O = (MgOCaSO_4) + 2HCl.$$

Die gesammten Stoffe werden gemahlen, gemischt und mit Wasser zu einem Brei angemacht und dann mässiger Glühhitze ausgesetzt. Man kann zu diesem Verfahren auch Chlormagnesium und Magnesiumsulfat anwenden:

$$MgCl_2 + MgSO_4 + H_2O = (MgO.MgSO_4) + 2HCl.$$

Dagegen findet zwischen Chlorcalcium und Calciumsulfat keine Reaction statt. Der basische Rückstand kann in Folge seines Magnesiagehaltes zum Freimachen des Ammoniaks aus den Salmiaklaugen der Ammoniaksodafabrikation benutzt werden. Es bildet sich dann wieder neutrales Calcium- bezw. Magnesiumsulfat und Chlorcalcium, welche Mischung nur einfach eingedampft und wieder erhitzt zu werden braucht, um wieder eine entsprechende Menge Salzsäure zu liefern. Das basische Magnesiumsulfat kann auch durch Kochen mit Wasser in Magnesiumsulfat und Magnesia zerlegt werden.

3. Verfahren von Ch. Taquet[1]) zur Gewinnung des Chlors aus den Chlorcalciumrückständen der Ammoniaksodafabrikation: Taquet's Verfahren.

Die Rückstände werden mit reiner Kieselsäure und Mangansuperoxyd erhitzt; die Zersetzung erfolgt nach der Gleichung:

$$CaCl_2 + MnO_2 + 2SiO_2 = 2Cl + CaSiO_3 + MnSiO_3.$$

Die Concentration der Chlorcalciumlaugen wird in einer gusseisernen Pfanne bis zum Erscheinen krystallinischer Chlorcalciumhäutchen bewirkt. Alsdann lässt man die concentrirte Flüssigkeit in ein Gefäss b laufen, um dieselbe völlig zur Trockne zu bringen. 500 kg Chlorcalcium werden gepulvert, mit ungefähr 450 kg gepulvertem Mangansuperoxyd und 550 kg Kieselsäure gemischt. Diese Mischung wird alsdann auf einer Platte aus feuerfesten Steinen ausgebreitet und bis zur Rothgluth erhitzt. Das Chlor entweicht in eine aus feuerfesten Steinen hergestellte Kammer, kühlt sich in einem Kühlgefässe ab und gelangt in einen Steintrog, welcher Wasser und Mangansuperoxyd enthält; so bildet sich gleichzeitig Chlor und Salzsäure:

$$2CaCl_2 + H_2O + MnO_2 + 3SiO_2 = 2Cl + 2HCl + MnSiO_3 + 2CaSiO_2.$$

Indem nun das Gemisch beider Gase auf Mangansuperoxyd einwirkt, zersetzt sich die Salzsäure in Chlor und bildet Manganchlorür nach der Formel:

$$MnO_2 + 4HCl = MnCl_2 + 2H_2O + 2Cl.$$

Das so erhaltene Chlor geht durch ein Rohr in einen mit Chlorcalcium gefüllten Thurm, um es dann in bekannter Weise zur Bildung von Chlorkalk zu verwenden.

---

[1]) Polyt. Journ. Bd. 256 S. 274 und Chem. Centr. Bl. 1885. S. 511.

4. Darstellung von Chlor aus Chlormagnesium von W. Weldon.

Hierüber wird im Polyt. Journ. Bd. 256 S. 368 und Chem. Centr. Bl. 1885 S. 511 folgendes mitgetheilt:

Das Chlormagnesium wird durch Mischen mit Magnesia in Oxychlorid umgewandelt und aus letzterem das Chlor durch Behandeln mit Luft bei bestimmter Temperatur ausgetrieben. Um die Temperatur unverändert halten zu können, wird ein nach dem Principe des Backofens gebauter Zersetzungsapparat verwendet. Derselbe besteht aus mehreren senkrechten Kammern mit sehr dichten Scheidewänden; letztere werden beim Durchleiten von Feuerungsgasen auf die nöthige Temperatur gebracht; dann wird das Oxychlorid in die Kammern eingefüllt und an Stelle der Verbrennungsgase Luft durch dieselben geleitet, wobei eine Mischung von Chlor, Salzsäure, Stickstoff und überschüssiger Luft entweicht. Es ist möglich, allen Sauerstoff der Luft durch Chlor zu ersetzen. Nach des Erfinders Ansicht soll es aber vortheilhafter sein, nur etwa die Hälfte in Chlor umzuwandeln.

Während man beim alten Weldon'schen Processe auf 100 Theile in der Salzsäure vorhandenen Chlors nur 30 Theile als Chlorgas erhielt und die anderen 70 Theile als Chlorcalcium verloren gingen, erhält man bei dem neuen Verfahren auf 100 Theile Chlor im Chlormagnesium 50 Theile als freies Chlor und 50 Theile als Salzsäure. Bei dem Trennen der Mischung von Salzsäure und Chlorgas wird das Gas genügend abgekühlt, um gleich zur Darstellung von Chlorkalk dienen zu können. Das Chlor kann, da es mit Stickstoff und Luft verdünnt ist, nicht in gewöhnlichen Chlorkalkkammern verwendet werden. Nach dem Erfinder ist dieses aber eher als Vortheil zu betrachten, da die gewöhnliche Methode zur Darstellung von Chlorkalk mangelhaft ist, viele Verluste mit sich bringt und schon lange durch eine mechanische Vorrichtung ersetzt sein sollte. Concentrirtes Chlorgas lässt sich aber in mechanischen Apparaten nicht verwenden, da die bei der Absorption entwickelte Wärme zu bedeutend ist.

In Salindres soll jetzt eine mechanische Chlorkalkkammer für verdünntes Chlorgas in Betrieb sein, welche nach Art eines Drehofens gebaut ist. Dieselbe soll fast allen Verlust an Chlor vermeiden, und der Chlorkalk soll, weil er bei niederer Temperatur dargestellt ist, beständiger sein und sich besser halten als der nach der gewöhnlichen Methode erhaltene Chlorkalk. Der Apparat soll auch mit Vortheil zur Absorption des bis jetzt beim Oeffnen der Chlorkalkkammern verloren gehenden Chlors Verwendung finden.

Die Gewinnung von Chlor aus Chlormagnesium ist seit der Auffindung der Stassfurter Kalisalzlager eine Frage von der grössten Wichtigkeit, und der Erfolg des oben beschriebenen Processes würde jedenfalls eine Umwälzung dieser chemischen Industrie zur Folge haben. Bis jetzt war es aber immer ein bedeutender Nachtheil, wenn ein Verfahren verdünntes Chlorgas lieferte. Dies zeigte sich besonders bei Deacon's Chlorprocess. Trotz jahrelanger unermüdlicher Versuche konnten zuletzt nur die sehr kostspieligen, aus Schiefertafeln gebauten Etagenkammern zur Darstellung von Chlorkalk aus verdünntem Chlor verwendet werden. Die Angabe Weldon's, dass das verdünnte Chlor kein Nachtheil sei, muss daher jedenfalls durch die Praxis noch weitere Bestätigung finden und vor der Hand nur mit Vorsicht aufgenommen werden.

Abflusswasser aus Zinkblende-Gruben und von Zinkblende-Pochwerken.

Zusammensetzung.

Die Zinkblende (Schwefelzink) wird unter Zutritt von Sauerstoff und Wasser ähnlich wie der Schwefelkies oxydirt, indem sich nach der Gleichung:

$$\mathrm{Zn\,S} + \mathrm{O_4} + 7\,\mathrm{aq} = \mathrm{Zn\,SO_4} + 7\,\mathrm{aq}$$

schwefelsaures Zink bildet. Die Abflusswässer aus Zinkblendebergwerken resp. von deren Pochwerken sind daher durchweg durch einen grösseren oder geringeren Gehalt an schwefelsaurem Zink ausgezeichnet. So wurde in den Abwässern der Zinkblendebergwerke in Gevelinghausen bei Olsberg pro 1 l gefunden:

	Abflusswasser der Grube Juno			Desgleichen vom Pochwerk 4 am 31. Juni 1878
	am 4. September 1877	am 6. Oktober 1877	am 31. Juni 1878	
	mg	mg	mg	mg
Eisenoxyd	21,0	—	—	—
Zinkoxyd	164,0	118,8	139,0	17,6
Kalk	49,7	49,6	45,2	31,8
Magnesia	24,5	5,5	16,2	6,6
Schwefelsäure . .	302,0	187,2	181,6	27,3

Das Abflusswasser der Berg- und Pochwerke fliesst theils in den Elpe-, theils in den Hormecke-Bach. In beiden aber lässt sich das Zinkoxyd nach Aufnahme dieser Abflusswässer nachweisen. So ergab am 31. Juni 1878:

	Abdampf-rückstand. (trocken) mg	Zinkoxyd mg	Schwefel-säure mg
1. Elpe-Bach, unvermischt, vor Aufnahme der Abfluss-wässer von Grube Ries und Juno.	63,6	nicht nach-weisbar	9,3
2. Desgl. zwischen Grube Ries und Juno	78,4	6,6	11,5
3. Desgl. unterhalb Grube Juno	79,2	7,0	10,8
4. Hormecke-Bach, unvermischt	52,4	nicht nach-weisbar	8,5
5. Desgl. nach Aufnahme des Abflusses von Grube Aurora	75,2	5,4	19,9

Das Elpe- und Hormecke-Bachwasser aber wird zur Berieselung benutzt. Bis vor etwa 10 oder 15 Jahren — die Gruben sind seit Anfang der 50er Jahre im Betrieb — hat man mit dem durch Grubenwasser verunreinigten Bachwasser ohne sichtbaren Schaden die Wiesen berieselt; seit dieser Zeit aber sind angeblich die Wiesen immer mehr und mehr in ihren Erträgen zurückgegangen und zeigen an einzelnen Stellen nunmehr eine spärliche Vegetation. Und überall da, wo die Vegetation verkümmert und verdorben war, liess sich mehr oder weniger Zink in dem Boden nachweisen, während in dem Boden mit gesunder Vegetation, an höher gelegenen Stellen, wohin das Wasser nicht gekommen war, kein Zink nachgewiesen werden konnte.

So ergab für die lufttrockne Substanz:

	Zinkoxyd
1. Boden von verdorbenen Stellen der „Grosse Wiese" im Elpe-Thal	0,130 %
2. Desgl. aus Ohlmecke, von einem früheren Fussweg nach den Gruben	0,200 %
3. Desgl. von einer verdorbenen Wiese im Hormecke-Thal	0,964 %
4. Chausseestaub von der Fahrstrasse im Elpe-Thal	0,292 %

Da, wie bereits gesagt, derselbe Boden mit gesunder Vegetation an höher gelegenen, nicht berieselten Stellen kein Zinkoxyd enthielt, so kann dasselbe den verdorbenen Wiesen nur durch das Rieselwasser, sei es in Form von Erz als Schwefelzink, sei es in Form von schwefelsaurem, in Wasser gelöstem Zink, zugeführt sein.

Diesem Befunde entsprechend zeigte auch das Gras von den verdorbenen Wiesen mehr oder weniger Zink in den Aschen, während dieses wiederum im Gras von Boden mit gesunder Vegetation fehlte.

So ergab Gras resp. Heu in der Trockensubstanz:

	Asche (Sand- und Kohle-frei) %	Zinkoxyd in der Trockensubstanz %	Zinkoxyd in Procenten der Asche %
1. Von „Grosse Wiese" im Elpe-Thal	4,51	0,056	1,24
2. Von der verdorbenen Wiese im Hormecke-Thal	4,89	0,136	2,78
3. Desgl. eine Probe von verdorbenen Wiesen im Jahre 1880	6,12	0,064	1,04

In derselben Weise wurde verkrüppeltes Holz von einem früheren Fusswege nach den Gruben untersucht und in der Trockensubstanz gefunden:

	Asche (Sand- und Kohle-frei) %	Zinkoxyd in der Trockensub-stanz %	Zinkoxyd in Procenten der Asche %
1. Buche	4,27	0,037	0,86
2. Ahorn	4,13	0,060	1,45

In der sogen. „Erzblume" fanden wir in 3 dort von verschiedenen Stellen entnommenen Proben auf Trockensubstanz berechnet, folgende Mengen Zinkoxyd:

	Asche (Sand- und Kohle-frei) %	Zinkoxyd in der Trockensub-stanz %	Zinkoxyd in der Asche %
1. Vom Ufer des Hormecke-Baches unterhalb Zeche Aurora	12,39	1,499	11,27
2. Von der Klärvorrichtung der Grube Juno	12,75	2,683	21,04
3. Von, mit Erz verschütteten Stellen im Ohlmecke-Gehölz	9,29	1,469	15,81

Diese thatsächlichen Vorkommnisse gaben dem Verfasser Veranlassung durch Versuche festzustellen, ob und in wieweit Zinksalze für Boden und Pflanzen schädlich sind.

Schädliche Wirkungen.

1. **Auf den Boden.** Schon v. Gorup-Besanez[1]) hat im Jahre 1863 darauf hingewiesen, dass Zinkoxyd aus löslichen Zinksalzen vom Boden absorbirt wird. Freitag[2]) hat diese Erkenntniss durch einen quantitativen Versuch erweitert, indem er die durch einen Boden filtrirte, von Zinkoxyd befreite Lösung untersuchte und fand, dass die durchfiltrirte Lösung die gesammte an Zink gebundene Schwefelsäure, ferner Kalk, Thonerde, Magnesia, Natron und Kali enthielt; nämlich

Schädliche Wirkung auf den Boden.

	Vor dem Versuche	Nach dem Versuche
Zinkoxyd	0,101	—
Schwefelsäure	0,100	0,108
Thonerde	—	0,018
Kalk	—	0,022
Magnesia	—	0,006
Natron	—	0,021
Kali	—	0,008.

---

[1]) Ann. der Chem. u. Pharm. Bd. 127. S. 263.
[2]) Mittheilung d. Königl. landw. Academie Poppelsdorf I. 1868 S. 97.

In derselben Weise fand alsdann Verfasser, dass vom Boden aus Zinksulfat Zink absorbirt wird und an Stelle des absorbirten Zinks umsomehr andere Basen (Kalk, Magnesia, Kali etc.) in Lösung gehen, je mehr Zinksulfat auf den Boden eingewirkt hat.

So wurden in 3 Versuchen je 1 kg Boden mit 2 Liter Wasser, welchem verschiedene Mengen Zinksulfat zugesetzt waren, in Flaschen angesetzt, öfters umgeschüttelt und nach einigen Tagen ein Theil der überstehenden Flüssigkeit abfiltrirt. In letzteren liessen sich nach ein- bis zweitägigem Stehen nur mehr Spuren von Zinkoxyd nachweisen, aber gegenüber Wasser ohne Zinksulfat entsprechend grössere Mengen anderer Basen.

Es wurde pro 1 l gefunden:

1. Versuch:

		I. mg	II. mg	III. mg
1. Zusatz von Zinksulfat . . . . . {Entsprechend: Zinkoxyd . . .		50	100	150
Schwefelsäure .		49,2	98,4	147,6
2. In der nach 1—2 tägigem Stehen abfiltrirten Lösung:				
Kalk		115,0	131,0	147,0
Magnesia.		46,4	50,7	55,4
Schwefelsäure		104,6	152,1	199,9
Mehr gefundene Schwefelsäure gegen I		—	47,4	47,8
Nach dem Zusatz von Zinksulfat hätte man mehr Schwefelsäure finden müssen		—	49,2	49,2

2. und 3. Versuch:

	I. mg	II. mg	III. mg	IV. mg	V. mg
1. Zusatz von Zinkoxyd in Form von Zinksulfat . .	0	25	50	100	150
2. In Lösung gegangen nach 1—2 tägigem Stehen:					
A. Durch Brunnenwasser unter Zusatz der Zinksulfat-Menge:					
Kalk	142,4	144,0	150,4	153,2	160,2
Magnesia.	46,0	53,7	55,6	58,6	59,3
Kali	10,0	11,2	12,0	13,5	13,9
Natron	16,5	19,3	18,4	—	20,6
B. Durch destillirtes Wasser unter Zusatz der Zinksulfat-Menge:					
Kalk	48,6	64,2	70,8	82,0	92,4
Magnesia.	14,2	22,3	31,3	34,6	40,7
Kali	8,0	9,0	9,8	10,8	10,8
Natron	7,7	9,1	(8,8)?	12,5	16,5

Zu denselben Resultaten gelangte F. Storp[1]).

---

[1]) Landw. Jahrbücher 1883. S. 827.

Derselbe brachte je 1 kg Boden in umgestülpte Glasglocken und darauf 2 Liter destillirtes Wasser, dem folgende Mengen Zinksulfat zugesetzt waren:

	I.	II.	III.	IV.
$ZnSO_4$	0 g	0,2 g	0,4 g	0,8 g
Darin ZnO . .	0 „	0,1 „	0,2 „	0,4 „

Die Lösungen durchsickerten den Boden und liefen dann durch die im unteren Ende der Glasglocke befindliche Oeffnung ab. Ein Quetschhahn am unteren Ende der Oeffnung war so gestellt, dass das Ausfliessen tropfenweise und bei allen gleichmässig stattfand.

Nach Verlauf von 12 Stunden waren die Lösungen völlig durchgesickert.

Die Analyse derselben ergab in 1 l:

		I.	II.	III.	IV.
Vor dem Filtriren	ZnO	0	0,05	0,1	0,2 g
Nach dem Filtriren	ZnO	0	0,0058	0,0172	0,0314 „
Absorbirt also.	ZnO	0	0,0442	0,0828	0,1686 g
Absorbirt ZnO in Procenten des verwendeten ZnO		0	88,4 %	82,8 %	81,1 %
Vor dem Filtriren	SO_3	0	0,04919	0,09838	0,19676 g
Nach dem Filtriren	SO_3	0,010	0,0606	0,1099	0,2110 „
Also vom Boden abgegeben.	SO_3	0,010	0,0114	0,0115	0,0142 „
Ueberschuss der SO_3 des Filtrats dem ZnO gegenüber		0,010	0,05489	0,09396	0,18011 „
Ferner in Lösung:	CaO	0,0736	0,0986	0,1315	0,1769 g
	MgO	Spur	deutlicher Niederschlag	0,0073	0,0145 „
	K_2O	0,0054	0,00628	0,0079	0,0115 „
	Na_2O	0,0061	0,0079	0,0091	0,01016 „

Ferner wurde eine grössere Menge Boden (jedesmal 17 kg) in derselben Weise, wie dies bei den betreffenden Kochsalz-Versuchen S. 379 geschehen war, durch verschiedene $ZnSO_4$-Lösungen (je 72 Liter) ausgelaugt.

Die Analyse des zurückbleibenden Bodens ergab pro 1 kg in Salzsäure löslich:

Boden No. . I.　　　II.　　　III.　　　IV.

ausgewaschen mit Leitungswasser unter Zusatz von　　0,　　0,05 g ZnO,　0,10 g ZnO,　0,15 g ZnO in Form von $ZnSO_4$
$+ 7$ aq pro 1 l

	I.	II.	III.	IV.
SO_3 .	0,5316	0,5332	0,5608	0,5760 g
P_2O_5 .	1,2961	1,2700	1,2762	1,2671 g
K_2O .	0,6032	0,5652	0,4152	0,3624 g
Na_2O .	0,3184	0,3068	0,3016	0,2324 g
CaO .	2,8647	2,8262	2,7594	2,5594 g
ZnO .	0	0,1088	0,2689	0,4800 g

Letzteren Versuch habe ich nochmals bei einem gewöhnlichen lehmigsandigen Feldboden, wiederholt, indem hier 20 kg des Bodens in ein unten mit grobem Sand und Siebsatz versehenes Fass gefüllt, hierauf 40 Liter Brunnenwasser gegeben und stets gehörig umgerührt wurde. Nach dem Absetzen des Bodens wurde das Wasser durch ein unten am Fass befindliches, vorher mit Quetschhahn verschlossenes Rohr abgelassen, so dass das Wasser ähnlich, wie bei der Berieselung durch den Boden filtriren musste. Diese Operation wurde in jeder Reihe 6 mal wiederholt und einmal gewöhnliches Leitungswasser für sich, dann in den 4 anderen Reihen unter Zusatz von steigenden Mengen Zinksulfat angewendet. Der so behandelte Boden wurde an der Luft getrocknet, gehörig gemischt, verrieben und gemischt und von demselben je 50 g ½ Stunde mit verdünnter Salzsäure (50 ccm Salzsäure und 150 ccm Wasser) gekocht, auf 1000 ccm gebracht und von dem Filtrat aliquote Theile zur Bestimmung der einzelnen Bestandtheile benutzt. Der wasserfreie Boden hat hiernach in den einzelnen Reihen folgenden Gehalt an in Salzsäure löslichen Mineralstoffen:

Reihe	I.	II.	III.	IV.	V.
	mg	mg	mg	mg	mg
Leitungswasser + Zusatz pro 1 Liter:					
Zinkoxyd in Form von Zinksulfat . . .	0	100	200	400	800
	%	%	%	%	%
Glühverlust.	4,07	4,29	4,39	4,30	4,28
Der Boden enthält:					
Phosphorsäure.	0,178	0,193	0,199	0,198	0,195
Schwefelsäure	0,040	0,038	0,046	0,055	0,098
Zinkoxyd	0	0,122	0,251	0,399	0,497
Kalk	0,475	0,054	0,399	0,329	0,228
Magnesia	0,167	0,159	0,121	0,112	0,107
Kali	0,075	0,054	0,054	0,048	0,024

Aus diesen Versuchen geht hervor, dass das Zinksulfat dem Boden gegenüber sich gerade so verhält wie andere Salze, z. B. Kalium- und Calcium-Sulfat, d. h. es wird das Zinkoxyd ebenso wie Kali und Kalk vom Boden absorbirt und an seine Stelle geht eine entsprechende Menge anderer Basen in Lösung, während der so behandelte Boden entsprechend ärmer an diesen Basen wird.

F. Storp studirte weiter die Einwirkung des Zinksulfats auf die wichtigsten Boden-Constituenten und fand Folgendes:

Wirkung auf
Carbonate. a) Einwirkung des $ZnSO_4$ auf die Carbonate des Calciums und des Magnesiums.

2,5 g gefälltes kohlensaures Calcium wurden der Einwirkung einer äquivalenten Menge $ZnSO_4$ (7,175 g $ZnSO_4 + 7$ aq) in ½ Liter Wasser etwa 14 Tage lang ausgesetzt. Nach dieser Zeit wurde filtrirt und im Filtrat das ZnO bestimmt. Es fanden sich 0,2106 g ZnO = 10,4 % der ursprünglichen Menge, oder 89,6 % des Zinksulfats hatten eine Umsetzung erfahren nach der Formel

$$ZnSO_4 + CaCO_3 = CaSO_4 + ZnCO_3.$$

Ein ähnlicher Versuch wurde mit Magnesium-Carbonat angestellt; auch hier trat eine derartige Umsetzung ein.

Dieses Resultat stimmt vollständig mit einer Beobachtung, welche Mohnheim[1]) in einem vor 80—100 Jahren abgebauten, dann mit Kalksteinen zugeworfenen Schachte am Herrenberg bei Nirnen machte. Er fand im Untertheile des Schachtes zwischen einer Menge schöner Gypskrystalle Zinkeisenspathkrystalle in der Form von Kalkspath-Rhomboëdern. Diese Erscheinung lässt sich nur so erklären, dass sich im Laufe der 80 Jahre durch Oxydation der in den Gruben vorhandenen Zinkblende und des Eisenkieses, Zink- und Eisensulfat bildeten und dass diese Salze mit dem Kalkspath unter Beibehaltung von dessen Form die Basen tauschten; in Folge dessen einerseits die Pseudomorphose Zinkeisenspath nach Kalkspath entstand, andererseits der entstehende Gyps in nächster Nähe auskrystallisirte. Auch Bischof (1851) und neuerdings A. Baumann constatiren, dass sich Zinksulfat mit kohlensaurem Calcium und kohlensaurem Magnesium verhältnissmässig leicht umsetzen.

b) Einwirkung auf phosphorsaures Calcium.

Auf phosphorsaures Calcium.

3,1 g $Ca_3(PO_4)_2$ (gefällter) wurden der Einwirkung von 8,61 g $ZnSO_4 + 7aq$ (in äquivalenten Mengen) in $^1/_2$ Liter Wasser 8 Tage lang ausgesetzt. Darauf wurde filtrirt, der Rückstand stark ausgewaschen, so dass das Filtrat 1 Liter betrug. In aliquoten Theilen wurde das ZnO und die P_2O_5 bestimmt.

Es berechnete sich hieraus im ganzen Filtrat:

$ZnO = 0{,}883$ g $\qquad\qquad\qquad P_2O_5 = 0{,}17718$ g

$= 36{,}33\%$ des ursprünglich vorhandenen; entsprechend $Ca_3(PO_4)_2 = 0{,}3868$ „

Die Umsetzung scheint somit nahezu nach folgender Gleichung verlaufen zu sein:

$$3\,ZnSO_4 + Ca_3(PO_4)_2 = Zn_2Ca(PO_4)_2 + 2\,CaSO_4 + ZnSO_4.$$

Das zurückbleibende Phosphat hat sich in etwas höherem Masse in der Zinkkalksulfatlösung gelöst, als wie dies das 3 bas. phosphorsaure Calcium im Wasser zu thun pflegt.

Letzteres zeigt je nach seiner physikalischen Beschaffenheit (krystallisirt oder gefällt) eine Löslichkeit von 0,025—0,14 g pro Liter.

c) Einwirkung auf Silikate. α) Auf Zeolithe.

Wirkung auf Silikate.

Ein Gemenge von fein gepulvertem Stilbit, Chabafit und Apophyllit wurden in Portionen zu je 5 g in verschliessbare Kolben gebracht und hierin der Einwirkung von destillirtem Wasser resp. folgenden Lösungen ausgesetzt:

I.	II.	III.
500 ccm	500 ccm	500 ccm Wasser
+ 0	+ 0,1 g $ZnSO_4$	+ 1,0 g $ZnSO_4$.

Nach 8 Tagen wurde filtrirt, der Rückstand gut ausgewaschen und in dem Filtrat CaO, MgO und K_2O bestimmt.

Die Analyse ergab:

	I.	II.	III.
CaO . .	0,0100	0,0170	0,0242 g
MgO . .	0,0006	0,0026	0,0032 „
K_2O . .	0,0142	0,0202	0,0239 „

---

[1]) Bischof, Lehrb. d. Chem. und Phys. Geologie. 1851.

β) Auf Feldspath. In derselben Weise wurden 3 Proben Orthoklas (je 5 g) behandelt. 5 g Orthoklas und 500 ccm Wasser:

	I.	II.	III.
	$+ 0,0$	$+ 0,1$ g $ZnSO_4$	$+ 1,0$ g $ZnSO_4$
Das Filtrat enthielt:			
CaO .	0,0032	0,0130	0,0224 g
MgO .	0,0011	0,0013	0,0017 „
K_2O .	0,016	0,0204	0,0247 „

In dem Rückstande wurde bei beiden Versuchen ZnO nachgewiesen. Die Einwirkungen solcher Agentien auf krystallinische Silikate gehen im allgemeinen sehr langsam vor sich; immerhin lassen die mitgetheilten Versuche die kräftige Einwirkung des $ZnSO_4$ auf die Silikate die Lösung von CaO, MgO und K_2O und die Absorption von ZnO schon deutlich erkennen.

d) Einwirkung auf die Humusverbindungen des Bodens.

Einen ausserordentlichen nachtheiligen Einfluss übt das Zinksulfat auf die organischen Reste des Bodens aus, indem es deren Zersetzung hemmt oder gar völlig verhindert, und so den Umlauf und die Verzinsung der in ihnen aufgespeicherten werthvollen Substanzen für längere Zeit unmöglich macht.

Der Oberförster Reuss hat in dieser Richtung viele interessante Beobachtungen gemacht. Derselbe fand in Wald-Distrikten die vom Flugstaube von Rösthütten getroffen wurden, völlig unzersetzte Fichtennadeln fusshoch aufgehäuft und dabei zeigten sogar die untersten, unmittelbar auf dem Boden liegenden Schichten noch keine Verwesungserscheinungen.

F. Storp hat nachgewiesen, dass zwischen freier Humussäure und schwefelsaurem Zink eine kräftige Umsetzung unter Bildung von humussaurem Zink und freier Schwefelsäure stattfindet. Die verschiedenen Resultate, welche bei Vegetationen im zinkhaltigen Boden erhalten wurden, veranlassten A. Baumann[1]) zu ermitteln, in welcher Form das Zinkoxyd im Boden niedergeschlagen wird. Die Absorptionsversuche wurden bei verschiedenen Bodenarten in folgender Weise durchgeführt:

50 g Feinerde (worunter hier die Bodenbestandtheile, die ein Sieb von 0,25 mm Maschenweite passirt haben, verstanden sind) des betreffenden Bodens wurden mit 200 ccm Zinklösung, welche im Liter 1 g Zn $= 4,4154$ g ($ZnSO_4 + 7$ aq) enthielt, übergossen, von 6 Uhr abends bis 8 Uhr morgens stehen gelassen und noch eine Stunde unter häufigem Umschütteln digerirt. Hierauf wurde filtrirt, 100 ccm des Filtrats mit farblosem Schwefelammonium versetzt, das ausgeschiedene Schwefelzink filtrirt, getrocknet und durch anfangs gelindes, später heftiges Glühen in einem offenen Platintiegel in Zinkoxyd übergeführt und als solches gewogen. In 200 ccm der angewandten Zinklösung fand sich als Mittel von zwei Bestimmungen 0,2014 Zn.

---

[1]) Landw. Versuchsstationen Bd. XXXI. S. 1 resp. 33.

1. Weisser Quarzsandboden aus der Oberpfalz, aus Keuper-Sandstein verwittert, thonhaltig mit wenig Humus und geringem Kalk- und Magnesia-Gehalt.

100 ccm des Filtrats ergaben, gewogen . . . . ZnO 0,0920 g
= berechnet . . . . Zn 0,0738 „
200 ccm des Filtrats enthielten demnach . . . Zn 0,1476 „
200 ccm der Zinklösung enthielten vor dem Versuch 0,2014 „
50 g Boden hatten absorbirt . . . . Zn 0,0538 „
100 g dieses Bodens absorbiren . . . . . . Zn 0,1076 „

2. Rother eisenschüssiger Sandboden aus der Oberpfalz, verwittert aus Keuper-Sandstein, fast thonfrei, ohne Humus mit sehr geringem Gehalt an Kalk und Magnesia. Versuchsboden bei den Vegetationsversuchen:

100 ccm des Filtrats ergaben, gewogen . . . . ZnO 0,124 g
= berechnet . . . . Zn 0,095 „
200 ccm des Filtrats enthielten also . . . . . Zn 0,199 „
50 g Boden hatten demnach absorbirt . . . Zn 0,0024 „
100 g Boden absorbiren . . . . Zn 0,004 „

3. Kalksandboden, Humus-frei mit sehr wenig Thon:

100 ccm des Filtrats enthielten, gewogen . . . ZnO 0,0975 g
= berechnet . . . . Zn 0,0782 „
200 ccm des Filtrats enthielten . . . . Zn 0,1564 „
50 g Boden hatten absorbirt . . . . Zn 0,045 „
100 g Boden absorbiren . . . . Zn 0,090 „

4. Kalkboden (Gartenerde), humus- und thonhaltig, bei den Vegetations-Versuchen verwendet:

100 ccm des Filtrats enthielten, gewogen . . . ZnO 0,0165 g
= berechnet . . . . Zn 0,0132 „
200 ccm des Filtrats enthielten . . . . . . 0,0264 „
50 g Boden hatten absorbirt . . . . . . 0,1750 „
100 g Boden absorbiren . . . . 0,3400 „

5. Lehmboden aus der Umgegend von München, fast humusfrei, mit etwas Kalk und Magnesia:

100 ccm des Filtrats enthielten, gewogen . . . ZnO 0,0665 g
= berechnet . . . . , ... Zn 0,0534 „
200 ccm des Filtrats enthielten . . . . . . Zn 0,1068 „
50 g Boden hatten absorbirt . . . . Zn 0,0946 „
100 g Boden absorbiren . . . . Zn 0,1892 „

6. Thonboden aus Grünstein verwittert vom Fichtelgebirge, fast kalkfrei, mit wenig Humus:

100 ccm des Filtrats enthielten, gewogen . . . ZnO 0,087 g
= berechnet . . . . Zn 0,0698 „
200 ccm des Filtrats enthielten . . . . . . Zn 0,1396 „
50 g Boden hatten absorbirt . . . . Zn 0,0618 „
100 g Boden absorbiren . . . . Zn 0,1236 „

7. Thonboden aus devonischem Schiefer verwittert, von der Rheinprovinz, etwas humushaltig, fast kalkfrei:

100 ccm des Filtrats enthielten, gewogen . . . ZnO 0,082 g
           = berechnet . . . . Zn   0,0707 „
200 ccm des Filtrats enthielten . . . . Zn   0,1414 „
  50 g Boden hatten absorbirt . . . . Zn   0,060   „
100 g Boden absorbiren . . . . Zn   0,120   „

8. Humusboden kalkreich (aber ohne kohlensaures Calcium) Waldhumus.

Von diesem Boden hatte Baumann nur eine geringe Quantität Feinerde zur Verfügung; es wurden deshalb nur 20 g verwendet, aber 160 g Zinklösung, um 100 ccm Filtrat zu erhalten.

100 ccm des Filtrats gaben mit Schwefelammonium keine sofortige Fällung, erst nach längerem Stehen stellte sich eine Trübung ein, so dass das Zink quantitativ nicht mehr bestimmbar war. Nimmt man desshalb an, dass 20 g aus 160 ccm Zinklösung alles Zink entfernten, so hatten 20 g Boden absorbirt 0,160 g Zn; 100 g absorbiren demnach 0,80 g Zn.

Vergleicht man die verschiedenen Mengen Zink, welche die einzelnen Bodenarten absorbiren, so ergiebt sich Folgendes:

1. Die Absorptionskraft von reinem Humusboden ist am stärksten. Der Waldhumus absorbirte 200 mal mehr Zink als der Sandboden.

Der Humusboden macht unter fast gleichen Umständen 883 Theile Zinkvitriol unlöslich, wenn die gleiche Quantität von Boden (2) 1 Theil Zinksulfat bindet.

2. Dem Humusboden zunächst stand der humose thonhaltige Kalkboden; er absorbirte 85 mal mehr Zink als der Sandboden 2; macht mithin 374 Theile Zinkvitriol unlöslich, wenn der Sandboden 1 Theil absorbirt. Aus diesem Verhältniss kann man sich leicht erklären, warum im Kalkboden auch durch Begiessen mit relativ concentrirter Zinklösung eine Wirkung auf die Pflanzen (siehe Versuche weiter unten) nicht ersichtlich war, im Gegensatz zu dem bei den Versuchen verwendeten Sandboden, welcher so geringes Absorptionsvermögen für die Zinklösung besitzt.

3. Beim Zusammenhalten der 3 Thonböden ergiebt sich, dass ein Kalk- und Magnesiagehalt, wie ihn Boden 5 besitzt, erheblich günstig auf die Absorption einwirkt. Der Boden 5 macht, wenn der Sandboden 2 = 1 Theil Zinkvitriol absorbirt, 208 Theile Zinkvitriol unlöslich, Boden 6 dagegen 136 Theile und Boden 7 = 132 Theile Zinksulfat.

4. Dass der Kalk eine erhebliche Rolle bei der Absorption spielt, ergiebt sich aus dem Absorptionsvermögen des Kalksandbodens 3, welcher fast thonfrei und humusfrei ist. Dieser Boden absorbirt immer noch 99 mal so viel Zinkvitriol als der Sandboden 2.

5. Die Absorptionskraft des Sandbodens 1 wird auf seinen Gehalt an Kalk und Thon zurückgeführt werden müssen, weil ein an diesen Bestandtheilen armer Sandboden nur mehr sehr geringe Absorptionsfähigkeit besitzt.

6. Das Absorptionsverhältniss für Zinkvitriol ist, für Sandboden 2 = 1 angenommen, demnach:

Weisser Quarzboden . . 118
Kalksandboden 99
Thonboden 5 208
„ 6 136
„ 7 132
Kalkboden 4 374
Waldhumus 883

Aus diesen und anderen Versuchen schliesst A. Baumann, dass es vorwiegend die Humussubstanzen des Bodens sind, welche das Zink absorbiren. Die grossen Verschiedenheiten der Bodenarten in Bezug auf ihr Absorptions-Vermögen für Zinksalz lassen auch keinen Zweifel darüber, dass es, wie wir weiter unten sehen werden, ganz von der Constitution des Bodens abhängt, ob Zinkvitriol im Boden schädlich wirken kann oder nicht. Abgesehen aber von der Einverleibung von Zink in den Boden und von einer directen schädlichen Wirkung desselben auf die Pflanzen beruht die schädliche Wirkung des Zinksulfats bei der Berieselung, wenn solches in ein zur Berieselung benutztes Bachwasser gelangt, darin, dass es ähnlich, wie Eisenvitriol (vgl. folgendes Kapitel) oder Kochsalz (S. 375—382) den Boden auswäscht und seiner wichtigsten Pflanzennährstoffe beraubt. Wir haben gesehen, dass schon verhältnissmässig geringe Mengen Zinksulfat in einem Wasser, nämlich 50 mg Zinkoxyd pro Liter genügen, um eine solche Wirkung hervorzurufen.

Thatsächlich fanden wir in einem Rieselungsversuche bei dem S. 113 erwähnten und mit Gras bestandenen Rieselkasten, indem einmal mit gewöhnlichem Brunnenwasser und dann unter Zusatz von 200 g Zinksulfat in 500 Liter Wasser gerieselt wurde, folgende Beziehungen zwischen den Basen des auf und abfliessenden Wassers:

Menge des Wassers pro 1 Minute:

	Auf-fliessendes Wasser	Ab-fliessendes Wasser	Abnahme	
	ccm	ccm	ccm	%
21. August	694,2	602,4	91,7	13,20
22. „	688,2	582,6	105,6	15,34

Die Analyse der Wasserproben ergab folgenden Gehalt in Liter:

Proben:	21. August. Morgens auffliessendes Leitungswasser mg	21. August. Morgens abfliessendes Leitungswasser mg	22. August. Morgens auffliessende $ZnSO_4$-Lösung mg	22. August. Abends abfliessende $ZnSO_4$-Lösung mg
Cl	30,1	28,37	30,14	36,2
SO_3	95,31	95,62	483,43	454,05
N_2O_5 . . .	44,59	36,72	43,28	39,34
CaO . . .	95,2	100,18	101,6	124,6
ZnO	0	0	157,4	113,8
K_2O	9,74	10,30	9,86	10,76
Na_2O . . .	17,25	18,88	31,38	51,34

Wir sehen, dass beim Rieseln mit zinksulfathaltigem Wasser nicht nur eine Abnahme d. h. Absorption des Zinkoxyds stattgefunden hat, sondern dass auch entsprechend der Menge Zinkoxyd eine grössere Menge Kalk und Kali in Lösung gegangen ist, als an dem Tage, wo nur mit Brunnenwasser berieselt wurde. Die Zunahme pro Liter beträgt nämlich:

	Reines Leitungswasser mg	Zinksulfathaltiges Wasser mg
Kalk	6,6	23,0
Kali	0,6	0,9.

Dieses Ergebniss stimmt vollständig mit dem Verhalten von Zinksulfat-Lösungen gegen Boden in obigen Versuchen überein, und ergiebt sich daraus, dass diese im kleinen beobachteten Umsetzungen auch im grossen bei der Berieselung statthaben werden.

2. Schädliche Wirkung auf die Pflanzen.

a) Auf die Keimung.

Ueber die Wirkung des Zinksulfats auf die Keimung hat F. Storp folgende Versuche angestellt:

1. 200 Körner Kleesamen wurden in einen Keimapparat auf Filtrirpapier zum Keimen ausgelegt und das Papier mit destillirtem Wasser stets feucht gehalten. Die gleiche Menge Körner liess er in einem anderen Apparat keimen, bei dem das Filtrirpapier durch eine Zinksulfatlösung von 0,025 g ZnO pro Liter feucht erhalten wurde.

Die Keimung verlief in beiden Fällen im Dunkeln; eine schädliche Wirkung des Zinksulfats war nicht zu bemerken.

2. 200 Körner Gerste wurden zum Quellen in destillirtes Wasser beziehungsweise in eine Zinksulfatlösung von 0,2 g ZnO pro Liter eingelegt. Darin verblieben die Körner 4 Tage, während welcher Zeit das „Weichwasser" resp. die Lösung mehrmals erneuert wurde. Hierbei zeigte sich auf der Flüssigkeit II stets eine irisirende Haut, wahrscheinlich aus Schwefelzink bestehend. Nachdem die Körner hinreichend gequollen waren, wurden sie in gegen das Licht wohl verdeckte Schalen auf Filtrirpapier gelegt, in der Weise dass letzteres bei Schale I mit Wasser und bei Schale II wieder mit 0,2 g ZnO pro Liter haltender Lösung gehörig durchtränkt erhalten wurde.

Die Keimung verlief in beiden Schalen regelmässig und gut bis zum 11. Tage, an welchem die Bedeckung dauernd weggenommen wurde. Von diesem Momente — seit welchem das Licht vollen Zutritt hatte — hörte bei II die Entwickelung fast ganz auf, die zahlreich vorhandenen Keimlinge entfalteten sich nicht weiter und nahmen auch nicht die kräftige, frisch-grüne Färbung an wie die Keimsprossen in I.

Nach Verlauf weiterer 2 Tage wurden die Spitzen bei II schwarz und die Pflänzchen starben mehr und mehr ab, wohingegen die in I sich kräftig fortentwickelten.

Um dieses Resultat ganz sicher zu stellen, wurde noch ein dritter Versuch mit Maiskörner in folgender Weise gemacht:

3. Je 30 Körner Mais wurden am 1. Juli in Gläsern in verschiedenen Lösungen zum Quellen ausgelegt und nach 4 Tagen auf Stramin gebracht, der über Porzellanschalen gespannt wurde. Die Schalen waren bis an den Stramin mit Lösungen gefüllt, die denen der Quellwässer entsprechende Zusammensetzungen zeigten.

Die Samen wurden in Pappschachteln gestülpt und das ganze in einen luftigen aber völlig dunkeln Schrank gestellt.

Die Resultate sind in folgender Uebersichtstabelle enthalten:

Datum der Beobachtung.	I.	II.	III.	IV.
	Benutzte Lösung:			
	Destillirtes Wasser	+ 0,1 g ZnO[1]) pro Liter	0,2 g ZnO[1]) pro Liter	0,4 g ZnO[1]) pro Liter
Am 5. Juli	Die Körner auf den Stramin gelegt			
„ 7. „	10 Körner gekeimt	4 Körner gekeimt	5 Körner gekeimt.	6 Körner gekeimt
„ 8. „	10 (Wurzel-) Keime	6 (Wurzel-) Keime	7 (Wurzel-) Keime	7 (Wurzel-) Keime
	Das Aussehen sämmtlicher Keime (Wurzelkeime) war gleichmässig.			
„ 10. „	12 Körner gekeimt, 11 Blattkeime, meist 2 cm lang. Gegen Abend dem zerstreuten Licht, am folgenden Abend den directen Sonnenstrahlen ausgesetzt. Geringe Schimmelbildung.	7 Körner gekeimt, 2 Blattkeime (2½ cm lang). Blieb im Dunkeln.	11 Körner gekeimt, 7 Blattkeime, davon 3 = 2½ cm lang. die anderen kürzer. Wie I der Lichteinwirkung ausgesetzt.	7 Körner gekeimt, 5 Blattkeime; davon 3 = 2½ cm lang, die anderen kürzer. Blieb im Dunkeln.
	Starke Schimmelbildung stellte sich ein.			
12—18. Juli	10 von den Blattkeimen entwickeln sich kräftig weiter, ergrünen, entfalten Blätter und zeigen eine Länge von 10 bis 12 cm.	6 Blattkeime entwickeln sich normal weiter, so weit es die Etiolirung gestattet. Länge 3 bis 8 cm.	Die Blattkeime ergrünen, aber entwickeln sich nur wenig weiter und bleiben fest geschlossen; vom 16. an zeigen die Keimspitzen deutliche Korrosionen.	6 Blattkeime, meist 4 cm lang. Entwicklung und Aussehen gerade wie bei II.
20. Juli	Weiterentwicklung gesund und kräftig.	2 kleine Blättchen beginnen sich zu entfalten.	Keimspitzen schwarz, stark im Absterben begriffen.	1 Blättchen entfaltet sich.
22. „	Die Pflänzchen sind schon 20—25 cm lang und überaus üppig.	Entwicklung nach Umständen normal, 4 = 10 cm lange Blattkeime, die anderen von Pilzen überwuchert.	Die Pflanzen sind fast gänzlich abgestorben, nur am Grunde sind einige noch etwas grün.	Entwicklung u. Aussehen wie bei II. 4 Keime 6 — 8 cm lang, die anderen ebenfalls von Pilzen überwuchert.

---

[1]) Als Zinksulfat.

Das Ergebniss dieser 3 Versuche lässt deutlich die Wirkung des Zink-sulfats auf die Keimung erkennen. Dasselbe wirkt im Dunkeln auf den Verlauf der Keimung entweder garnicht (Versuch 1) oder doch nur wenig schädlich ein (Versuch 3 Reihe II und IV). Dagegen wird es sofort zum heftigen und schnellwirkenden Gifte, wenn die Keime dem Lichte ausgesetzt werden. Letzterer Umstand liess die giftige Wirkung, die das $ZnSO_4$ auch auf die weiter entwickelten Pflanzen haben musste, schon bestimmt voraussehen; jedoch stellte F. Storp hierüber noch weitere Versuche an, indem er die Wasserkulturmethode anwendete.

b) Auf wachsende Pflanzen (in wässriger Lösung).

Schädliche
Wirkung
auf
wachsende
Pflanzen.

Das Zink ist vielfach in quantitativ bestimmbaren Mengen in gesunden und normal entwickelten Pflanzen nachgewiesen. Abgesehen von der sog. Erzblume und dem Zinkveilchen[1]), sowie sonstigen specifischen Zinkboden-pflanzen hat Forchhamer das Zinkoxyd in Spuren in Stämmen von Buchen, Birken und Föhren und in der Asche von Meerespflanzen, besonders von Zostera marina und Fucus vesiculosus (z. B. in der Asche der ersteren 0,045%) nachgewiesen; ebenso fanden Lechartier und Bellamy das Zink im menschlichen Körper, im Muskelfleisch von Wiederkäuern und in Hühner-eiern; ferner unter Anwendung aller bei der Analyse gebotenen Vorsichts-massregeln, welche jede Täuschung ausschliessen, in Weizen, Gerste, Mais, Bohnen und Wicken. Wenngleich somit das Zink als solches ziemlich weit im Pflanzen- und Thierreich verbreitet zu sein scheint, kann doch nach vielfach angestellten Versuchen kein Zweifel darüber sein, dass das Zink für die Pflanzen, wenn es denselben in Form eines löslichen Salzes dargeboten wird, selbst in geringen Mengen äusserst giftig wirkt.

Freitag (l. c.) führte Wasserkultur-Versuche in der Weise aus, dass in einer Lösung, die 3 g Nährsalze enthielt, Mais und Bohnenpflanzen ge-zogen wurden, bis sie starke Wurzeln mit zahlreichen Nebenwurzeln gebil-det hatten; die Pflanzen wurden alsdann 48 Stunden lang in die Zinkvitriol-lösung eingelegt, hierauf wieder in die normale Nährlösung ohne Zink zu-rückgebracht und darin längere Zeit belassen; dann kamen sie wieder auf 48 Stunden in die Zinksulfat-Lösung, wieder zurück in die Nährlösung u. s. w., bis ein schädlicher Einfluss bemerkbar wurde.

Freitag zieht aus diesen Versuchen den Schluss, dass eine Lösung, welche 200 mg Zinkvitriol im Liter enthält, sicher den Tod der Pflanze bewirkt, während bei 40 mg pro Liter kein störender Einfluss des Zink-vitriols auf das Gedeihen der Pflanze zu bemerken ist. Jedoch kann gegen

---

[1]) Risse fand in der Asche von Shlapsi alpestre 21,30% Zink, von Viola tricolor var. calaminaria 4,28%, in Armeria vulgaris 6,27%, in Silene inflata 2,66% Zinkoxyd.

diese Schlussfolgerung Freitag's geltend gemacht werden, dass das abwechselnde Herausnehmen und Einsetzen in die Normal- und Giftlösung ein störendes Moment bildete, welches die Annahme der Minimalgrenze von 40 mg Zinkvitriol im Liter nicht gerechtfertigt erscheinen lässt. Thatsächlich sind von andern Versuchsanstellern viel geringere Grenzwerthe für die Giftigkeit des Zinkvitriols im Wasser gefunden. So fanden F. Storp und C. Krauch (l. c.) in Wasserkultur-Versuchen mit Gras, Gerste und Weidenpflanzen, dass das Zinksulfat, wenn es den Pflanzen in einer Menge von 50 mg pro Liter verabreicht wird, in kurzer Zeit den Tod der Pflanzen herbeiführt.

Je 2 Töpfe erhielten immer dieselbe Lösung; in dem einen befanden sich die Graspflanzen (6 Pflanzen, nämlich 2 Thimothee-, 2 englische und 2 französische Raygraspflanzen) und in dem andern die Gerste (3 Pflanzen).

Die benutzten Lösungen waren vom 21. Juni an, als die Pflanzen bereits ziemlich entwickelt waren, folgende:

Reine Nährlösung:

	Salze pro Liter	$ZnSO_4$ pro Liter
1.	1,0 g	—
2 a)	—	+ 0,1 g
3 a)	—	+ 0,2 g
4 a)	—	+ 0,4 g
5 a)	—	+ 0,8 g
2 b)	0,9 g	+ 0,1 g
3 b)	0,8 g	+ 0,2 g
4 b)	0,6 g	+ 0,4 g.

Die Wirkung des $ZnSO_4$ war eine ausserordentlich heftige. Alle Pflanzen in den Lösungen mit $ZnSO_4$ nahmen schon nach wenigen Tagen ein durchaus krankhaftes Aussehen an, die grüne Farbe der Blätter erlosch und auf ihrer Fläche zeigten sich mehr und mehr rostbraune Flecken.

Die Gerstenpflanzen waren schon nach 14 Tagen völlig abgestorben und die Gräser fristeten ihr Dasein meist nur wenig länger; nur die in den Töpfen 2a und 2b vegetirten bis zur Ernte am 3. September fort, aber auch sehr kümmerlich.

Die Pflanzen in den Töpfen ohne Zinksulfat entwickelten sich hingegen kräftig weiter. Leider wurden im August die Gerstenpflanzen stark von Erysiphe graminis befallen und dadurch auch bei I eine Fruchtbildung in den zahlreichen Aehren fast ganz verhindert.

Die Weidenpflanzen wurden als Stecklinge erst in destillirtem Wasser und dann in ¹/₂ pro mille Nährlösung herangezogen. Am 1. Juli erhielten die gleichmässig üppigen Pflanzen folgende Lösungen:

I. reine Nährlösung (1 pro mille)			
II. „ „ „			+ 0,05 g $ZnSO_4$
III. „ „ „			+ 0,10 g „

Auch bei den Weiden zeigten sich bald die Anzeichen der Vergiftung; während die im Topf I befindlichen Pflanzen eine sehr üppige Entwickelung zeigten, färbten sich die Blätter der im Topf II und III befindlichen Pflanzen bald gelb und fielen allmälig ab, bis anfangs September die Pflanzen völlig abgestorben waren.

F. Nobbe, P. Baessler und H. Will[1]) studirten den Einfluss von salpetersaurem Zink neben dem von salpetersaurem Blei und arsenigsaurem Kalium in wässeriger Lösung auf die Pflanzen, indem sie verschiedene Pflanzen in 3 Liter-Cylindern vegetiren liessen und steigende Mengen der genannten 3 Salze zur Nährstofflösung[2]) zufügten. Die zugesetzten Mengen der 3 Salze betrugen (auf Metall berechnet) 3,3; 33,3; 333 und 1000 mg pro 1 Liter.

Die Resultate für Erbsenpflanzen sind, indem wir gleichzeitig die für salpetersaures Blei und arsenigsaures Kalium hinzufügen, in folgender Uebersichtstabelle enthalten:

No. des Versuchs.	Giftzusatz pro Liter.	Arsen				Blei				Zink			
		Eintritt sichtlicher Giftwirkung nach Stunden.	Höhenzuwachs. mm	Aufhören des Höhenzuwachses nach Tagen.	Eintritt des Todes nach Tagen.	Eintritt sichtlicher Giftwirkung nach Stunden.	Höhenzuwachs. mm	Aufhören des Höhenzuwachses nach Tagen.	Eintritt des Todes nach Tagen.	Eintritt sichtlicher Giftwirkung nach Stunden.	Höhenzuwachs. mm	Aufhören des Höhenzuwachses nach Tagen.	Eintritt des Todes nach Tagen.
1.	3,3	15	115	13	37	—	270	20	1. Aug. Spitze todt	—	360	20	1. Aug. Spitze todt
2.	33,3	15	0	0	4	—	260	20—26	do.	—	180	11	vom 11. Juli ab Absterb.
3.	333,3	2	0	0	3	—	110	0	20	39	0	—	6
4.	1000,0	$\frac{1}{2}$—1	0	0	3	15	30	0	11	15	0	—	3

Hiernach tritt bei Zusatz von 1000 mg Zink pro Liter nach 15 Stunden eine Abnahme der Turgescenz ein, bei Zusatz von 333 mg nach 39 Stunden und minder intensiv; auch ist hier eine Erholungsperiode nicht deutlich zu constatiren.

Das Zink wirkt hiernach viel schädlicher für den Pflanzenwuchs als das Blei. Beim Zusatz von $\frac{1}{1000}$ Zink zur Nährstofflösung gingen die Pflanzen

---

[1]) Landw. Versuchsstationen Bd. XXX. S. 381 und 410.
[2]) Die Nährstofflösung enthielt pro Liter:

<pre>
Chlorkalium 0,232
Calciumnitrat 0,509
Magnesiumsulfat (MgSO₄) . . 0,093
Eisenphosphat 0,033
Monokaliumphosphat 0,133
                            ______
                             1,000
</pre>

schon nach 3 Tagen ein, während die Pflanze mit dem gleichen Zusatz von Blei zur Nährlösung 30 mm Höhenzunahme hatte und erst am 41. Tage nach der Vergiftung abstarb. Dasselbe Verhältniss zwischen Zink- und Bleipflanzen zeigt sich bei einem Zusatze von 333 mg zur Lösung. Die Zinkpflanze war hier schon nach 6 Tagen (21. Juni), ohne weitergewachsen zu sein, lebensunfähig. Die entsprechende Bleipflanze erreichte dagegen einen Höhenzuwachs von 110 mm und siechte bis gegen den 5. Juli (20 Tage) hin. Wenn man daher die grössere Giftigkeit beider Elemente auf den Pflanzenorganismus nach der Zeit bemessen dürfte, in der die Versuchspflanzen abstarben, so würde man dem Zink eine dreifach so starke Wirkung, als dem Blei, zuschreiben müssen. Die Zinkpflanze mit einem Zusatz von 33,3 mg pro Liter hatte in 11 Tagen eine Axenstreckung von 180 mm erfahren, von da an aber hörte jedes weitere Längenwachsthum auf und vom 20. Tage an ringt die Pflanze mit dem Tode. Die gleiche Dosis Blei wirkte bedeutend schwächer.

Der bis zum 20. Tage (5. Juli) andauernde Höhenwuchs erreichte 260 mm und die Pflanze blieb bis zum Schluss des Versuchs (1. August) lebensfähig. Die schwächste Gabe von Zink und Blei (3,3 mg pro Liter) wirkte nur verlangsamend auf das Gesammtwachsthum. Beide Pflanzen erfuhren vom 5. Juli ab keine weitere Verlängerung und waren beim Schluss der Versuche in der Spitze abgestorben.

Die Stammverlängerung betrug bei der Zinkpflanze 360 mm, bei der Bleipflanze 260 mm, während die Normalpflanzen gleichzeitig ihre Stammhöhe um 540—830 mm vergrösserten.

In den Lösungen mit 3,3 bezw. 33,3 mg Blei haben sich die Pflanzen im Wachsthum sehr wenig von einander unterschieden, der Zuwachs war bei beiden fast der gleiche (270 und 260 mm) und erlosch auch ungefähr gleichzeitig (etwa am 5. Juli).

Ferner liessen Nobbe, Baessler und Will die genannten Salze in noch geringerer Menge auf Maispflanzen einwirken und prüften gleichzeitig den Einfluss von kohlensaurem Zink und kohlensaurem Blei in wässriger Lösung auf die Pflanzen. Die Pflanzen wurzelten in 3 Liter-Cylindern.

Die Lösungen wurden während des Versuchs mehrmals erneuert. Ein Liter Nährlösung erhält an Blei-[1]) resp. Zinkmetall:

Versuch	No. 1.	No. 2.	No. 3.	No. 4.
Als lösliches Salz . . .	33,3 ($\frac{1}{30000}$)	10 ($\frac{1}{100000}$)	3,3 ($\frac{1}{300000}$)	2 ($\frac{1}{500000}$) mg
Als unlösliches Salz . .	1000 ($\frac{1}{1000}$)	100 ($\frac{1}{10000}$)	33,3 ($\frac{1}{30000}$)	10 ($\frac{1}{100000}$) „

Die Resultate sind in folgenden Tabellen enthalten:

---

[1]) Das salpetersaure Blei setzte sich in der Nährlösung grösstentheils zu schwefelsaurem Blei um.

Versuchs-No.	Zusatz von Pb(NO₃)₂, mg Pb pro l	Blatt-vermehrung	Trockensubstanz g	Zusatz von PbCO₃, mg Pb pro l	Blatt-vermehrung	Trockensubstanz g
I. . .	33,3	6	30,80	1000	4	15,90
II. . .	10,0	4,5	25,00	100	4	20,10
III. . .	3,3	5,5	27,10	33	4	29,50
IV. . .	2,0	6	26,90	10	2,5	26,10

Versuchs-No.	Zusatz von Zn(NO₃)₂, mg Zn pro l	Blatt-vermehrung	Trockensubstanz g	Zusatz von ZnCO₃, mg Zn pro l	Blatt-vermehrung	Trockensubstanz g
I. . .	33,3	2	11,70	1000	0,5	6,62
II. . .	10,0	2,5	16,16	100	1,5	8,80
III. . .	3,3	3,5	13,26	33,3	1,5	6,79
IV. . .	2,0	2,5	20,21	10,0	3,5	13,74

Während hiernach der Bleizusatz in obigen Mengen pro Liter keine äusserliche Wachsthumstörungen hervorgerufen hat, haben die Zinkzusätze zur Nährstofflösung das Pflanzenwachsthum verlangsamt. Sogar die 8 Versuchspflanzen mit Zusätzen von kohlensaurem Zink in der Nährlösung machten mit Ausnahme von 4a und 4b den Eindruck von äusserst dürftigen, hochgradig kranken Pflanzen. Sie besassen eine eigenthümlich grünlich weisse Farbe, die Spitzen der jüngsten Blätter waren fahlweisslich gelb gefärbt, namentlich bei 1a. Dieses auffallende Resultat der schädlichen Wirkung von kohlensaurem Zink steht dem von Freitag erhaltenen (vgl. unten) entgegen und wird von Nobbe dadurch erklärt, dass er eine Umsetzung des unlöslichen kohlensauren Zinks in der Nährlösung in für die Pflanze höchst nachtheilig wirkende Verbindungen annimmt. Aehnlich muss auch das kohlensaure Blei gewirkt haben. Denn es wird mit dem zunehmenden Gehalt der Nährlösung an Metallsalz die producirte Trockensubstanz bis zur Hälfte der durchschnittlich von vollkommenen, normalen, gesunden Maispflanzen erzeugten herabgedrückt.

Ueber die von den Pflanzen in den einzelnen Reihen aufgenommenen Mengen Zink und Blei giebt die nachstehende Tabelle Aufschluss:

Bleipflanzen:

Versuchs-No.	Zusatz von Blei, mg Pb pro l	Geerntete Trockensub-stanz g	Darin gefunden:		100000 Th. Trockensub-stanz enthalten:	
			Blei mg	Bleioxyd mg	Blei g	Bleioxyd g
I.	33,3	30,80	15,56	16,77	50,519	54,448
II.	10,0	25,00	2,73	2,94	10,920	11,772
III.	3,3	27,10	1,02	1,10	3,778	4,072
IV.	2,0	26,90	Spuren	—	—	—

(Spalte: als Pb(NO₃)₂)

Versuchs-No.		Zusatz von Blei, mg Pb pro l	Geerntete Trockensubstanz g	Darin gefunden:		100000 Th. Trockensubstanz enthalten:	
				Blei mg	Bleioxyd mg	Blei g	Bleioxyd g
I.		1000,0	15,90	6,83	7,36	42,956	46,290
II.	als $PbCO_3$	100,0	20,10	5,26	5,67	26,121	28,186
III.		33,3	29,50	0,75	8,09	2,547	2,739
IV.		10,0	26,10	Spuren	—	—	—

Zinkpflanzen:

Versuchs-No.		Zusatz von Zink, mg pro l	Geerntete Trockensubstanz g	Darin gefunden:		100000 Th. Trockensubstanz enthalten:	
				Zink mg	Zinkoxyd mg	Zink g	Zinkoxyd g
I.		33,3	11,65	16,61	20,70	142,575	177,682
II.	als $Zn(NO_3)_2 + 6$ aq.	10,0	16,16	5,78	7,20	35,761	44,554
III.		3,3	13,26	1,69	2,10	12,745	15,837
IV.		2,0	20,21	Spuren	—	—	—
I.		1000,0	6,62	14,93	18,60	225,51	280,970
II.	als $ZnCO_3$	100,0	8,80	6,90	8,60	78,410	97,727
III.		33,3	6,79	4,33	5,40	63,770	79,530
IV.		10,0	13,74	Spuren	—	—	—

Hieraus sieht man, dass im allgemeinen, entsprechend den zugesetzten Mengen, Zink und Blei in die Pflanzen übergegangen sind und dass von den Pflanzen unter sonst gleichen Verhältnissen mehr Zink als Blei aufgenommen worden ist.

Die genannten Forscher formuliren das Resultat dieser Versuche dahin, dass Blei wie Zink vegetativ nachtheilig auch dann wirken können, wenn sie in so geringen Gaben angewendet werden, dass die Pflanzen äusserlich gesund erscheinen. Die schädliche Wirkung macht sich auch dann noch in der Herabsetzung der Massenproduction bemerkbar. Bei starken Gaben, wie 1000 mg Zink pro Liter treten auch äusserlich Abnormitäten ein, welche in einer Welkung und Krümmung der Internodien bestehen.

In ähnlicher Weise hat auch A. Baumann[1]) die Grenzen zu ermitteln gesucht, bei welchen die schädlichen Wirkungen eines gelösten Zinksalzes (Zinksulfats) auf verschiedene Pflanzenarten beginnt. Er verwendete eine Nährlösung von $^1/_2$ g pro Liter; nämlich:

<pre>
0,25   Calciumnitrat
0,0625 Dikaliumphosphat
0,0625 Magnesiumsulfat
0,0625 Eisenphosphat
───────
0,5000.
</pre>

---

1) Landw. Versuchsst. 1885. Bd. 31. S. 1.

Dieser setzte er verschiedene Mengen Zinksulfat von 0,1 mg, 1,0 mg, 5,0 mg, 10,0 mg Zink auf Metall berechnet pro Liter zu und beobachtete die Einwirkung bei 13 verschiedenen Pflanzensorten, nämlich: Buchweizen, Sommerrettig, Esparsette, Wundklee, Ackerspörgel, Kohl, Runkelrüben, Rothklee, Kiefern, Eschen, Wicken, Hafer und Gerste. Er fand, dass in Lösungen von 10 mg Zink (ungefähr entsprechend 44 mg Zinksulfat) pro Liter die Pflanzen nach folgenden Tagen abstarben:

Trifolium pratense	nach 16	Tagen
Spergula arvensis	„ 21	„
Anthyllis vulneraria	„ 22	„
Hordeum vulgare	„ 30	„
Vicia sativa	„ 31	„
Raphanus sativus	„ 46	„
Beta vulg. und Brassica oleracea	„ 76	„
Polygonum fagopyrum	„ 60	„
Onobrychis sativa	„ 194	„

Man sieht hieraus, dass die Widerstandskraft der einzelnen Pflanzen gegen gelöstes Zinksalz eine sehr verschiedene ist. Die Grenze, bei welcher die schädliche Wirkung beginnt, ist nach A. Baumann zwischen 1 und 5 mg Zink pro Liter anzunehmen, denn in einer Zinklösung mit 5 mg Zink pro Liter starben alle Angiospermen ab mit Ausnahme von Onobrychis sativa. In einer Zinklösung dagegen, welche 1 mg Zink oder 4,4 Zinkvitriol pro Liter enthält, vegetiren alle Pflanzen ungestört fort.

Was die Art und Weise der giftigen Wirkung des Zinksalzes anbelangt, so nimmt A. Baumann an, dass das Zink auf das Protoplasma selbst ohne Einwirkung ist, dass ihm auch bei dem Vorgang der Zellbildung, bei der Umwandlung und Fortleitung der Reservestoffe des Samens, beim Wachsthum der Zelle, bei der Leitung des Wassers, der Transpiration keine schädliche Wirkung zukommt, sondern dass, weil dasselbe nur bei chlorophyllführenden Pflanzen eine Vegetationsstörung hervorruft, die Ursache der schädlichen Wirkung in einer Zerstörung des Chlorophyllfarbstoffes beruhen muss und dass der Tod der Pflanzen durch die hierdurch hervorgerufene Störung der Assimilations-Thätigkeit hervorgerufen wird.

Wirkung im Boden. Während nach vorstehenden Versuchen über die Giftigkeit löslicher Zinksalze für die Pflanzen kein Zweifel bestehen kann, sind die Ansichten über die Wirkung des Zinks im Boden sehr verschieden.

v. Gorup-Besanez[1] cultivirte Hirse, Buchweizen, Erbsen und Roggen in Holzkisten, die 30,7 cdm Erde fassten und mit 30 g des Metallgiftes innig vermischt waren. Die Pflanzen gediehen sämmtlich mit Ausnahme von Hirse gut und normal und konnte bei den in dem Zinkboden gewachsenen Pflanzen Zink nicht nachgewiesen werden.

J. Nessler dahingegen publicirte in den 60er Jahren Untersuchungen

---

[1] Annalen d. Chem. Pharm. Bd. 127 S. 243.

über die nachtheiligen Wirkungen von Messingstaub, aus denen hervorgeht, dass auch unlösliche Zinkverbindungen giftig wirken. Knop[1]) wiederum zog Kleepflanzen in einem Versuchsboden, dem er kohlensaures Zink zugesetzt hatte, konnte aber in denselben Zink mit Sicherheit nicht nachweisen. Weitere Vegetations-Versuche mit Perl-Mais, den er in einer mit Zinkcarbonat versetzten Nährstofflösung wachsen liess, führen Knop[2]) jedoch, ähnlich wie Nobbe, zu dem Schluss, dass die Aufnehmbarkeit des kohlensauren Zinks und seine giftige Wirkung als erwiesen angesehen werden muss.

Freitag hat während der Jahre 1866 und 1867 ebenfalls Versuche über die Wirkung von kohlensaurem Zink angestellt, indem er Boden mit 0,2% Zinkcarbonat vermischte und darin Mais, Hafer, Weizen und Roggen kultivirte. Die Pflanzen entwickelten sich auf dem Zinkboden ebensogut, wie die in der Nähe auf zinkfreiem Boden gewachsenen und konnte kein Unterschied zwischen diesen und normalen Pflanzen wahrgenommen werden.

Auch konnten entgegen den Beobachtungen von v. Gorup und Knop in den Pflanzen deutliche Mengen Zink nachgewiesen werden. Nämlich auf 100 Theile Trockensubstanz:

	Blätter		Stengeltheile
Beim Mais	0,042	resp.	0,040
„ Hafer	0,033	„	0,035
„ Weizen	0,039	„	0,037
„ Roggen	0,035	„	0,039 Theile Zinkoxyd.

Dann zog Freitag später Sommerweizen, Hafer und Erbsen in Töpfen, gefüllt mit einem Boden, welchem 1,2 und 5% Zinkweiss zugemischt waren, beobachtete ebenfalls eine normale Vegetation und konnte in den Pflanzen ähnliche Mengen Zinkoxyd, wie vorhin, nachweisen. Auch Pappenheim[3]), der sich einen Boden aus 1 Theil Zinkweiss und 10 Theilen Gartenerde herstellte und darin Erbsen, Bohnen und Roggen wachsen liess, konnte eine schädliche Einwirkung des Zinks nicht beobachten.

Holdefleiss[4]) giebt an, dass in einem Boden, der durch Abfälle und Schlamm von Zinkhütten verunreinigt war und 2% Zink enthielt, eine normale Vegetation von Klee und Gras beobachtet wurde.

E. Reichardt[4]) theilt mit, dass in seinem Laboratorium ein Orleanderstrauch, welcher in einem sehr kalkhaltigen Boden vegetirte, aus Versehen mit einer grossen Menge Chlorzinklösung begossen worden sei; der Strauch habe zwar alsbald seine Blätter abgeworfen, sei aber nach kurzer Zeit wieder vollständig gesundet und habe in späteren Jahren, trotzdem seine Blätter jedes Jahr deutlich nachweisbare Mengen Zink enthielten, eine vollständig normale Weiterentwickelung im Zinkboden genommen.

---

[1]) Landw. Versuchsstation Bd. I. S. 9.
[2]) Erster Bericht des landw. Instituts Leipzig. Berlin 1875.
[3]) Vgl. Schröder & Reuss. Beschädigungen der Vegetationen durch Rauch. Berlin 1883.
[4]) Chem. Zeitung 1882. S. 1260 u. Landw. Versuchsst. Bd. 28. S. 472.

Entgegen diesen Angaben haben wir durch mehrfache Versuche festge-stellt, dass im Boden, der mehrmals mit verschiedenen Mengen Zinksulfat in wässeriger Lösung behandelt war, eine entschieden schädliche Wirkung für Gräser statt hatte.

So wurden 1881 von F. Storp die oben S. 421 nnd 422 mit verschiedenen Mengen Zinksulfat behandelten Böden (thoniger Sandboden) am 24. Mai in je drei Vegetations-Gefässen mit Grassamen besäet und für die am 1. August und 20. October genommenen Ernten gefunden:

	I.	II.	III.	IV.
	Boden ausgewaschen mit:			
	72 Liter Leitungs-wasser	+ 0,05 g ZnO[1]) pro Liter	+ 0,1 g ZnO[1]) pro Liter	+ 0,15 g ZnO[1]) pro Liter
Gras bei 100° getrocknet	23,0 g	20,03 g	19,43 g	17,7 g
Darin N berechnet auf wasserfreie Substanz .	1,72 %	1,276 %	1,15 %	1,051 %
Entsprechend Rohproteïn	10,75 %	7,975 %	7,19 %	6,57 %
Fett (= Aetherextract)	4,05 %	3,39 %	3,79 %	3,33 %

Von No. I und IV. wurde eine vollständige Aschenanalyse ausgeführt. Es hatte einen Gesammt-Aschengehalt bezogen auf Trockensubstanz:

No. I.   No. II.
12,7 %   9,99 %

In 100 Theilen der Asche fanden sich:

	No. I.	No. II.
SiO_2	31,62	28,02
P_2O_5	6,91	7,77
SO_3	9,61	11,04
CO_2	3,82	0,31
Cl	3,70	3,79
CaO	11,71	15,61
MgO	5,84	4,78
K_2O	21,21	20,22
Na_2O	3,88	6,29
Fe_2O_3 . . .	1,81	0,69
ZnO	0	2,28
Summa	100,11	100,80
O für Cl ab .	1,67	1,71
Bleibt . . .	98,44	99,09.

Dieser Versuch wurde im Jahre 1882 mit einem anderen, dem S. 422 erwähnten Boden (lehmig-sandigem Feldboden) wiederholt, indem der mit verschiedenen Mengen Zink-sulfat berieselte Boden an der Luft abgetrocknet, dann in Steineguttöpfe von 15 cm Durch-messer und 30 cm Höhe gefüllt und in denselben (für jede Reihe 3 Töpfe) am 22. Juni ein Grassamengemisch von englischem, italienischem, französischem Raygras und Timothee-gras besäet wurde. Die am 10. September und 16. November gewonnene Ernte ergab fol-gende Resultate:

---

[1]) In Form von Zinksulfat.

Vegetation in dem mit Zinksulfat behandelten Boden.

N.° I	Boden mit gewöhnlichem Brunnen-(Leitungs-)wasser behandelt.							
„ II	desgl.	desgl.	unter Zusatz von	0,355 g	Zinksulfat =	100 mg	Zn O pro 1 Liter	
„ III	desgl.	desgl.	„ „ „	0 710 g	„	200 mg	„ „ „	
„ IV	desgl.	desgl.	„ „ „	1,420 g	„	400 mg	„ „ „	
„ V	desgl.	desgl.	„ „ „	2,840 g	„	800 mg	„ „ „	

Fig. 43.

Verlag von Julius Springer in Berlin N.

C. L. Keller, geogr. lith. Anst. u. Steindr. in Berlin S.

Reihe:	I.	II.	III.	IV.	V.
Zusatz von ZnO in Form von Zink-sulfat pro 1 l Leitungswasser . .	mg 0	mg 100	mg 200	mg 400	mg 800
Gesammternte an Pflanzen-Trocken-substanz	g 27,867	g 21,612	g 17,523	g 4,010	g 0,447
Darin: Rohproteïn	2,575	1,854	1,780	—	—
Fett + N-freie Extractstoffe .	13,986	10,898	8,319	—	—
Holzfaser	7,949	5,831	4,575	—	—
Reinasche	3,467	3,029	2,849	0,579	—
Kali	1,217	0,759	0,657	0,090	—
Kalk	0,488	0,365	0,235	—	—
Zinkoxyd	0	0,041	0,089	0,029	—
Schwefelsäure	0,184	0,275	0,306	0,067	—
Phosphorsäure	0,322	0,308	0,235	0,041	—

Da die Unterschiede in der Vegetation der einzelnen Reihen auch äusserlich sehr frappant hervortraten, habe ich die einzelnen Töpfe mit Grasvegetation photographiren lassen und lasse die Abbildungen hier folgen.

(Siehe Fig. 43 auf Tafel VI.)

Wir sehen aus diesen Versuchen, dass die Vegetation in dem Boden eine um so abnormere und dürftigere ist, je grösser die Mengen Zinksulfat waren, mit welchen der Boden behandelt war resp. welche denselben durchrieselt hatten. Mag nun auch ein Theil dieser schädlichen Wirkung darauf zurückzuführen sein, dass bei den grösseren angewendeten Mengen Zinksulfat noch ein Procentantheil desselben als solches im Boden vorhanden war und auf diese Weise schädlich wirkte, so ist dieses doch in den Reihen, welche nur mit geringeren Mengen Zinksulfat berieselt wurden, bei der grossen Absorptionsfähigkeit des Zinkoxyds durch den Boden nicht möglich und sieht man, dass wenigstens unter Umständen das im Boden unlöslich gewordene, d. h. absorbirte Zinkoxyd auch sehr nachtheilig für die Pflanzen wirken kann.

Die in den vorstehenden Versuchen hervortretenden Widersprüche über das Verhalten der Pflanzen gegen das im Boden befindliche Zink aufgeklärt zu haben, ist das Verdienst von A. Baumann.

Derselbe wählte (l. c.) zu seinen Versuchen einen Sand- und Kalkboden; in annähernd gleich grossen Blumentöpfen, welche ca. 1000 g Boden hielten, wurde eine gleich grosse Quantität des betreffenden Bodens eingewogen und in demselben die Samen, nachdem sie 24 Stunden in destillirtem Wasser zum Quellen gelegen hatten, eingesäet. Je ein Topf des Kalk- und Sandbodens wurde täglich mit 50 ccm destillirtem Wasser begossen (in diesen Töpfen wuchsen die „Kontrolpflanzen") zwei weitere eben solche Töpfe mit einer Zinklösung, welche 20 mg Zn-Metall = 88,3 mg Zinksulfat enthielt und zwei mit einer Lösung von 40 mg Zn-Metall (= 176,6 mg Zinksulfat) im Liter. Als Versuchspflanzen dienten Phleum pratense (Timotheegras), Avena arrhenatherum (französisches Raygras), Lolium perenne (englisches

Raygras), Holcus lanatus (Honiggras), Pisum sativum (Zuckererbsen) und Brassica oleracea (Kohl). Dieselben wurden am 18. October in die Töpfe eingesäet und Folgendes beobachtet:

A. **Pflanzen im Sandboden.** Während des ersten Monats konnte an sämmtlichen Pflanzen, welche ein frisches Aussehen hatten, kein erheblicher Unterschied wahrgenommen werden; die Zinkpflanzen, besonders die, welche mit der stärkeren Zinklösung begossen wurden, schienen sich sogar etwas kräftiger zu entwickeln. Gegen Mitte November jedoch machte sich bereits ein etwas helleres Grün bei fast allen Zinkpflanzen bemerkbar; gegen Ende November war an Stelle der hellgrünen Farbe bei den Erbsen eine gelbe Farbe getreten. Die Blätter fingen an, sich von der Spitze her einzurollen und gelb zu werden. Auch die Brassica-Blätter waren ebenfalls zum grössten Theil welk geworden und hatten manche noch hellgrüne Blätter weisse Flecken. Gegen Ende December waren diese, wie die Erbsen, die mit 40 mg Zink pro Liter begossen waren, vollständig abgestorben. Die 40 mg Gräser hielten sich zwar etwas länger, jedoch gab es Ende Januar unter ihnen nur mehr wenige grün aussehende Pflanzen. Länger erhielt sich die 20 mg Vegetation, doch waren Ende Januar auch die Brassica und Erbsenpflanze erkrankt und unter den Gräsern hatten sich viele Halme an der Spitze bereits gelb gefärbt. Die Kontrolpflanzen unterschieden sich beim Schluss des Versuchs aufs vortheilhafteste von den Zinkpflanzen. Als diese darauf am 24. Januar mit 50 ccm Zinkvitriollösung, welche 4,415 g (= 1 g Zink) Zinksulfat im Liter enthielt, begossen wurden, trat schon am 29. Januar jene charakteristische Gelbfärbung oder Fleckenbildung bei denselben ein.

Hieraus sieht man, dass auf einen Boden (hier Sandboden) Zinksulfat schädlich wirken kann und dass auf Humus- und kalkarmem Sandboden vegetirende Gewächse über kurz oder lang durch Berieselung des Bodens mit zinksulfathaltigem Wasser zu Grunde gehen müssen.

B. **Pflanzen im humosen Kalkboden.** Ganz anders gestalteten sich die Vegetationsverhältnisse der im Kalkboden wachsenden Zinkpflanzen.

-Dieselben hatten bis Ende Januar, wo die meisten im Sandboden kultivirten und mit Zink behandelten Pflanzen theils abgestorben, theils stark erkrankt waren, eine nicht nur gleiche, sondern entschieden kräftigere Entwickelung genommen, als die Kontrolpflanzen. Es war bei ihnen keine Erkrankung wahrzunehmen, sie hatten vielmehr grössere und mehr Blätter und längere Stengel getrieben, als diese.

Diese auffallende Erscheinung, die anfänglich auch bei den Sandpflanzen beobachtet wurde, lässt sich kaum anders erklären, als durch die Annahme, dass das Zinksalz durch seine Umsetzung im Boden Mineralnährstoffe in Lösung brachte, welche das bessere Gedeihen dieser Gewächse hervorrief.

Offenbar ist diese Umsetzung in dem Kalkboden nach den obigen Versuchen (S. 422) in der Weise vor sich gegangen, dass sich durch Doppelzersetzung unlösliches humussaures und kohlensaures Zink sowie leichter lösliches schwefelsaures Calcium bildete, welches letztere ein stärkeres Wachsthum in dem mit Zinkvitriol begossenen Boden zur Folge hatte. Als die 40 mg Pflanzen am 24. Januar aus dem Boden genommen wurden, konnte in den sorgfältig von anhängenden Erdtheilchen befreiten Wurzeln keine Spur Zink wahrgenommen werden; ein Beweis, dass das Zink noch nicht bis in das Wurzelbereich vorgedrungen war. Vom 24. Januar ab wurden die 20 mg Pflanzen mit der concentrirten Zinklösung begossen, welche 1 g Zink = 4,415 g Zinkvitriol pro Liter enthielt. Diese Concentration, welche bei den Sandculturen den baldigen Tod oder sichtbare Erkrankung der Versuchspflanzen bewirkte, konnte bei den Kalkpflanzen keinen schädlichen Einfluss ausüben. Sie gediehen fortwährend besser, als die mit destillirtem Wasser begossenen Kontrolpflanzen. Nach Beendigung des Versuchs am 24. Februar ergaben z. B. die Pflanzen von Brassica oleracea:

	Zinkpflanzen.	Kontrolpflanzen.
Anzahl der Blätter	15—17	10—14
Hiervon grüne Blätter	4—5	4—5
Länge des Stammes	8—10 cm	6—8 cm
Durchmesser der breitesten Blätter	2—2,5 cm	1—1,5 cm

Auch in den Wurzeln dieser Pflanzen konnte nicht mit Bestimmtheit Zink nachgewiesen werden. Als sodann A. Baumann auf den Topf, welcher den Kalkboden enthielt und in welchem die 40 mg Pflanzen gewachsen waren, sowie auf denselben Topf, welcher mit Sandboden gefüllt war, die Zinklösung von 4,415 Zinkvitriol im Liter in einer solchen Quantität goss, dass die Flüssigkeit sich nicht lange im Boden aufhalten konnte, sondern nach kurzer Zeit aus der am Boden des Topfes befindlichen Oeffnung austreten musste, konnte er in der durch den Kalkboden filtrirten Lösung selbst mit der empfindlichen Reaction von Ferrocyankalium und Salzsäure keine Spur Zink nachweisen, während die durch den Sandboden gesickerte Flüssigkeit sowohl mit Schwefelammonium als mit Ferrocyankalium einen deutlichen Niederschlag gab. Auch konnte in allen Schichten des betreffenden Sandbodens durch Auskochen mit säurehaltigem Wasser Zink nachgewiesen werden, während der Kalkboden in der unteren Schicht des Topfes kein Zink enthielt.

Die unschädliche Wirkung des Zinksulfats im Kalkboden, wie andererseits die schädliche Wirkung im Sandboden, beruht daher auf einer verschiedenen Absorption des Zinks durch die beiden Bodenarten und erklären sich aus diesen Versuchen die vorstehend erwähnten, sich widersprechenden Beobachtungen über die Wirkungen des Zinks im Boden auf die Pflanzen.

Ist ein Boden sehr reich an Humus und enthält er viel kohlensaures Calcium, so wird das lösliche Zinksalz durch Umsetzung in unlösliches humussaures und kohlensaures Zink unschädlich gemacht; ist dagegen ein Boden arm an Humus resp. Humussäure und an kohlensaurem Calcium, so wird das lösliche Zinksalz mehr oder weniger sofort seine giftigen Wirkungen auf die Pflanzen äussern; auch kann kaum einem Zweifel unterliegen, dass das von Zeolithen absorbirte resp. gebundene Zink bei der leichteren Löslichkeit der Zeolith-Verbindungen schädlich wirken muss und dass andererseits auch auf kalk- und humusreichem Boden, wenn derselbe hinreichend lange dem Einfluss von zinkhaltigem Wasser ausgesetzt ist, dann eine schädliche Wirkung der löslichen Zinksalze hervortreten wird, wenn keine Humus- und Kalk-Verbindungen mehr vorhanden sind, welche das Zink als unlöslich und unschädlich niederschlagen. Da das Schwefelzink sich verhältnissmässig rasch unter dem Einfluss von Sauerstoff und Wasser in schwefelsaures Zink umsetzt, so gilt von der Schädlichkeit des Schwefelzinks (Zinkblende), wenn solches event. als Flugstaub auf den Boden getragen wird, ganz dasselbe, was für das fertig gebildete Zinksulfat gesagt ist.

Nach einem vorläufigen Versuch im Sommer 1886 mit einem kalkarmen Sandboden und einem kalkhaltigen Boden verhält sich Schwefelzink genau wie das Zinksulfat.

Auch hier ist erst dann eine nachtheilige Wirkung zu erwarten, wenn die vorhandene Humussäure und das kohlensaure Calcium verbraucht sind, d. h. durch das gebildete Zinksulfat eine Umsetzung erfahren haben. In einem kalk- und humusarmen Boden dagegen muss das Schwefelzink alsbald in dem Masse eine schädliche Wirkung äussern, als es sich im Boden zu Zinkvitriol oxydirt.

Schädlichkeit von kohlensaurem Zink.

Dass auch kohlensaures Zink unter Umständen im Boden eine schädliche Wirkung äussern kann, dürfte nach den obigen Versuchen von Nobbe und Knop kaum zu bezweifeln sein. Es hängt dieses jedenfalls ganz davon ab, ob durch Gegenwart löslicher anderer Salze oder durch reichliche Kohlensäure-Bildung Bedingungen vorhanden sind, welche das kohlensaure Zink in Lösung bringen.

3. Schädlichkeit in gewerblicher Hinsicht.

In gewerblicher Hinsicht.

Die Schädlichkeit des zinksulfathaltigen Wassers in gewerblicher Hinsicht (zum Waschen, Bleichen, zum Kesselspeisen etc.) dürfte kaum in Betracht kommen, da im allgemeinen die Abflüsse aus Zinkblendegruben resp. von deren Pochwerken nicht sehr zahlreich sind, andererseits dieselben durch Einfliessen in Bäche und Flüsse eine so hinreichende Verdünnung erfahren, dass eine nachtheilige Wirkung nicht mehr vorhanden sein dürfte.

4. Schädlichkeit in sanitärer Hinsicht auf Thiere und Fische.

In sanitärer Hinsicht.

Anders ist es jedoch mit der Frage, ob das im Wasser gelöste Zinksulfat als solches oder das unter seinem Einfluss gewachsene Futter für Thiere resp. Fische schädlich ist.

Mylius[1] berichtet, dass ein Wasser aus dem Gemeindebrunnen zu Wittendorf mit einem Gehalt von 7 mg Zinkoxyd im Liter seit etwa 100 Jahren als Trinkwasser benutzt wird, ohne dass bemerkbare Nachtheile constatirt worden sind.

Nach der Pharmakopoe beträgt die Maximaldosis (innerlich) 0,06 g = 60 mg oder pro die 0,3 g = 300 mg Zinksulfat, als Emetikum 0,3—0,6 g pro dosi.

Nach Mittheilungen, welche dem Verf. gemacht wurden, wird auch das Bachwasser, welches das Abflusswasser aus den oben S. 417 erwähnten Zinkblendegruben aufnimmt, von Thieren (Pferden und Rindvieh) ohne beobachtete Nachtheile gern genossen. Dagegen giebt Ch. Richet[2] an, dass 0,0084 g Zink pro Liter in Form von Zinkchlorid für Fische bereits nach 48 Stunden giftig wirkt. Es kann aber sein, dass sich Zinksulfat nach analogem Verhalten der Chloride und schwefelsauren Salze des Magnesiums, Natriums

---

[1] Zeitschr. für analytische Chem. Bd. XIX S. 101.
[2] Compt. rend. Bd. 97 S. 1004.

etc. (siehe S. 394) auch für Fische weniger nachtheilig erweist; jedoch liegen hierüber bis jetzt keine Versuche vor.

Was die Wirkung des auf zinkhaltigem Boden gewachsenen Futters für Vieh anbelangt, so wird von Landwirthen, deren Wiesen durch Berieseln mit zinksulfathaltigem Wasser verdorben wurden, geltend gemacht, dass das Vieh das Heu solcher Wiesen verschmäht und dass Milchkühe nach Fütterung eines solchen Heues in ihrer Milchergiebigkeit zurückgehen.

In den Gegenden, welche in der Nähe von Zink- und Bleibergwerken durch Flugstaub und durch metallische und saure Dämpfe zu leiden haben, beobachtet man eine besondere Krankheit des Rindviehs und wenngleich diese Abgänge im Rauch und Flugstaub anderer und nur ähnlicher Art sind, als die im Abflusswasser erwähnten Abgänge, so mögen doch über diese Krankheitserscheinung die Resultate der umfangreichen Untersuchungen und Versuche mitgetheilt werden, welche Geh. Medic.-Rath Haubner[1] hierüber im Mulde-Thal unweit Freiberg, wo 2 Zink- und Bleihütten liegen, angestellt hat. Haubner hat dort constatirt, dass das Rindvieh auf all' den Gehöften, deren Fluren von dem Hüttenrauche getroffen werden, einer Siechkrankheit verfällt, die früher oder später zum Tode führt. Diese Siechkrankheit kommt dagegen auf den Gehöften oder in den Ortschaften nicht vor, auf deren Fluren in Folge ihrer Lage der Hüttenrauch sich nicht ablagern kann; sie sticht sich je nach dem Grade der Einwirkung des Hüttenrauches ab. In keinem Falle, wo von Hüttenrauch getroffenes Futter verfüttert wird, lässt sich die Erhaltung der Selbstaufzucht ermöglichen. Milchkühe geben nach dem Futter wenig und fettarme Milch; auch dauert die Milchabsonderung nach dem Kalben eine kürzere Zeit an und schnappt plötzlich ab, wie es dort heisst. Die durch das Hüttenrauchfutter veranlasste Siechkrankheit ist nach Haubner eine Krankheit eigener Art, die sich mit keiner anderen Krankheit identificiren und in Vergleich stellen lässt. Es ist eine Vergiftungskrankheit und zählt zu den chronischen Vergiftungen.

Die Siechkrankheit im allgemeinen zerfällt nach Haubner in folgende Krankheitsarten:

a) Sog. „Säurekrankheit", eine Art Knochenkrankheit (oder Markflüssigkeit), die durch die Einwirkung der Säure (schweflige oder Schwefelsäure) auf die Futterpflanzen hervorgerufen wird;

b) „Lungentuberkulose" mit ihren Vorläufern, dem Tracheal- und Bronchial-Katarrh und der käsigen Pneumonie;

c) Entzündungszustände und Quetschungen im Magen und die Perforation des Labmagens.

---

[1] Archiv für wissensch. und prakt. Thierheilkunde. 1878. S. 97 und 241.

Letztere beiden Krankheiten werden durch den Flugstaub hervorgerufen.

Die Symptome, unter denen die Säure-Krankheit auftritt, sind folgende:

Unter häufigen Durchfällen (mit saurer Reaction) tritt zunächst die Bleichsucht und sog. Harthäutigkeit auf, die sichtbaren Schleimhäute und Conjunctiva werden auffällig blass; die Haut wird trocken, hart und sitzt fest auf, besonders am Rippengewölbe, ist dabei staubig, unrein; das Haar glanzlos, struppig, verwirrt; dazu kommt später Minderung der Fresslust, Nachlassen in der Milch und allmälige Abmagerung; der Urin ist auffällig blass, klar, wasserhell, ohne Bodensatz und von saurer Reaction; auch die frisch gemolkene Milch zeigt sauere Reaction. Hierzu gesellt sich eine eigenthümliche Stellung und Körperhaltung der Thiere; sie stehen mit gesenktem Kopf und Hals, können diese nicht mehr gehörig aufrichten, der Rücken ist gekrümmt, das Becken gesenkt; die Hinterschenkel nehmen in allen Gelenken eine mehr grade, steile Stellung an, die sich zuerst im Fesselgelenke als eine steile köthenschüssige Stellung ausspricht; dann folgt auch das Sprung- und Hinterkniegelenk, so dass die Winkelung immer mehr sich mindert; später treten Erscheinungen hinzu, die ein Knochenleiden bekunden, z. B. zeitweilige Schmerzen in den Gelenken, die sich durch Steifheit und Schwerbeweglichkeit aussprechen; Auftreibung der Gelenke, insbesondere des Sprungknie- und Fesselgelenkes und zuletzt Auftreten der Markflüssigkeit und Knochenbauchigkeit.

Abmagerung und Hinfälligkeit nehmen immer mehr zu, die Thiere liegen viel, können kaum von dem Lager sich erheben und verfallen schliesslich dem Tode.

Auch treten die Erscheinungen deutlicher bei Jungvieh als bei erwachsenem Vieh auf.

Ganz ähnliche Beobachtungen sind in Cörne bei Dortmund, in der Nähe einer Zinkhütte, welche Zinkblende verarbeitet, gemacht worden. Auch hier treten alljährlich dieselben Erscheinungen bei Vieh hervor, wenn dasselbe im Sommer auf Weiden in der Nähe der Fabrik getrieben wird. Fast regelmässig erliegen einzelne Individuen der genannten Krankheit. Wenngleich angenommon werden muss, dass ein Haupttheil dieser Wirkungen auf die saueren Rauchgase entfällt, so ist doch anzunehmen, dass auch die Metallverbindungen im Rauch und im Flugstaub eine schädliche Mitwirkung äussern, und will ich bemerken, dass ich in dem Boden und in den Pflanzen derjenigen Weiden und Ackerstücke, auf welchen obige Beobachtungen bei Rindvieh in Cörne bei Dortmund gemacht sind, neben einer durchweg erhöhten Menge Schwefelsäure, auch deutliche und nicht unerhebliche Mengen Zinkoxyd gefunden habe, während letzteres im Boden mit anscheinend gesunden Pflanzen nicht mit Sicherheit nachgewiesen werden konnte; es ergab sich nämlich (in der Trockensubstanz):

Schwefelsäure.   Zinkoxyd.

1. Boden.

a) anscheinend gesund, südsüdöstlich von der Hütte . . . . 0,049 % (0,024 %)?

b) Boden von einer verdorbenen Weide, östlich von der Hütte . . . . 0,121 % 0,113 %

c) Boden von einem verdorbenen Roggenfelde östlich von der Hütte . . . . . 0,075 % 0,072 %

2. Pflanzen.

Weidegras:

a) von einer anscheinend gesunden Weide südsüdöstlich von der Hütte. . . . . 1,1327 % Wenig?

b) von der kranken Weide östl. von der Hütte 0,773 % 0,242 %

Roggen:

a) von einem anscheinend gesunden Felde südsüdöstlich von der Hütte. . . . . 0,399 % Wenig?

b) von dem kranken Felde östl. von der Hütte 0,696 % 0,076 %

Ob in diesen Fällen auch das Zink als solches insofern Mitursache an den Krankheitserscheinungen ist, als es indirect eine Veränderung in der Constitution der Pflanzensubstanz hervorruft, will ich dahingestellt sein lassen, indess ist dieses nach den unter Einwirkung von Eisensulfat auf Boden und Pflanzen im folgenden Kapitel geltend gemachten Gründen nicht unwahrscheinlich.

Reinigung.

Eine Reinigung des zinksulfathaltigen Wassers lässt sich in ähnlicher Weise, wie bei dem eisensulfathaltigen Wasser, bewirken, nämlich durch Kalkmilch, indem sich das Zinksulfat mit dem Kalkhydrat umsetzt nach folgender Gleichung:

$$(ZnSO_4 + aq) + H_2CaO_2 = (CaSO_4 + aq) + H_2ZnO_2.$$

Zinksulfat + Kalkhydrat = Calciumsulfat + Zinkhydroxyd.

Das sich hierbei abscheidende Zinkhydroxyd wird in entsprechenden Klärteichen niedergeschlagen.

Die Actien-Gesellschaft für Bergbau-, Blei- und Zink-Fabrikation, Abtheilung Ramsbeck in Westf. hat für die Vermengung der Abflüsse mit Kalkhydrat folgende zweckmässige Einrichtung getroffen (vgl. Fig. 44—46 S. 446):

Von den 4 Fässern functioniren jedesmal nur 2 zusammengehörige, während die andern 2 als Reserve dienen. Die Wasserzuströmung wird, je nachdem das eine oder andere Paar Fässer functioniren soll, geöffnet oder gesperrt. Das Wasser wird mittelst der Brause in dem Fasse A durch den Kalk gedrückt; das Kalkwasser fliesst in das Fass B über und wird von da nach Bedarf und den erforderlichen Mengen aus verschiedenen Ausflüssen in verschiedene Gerinne geleitet.

Bei vorsichtigem und exactem Arbeiten ist es möglich, auf diese Weise alles Zink auszufällen; so fand ich für das Förderwasser des Stollens Juno bei Gevelinghausen vor und nach dem Reinigen mit Kalkwasser, nachdem das Wasser durch einen einfachen Klärteich gelaufen war, folgende Zusammensetzung pro 1 Liter:

	Abdampf-rückstand	Kalk	Magnesia	Zinkoxyd	Schwefel-säure
1. Natürliches Stollenwasser . . .	340,0 mg	86,0 mg	38,8 mg	21,5 mg	108,0 mg
2. Mit Kalk gereinigtes Stollenwasser	300,0 „	88,0 „	28,8 „	0	116,0 „

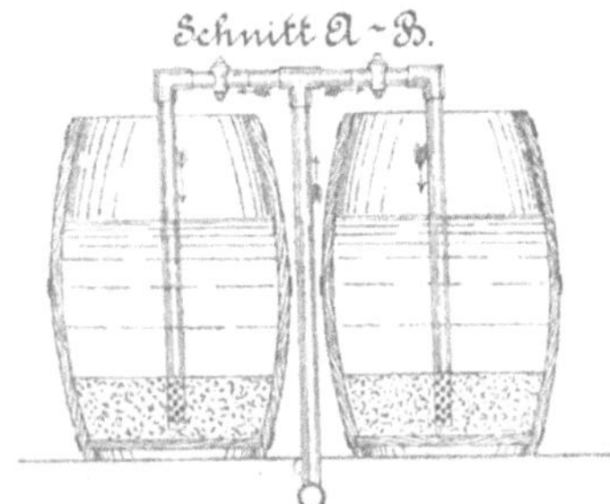

Fig. 44.   Fig. 45.

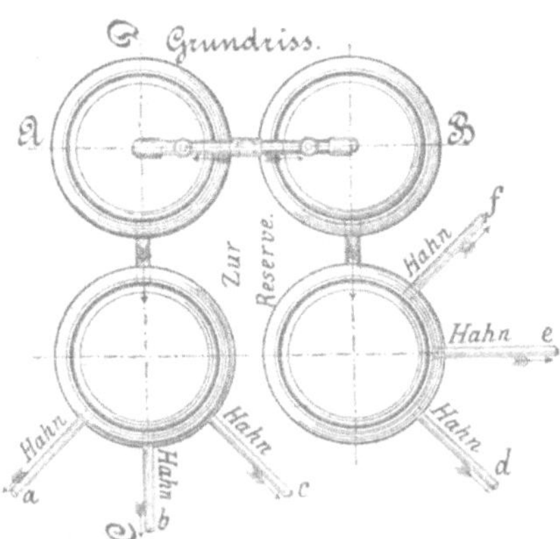

Fig. 46.

Der geringe Gehalt an Abdampfrückstand und der unbedeutend höhere Gehalt an Kalk, trotz des Kalkzusatzes, erklären sich daraus, dass durch letzteren mit dem Zinkhydroxyd auch Calcium- und Magnesium-Carbonat ausgefällt werden.

So schön der Erfolg der Beseitigung des Zinks in diesem Falle auch ist, so hat die praktische Ausführung doch nicht geringe Schwierigkeiten, weil stets genau äquivalente Mengen Kalk, nämlich einerseits nicht zu wenig, andererseits nicht zu viel Kalkmilch zugesetzt werden dürfen, indem im letzteren Falle das die Abflusswässer aufnehmende Bachwasser dadurch in seiner natürlichen Beschaffenheit zu seinem Ungunsten verändert werden kann, dass das gelöste doppeltkohlensaure Calcium durch den überschüssigen Kalk in einfaches kohlensaures Calcium umgewandelt und als unlöslich niedergeschlagen wird; dann auch hat es seine Schwierigkeiten, das feinflockige präcipitirte Zinkhydroxyd in Klärteichen vollständig niederzuschlagen und zu beseitigen.

Nach den obigen Beobachtungen von A. Baumann über die rapide Einwirkung von Humusverbindungen und von kohlensaurem Calcium auf Zinksulfat dürfte es, wenn die Abfallwässer nicht gar zu gross sind, viel zweckmässiger sein, dieselben durch entsprechend grosse Filtrirschichten laufen zu lassen, welche aus wechselnden Lagen von Kalksteinstücken und Moorerde bestehen. Derartige Filtrirschichten würden constant wirken und keiner fortwährenden Berücksichtigung bedürfen und nur von Zeit zu Zeit zu erneuern sein.

Handelt es sich darum, einen durch Zinksulfat verdorbenen Boden[1]) aufzubessern, so sind demselben solche Stoffe zuzuführen, welche sowohl das etwa vorhandene gelöste Zink unlöslich machen, als auch die Auflösung des unlöslichen verhindern. In dieser Hinsicht ist unter allen Umständen eine Mergelung oder Kälkung des betreffenden Bodens zu empfehlen und wo es die Verhältnisse gestatten, kann man vielleicht auch nebenher noch mit Moorerde nachhelfen, da sich auch der Humus resp. die Humussäuren nach Storp und A. Baumann als besondere Absorptions- (Niederschlagungs-) Mittel bewährt haben.

---

[1]) Soll durch die chemische Analyse entschieden werden, ob ein Boden, dessen Ertragsfähigkeit in auffälliger Weise zurückgegangen ist, durch Zinkabwässer verdorben wurde, so muss, wie A. Baumann (l. c.) richtig bemerkt, entweder eine gegen Kalk und Magnesia überwiegende Menge Zinkoxyd, eine Verringerung des Kaligehaltes oder eine, wenn auch geringe Menge in reinem oder kohlensäurehaltigem Wasser löslichen Zinksalzes sich nachweisen lassen. Keinenfalls kann der Nachweis, dass überhaupt Zinkoxyd bis zu 2 oder 4 % vorhanden ist, allein genügen.

Abflusswasser aus Schwefelkiesgruben
resp. von Schwefelkieswäschereien, Kohlenzechen, Berlinerblau-Fabriken etc., mit freier Schwefelsäure und Ferrosulfat.

Zusammensetzung.

Die Abflusswässer aus Schwefelkiesgruben und von Schwefelkieswäschereien enthalten freie Schwefelsäure und schwefelsaures Eisenoxydul, indem sich der Schwefelkies unter Zutritt von Sauerstoff und Wasser umsetzt nach folgender Gleichung:

$$\mathrm{Fe\,S_2 + O_7 + 8\,H_2\,O = SH_2\,O_4 + Fe\,SO_4 + 7\,H_2\,O.}$$

Von dieser Umsetzung geben einmal die in den Schwefelkiesgruben sich ansetzenden Krystalle von Eisenvitriol Zeugniss, andererseits auch die natürlich ausfliessenden Grubenwässer. Wenn in dem Schwefelkies gleichzeitig Zinkblende vorkommt, so enthalten solche Abflusswässer gleichzeitig schwefelsaures Zink, welches sich nach folgender Gleichung bildet:

$$\mathrm{Zn\,S + O_4 + 7\,aq = Zn\,SO_4 + 7\,aq.}$$

So fanden wir in Abflusswässern aus Schwefelkiesgruben in Meggen bei Grevenbrück im Jahre 1874 pro 1 Liter:

	1. Probe.	2. Probe.	3. Probe.
Schwefelsäure	3462,0 mg	1737,5 mg	1678,2 mg
Eisenoxydul	631,8 „	114,3 „	79,2 „
Kalk	688,0 „	583,5 „	888,8 „
Magnesia	105,7 „	155,5 „	168,3 „
Chloralkalien	380,0 „	42,0 „	—
Eisenoxyd suspendirt . .	—	102,4 „	619,2 „

Im Jahre 1883 ergab ein Abflusswasser ebendaher folgende Zusammensetzung:

Schwe-fel-säure	Eisen-oxydul	Zink-oxyd	Suspen-dirtes Eisen-oxyd	Kalk	Magne-sia	Chlor
mg	mg	mg	mg	mg	mg	mg
4697,0	1256,4	958,0	256,8	398,8	574,0	17,7

Rechnet man im ersten Fall Eisenoxydul, Kalk und Magnesia sämmtlich als an Schwefelsäure gebunden, so bleiben noch für Probe 1 = 1565,6 mg, für Probe 2 = 466,0 mg, für Probe 3 = 656,1 mg freie Schwefelsäure pro 1 l, während bei der letzteren Probe noch 626 mg, wenn man sämmtliche in Lösung befindlichen Basen (Eisenoxydul, Zinkoxyd, Kalk, Magnesia) auf schwefelsaure Salze umrechnet.

Wenn solche Wässer an der Luft stehen oder fliessen, besonders wenn man Kalkmilch zusetzt, scheidet sich Eisenoxydhydrat resp. Eisenoxydulhydrat in Flocken aus und für derartig veränderte Abflusswässer vorstehender Gruben mögen folgende Analysen Aufschluss geben:

Vom Jahre 1874:

	Probe 1.	Probe 2.	Probe 3.	Probe von 1883
	mg	mg	mg	mg
Schwefelsäure	2154,0	1898,8	4775,3	1669,2
Eisenoxyd	180,0	466,0	2870,0	— ?
Zinkoxyd	—	—	—	116,0
Kalk	942,0	1055,0	2904,0	808,4
Magnesia	205,0	165,2	721,8	182,2
Chloralkalien	105,0	232,0	175,0	—

Neben dem Eisenoxyd resp. Eisenoxydul waren in sämmtlichen Proben durch Ferridcyankalium noch geringe Mengen von Eisenoxydul in Lösung nachweisbar (letztere Probe von 1883 enthielt noch 29,8 mg pro Liter).

In derselben Weise enthält auch Wasser von Schwefelkieswäschereien freie Schwefelsäure und schwefelsaures Eisenoxydul. Eine Analyse von einem solchen Wasser ergab z. B. pro 1 Liter:

Abdampf-rückstand (trocken)	Schwe-fel-säure	Eisen-oxydul	Kalk	Magne-sia	Chlor-alkalien
mg	mg	mg	mg	mg	mg
3306,2	1729,5	518,3	439,5	169,4	92,6

Auch hier verbleiben, wenn man die Basen, Eisenoxydul, Kalk, Magnesia an Schwefelsäure gebunden annimmt, 178,7 mg freie Schwefelsäure pro Liter ungebunden.

Mitunter ist auch Abflusswasser aus Steinkohlengruben, welches für gewöhnlich stark kochsalzhaltig zu sein pflegt, von einer ähnlichen Zusammensetzung, wenn die über oder zwischen lagernden Gebirgsschichten stark mit Schwefelkies durchsetzt sind. So fanden wir in dem Grubenwasser von Zeche Gottessegen in Löttringhausen pro 1 Liter:

	1. Probe.	2. Probe.
	mg	mg
Suspendirte Stoffe (Eisenoxyd)	170,0	186,0
Gelöste Stoffe	1584,0	1496,0
Zusammen	1754,0	1682,0
In letzteren:		
Chlor	14,0	20,0
Schwefelsäure	846,0	806,0
Kalk	180,0	150,0
Magnesia	89,0	90,0
Eisenoxydul	61,0	106,0
Daraus berechnet sich:		
Chlornatrium	233,0	326,0
Schwefelsaures Calcium	436,0	364,0
Schwefelsaures Magnesium	267,0	270,0
Schwefelsaures Eisenoxydul	128,0	223,0
Freie Schwefelsäure	345,0	295,0.

In Uebereinstimmung hiermit giebt Polek[1]) folgende Zusammensetzung für das Orzesche Grubenwasser pro 1 Liter:

Schwe-fel-säure	Chlor	Kiesel-säure	Kali	Natron	Kalk	Magne-sia	Eisen-oxydul	Eisen-oxyd	Mangan-oxyd, Thon-erde	Freie Schwe-felsäure
mg	mg	mg	mg	mg	mg	mg	mg	mg	mg	mg
278,0	4,0	46,0	16,0	18,0	256,0	119,0	10,0[2])	229,0	102,0	152,0

Ferner fand H. Fleck[3]) für das Wasser vom Rothschönberger Stollen, bei dessen Einfluss in die Triebisch, welcher die Entwässerung der Freiberger Silberbergbaustrecken herbeiführt und pro Stunde 600 l Wasser liefert, sowie für das Förderwasser aus einem Braunkohlenschachte folgende Zusammensetzung pro 1 l:

1. Silberbergbau-Abflusswasser:

Organische Stoffe	11,0 mg	Uebertrag	361,0 mg
Schwefelsaures Calcium	260,0 „	Kohlensaures Magnesium	36,0 „
„ Eisenoxydul	6,0 „	Salpetersaures „	1,0 „
„ Zink	24,0 „	Kieselsaures Natrium	47,0 „
„ Magnesium	60,0 „	Chlornatrium	36,0 „
Summa	361,0 „	Summa pro 1 l	481,0 „

---

[1]) Die Verwerthung der städtischen und Industrie-Abfallstoffe. Leipzig 1875. S. 120.
[2]) An Ort und Stelle 441 mg Ferrosulfat ($FeSO_4$).
[3]) 12. u. 13. Jahresber. d. kgl. chem. Centralstelle f. öffentl. Gesundheitspflege in Dresden. 1884. S. 21.

2. Förderwasser aus einem Braunkohlenschacht.

Organische Stoffe	30,5 mg	Uebertrag .	794,6 mg
Schwefelsaures Calcium . .	302,4 „	Schwefelsaures Ammonium .	18,3 „
„ Eisenoxydul .	261,6 „	Kieselsaures Natrium . . .	41,9 „
„ Manganoxydul	5,1 „	Kieselsäure	17,9 „
„ Magnesium .	173,4 „	Chlornatrium . . . . . . ꞇ	327,2 „
„ Natrium . .	21,6 „	Chlorkalium	82,4 „
Summa .	794,6 „	Summa pro 1 l .	1282,3 „

In welcher Weise derartige Abflusswässer die Zusammensetzung der natürlichen Wasserläufe zu verändern im Stande sind, mögen folgende Analysen von dem Wasser der Elspe und Lenne zeigen, welche obiges Abflusswasser aus den Schwefelkiesgruben aufnehmen: Verunreinigung der Flüsse.

	Vom Jahre 1874 Elspe-Bachwasser		Vom Jahre 1876 Lenne-Bachwasser		Vom Jahre 1883 Lenne-Bachwasser	
	Vor	Nach	Vor	Nach	Vor	Nach
	Aufnahme des Grubenwassers		Aufnahme des Grubenwassers		Aufnahme des Grubenwassers	
	mg	mg	mg	mg	mg	mg
Schwefelsäure	12,0	187,0	7,5	62,5	9,3	307,5
Eisenoxyd (suspendirt) .	Spur	28,7	0,0	14,0	0,0	38,8
Kalk	46,3	131,9	18,0	69,2	23,6	122,0
Magnesia	9,6	33,2	8,3	20,8	12,0	59,0
Chloralkalien	65,9	63,2	29,0	33,5	—	—

Polek zeigt (l. c.) die Veränderung des Birawkawassers durch die Aufnahme des Orzeschen-Grubenwassers durch folgende Zahlen pro 1 Liter:

	Birawkawasser	
	Vor	Nach
	dem Einfluss des Grubenwassers	
	mg	mg
Schwefelsäure (SO_3)	5,0	209,0
Chlor	8,0	—
Kieselsäure	—	19,0
Kali	1,0	2,0
Natron	5,0	8,0
Kalk	29,0	79,0
Magnesia	5,0	25,0
Eisenoxydul	—	11,0
Eisenoxyd	3,0	6,0
Manganoxyd, Thonerde	1,0	—
Freie Schwefelsäure	—	29,0

Abgesehen davon, dass ein Bachwasser durch Aufnahme derartiger Abflusswässer mitunter einen Gehalt an freier Schwefelsäure annehmen kann, wird dasselbe in seiner ursprünglichen Zusammensetzung wesentlich dadurch verändert, dass das gelöste doppeltkohlensaure Calcium in schwefelsaures Calcium übergeführt wird, ein Umstand, der für Zwecke der Benutzung des Wassers zur Berieselung nicht als irrelevant bezeichnet werden muss.

Schädliche Wirkungen.

Schädliche Wirkungen. Auf den Boden.

1. Auf den Boden. Verfolgt man die Wasserläufe, welche das Abflusswasser von Schwefelkies-Gruben oder Kieswäschereien aufnehmen, so bemerkt man, falls keine völlige Reinigung des Wassers vorgenommen ist, an den Ufern und in der Tiefe auf dem Boden des Baches resp. Flusses eine grössere oder geringere Menge eines gelben aus Eisenoxyd- resp. Eisenoxydoxydulhydrat bestehenden Schlammes. Wird ein solches Wasser zur Berieselung benutzt, so schlägt sich einerseits das im Wasser suspendirte Eisenoxyd auf den Boden nieder, andererseits wird das im Wasser gelöste schwefelsaure Eisenoxydul bei der Filtration durch den Boden oder durch den Sauerstoff der Luft in der Weise zersetzt, dass sich Eisenoxydhydrat resp. Eisenoxydoxydulhydrat resp. basisch schwefelsaures Eisenoxyd auf und in den Boden niederschlägt, während die frei gewordene Schwefelsäure mit anderen Basen im Boden, z. B. mit Kalk, Magnesia oder Kali Verbindungen eingeht, die zum grössten Theil mit dem abfliessenden Rieselwasser fortgeführt werden. Enthält ein derartiges Schwefelkiesgrubenwasser gleichzeitig schwefelsaures Zinkoxyd, so wirkt letzteres in der Weise, dass sich dasselbe, wie wir im vorigen Kapitel gesehen haben, mit anderen Salzen resp. Silikaten umsetzt, indem Zinkoxyd absorbirt wird und eine entsprechende Menge anderer Basen, wie Kalk, Kali etc., an Schwefelsäure gebunden, an seine Stelle tritt, welche Salze ebenfalls als leicht löslich im Wasser von Rieselwasser mit fortgeführt werden.

Als Beweis hierfür können folgende Untersuchungen dienen:

Im Elspe-Thal waren Ende der 60er Jahre und Anfang der 70er längere Zeit die Wiesen mit dem Elspe-Bachwasser berieselt, welches die Abflusswässer aus einem Theil der dort gelegenen Schwefelkiesgruben aufnimmt. Die damit berieselten und verdorbenen Wiesen zeigten gegenüber dem Grundgestein und gesunden Wiesen, welche nicht mit dem Wasser berieselt waren, eine wesentlich erhöhte Menge an Schwefelsäure, Eisenoxydul und Eisenoxyd, besonders an solchen Stellen, wo in Folge Unebenheiten das Wasser aufgestaut war.

So ergaben sich, auf wasser- und humusfreien (geglühten) Boden berechnet:

	Schwefel-säure	Eisenoxydul	Eisenoxyd in Salzsäure löslich	Gesammt-Eisenoxyd
1. Grundgestein und Boden von gesunden Stellen:				
Grundgestein	0,244	3,749	3,223	—
do.	0,118	3,382	3,597	—
Untergrund	0,053	2,930	1,490	2,860
Mutterboden	0,149	2,650	2,590	3,700
2. Boden von verdorbenen Stellen der Wiese:				
Wiese M.	0,427	2,033	11,188	—
„ A.	0,290	2,743	27,944	—
„ Gr.	0,290	1,754	9,184	—
„ K.	0,441	4,81	10,190	—

In derselben Weise wurde für Wiesen im Lenne-Thal, welche mit Lenne-Wasser, welches die Elspe und das Abwasser anderer Schwefelkiesgruben aufnimmt, berieselt werden, gefunden:

a) Im Jahre 1876:

	Eisenoxydul %	Eisenoxyd %	Schwefel-säure %
1. Gesunder Boden von Wiesen links der Lenne nicht mit Lenne-Wasser berieselt	1,92	3,64	0,144
2. Verdorbener Boden von mit Lenne-Wasser berieselten Wiesen:			
A. Wiese „Neuer Kamp" . . .	2,13	6,43	0,405
B. „ „Ete".	2,19	5,92	0,285
C. „ „Kälberhof"	2,92	4,83	0,237
D. „ „Altehof"	3,38	7,62	0,792

b) Im Jahre 1883:

	Schwe-fel-säure %	Zink-oxyd %	Eisen-oxydul %	Eisen-oxyd %	Eisen-oxydul + Eisen-oxyd %
A. Boden von gesunden Stellen in der Nähe der kranken Wiese:					
Untergrund der Wiese „In den Wieden"	0,061		2,539	4,615	7,154
Boden an der Wiese „In den Wieden" nicht berieselt	0,003	0 bis Spuren	1,774	5,643	7,417
Boden an der Wiese „Ete" nicht berieselt	0,059		2,127	3,172	5,299
Boden an der Wiese „Neuer Kamp" nicht berieselt	0,064		1,471	3,523	4,994
Boden links der Lenne, mit gesundem Wasser berieselt	0,062		1,033	4,334	5,367

	Schwefelsäure %	Zinkoxyd %	Eisenoxydul %	Eisenoxyd %	Eisenoxydul + Eisenoxyd %
B. Boden von kranken Stellen der Wiese, welche mit Lenne-Wasser berieselt wurden:					
Wiese „In den Wieden“	0,177	0,673	3,701	8,563	12,264
do. „Altehof“	0,102	0,762	2,505	6,566	9,071
do. „Ete“	0,149	0,895	3,175	9,525	12,700
do. „Neuer Kamp“	0,191	1,420	3,601	15,166	18,767

Man sieht hieraus, dass der Boden der mit derartig verunreinigtem Bachwasser berieselten und verdorbenen Wiesen erheblich mehr an allen Bestandtheilen (wie Schwefelsäure, Eisenoxydul, Eisenoxyd, Zinkoxyd) enthält, als der gesunde gleichartige Boden in unmittelbarer Nähe, welcher nicht mit einem solchen Wasser berieselt wurde. Es ist einleuchtend, dass der aufgeführte Schlamm von Eisenoxyd, indem er bei seiner feinen Vertheilung die Poren des Bodens verstopft, die Wiesen mit der Zeit allmälig ganz versauert und nicht mehr landwirthschaftliche Nutzpflanzen aufkommen lässt. Diese direct versauernde Wirkung derartiger Abflusswässer auf den Boden wird indirect noch dadurch unterstützt, dass durch die Aufnahme des schwefelsauren Eisenoxyduls resp. der freien Schwefelsäure der im Wasser als doppeltkohlensaures Salz vorhandene Kalk in schwefelsaures Calcium übergeführt wird, welches nicht die, die Oxydations-Vorgänge im Boden begünstigende Wirkung besitzt, als das kohlensaure Calcium.

Nicht minder schädlich ist die bodenauswaschende Wirkung des schwefelsauren Eisenoxyduls resp. des schwefelsauren Zinkoxyds.

Um dieses nachzuweisen, haben wir je 0,5 kg Feldboden in Flaschen mit 3 l destillirtem Wasser bei gewöhnlicher Temperatur stehen lassen und dem Wasser steigende Mengen Eisenvitriol zugesetzt nämlich entsprechend 0,0, 0,2, 0,5 und 1,0 g FeO pro 1 l. Nach 21 tägigem Stehen und nachdem öfters umgeschüttelt war, wurde abfiltrirt, und in je 1 l der Lösung, Kali, Kalk und Magnesia bestimmt. Es wurde gefunden:

Reihe . .	I.	II.	III.	IV.	
Zusatz von Eisenvitriol pro 1 l Wasser, entsprechend	0,0 g	0,2 g	0,5 g	1,0 g	FeO
In 3 l der Bodenlösung (Filtrat):					
Kali	0,0124 g	(0,0054 g)	0,0132 g	0,0195 g	
Kalk	0,0768 „	0,1230 „	0,2790 „	0,4479 „	
Magnesia	0,0111 „	0,0201 „	0,0225 „	0,0972 „	

Dieser Versuch wurde mit 1,5 kg Boden und unter längerer Behandlung wiederholt; dem Boden wurden ebenfalls 3 l Wasser mit obigen Mengen Eisenvitriol zugesetzt; die Gemische blieben unter fast täglichem Umschütteln von Juli bis September bei niederer (9—12° C.) Kellertemperatur stehen. Die Untersuchung ergab:

	Reihe . .	I.	II.	III.	IV.
Zusatz von Eisenvitriol pro 1 l Wasser,					
entsprechend		0,0 g	0,2 g	0,5 g	1,0 g FeO
In der Bodenlösung pro 3 l:					
Schwefelsäure		0,0720 g	0,5130 g	1,1680 g	2,1870 g
Kalk		0,2376 „	0,3246 „	0,5064 „	0,7644 „
Magnesia		0,0333 „	0,0424 „	0,0576 „	0,0684 „

Von Alkalien resp. Kali wurde in diesem Falle nur sehr wenig gelöst, vermuthlich desshalb, weil bei dem höheren Kalkgehalt des Bodens die Einwirkung des Eisenvitriols durch das Calciumcarbonat erschöpft wurde.

Ferner haben wir je 50 kg eines lehmigsandigen Feldbodens in ein mit grobem Sand und Siebsatz versehenes Fass gefüllt und denselben 6 mal mit je 40 l Brunnenwasser einmal für sich allein und dann in 5 anderen Proben unter Zusatz von steigenden Mengen schwefelsauren Eisenoxyduls begossen, tüchtig umgerührt und dann das Wasser unten abfliessen lassen. Dem Brunnenwasser wurden in der zweiten Reihe 100 mg, in der dritten 200 mg, in der vierten 400 mg und in der fünften 800 mg FeO in Form von Ferrosulfat pro 1 Liter zugesetzt. Nach dieser Behandlung wurde der Boden an der Luft abtrocknen gelassen und in der Weise untersucht, dass je 50 g des gut gemischten Bodens $^{1}/_{2}$ Stunde mit verdünnter Salzsäure (50 ccm Salzsäure, 150 ccm Wasser) gekocht und dann auf 1000 ccm gebracht wurden.

In aliquoten Theilen des Filtrats wurden in üblicher Weise Kalk, Magnesia, Kali etc. bestimmt und für den wasserfreien Boden folgende Resultate erhalten:

Reihe	I.	II.	III.	IV.	V.
Brunnenwasser + Zusatz pro 1 l:	mg	mg	mg	mg	mg
FeO in Form von Ferrosulfat	0	100	200	400	800
Glühverlust (Humus + chemisch gebundenes Wasser)	% 4,07	% 4,17	% 4,17	% 4,23	% 4,17
Phosphorsäure	0,178	0,169	0,165	(0,181)	0,164
Schwefelsäure	0,040	0,042	0,045	0,054	0,087
Eisenoxyd	1,17	1,31	1,35	1,54	1,55
Eisenoxyd + Thonerde . .	2,33	2,66	2,69	2,93	2,96
Kalk	0,475	0,420	0,375	0,322	0,269
Magnesia	0,167	0,139	0,111	0,110	0,091
Kali	0,075	0,074	0,069	0,060	(0,066)

Man sieht hieraus, dass Ferrosulfat in ähnlicher Weise umsetzend auf die Bestandtheile des Bodens einwirkt, wie Zinksulfat etc., und dass der Boden um so weniger der wichtigsten Pflanzennährstoffe, besonders Kalk, Magnesia und auch Kali enthält, je grösser die Mengen an Ferrosulfat in dem Wasser sind, womit er behandelt wird, während der Gehalt an Schwefelsäure und Eisenoxyd in demselben Masse zunimmt. Es ist daher einleuchtend, dass ein Wasser, welches grössere Mengen Ferrosulfat — hier beginnt die Wirkung schon bei ca. 400 mg — enthält, bei längerer und wiederholter Benutzung zur Berieselung in der Weise schädlich wirkt, dass es den Boden auswäscht und seiner wichtigsten Pflanzennährstoffe (besonders an Kalk, Magnesia und Kali) beraubt.

Schädlichkeit für Pflanzen.

2. **Schädliche Wirkung auf Pflanzen.** Dass freie Schwefelsäure und schwefelsaures Eisenoxydul schädlich, ja gar giftig für Pflanzen sind, wird von keiner Seite bezweifelt.

So sagt M. Märcker[1]):

„Als aber mit Ausführung der Bewässerung und mit der Kultur dem Sauerstoff der Luft der Weg zu den in dem Moorboden enthaltenen Schwefeleisenverbindungen geöffnet wurde, haben diese einem allmäligen Oxydationsprocesse unterliegen müssen, als dessen Endproduct schwefelsaures Eisenoxydul entstand, welches — bis zu einem gewissen Grade angewachsen — die Vegetation schädigte und dieselbe schliesslich überhaupt vollständig verhinderte.“

Ferner Alex. Müller[2]):

„Freie Schwefelsäure und schwefelsaures Eisenoxydul wirken durch ihre stark saure Reaction schon in geringer Menge giftig auf die Kulturgewächse.“

A. B. Griffiths[3]) setzte einer Nährstofflösung, welche auf 100 g Wasser:

0,10 g Kaliumnitrat, 0,05 g Chlornatrium, 0,05 g Calciumkarbonat, 0,05 g Magnesiumkarbonat, 0,05 g Calciumphosphat und 0,05 g Natriumphosphat,

enthielt, verschiedene Mengen Ferrosulfat zu, nämlich 0,20%, 0,15%, 0,10% und 0,05% und beobachtete deren Wirkung gegen Pflanzen.

Zunächst wurde Senfsamen auf Flanelllappen, die mit diesen Lösungen befeuchtet wurden, keimen gelassen; in Berührung mit der stärksten Lösung von 0,20% Eisensulfat keimten keine Pflanzen, in den anderen Lösungen entwickelten sie sich gut. Junge Kohlpflanzen wurden in 0,20%iger Ferrosulfatlösung nach wenigen Tagen krank und starben nach einer Woche ab; versetzte man sie nach dreitägigem Aufenthalt in reines Wasser, so erholten sie sich wieder, indem sie Ferrosulfat an dasselbe abgaben.

Die kleinen Wasserpflanzen Spirogyra und Zygnema erlagen in 0,20%iger Eisensulfatlösung ebenfalls, während sie in 0,15%- und 0,10%igen Lösungen gesund blieben.

J. Nessler[4]) beobachtete in einem Falle, in welchem Pflanzen in Töpfen in einem Vegetationshause vor Regen, aber nicht vor der Sonne geschützt standen, einen schädlichen Einfluss des Eisenvitriols bei Zusätzen

---

[1]) Zeitschr. des landw. Centr.-Vereins der Provinz Sachsen. 1870. S. 70.
[2]) Landw. Centr.-Blatt 1874, Heft 6, S. 367.
[3]) The Chem. News 1885. S. 167 etc.
[4]) Wochenbl. d. landw. Vereins in Grosshrzth. Baden. 1876. No. 6 u. 7; vgl. Centr.Bl. f. Agric. Chem. 1877. Bd. 11 S. 188.

von 0,25 g pro 1700 g Erde; in einer anderen Versuchsreihe, in welcher die Töpfe in einem schwach beleuchteten Raume standen und die Erde etwas feuchter gehalten wurde, vertrugen die Pflanzen Zusätze von 2 g Eisenvitriol pro 1700 g Erde und sahen im allgemeinen um so schöner aus, je mehr Eisenvitriol den Pflanzen zugesetzt wurde. Keimpflänzchen gingen fast sämmtlich zu Grunde, wenn sie mit einer 1,5—2%igen Lösung begossen wurden; enthielt die Lösung nur 1%, so starben nur solche Pflanzen ab, welche von der Lösung unmittelbar betroffen wurden. Bei Feldversuchen wurde eine nachtheilige Einwirkung des Eisenvitriols nicht beobachtet.

O. Kellner[1]) begoss von 6, je 1 qm grossen Parzellen, die durch hölzerne Rähmchen abgegrenzt waren, 5 Parzellen mit Lösungen von 5, 10, 20, 40 und 60 g Eisenvitriol, die zu je 1 l gut zersetzter menschlicher Exkremente zugesetzt waren; nachdem die löslichen Theile des Düngers versickert waren, wurden die Parzellen mit Gerste besäet; aber weder das Aufgehen der Pflänzchen, noch das spätere Wachsthum liess eine Benachtheiligung durch den Eisenvitriol erkennen; ebensowenig war jedoch eine günstige Wirkung desselben zu erkennen.

Da nach anderen Versuchen der Eisenvitriol, wie wir gleich sehen werden, sogar düngend wirkt, so kommt es für die Frage der Schädlichkeit des Eisenvitriols auf die Pflanzen ganz darauf an, wie derselbe auf die Pflanzen einwirkt.

Dass der Eisenvitriol als solcher in Lösung direct giftig für Pflanzen wirkt, dürfte nach vorstehenden Versuchen kaum einem Zweifel unterliegen.

Im Boden jedoch bleibt er nicht lange als solcher bestehen, er setzt sich mit anderen Salzen resp. Bestandtheilen des Bodens um, indem sich Eisenoxydul- resp. Eisenoxydoxydulhydrat ausscheidet und die schwefelsauren Salze anderer Basen (vorwiegend von Kalk) bilden.

Die auf diese Weise dem Boden in erhöhter Menge zugeführten Bestandtheile: Schwefelsäure und Eisenoxydul machen sich auch im Gehalt der Pflanzen geltend.

So fand ich in Pflanzen von verdorbenen und gesunden Stellen der oben erwähnten Wiesen im Elspe-Thale folgende Mengen Eisenoxyd und Schwefelsäure.

A. Gras von Wiesen in 1000 Theilen Trockensubstanz:

	1a Krank	1b Gesund	2a Krank	2b Gesund
Eisenoxyd	0,505	0,520	0,972	0,570
Schwefelsäure	4,045	3,474	7,314	4,654.

---

[1]) Landw. Versuchsst. Bd. 32 S. 365.

B. Der entsprechende Boden, auf welchem diese Pflanzen gewachsen,
enthielt in wasserfreiem Zustande:

	1a	1b	2a	2b
	Verdorben	Gesund	Verdorben	Gesund
Eisenoxydul	2,633 %	1,243 %	4,81 %	2,93 %
Schwefelsäure	0,203 %	0,119 %	0,441 %	0,149 %

Wir sehen, dass die Pflanzen von verdorbenen Stellen der Wiesen,
welche mehr Schwefelsäure und Eisenoxydul enthalten, auch reicher an
diesen Bestandtheilen sind, als Pflanzen von gesunden Stellen, mit weniger
Gehalt des Bodens an Schwefelsäure und Eisenoxydul.

Da durch derartige Grubenwässer dem Boden saure Salze zugeführt
werden, die Pflanze aber nach Adolf Mayer[1]) basische Verbindungen
und Salze für ihr Wachsthum verlangt, indem die Pflanzenaschen selbst
basisch sind, so werden durch die Bestandtheile des saueren Grubenwassers
fremde und störende Lebensbedingungen für die Pflanze geschaffen, welche
auch Veränderungen in der natürlichen Constitution ihrer Verbindungen
zur Folge haben müssen. Letztere müssen ganz selbstverständlich eine
mehr und mehr sauer werdende Beschaffenheit annehmen, so dass die
Pflanzen entweder ganz von den Thieren verschmäht werden oder doch bei
weitem nicht den Futterwerth besitzen, als Pflanzen von gesundem und
normalem Boden. Thatsächlich hat man in der Gegend, welche unter dem
Einfluss der Grubenwässer bei Meggen und Elspe leiden, die Beobachtung
gemacht, dass das Gras, welches auf den, mit dem Grubenwasser enthaltenden Bachwasser berieselten Wiesen wächst, schlecht nährt und dass
Milchkühe nach Fütterung mit diesem Gras in ihren Milcherträgen zurückgehen. Dadurch, dass die saueren Wässer keine normale Vegetation mehr
aufkommen lassen, sammeln sich im Boden mehr und mehr sauerer Humus
und saure Verbindungen an, es verschwinden nach und nach die guten
Wiesengräser[2]) und Futterpflanzen, um sogenannten saueren Gräsern, sowie
Schachtelhalmen und Moosen, Platz zu machen, welche geringere Anforderungen an den Boden stellen, aber auch in landwirthschaftlicher Hinsicht
keine Nutzniessung gewähren.

Hierbei muss jedoch noch besonders hervorgehoben werden, dass die
nachtheilige Wirkung eines, Ferrosulfat enthaltenden Wassers unter Umständen erst nach längerer Zeit äusserlich hervortreten kann.

Es kann mitunter im Anfange nach der Berieselung mit einem nur
Ferrosulfat enthaltenden Wasser sogar eine vortheilhafte Wirkung hervortreten. So besäeten wir den in vorstehenden Versuchen mit verschie-

---

[1]) Landw. Versuchsstationen Bd. 26 S. 77.
[2]) Als bemerkenswerth mag hervorgehoben werden, dass das zu den guten Gräsern
gehörende Gras, Glyceria fluitans mitunter sehr üppig an den Uferrändern der Abflussgräben, welche das Grubenwasser führen, gedeiht, dass sich dieses somit an solches Wasser
gewöhnen zu können scheint.

Vegetation in dem mit Eisensulfat behandelten Boden.

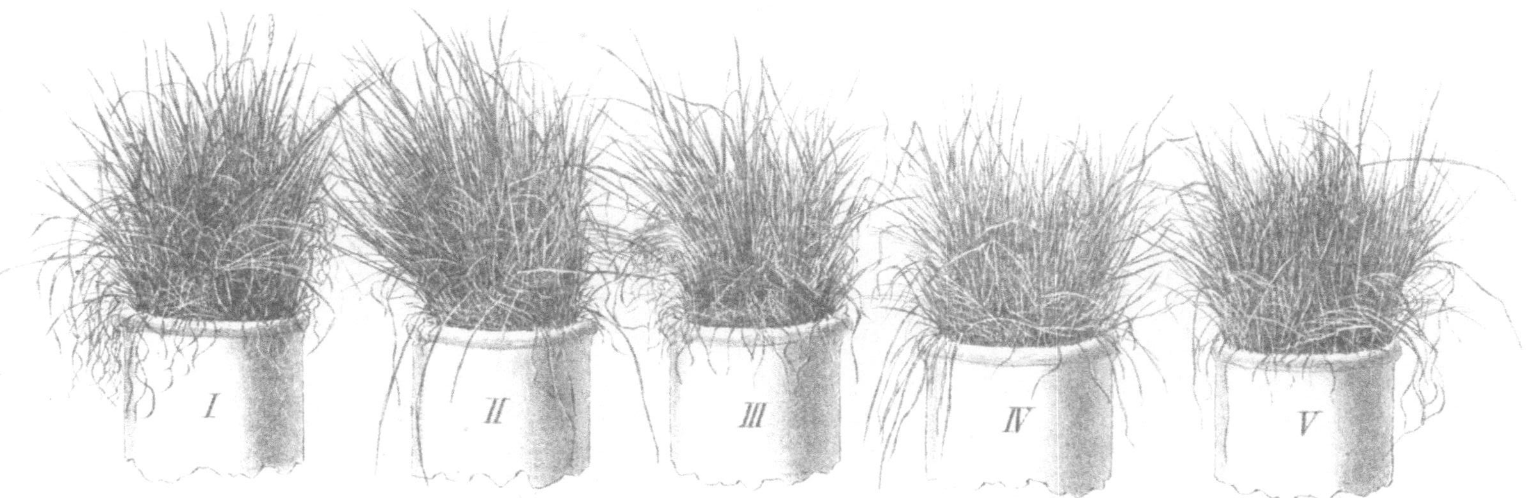

N.º I Boden mit gewöhnlichem Brunnen- (Leitungs-) wasser behandelt.
„ II   desgl.   desgl.   unter Zusatz von 0,388 g Eisensulfat=100 mg Fe O pro 1 Liter
„ III   desgl.   desgl.   „   „   „   0,776 g   „   200 mg   „   „   „
„ IV   desgl.   desgl.   „   „   „   1,552 g   „   400 mg   „   „   „
„ V   desgl.   desgl.   „   „   „   3,104 g   „   800 mg   „   „   „

Fig. 47.

Verlag von Julius Springer in Berlin N.

C.L.Keller, geogr. lith. Anst. u Steindr. in Berlin S.

denen Mengen Ferrosulfat behandelten Boden, in Versuchstöpfen von 30 cm Höhe und 15 cm Durchmesser, mit Grassamen und ermittelten den Ernteertrag mit folgendem Resultate:

Reihe	I.	II.	III.	IV.	V.
	mg	mg	mg	mg	mg
Zusatz von FeO in Form von Eisensulfat pro 1 l Brunnenwasser	0	100	200	400	800
	g	g	g	g	g
Gesammternte an Pflanzen-Trockensubstanz . .	27,867	24,336	27,778	31,822	33,112
Darin: Rohproteïn.	2,575	2,231	2,658	2,920	3,188
Fett (Aetherextract)	1,151	1,178	1,281	2,425	1,486
N-freie Extractstoffe	12,835	12,066	13,717	16,718	16,293
Holzfaser	7,949	6,544	7,494	8,643	9,053
Reinasche	3,467	2,317	2,628	3,116	3,093
Kali	1,217	0,854	0,989	1,139	1,195
Kalk	0,488	0,384	0,421	0,514	0,536
Schwefelsäure	0,184	0,290	0,345	0,503	0,679
Phosphorsäure	0,322	0,245	0,313	0,404	0,429

Die Vegetation in den einzelnen Reihen bot gegenüber den Kochsalz- und Zinksulfat-Reihen (s. Fig. 42, Taf. V und Fig. 43, Taf. VI) das aus Fig. 47 auf Tafel VII ersichtliche Bild.

Ganz ähnliche Resultate wurden im Sommer 1884 mit einem anderen Boden erhalten, der in derselben Weise mit verschiedenen Mengen Ferrosulfat behandelt resp. berieselt war; in diesem Versuch wurden 2 Reihen gebildet, indem in der einen Reihe der Boden einmal mit destillirtem Wasser nachgewaschen wurde[1]), in der anderen dagegen nicht.

	Nicht mit destillirtem Wasser nachgewaschen				Mit destillirtem Wasser nachgewaschen.			
	mg	mg	mg	mg	mg	mg	mg	mg
Zusatz von Ferrosulfat pro 1 l, entsprechend FeO . . .	0	200	500	800	0	200	500	800
	g	g	g		g	g	g	g
Gesammternte (wasser- und sandfrei)	9,839	10,039	12,601	?	11,564	12,302	17,842	16,150
	%	%	%		%	%	%	%
Reinasche	12,56	12,39	11,89		12,80	12,39	11,90	12,26
Kalk	1,839	2,017	1,981		1,871	1,916	2,038	2,401
Magnesia	0,594	0,536	0,479		0,586	0,532	0,573	0,459
Kali	3,106	3,050	3,010		3,353	3,209	2,775	2,775
Phosphorsäure . . .	1,379	1,219	1,083		1,279	1,073	1,021	?

[1]) Um etwa überschüssiges Ferrosulfat zu entfernen.

Hier hat der Boden in den Reihen, welcher mit grösseren Mengen Ferrosulfat pro 1 Liter Wasser behandelt war und nach der Untersuchung des Bodens an leicht löslichem Kalk und Kali erheblich verloren hatte, mehr Ernte an Pflanzen-Trockensubstanz geliefert als der Boden in den Reihen, welche gar nicht oder nur in geringen Mengen mit Ferrosulfat behandelt waren.

Dieses Resultat lässt sich nur so erklären, dass die im Boden verbliebene Menge Ferrosulfat in Eisenoxyd und freie Schwefelsäure zerfallen ist, welche letztere wiederum lösend auf den Nährstoff-Vorrath des Bodens eingewirkt und solchen für die Pflanze aufgeschlossen hat.

Aus dem Grunde ist sogar der Eisenvitriol vielfach als indirect wirkendes Düngemittel empfohlen. A. B. Griffiths[1] düngte z. B. eine Fläche von 1 ha mit $1\frac{1}{2}$ Ctr. Eisenvitriol, eine andere blieb ungedüngt; während bei Weizen auf beiden Flächen kein Unterschied hervortrat, wurde bei Rüben und Bohnen geerntet:

	Rüben pro ha	Bohnen pro ha
Mit Ferrosulfatdüngung . .	830 Ctr.	395 kg
Ohne do.	640 „	251 „

Selbstverständlich dürfen diese Resultate nicht auf die Wiesenberieselung übertragen werden.

Auch hier kann das in dem Rieselwasser vorhandene Ferrosulfat anfänglich lösend und düngend wirken und höhere Erträge zur Folge haben, trotzdem ein Auswaschen von Pflanzennährstoffen stattgefunden hat. Dieses hält aber nur so lange an, als noch Vorrath von aufschliessbaren Pflanzennährstoffen vorhanden ist; denn die fortwährend aufrieselnden Wassermengen mit Ferrosulfat müssen ebenso wie freie Schwefelsäure, den Boden nach und nach an umsetzungsfähigen, löslichen Basen, Kalk, Magnesia, Kali, sowie an Phosphorsäure etc. erschöpfen, indem sie dieselben in dem Abrieselwasser wegführen, bis der Boden schliesslich mehr oder weniger ganz an assimilationsfähigen Nährstoffen verarmt und ganz ertraglos ist. Dieser Zeitpunkt tritt um so eher ein, je grösser die Mengen Ferrosulfat sind, welche den Boden durchrieseln und je geringer der Vorrath an Pflanzennährstoffen im Boden ist und umgekehrt.

Also auch hier haben wir den Fall wie bei Chlornatrium, Chlormagnesium und Chlorcalcium, dass nämlich geringe Mengen Eisenvitriol, die als solche dem Boden einverleibt werden und in demselben verbleiben, günstig und düngend wirken, während grössere Mengen bei der Berieselung von schädlichem Einfluss sind, zumal wenn der Eisenvitriol, ohne sich umzusetzen, als solcher in der Bodenlösung verbleibt.

---

[1] Journ. of the Chem. Society 1884 S. 71 u. 1885 S. 46.

3. **Schädliche Wirkung in gewerblicher Hinsicht und auf Thiere und Fische.** Ein Wasser, welches freie Schwefelsäure oder schwefelsaures Eisenoxydul oder Eisenoxydschlamm enthält, ist selbstverständlich weder für häusliche Zwecke (z. B. zum Waschen, Spülen und Bleichen) noch zu industriellen Zwecken (z. B. als Kesselspeise-Wasser etc.) geeignet. Ebensowenig kann ein solches als Tränkwasser für Vieh benutzt werden. Dass ein unter dem Einfluss dieser Abflusswässer gewachsenes Futter sogar nachtheilig auf Thiere, besonders bei Milchkühen wirkt, ist bereits vorhin erwähnt.

Die Schädlichkeit von freier Schwefelsäure und von Eisenvitriol auf Fische hat C. Weigelt[1]) durch eine Reihe von Versuchen zu ermitteln gesucht.

Die Resultate sind in folgender Tabelle enthalten:

Concentration der Lösung pro 1 Liter	Fischart	Temperatur des Wassers ° C.	Expositionsdauer	Verhalten des Fisches
1. Schwefelsäure:				
0,5 g SH_2O_4	Schleie	6	1 Stunde	Zu Beginn unruhig, später ganz still, zu Ende sehr träge und apathisch, offenbar angegriffen.
0,2 g „	Grosse Forelle	6	1 „	Symptome wie vorstehend.
0,2 g „	Schleie	6	1 „	Symptome wie bei 1.
0,1 g „	Grosse Forelle	6	1 „	Gleich sehr unruhig, kommt nach 1 Minute nach oben, nach 5 Minuten dauernde Seitenlage; nach 1 Stunde heraus.
0,1 g „	desgl.	6	$^1/_2$ „	Symptome wie bei der vorigen, nach 11 Minuten dauernde Seitenlage.
0,1 g „	Kleine Forelle	12	2 Min.	Gleich Seitenlage; kommt nach 2 Minuten Aufenthalt in fliessendes Wasser, wo sie sich gleich erholt.
0,1 g „	Schleie	6	18 Stdn.	Keine Symptome.
0,075 g „	Grosse Forelle	6	1 Stunde	Kommt nach 10 Minuten schnappend nach oben, beruhigt sich wieder, matt; nach 1 Stunde heraus.
0,075 g „	Schleie	6	18 Stdn.	Keine Symptome.
0,05 g „	Grosse Forelle	6	4 „	Symptome wie bei Versuch 4 mit 0,1 g pro 1.
0,05 g „	Kleine Forelle	12	$^1/_2$ St.	Gleich unruhig, kommt nach 2 Minuten nach oben, nach 23 Minuten Rückenlage; nach $^1/_2$ Stunde in fliessendes Wasser.
0,023 g „	Grosse Forelle	6	1 Stunde	Symptome wie bei Versuch 4 mit 0,1 g pro 1.
0,010 g „	desgl.	6	1 „	Keine Symptome.
0,005 g „	desgl.	6	1 „	Keine Symptome.

[1]) Archiv f. Hygiene 1885 Bd. III. S. 39. Ueber die Versuchsmethode vgl. S. 49 Anm.

Concentration der Lösung pro 1 Liter	Fischart	Temperatur des Wassers ⁰ C.	Expositions-dauer	Verhalten des Fisches
2. Eisen-vitriol:				
5 g $FeSO_4 +$ 7 aq	Grosse Forelle	7,5	3 Min.	Heftig springend und schnappend, nach 3 Minuten Rückenlage; erholt sich in fliessendem Wasser.
1 g do.	desgl.	7,5	23 „	Schnappt in Doppelzügen, nach 23 Minuten bleibende Rückenlage; erholt sich in fliessendem Wasser.
1 g do.	desgl.	12	55 „	Schwimmt wild umher, beruhigt sich wieder, kommt nach 29 Minuten nach oben, fällt um, recht krank; erholt sich bald in frischem Wasser; auch am andern Tage noch munter, wird am vierten Tage todt vorgefunden.
1 g do.	Schleie	7,5	18 Stdn.	Keine Symptome.
0,5 g do.	Grosse Forelle	7,5	24 Min.	Symptome wie bei 2, nach 24 Minuten Seitenlage; erholt sich in fliessendem Wasser.
0,5 g do.	1 mittlere Forelle, 1 californischer Lachs, 1 Saibling	17	31—66 M.	Springen gleich in die Höhe, schwimmen wild umher, schnappen heftig, Saibling nach 31 Minuten, Lachs nach 46 Minuten, Forelle nach 66 Minuten todt.
0,1 g do.	Grosse Forelle	7,5	16 Stdn. 5 Minuten	Schnappt gleich stark, steht nach 4 Stunden 15 Minuten schräg aufrecht im Wasser mit dem Maul an der Oberfläche, schnappt heftig nach Luft, bleibt in dieser Stellung, (später mit dem Bauch nach oben), bis nach Ablauf von 16 Stunden; ist nach weiteren 8 Stunden in fliessendem Wasser todt.
0,1 g do.	1 mittlere Forelle, 1 californischer Lachs, 1 Saibling	17	2—5 St.	Symptome wie bei dem vorvorigen Versuch, Saibling nach 2 Stunden, Lachs nach $3^{1}/_{2}$ Stunden und Forelle nach 5 Stunden todt.
0,1 g do.	7 ganz kleine Forellen, 7 Forellen, Dotterträger, 7 Aeschen	16	25 Stdn.	Wegen Ausscheidung von Eisenoxydflocken konnten die Fische nicht alle beobachtet werden; bei der Herausnahme nach 25 Stunden waren 7 dottersacktragende Forellen, 7 Aeschen und 2 ganz kleine Forellen todt, die übrigen blieben am Leben.
0,05 g do.	6 ganz kleine Forellen, 6 Forellen, Dotterträger, 6 Aeschen	14	16 Stdn.	Kamen nach 16 Stunden heraus und blieben alle am Leben.

Während hiernach bei der Forelle in einem schwefelsäurehaltigen Wasser von 0,1 g SH_2O_4 pro 1 l die Widerstandsdauer je nach der Grösse 2—6 Stunden beträgt, wird die Schleie selbst bei 18stündiger Dauer in keiner Weise berührt. Bei weniger als 0,1 g Schwefelsäure pro 1 l wird auch die Forelle nicht mehr angegriffen.

Lösungen von 5 g, 1,0 g und 0,5 g Eisenvitriol ($Fe\,SO_4 + 7\,aq$) pro 1 l sind im Stande, Forellen in 3, resp. 23 resp. 24 Minuten an die Grenze der Widerstandsfähigkeit zu bringen. Bei einem Aufenthalt von 16 Stunden in einer Lösung von 0,1 g pro 1 l starb eine Forelle 40 Stunden nach Beginn des Versuchs in fliessendem Wasser, wogegen selbst 18 stündiges Verweilen in derselben Concentration einer Schleie nicht schadete.

Nach den sonstigen Versuchen von C. Weigelt (vgl. die mit Eisenalaun S. 334 und die mit Eisenchlorid weiter unten unter „Abgangwässer aus Verzinkereien") besitzen die Eisenoxydsalze eine specifisch akute Wirkung auf Fische, indem die Grenze der Schädlichkeit sogar bei nur 0,01—0,02 g Fe pro 1 l in Form von Eisenoxyd liegt.

C. Weigelt studirte auch den Einfluss von eisenvitriolhaltigem Wasser auf die Befruchtung und fand, dass bei einem Gehalt von 0,1 g Eisenvitriol 40,3% Eier befruchtet wurden, während ein Kontrolversuch in gewöhnlichem Wasser 51,5% ergab; bei einem Gehalt von 0,5 g SH_2O_4 pro 1 l wurden von 150 Eiern 3 befruchtet.

Prof. Nitsche-Tharand[1]) hat ebenfalls derartige Versuche — über die Art der Anstellung vgl. S. 51 Anm. — ausgeführt und gefunden, dass von 100 Eiern abstanden nach Ablauf von Tagen:

Gehalt pro 1 l:	11 Tage	22 Tage	33 Tage	44 Tage	55 Tage	66 Tage	77 Tage	88 Tage	99 Tage	110 Tage	121 Tage	132 Tage
Schwefelsäure 0,5g	91	99	100	—	—	—	—	—	—	—	—	—
Eisenvitriol 1,0 g .	0	1	3	40	43	44	44	45	45	45	85	100
„ 0,1 g .	0	0	8	9	10	10	10	10	10	10	38	67
Controlversuch mit reinem Wasser .	0	0	2	2	3	3	3	3	3	3	22	43

Hiernach wirkt die Schwefelsäure selbst in einer Concentration von nur 0,5 g pro 1 l absolut schädlich für die Befruchtung; das letzte Ei starb am 25. Tage.

Am 30. Tage wurden je 3 Eier herausgenommen und waren dieselben: bei der Reihe mit 1,0 g Eisenvitriol alle 3 befruchtet aber ungleich entwickelt, bei der Reihe mit 0,1 g Eisenvitriol alle 3 befruchtet und normal entwickelt wie in der Kontrol-Reihe mit gewöhnlichem Wasser.

Hiernach lässt schon ein Gehalt von 0,1 g Eisenvitriol einen schädlichen Einfluss auf die Befruchtung erkennen.

---

[1]) Vgl. C. Weigelt: Archiv f. Hygiene. Bd. III. S. 82.

Reinigung.

 Behufs Reinigung der, freie Schwefelsäure und schwefelsaures Eisenoxydul resp. Eisenoxydschlamm enthaltenden Abflusswässer müssen 3 Bedingungen erfüllt werden:

1. muss ein Neutralisationsmittel zur Bindung der freien Schwefelsäure
   und zur Abscheidung des Eisenoxyduls angewendet werden;
2. muss das Wasser zur Oxydation des Eisenoxyduls hinreichend mit
   Luftsauerstoff in Berührung gebracht werden;
3. muss dasselbe in Klärteichen oder durch Filtrirvorrichtungen vom Eisenoxydschlamm befreit werden.

Als Neutralisations- und Fällungsmittel wird allgemein Kalk verwendet,
jedoch kann bei dem Gehalt des Wassers an freier Schwefelsäure der ge-

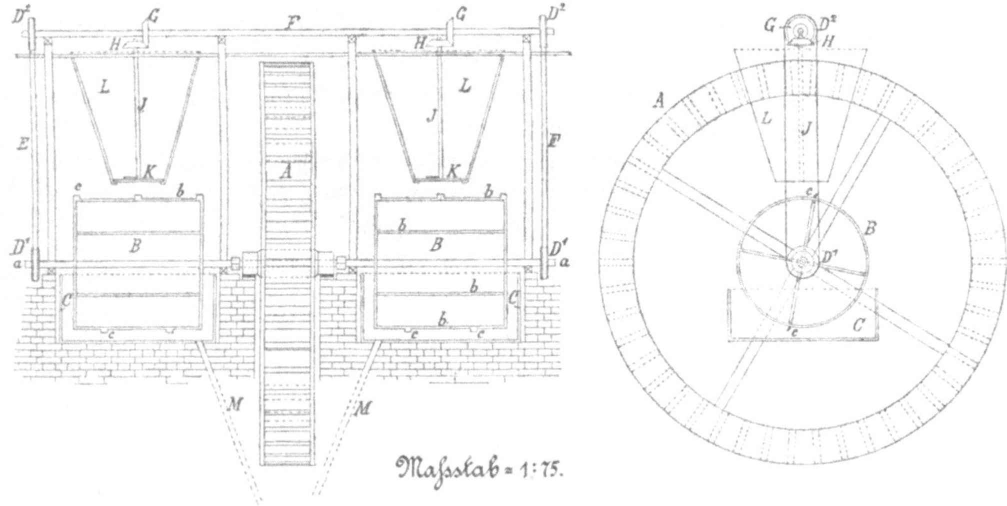

Fig. 48.

brannte Kalk nicht direct zugesetzt werden, indem sich eine harte Kruste
von schwefelsaurem Calcium um die Kalkstücke bilden würde; es muss
der gebrannte Kalk vielmehr vorher mit süssem Wasser gelöscht werden.

Zu dem Zweck haben die Schwefelkiesgruben bei Meggen (Keller &
Ernestus etc.) folgendes automatisches Rührwerk eingerichtet:

Das Wasserrad A wird durch die Grubenwässer in Bewegung gesetzt.
Vermittelst der an dem Rande befestigten Achse aa werden die Räder BB
(aus Eisen leicht construirt und zwecks Bewegung des Wassers mit Flach-
eisen bb, sowie den Fingern cc versehen) in Betrieb gesetzt, die in den
Bassins CC laufen. In letztere wird süsses Wasser eingeführt. Die
Achse aa treibt weiter die beiden Riemscheiben D^1, von diesen werden da-

gegen durch die Riemen E die Riemscheiben D² in Thätigkeit gesetzt. Die Achse F der Riemscheiben D² treibt die beiden Kammräder G und diese bewegen weiter die beiden Kammräder H mit den daran befestigten, in den Trichtern L befindlichen Stangen J. In die Trichter L wird der zerkleinerte (ungelöschte) Kalk geschüttet und soll von diesen continuirlich ein entsprechendes Quantum in das Bassin b fallen, um dort durch das süsse Wasser zu Kalkmilch umgewandelt zu werden. Die Stange J soll den Trichterboden K in eine rüttelnde Bewegung setzen und dadurch die regelmässige Abgabe eines entsprechenden Kalkvolumens herbeiführen. Durch die Gräben M wird die Kalkmilch mit den saueren Wässern in Verbindung gebracht.

Nach einer brieflichen Mittheilung der Gewerkschaft Sicilia hat sich jedoch dieses Verfahren des automatischen Kalkaufgebens, so hübsch es an sich ist, nicht besonders bewährt; man ist dort zur alten Methode zurückgekehrt, indem man den Kalk erst in Kästen einlöscht und diese Masse in die Bassins C schüttet.

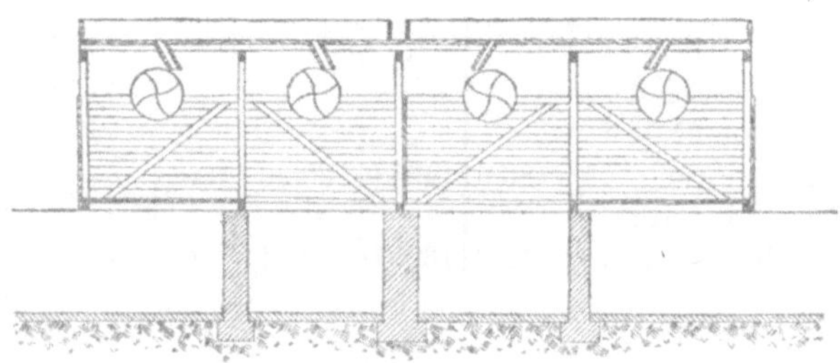

Fig. 49.

Die Zeche Gottessegen in Löttringhausen versetzt das sauere Grubenwasser, damit die Maschinentheile nicht zu sehr leiden, schon in der Grube mit Kalkmilch und wird das aus der Grube gepumpte Wasser in eine hölzerne Rinne geführt, welche 2 m über der Oberkante der Teiche liegt. Von hieraus fällt das Wasser, wie obenstehende Fig. 49 zeigt, auf 4 Wasserräder, welche den Zweck haben, das Wasser möglichst fein zu zertheilen und jeden Tropfen mit der Luft in Berührung zu bringen, und geht dann in 4 unterhalb liegende Teiche, worin sich der Schlamm absetzt.

Die Teiche sind so eingerichtet, dass zwei zum Zweck der Reinigung abgestellt werden können, oder auch alle vier in Gebrauch sind.

Nachdem das Wasser den gröbsten Schmutz abgesetzt hat, wird es einem 2. System Klärteiche zugeführt, deren Boden und Wandungen mit basischer Schlacke ausgefüllt sind.

Dass es möglich ist, die Wässer in vorstehender Weise zu reinigen, ergiebt sich aus folgenden Untersuchungen:

	Suspen-dirte Schlamm-stoffe (Eisen-oxyd)	Gelöste Stoffe						
		Ab-dampf-rück-stand	Schwe-felsäure	Eisen-oxydul	Zink-oxyd	Kalk	Magne-sia	Chlor
	mg	mg	mg	mg	mg	mg	mg	mg
I.								
a) Natürliches Wasser aus der Schwefelkiesgrube Philippine .	256,8	9720,8	4697,0	1256,4	948,0	398,8	574,0	17,7
b) Abflusswasser aus den Klär-teichen nach der Reinigung .	0	3176,0	1669,2	29,8	116,0	808,4	182,2	nicht be-stimmt
II.								
a) Natürliches Grubenwasser der Zeche Gottessegen am 9. Mai 1883	170,4	1584,0	846,4	60,5	—	180,0	89,1	14,2
b) Abflusswasser aus den Klär-teichen nach der Reinigung .	22,0	1412,8	744,1	21,6	—	177,6	86,4	17,7
III.								
a) Natürliches Grubenwasser der Zeche Gottessegen am 22. Mai 1883	186,0	1496,0	806,0	106,0	—	150,0	90,0	19,7
b) Abflusswasser aus den Klär-teichen nach der Reinigung .	18,8	1320,0	700,4	0	—	274,0	75,5	14,2

Diese Zahlen beweisen, dass wenigstens die Möglichkeit vorliegt, diese Art Abflusswässer von den schädlichen Bestandtheilen zu reinigen; indess ist die praktische Ausführung, zumal bei grossen Mengen zu reinigender Wässer, mit manchen Schwierigkeiten verbunden und wird durchgehends nicht so gehandhabt, wie es sein müsste.

Schon der Umstand, dass die Abwässer Tag und Nacht fliessen, und deshalb zur Bedienung auch Tag und Nacht ein oder mehrere Arbeiter erforderlich sind, hat zur Folge, dass wenn auch zeitweise, so doch nicht immer, eine Reinigung vorgenommen wird. Für die Verunreinigung der Flüsse und Bäche und für die schädlichen Wirkungen der Abwässer bleibt es jedoch gleich, ob die Reinigung gar nicht oder nur zeitweise nicht vorgenommen wird. Denn was nützt es dem Landwirth bei Berieselung seiner Wiese, wenn er das Wasser bei Tage gereinigt, bei Nacht aber ungereinigt auf die Wiesen bekommt?

Aus dem Grunde dürfte es in solchen Fällen, wo man hinreichend weit von den öffentlichen Wasserläufen entfernt ist und wo hinreichend Gefälle und eine genügende Wegestrecke vorhanden ist, viel zweckmässiger sein, das Wasser durch ein mit Kalksteinen ausgemauertes Gerinne zu leiten, dieses Gerinne mehrmals durch flache, ebenfalls mit Kalksteinen ausgemauerte Behälter oder Teiche zu unterbrechen und von letzteren das Wasser cascadenartig in das unterhalb liegende Gerinne fallen zu lassen und so weiter.

Hierdurch wird einerseits die freie Schwefelsäure (durch das kohlensaure Calcium) neutralisirt, andererseits wird das Eisenoxydul durch die wiederholte Lüftung von einer Cascade zur andern in Oxydhydrat übergeführt und schlägt sich Eisenoxydhydrat in dem flachen Behälter oder in den Teichen nieder, woraus es von Zeit zu Zeit ausgeworfen werden kann.

Selbstverständlich muss der Kalkstein zeitweise erneuert werden, aber wenn dieses geschieht, wenn weiter der Weg wie das Gefälle im Verhältniss zu den zu reinigenden Wässern hinreichend gross genug sind, dann wird diese Art Einrichtung wenigstens continuirlich wirken und mehr erreichen, als wenn das Wasser zeitweise vollständig mit Kalkmilch gereinigt wird, zeitweise aber gar nicht.

Der auf solche Weise ausgeworfene und gewonnene Eisenoxydhydratschlamm kann technisch als Eisenroth Verwendung finden. In andern Fällen ist auch die Möglichkeit gegeben, diese Abwässer ähnlich, wie die von den Drahtziehereien, auf Eisenvitriol zu verarbeiten. (Hierüber vgl. folgendes Kapitel.)

Dass auch hier unter Umständen eine Selbstreinigung der Flüsse eintreten kann, bedarf kaum der Erwähnung; denn wenn das Bach- oder Flusswasser, welches diese Abwässer aufnimmt, hinreichend doppeltkohlensaures Calcium enthält, so wird nicht nur die Schwefelsäure nach und nach neutralisirt, sondern auch das Eisenoxydul ausgefällt. Hierdurch wird selbstverständlich die ursprüngliche Beschaffenheit des Bach- oder Flusswassers verändert und ob diese Veränderung von nachtheiligem Einfluss ist, hängt von dem Zweck ab, dem das Wasser dienen soll. Für gewerbliche Zwecke und zum Tränken von Vieh dürfte die Umsetzung des kohlensauren Calciums in schwefelsaures keine wesentliche Bedeutung haben, wohl aber für die Fischzucht und für Rieselzwecke, wie schon oben hervorgehoben ist.

Abwasser aus Drahtziehereien.

Zusammensetzung.

Bei der Fabrikation des Drahtes wird derselbe in verdünnter Schwefelsäure oder Salzsäure gewaschen (gebeizt), und dann zur Neutralisation und
Entfernung der Säure in Kalkbrei geworfen. Beim Waschen des Drahtes
in Säure bildet sich schwefelsaures Eisenoxydul (neben etwas schwefelsaurem
Eisenoxyd), oder wenn Salzsäure angewendet wird, Eisenchlorür (neben
etwas Eisenchlorid). Die Schwefelsäure - Beize hat hiernach mehr oder
weniger ganz die Zusammensetzung des vorhin erwähnten Schwefelkiesgru-
benwassers. Fünf von solchen Wässern vom Verf. untersuchte Proben ergaben pro Liter:

	1. Probe. mg	2. Probe. mg	3. Probe. mg	4. Probe. mg	5. Probe. mg	
Eisenoxyd (suspendirt) .	113,3	2686,0	167,6	115,8	2378,7	(Eisenoxy-
Schwefelsäure	69,8	4146,0	92,9	100,2	3198,8	[dul)
Chlor	12,6	25,2	85,1	81,5	—	
Kalk	30,0	4812,0	173,6	179,6	431,5	
Magnesia	3,8	156,0	—	—	85,3	
Chloralkalien	10,0	34,0	—	—	93,4	
Unlöslicher Rückstand .	46,4	619,8	—	—	—	

(Ueber die Zusammensetzung der Beize, wenn Salzsäure angewendet wird, habe ich
bis jetzt keine Beobachtungen gemacht; jedoch kann dieselbe als ähnlich mit einer Salz-
säure-Beize von der Verzinkerei angenommen werden, deren Zusammensetzung weiter
unten folgt.)

Dass auch diese Abwässer bedeutend die Flüsse verunreinigen können,
mag daraus erhellen, dass beispielsweise die zahlreichen Drahtziehereien im
Lenne-Thal durchschnittlich pro Tag 1 Doppelwaggon Schwefelsäure zur
Reinigung des Drahtes benutzen, ohne dass meines Wissens dort die verbrauchte Beize irgendwie ausgenutzt und unschädlich gemacht wird, sondern als solche oder mit dem Kalkbrei vermischt in die Lenne abgelassen wird.

Thatsächlich sieht man in den Abflusskanälen solcher Fabriken durchweg einen starken Schlamm abgelagert und sind die Ufer der Bäche, welche

solches Wasser aufnehmen, mit einem gelben Ueberzug von Eisenoxydhydrat überzogen. Zwei derartige, aus dem Vorheider-Bach bei Hamm entnommene Proben hatten folgende Zusammensetzung:

	Schlamm aus dem Bach 1. Probe %	Boden vom Uferrande 2. Probe %
Wasser	80,39	19,79
Eisenoxydul	2,08	3,06
Eisenoxyd	11,04	21,93
Kalk	1,69	1,21
Schwefelsäure	gering	0,21
Unlöslicher Rückstand	4,27	51,58

Schädliche Wirkungen.

Bezüglich der schädlichen Wirkung dieser Abwässer kann ich mich ganz auf die Ausführungen im vorigen Abschnitt „Schwefelkiesgrubenwasser" beziehen. Auch wenn dieselben keine freie Säure, sondern wie bei Probe 2 der vorstehenden Abwässer, freien Kalk enthalten, muss eine schädliche Wirkung angenommen werden; denn die grosse Menge Eisenoxydhydratschlamm behält dadurch für alle die im vorigen Abschnitt aufgeführten Benutzungszwecke eines Wassers seinen schädlichen Charakter und können Fische z. B. in einem Wasser, welches freien Kalk enthält (vgl. S. 226), ebensowenig fortkommen, als bei einem Gehalt an freier Säure; auch bewirkt der freie Kalk eine völlige Ausscheidung des im Wasser natürlich vorhandenen Kalkes, indem sich aus dem doppeltkohlensauren Calcium einfachkohlensaures bildet, das als unlöslich im Wasser niedergeschlagen wird. Für Berieselungszwecke wird daher ein Bachwasser, welchem freier Kalk zugeführt wird, unter Umständen mehr oder weniger ganz werthlos; auch die Fische bedürfen des kohlensauren Calciums im Wasser.

Reinigung.

Die Reinigung der Säurebeize wird, wenn überhaupt so durch Neutralisation und Fällen mit Kalkmilch nach S. 464 vorgenommen. Indess ist hervorzuheben, dass bei diesen Abgangwässern eine viel vollkommenere ja gänzliche Unschädlichmachung dadurch ermöglicht ist, dass dieselben zur Darstellung von Eisenvitriol verarbeitet werden können. Das Puddlings-Walzwerk und die Drahtzieherei von Böcker & Comp. in Schalke theilt mir über die Art der Verarbeitung, die auch ohne Abbildung der Apparate und Gefässe verständlich ist, wörtlich Folgendes mit:

„Die ausgenutzte Schwefelsäure wird durch eine Pumpvorrichtung (wir gebrauchen einen Körting'schen Dampfstrahlapparat aus Hartblei, welcher ausser der bequemen Handhabung noch den Vortheil bietet, dass er die gehobene Flüssigkeit erwärmt) in einen Behälter gepumpt, welcher mit Bleiplatten ausgefüttert ist, und im Verhältniss zu seinem cubischen Inhalte eine grosse Oberfläche hat, also ein ziemlich flaches Gefäss sein muss, damit bei der nun folgenden Erwärmung die Verdampfung schneller von statten geht. Der Behälter selbst besteht aus Holz und wird in einer gewissen Höhe über dem Flur aufgestellt, damit die nach der Verdampfung zurückbleibende Masse besser abgelassen werden kann. Die hineingepumpte Flüssigkeit wird jetzt mittelst Einblasens von Wasserdampf zum Sieden gebracht, mehrere Stunden in diesem Zustande erhalten, bis dass dieselbe auf 38 Grad nach dem Säuremesser .von Beaumé gestiegen ist, und dann zum Zweck des Krystallisirens in gewöhnliche Fässer von Holz geleitet, in welche man mehrere Streifen von Blei an darüberliegenden Stäben herunterhängen lässt. Wenn nun nach einigen Tagen die Fässer geleert werden, kann man sowohl von den Fasswänden, wie von den herabhängenden Bleistreifen die hellgrünen Eisenvitriolkrystalle mit leichter Mühe ablösen und sind dieselben ohne weitere Operationen fertig gestellt, so dass sie in den Handel gebracht werden können. Die noch in den Fässern zurückgebliebene Flüssigkeit wird von neuem in das Bleibassin gepumpt und auf dieselbe Art abgedampft; es ist auf diese Weise möglich, die ganze abgenutzte Schwefelsäure zu Eisenvitriol zu verarbeiten.

Letzterer wird hauptsächlich in Färbereien zur Verwendung gebracht und wenn auch der dafür gezahlte Preis ein sehr niedriger ist, so werden doch die Kosten des Verfahrens mindestens fünf- bis sechsfach gedeckt. Dagegen ist bei einem kleinen Betriebe sehr zu bezweifeln, ob der Erlös überhaupt nur die Kosten decken würde."

Wenn hiernach bei einem grösseren Betriebe die **Kosten** des Verfahrens sogar fünf- bis sechsfach gedeckt werden, so ersieht **man daraus,** dass in vielen Fällen eine Reinigung dieser Abwässer sehr wohl **ermöglicht** ist, wenn nur ein ernster Wille vorliegt, und wo eine Verarbeitung **der** Beizlauge auf genannte Weise für einen kleineren Betrieb nicht möglich ist, **da** können sich event. mehrere Betriebe zu einer solchen Verarbeitung vereinigen.

Viel aber wird schon dadurch erreicht, dass die Beizlauge in **richtiger** Weise durch Kalkmilch neutralisirt und geklärt wird und die geklärte Flüssigkeit nicht auf einmal, wie es meistens bei Nacht und Nebel mit der Beizlauge geschieht, sondern in einem beständigen, langsamen Abfluss in die Bäche und Flüsse abgelassen wird.

Th. Terreil in London verarbeitet (nach dem Engl. Patent vom 4. April 1884) den Eisenvitriol auf schwefelige Säure und rothes Eisenoxyd in folgender Weise:

Eisenvitriol wird mit $1/10$ seines Gewichtes an Schwefel gemischt und bis zur Entfernung des Krystallisationswassers getrocknet. Die Masse wird dann in einem Ofen erhitzt, in welchen die erforderliche Masse Luft eingelassen wird. Der Schwefel reducirt die Schwefelsäure des Vitriols zu schwefliger Säure, die oben in eine Bleikammer abzieht, während ein lebhaftes rothes Eisenoxyd zurückbleibt.

Abflusswasser von den Schutthalden einer Steinkohlengrube.

Das Abflusswasser von den Schutthalden der Zeche Graf Schwerin bei Abgang-wasser von Schutthal-den. Mengede gab in ähnlicher Weise wie Schwefelkiesgrubenwasser Veranlassung zur Abscheidung eines Schlammes im Bach und wurde deshalb einer Untersuchung unterworfen; dieselbe lieferte nach 2 verschiedenen Probenahmen folgende Zusammensetzung des Abflusswassers pro Liter:

	1. Probe g	2. Probe g
Schwefelsäure	7,113	23,248
Eisenoxydul . . . . } 3,455		1,080
Thonerde		8,952
Kalk	0,523 } Nicht bestimmt	
Magnesia	0,107	
Chlor	0,304	0,482

Dieses Wasser ist daher durch einen hohen Gehalt an Aluminium- und Ferrosulfat ausgezeichnet und enthält noch grössere Mengen freie Schwefelsäure. Da der Schutt der Kohlenzeche viel Schwefelkies und Schwefel enthält, so lässt sich die Entstehung dieser Verbindung nur so erklären, dass durch Verwitterung des Schwefelkieses resp. des Schwefels in der Kohle schwefelsaures Eisenoxydul und freie Schwefelsäure entsteht, welche letztere, durch Regenwasser aufgenommen, aus dem, Alaunerde enthaltenden Schutt Thonerde auflöst.

Dort, wo das Wasser mit Bachwasser in Berührung kam, hatte sich in Folge Neutralisation durch das kohlensaure Calcium des Bachwassers ein weissgelber Schlamm von Thonerdehydrat (resp. Eisenoxydoxydulhydrat) ausgeschieden. Die Veränderung des Bachwassers durch Aufnahme dieses Haldenabflusswassers erhellt aus folgender Untersuchung des unvermischten und mit Probe 1 vermischten Bachwassers:

		Unvermischtes Bachwasser mg	Vermischtes Bachwasser mg
In 1 Liter:	Schwefelsäure	38,0	799,0
	Thonerde + Eisenoxydul	0,0	185,0
	Kalk	346,0	315,0
	Magnesia	60,0	74,0

In einem anderen Falle nahm ein Bachwasser in Herdecke durch Aufnahme der Abgangwässer aus Faulschiefer, Thon etc. d. h. den Aufschüttungen des dortigen Rangirbahnhofs eine ähnliche, milchig trübe Beschaffenheit an, wie in vorstehendem Fall. Die Untersuchung dieses Wassers ergab pro 1 Liter:

Gesammt-abdampf-rückstand	Schwefel-saure Thonerde	Schwefel-saures Calcium	Schwefel-saures Magnesium	Schwefel-saures Natrium	Chlor-natrium	Freie Schwefel-säure
mg	mg	mg	mg	mg	mg	mg
1042,0	218,7	275,9	378,0	56,9	35,1	33,4

Das Wasser reagirte schwach sauer.

Auch von solchen Abflusswässern gilt bezüglich der schädlichen Wirkung wie der Reinigungsweise dasselbe, wie von dem „Schwefelkiesgrubenwasser". Indess haben dieselben, weil sie nur zur Regenzeit und in geringen Mengen abfliessen, für die Verunreinigung der Wasserläufe keine grosse Bedeutung; ich theile diese Fälle auch nur deshalb mit, um zu zeigen, wie unter Umständen solche Abflusswässer beschaffen sein können.

Abgangwasser von Kiesabbränden.

Die Abgangwässer von Kiesabbränden können je nach dem verwendeten
Material die schwefelsauren Salze des Eisens, Zinks und Kupfers enthalten;
hierzu gesellt sich bei Schwefelkies unter Umständen auch noch freie
Schwefelsäure; wenn das von den Lagerstellen dieser Abbründe abfliessende
Regenwasser in den Boden sickert, so kann es die umliegenden Brunnen-
wässer verderben. So fand Verf. in 1 Liter Brunnenwasser:

	Abdampf-rückstand (gelöste Stoffe)	Suspendirter Eisenoxyd-schlamm	Zink-oxyd	Kalk	Magne-nia	Schwe-fel-säure	Chlor
	mg·	mg	mg	mg	mg	mg	mg
In der Nähe:							
1. von Schwefelkiesabbränden .	780,4	337,0	0	179,0	45,7	220,0	91,2
2. von Zinkblendeabbränden .	1345,6	0	23,4	215,0	48,2	347,5	204,1

Dr. Rapmund[1]) giebt an, dass in Nienburg in der Nähe der Lagerstellen von Kiesabbränden überall in dem Brunnen- und Grundwasser Zink
und zwar bis zu 100 mg Zinksulfat pro 1 Liter gefunden wurde.

Da nach der Pharmakopoe die Maximaldosis (innerlich) für das Zinksulfat 60 mg oder pro die 300 mg (als Emetikum 0,300—0,600 g pro dosi,
1,2 g pro die) beträgt, so ist einleuchtend, dass derartige Brunnenwässer
mit Zinksulfat besonders bei Kindern unter Unständen bedenklich werden
können. Das schwefelsaure Eisenoxydul (und freie Schwefelsäure) setzt sich
im Boden resp. Wasser mit dem kohlensauren Calcium um, indem sich
schwefelsaures Calcium bildet und Eisenoxydoxydul- resp. Eisenoxydhydrat
abgeschieden wird; letzteres ist zwar nicht gesundheitsgefährlich, macht aber
bei Mengen, wie in obiger Analyse, ein Brunnenwasser unbrauchbar für
häusliche Zwecke. Enthalten die Abgangwässer gleichzeitig freie Schwefel-

---

[1]) Tagebl. d. 57. Versammlung deutscher Naturforscher und Aerzte in Magdeburg
1884 S. 277.

säure, so kann auch, wenn die kohlensauren Salze und freien Basen in den durchsickernden Bodenschichten erschöpft sind, freie Schwefelsäure in dem Brunnenwasser auftreten.

Auch das Zinksulfat erleidet anfänglich in den durchsickernden Bodenschichten eine Umsetzung, indem sich die schwefelsauren Salze anderer Basen (besonders von Kalk) bilden, während kohlensaures und humussaures Zink etc. als unlöslich abgeschieden wird. Aber auch diese Umsetzung hört auf, und das Zinksulfat geht als solches in das Grundwasser, wenn die Bodenschichten an genannten Basen und Humusverbindungen erschöpft sind (vgl. S. 422—428).

Enthalten die Schwefelkiesabbrände auch gleichzeitig Kupferkies, so bildet sich in derselben Weise bei Zutritt von Luft und Wasser Kupfervitriol und dieser wirkt, wenn er in das Grund- und Brunnenwasser übergeht, noch nachtheiliger als Zinksulfat.

Die Kiesabbrände sollen daher so aufbewahrt werden, dass das durchsickernde oder abfliessende Regenwasser nicht in das Grundwasser gelangen kann. Sind die Massen der aufgeschütteten Abbrände sehr gross und führen die, das abfliessende Regenwasser aufnehmenden öffentlichen Wasserläufe nur geringe Wassermengen, so kann auch eine schädliche Verunreinigung dieser statthaben und gilt von der Schädlichkeit solcherweise verunreinigter Wasserläufe dasselbe, was unter Abflusswasser aus Schwefelkiesgruben S. 419 bis 445 und aus Zinkblendegruben S. 452—463 gesagt ist.

Aufarbeitung der Abbrände. Die Unschädlichmachung der Kiesabbrände anlangend, so können die von reinem Schwefelkies auf metallisches Eisen verarbeitet werden und die Kupferkies enthaltenden Abbrände dienen mit Vortheil zur Verarbeitung auf Kupfer oder Kupfervitriol.

Für die zinkhaltigen Abbrände, die bis jetzt keine weitere Verwendung finden können, ist ebenfalls die Gewinnung von Zinkoxyd resp. Zinksulfat vorgeschlagen. Bei der Abröstung von zinkblendehaltigem Schwefelkies — der von Meggen-Grevenbrück enthält 8—11% Zink — und bei der weiteren Lagerung der Abbrände bedecken sich die Halden mit weissen Krusten von körnigem oder strahligfaserigem Gefüge, welche nach B. Rosmann[1]) aus basischem Zinksulfat bestehen und in einer Probe folgende Zusammensetzung ergaben:

70,2% ZnO, 11,6% SO_3, 6,4% H_2O und 10,6% unlöslicher Rückstand.

(In dieser Verbindung entspricht das Zinksalz der Formel $\begin{cases} 10\ ZnO \\ 2\ ZnSO_4 + 5\ H_2O \end{cases}$).

Auf der Königshütte in Oberschlesien werden die Abbrände durch Zusatz von Kochsalz einer chlorirenden Röstung unterworfen, wodurch die Verbindungen des Schwefels an das Natrium geführt werden, also Natrium-

---

[1]) Chm. Ztg. 1886. No. 44 S. 673.

sulfat entsteht. Das in der Sulfatlauge enthaltene Zinksulfat wird durch Auskrystallisiren als Vitriol gewonnen, wie auch das Natriumsulfat nach genügender Anreicherung der Laugen zur Verwerthung gelangt.

Die zurückbleibenden pulverförmigen oxydischen Massen werden nach dem Briquettirverfahren von Saltery mittelst Melasse, unter Verwendung von 1 % der letzteren, zur Darstellung von festen Ziegeln benutzt, welche die Last der Hohofenbeschickung zu ertragen fähig sind.

Auf einigen Oberharzer Hüttenwerken[1]) aus der bei der Entsilberung des Bleies durch Zink erhaltenen Blei-Zink-Silberlegirung wird das Zink zuerst durch Wasserdampf oxydirt und alsdann das Zinkoxyd durch Digeriren mit neutralem Ammoniumcarbonat in gelinder Wärme extrahirt; indem das Ammoniumcarbonat durch Destillation wiedergewonnen wird, wird das zurückbleibende Zinkoxyd durch Glühen in Zinkweiss verwandelt und verwerthet.

Dieses Verfahren ist nach B. Rosmann (l. c.) bei den zinkhaltigen Kiesabbränden nicht anwendbar, weil sich bei der Digestion mit Ammoniumcarbonat auch Ammoniumsulfat bildet, welches die Regeneration des Ammoniaks erschwert; um das Verfahren auch hier anwendbar zu machen, müssten die Kiesabbrände im Flammofen mit oder ohne Kohlepulver vor der Extraction mit neutralem Ammoniumcarbonat nochmals abgeröstet werden, aber es fragt sich, ob unter solchen Umständen, bei einem Gehalt der Abbrände von 12—14 % Zink das Extractionsverfahren noch rentabel ist.

---

[1]) Th. Meyer: Chm. Ztg. 1885. No. 105 S. 1904.

Abgänge von Soda- und Potasche-Fabriken etc. mit Schwefelcalcium resp. Schwefelnatrium.

Zusammensetzung.

Bei der Herstellung der Soda nach dem Leblanc'schen Verfahren werden pro 1 Tonne Alkali 1,5 Tonne trockne Rückstände gewonnen, die ausser Schwefelcalcium und Calciumoxyd auch Schwefelnatrium, Schwefeleisen, Thonerde, Sand und Kohle etc. enthalten. Diese Rückstände pflegt man in Haufen aufzuschütten und entwickelt sich daraus Schwefelwasserstoff resp. schwefelige Säure, wenn, wie es mitunter der Fall ist, der Haufen ins Glühen geräth. Durch Oxydation bilden sich aus dem Schwefelcalcium und Schwefelnatrium die unterschwefligsauren resp. schwefligsauren Salze dieser Basen, während das Schwefeleisen in Eisenoxydhydrat und feinen Schwefel zerfällt und ein Theil der Basen durch die Kohlensäure der Luft in kohlensaure Salze übergeführt wird. Die Zusammensetzung dieser Rückstände richtet sich daher ganz nach der Zeit und Art und Weise ihrer Lagerung. Richters[1]) findet für dieselben folgende procentische Zusammensetzung:

Schwefel-Calcium	Schwefel-eisen	Unter-schweflig-saures Calcium	Schwe-fligsaures Calcium	Kohlensau-res Calcium	Schwe-felsaures Calcium	Calciumoxyd (CaO)
37,62	1,88	2,69	0,74	23,18	1,68	6,49

R. Hofmann[2]) untersuchte derartige Rückstände, in offenbar vorgeschrittener Verwitterung, mit folgendem Resultat:

---

[1]) Die Verwerthung der Abfallstoffe von F. Fischer, Leipzig 1876. S. 134.
[2]) Jahresbericht für Agric. Chemie 1861 S. 178 und 1866 S. 262.

	Wasser	Eisen-oxyd + Thon-erde	Schwe-fel-saures Calcium	Kohlen-saures Calcium	Schwe-felsaures Natrium	Kohlen-saures Natrium	Schwe-fel-Calcium	Sand	Kohle
	mg	mg	mg	mg	mg	mg	mg	mg	mg
1. Probe . .	10,00	3,400	2,441	48,143	3,800	7,205	7,205 Schwefel	3,001	14,400
2. Probe . .	13,04	—	51,59	18,23	5,11	—	7,98	—	3,99

In vollständig verwittertem Zustande können daher diese Abgänge wegen des Gehaltes an schwefelsaurem und kohlensaurem Calcium mitunter als Düngemittel verwendet werden, indess sind die gewonnenen Mengen durchweg sehr gross und geben die Abwässer (durch Regen) von den Schutthaufen nicht selten Veranlassung zur Verunreinigung der Flüsse.

Zu den schädlichen Bestandtheilen: Schwefelcalcium, Schwefelnatrium und freier Kalk gesellt sich ferner noch Arsen, welches mehr oder weniger stets in der zur Verwendung gelangten Schwefelsäure etc. enthalten ist. Nach den vielen Untersuchungen von Smith[1] enthält im Durchschnitt:

Schwefelkies . . . . 1,649% Arsen
Rohe Schwefelsäure . . . . . 1,051% „
   „ Salzsäure . . . . 0,691% „
   „ Natriumsulfat . . . . . 0,029% „
Soda-Rückstände . . . . . . 0,442% „

L. Grandeau[2] untersuchte die Abgänge einer Sodafabrik in Dieuze, welche gleichzeitig mit einer Chlorkalkfabrik verbunden war. Die Fabrik verarbeitete beide Rückstände wie folgt:

Die Rückstände der Sodafabrikation werden mit dem bei der Chlorkalkfabrikation erhaltenen Chlormangan nach Neutralisation mit Kalk befeuchtet und die Masse der Oxydation an der Luft überlassen; durch methodisches Auslaugen der Masse erhält man die „Schwefelwässer" (sog. „eaux jaunes"), welche den Schwefel als Calciumoxysulfit, Calciumpolysulfit und als unterschwefligsaures Calcium enthalten.

Man neutralisirt das Chlormangan durch diese „Schwefelwässer" und regenerirt so einen grossen Theil des Schwefels, indem gleichzeitig aus den Polysulfiten eine geringe Menge Schwefelwasserstoff entwickelt wird. Eisen und Mangan werden als Schwefelverbindungen gefällt, getrocknet und geglüht; zur Trennung des Mangansulfats vom Oxyd wird mit Wasser ausgelaugt; indem man den Rückstand auf Natriumsalpeter einwirken lässt, erhält man Salpetersäure oder salpetrige Säure, welche für die Fabrikation der Schwefelsäure verwendet wird.

---

[1] Dingler's polytechn. Journal 1871 Bd. 201 S. 415 und 1873. Bd. 207 S. 141.
[2] L. Grandeau: La soudière de Dieuze etc. Paris. Librairie agric. de la maison rustique 1872.

Das Natriumsulfat wird durch Dekantation abgetrennt und krystallisiren gelassen, während das Manganoxyd in der Glasfabrikation Verwendung findet.

Bei dieser Aufarbeitung der Rückstände gelangen die Flüssigkeiten, welche von der Behandlung der „Schwefelwässer" (eaux jaunes) mit Chlormangan und nach Dekantation der Schwefelverbindungen von Eisen und Mangan erhalten werden, zum Abfluss.

Der Schwefelgehalt dieses Abgangwassers ist selbstverständlich grossen Schwankungen unterworfen, wie nicht minder die Verbindungen, in welchen derselbe vorhanden ist. L. Grandeau fand in einer direct aus dem Absatzbassin entnommenen Probe pro 1 l:

Schwefel als Schwefelwasserstoff	0,0192 g
„ als Schwefelalkali	0,1645 „
„ als Hyposulfit	7,2013 „
„ als Schwefelsäure	1,1390 „
Gesammt .	8,5240 g

In anderen Proben wurden 3,60—3,61 g Gesammt-Schwefel und 0,0191 bis 0,0193 g Schwefelwasserstoff pro 1 l gefunden.

Die Zusammensetzung des Abgangwassers ergab sich nach 2 Proben pro 1 l wie folgt:

	1. Direct aus dem Bassin entnommen.	2. Wie es abfliesst (mit anderem Wasser verdünnt)
	g	g
Calciumsulfhydrat (Calciumhydrosulfit) . .	0,063	—
Schwefelcalcium	0,327	0,101
Unterschwefligs. Calcium (Calciumhyposulfit)	16,603	2,516
Schwefelsaures Calcium	1,756	2,527
„ Natrium	3,220	8,219
„ Magnesium	—	3,215
Chlorcalcium	28,876	20,584
Chlormangan	27,670	17,542
Chlornatrium	—	11,120
	78,151	65,824

Das Wasser ist von milchig trüber Beschaffenheit.

 Wie dasselbe die Zusammensetzung eines Flusswassers zu verändern im Stande ist, zeigt L. Grandeau an folgenden Analysen des Wassers der Seille vor und nach Aufnahme des Abgangwassers, wobei bemerkt werden muss, dass das Wasser der Seille einerseits wegen der natürlichen salzreichen Beschaffenheit des umliegenden Terrains und dann auch wegen Aufnahme des Abgangwassers einer Saline an sich sehr kochsalzreich resp. salzreich ist. L. Grandeau fand pro 1 l:

	Wasser der Seille		
	vor	nach	Differenz
	Aufnahme des vorstehenden Abgangwassers		
	g	g	g
Kieselerde	0,0305	0,0309	+ 0,0004
Thonerde + Eisenoxyd	0,0285	0,0480	+ 0,0205
Kohlensaures Calcium	0,3027	0,1927	— 0,1088
Schwefelsaures Calcium	0,1990	0,4520	+ 0,2530
Kohlensaures Magnesium	0,0200	0,0127	— 0,0075
Schwefelsaures Magnesium	0,2040	0,0305	— 0,1735
Chlornatrium	2,2160	3,3800	+ 1,1640
Manganoxyd	0,0065	0,0217	+ 0,0152
Schwefelsaures Natrium	0,0175	0,0315	+ 0,0140
Organische Stoffe	0,3000	0,3020	+ 0,0020
Schwefelcalcium	0	0,0027	+ 0,0027
Calciumhyposulfit	0	0,1130	+ 0,1130
	3,3135	4,5777	

Die mehrerwähnte englische Commission fand für die Abgangwässer dieser und von Chlorkalkfabriken und für die Verunreinigung der Flüsse durch dieselben z. B. folgende Zahlen:

(Siehe die Tabelle auf S. 480.)

In einer Schlammprobe aus dem Sankey-Schifffahrtskanal ergab sich 22,75 % freier Schwefel.

Schädliche Wirkungen.

Ueber die Schädlichkeit verschiedener Bestandtheile dieser Art Abgänge, so des freien Kalkes vgl. S. 226, des Arsens vgl. S. 330—342, des Chlorcalciums (bei der Ammoniaksodafabrikation) vgl. S. 402—414, des Schwefelwasserstoffs vgl. S. 51. Schädliche Wirkungen.

Es erübrigt hier noch die schädlichen Wirkungen von den Bestandtheilen „Schwefelcalcium und Schwefelnatrium" zu beleuchten und zwar:

1. Auf Boden und Pflanzen.

In welcher Weise Abgangwasser von den Rückständen der Sodafabriken eine Veränderung im Boden hervorzurufen vermag, hat L. Grandeau (l. c.) mit dem obigen verunreinigten Wasser, Seille-Wasser in Dieuze, nachgewiesen. Hier hatte das verunreinigte Wasser Wiesen überschwemmt und fragte es sich, ob der hiernach beobachtete Minderertrag von den Bestandtheilen des obigen Abgangwassers der Sodafabrik herrührte. L. Grandeau extrahirte zu dem Zweck je 1 kg Boden mit je 3 l Wasser, verdampfte diese zur Trockne, glühte und ermittelte den Gesammt-Rückstand wie folgt (s. S. 481): Auf Boden u. Pflanzen.

1 Liter enthält:	Suspen-dirt	Gelöst:									Bemerkungen.
		Ge-sammt	Orga-nischer Kohlen-stoff	Orga-nischer Stick-stoff	Am-moniak	Stick-stoff als Nitrate und Nitrite	Ge-sammt-Stick-stoff	Chlor	Freie Salz-säure	Arsen	
	mg	mg	mg	mg	mg	mg	mg	mg	mg	mg	
1. Kanalwasser der chemischen Fabrik zu Widnes, wie es sich in den Mersey ergiesst	309,6	18900	205,09	7,55	6,42	0,24	13,08	6993,0	0	15,0	
2. Kanalwasser der Seifen- und Sodafabrik zu Runcorn	—	3258	—	—	—	1,23	—	6378,8	5882	2,0	151 mg Eisen- und Manganoxyd.
3. Honeypot-Bach durch Abwasser aus Sodafabriken verunreinigt . . .	26,2	2342	24,43	10,81	16,16	7,02	31,14	992,8	274,4	0,32	
4. Sankey-Bach vor seinem Eintritt in St. Helens	20,6	308	11,74	0,79	0,11	1,23	2,11	31,3˙	0	0,05	Härte 15º,9 (engl.).
5. Derselbe nach seinem Austritt aus St. Helens	191,1	4072	14,43	2,24	3,50	1,01	6,13	1962,4	685,1	—	
6. Derselbe vor seiner Vereinigung mit dem Sankey- (Schifffahrts-) Kanal .	—	2145	11,05	2,05	2,75	0,98	5,29	764,5	220,4	0	131º Härte; 99 mg Eisen- u. Manganoxyd.
7. Der Sankey-Kanal bei St. Helens .	—	2392	5,31	0,63	2,66	3,81	6,63	2159,4	183,9	Spur	192º Härte; 444 mg Eisen- u. Manganoxyd.
8. Derselbe bei Warrington	—	1792	8,51	0,85	2,00	1,30	3,80	548,6	305,8	0	80º Härte; 205 mg Mangan- u. Eisenoxyd.
9. Derselbe nach seiner Vereinigung mit dem Sankey-Bach	—	1890	4,02	1,48	3,00	1,76	5,71	538,6	26,2	0	89º Härte; 124 mg Mangan- u. Eisenoxyd.

	Wiese Bier überschwemmt	Wiese Lesey O, Wiese Lesey P nicht überschwemmt	
Obergrund	4,485 g	7,10 g	3,00 g
Untergrund	5,050 „	9,02 „	3,01 „

Die procentische Zusammensetzung dieses Rückstandes war folgende:

	Wiese Bier überschwemmt		Wiese Lesey O	nicht überschwemmt	Wiese Lesey P	
	Obergrund %	Untergrund %	Obergrund %	Untergrund %	Obergrund %	Untergrund %
Kohlensäuse	0,41	0,22	0,90	0,50	1,05	0,95
Schwefelsäure	18,57	14,17	4,52	4,88	3,70	3,70
Chlor	30,20	33,15	54,22	41,83	34,44	47,38
Natron	31,31	31,13	38,50	43,50	38.82	28,08
Kalk	6,90	11,05	13,00	9,00	12,20	15,20
Magnesia	10,10	9,90	0,51	3,48	0,40	6,08
Kali	Spur	Spur	Spur	Spur	Spur	Spur
Phosphorsäure	3,50	0	0	0	0	0

Hiernach ist der mit dem Abgangwasser der Sodafabrik überschwemmte resp. berieselte Boden durch eine grössere Menge Sulfate und Magnesiasalze — und auffallender Weise auch durch einen Gehalt an löslicher Phosphorsäure — gegenüber den nicht überschwemmten Wiesen ausgezeichnet. Diese Verhältnisse liessen sich jedoch in den Pflanzen (resp. dem Heu) von den Wiesen nicht nachweisen; der Boden ist dort, wie die Analysen zeigen, an sich so reich an Kochsalz, dass Mindererträge bei trockener Witterung auch allein auf dieses zurückgeführt werden können.

Ueber die Schädlichkeit des Schwefelcalciums auf Pflanzen (Gerste) haben J. Fittbogen, R. Schiller und O. Foerster[1]) eingehende Untersuchungen ausgeführt. Veranlassung zu diesen Versuchen gab die Beobachtung, dass Braunkohlenasche, welche zur Befestigung von Waldwegen benutzt war, eine nachtheilige Wirkung auf das Wachsthum der Bäume ausgeübt hatte. Die Braunkohlenasche hatte nach 2 Proben folgende procentische Zusammensetzung:

	Wasser %	Calciumsulfat %	Calciumcarbonat %	Calciumsulfit %	Eisenoxyd + Thonerde %	Kali %	Phosphorsäure %	Sand + Thon %
1. Von Förderkohle	8,86	20,09	3,89	3,85	23,65	0,03	0,06	38,62
2. Von Grusskohle	1,75	14,45	7,84	2,74	24,61	0,03	0,09	48,73

---

[1]) Landw. Jahrbücher 1884. Bd. 13 S. 755.

Bei der Behandlung der Aschen mit Wasser wurde das Calciumsulfit in Calciumhydrosulfit und Calciumhydroxyd gespalten nach der Gleichung:

$$2\,CaS + 2\,H_2O = CaH_2S_2 + CaH_2O_2.$$

Das Calciumhydroxyd ging an der Luft in kohlensaures Calcium über, in welche Verbindung auch das Calciumhydrosulfit unter Austritt von Schwefelwasserstoff übergeführt wurde:

$$CaH_2S_2 + CaH_2O_2 + 2\,CO_2 = 2\,CaCO_3 + 2\,H_2S.$$

Der Schwefelwasserstoff endlich lieferte in Berührung mit dem atmosphärischen Sauerstoff fein vertheilten Schwefel und Wasser:

$$2\,H_2S + O_2 = 2\,H_2O + S_2.$$

Da aller Wahrscheinlichkeit nach die beobachtete schädliche Wirkung der Braunkohlenasche auf den Gehalt an Calciumsulfit zurückzuführen war, so wurden über das Verhalten des letzteren gegen Pflanzen verschiedene Versuche angestellt.

Zu den Versuchen diente als Vegetationsmedium einmal reiner Quarzsand und ferner Gartenboden; je 1000 Theile der beiden Materialien enthielten folgende, in heisser concentrirter Salzsäure löslichen Bestandtheile:

	Kali	Natron	Kalk	Magne-sia	Eisen-oxyd	Phos-phor-säure	Schwe-fel-säure	Kiesel-säure
Quarzsand	0,0014	0,0298	0,0523	0,0228	0,3071	0,0096	0,0026	0,0350
Gartenboden	1,494	0,212	11,555	2,216	28,970	1,8440	0,5490	1,0080

Der Gartenboden bestand ferner aus 52,40% Feinerde, 43,63% Skelet und 3,40% hygroskopischem Wasser.

Das den beiden Böden zuzusetzende Calciumsulfit kam in 4 Präparaten zur Anwendung, nämlich:

1. In Form der Asche aus Förderkohle mit 3,85% Calciumsulfit.
2. Als fast reines Calciumsulfit mit 88,05% CaS (dargestellt durch Ueberleiten von trocknem H_2S über glühenden gebrannten CaO), Präparat I.
3. Ein Gemisch von Präparat I mit so viel gebranntem und gelöschtem Kalk, als zur Bildung des Calciumoxysulfits (2 CaS, CaO) erforderlich war; dieses Präparat II enthielt 29,81% CaS = 41,4 Calciumoxysulfit.
4. Präparat III nach dem Verfahren von Leblanc durch Erhitzen von je 1 Theil Glaubersalz und Kreide mit $^3/_4$ Theile Steinkohle und Auswaschen der Schmelze; der ungelöste Rückstand ergab 15,93% Calciumsulfit = 22,12% Calciumoxysulfit.

Zu den Versuchen dienten Töpfe von weissem Glas von 26 cm Höhe, 12—13 cm unterem und 15—16 cm oberem Durchmesser; auf den Boden der Töpfe kam erst eine Schicht von Quarzstücken in der Höhe von 2 cm, darauf der Quarzsand resp. der Gartenboden in der Quantität von 4 kg.

Die Töpfe mit reinem Quarzsand erhielten folgende Nährstofflösung als Grunddüngung pro Topf:

3	mg Moleküle	Chlorkalium	= 0,2235 g	KCl
0,8	„	„ Magnesiumsulfat	= 0,096 „	$MgSO_4$
8	„	„ Calciumnitrat	= 1,312 „	CaN_2O_6

1 mg Moleküle Bicalciumphosphat $= 0{,}344$ „ $Ca_2H_2P_2O_8 + 4H_2O$
2,5 „ „ Eisenhydroxyd $\quad = 0{,}535$ „ $Fe_2H_6O_6$.

Der an sich ertragsfähige Gartenboden erhielt keine Düngung.

Zwei Versuchsreihen blieben ohne schwefelcalciumhaltige Beigabe. In den übrigen Reihen wurden die oberen 2,5 kg der Fällung (entsprechend einer Bodenschicht von 10 cm Mächtigkeit) mit bestimmten Mengen der Braunkohlenasche resp. eines der 3 Präparate vermischt.

Im ganzen wurden 26 Reihen gebildet; die Reihe 1 und 14 bestanden aus je 4, die Reihen 2, 3 und 4 aus je 3, die übrigen Reihen aus je 2 Töpfen.

In jeden Topf wurden am 1. Juni je 10 eingequollene Gerstenkörner ausgelegt; die Bodenfeuchtigkeit wurde innerhalb der Grenzen von 600 g und 400 g pro Topf gehalten.

Die Resultate sind in folgenden Tabellen enthalten:

Reihe	Gegeben Calciumsulfit g	in Form von	Aufgegangene Pflanzen am 19. Juni	Anzahl der Aehren	Anzahl der Körner	Ernte an Körnern pro Topf g	Gesammternte der oberirdischen Theile pro Topf g	Von dem Maximalertrag an oberird. Trockensubstanz wurden producirt %

A. Versuche in Quarzsand und Nährstoffmischung.

Reihe	Calciumsulfit g	in Form von	Aufgegangene Pflanzen am 19. Juni	Aehren	Körner	Ernte g	Gesammternte g	%
1	0	0	6	10	275	10,296	20,331	100
2	0,1925	5 g Braunkohlenasche	6	10	268	7,583	16,416	80,7
3	0,2917	7,5 g „	6	8	249	7,197	15,130	74,4
4	0,385	10 „ „	6	9	241	6,852	13,960	68,7
5	0,4	0,454 g Präparat I.	6	9	244	8,575	15,682	77,1
6	0,4	1,342 „ „ II.	6	8	208	7,334	13,913	68,4
7	0,4	2,510 „ „ III.	1 Topf = 6 (1 Topf = 0)	9	152	5,434	10,840	53,3
8	0,8	0,908 „ „ I.	1 Topf = 6 (1 Topf = 0)	10	220	7,371	14,771	72,7
9	0,8	2,684 „ „ II.	6	6	145	4,830	8,985	44,2
10	0,8	5,020 „ „ III.	0	0	0	0	0	0
11	1,2	1,364 „ „ I.	beide Töpfe weniger als 6	6	115	3,275	7,477	36,8
12	1,2	4,026 „ „ II.	1 Topf = 6 (1 Topf weniger)	8	106	3,062	6,410	31,5
13	1,2	7,530 „ „ III.	1 Topf weniger als 6, 1 Topf = 0	5	52	1,250	3,529	17,4

B. Versuche im Gartenboden.

Reihe	Calciumsulfit g	in Form von	Aufgegangene Pflanzen am 19. Juni	Aehren	Körner	Ernte g	Gesammternte g	%
14	0	0	6	10	277	10,596	20,041	100
15	0,1925	5 g Braunkohlenasche	6	8	241	8,611	17,885	89,2
16	0,2917	7,5 g „	6	9	247	9,174	17,527	87,5
17	0,385	10 „ „	6	9	229	8,997	16,709	83,3
18	0,4	0,454 g Präparat I.	6	10	256	9,960	18,763	93,6
19	0,4	1,342 „ „ II.	6	8	234	9,321	17,740	88,5
20	0,4	2,510 „ „ III.	6	8	239	9,262	18,101	90,3
21	0,8	0,908 „ „ I.	1 Topf = 6 1 Topf weniger	8	225	8,918	17,392	86,8
22	0,8	2,684 „ „ II.	6	8	240	8,996	17,399	86,8
23	0,8	5,020 „ „ III.	6	7	187	7,395	15,104	75,4
24	1,2	1,362 „ „ I.	1 Topf = 6 1 Topf weniger	7	206	7,957	16,194	80,8
25	1,2	4,026 „ „ II.	6	8	200	6,588	15,434	77,0
26	1,2	7,530 „ „ III.	1 Topf = 6 1 Topf weniger	6	145	4,459	9,429	47,0

Hiernach macht sich der schädliche Einfluss des Calciumsulfits schon bei der Keimung geltend, indem dasselbe die Keimung in einigen Töpfen ganz oder theilweise unterdrückt hat.

Dann aber ist sowohl in den Quarzsandtöpfen wie in dem Gartenboden durch die Gegenwart eines calciumsulfithaltigen Zusatzes der Ertrag an oberirdischer Trockensubstanz ohne Ausnahme herabgedrückt und zwar im Quarzsand mehr wie im Gartenboden, was mit der während der Vegetation gemachten Beobachtung im Einklang stand, wonach die Pflanzen im Quarzsand von dem schädlichen Einfluss in weit höherem Grade betroffen schienen als die Gartenbodenpflanzen.

Dieses hat darin seinen Grund, dass hier eine ständige Quelle von Schwefelwasserstoff vorhanden war, indem das dem Quarzsand als Dünger zugeführte Bicalciumphosphat nach weiter angestellten Versuchen das Calciumsulfit nach folgender Gleichung zu zerlegen im Stande ist:

$$CaS + Ca_2H_2P_2O_8 = Ca_3P_2O_8 + H_2S.$$

Bemerkenswerth ist ferner, dass das Präparat III (Rückstand von dem Leblanc-Soda-Prozess) bei gleichen zugesetzten Mengen Calciumsulfits in allen Reihen schädlicher gewirkt hat, als die Präparate I und II.

2. Schädlichkeit für Fische.

Die Schädlichkeit der Abgänge aus Sodafabriken für Fische wies Cas. Nienhaus-Meinau[1]) bei einer Sodafabrik in Wyhlen (Baden) in der Weise nach, dass er Fische (1 Barbe, 1 Alet, 2 Nasen und 5 Häsel) in einem Troge ungefähr 70 m unterhalb der Ausmündung des Leitungsrohres der Sodafabrik in dem Rheinstrom aussetzte. Der Versuch begann am 26. März nachmittags 3 Uhr; am 27. März nachmittags 3 Uhr waren noch alle Fische gesund und munter; am 29. März vormittags 11 Uhr waren jedoch die beiden Nasen todt, der Alet und 2 Häsel krank, die Barbe und 3 Häsel dagegen normal; die kranken Fische erholten sich im reinen Wasser wieder vollständig. Wenn er in das von Kalkhydrat milchig trübe, nicht filtrirte, direct von der Fabrik abfliessende Wasser Fische einsetzte, so starben dieselben innerhalb 10 Minuten.

C. Weigelt[2]) untersuchte die Giftigkeit des Schwefelnatriums für Fische, und wenn die mit letzterem erzielten Resultate auch nicht direct auf Schwefelcalcium übertragen werden dürfen, so sind dieselben bei dem annähernd gleichen Molekulargewicht ($Na_2S = 78$ und $CaS = 72$) nach C. Weigelt mit einander vergleichbar.

C. Weigelt erhielt folgende Resultate:

[1]) Cas. Nienhaus-Meinau: Bericht über die Verunreinigung des Rheines etc. Basel 1883. S. 9.

[2]) Archiv f. Hygiene. 1885. Bd. III. S. 39. Ueber die Versuchsmethode vgl. diese Schrift S. 49 Anm.

Concentration der Lösung pro 1 Liter	Fischart	Temperatur des Wassers °C.	Expositions-dauer	Verhalten des Fisches
0,101 g Na_2S	Schleie	8	9 $^3/_4$ St.	Kommt nach 1 Stunde luftschnappend nach oben; nach 9$^3/_4$ Stunden Seitenlage, ziemlich stark entfärbt; erholt sich wieder.
0,115 „ „	Schleie	20	1 St.	Gleich unruhig, kommt nach 8 Minuten nach oben, stösst Luft aus, entfärbt sich zusehends, nach 1 Stunde Seitenlage und heraus; erholt sich langsam (die Lösung hatte noch 0,081 g Na_2S pro 1 l); tags darauf noch scheinbar gesund, nach 6 Tagen todt.
0,0505 „ „	Schleie	8	10 St.	Kommt nach 1 Stunde luftschnappend nach oben, wird wieder ruhig; nach 10 Stunden heraus, erholt sich wieder.
0,0526 „ „	Schleie	20	2 St. 26 M.	Gleich unruhig, kommt nach 5 Minuten nach oben, zuckt und schnappt heftig, was sich nach 50 Minuten wiederholt, entfärbt sich stark; nach 2 Stunden 26 Minuten Seitenlage, kommt heraus und erholt sich allmälig. Die Lösung enthielt zu Ende des Versuchs noch 0,0303 g Na_2S.

Hiernach war bei einer Temperatur des Wassers von 20° C. die Widerstandsdauer der Schleie in einer Lösung von 0,1 g Na_2S pro 1 1 St. 20 Min., in einer solchen von 0,05 g = 2 St. 26 Min. Die Schleie des ersten Versuchs starb nach 6 Tagen, die des zweiten Versuchs erholte sich vollständig. Bei der niederen Temperatur von 8° C. war die Einwirkung eine entsprechend weniger energische; keines der beiden Thiere starb, dagegen legte sich die in 0,1 °/$_{00}$ Lösung befindliche Schleie nach 9 St. 45 Min. auf die Seite.

Auffallend auch war bei der höheren Temperatur von 20° C. die Entfärbung der Versuchsfische, welche sich auch nach längerem Aufenthalt in reinem Wasser nicht verlor.

L. Grandeau[1]) hat in gleicher Weise schon 1870 die Schädlichkeit der bei den Abgängen der Sodafabrikation in Betracht kommenden Bestandtheile für Fische nachgewiesen, indem er theils das S. 477 erwähnte Abgangwasser direct oder nach Verdünnen mit reinem Wasser verwendete, theils einem reinen Wasser die als giftig anzusehenden Bestandtheile (Schwefelcalcium, Calciumhyposulfit, Chlormangan etc.) zumischte. Zu den Versuchen dienten wegen ihrer grösseren Widerstandsfähigkeit ebenfalls Schleien von 70—90 g. Auch wurden die Versuche ganz ähnlich wie

---

[1]) L. Grandeau: La soudière de Dieuze etc. Paris 1872.

von C. Weigelt angestellt; die Schleien befanden sich vor dem Versuch in einem grösseren Behälter mit reinem Wasser, welches auf annähernd derselben Temperatur als das Versuchswasser gehalten wurde. Die Fische kamen aus ersterem in ein kleineres Gefäss von 10 l Inhalt mit dem betreffenden Versuchswasser, verblieben in diesem kürzere oder längere Zeit, indem die Symptome notirt wurden. Die Resultate sind folgende:

Natur des Wassers:	Gehalt pro 1 Liter	Temperatur des Wassers ⁰ C.	Expositions-dauer	Verhalten des Fisches (Schleie)
1. Seille-Wasser ohne Beimengung mit dem Abgangwasser der Sodafabrik (vgl. S. 479) . .	—	18	7 St. 40 M.	Kein Unbehagen.
2. Abflusswasser der Sodafabrik (S. 479)	0,101 g CaS	18,5	47 Sec.	Augenblicklicher Scheintod (Asphyxie), Seitenlage; erholt sich in reinem Wasser nach 7 Stunden.
3. desgl.	0,101 g CaS	18,5	4 M. 30 S.	Scheintod, erholt sich anfänglich anscheinend in reinem Wasser, dort aber nach weiteren 24 Minuten todt.
4. desgl.	0,101 g CaS	18,5	22 M. 15 S.	Nach 22 Minuten todt.
5. Reines Laboratoriumswasser, dazu Fabrikabwasser aus dem Bassin (S. 478)	0,133—0,198 g CaS¹)	18	5 St. 5 M.	Scheintodt, wird am anderen Morgen in reinem Wasser todt aufgefunden.
6. Reines Laboratoriumswasser unter Zusatz von letzterem u. Seillewasser	0,181 g CaS¹)	18	31 Min.	Seitenlage und Anfang des Scheintodes; nach 31 Minuten in reines Wasser, erholt sich anscheinend, ist darin am anderen Morgen nach 9 Stunden todt.
7. Laboratoriumswasser + Wasser aus dem Bassin	0,082 g CaS	19	12 Stdn.	Nach 12 Stunden todt; Kiemenblätter entfärbt, Magen aufgetrieben, Harnblase voll, Hauptorgane intact.
8. desgl.	0,014 g CaS	19	24 Stdn.	Die Athemzüge in reinem Wasser von 68 pro 1 Minute fallen in dem Wasser auf 36; sind intermittirend; nach 24 Stunden scheint sich die Schleie vollständig beruhigt zu haben.

¹) Das Abgangwasser der Sodafabrik, wie es aus dem Bassin fliesst, wurde durchweg allmälig zugesetzt, bis Symptome eintraten; der angegebene Gehalt versteht sich für den Moment, wo der Versuch abgebrochen, d. h. Scheintod oder Tod beobachtet wurde.

Natur des Wassers:	Gehalt pro 1 Liter	Temperatur des Wassers ° C.	Expositionsdauer	Verhalten des Fisches (Schleie)
9. Fabrikabflusswasser. .	0,101 g CaS	?[1]	50 Min.	Dauernde Asphyxie, erholt sich in reinem Wasser.
10. Seillewasser (S. 479) unter Zusatz von Wasser aus dem Bassin (S. 478)	0,049 g CaS	?[1]	9 M. 20 S.	Nach 4 Minuten Seitenlage und Scheintod, Athemzüge fallen auf 42, 35 u. 31 pro Minute; nach 9 Minuten 20 Sec. todt.
11. Laboratoriums - Wasser mit Zusatz von . . .	5 g Calciumhyposulfit	?[1]	3 St. 9 M.	Athemzüge fallen von 78 auf 60 pro Minute; entfärbt sich, bewegt sich nicht und scheint hyposthenisirt; erholt sich in reinem Wasser und verhält sich bis auf die Entfärbung nach 36 Stunden normal.
12. Laboratoriums - Wasser mit Zusatz von . . .	0,016—0,039 g CaS[2]	?[1]	53 Min.	Mit steigenden Mengen CaS entsprechende Verminderung der Athemzüge; zeigt schon bei den kleinsten Mengen Zeichen der Asphyxie, diese wird bei dem höchsten Gehalt vollständig, erholt sich in kaltem Wasser nach 5 Minuten.
13. Laboratoriums - Wasser mit Zusatz von . . .	0,0512 g CaS	?[1]	5 Min.	Fast sofort Zeichen der Asphyxie, nach 56 Sec. Seitenlage; Ausscheidung von mit Blut vermischtem Schleim durch die Kiemen, nach 2 Minuten vollständige Asphyxie; nach 5 Minuten todt.
14. Laboratoriums - Wasser mit Zusatz von . . .	15 g Chlormangan	?[1]	4 Stdn.	Todt nach 4 stündigem Aufenthalt in dem Wasser.

Aus diesen Versuchen zieht L. Grandeau folgende Schlussfolgerungen:

1. Das Wasser der Seille übt vor Vermischung mit dem Abgangwasser der Sodafabrik keine schädliche Wirkung aus.

2. Dasselbe hat nach Aufnahme der Abgangwässer an gewissen Tagen eine tödtliche Wirkung; die Fische werden scheintodt (asphyxirt), aber nicht vergiftet; sie erholen sich in einem reinen Wasser; die unter dem Einfluss erlegenen Fische sind essbar, wie Grandeau bei sich selbst constatirte.

---

[1] Bei diesen Versuchen ist die Temperatur des Wassers im Text nicht angegeben, jedoch ist anzunehmen, dass sie ebenfalls 18—19° Grad gewesen ist.

[2] Der Gehalt an CaS wurde erst von 0,016 g auf 0,032 g und nach 53 Minuten auf 0,039 g pro 1 l erhöht.

3. Der eigentliche schädliche Bestandtheil dieses Abgangwassers ist das Schwefelcalcium; wenn die Menge desselben 0,016—0,039 g pro l nicht übersteigt und das Wasser sich hinreichend schnell erneuert, so ist die Asphyxie unvollständig und kann der Fisch gerettet werden; über diese Menge hinaus geht das Thier innerhalb kurzer Zeit zu Grunde.

4. Das Calciumhyposulfit verursacht selbst in grossen Dosen nur ein vorübergehendes Unbehagen der Thiere; es ist nicht giftig.

5. Das Chlormangan erscheint weniger giftig als Chlornatrium und Chlorcalcium, jedoch kann eine grössere Menge dieses Salzes Fische tödten.

Letztere Schlussfolgerung Grandeau's scheint jedoch nach anderweitigen Versuchen nicht begründet zu sein; über die Wirkung des Chlornatriums auf Süsswasserfische vgl. S. 393, über die des Chlorcalciums S. 412.

3. Verunreinigung von Brunnen.

Wie durch die Rückstände von einer Soda- (und Schwefelsäure-) Fabrik auch die benachbarten Brunnen resp. das Grundwasser verunreinigt werden können, haben G. Wolffhügel und E. Egger[1]) durch Untersuchungen in München nachgewiesen. Die dort in der Landsbergerstrasse früher bestandene Soda- und Schwefelsäurefabrik hatte ihre Rückstände in die daselbst befindlichen ausgebeuteten Sandgruben eingefüllt und aufgespeichert; sie gaben jedoch theils durch den Geruch nach Schwefelwasserstoff, theils durch die Verunreinigung des Bodens, welche das immerwährende Auslaugen dieser Massen durch die atmosphärischen Niederschläge im Gefolge hat, Veranlassung zu Klagen der benachbarten Anwohner.

In der That zeigte die erste Untersuchung im Jahre 1874 von G. Wolffhügel, dass die benachbarten Brunnen sämmtlich durch die Auslaugeproducte dieser Rückstände erheblich verunreinigt wurden. In Folge dessen wurde die Fabrik geschlossen und lange ruhten die Klagen, bis sie endlich 1880 und 1881 wieder erhoben wurden; die in dieser Zeit von E. Egger vorgenommene Untersuchung ergab, dass die Verunreinigung einen viel weiteren Umfang angenommen hatte, als wie sie in Untersuchungen von 1874 zu Tage getreten war.

Aus den vielen Analysen des benachbarten Brunnenwassers mögen nur folgende (nämlich die der am meisten verunreinigten Brunnen) hervorgehoben werden:

---

[1]) Erster und zweiter Bericht der Untersuchungsstation des Hygien. Instituts in München. München 1882. S. 53—59.

1 l Wasser enthält:	Ab-dampf-rück-stand	Zur Oxyda-tion er-forderli-cher Sauer-stoff	Chlor	Sal-peter-Säure	Schwe-fel-säure	Kalk
	mg	mg	mg	mg	mg	mg
Brunnen:						
1874						
1. In der Fabrik	3230	5,7	229,0	55,7	1398,0	—
2. desgl. nach dem Ausschöpfen dessel-						
ben	3800	2,8	269,8	113,2	1567,0	—
3. Friedenheim, Bahnwärterkaserne . .	1630	2,4	218,8	190,5	249,6	—
4. Landsbergerstrasse No. 7	900	2,6	56,8	188,8	172,5	—
1880/81						
5. Ligsalzstrasse No. 1a	918	2,8	43,7	116,7	220,8	192,0
6. Schwanthalerhöhe No. 35	1120	8,5	94,0	186,1	154,5	180,6
etc. etc.						

Wie nicht anders zu erwarten, ist es vorwiegend eine erhöhte Menge Schwefelsäure resp. schwefelsaurer Salze etc., wodurch das Grund- resp. Brunnenwasser aus genannten Rückständen verunreinigt wird; die vorstehende Untersuchung zeigt ferner, dass eine derartige Verunreinigung nicht nur einen grossen Umfang annehmen, sondern auch Jahre lang andauern kann.

Reinigung.

Zur Reinigung dieser Abgänge sind vorwiegend 3 Methoden[1]) in Ge- Reinigung.
brauch, die sämmtlich auf der Oxydation der Rückstände durch die Luft und der Darstellung löslicher Polysulfite, Hyposulfite und Sulfite des Calciums resp. Natriums beruhen und wobei als letztes Nebenproduct eine neutrale Chlorcalciumlösung gewonnen wird, deren Verwerthung jedoch Schwierigkeit bereitet. Diese Methoden sind nach H. Eulenberg[2]) folgende:

1. W. P. Hofmann laugt die oxydirten Rückstände aus und bringt Hofmann's
Verfahren.
sie mit geklärter saurer Manganlösung zusammen.

Durch den Gehalt der letzteren an Salzsäure, freiem Chlor und Eisenchlorid zersetzen sich die Schwefellaugen unter Schwefelausscheidung. Das sich entwickelnde Schwefelwasserstoffgas leitet man durch eine Holzfeuerung, um die sich bildende schwefelige Säure für andere Laugen zu benutzen und das Calciumpolysulfit unter Schwefelausscheidung in Calciumhyposulfit zu verwandeln, das man mit Natriumsulfat versetzt, um Natriumhyposulfit zu gewinnen. Die zurückbleibenden neutralen Manganbrühen werden noch anderweitig verwerthet.

---

[1]) Ueber die Aufbereitung der Sodarückstände in Dieuze vgl. vorstehend S. 477.
[2]) H. Eulenberg: Handbuch d. Gewerbe-Hygiene Berlin 1876. S. 677.

Schaffner's
Verfahren.

2. Max Schaffner construirte 2 vollständig geschlossene und durch Röhren mit einander verbundene Zersetzungsgefässe von Gusseisen oder Stein, die mit den ausgelaugten oxydirten Rückständen gefüllt werden.

Nach Zusatz von Salzsäure entwickelt sich aus den Polysulfiten Schwefelwasserstoff, später aus den Hyposulfiten schwefelige Säure; letztere wird in das zweite Zersetzungsgefäss geleitet, wo sie die Polysulfite unter Schwefelabscheidung in Hyposulfite verwandelt.

Die aus dem ersten Gefässe abgezogene Lauge besteht aus einer neutralen Chlorcalciumlösung, in der sich allmälig ein unreiner Schwefel absetzt. Nun setzt man Salzsäure zu der mit schwefliger Säure schon behandelten Lösung, um die Hyposulfite unter Schwefelabscheidung und Entwicklung von schwefliger Säure zu zersetzen, während letztere in das erste mit frischer Lauge angefüllte Gefäss geleitet wird, um Polysulfite unter Abscheidung von Schwefel wieder in Hyposulfite zu verwandeln. Schwefelwasserstoff tritt nur bei dem ersten Zusatz von Salzsäure auf, der bei starker Entwicklung abgelassen wird; die schweflige Säure wird von dem einen Zersetzungsgefäss in das andere übergeführt, wozu man gegen Ende der Operation heissen Wasserdampf benutzt.

Der arsenige Schwefel wird in gusseisernen, mit Rührwerk versehenen Kesseln unter Zusatz von Kalkmilch mittelst Wasserdampfes von $1\,^3/_4$ Atmosphären Spannung geschmolzen. Das überschüssige Calciumhydroxyd verwandelt sich in Calciumsulfit und dieses mit dem Arsensulfit in Calciumsulfoarsenit. Während Gyps in der wässerigen Flüssigkeit suspendirt ist, wird der angesammelte Schwefel abgelassen und in Formen gegossen.

Die Schaffner'sche Methode wird in den meisten Fabriken, und für die Reinigung des arsenhaltigen Schwefels gegenwärtig (d. h. bis 1876) in allen Fabriken in der beschriebenen Weise ausgeführt.

Mond's
Verfahren.

3. Mond befördert die Oxydation der Lauge durch Einpressen von Luft mittelst eines Ventilators.

In Folge der Erhitzung (bis 94° C.) entwickeln sich viele Wasserdämpfe, die meist Schwefelwasserstoff mit fortführen, namentlich wenn die Sodarückstände arm an Aetzkalk sind. In einem concreten Falle lagen die Auslaugekästen im Freien und verursachten hierdurch den Adjacenten die grösste Belästigung. Die Entwicklung dieser unangenehmen Gase hört erst auf, wenn die Oxydation bis zu einem gewissen Grade vorgeschritten ist.

Die Präcipitation in einem mit Blei ausgefütterten Bottich geschieht ebenfalls durch Salzsäure; zur Ableitung der Gase ist er mit einem zum Schornstein führenden Ableitungsrohr, sowie mit einer Stopfbüchse zur Aufnahme eines Rührwerks versehen. Eingeleiteter Wasserdampf muss die Temperatur auf 40—60° C. erhalten. Nur bei einem richtigen Verhältniss der Hyposulfite zu den Polysulfiten (1 : 2) soll sich kein Schwefelwasserstoff entwickeln; meistens werden aber die einen oder andern vorwalten, und wird daher fast immer Schwefelwasserstoff oder schweflige Säure auftreten.

In einigen Fabriken lässt man die Lauge nur bis auf $^1/_3$ der ganzen Bottichhöhe in die Absatzkästen ablaufen, indem man den Rest bei einem neuen Zusatz der Lauge benutzt, um durch die vorhandene schweflige Säure den auftretenden Schwefelwasserstoff zu zersetzen. In den Absatzkästen schlägt sich der Schwefel nieder; die restirende Lauge ist Chlorcalcium.

Eine sehr gute Uebersicht der verschiedenen Methoden der technischen Verwerthung dieser Rückstände hat auch Tiemann (Wiener-Ausstellung Heft 20 S. 469) geliefert.

Neuere patentirte Verfahren sind nach den Aufzeichnungen von R. Biedermann in den Berichten der Deutschen Chemischen Gesellschaft folgende:

Bornträger's
Verfahren.

4. Verfahren von Hugo Bornträger in Würzburg zur Darstellung

von arsenfreier und selenfreier Schwefelsäure aus den Sodarückständen
(D. P. 15757 vom 8. März 1881).

Die Sodarückstände des Leblanc'schen Verfahrens werden mit Wasser unter 5—6 Atmosphären Druck ausgelaugt. Die Schwefellauge kommt in einen mit Rührwerk versehenen Behälter mit gemahlenen Kiesabbränden zusammen. Hier bildet sich Schwefeleisen. Wenn keine Reaction auf die Schwefellaugen mehr stattfindet, so kommt die Masse auf eine Reihe Filter. Der Schlamm wird im Kiesofen getrocknet und dann in den heissen Etagen desselben geröstet. Die abgeröstete Masse dient wiederum zur Zersetzung der Sodarückstandlaugen.

5. **Verfahren vom Verein chemischer Fabriken in Mannheim zur Darstellung von Schwefelnatrium aus Sodarückständen** (D. P. 20947 vom 24. März 1882). *Verfahren in Mannheim.*

Frischer Sodaschlamm wird mit der dem Schwefelcalcium äquivalenten Menge Sulfat und wenig Wasser einem Dampfdruck von 5 Atmosphären ausgesetzt. Es entsteht Gyps und Schwefelnatrium, welch' letzteres ausgelaugt wird.

6. **Verfahren von Carl Opl in Hruschau (Oesterr. Schlesien) zur Wiedergewinnung des Schwefels aus Sodarückständen** (D. P. 23142 vom 8. October 1882). *Opl's Verfahren.*

In die zu einem Brei ausgemachten Sodarückstände wird Schwefelwasserstoff eingeleitet. Man wendet hierzu eiserne Apparate mit Rührwerk an, in welche vermittelst Luftpumpen Schwefelwasserstoff eingedrückt wird. Die von dem Calciumcarbonat getrennte Lauge besteht aus Calciumsulfhydrat und kann auf Schwefel, unterschwefligsaure Salze oder Schwefelwasserstoff verarbeitet werden. Man kann das Schwefelwasserstoffgas anch in statu nascendi einwirken lassen, indem man auf in Wasser suspendirte Sodarückstände, Kohlensäure oder eine andere Säure einwirken lässt, jedoch nur in dem Masse, als der entwickelte Schwefelwasserstoff von noch vorhandenen Rückständen bezw. Schwefelcalcium aufgenommen werden kann.

7. **Verfahren von Weldon in Burstow zur Gewinnung von Schwefel aus Sodarückständen** (Engl. P. 100 vom 8. Januar 1883). *Weldon's Verfahren.*

Sodarückstände werden mit Wasser unter Druck erhitzt, wobei angeblich folgende Reaction eintritt:

$$2\,CaS + 2\,H_2O = Ca(OH)_2 + Ca(SH)_2.$$

Die Lösung des Sulfhydrats wird in innige Berührung mit Luft gebracht und aus der Lösung der Calciumsulfite und des Calciumthiosulfats wird der Schwefel durch Salzsäure gefällt. Die Erhitzung der Sodarückstände mit Wasser soll bei einem Druck von 3—6 Atmosphären erfolgen. Zur Behandlung der zu oxydirenden Lauge mit Luft wird Anwendung eines Dampfinjectors und Erwärmung empfohlen.

8. **Verfahren von James Mactear in Glasgow** (Engl. P. 5545 vom 22. November 1882). *Mactear's Verfahren.*

Die mit Wasser angerührten Sodarückstände werden unter Druck und Anwendung von Wärme mit Kohlensäure aus beliebiger Quelle behandelt. Es bildet sich kohlensaures Calcium und Schwefelwasserstoff, der mit den unabsorbirten Gasen in mit Rührwerk versehene Gefässe oder Rieselthürme geleitet wird, wo derselbe bei Gegenwart von Chlorcalciumlösung oder Wasser mit schwefliger Säure zersetzt wird.

Das kohlensaure Calcium, das noch mit Kohlenstücken und andern Stoffen gemischt ist, soll zu Cement verwendet werden.

9. Verfahren von H. Grouven in Leipzig zur Entschwefelung der Sodarückstände (D. R. P. 29848 vom 30. Mai 1884).

Grouven's Verfahren.

Frische oder alte Rückstände werden mit etwa 10% Sägemehl und 10—20% warmem Wasser in einer Knetmaschine zu einem homogenen Teige verarbeitet und in Drainrohrpressen zu Röhren kleinen Calibers gepresst, welche in einem Trockenschuppen einige Tage der Einwirkung des Sauerstoffs der Luft ausgesetzt bleiben. Hierauf werden sie in grobe Stücke zerbrochen und in von aussen ringsum intensiv geheizten Retorten mit glühendem Wasserdampfe behandelt. An Stelle von Sägemehl lassen sich auch entsprechend zerkleinerte Abfälle von Kohlen, Torf, Moos, Nadelstreu, Hanf- und Lohrückständen verwenden.

10. Verfahren von Josiah Wyckliffe-Kynaston in Liverpool zur Darstellung von Schwefel und Calciumsulfit aus den Rückständen der Alkalien-Industrie (D. R. P. 34825 vom 10. März 1885).

Wyckliffe's Verfahren.

Die Alkalirückstände werden mit einer Lösung von Magnesiumchlorid (1,2—1,225 spec. Gew.) erhitzt. Dabei tritt folgende Reaction ein:

$$CaS + MgCl_2 + 2H_2O = H_2S + CaCl_2 + MgO_2H_2.$$

Es entwickelt sich also Schwefelwasserstoff, während ein Gemisch von Calciumchlorid, Magnesiumhydroxyd, überschüssig zugesetztem Magnesiumchlorid und etwas Calciumcarbonat in Wasser gelöst, bezw. suspendirt bleibt, das von den groben, unlöslichen Bestandtheilen abgelassen wird. In diese Flüssigkeit wird schwefelige Säure eingeleitet, bis alles Calcium als Sulfit gefällt ist.

$$CaCl_2 + MgO_2H_2 + SO_2 = CaSO_3 + MgCl_2 + H_2O.$$

Das Calciumsulfit wird abfiltrirt und gewaschen und dann zur Hälfte mit Wasser angerührt. Man leitet den früher gewonnenen Schwefelwasserstoff ein und lässt zu gleicher Zeit am Boden des Gefässes Salzsäure eintreten:

$$CaSO_3 + 2H_2S + 2HCl = CaCl_2 + 3S + 3H_2O.$$

Dadurch, dass die schweflige Säure im Entstehungszustande wirkt, soll eine Bildung von Thionsäure nicht eintreten, wodurch sonst bei der Zersetzuug von Schwefelwasserstoff mit schwefliger Säure Verluste entstehen. Der Rest des Calciumsulfits wird auf Bisulfit verarbeitet.

Rückstände von der Potasche-Fabrikation.

Aehnlich wie die Rückstände von der Sodafabrikation verhalten sich die der Potaschefabrikation nach dem Leblanc-Verfahren aus Chlorkalium. Diese Rückstände haben eine ähnliche Zusammensetzung wie bei der Sodafabrikation und unterscheiden sich nur dadurch von denselben, dass sie statt des Natrons eine entsprechende Menge des werthvolleren Kali's enthalten; aus dem Grunde besitzen dieselben in verwittertem Zustande einen höheren Düngerwerth für landwirthschaftliche Zwecke. So fand ich folgende procentische Zusammensetzung für die Rückstände dieser Art:

Schwe-fel-saures Calcium	Schwe-fel-Calcium	Kohlen-saures Calcium	Freier Kalk	Schwe-fel-saures Kalium	Kali	Sand	Wasser und Verlust
%	%	%	%	%	%	%	%
29,43	3,11	12,02	24,52	8,52	4,61	13,09	9,31

Dieser Abfall von der Schalker chemischen Düngerfabrik wird im verwitterten Zustande in der Umgegend von Landwirthen mit Vortheil zur Düngung verwendet.

Abgänge von einer Schlackenhalde.

Die Abflusswässer (durchsickerndes Regenwasser) von Schlackenhalden haben unter Umständen eine ähnliche Zusammensetzung wie die von den Rückständen der Sodafabriken.

So ergab das von der Schlackenhalde des Hörder Eisenwerkes abfliessende Wasser folgende Zusammensetzung pro 1 Liter:

Ab-dampf-Rück-stand	Schwe-felsäure	Schwe-fel	Kalk	Magne-sia	Kali	Natron
g	g	g	g	g	g	g
6,594	0,276	2,028	1,198	0,009	1,797	0,268

Das Wasser enthält daher vorwiegend Schwefelcalcium und Schwefelkalium oder die Hydrosulfitverbindungen derselben; die entsprechenden Schlackensteine ergaben nach einer entnommenen Probe:

	Unverwittert %	Verwittert %
Eisenoxyd + Thonerde + Mangan .	11,85	8,80
Schwefelsäure	0,29	0,45
Schwefel	4,95	3,49
Kalk	20,20	21,25
Magnesia	1,57	1,75

Das Abflusswasser von den Schlackenhalden hatte eine stark alkalische Reaction. Trotzdem konnte man mitten in den Tümpeln oder Gräben, worin sich das Wasser ansammelte, Grashügel mit anscheinend üppiger Vegetation wahrnehmen; dort aber, wo das Wasser zur Verdunstung gelangt war, war jegliche Vegetation verschwunden (gleichsam verbrannt), indem sich Boden und Pflanzen mit einer weissen Schicht von schwefelsaurem und kohlensaurem Calcium überzogen hatten.

Diese letztere Erscheinung trat auch auf einer Wiese hervor, auf welche das Abgangwasser der Schlackenhalde gelangt und die Vegetation einge-

gangen war. In dem Boden solcher verdorbener Stellen fand ich mehr
Schwefelsäure als in dem mit normaler Vegetation, nämlich auf wasserfreien
Boden berechnet:

	Schwefelsäure löslich		Schwefel
	durch Wasser	durch Salzsäure	
	%	%	%
1. Verdorbener Boden der Wiese . . .	0,133	0,158	0,022
2. Nicht verdorbener Boden der Wiese .	0,058	0,083	0,019

Die Ursache des Eingehens der Gräser auf der Wiese kann hiernach
kaum zweifelhaft sein. Indem die Schwefel- oder Hydrosulfitverbindungen
der Basen: Kalk und Kali beim Verdunsten des Wassers an den Pflanzen
oder in den obersten Bodenschichten oxydirt werden, äussern sie dieselben
schädlichen Wirkungen auf das Pflanzenleben, wie alle Schwefelverbindungen
und wie wir sie im vorigen Kapitel S. 481—484 bereits kennen gelernt haben.
Auch kann das Absterben der Vegetation in diesem Falle zum Theil daran
liegen, dass anfänglich das Wasser durch Concentration in Folge der Verdunstung eine so starke alkalische Beschaffenheit annimmt, dass dieselbe
von den Pflanzenwurzeln nicht mehr vertragen wird.

Abgänge von der Chlorkalkfabrikation.

Bei der Chlorkalkfabrikation, die durchweg mit der Sodafabrikation nach dem Leblanc'schen Verfahren verbunden ist, werden grosse Mengen Chlormanganflüssigkeiten gewonnen, die im Durchschnitt nach F. Fischer[1]) folgende procentische Zusammensetzung haben:

Mangan-chlorür (MnCl$_2$)	Eisen-chlorid (Fe$_2$Cl$_6$)	Chlor-baryum (BaCl$_2$)	Freies Chlor	Chlor-wasserstoff-säure	Wasser
%	%	%	%	%	%
22,00	5,50	1,06	0,09	6,80	64,55

nebst Chlornickel, Chlorkobalt, Chlorcalcium, Chlormagnesium, Chloraluminium.

Ferner wurde von der englischen Commission darin 150 mg Arsen pro 1 Liter gefunden.

Durch diese Abgänge gehen in England ca. 47,5 %, nach anderen Angaben sogar mehr als die Hälfte der gesammten producirten Salzsäure verloren (vgl. Analysen S. 480) und werden Bäche, Schiffahrtskanäle dadurch so stark sauer, dass die Schleusen etc. ganz aus Holz angefertigt werden müssen.

Die grosse Schädlichkeit dieser Abgangsflüssigkeiten kann keinem Zweifel unterliegen.

Ueber die Schädlichkeit von Chlorkalk als solchem auf die Fischzucht vgl. S. 295; über die von Salzsäuren, Manganchlorür und Eisenchlorid hat C. Weigelt[2]) folgende Resultate erhalten:

---

[1]) F. Fischer: Die Verwerthung d. städt. u. Industrie-Abfallstoffe.] Leipzig 1875. S. 132.
[2]) Archiv f. Hygiene 1885. Bd. III. S. 39.

Concentration der Lösung pro 1 Liter		Temperatur des Wassers ⁰ C.	Expositionsdauer	Verhalten des Fisches
1. Salzsäure:				
1,0 g HCl	Grosse Forelle	6	3 Minuten	Schwimmt gleich schnappend umher, nach 2 Minuten Seitenlage; nach 3 Minuten in fliessendes Wasser, darin nach 1 Stunde 37 Minuten todt.
1,0 g „	Schleie	6	40 Min.	Schwimmt gleich unruhig und in kurzen ruckweisen Bewegungen, nach 40 Minuten Seitenlage und heraus in reines Wasser; darin nach etwa 30 Stunden todt.
0,1 g „	Grosse Forelle	6	5 Minuten	Schwimmt gleich wild umher; schnappt, schiesst nach oben, nach 4 Minuten bleibende Seitenlage; nach 5 Minuten heraus, erholt sich wieder.
0,1 g „	Grosse Forelle	6	2 Minuten	Symptome und Verhalten wie vorige: nur nach 2 Minuten Seitenlage und heraus.
0,1 g „	desgl.	6	3 Minuten	Desgl. nach 3 Minuten.
0,1 g „	Kleine Forelle	12	12 Min.	Symptome wie vorhin; nach 12 Minuten Seitenlage und heraus; erholt sich wieder.
0,1 g „	Kleiner Lachs	12	2 Minuten	Schnappt heftig, nach 2 Minuten Seitenlage, heraus; erholt sich bald in fliessendem Wasser.
0,05 g „	Kleine Forelle	6	30 Min.	Keine Symptome, nach 30 Minuten heraus.
2. Manganchlorür:				
5,0 g MnCl₂	Schleie	8	22½ St.	Keine Symptome.
1,0 g „	Grosse Forelle	8	5 Stdn.	Gleich unruhig; kommt nach 56 Minuten schnappend nach oben, später wird sie ganz ruhig; nach 5 Stunden heraus in fliessendes Wasser.
3. Eisenchlorid:				
5,0 g Fe₂Cl₃	Grosse Forelle	7,5	2 Minuten	Schwimmt schnappend umher, stösst Luft aus, springt nach 1½ Minuten in die Höhe, nach 2 Minuten Seitenlage; erholt sich in fliessendem Wasser.
1,0 g „	Grosse Forelle	7,5	3 Minuten	Schwimmt unruhig umher, steigt nach 2 Minuten ganz heraus; nach 3 Minuten Seitenlage; erholt sich in fliessendem Wasser.

Concentration der Lösung pro 1 Liter	Fischart	Temperatur des Wassers °C.	Expositions-dauer	Verhalten des Fisches
3. Eisenchlorid: 1,0 g Fe_2Cl_3	Grosse Forelle	12	50 Min.	Symptome wie vorhin; nach 2 Minuten Seitenlage; nach 50 Minuten in fliessendes Wasser, wo sie sich rasch erholt und am anderen Tage noch lebt.
1,0 g „	2 ganz kleine Forellen, 6 amerikan. Seeforellen, Dotterträger	12	55 Min.	Symptome wie vorhin; nach $1\frac{1}{2}$—2 Minuten Seitenlage; kommen nach 55 Minuten in frisches Wasser, wo sie sich bald erholen und am anderen Tage noch leben.

Hiernach wirken 0,1 g Salzsäure, 1,0 g Manganchlorür und 1,0 g Eisenchlorid pro 1 Liter schon entschieden nachtheilig auf Forellen, während die Schleie gegen diese wie gegen sonstige Agentien nicht so empfindlich ist. C. Weigelt schätzt die Schädlichkeit von Eisenchlorid zwischen 10—20 mg pro Liter.

C. H. Richet[1]) fand die toxische Dosis von Eisenchlorid für Fische zu 14 mg pro l, die des Manganchlorürs zu 300 mg, die des Chlornickels zu 125 mg pro 1 l binnen 24 Stunden.

Ueber die Wirkung des Manganchlorürs nach den Versuchen Grandeau's vgl. S. 487.

Prof. Nitsche-Tharand[2]) untersuchte den Einfluss von freier Salzsäure auf die Befruchtung — über die Art der Versuchsanstellung vgl. S. 51 Anm. — und fand, dass von 100 Eiern abstanden nach Verlauf von Tagen:

Gehalt pro 1 l	1	3	5	7	9	11	13	15	17	19	22 Tage
Salzsäure 1,0 g	99	99	99	99	99	99	99	99	99	99	99
„ 0,5 g	12	12	12	12	20	27	36	46	50	59	70
Kontrolversuch mit reinem Wasser	0	0	0	0	0	0	0	0	0	0	0

Bei 1,0 g Salzsäure pro 1 l starb das letzte Ei am 25. Tage, bei 0,5 g Salzsäure pro 1 l das letzte Ei am 35. Tage; bei dem Kontrolversuch mit gewöhnlichem Wasser wurden erst am 33. Tage 2 Eier abgestorben vorgefunden.

---

1) Comptes rendus T. 97 p. 1004—1006.
2) Vgl. C. Weigelt: Archiv f. Hygiene Bd. III. S. 82.

Hiernach erweist sich freie Salzsäure ebenso wie freie Schwefelsäure schon bei einem Gehalt von 0,5 g pro 1 l als absolut schädlich für die Befruchtung der Fischeier.

Zur Unschädlichmachung dieser Abgänge ist empfohlen, dieselben mit Kalk zu versetzen und an der Luft oxydiren zu lassen. Arrot & Sussex fällen mit Kreide, schmelzen den Niederschlag mit Soda und scheiden aus der Lösung das Mangansuperoxyd durch Kohlensäure ab oder dampfen die Laugen ein und glühen.

Vielfach Eingang in die Technik hat das Regenerations-Verfahren von A. W. Hofmann gefunden, welches darin besteht, dass die Laugen mit einer Lösung der Sodarückstände gefällt und der Niederschlag mit salpetersaurem Natrium oxydirt wird; ausserdem werden sie mit Vortheil verwendet: zur Desinfection, zum Reinigen von Leuchtgas, zur Conservirung des Holzes, zur Darstellung von Farben, zur Extraction des Kupfers aus den Kiesabbränden und zur Verwendung in der Glasindustrie etc.

Abgangwasser von Bleichereien.

Zum Bleichen des Leinens, der Papierstoffe etc. wird durchweg Chlorkalk verwendet; dabei werden die Zeuge zuerst in eine dünne Chlorkalklösung gelegt und darin einige Zeit bei gewöhnlicher oder erhöhter Temperatur liegen gelassen, alsdann folgt das Säurebad, indem man den Chlorkalk durch Salzsäure oder Schwefelsäure zersetzt, wodurch in Folge 'des sich entwickelnden Chlors der eigentliche Bleichprocess eintritt. Für das Abflusswasser einer solchen Chlorkalk-Bleicherei fand ich folgenden Gehalt pro 1 Liter:

Suspendirte Stoffe	3036,4 mg
Darin: Eisenoxyd und Thonerde	118,0 „
Kalk	1489,2 „
Magnesia	397,2 „
Gelöste Stoffe, im ganzen	4615,2 „
Darin: Kalk	2510,0 „
Schwefelsäure	27,1 „
Chlor	1553,0 „
Letzterem entspricht unterchlorigsaures Calcium . .	3130,0 „

Das Wasser war milchig trübe und von einer schwach alkalischen Reaction.

Die aus dem Säurebad genommenen gebleichten Zeuge werden zur Entfernung der Säure in eine Soda- oder Aetznatronlösung geworfen und längere Zeit mit Wasser gewaschen. Ist zur Chlorentwickelung Schwefelsäure verwendet, so entsteht schwefelsaures Natrium, welches in das Abwasser übergeht. H. Fleck[1] fand für die Zusammensetzung eines solchen Abgangwassers pro 1 Liter:

Abdampfrückstand	620,2 mg
Fett	28,4 „
Darin freie Fettsäure	14,6 „
Schwefelsaures Natrium	363,1 „
Schwefelsaures Calcium	96,2 „
Chlornatrium	48,5 „

---

[1] 12. u. 13. Jahresbericht etc. 1884. S. 20.

Ein Wasser von letzterer Zusammensetzung kann wohl kaum irgendwie schädlich wirken, wenngleich es weder zum Trinken noch zum Spülen geeignet ist. Anders jedoch ist es, wenn das Abwasser wie nach der ersten Untersuchung noch mehr oder weniger unterchlorige Säure resp. freie Säure enthält.

Ueber die Schädlichkeit des Chlorkalkes für Fische vgl. S. 295. Dass ein derartiges Abgangwasser auch für Pflanzen, wenn es zur Berieselung verwendet wird, nachtheilig wirkt, kann keinem Zweifel unterliegen; denn die bleichende und zerstörende Wirkung des Chlors resp. der unterchlorigen Säure auf Pflanzen ist bekannt.

Was die Reinigung dieser Abgangwässer anbelangt, so können die Abgänge der Laugen und des Säurebades mit einander vereinigt werden, wodurch sie sich gegenseitig unschädlich machen, indem Neutralisation eintritt. Genügt die Lauge nicht, so ist die vollständige Neutralisation durch Kalkmilch zu bewirken und sollen die Abfallwässer erst in thunlichst drainirten Stau- und Klärbassins gesammelt und einige Zeit sich selbst überlassen werden, damit noch etwa vorhandene unterchlorige Säure sich unter Bildung von Chlorcalcium zersetzt und nur das durchfiltrirte Chlorcalcium resp. schwefelsaure Calcium resp. schwefelsaure Natrium zum Abfluss gelangt.

Inwieweit Chlorcalcium nachtheilig wirken kann, ist bereits S. 402—414 auseinandergesetzt.

Abwasser aus einer Verzinkerei.

Bei der Verzinkerei oder Verzinnerei wird das Eisenblech zur Entfernung jeglicher Oxyd- oder Oxydulschicht erst gedarrt und dann in eine Salzsäurebeize geworfen, welche so lange benutzt wird, bis die Salzsäure annähernd verbraucht ist. Eine solche vom Verf. untersuchte, ausgenutzte Beizlauge ergab pro 1 Liter:

Suspendirte Stoffe: Eisenschlamm	8,435 g
Gelöste Stoffe:	
Im ganzen incl. Krystallwasser	258,10 „
Chlor . . . . , ...	120,62 „
Eisen in Form von Chlorür	89,21 „
Eisen in Form von Chlorid	3,24 „
Hieraus berechnet sich:	
Eisenchlorür	202,20 „
Eisenchlorid	9,39 „

so dass noch ca. 1,5 g freie Salzsäure pro 1 Liter verbleiben.

Diese Beizlauge wurde nach dem Verbrauch auf die Schlackenhalden geschüttet und gelangte erst nach der Filtration durch diese in den Bach (Birnbach bei Geisweid). Wenngleich auf diese Weise eine Neutralisation der freien Salzsäure bewirkt und ein grosser Theil des Eisenchlorürs durch Zersetzung mit dem Kalk der Schlacke unter Abscheidung von Eisenoxydulhydrat zersetzt wurde, so gelangte doch noch ein Theil unzersetzt in das Bachwasser und bewirkte folgende Veränderungen desselben pro 1 Liter:

	Unvermischtes Birnbachwasser.	Vermischtes Birnbachwasser nach Aufnahme des Abflusses.
Suspendirte Stoffe (Eisenoxyd)	0,0 mg	3,0 mg
Gelöst:		
Im ganzen (Abdampfrückstand)	47,0 „	99,0 „
Chlor	5,0 „	21,0 „

Ueber die schädliche Wirkung des Abwassers auf Boden, Pflanzen und in gewerblicher Hinsicht gilt in erhöhtem Masse dasselbe, was von dem Schwefelkiesgrubenwasser S. 452—463 gesagt ist. Jedenfalls dürfte freie Salzsäure und Eisenchlorür nicht minder schädlich für den Boden und die Pflanzenvegetation sein, als freie Schwefelsäure und Ferrosulfat. Ueber die Wirkung des Eisenchlorürs auf Fische liegen bis jetzt keine Versuche vor, über die Wirkung von freier Salzsäure und Eisenchlorid auf Fische vgl. S. 497 u. 498.

Die Ablassung einer solchen Salzsäurebeize in die öffentlichen Wasserläufe ist daher um so weniger zu gestatten, als es möglich ist, bei dem fast ausschliesslichen Gehalt der Beize an Eisenchlorür, dieselbe nach der Filtration auf letzteres zu verarbeiten und technisch für Färbereien etc. zu verwerthen. Thatsächlich hat die Fabrik, welcher obige Beizlauge entstammt, nachdem sie auf diese Verwendungsweise aufmerksam gemacht worden ist, für die verbrauchte Beize einen geneigten Abnehmer gefunden.

Abgangwasser einer Silberbeizerei mit einem Gehalt an Kupfersulfat.

Bei der Silberbeize resp. Wäsche (resp. bei dem Verfahren der Schwefelsäurelaugerei) werden kupferhaltige Silber-Verbindungen mit verdünnter Schwefelsäure behandelt, wodurch alles Kupfer gelöst (und nachher auf Kupfervitriol verarbeitet) wird, während das Silber im unlöslichen Rückstand verbleibt.

Für das Abgangwasser einer solchen Schwefelsäure-Laugerei von einer Silberfabrik fand ich folgende Zusammensetzung pro 1 l:

Abdampfrückstand	Gesammt-Schwefelsäure	Davon ungebunden[1]	Kupferoxyd	Eisenoxydul	Kalk
g	g	g	g	g	g
20,217	11,094	7,040	0,871	0,271	0,325

Ueber die Schädlichkeit eines solchen Abfallwassers in landwirthschaftlicher, gewerblicher wie sanitärer Hinsicht kann kein Zweifel sein.

Ueber die Schädlichkeit der freien Schwefelsäure in landwirthschaftlicher Hinsicht vgl. S. 452, auf Fische S. 461.

Ueber den Einfluss des Kupfersulfats, welches auch einen Bestandtheil der Abgangwässer aus Kupferbergwerken und der galvanischen Verkupferung bildet, auf Fische hat C. Weigelt[2] 2 Versuche angestellt und beobachtet, dass eine grosse Forelle bei einem Gehalt von 1 g $CuSO_4 + 5H_2O$ pro 1 l und bei 7,5° Wassertemperatur gleich heftig nach Luft schnappte und nach 2 Minuten Seitenlage annahm; bei einem Gehalt von nur 0,1 g pro 1 l und derselben Wassertemperatur trat bei einer anderen Forelle nach 7 Minuten Seitenlage ein.

Auf die Befruchtung wirkt der Kupfervitriol nach einem Versuch Weigelt's ebenfalls nachtheilig, indem bei einem Gehalt von 0,1 g Kupfer-

---

[1] Dieselbe wurde durch Titration des stark saueren Wassers mit Barytlauge bestimmt; eine vollständige Untersuchung des Wassers war wegen zu geringer eingesandter Menge nicht möglich.

[2] Archiv f. Hygiene 1885. Bd. III. S. 39. Ueber die Versuchsmethode vgl. Anm. S. 49 dieser Schrift.

vitriol im Wasser nur 9,1% Eier befruchtet wurden, während in einem Kontrolversuch mit reinem Wasser 51,5% befruchtete Eier sich ergaben.

Nitsche fand, dass bei demselben Gehalt eines Wassers an Kupfervitriol nach 132 Tagen von 100 Eiern 66 abstanden, dagegen in einem gewöhnlichen reinen Wasser von 100 Eiern nur 43.

Das Kupfer ist zwar sehr verbreitet im Pflanzen- und Thierreich; man hat es beispielsweise in mehr als 200 Vegetabilien nachgewiesen, jedoch muss es bei der Menge (nämlich 0,012—0,13% der Asche), in welcher es in den Pflanzen vorzukommen pflegt, als zufälliger Bestandtheil derselben bezeichnet werden und ist anzunehmen, dass es sich gegen Boden und Pflanzen gerade so verhält wie Zinksulfat.

In einem vorläufigen Orientirungsversuch vermischte ich einen kalk- und humusarmen Sandboden und ebenso einen kalkhaltigen humosen Boden in 2 Reihen mit je 0,3 und 0,6% Kupfervitriol; der Boden wurde in Töpfe gefüllt und gleichmässig mit Grassamen besäet. In dem kalkarmen Sandboden gingen gar keine Pflanzen auf; in dem kalkhaltigen Boden entwickelten sich jedoch einige Pflanzen, jedoch nur mangelhaft und in der Reihe mit 0,6% Kupfersulfat schlechter als in der mit 0,3% Kupfersulfat. Schon dieser vorläufige Versuch, der noch zu wiederholen und weiter auszudehnen ist, lässt erkennen, dass sich das Kupfersulfat dem Boden und den Pflanzen gegenüber ähnlich wie Zinksulfat verhält.

Abgänge von der Fabrikation des Blutlaugensalzes.

Bei der Fabrikation des Blutlaugensalzes aus thierischen Substanzen (Harn, Blut, Wollstaub), Potasche, Eisen erhält man aus der Schmelze einen löslichen und unlöslichen Theil; nachdem aus dem löslichen Theil das Blutlaugensalz durch Krystallisation gewonnen ist, verbleibt in der Mutterlauge noch Schwefelkalium, welches bei hinreichender Menge auf unterschwefligsaure Salze verarbeitet wird; ferner Chlorkalium, das durch Abdampfen gewonnen wird und bei der Glas- und Alaunfabrikation Verwendung findet. Der unlösliche Theil, die sogenannte Schwärze, kann wegen seines Gehaltes an Pflanzennährstoffen durch Kompostiren mit Erde zur Düngung verwendet werden. J. Nessler[1] fand in diesen Abgängen $12{,}00\,^0/_0$ Kali und nach dem Auslaugen $3{,}8\,^0/_0$ Kali. C. Karmrodt[2] findet die procentische Zusammensetzung in frischem Zustande (1) und nach mehrmonatlichem Liegen an der Luft (2) wie folgt:

	I. frisch	II. verwittert
Kali (und wenig Natron)	12,0	10,6
Magnesia	1,2	1,3
Kalkerde.	18,1	19,0
Eisenoxydul (und etwas Oxyd)	8,0	—
Eisenoxyd (und etwas Oxydul)	—	14,2
Mangan, Kupfer etc..	0,5	nicht bestimmt
Schwefeleisen (Phosphoreisen und Kohlenstoffeisen)	4,3	Spuren
Lösliche Kieselsäure (und etwas Thonerde).	3,3	4,5
Unlösliche Kieselsäure, Sand und Thon . .	22,0	21,9
Kohle (stickstoffhaltig)	11,0	10,0
Schwefelsäure	1,0	5,9
Phosphorsäure.	5,6	6,4
Schwefel, Chlor, Cyanverbindungen und Kohlensäure	11,0	6,2

[1] Bericht der Versuchsstation Karlsruhe 1870 S. 121.
[2] Zeitschr. d. landw. Vereins f. Rheinpreussen 1864 S. 419.

Abgangwasser aus Strontianitgruben.

Die Abgangwässer aus Strontianitgruben, wie sie in Drensteinfurt,
Rinckerode etc. (Prov. Westfalen) im Betriebe sind, führen durchweg ein
mehr oder weniger schlammiges Wasser, dessen Schlammbestandtheilchen
nur aus aufgeschlemmtem Thon und kohlensaurem Calcium neben mehr
oder weniger geringen Mengen kohlensaurem Strontium bestehen. Die diese
Abflusswässer aufnehmenden Bäche bekommen dementsprechend ein mehr
oder weniger schlammiges Aussehen, ohne dadurch eine speciell schädliche
Beschaffenheit anzunehmen.

So wurde von mir pro 1 l gefunden:

	1. Abfluss- wasser aus der Strontia- nitgrube mg	2. Reines Wasser aus dem Ahren- horster Bach vor Aufnahme des Abfluss- wassers mg	3. Wasser aus dem Ahren- horster Bach nach Aufnahme desselben mg
Abdampfrückstand (trocken)	1082,0	594,8	650,4
Darin: Suspendirte Schlammstoffe . .	264,0	8,0	10,0
Gelöst: Kalk	208,0	73,6	78,0
Chlor	35,5	127,6	118,0
Schwefelsäure	70,4	37,0	54,8
Organische Stoffe	140,6	165,9	153,2

In einem andern Falle jedoch hatte ein solches Wasser auffallender
Weise eine schwach alkalische Reaction und ergab folgende Zusammensetzung pro 1 Liter:

Schwefel- saures Calcium mg	Schwefel- saures Natrium mg	Chlor- natrium mg	Kohlen- saures Natrium mg
125,1	118,9	476,7	418,7

Der aus dem Wasser ausgeschiedene Schlamm enthielt im lufttrocknen Zustande 3,29°/₀ kohlensaures Strontium; als gelöst im Wasser konnten nur Spuren von Strontian wie auch nur geringe Mengen Magnesia und Kali nachgewiesen werden.

Der Umstand, dass hier das Wasser bei alkalischer Reaction geringe Mengen kohlensaures Natrium enthält, dürfte es für manche Nutzungszwecke eines Bachwassers, besonders zur Viehtränke ungeeignet machen.

Ueber die Wirkungen des kohlensauren Strontiums auf Thiere und Fische liegen bis jetzt keine Beobachtungen vor, jedoch ist anzunehmen, dass dasselbe in den Mengen, in welchen es in diesen Abgangwässern vorkommen kann, nicht schädlich sein wird.

Abgänge der Steinkohlenwäsche.

Um die geförderten Steinkohlen von Gangart, Schwefelkies und feinem Abgänge der Steinkohlenwäsche. Grus zu befreien, werden sie gewaschen. Enthält die Kohle viel Schwefelkies, so können durch Oxydation desselben freie Schwefelsäure und Ferrosulfat in das Waschwasser übergehen und gilt von solchen Waschwässern alsdann dasselbe, was von den Abgangwässern aus Schwefelkiesgruben S. 448—467 gesagt worden ist. Mehr jedoch als diese Bestandtheile kann der Gehalt dieser Waschwässer an fein suspendirtem Kohlenschlamm zur Verunreinigung der Flüsse beitragen; so fand ich in einem solchen Abflusswasser pro 1 Liter:

Suspendirte freie Kohlentheilchen	Feiner Sand + Thon	Gesammte gelöste Stoffe	Kochsalz
g	g	g	g
7,596	5,563	0,609	0,124

Dass ein derartiges Wasser, wenn es auf Wiesen und Aecker gelangt, den Boden verschlammt und unter Umständen ganz ertraglos macht, braucht kaum hervorgehoben zu werden. Bezüglich der Schädlichkeit für die Fischzucht dürfte ganz dasselbe gelten, was im „Anhang“ No. 4 S. 560 von der „Braunsteintrübe“ gesagt ist.

Die Ablassung dieser Waschwässer in die öffentlichen Wasserläufe kommt aber seit einigen Jahren kaum mehr vor, da man dieselben von den suspendirten Schlammstoffen in zweckentsprechenden Klärteichen durch Absetzenlassen reinigt und fortwährend wieder benutzt, während der abgesetzte Schlamm zur Koakerei dient. Da die Ablagerung der Schlämme auf diese Reinigung. Weise jedoch umfangreiche Klärteiche erfordert, so hat die Firma Schüchtermann & Kremer in Dortmund in letzterer Zeit folgenden compendiösen und weit wirksameren Apparat für diesen Zweck construirt:

Der Apparat wird nach Figur 50 mit einer Austragespitze ausgeführt und besteht der Hauptsache nach aus dem äusseren Trichter A und dem inneren abgestumpften und durchlochten Trichter d; beide sind oben cylindrisch verlängert und in der Siebeinlage e mit einem Filterbett versehen.

Die trüben Wässer werden mit einer Centrifugalpumpe in die Rinne a gehoben, aus welcher dieselben in die kreisrunde Rinne b und durch Schlitze c auf dem ganzen Umfange zum Ausfluss gelangen. Die Wässer fallen in den ringförmigen Querschnitt nach unten, um durch den gelochten konischen Mantel d nach innen zu treten und dann nach oben zu steigen. Der gelochte Mantel d soll die Wässer auf die innere Fläche möglichst gleichmässig vertheilen und Strömungen verhindern. Die schwereren Theilchen fallen bei der Strömungsänderung von unten nach oben direct herunter, während die feineren Theilchen durch das Filter e zurückgehalten

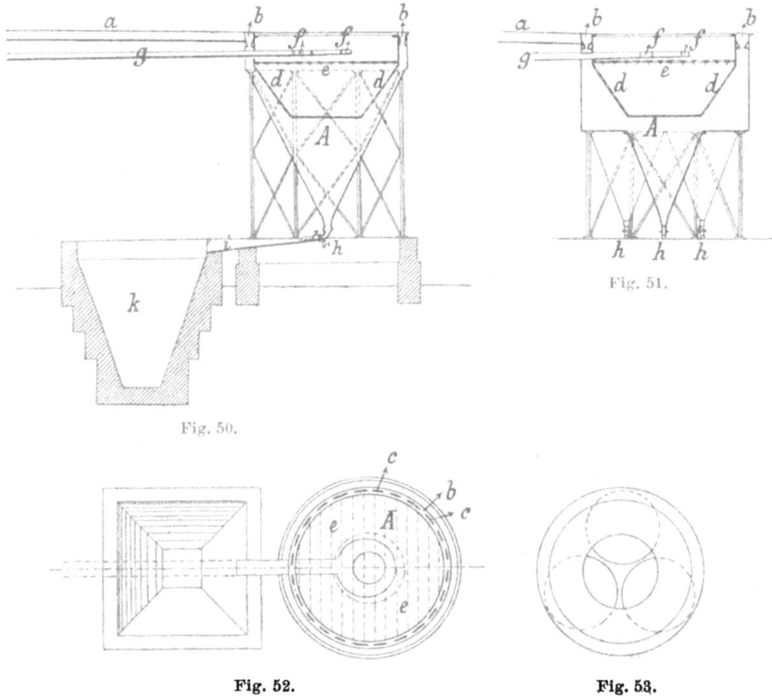

Fig. 50.

Fig. 51.

Fig. 52.

Fig. 53.

und dann in compacteren Massen ebenfalls hinuntersinken. Der in der Spitze des Apparats sich ansammelnde Schlamm wird durch einen verstellbaren Hahn h ausgetragen und durch eine Rinne i in die Grube k geführt, aus welcher derselbe durch ein Becherwerk entfernt wird.

Das geklärte Wasser gelangt durch die Rinnen f und g zum Abfluss. Der in der Spitze des Apparates angebrachte Ausflusshahn hat eine ganz glatte Durchflussöffnung und kann der Schlamm mittelst einer leicht auswechselbaren, auf dem Ausflusshahn aufgeschraubten Düse in beliebiger Consistenz ausgetragen werden. Das kleine Loch in der Düse hat in der Regel nur einen Durchmesser von 15—20 mm bei 700 mm Höhe und finden sich nach den bis jetzt gemachten Erfahrungen stets alle grossen Stücke, welche aus Unachtsamkeit in den Apparat gelangen und eine Verstopfung verursachen, in der leicht abschraubbaren Düse vor. Der Hahn wird dann geschlossen, die Stücke herausgenommen und die Düse wieder vorgeschraubt; die ganze Manipulation erfordert nur $^1/_2$ Minute.

Ueber die Wirkung des Apparates giebt nach einem provisorischen Versuch folgende vom Verf. ausgeführte Bestimmung des Kohlenschlammes in der Schlämme, wie sie in und aus dem Apparat tritt, Aufschluss:

		1 Liter enthält wasserfreie feine Kohle
1.	Schlämme, wie sie in den Apparat tritt um sich zu klären	87,363 g
2.	Geklärte Schlämme, welche oben aus dem Apparat abfliesst, als neues Waschwasser . . .	39,541 g
	Abnahme	47,822 g
	oder Procent . . .	54,7 %.

Das Waschwasser hat daher in dem Apparat über 50% seines Kohlenschlammes abgelagert; der continuirlich unten am Apparat ausgetragene Schlamm ergab 199,812 g Kohle pro 1 Liter oder gegenüber der eintretenden, zu klärenden Schlämme eine Zunahme von $199,812 - 87,363 = 112,449$ g $= 128,7\%$.

Ohne Zweifel kann das rationelle Princip dieses Apparates zur Klärung d. h. Reinigung von suspendirten Schlammstoffen noch bei verschiedenen anderen schmutzigen Abgangwässern eine erfolgreiche Verwendung finden.

Abgangwasser einer Braunkohlenschwelerei.

 Bei der Braunkohlenschwelerei wird ein Abfallwasser erzeugt, welches wegen seines sehr übelen Geruches und seiner schmutzigen Färbung etc. Veranlassung zu Beschwerden giebt. Eine Probe desselben ergab pro 1 Liter:

Suspendirte Mineralstoffe	18,0 mg
„ organische Stoffe	180,0 „
Gelöste Mineralstoffe	276,0 „
„ organische nichtflüchtige Stoffe	362,4 „
Zur Oxydation erforderlicher Sauerstoff pro 1 l . .	1072,0 „

Das Wasser war stark braun und trübe gefärbt mit öligen Bestandtheilen und roch stark nach Theerdestillationsproducten.

Da in dem Abgangwasser ähnliche Bestandtheile wie bei der trocknen Destillation von Steinkohle vorkommen, so vgl. über die schädlichen Wirkungen eines solchen Abgangwassers unter „Abgänge aus Gasfabriken" S. 355—363.

Eine Reinigung des Schwelerei-Abfallwassers dürfte kaum oder nur mit grossen Kosten möglich sein.

Durch Zusatz von saurem schwefligsaurem Calcium und etwas Kalkmilch wird das Wasser unter Absetzung eines Bodensatzes nach einiger Zeit fast klar und farblos; wird solcherweise behandeltes Wasser noch durch Knochenkohle filtrirt, so wird es ganz hell aber nicht geruchlos; das ohne Zusatz von schwefligsaurem Calcium durch Knochenkohle filtrirte Wasser bleibt noch schwach trübe und bräunlich gefärbt, hat aber bedeutend von den öligen Destillationsproducten verloren, indem z. B. gegenüber dem ungereinigten Wasser ein Liter des durch Knochenkohle filtrirten Wassers zur Oxydation an Sauerstoff erfordert:

1. Mit Zusatz von schwefligsaurem Kalk	280,0 mg
2. Ohne „ „ „ „	200,0 „

Der grössere Verbrauch von Chamäleon bei der mit schwefligsaurem Calcium versetzten Probe rührt von überschüssiger schwefeliger Säure her.

Anhang und Nachträge.

Während des Druckes dieser Schrift sind noch verschiedene Arbeiten über Reinigung und Schädlichkeit der Schmutzwässer, ferner Gesetze und Reichsgerichts-Entscheidungen veröffentlicht, welche für die behandelte Frage von der grössten Bedeutung sind und desshalb als Nachträge mitgetheilt werden mögen. Auch mögen hier noch einige Einrichtungen Erwähnung finden, von denen dem Verf. bis jetzt keine Nutzanwendung bekannt geworden ist, die aber auf Grund anderweitiger Mittheilungen nicht minder zur Reinigung von Schmutzwässern geeignet sind, als betreffende ähnliche Einrichtungen, die bereits beschrieben wurden.

I. Reinigung des Abwassers und Beseitigung des Kehrichts in Southampton mittels einer gemeinschaftlichen Anlage.

Von Baurath Garbe[1]).

In Southampton ist vor einigen Wochen eine Anlage dem Betriebe übergeben worden, welche zwei für alle Städte höchst wichtige Fragen, nämlich die Beseitigung der Haus- und Strassen-Abfälle und die Reinigung des Abwassers, in einer zum Theil neuen und bemerkenswerthen Weise gemeinschaftlich zu lösen versucht. Man hat zu diesem Behufe

1. Oefen erbaut, in welchen die Hausabfälle, d. h. der Inhalt der mit Wagen abzufahrenden Müllgruben, verbrannt werden.

2. Die hierbei gewonnene Wärme wird unter Kessel geleitet, deren Dampf zum Betriebe von Dampfmaschinen, welche Luft verdichten, benutzt wird.

3. Die verdichtete Luft wird in Röhren nach den 1,5 km entfernten Sammelbehältern für das Abwasser der Stadt geleitet, um die in denselben aufgestellten Injectoren zu treiben, welche a) die durch chemische Behandlung abgeklärte und geruchlos gemachte Flüssigkeit in den benachbarten Fluss und b) den am Boden abgelagerten Schlamm mittels einer langen Röhrenleitung nach dem Orte pressen, wo die Oefen und Maschinen aufgestellt sind.

4. Dort wird der Schlamm in eine Schlammkammer geleitet, um mit dem dungreichen, werthvollen Strassenkehricht gemischt und von den Landwirthen abgefahren zu werden; in Zeiten, wo diese Abfuhr stockt, läuft der Schlamm dagegen in die über den Oefen angebrachten Behälter, um dort etwas auszutrocknen und dann gemeinschaftlich mit den Hausabfällen verbrannt zu werden.

---

[1]) Nach Centr. Bl. der Bauverwaltung 1886 No. 44 mit ausdrücklicher Genehmigung der Redaction wie des Verlages hier aufgenommen.

33*

5. Die in der Aschgrube sich ansammelnden und aus dem Feuer der Oefen gezogenen, unverbrennlichen Körper, welche zusammen etwa $^1/_5$ der den Oefen überlieferten Gewichtsmengen ausmachen, werden

a) zur Mörtelbereitung,

b) zur Unterbettung neu anzulegender Strassen und Wege,

c) nach Vermischung mit etwas Theer oder Portland-Cement zu Fusswegen verwendet.

Die Abbildungen 54 und 55 zeigen einen Grundriss und Durchschnitt der Anlagen. Die beiden Sammelbehälter für das Abwasser (sewage tanks) befinden sich auf der sog. Plattform, unmittelbar hinter der neuen Ufermauer des Flusses Test, nahe den Gartenanlagen in einem sehr guten Stadttheile, wo die Errichtung eines hohen Schornsteins und einer Dampfmaschinenanlage, behufs künstlicher Hebung des abgeklärten Abwassers und des Schlammes, nicht thunlich gewesen wäre. Der Kehrichtofen (destructor) nebst Maschinen und Schornstein ist dagegen 1,5 km entfernt von den Sammelbehältern im Vororte Chapel, am Itchen-Flusse, auf einem von den einzelnen Stadttheilen nicht entfernten Grundstücke erbaut worden; hier sollen auch die Pferdeställe und Wagenschuppen, welche für die Abfuhr nöthig sind, errichtet werden. Die Anlage wurde von der städtischen Verwaltung nach den Plänen ihres Ingenieurs (borough sur-

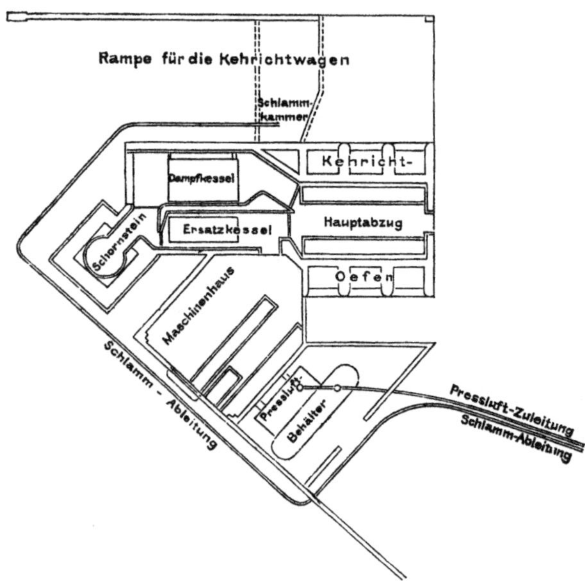

Fig. 54.

veyor) W. B. G. Bennett ausgeführt, um den Klagen abzuhelfen, welche sowohl wegen der Einleitung des ungereinigten Abwassers in den Fluss, als auch wegen der, oft längere Zeit andauernden und die Luft verpestenden Ablagerung der Hausabfälle erhoben wurden. Die Furcht vor der Einschleppung und Verbreitung der Cholera gab die unmittelbare Veranlassung zur schleunigen Ausführung der Pläne.

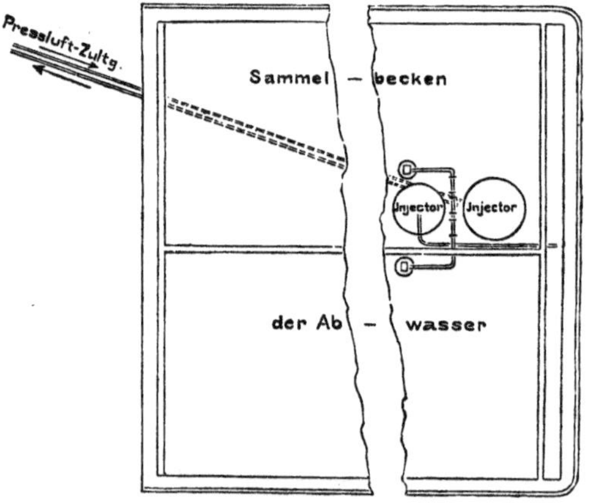

Während das Abwasser nebst der von den Spülaborten kommenden Flüssigkeit aus dem oberen Theile der Stadt seit längerer Zeit auf Rieselfeldern gereinigt wird, fliesst das Abwasser aus dem unteren, 13000 Einwohner zählenden Stadttheile den beiden Sammelbehältern hinter der Ufermauer der Plattform zu. Zur Zeit nimmt immer nur ein Behälter die Flüssigkeit auf, während das Abwasser in dem anderen Behälter abgeklärt wird, um dann theils in den Fluss und theils in die nach den Oefen führende Rohrleitung von dem Injector gehoben zu werden. Diese gemauerten und überdeckten Behälter sind schon vor längerer Zeit angelegt worden, weil man das Abwasser wegen der Fluthverhältnisse nur während niedrigen Standes des Aussenwassers, etwa während 8 Stunden täglich, ableiten konnte, so dass es während 16 Stunden in den Behältern zurückgehalten werden musste. Es sind zwei mittels Pressluft getriebene Injectoren nach Shones Patent (pneumatic ejectors)[1] aufgestellt worden, von denen der tiefer liegende bestimmt ist, das ihm aus einer sehr niedrigen Stadtgegend zufliessende Abwasser in die Sammelbehälter zu heben. Der grössere, höher liegende Injector ist in jedem Sammelbehälter mit einer langen Röhre versehen, welche zur Zuführung der abgeklärten Flüssigkeit dient, am unteren Ende drehbar ist und am oberen Ende einen kugelförmigen Schwimmer mit Oeffnung trägt. Hierdurch wird es erreicht, dass die Flüssigkeit niemals aus unteren Schichten, sondern stets unmittelbar unter der Oberfläche derselben, wo sie am besten abgeklärt ist, dem Injector zufliesst; ein vor der Oeffnung des Schwimmers sich befindendes Sieb verhindert das Eindringen schwimmender Körper. Indem das Abwasser durch die Rohre und den Injector entleert wird, sinkt der Schwimmer allmälig bis auf den Boden des Sammelbehälters hinab, doch bleibt die Oeffnung noch stets über der Schlammschicht, so dass diese nicht mit der Flüssigkeit abzulaufen vermag. In dieser tiefsten Lage des Schwimmers und röhrenförmigen Armes schliesst sich das in dem letzteren befindliche, für die Flüssigkeit bestimmte Ventil selbstthätig, während sich das Schlammventil öffnet. Durch dieses strömt der am Boden lagernde Schlamm in den Injector, um 4,2 m hoch in die 12,5 cm weite gusseiserne Rohrleitung und durch dieselbe nach der Ofenanlage in Chapel 1,5 km weit mittels der verdichteten Luft gepresst zu werden. Der Schlamm läuft dort entweder in die unter der Anfuhrrampe angelegte, gemauerte und überwölbte, sowie unter dem Boden entwässerte Schlammkammer, oder auf die Oberfläche der Oefen. Ersteres geschieht in den Zeiten, wo der Schlamm, in der Regel nach Vermischung mit dem dungreichen, werthvollen Strassenkehricht, von den Landwirthen, welche 1 1/2 Mark für die gewöhnliche Wagenfüllung zahlen, abgefahren wird. In Zeiten, wo diese Abfuhr stockt, trocknet der Schlamm auf der warmen Oberfläche der Oefen sehr rasch so weit, um gemeinschaftlich mit dem Hauskehricht verbrannt zu werden.

Die aus der Stadt kommenden, mit Hauskehricht beladenen Wagen fahren über einen geneigt angelegten Zufuhrweg, unter dessen oberer Hälfte sich der freie Raum vor den Oefen und die Schlammkammer befinden. Der Kehricht gelangt also aus den Wagen unmittelbar auf die Oberfläche des Ofens oder in die nächste Nähe derselben, so dass es nur

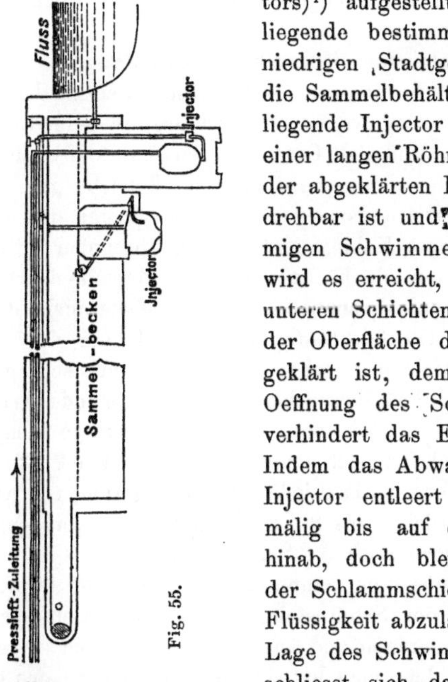

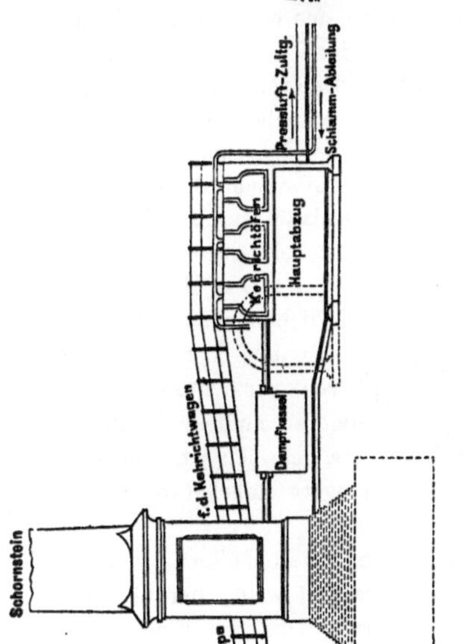

---

[1] Centr. Bl. der Bauverwaltung, Jahrg. 1883. S. 441.

geringer Mühe seitens eines Arbeiters bedarf, um denselben mittels Schaufel in die sechs, zu den einzelnen Oefen führenden und in der Oberfläche sich befindenden Oeffnungen zu werfen. Der halbgetrocknete Schlamm wird in derselben Weise gleichzeitig mit dem Kehricht den Oeffnungen in geringen Mengen, um das Feuer nicht zu ersticken, zugeführt.

Der Kehrichtofen (refuse destructor) ist nach Fryers Patente von der Firma Manlove, Alliott, Fryer and Co., Nottingham, welche die Patentinhaberin ist, mit 6 einzelnen Zellen oder Oefen erbaut worden, von denen sich drei an jeder Langseite neben und über dem Rauchabzuge befinden. Von den Oefen werden fünf (der sechste dient zum Ersatze) Tag und Nacht, auch Sonntags, ununterbrochen im Betriebe gehalten; sie bedürfen nur während des Anzündens des Heizungsmaterials, später genügt der Kehricht selbst, in welchem sich Stroh, halb verbrannte Kohlen und sonstige brennbare Stoffe befinden, zur Unterhaltung des Feuers. Es ist nur ein häufiges Stochern desselben erforderlich, um den Rost rein zu erhalten, bezw. die unverbrennlichen Stoffe, welche nicht durch den Rost zu fallen vermögen, herauszuziehen. Die Ofenthüren sind deshalb um eine obere waagerechte Achse drehbar und mit Gegengewichten versehen, so dass sie mit sehr geringem Kraftaufwand sich öffnen lassen. Der auf der Oberfläche des Ofens stehende Arbeiter darf ferner, um das Feuer nicht zu ersticken, zur Zeit nur immer sehr geringe Mengen von Kehricht der Flamme zuführen. Die im Kehricht sich findenden werthvollen Stoffe werden verkauft, müssen aber sofort abgeholt werden, so dass jede längere Lagerung von Abfällen vermieden ist. Jede der 6 Zellen vermag täglich 7 bis 8 t Kehricht usw. zu verbrennen. 35 t werden täglich von der Stadt geliefert, wozu noch 3 t Schlamm treten.

Feuer und Rauch gelangen aus dem Hauptabzuge durch einen 30pferdigen, aus Stahl gefertigten Röhrendampfkessel in den Schornstein. Ein zweiter, kleinerer Dampfkessel ist neben dem grösseren, um diesen reinigen und ausbessern zu können, in einem besonderen Abzuge zum Ersatze angelegt worden; man hat eine geringere Grösse aus Kostenrücksichten für genügend gehalten, indem vorübergehend weniger Oefen im Betriebe sein können. Der Schornstein ist in beträchtlichen Abmessungen ausgeführt, um der Befürchtung zu begegnen, es könnten die schädlichen Gase der Oefen die Nachbarschaft belästigen. Er hat 48,8 m Höhe von der Bodenfläche erhalten, ist durchgehend 1,8 m im Durchmesser weit, in den unteren 9 m mit feuerfesten Klinkern verblendet und ruht auf einem Betonklotze von 9 m im Geviert, 3,05 m dick. Während der Besichtigung der Anlage war der Rauch, obgleich die Oefen häufig geschürt und mit Kehricht beschickt wurden, ein durchaus farbloser, was auch der Bauart der Fryer'schen Oefen zugeschrieben wird. Das Maschinenhaus, welches die zur Ausnutzung des erzeugten Dampfes erforderlichen waagerechten Dampfmaschinen und Luftpumpen enthält, schliesst sich unmittelbar an den Dampfkesselraum. Die Kessel zur Aufnahme der bis auf $5\frac{1}{3}$ bis 7 Atmosphären verdichteten Luft sind ausserhalb des Gebäudes in einem besonders abgetrennten Raume so aufgestellt, dass ein genügend freier Raum vor den Oefen auch an dieser Langseite gelassen ist, um sie bequem warten zu können. Von den Luftkesseln führt eine 10 cm weite Rohrleitung nach den beiden, 1,5 km entfernten Injectoren der Sammelbehälter.

Die chemische Behandlung des Abwassers in den Sammelbehältern, welche auf Grund eingehender Versuche des Chemikers Dr. Angell ausgeführt wird, beruht auf der Beimischung von Eisen und Thonerde in aufgeschlossener Form. Das zur Reinigung des Abwassers benutzte, von der Patent Porous Carbon Comp. gelieferte schwarze Pulver, welches Eisen und Thonerde in unlöslicher Form enthält, wird behufs der Verwandlung derselben in lösliche schwefelsaure Verbindungen mit Schwefelsäure behandelt, mit Wasser in dem gusseisernen Gefässe gemischt und von diesem in dünnem Strome dem Abwasser zugeführt. Nachdem ein Sammelbehälter bis zur richtigen Höhe angefüllt ist, bleibt derselbe etwa 3 Stunden in Ruhe, um die Abklärung eintreten zu lassen. Der Ab-

Reinigungsanlage für die Abgangwässer
des Central – Schlacht – und Viehhofes in Hannover.

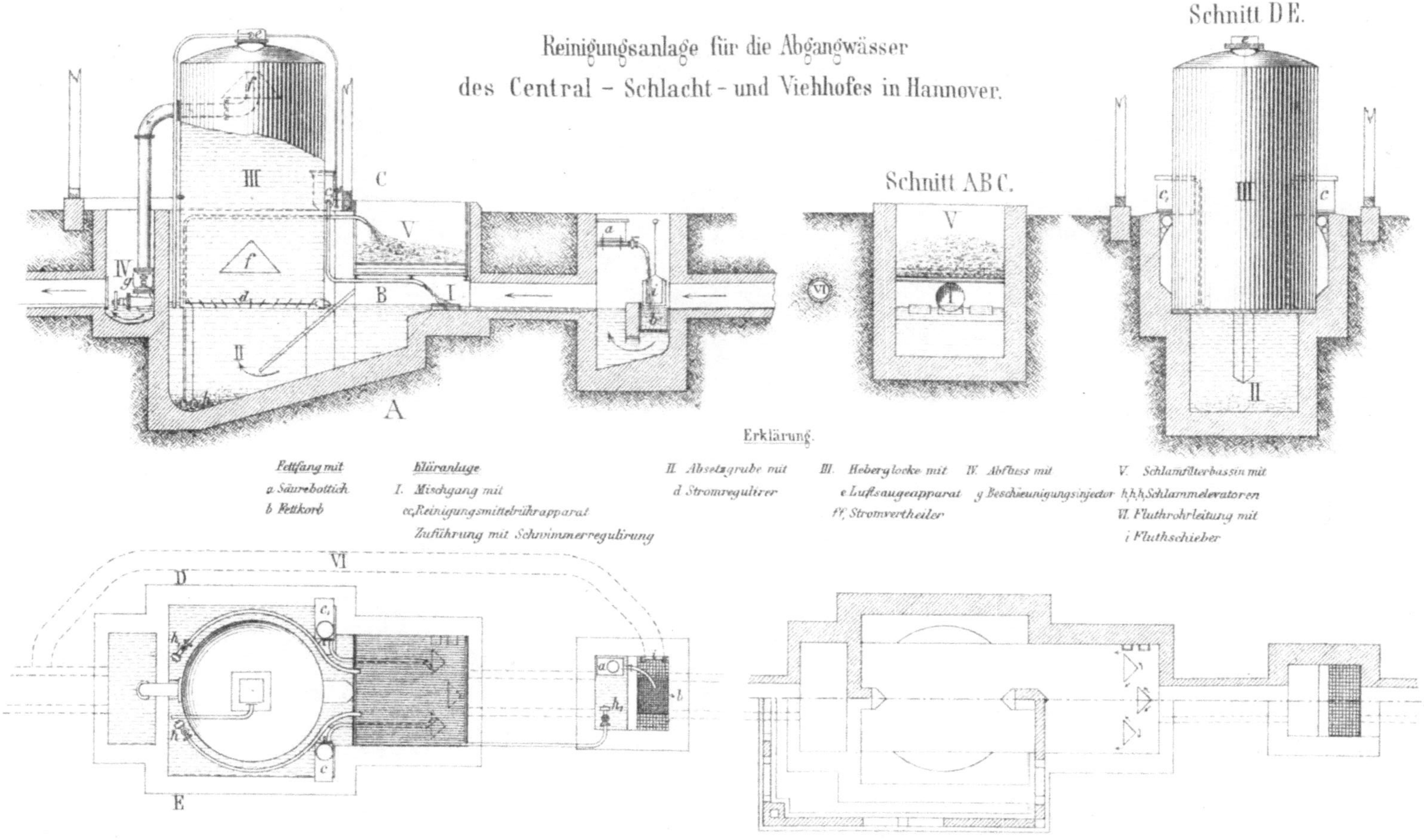

Schnitt D E.

Schnitt A B C.

Erklärung.

Fettfang mit
a Säurebottich
b Fettkorb

Kläranlage
I. Mischgang mit
cc Reinigungsmittelrührapparat
Zuführung mit Schwimmerregulirung

II. Absetzgrube mit
d Stromregulirer

III. Heberglocke mit
e Luftsaugeapparat
ff Stromvertheiler

IV. Abfluss mit
g Beschleunigungsinjector

V. Schlamfilterbassin mit
hhh Schlammelevatoren
VI. Fluthrohrleitung mit
i Fluthschieber

Fig. 56.

Verlag von Julius Springer in Berlin N

C. L. Keller, geogr. lith. Anst. u. Steindr. in Berlin S

fluss beginnt erst, nachdem das Ventil vom Arbeiter geöffnet worden ist, wogegen das Schliessen des Ventils und die Ableitung des Schlammes selbstthätig erfolgen durch die tiefe Lage des Schwimmers. Die vom Berichterstatter untersuchte Flüssigkeit war eine klare und geruchlose, so dass man eine geringe Menge derselben in den Händen unter Reiben verdunsten lassen kann, ohne den geringsten Geruch zu bemerken. Sie soll nicht allein den vom Kgl. Flussverunreinigungs-Ausschuss (Rivers Polution Commissioners) erlassenen Vorschriften genügend, sondern so rein sein, dass sich Herr Bennet, der Ingenieur, welchem Garbe die obigen Mittheilungen usw. verdankt, nicht scheute, davon in den Mund zu nehmen, allerdings ohne sie zu trinken. Selbstverständlich vermag nur eine eingehende chemische Untersuchung Aufschluss über den Grad der Reinigung zu gewähren. Aus den behufs der Besichtigung geöffneten Einsteigelöchern der Sammelbehälter entstieg jedoch ein unangenehmer Geruch. Die Beschaffenheit des Schlammes ist eine solche, dass Pressen, wie in anderen englischen Städten, nicht angewendet zu werden brauchen, um ihn von Wasser zu befreien; er trocknet vielmehr an der Luft, sowie auf der Oberfläche des Ofens in der kürzesten Zeit. Auch zerfällt er nach dem Trocknen in Körner, so dass er sich behufs der Düngung sehr leicht mit dem Boden vermischen lässt, was mit dem in Kuchen zusammengepressten Schlamm bei anderen Reinigungsverfahren nicht der Fall zu sein pflegt. Er lässt sich vielmehr entweder in Säcken leicht verfahren, oder aber, falls es an Nachfrage fehlt, im Ofen verbrennen. Die früher versuchte Klärung mit gebranntem Kalk (lime) erzielte keine genügende Reinigung der Flüssigkeit.

Für die zur Reinigung erforderlichen Zusätze zahlt man täglich 7 Mark. Die Ofenanlage nebst Schornstein, Maschinen und Gebäuden hat 70000 Mark, die für die Reinigung des Abwassers dienenden Anlagen haben einschliesslich der Ejectoren 56000 Mark gekostet. Die Reinigung des Abwassers wurde schon seit April 1885, also vor Vollendung der Ofenanlage ausgeführt, indem man den Schlamm in Wagen nach dem Kehrichtplatze abfuhr; hierfür waren 9000 Mark jährlich zu zahlen, die jetzt erspart werden.

Die im Kehrichtofen entwickelte Wärme wird zwar auch in anderen englischen Städten in verschiedenster Weise ausgenutzt; das in Southampton angewandte Verfahren, sich derselben für die Reinigung des Abwassers an einem von dem Ofen entfernten Punkte zu bedienen und den erzeugten Schlamm gemeinschaftlich mit dem Kehricht zu verbrennen, ist jedoch neu und gewiss höchst bemerkenswerth.

2. Reinigungsanlage für die Abgangwässer des Central-Schlacht- und Viehhofes in Hannover.

Der Magistrat der Königl. Residenzstadt Hannover hat unterm 13. October 1886 für die Reinigung der dortigen Schlachthausabgänge das von M. Friedrich & Co. in Leipzig entworfene Project angenommen und dessen Ausführung beschlossen.

Wenngleich das Princip dieses Reinigungsverfahrens bereits S. 217—220 hinreichend erläutert ist, so möge doch diese Anlage hier noch nachträglich durch Fig. 56 (Taf. VIII) veranschaulicht und erläutert werden. Die Einrichtung ist folgende:

Die zu reinigenden Abfallwässer passiren, bevor sie in die eigentliche Kläranlage gelangen, einen Fettfang, woselbst die gröbsten Bestandtheile zurückgehalten werden und zugleich ein Ansäuern der Abfallwässer stattfindet. Zu diesem Zweck ist in demselben der mit stellbarem Abfluss versehene Säurebottich a und Fettkorb b angeordnet.

Alsdann treten die angesäuerten Abfallwässer in den Mischgang I ein, woselbst eine innige Mischung derselben mit dem von den selbstthätigen Reinigungsmittel-Rührapparaten c und c_1 in fein zertheiltem Zustand zugeleiteten, wesentlich alkalischen Reinigungsmittel stattfindet und fliessen weiter durch die Absetzgrube II. Die Klärung und Ueberführung der gereinigten Wässer von hier nach dem Abflussgraben IV erfolgt sodann mittels Heberglocke III.

Die Centralrührapparate c und c_1 werden mit der Wasserleitung verbunden und durch dieselbe in Thätigkeit gesetzt. Die Leistung derselben ist mittels Grubenschwimmers von der Quantität des einlaufenden Abfallwassers abhängig gemacht.

Der Heber wird durch einen Wasserstrahlapparat e (oder Luftpumpe) in Gang gesetzt und darin erhalten.

Zur Wasserstromregulirung sind umstellbare Jalousiestromregulirer d und die Stromvertheiler f und f_1 in der Heberglocke angeordnet.

Der Schlammsack ist am Ende der Absetzgrube II angebracht, und wird der Schlamm in der Strömungsrichtung des zufliessenden Wassers nach diesem tiefsten Punkt getrieben, und von hier mittels Schlammelevators h nach dem Filterbassin V gehoben.

Aus dem Filterbassin sickert das mitgeführte Wasser nach der Absetzgrube zurück und der abfiltrirte Schlamm wird periodisch ausgestochen und in bequemer, nicht belästigender Consistenz in Wagen fortgefahren.

Auf gleiche Weise wird auch der Schlamm aus dem Fettfang nach Filterbassin V befördert und von dort abgefahren.

Das Quantum des flüssigen Schlammes dürfte pro cbm Abfallwasser ca. 3 Liter betragen, also pro Schlachttag ca. 2,4 cbm, dies ergiebt ca. 1,25 cbm stichbaren Schlamm zur Abfuhr pro Schlachttag.

Um bei ausnahmsweise starkem Regenfall die Heberanlage zu entlasten, ist eine Umlaufrohrleitung VI, vom Fettfang ausgehend, angeordnet. Der Eintritt dieser Umlaufrohrleitung liegt mindestens 10 cm höher als das gewöhnliche Niveau des Abfallwassers, kann also für gewöhnlich nicht in Thätigkeit treten, ist aber ausserdem noch mit einem Schieberverschluss i versehen, welcher nur bei aussergewöhnlichen Niederschlägen gezogen werden soll, so dass eine ordnungswidrige Benutzung dieses Umlaufes wohl ausgeschlossen erscheint.

Die Kläranlage ist für 800 cbm Abgangwasser pro Schlachttag berechnet und soll bis zum 1. Juni 1887 fertig gestellt werden. Der Magistrat der Stadt Hannover hat noch besonders angeordnet, dass das unbefugte Oeffnen des Umlaufschiebers i ausdrücklich unter Verbot gestellt wird; der Schieber darf nur bei heftigen Niederschlägen und nur von einer bestimmten, und besonders namhaft zu machenden Person, welche für die richtige Handhabung verantwortlich gemacht wird, geöffnet werden. In dem Ablaufkanal IV ist ferner noch ein Sieb anzubringen.

Sollten sich trotz der Anlage des Klärbeckens Uebelstände herausstellen, oder sollten Aenderungen und Erweiterungen der Anlage später nothwendig werden, so hat die Fleischer-Innung solche auf eigene Kosten herzustellen.

3. Nachtrag zur Reinigung der Abgangwässer aus Rohzuckerfabriken.

Die in der Campagne 1880/81 auf Veranlassung der Ministerien für Handel und Gewerbe, sowie für Landwirthschaft, Domainen und Forsten angestellten Untersuchungen über die Wirkung verschiedener Reinigungsverfahren von Abgangwässern der Rohzuckerfabriken sind in der Campagne 1884/85, weil erstere kein bestimmtes oder allgemein befriedigendes Resultat geliefert hatten, auf Anregung des Oberpräsidenten der Provinz Sachsen nochmals wieder aufgenommen. Die Resultate dieser Untersuchungen sind, kurz vor Erscheinen dieser Schrift, als Bericht an das Ministerium für Handel und Gewerbe in besonderen Denkschriften[1]) veröffentlicht, deren Inhalt ich hier auszugsweise nachtragen will.

Zur Leitung der Versuche wurde eine Commission eingesetzt, welche bestand aus den Herren:

Reg.-Rath v. Brandenstein, Gewerbe-Rath Dr. Süssenguth, Gewerbe-Rath Neubert, Herzogl. Braunschw. Kreisrath Breithaupt, Fabrik-Inspector Spamann in Braunschweig, Reg.- und Oberbergrath Lehmer in Dessau und Dr. phil. Sickel, Director der Zuckerfabrik Nörten.

Die Commission nahm Abstand, das früher geprüfte Müller-Schweder'sche, sowie das Knauer'sche Verfahren einer Neuprüfung zu unterwerfen, weil ersteres keine weitere Anwendung gefunden hatte und letzteres dort, wo es noch in Anwendung war, in derselben Weise gehandhabt wurde, wie früher.

Dagegen hielt die Commission für geboten, das Elsässer'sche Aufstau- und Berieselungs-Verfahren mindestens an ein oder zwei Beispielen von neuem auf seine Wirksamkeit zu untersuchen; denn abgesehen davon, dass dasselbe seit Schluss der ersten Commissionsarbeiten weitere Verbreitung gefunden hatte, erschien es der Commission wünschenswerth, die Bedingungen näher kennen zu lernen, welche hierbei für Erreichung eines günstigen Erfolges gegeben sein müssen, da die Erfahrung gelehrt hatte, dass neben besonders gut reinigenden Anlagen doch auch viele einen zweifelhaften Erfolg aufzuweisen hatten. Ausserdem erschien es der Commission von Interesse, zu prüfen, ob sich die Wirksamkeit der Bodenfiltration in dem seit der letzten Untersuchung verflossenen 4jährigen Zeitraume zu ihren Gunsten oder Ungunsten geändert habe.

Besondere Aufmerksamkeit sollte den neueren Verfahren von Müller-Schönebeck (Patent Nahnsen), von Oppermann und von Rothe-Röckner gewidmet werden; von jedem der ersten beiden sollten 3—4 Versuchssta-

---

[1]) Die Ergebnisse der in der Campagne 1884—1885 angestellten amtlichen Versuche über die Wirksamkeit verschiedener Reinigungsverfahren etc. auf Veranlassung des Königl. Oberpräsidiums der Provinz Sachsen gedruckt von E. Baensch jun., Magdeburg. 1886.

tionen gewählt werden, während sich für das letztgenannte überhaupt nur eine leicht erreichbare Versuchsstation bot.

Ferner wurde beschlossen, um den Erfolg einer sich nur auf die Verwendung von Aetzkalk beschränkenden chemischen Reinigung gegenüber den neueren chemischen Desinfectionsmethoden festzustellen, auch diese Art der Reinigung in den Bereich der Untersuchung zu ziehen, wogegen man sich von einer Prüfung des Hulwa'schen Verfahrens aus dem Grunde abzusehen gezwungen sah, weil dasselbe zur dauernden Benutzung während einer ganzen Campagne und für die gesammten Abwässer einer ganzen Fabrik, soviel in Erfahrung gebracht werden konnte, noch nirgends eingeführt war, abgesehen davon, dass die Fabriken, in welchen es auf Zeit eingeführt und besichtigt werden konnte, räumlich zu entlegen waren.

Im Anschluss hieran beschloss die Commission, dass die Directionen der Fabriken, welche als Versuchsstationen gewählt werden würden, von dem Tage des Eintreffens der Commission rechtzeitig vorunterrichtet und gebeten werden sollten, für die bestmögliche Functionirung der Reinigungsanlage an dem für die Prüfung bestimmten Termine Sorge zu tragen, da es sich hier nicht um polizeiliche Inspectionen handele, sondern der Commission daran liegen müsse, den höchsten Effect zu beobachten, der sich bei fehlerfreier Handhabung der Verfahren von denselben erreichen lasse. Hingegen sollten die Prüfungen ohne Hinzuziehung der Inhaber oder Erfinder ausgeführt werden.

Mit der mikroskopischen Untersuchung der auf den Versuchsstationen zu nehmenden Wasserproben wurde, wie bei dem letzten Male Professor Dr. Cohn in Breslau, mit der Ausführung der chemischen Analyse Dr. Teuchert in Halle a. S. und Dr. Herzfeld in Berlin betraut.

Es wurde endlich vereinbart, den Analytikern von jeder besichtigten Reinigungsanlage eine Probe von dem die Fabrik verlassenden Schmutzwasser, soweit es in seiner Gesammtheit zu erhalten sein würde, und eine Probe von dem Wasser nach erfolgter Anwendung des Reinigungsverfahrens zur Untersuchung zu übergeben, ausserdem je nach Nothwendigkeit und Möglichkeit eine Probe von dem Betriebswasser der Fabrik und eine weitere von dem gereinigten Wasser nach längerem Laufe bezw. von Bachwasser nach Aufnahme des gereinigten Wassers, und sollten den Chemikern von jeder Probe mindestens 15 Liter; dem Mikroskopiker je 2 Flaschen zu mindestens 3 Liter zugesandt werden.

Den Chemikern wurde die quantitative Bestimmung:

> des Eindampf-Rückstandes und des Glühverlustes,
> der anorganischen und der organischen suspendirten Stoffe,
> der gelösten organischen Substanz, bestimmt mittelst Chromsäure und berechnet als Rohrzucker,
> des Gesammtstickstoffs, des Stickstoffs durch Verbrennung mit Natronkalk,

des Stickstoffs als Ammoniak,
der Schwefelsäure,
des Schwefelwasserstoffs,
der Alkalinität nach deutschen Härtegraden berechnet,
des Eiweisses,

zur Aufgabe gemacht, sowie die Beschreibung der Wasserproben nach ihren äusseren Eigenschaften, Aussehen, Farbe und Geruch, unmittelbar bei Empfang und eine Woche nach demselben. Endlich wurde als wünschenswerth bezeichnet, dass in die einzelnen Abwässerproben, neben einer Kontrolprobe reinen Flusswassers, lebende Fische, als Karpfen, Karauschen, Weiss- oder Silberfische eingesetzt würden, um deren Lebensfähigkeit in den gereinigten Abflusswässern beurtheilen zu können.

I. Das Verfahren von F. A. Robert Müller & Cie., Schönebeck a. Elbe, Patent Nahnsen (vgl. S. 157 und 279).

Nahnsen-
Müller's
Verfahren.

Die Wirkung dieses Verfahrens wurde auf 5 Zuckerfabriken geprüft, nämlich:

I. Zuckerfabrik Schöppenstedt.

Die Fabrik verarbeitet täglich 6300 Ctr. Rüben nach dem Diffusions-Verfahren und täglich 200 Ctr. Melasse mittelst 5 Osmogenen. Der Abdruck der Diffuseure erfolgt mit Luft. Die Reinigung der Säfte geschieht mit Knochenkohle (täglicher Verbrauch von 280 Ctr.) und deren Regenerirung durch Gährung. Als Betriebswasser dient das Wasser des Flüsschens Altenau, im ganzen etwa 3,64 cbm pro Minute; zur Reinigung gelangen die sämmtlichen Schmutzwässer, nämlich Rübenwaschwasser, nach Abscheidung grober Rübentheile durch ein Gitter, Abpresswasser, Knochenkohlenhauswasser, Osmosewasser etc. Auf 1000 Ctr. verarbeitete Rüben sind ursprünglich 40 Pfd. des Müller-Nahnsen'schen Präparats und 40 Pfd. Kalk, also pro Tag je 240 Pfd. gerechnet; es hat sich aber herausgestellt, dass zur Erzielung einer hinreichenden Klärung des Wassers die 4 fache Menge Kalk angewendet werden musste.

Die mit den Fällungsmitteln versetzten Schmutzwässer passiren eine Reihe von 3 grösseren und 11 kleineren Bassins, von welchen je ein grösseres und 5 kleinere regelmässig, behufs Aushebung der in ihnen niedergeschlagenen Schlämme aus dem Turnus ausgeschieden werden und fliessen durch einen etwa 1 km langen Graben nach der Altenau ab. Die Altenau wird in einer Entfernung von etwa 8 km unterhalb der Fabrik aufgestaut und über ein grosses Wiesenterrain, die sog. Eilumer Wiesen geführt.

2. Zuckerfabrik Wendessen.

Dieselbe verarbeitet täglich 2300 Ctr. Rüben nach dem Macerationsverfahren; die Säfte werden über Knochenkohle (täglicher Consum ca. 230 Ctr. also 10 %) filtrirt und diese auf gewöhnliche Weise durch Gährung gereinigt. Das Betriebswasser von 1,79 cbm pro Minute wird aus der Altenau und aus Brunnen entnommen. Die Reinigung erstreckt sich auf sämmtliche Schmutzwässer mit Ausnahme der Fallwässer, welche zu etwa $^2/_3$ nach der Abkühlung direct in die Altenau abgeführt und zu $^1/_3$ wieder im Betrieb verwendet werden. Nachdem die Schmutzwässer zur Abscheidung der Schlammtheilchen etc. ein gemauertes Bassin von 5 Abtheilungen von je ca. 3,5 m Länge, 1,5 m Breite und 1,75 m Tiefe passirt haben, werden dieselben mit dem Präparat und Kalkmilch versetzt und gelangen in 4 Bassins mit einem Gesammt-Fassungsraum von etwa 260 cbm, von denen regelmässig nur die Hälfte in Benutzung ist; aus dem letzten derselben fliesst das Wasser in einem offenen, ca. 200 m langen Graben nach der Altenau. Auch hier sollten anfänglich auf je 1000 Ctr. Rüben 40 Pfd. Präparat und 40 Pfd. Kalk verwendet werden, jedoch hat sich hier herausgestellt, dass für die Klärung die sechsfache Menge Menge Kalk erforderlich war, so dass pro Tag etwa 200 Pfd. Präparat und 600 Pfd. Kalk zur Verwendung gelangten.

3. Zuckerfabrik Cochstedt.

Dieselbe verarbeitet pro Tag 2000 Ctr. Rüben im Diffusionsverfahren und annähernd 150 Ctr. Melasse nach dem Steffen'schen Abscheideverfahren. Die Diffuseure werden wie bei No. 1 mit Luft abgedrückt und an Stelle der Filtration der Säfte über Knochenkohle ist Schwefelung eingeführt. Für die Reinigung kommen hier ausser den Wasch-, Schnitzelpress- und Spülwässern noch die Laugen der Melasse-Verarbeitung in Betracht. Letztere betragen angeblich 60 cbm pro Tag, ihr Ablauf ist jedoch kein ununterbrochener, sondern erfolgt je nach der Entleerung der Sammelkästen. Sämmtliche Schmutzwässer erhalten hier den Zusatz der Reinigungsmittel kurz nach ihrer Vereinigung vor Abscheidung der Schlämme und zwar aus Bottichen ohne mechanische Rührvorrichtung. Zur Fällung werden pro Tag benutzt 100 Pfd. Präparat und 1120 Pfd. Kalk (nämlich 6 Körbe à 140 Pfd. frischen ungelöschten Kalk und 2 Körbe Kalkgries aus der Saturation). Die Abscheidung des Schlammes geschieht in 7 Absatzbassins, in welchen das Wasser hin und her circulirt.

4. Zuckerfabrik Irxleben

verarbeitet 3500 Ctr. Rüben in 24 Stunden im Diffusionsverfahren und 100 Ctr. Melasse in 5 Osmogenen. Die Diffuseure werden mit Luft abgedrückt, die Säfte durch Schwefelung gereinigt. Eine Wiederverwendung von gereinigten Schmutzwässern in der Fabrik findet mit Ausnahme der vorher abgekühlten Fallwässer bei der Kesselspeisung und Condensation nicht statt, da für die übrigen Stationen Wasser aus Brunnen und aus dem nahe vorüberfliessenden Schrote-Bach zur Verfügung steht.

Die Wässer von der Rübenwäsche, den Schnitzelpressen, den Spülungen und der Osmose fliessen vereinigt, auch ohne dass die grösseren Rübentheile zurückgehalten werden, in ein sehr grosses Bassin und gerathen hier in starke Zersetzung und Fäulniss. Erst in diesem Zustande erhalten sie die Reinigungsmittel, deren Lösung in besonderen Behältern ohne mechanisches Rührwerk erfolgt, zugesetzt und zwar in 24 Stunden 144 Pfd. Präparat und 1400 Pfund Kalk, also nach dem Verhältniss von 1 : 10. In 5 in das Schlammbassin eingemauerten kleinen Bassins erfolgt das Absetzen der Niederschläge, welche von Zeit zu Zeit durch ein Baggerwerk in das grosse Bassin zurückgeschöpft werden.

Das so gereinigte und geklärte Wasser wird durch einen offenen gemauerten Kanal in die hier noch wenig Wasser führende Schrote geleitet. Während das Schmutzwasser vor dem Eintritt in die Reinigungsstation sich in intensivster Fäulniss befindet, ist das gereinigte im Kanal klar, gelb gefärbt und stark alkalisch, was wiederum bei dem Eintritt in die Schrote eine starke Ausscheidung von kohlensaurem Calcium zur Folge hat. Die Schrote etwa 4 Kilometer weiter abwärts, unmittelbar oberhalb des Dorfes Niederndodeleben zeigte sich vollständig algenfrei, reagirte neutral und überhaupt zufriedenstellend, wobei allerdings berücksichtigt werden muss, dass sie während ihres Laufes von Irxleben aus reichliche natürliche Zuflüsse erhalten hat. Von dieser Stelle wurde die Wasserprobe 3 genommen.

5. Zuckerfabrik Schackensleben

war endlich als 5. Versuchsstation von der Commission gewählt worden, weil sie der Commission von 1881 bereits als solche für das Knauer'sche Verfahren gedient hatte und sich hier ein für die Vergleichung der Wirksamkeit dieser beiden Verfahren besonders günstiges Ergebniss erwarten liess.

Die Fabrik verarbeitet jetzt 4200 Ctr. gegen früher 3000 Ctr. Rüben in 24 Stunden im Diffusionsverfahren, hat aber keinerlei Melasseentzuckerung. Die Diffuseure werden mit Luft abgedrückt, zur Reinigung der Säfte wird Knochenkohle (7—8 %) verwandt, deren Wiederbelebung durch Gährung, aber ohne Salzsäure erfolgt.

Die sämmtlichen Schmutzwässer mit Ausnahme der Fallwässer, welche direct auf das Gradirwerk geleitet werden, gehen zur Schlammabsonderung abwechselnd in die tiefliegenden vom Knauer'schen Verfahren her vorhandenen Bassins I, II, III und hierauf nach IV (vgl. S. 256) aus welchem sie durch eine Pumpe nach dem Knauer'schen Hofbassin C gehoben werden. Hier erfolgt noch vor Einfluss in das Hochbassin der Kalkzusatz behufs gründlicher Vermischung desselben durch die Pumpe und fliessen darauf die Wässer in das erste hochgelegene Bassin nach der Knauer'schen Anlage, wo sie nun auch das Müller'sche Präparat zugesetzt erhalten. Die übrigen hochgelegenen Bassins dienen zum Absetzen der Niederschläge und aus deren letzten fliessen die geklärten Wässer in ein Sammelbassin, aus welchem eine Pumpe sie auf die eine Hälfte des Gradirwerkes drückt, während auf die andere die Fallwässer laufen. Beide vereinigen sich unterhalb des Gradirwerkes und fliessen in einen auf dem Hofe liegenden Sammelteich.

Für die Diffusion wird Brunnenwasser verwandt, soweit aber dieses nicht ausreicht, wird aus dem Teiche Ersatz genommen, aus welchem sonst auch alle übrigen Stationen versorgt werden, ohne dass nach Aussage des Dirigenten Uebelstände hiervon zu bemerken sind. Auf diese Weise wurde zur Zeit der Besichtigung das Wasser seit länger als 3 Monaten in fortwährendem Kreislaufe wieder benutzt und war Wasser nicht abgelassen worden.

Es ist bemerkenswerth, dass auf dieser Fabrik der Kalk vor dem Präparate zugesetzt wird. Angeblich sei anfänglich, als der Zusatz in umgekehrter Folge gegeben worden sei, der Erfolg ein mangelhafter geblieben, trotzdem, dass man den Kalkzusatz bis auf 40 Ctr. pro Tag allmählich erhöht habe. Gegenwärtig beschränkte sich derselbe bei 160 Pfd. Präparat auf ca. 600 bis 800 Pfund Kalk. Wahrscheinlich war letztere Menge jedoch noch grösser.

Die Commission fasst ihre Beobachtungen über das vorstehende Reinigungsverfahren wie folgt zusammen:

„Nach diesen Befunden ergiebt sich das Müller-Schönebeck'sche Verfahren (Patent Nahnsen) als ein einfaches chemisches Fällungsverfahren, bei welchem einerseits ein Präparat, welches, wie es scheint, immer aus löslichem Kieselsäurehydrat und schwefelsaurer Thonerde besteht, und andererseits Kalkmilch eine sehr rasche Ausfällung der suspendirten Substanz vermuthlich unter Bildung eines Kalk-Thonerde-Silikates bewirkt. Die Schnelligkeit, mit welcher auf allen fünf Fabriken dieser Niederschlag erfolgte, und die Klarheit des abfliessenden Wassers, nimmt von vornherein sehr für das Verfahren ein. Das resultirende gereinigte Wasser zeigt äusserlich, in Farbe und Geruch sehr viel Aehnlichkeit mit dem Abwasser, wie es bei der Reinigung durch das Knauer'sche Verfahren erzielt wurde, ebenso gemeinsam mit demselben hatte es überall die starke Alkalinität. Ob die Zusätze im Stande sind, auch die gelöste organische Substanz auszufällen, musste bei den Lokalbesichtigungen noch unentschieden bleiben, doch deuteten die qualitativen Handproben, welche die Commission bei ihrem Probenehmen mit denselben bezüglich ihres Gehalt an Ammoniak, organischer Substanz und Schwefelwasserstoff ausführte, durchweg darauf hin, dass sie von denselben nur unvollkommen befreit waren.

In Bemessung der Mengen der Zusätze wird augenscheinlich sehr willkürlich verfahren.

Zwar hat der Erfinder ein für alle mal die Anwendung von 40 Pfd. Präparat auf je 1000 Ctr. verarbeiteter Rüben per 24 Stunden vorgeschrieben und gleichzeitig als Regel aufgestellt, dass nicht mehr Kalkmilch hinzugegeben werden solle, als sich nöthig erweist, um die gereinigten Wasser — was nach seiner Ansicht bei einem Verhältniss von 1 : 1 in der Regel erzielt werden soll — mit schwacher Alkalinität abfliessen zu lassen. Einestheils aber wird an Kalk weit mehr, stellenweise bis zur 10- und 11fachen Menge vom Präparat zugesetzt, andererseits erscheint es der Commission nicht gerechtfertigt, für die Schmutzwässer aller Zuckerfabriken das gleiche Quantum des Reinigungsmittels vorzuschreiben, in Berücksichtigung des Umstandes, dass die Schmutzwässer der einzelnen Fabriken ebenso vielfach von einander verschieden sind, als die Betriebswässer und die Betriebsweisen dieser Fabriken von einander abweichen, namentlich wenn Laugenwässer von Melasseentzuckerungen mit in Rechnung zu ziehen sind.

Hinsichtlich der Behandlung des mechanischen Theiles der Reinigung scheint der Erfinder bisher vollkommen freie Hand zu lassen und keinerlei Werth darauf zu legen, ob die Zusätze der Chemikalien zu den Schmutzwässern erfolgen, bevor oder nachdem dieselben von den Schlämmen befreit worden sind. Die Commission hält aber nach den auf den 5 Versuchsstationen gemachten Beobachtungen selbst diesen Umstand nicht bedeutungslos für die Bestimmung der Zusatzmenge und glaubt annehmen zu müssen: Dass es im Interesse der Reinigung wie in wirthschaftlicher Beziehung am vortheilhaftesten ist, die grösseren Schlammbeimengungen vor dem Zusatz der Chemikalien zu entfernen, dabei aber nicht so grosse Bassins zu verwenden, dass die Schmutzwässer in Zersetzung und Fäulniss gerathen.

Ob der Kalkzusatz besser kurz vor oder nach dem Präparatzusatz stattfindet, scheint von keinem wesentlichen Einfluss auf den Effect des Verfahrens zu sein.

Die Kosten des Müller'schen Verfahrens sind nach alle dem, soweit an den mechanischen Theil der Reinigung keine erhöhten Anforderungen gestellt werden, nicht bedeutend. Denn in Anbetracht dessen, dass die Kosten der Schlammbewältigung von der Fabrik in jedem Falle getragen werden müssen, beschränken sie sich auf den Tagelohn des Arbeiters an den Rührbottichen und die Kosten des Präparates, welche sich für je 1000 Ctr. Rübenverarbeitung auf ca. 4 Mark für Präparat und 2—4 Mark für Kalk belaufen."

II. Das Oppermann'sche Verfahren (vergl. S. 153 u. 286). Dasselbe Oppermann's Verfahren. wurde auf folgenden Fabriken geprüft:

1. Die Zuckerfabrik Minsleben.

Sie verarbeitet in 24 Stunden 5500 Ctr. Rüben im Diffusionsverfahren. Die Diffuseure werden mit Luft abgedrückt. Die Säfte werden über Knochenkohle filtrirt, deren Wiederbelebung ohne Gährung durch Kochen unter Zusatz von Salzsäure erfolgt.

Neben der Rohzuckergewinnung findet Elution von Melasse statt, doch bleibt diese im vorliegenden Falle für die Charakteristik des Schmutzwassers ausser Belang, da die entfallenden Laugen zu Düngezwecken angesammelt und abgefahren werden.

Als Betriebswasser dient ausschliesslich das Wasser des Mühlbaches nach dessen Vereinigung mit dem Barenbache.

Die Durchführung des Reinigungsverfahrens ist gegenwärtig noch keine einheitliche, da die lokalen Verhältnisse der einzelnen Fabrikabtheilungen zu einander die Zuleitung der gesammten Schmutzwässer zu einer Reinigungsstation nicht gestatten. Die Abänderung des Systems war für später vorbehalten. So kamen zur Zeit der Untersuchung zwei Reinigungsstationen in Betracht, bei denen die Schmutzwässer je nach der Qualität und Quantität der Verunreinigungen bestimmte Zusätze von Chemikalien erhielten.

Die Rübenwaschwässer, Diffusions- und Schnitzelpresswässer erhalten nach ihrer Vereinigung mit einem Theile der Knochenhauswässer und dem grössten Theil des Fallwassers vom Vacuum Zusatz von Eisenchlorür, welches an Ort und Stelle aus Eisenspähnen und Salzsäure hergestellt wird, ferner Kalk, nämlich für 1000 Ctr. Rüben 10—15 Pfd. Eisenspähne zur Bildung von Chlorür und 200—300 Pfd. Kalk.

So behandelt fliessen die Wässer mit einer durchschnittlichen Temperatur von 25° R. (wegen des ungradirt hinzugekommenen Fallwassers) in einem unterirdischen Kanale, nach den Schlammstationen, welche aus 2 gleichen Systemen von je 3 Bassins und einer Schlammpumpe bestehen.

Der 2. Reinigungsstation werden vorwiegend die Ammoniak-haltenden Wässer aus dem Kohlenhause, der Kühlwässer von der Sostmann'schen Elution, der Laveurs und die übrigen Spül- und Tageswässer der Fabrik zugeführt. Hier besteht der Zusatz aus Kalk und Chlormagnesium[1]) (5—10 Pfd. bezw. 2—3 Pfd. für 1000 Ctr. Rüben) und soll damit ein Niederschlag von phosphorsaurem Ammoniummagnesium erzielt werden. Von dem letzteren aus fliessen endlich sämmtliche Wässer vereinigt nach einem nochmaligen Zusatz von Eisenchlorür nach 3 Klärbassins und in den Mühlbach ab. Das erste derselben ist nach der Wagenknecht'schen Construction eingerichtet.

2. Die Zuckerfabrik Aderstedt

verarbeitet täglich 6000 Ctr. Rüben im Diffusionsverfahren und 200—220 Ctr. Melasse im verbesserten Substitutionsverfahren. Die Diffuseure werden mit Luft abgedrückt und die Säfte über Knochenkohle filtrirt, die durch Gährung mit nachfolgendem Waschen mit Salzsäure regenerirt wird. Der Gesammtverbrauch an Knochenkohle beträgt 9% des Rübengewichtes.

Sämmtliche Schmutzwässer der Rohzuckerfabrik vereinigen sich mit den Substitutionslaugen in einer Rösche und erhalten zunächst einen Zusatz von Kalkmilch. Zur Regulirung desselben im Verhältniss zu den Wasserquanten sowohl, als zur Erzielung einer innigen Mischung derselben ist in der Rösche ein leichtes eisernes Schaufelrad eingehängt, welches

---

[1]) Neuerdings verwendet H. Oppermann statt des Chlormagnesiums oder Magnesiumsulfats besonders hergestelltes Magnesiumcarbonat (vgl. S. 153 u. 286).

durch einen Krummzapfen mit einem Strahlapparate verbunden ist, welcher die Kalkmilch einspritzt.

Unmittelbar hinter dieser Station mündet ein zweiter Kanal, in welchem mit dem Ablauf von den Laveurs gelöste schwefelsaure Thonerde zufliesst und endlich erfolgt hiernach noch ein Zusatz einer gemischten Lösung von schwefelsaurem Magnesium mit Silikaten und zwar pro 24 Stunden für je 1000 Ctr. 200—300 Pfd. gebrannter Kalk, 20 Pfd. schwefelsaures Magnesium, 16 Pfd. schwefelsaure Thonerde und 35—40 Pfd. Kieselerdehydrat. (Bei Beginn der Reinigung setzte man pro 1000 Ctr. Rüben 12 Ctr. zu, ging aber nach und nach bis auf den angegebenen Verbrauch zurück.)

Die so behandelten Schmutzwässer fliessen in ein $1^1/_4$ Morgen grosses Schlammbassin und von hier nach erfolgter Klärung und etwa 1 km langem Laufe in den „faulen Graben"-Bach.

3. Die Zuckerfabrik Stössen

verarbeitet in 24 Stunden 3600 Ctr. Rüben mit Diffusion, wobei die Diffuseure mit Luft abgedrückt werden. Zur Filtration der Säfte wird Knochenkohle verwendet und zwar 468 Ctr. täglich oder 13% des Rübengewichtes; die Wiederbelebung derselben geschieht durch Gährung und nachfolgende Wäsche unter Zusatz von Salzsäure. Zum Abfluss kommen täglich 2 Gährbassins von zusammen 30400 Liter Inhalt einschliesslich ca. 100 Liter Salzsäure.

Die Reinigung erstreckt sich auf alle Schmutzwässer ausschliesslich der Fallwässer.

Nach den ursprünglichen Dispositionen Oppermann's sollten unter Berücksichtigung der Zusammensetzung des (auch auf den vorhergehenden zwei Fabriken) zu dem Zwecke voruntersuchten Betriebswassers und der Betriebsart als Desinfectionsmittel neben Kalk und schwefelsaurem Magnesium auch schwefelsaures Eisenoxydul, schwefelsaure Thonerde und Silikate zur Verwendung kommen. In der Praxis ist hiervon abgewichen worden, und wurden bei Besichtigung nur Kalkmilch, ein Gemisch von schwefelsaurem Magnesium (Kieserit) und Eisenvitriol zugesetzt und zwar stationsweise.

Die Rübenwaschwässer fliessen zur Schlammabscheidung durch mehrere gemauerte Bassins, ohne für sich einen Zusatz zu erhalten. Die Diffusions- und Schnitzelwässer erhalten im Siedehause, die Kohlen-, Gähr- und Waschwässer im Knochenhause für sich den Zusatz von je 40 Pfd. schwefelsaurem Magnesium und 15 Pfd. Eisenvitriol.

Alle drei Wasserläufe vereinigen sich in einem Kanale, wobei ihnen noch die Jauchewässer ans den Stallungen und Regenwässer des Oekonomiehofes zufliessen. Hiernach kommen sie zur Kalkstation, erhalten in 24 Stunden 400 Pfd. Kalk als Zusatz, dessen Regelung je nach der Menge des durchfliessenden Wassers durch einen Schwimmerapparat erfolgt, und fliessen so in den Wagenknecht'schen Schlammfänger.

Von ihm ab werden die geklärten Wässer ununterbrochen durch ein Holzgerinne nach dem Abflussgraben geführt, während das Ablassen der Schlämme durch die Schieber periodisch nach den seitlich gelegenen grabenartigen Schlammbassins geschieht. Die hiernach sich abklärenden Wässer gelangen ebenfalls noch nach dem Schlammgraben.

Die Commission fasst ihre Beobachtungen über dieses Verfahren wie folgt zusammen:

„Die 3 beobachteten Beispiele ergaben, dass das Princip Oppermann's, die Fabrikabwässer zu reinigen, im grossen dasselbe ist, wie bei Müller-Nahnsen; es ist auf Ausfällung der verunreinigenden Substanzen durch chemische Desinfectionsmittel gerichtet. Die Commission hat den Eindruck gewonnen, als ob der Erfinder seine Versuche noch nicht abgeschlossen habe, da die Zusätze auf allen 3 Versuchs-Stationen verschieden sind, und der Commission bereits vor Beendigung ihrer Arbeiten von der Fabrik Minsleben die Nachricht zuging, dass noch in der Campagne 1884/85 das zur Zeit der Besichtigung angewendete Chlormagnesium durch schwefelsaures Magnesium ersetzt worden sei, so dass danach das Verfahren in Minsleben beinahe mit dem in Stössen gehandhabten zusammenfiel.

Wenn sonach in Berücksichtigung der angewandten Desinfectionsmittel nicht von einem, sondern von 3 Oppermann'schen Verfahren gesprochen werden müsste, so scheinen sie doch in der Benutzung von schwefelsaurem Magnesium ein gemeinschaftliches charakteristisches Kennzeichen zu besitzen, und es dürfte hier am Platze sein, darauf hinzuweisen, dass der Erfinder bei der weiteren Ausbildung seines Verfahrens in der Campagne 1884/85 und 1885/86 auf das Ziel hinausgeht, Magnesiahydrat im Augenblicke seiner Erzeugung durch Zusammenwirken eines Magnesiumsalzes (vornehmlich des Sulfates) und der genau bemessenen hierzu nöthigen Menge Kalkes zur Fällung der gesammten verunreinigenden Substanz zu benutzen, unter Zuführung von Eisenoxydulsalz zur Beschwerung des Niederschlages und Absorption von Schwefelwasserstoff.

Zu den ihr vorliegenden Beispielen zurückkehrend muss die Commission das sichtlich hervortretende Bestreben des Dr. Oppermann anerkennen, Art und Menge der Reinigungsmittel den lokalen Verhältnissen anzupassen, worin auch zum Theil die Verschiedenheiten in der Handhabung begründet liegen, welche allerdings eine vergleichende Prüfung sehr erschwerten. Gleichzeitig erkennt aber die Commission hierin, namentlich wenn die Handhabung eine allzu kritische Rücksichtnahme auf die jedesmalige Beschaffenheit des Reinigungsobjectes bei Bemessung der Zusätze voraussetzt (wie bei der Erzeugung des Magnesiumhydroxydes) eine grosse Gefahr für die Anwendbarkeit des Verfahrens ausserhalb des Laboratoriums in der Praxis, und kann ein Verfahren nur so lange als praktisch anwendbar bezeichnen, so lange wenigstens auf die Veränderungen, welche das Schmutzwasser einer und derselben Fabrik durch die gebotenen Schwankungen im Betriebe (zeitweises Zulaufen von Gährwässern, Substitutionslaugen und dergleichen) erfährt, keine Rücksicht genommen zu werden braucht.

Anfänglich bezeichnete und benutzte Dr. Oppermann das Wagenknecht'sche Schlammscheidebassin als integrirenden Bestandtheil seines Verfahrens. Minsleben und Aderstedt zeigen, dass seinerseits ein Werth auf dasselbe nicht mehr gelegt wird und Stössen giebt die Begründung hierzu, indem sich hier ergiebt, dass die Trennung des Niederschlages von dem gereinigten Wasser nicht vollkommen genug ist, um Vortheil zu bringen. Das ablaufende Wasser klärt sich einerseits in dem Apparate nicht rasch genug, die Niederschläge andererseits bleiben so dünnflüssig, dass sie eine weitere Scheidung in Bassins nicht entbehrlich machen. Sein Princip beruht darauf, dass die Schmutzwässer kurz nach Vermischung mit den Reinigungsmitteln durch natürliche Gefälle in das Tiefste des Bassins treten und in ihm aufsteigend den geklärten Theil über den Rand des Bassins drücken, während die Niederschläge auf dem geneigten Boden durch eine der Eintrittsöffnung gegenüberliegende, mit Schieber verschliessbare Austrittsöffnung in ein seitlich angebautes, niedrigeres Bassin gleiten und in diesem bis zum Ausfluss in die Höhe steigen. Die Leistung dieses Schlammscheiders im grossen entspricht, wie gesagt, den im kleinen Massstabe geglückten Versuchen nicht.

Der Reinigungseffect der Chemikalien scheint der Commission nach äusserer Anschauung nicht hinter dem anderer chemischer Desinfectionsmittel zurückzustehen; namentlich machen die Verhältnisse der Bachläufe unterhalb Minsleben und Stössen einen günstigen Eindruck.

Die Tageskosten der Reinigungen auf den 3 besuchten Fabriken stellen sich ohne Rücksicht auf die Unkosten für Beseitigung der Schlämme durchschnittlich in 24 Stunden pro 1000 Ctr. Rüben auf 4 Mark."

III. Das Rothe-Röckner'sche Verfahren (vgl. S. 185 und 279) konnte nur auf der Zuckerfabrik Rossla in Augenschein genommen werden:

In derselben werden in 24 Stunden 3300 Ctr. Rüben mit Diffusion und unter Schwefelung der Säfte verarbeitet. Ausnahmsweise kommt bei der Saftreinigung Knochenkohle zur Verwendung, dann jedoch nur etwa 1% des Rübengewichtes, deren Regenerirung vorkommenden Falls durch Gährung und nachfolgende Waschung mit salzsäurehaltigem Wasser geschieht. Die Diffuseure werden mit Wasser abgedrückt.

Das Betriebswasser wird für sämmtliche Stationen aus der „Helme" entnommen und nur im Nothfalle bei der Rübenwäsche durch Fallwasser ergänzt, bezw. ersetzt.

Die sämmtlichen Gebrauchswässer — im ganzen in 24 Stunden 3300 cbm — vereinigen sich unmittelbar vor der Fabrik in einem gemeinsamen Abflusskanale, fliessen mit einer Temperatur von 35° C. über einen in einer Erweiterung des letzteren eingelegten 7 mm maschigen eisernen Rost zum Abfangen der groben Rübentheile und erhalten dann einen Zusatz von einem in der Hauptsache aus schwefelsaurem Magnesium bestehenden Präparate und von Kalk (nämlich 8 Ctr. schwefelsaures Magnesium und 24 Ctr. Kalk pro Tag), wonach sie in den Röckner'schen Apparat treten[1]).

Der hier functionirende Apparat hat 8 m Höhe und nahezu 2 m Durchmesser und ist mit ihm ein mechanisches Rührwerk zur Lösung der Chemikalien, sowie ein Paternosterwerk zum Heben der zu Boden gesunkenen Niederschläge verbunden.

Die gereinigten Wässer fliessen, da sie noch fein vertheilte Schlammtheile enthalten, vom Apparate in 2 Klärbassins zum weiteren Abscheiden der letzteren und von hier durch den allgemeinen Abflussgraben nach der Helme.

Bei dem Eintritt des Ablaufwassers in die vorliegenden Bassins schieden sich die feinen Schlammbeimengungen schnell und deutlich ab, so dass im letzten Bassin das

---

[1]) In der Regel wird vor dem Eintritt in den Apparat ausserdem noch schwefelsaure Thonerde und Infusorienerde zugesetzt. Letztere Zusätze waren in diesem Falle nicht erforderlich, weil die Rossla'er Schlämme an und für sich erhebliche Mengen eisenschüssigen Thons enthalten.

Wasser als mechanisch vollkommen gereinigt bezeichnet werden konnte. Aber auch die mit dem Ablaufwasser vorgenommenen Handproben ergaben nicht ungünstige Resultate.

Wenn am Tage der Besichtigung die Wirkung des Apparates und der chemischen Zusätze als keine günstige bezeichnet werden konnte, insofern das vom Apparate ablaufende Wasser keine vollständige Klarheit besass, so kann als erster Grund hierzu der eben erwähnte Umstand angesehen werden, dass die Rübenerde vorwiegend aus Thonboden besteht und die feinen Thontheilchen längere Zeit und Ruhe gebrauchen, als der Apparat bei seinen im Verhältniss zu der erheblichen Menge des Schmutzwassers (3300 cbm) unzweifelhaft zu geringen Dimensionen zulässt. Hierdurch wird man gezwungen, die Wässer zu rasch aufsteigen zu lassen, was dann auch die weitere Folge haben kann, dass auch die chemischen Zusätze ihre Einwirkung noch nicht beendet haben, bevor das Wasser den Apparat verlässt, namentlich da auch die Vereinigung der Schmutzwässer, der Zusatz des Präparates und der Apparat selbst örtlich viel zu eng auf einander gedrängt erscheinen.

Trotz alledem scheint sowohl der mechanische als der chemische Reinigungseffect dem der beiden vorher behandelten Verfahren nicht nachzustehen.

Schliesslich bemerkt die Commission, dass die Fertigstellung der Anlage, um ihre Beobachtung überhaupt noch zu ermöglichen — sie fand am 10. März statt —, sehr beeilt worden war; die erwähnten Mängel der Anlage aber bei dem unmittelbar bevorstehenden Schluss der Campagne zwecks einer nochmaligen Besichtigung nicht abgestellt werden konnten.

IV. Reinigung der Fabrikabwässer durch Kalk allein. Zur Prüfung dieses Verfahrens dienten 2 Fabriken:

1. Die Zuckerfabrik Lützen.

Sie verarbeitet in 24 Stunden gegen 9000 Ctr. Rüben mit Diffusion und 550 Ctr. Melasse nach dem Substitutionsverfahren. Die Reinigung der Säfte erfolgt durch Schwefelung, doch kommen bei der Filtration noch 2—3% des Rübengewichts Knochenkohle zur Anwendung.

Als Betriebswasser dient
a) Brunnenwasser bei der Diffusion und der Kühlung in der Substitution,
b) Flossgrabenwasser bei der Condensation und Kesselspeisung (ca. 2 cbm pro Minute),
c) ein Theil des gereinigten Abwassers bei der Rübenschwemme (ca. 1 cbm pro Minute).

Als Schmutzwasser dagegen kommen in Betracht:
a) die Abflüsse von der Rübenwäsche, Diffusion und Knochenkohlenwäsche, welche in einem Gerinne vereinigt dem Schlammbassin zugehen,
b) die Fallwässer,
c) die Substitutionslaugen (annähernd 70000 l in 24 Stunden) mit ungefähr 2% Zucker, 2,3% anorganischer und 1,9% organischer Substanz.

Das Verfahren der Reinigung beruht in dem Zusatze überschiessender Mengen Kalk, und Aufstauung des Wassers in sehr grossen Schlammbassins, um das Schmutzwasser möglichst lange der Einwirkung des Kalkes auszusetzen.

Die Bassins, bei deren Anlage gleichzeitig auf den Betrieb der Rübenschwemme Rücksicht genommen ist, haben einen Fassungsraum von zusammen etwas über 40000 cbm und beträgt die tägliche Abführung an Schmutzwasser zur Reinigung mindestens 4000 cbm.

Der tägliche Consum an Kalk in der Fabrik beträgt 250 Ctr. Hiervon werden in der Substitution zur Bildung des Saccharates absorbirt 160 Ctr., während 15 Ctr. als Zuckerkalk in die Lauge übergehen. Der nach Abrechnung des zur Saftscheidung erforderlichen

Quantums verbleibende Rest von 40—45 Ctr. befindet sich im Pressschlamme und diesen verwerthet man eben zur Reinigung. Er wird dem Fallwasser zugesetzt und mit demselben dem ersten Bassin zugeführt. Da diese Station in der oberen Etage des Fabrikgebäudes liegt, so wird durch das Herabstürzen des Wassers in das Bassin eine innige Vermischung des Kalkes mit dem unreinen Wasser erzielt.

Die Schlammabscheidung ist eine rapide, so dass die Wässer beim Uebertritt in das zweite Bassin schon vollständig klar sind. Aus diesem letzteren gelangt ein Theil des Wassers nach einer Schleuse, von welcher aus die Rübenschwemme gespeist wird. Der übrige Theil des gereinigten Wassers wird in einem offenen Graben dem Flossgraben oberhalb der Vereinigung mit den städtischen Abwässern, die bald darauf erfolgt, zugeführt.

Die mit dem gereinigten vollkommen klaren und gelblichen Wasser vorgenommenen Handproben zeigten sehr starke Alkalinität, einen erkennbaren Gehalt an Schwefelwasserstoff und schwache Reaction auf Ammoniak.

In dem Flossgraben findet sehr bald nach Einfluss der Fabrikwässer eine reichliche Ausscheidung eines leichten Schlammes von kohlensaurem Calcium statt.

2. Die Zuckerfabrik Wendessen.

Hier wurde die Fällung mit Kalk allein im Vergleich mit der durch das Müller-Nahnsen'sche Präparat + Kalk geprüft; anfänglich hatte man 10 Ctr. pro Tag verwendet, jedoch stellte sich heraus, dass bei dieser Menge das Wasser milchig trübe abfloss; man reducirte daher die Menge auf 8 Ctr. pro Tag.

Dem Augenscheine nach war die Wirkung des Kalkzusatzes eine vollkommen befriedigende, da die gereinigten Wässer nach dem Durchlauf durch die Klärbassins in fast ganz klarem Zustande der Altenau zuflossen, auch anderweiten, als alkalischen Geruch nicht erkennen liessen; die mit dem Wasser vorgenommenen Handproben ergaben indess deutlich erkennbare Reaction auf Schwefelwasserstoff nach Zersetzung des Schwefelcalciums, sowie auf Ammoniak und organische Substanz.

Die äussere Beobachtung der Abwasserreinigung durch Kalk allein führte daher zunächst zu keinem bestimmten Schlusse bezüglich ihres Werthes im Vergleich zu der gleichzeitigen Anwendung des Müller'schen oder anderer Präparate oder zur Reinigung mit Kalk allein unter Anwendung höherer Temperaturen, wie bei dem Knauer'schen Verfahren. Augenscheinlich waren die Wässer mechanisch eben so gut geklärt, und zeigten auch sonst äusserlich dieselben Eigenschaften wie bei dem Müller'schen und dem Knauer'schen Verfahren.

Ein unverkennbarer Uebelstand scheint der Commission bei diesem Verfahren darin zu liegen, dass die gereinigten Wässer mit einer übergrossen Alkalinität in die Bachläufe gelangen.

Der Kalkzusatz betrug in Lützen in 24 Stunden für je 1000 Ctr. verarbeiteter Rüben 4—5 Ctr., in Wendessen 3—4 Ctr. und hierin bestehen allerdings die einzigen Kosten des Verfahrens, die in Lützen nicht einmal voll in Anrechnung gebracht werden dürfen, weil der überschüssige Kalkaufwand schon an und für sich Bedingung des Substitutions-Verfahrens ist.

V. Reinigung der Fabrikabwässer durch das Elsässer'sche Aufstau-
und Bodenfiltrations-Verfahren.

Dieses Verfahren kam zur nochmaligen Prüfung:

1. Auf Zuckerfabrik Roitzsch,

wo dasselbe bereits 1880/81 geprüft worden war (vgl. S. 257). In der Betriebsweise der
Fabrik sind Aenderungen nicht eingetreten, nur das Quantum der Rübenverarbeitung ist auf
5200 Ctr. pro Tag gestiegen und bei der Säftereinigung wird für den Dünnsaft die Schwefelung, bei dem Dicksaft Knochenkohle in Menge von 3% des Rübengewichtes angewendet.

Die Rieselanlage ist ebenfalls dieselbe geblieben und kann daher auf die Ausführungen S. 257 verwiesen werden. Wenn jedoch die frühere Commission hervorgehoben
hatte, dass die Abwässer in Bassins einer Vergährung unterworfen würden, so constatirt
die obige Commission, dass die Wässer auf ihrem Wege nach den Rieselflächen nicht Zeit
finden, in Gährung oder Fäulniss überzugehen; die in den Bassins aufsteigenden Gasblasen
entspringen den in den Bassins abgesetzten Schlämmen und nicht dem durchlaufenden
Wasser.

Die Commission war daher nach der äusseren Besichtigung einstimmig
der Ansicht, dass ein so gereinigtes Wasser ohne jedes Bedenken einem
jeden auch dem kleinsten Wasserlaufe übergeben werden könne und dass
die seit der früheren Besichtigung stattgehabte 4jährige Benutzung der
Rieselanlage ihre Wirksamkeit ganz bedeutend erhöht habe.

Als zweites Beispiel für das Elsässer'sche Berieselungsverfahren
wählte endlich die Commission

2. Die Zuckerfabrik Wahren & Co. in Querfurt, Regierungsbezirk Merseburg,

wo zugleich eine Fölsche'sche Bassinanlage vorhanden ist. Die Fabrik verarbeitet in
24 Stunden gegen 4900 Ctr. Rüben im Diffusionsverfahren mit Schwemmsystem. Die Diffuseure werden mit Wasser abgedrückt, die Säfte über Knochenkohle (Verbrauch 9—10%)
filtrirt. Die Wiederbelebung der letzteren erfolgt mit Gährung unter Anwendung von Säure
und Nachspülung mit Condenswasser.

Das Betriebswasser wird zu $^7/_{10}$ aus dem Querne-Bache entnommen und ist dasselbe sehr unrein. Den Rest des Betriebswassers liefern die Riesel- und Brunnenwässer.
Die Fallwässer werden über ein Gradirwerk geführt und lediglich abgekühlt in den
Querne-Bach abgegeben. Die übrigen Abwässer werden in einem Kanal vereinigt und
durch 24 gemauerte Bassins geführt, deren jedes 3,5 m im Geviert misst. Die Bassins
lassen sich einzeln ausschalten und durch Ziehen von am Boden angebrachten Schiebern
in das Schlammsammelbassin entleeren, aus welchem ein Baggerwerk den Schlamm in
eine Rinne hebt, die ihn in den grossen Schlammteich befördert. Dieser letztere liegt
hoch, so dass das noch mitgehobene Wasser zeitweise nach dem Bassin 17 abgelassen
werden kann.

Der Schlamm wird hierdurch gut entwässert, während die aus dem Erdbassin ablaufenden Wässer eine vollkommene Befreiung von suspendirten Stoffen noch nicht zeigten.
Diese werden nun aus dem Brunnen unter dem Pumpenhaus mit Lufttemperatur auf den
höchsten Punkt der Rieselanlage gedrückt.

Die Rieselanlage umfasst ca. 34 Morgen Wiesenland und ist jetzt 3 Jahre in Wirksamkeit. Die Bodenbeschaffenheit der ganzen Anlage ist nicht gleichartig. Sandiger Lehm
und thoniger Lehm sind unregelmässig von Streifen Kalkstein-Knack durchsetzt. Die Ve-

getation auf den Rieselfeldern war nicht unterbrochen, jedoch waren einzelne Parzellen durch Mäusefahrten sehr zerstört. Die Anlage hat 2 Drainmündungen, deren vereinigte Ausflüsse nach dem Betriebsbrunnen ablaufen, um in der Fabrik als Betriebswasser wieder benutzt zu werden.

Der obere Abfluss zeigte sich geruchlos aber weisslich getrübt, während der untere vollkommene Klarheit und Farblosigkeit zeigte. Die mit den beiden Abflüssen getrennt vorgenommenen Handproben ergaben übereinstimmend schwache Alkalinität, liessen aber Schwefelwasserstoff, Ammoniak oder organische Substanz in dem Wasser nicht erkennen.

Was die Fölsche'schen Bassins anbelangt, so liegt darin nach dem Urtheile der Commission für eine nachfolgende Berieselung kein grosser Vortheil; im übrigen hält dieselbe die kreisrunde Anordnung um ein Centralbassin und zwar mit einem inneren und äusseren Polygone für praktisch werthvoll. Die Schlammausscheidungsanlagen werden besonders da sehr gute Dienste leisten, wo es auf eine schnelle Entfernung des Schlammes ankommt und haben neben geringen Betriebskosten den Vortheil, dass die Trennung des Schlammes auf verhältnissmässig kleinem Raum erzielt werden kann.

Die Commission ist weiter der Ansicht, dass eine Berieselungsanlage augenscheinlich einiger Jahre bedarf, um in den Zustand vollkommener Wirksamkeit zu gelangen, theils weil erst nach längerer Zeit die Benarbung der Flächen eine genügend dichte wird und theils weil die über den Drains liegende Erde ebenfalls längere Zeit bedarf, um die dichte Struktur des gewachsenen Bodens wieder zu erhalten.

Was die Kosten der besichtigten Rieselanlagen betrifft, so werden die Zinsen des Anlagekapitals und die Instandhaltung der Anlage — in Querfurt zum Theil, in Roitzsch reichlich durch den erhöhten Ertrag der Wiesen gedeckt, während die Kosten des Betriebes sich auf den Tagelohn eines einzigen Rieselwärters beschränken.

A. Chemische Untersuchungen.

Für die chemischen Untersuchungen hatten Dr. Herzfeld und Dr. Teuchert folgende Methoden vereinbart:

1. Beobachtung des Aussehens, der Farbe und des Geruchs des Wassers direct nach Empfangnahme.

2. Beobachtung des Aussehens, der Farbe und des Geruchs nach einer Woche.

3. Bestimmung des Eindampfrückstandes pro Liter. $\frac{1}{4}$—1 Liter Wasser werden in einer Platinschale verdampft und der Rückstand nach dem Trocknen bei 120—130⁰[1]) gewogen.

4. Bestimmung des Glühverlustes des Eindampfrückstandes pro Liter. Der sub 3 erhaltene Eindampfrückstand wird über einem Bunsen'schen Einbrenner ohne vorherige Anwendung von kohlensaurem Ammonium schwach geglüht und gewogen; alsdann der Glühverlust durch Abziehen des Glührückstandes vom Eindampfrückstand berechnet[2]).

---

[1]) Diese Temperatur dürfte für den leicht zersetzlichen Abdampfrückstand derartiger Wässer zu hoch sein; es dürfte eine Temperatur von 105—110⁰ C. genügen.

Anm. des Verf.'s.

[2]) Hierdurch wird für die ungereinigten und mit Kalk im Ueberschuss gereinigten Schmutzwässer kein richtiges Resultat für die Menge des Glühverlustes gefunden, weil in dem ungereinigten Wasser der Kalk als doppeltkohlensaures Calcium, in dem mit Kalk gereinigten Wasser aber als freier Kalk vorhanden ist. Letzterer verwandelt sich aber beim Eindampfen in zum Theil kohlensaures Calcium, so dass man nach obigem Verfahren zu wenig Glühverlust findet. Will man einen richtigen Ausdruck für den Glühverlust auch des mit überschüssigem Kalk gereinigten Wassers erhalten, so muss man das Wasser vor dem Eindampfen erst mit Kohlensäure sättigen, dann wie das ungereinigte Wasser eindampfen, trocknen, wiegen, glühen, mit Ammoniumcarbonat anfeuchten, eintrocknen, wieder schwach

5. **Suspendirte Substanz pro Liter.** 100 ccm bis 1 Liter des Wassers werden durch ein gewogenes Filter filtrirt und bei 110° getrocknet und gewogen[1]), das Filter wird verbrannt, die Asche nach Abzug der vom Papier herrührenden als

6. anorganische suspendirte Substanz pro Liter, der Glühverlust als

7. organische suspendirte Substanz pro Liter in Rechnung gestellt.

8. **Kohlensäure pro Liter**, aus der organischen Substanz durch Oxydation mit chromsaurem Kalium und Schwefelsäure. Es wurde beschlossen, bei Bestimmung derselben genau nach der von Dr. Degener in der Zeitschrift des Vereins für die Rübenzuckerindustrie d. d. Reichs Jahrgang 1882, Seite 62 gegebenen Vorschrift zu verfahren, nach welcher Vorschrift der genannte Autor im Winter 1881 die Untersuchungen der Fabrikabflusswässer im Auftrage der Commission ausgeführt hatte. Daraus sollte berechnet werden

9. **Verhältniss von Sauerstoff und Kohlenstoff** unter der Annahme, dass der Kohlenstoff als Rohrzucker vorhanden sei. Die Oxydation desselben würde alsdann nach der Gleichung $C_{12}H_{22}O_{11} + 24\,O = 12\,CO_2 + 11\,H_2O$ vor sich gehen und auf ein Acquivalent Kohlenstoff 2 Aequivalente Sauerstoff gebraucht werden; aus derselben Gleichung ersieht man, dass 12 Aequivalente Kohlensäure einem Aequivalent Rohrzucker entsprechen, mittelst dieses Verhältnisses sollte

10. die entsprechende Menge Rohrzucker aus der durch Oxydation der organischen Substanz erhaltenen Kohlensäure berechnet werden.

11. **Gesammtstickstoff pro Liter** mit Natronkalk. 2 Liter Wasser werden nach dem Ansäuern mit Salzsäure eingedampft, im Rückstand nach der Methode von Will und Varrentrap der Stickstoff bestimmt[2]).

12. **Ammoniak pro Liter.** 1—3 Liter des Wassers werden mit Salzsäure durch Eindampfen concentrirt, im Rückstand das Ammoniak durch Austreiben mit Kalilauge bestimmt[3]).

13. **Qualitative Prüfung auf salpetrige Säure.** Dieselbe wurde mit Jodkalium und Stärkekleister in der angesäuerten Flüssigkeit angestellt und dabei während 10 Minuten beobachtet, ob Reaction eintrat; zur Kontrole der Reinheit der Reagentien wurde dabei stets destillirtes Wasser auf dieselbe Weise geprüft.

14. **Schwefelsäure pro Liter** wurde in bekannter Weise in 200 ccm des Wassers als schwefelsaures Barium bestimmt.

15. **Eine Kalkbestimmung in den Wässern** lag nicht in dem ursprünglichen Versuchsplan. Derselbe wurde jedoch nachträglich in den ersten Proben durch directes Fällen

---

glühen und wiegen. Auf diese Weise werden die Glühverluste des ungereinigten und gereinigten Wassers unter sich vergleichbar und richtig. Allerdings findet man den Abdampfrückstand des gereinigten Wassers um die dem freien Kalk entsprechende Menge Kohlensäure zu hoch; aber diese lässt sich durch eine Bestimmung des freien Kalkes in dem gereinigten Wasser berechnen und abziehen. Anm. des Verf.'s.

[1]) Die suspendirten Stoffe werden am besten dadurch bestimmt, dass man gleiche Volumina (etwa 200—500 ccm) unfiltrirten und filtrirten Wassers (vgl. Anm. 2 S. 534) unter gleichen Verhältnissen zur Trockne verdampft, bei 105—110° C. trocknet, wiegt, glüht und wieder wiegt. Die suspendirten unorganischen und organischen Stoffe ergeben sich einfach aus den Gewichtsdifferenzen der Abdampf- und Glührückstände des unfiltrirten und filtrirten Wassers. Anm. des Verf.'s.

[2]) Der Verf. hält diese Methode bei den fauligen und fäulnissfähigen Schmutzwässern für besser und sicherer als die Kjeldahl'sche Methode; indess säuert Verf. die Wässer (etwa 200—500 ccm) mit verdünnter Schwefelsäure bis zur ganz schwach saueren Reaction an, verdampft in Hofmeister'schen Glasschälchen unter Zusatz von gebranntem Gyps zur Trockne und verreibt das ganze in völlig trocknem Zustande mit Natronkalk etc.

[3]) Diese Methode liefert entschieden zu hohe Resultate für Ammoniak; zur Bestimmung des letzteren muss man diese Art Wässer mit gebrannter Magnesia direct und bis auf etwa $\frac{1}{3}-\frac{1}{2}$ ihres Volumens abdestilliren. Anm. des Verf.'s.

in 200 ccm des natürlichen Wassers, später in dem Glührückstand (siehe Punkt 4) nach Entfernung des Eisens und der Thonerde bestimmt und seine Menge pro Liter berechnet.

16. Aus der Menge des Kalks sind deutsche Härtegrade berechnet.

17. Das freie Alkali pro Liter wurde bestimmt und als Kalkalkalinität in Rechnung gestellt.

18. Schwefelwasserstoff pro Liter. 250 ccm des Wassers wurden mit ammoniakalischer Silberlösung versetzt, um Schwefelwasserstoff als Schwefelsilber zu fällen, letzteres in Salpetersäure gelöst, in Chlorsilber übergeführt, dieses gewogen und daraus der vorhandene Schwefelwasserstoff berechnet.

19. Eiweiss. Auf Proteïnsubstanzen wurde mit Millon'schem Reagens geprüft und dazu 100 ccm Wasser verwendet. Ausgeführt ist die Reaction in der Weise, dass man die Probe mit Schwefelsäure deutlich sauer machte, einige Tropfen des Reagens zusetzte, schwach erwärmte und 24 Stunden stehen liess.

Trotz dieser Vereinbarung weisen die Resultate besonders für den durch Oxydation mit Chromsäure gefundenen Kohlenstoff resp. Kohlensäure, für die suspendirten Stoffe etc. nicht unerhebliche Differenzen auf; erstere dürften in der Methode begründet sein; andere Differenzen haben vielleicht ihre Ursache in den nicht ganz gleichmässig beschaffenen Proben.

Im grossen und ganzen stimmen aber die Resultate der chemischen Untersuchung von DDr. Herzfeld und Teuchert gut überein und führen wenigstens zu einem und demselben Schlussresultat.

Was die verwendeten Fällungsmittel anbelangt, so wurde gefunden:

Nahnsen-Müller's Präparat:		Dr. Oppermann:	Rothe-Roeckner:
Wasser	31,40 – 38,61 %	Wasser (u. Verlust) 18,84—31,65 %	23,26 %
Thonerde und etwas Eisenoxyd	9,00—12,52 „	Eisenoxyd + Thonerde . . . . Spur — 0,73 „	0,45 „
Kalk	0,05— 1,65 „	Magnesia 19,63—23,72 „	20,83 „
Schwefelsäure	18,61—27,99 „	Kalk 2,67— 4,88 „	5,58 „
Unlöslicher Rückstand[1]	20,95—38,06 „	Schwefelsäure 40,65—50,74 „	47,65 „
		Unlösliches[1] 3,59— 4,96 „	2,23 „

Auf der Zuckerfabrik Aderstedt kamen nach Oppermann's Verfahren noch zur Verwendung:

	1. Schwefelsaure Thonerde	2. Kieselsäure-Abfall.
Wasser	39,86 %	29,89 %
Thonerde + Eisenoxyd	11,60—12,11 „	1,55— 2,55 „
Kalk	0,37— 0,74 „	0,28— 2,31 „
Schwefelsäure	28,32—30,34 „	1,84— 1,91 „
Kieselsäure	} 17,32—20,38 „	58,47 „
Unlösliches[1]		8,07 „

Was die allgemeinen Eigenschaften der ungereinigten und gereinigten Wässer anbelangt, so waren dieselben für das ungereinigte Wasser bei den einzelnen Fabriken nicht wesentlich verschieden; es heisst durchweg, dass

---

[1] In Salzsäure unlöslich.

dieselben stark trübe und undurchsichtig, schäumend, von schwach sauerer oder neutraler Reaction waren und theilweise einen säuerlichen Geruch nach Rüben hatten; vereinzelt wurde auch, wie bei dem Abwasser von Irxleben Schwefelwasserstoff beobachtet. Bei den mit chemischen Fällungsmitteln gereinigten Wässern waren dieselben durchweg klar, farb- und geruchlos, vereinzelt trübe und gelblich gefärbt, während nach einer Woche diese Eigenschaften durchweg unverändert blieben, vereinzelt grössere Trübungen oder ein stinkender Geruch eintrat; im übrigen vergleiche man bezüglich der allgemeinen Eigenschaften der gereinigten Wässer die Angaben von Prof. Ferd. Cohn bei der mikroskopischen Untersuchung, welche bezüglich der allgemeinen Eigenschaften (Geruch, Farbe etc.) mit denen der beiden Chemiker im wesentlichen übereinstimmen.

Ich beschränke mich hier darauf, aus den grossen Zahlentabellen nur die Daten der chemischen Analyse der ungereinigten und gereinigten Abwässer mitzutheilen und nehme, um auch diese Zahlen zu vereinfachen, aus den nach gleichem Verfahren gereinigten einzelnen Abgangwässern das Mittel; bei dem Verfahren von F. A. Robert Müller & Cie. ist die Beobachtungsstation Cochstedt ausgeschaltet, weil hier anscheinend die Probe des gereinigten Gesammt-Abwassers nicht denen der 2 ungereinigten Abwässer zu entsprechen scheint. Die Zahlen für die beiden Beobachtungsstationen Roitzsch und Querfurt nach dem Berieselungsverfahren führe ich jedoch einzeln auf, weil diese sehr verschieden sind und die Resultate in Querfurt anscheinend noch nicht als normal angesehen werden können. Auch habe ich die Zahlen in den Tabellen von Dr. Herzfeld (Kohlenstoff bestimmt durch Chromsäure) und Härtegrade nach den Tabellen von Dr. Teuchert umgerechnet, um die Zahlen ganz vergleichbar zu machen. Hiernach sind die Resultate folgende:

(Siehe die Tabellen auf S. 538—541.)

Diese Resultate bestätigen im allgemeinen die in der Campagne 1880/81 gefundenen, welche S. 253—272 mitgetheilt sind, und die sonstigen durch chemische Fällungsmittel erzielten Resultate (vgl. S. 57—60 u. S. 181—184) nämlich, dass durch chemische Fällungsmittel eine befriedigende Reinigung der Abwässer aus Zuckerfabriken durchweg nicht erzielt wird; ein wesentlicher Unterschied in der Wirkung der drei Fällungsmittel resp. Reinigungsverfahren (von F. A. Robert Müller & Cie., Dr. Oppermann und Rothe-Roeckner) tritt nicht hervor. Wir sehen in allen Fällen, dass zwar die suspendirten Schlammstoffe ziemlich vollständig beseitigt werden, dass aber die gelösten organischen Stoffe, sei es als Glühverlust, sei es als Kohlensäure durch Oxydation mit Chromsäure bestimmt, in dem gereinigten Wasser grösser sind, als im ungereinigten, so dass der überschüssige Kalk eher lösend als fällend auf die organischen Stoffe eingewirkt hat; und dieser

I. Untersuchungsresultate

1 Liter enthält nach Verfahren von:	Suspendirte Stoffe			Ge-sammt-Ein-dampf-rück-stand	Glüh-verlust	Kohlen-säure durch Oxyda-tion mit Chrom-säure
	Un-organi-sche	Orga-nische	Summa			
	mg	mg	mg	mg	mg	mg
I. F. A. Robert Müller & Co. in Schö-nebeck a. d. Elbe:						
Ungereinigt	883,4	404,4	1287,8	2620,1	1529,9	672,2
Gereinigt	97,3	62,1	159,4	2944,6	1680,8	1248,0
II. Dr. H. Oppermann-Bernburg:						
Ungereinigt	1065,2	296,7	1361,8	1546,3	875,3	320,5
Gereinigt	83,7	47,9	131,4	2431,2	1615,7	1755,5
III. Rothe-Roeckner (Franz Rothe Söhne-Bernburg):						
Ungereinigt	82,5	153,5	978,5	425,6	111,6	64,8
Gereinigt	56,0	15,4	71,4	849,2	314,8	246,0
IV. Fällen mit Kalk allein:						
Ungereinigt	168,2	73,0	241,2	1350,6	755,8	723,3
Gereinigt	33,8	21,2	55,0	1580,6	966,6	808,2
V. Berieselung nach Elsässer:						
1. Zuckerfabrik Roitzsch:						
Ungereinigt	425,5	734,0	1159,5	815,2	419,2	108,4
Gereinigt	6,4	0,6	7,0	567,6	184,2	11,3
2. Zuckerfabrik Querfurt:						
Ungereinigt	581,5	186,0	767,5	840,0	344,8	89,2
Gereinigt	16,5	74,0	90,5	787,6	269,6	42,4

Umstand ist nach den mikroskopischen Untersuchungen von Ferd. Cohn bei den Abgängen aus Rohzuckerfabriken um so bedeutungsvoller, als die Fermentation, welche bei der Fäulniss der Abwässer von Zuckerfabriken stattfindet, nicht so sehr auf der Zersetzung der stickstoffhaltigen als vielmehr auf der Gährung stickstofffreier Verbindungen, insbesondere der Kohlehydrate (Buttersäuregährung) beruht.

von Dr. C. R. Teuchert.

Aus der Kohlensäure berechneter Rohrzucker mg	Zur Oxydation verbrauchter Sauerstoff mg	Stickstoff Summa mg	Stickstoff In Form von Ammoniak mg	Stickstoff Organischer Stickstoff mg	Stickstoff Salpetrige Säure mg	Schwefelsäure mg	Kalk mg	Härtegrade	Kalkalkalinität mg	Eiweiss	Schwefelwasserstoff mg
435,4	488,9	55,8	33,5	22,4	0	62,9	292,1	29,2	0	0 bis vorhanden	0—5,4
808,4	907,6	52,7	30,1	22,6	0 bis vorhanden	113,8	615,4	61,5	348,3	desgl.	0—1,1
207,6	233,1	32,4	18,4	14,0	0	137,5	232,4	23,2	0	0 bis Spur	Spur bis 0,2
1137,1	1276,7	39,9	26,6	13,3	0 bis viel	137,9	439,5	43,9	199,3	0	0 bis Spur
42,0	47,1	16,1	11,9	4,2	0	83,0	96,8	9,7	0	vorhanden	Spur
159,3	178,9	13,3	10,5	2,8	0	202,1	253,6	25,4	156,8	0	0
468,5	526,0	27,7	10,2	17,5	0	75,8	277,2	27,8	0[1])	0	Spur
523,6	587,8	30,1	10,2	20,0	vorhanden	77,6	319,6	32,0	248,5	0	0
70,2	78,8	33,6	30,8	2,8.	0	62,3	140,0	14,0	0	0	Spur
7,3	8,2	7,0	1,4	5,6	Spur	63,5	193,0	19,3	0	0	0
57,8	64,9	22,4	11,2	11,2	0	36,1	222,0	22,2	0	0	0
27,5	30,8	8,4	4,2	4,2	0	88,1	276,8	27,7	0	0	Spur²)

[1]) Für das ungereinigte Wasser der Zuckerfabrik Lützen ist eine Kalkalkalinität von 329,0 mg pro 1 l angegeben.
[2]) Nach 8 Tagen 1,5 mg pro 1 l.

Was den Versuch auf der Fabrik Wendessen über die Wirksamkeit des Kalkes allein im Vergleich zu dem Müller-Nahnsen'schen Fällungsmittel anbelangt, so fällt derselbe zu Ungunsten des Kalkes allein und zu Gunsten des Müller-Nahnsen'schen Präparates aus. So wurde im Mittel aus den Resultaten der beiden Analytiker pro 1 Liter gefunden: (S. Tab. S. 542.)

2. Untersuchungsresultate

1 Liter enthält nach Verfahren von:	Suspendirte Stoffe[1]			Ge-sammt-Ein-dampf-rück-stand	Glüh-verlust	Kohlen-säure [durch Oxyda-tion mit Chrom-säure
	Un-organi-sche	Orga-nische	Summa			
	mg	mg	mg	mg	mg	mg
I. F. A. Robert Müller & Co. in Schönebeck a. d. Elbe:						
Ungereinigt	3603,2	714,5	4317,7	2349,9	1212,6	615,0
Gereinigt	101,5	42,5	144,0	2940,5	1414,5	776,0
II. Dr. H. Oppermann-Bernburg:						
Ungereinigt	4072,0[1]	485,7	4557,7	1515,2	804,5	198,6
Gereinigt	99,2	50,0	149,2	2483,5	1519,8	1328,1
III. Rothe-Roeckner (Franz Rothe Söhne-Bernburg):						
Ungereinigt	905,2	45,0	950,2	444,0	100,0	44,0
Gereinigt	32,0	4,0	36,0	902,0	290,0	229,8
IV. Fällen mit Kalk allein:						
Ungereinigt	1243,0	194,0	1437,0	1368,5	172,0	644,5
Gereinigt	101,0	47,5	148,5	1582,0	830,0	804,3
V. Berieselung nach Elsässer:						
1. Zuckerfabrik Roitzsch:						
Ungereinigt	2365,0	545,0	2910,0	940,0	526,0	118,0
Gereinigt	12,0	16,0	28,0	560,0	90,0	119,8
2. Zuckerfabrik Querfurt:						
Ungereinigt	870,0	85,0	955,0	1016,0	500,0	64,9
Gereinigt	16,5	33,5	50,0	740,0	290,0	12,1

[1]) Die Mengen suspendirter Stoffe in diesen Analysen weichen durchweg sehr erheblich (häufig um fast das 10 fache) von den Angaben des Dr. Teuchert ab.

von Dr. Alex. Herzfeld.

| Aus der Kohlensäure berechneter Rohrzucker | Stickstoff | | | | Schwefelsäure | Kalk | Härtegrade | Kalkalkalinität | Eiweiss | Schwefelwasserstoff |
| | Summa | in Form von Ammoniak | Organischer | Salpetrige Säure | | | | | | |
mg	mg	mg	mg	mg	mg	mg		mg		mg
398,7	46,9	24,2	22,7	0 bis Spur	66,2	341,9	34,2	Sauer bis 5,6	Re-action durchweg 0	0—4,2
508,7	42,5	24,1	18,4	desgl.	114,8	628,1	62,8	370,0		0 bis Spur
128,8	14,4 [1]	4,8	9,6	0	149,3	172,5	17,3	0	Re-action	Spur bis 7,5
854,3	17,0 [1]	11,0	6,0	0 bis Spur	144,9	426,2	42,6	216,7	0	0—1,8
28,5	10,5	5,9	4,6	vorhanden	115,9	98,0	9,8	0	Re-action	0
148,8	11,6	5,9	5,7	vorhanden	204,3	272,0	27,2	72,5	0	0
417,4	13,3	10,4	2,9	0 bis Spur	78,0	252,5	25,3	?	Re-action	0
521,1	12,6	7,5	5,1	0 bis viel	73,5	283,5	28,4	207,0	0	0—0,6
76,5	28,0	23,8	4,2	0	80,0	106,0	10,6	56,0	Re-action	0,8
77,7	4,3	2,8	1,5	wenig	64,5	173,0	17,3	0	0	0
42,0	18,6	7,4	11,2	0	34,4	206,0	20,6	8,0	Re-action	0 ·
7,8	5,6	3,1	2,5	Spur	87,6	190,0	19,0	1,6	0	0

[1]) Bei Zuckerfabrik Stössen giebt Herzfeld den Gesammt-Stickstoff für das ungereinigte Wasser zu 61,9 mg, den des gereinigten zu 182,0 mg pro 1 l an. Letztere Zahl ist sehr unwahrscheinlich und vielleicht ein Druckfehler. Ich habe daher nur aus den Resultaten der 2 ersten Fabriken das Mittel genommen.

	Reinigung mit dem Müller-schen Präparat.		Reinigung mit Kalk bei gewöhnlicher Temperatur	
	Schmutz-wasser mg	Gereinigtes Wasser mg	Schmutz-wasser mg	Gereinigtes Wasser mg
Suspendirte Stoffe:				
Anorganische	667,2	96,1	189,4	84,8
Organische	163,0	48,4	70,0	43,2
Summa	830,4	144,5	259,4	128,0
Gesammtrückstand	1124,8	1460,9	696,5	970,0
Glühverlust	505,8	583,8	231,6	552,0
Gesammtstickstoff	28,7	34,6	15,9	16,2
Schwefelsäure	91,1	142,8	103,8	106,3
Kalk	203,6	236,2	177,3	153,8

Aus der Tabelle ergiebt sich, dass von den suspendirten Stoffen durch die Reinigung mit dem Müller'schen Präparate 82,5 % und namentlich organischer Natur 70,4 %, mit dem alleinigen Kalkzusatze aber nur 51,0 % suspendirte Stoffe überhaupt und 38,3 % organischer Natur entfernt wurden. Ferner erfuhr durch das Müller'sche Verfahren der Gesammtrückstand nur eine Steigerung um 23 %, sowie der Glühverlust eine solche um 13,3 %, wohingegen sich der Gesammtrückstand durch die Kalkreinigung um 58,1 % und der Glühverlust sogar um 138,3 % gesteigert hatte.

Behufs eines Vergleiches des Knauer'schen Verfahrens mit den in der Campagne 1884/85 geprüften chemischen Verfahren hat die Commission beispielsweise die Resultate einerseits von Professor Dr. Märcker, andererseits von Dr. Teuchert benutzt und nimmt dazu die Durchschnittszahlen

von 6 Fabriken nach Knauer,
„ 5 „ „ Müller-Nahnsen,
„ 3 „ „ Oppermann

und ergiebt sich danach folgende Tabelle:

(Siehe Tabelle I auf S. 543.)

Einen weiteren Vergleich bietet die von der Commission unter den ganz gleichen Verhältnissen vorgenommene Beobachtung des Knauer'schen Verfahrens in der Campagne 1880/81 und des Müller'schen Verfahrens in der Campagne 1884/85 auf der Fabrik Schackensleben. In der nachstehenden Tabelle sind daher die Endresultate dieser beiden Untersuchungen einander gegenübergestellt:

(Siehe Tabelle II auf S. 543.)

Tabelle I.

	Knauer	Müller	Oppermann
	In 1 Liter nach:		
	gradirten, gereinigten Wassers sind enthalten:		
	mg	mg	mg
Suspendirte Stoffe:			
Anorganische	122,0	95,6	90,1
Organische	41,0	66,2	44,5
Summa	163,0	161,8	131,3
Gesammtrückstand	3543,0	3831,3	2431,2
Glühverlust	2023,0	2350,3	1615,7
Gesammtstickstoff	32,8	88,3	39,9
Schwefelsäure	123,0	118,8	104,6
Kalk	185,2	607,6	439,8

Tabelle II.

	Schackensleben 1880/81 Knauer Durchschnitt der Resultate von Märcker und Degener		Schackensleben 1884/85. Müller Durchschnitt der Resultate von Teuchert und Herzfeld	
	Gereinigt ungradirt	Gereinigt gradirt	Ungereinigt	Gereinigt
	mg	mg	mg	mg
Suspendirte Stoffe:				
Anorganische	63,0	93,1	1304,0	72,4
Organische	36,6	50,0	495,2	35,8
Summa	99,6	143,1	1799,2	108,2
Gesammtrückstand	3638,0	4087,0	3217,3	4624,9
Glühverlust	2272,0	2912,0	2023,8	2723,6
Gesammtstickstoff	53,2	23,1	38,6	52,9
Schwefelsäure	48,0	53,0	42,4	79,4
Kalk	466,0	161,0	410,9	1038,3

Unter gleichzeitiger Berücksichtigung der mikroskopischen Befunde und des Umstandes, dass die sechs in Betracht gezogenen Fabriken mit dem Knauer'schen Verfahren nicht auf Melasseentzuckerung eingerichtet waren, während unter den Abwässern der fünf Fabriken mit dem Müller'schen Verfahren drei die Laugen von einem Steffen'schen Verfahren und zwei Osmosebetrieben, unter den Oppermann'schen drei aber die Wässer einer Fabrik (Aderstedt) ebenfalls die Laugen eines Substitutionsverfahrens enthielten, führt die Vergleichung der Ziffern vorstehender Tabellen zu dem Schluss, dass das Müller-Nahnsen'sche und das Oppermann'sche, demnach auch jedenfalls das Rothe-Röckner'sche Verfahren mindestens denselben Reinigungseffect erzielen, als das Knauer'sche Verfahren, wenn sie nicht das letztere sogar übertreffen.

Das Berieselungsverfahren nach Elsässer hat auch nach diesen Untersuchungen, wenigstens auf der Fabrik Roitzsch die grösste Reinigung des Abwassers von organischen Stoffen herbeigeführt und wenn dasselbe auf der Fabrik Querfurt sich nicht in dem Masse bewährt hat, so glauben die beiden Gutachter dieses auf die Unzulänglichkeit der dortigen Rieselanlage zurückführen zu müssen.

Die Wirkung der Berieselung geht auch noch aus einem anderen Versuch hervor. Wie schon erwähnt, fliesst das gereinigte Abwasser der Fabrik Schöppenstedt in die Altenau und wird das Wasser der letzteren ca. 8 km unterhalb des Einflusses durch Aufstauen der Altenau auf die Eilumer Wiesen geleitet; das auf- und abfliessende Wasser ergab im Mittel der beiden Analysen pro 1 Liter:

| | Suspendirte Stoffe | | | Ge-sammt-Ab-dampf-rück-stand | Glüh-verlust | Be-rechne-ter Rohr-zucker | Zur Oxyda-tion er-forderli-cher Sauer-stoff | Stick-stoff als Ammo-niak | Orga-nischer Stick-stoff | Schwe-fel-säure | Kalk |
| | Un-organi-sche | Orga-nische | Ge-sammt- | | | | | | | | |
	mg	mg	mg	mg	mg	mg	mg	mg	mg	mg	mg
Auffliessendes . . .	11,3	9,8	21,1	635,0	145,0	29,7	34,2	3,4	5,6	154,6	167,6
Abfliessendes . . .	7,5	6,8	12,6	627,6	117,6	9,9	13,3	4,5	1,3	150,4	171,8

Hier hat also durch einfache oberirdische Berieselung eine nicht unwesentliche Reinigung, besonders an gelösten organischen Stoffen, wie nicht minder an suspendirten Stoffen und Gesammtstickstoff stattgefunden.

Versuche mit Fischen. Dr. Herzfeld hat weiter Versuche über die Wirkung der einzelnen Wässer auf Fische angestellt. Zu den Versuchen dienten Karpfen und Silberfische. Die Commission glaubt aber diesen Versuchen über Lebensfähigkeit der Fische in den verschiedenen Wasserproben grossen Werth nicht beilegen zu dürfen, weil, wie sich ergeben hat, ihr Gelingen von zu vielen Bedingungen abhängig ist, so dass sie zu leicht zu falschen Schlüssen führen können. Nach den Beobachtungen von Dr. Herzfeld lebte z. B. ein Karpfen in dem gereinigten Wasser von Querfurt 24 Stunden, in dem Betriebswasser 22 Stunden, im ungereinigten Fabrikwasser aber 4 volle Tage; ein Silberfisch lebte im Rieselwasser ebenfalls 24 Stunden, im Betriebswasser nur 1 $\frac{1}{2}$ Stunde und im ungereinigten Fabrikwasser 3 Tage.

Ebenso lebte ein Karpfen in dem Wasser aus der Altenau unterhalb Schöppenstedt 14 Tage, in dem noch weit besseren Wasser unterhalb der Eilumer Wiesen nur 3 Tage. Die Versuchsfische wurden in allen Betriebswässern mit der erwähnten Ausnahme in Querfurt 6 bis 14 Tage lebend erhalten, in gereinigten Wässern in Querfurt nur einen Tag, in Wendessen bei dem 2. Versuche mit Kalk, entsprechend allerdings einer ganz auffallend niedrigen Alkalinität des Wassers 3—4 Tage und bei Roitzsch waren die Fische bei Beendigung des Versuches nach 10 Tagen noch lebend, in den übrigen gereinigten Wässern zeigten die Fische nur eine kurze, durchweg unter 7 stündige Lebensdauer. Dem gegenüber aber wurde in den Bachläufen unterhalb der Einläufe von den Fabriken eine Lebensdauer erreicht: bei Schöppenstedt von 3 Tagen und bei Irxleben von einer Woche (Müller), bei Minsleben von einer Woche und bei Stössen von 14 Tagen (Oppermann).

Ich habe daher Abstand genommen, die einzelnen Resultate hier aufzuführen.

Das Gesammturtheil der beiden Chemiker geht nach alledem in wenigen Worten ausgedrückt dahin:

1. eine Reinigung mit Kalk allein hat nur einen mechanischen, chemisch jedoch einen ungenügenden Erfolg,

2. mit Hülfe des R. Müller'schen, Oppermann'schen und Rothe-Roeckner'schen Verfahrens wird ebenfalls eine mechanisch klärende Wirkung in den meisten Fällen erreicht, der chemische Reinigungseffect kann unter Umständen ein günstiger sein, aber noch nicht als genügend bezeichnet werden,

3. ein durchschlagender Effect ist einzig bei der Fabrik Roitzsch durch das Elsässer'sche Berieselungsverfahren erzielt worden und unter der Voraussetzung, dass die mangelhaftere Beschaffenheit des Querfurter Rieselwassers auf die Unzulänglichkeit der dortigen Rieselanlage zurückzuführen ist, kann ausgesprochen werden, dass mit Hülfe dieses Verfahrens eine genügende Reinigung erreicht wird.

B. Mikroskopische Untersuchung.

Die mikroskopische Untersuchung der Wässer wurde, wie bereits gesagt, von Prof. Ferd. Cohn in Breslau ausgeführt, welcher auch in der Campagne 1880/81 diesen Theil der Untersuchungen übernommen hatte (vgl. S. 272—276). Ferd. Cohn liess von den ihm von jedem Wasser eingesandten 2 Proben die eine an offener Luft, die andere in verschlossener Flasche stehen, um zu ermitteln, welchen Einfluss der freie und gehemmte Luftzutritt auf den Verlauf der Fäulnisserscheinungen hatte.

Die zahlreichen mikroskopischen Präparate wurden bald von der Oberfläche, der Mitte, dem Bodensatz, bald von der Innenwandung der Flasche und anfangs in kurzen, später in längeren Zwischenräumen entnommen.

Was die natürlichen, ungereinigten Abgangwässer der Zuckerfabriken anbelangt, so hat Ferd. Cohn darin im allgemeinen nur eine verhältnissmässig kleine Zahl verschiedener Arten von Mikroorganismen gefunden; dass diese dagegen in den meisten Abwässern in ungeheuerer Anzahl angetroffen werden und daher als constante und charakteristische Begleiter der eintretenden Zersetzungen und Gährungen angesehen werden müssen.

Als constanten und stetig vorhandenen Gährungserreger hat Cohn den Buttersäure-Bacillus (Bacillus amylobacter) in den Abwässern gefunden und schliesst hieraus, dass die am meisten charakteristische Fermentation, welche bei der Fäulniss der Abwässer der Zuckerfabriken stattfindet, nicht wie bei anderen fauligen Wässern auf der Zersetzung der eiweissartigen, stickstoffhaltigen, sondern höchstwahrscheinlich auf der Gährung stickstofffreier Verbindungen, insbesondere der Kohlehydrate beruht.

Dass oft auch Alkoholgährung eintritt, glaubt Cohn aus den mitunter beobachteten Hefepilzen ermittelt zu haben, auf Milchsäuregährung weisen vermuthlich die feinen Perlschnurfäden (Torulaform, Streptococcus) hin, welche auch in der Milch beobachtet werden.

Eine für die Abwässer der Zuckerfabriken charakteristische Spaltpilzart stellen die von Cohn als Ascococcus sarcinoides bezeichneten, in vierzählige Segmente gegliederten Gallertkügelchen dar. In welcher Beziehung diese, in einzelnen Abwässern massenhaft vermehrten Spaltpilze zu dem sogenannten Magenpilze (Sarcina ventriculi) oder zu den Froschlaichpilzen der Zuckerfabriken (Leuconostoc mesenteroides) stehen, hat bisher eben so wenig festgestellt werden können, als ihre etwaige Fermentwirkung.

Selbstverständlich finden bei der Fäulniss der Abwässer auch Zersetzungen der stickstoffhaltigen Eiweissverbindungen statt; als Erreger derselben mögen die vielen, nicht näher unterschiedenen Bacterienarten wirken, welche neben den Buttersäurebacillen in den faulenden Abwässern sich unendlich vermehren, und in der Regel durch ausgeschiedene Gallerte zuerst zu schwimmenden Flöckchen, dann zu einer zusammenhängenden Haut sich vereinigen. Hierhin gehören u. a. die als Zoogloea bezeichneten Bacterienschleimkolonien, die fadenbildenden Heubacillen (Bacillus subtilis), Bacterium Termo, die Vibrionen und Spirillen.

In den meisten Abwässern wird bei der Fäulniss aus der Zersetzung von schwefelhaltigen Eiweissstoffen oder von Sulfaten Schwefelwasserstoff entwickelt, der sich oft durch den Geruch erkenntlich macht, in der Regel aber mit Eisen verbunden, als schwarzes Schwefeleisen sich abscheidet.

Der oft sehr bedeutende Eisengehalt der Abwässer stammt wohl grösstentheils aus dem Erdboden der Rübenwäsche, wird zuerst von den Bacterienmassen, sowie von der Ockeralge (Lyngbya ochracea), als rothbraunes Eisenoxydhydrat abgeschieden, später wie schon bemerkt, gewöhnlich in

Schwefeleisen umgewandelt. Die Bildung von Schwefeleisen weist darauf hin, dass bei der Fäulniss der Abwässer auch Ammoniak entwickelt wird, da Eisen aus der Lösung nur durch Schwefelammonium, nicht durch Schwefelwasserstoff in ein Sulfit übergeht.

Eine sehr charakteristische Eigenthümlichkeit der Abwässer von Zuckerfabriken ist ihre Neigung zum Schimmeln; auf oder unter ihrer Oberfläche entwickeln sich Pilzmycelien als dicht verfilzte, schwimmende Häute. Diese Pilzvegetationen verbreiten sich auch in die Flussläufe, welche Abwässer von Zuckerfabriken aufnehmen; sie sind es, welche hauptsächlich zu Klagen der Anwohner oft berechtigten Anlass geben.

In den Kanälen zur Ableitung dieser Abwässer, wie in den Bächen unterhalb der Kanalmündungen bilden die Pilzvegetationen in der Regel hell- oder röthlichgraue wollvliessartige, zottig schleimige Auskleidungen; durch die Bewegungen des Wassers fortgerissen, werden sie auf weite Entfernungen transportirt, und da sie leicht in stinkende Fäulniss übergehen, verursachen sie nicht selten wahre Kalamitäten. Höchst wahrscheinlich ist es auch hier der Gehalt an Kohlehydraten (Zucker, Gummi, Schleim u. s. w.) im Wasser, welcher diese enorme Entwickelung von Pilzmycelien in den Abwässern der Zuckerfabriken begünstigt; Cohn schliesst dies daraus, dass ganz ähnliche Pilzvegetation sich auch in den Abwässern von Melassefabriken, Brauereien, Brennereien nicht selten einstellt, in gewöhnlichen Kloakenwässern dagegen in der Regel ausbleibt.

Es sind sehr verschiedene Arten von Pilzen, welche in der hier geschilderten Weise auf oder in den Abwässern von Zuckerfabriken als hell- oder röthlichgraue vliessartige Auskleidungen der Ufer, oder schwimmende schleimige Flocken beobachtet wurden; mit blossem Auge betrachtet, sind sie alle einander so ähnlich, dass sie nur unter dem Mikroskop sich unterscheiden lassen; nicht selten wird im nämlichen Abfluss die Pilzhaut in verschiedenen Monaten von verschiedenen Arten gebildet, ohne dass das unbewaffnete Auge eine Veränderung in der Zusammensetzung bemerkt.

Die wichtigste Art unter diesen Pilzen ist ein Wasserschimmel, Leptomitus lacteus; unter dem Mikroskop stellt derselbe ein Gewirr farbloser zarter, leicht verletzbarer Schläuche oder Röhrchen dar, welche sich reichlich verzweigen und in gewissen Abständen etwas eingeschnürt sind; an diesen Stellen enthalten sie ein glänzendes Kügelchen. Leptomitus lacteus wurde zuerst im Jahre 1852 durch Göppert als Ursache einer Wassercalamität in dem Weistritzflusse bei Schweidnitz beschrieben, der die Abwässer einer, $^1/_2$ Meile oberhalb gelegenen Melassefabrik aufgenommen hatte; seitdem ist Leptomitus lacteus in den Abflüssen der Zuckerfabriken aus den verschiedensten Gegenden Deutschlands ·vielfach beobachtet worden; es ist derjenige Wasserschimmel, der am meisten für die Abwässer dieser Fabriken charakteristisch ist und am häufigsten zu Klagen Veranlassung giebt.

Bei Sphaerotilus natans bestehen die röthlichgrauen vliessartigen Massen aus dickeren Bündeln sehr langer feiner paralleler farbloser Fäden, die sich aufwärts in zahlreiche dünnere Stränge büschelartig zertheilen und in gemeinsamen Schleim eingehüllt sind. Durch die falschen Verzweigungen der Fäden stimmt Sphaerotilus mit Cladothrix überein, welche farblose lockere Flocken in den Abwässern bildet.

In anderen Abwässern vegetiren die Mycelien von Pilzarten, die auch auf trockenerer Unterlage sich entwickeln; hierin gehört das Mycel von Schimmelpilzen, die durch ihre spindelförmigen gekammerten Sporen (Conidien) ausgezeichnet sind: Selenosporium aquaeductuum (wohl zu Fusisporium gehörig). Auch Köpfchenschimmel (Mucoraceen) erzeugen schwimmende Mycelmassen auf Abwässern von Zuckerfabriken; als solche sind Arten von Pilobolus und Mucor beobachtet worden. Auf einer ähnlichen Mycelhaut, die auf dem Abwasser einer schlesischen Zuckerfabrik gewachsen war, sprossten die becherförmigen rothbraunen Früchte eines Schüsselpilzes (Ascobolus pulcherrimus) hervor.

Auch auf sehr vielen der vorstehenden Wasserproben entwickelte sich eine Mycelhaut; doch konnten die Pilze in der Regel nicht bestimmt werden, da sie keine Sporen erzeugten; in einem Fall war es Selenosporium (Fusisporium) aquaeductuum, in einem andern Aspergillus glaucus, in einem dritten Oidium lactis; die charakteristischen Arten Leptomitus lacteus und Sphaerotilus natans kamen nicht vor.

Von welcher Art nun auch die Gährungen und Zersetzungen der faulenden Abwässer sein mögen, immer ist es nur eine gewisse Zeit, wo dieselben fortdauern; sind die gährungsfähigen organischen Verbindungen durch die Gährungspilze zerstört, so hört die Fäulniss von selbst auf, auch wenn kein Reinigungsverfahren angewendet ist.

Das Wasser, welches während der Fäulniss stinkend, milchig, trübe, oder durch Ausfällung von Schwefeleisen kohlschwarz und völlig undurchsichtig geworden war, klärt sich allmälig und wird zuletzt vollkommen klar und geruchlos; die von Bacterien und anderen Pilzen gebildeten Flocken und Häute, in welche auch die Monaden und Infusorien in encystirtem Zustande eingelagert sind, setzen sich am Boden ab, den schon vorher das Sporenpulver der Buttersäurebacillen und wohl auch anderer Arten bestreut hatte.

Nunmehr kommen im Wasser ganz andere Mikroben zur Entwicklung, als während der Fäulniss; sie gehören nicht zu den Pilzen, sondern zu den Algen, und zeichnen sich durch ihre span- oder lichtgrüne oder braune Farbe aus.

Ihre Vermehrung ist ein sicheres Anzeichen, dass die Fäulniss zu

Ende geht, dass die organischen Verbindungen im Wasser bereits grösstentheils zersetzt sind; sie machte sich schon dem blossen Auge durch grüne
oder braune Anflüge am Boden und an den dem Lichte zugekehrten Innen-
wänden der Glasgefässe bemerkbar, in denen die Abwässer aufbewahrt
wurden.

Die Mikroben der durch Selbstreinigung von Fäulnissstoffen mehr
oder minder vollständig befreiten Abwässer sind die nämlichen, welche in
allen offenen, namentlich fliessenden Gewässern in normalem Zustande sich
vorfinden; ihre Keime sind offenbar mit dem Betriebswasser in die Schmutzwässer gelangt und haben der Fäulniss widerstanden, können sich aber erst
dann vermehren, wenn mit der Zersetzung der gährungsfähigen organischen
Verbindungen auch die Vermehrung der als Gährungserreger wirkenden
Mikroben (Monaden, Bacterien und anderer Pilze) zum Stillstand gekommen ist, und diese selbst durch Absetzen am Boden zum grössten Theile
beseitigt sind.

Die spangrünen Algen gehören zu den Algengruppen der Chroococca-
ceen und Nostocaceen; vorherrschend sind die Gattungen: Aphanothece,
Leptothrix, Oscillaria, Lyngbya, Nostoc.

Eine übermässige Vermehrung dieser Algen scheint auf eine noch un-
vollständige Reinigung der Abwässer hinzudeuten; in der That finden wir
dieselben oft in grossen Massen bereits zwischen den Wasserpilzen (Leptomitus lacteus, Sphaerotilus) vegetirend.

In vollkommen gereinigtem normalen Wasser entwickeln sich ganz
überwiegend lichtgrüne Algen (Protococcaceen und Conferven), die jedoch
in der Regel nur durch wenige Gattungen und Arten repräsentirt sind,
so wie die braunen kieselschaligen Bacillarien, von denen eine grosse
Mannigfaltigkeit von Gattungen und Arten allmälig zum Vorschein kommt.

Eine eigenthümliche Bedeutung kommt der Ockeralge (Lyngbya ochracea) zu; sie ist ein sicheres Anzeichen für Eisengehalt des Wassers; ihre
dünnen Fäden sind in Gallertscheiden eingeschlossen, in denen das im
Wasser als kohlensaures Eisenoxydul gelöste Eisen erst mit gelber, dann
rostrother, zuletzt dunkelbrauner Farbe als Eisenoxydhydrat (Eisenhydroxyd)
abgeschieden wird.

Je reichlicher der Eisengehalt des Wassers, desto mehr vermehrt sich
die Ockeralge; ihre geschlängelten und unter einander verfilzten Fäden bilden rostbraune schwimmende Flocken und Häute an der Oberfläche, oder
einen flockigen oder pulverigen Absatz am Boden des Wassers, der gewöhnlich fälschlich für anorganischen Ockerniederschlag gehalten wird.
Selbst in den gefaulten Abwässern der Zuckerfabriken kommt die Ockeralge
nach vollendeter Selbstreinigung oft noch zu bedeutender Entwicklung und
überzieht den schwarzen Niederschlag von Schwefeleisen noch nachträglich
mit braunem Ocker.

Die im Betriebswasser von vorn herein vorhandenen, die im Schmutzwasser neu aufgenommenen und die durch die Reinigungsverfahren absichtlich zugesetzten Salze scheiden sich mit der Zeit grösstentheils aus, die
meisten in regelmässigen mikroskopischen Krystallen (Nadeln, Prismen,
Büscheln, Drusen); andere als kuglige Körperchen.

Cohn hat die chemische Natur dieser Krystalle ununtersucht gelassen;
die meisten, aber nicht alle Krystalle sind jedoch offenbar Carbonate, zum
grossen Theil kohlensaures Calcium.

Diese Krystallabscheidungen lagern sich in die Bacterien- und Pilz-
häute massenhaft ein, oder bilden an der Oberfläche des Wassers schwimmende feine Plättchen und Schüppchen, die sich später oft zu einer zusammenhängenden Krystallhaut, selbst zu einer dichten Kruste vereinigen;
sie sinken schliesslich zu Boden und finden sich daher auch im Absatz.

Bei geringerer Krystallabscheidung entsteht nur ein rauher krystallinischer Rand an der Oberfläche des Wassers, der sich wohl auch bis in eine
gewisse Tiefe an den Glaswänden als weisser Anflug fortsetzt.

Durch Kalk gereinigte Abwässer trüben sich, wenn das gelöste Calciumhydroxyd durch Anziehen von Kohlensäure aus der Luft in mikroskopischen Krystallen von Calciumcarbonat ausfällt und werden erst
nach dem vollständigen Absetzen in längerer Zeit wieder klar; zwischen
den Krystallen an der Oberfläche des Wassers finden wir in der Regel
grössere Mengen von Bacterien, auch wenn solche im Wasser selbst nicht
zum Vorschein kommen.

Die Zeit, welche erforderlich ist, ehe die Abwässer ihre Fäulniss durch
Selbstreinigung zu Ende geführt haben und wieder vollkommen klar geworden
sind, resp. ehe die im Wasser gelösten Salze durch Auskrystallisiren und
Absetzen abgeschieden sind, ist bei verschiedenen Wasserproben sehr verschieden; sie hängt ab von der Menge der gelösten Stoffe, resp. von dem
Grade ihrer Verdünnung, sowie von der Temperatur. Ungereinigte Schmutzwässer haben ihre Fäulniss selbst nach 6—8 Monaten nicht völlig zu Ende
geführt; erst nach 10 Monaten konnten die Wasserproben als vollständig
gereinigt angesehen werden. Wird der Zutritt der atmosphärischen Luft
(in verschlossener Glasflasche) verhindert oder doch sehr vermindert, so
wird auch die Beendigung der Fäulniss verzögert; das Wasser bleibt stinkend, schwarz, voll Bacterien, während die nämliche Probe in offenem Gefäss bereits vollkommen klar geworden ist.

Nach diesen allgemeinen Bemerkungen von Ferd. Cohn über das Vorkommen der Arten von Mikroorganismen in den Abwässern der Zuckerfabriken kann ich die nähere Aufführung der in dem ungereinigten Abwasser der einzelnen Fabriken beobachteten Mikroorganismen wohl umgehen,
wie nicht minder derjenigen in den verwendeten reinen Betriebswässern.
Auch die mit den verschiedenen chemischen Fällungsmitteln in gereinigten

Abwässern beobachteten Mikroorganismen und die durch dieselben bewirkten Fermentationen verhielten sich im allgemeinen gleich; indess mögen hierüber bei der Wichtigkeit gerade des mikroskopischen Befundes für den Werth der einzelnen Reinigungsverfahren die hauptsächlichsten Original-Beobachtungen des Verfassers mitgetheilt werden.

I. Reinigungsverfahren von F. A. Robert Müller & Co. in Schönebeck a. d. Elbe.

1. Zuckerfabrik Schöppenstedt (gereinigtes Wasser).

„Das Wasser ist beim Empfang milchig trübe, dumpfig riechend, neutral; an seiner Oberfläche schwimmen kleine Bröckchen, am Boden häuft sich ein mässiger (2—3 mm) feinpulveriger, gelbgrauer Absatz, der sich leicht in grössere, beim Zerdrücken wieder in feines Pulver zerfallende Bröckchen ballt.

Lebendes ist anfangs unter dem Mikroskop nicht zu finden; doch bald tritt Fäulniss des Wassers ein; die Flüssigkeit stinkt, an ihrer Oberfläche sammelt sich eine Bacterienschleimhaut, gebildet aus verschiedenen Arten, vorherrschend Buttersäurebacillen (Amylobacter); daneben Mikrococcuskolonieen (Zoogloea) und kurze geschlängelte Fäden, aus sehr kleinen perlschnurartig gereihten Kügelchen bestehend, die als Torulaform oder Streptococcus zu bezeichnen sind.

Auf der sich mit der Zeit verdickenden Bacterienhaut entwickelt sich auch Pilzmycel, das sich, da es steril bleibt, nicht bestimmen lässt; später sinkt die Haut in Fetzen zu Boden; der Absatz überzieht sich mit einer kohlschwarzen Schicht von Schwefeleisen; noch im August ist das Wasser übelriechend und nur halb durchsichtig auf ihm schwimmt eine kreideweisse Schicht von Schwefelpulver, die auch am Rand der Flasche anhaftet oder in Fetzen am Boden liegt; in der verschlossenen Flasche ist die Flüssigkeit ganz undurchsichtig schwarz und riecht stark nach Schwefelwasserstoff.

Die bei der Fäulniss des Wassers stattfindenden chemischen Processe scheinen, so weit dies aus der mikroskopischen Untersuchung sich beurtheilen lässt, nicht wesentlich verschieden von denen, die bei Probe 2 ausführlich beschrieben sind; insbesondere geht die Buttersäuregährung, die Ausfällung des gelösten Eisen, als Eisenoxydhydrat und dessen Umwandlung in schwarzes Schwefeleisen durch den bei der Fäulniss frei werdenden Schwefelwasserstoff, die Abscheidung von weissem Schwefelpulver, das auf der Flüssigkeit schwimmt oder den Boden bedeckt, endlich das Auskrystallisiren von Carbonaten und anderen Salzen in mikroskopischen Nadeln, Prismen, Drusen in beiden Proben in anscheinend gleicher Weise vor sich.

Im August war unter den Bacterien eine eigenthümliche, in flachen Spiralwindungen gebogene Art, Vibrio Rugula, zu überwiegender Vermehrung gelangt; Schleimmassen, die auf der Oberfläche der Flüssigkeit schwammen, bestanden jetzt fast ausschliesslich aus Schwärmen dieser zierlichen lebhaft bewegten Form; auch zeigten sich jetzt viele Fäden von Beggiatoa, einer in H_2S haltigem Wasser regelmässig vorkommender Alge“.

Dieses gereinigte Wasser fliesst in die Altenau und wird das Wasser der letzteren, wie oben angegeben ist, weiter unten auf eine grössere Wiesenfläche geleitet. In dem Wasser der Altenau nach Aufnahme des gereinigten Abwassers fanden sich die Ockeralge (Lyngbya ochracea) und Glockenthierchen; es entwickelten sich darin zahlreiche Bacillarien, grüne Algen, Infusorien und Difflugien; auch fehlte es darin nicht an Monaden und Bacterien.

In dem Abrieselwasser entwickelt sich vorherrschend die Ockeralge, zwischen deren Fäden sich Infusorien finden.

Bald treten im Wasser lokale Fäulnissprocesse auf; es vermehren sich Monaden und Bacterien; Schwefelwasserstoff wird frei und schwärzt theilweise die braunen, eisenhaltigen Flöckchen der Ockeralge. Oben sammelt sich Bacteriengallerte (Zoogloea) in welcher Amöben umherkriechen, die feinen farblosen Fäden der Cladothrix dichotoma sich verzweigen und selbst grössere Pilzhyphen nisten.

Bald jedoch kommt die Fäulniss zu Ende; offenbar ist nicht viel fäulnissfähige organische Substanz im Wasser enthalten. Sobald die Fäulnissprocesse abgeschlossen, verschwinden die Pilze, Bacterien und Flagellaten; erstere erstarren in Gallerte, letztere kapseln sich in Cysten ein. Nun vermehren sich ausschliesslich die Organismen des gewöhnlichen Grabenwassers; theils braune Bacillarien (Navicula, Fragillaria, Melosira u. a.) theils grüne Algen.

2. Zuckerfabrik Wendessen (gereinigtes Wasser).

Das Wasser ist beim Empfang halbdurchsichtig milchig, riecht laugenhaft, reagirt alkalisch, wird aber beim Stehen an der Luft bald neutral.

Sobald das Wasser neutral geworden, vermehren sich in ihm Gährungspilze in reichlichstem Masse. Vor allem sind es Buttersäurebacillen (Amylobacter), die sich in dichten Schwärmen an der Oberfläche des Wassers ansammeln und allmälig eine schwimmende Schleimhaut darstellen, die von den dünnen Fäden der Cladothrix durchwuchert wird.

Die Buttersäurebacillen verdrängen in unendlicher Vermehrung eine Zeit lang alle anderen Bacterien; wenn sie zur Sporenbildung gelangt sind, verschwinden sie wieder zum grössten Theil, und andere Arten, insbesondere die zierlichen aalgleichen Schraubenformen des Vibrio Rugula, erhalten die Oberhand.

Im August 1885 war das Wasser noch trübe, stinkend; die Bacterienhaut hatte sich durch Abscheidung von Schwefeleisen geschwärzt; schwärmende Bacillen fanden sich jetzt spärlich; dagegen war der Boden der Flasche mit einem weissem Pulver bedeckt, welches hauptsächlich aus den herabgesunkenen Sporen des Amylobacter bestand.

3. Zuckerfabrik Cochstedt (gereinigtes Gesammt-Abwasser).

Dasselbe verhält sich im allgemeinen genau wie No. 2.

4. Zuckerfabrik Irxleben (gereinigtes Wasser).

Das Wasser ist beim Empfang klar, farblos, laugenhaft riechend, reagirt alkalisch, bildet nur einen spärlichen fein pulverigen Absatz.

An der Luft wird das Wasser erst nach langer Zeit neutral; an seiner Oberfläche bildet sich eine krystallinische Kruste, die später untersinkt; die Innenfläche der Flasche wird, vom Rande abwärts, von einem weissen krystallinischen Anflug bedeckt; ausser Nadelbüscheln, Prismen und Drusen scheiden sich auch braune kuglige und amorphe Massen aus. Dagegen sind weder Bacterien noch sonst Lebendiges wahrzunehmen, das Wasser blieb noch nach mehreren Monaten schwach alkalisch und ohne Leben.

In dem Bachwasser unterhalb der Fabrik schwärmen unzählige Monaden, die dicht gedrängt an der Oberfläche sich anhäufen, zwischen ihnen schlängeln sich Bacillen und Spirillen hindurch; kurze, dicke, lebhaft bewegliche Beggiatoafäden und dünne gegabelte Cladothrixfäden sind zu Flöckchen verwirrt, die theils oben schwimmen, theils am Boden sich absetzen.

Auch **Fäulnissinfusorien**, insbesondere **Paramecium putrinum**, bewegen sich lebhaft zwischen den schwärmenden Monaden und Bacillenhaufen.

5. Zuckerfabrik Schackensleben.

Das gereinigte Wasser behält vom 29. Januar bis August 1885 seine alkalische Reaction. An der Oberfläche bildet sich eine krystallinische Haut und am Boden eine Krystallkruste; mit letzterer scheiden sich viele Bacterien, Bacillen mit Sporen und Micrococcus-Kolonien ab, jedoch sind dieselben anscheinend in leblosem Zustande ausgefällt und nicht in Vermehrung begriffen.

II. Reinigungsverfahren von Dr. H. Oppermann in Bernburg.

1. Zuckerfabrik Minsleben (gereinigtes Wasser).

Das Wasser ist beim Empfang opalisirend, etwas dumpfig riechend, neutral und bildet geringen hellgrauen pulverigen Absatz, aus Schlamm und Krystalldrusen bestehend, die sich in Salzsäure nnter Aufbrausen lösen (Carbonate).

Lebendes ist anfangs nicht vorhanden.

Auch bei längerem Stehen wird das Wasser nicht klar, bleibt immer nur halbdurchsichtig, an offner Luft erzeugt es einen **krystallinischen Rand**, an seiner Oberfläche entwickeln sich nach einiger Zeit gelbliche und schwärzliche **Flöckchen**, gebildet aus **Bacterien** und **Monaden**, letztere encystiren sich bald; unter den Bacterien herrschen die **Buttersäurebacillen** vor, welche bald in **Sporenbildung** übergehen. Im Absatz, der sich mehrt, und eine schwarzgraue Färbung annimmt, findet sich, ausser Krystallen Bacterien und Monadencysten, sehr reichlich auch **Alkoholhefe** in einer kleinen Form, ausserdem **bräunliches Pilzmycel**, das mit **Bacteriengallerte** eingehüllt ist.

Das Bachwasser, welches dieses gereinigte Abwasser aufnimmt, ist anfangs vollkommen klar, farblos, geruchlos, neutral und bildet einen zarten, grauen pulverigen Anflug am Boden.

Mit der Zeit entwickeln sich an der Oberfläche des Wassers **schwärzliche** oder **bräunliche Flöckchen**, die sich auch am Boden absetzen; sie bestehen aus **Bacteriengallerte**, die von **encystirten Monaden** durchsetzt, von **Cladothrixfäden** und **Pilzmycel** durchwuchert sind.

Bald aber vermehren sich ausschliesslich **grüne** und **braune Algen**, von ersteren **Protococcuskugeln**, **Scenedesmusgruppen** und zarte **Conferven** (**Ulothrix tenerrima**), von letzteren ausser **Ockeralgen** besonders zahlreiche Arten von **Bacillarien** (**Synedra splendens**, **Pinnularia viridis**, **Pleurosigma scalproides**, **Melosira varians** u. a.) Belebt wird diese Vegetation von **Infusorien** (Chilodon, Amphileptus) und besonders zahlreich von **Difflugien**; unter letzteren die krummhalsige **Cyphoderia ampullacea**. Auch lebende **Wasserälchen** schlängeln sich durch den Bodenschlamm.

2. Zuckerfabrik Aderstädt (gereinigtes Wasser).

Das im gefrorenen Zustand angelangte Wasser war nach dem Aufthauen klar, farblos, von laugenhaftem Geruch, stark alkalisch, und bildet einen geringen, grauen pulverigen Absatz.

An der Luft scheiden sich an der Oberfläche des Wassers **Krystalle** aus, die zu einem **krystallinischen Häutchen** zusammen schliessen; Lebendes ist zunächst nicht zu finden.

Das Wasser trübt sich durch mikroskopische **Krystallbildung**; der obere Rand wird bis zu einer gewissen Tiefe, etwa $^{1}/_{4}$ der Wasserhöhe, krystallinisch rauh. **Sobald das Wasser** durch Sättigung der Basen aus der Kohlensäure der Luft **neutral** geworden ist, tritt reichlichste Bacterienentwicklung und Fäulniss ein; der Geruch wird unangenehm; zwischen den abgeschiedenen Krystallen finden sich zahlreiche Bacillen und andere Bacterien; der aus Schlamm und Krystallen bestehende, pulverige Absatz überzieht sich mit einem zarten, schleimigen, auf der Unterseite geschwärzten Häutchen, das aus Bacteriengallert (Zoogloea), encystirten Monaden und vorzugsweise aus Buttersäurebacillen sich zusammensetzt; ihre Sporen bedecken mit kreideweissem Pulver den Boden in unendlicher Menge.

3. Zuckerfabrik Stössen (gereinigtes Wasser aus den Wagenknechtschen Bassins).

Das Wasser ist beim Empfang halb durchsichtig, laugenhaft riechend, stark alkalisch und bildet geringen pulverigen Absatz.

Auch dieses Wasser unterliegt intensiver Fäulniss, die mit heftigem Gestank und starker Gasentwicklung verbunden ist; daher steigen dicke braune Schaummassen über die Oberfläche; durch Bildung von Schwefeleisen wird die Innenwand der Glasflasche und der schlammige Bodenabsatz mit einer schwarzen Schicht überzogen.

Monaden und Bacterien in unendlicher Menge sammeln sich an der Oberfläche des Wassers und vereinigen sich bald zu einer farblosen, zusammenhängenden, schleimig-flockigen, schwimmenden Haut, in welche Krystallplättchen, Nadelbüschel und kuglige Ausscheidungen massenhaft sich einlagern. Auf dieser Haut entwickelt sich Mycel, welches röthliche Schüsselchen von knorpliger Consistenz trägt; höchst wahrscheinlich die unreifen Fruchtkörper eines Schüsselpilzes: Peziza (Ascobolus) pulcherrima.

Der Hauptmasse nach besteht jedoch die schwimmende Haut — abgesehen von den encystirten Monaden aus verschiedenen Arten von Spaltpilzen, insbesondere Gallertkolonien von Micrococcus und Ascococcus sarcinoides — aus Schwärmen von Bacillen, dickeren und dünneren; leicht erkennbar sind die Buttersäurebacillen (Amylobacter), die sich dann in ihre Sporenmassen auflösen. Auf der Schleimhaut erheben sich rostrothe oder orange Pünktchen, in grosser Zahl zerstreut; es sind Häufchen eines durch verhältnissmässig grössere Kügelchen und losen Verband derselben ausgezeichneten Micrococcus (M. fulvus). Andere Zoogloeamassen zeichnen sich durch gelbgrüne Färbung aus, sie werden ebenfalls durch einen Micrococcus gebildet, den wir auch in der ungereinigten Wasserprobe gefunden hatten.

In der geschlossenen Flasche hatte sich auf dem Boden eine weisse Schicht abgelagert, die — abgesehen von den Krystallen, den Monadencysten und den Bacillussporen u. a. — fast rein aus den kugligen Ballen des Ascococcus sarcinoides gebildet war. Eine ähnliche Zusammensetzung zeigte auch der Absatz in der geöffneten Flasche, doch hatte er hier eine graue Färbung; das Wasser selbst war noch im October 1885 milchig und übelriechend.

Das gereinigte Wasser der Zuckerfabrik Stössen fliesst in den Giekenbach. Eine 5 km unterhalb der Fabrik entnommene Probe Wasser ist beim Empfang nicht völlig klar, neutral und bildet einen geringen, grauen Absatz mit bräunlichen Bröckchen.

Im Wasser schwimmen äusserst zahlreiche Monaden, Bacterien und grössere Infusorien, unter letzteren befinden sich mehrere Arten: Vorticella nebulifera, Euplotes Charon, Paramecium. Allmählich bildet sich eine farblose schwimmende Schleimhaut, in welcher Zoogloeaballen, Schwärme von Bacillen, Monadencysten u.s.w, sich verbinden, auf dieser Haut entwickeln sich die orangefarbenen Häufchen des Micrococcus fulvus, den wir in der vorhergehenden Probe bereits beobachteten; die Haut wird mit Krystalldrusen inkrustirt. Auch die Wände erhalten einen grauen Anflug von Bacterienhaufen.

Doch bald kommen grüne und braune Algen in dem vollständig geklärten Wasser zu überwiegender Vermehrung, und verleihen den Flöckchen am Rande des Wassers, wie am Bodenabsatz ihre eigenthümliche Färbung. Gefunden wurde eine blaugrüne Leptothrix, deren Fäden sich zu zarten Membranen verflechten (etwa Leptothrix aeruginea); ferner lichtgrüne Anflüge des Protococcus infusionum und Scenedesmus obtusus; ferner zahlreiche Arten von braunen Bacillarien (Nitzschia vermicularis, Synedra splendens, Navicula cuspidata u. a.). Von Flagellaten fällt die spangrüne Cryptomonas ovata auf; auch schlängeln sich Wasserälchen (Anguillula) durch den Bodenabsatz, in welchem zahlreiche Difflugien langsam umherkriechen.

In der verschlossenen Flasche zeigte der Niederschlag stellenweis eine schmutzig rothe Färbung; sie rührte her von Schwärmen zahlloser rother Spirillen (Spirillum rufum Perty), die übrigens auch in zoogloeaartigen Schleimmassen vereinigt waren.

III. Reinigungsverfahren von Rothe-Roeckner.

Zuckerfabrik Rossla (gereinigtes Wasser).

Das Wasser ist beim Empfang klar, farblos, von laugenhaftem Geruch, alkalisch und bildet geringen grauröthlichen pulverigen Absatz.

An der Oberfläche des Wassers scheiden sich Krystalle aus, die in Drusen auswachsen, erst isolirt, dann zu einem schwimmenden Krystallhäutchen verbunden. Um die Krystalle sammeln sich Bacterien, diese vermehren sich rasch, nachdem das Wasser neutral geworden; gleichzeitig mit ihnen verschiedene Monaden, aus ihnen bildet sich eine schwimmende Haut; die von Krystallen inkrustirt, von Pilzmycel überwuchert wird. Unter den Bacterien, welche die Haut zusammensetzen, herrschen neben den Zoogloeamassen auch Bacillen vor; unter diesen wurden vorzugsweise zwei Arten unterschieden, die Buttersäurebacillen, welche endständige Sporen erzeugen, und eine zweite Art (Bacillus tumescens), deren weitere Glieder fadenförmig aneinander gekettet, je eine Spore im Innern entwickeln; später sinkt die Haut in Fetzen zu Boden. Im Absatz finden sich auch die Perlschnurfäden der farblosen Torulaform, Fadenbüschel von Cladothrix; hauptsächlich aber sind es Sporen der Bacillen, welche neben den Kalkkrystallen den Boden mit kreideweissem Anflug bedecken.

IV. Reinigung durch Kalk allein.

1. Fabrik Lützen (gereinigtes Wasser vor Einlauf in den Flossgraben).

Das Wasser ist beim Empfang halbdurchsichtig, hellgrau, riecht laugenhaft, reagirt alkalisch und bildet einen spärlichen pulverigen Bodenbelag von hellgrauer Farbe.

An der Luft scheiden sich Carbonate (zumeist wohl kohlensaures Calcium) in Krystallen aus, zunächst an der Oberfläche des Wassers; sie gruppiren sich hier in Drusen zu losen schwimmenden Schüppchen oder Drusensträngen. die sich untereinander netzförmig verbinden, und daher anfangs eine durchbrochene, später durch weiteres Ineinanderwachsen der Krystalle eine zusammenhängende schwimmende dünne Kruste bilden; schliesslich fällt dieselbe zu Boden.

Sobald die Flüssigkeit neutral geworden ist, sieht man zwischen den Krystallbündeln Bacillen schwimmen, anscheinend zwei Arten, eine dickere und eine dünnere; ausser diesen auch Vibrio Rugula und andere Bacterien. Besonders am Boden vermehren sich Buttersäurebacillen in solcher Menge, dass ihre Sporen ein weisses Pulver bilden. Noch im October 1885 ist die Flüssigkeit milchig, übelriechend.

2. Zuckerfabrik Wendessen (gereinigtes Wasser).

Das Wasser ist beim Empfang klar, farblos, laugenhaft riechend, schwach alkalisch und bildet geringen, weissen, pulverigen Absatz.

Auf der Oberfläche des Wassers bildet sich an der Luft ein krystallinisches Häutchen und auch die Innenwand der Flasche erhält einen weissen feinen Belag, indem der gelöste Kalk sich in Krystallen abscheidet. Bald tritt Fäulniss ein; oben sammelt sich eine schleimigflockige Haut, bestehend aus Zoogloea, Micrococcuskolonien und Bacillenschwärmen; später siedelt sich auch das Mycel eines Schimmelpilzes auf der Haut an.

Die Buttersäurebacillen gelangen bald zur Sporenbildung; die zuerst frei schwärmenden Monaden encystiren sich und lagern sich sammt den Krystalldrusen in die Schleimhaut ein, die später zerreisst und in Fetzen zu Boden sinkt. Das Wasser stinkt sehr widerlich; durch Schwefeleisen schwärzt es sich eben so wie die Schleimflocken; eine schwarze Schicht von Schwefeleisen überzieht den Bodenabsatz; dieser besteht aus Kalkdrusen und Schlamm, in welchem unzählige Sporen der Buttersäurebacillen, neben den Torula-artigen Perlschnurketten und anderen Bacterien, und selbst schwärmende Bacillen und Spirillen sich massenhaft finden.

Nachdem das Wasser seine alkalische Reaction verloren hat, entwickelt sich Fäulniss (insbesondere der Buttersäuregährung, Entwicklung von Schwefelwasserstoff, Bildung von Schwefeleisen) in kaum vermindertem Grade wie bei dem ungereinigten Wasser.

V. Reinigung nach Elsässer durch Berieselung.

1. Zuckerfabrik Roitzsch (Abrieselwasser gemischt aus sämmtlichen Drainröhren der Anlage).

Das Wasser ist beim Empfang halb durchsichtig opalisirend, geruchlos, neutral; es bildet einen sehr geringen grau pulverigen Anflug am Boden, nebst grösseren, röthlich braunen Flöckchen und Bröckchen.

Die rostbraunen Flöckchen vergrössern und vermehren sich mit der Zeit; sie bestehen zumeist aus den durch Eisen inkrustirten Fäden der Ockeralge (Lyngbya ochracea); zwischen ihnen schwärmen eine Menge Infusorien des süssen Wassers (Amphileptus Fasciola, Urostyla grandis, Vorticella nebulifera, Cyclidium Glaucoma, Stylonychia Mytilus, Paramecium Aurelia, Actinophrys Sol); auch grössere Borstenwürmer (Naiden).

Bacterien und Monaden finden sich nur zerstreut, oder bilddn weisse, sehr feine schwimmende Flöckchen, in denen auch Cladothrix vegetirt. Um so reichlicher aber vermehren sich am Lichte grüne und braune Algen, so dass ein grüner und bräunlicher Anflug die Innenwand der Flasche und den Boden überzieht; letzterer wird aus beweglichen oder ruhenden Bacillarien, ersterer aus den Kugelzellen von Protococcus-Arten und aus den Fäden der Ulothrix tenerrima gebildet.

2. Zuckerfabrik von Wahrend & Co. in Querfurt (Rieselwasser, gemischt aus beiden Drainabflüssen).

Das Wasser ist beim Empfang halbdurchsichtig milchig, übelriechend, neutral, und bildet mässigen, grauen, pulverigen Absatz.

Im Wasser schwimmen Bacterien, Bacillen und Spirillen; die Bacillen wachsen in Fäden (Mycothrix, Leptothrix) aus, oder tragen endständige Sporen; es bilden sich Flöckchen von Micrococcuskolonien (Zoogloea); zahlreiche Monaden und grössere Infusorien (Vorticella nebulifera, Glaucoma scintillans) bewegen sich durch die Bacterienhaufen.

Das Wasser geräth in intensive Fäulniss, in Folge deren es sich unter Bildung von Schwefeleisen kohlschwarz färbt; auf seiner Oberfläche schwimmt eine nicht vollständige flockige Schleimhaut aus encystirten Monaden, Bacteriengallert, Bacillen und mit besonders reichlicher Vermehrung aus den Perlschnurfäden eines Streptococcus (Torulaform) bestehend; viele Carbonatkrystalle sind in ihr eingelagert; Cladothrixfäden durchziehen die Gallerthaut. Ausserdem finden sich am Rande und am Boden zahlreiche Flöckchen von der nämlichen mikroskopischen Zusammensetzung.

Auf der schwimmenden Haut siedeln sich Schimmelpilze an; ein farbloses Mycel trägt schwarze grössere Kügelchen und zahlreiche Sporen (vermuthlich die Eurotiumform eines Aspergillus); besonders üppig vegetirt ein olivengrünes Mycel, dessen feine Fäden netzförmige Stränge bilden; hierdurch erhalten die schwimmende Haut und die auf dem Boden liegenden Flocken theilweise eine olivengrüne Färbung. Ausserdem entwickelt sich auch in diesem Wasser die eisenhaltige braune Bacteriengallerte (Zoogloea); an anderen Stellen finden sich Flocken einer grünlichen Zoogloea.

Wenn die Fäulniss zu Ende geht, kommen auch grüne und braune Algen zur Vermehrung; Protococcus-Kugeln (Pr. infusionum), Nostocketten auf der einen, die Fäden der Ockeralge auf der andern Seite erzeugen dunkelgrüne oder braune Färbungen in dem mehr und mehr sich klärenden Wasser und an der Flaschenwand."

Zum Schlusse hat Ferd. Cohn die Resultate in folgender Uebersichtstabelle zusammengestellt:

Reinigungsverfahren.	No.	Fabrik.	Reinigungserfolg.	Bemerkungen.
I. F. A. R. Müller & Co. in Schönebeck a. Elbe	1.	Schöppenstedt	ungenügend genügend	Die gereinigten Schmutzwässer faulen; dennoch ist das Wasser der Altenau, in welche sie eingeleitet sind, schon vor der Rieselung als normal zu bezeichnen; das Rieselwasser ist mit organischen Stoffen verunreinigt, die vorübergehende Vermehrung von Fäulnissorganismen bedingen; später normal.
	2.	Wendessen	nicht genügend	intensive Fäulniss im gereinigten Abwasser, nachdem dasselbe neutral geworden.
	3.	Cochstedt	nicht genügend	der Ablauf mit den Endlaugen ist anscheinend gut gereinigt, doch treten im Gesammtabwasser wieder Gährungen ein.
	4.	Irxleben	im ganzen genügend	das gereinigte Wasser bleibt sehr lang alkalisch und ist anscheinend befreit von Fäulnisskeimen; in das Bachwasser eingeleitet, verursacht dasselbe jedoch Pilzentwicklung, die aber nach einiger Zeit zum Abschluss kommt; dann ist das Bachwasser normal.

Reinigungsverfahren.	No.	Fabrik	Reinigungs-erfolg.	Bemerkungen.
I. F. A R. Müller & Co. in Schönebeck a. Elbe	5.	Schackensleben	im ganzen genügend	das gereinigte Wasser ist anscheinend frei von Gährungspilzen; an seiner Oberfläche siedelt sich Pilzmycel an.
II. Dr. H. Oppermann	6.	Minsleben	im ganzen genügend	das gereinigte Schmutzwasser ist bei alkalischer Reaction frei von Gährungspilzen; im neutralen Wasser ist ihre Entwickelung sehr vermindert; das Bachwasser ist vorübergehend verunreinigt.
	7.	Aderstädt	nicht genügend	Entwickelung reichlicher Mengen von Gährungspilzen im gereinigten Schmutzwasser.
	8.	Stössen	nicht genügend	reichliche Entwickelung von Gährungspilzen im Bachwasser 5 km unterhalb der Fabrik.
III. Rothe-Roeckner	9.	Rossla	nicht genügend	intensive Fäulniss im gereinigten Wasser; das Schmutzwasser beendet seine Fäulniss in verhältnissmässig kürzerer Zeit.
IV. Durch Kalk allein	10.	Lützen	nicht genügend	beim Einfluss in die städtischen Abflüsse noch alkalisch, später Gährungen.
	11.	Wendessen	nicht genügend	das gereinigte Wasser unterliegt, nachdem es neutral geworden, intensiver Fäulniss.
V. Durch Berieselung	12.	Roitzsch	genügend	das Rieselwasser ist sehr arm an Gährungspilzen.
	13.	Querfurt	nicht genügend	intensive Fäulniss im Rieselwasser.

Die vorstehenden mikroskopischen Untersuchungsresultate harmoniren hiernach vollständig mit denen der chemischen Untersuchung, indem auch hier das nach dem Berieselungsverfahren von Elsässer gereinigte Wasser sich in bacteriologischer Hinsicht am besten verhält. Die unter Zusatz von überschüssigem Kalk gereinigten Abwässer halten sich conform den früheren Versuchen zwar längere Zeit unverändert, gehen aber alsbald in Fäulniss (Buttersäuregährung) über und kann dieses nicht verwundern, da nach den chemischen Analysen in den mit überschüssigem Kalk gereinigten Abwässern noch eine grosse und zum Theil grössere Menge gelöster organischer Stoffe als in den ungereinigten Abwässern vorhanden ist.

Zwar mag es unter Umständen für die Reinigung genügen, die Fäulniss auf eine gewisse Strecke, bis das Abwasser in grössere Flussläufe kommt, hintanzuhalten; indess wird bei kleineren Wasserläufen mit schwachem Gefälle der Zweck einer Reinigung kaum hinreichend erzielt werden und habe ich S. 56 darauf hingewiesen, dass der überschüssige Kalk in den

Abwässern an sich nachtheilige Veränderungen des dieselben aufnehmenden Bachwassers hervorrufen kann.

Die oben erwähnte Commission fasst hiernach unter gleichzeitiger Berücksichtigung sämmtlicher Lokalbeobachtungen und analytischen Untersuchungen die gewonnenen Resultate zu nachstehendem Endurtheil zusammen:

1. „Das Verfahren der Firma F. A. Robert Müller & Co. (Patent Nahnsen):

Die mechanische Reinigung ist eine befriedigende; die chemische Reinigung dagegen ist nur von einem gewissen und begrenzten Erfolge begleitet. Derselbe scheint im umgekehrten Verhältnisse zu dem Gehalte der Wässer an stickstofffreier organischer Substanz zu stehen. Die Einleitung der mit seiner Hülfe gereinigten Wässer erscheint nur bei grösserer Verdünnung in raschfliessenden Tageläufen unbedenklich.

2. Das Verfahren des Dr. Oppermann in Bernburg:

Die in verschiedenen Modificationen beobachtete Anwendung von schwefelsaurem Magnesium, Thonerde, Silikaten, Chlormagnesium, Kieserit, Kalk und Eisenvitriol erzielt einen dem unter 1 geschilderten gleichen Effect.

3. Das Roeckner'sche Verfahren in der Ausführung durch F. Rothe Söhne in Bernburg:

Der Roeckner'sche Apparat ist sehr geeignet, eine schnelle und befriedigende mechanische Reinigung zu erzielen. Bezüglich der chemischen Reinigung durch Anwendung schwefelsauren Magnesiums und Calciums steht das Verfahren auf gleicher Höhe mit 1 und 2.

4. Die Reinigung durch Anwendung von Kalk:
sei es mit Zuhülfenahme von Manganlauge und unter Erhitzen des Wassers nach Knauer, sei es ohne jeden weiteren Zusatz und bei gewöhnlicher Temperatur nach den Vorschlägen von Cohn oder Fläschendräger, steht bezüglich des chemischen Reinigungseffectes hinter den vorhergenannten Verfahren zurück. Namentlich ist die Haltbarkeit der so gereinigten Abwässer eine mangelhafte.

5. Das Elsässer'sche Aufstau- und Berieselungsverfahren.:

Die diesmaligen Beobachtungen bestärken die Commission in der in dem früheren Berichte ausgesprochenen Ueberzeugung, dass ein rationell eingerichtetes und unterhaltenes Aufstau- und Berieselungsverfahren die meisten Garantien für die Reinigung und Unschädlichmachung der Abwässer bietet und den Vorzug vor jedem bisher bekannten chemischen Niederschlags-Verfahren verdient.

Bei geeigneter Bodenbeschaffenheit, ausreichendem Flächenraum und sorgsamer Intacthaltung der nach dem Elsässer'schen System hergerichteten Rieselwiesen wird das Wasser bis zu einem Grade gereinigt, der seine Einleitung auch in die kleinsten Bachläufe und seine Verwendung gleich anderem Bachwasser gestattet."

---

4. Ueber den Einfluss der Braunsteintrübe auf die freilebenden Fische [1].

Schädlichkeit der Braunsteintrübe für Fische.

Der zeitige Vorsitzende des Verbandes von Fischereivereinen, Fischerei-Genossenschaften etc. in den Provinzen Rheinland, Westfalen, Hannover und Hessen-Nassau veröffentlicht kurz vor Schluss dieser Schrift ein bereits 1868 von dem auf diesem Gebiet rühmlichst bekannten Prof. Dr. Rud. Leuckart abgegebenes Gutachten über die Schädlichkeit der Braunsteintrübe auf die Fische und den Fischreichthum der Flüsse, welches bei seiner grossen Bedeutung auch für andere Fälle hier fast wörtlich als Nachtrag mitgetheilt werden möge.

1. Einwirkung der Braunsteintrübe für die Fische directer Art.

Schädlichkeit directer Art.

Die das Wasser trübenden Substanzen können in einer zweifachen Art direct auf die Fische einwirken

1. dadurch, dass sie dieselben mechanisch reizen und verletzen,
2. dadurch, dass sie dem Wasser gewisse mehr oder minder giftige Eigenschaften mittheilen.

Ad 1. Die vorliegende Probe von Braunsteintrübe stellte im lufttrockenen Zustande ein schwärzlich-braunes lettenartiges Gestein dar, das sich leicht zerreiben liess und dann ein feines, mehlartiges Pulver lieferte. Durch Wasserzusatz verwandelte es sich in einen dunklen Schlamm, der sich in grösseren Wassermassen alsbald nach allen Richtungen verbreitete und eine äusserst intensive Trübung zur Folge hatte. Ein einziges Gramm lufttrockenen Schlammes genügte, eine Wassermenge von 3 kg (1 : 3000) so stark zu trüben, dass die Mischung noch in dünnen Schichten — von etwa 2—3 cm — eine schiefergraue Färbung hatte, und das darauffallende Licht beträchtlich abschwächte. In einer Tiefe von einigen Fussen würde ein solches Wasser überhaupt kein Licht mehr durchlassen. Nach einiger Zeit sank der Schlamm zu Boden, im ganzen aber so langsam, dass eine vollständige Klärung erst nach Verlauf von mehreren Stunden eintrat.

Das Sediment hatte eine — besonders anfangs — lockere Beschaffen-

---

[1] Ein Gutachten über die Verunreinigung von Fisch- etc. Wässern. Als Manuscript gedruckt. Cassel 1886. Druck von Friedr. Scheel.

heit und bildete eine Schicht von ansehnlicher Dicke. Wie die mikroskopische Untersuchung zeigte, bestand dasselbe aus schwarzen Körnern, denen zahlreiche kleine Quarzstückchen (von selten über $^1/_{20}$—$^1/_{30}'''$, meist nicht unbeträchtlich kleiner) beigemischt waren. Ueber die Natur dieser Beimischungen kann nach dem optischen und chemischen Verhalten kein Zweifel sein. Aussehen, Form, Lichtbrechungsvermögen, Härte (Fähigkeit in Glas zu ritzen) erwiesen dieselben zur Genüge, als Quarzstückchen, welche mit Thon zusammen ca. 18% ausmachten.

Mit der Braunsteintrübe gelangte also fortwährend eine beträchtliche Menge feinen Sandes in das fliessende Wasser. Die Körnchen waren klein und leicht und wurden deshalb auch mit dem Strome weit fortgeführt. Noch mehrere Stunden unterhalb der Einflussstelle zeigte der Fluss in ganzer Breite deutliche Spuren der Trübung, und ebensoweit dürften sich auch die kleinsten Quarzkörnchen noch verfolgen lassen.

Quarzhaltige Trübungen sind nun aber erfahrungsmässig dem Fischbestande schädlich und das natürlich nicht bloss in geradem Verhältniss zu der Menge der beigemischten Stückchen, sondern auch zu der Zeitdauer. Die scharfen Ecken und Kanten der im Wasser schwebenden Körnchen ritzen die Haut der Fische, besonders die Augen und Kiemen, und bedingen durch Häufung der an sich nur kleinen Einwirkungen schliesslich sehr bedenkliche Erscheinungen. Prof. v. Siebold in München hat Prof. Leuckart mitgetheilt, dass er Fische gesehen habe und auch in seiner Sammlung besitze, bei denen die Augen durch die mechanische Einwirkung mikroskopischer Quarzkörnchen gänzlich zerstört waren, so dass die schwarze Pigmentschicht frei nach aussen hervorragte, und die Kiemen zahlreiche kleine Blutextravasate erkennen liessen. Die Fische waren einem Fischkasten entnommen, der bei anhaltendem Regenwetter eine Zeit lang von einem durch quarzhaltigen Schlamm getrübten Wasser durchflossen wurde. Und diese Erscheinung ist nach den Mittheilungen v. S.'s in gewissen Gegenden (z. B. um Würzburg) nichts weniger als selten, und den Fischern so wohl bekannt, dass dieselben bei einem längeren Regenwetter ihre Beute möglichst zu bergen suchen. Natürlich sind es zunächst nur die in Gefangenschaft gehaltenen Fische, die in dieser Weise leiden; nicht, dass die in Freiheit lebenden gegen diese Verunreinigung weniger empfindlich wären. Wenn sie trotzdem weniger leiden, so erklärt sich das zur Genüge dadurch, dass sie sich durch die Flucht (Aufsuchen geschützter Lokalitäten) der schädlichen Einwirkung mehr oder weniger zu entziehen wissen. Nach dem Aufhören des Regens werden die Fische dann wieder in die früheren Standquartiere zurückkehren, während sie durch eine anhaltende Trübung, wie sie die Braunsteinwäsche veranlasst, immer weiter verscheucht werden, bis sie sich ihrer ursprünglichen Heimath am Ende vollständig entfremden.

Ad 2. Dass das fliessende Wasser durch Beimischung metallischer Substanzen giftige oder doch wenigstens schädliche Eigenschaften annehmen kann, ist zur Genüge bekannt[1]). Leuckart verweist auf die „Innerste", die von den Hütten und Gruben des Harzes nach Hildesheim fliesst und so viele Abgänge aus den Pochwerken aufnimmt, dass Fische und Pflanzen dadurch krank werden und verkrüppeln[2]).

Natürlich wirkt nicht jedes dem Wasser beigemischte Mineral in gleicher Weise. Es giebt giftige und nicht giftige Minerale, wie denn auch die ersteren gelegentlich nur in gewissen Verbindungen und Zuständen ihre giftigen Eigenschaften entfalten. Im allgemeinen müssen die metallischen Beimischungen, wenn sie giftig wirken, im Wasser gelöst sein. Der Braunstein ist als ein Verwitterungs- und Auslaugeproduct gewisser zusammengesetzter Gesteine in seiner chemischen Constitution von der Zusammensetzung der letzteren abhängig.

Die chemischen Untersuchungen des Braunsteins haben deshalb auch nicht überall die gleichen Resultate ergeben.

Selbst da, wo die untersuchten Proben derselben Lokalität entnommen waren, ist man gelegentlich auf Unterschiede gestossen, die weder der Methode noch dem Untersucher zur Last gelegt werden können. So ist in demselben ausser den gewöhnlichen Substanzen auch Arsenik und Lithium[3]) (?) nachgewiesen, zwei Metalle, die zu den stärksten Giften[4]) gehören und beide in ihren natürlichen Verbindungen in Wasser löslich sind, so dass der von einem solchen Braunstein herrührende Schlamm um so schädlicher wirken muss, als der Arsenikgehalt ein verhältnissmässig recht bedeutender ist (1%).

Ob diese giftigen Mineralien häufiger im Braunstein vorkommen und weiter verbreitet sind, lässt sich bis jetzt noch nicht entscheiden. Aber auch abgesehen von Arsenik und Lithium enthält der Braunstein nicht selten noch ein anderes giftiges Mineral. Es ist das Kupfer, welches gelegentlich in einer Menge von $0,5\%$ und darüber in demselben gefunden wird.

Für gewöhnlich ist dieses Kupfer nun allerdings (als Crednerit) in einer unlöslichen und somit unschädlichen Form im Braunstein vorhanden, allein es wäre ja immerhin denkbar, dass es unter der Einwirkung von Luft, Kohlensäure und Feuchtigkeit, unter Verhältnissen also, wie sie auf den Braunsteinschlamm gar vielfach einwirken, in eine lösliche Verbindung übergehen und damit denn auch dem Wasser seine giftigen Eigenschaften mittheilen könnte. Aber abgesehen von diesen nicht immer

---

[1]) Kemer's Lehrbuch der polizeil. gerichtl. Chemie. Helmstadt 1827. I. S. 88.
[2]) Maier's Beitr. z. chorograph. Kenntniss des Flussgebiets der Innerste. Göttingen 1821.
[3]) Will's Jahresbericht über die Fortschritte in der Chemie 1864. S. 245.
[4]) Dass Lithiumsalze zu den stärksten Giften gehören, ist dem Verfasser unbekannt. Richet giebt für Fische die toxische Dosis von Chlorlithium zu 0,1 und 0,3 g pro 1 l an, aber die von Chlorkalium liegt fast ebenso niedrig, nämlich zu 0,5 g pro 1 l. (Compt. rendus T. 97 p. 1004 und T. 101 p. 707.

vorhandenen direct giftigen Bestandtheilen nimmt der Fisch in den Braunsteintrüben mit dem Wasser eine beträchtliche Menge Manganhyperoxyd auf, und wenn desssen Wirkung auf den Darm auch noch nicht erwiesen ist, so kann es doch wenigstens als eine verdächtige Substanz bezeichnet werden.

2. Einwirkungen indirecter Art.

Das Gedeihen der Thiere ist in derselben Weise, wie das der Pflanzen von den Verhältnissen abhängig, die auf dieselben einwirken. Man braucht diese nur in der einen oder andern Weise zu verändern, um alsbald auch in dem Verhalten der betreffenden Organismen eine entsprechende Veränderung herbeizuführen.

Der Grund dieser Abhängigkeit liegt darin, dass das organische Leben einen fortwährenden Verkehr mit der Aussenwelt voraussetzt. Thiere und Pflanzen haben ihre Bedürfnisse; sie machen also Ansprüche an ihre Umgebung und diese Ansprüche müssen befriedigt werden, wenn Leben und Gesundheit nicht gefährdet sein sollen. Wo die Bedürfnisse der einzelnen Organismen am vollständigsten erfüllt werden, da gedeihen dieselben am besten, während sie unter weniger günstigen äusseren Umständen immer mehr und mehr zurückgehen. Bei den Thieren mit freier Ortsbewegung äussert sich solches nicht bloss in dem Aussehen und der körperlichen Beschaffenheit der Individuen, sondern noch augenfälliger in der Zahl derselben, da ungünstige Lokalitäten gemieden, günstige aber in entsprechender Menge gesucht werden.

Die Bedürfnisse der Thiere sind nun theils allgemeiner, theils auch specifischer Art. Die ersteren sind für alle Thiere gemeinsam, auch für alle am zwingendsten. Sie beziehen sich — von dem Wärmebedürfnisse der Warmblüter, die uns hier nicht interessiren, abgesehen — auf Nahrung, Athmung, Wohnung.

Ein jedes Thier bedarf zunächst einer bestimmten Quantität passender Nahrung. Bald sind es thierische, bald vegetabilische Stoffe, oder auch beide zugleich, die es zu sich nimmt. Es richtet sich das jedesmal nach den speciellen Organisationsverhältnissen, die den Erwerb bald der einen, bald der andern Substanz erleichtern und in der Regel sogar den Trägern eine ganz bestimmte Nahrung vorschreiben. So sind — um bei den Fischen zu bleiben — die Hechte gefrässige Raubthiere, die sich vornehmlich von anderen Fischen ernähren und nicht einmal ihres Gleichen verschonen. Auch der Barsch ist ein Raubfisch, aber mit engem Maule und schwacher Bezahnung, so dass er sich mehr auf kleinere Thiere (junge Fische, Frösche, Krebse, Insectenlarven, Würmer) angewiesen sieht, während die sog. Weissfische (verschiedene Arten des Gen. Cyprinus L., Karpfen, Mänen, Nahen, Brassen, Rothaugen, Barben u. a.) mit ihrem zahnlosen Maule eine mehr gemischte Nahrung geniessen, die sich theils aus zerfallenden organischen

36*

Stoffen, theils aus kleinen — sogar mikroskopischen — Thieren und Pflanzen zusammensetzt. Im einzelnen zeigen aber auch die Weissfische in dieser Hinsicht wieder mancherlei Unterschiede, so dass die einen (wie die Mänen, Nahen) mehr den Raubthieren sich anschliessen, während die anderen (Barben, Brassen, Karpfen u. s. w.) eine mehr fein vertheilte Substanz geniessen. In allen Fällen sind aber die Fundstätten der Nahrung auch zugleich die Lieblingsplätze der betreffenden Fische, so dass man also diejenigen, die eine fein vertheilte Nahrung geniessen, mehr auf humusreichem Grunde, die räuberischen Arten dagegen vorzugsweise auf Kiesboden antrifft.

Sollen die Fische in einem Wasser gedeihen und einen lohnenden Ertrag liefern, so müssen sie nun vor allen Dingen darin ihre Nahrung finden, und zwar nicht spärlich, sondern massenhaft, so dass sie dieselbe ohne sonderliche Anstrengung je nach Bedürfniss gewinnen können.

Die Leichtigkeit des Erwerbs macht aber im allgemeinen die Voraussetzung, dass das Wasser, welches die Nahrungsstoffe enthält, eine klare und durchsichtige Beschaffenheit besitzt Mit wenigen Ausnahmen lieben deshalb die Fische und namentlich die Raubfische das reine Wasser, das die Nahrung schon aus der Ferne erkennen lässt. Natürlich darf auch der Fluss des Wassers nicht zu schnell sein, da sonst die Sicherheit und Präcision der Bewegung verloren ginge; ein mehr stilles Wasser ist eine nicht minder wichtige Vorbedingung des leichten und reichlichen Nahrungserwerbs, wie das klare. Je reicher die Nahrungsquelle fliesst und je leichter sie zugänglich ist, desto reichlicher geht auch das Wachsthum und die Fortpflanzung der Fische vor sich.

Ausser der passenden Nahrung bedarf das Thier aber auch einer bestimmten Menge Sauerstoff. Die Aufnahme desselben, oder wie wir gewöhnlich sagen, die Athmung, ist für dasselbe nicht minder wichtig, als die Ernährung. Soll Gesundheit und Leben des Thieres nicht gefährdet sein, so muss die Umgebung desselben hinreichende Menge dieses Respirationsmittels enthalten.

In der freien Luft ist ein Sauerstoff-Mangel unter natürlichen Verhältnissen kaum irgendwo möglich. Aber anders im Wasser, das beim Hervorquellen aus dem Erdboden des Sauerstoffs entbehrt und solchen erst nach längerem Fliessen oder Ruhen aufnimmt. Ein Theil dieses Sauerstoffs entstammt der Luft, die von ihrem Reichthum an das Wasser abgiebt, ein anderer aber den im Wasser wachsenden Pflanzen, die, gleich den Luftpflanzen, Sauerstoff ausscheiden und dem umgebenden Medium beimischen. Welche dieser beiden Quellen für ein Wassergebiet die wichtigere ist, hängt von den jedesmaligen Umständen ab. Im allgemeinen aber dürfte die letztere um so grössere Bedeutung haben, je kleiner die Berührungsfläche ist, die das betreffende Wasser der Luft zur Absorption des Sauerstoffes darbietet, und je kürzere Zeit die Berührung andauert. In einem Flusse mit engem Bette wird der Pflanzenwuchs demnach für den Sauerstoffgehalt im allgemeinen wichtiger sein, als in dem weiten Boden eines seichten Teiches.

Doch nicht genug, dass die Fische im Wasser die Bedingungen einer reichlichen Ernährung und Athmung finden müssen, wenn sie darin gedeihen sollen. Wie der Vogel nicht immer fliegt, vielmehr gelegentlich auch der Ruhe bedarf, so ist der Fisch nicht immer in Bewegung. Er sucht Ruheplätze, Schlupfwinkel, denen er, sicher vor Störung und Gefahren, eine längere oder kürzere Zeit, je nach Verhältnissen, sich anvertrauen kann. Hier sind es die geschützten Stellen unter den überhängenden Uferrändern, dort die dicht verschlungenen Pflanzen oder die Spalträume zwischen den Steinen, die ihn aufnehmen und bergen. Eine Zerstörung dieser Zufluchtsstätten hat für den Fisch genau dieselbe Folge, wie das Ausrotten der Bäume und Sträucher für den Vogel. Ausser Stande, sich gehörig zu schützen und der Ruhe zu pflegen, meiden die Thiere die exponirten Lokalitäten, um sie mit andern weniger gefährdeten Stellen zu vertauschen.

Entwirft man auf Grund der vorstehenden Erörterungen ein Bild von der Beschaffenheit eines fischreichen Flusses, so wird man neben einer gewissen Mannigfaltigkeit in der Configuration des Bodens einen reichen Pflanzenwuchs und klares Wasser als die ersten und wichtigsten Eigenschaften desselben zu bezeichnen haben. Die Coëxistenz von kleineren und grösseren thierischen Organismen, die wir oben gleichfalls als nothwendig für die Erhaltung und das Gedeihen der Fische kennen gelernt haben, brauchen wir hier nicht ausdrücklich hervorzuheben, da dieselbe überall — und so auch im Wasser — an den Pflanzenwuchs anknüpft. Was die Thiere an organischer Substanz in ihren Leibern besitzen und in lebendigem Umtrieb einander überliefern, stammt in letzter Instanz alles aus dem Pflanzenreiche. Die Pflanzen sind die Ernährerinnen der Thiere; sie ernähren dieselben um so reichlicher und massenhafter, je mehr sie durch üppiges Wachsthum an organischer Substanz produciren. Die Massenverhältnisse des thierischen und pflanzlichen Lebens stehen mit andern Worten überall im innigsten Zusammenhange.

Wendet man sich von diesem Bild zu den von Braunsteinschlamm verunreinigten Territorien, so ist es der directe Gegensatz, der hier entgegentritt.

Viele tausend Centner schwarzen Schlammes fliessen ununterbrochen vom Frühling bis zum Spätherbst — also gerade zur Zeit des niedrigsten Wasserstandes — aus den Braunsteinwäschen in das Flussbett. Das Wasser ist fortwährend bis zur Undurchsichtigkeit getrübt; noch in stundenweiter Entfernung unterhalb der Einflussstelle sind die unzweideutigsten Spuren der fremden Beimischungen erkennbar. Und wo das Wasser sich klärt, da geschieht es überall auf Kosten der früheren Beschaffenheit. Der Grund des Flusses wird mit einer fusshohen Schlammdecke überzogen, die alles unter sich begräbt und ebnet. Der Kies und die Steine werden verschüttet, die Buchten und Löcher und Spalträume füllen sich. Mit ihnen gehen zunächst die Schlupfwinkel und Ruheplätze der Fische zu Grunde. Und gerade die weniger stark bewegten, stilleren Flussstrecken, die wir oben als die günstigen und gesuchtesten Aufenthaltsorte der Fische kennen gelernt haben, gerade sie sind es, die nach physikalischen Gesetzen am stärksten verschlammen und ihre früheren Vorzüge verlieren. Aber nicht bloss Nivellirung des Bodens ist es, die der fortdauernde reichliche Schlammabsatz zur Folge hat. Noch wichtiger und verhängnissvoller für die Fische ist die Unterdrückung des Pflanzenwuchses an den verschlammten Lokalitäten. Ohne irgend eine Spur von Dungstoffen bildet der Braunsteinschlamm eine dicke thonartige Hülle, unter der die noch grünenden Pflanzen ersticken und die Samenkörner faulen statt zu keimen. Wo früher eine reiche Pflanzenwelt sprosste, da sucht man jetzt vergebens nach Spuren vegetabilischen Lebens. Selbst das Mikroskop lässt uns im Stiche. Alle die zahllosen kleinen Algen, die sonst den humusreichen Schlamm der Wässer durchwachsen, sind an den inficirten Stellen verschwunden. Eine vollständige Sterilität ist es, die den mit Braunsteinschlamm überzogenen Boden kennzeichnet.

Mit der Beschränkung und Verödung des Pflanzenwuchses combiniren sich aber alsbald noch anderweitige Veränderungen.

Die Pflanzenwelt ist, wie wir wissen, eine fortwährende Quelle von Sauerstoff und organischer Substanz. Wo dieselbe abnimmt, oder gar völlig erlischt, da muss sich alsbald, bei Mangel eines anderweitigen Zuflusses, die Menge des vorhandenen Sauerstoffes so gut wie die der thierischen Nahrung verringern. Für erstere existirt nun allerdings in dem Contact mit der Luft und dem Zuflusse von Regenwasser noch eine zweite Quelle, aber diese ist — in regenarmer Zeit — bei der geringen Ausdehnung der Contactfläche und der verhältnissmässig nur kurzen Zeitdauer der Berührung in den Flüssen voraussichtlicher Weise nur wenig ergiebig. Bei stärkerer Verschlammung wird unter solchen Umständen leicht ein Sauerstoffmangel entstehen, der für sich allein schon ausreicht, eine üppigere Entfaltung des thierischen Lebens zu verhindern, und somit denn auch die gleichzeitige Existenz einer grösseren Menge von Geschöpfen mit relativ starkem Athmungsbedürfniss, wie die Fische es sind, in Frage stellt. Noch verhängnissvoller aber wirkt der Mangel der organischen Substanzen. Ohne Pflanzen keine Thiere — das ist die nothwendige Folge der Verkettung, durch die wir die beiden organischen Reiche zu einem zusammenhängenden Ganzen vereint sehen. Allerdings wirkt der Ausfall der Pflanzenwelt zunächst nur auf diejenigen Thiere ein, die sich von vegetabilischen

Stoffen ernähren, aber die Pflanzenfresser bilden bekanntlich ihrerseits wiederum die Beute der Thierfresser. Wenn in den Flüssen, wie es in Folge der Verschlammung mit Braunsteintrübe geschieht, die Pflanzenwelt verkümmert und auf weite Strecken zu Grunde geht, dann nimmt also nicht bloss die Menge der Infusorien und Schnecken ab, die sich von diesen Pflanzen ernähren, sondern auch weiter die der übrigen Wasserbewohner. Zunächst ist es vielleicht das gefrässige Heer der kleinen Räuber, das unter dem Ausfalle zu leiden hat, aber mit den Würmern, Krebsen und Insekten, die zu diesen Thieren vornehmlich ihr Contingent stellen, erlischt allmälig auch eine wichtige Nahrungsquelle für die Flussfische. Durch die Unterdrückung des Pflanzenwuchses in den von Braunsteinschlamm verödeten Gegenden verringert sich also die Zahl der daselbst lebenden Fische, zuerst der Weissfische und dann auch der Hechte — es muss sich diese Verringerung mit der Zeit von den zunächst betheiligten Lokalitäten immer weiter über das ganze Flussgebiet ausbreiten.

3. Einwirkung des Braunsteinschlammes auf die Fischbrut.

Es ist einleuchtend, dass die mangelhafte Ernährung der Fische, welche als die Folge der Verschlammung des Wassers angesehen werden muss, nicht bloss in einem langsamen Wachsthum, sondern auch in einer geringeren Fruchtbarkeit ihren Ausdruck findet. Es ist durch die Erfahrungen der Thierzüchter zur Genüge constatirt und ganz im Einklang mit den ökonomischen Gesetzen des thierischen Lebens[1]), dass ein Geschöpf um so früher seine Geschlechtsreife erlangt und um so mehr Brut erzeugt, je günstiger seine Ernährungsverhältnisse sich gestalten. Was das Thier in Form von Eiern oder Jungen nach aussen ablegt, ist gewissermassen ein Ueberschuss, den es im Laufe seines Lebens erworben hat. Die Grösse dieses Ueberschusses richtet sich unter sonst gleichen Verhältnissen natürlich nach den Einnahmen (der Nahrungsmenge), so dass die Verringerung der letzteren alsbald auch eine Beschränkung in der Masse der producirten Geschlechtsstoffe zur Folge hat. Wenn wir bedenken, dass die Beschränkung, wie in diesem Falle, durch eine Reihe von Generationen hindurchgeht, dann wird der Gesammt-Ausfall natürlich das Product einer arithmetischen und nicht einfach geometrischen Progression sein, mit andern Worten von Jahr zu Jahr um ein immer Grösseres wachsen. Anfangs vielleicht nur wenig merklich, wird schliesslich der Verlust ein ausserordentlich grosser werden. Doch das, was hier hervorgehoben, trifft eigentlich mehr den Fisch, als die junge Brut, deren Schicksale wir zu verfolgen

Schädlichkeit für die Fischbrut.

---

[1]) Leuckart, Art. Zeugung in Wagners Handwörterbuch der Physiologie. Bd. IV. S. 858 und 719.

haben und zwar von da ab zu verfolgen haben, wo sie in Form von Eiern in das von Braunstein getrübte Wasser abgesetzt ist.

Die Entwickelung dieser Eier dauert, je nach der umgebenden Temperatur, eine verschieden lange Zeit, das eine Mal vielleicht 10—14 Tage, das andere Mal mehr als das Doppelte. In allen Fällen aber ist die Incubationszeit lange genug, um in der einen oder anderen Weise eine Einwirkung der Braunsteintrübe zu gestatten.

In Betreff der directen Einwirkungen gilt für die Eier natürlich dasselbe, was wir für die Fische oben bemerkt haben, nur dass die Eier gegen chemische und mechanische Eingriffe im ganzen noch empfindlicher sind, als die erwachsenen Thiere, und somit denn auch durch die Ungunst der Verhältnisse noch mehr zu leiden haben. Wenn bei den erwachsenen Fischen, wie oben bemerkt ist, die Hornhaut des Auges durch die Quarzeinschlüsse des trüben Wassers zerstört werden kann, dann dürften die äusseren Eihüllen, die namentlich in den späteren Stadien der Entwickelung, an Festigkeit beträchtlich hinter der Hornhaut zurückstehen, einen noch viel weniger sicheren Schutz gewähren, so dass wohl mit Recht vermuthet werden kann, es möchte ein immerhin nicht unbeträchtlicher Theil der Brut durch die vorzeitige Zerstörung der umgebenden Hüllen in dem getrübten Wasser zu Grunde gehen. Noch verhängnissvoller erscheinen aber auch hier wieder die indirecten Einwirkungen des Braunsteinschlammes. Selbst wenn wir berücksichtigen, dass das Mass dieser Einwirkungen hier insofern beschränkt ist, als die junge Brut während des Aufenthaltes in den Eihüllen keiner Nahrungszufuhr von aussen bedarf, von einem etwaigen Nahrungsmangel also nicht betroffen wird, bleiben doch immer noch genug Schädlichkeiten übrig, um die Abnahme des Fischreichthums in dem durch Braunsteinschlamm beständig getrübten Wasser auch von dieser Seite her zu erklären, resp. vorauszusagen, wenn sie nicht bekannt wäre.

Um diese Behauptung zu begründen, muss zunächst hervorgehoben werden, dass das Ei während seiner Entwickelung mit der Umgebung in demselben respiratorischen Verkehr steht, wie das spätere Thier. Auch das Ei bedarf des Sauerstoffs in seiner Umgebung, und das um so mehr, als es, unfähig der Bewegung, ausser Stande ist, bei etwaigem Mangel seine Lagerstätte mit einer anderen, günstigeren zu vertauschen. Aus diesem Grunde legen denn auch die Fische ihre Eier sehr häufig zwischen Pflanzen ab, die wir oben als Sauerstofffabrikanten kennen gelernt haben, oder sie suchen, um zu laichen, sonst sauerstoffreiche (seichte) Lokalitäten auf.

Doch nicht bloss, dass die Verschlammung des Wassers mit Braunsteinthon den Sauerstoffgehalt verringert und dadurch nachtheilig auf die Eier einwirkt, noch wichtiger für vorstehende Frage ist die Thatsache, dass die feinen Schlammtheilchen der Braunsteintrübe auf den Eihüllen festkleben und diese schon nach kurzer Zeit mit einer mehr oder minder dicken Kruste überziehen, die den respiratorischen Gasaustausch behindert und unter Umständen sogar völlig aufhebt. Leuckart hat bei den zu diesem Zwecke angestellten Experimenten beobachtet, dass die Eier von Fröschen und Weissfischen auch unter sonst ganz günstigen Verhältnissen zu Grunde gehen, wenn man sie mit einer nur dünnen Lage von Braunsteinschlamm (0,5 mm und noch weniger dick) bedeckt. Wie schädlich solche Ueberzüge auf die Fischeier wirken, geht auch aus den Erfahrungen und Beobachtungen von Busch hervor, nach denen schon die Niederschläge eines sonst reinen Wassers gelegentlich der Embryonalentwickelung schaden[1]).

Leuckart lässt es jedoch dahingestellt, ob es bloss der Luftmangel ist, der die Eier unserer Fische unter dem Braunsteinschlamm tödtet. Es wird durch denselben nicht bloss der Sauerstoff von den Eiern abgehalten, sondern auch das Licht, das (für Weissfische, Hechte, Barsche u. a) gleichfalls zu einer normalen Entwickelung nothwendig ist. Auch das Wasser als solches kann auf die mit Schlamm überzogenen Eier nicht mehr in der früheren Weise einwirken, so dass also durch den Einfluss der Braunsteintrübe eine ganze Reihe von Bedingungen, die erfahrungsmässig[2]) zu einem normalen und glücklichen Fortgang der Embryonalentwickelung concurriren müssen, hinwegfallen.

Dass durch die fortgesetzte Verschlammung des Bodens mit den Wohnstätten und Schlupfwinkeln der Fische allmälig auch die Brutstätten derselben zerstört werden, braucht nach den oben gemachten Andeutungen über die Eierlage unserer Thiere kaum noch besonders hervorgehoben zu werden. Allerdings legen nicht alle Fische ihre Eier zwischen Wasserpflanzen, sondern zum Theil auch zwischen Steine oder in grubenförmige Vertiefungen, aber auch für diese Arten ist die Bodenveränderung, die der fortwährende Absatz des Braunsteinschlammes zur Folge hat, kaum minder nachtheilig. Unter solchen Umständen trägt denn auch der Mangel geeigneter Brutstätten dazu bei, die inficirte Flussstrecke — und schliesslich die benachbarten Lokalitäten bis in immer weitere Entfernungen — zu entvölkern. —

Leuckart fasst daher seine Ansicht über die Schädlichkeit der Braunsteintrübe in folgendem Satz zusammen:

„Die fortgesetzte Verunreinigung mit Braunsteinschlamm beeinträchtigt den Fischreichthum der Flüsse im höchsten Grade und droht denselben allmälig sogar gänzlich zu zerstören."

Die Braunsteintrübung mit ihren nachtheiligen Folgen darf nach

---

[1]) Molai, Die rationelle Zucht der Süsswasserfische. Wien 1864. S. 172.
[2]) Ebendort S. 164.

Leuckart keineswegs mit den Verunreinigungen des Flusswassers durch Regengüsse und Schneeschmelzen verglichen werden. Es soll allerdings nicht gesagt werden, dass letztere den Fischen in keiner Weise nachtheilig seien, aber der Nachtheil ist doch verhältnissmässig nur gering, nicht bloss weil derartige Verunreinigungen vorübergehend — also auch weniger massenhaft — sind, sondern auch deshalb, weil die Niederschläge, die auf diese Weise dem Wasser zugeführt werden, ganz andere physikalische und chemische Eigenschaften besitzen, wie die Braunsteintrübe. Mit dem Schneewasser und dem Regen gelangt kein steriler Schlamm in das Wasser, wenigstens nicht bloss steriler Schlamm, sondern auch humusreiche Erde, die den Boden düngt und den Pflanzenwuchs fördert, also indirect den Schaden wieder ausgleicht, den die Verunreinigung des Wassers vielleicht zur nächsten Folge hat. Ueberdies handelt es sich bei derartigen Vorgängen um Elementarereignisse, denen gegenüber der Mensch hülflos ist; er müsste sie auch über sich ergehen lassen, wenn sie noch grössere Nachtheile brächten. Aber daraus kann dem Fischereibesitzer unmöglich die Verpflichtung erwachsen, ohne weiteres nun auch die Verunreinigung seines Gewässers mit Braunsteintrübe zuzulassen, die ihm jedenfalls neuen Schaden bringt, und das nicht bloss durch ihre continuirliche Dauer, die den Zugang neuer Fische aus den benachbarten günstigeren Lokalitäten verhindert, sondern auch dadurch, dass sie wegen der Feinheit und Leichtigkeit des Schlammes das Flussbett auf viel weitere Strecken hin verdirbt, als die Beimischung irgend welcher anderer mineralischer Abfälle. Dazu kommt dann schliesslich noch der Umstand, dass die Braunsteinwäsche eine ungewöhnlich grosse Masse von Abfällen liefert, also auch in dieser Beziehung schädlicher, als andere Verunreinigungen, wirken dürfte.

---

5. Beschreibung von einigen allgemein anwendbaren Apparaten und Einrichtungen zur Reinigung von schmutzigen Abgangwässern.

I. Einfache Kläranlagen.

a) E. Reichardt[1]) hat bei kleinen Abläufen von trübem Wasser mit nachstehender Klärvorrichtung vielfach gute Erfolge erzielt:

Reichardt's Klärvorrichtung. Die gemauerten, cementirten oder mit Lehm wasserdicht gemachten Gruben erhalten das trübe Wasser durch die Einlaufröhren (aus gebranntem Thon), welche etwas nach unten umgebogen sind, der Strahl des einlaufenden Wassers wird aber durch den unter demselben angebrachten Stein gebrochen, so dass unter letzterem die Flüssigkeit möglichst ruhig steht. Der Ablauf der letzten Grube ist mit einer nach aufwärts gebogenen Röhre versehen, um dadurch auf dem Wasser aufschwebende Theile, Oel und dergl. in der Grube

---

1) Archiv d. Pharm. 1879 Bd. 12 Heft 3.

zu behalten, wo dieselben gelegentlich entfernt werden, jedenfalls aber nicht mit in die öffentlichen Wasserläufe gelangen. Diese aufschwimmenden Theile sind namentlich deshalb den Fischen sehr schädlich, weil diese Thiere nach allem auf dem Wasser schwimmenden zu

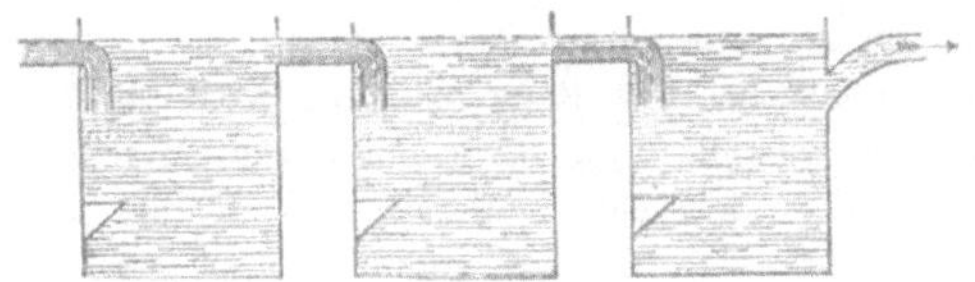

Fig. 57.

schnappen pflegen, so dass die Theeröle, Petroleum, Solaröl und dergl. in gesteigertem Masse giftig wirken können.

b) In dem Bericht der Fabrikinspectoren von 1882 ist S. 461 eine Klärgrube abgebildet, welche mit Vortheil zur Präcipitation mit Kalk für Abwässer aus Gerbereien, Wollwäschereien etc. angewendet wird und welche durch nebenstehende Zeichnung veranschaulicht wird. Andere Klärvorrichtung.

Die Gruben sind in Cement gemauert und mit einem, einige cm dicken Cementputz versehen. Das Wasser fliesst durch das Chamotterohr m zu und durch n ab: die Grube ist mit Holzeinsätzen a, b, c durchsetzt, welche sich je nach der Grösse der Grube beliebig vermehren lassen und das Wasser zwingen, einen thunlichst langen Weg zurückzulegen, um Zeit zum Absetzen des Schlammes etc. zu gewinnen. Die Einsätze sind so eingerichtet, dass sie bei der Reinigung der Gruben herausgenommen und alsdann wieder eingesetzt werden können.

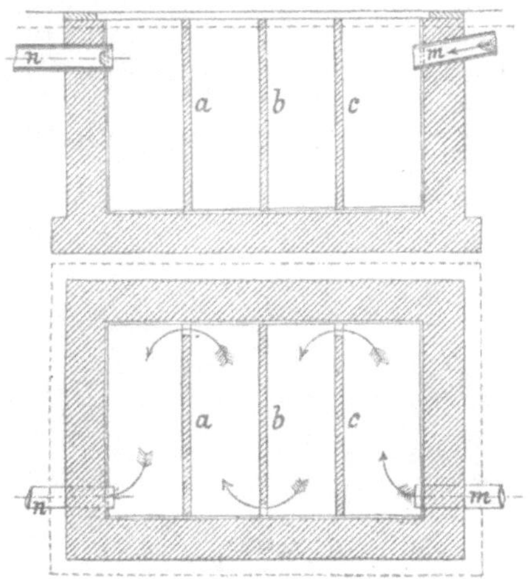

Fig. 58.

Auch müssen für perpetuirliche Abgänge mehrere solcher Gruben eingerichtet werden, damit, wenn die eine gereinigt wird, die anderen in Betrieb gesetzt werden können.

2. Wasserreinigungs-Apparat[1]) von Sedlácek. (Reichspatent.)

Der umstehend abgebildete Apparat (Fig. 59) dient zur Entkalkung Sedlácek's Klärapparat.

---

[1]) Chem. Ztg. 1885. S. 267.

und Weichmachung von Nutzwässern, sowie zur Klärung und Reinigung von Abwässern.

Der Bottich A enthält die zur Reinigung des Wassers bestimmten Reagentien, B ist als Sammelreservoir für das zu reinigende Wasser und C ist der eigentliche Absetzapparat in Gestalt eines einzigen Gefässes. Die Reagenslösung wird täglich im Bottich A mittelst der Hülfsgefässe a und b hergestellt und nach gehörigem Mischen mit einer Rührvorrichtung einige Zeit zur Klärung sich selbst überlassen. Damit nur reine Lösung von den oberen geklärten Schichten abfliessen kann, befindet sich in dem Bottich A ein Kautschukschlauch mit einer Schwimmvorrichtung, der unten in den in A befindlichen Regulator R

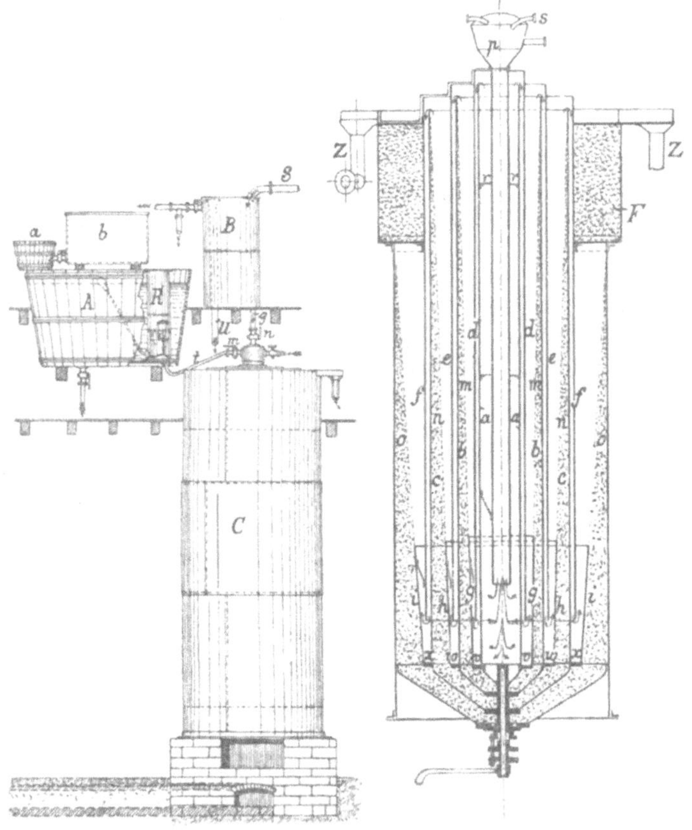

Fig. 59.

einmündet. Letzterer ist ein am Boden von A befestigter Blechcylinder, in welchem durch eine Schwimmvorrichtung die Reagenslösung in einer gleichen Höhe gehalten wird, so dass durch Rohr t ein constant bleibender Zufluss zu dem Absatzapparate C statt hat. Bei continuirlichem Betriebe sind 2 Reagensreservoire mit einem gemeinschaftlichen Regulator nothwendig, die abwechselnd functioniren.

Vom Boden des Sammelreservoirs B, in welchen das zu reinigende Wasser beständig durch Rohr S eintritt, während durch Ueberlaufrohr U stets gleicher Wasserspiegel erhalten wird, führt das Rohr g in den Absetzapparat. Durch die Hähne m und n an den Röhren t und g wird der Zufluss des Reagens und des Wassers regulirt.

Der Absetzapparat besteht im wesentlichen aus concentrischen in einander gestellten Cylindern aa, bb, cc, die eine derartige Höhenlage haben, dass durch ihre Niveaudifferenz die Bewegung des Wassers von innen nach aussen ermöglicht wird. Das untere Ende schliessen die angebrachten Kegel ab. An diese Cylinder aa, bb, cc reihen sich nach aussen andere Cylinder dd, ee, ff, durch welche die Flüssigkeit nach abwärts geleitet wird. Die nach oben und unten offenen Ablenkungswände gg, hh, ii geben der Bewegung eine bestimmte Richtung nach aufwärts. Es entstehen auf diese Weise ringförmige Absatzräume mm, nn und oo, in denen sich die suspendirten Niederschläge senken und an den tiefsten Stellen ansammeln. Auch dort, wo die Wasserbewegung von ab- nach aufwärts eintritt, können die festen Theile an den offenen Stellen bei vv, ww, xx sich senken und in die unteren, trichterförmigen Absatzräume gelangen. Letztere sind mit dem Gehäuse eines Vierweghahnes verbunden, durch welchen die abgesetzten Niederschläge entfernt werden.

Das Wasser tritt, bevor es den Absetzapparat verlässt, meistens noch durch ein aus Holzfaser, Holzkohle, Scheerwolle u. s. w. bestehendes Filter F und fliesst dann durch das Abfallrohr Z ab.

Die vorbesprochene Wasserreinigungsanlage wirkt, wie ersichtlich, continuirlich und kann für jedes Wasserquantum passend construirt werden.

3. Apparat zum Klären von Flüssigkeiten von Gustav Sagasser in Zwickau i. S.

(D. R. P. No. 36249.)

Der Apparat besteht aus einem aufrechten, allseitig geschlossenen, am einfachsten cylindrischen, stets bis zu 10 m Höhe, je nach der Bodenbeschaffenheit jedoch auch noch höher ausführbaren Gefässe a mit einem an der Decke desselben angebrachten senkrechten Mantel b, dessen unterer Rand etwas vom Boden des Cylinders absteht.

Innerhalb dieses Mantels geht das Abfallrohr c, dessen Mündung in einiger Entfernung von der Decke von a sich befindet, nach abwärts, an das ausserhalb befindliche Abflussrohr d anschliessend.

In der Decke des Cylinders a befindet sich eine Oeffnung e, die am einfachsten mit einer Schraube geschlossen werden kann. Seitlich von a ist das Aufsteigerohr f angebracht, welches mit seinem unteren Ende in ein Vorbecken g einmündet. Diese untere Mündung des Rohres liegt etwas tiefer als der Wasserspiegel im Abflussrohr d. In dem Aufsteigrohr f, sowie im Abflussrohr d sind Hähne oder besser Ventile i und k eingeschaltet.

Soll nun der Apparat in Betrieb gesetzt werden, so werden die Hähne bezw. Ventile i und k geschlossen und durch die Deckenöffnung e Wasser in den Cylinder gebracht. Dieser wird so weit angefüllt, dass nur noch eine Luftschicht von einigen Millimetern unter der Decke vorhanden ist. Bemerkt sei hier, dass in dem eingehängten Mantel direct unter der Decke von a sich Oeffnungen befinden, so dass die oberen Räume mit einander communiciren.

Nach Verschluss der Oeffnung e wird der Hahn bezw. das Ventil k geöffnet; dadurch strömt etwas Wasser heraus, und zwar so lange, bis der äussere Luftdruck dem Drucke der Flüssigkeitssäule von der Höhe H, vermehrt um den Druck im luftverdünnten Raum unter der Decke von a gleichkommt. Das Rohr d ist an seinem Ausfluss nach oben gekrümmt, um das Einsaugen von Luft zu verhindern. Bei einer Höhe der Flüssigkeitssäule von ca. 5 m würde daher die Luft im eingeschlossenen Raum das doppelte Volumen des ursprünglichen eingenommen haben.

Wird nun der Hahn bezw. das Ventil i geöffnet, so strömt, da die Flüssigkeitssäule im Aufsteigerohr niedriger ist als die im Abfallrohr, das zu klärende Wasser aus dem

Vorbassin durch das Aufsteigerohr f sofort in den äusseren ringförmigen Raum, dadurch
eine Höhendifferenz zwischen den Flüssigkeitsoberflächen in diesem und im inneren Raum
hervorbringend, wodurch das Wasser im ersten Raum nach abwärts, im letzteren nach aufwärts steigt und hier durch das Abfallrohr abfliesst. Sinkt der Wasserspiegel im Vorbassin bis auf das Niveau des abfliessenden Wassers im Ausflussrohr d, so hört der Apparat zu functioniren auf, bis der Wasserspiegel wieder steigt.

Durch die Bildung eines ringförmigen äusseren Raumes, in welchen die zu reinigenden Wässer eingeführt werden, wird bei stattfindendem Druckausgleich gegen den inneren
Raum ein von allen Seiten gleichmässiger Druck ausgeübt, die in diesem inneren Raum befindliche Flüssigkeit wird daher von allen Seiten gleichmässig umfasst, bezw. gedrückt und
aufwärts gehoben. Dadurch wird es möglich, dass ein voller Wasserinhalt des Cylinders

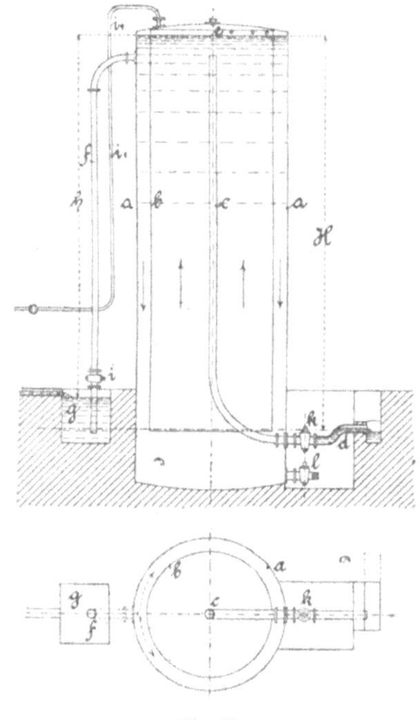

Fig. 60.

abfliessen muss, ehe ein eingeflossenes Wassertheilchen zum Austritt gelangen kann; es
wird daher der volle Rauminhalt zur Klärung ausgenutzt.

Ein Theil der suspendirten Stoffe wird sich schon unter dem ringförmigen Theil am
Boden des Cylinders a ansammeln, während nur die leichteren Theilchen in den inneren
Raum gelangen. Durch die äusserst langsame Aufwärtsbewegung in diesem Raum werden
sich auch diese leichten Theilchen fast vollständig bei sonst zweckmässig gewählten Appa-
ratdimensionen ausscheiden und auf dem Boden absetzen.

Nach diesem hin wird daher die schwebende Schlammwolke immer dichter und dichter, ein natürliches Filter bildend und dadurch die Ausscheidung der mitgeführten Stoffe
beschleunigend.

Die in dem zu reinigenden Wasser etwa mitgeführten schwimmenden Stoffe (Oel, Fett
u. s. w.) werden in dem Vorbassin zurückgehalten und können von da abgelassen bezw.
abgeschöpft werden.

Ein Theil der dem Wasser mechanisch beigemengten Luft wird sich während des Functionirens des Apparates nach und nach unter der Decke des Cylinders a ansammeln, dadurch den Raum der verdünnten Luft vergrössernd und die Höhe der getragenen Wassersäule vermindernd.

Dieses Ausscheiden von Luft unter dem Vacuum ist aber nicht so bedeutend, um bei zweckmässig gewählter Entfernung der Mündung des Abfallrohres c von der Decke des Cylinders diese Mündung im Laufe eines Tages vom Wasser zu entblössen. Erwähnte Entfernung dürfte schwanken zwischen 0,25 und 1 m, je nach der Menge des zu klärenden Wassers und dem Durchmesser des Cylinders. Durch dieses allmälige Ansammeln von Luft wird man zwar genöthigt sein, in bestimmten Zeiträumen (täglich, alle 2 Tage etc.) etwas Wasser durch die Deckelschraubenöffnung nachzufüllen, nachdem man die Hähne bezw. Ventile i und k geschlossen hat, um den Anfangszustand wieder herzustellen; doch dürfte dieses Nachfüllen, insbesondere da hierzu nur verhältnissmässig wenig Wasser erforderlich ist, keinerlei Schwierigkeiten bieten. Sollten zufälligerweise die Hähne i und k vor Oeffnen der Deckelschraube nicht geschlossen worden sein, so sinkt einfach der Wasserspiegel im Cylinder bis zur Abfallrohrmündung herab, und es ist auch in diesem Falle nur ein ganz geringer Raum durch neues Wasser auszufüllen.

Soll das Bassin bezw. der Cylinder vom Schlamm gereinigt werden, so werden die beiden Hähne bezw. Ventile i und k geschlossen, die Deckelschraube entfernt und der am Boden oder am unteren Rande des Mantels des Cylinders angebrachte Ablasshahn l (oder Ventil) geöffnet, wodurch der angesammelte Schlamm durch den Druck

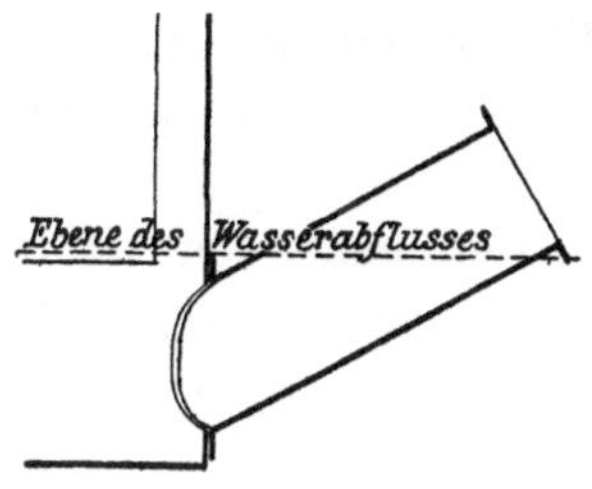

Fig. 61.

der darüberstehenden Flüssigkeit ausgetrieben wird. Durch Anbringung von Rohren oder Schläuchen kann derselbe an jeden beliebigen Ort gebracht und abgelagert bezw. weiter ausgepresst und ausgenutzt werden.

Zwischen den Hähnen k und l oder seitlich davon befindet sich der Mannlochdeckel.

In einem Nachtrag hierzu bemerkt der Patentinhaber, dass auf eine sehr einfache Weise die angesammelte Luft unter der Decke entfernt und der von derselben eingenommene Raum durch neues Wasser ausgefüllt, bez. der Anfangszustand wiederhergestellt werden kann, wenn Dampf zur Verfügung steht.

Durch Rohr i_1 wird, sobald der Apparat zu functioniren aufhört, Dampf in den inneren Raum eingelassen, nachdem man zuvor den Hahn k geschlossen hat; dadurch wird die Luft durch die oberen, auf der entgegengesetzten Seite des eingehängten Mantels befindlichen Oeffnungen nach dem äusseren ringförmigen Raume gedrängt und gelangt von da durch das Aufsteigerohr f in das Vorbassin g (die Einmündung von f in den ringförmigen Raum liegt an ihrem untersten Punkte in einer Horizontalen mit der oberen Mündung von e). Sobald Dampfblasen aus dem Vorbassin g aufsteigen, wird die Dampfzuleitung abgesperrt. Der im Apparate befindliche Dampf condensirt sich sehr rasch und erzeugt ein Vacuum, wodurch das Wasser aus dem Vorbassin in den Apparat gedrückt und so der Anfangszustand wieder hergestellt wird.

Um der Unannehmlichkeit des Verstopfens des Schlammablasshahnes (bez. Ventils) l vorzubeugen und gleichzeitig eine, wenn erforderlich, continuirliche Schlammentfernung zu bewirken, wird an Stelle des erwähnten Hahnes seitlich von k ein weites, schräges, oben offenes Rohr, wie umstehend skizzirt, angebracht, welches etwas über die Ebene des Abflusswasserspiegels herausreicht. Da sich der Wasserspiegel in diesem Rohr nach der Ebene des Abflusswasserspiegels einstellt, kann der Schlamm continuirlich durch Krücken, eingelegte Schnecken etc. entfernt werden. Beim Füllen des Apparates, sowie beim Durchströmen des Dampfes wird das Rohr durch einen einfachen Deckel, der innerhalb weniger Secunden aufgebracht und mittels Bügel und Schraube befestigt werden kann, geschlossen.

4. Reinigungverfahren von Dr. Gerson. (Reichspatent.)

Gerson's Reinigungsverfahren. Das Verfahren besteht darin, dass das Wasser in einem Reservoir durch Präcipitation je nach der Beschaffenheit der Abwässer behandelt wird, um einen Theil der gelösten und ungelösten Substanzen zum Niederschlagen zu bringen.

Dieser Niederschlag wird alsdann in eine mit Torfgrus gefüllte Grube abgeführt oder gesammelt; wenn dieser Torfgrus in seiner Absorptionsfähigkeit erschöpft ist, wird er entleert und getrocknet; er ist als ein brauchbares Düngmaterial anzusehen; die Grube wird dann von neuem gefüllt.

Die zurückbleibende Flüssigkeit, die durchaus noch nicht die Beschaffenheit hat, um in öffentliche Gewässer geleitet zu werden, wird durch das Filter klar filtrirt.

Das Verfahren soll zur Reinigung von städtischen Kloakenflüssigkeiten, von Abgängen aus Gerbereien, Papierfabriken, Bierbrauereien etc. dienen.

Das Wasser dringt in das Filter aus dem Reservoir von unten nach oben durch ein Sieb, das durch eine Klappe verschlossen werden kann, was geschieht, bis die Präcipitation vollendet ist.

Die Filterstoffe bestehen entweder aus Torfgrus oder Sägespähnen, die je nach der Beschaffenheit der Abwässer mit löslichen Substanzen imprägnirt sind, wodurch die Ausscheidung der noch das Wasser färbenden Stoffe herbeigeführt wird; ist die Leistungsfähigkeit dieser Filterstoffe erschöpft, so werden sie in folgender einfachen Weise entleert, um nach ihrer Herausnahme als Brennmaterial benutzt zu werden und so die Anschaffungskosten des Filtermaterials zu decken.

Die untere Platte, welche Oeffnungen hat, wird mittelst einer Schraube gehoben und gegen die obere Platte und das daran angebrachte Sieb gedrückt mit den dazwischen liegenden Filterstoffen; da durch die Construction der Schraube ein sehr starker Druck ausgeübt werden kann, so werden die Filterstoffe vollständig trocken ausgepresst.

An der oberen Platte sind Messer angebracht, die durch die Spaten, die in dem unteren Sieb vorhanden sind, dringen können, und wird dadurch sofort das im Filter vorhandene Filtermaterial in Würfel geschnitten und in Brennziegel verwandelt. Die Schrauben-Einrichtung steht mit den Sieben auf Rotten, die über dem Filter oder den Filtern fortgerollt und mit Leichtigkeit ausgeräumt werden können, um die Brennziegel zu einem Platz, wo dieselben lagern sollen, zu befördern, um so nach Bedarf, gänzlich getrocknet, als Brenn- oder Heizungsmaterial verwandt zu werden. Die aus der Filtermasse ausgepresste Flüssigkeit fliesst aus dem zu öffnenden Ventil in die oben erwähnte Grube, die mit Torfgrus gefüllt ist.

Die Art der Ausführung ist folgende:

In das Bassin a fliesst durch das Rohr m das Schmutzwasser, wo es nach Zusatz der Präcipitationsmittel durch die Turbine d umgerührt und zum Theil präcipitirt wird. Von der Menge der Abwässer hängt die anzuwendende Grösse derselben und die Zahl der Turbinen ab, doch kann die Mischung auch durch Zuführung fein vertheilter Luft beschafft werden, wie z. B. mit den Körting'schen Strahlapparaten.

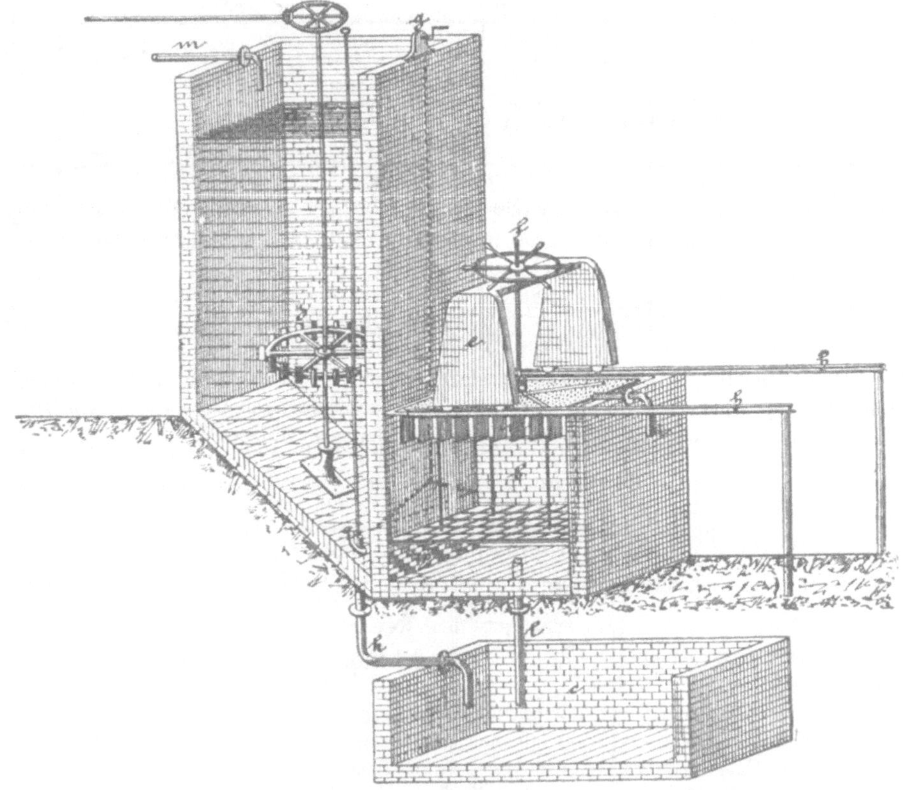

Fig. 62.

Ist durch genügendes Umrühren die Präcipitation bewirkt, so lässt man das Präcipitat durch das Rohr k in das mit Torfgrus gefüllte unterirdische Bassin c abfliessen.

Man öffnet mittelst der Winde g durch Hebung des Schiebers das Sieb p; alsdann strömt das Wasser durch das untere Sieb b und die Filter von unten nach oben aus, um durch das Rohr i vollständig geklärt, dem Flusse zugeleitet zu werden.

Sind die Filterstoffe in ihrer Leistungsfähigkeit erschöpft, so werden sie durch die Schraube gehoben und zwischen den beiden Sieben ausgepresst, indem die untere Platte o der oberen n mit der Masse genährt wird. Die in der Platte n befindlichen Messer schneiden den Torf in Würfel. Ist die Platte so weit als möglich gehoben, so wird sie gemeinschaftlich mit der oberen Platte gehoben und sammt der Schraubenvorrichtung auf den Schienen h vorwärts gerollt, die, je nachdem die Filter erbaut, auf Terrainhöhe fortlaufen oder über Terrainhöhe unterstützt sind. Alsdann wird die untere Platte gesenkt und die Torfsoden abgestossen. Die untere Platte wird an ihren Platz gebracht und die Filter neu gefüllt.

Das ganze Verfahren kann mit wenig Arbeitskräften leicht und rasch ausgeführt werden.

König.   37

Ein nach Schluss des Manuscriptes von Dr. Gerson eingesandtes ungereinigtes und nach vorstehendem Verfahren gereinigtes Abgangwasser einer Wollgarnspinnerei lieferte, indem ich die Analysen eines ungereinigten und nach Rothe-Roeckner gereinigten Abwassers einer Baumwollspinnerei und Färberei[1]) gleichzeitig nachtrage, folgende Resultate pro 1 l:

	Suspendirte Stoffe		Gelöste Stoffe					Ge-sammt-Stick-stoff
	Un-organi-sche	Or-gani-sche	Mi-neral-stoffe	Glüh-verlust (organ. Stoffe etc.)	Zur Oxyda-tion er-forderli-cher Sauerstoff	Kalk	Schwe-fel-säure	
	mg	mg	mg	mg	mg	mg	mg	mg
1. Wollgarnspinnerei:								
Ungereinigt	190,0	640,0	1190,0	776,0	295,0	282,0	406,6	45,0
Gereinigt (nach Gerson) .	0	0	2611,0	1135,0	119,6	832,0	1140,8	29,7
2. Baumwollspinnerei:								
Ungereinigt	1081,2	1092,4	399,6	339,2	186,8	85,2	—	27,8
Gereinigt (nach Rothe-Roeckner)	31,6	3,6	442,4	252,8	185,6	105,4	—	6,9

Beide ungereinigten Wässer waren stark gefärbt; ersteres hatte nach mehrtägigem Aufbewahren in einer verschlossenen Flasche einen stark fauligen Geruch und schwach alkalische Reaction; die gereinigten Wässer waren dagegen vollständig klar, farb- und geruchlos, ersteres bei schwach saurer, letzteres bei schwach alkalischer Reaction.

5. Apparat zum Vertheilen von Fällreagentien von Maignen.

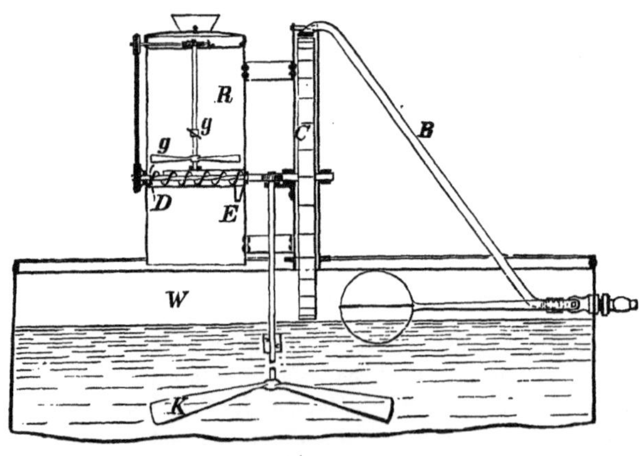

Fig. 63.

 P. Aug. Maignen, London hat[2]) (nach D. R. P. 31 069 vom 7. Aug. 1884) folgende Vorrichtung zum Vertheilen von Fällreagentien in zu reinigendem Wasser getroffen.

Das zu reinigende Wasser fliesst durch B (Fig. 63) über das Wasserrad C in den

---

[1]) Die Baumwollspinnerei und Färberei gebrauchte als Farbstoffe Krapp- und Anilinfarben, ferner Seifen etc.
[2]) Chem. Ztg. 1885. S. 729.

Behälter W und wird hier durch den Rührer K in Bewegung gehalten. Die Fällreagentien befinden sich in dem Kasten R und werden durch die Rührer g und die Transportschnecke D nach E und von hier nach W geschafft.

6. Einrichtung zum Einleiten von Desinfectionsflüssigkeiten in Spülwasser von Jos. Denison in Newcastle am Tyne (England).

Die Erfindung bezieht sich auf eine Vorrichtung, die zum Desinficiren von Klosets, Pissoirs, Schlachthäusern und zu ähnlichen Zwecken bestimmt ist und mit der Spülwasserleitung so verbunden wird, dass beim Ablassen des Spülwassers ein genau bestimmbarer

Einleitung
von Desin-
fectionsflüs-
sigkeiten.

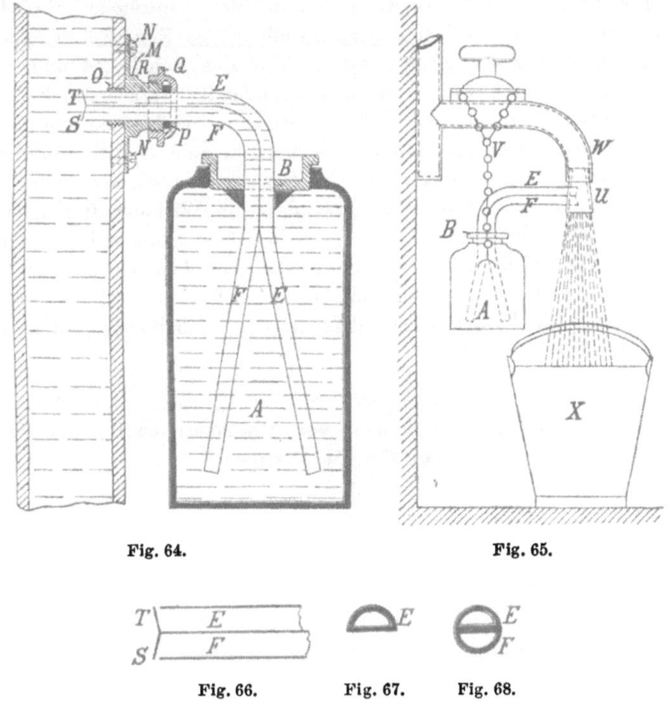

Theil des Desinfectionsmittels vermischt mit dem Spülwasser in Berührung mit dem zu reinigenden Gegenstand gebracht wird.

Die in Fig. 64—68 veranschaulichte Vorrichtung besteht im wesentlichen aus einem zur Aufnahme des Desinfectionsmittels bestimmten Behälter A, der oben durch einen eingeschraubten Deckel B abgeschlossen wird, durch welchen die Rohre E und F, gut abgedichtet, hindurchtreten. Von diesen Rohren, die bis etwa 2 cm oberhalb des Bodens des Behälters A in diesen hineingeführt sind, ist E das Einlassrohr und F das Auslassrohr. Der Behälter A wird mit irgend einem geeigneten Desinfectionsmittel von flüssiger oder fester Form gefüllt.

Die Ein- und Auslassrohre E F sind an ihrem oberen Theile vereinigt und haben eine D-förmige Querschnittsform, wie in Fig. 67 und 68 gezeigt ist. Die Verbindung der Rohre mit dem Rohr H wird durch die bei O in die Wandung des Rohres eingeschraubte Stopfbüchse M erzielt, deren Befestigung am Rohr ausserdem noch durch die Schrauben N N bewirkt wird. Vorne auf der Büchse M liegt der Dichtungsring P, der durch den auf M aufgeschraubten Schraubendeckel Q festgehalten wird. Am vorderen Ende der Rohre E F sind die halbrunden Bleche S T, Fig. 64 und 66, an der Scheidewand der beiden Rohre befestigt; diese Bleche lassen sich in der Richtung der Rohröffnungen umbiegen und ermöglichen auf diese Weise eine genaue Regulirung des Ein- und Ausflusses der Flüssigkeit des Behälters A. Die Einstellung der Bleche erfolgt dabei am besten derart, dass nur eine sehr kleine Oeffnung zwischen ihnen und den Rohrenden freibleibt, welch letztere etwa nur 1 cm weit in das Spülwasser im Rohr H eintreten. Wird nun Spülwasser, einerlei ob in der Richtung nach oben oder nach unten, abgelassen, so wirkt das eine Rohr als Injector und das andere als Ejector. Dieselbe Ausführungsform ist in Fig. 65 in Verbindung mit dem Ausströmhahn einer Wasserleitung gezeigt. Der Apparat wird zu diesem Zwecke mittelst Kette V am Hahn aufgehängt und in das Auslassrohr W das Mundstück U eingesteckt, in welches die Rohre E F des Apparates auf die in Bezug auf Fig. 64 beschriebene Weise münden. Wird nun der Hahn behufs Füllung des Eimers X geöffnet, so tritt ein Theil des abgelassenen Wassers durch das Rohr E in den Behälter A und, mit dem Desinfectionsmittel gesättigt, durch Rohr F in den ablaufenden Wasserstrahl wieder ein. Der Apparat kann auf diese Weise mit einem Spritzenschlauch verbunden und zum Desinficiren von Spülwasser für mancherlei gewerbliche Zwecke, wie zum Spülen von Schlachthäusern, Rinnsteinen, Schiffsdecken, zum Abwaschen von Schafen u. s. w., verwendet werden.

Der Apparat kann, wie ersichtlich, erst dann in Wirkung treten, wenn das zum Spülen bestimmte Wasser in Bewegung geräth, während bei Stillstand des letzteren keinerlei Function vom Apparat erfüllt wird. Infolge seiner einfachen Construction erscheint die Gefahr ausgeschlossen, dass der Apparat in Unordnung gerathen könnte, während andererseits ein Nachfüllen des Desinfectionsmittels in den Behälter A durch Abnahme des Deckels B bequem ermöglicht ist.

7. Messvorrichtung für die zur Reinigung von Abwässern bestimmten Fällreagentien von Dr. Ed. Walther.

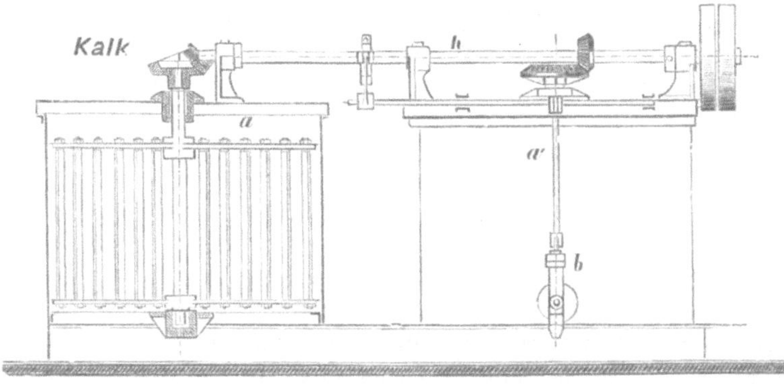

Fig. 69.

In den beiden neben einander stehenden Bottichen a und a¹, die je mit einem Rührwerk versehen sind, werden Chemikalien, z. B. Kalkwasser, umgerührt und dadurch zertheilt. An tiefster Stelle der Bottiche sind die Apparate b und b¹ angebracht, durch welche die Chemikalien bei jedesmaligem Oeffnen des Kanals c ausströmen und bei d in den darunter liegenden Kanal k, der beiden Bottichen gemeinsam ist, entweichen.

Der Kolben f wird mittelst des Hebelmechanismus g und des auf der Antriebswelle h befindlichen Excenters i in eine auf- und niedergehende Bewegung versetzt und der Kanal c bei jedesmaligem Kolbenspiel geöffnet und geschlossen.

Der Apparat b und b¹ dient dazu, durch das continuirliche, in regelmässigen Zeiträumen stattfindende Oeffnen und Schliessen des Ausströmungskanals c eine genaue Mischung der in beiden von einander getrennten Bottichen enthaltenen und in einen gemeinsamen Kanal k ausfliessenden Chemikalien zu erreichen.

Der Apparat ist vor dem Auslaufkanal c mit einer Stellschraube e versehen, um, im Fall sich der Kanal c verstopft, denselben reinigen zu können.

Das für dieses Verfahren ertheilte Patent ist von Aug. Paschen in Cöthen erworben. Der Apparat ist in der Zuckerfabrik Klein-Paschleben in Betrieb gewesen und wird dort auch ferner functioniren.

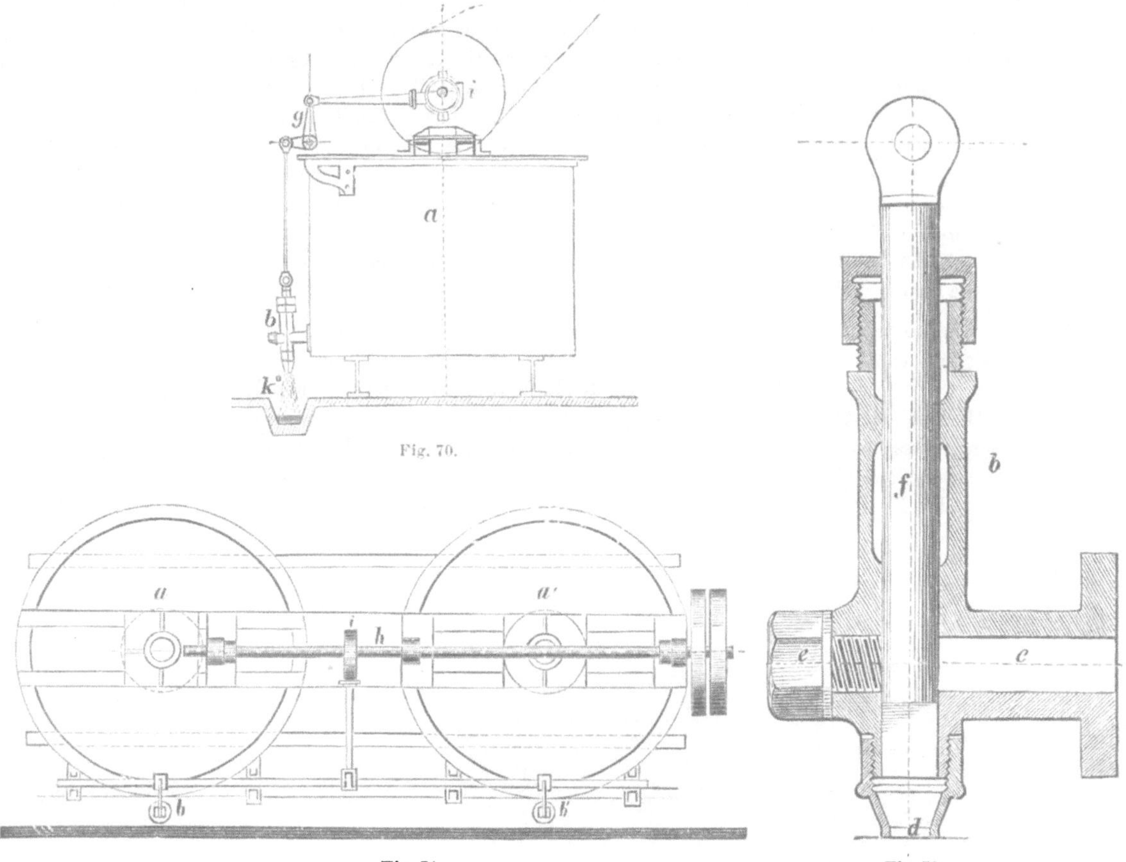

Fig. 70.

Fig. 71.

Fig. 72.

8. Einrichtung zur Behandlung von Abwässern mittelst atmosphärischer Luft von W. F. B. Massey-Mainwaring und J. Edmunds in London.

Auf S. 61—72 habe ich auf die Wichtigkeit der Luftzuführung zu fauligen Abfallwässern hingewiesen und mehrere Vorrichtungen zur Erreichung dieses Zweckes beschrieben.

Während des Druckes dieser Schrift sind einige, durch Patent geschützte Einrichtungen mitgetheilt worden, welche Massey-Mainwaring und J. Edmunds für den Zweck in Vorschlag bringen. Diese mögen daher hier im Anhang kurz beschrieben werden.

Die durch D. R. P. No. 35935 geschützte Einrichtung ist folgende:

Die zu behandelnde Flüssigkeit wird in einen zweckentsprechenden, luftdicht schliessenden Kessel gebracht und die Luft oder die Gase mittelst einer Pumpe oder in anderer Weise in die zu behandelnde Flüssigkeit gedrückt. Dadurch wird die Luft oder das Gas veranlasst, sich mit der Flüssigkeit zu verbinden oder sich mit ihr innig zu vermengen. Der benutzte Kessel muss von genügender Stärke sein, um den nöthigen Druck auszuhalten, in der Regel genügt ein Druck von 13—14 Atmosphären. Die Form und Construction des Kessels kann beliebig sein, ebenso kann man jedes zweckdienliche Material, welches von den zu behandelnden Flüssigkeiten u. s. w. oder den Gasen nicht angegriffen wird, für den Kessel verwenden. Sind der Luft oder den Gasen schädliche Dünste beigemengt, bezw. die Gase an sich schädlich, so werden solche, nachdem sie den Kessel verlassen haben, durch desinficirende Mittel unschädlich gemacht oder die Luft bezw. die Gase durch einen hohen Schornstein abgeleitet.

In einigen Fällen wird nur ein Theil der zu behandelnden Flüssigkeit u. s. w. in dem Kessel dem vorher beschriebenen Process unterworfen, worauf dann dieser so behandelte Theil mit dem übrig gebliebenen Theil der Flüssigkeit u. s. w. gemischt wird; dadurch werden die etwa in der behandelten Flüssigkeit überschüssig vorhandenen Gase nützlich gemacht.

Eine andere Methode besteht darin, in dem Kessel die Luft oder Gase in irgend eine Flüssigkeit, einen Brei u. s. w. zu drücken, welche man dann mit Vortheil solchen Flüssigkeiten u. s. w. zusetzen kann, welche mit der Luft oder den Gasen behandelt werden sollen. Das Mischen der behandelten Massen mit den nicht behandelten kann in der Weise geschehen, dass man die letzteren Massen in einen zweiten Kessel von genügender Stärke laufen lässt, der mit dem ersten Kessel verbunden ist. Oeffnet man dann das Verbindungsrohr beider Kessel, so werden die Flüssigkeiten in denselben sich innig mischen.

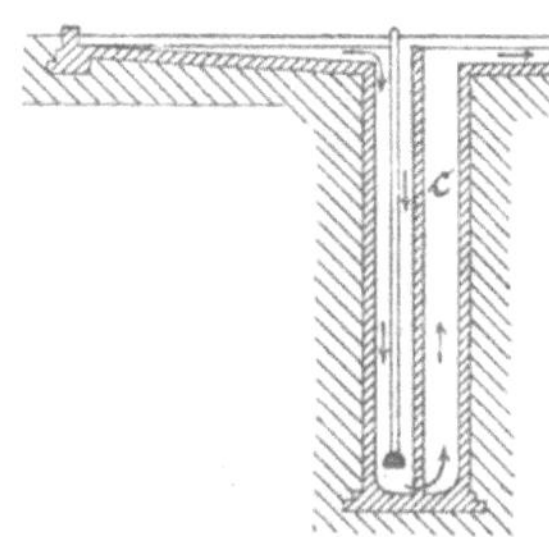

Fig. 73.

Eine dritte Einrichtung[1]) nach D. R. P. No. 36242 besteht nach obiger Fig. 73 aus einer oder mehreren geraden oder gebogenen Röhren, durch welche ein Strom des zu behandelnden Abwassers beständig zuerst abwärts fliesst und dann aufwärts steigt, und welche an ihrem unteren Ende oder nahe bei demselben mit einer anderen Röhre in Verbindung stehen, durch welche atmosphärische Luft oder sauerstoffreiches Wasser in das zu behandelnde Abwasser geführt wird. Statt der Röhren kann auch ein durch eine vertikale von oben bis nahe an den Boden reichende Scheidewand in zwei Abtheilungen getheilter Brunnen c, welcher am Boden oder nahe am Boden mit der Druckluftröhre in Verbindung steht, Anwendung finden.

---

[1]) Chem. Ztg. 1886 No. 74.

9. Apparat zum Entwässern von schlammförmigen Substanzen von M. M. Rotten-Berlin nach D. R. P. 35719.

Die vorliegende Erfindung bezieht sich auf das Entwässern namentlich solcher schlammförmigen Substanzen, wie dieselben bei dem Reinigen von Abfallwässern aller Art, seien es Fabrikwässer, städtische Abwässer (Effluvien) und dergl., entstehen.

Um diese schlammförmigen Substanzen nutzbar zu verwerthen, ist es erforderlich, dieselben in einen möglichst entwässerten Zustand zu bringen, in welchem dieselben als Handelswaare auch einen grösseren Transport vertragen können. Die bisher hierfür angestellten Versuche mit Pressen, Centrifugen, Lufttrocknern etc. haben theils aus ökonomischen, theils aus technischen Gründen einen Erfolg nicht gehabt.

Die vorliegende Erfindung bewirkt dieses Entwässern in der Weise, dass gleichzeitig ein Absaugen des in dem Schlamm enthaltenen Wassers, ein Filtriren dieses Schlammes und ein Zusammenpressen bei der Fortbewegung desselben in einem continuirlichen Betriebe erfolgt.

Dieses Verfahren soll an der Hand des zur Ausführung desselben benutzten Apparates erläutert werden, welcher in Fig. 74 schematisch in seiner Gesammtzusammenstellung und in Fig. 75 im Detail gezeichnet ist. Derselbe besteht im wesentlichen aus zwei Theilen, von denen der eine fest und der andere beweglich ist. Der feste Theil ist der Kasten A, welcher mit seinem Untersatz B auf Säulen oder sonstwie fest gelagert ist. In diesem Kasten befindet sich ein zweiter beweglicher und zweitheiliger Kasten C, welcher den eigentlich wirkenden Apparat bildet. Dieser letztere ist mit einem in den feststehenden Kasten A bezw. den Untersatz B desselben hineinpassenden Rohr F verbunden, welches durch irgend eine Antriebsvorrichtung in entsprechende Rotation versetzt wird und den eigentlichen Apparat mitnimmt. Dieser letztere besteht aus dem doppelwandigen Kasten C, welcher in seinem unteren Theil aus doppelten Siebflächen gebildet ist, die eventuell noch mit entsprechenden Filtrirvorrichtungen, wie Gaze und dergl., entsprechend dem zu verarbeitenden Material, belegt werden können. Bei D ist die Eintragöffnung für den zu verarbeitenden Schlamm, von wo derselbe durch das mit dem rotirenden Kasten C fest verbundene T-Stück H in den um den Kasten C gebildeten Raum gelangt. Seine obere Führung erhält das Einströmungsrohr und dadurch zugleich der rotirende Kasten C durch eine Stopfbüchse K, welche an dem nach innen hineinreichenden Deckel L des äussersten Mantels A des Apparates angebracht ist. Zwischen diesem beweglichen Kasten C und dem feststehenden äusseren Mantel A ist ein zweiter in seinem unteren Theil gleichfalls siebförmig gestalteter und sich nicht bewegender Mantel E angebracht; ferner sind zwischen dem Mantel C und dem letztgenannten Mantel E schneckenförmig gestaltete Flächen S zur Weiterbewegung des Schlammes angeordnet. Der rotirende Kasten C, der aus den zwei Siebflächen besteht, ist derart eingerichtet, dass der äussere Siebmantel mit dem Antriebsrohr F fest verbunden ist, während der innere, nur an seinem oberen Theil mit dem zweiten Mantel in irgend einer Weise zusammenhängende Mantel behufs Reinigung an den gezeichneten Haken sich leicht herausziehen lässt. Dasselbe ist mit dem sich nicht bewegenden Mantel E der Fall, welcher gleichfalls in dem unteren Fussstück B nur lose aufsitzt und behufs Reinigung leicht ausgewechselt werden kann.

Das Antriebsrohr F mündet in ein Gefäss M, in welchem sich ein Abflussstutzen N für das Wasser befindet, welcher stetig oder nur zeitweilig geöffnet werden kann. Ein zweiter Stutzen O ist an dem unteren Boden behufs Entleerung des ganzen Kastens vorhanden, während an dem Deckel dieses Kastens der Stutzen R die Verbindung mit der Luftpumpe bewirkt. Der von der Schnecke S nach unten beförderte Schlamm tritt durch das tangential angeordnete Auslassrohr T in dem gewünschten entwässerten Zustande aus dem Apparat heraus, wobei die Geschwindigkeit des Apparates entsprechend dem zu verarbeitenden Material gewählt werden muss. Das Ablassrohr T kann eventuell, wenn eine grössere Trocknung gewünscht wird, durch den in eine Ummantelung desselben eingeführten Dampf oder auf irgend eine andere Weise erwärmt werden.

Der Apparat arbeitet wie folgt: Der durch das Rohr D einströmende Schlamm vertheilt sich durch das **T**-Stück H in dem Raum zwischen dem rotirenden Kasten C und dem feststehenden E, welche beide an ihren unteren Theilen mit Siebflächen versehen sind. Der Raum innerhalb des Kastens C steht durch das Führungsrohr F und den Stutzen R mit einer Luftpumpe in Verbindung; das Gleiche ist der Fall mit dem Raum, welcher zwischen

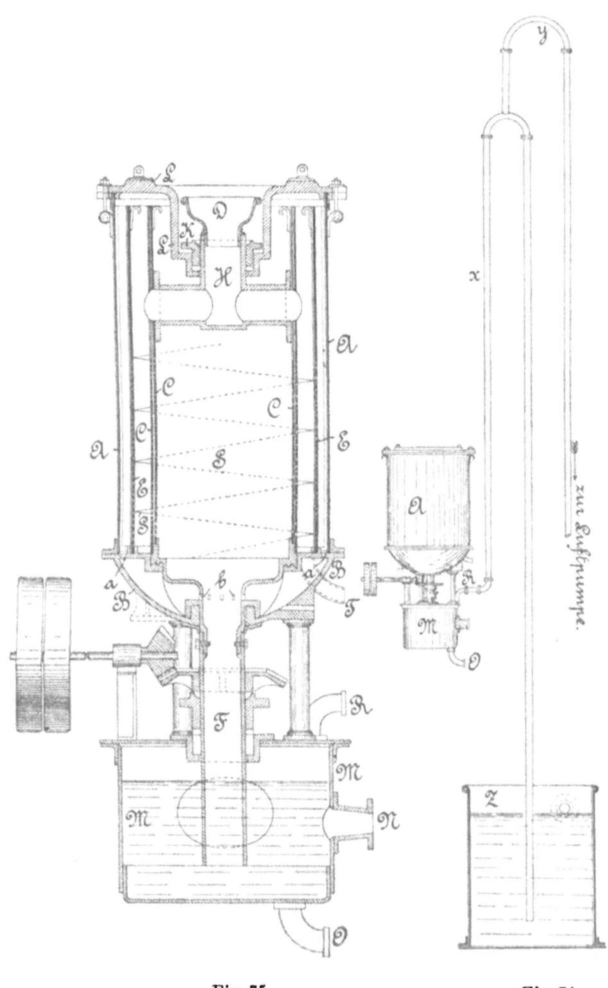

Fig. 75.   Fig. 74.

dem feststehenden Kasten E und dem äusseren Mantel A entsteht, indem dieser durch die gezeichneten Löcher a und b ebenfalls mit dem Führungsrohr und dadurch mit der Luftpumpe in Verbindung gebracht ist. Es wird nun dadurch ein Absaugen des Wassers von beiden Seiten des zwischen dem Kasten C und dem Kasten E befindlichen Schlammes und gleichzeitig ein Abfiltriren des Wassers durch die in den beiden Kasten C und E angeordneten Siebflächen erfolgen, dieser Schlamm dadurch allmälig entwässert und durch die Schnecke S fortbewegt werden, bis derselbe in dem gewünschten entwässerten Zustande durch das Ablassrohr T den Apparat verlässt. Das Wasser strömt durch das Führungs-

Skizze zur Anlage von Klärteichen für verschiedene Schmutzwässer.

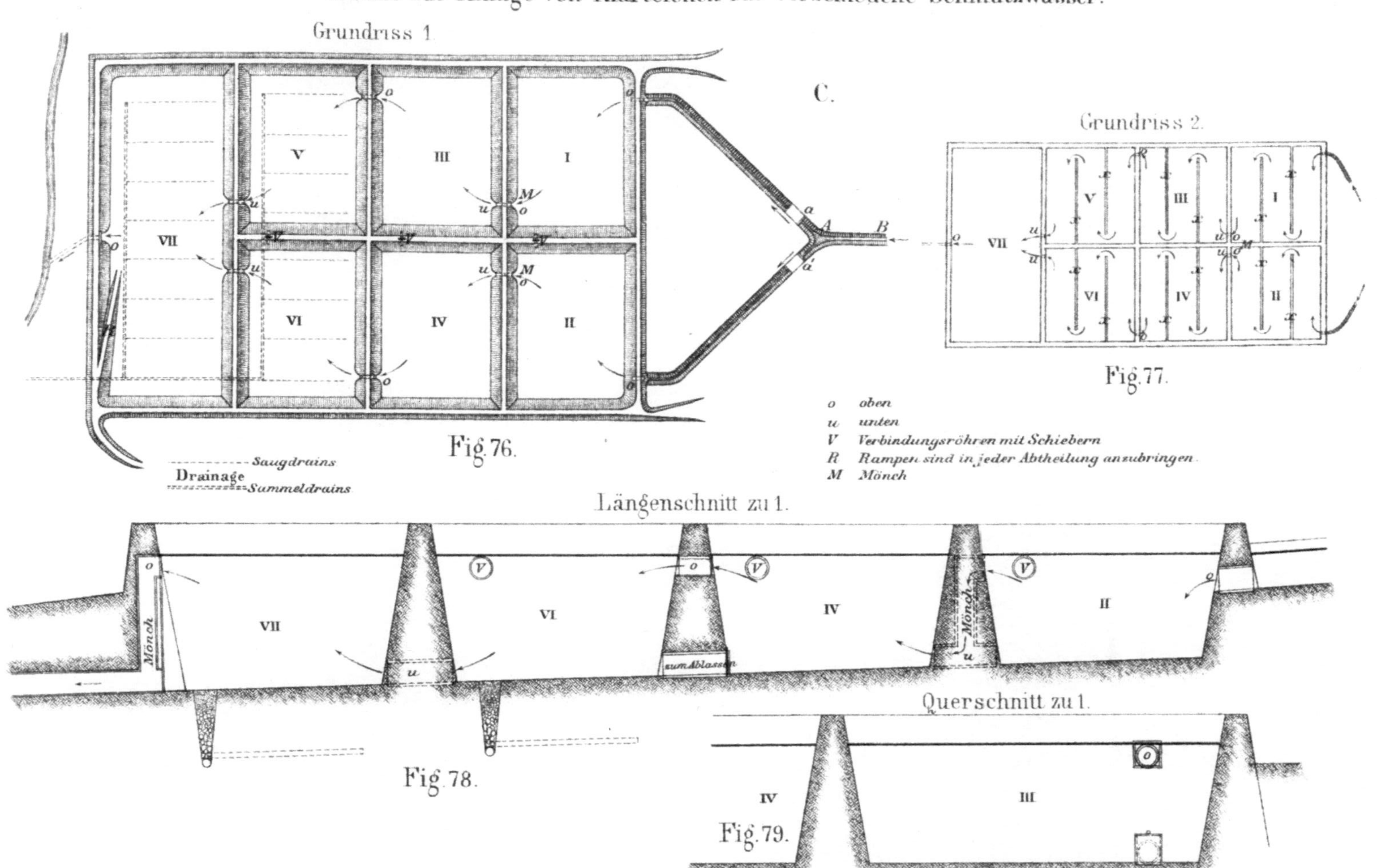

rohr F in den unteren Kasten M und wird durch die Wirkung der Luftpumpe mit der evacuirten Luft durch den Stutzen R in das heberartige Leitungsrohr x mitgerissen, von wo dasselbe in ein Ablaufbassin Z abströmt. Der höchste Punkt dieses Heberrohres steht durch die Leitung y mit einer Luftpumpe in Verbindung und wird diese Höhe derart bemessen, dass Wasser durch die Luftpumpe nicht angesogen werden kann.

Die Tiefe des Vacuums und dementsprechend die Höhe des Heberrohres wechselt je nach der Consistenz und Beschaffenheit des zu verarbeitenden Schlammes, indem für mehr körnigen Schlamm ein geringeres Vacuum und eine geringere Höhe des Heberrohres erforderlich wird, während für mehr schleimigen Schlamm, von welchem sich die Flüssigkeit schwerer trennt, ein tieferes Vacuum und dementsprechend ein höheres Heberrohr anzuwenden geboten ist. Das Gleiche ist mit der Geschwindigkeit der Fall, mit welcher der innere Mantel C mit der Schnecke S bewegt werden soll, indem diese Geschwindigkeit für das consistentere Material und für körniges Material grösser und für schleimigen Schlamm geringer gewählt werden muss.

Das beschriebene Verfahren, sowie der Apparat lassen sich in gleicher Weise wie für Schlamm aus Fabrikabwässern und Effluvien auch zum Entwässern von Schlamm, wie derselbe in den chemischen Fabrikationszweigen und anderen Industrien vorkommt, verwenden.

Charles T. Liernur in Berlin hat nach D. R. P. No. 37 714 ebenfalls eine Einrichtung zum Trocknen des aus Abwässern gewonnenen Schlammes getroffen, welche im wesentlichen darauf beruht, dass der Schlamm über eine rotirende erwärmte Walze ausgebreitet wird.

Liernur's Apparat.

10. Vorrichtung zum Klären von Schmutzwässern mit gleichzeitiger Berieselung.

Oeconomierath **Abel** in Münster, Wiesenbautechniker für die Provinz Westfalen wendet mit Erfolg auf Grund langjähriger Erfahrungen folgende Klär- und Reinigungsanlagen für Schmutzwässer an, deren Einrichtung und Beschreibung derselbe mir freundlichst überlassen hat.

Abel's Klär- und Berieselungsanlagen.

a) Klärvorrichtung:

Tafel IX mit Grundriss 1 (Fig. 76), Längenschnitt zu 1 (Fig. 78) und Querschnitt zu 1 (Fig. 79) zeigt die einfache Einrichtung, wie solche nicht nur für die kleinsten, sondern auch für die grössten Verhältnisse mit sicherem Erfolge einzurichten ist.

Der Zufluss aus dem Etablissement, welcher Art dieses sei, kommt von B und theilt sich bei A in zwei Arme über a und a¹, aus welch letzteren es in die Teiche I, II, III, IV, V, VI und VII und von dem letzten nach dem nächsten Wasserlaufe fliesst.

Die Theilung bei A hat den Zweck, die Reinigung der Klärteiche jeder Zeit zu ermöglichen und zu erleichtern. Bei a und a¹ sind Schleusen angebracht, um den Zulauf des Wassers nach Belieben absperren zu können. Unter gewöhnlichen Verhältnissen sind beide Staue geöffnet, so dass das Wasser sowohl über a als auch über a¹ in die Klärteiche I und II abfliessen kann; damit nach beiden Richtungen das Wasser möglichst gleichmässig abfliesst, müssen die Schwellen der beiden Staue in derselben Höhe liegen. Sollen aber die Klärteiche gereinigt werden, so darf dadurch der Betrieb in keiner Weise gestört werden und ist deshalb die Einrichtung getroffen, dass die Klärteiche I, III, V und VII und ebenso die Teiche II, IV, VI und VII zusammen je für sich als eine besondere Anlage behandelt werden können. Sollen z. B. die Teiche I, III und V gereinigt werden, so wird Stau a geschlossen, a¹ bleibt offen, es werden ferner die Grundschützen an den Mönchen resp. Ablässen bei u resp. o gezogen, dagegen die Verbindungsröhren bei V, V, V geschlossen. Auf diese Weise functioniren die Teiche II, IV und VI ungestört, während die übrigen gereinigt werden. Gewöhnlich sind aber sämmtliche Teiche im Betriebe und in diesem Falle die Staue a, a¹ und die Verbindungsröhren V, V, V geöffnet.

Die Bewegung des Wassers ist im Grundriss zu 1 in horizontaler, im Längenschnitt zu 1 in vertikaler Richtung durch Pfeile angedeutet. Rampen zum Abfahren des Schlammes sind wie in Teich VII gezeichnet (R) bei sämmtlichen Teichen einzurichten, ob nun die Abfuhr mittelst Schiebkarre oder durch Gespanne geschieht.

Die Verbindungsröhren V, V, V werden am besten aus Cement hergestellt. — Cementschleusen —; ebenso die sogenannten „Mönche" (M) und die Durchflüsse o und u. Mit den Mönchen ist immer auch ein Grund-Ablass verbunden. Wo immer möglich, ist im letzten Teiche, also hier VII, die Einrichtung so zu treffen, dass das Wasser während des Betriebes oben abfliessen muss. Wie nun die Aufeinanderfolge, der auf- und abwärtsgehenden Bewegung des Wassers einzurichten, hängt nebenbei jeweils auch von den gegebenen Gefällsverhältnissen des Terrains ab, auf welchem die Klärteiche eingerichtet werden.

Die beigegebenen Zeichnungen sollen nur das Princip erläutern, nach welchem zu verfahren ist.

Sind die Schlammmengen, welche aus dem Wasser zu entfernen sind, verhältnissmässig gering und ist der Schlamm feinkörnig, so ist neben den beschriebenen Einrichtungen häufig noch die Drainirung der einzelnen Teiche, wie dies für die Teiche V, VI und VII angedeutet ist, sehr zu empfehlen und meist von überraschendem Erfolge. Um die Wirksamkeit der Drains zu erhöhen, wird auf die Rohre eine mindestens 0,85 m hohe Schicht durchlassenden Materials — kleine Steine, Kies, Schlacken etc. — so gebracht, dass unmittelbar über den Rohren eine 0,25 m hohe Kiesschicht und auf dieser das grobe Material zu liegen kommt, welches nach oben allmälig kleiner wird, bis es zuletzt in feinen Kies übergeht. Grösse der Drains, Entfernung derselben von einander, haben sich selbstverständlich nach den jedesmaligen Verhältnissen zu richten. Eine Minimaltiefe von 1,00 m wäre aber wohl zu beachten.

Handelt es sich um sehr grosse Anlagen, bei welchen die einzelnen Teiche mindestens 25 are gross und grösser werden, so empfiehlt es sich häufig, wie im Grundriss 2 gezeichnet, jeden Teich noch in mehrere Abtheilungen durch Anlage offener Dämme x x x zu bringen und dadurch die horizontale Bewegung des Wassers noch sehr erheblich zu verlangsamen und letzterem noch mehr Gelegenheit zu geben, auch die feinsten Sinkstoffe abzusetzen. Hat man es mit verhältnissmässig sehr kleinen, im Wasser ausserordentlich fein vertheilten Schlammmengen zu thun, so dass das Wasser nur gefärbt erscheint, und ist dieser feine Schlamm, wie dieses sehr häufig der Fall ist, der Vegetation, wohl auch für die Fischerei sehr nachtheilig, so genügen die besprochenen Einrichtungen nicht immer, und es sind daher nebenbei noch besondere, einfache, den jeweiligen Verhältnissen angepasste Filter-Einrichtungen zu treffen.

Tafel X Fig. 82—84 (Anl. B) zeigt im Grundriss, Längenschnitt und Querschnitt eine derartige Einrichtung. Bezüglich der Bewegung des Wassers sowohl in vertikaler als auch in horizontaler Richtung sind die sechs Klärteiche in ähnlicher Weise eingerichtet, wie auf Tafel IX (Anl. C) mit dem Unterschiede jedoch, dass diese Bewegungen noch mehr verlangsamt sind, dass das Wasser in einem kleinen Raum nach jeder Richtung den denkbar längsten Weg zurückzulegen hat.

In dem Klärteich VI ist eine einfache Filtereinrichtung angebracht, indem die obere Hälfte desselben mit durchlassendem Material: Strauchwerk, nicht allzufestgebundenen Faschinen, kleinen Steinen, Kies und dergl. angefüllt ist. Das Wasser tritt aus Teich III von unten in den Teich IV, muss das Filter von unten nach oben passiren und tritt dann von

Skizzen zur Anlage von Klärteichen
mit gleichzeitiger Berieselung für verschiedene Schmutzwässer.

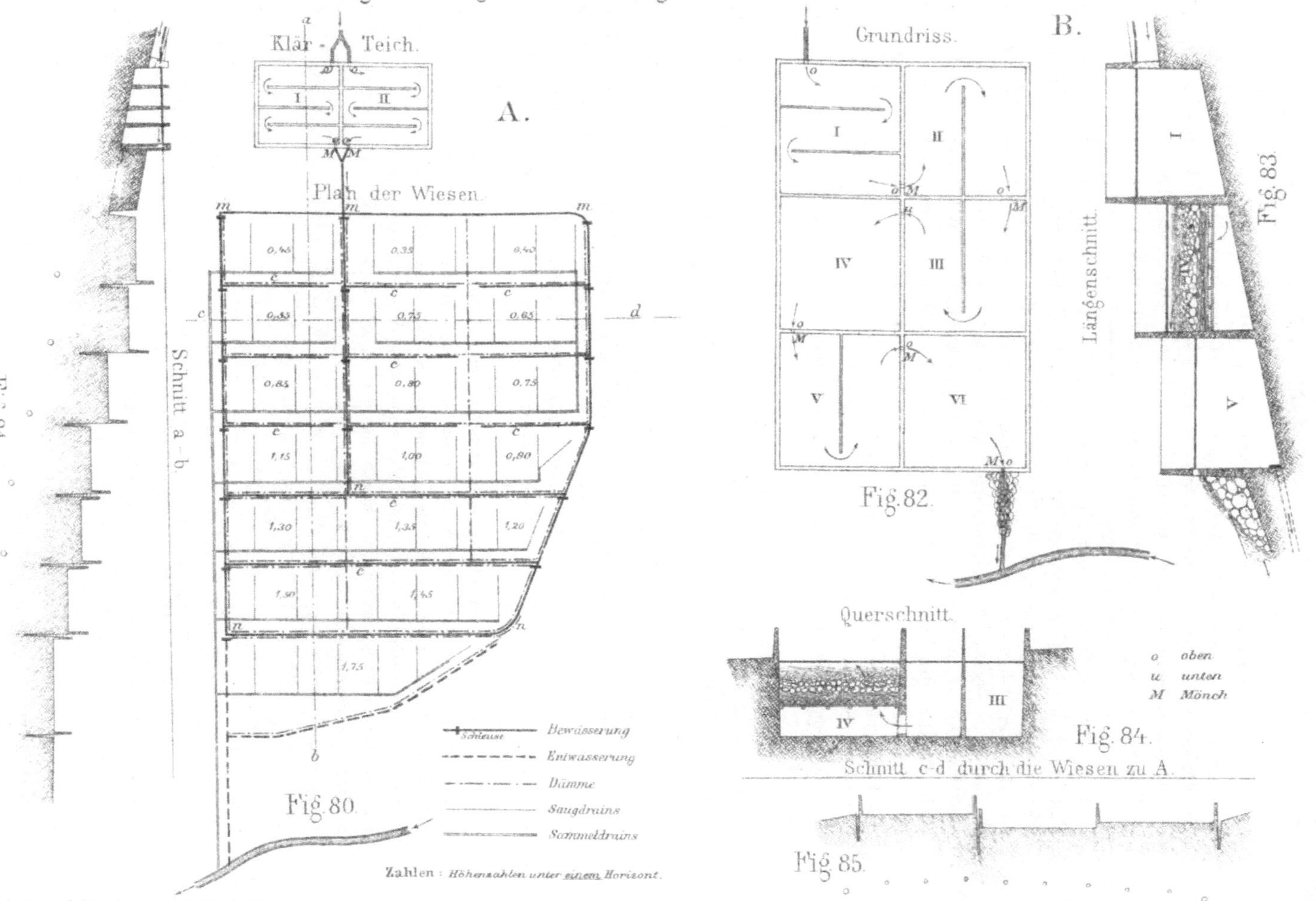

oben in Teich V. Es erhellt leicht, dass dadurch selbst die feinsten Schlammtheilchen zurückgehalten werden und dass man bei Einrichtung mehrerer solcher Filterteiche, wo dies geboten erscheint, einen hohen Grad der Wasser-Reinigung erzielt. Zwischen zwei Filterteichen muss aber jedesmal mindestens ein Teich ohne Filter liegen.

Dass derartige Einrichtungen nur für Verhältnisse geeignet sind, welche nur kleine Teiche beanspruchen, ist um so selbstverständlicher, als das Filtermaterial, wenn es erforderlich würde, leicht zu reinigen, leicht herauszunehmen und event. durch neues zu ersetzen ist, als ferner das Filter möglichst dick sein sollte und weil endlich aus letzterem Grunde die Filterträger ohne dies schon, wenn kleine Steine, Kies, Schlacken als Filtermasse gewählt werden, ziemlich stark sein müssen. Wird das letztgenannte Material verwendet, so kommt das grobe Material nach unten und wird nach oben immer feiner, so dass ganz oben Kies zu liegen kommt. Am besten und einfachsten gestaltet sich die Sache bei Anwendung von Faschinen allein oder in Verbindung mit etwas Kies, selbst bei etwas grösseren Teichen.

Im Längenschnitt ist noch besonders angedeutet, wie das Wasser aus Teich V über Geröll, Stein-Terrassen stürzt und dadurch mit der Luft möglichst fein vertheilt in Berührung kommt.

Bei den Kläranlagen (Taf. IX u. X) allein und zusammen werden sehr häufig, je nach den gegebenen Verhältnissen die verschiedenartigsten Combinationen wünschenswerth, aber auch möglich; das Princip bleibt stets dasselbe.

b) Klärvorrichtung und gleichzeitige Berieselung.

Handelt es sich um die Klärung von Wasser, welches keinerlei schädliche Bestandtheile, weder in gelöster Form, noch mechanisch beigemengt, enthält und hat man es dabei mit verhältnissmässig grossen Wassermengen (z. B. Zuckerfabriken etc.) zu thun, so sind Einrichtungen, wie solche Tafel X im Plan und in zwei Schnitten zeigt, zu empfehlen.

Zunächst wird das Wasser in Klärteiche I und II, welche, wenn nöthig, abwechselungsweise benutzt und gereinigt werden können, geleitet und in der Weise behandelt, dass die grösseren Schlammmassen in diesen Teichen sich ablagern. Wie viele Klärteiche einzurichten sind, hängt selbstverständlich von den jeweiligen Verhältnissen ab. Aus letzteren wird das Wasser auf Ländereien, hier Wiesen, geführt und auf diese möglichst gleichmässig vertheilt. Zu diesem Zwecke ist die gezeichnete Fläche in 18 Abtheilungen, welche unter Umständen je bis zu 1 ha gross sein können, gebracht. Die ganze Fläche hat ein Längengefälle von 1,4 m und liegen die einzelnen Abtheilungen terrassenförmig untereinander. Jede Abtheilung, welche ein nur geringes Gefälle hat, fast horizontal ist, ist mit kleinen 0,1 m hohen Wallungen umgeben. Wie aus den eingeschriebenen Höhenzahlen ersichtlich, sind die Niveau-Unterschiede zwischen den einzelnen Abtheilungen äusserst gering, oft nur 0,05 m. Je grösser das Gefälle des Terrains, um so häufiger müssen die einzelnen Abtheilungen durch Einlegen kleiner etwa 0,06 m hoher Zwischendämmchen getheilt werden, so dass ohne Planirungsarbeiten in der Regel nur durch geschickte Ausnutzung des Terrains und durch Anlage kleiner, die Bewirthschaftung in keiner Weise störender Dämmchen eine vollständige, den Anforderungen entsprechende Stauanlage geschaffen wird. Das Wasser wird durch die drei Hauptzuleitungsgräben m, n den Seitengräben c, c zugeführt, aus welchen letzteren dasselbe auf die einzelnen Stauabtheilungen tritt. Die ganze Fläche ist wie gezeichnet drainirt. Tiefe des Drains und Entfernung derselben von einander werden jedesmal durch die gegebenen Boden-Verhältnisse bedingt, jedoch sollte die Minimaltiefe nicht unter 1,20 m betragen.

Bei solchen Anlagen ist umsomehr immer darauf Rücksicht zu nehmen, dass die einzelnen Abtheilungen abwechselungsweise als Ackerland und Wiese behandelt werden können, als der betreffende Betrieb gewöhnlich das ganze Jahr ununterbrochen fortgeht, während der Vegetationsperiode Wiesen aber nicht ohne Schaden berieselt werden können, ganz abgesehen davcn, dass die betreffenden Wässer, wenn auch noch so vorzüglich, doch in sofern höchst schädlich auf die Vegetation einwirken, als die in demselben enthaltenen Stoffe in zu concentrirter Menge vorhanden sind, diese aber durch das Bearbeiten des Bodens (Pflügen) im höchsten Grade nutzbar gemacht werden können.

Es erhellt daraus, dass bei derartigen Anlagen eine entsprechende Rotation in der Bewirthschaftung eingehalten werden muss, um die grösstmöglichsten Erfolge zu erzielen. Hat man sehr durchlassenden Boden mit Kiesuntergrund, kann selbstverständlich die Drainage wegfallen.

Stehen Torf- und Moor-Ländereien für derartige Anlagen zu Gebote, so ist der Erfolg nach jeder Richtung ein um so grösserer, als einerseits die Reinigung des Wassers eine durchgreifendere wird und andererseits die physikalischen Eigenschaften dieser Bodenarten wesentlich verbessert werden. Letzteres gilt auch für Sandboden.

Bei dieser Gelegenheit ist ganz besonders hervorzuheben, dass bei der Reinigung des Wassers nach den Kläranlagen Taf. IX u. X der Torf in Gestalt von grobem Torfstreu berufen sein dürfte, vortreffliche Dienste zu leisten.

----

6. Nachträge zu „Gesetze, betreffend Verunreinigung der Flüsse" S. 17—26.

I. Gesetze in der Schweiz.

Gesetze in der Schweiz. Zu den S. 17—26 mitgetheilten Gesetzen verschiedener Länder, betreffend die Verunreinigung der Flüsse mögen noch die jüngsten diesbezüglichen Gesetze und Verordnungen in der Schweiz nachgetragen werden. Da die Vollziehungs-Verordnung über die Verunreinigung der Gewässer sich auf Art. 12 des Bundesgesetzes über die Fischerei[1]) bezieht, so möge letzteres hier ebenfalls mit aufgeführt werden.

Die Gesetze und Verordnungen lauten:

Bundesgesetz über die Fischerei.
(Vom 18. Herbstmonat 1875.)

Die Bundesversammlung der schweizerischen Eidgenossenschaft, in Ausführung des Art. 25 der Bundesverfassung, nach Einsicht einer Botschaft des Bundesrathes vom 25. Augstmonat 1875, beschliesst:

Art. 1. Die Verleihung oder Anerkennung des Rechts zum Fischfang steht den Kantonen zu; für Ausübung desselben sind nachstehende Bestimmungen massgebend.

Art. 2. Beim Fischfang ist jede ständige Vorrichtung (Fischwehr, Fach) und jede Anwendung feststehender Netze (Sperrnetze) verboten, welche auf mehr als die Hälfte der Breite des Wasserlaufes beim gewöhnlichen niedrigen Wasserstande im rechten Winkel vom Ufer aus gemessen den Zug der Fische versperrt.

Die Entfernung zwischen den einzelnen Pfählen, welche die zum Salmenfange be-

----

[1]) Wer sich weiter für Fischereigesetze interessirt, den verweise ich auf die jüngst erschienene Schrift von Rud. Harnisch: Die Preussische Fischerei-Gesetzgebung.

stimmten Fischwehre (Fache) bilden, sowie zwischen den Querverbindungen dieser Pfähle muss mindestens zehn Centimeter im Lichten betragen.

Mehrere solche ständige Vorrichtungen, sowie mehrere feststehende Netze dürfen gleichzeitig auf derselben Uferseite oder auf der entgegengesetzten Uferseite nur in einer Entfernung von einander angebracht sein, welche mindestens das Doppelte der Ausdehnung der grösseren Vorrichtung beträgt.

Art. 3. Fanggeräthe jeder Art und Benennung dürfen nicht angewendet werden, wenn die Oeffnungen im nassen Zustande in Höhe und Breite nicht wenigstens folgende Weiten haben:

    a) beim Salmenfange: Geflechte (Körbe, Reusen) und Treibnetze: 6 cm; das Innere der Reusen: 4 cm;

    b) beim Fange anderer grosser Fischarten: 3 cm;

    c) beim Fange kleiner Fischarten: 2 cm. Geräthe zum Fange der Köderfische unterliegen diesen Beschränkungen nicht.

    Im Rheine zwischen Schaffhausen und Basel dürfen jedoch beim Fischfange überhaupt keine Netze verwendet werden, deren Oeffnungen, gemessen wie oben angegeben, weniger als 3 cm betragen.

Art. 4. Treibnetze dürfen nicht derart ausgesetzt und befestigt werden, dass sie festliegen oder hangen bleiben.

Art. 5. Mittel zur Betäubung der Fische, sowie die Anwendung von Fallen mit Schlagfedern, von Gabeln, Geren, Schiesswaffen, Sprengpatronen, Dynamit und anderen Mitteln zur Verwundung der Fische sind verboten.

Der Gebrauch von Angeln ist gestattet unter Vorbehalt der Beobachtung der im Gesetz (Art. 7 und 8) vorgeschriebenen Schonzeiten.

Das Trockenlegen der Wasserläufe zum Zwecke des Fischfanges ist verboten. Falls dasselbe zu anderen Zwecken nothwendig wird, soll davon, wo möglich, den Fischensbesitzern, resp. Pächtern, vorher rechtzeitig Kenntniss gegeben werden.

Die Besitzer von Wasserwerken sind gehalten, zweckmässige Vorrichtungen zu erstellen, um zu verhindern, dass Fische in die Triebwerke gerathen.

Die Besitzer von Wasserwerken und Wässerungsvorrichtungen sind ferner gehalten, an Wuhren und Schwellen, welche in Flüssen und Bächen zum Zwecke der Stauung des Wassers erstellt sind, so viel als möglich Vorrichtungen anzubringen, welche das Aufwärtsschwimmen der Fische möglich machen.

Die bereits bestehenden, mit Mühlen oder sonstigen Wasserwerken verbundenen sogenannten Selbstfänge für Fische müssen mit Oeffnungen versehen werden, deren Dimensionen den für die Maschenweite der Netze vorgeschriebenen entsprechen.

Die Anlegung neuer derartiger Selbstfänge ist verboten.

Während der Zeit vom 20. Weinmonat bis 24. Christmonat ist in Flüssen die Anwendung von eisernen Reusen untersagt (vgl. Art. 7).

Art. 6. Die nachbenannten Fischarten dürfen weder feilgeboten noch verkauft und gekauft werden, wenn die Fische, vom Auge bis zur Weiche der Schwanzflosse gemessen, nicht wenigstens folgende Längen haben:

Salme (Lachse): 35 cm;

Seeforellen (Lachsforellen, Grundforellen, Rheinlanken) und Ritter: 20 cm;

Bachforellen, Rothforellen oder Röthel, Aeschen, sämmtliche Felchen (Blaling, Ballen, Alenbok): 15 cm.

Werden Fische, welche dieses Mass nicht besitzen, gefangen, so sind dieselben sofort wieder in das Wasser zu setzen.

Art. 7. In der Zeit vom 11. Wintermonat (Martinstag) bis 24. Christmonat (Weihnacht) darf die Fischerei auf Salme (Lachse) nur mit ausdrücklicher Genehmigung der kompetenten Kantonsbehörden betrieben werden. Diese Bewilligung darf nur ertheilt werden, wenn die Ablieferung der zur künstlichen Fischzucht geeigneten Fortpflanzungselemente (Rogen und Milch) gesichert ist. Die ertheilte Bewilligung wird widerrufen, wenn der Fischer die in dieser Beziehung erlassenen Vorschriften nicht strengstens befolgt.

Art. 8. Vom 10. Weinmonat bis 20. Jänner ist der Fang, das Feilbieten, der Verkauf und Kauf der Seeforellen, Lachsforellen, Grundforellen, Rheinlanken, der Ritter, Rothforellen oder Röthel und der Bachforellen verboten.

In Flüssen und Bächen, in denen wegen ungenügender Wassermenge grössere Holzstücke nicht frei treiben, ist während des nämlichen Zeitraums das Holzflössen untersagt.

Werden in dieser Zeit Fische solcher Art zufällig gefangen, so sind sie sofort wieder in das Wasser zu setzen.

Zum Zwecke künstlicher Fischzucht darf für den Fang dieser Fischarten während der Schonzeit von der zuständigen Kantonsregierung, bei Grenzgewässern im Einklang mit den übrigen betheiligten Kantonsregierungen, Erlaubniss ertheilt, auch das Feilbieten, der Verkauf und Kauf der gefangenen Fische nach deren Benutzung zur Befruchtung unter den geeigneten Kontrolmassregeln gestattet werden.

Art. 9. Während der Zeit vom 15. April bis Ende Mai ist der Gebrauch aller Netze und Garne in den Seen verboten.

Das Fischen mit Angelgeräthen und der Fang der Bondellen (Pferrigen) ist von diesem Verbote nicht betroffen.

Es ist zulässig, an der Stelle dieser Schonzeit (Absatz 1) das System von Schonrevieren unter gänzlichem Verbot jedes Fischfanges auf mindestens ein Jahr zur Anwendung zu bringen.

Das gleiche kann geschehen hinsichtlich der für die Rothforellen oder Röthel (Art. 8) festgesetzten Schonzeit.

Art. 10. Der Fang von Fischen zur künstlichen Zucht und der Fang kleinerer Fische zur Ernährung von Fischen in Zuchtanstalten kann auch während der im Art. 8 bezeichneten Schonzeit von den Kantonsregierungen gestattet werden.

Art. 11. Vom 1. Herbstmonat bis 30. April ist der Fang, das Feilbieten, der Verkauf und Kauf der Krebse verboten.

Art. 12. Es ist verboten, Stoffe in Fischwasser einzuwerfen, durch welche die Fische beschädigt oder vertrieben werden.

Fabrikabgänge solcher Art und dergleichen sollen in einer dem Fischbestande unschädlichen Weise abgeleitet werden.

Ob und in wie weit die obige Vorschrift auf die bereits bestehenden Ableitungen aus landwirthschaftlichen oder aus gewerblichen Anlagen Anwendung finden soll, wird von den Kantonsregierungen und, falls gegen deren Entscheid Einsprache erfolgt, vom Bundesrathe bestimmt werden.

Art. 13. Zur Ueberwachung der Vollziehung dieses Gesetzes im allgemeinen, sowie im besondern zur Beförderung der künstlichen Fischzucht, namentlich zum Zweck der Vermehrung der Salme, der See- und Bachforellen, wird auf den Antrag des Departements des Innern jährlich der erforderliche Kredit angewiesen.

Insofern diese Massregeln der Verödung der Gewässer nicht hinlänglich vorbeugen sollten, wird der Bundesrath ermächtigt, die Schonzeiten für alle Gewässer oder für diejenigen einzelner Gebiete temporär auszudehnen.

Ebenso ist den Kantonen freigestellt, strengere Massregeln zum Schutz des Fischbestandes anzuordnen, welche der Genehmigung des Bundesrathes zu unterstellen sind.

Art. 14. Uebertretungen vorstehender Gesetzbestimmungen sind von den zuständigen kantonalen Polizei-, bezw. Gerichtsbehörden mit Busse von Fr. 3 bis Fr. 400 zu belegen, welche den Kantonen anheimfallen.

Bei Uebertretung des Verbotes der Verwendung von Fallen mit Schlagfedern, von Sprengpatronen, Dynamit oder schädlichen und giftigen Substanzen soll die Busse nicht unter Fr. 50 betragen. Im Wiederholungsfalle kann die Busse verdoppelt werden.

Mit Verhängung der Busse kann der Entzug der Berechtigung zum Fischen auf bestimmte Frist, im Wiederholungsfalle auf 2 bis 6 Jahre, und die Konfiskation der gebrauchten unerlaubten Geräthe und der in unberechtigter Weise gefangenen Fische verbunden werden.

Unerhältliche Bussen sind in Gefängniss umzuwandeln, wobei der Tag zu 3 Franken zu berechnen ist.

Art. 15. Der Bundesrath wird bevollmächtigt, über die Fischereipolizei in den Grenzgewässern mit den Nachbarstaaten Konventionen abzuschliessen, in welchen so weit als möglich die Bestimmungen des gegenwärtigen Gesetzes zur Anwendung zu bringen sind.

Art. 16. Der Bundesrath ist ferner ermächtigt, in den Grenzgewässern, über deren Benutzung für die Fischerei noch keine Konventionen abgeschlossen sind, die Anwendung einzelner Bestimmungen des gegenwärtigen Gesetzes zu suspendiren.

Art. 17. Sobald gegenwärtiges Gesetz in Kraft erwachsen ist, wird der Bundesrath die nöthigen Vollzugsverordnungen erlassen und gleichzeitig die Kantone anhalten, ihre Gesetze und Verordnungen über die Fischerei ohne Verzug mit denselben in Einklang zu bringen.

Art. 18. Der Bundesrath wird beauftragt, auf Grundlage der Bestimmungen des Bundesgesetzes vom 17. Brachmonat 1874 (A. S. N. F. I, 116), betreffend die Volksabstimmung über Bundesgesetze und Bundesbeschlüsse, die Bekanntmachung dieses Bundesgesetzes zu veranstalten und den Beginn der Wirksamkeit desselben festzusetzen.

Also beschlossen vom Ständerathe,
Bern, den 17. Herbstmonat 1875.
Also beschlossen vom Nationalrathe,
Bern, den 18. Herbstmonat 1875.
Der schweizerische Bundesrath beschliesst:
Das vorstehende, unterm 20. Wintermonat 1875 öffentlich bekannt gemachte Bundesgesetz[1]) wird hiemit gemäss Art. 89 der Bundesverfassung in Kraft und mit dem 1. März 1876 als vollziehbar erklärt.
Bern, den 18. Hornung 1876.

Im Namen des schweiz. Bundesrathes der Kanzler
der Eidgenossenschaft.

Vollziehungsverordnung zum Bundesgesetz über die Fischerei.
(Vom 18. Mai 1877.)

Der schweizerische Bundesrath, in Vollziehung des Artikels 17 des Bundesgesetzes vom 18. Herbstmonat 1875, verordnet:

Art. 1. Die Kantonsregierungen werden eingeladen:

a) das Bundesgesetz vom 18. Herbstmonat 1875 nebst dieser Vollziehungsverordnung in üblicher Weise zu publiciren, die mit demselben in Widerspruch stehenden Bestimmungen der kantonalen Gesetze und Verordnungen ausser Kraft zu erklären und zum Zweck der Vollziehung der erstern die erforderlichen Massnahmen zu treffen;

b) die revidirten Gesetze und Verordnungen, sowie allfällige neue Erlasse über Fischerei dem Bundesrathe zur Prüfung zu übersenden. (Art. 13, al. 3, Art. 14 und 17 des Bundesgesetzes vom 18. Herbstmonat 1875.)

---

[1]) Siehe Bundesblatt vom Jahr 1875, Bd. IV, S. 653.

Art. 2. Das Bundesgesetz vom 18. Herbstmonat 1875 hat auf alle Seen und Wasserläufe zur Anwendung zu gelangen. Ausgenommen sind die Gewässer (künstlich angelegte Teiche und Wasserläufe), in welche aus den Fischwässern keine Fische gelangen können.

Art. 3. Alle gegenwärtig im Gebrauch befindlichen Fanggeräthe oder Vorrichtungen sind durch die kantonalen Polizeibehörden einer Untersuchung zu unterwerfen, um zu ermitteln, ob dieselben mit den Vorschriften der Artikel 2, 3 und 5, al. 6, und des Art. 13, al. 3 übereinstimmen. Vorschriftwidrige Fanggeräthe oder Vorrichtungen sind sofort in geeigneter Weise gebrauchsunfähig zu machen. Durch vorübergehende Massnahmen können besonders kostspielige Apparate, welche von den gesetzlichen Vorschriften nicht wesentlich abweichen, für höchstens 6 Monate, vom Tage der Erlassung dieser Vorschrift an, tolerirt werden.

Behufs der polizeilichen Kontrole werden alle Arten von Netzen der Plombirung unterworfen.

Vorrichtungen zum Fischfang in den Flüssen müssen bei deren Erstellung der kompetenten Polizeibehörde jedesmal vorgewiesen werden, welche dafür zu sorgen hat, dass sie beim Beginn der Schonzeit wieder entfernt werden.

Art. 4. Ueber die bereits bestehenden Ableitungen giftiger Stoffe aus landwirthschaftlichen oder gewerblichen Anlagen (Fabrikabgänge) in Fischwasser (Art. 12 des Bundesgesetzes vom 18. Herbstmonat 1875) sollen in Bezug auf deren Zahl und das Mass ihrer Schädlichkeit, sowie hinsichtlich der Frage der rechtlichen Befugniss die erforderlichen Konstatirungen vorgenommen werden.

Soweit solche Anlagen ohne Schwierigkeit und ohne einen mit dem Werthe der Anlage nicht in unbilligem Verhältniss stehenden Kostenaufwand im Sinne des al. 2 des Art. 12 unschädlich gemacht werden können, soll dies sofort geschehen. In Fällen, in denen der aus solchen Ableitungen für den Fischbestand erwachsende Schaden bedeutend und die Abhilfe sehr kostspielig ist, kann auf Antrag der Kantonsregierung und wenn diese selbst an den Kosten sich betheiligt, ein Beitrag aus der Bundeskasse bewilligt werden. (Art. 13 des Bundesgesetzes vom 18. Herbstmonat 1875.)

Art. 5. Die in Art. 3 und 4 vorgesehenen Verifikationen und Inspectionen sind in angemessenen Zeitabschnitten, mindestens alle zwei Jahre, zu wiederholen.

Art. 6. Die Kantonsregierungen werden diejenigen Wasserwerkanlagen bezeichnen, an denen die im Art. 5, al. 5 bezeichneten Vorrichtungen (Fischstege oder Fischleitern) anzubringen sind.

Art. 7. Die im Art. 10 und Art. 8, al. 4 des Bundesgesetzes vom 18. Herbstmonat 1875 den Kantonsregierungen anheimgestellte Bewilligung zum Fang von Fischen während der Schonzeit soll nur unter der Voraussetzung ertheilt werden, dass zur Verhütung des Missbrauchs derselben hinlänglich wirksame Ueberwachung bestellt werden kann.

Art. 8. Die den Kantonsregierungen anheimgestellten speziellen Bewilligungen zum Fang der Salmen (Lachse) in der Zeit vom 11. Wintermonat bis 24. Christmonat (Art. 7 des Bundesgesetzes vom 18. Herbstmonat 1875) darf nur ertheilt werden, wenn die sich hiefür bewerbenden Fischer sich schriftlich verpflichten, alle während dieser Zeit gefangenen weiblichen Salme den hiefür bestellten Agenten behufs Entnahme der zur künstlichen Fischzucht geeigneten Fortpflanzungselemente (Rogen und Milch) zur Verfügung zu stellen. Zur Kontrolirung der Erfüllung dieser Bedingung hat der Agent alle ihm vorgewiesenen Exemplare dadurch zu bezeichnen, dass er durch Kiemenöffnung und Schlund eine Schnur zieht und diese mit einem Plomb schliesst.

Die Stempel sollen nach Vorschrift des schweizerischen Departements des Innern angefertigt oder von demselben geliefert werden. Die zur Entnahme der Fortpflanzungselemente bestellten Agenten, sowie die für diese Stoffe bestimmte Entschädigung wird das schweizerische Departement des Innern den Kantonsregierungen für sich und zuhanden der

Fischer mittheilen; den Kantonsregierungen bleibt freigestellt, unter Beachtung des Zweckes der Bestimmung solche Agenten selbst zu bezeichnen.

Das Verkaufen und Transportiren von mit diesen Kontrolzeichen nicht versehenen Salmen während dieser Zeit (11. Wintermonat bis 24. Christmonat) ist nach Art. 14 mit Busse und gegenüber dem fehlbaren Fischer mit Entziehung der Spezialbewilligung zu bestrafen. Wenn der Bedarf der von den Regierungen bezeichneten Agenten gedeckt ist, haben die Fischer die überschüssigen Eier nach vorgenommener Befruchtung selbst an geeigneten Stellen des Rheins oder seiner Zuflüsse zu deponiren.

Art. 9. Das Verbot des Transports, Kaufs und Verkaufs von Fischen und Krebsen (Art. 8 und 11) während bestimmter Perioden, sowie des Fangs von Fischen, welche bestimmte Dimensionen nicht erreicht haben (Art. 6), schliesst unter gleicher Strafandrohung in sich das Verbot der Verabreichung derselben in den Wirthschaften.

[Insofern Gastwirthe oder Fischhändler beim Beginn der Schonzeiten in ihren Reservoirs noch solche Arten vorräthig haben, haben sie den Bestand derselben durch die Lokalpolizei zu konstatiren und über dessen Verwendung Auskunft zu ertheilen, wie auch diesfälligen Weisungen der Polizeibehörde nachzukommen.]

Art. 10. Das Auffischen, Wegbringen und Verkaufen von Fischlaich und Fischbrut, ausgenommen zum Zwecke der Fischzucht, ist gänzlich verboten.

Den Kantonsregierungen wird empfohlen, das freie Zirkuliren zahmer Schwimmvögel während der Laichzeit der werthvollen Fischarten polizeilich zu beschränken.

Art. 11. Den Kantonen, in deren Gebiet sich grössere Seen vorfinden, wird dringend empfohlen, geeignete Uferstrecken permanent als Schonstrecken zu bezeichnen oder wenigstens geeignete Laich- und Hegeplätze zu bezeichnen und streng überwachen zu lassen. Diese Massregel wird namentlich zum Zweck der Vermehrung derjenigen Fischarten empfohlen, zu deren Schutz das Bundesgesetz keine Vorschriften enthält, wie z. B. der Aeschen, Felchen und Gangfische. Wenn solche Massregeln mit erheblichen Kosten, z. B. Expropriationen, verbunden sein würden, kann dafür ein Beitrag aus der Bundeskasse geleistet werden. Insofern Gewässer, in denen das Fischerrecht den Kantonen zusteht, in verschiedene Pachtreviere zerfallen, soll der Ablauf der Pachtverträge auf verschiedene Jahre vertheilt werden.

Konkordate zur gemeinsamen Handhabung der Fischerpolizei auf den interkantonalen Seen (nach dem Muster derjenigen über den Neuenburger- und Murtnersee) werden der Handhabung der Fischerordnung und deren Zweck sehr förderlich sein. Die Vermehrung öffentlicher Fischwagen wird durch Beschränkung des Kolportirens die Handhabung der Polizei erheblich erleichtern.

Art. 12. Zweckmässig eingerichtete Fischzuchtanstalten haben Anspruch auf Prämien oder Beiträge aus der Bundeskasse.

Auf Grundlage der Resolutionen der Delegirten der drei Konventionsstaaten, d. d. Freiburg 29. und 30. Jänner 1877, und vorbehältlich übereinstimmenden Vorgehens der andern Kontrahenten, wird der Bundesrath dafür besorgt sein, dass alljährlich mindestens 250,000 junge Salme in den Rhein oder seine Zuflüsse gesetzt werden. Ueber die hierfür einzuschlagenden Mittel und Wege wird der laut Art. 14 zu bezeichnende Experte dem Departement des Innern die geeigneten Vorschläge unterbreiten. (Bundesgesetz, Art. 13.)

Art. 13. Die Kantone haben allen Polizeibeamten die Handhabung des Gesetzes vom 18. Herbstmonat 1875 und gegenwärtiger Verordnung als Amtspflicht aufzuerlegen. Für grössere zusammenhängende Fischereigebiete, namentlich die Seen, wird die Aufstellung besonderer Aufseher dringend empfohlen.

Art. 14. In Bezug auf den Untersee und Bodensee kommen die Uebereinkunft vom 25. März 1875 und die auf Grundlage derselben erlassenen Gesetze und Verordnungen ohne Einschränkung zur Anwendung; über Bezeichnung von Schonstrecken, Laich- und Hegeplätzen werden die Uferstaaten durch hiefür bezeichnete Kommissäre das Erforderliche gemeinsam anordnen.

Hinsichtlich des Bodensees wird der Abschluss einer besonderen Vereinbarung mit den sämmtlichen Uferstaaten vorbehalten.

Art. 15. Ueber die Vollziehung des Bundesgesetzes und gegenwärtiger Verordnung werden die Kantonsregierungen dem schweizerischen Departement des Innern alljährlich Bericht erstatten.

Bern, den 18. Mai 1877.

Im Namen des schweiz. Bundesrathes.

Vollziehungsverordnung zum Artikel 12 des Bundesgesetzes über die Fischerei, betreffend Verunreinigung der Gewässer zum Nachtheil der Fischerei.

(Vom 13. Juli 1886.)

Der schweizerische Bundesrath, in Betracht der Nothwendigkeit, das in den ersten zwei Absätzen des Art. 12 des Bundesgesetzes über die Fischerei vom 18. Herbstmonat 1875 enthaltene Verbot näher festzusetzen und den Kantonen eine Grundlage für die Ausübung derjenigen Kompetenz zu bieten, welche ihnen im dritten Absatz des genannten Artikels vorbehalten ist; auf den Antrag seines Handels- und Landwirthschaftsdepartements, beschliesst:

Art. 1. Es ist verboten, Fischgewässer zu verunreinigen oder zu überhitzen: a) Durch feste Abgänge aus Fabriken und Gewerken. Bei Flüssen, welche bei mittlerem Wasserstand 80 Meter und darüber breit sind, dürfen solche Stoffe nur in einer Entfernung von 30 Meter vom Ufer abgelagert und eingeworfen werden. b) Durch Flüssigkeiten, welche mehr als 10 % suspendirte oder gelöste Substanzen enthalten. c) Durch nachbenannte Flüssigkeiten, in welchen die Substanzen in einem stärkeren Verhältniss als 1 : 1000, in Flussläufen von wenigstens der in a bezeichneten Breite in einem stärkeren Verhältniss als 1 : 200 enthalten sind, Säuren, Salze schwerer Metalle, alkalische Substanzen, Arsen, Schwefelwasserstoff, Schwefelmetalle, schweflige Säure. Die zulässigen Quantitäten derjenigen Verbindungen, welche bei ihrer Zersetzung Schwefelwasserstoff, resp. schweflige Säure liefern, sind in dem für letztere angegebenen Verhältniss von 1 : 1000, resp. 1 : 200 entsprechend zu berechnen. Wo immer thunlich, sind die hier angeführten Flüssigkeiten durch Röhren oder Kanäle abzuleiten, die bis in den Strom des eigentlichen Wasserlaufes reichen und unter dem Niederwasser ausmünden, jedenfalls aber so zu legen sind, dass eine Verunreinigung der Ufer ausgeschlossen ist. d) Durch Abwasser aus Fabriken und Gewerken, Ortschaften etc., welche feste, fäulnissfähige und bereits in Fäulniss übergegangene Substanzen von obiger Concentration enthalten, sofern dieselben vorher nicht durch Sand- oder Bodenfiltration gereinigt worden sind. Die Einleitung solcher Substanzen unter obigem Masse der Concentration hat so zu geschehen, dass keine Ablagerung im Wasserlauf stattfinden kann. Ferner sollten diese Flüssigkeiten, wo immer thunlich, in der unter c Absatz 3, angegebenen Weise abgeleitet werden. e) Durch freies Chlor oder chlorhaltige Wasser oder Abgänge der Gasanstalten und Theerdestillationen, ferner durch Rohpetroleum oder Produkte der Petroleumdestillation. f) Durch Dämpfe oder Flüssigkeiten in dem Masse, dass das Wasser die Temperatur von 25° C. erreicht.

Art. 2. Der Grad der Concentration ist bei den unter Art. 1b angegebenen Flüssigkeiten 2 m, bei den unter c, d und e, und ferner mit Bezug auf Erhitzung bei den unter f aufgeführten 1 m unterhalb ihrer Einlaufstelle in öffentliche Gewässer zu kontroliren.

Art. 3. Ueber Anwendung gegenwärtiger Verordnung auf Fabrikkanäle, welche mit öffentlichen Fischgewässern in Verbindung stehen, beschliesst die zuständige kantonale Behörde, unter Vorbehalt der Genehmigung des eidgenössischen Handels- und Landwirthschaftsdepartements. Grundsätzlich sind diejenigen Kanäle, welche flussaufwärts keine Verbindung mit öffentlichen Fischgewässern besitzen, bis zu derjenigen Grenze flussabwärts, welche in jedem einzelnen Falle die kompetente Behörde bezeichnen wird, den Bestimmungen gegenwärtiger Verordnung nicht unterstellt. Die Erstellung neuer Fabrikkanäle ist mit Bezug auf die Bestimmungen gegenwärtiger Verordnung der Prüfung der zuständigen Behörde unterworfen. In jedem einzelnen zu behandelnden Falle sind die Rechte der Fischerei in den betreffenden Fabrikkanälen in Berücksichtigung zu ziehen. Betreffend die Ableitung aus landwirthschaftlichen und gewerblichen Anlagen, welche am 1. März 1876 (Datum des Inkrafttretens des Bundesgesetzes über die Fischerei) bereits bestanden, bleiben den Kantonsregierungen und dem Bundesrath diejenigen Kompetenzen gewahrt, welche ihnen nach dem dritten Absatz des Art. 12 zustehen. Bezüglich aller Ableitungen spätern Datums setzen die Kantonsregierungen, unter Vorbehalt der Genehmigung des eidgenössischen Handels- und Landwirthschaftsdepartements, das Nöthige fest.

Bern, den 13. Juli 1886.

Im Namen des schweiz. Bundesrathes.

So viel dem Verf. bekannt ist, wird die Kontrole über die Reinigung der Schmutzwässer resp. über die Verunreinigung der Flüsse in der Schweiz, welches auch die besten Einrichtungen für die Lebensmittelkontrole besitzt, von Chemikern ausgeübt.

Wenn dieses anderswo auch der Fall wäre, so würden wir in der Frage der Reinigung der Schmutzwässer und der Verunreinigung der Flüsse schon wohl mehr Fortschritte gemacht haben.

Wie sieht es aber mit der Kontrole in anderen Staaten aus? Hier ruht die Beurtheilung und Entscheidung über diese und alle gewerblichen Fragen fast einzig in den Händen eines Verwaltungsbeamten, der nur juristische Bildung genossen hat. Wenn irgendwo Klagen über Verunreinigung eines Flusses oder über Beschädigungen durch industrielle Schmutzwässer und Abgänge vorliegen, so wird ein Verwaltungsbeamter hingeschickt, um die Frage zu prüfen und Abhülfe zu schaffen. In besonderen Fällen wird auch noch ein beamteter Arzt hinbeordert, welcher einzig über sämmtliche naturwissenschaftliche Fragen zu befinden hat.

Die Zeiten aber, wo der Arzt an den Hochschulen neben der Arzneiwissenschaft Chemie, Physik, Botanik, Mineralogie und Gott weiss was alles docirte, sind vorüber; der beamtete Arzt muss froh sein, wenn er sich in der Arzneiwissenschaft und allgemeinen Hygiene die nöthigen Kenntnisse aneignet und auf dem Laufenden hält, die beschreibenden wie exacten Naturwissenschaften sind für ihn nur Nebenfächer, in denen man von ihm nur die Kenntniss von allgemeinen Grundbegriffen verlangt und verlangen kann.

Wenn sich aber z. B. in der allgemeinen Botanik besondere Zweige wie Physiologie, Pilzkunde, Bacteriologie als besondere Forschungsgebiete ausbilden, wenn die Chemie immer mehr sich in zwei Gebiete (theoretische und angewandte Chemie) trennt und kein Vertreter dieser Spezialrichtungen den Anspruch macht, in dem anderen verwandten Gebiet Sachkenner zu sein, so darf man bei dem Arzt mit seltenen Ausnahmen gewiss keine hervorragenden Kenntnisse in diesen Fächern voraussetzen und kann sich nicht wundern, dass bei der bisherigen mangelhaften Vertretung der Naturwissenschaften in den Verwaltungsämtern die Bearbeitung dieser Fragen eine ziemlich unfruchtbare gewesen ist.

Die Chemie und Bacteriologie greifen heute so eminent in alle Verhältnisse des practischen Lebens wie des menschlichen und thierischen Daseins, dass man auch diesen Wissenschaftszweigen neben der Arzneiwissenschaft Sitz und Stimme in der Verwaltung einräumen sollte. Und wenn dieses nicht angeht, dann sollte man Vertreter dieser beiden Wissenschaftszweige, wenigstens berathend, zu allen einschlägigen Fragen mitheranziehen. Es dürfte dann die Frage der Reinigung der Schmutzwässer und der Verunreinigung der Flüsse bald bessere Fortschritte machen.

2. Neues Englisches Gesetz von 1886, betreffend die Verunreinigung der Flüsse.

Neues Englisches Gesetz von 1886.

Unter Aufhebung des S. 18—21 mitgetheilten Gesetzes vom 18. Aug. 1876 ist in England im Jahre 1886 ein neues Gesetz zur Reinhaltung der Flüsse erlassen, welches nach einer von Herrn Geh. Reg.-Rath Humperdinck, vortragendem Rath im Königl. Preuss. Ministerium für Landwirthschaft etc. mir freundlichst überlassenen Uebersetzung folgenden Wortlaut hat:

Ein Gesetz zur Reinhaltung der Flüsse. A. D. 1886.

Auf Befehl Ihrer Allerhöchsten Majestät der Königin, sowie auf den Beirath und unter Zustimmung der geistlichen und weltlichen Lords, sowie des Hauses der Gemeinen des gegenwärtig versammelten Parlaments wird hiermit verordnet wie folgt:

Kurzer Titel.

1. Diese Akte soll für alle Zwecke als die Fluss-Reinigungs-Akte vom Jahre 1886 bezeichnet werden.

Verbot der Verunreinigung von Flüssen.

2. Jegliche Person, welche in irgend einen Fluss irgend welche feste oder flüssige Körper wirft, oder es verursacht oder erlaubt, dass solche hineingebracht werden, oder hineinfallen oder hineinfliessen derart, dass eine solche Handlung entweder für sich allein oder in Verbindung mit anderen ähnlichen Handlungen der nämlichen oder irgend einer anderen Person den gehörigen Abfluss des Wassers beeinträchtigt, oder das Flussbett verändert oder das Wasser verunreinigt, macht sich einer Verletzung dieser Akte schuldig.

Zum Beweise einer Verletzung dieser Akte kann Zeugniss von wiederholten Handlungen erbracht werden, welche zusammengenommen eine solche · Verletzung verursacht haben, wenngleich jede einzelne Handlung für sich allein dazu nicht ausreichend gewesen sein mag.

Zur Feststellung eines Vergehens gegen diese Akte ist es ausreichend, zu beweisen, dass die wegen des Vergehens angeklagte Person irgend eine oder mehrere durch diese Akte verbotene Handlungen ausgeführt hat, wenn auch die zur Klage gestellte Beeinträchtigung des Wasser-Ablaufes, Veränderung des Flussbettes oder Verunreinigung des Wassers nicht gänzlich von jener Person verursacht sein mag.

Jedoch soll es nicht als Verletzung dieser Akte erachtet werden, wenn die Flüssigkeit, welche, sei es ohne oder auf Veranlassung, sei es ohne oder mit Erlaubniss, in den Fluss gebracht worden ist, zu denjenigen Arten gehört, welche nach dem dieser Akte beigegebenen Verzeichnisse in den Fluss geleitet werden dürfen.

3. Das Grafschafts-Gericht, welchem an dem Orte, wo eine Verletzung dieser Akte begangen worden ist, die Jurisdiction zusteht, oder — sofern eine bei jenem Gericht angebrachte Klage vor den Ober-Justizhof gebracht wird — der Letztere oder jeder Richter desselben kann durch summarischen Befehl jede Person auffordern, von dem Vollführen einer solchen Verletzung Abstand zu nehmen und aus dem Flusse alle Gegenstände zu entfernen, welche in denselben gegen die Bestimmungen dieses Gesetzes eingeführt worden sind.

Ein jeder derartiger Befehl kann zugleich Bedingungen bezüglich der Zeit, der Art oder der Mittel zur Vorbeugung der Beeinträchtigung des Wasser-Abflusses, der Flussbett-Veränderung oder der Verunreinigung enthalten und solche Anordnungen zur Ausführung des besagten Befehls treffen, wie solche das Grafschafts-Gericht, der Ober-Justizhof oder Richter für erforderlich erachten mag.

Das Grafschafts-Gericht, der Ober-Justizhof oder dessen Richter kann das Urtheil Sachverständiger über die Weise oder die Mittel einholen, welcher zur Beseitigung der gegen die Bestimmungen dieser Akte in einen Fluss gebrachten Gegenstände oder zur Vorbeugung jeder Verunreinigung anzuwenden sind und kann die Anwendung solcher Mittel derjenigen Person, welche sich einer derartigen Verletzung schuldig gemacht hat, in seinem Befehle zur Pflicht machen.

Jede Person, welche einem auf Grund der vorstehenden Bestimmung erlassenen Befehle nicht Folge leistet, hat dem Kläger oder derjenigen anderen Person, welche das Gericht dazu bezeichnet, eine fünfzig Pfund pro Tag nicht übersteigende Summe für jeden Tag zu zahlen, während dessen er die Ausführung des Befehls vernachlässigt, wie solches das Grafschafts-Gericht, der Ober-Justizhof oder der Richter, welche den Befehl erlassen, näher bestimmen; ein solches Strafgeld kann in derselben Weise beigetrieben werden, wie jede andere vom Gericht als fällig anerkannte Schuld. Sofern Jemand dabei beharrt, den Bestimmungen eines solchen Befehls während der Zeitdauer von nicht weniger als einem Monat, oder einer anderen Zeitdauer von weniger als einem Monat, wie solche im Befehle bestimmt sein mag, nicht zu gehorchen, so kann das Grafschafts-Gericht, das Ober-Gericht oder der Richter — abgesehen von der Strafe, welche deshalb auferlegt werden mag — eine oder mehrere Personen beauftragen, den Befehl zur Ausführung zu bringen und alle Kosten, welche solcher oder solchen Personen dadurch erwachsen, desgleichen der Betrag, welcher von dem Grafschafts-Gericht, Obergericht oder Richter zuerkannt sein mag, sollen als eine Schuld erachtet werden, welche der oder den mit der Ausführung des Befehles betrauten Personen von dem Verklagten gebührt und welche dementsprechend durch das Grafschafts-Gericht oder Ober-Gericht beigetrieben werden kann.

4. Jede nach den Bestimmungen dieses Gesetzes bei einem Grafschafts-Gericht anhängig gemachte Klage kann auf Veranlassen eines Richters des Ober-Gerichts vor letzteres gezogen werden, wenn es dem betreffenden Richter im Interesse der Justiz für wünschenswerth erscheint, dass ein derartiger Fall in erster Instanz bei dem Ober-Gericht und nicht bei dem Grafschafts-Gericht abgeurtheilt werde, und zwar unter Bedingungen bezüglich der Sicherheit und der Zahlung der Kosten und anderer (wenn überhaupt) Bedingungen, wie solche der betreffende Richter für geeignet erachten mag.

5. Wenn eine Partei in einem nach den Bestimmungen dieses Gesetzes vor dem Grafschafts-Gericht anhängigen Prozesse durch die Entscheidung dieses Gerichts sich verletzt fühlt, sei es in gesetzlicher Hinsicht, oder bezüglich des Werths der Zulassung oder

Verwerfung irgend eines Zeugnisses oder Beweises, so kann dieselbe von dieser Entscheidung an den Ober-Justizhof oder den Appellhof appelliren. Die Appellation erfolgt „durch Antrag" oder — wenn gegen ein Urtel des Grafschafts-Gerichts nach stattgehabter Untersuchung gerichtet — in Form eines besonderen Streitverfahrens, welchem letzteren beide Parteien oder deren Rechtsanwälte beistimmen müssen und welches — sofern darüber keine Einigung der Parteien zu erzielen — durch den Richter des Grafschafts-Gerichts auf Antrag der Parteien oder deren Rechtsbeistände geordnet wird.·

Der Gerichtshof, vor welchem ein derartiges Appell-Verfahren schwebt, kann seine Schlussfolgerungen aus den im Prozess festgestellten Thatsachen ebenso ziehen, wie eine Jury aus den durch Zeugen festgestellten Thatsachen.

Nach Massgabe der Bestimmungen dieses Gesetzes sollen alle Verfügungen, Verordnungen und Bestimmungen — welche auf das Verfahren vor den Grafschafts-Gerichten und die Durchführung der Entscheidungen des letzteren und der Appellation gegen die Entscheidungen der Richter des Grafschafts-Gerichts Bezug haben, und welche sich auf die Zulässigkeit solcher Appellationen und die Zuständigkeit der Ober-Gerichte für letztere beziehen — auf alle unter dieses Gesetz fallenden Prozesse Anwendung finden und zwar in gleicher Weise als wenn eine derartige Klage oder Appellation sich auf eine zur gewöhnlichen Jurisdiction des Grafschafts-Gerichts oder Ober-Gerichts gehörige Angelegenheit bezöge.

Im Falle, dass in einem auf Grund dieses Gesetzes eingeleiteten und nach den Vorschriften des Gesetzes vor das Ober-Gericht gebrachten Verfahren wegen einer Verunreinigung, welche durch ein z. Zt. des Erlasses dieses Gesetzes bestehendes Fabrikations-Verfahren verursacht wird, dem Ober-Gericht oder dessen Richter, vor oder während der Untersuchung des Falles, solche speziellen und besonderen Verhältnisse obzuwalten scheinen, dass die Parteien zu besonderen Abhülfsmitteln berechtigt erscheinen, so soll es einem solchen Gerichtshofe oder Richter zustehen, den Fall der Ortsverwaltungs-Behörde zur Begutachtung zu überweisen und diese Behörde soll nach vorgängiger örtlicher Prüfung, bei welcher alle Parteien berechtigt sind, gehört zu werden, mit möglichster Beschleunigung an das Gericht oder den Richter darüber berichten, welche besonderen und speziellen Verhältnisse — wenn überhaupt -- vorhanden und wie dieselben zu behandeln sind. Dem Gericht oder Richter steht es zu, die Ausführung der Vorschläge eines solchen Gutachtens anzuordnen oder in anderer Hinsicht den Fall danach zu behandeln. Auch soll eine solche Anordnung, welche einen Streitfall der Orts-Verwaltungs-Behörde überweiset, als ein Stillstand im Verfahren so lange wirken, bis die Behörde gehört worden ist und sich geäussert hat oder bis die Anordnung des Gerichts oder des Richters erledigt ist. Alle Kosten und Auslagen, welche durch irgend eine Recherche der Lokal-Verwaltungs-Behörde aus vorstehendem Anlass erwachsen, sind den übrigen Kosten und Auslagen des Prozesses gleich zu erachten und nach Massgabe der weiter unten folgenden Bestimmungen bezüglich der aufgelaufenen Kosten und Auslagen zu behandeln.

Behörden für die Ausführung des Gesetzes.

6. Es ist Pflicht und Obliegenheit der Sanitätsbehörde des Bezirks, in welchem eine Verletzung dieses Gesetzes begangen sein soll, auf die Beschwerde jeder Aufsichts- oder Fischerei-Behörde, welche die Aufsicht über den Fluss übt, oder jeder Person, welche ein gesetzliches Recht oder Interesse an dem Flusse hat, in welchem eine solche Verletzung begangen sein soll, oder jedes Eigenthümers oder Inhabers von Land oder eines Wohnhauses oder von Fabrikgrundstücken innerhalb eines solchen Bezirks, die Klage wegen eines solchen Vergehens anzustrengen. Wenn die Sanitätsbehörde es verweigert oder verabsäumt, mit gehöriger Eile die Klage anzustrengen oder nachdem solche erhoben worden ist, es verweigert oder vernachlässigt, die Sache mit gebührender Beschleunigung zu verfolgen, kann jede Aufsichts- oder Fischerei·Behörde, oder jede Person, welche ein solches vorerwähntes gesetzliches Recht oder Interesse besitzt, oder jeder Landeigenthümer oder Inhaber

bei dem Richter des Grafschafts-Gerichts, bei welchem die Klage hätte angebracht werden sollen, um die Erlaubniss nachsuchen, im Namen der Sanitätsbehörde das Verfahren einzuleiten oder das von derselben angestrengte Verfahren in deren Namen fortzusetzen, zu verfolgen und weiterzuführen und das Grafschafts-Gericht kann — je nach seinem Belieben mit oder ohne Rücksicht auf Bestimmungen wegen der Kosten oder der Sicherheit der Kosten — die Erlaubniss zur Einleitung, Fortsetzung und Verfolgung eines solchen Verfahrens im Namen und auf Kosten der Sanitätsbehörde ertheilen. Alle Kosten oder Auslagen, welche auf Grund und in Uebereinstimmung mit obigen Bestimmungen aus diesem Anlass dem Antragsteller entstehen und von dem Schuldigen nicht beizutreiben sind, sind dem Antragsteller von der Sanitätsbehörde zu erstatten und solche Kosten und Auslagen, sowie alle anderen der Sanitätsbehörde bei Ausführung der vorstehenden Bestimmungen erwachsenen Kosten sollen als Kosten erachtet werden, welche der Behörde in Ausführung der „Oeffentlichen Gesundheits-Akten 1875" erwachsen sind.

Wegen Verletzung dieses Gesetzes kann auch von Jedem, welcher durch das Vorgehen sich geschädigt sieht, in seinem eigenen Namen mit oder ohne vorgängige Beschwerde bei der Sanitätsbehörde die Einleitung des Strafverfahrens beantragt werden; jedoch hat das Grafschafts-Gericht, von welchem das Verfahren einzuleiten ist, auf Antrag desjenigen, gegen den solches geschieht, von dem Antragsteller Sicherheit für die Kosten des Verfahrens bestellen und bis letzteres geschehen, das Verfahren auf sich beruhen zu lassen.

7. Jeder, welcher freiwillig oder auf Anordnung eines Gerichts die Reinigung von festen oder flüssigen Körpern vor deren Einlassen in den Fluss beabsichtigt oder damit beschäftigt ist, hat bei der Orts-Verwaltungs-Behörde die nachgedachte Bescheinigung schriftlich nachzusuchen. Der Gesuchssteller muss die Mittel bezeichnen, welche er zur Reinigung der betreffenden Gegenstände zu verwenden beabsichtigt oder bereits verwendet und die Behörde hat — sofern ihr die Mittel genügen oder sofern der Gesuchssteller andere von der Behörde gebilligte Mittel für die Reinigung adoptirt — unter solchen Bedingungen (einschliesslich aller durch den Antrag hervorgerufenen Kosten) wie solche von der Behörde vorgeschrieben werden, eine Bescheinigung darüber auszustellen, dass geeignete Mittel für die Reinigung verwendet worden sind oder verwendet zu werden im Begriffe stehen. Die Vorzeigung einer solchen Bescheinigung nebst Beweis, dass deren Bestimmungen und Bedingungen beobachtet und ausgeführt sind, soll vor allen Gerichten und in allen unter dieses Gesetz fallenden Prozessen wegen Beeinträchtigung des Wasser-Abflusses, Aenderung des Flussbettes oder Verunreinigung des Flusses durch solche Körper, wie solche in der Bescheinigung erwähnt oder in Bezug genommen sind, als entscheidende Antwort gelten. Jedoch kann die Behörde nach Ablauf von drei Jahren vom Anfange der Benutzung solcher Mittel ab gerechnet, sofern der Benutzende der Behörde genügend nachweiset, dass die gebilligten oder angenommenen Mittel für die Reinigung solcher Gegenstände, unwirksam sind, eine derartige Bescheinigung wieder aufheben.

8. Die Bestimmungen dieses Gesetzes sollen nicht als solche erachtet werden, durch welche irgend andere Rechte oder Vollmachten, welche z. Z. bestehen oder durch Parlamentsakte, Gesetz oder Herkommen irgend Jemandem beigelegt sind, beeinträchtigt oder berührt werden und solche andere Rechte oder Vollmachten können in der nämlichen Weise geübt werden als wenn das Gesetz nicht erlassen worden wäre; keine Bestimmnng dieses Gesetzes soll irgend eine Handlung oder Unterlassung legalisiren, welche, — wenn nicht das Gesetz vorhanden wäre — als eine Schädigung oder überhaupt gesetzwidrig zu erachten wäre, oder darf angewendet werden, um die gesetzmässige Uebung eines Rechts auf Eindämmung oder Ablenkung eines Gewässers zu schmälern.

9. In diesem Gesetze haben die folgenden Ausdrücke, wenn nicht im Widerspruche mit dem Zusammenhange, die nachstehend bezeichnete Bedeutung, nämlich:

„P e r s o n" begreift jede Menge vereinigter oder nicht vereinigter Personen.

„Fluss" begreift alle Flüsse, gleichviel ob der Fluth unterliegend oder nicht, Bäche, schiffbare Kanäle, Seeen und Wasserläufe mit Ausnahme solcher Theile eines der Fluth unterliegenden Flusses, wie solche die Orts-Verwaltungsbehörde nach örtlicher Recherche, durch in der „London Gazette" veröffentlichte Bekanntmachung aus Gesundheitsrücksichten, als nicht Theil eines Flusses zu sein, bezeichnen mag. Desgleichen begreift jener Ausdruck so viel von der See, als die Orts-Verwaltungsbehörde durch gleiche Bekanntmachung und aus dem nämlichen Grunde, Theil eines Flusses zu sein, erklärt.

„Gesundheits-Behörde" bedeutet für die Hauptstadt — wie das durch die Hauptstadt-Verwaltungsakte von 1855 definirt worden ist — jede Lokal-Autorität, welche für die Ausführung der „Unisances Removal Act for England 1855" und der dazu ergangenen Abänderungs-Gesetze zu sorgen hat: für das übrige England: jede städtische oder ländliche Gesundheits-Autorität, welche für die Ausführung der „Oeffentlichen Gesundheits-Akte von 1875" Sorge zu tragen hat.

„Bescheinigung" soll jedes nach Massgabe der Bestimmungen dieses Gesetzes oder der „Rivers Pollution Prevention Act, 1876" ausgestellte Attest bedeuten.

„Aufsichts-Behörde" begreift jeden Aufsichtsbeamten, welchem durch Parlaments-Akte die Jurisdiction über irgend einen Fluss zu Schifffahrts- oder anderen Zwecken zusteht.

„Fischerei-Behörde" bezeichnet eine Behörde von Aufsichtsbeamten, welche auf Grund der Lachsfischerei-Gesetze der Jahre 1861 bis 1876 und der Süsswasser-Fischerei-Gesetze der Jahre 1878 bis 1884 angestellt worden sind.

Aufhebung der Akte von 1876 für England.

10. Die „Rivers Pollution Prevention" Akte vom Jahre 1876, soweit solche auf England Bezug hat, wird hierdurch aufgehoben, ausgenommen jedoch, soweit solche sich auf die Gültigkeit der nach Massgabe ihrer Bestimmungen ausgestellten Bescheinigungen bezieht. Jede solche Bescheinigung soll einer nach den Bestimmungen des vorliegenden Gesetzes ausgestellten Bescheinigung gleich erachtet werden und alle auf Grund dieses Gesetzes erlassenen Bescheinigungen sollen als Ersatz für jene erachtet werden.

Verzeichniss von Flüssigkeiten,
welche nach dieser Flussakte in Flüsse geleitet werden dürfen.

Klasse I.

Nähere Bestimmungen

In Flüsse, deren Wasser für den Wasserbedarf von Städten oder Dörfern verwendet wird.

a) Jede Flüssigkeit, welche in Sink-Becken von ausreichender Grösse mindestens 6 Stunden vollständiger Ruhe ausgesetzt, oder welche, nachdem sie auf diese Weise dem Absetzen der Sinkstoffe unterworfen worden ist, nicht mehr als einen Gewichtstheil trockener organischer Substanz in 100000 Gewichtstheilen der Flüssigkeit suspendirt enthält, oder welche — sofern sie dem Absetzen der Sinkstoffe nicht unterworfen worden ist — nicht mehr als drei Theile trockener Mineralstoffe oder einen Theil trockener organischer Substanz in 100000 Gewichtstheilen Flüssigkeit enthält.

b) Jede Flüssigkeit, welche in 100000 Gewichtstheilen nicht mehr als zwei Gewichtstheile Kohlenstoff oder ein Drittel Gewichtstheil Stickstoff aufgelöst enthält.

c) Jede Flüssigkeit, welche in 100 000 Gewichtstheilen nicht mehr als zwei Gewichtstheile irgend eines Metalles — ausgenommen Calcium, Magnesium, Kalium und Natrium — aufgelöst enthält.

d) Jede Flüssigkeit, welche in 100 000 Gewichtstheilen nicht mehr als 0,05 Theile metallischen Arsens enthält, sei es in Auflösung, sei es suspendirt oder in einer chemischen oder anderweiten Verbindung.

e) Jede Flüssigkeit, welche nach Ansäuerung mit Schwefelsäure in 100 000 Gewichtstheilen nicht mehr als einen Gewichtstheil freien Chlors enthält.

f) Jede Flüssigkeit, welche in 100 000 Gewichtstheilen nicht mehr als einen Gewichtstheil Schwefel in Form von Schwefelwasserstoff oder einer anderen löslichen Schwefelverbindung enthält.

g) Jedes Wasser, welches eine Säure oder eine äquivalente Menge Alkali enthält, welche gebildet wird bei Zufügung von nicht mehr als 2 Gewichtstheilen Salzsäure oder trockener caustischer Soda zu 100 000 Gewichtstheilen destillirten Wassers.

h) Jede Flüssigkeit, welche nicht eine Haut von Petroleum oder öligen Kohlenwasserstoffen an ihrer Oberfläche zeigt, oder welche in 100 000 Theilen destillirten Wassers nicht mehr als 0,05 Theile solchen Oeles suspendirt enthält.

Klasse 2.

In Flüsse, deren Wasser **nicht** für den Wasserbedarf von Städten oder Dörfern verwendet wird.

a) Jede Flüssigkeit, welche in Sink-Becken von genügender Grösse mindestens 6 Stunden lang vollständiger Ruhe ausgesetzt worden ist und welche nicht mehr als 5 Gewichtstheile trockener mineralischer Substanz oder 2 Gewichtstheile trockener organischer Stoffe in 100 000 Gewichtstheilen der Flüssigkeit suspendirt enthält.

b) Jede Flüssigkeit, welche in 100 000 Gewichtstheilen nicht mehr als zwei Gewichtstheile Kohlenstoff oder einen Gewichtstheil Stickstoff aufgelöst enthält.

c) Jede Flüssigkeit, welche nach Ansäuerung mit Schwefelsäure in 100 000 Gewichtstheilen nicht mehr als 2 Gewichtstheile freien Chlors enthält.

d) Jede Flüssigkeit, welche in 100 000 Gewichtstheilen nicht mehr als 2 Gewichtstheile Schwefel in Form von Schwefelwasserstoff oder einer anderen löslichen Schwefelverbindung enthält.

e) Jede Flüssigkeit, welche mehr Säure enthält, als in 100 000 Gewichtstheilen destillirten Wassers enthalten ist, welchem nicht mehr als zehn Gewichtstheile Salzsäure zugesetzt werden.

f) Jede Flüssigkeit, welche nicht mehr Alkali enthält, als 100 000 Gewichtstheile destillirten Wassers aufweisen, welchem 2 Gewichtstheile trockener caustischer Soda zugesetzt werden.

g) Jede Flüssigkeit, welche auf ihrer Oberfläche nicht eine Haut von Petroleum oder öligen Kohlenwasserstoffen zeigt, oder welche in 100 000 Gewichtstheilen destillirten Wassers nicht mehr als 0,05 Theile solchen Oeles suspendirt enthält.

---

7. Einige Reichsgerichts-Entscheidungen,
betreffend die Verunreinigung der Flüsse durch Zuleitung von industriellen und sonstigen Abfallwässern zu denselben.

Reichs-gerichts-Entscheidungen. Bei der grossen praktischen Bedeutung der Frage, wie sich die Ableitung von industriellen und städtischen Abgangwässern in die Flüsse rechtlich verhält, mögen hier zum Schluss einige Reichsgerichts-Entscheidungen nach dem gemeinen, römischen Recht und nach dem allgemeinen Landrecht Platz finden.

I. Reichsgerichts-Entscheidung nach gemeinem (römischen) Recht.

Nach gemeinem Recht. Gemeingebrauch öffentlicher Flüsse, so zu Berieselungen einerseits und zur Zuleitung gewerblicher Abfallwässer andererseits.

Schadenersatzpflicht des Benachtheiligenden an den Benachtheiligten. Erkenntniss des Reichsgerichts, III. Civils., vom 11. Juni 1886. (Streitfall: Zuleitung von Petroleum-Abfallwasser.)

„Das Recht des Gemeingebrauchs öffentlicher Sachen, insbesondere öffentlicher Flüsse, und dessen Schutz ist durch das prätorische Interdict und die analoge Anwendung, welche die Römische Rechtswissenschaft den Vorschriften desselben gegeben hat, in einer für die damaligen Verkehrsverhältnisse so umfassenden Weise geregelt, dass man keinen Anstand nehmen kann, die in den Quellen hierfür aufgestellten Grundsätze als allgemein gültig zu betrachten. Sind dieselben deshalb, wie bereits in dem reichsgerichtlichen Urtheile zur Sache Königslutter wider Hahn Rep. III 252/85 geschehen, anzuwenden auf den Schutz des Gemeingebrauchs zu einem in den Quellen noch nicht behandelten, erst durch die spätere Entwickelung des Gewerbewesens veranlassten Gebrauchszwecke, so müssen sie ebenso auch in Anwendung gebracht werden in dem hier vorliegenden Falle einer Collision zwischen dem Gemeingebrauch zu einem altherkömmlich, schon in den Quellen vorzugsweise unter Schutz gestellten Gebrauchszwecke und den Ansprüchen und Bedürfnissen der modernen Industrie. (Im Streitfalle Zuleitung von Petroleum-Abfallwasser.) —

Aus dem Wesen des Rechts des Gemeingebrauchs als dem gleichen Rechte Aller, welche sich in der Lage befinden, von dem Objecte des Rechts Gebrauch zu machen, muss man die Folgerung ziehen, dass das Recht eines jeden Einzelnen seine Grenze findet in dem gleichen Rechte aller Uebrigen. Deshalb darf der einzelne Mitberechtigte die Benutzung der Sache nicht in solcher Weise für seine Zwecke ausbeuten, dass er dadurch den Uebrigen die Mitausübung ihres Gemeingebrauchs unmöglich macht. Soweit aber eine Theilung des Gebrauchs möglich ist, hat, falls die Zwecke der mehreren Gebrauchsberechtigten nicht neben einander vollständig erfüllt werden können, eine verhältnissmässige Theilung unter ihnen stattzufinden. — Diese Grundsätze sind in den Quellen in verschiedenen Beziehungen und namentlich auch gerade in Bezug auf die Benutzung öffentlicher Flüsse zu Berieselungen ausgesprochen. Ihre Allgemeingültigkeit wird auch in der Literatur von mehreren Seiten gebilligt. — Nun ist zwar anzuerkennen, dass, sofern nicht landesgesetzliche oder polizeiliche Vorschriften entgegenstehen, der Besitzer einer an einem öffentlichen Flusse belegenen gewerblichen Anlage kraft seines Rechts des Gemeingebrauchs an sich befugt ist, den Fluss zur Wegschaffung der Abfallwässer seines Betriebes zu benutzen. Man mag auch immerhin aus einer weiteren Ausführung der obigen Grundsätze und einer Heranziehung der für verwandte Rechtsmaterien, besonders für Nachbarverhältnisse und Servituten geltenden Grundsätze entnehmen dürfen, dass die blosse Thatsache irgend einer hierdurch anderen Gebrauchsberechtigten hinsichtlich ihrer anderweiten Benutzung des Flusses zugefügten Benachtheiligung nicht ausreichen könne, um die Letzteren ohne weiteres zu dem Verlangen der Einstellung der sie benachtheiligenden Immissionen zu berechtigen, dass dieselben vielmehr, um eine Benutzung des Flusses für die beiderseitigen Zwecke nebeneinander zu ermöglichen, sich ein gewisses, nach freiem richterlichen Ermessen unter Erwägung aller Umstände zu bestimmendes Mass von Belästigungen und Beschränkungen gefallen lassen müssen. Im vorliegenden Falle handelt es sich aber nicht um eine Regulirung der Bedingungen einer Coëxistenz der beiderseitigen Gebrauchsausübung. Indem die Beklagten das Flusswasser durch die Zuführung ihrer salzigen Abfallwässer in einen Zustand versetzen, in welchem dasselbe zu Berieselungszwecken untauglich ist, machen sie den Klägern die Benutzung des Flusses zur Berieselung ihrer Wiesen ebenso unmöglich, als wenn sie ihnen die ganze Fluthwelle durch Ableitung des Wassers entziehen, und sie sind daher ebenso, wie es im letzteren Falle unzweifelhaft zu geschehen hätte, in Anwendung der Grundsätze des Interdicts zur Unterlassung ihres, die Kläger an der ihnen zuständigen Benutzung des Flusses verhindernden Verhaltens zu verurtheilen. Die Verurtheilung der Beklagten zum Ersatze des angerichteten Schadens entspricht den Bestimmungen des anzuwendenden Interdicts; das ihre Schadenersatzpflicht bedingende Schuldmoment wird von dem Ber.-Gericht mit Recht darin gefunden, dass sie, wie festgestellt worden, bei der Einführung der Abfallwässer in den Fluss sich der schädigenden Eigenschaften derselben bewusst gewesen sind. Die solidarische Verurtheilung der beiden Beklagten zum Schadenersatze unter Verwerfung ihrer Einrede, dass auch noch von anderen dortigen Petroleumbohrgesellschaften derartige Abfallwässer gleichzeitig in den Fluss eingeleitet werden, und dieselben somit an der Verursachung des den Klägern entstandenen Schadens betheiligt gewesen seien, ist bei der Feststellung des Ber.-Gerichts, dass die von einer jeden der beiden beklagten Gesellschaften in den Fluss geleiteten Abfallwässer für sich allein genügend waren, um das Wasser des Flusses zum Gebrauche für eine Berieselung untauglich zu machen und den ganzen den Klägern entstandenen Schaden anzurichten, durch die von denselben angeführten Gesetze (l 11 § 2, I 51 pr D. ad leg. Aq., vergleiche auch I 1 § 10, I 2. 3 D. de his qui effud.) gerechtfertigt".

2. Reichsgerichts-Entscheidungen nach dem allgemeinen Landrecht.

Von grösserer Tragweite als vorstehende Reichsgerichts-Entscheidung nach gemeinem römischen Recht sind drei andere Entscheidungen nach dem allgemeinen Landrecht:

Reichs-
gerichts-Ent-
scheidungen
nach dem
Landrecht.

Es sind folgende:

a) Eigenthum an Privatflüssen. Kann der Eigenthümer die Zuführung von (Gruben-) Wasser, auch wenn es nicht schädlich ist, verbieten?

A.L.R. II 15 §§. 39, 73; I 9 §§. 225 ff. Gesetz vom 28. Febr. 1843.

(Urtheil des Reichsgerichts (V. Civilsenat) vom 19. April 1882.

Urtheil vom
19.April1882.

Auf die Revision des Klägers ist das Urtheil des preuss. Oberlandes-

gerichts zu Hamm aufgehoben und die Sache in die zweite Instanz zurück-
verwiesen.

Entscheidungsgründe.

Der Berufungsrichter hält den Klageantrag nicht für gerechtfertigt, weil in der Zuleitung des auf der Zeche Präsident gehobenen Ausguss- und Grubenwassers bei der nicht
behaupteten Schädlichkeit desselben weder ein Eingriff in das Eigenthum des Klägers an
dem Flussbette der fraglichen Privatflüsse noch in das Nutzungsrecht desselben an der
Wasserwelle liege.

Die Revisionsbeschwerde ist begründet.

Die Vorschriften der landrechtlichen Gesetzgebung über das rechtliche Verhältniss
eines Privatflusses zu den Eigenthümern der anliegenden Grundstücke werden in sehr verschiedener Weise aufgefasst.

Nach der einen Ansicht stehen die Privatflüsse im privaten Eigenthum der Uferbesiter
nach der Ausdehnung ihres Uferbesitzes und bis zur Mitte des Gewässers. Es wird dies
Recht als Ausfluss ihres Eigenthums an den am Ufer gelegenen Grundstücken und der
Kontinuität des Bodens unter dem Wasser angesehen. Diese Ansicht hat das preussische
Ober-Tribunal auf Grund des A. L. R. II §§. 39, 73, I 9 §§. 225—273 in mehreren Erkenntnissen
ausgesprochen.

(Erkenntniss vom 31. Aug. 1846, Entsch. Bd. 15 S. 361; Erkenntniss des zweiten Senats
vom 3. Novbr. 1864, Entsch. Bd. 52 S. 38, namentlich S. 40; Erkenntniss des 3. Senats vom
2. Decbr. 1870, Entsch. Band 64 S. 34, namentlich S. 39.) Derselben Meinung sind Scheele
(das preussische Wasserrecht S. 18, 26, 29, 31, 53, 55, 89) und Dernburg (Lehrbuch des
preussischen Privatrechts 3. Aufl. Bd. I S. 620 bei Note 4 und 5). Wie Scheele (a. a. O. S. 18)
mittheilt, hatte der erste Entwurf zum Allgemeinen Gesetzbuche die Nutzungen der Privatflüsse ausdrücklich den Uferbesitzern in §. 37 zugesprochen. Dieser §. 37 wurde nur deshalb
gestrichen, weil man die diesfällige Bestimmung in einen der speciellen Titel aufnehmen
wollte, und dies ist später vergessen worden. Dernburg warnt davor, die Basis, dass
Privatflüsse im Eigenthum stehen, um unbestimmter Vorstellungen willen zu verlassen.
Auch der zweite Hülfssenat des Reichsgerichts hat in den Gründen des Erkenntnisses vom
28. Oct. 1880 (Entsch. Bd. 3 S. 275), in welchem allerdings nicht über einen Privatfluss, sondern über einen Landsee zu befinden war, angenommen, „dass das Eigenthum an einem
Landsee ebenso wie an einem Privatflusse, den Anliegern nach der Ausdehnung des Ufer-
besitzes und bis zur Mitte des Gewässers als Ausfluss ihres Eigenthumsrechts an den am
Ufer liegenden Grundstücken“ zusteht.

Uebereinstimmend ist in dem Erkenntniss des fünften Senats des Ober-Tribunals vom
24. Novbr. 1868 (Striethorst Archiv Bd. 75 S. 15) für einen nach rheinischem Rechte zu be-
urtheilenden Fall ausgeführt, dass der Wasserlauf eines Privatflusses trotz seiner ewigen
Erneuerung als ein identisches und fortbestehendes Object anzusehen und dem Privateigenthum der Uferbesitzer unterworfen sei.

Abweichend will der vierte Senat des Ober-Tribunals in einem landrechtlichen Falle
in dem Erkenntnisse vom 16. Decbr. 1853 (Entsch. Bd. 27 S. 46) das Eigenthum an den Privatflüssen nicht nach den allgemeinen Grundsätzen des Eigenthums beurtheilt (S. 49) und die
sonst in dieser Beziehung massgebenden Konsequenzen über Benutzung und Verfügungs-
befugnisse über das Eigenthum auf das Recht der Uferbesitzer an dem Flussbette und an
dem Wasserschutze eines Privatflusses nicht angewendet wissen. (S. 50.)

Förster (Theorie und Praxis des heutigen gemeinen preussischen Privatrechts 2. Aufl.
Bd. 3 S. 140, 141) geht davon aus, dass das Flussbett Eigenthum der Uferbesitzer ist, und
dass diese ein — nur uneigentlich als Eigenthum zu bezeichnendes, ausschliessliches Be-
nutzungsrecht des überfliessenden Wassers innerhalb der Grenzen ihres Grundstücks und
bis in die halbe Breite des Flusses haben.

Lette und v. Rönne (die Landeskulturgesetzgebung des preussischen Staats Bd. 2 Abtheilung 2 S. 630 Note) nehmen an, dass das Landrecht vom Uferbesitze nur einzelne Nutzungsbefugnisse auf den Fluss abhängig mache, nirgends das Eigenthumsrecht an demselben. „Vielmehr ist" — so heisst es weiter — „bezüglich der eigentlichen Substanz des Privatflusses, des fliessenden Wassers (dessen bewegender oder befruchtender Kraft) bei den legislativen Verhandlungen über das Gesetz vom 28. Febr. 1843 wiederholt anerkannt: „„dass das Wasser vermöge seiner wechselnden Natur, so lange es nicht geschöpft und abgeleitet, so lange es also noch ein Theil des Flusses ist, sich der ausschliesslichen Nutzung und Verfügung eines einzelnen Uferbesitzers, mithin auch der Okkupation, dem Begriffe des Besitzes wie des Eigenthums entziehe und als res nullius betrachtet werden müsse""".

Nach Nieberding (Wasserrecht und Wasserpolizei im preussischen Staate) sind Privatflüsse dem Eigenthumsrechte nicht unterworfen (S. 35, 133 bei Note 2). An dem in ihnen befindlichen Wasser steht Niemandem das Eigenthum zu (S. 35). Der gemeine Gebrauch ist Jedem freigegeben, der befugter Weise an die Ufer gelangen kann (S. 133, 134)· Die besonderen — neben dem gemeinen Gebrauche — möglichen Nutzungen des Wassers stehen in Ermangelung besonderer Rechtstitel in der Regel den Uferbesitzern als ein Einfluss ihres Eigenthums an den angrenzenden Grundstücken zu (S. 36, 136). Bezüglich des Flussbettes nimmt Nieberding an, dass auch dieses dem Eigenthum entzogen ist (S. 38), dass aber einzelne an demselben ungeachtet des darin fliessenden Wassers noch mögliche Nutzungen denjenigen gebühren, denen die Nutzungen an dem Wasser zustehen, also den Uferbesitzern. Sobald aber das Wasser einzelne Theile des Bettes verlässt, hören diese alsbald auch auf, von dem privaten Besitze ausgeschlossen zu sein und fallen nach festbestimmten Regeln dem Eigenthümer wieder anheim (S. 38). Die Ufer hält Nieberding für Theile der anstossenden Besitzungen und dem Privateigenthum unterliegend. (S. 37, 38.)

Die Denkschrift, mit welcher der Entwurf zu dem Gesetze vom 28. Febr. 1843 über die Benutzung der Privatflüsse den ständischen Ausschüssen vorgelegt wurde, fasst die landrechtlichen Grundsätze über die Privatflüsse dahin auf,

„dass die Nutzungen der Privatflüsse nach der Theorie des Landrechts zu den Gegen-„ständen des Privateigenthums gehören, geht aus den Bestimmungen in den §§. 225 „bis 273 I 9 und §§. 39—43 II 15 hervor. Ueber die besondere Natur dieses Rechts „aber sind die Vorschriften des Landrechts unbestimmt und unzureichend. Nur über „einzelne Nutzungsrechte, über das Fischereirecht, das Recht zu Alluvionen, die „Mühlengerechtigkeit etc. enthält es bestimmte Grundsätze; über die Nutzung des „Elements selbst, der Masse des fliessenden Wassers, fehlt es an ausdrücklichen „Vorschriften".

Es wird sodann in der Denkschrift der leitende Grundsatz für die in dem neuen Gesetze projectirten Vorschriften über die Benutzung des Wasserschatzes dahin angegeben: „So ist denn in Uebeieinstimmung mit der Auffassung der Provinzialbehörden und „im Anschlusse an etc. die Nutzungsbefugniss des in den Privatflüssen enthaltenen „Wasserschatzes als ein Gegenstand des Privateigenthums anerkannt worden, der, wo „nicht besondere Rechtstitel ein anderes feststellen, dem Uferbesitzer als Annexum „seines Eigenthums an Grund und Boden zusteht".

(Beilage zur Allg. preussischen Staatszeitung vom Jahre 1842 No. 303 S. 2193.)

Einer so verschiedenen Auffassung also auch die Vorschriften der landrechtlichen Gesetzgebung über die Rechtsverhältnisse der Privatflüsse fähig sein mögen, so ergiebt sich doch für dieselben der Grundsatz, dass sie, wenngleich unter sehr erheblichen Beschränkungen, im Privateigenthum stehen, und dass dieses Privateigenthum an den Privatflüssen im öffentlichen Interesse, im Interesse der anderen am Flusse berechtigten, insbesondere der Stauungsberechtigten erhebliche Einschränkungen auferlegt. Einschränkungen und Belastungen werden aber nicht vermuthet. (A. L. R. I 19 § 14.) Soweit diese Einschränkungen nicht durch Naturgesetze oder Willenserklärungen bestimmt sind. (A. L. R. I 8 §. 1.) Diese dem Kläger zur Seite stehende Ausschliesslichkeit des Eigenthums begründet für die Beklagte die Verpflichtung, den Rechtsgrund nachzuweisen, aus welchem sie zur Einleitung ihres Grubenwassers in die fraglichen Privatflüsse ermächtigt sein will (A. L. R. I 7 §§. 181, 182). Es wird hiermit übrigens nicht, wie irrthümlich deduzirt ist, eine Benutzung des Wasserschatzes dieser Privatflüsse in Anspruch genommen, sondern lediglich das Recht, den in dem Flussbett geschaffenen Abzugsweg zur Abführung des fremden Wassers zu benutzen.

Vgl. Erkenntniss des Ober-Tribunals vom 7. Juli 1879 (Brassert's Zeitschrift für Bergrecht Bd. 21 S. 249, 253). Erkenntniss des Reichsgerichts vom 21. April 1880 (Entsch. Bd. 2 S. 208, namentlich S. 210).

Der Berufungsrichter findet darin, dass nicht behauptet ist, die zugeleiteten Wässer seien an sich schädlich, einen Grund zu der Annahme, es liege kein Eingriff in das Eigenthum oder in das Nutzungsrecht des Klägers vor.

Diese Schlussfolgerung ist unstatthaft. Vermöge der Ausschliesslichkeit des Eigenthums ist der Eigenthümer befugt, jeden Eingriff eines Dritten in sein Eigenthum zurückzuweisen, selbst wenn eine schädliche Einwirkung damit nicht verbunden ist. Dass die Unschädlichkeit eines Eingriffs in das Privateigenthum die Zulässigkeit dieses Eingriffs nicht rechtfertigt, ist auch in dem Erkenntniss des Reichsgerichts (zweiten Senats) vom 2. Mai 1881 in Sachen des Militär-Fiskus gegen die Stadtgemeinde D. (No. 804/1880) angenommen, in welchem es sich um die Zuleitung von angeblich nicht schädlichem Sielwasser in die im fiskalischen Privateigenthum befindlichen Kanäle der Festung W. handelte. Ebenso spricht das Erkenntniss des Gerichtshofes zur Entscheidung der Competenzkonflicte vom 12. Novbr. 1881, in welchem in einer der vorliegenden ähnlichen Streitsache über die Zulässigkeit des Rechtsweges zu befinden war, dahin aus, dass die Unterscheidung zwischen schädlichen und nicht schädlichen Grubenwässern die Auffassung bezüglich der Zulässigkeit des Rechtsweges nicht ändere, „da auch in der Zuleitung von sogenanntem nicht schädlichen Grubenwasser ein Eingriff in die Privatrechte des Uferbesitzers gefunden werden kann" (Brassert's Zeitschrift für Bergrecht Bd. 23 S. 247, 249).

Hiernach kommt es auf Prüfung der der Beklagten etwa zur Seite stehenden Rechtsgründe an. An den gesetzlichen Vorschriften über die Entwässerung und über die Gewährung der Vorfluth lässt sich das von der Beklagten beanspruchte Ableitungsrecht nicht begründen.

Der §. 99 A. L. R. I 8 verbietet, in den Privatflüssen durch Hemmung ihres Ablaufes zum Nachtheile der Nachbarn und Uferbesitzer etwas vorzunehmen. Der §. 7 des Gesetzes vom 28. Febr. 1843 (G. S. S. 11) legt den Uferbesitzern die Verpflichtung auf, diese Privatflüsse soweit zu räumen, als es zur Beschaffung der Vorfluth nöthig ist. In gleicher Weise ist nach A. L. R. I 8 S. 100 ein Jeder, die über sein Eigenthum gehenden Gräben und Kanäle, wodurch das Wasser seinen ordentlichen und gewöhnlichen Ablauf hat, zu unterhalten verbunden. Aus diesen Bestimmungen ist zu entnehmen, dass das Gesetz das Bett der Privatflüsse, Gräben und Kanäle als das natürliche Ableitungsmittel desjenigen Wassers ansieht, welches nach den Bodenverhältnissen diesen Betten zufliesst, und dass das Gesetz die volle Wirksamkeit dieses Ableitungsmittels sichern will.

Vergleiche Lette und v. Rönne, die Landeskulturgesetzgebung Bd. 2 (Abth. 2) S. 577, 583 C. I.

Aber eben nur für das auf natürlichem Wege zufliessende Wasser ist Vorfluth zu gewähren, nicht für das durch künstliche Leitungen zugeführte. Ebenso: Lette und v. Rönne a. a. O. S. 581, 2a; Nieberding Wasserrecht S. 65, 66, 142.

Die Vorschriften des A. L. R. I 8 §§. 102 ff. über Gewährung der Vorfluth sind in dem Gesetze vom 15. Novbr. 1811 (G. S. S. 352) und in der zusätzlichen Bestimmung im Art. 3 des Gesetzes vom 11. Mai 1853 (betreffend unterirdische Ableitungen G. S. S. 113) erheblich erweitert. Bei überwiegendem Vortheile für die Bodenkultur und unter Gewährung vollständiger Entschädigung kann jeder Grundbesitzer verlangen, dass ihm das Ziehen von Abwässerungsgräben durch fremden Boden gestattet wird, selbst zur Ableitung von Teichen und Seen (Gesetz vom 11. Novbr. 1811 §§. 11—14).

Dergleichen Anträge sind bei den Verwaltungsbehörden zu erheben (§. 15). Es ist dabei ein gewisses Aufgebots- und Präklusionsverfahren zulässig (Gesetz vom 23. Jan. 1846, G.S. S. 26) und schliesslich bestimmen die Verwaltungsbehörden, ob und unter welchen Modalitäten die Ablassung des Wassers stattfinden kann (§. 18). In gleicher Weise wie die Bodenkultur ist die Schifffahrt begünstigt (§. 11).

Befugt zur Provokation sind diejenigen, welche für die Kultur ihrer Grundstücke oder für die Schifffahrt des Abflusses bedürfen. Für Industrie und Bergbau besteht ein gleiches Recht nicht.

Vergl. Dernburg, preussisches Privatrecht 3. Aufl. Bd. I S. 625; Nieberding, Wasserrecht S. 97, 100 Abs. 3; Lette und v. Rönne, die Landeskulturgesetzgebung Bd. 2 S. 603, 604, 605 No. 4.

Jedes mit Umgehung des in den §§. 15 ff. des Gesetzes vom 11. Novbr. 1811 vorgeschriebenen Verfahrens bewerkstelligte eigenmächtige Ableiten des Wassers in oder auf das Nachbar-Grundstück ist unberechtigt und mit der Negatorienklage anwendbar.

Erkenntniss des Ober-Tribunals vom 2. Decbr. 1870, Striethorst Archiv Bd. 80 S. 117.

Die Vorschriften über Entwässerungsanlagen stehen also der Beklagten nicht zur Seite. (Uebereinstimmend v. Hinkeldey in Brassert's Zeitschrift für Bergrecht Bd. 21 S. 254.)

Die Beklagte gründet ihr Zuleitungsrecht unter Anrufung von §. 1 des Gesetzes vom 28. Febr. 1843 insbesondere darauf, dass sie mit dem Besitzer des am Präsidentenbache gelegenen H.'schen Hofes einen Traddesvertrag geschlossen habe, auf diese Weise Uferbesitzerin dieses Privatflusses geworden sei und ihr als solcher das Recht der Mitbenutzung dieses Privatflusses, insbesondere zur Ableitung ihres Grubenwassers zustehe.

Es ist verfehlt, die Befugniss zu einer Entwässerungsanlage aus dem Gesetze vom 28. Febr. 1843 herleiten zu wollen, weil dieses Gesetz im Interesse der Wasserbenutzung zu Bewässerungen ergangen ist. Wie aus der oben in Bezug genommenen Denkschrift erhellt, hatten die Provinziallandstände von Schlesien und Pommern sich unter Beifall der Provinzialbehörden für die Nothwendigkeit eines Gesetzes ausgesprochen, welches im Interesse der Landeskultur der Bewässerung der Grundstücke in gleicher Weise Förderung gewähre, wie diese der Entwässerung durch die bestehenden Gesetze, namentlich durch das Vorfluthedikt vom 15. Novbr. 1811 gesichert sei. In Folge dessen wurde ein umfassendes — das Wasserrecht ordnendes — Gesetz in Vorschlag gebracht. Demselben versagten aber die Provinziallandstände ihren Beifall, weil in demselben den staatlichen Behörden ein zu grosser Einfluss eingeräumt, und der privatrechtliche Charakter der Nutzungen am Wasser nicht genügend anerkannt war. Es wurde deshalb die umfassende Regulirung der Wassergesetzgebung verschoben und nur der Entwurf zum Gesetz vom 28. Febr. 1843 über die Benutzung der Privatflüsse den vereinigten Ausschüssen vorgelegt. Nach dem Eingange des Gesetzes beruht dasselbe auf einer Revision der gesetzlichen Vorschriften über die Benutzung der Privatflüsse, „mit besonderer Rücksicht auf die Erfahrungen, welche in neuerer Zeit über die Verwendung des fliessenden Wassers zur Verbesserung der Bodenkultur gemacht worden sind." Dem entsprechend enthält das Gesetz auch nur unter den allgemeinen landespolizeilichen (nicht privatrechtlichen) Bestimmungen der §§. 2—12 Verbote gegen die Verunreinigung und Verengung der Flüsse (§§. 3—6) und eine Bestimmung über Räumung derselben (§. 7). Die in den §§. 1, 3 ff. gegebenen Vorschriften über die Benutzung des Wassers seitens der Uferbesitzer regeln eben nur die Benutzung des Wassers hauptsächlich im Interesse der Bodenkultur. In Ansehung der Benutzung des Wassers zu Mühlen etc. wird auf die bestehenden Gesetze verwiesen (§. 1 letzter Satz).

Vgl. Scheele, das Wasserrecht S. 57; Nieberding, Wasserrecht S. 17, 18; Lette und v. Rönne, Landeskulturgesetzgebung Bd. 2 S. 633, 635 I. 636 No. 4 und 5, S. 637, 641 bei 1, S. 646 V 1.

In dem Erkenntnisse des Ober-Tribunals vom 7. Juli 1879 (Brassert's Zeitschrift Bd. 21 S. 249 namentlich S. 253) und in dem Erkenntnisse des Reichsgerichts vom 21. Oct. 1880 (Entsch. Bd. 2 S. 208 namentlich S. 210) ist bereits ausgeführt, dass dem Bergwerks-eigenthümer nicht das Recht zusteht, fremde Wässer, insbesondere schädliche Grubenwässer in einen Privatfluss zu leiten, dass er vielmehr behufs Beseitigung dieser Wässer bei den Verwaltungsbehörden ein Enteignungsverfahren nachzusuchen habe. (Allgemeines Berggesetz §§. 135 ff., §. 142.) Daselbst ist auah schon die Annahme widerlegt, als ob er durch den Erwerb von Uferbesitz zu einer solchen Ableitung nicht eine im Gesetz vom 28. Febr. 1843 dem Uferbesitzer freigegebene Benutzung des Flusswassers zu finden ist, sondern der An-spruch auf Benutzung des Flussbettes als Abzugskanal. Ueberdies sind die Nutzungsrechte des Uferbesitzers im Gesetz vom 28. Febr. 1843 nach Beseitigung des ursprünglichen Ent-wurfs §. 15 (vgl. Sitzung der vereinigten Ausschüsse vom 2. Novbr. 1842, preussische Staats-zeitung 1842 S. 2199, 2243) nur im beschränkten Umfange an andere Grundbesitzer über-tragbar. (Gesetz vom 28. Febr. 1843 §§. 24, 25 No. 5 §. 19 No. 2.)

Vergl. Entscheidungen des Ober-Tribunals Bd. 52 S. 113, 116; Nieberding S. 136, 139 oben, S. 140, 131, 168; Scheele S. 49.

Hiernach ist der Abweisungsgrund des Berufungsrichters nicht durchgreifend.

Nach dieser Reichsgerichtsentscheidung war jegliche Zuleitung von Ab-wässern mit Ausnahme der natürlichen Quell- und Regenwässer unzulässig und wäre bei einem solchen Rechtszustand kaum eine Industrie möglich.

Diese erste Reichsgerichts-Entscheidung ist jedoch durch zwei neuere vom 2. Juni und 18. Sept. 1886 aufgehoben. Diese letzteren Entscheidun-gen lauten:

Ent-scheidung vom 2. Juni 1886.

b) Das Reichsgericht V. C.S. hat in Sachen K. c/a. V. (N. V. 334. 85) durch Erkenntniss vom 2. Juni 1886 das Urtheil der Berufungs-Instanz, wonach

> Beklagte für nicht berechtigt erklärt war, Wasser und andere Flüssig-keiten ausser Regen- und Quellwasser oberhalb der Uferstrecke des Klägers dem S....bache zuzuführen und ihr eine derartige Zuführung untersagt war

auf Revisionsbeschwerde der Beklagten aufgehoben und die Sache zur an-derweiten Verhandlung und Entscheidung in die Berufungsinstanz zurück-gewiesen, indem es wörtlich ausführt:

> In der Sache erklärt der Berufungsrichter die Beklagte für nicht berechtigt, dem S....bach, unstreitig einem Privatflusse, oberhalb der Uferstrecke des Klägers von ihrer Fabrik und von ihren Kolonien Sch. und Kr. aus Wasser und andere Flüssigkeiten ausser Regen- und Quellwasser zuzuführen. Ob die zuzuführenden Stoffe dem Kläger schädlich seien, erachtet er für gleichgültig und erstreckt eben deshalb sein Verbot nicht nur auf diejenigen Zuleitungen aus den Etablissements der Beklagten, welche den nächsten Anlass zur Klage gegeben haben, sondern dem weitergehenden Antrage des Klägers entsprechend

auf alle Zuleitungen von diesen Etablissements aus mit Ausnahme des Quell- und Regenwassers.

Das Reichsgericht hat sich in wiederholten Entscheidungen der in der Doktrin und Praxis des Preussischen Landrechts verbreitetsten Auffassung angeschlossen, dass das Eigenthum der Privatflüsse unter den aus ihrer Natur und den positiv gesetzlichen Bestimmungen sich ergebenden Einschränkungen den Ufer-Eigenthümern je für ihre Uferstrecke zusteht, namentlich in den bei Gruchot, Beiträge etc. Bd. 27 S. 148 und Bd. 29 S. 873 abgedruckten Entscheidungen vom 19. April 1882 und vom 27. Sept. 1884 in dem ersteren auch der dermalige Stand der Lehrmeinungen über diese Frage erschöpfend dargestellt ist, ebenso beispielsweise in der Entscheidung vom 3. Febr. 1883 in der Sache Oberröblingen wider Boyk V. 617, 82, in welcher die Klage gegen unzulässige Immissionen als Negatorienklage des unterhalb liegenden Uferbesitzers bezeichnet und hiernach der Gerichtsstand geregelt ist. Es liegt keine genügende Veranlassung vor, diesen einmal gewonnenen Rechtsstandpunkt aufzugeben.

Wenn nun auch in diesem Eigenthum am Privatflusse ein Eigenthum an der, der ausschliesslichen Herrschaft des Einzelnen durch die Natur entzogenen fliessenden Wasserwelle nicht enthalten ist, das Eigenthum sich somit auf das Eigenthum am Bette und auf eine gewisse Verfügungsbefugniss über den von dem vorüberfliessenden Wasser eingenommenen Raum und über das jeweilige vorüberfliessende Wasser selbst beschränken muss, so folgt doch aus dem Eigenthum auch in dieser Gestaltung das Recht, unbefugte Eingriffe jedes Dritten, insonderheit auch des oberliegenden Uferbesitzers abzuwehren und zwar dieses ohne den besonderen Nachweis, dass durch solche Eingriffe dem Eigenthümer ein Nachtheil zugefügt wird, und unabhängig von den aus der Zufügung eines Nachtheils entstehenden besonderen Rechtsfolgen.

Aus diesen Vordersätzen und aus der weiteren Ausführung, dass aus den Vorschriften des positiven Rechts über die Entwässerung und die Gewährung der Vorfluth sich ein Recht, dem Privatflusse Wasser oder sonstige Flüssigkeiten durch künstliche Leitung zuzuführen, sich nicht begründen lasse, ziehen die obenangeführten Entscheidungen des Reichsgerichts den Schluss, dass der Uferbesitzer jeder oberhalb seines Besitzes stattfindenden Zuleitung, ausser der des auf natürlichem Wege zufliessenden Wassers zu widersprechen befugt sei. Die durch den gegenwärtigen Streitfall veranlasste wiederholte Prüfung hat indessen zu der Ueberzeugung geführt, dass dieser Schluss nicht ohne jede Einschränkung aufrecht erhalten werden kann.

Allerdings besteht keine positive Rechtsvorschrift darüber, in welchem Umfange der oberliegende Uferbesitzer oder derjenige, welcher, ohne selbst Uferbesitzer zu sein, mit diesem im Einverständniss handelt, dem unterhalb liegenden Uferbesitzer gegenüber ein Recht hat, des Flusses als Ableitungskanals sich zu bedienen. Das Gesetz über die Benutzung der Privatflüsse vom 28. Febr. 1843 insbesondere regelt diese Frage nicht. Neben seinen ausführlichen Bestimmungen, welche die Ordnung der Benutzung des Wasservorraths, insbesondere zur Bewässerung bezwecken, spricht es in seinen §§ 3—6 nur einige die Zuführung fremder Stoffe aus Rücksichten auf das Gemeinwohl beschränkende Verbote aus, welche von den Polizeibehörden zu handhaben und welche, wie auch der Berufungsrichter mit Recht annimmt, für die Privatrechte der Uferbesitzer nicht massgebend sind. Mangels einer positiv rechtlichen, unmittelbar anwendbaren Vorschrift kann aber nur von der aus der Sache selbst sich ergebenden Erwägung ausgegangen werden, dass der private ebenso wie der öffentliche Fluss innerhalb seines Zuflussgebietes der von der Natur gegebene Recipient ist, nicht bloss für das aus dem Boden und von dessen Oberfläche von selbst abfliessende Wasser, sondern vermöge der Bedingungen, unter denen menschliche Ansiedelung und Bodenbenutzung naturgemäss vor sich gehen muss, auch für dasjenige Wasser, das aus wirthschaftlichen Gründen künstlich fortgeschafft werden muss, wie nicht minder für mancherlei Stoffe, welche dem wirthschaftlich benutzten Wasser sich beimengen und vor dessen Ableitung nicht wieder ausgeschieden werden können. Die Benutzung der Flüsse zu einer derartigen Ableitung ist älter, als die Bildung irgend welcher Rechtsnormen über das Eigenthum von Flussläufen; sie ist in gewissem Masse unvermeidlich und unentbehrlich, und die Verpflichtung, sie zu gestatten, gehört insoweit zu den, durch „die Natur bestimmten Einschränkungen des Eigenthums" an den Flussläufen, denen jeder sich unterwerfen muss (Allgemeines Landrecht Th. I Tit. 8 § 25). Bei fortschreitender Bevölkerungsdichtigkeit und Industrie kann allerdings die Benutzung der Flüsse als Ableitungskanäle eine Ausdehnung gewinnen, welche die berechtigten Interessen Anderer gefährdet. Bei öffentlichen Flüssen und bei derjenigen Benutzung von Privatflüssen, welche das Gemeinwohl beeinträchtigt, ist es eine der polizeilichen Aufgaben des Staats, die erforderlichen Grenzen zu ziehen. Bei der Collision mit privatrechtlichen Interessen, wie es die des unterhalbliegenden Uferbesitzers sind, muss das Princip den Ausschlag geben, dass die Ausschliesslichkeit und Willkürlichkeit des Gebrauchsrechts des einen Eigenthümers ihre nothwendige Begrenzung findet in der dem andern Eigenthümer ebenfalls zustehenden Ausschliesslichkeit und Willkürlichkeit (Entscheidungen des Preussischen Obertribunals Bd. 23 S. 259). So wenig es sich mit der Ausschliesslichkeit und Willkürlichkeit des Gebrauchsrechts des oberliegenden Eigenthümers vertragen würde, wenn ihm die Benutzung seines Eigenthums am Flusslaufe zu jeder dem Unterliegenden irgendwie berührenden Immission versagt sein sollte, so wenig ist es mit den Rechten des Unterliegenden vereinbar, dass er jede beliebige Immission zu dulden habe. Es würde auch mit dem Grundsatze der Ausschliesslichkeit des Eigenthumes nicht zu vereinbaren sein, wenn dem Unterliegenden zur Begründung des Einspruches gegen eine Immission neben der Berufung auf sein Eigenthum noch der Nachweis einer besonderen Schadenszufügung auferlegt werden sollte. Wohl aber leitete aus jenem Prinzip schon das römische Recht in einem andern Falle, in welchem naturgemäss die freie Verfügung eines Eigenthümers über sein Grundstück nicht ohne jede Rückwirkung auf andere Grundstücke bleiben kann, nämlich soweit es sich um den, an und für sich jedem Eigenthümer freistehenden Gebrauch der Luftsäule über seinem Grundstücke handelt, den Satz ab, dass der Eigenthümer eines Grundstücks Alles das von dem Eigenthümer des Nachbargrundstücks dulden muss, was als regelmässige Folge der gemeingebräuchlichen Eigenthumsausübung erscheint, wie mässigen Rauch, Staub und dergl., während er zum Widerspruche berechtigt ist, wenn die Ueberleitung derartiger Stoffe durch die Luft in ungewöhnlichem Masse, etwa als Folge eines besonderen aussergewöhnlichen Gebrauches des Nachbargrundstücks geschieht.

Vgl. fr. 8 § 5 seqq. D. in servitus vindic. 625 und dort Citirte; — Windscheid, Pandekten Bd. 1 S. 525; — Seuffert, Entscheidungen Bd. 34 No. 181 und dort Citirte und diesem Satze hat auch die Wissenschaft und Praxis des Preussischen Rechts sich angeschlossen; — Dernburg, Preussisches Privatrecht Bd. I S. 549; — Förster-Eccius, Preuss. Privatrecht Bd. III S. 157 — Entscheidungen des Obertribunals Bd. 23 S. 252.

Die Anwendung des gleichen Grundsatzes auf die Zuleitungen durch Vermittelung des fliessenden Wassers führt dahin, dass der dadurch Betroffene unterhalb liegende Uferbesitzer sich diejenigen Zuleitungen, mögen sie in einer blossen Vermehrung des Wasservorraths oder in der Beimengung fremder Stoffe bestehen, gefallen lassen muss, welche das Mass des Regelmässigen, Gemeinüblichen nicht überschreitet, selbst wenn dadurch die absolute Verwendbarkeit des ihm zufliessenden Wassers zu jedem beliebigen Gebrauche irgendwie beeinträchtigt wird (— und insofern erleidet die Aeusserung in dem Erkenntnisse des Reichsgerichts vom 21. April 1880, dass der Unterliegende reines und brauchbares Wasser zu beanspruchen habe, Entsch. Bd. II S. 210, eine Modification —, dass dagegen der Unterliegende jeder dieses Mass überschreitenden Zuleitung als einem Eingriffe in sein

Eigenthum zu widersprechen befugt ist. Dass eine über das Gemeinübliche hinausgehende Zuleitung von Wasser oder von fremden Stoffen, wenn schon keine direct nachweisbare Beschädigung, so doch eine über das, was als natürliche Folge des Zusammenlebens anzusehen ist, hinausgehende, somit ungebührliche Belästigung des unterliegenden Uferbesitzers mit sich bringt, also eine Verletzung des Eigenthumsrechts dieses Letzteren ist, muss der Regel nach ohne weiteres angenommen werden. Für den Ausnahmefall würde dem Oberliegenden der Nachweis frei bleiben, dass seine, wenn auch ungebräuchliche, Zuleitung den Unterliegenden nicht, oder nicht anders, wie der ganz gemeinübliche Gebrauch des Flusses belästige, dass also der Unterliegende von seinem Widerspruchsrechte ohne jede wirkliche Verletzung eigener Interessen, d. h. zur Chikane des Oberliegenden (vergl. Allgemeines Landrecht Theil I Titel 8 §. 28) Gebrauch machen wolle.

Ob eine bestimmte Art der Zuleitung zu einem Flusse nach Stoff und Umfang das Mass des Gemeinüblichen überschreite, kann nur nach den thatsächlichen Umständen des Einzelfalles beurtheilt werden. Im vorliegenden Falle geht daher der Berufungsrichter unbedingt zu weit, wenn er, von denjenigen Zuleitungen aus der Fabrik und den Kolonien der Beklagten, welche die Klage zunächst veranlasst haben, ganz absehend, der Beklagten jede Zuleitung von anderem als Quell- und Regenwasser zu dem S... bache, also auch jede Zuführung von Wasser und fremden Substanzen, wie sie die gemeinübliche Benutzung des Bachlaufes mit sich bringt, untersagt. Aber auch die bei der Ortsbesichtigung vorgefundenen Zuleitungen hat der Berufungsrichter in Consequenz seiner Annahme, dass jede künstliche Zuleitung unstatthaft sei, einer Beurtheilung nach Mass und Art nicht unterworfen; und wenngleich nach der in dem Thatbestande des Berufungsurtheils enthaltenen Beschreibung die Zuleitung der Abwässer aus den Kolonien Sch. und Kr. allem Anscheine nach das Gemeinübliche überschreitet, so ist doch für das aus der Fabrik der Beklagten in den Bach gelangende Wasser das Gleiche aus der allein festgestellten Thatsache, dass es beim Eintritte in den Bach (— nicht etwa bei der Berührung mit den Grundstücken des Klägers —) dampfte, in keiner Weise zu entnehmen. Die Aufhebung des Berufungsurtheils und eine anderweitige Prüfung der Sache nach den vorentwickelten Gesichtspunkten erschien daher geboten.

c) Reichsgerichts-Entscheidung (V. Civilsenat) vom 18. September 1886, betreffend die Zuleitung von Abfallwässern in die Flüsse.

Thatbestand.

Der Kläger ist Eigenthümer von Grundstücken, welche unmittelbar an dem Ufer der Emscher liegen. Beinahe eine halbe Meile des Wasserweges oberhalb leitet der Beklagte seine Grubenwässer in den sog. Markengraben. Dieser vereinigt sich 1600 m weiter unterhalb mit der Berkel, welche sich nach dem Durchlaufen einer Strecke von nahezu 1000 m in die Emscher ergiesst. Entscheidung vom 18. Sept. 1886.

Der Kläger beantragt:

1. Den Beklagten nicht für befugt zu erachten, den Grubenwässern seiner Zeche in der Art Abfluss in die Emscher zu gewähren, dass es zu den Grundstücken des Klägers und den darauf befindlichen Gräben gelangen kann.
2. Den Beklagten zu verurtheilen, Anstalten zu treffen, dass dieser Zufluss zu den Grundstücken des Klägers aufhöre.

Der Kläger stützt diesen Anspruch in der Klage lediglich auf sein Eigenthum als Adjacent der Emscher und die Behauptung, dass dieselbe dort, wo sie seine Grundstücke erreiche, noch mit den Grubenwässern des Beklagten vermischt sei. In der Berufungsinstanz hat er behauptet, die Menge des gehobenen und abgeführten Wassers betrage im Winter mindestens 200 cbm. Der erste Richter hat abgewiesen, indem er ausführt, den

39*

Unterbesitzern eines Privatflusses stehen nicht das Eigenthum am Flussbette, sondern nur ein gewisses Nutzungsrecht an dem Flusse zu. Dass er bezüglich des Letzteren durch den Beklagten beeinträchtigt werde, habe Kläger nicht dargethan.

Abändernd hat der Berufungsrichter nach dem Klageantrage erkannt, indem er auf Grund der von ihm angeordneten Beweisaufnahme feststellt, dass die Grubenwässer da, wo die Emscher die Grundstücke des Klägers bespült, noch nachweisbar seien. Die Entscheidung beruht im übrigen auf den in dem Urtheil dieses Senats vom 19. April 1882 — Gruchot 27 S. 148 — aufgestellten Grundsätzen und Folgerungen. Nachdem diese in dem neueren Urtheil desselben Senats in Sachen Krupp c/a Vester V 334/85, welches demnächst in der Sammlung der reichsgerichtlichen Entscheidungen zum Abdruck gelangen wird, die nothwendige Einschränkung erlitten haben, konnte auch die durch die Revision des Beklagten angefochtene Entscheidung nicht aufrecht erhalten werden.

Es ist in Uebereinstimmung mit den Ausführungen des zuletzt bezeichneten Erkenntnisses davon auszugehen, dass der unterhalb liegende Uferbesitzer eines Privatflusses nicht jeder von oberhalb erfolgenden künstlichen Zuleitung von Flüssigkeiten in diesen, sondern nur insofern und insoweit widersprechen könne, als dadurch, sei es durch Vermehrung des Wassers oder durch Beimischung fremder Stoffe, das Mass des gemeinüblichen und regelmässigen Gebrauchs des Privatflusses als Rezipient von Flüssigkeiten, welche aus wirthschaftlichen Gründen künstlich fortgeschafft werden müssen, überschritten wird.

Dass eine solche Ueberschreitung vorliege, hat der Kläger darzuthun, sie bildet das nothwendige Fundament seines Anspruchs. Die Prüfung, ob sie als vorhanden anzunehmen, nach den behaupteten Umständen des Falles, insbesondere mit Rücksicht auf das angebliche Quantum des in den Markengraben von dem Beklagten eingeleiteten Grubenwassers, der Grösse der Entfernung von dem Einflusspunkte bis zu den Grundstücken des Klägers, der in der Emscher, abgesehen von der Zuführung durch den Beklagten, enthaltenen Wassermenge oder der Beschaffenheit der Grubenwässer an sich. Diese Prüfung ist rein thatsächlicher Natur und entzieht sich der Aufgabe des Revisionsrichters.

Der Berufungsrichter hat aber eine solche Prüfung noch nicht vorgenommen, auch den Parteien keine Veranlassung geboten, die Sache unter dem Gesichtspunkte zu verhandeln, der, wie oben angegeben, für die Entscheidung massgebend sein muss. Zum Zwecke solcher neuer Erörterung und anderweiten Entscheidung war die Sache in die Vorinstanz zurückzuverweisen.“

Die beiden letzten Reichsgerichts-Entscheidungen haben, wie nicht anders zu erwarten ist, in den betheiligten Kreisen eine gewisse Erregung von verschiedener Wirkung (einer freudigen bei den Industriellen und einer niederschlagenden bei den Grundbesitzern) hervorgerufen.

Es ist daher von Interesse, zu erläutern, wie sich der jetzige Rechtszustand für die Praxis gestaltet.

Hierüber giebt mir Herr Rechtsanwalt H. Nottarp in Münster i. Westf. folgende, auch für den Laien leicht verständliche Darlegung:

„In dem Urtheil vom 19. April 1882 stellt sich das Reichsgericht die Frage: Ist der Uferbesitzer verpflichtet, die Zuführung von Flüssigkeiten ausser dem natürlich sich sammelnden Regen- und Quellwasser oberhalb seines Ufers in einen Privatfluss zu dulden? und kommt zu dem Schlusse, dass der Uferbesitzer jeder oberhalb seines Besitzes stattfindenden Zuleitung, ausser der des auf natürlichem Wege zufliessenden Wassers, zu widersprechen befugt sei.

In dem dem Reichsgerichtsurtheil vom 2. Juni 1886 zu Grunde liegenden Falle musste dieselbe Frage nochmals zur Entscheidung kommen, und ist das Reichsgericht hier, sowie auch in dem ähnlichen späteren Urtheile vom 18. September 1886 zu dem Resultate gelangt, dass der obige im Urtheil vom 19. April 1882 ausgesprochene Satz nicht ohne jede Einschränkung aufrecht erhalten werden kann.

Es ist selbstverständlich, dass das in den letzten Urtheilen vom 2. Juni und 18. September 1886 gewonnene Resultat die jetzt herrschende Ansicht des Reichsgerichts darstellt, zumal in dem Urtheil vom 2. Juni die erneute Prüfung der Frage an der Hand und unter Zugrundelegung der Entscheidung vom 19. April 1882 stattfand. Es ist ferner selbstverständlich, dass die Beweislast sich nach den Grundsätzen der beiden letzten Urtheile aus 1886 regelt.

Es ergiebt sich daher für das Gebiet der Geltung des Allgemeinen Landrechts folgender Rechtszustand:

Der unterhalb liegende Uferbesitzer eines Privatflusses muss sich, nach der heutigen, in den Urtheilen vom 2. Juni und 18. September 1886 enthaltenen Judikatur des Reichsgerichts, diejenigen Zuleitungen in den Fluss, mögen sie in einer blossen Vermehrung des Wasservorraths oder in der Beimengung fremder Stoffe bestehen, gefallen lassen, welche das Mass des Regelmässigen, Gemeinüblichen nicht überschreiten, selbst wenn dadurch die absolute Verwendbarkeit des ihm zufliessenden Wassers zu jedem beliebigen Gebrauche irgendwie beeinträchtigt wird; der unterhalb Liegende ist dagegen jeder, dieses Mass überschreitenden Zuleitung als einem Eingriffe in sein Eigenthum zu widersprechen befugt.

Ob eine bestimmte Art der Zuleitung zu einem Flusse nach Stoff und Umfang das Mass des Gemeinüblichen überschreitet, kann nur nach den thatsächlichen Umständen des Einzelfalles beurtheilt werden. Eine solche Ueberschreitung würde beispielsweise vorliegen, wenn eine derartige Menge in den Fluss abgeführt würde, dass in Folge dessen der Fluss austritt oder auszutreten droht; wenn in den Fluss Stoffe geleitet werden, welche nach ihrer Beschaffenheit den Grundstücken des unterhalb Liegenden zu schaden fähig sind, wenn durch die Einführung von Flüssigkeiten das Wasser des Flusses seine Eigenschaft als Trink- oder Tränk-Wasser verliert und dergl. mehr.

Liegt eine solche Ueberschreitung vor, so muss der Regel nach ohne weiteres angenommen werden, dass hierdurch eine ungebührliche Belästigung des unterhalb liegenden Uferbesitzers verursacht und somit dessen Eigenthumsrecht verletzt wird.

Der unterhalb Liegende würde somit zur Anstellung seiner (Negatorien-) Klage gegen den Oberliegenden den Nachweis seines Eigenthums am Flusse und einer das Mass des Gemeinüblichen in quantitativer oder in qualitativer

Beziehung überschreitenden Zuleitung durch den Oberliegenden zu führen haben. Eigenthümer des Privatflusses sind aber die Eigenthümer der Ufer; das Eigenthum des Ufers wird bewiesen, wie überhaupt Eigenthum an Grundstücken, also namentlich durch die Eintragung im Grundbuch. Beim Nachweis der Ueberschreitung des Masses des Gemeinüblichen ist zu bemerken, dass diese Ueberschreitung abhängt von dem Zustand des Wassers oder seiner Wassermenge, wie er sich an den Grundstücken des unterhalb Liegenden zeigt. Dem Oberliegenden bleibt aber der Nachweis frei, dass seine Zuleitung den Unterliegenden nicht, oder nicht anders, wie der ganz gemeinübliche Gebrauch des Flusses belästigt, somit keine wirkliche Verletzung der Interessen des Unterliegenden, kein Schaden eingetreten ist."

Was den Nachweis anbelangt, dass in einem gegebenen Falle durch Zuleitung von Abfallwasser das Mass des Gemeinüblichen in quantitativer Hinsicht überschritten ist, so müssen die durchschnittlichen, Minimal- und Maximal-Wassermengen sowohl des betreffenden Bach- oder Flusswassers, wie auch des betreffenden künstlich zugeleiteten Abfallwassers durch sachverständige Techniker ermittelt werden.

Diese Ermittelung bietet in den meisten Fällen keine Schwierigkeiten. In vielen Fällen lassen sich die durchschnittlichen, minimalen und maximalen Wassermengen, welche ein Bach oder Fluss führt, berechnen, wenn man das Regen-Sammelgebiet des betreffenden Wasserlaufes kennt.

So betragen nach den directen Messungen von Perels, Hagen, Frantzius und Vermessungs-Revisor H. Breme, welchem letzteren ich nachstehende Zahlen verdanke, die Wassermengen annäherungsweise:

Sammelgebiet		Niedrigwasser, Jahresmittel		Mittelwasser, Jahresmittel		Hohe Wintersfluth.	
Quadratmeilen	Quadrat-Kilometer (rund)	pro Sec. u. Quadratmeile cbm	pro Sec. u. qkm Liter	pro Sec. u. Quadratmeile cbm	pro Sec. u. qkm Liter	pro Sec. u. Quadratmeile cbm	pro Sec. u. qkm Liter
50	2 800	0,1	1,78	0,70	12,44	4,0	71,11
100	5 600	0,2	3,56	0,71	12,62	3,8	67,55
500	28 100	0,25	4,44	0,73	12,98	3,0	53,33
1000	56 250	0,28	4,98	0,74	13,16	2,7	48,00
2000	112 500	0,31	5,51	0,75	13,33	2,3	40,89
3000	1 687 500	0,34	6,04	0,76	13,51	2,2	39,11
4000	2 250 000	0,37	6,58	0,77	13,69	2,15	38,22
5000	28 125 000	0,40	7,11	0,78	13,86	2,10	37,33
10000	56 250 000	0,55	9,76	0,79	14,04	2,05	36,44
15000	68 375 000	0,70	12,44	0,80.	14,22	2,00	35,56

Dass durch Zuleitung eines Abfallwassers in einen Bach oder Fluss ferner das Mass des Gemeinüblichen auch in qualitativer Hinsicht für einen bestimmt anzugebenden, berechtigten Nutzungszweck überschritten ist, ergiebt sich aus der chemischen resp. bacteriologischen Untersuchung des betreffenden Abfallwassers und des Bach- resp. Flusswassers vor und nach Aufnahme des Abfallwassers.

Hierbei sind wieder die durchschnittlichen, Minimal- und Maximal-Wassermengen des Bach- resp. Flusswassers zu berücksichtigen, wie weiter, ob die Menge der zugeleiteten Bestandtheile des Abfallwassers oder der erhöhte Gehalt, welchen das Bachwasser durch die Zuleitung des Abfallwassers annimmt, das Bachwasser für den betreffenden berechtigten Nutzungszweck unbrauchbar macht.

Für manche Bestandtheile von Abfallwässern ist die Grenze ihrer Schädlichkeit nach verschiedenen Richtungen hin ermittelt und werden die Ausführungen in vorliegender Schrift hierfür Anhaltepunkte bieten. Wo dieses nicht der Fall ist, da muss der Beweis, dass die zugeführten Bestandtheile in den ermittelten Mengen den bestimmten Nutzungszweck unmöglich machen, noch besonders erbracht werden.

Bei der Ermittelung des Gehaltes des betreffenden Bach- oder Flusswassers an den Bestandtheilen, welche durch das Abfallwasser zugeführt sind, ist wie S. 10 und 11 auseinandergesetzt ist, sehr darauf zu achten, dass die Proben an solchen Stellen und so weit unterhalb der Einflussstelle entnommen werden, wo eine vollständige innige Vermischung und kein sonstiger fremder Zufluss stattgefunden hat.

Wenn man die Wassermengen des betreffenden zugeleiteten Abfallwassers und die des Bach- resp. Flusswassers, ferner den Gehalt beider an einzelnen Bestandtheilen im unvermischten Zustand kennt, so lässt sich auch ebenso sicher berechnen, welchen Gehalt an schädlichen Bestandtheilen das Bach- resp. Flusswasser durch die Zuführung des Abfallwassers annimmt.

Wenn hiernach bei Verunreinigung eines Wasserlaufes die Beweislast für den Uferbesitzer eine etwas schwierigere als nach der ersten Reichsgerichts-Entscheidung geworden ist, so ist der jetzige Rechtszustand doch ein gerechterer; denn die Zuleitung unschädlicher Abfallwässer in die natürlichen Wasserläufe behindern zu wollen, wäre ebenso verwerflich, als wirklich schädliche Zuflüsse in Schutz zu nehmen.

Alphabetisches Sachregister.